KUHMINSA

한 발 앞서나가는 출판사, **구민사**

구민사 출간도서 中 수험서 분야

- 용접
- 자동차
- 조경/산림
- 품질경영
- 산업안전
- 전기
- 건축토목
- 실내건축

- 기술사
- 기계
- 금속
- 환경
- 보일러
- 가스
- 공조냉동
- 위험물

전국 도서판매처

- 일산남부서점
- 안산대동서적
- 대전계룡서점
- 대구북앤북스
- 대구하나도서
- 포항학원사
- 울산처용서림
- 창원그랜드문고
- 순천중앙서점
- 광주조은서림

www.kuhminsa.co.kr

자격증 시험 접수부터 자격증 수령까지!

필기 원서 접수
큐넷(www.q-net.or.kr)
필기 시험은 회원 가입 후 인터넷 접수만 가능
(사진 파일, 접수비(인터넷 결제) 필요)
응시자격 요건 반드시 확인

필기시험
입실 시간 미준수 시 시험 응시 불가
준비물 : 수험표, 신분증, 필기구 지참

필기 합격 확인
큐넷(www.q-net.or.kr)
사이트에서 확인

실기 원서 접수
큐넷(www.q-net.or.kr)
응시 자격 서류는 실기시험 접수기간(4일 내)에
제출해야만 접수 가능

전문가를 위한 첫걸음, 구민사는 그 이상을 봅니다!
KUHMINSA

실기 시험
필답형과 작업형으로 분류
원서 접수 시 선택한 장소와 시간에 맞게 시험을 봅니다.
준비물 : 수험표, 신분증, 필기구 지참

최종합격 확인
큐넷(www.q-net.or.kr)
사이트에서 확인

자격증 신청
인터넷으로 신청(상장형 자격증 발급을 원칙으로 하며,
희망 시 수첩형 자격증 발급 신청/ 발급 수수료 부과)

자격증 수령
인터넷으로 발급(출력)
(수첩형 자격증 등기 수령 시 등기 비용 발생)

D-DAY 60 수질환경기사 필기 D-60 합격 플랜
(위의 플랜은 가장 이상적인 것이므로 참고하여 개인의 입장과 일정에 맞춰 준비하시기 바랍니다.)

월요일	화요일	수요일	목요일	금요일	토요일	일요일
D-60	D-59	D-58	D-57	D-56	D-55	D-54
PART 1 & 2 학습 및 복습						
D-53	D-52	D-51	D-50	D-49	D-48	D-47
PART 3 & 4 & 5 학습 및 복습						
D-46	D-45	D-44	D-43	D-42	D-41	D-40
과년도 문제 풀이						
D-39	D-38	D-37	D-36	D-35	D-34	D-33
과년도 문제 풀이						
D-32	D-31	D-30	D-29	D-28	D-27	D-26
전체 이론 및 과년도 문제 복습						

D-DAY 60 놓친 부분 다시보기

월요일	화요일	수요일	목요일	금요일	토요일	일요일
D-25	D-24	D-23	D-22	D-21	D-20	D-19
		이론복습 (O/X)				문제풀이 (O/X)
D-18	D-17	D-16	D-15	D-14	D-13	D-12
		이론복습 (O/X)				문제풀이 (O/X)
D-11	D-10	D-9	D-8	D-7	D-6	D-5
		이론복습 (O/X)				문제풀이 (O/X)
D-4	D-3	D-2	D-1			
		이론복습 (O/X)				

시험장 가기 전에 Tip

Q 계산기를 따로 가져가야 하나요?
A 시험을 치르는 PC에 설치된 계산기를 이용하실 수 있습니다.(개인 계산기 지참 가능)

Q PC로 시험을 치르면 종이는 못 쓰나요?
A 시험장에서 필요한 사람에 한해 종이를 제공합니다. 시험장마다 상황이 다를 수 있으니 전화로 해당 시험장의 상황을 파악해보시길 권장합니다. 이 때 시험이 끝나고 종이 반납은 필수입니다.

머리말

수질환경기사는 1979년 환경관리기사1급(수질)으로 신설되어 1991년 수질환경기사1급으로 1999년 3월 수질환경기사로 개정된 후 지금까지 매년 3회씩 한국산업인력공단에서 시행하고 있으며, 환경관련 공무원, 환경관리공단, 수자원공사 및 화공, 제약, 도금, 염색, 식품, 건설 등 오·폐수 배출업체, 전문폐수처리업체 등에서 환경업무를 전담할 수 있는 전문기술인력을 양성하고자 제정된 국가기술자격증이다.

본 수험서는 수질환경기사 필기시험을 준비하는 수험생들을 위해 집필된 것으로 최근에 출제된 과년도 문제들을 분석하여 자주 출제되는 중요한 문제들은 충분한 해설을 실어 응용문제에 대비하도록 하였다. 따라서 본 수험서를 통해서 수질환경기사 공부를 마무리함으로써 여러분의 실력을 한 단계 업그레이드 시키고 합격을 앞당길 수 있도록 마무리 정리에 많은 도움을 줄 것으로 기대한다.

> 1. 각 과목마다 최근문제를 분석하여 핵심적인 내용으로 이론을 정리하였다.
> 2. 출제되는 빈도가 높은 문제는 응용문제에 대비해 상세한 해설로 정리하였다.
> 3. 계산문제는 혼자서도 풀 수 있게끔 공식 및 용어를 상세히 설명하였다.
> 4. 최근기출문제를 최대한 빨리 공부할 수 있게끔 기출문제구성 및 해설에 최대한 노력하였다.
> 5. 법규문제는 최근 개정된 내용으로 해설을 구성하였고 빈도가 높은 문제는 더욱 상세한 해설을 통해 응용문제에 대비하게끔 노력하였다.

본인은 다년간의 학원강의를 통하여 얻은 지식들을 기반으로 최근에 출제된 문제들을 분석하여 핵심적인 이론내용을 정리하였으며, 수험생들이 문제를 풀면서 궁금해 하는 질문들은 문제해설을 통하여 해결할 수 있게끔 최선의 노력을 하여 교재를 만들었으며, 수험생 여러분이 수질환경기사 공부에 쉽게 접근하여 자격증 취득까지 많은 도움이 되리라 생각한다.

아무쪼록, 본 교재를 통하여 뜻한바 목적을 이루기를 바라며 내용 중 오류 및 잘못된 점이 있다면 수험생들의 기탄없는 충고를 받아들여 최고의 수험서가 될 수 있도록 최대한 노력을 할 것이다.
끝으로 이 도서가 출간되기까지 수고를 아끼지 않으신 도서출판 구민사 조규백 대표님과 임직원 여러분 그리고 고려종합기술학원 식구들 및 항상 물심양면으로 도와주시는 분들께 진심으로 감사의 말씀을 드립니다.

저자 씀

- 저자직강 동영상 바로가기/홈페이지 | http://www.환경에듀.com
- 블로그 | http://blog.naver.com/airnara69

CONTENTS

PART 01 수질오염개론

CHAPTER 1   수질화학 기초편   3
- 1. 단위 기초   3
- 2. 산화·환원반응   3
- 3. 반응조 혼합의 종류   4
- 4. 콜로이드 화학   5

CHAPTER 2   물의 특성   6
- 1. 수자원   6
- 2. 물의 물리적 성질   6
- 3. 물의 물리적 특성   6
- 4. 수자원의 특성   7

CHAPTER 3   수질 미생물학   9
- 1. 미생물의 분류 및 특성   9
- 2. 미생물의 종류   10

CHAPTER 4   수질오염지표   13
- 1. 용존산소(DO)   13
- 2. 생물화학적 산소 요구량(BOD)   14
- 3. 경도(Hardness)   14
- 4. 알칼리도(Alkalinity)   15

CHAPTER 5   하천의 수질오염 관리   16
- 1. 유해물질과 만성질환 및 발생공업   16
- 2. 소독 및 살균   17
- 3. 트리할로메탄(THM) 특징   18
- 4. 하천의 자정작용   18
- 5. Whipple의 하천정화단계   19
- 6. 하천모델링의 종류   20

CHAPTER 6   호수의 수질오염관리   21
- 1. 성층현상 및 전도현상   21
- 2. 호수의 부영양화   22

CHAPTER 7   해수   23
- 1. 해수의 특성   23
- 2. 적조현상의 조건   24

CHAPTER 8   수질오염 공식정리편   24

CHAPTER 9   반응식 정리   32

PART 02 수질오염공정시험기준

CHAPTER 1	총칙	34
CHAPTER 2	일반시험기준	36

    1. 공장폐수 및 하수유량 측정방법   36
    2. 공장폐수 및 하수유량-측정용수로
       및 기타 유량 측정방법   37
    3. 하천유량-유속 면적법의 적용범위   40
    4. 시료의 채취 및 보존방법   40
    5. 시료의 전처리 방법   45

CHAPTER 3	일반항목편	47

    1. 냄새(Odor)   47
    2. 투명도(Transparency)   48
    3. 색도(Color)   49
    4. 수소이온농도(Potential of Hydrogen, pH)   49
    5. 용존산소(DO : Dissolved Oxygen)   50
    6. 생물화학적 산소요구량
       (BOD, Biochemical Oxygen Demand)   51
    7. 화학적 산소요구량
       (Chemical Oxygen Demand)   52
    8. 부유물질(Suspended Solids)   52
    9. 노말헥산 추출물질
       (n-Hexane Extractable Material)   52
    10. 염소이온(Chloride, Cl^-)   53
    11. 암모니아성 질소(Ammonium Nitrogen)   54
    12. 아질산성 질소(Nitrite-N)   54
    13. 질산성 질소(Nitrate Nitrogen)   54
    14. 총질소(Total Nitrogen)   55
    15. 인산염인(Phosphate Phosphorus, PO_4-P)   55
    16. 총인(Total Phosphorus)   56
    17. 페놀류(Phenols)   56
    18. 시안(Cyanides)   57
    19. 불소(Fluoride, F^-)   58
    20. 브롬이온(Bromide)   58
    21. 황산이온(Sulfate)   58
    22. 음이온계면활성제(Anionic Surfactants)   58
    23. 클로로필 a(Chlorophyll a)   59
    24. 전기전도도(Conductivity)   59
    25. 총 유기탄소(Total Organic Carbon)   59
    26. 퍼클로레이트(Perchlorate)   60

CHAPTER 4	중금속편	60

    1. 크롬(Chromium, Cr)   60
    2. 6가 크롬(Hexavalent Chromium, Cr^{6+})   61
    3. 아연(Zinc, Zn)   62
    4. 구리(Copper, Cu)   63
    5. 카드뮴(Cadmium, Cd)   64
    6. 납(Lead, Pb)   64
    7. 망간(Manganese, Mn)   65
    8. 비소(Arsenic, As)   65
    9. 니켈(Nickel, Ni)   66
    10. 철(Iron, Fe)   66
    11. 셀레늄(Selenium, Se)   67
    12. 수은(Mercury, Hg)   67
    13. 알킬수은(Alkyl Mercury)   68

CONTENTS

PART 02 수질오염공정시험기준

CHAPTER 5 　유기물질 및 휘발성유기화합물편　69

　　1. 석유계총탄화수소　69
　　2. 유기인(Organophosphorus Pesticides)　69
　　3. 폴리클로리네이티드비페닐
　　　 (Polychlorinated Biphenyls)　70

CHAPTER 6 　생물편　71

　　1. 총대장균군(Total Coliform)　71
　　2. 분원성대장균군(Fecal Coliform)　71
　　3. 대장균(Escherichia Coli)　72
　　4. 식물성플랑크톤(Phytoplankton)
　　　 : 현미경 계수법　72
　　5. 물벼룩을 이용한 급성 독성 시험법
　　　 (Cladocera, Crustacea)　72

PART 03 수질오염방지기술

CHAPTER 1 　물리적 처리　75

　　1. 정수시설의 착수정　75
　　2. 침사지　75
　　3. 침전지　76
　　4. 여과지　77

CHAPTER 2 　화학적 처리　78

　　1. 약품침전지 및 특성　78
　　2. 응집제의 종류　79
　　3. 흡착법에서 활성탄의 종류　80
　　4. 펜턴산화법의 특징　80
　　5. 유해물질 처리법　81
　　6. 살균　82

CHAPTER 3 　생물학적 처리　84

　　1. 표준활성슬러지법　84
　　2. 생물막공법　85

CHAPTER 4 　3차 처리(고도처리)　89

　　1. A/O 공법　89
　　2. A_2/O 공법　90
　　3. 4단계 Bardenpho 공정　90
　　4. 5단계 Bardenpho 공정
　　　 (수정 Bardenpho 공정 또는 M-Bardenpho 공정)　91
　　5. 포스트립(Phostrip) 공법　92
　　6. 연속회분식(SBR)　93

CHAPTER 5 　방지기술 공식정리　94

CHAPTER 6 　방지기술 반응식 정리　103

PART 04 상하수도 계획

CHAPTER 1 상수도 계획 104
    1. 상수도 시설의 기본 계획 104
    2. 상수도 시설의 원수 104
    3. 상수도의 구성 105

CHAPTER 2 하수도 계획 110
    1. 하수도 시설 110
    2. 하수의 배제 방식 111
    3. 하수관거의 종류 112
    4. 오수처리 113
    5. 우수량 114
    6. 관거의 접합 115

CHAPTER 3 상수도용 양수설비 115
    1. 펌프의 용도 및 하수도용 펌프의 특징 115
    2. 펌프의 종류 116

CHAPTER 4 해수의 담수화 118
    1. 해수 담수화 방식 118

CHAPTER 5 상하수도 계획 공식정리 118

PART 05 수질환경관계법규

CHAPTER 1 총칙 122
    1. 물환경보전법에서 사용하는 용어 122
    2. 수질오염물질의 총량관리 124
    3. 오염총량초과부과금 125
    4. 오염총량관리를 위한 기관간 협조 및 조사·연구반의 운영 125

CHAPTER 2 공공수역의 물환경보전 126
    1. 총칙 126
    2. 국가 및 수계영향권별 물환경관리 129
    3. 중점관리 저수지 130

CHAPTER 3 점오염원의 관리 131
    1. 산업폐수의 배출규제 131

CHAPTER 4 비점오염원의 관리 138
    1. 비점오염원의 관리 138

CHAPTER 5 폐수처리업 139
    1. 위임업무보고사항 139

CHAPTER 6 수질오염물질 및 수질오염 방지시설 141
    1. 수질오염 방지시설의 종류 141

CHAPTER 7 방류수 수질기준 및 항목별 배출허용 기준 142
    1. 항목별 배출허용 기준 142

CHAPTER 8 수질환경정책기본법상 환경기준 142
    1. 수질 및 수생태계 환경기준 중 하천의 사람 건강보호 기준 142
    2. 수질 및 수생태계 환경 기준 중 해역에서 생활환경 기준 143

CONTENTS

PART 06 과년도 기출문제

2013년
1회 수질환경기사(2013년 3월 10일 시행)   147
2회 수질환경기사(2013년 6월 2일 시행)   173
3회 수질환경기사(2013년 8월 18일 시행)   199

2014년
1회 수질환경기사(2014년 3월 2일 시행)   222
2회 수질환경기사(2014년 5월 25일 시행)   246
3회 수질환경기사(2014년 8월 17일 시행)   271

2015년
1회 수질환경기사(2015년 3월 8일 시행)   296
2회 수질환경기사(2015년 5월 31일 시행)   319
3회 수질환경기사(2015년 8월 16일 시행)   343

2016년
1회 수질환경기사(2016년 3월 6일 시행)   367
2회 수질환경기사(2016년 5월 8일 시행)   391
3회 수질환경기사(2016년 8월 21일 시행)   413

2017년
1회 수질환경기사(2017년 3월 5일 시행)   437
2회 수질환경기사(2017년 5월 7일 시행)   459
3회 수질환경기사(2017년 8월 26일 시행)   483

2018년
1회 수질환경기사(2018년 3월 4일 시행)   506
2회 수질환경기사(2018년 4월 28일 시행)   528
3회 수질환경기사(2018년 8월 19일 시행)   550

2019년
1회 수질환경기사(2019년 3월 3일 시행)   572
2회 수질환경기사(2019년 4월 27일 시행)   596
3회 수질환경기사(2019년 8월 4일 시행)   619

2020년
1·2회 통합 수질환경기사(2020년 6월 7일 시행)   642
3회 수질환경기사(2020년 8월 22일 시행)   665
4회 수질환경기사(2020년 9월 26일 시행)   687

2021년
1회 수질환경기사(2021년 3월 7일 시행)   711
2회 수질환경기사(2021년 5월 15일 시행)   733
3회 수질환경기사(2021년 8월 14일 시행)   756

2022년
1회 수질환경기사(2022년 3월 5일 시행)   779
2회 수질환경기사(2022년 4월 24일 시행)   802

출제기준 – 수질환경기사 필기

직무분야	환경·에너지	중직무분야	환경	자격종목	수질환경기사	적용기간	2020.1.1~2024.12.31

직무내용 : 수질분야에 측정망을 설치하고 그 지역의 수질오염상태를 측정하여 다각적인 실험분석을 통해 수질오염에 대한 대책을 강구하며 수질오염물질을 제거하기 위한 오염방지시설을 설계, 시공, 운영하는 업무 등의 직무 수행

필기검정방법	객관식	문제수	100	시험시간	기사 : 2시간 30분

필기과목명	문제수	주요항목	세부항목
수질오염개론	20	1. 물의 특성 및 오염원	1. 물의 특성
			2. 수질오염 및 오염물질 배출원
		2. 수자원의 특성	1. 물의 부존량과 순환
			2. 수자원의 용도 및 특성
			3. 중수도의 용도 및 특성
		3. 수질화학	1. 화학양론
			2. 화학평형
			3. 화학반응
			4. 계연화학현상
			5. 반응속도
			6. 수질오염의 지표
		4. 수중 생물학	1. 수중 미생물의 종류 및 기능
			2. 수중의 물질순환 및 광합성
			3. 유기물의 생물학적 변화
			4. 독성시험과 생물농축
		5. 수자원 관리	1. 하천의 수질관리
			2. 호, 저수지의 수질관리
			3. 연안의 수질관리
			4. 지하수 관리
			5. 수질모델링
			6. 환경영향평가
		6. 분뇨 및 축산 폐수에 관한 사항	1. 분뇨 및 축산 폐수의 특징
			2. 분뇨, 축산 폐수 수집 및 운반 처리
상하수도계획	20	1. 상, 하수도 기본계획	1. 기본계획의 수립
		2. 집수와 취수설비	1. 수원 및 집수, 저수시설
		3. 상수도 시설	1. 도수 및 송수시설
			2. 배수 및 급수시설
			3. 정수시설
			4. 기타 상수관리시설 및 설비
		4. 하수도 시설	1. 관거시설
			2. 하수처리 시설
			3. 기타 하수관리 시설 및 설비
		5. 펌프 및 펌프장	1. 펌프
			2. 펌프장

필기과목명	문제수	주요항목	세부항목
수질오염 방지기술	20	1. 하수 및 폐수의 성상	1. 하수의 발생원 및 특성
			2. 폐수의 발생원 및 특성
			3. 비점오염원의 발생 및 특성
		2. 하폐수 및 정수처리	1. 물리학적 처리
			2. 화학적 처리
			3. 생물학적처리
			4. 고도처리
			5. 슬러지처리 및 기타처리
		3. 하폐수·정수처리 시설의 설계	1. 하폐수·정수처리의 설계 및 관리
			2. 시공 및 설계내역서 작성
		4. 분뇨 및 축산 폐수 방지시설의 설계	1. 분뇨처리 시설의 설계 및 시공
			2. 축산폐수처리시설의 설계 및 시공
수질오염공정 시험기준	20	1. 총칙	1. 일반사항
		2. 일반시험방법	1. 유량 측정
			2. 시료채취 및 보존
			3. 시료의 전처리
		3. 기기분석방법	1. 자외선/가시선분광법
			2. 원자흡수분광광도법
			3. 유도결합플라즈마 원자발광분광법
			4. 기체크로마토그래피법
			5. 이온크로마토그래피법
			6. 이온전극법 등
		4. 항목별 시험방법	1. 일반항목
			2. 금속류
			3. 유기물류
			4. 기타
		5. 하폐수 및 정수처리 공정에 관한 시험	1. 침강성, SVI, JAR TEST 시험 등
		6. 분석관련 용액제조	1. 시약 및 용액
			2. 완충액
			3. 배지
			4. 표준액
			5. 규정액
수질환경관계법규	20	1. 물환경보전법	1. 총칙
			2. 공공수역의 물환경 보전
			3. 점오염원의 관리
			4. 비점오염원의 관리
			5. 기타 수질오염원의 관리
			6. 폐수처리업
			7. 보칙 및 벌칙
		2. 물환경보전법 시행령	1. 시행령(별표 포함)
		3. 물환경보전법 시행규칙	1. 시행규칙(별표 포함)
		4. 물환경보전법 관련법	1. 환경정책기본법, 하수도법, 가축분뇨의 관리 및 이용에 관한 법률 등 수질환경과 관련된 기타 법규내용

원소주기율표

1 H 수소																	2 He 헬륨
3 Li 리튬	4 Be 베릴륨											5 B 붕소	6 C 탄소	7 N 질소	8 O 산소	9 F 플루오린	10 Ne 네온
11 Na 나트륨	12 Mg 마그네슘											13 Al 알루미늄	14 Si 규소	15 P 인	16 S 황	17 Cl 염소	18 Ar 아르곤
19 K 칼륨	20 Ca 칼슘	21 Sc 스칸듐	22 Ti 타이타늄	23 V 바나듐	24 Cr 크로뮴	25 Mn 망가니즈	26 Fe 철	27 Co 코발트	28 Ni 니켈	29 Cu 구리	30 Zn 아연	31 Ga 갈륨	32 Ge 저마늄	33 As 비소	34 Se 셀레늄	35 Br 브로민	36 Kr 크립톤
37 Rb 루비듐	38 Sr 스트론튬	39 Y 이트륨	40 Zr 지르코늄	41 Nb 나이오븀	42 Mo 몰리브데넘	43 Tc 테크네튬	44 Ru 루테늄	45 Rh 로듐	46 Pd 팔라듐	47 Ag 은	48 Cd 카드뮴	49 In 인듐	50 Sn 주석	51 Sb 안티몬	52 Te 텔루륨	53 I 아이오딘	54 Xe 제논
55 Cs 세슘	56 Ba 바륨	란타넘족	72 Hf 하프늄	73 Ta 탄탈	74 W 텅스텐	75 Re 레늄	76 Os 오스뮴	77 Ir 이리듐	78 Pt 백금	79 Au 금	80 Hg 수은	81 Tl 탈륨	82 Pb 납	83 Bi 비스무트	84 Po 폴로늄	85 At 아스타틴	86 Rn 라돈
87 Fr 프랑슘	88 Ra 라듐	악티늄족	104 Rf 러더포듐	105 Db 더브늄	106 Sg 시보귬	107 Bh 보륨	108 Hs 하슘	109 Mt 마이트너륨	110 Ds 다름슈타튬	111 Rg 뢴트게늄							

57 La 란타넘	58 Ce 세륨	59 Pr 프라세오디뮴	60 Nd 네오디뮴	61 Pm 프로메튬	62 Sm 사마륨	63 Eu 유로퓸	64 Gd 가돌리늄	65 Tb 테르븀	66 Dy 디스프로슘	67 Ho 홀뮴	68 Er 에르븀	69 Tm 툴륨	70 Yb 이터븀	71 Lu 루테튬
89 Ac 악티늄	90 Th 토륨	91 Pa 프로트악티늄	92 U 우라늄	93 Np 넵투늄	94 Pu 플루토늄	95 Am 아메리슘	96 Cm 퀴륨	97 Bk 버클륨	98 Cf 캘리포늄	99 Es 아인슈타이늄	100 Fm 페르뮴	101 Md 멘델레븀	102 No 노벨륨	103 Lr 로렌슘

원자번호 — 20
원소기호(예: 恐: 액체 a: 기체 a: 고체) — Ca
이름 — 칼슘

□ 금속 □ 비금속 □ 전이원소 □ 란타넘족 □ 악티늄족

동영상 강의 수강자를 위한 전쌤의 환경에듀 이용방법

동영상 강의 바로가기 www.환경에듀.com

01
STEP 1.
교재를 구입하셨나요?
전쌤의 환경에듀로 시작하세요.
열심히 해서 **합격**해보자구요!

02
STEP 2.
전쌤 강의는 **홈페이지와 블로그**를 통해
전쌤과 함께 공부하실 수 있습니다.

방법1
홈페이지 http://www.환경에듀.com

방법2
블로그 http://blog.naver.com/airnara69

03
STEP 3.
알기 쉽고 귀에 쏙쏙 들어오는
재미있는 **동영상 강의**
잘 시청하고 계신가요?

04
STEP 4.
공부하다가 궁금한 점이 있거나
알고 넘어가야하는 문제가 있으신가요?
환경에듀(http://www.환경에듀.com)의
문을 두드려보세요!

05
STEP 5.
전쌤의 환경에듀(www.환경에듀.com)는
여러분이 자격증을 취득하는 순간까지
늘 곁에서 함께 하겠습니다.

최고의 합격수험서

전화택 원장님이 제시하는 합격 완벽대비!

수질계열
- 수질환경기사·산업기사 필기
- 수질환경기사·산업기사 실기
- 수질환경기사 과년도
- 수질환경산업기사 과년도

대기계열
- 대기환경기사·산업기사 필기
- 대기환경기사·산업기사 실기
- 대기환경기사 과년도
- 대기환경산업기사 과년도

환경계열
- 환경기능사 필기&실기
- 환경기능사 필기+작업형

폐기물계열
- 폐기물처리기사 필기
- 폐기물처리기사 실기
- 폐기물처리기사 과년도
- 폐기물처리산업기사 필기
- 폐기물처리산업기사 실기
- 폐기물처리산업기사 과년도

화학계열
- 화학분석기능사 필기&실기

교재분야
- 수질환경분석
- 환경학개론
- 환경기초학 및 환경방지기술
- 수질오염
- 대기오염

❖ 환경에듀 홈페이지
http://www.환경에듀.com

❖ 블로그
http://blog.naver.com/airnara69

🔍 동영상 강의는 주소창에 www.환경에듀.com을 검색하세요!

도서출판 구민사
Address (07293) 서울특별시 영등포구 문래북로 116, 604호(문래동3가 46, 트리플렉스)
Tel 02)701-7421~2 Fax 02)3273-9642 homepage http://www.kuhminsa.co.kr/

핵심요약 정리

제1과목 수질오염 개론
제2과목 수질오염공정시험기준
제3과목 수질오염방지기술
제4과목 상하수도 계획
제5과목 수질환경관계법규

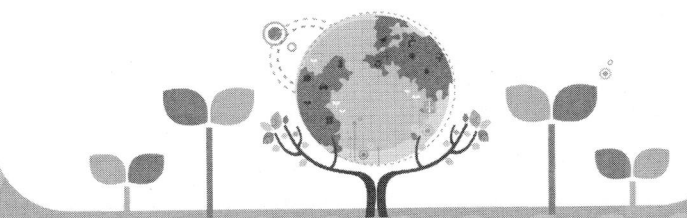

수질오염 개론

제1장 수질화학 기초편

❶ 단위 기초

≪≪ ① 동점성계수(Kinematic Viscosity) = $\dfrac{\mu(점성계수)}{\rho(밀도)}$

즉, 물의 동점성계수는 점성계수(μ)를 밀도(ρ)로 나눈 값이다.

여기서, 동점성계수(cm^2/sec), μ : 점성계수($g/cm \cdot sec$), ρ : 밀도(g/cm^3)

≪≪ ② 단위 : 밀도-g/cm^3, 동점성계수-cm^2/sec, 압력-$dyne/cm^2$,
점성계수-$g/cm \cdot sec$, 표면장력-$dyne/cm$

❷ 산화 · 환원반응

≪≪≪ **(1) 산(Acid)의 정의**

① Arrhenius는 수용액에서 양성자 [H^+]를 내어 놓는 것이다.
② Brönsted-Lowry는 양성자 [H^+]를 내어 주는 물질이다.
③ Lewis는 전자쌍을 수용액에서 받는 화학종이다.

≪≪ **(2) 염기(Base)의 정의**

① Arrhenius는 수용액에서 수산화이온 [OH^-]을 내어 놓는 것이다.
② Brönsted-Lowry는 양성자[H^+]를 받는 분자나 이온이다.
③ Lewis는 전자쌍을 수용액에서 주는 화학종이다.

(3) 산의 공통적인 성질

① 신맛이 난다.
② 푸른 리트머스 종이를 붉은색으로 변화시킨다.
③ 물에 용해되면 전해질이 된다.
④ 염기와 반응하여 염과 물을 발생시킨다.
⑤ 아연 등의 금속과 반응하여 수소를 발생시킨다.

❸ 반응조 혼합의 종류

(1) 완전혼합 흐름상태(CFSTR)

① 분산 : 1
② 분산수 : 무한대 (∞)
③ 모릴지수(Morrill 지수) : 클수록
④ 지체시간 : 0
⑤ 단로흐름으로 dead space를 동반 할 수 있다.
⑥ 반응조내에 유체는 즉시 완전히 혼합된다고 가정한다.

(2) 이상적인 플러그 흐름 상태(PFR)

① 분산 : 0
② 분산수 : 0
③ 모릴지수(Morrill지수) : 1
④ 지체시간 : 이론적 체류시간과 동일 할 때
⑤ 충격부하, 부하변동에 취약하다.
⑥ 탱크가 옆으로 길고 상하는 혼합하나 좌우혼합은 없다.

(3) CFSTR과 PFR의 비교

	CFSTR	PFR
분산	1	0
분산수	무한대(∞)	0
모릴지수	클수록	1
지체시간	0	이론적 체류시간과 동일할 때

❹ 콜로이드 화학

(1) 콜로이드성 물질의 종류

① 친수성 콜로이드의 특징
  ㉠ 유탁상태(에멀젼)으로 존재한다.
  ㉡ 염에 민감하지 못하다.
  ㉢ 표면장력이 용매보다 약하다.
  ㉣ 틴달효과가 약하거나 거의 없다.
  ㉤ 물과 쉽게 반응한다.
  ㉥ 재생이 용이하다.
  ㉦ 수막 또는 수화수를 형성시킨다.
  ㉧ 매우 큰 분자 또는 이온상태로 존재한다.
  ㉨ 반응이 불활발하며 전해질이 많이 요구된다.
  ㉩ 전해질에 대한 반응은 활발하며 많은 응집제를 필요로 한다.

② 소수성 콜로이드의 특징
  ㉠ 현탁질(Suspensoid) 상태이다.
  ㉡ 염에 매우 민감하다.
  ㉢ 표면장력이 용매와 비슷하다.
  ㉣ 틴달효과가 크다.
  ㉤ 물과 반발하는 성질이 있다.
  ㉥ 재생이 어렵다.
  ㉦ pH가 낮으면 양전하 콜로이드가 많아진다.
  ㉧ 소량의 응집제로 쉽게 응집침전시킨다.
  ㉨ 점도는 분산매와 비슷하다.

③ 소수성 콜로이드 입자가 전기를 띠고 있는 것을 조사하는 실험
  전해질을 소량 넣고 응집을 조사한다.

(2) 응집의 화학적 반응기작을 나타내는 종류

① 이중층의 압축(double layer compression)
② 체거름(enmeshment)
③ 가교작용(interparticle bridging)
④ 제타전위(콜로이드 전단면에서의 정전기적 전위, 콜로이드 반발력을 나타내는 지표)의 감소

제2장 물의 특성

❶ 수자원

(1) 물 순환의 근본에너지는 태양에너지다.

(2) 지구상의 수자원은 해수가 97%이고 담수가 3%를 차지한다.

(3) 담수의 분포는 다음과 같다.

빙하(만년설 포함) > 지하수 > 지표수 > 토양의 수분 > 대기중의 수분
(중요) 담수 중에서 가장 많은 양을 차지하는 것은 빙하(만년설 포함)이다.

(4) 우리나라 수자원 이용현황

농업용수(54%) > 하천유지용수(20%) > 생활용수(17%) > 공업용수(9%)

❷ 물의 물리적 성질

① 비열 : 1.0cal/g·℃(15℃)
② 표면장력 : 72.75dyne/cm(20℃)
③ 융해열 : 79.40cal/g(0℃)
④ 음파의 전파속도 : 1482.9m/sec(20℃)
⑤ 비저항 : $2.5 \times 10^7 \Omega\,cm$
⑥ 기화열 : 539cal/g(100℃)
⑦ 비점 : 100℃ (1기압하)
⑧ 빙점 : 0℃ (1기압하)
⑨ 밀도 : 1.000g/cm³(4℃)

❸ 물의 물리적 특성

① 수소와 산소의 공유결합 및 수소결합으로 되어 있다.
② 물의 점도는 표준상태에서 대기의 대략 100배 정도이다.

③ 물 분자 사이의 수소결합으로 큰 표면장력을 갖으며 수온이 증가하면 표면장력은 감소한다.
④ 상온에서 알칼리금속, 알칼리토금속, 철과 반응하여 수소를 발생시킨다.
⑤ 점도는 수온과 불순물의 농도에 따라 달라지는데 수온이 증가할수록 점도는 낮아진다.
⑥ 고체상태인 경우 수소결합에 의한 육각형 결정구조로 되어 있다.
⑦ 액체상태의 경우 공유결합과 수소결합의 구조로 H^+, OH^-로 전리되어 극성을 가진다.(화학구조적으로 극성을 띠어 많은 물질들을 녹일 수 있다.)
⑧ 온도차에 의한 밀도변화는 호수의 계절적 성층화와 전도를 유도한다.
⑨ 밀도류에 영향을 미치는 물의 점성은 온도가 상승함에 따라 감소한다.
⑩ 물은 2개의 수소원자가 산소원자를 사이에 두고 104.5°의 결합각을 가진 구조로 되어 있다.
⑪ 물은 유사한 분자량의 화합물보다 비열이 매우 커 수온의 급격한 변화를 방지해 준다.
⑫ 물의 밀도는 4℃에서 가장 크다.
⑬ 지구상에서의 물의 대규모 순환은 해양에서 대기로, 대기에서 육상 또는 해상으로, 육지에서 해양으로의 이동이다.
⑭ 기화열이 크기 때문에 생물의 효과적인 체온조절이 가능하다.
⑮ 생물체의 결빙이 쉽게 일어나지 않음은 물의 융해열이 크기 때문이다.
⑯ 비열을 1g의 물질을 14.5℃~15.5℃까지 1℃ 올리는데 필요한 열량으로 물은 유사한 분자량을 갖는 다른 화합물보다 비열이 매우 큰 특성이 있다.
⑰ 물의 점도는 물분자 상호간의 인력 때문에 생기게 되며 온도가 높아짐에 따라 작아진다.
⑱ 물은 비압축성이며 다른 액체상태의 물질과는 달리 약 4℃일 때 밀도가 최대(1000kg/m³)가 된다.
⑲ 물의 동점도는 절대점도를 밀도로 나눈 값으로 cm^2/sec, stokes 등의 단위로 나타낸다.
⑳ 광합성의 수소공여체이며 호흡의 최종 산물이다.

❹ 수자원의 특성

(1) 하천수

① 탁도와 색도를 나타낸다.
② 하상계수(최대유량과 최소유량의 비)가 크다.
③ 갈수기에는 수질이 악화되기 쉽다.
④ 미생물과 유기물이 많이 함유되어 있다.
⑤ 자연수의 pH는 일반적으로 CO_2와 CO_3^{2-}의 비율로서 결정된다.

(2) 호소수

① 냄새, 색도, 탁도를 나타낸다.
② 영양염류(N, P)가 많아 농업용수로 적합하다
③ 부영양화 현상(녹조현상)이 잘 발생한다.
④ 미생물중에서 조류가 존재할 경우에는 엽록소를 가지므로 광합성 작용을 한다.

※※※ (3) 지하수의 특성

① 분해성 유기물질이 풍부한 토양을 통과하게 되면 지하수내에 대량의 이산화탄소가 용해된다.
② 유속이 느리며 국지적 환경조건의 영향을 크게 받는다.
③ 세균에 의한 유기물의 분해가 주된 생물작용이다.
④ 토양은 대량의 오염을 방지해주며 불순물과 세균이 없는 지하수를 만드는데 역할을 한다.
⑤ 지하수는 지표수보다 경도가 높다.
⑥ 비교적 얕은 지하수의 염분농도는 하천수보다 평균 30% 이상 큰 값을 나타낸다.
⑦ 지하수는 토양수내 유기물질 분해에 따른 탄산가스의 발생과 약산성의 빗물로 인하여 광물질이 용해되어 경도가 높다.
⑧ 탁도가 낮다.
⑨ 년중 수온의 변동이 적고 염분함량이 지표수보다 높다.
⑩ 유량의 변화 적고 자정작용이 느리다.

※※※ (4) 지하수 수질의 수직 분포

① 산화-환원 전위(ORP) : 상층수(고), 하층수(저)
② 용존산소(DO) : 상층수(대), 하층수(소)
③ 황산이온(SO_4^{2-}) : 상층수(대), 하층수(소)
④ 질산이온(NO_3^-) : 상층수(대), 하층수(소)
⑤ pH : 상층수(대), 하층수(소)
⑥ 유리탄산 : 상층수(대), 하층수(소)
⑦ 질소 : 상층수(소), 하층수(대)
⑧ 염분 : 상층수(소), 하층수(대)
⑨ 철이온(Fe^{2+}) : 상층수(소), 하층수(대)
⑩ 알칼리도 : 상층수(소), 하층수(대)

제3장 수질 미생물학

❶ 미생물의 분류 및 특성

(1) 에너지원과 탄소원에 의한 미생물의 분류

① 광합성 자가(독립) 영양 미생물의 에너지원은 빛이며 탄소원은 CO_2이다.
② 화학합성 자가(독립) 영양 미생물의 에너지원은 무기물의 산화·환원반응이며 탄소원은 CO_2이다.
③ 광합성 타가(종속) 영양 미생물의 에너지원은 빛이며 탄소원은 유기탄소이다.
④ 화학합성 타가(종속) 영양 미생물의 에너지원은 유기물의 산화·환원반응이며 탄소원은 유기탄소이다.

※※※※ (정리하면)

분류	에너지원	탄소원
광합성 자가(독립) 영양 미생물	빛	CO_2
화학합성 자가(독립) 영양 미생물	무기물의 산화·환원 반응	CO_2
광합성 타가(종속) 영양 미생물	빛	유기탄소
화학합성 타가(종속) 영양 미생물	유기물의 산화·환원 반응	유기탄소

※※※ (2) 생물학적 질산화공정의 특징

① 질산화반응에 참여하는 미생물은 산소(O_2)가 필요한 호기성미생물이며 독립영양계 미생물이다.
② 질산화 반응에는 O_2가 필요하다.
③ 암모니아성 질소의 질산화는 Nitrosomonas와 Nitrobacter 미생물이 관여하여 2단계로 진행된다.
④ 암모니아성 질소(NH_3 - N)를 아질산성질소(NO_2 - N)으로 전환시키는 1단계 반응에는 Nitrosomonas(니트로조모나스)가 관여 한다.
⑤ 아질산성질소(NO_2 - N)를 질산성 질소(NO_3 - N)으로 전환시키는 2단계 반응에는 Nitrobacter(니트로박터)가 관여한다.
⑥ 질산화반응은 호기성 폐수처리의 후기에 진행된다.
⑦ 질산화미생물은 유기탄소보다 무기탄소(CO_2)를 새로운 세포합성에 이용된다.
⑧ 질산화 반응의 최적온도는 30℃ 이다.
⑨ 질산화공정에서는 (H^+)의 증가로 pH가 감소한다.

⑩ 질산화 미생물은 절대호기성이어서 높은 산소 농도를 요구한다.
⑪ Nitrobacter는 암모늄이온의 존재하에서 pH 9.5 이상이면 생장이 억제된다.
⑫ Nitrosomonas는 알칼리성 상태에서는 활성이 크지만 pH 6.0 이하에서는 생장이 억제된다.

(3) 생물학적 탈질화공정의 특징

① 탈질화 공정은 주로 종속(타가)영양계 미생물에 의해 발생된다.
② 탈질소를 위해서는 내부탄소원이나 메탄올을 이용할 수 있다.
③ 탈질소는 질산염질소를 보다 더 환원된 형태로 바꾸는 생물학적 전화공정이다.
④ 탈질소 반응이 지체없이 진행되기 위해서는 적당한 수소공여체가 적당량으로 존재하여야 한다. 알칼리도는 NO_3^--N, NO_2^--N 환원에 따라 알칼리도가 생성된다.
⑤ 탈질공정에서 일반적으로 탄소원 공급용으로 가해주는 화학약품은 메탄올(CH_3OH)이다. 수소공여체는 NO_3^-, NO_2^- 이다.
⑥ NO_3^-가 박테리아에 의해 N_2로 환원되는 경우 질손환원 박테리아의 탄소공급원으로 제공된 CH_3OH 중 OH^-가 발생해 pH가 증가한다.
⑦ 아질산이온, 질산이온 등이 질소가스로 변환되어 대기로 방출되는 공정이다.
⑧ 생물학적 탈질공정은 Pseudomonas, Micrococcus 등에 이해서 이루어진다.
⑨ 탈질화 공정에서 용존산소의 농도는 주요 변수이다.

❷ 미생물의 종류

(1) 미생물의 경험적인 화학식

① 박테리아 : $C_5H_7O_2N$
② 조류 : $C_5H_8O_2N$
③ 곰팡이(Fungi) : $C_{10}H_{17}O_6N$
④ 원생동물(Protozoa) : $C_7H_{14}O_3N$
⑤ 친냉성미생물 : 10~30℃(최적 12~18℃)
　친온성미생물 : 20~50℃(최적 25~40℃)
　친열성미생물 : 35~75℃(최적 55~65℃)}

(2) Fungi(곰팡이)

① 탄소동화작용을 하지 않고 유기물질을 섭취하는 식물로 폐수내의 질소와 용존산소

가 부족한 경우에도 잘 성장하며 pH가 낮은 경우에도 잘 자라 산성폐수의 처리에도 이용되는 미생물이다.
② 경험적인 화학식은 $C_{10}H_{17}O_6N$ 이다.
③ 활성슬러지법에서 팽화(벌킹)현상을 유발한다.

(3) Bacteria(박테리아)

① 가장 간단한 식물로서 용해된 유기물을 섭취하며 생물학적 수처리에서 가장 중요한 미생물이다.
② 경험적 화학식은 $C_5H_7O_2N$이다.
③ 박테리아는 H_2O가 80%, 고형물이 20%로 구성되어 있으며 고형물은 90%가 유기물이고 10%가 무기물이다.
④ 박테리아는 0.8~5μm의 단세포생물이며 이분법(세포분열)에 의해 증식한다.
⑤ 환경인자(pH, 온도)에 대하여 민감하며 열보다 낮은 온도에서 저항성이 높다.
⑥ 성장을 위한 환경적인 조건에 따라 분류할 때 바닷물과 비슷한 염 조건하에서 가장 잘 자라는 박테리아(호염균)가 Halophiles이다.
⑦ 엽록소가 없어 탄소동화작용을 못한다.

(4) 조류(Algae)

- 경험적인 화학식이 $C_5H_8O_2N$으로 수중의 용존산소 균형에 영향을 준다.
- 상수원에서는 색, 맛, 불쾌한 냄새유발, pH 저하, 여과재 막힘 등에 영향을 준다.
- 엽록소를 가지며 광합성 능력을 가진다.

① 규조류
  ㉠ 봄과 가을에 순간적 급성장을 보여 호수와 성층현상과 관련 있는 것으로 판단되는 조류는 보통 단세포이며 드물게 군락을 이루고 있는 경우가 있으며 초기지질시대에 호수에 번성하여 축적된 잔해가 가끔 거대한 퇴적층을 형성하기도 하는 조류이다.
  ㉡ 황조류로 엽록소 a, c와 크산토필의 색소를 가지고 있는 세포벽이 형태상 독특한 단세포 조류이며, 찬물 속에서도 잘 자라 북극지방에서나 겨울철에 변성하는 것을 발견할 수 있는 조류이다.

② 남조류(Blue green algae)
  ㉠ 세포벽의 형태가 박테리아와 유사하며, 섬유상이나 군락상의 단세포로 편모가 없으며, 엽록소가 엽록체 내부에 있지 않고 세포전체에 퍼져있는 원핵생물이다.

ⓒ 내부기관이 발달되어 있지 않고 Bacteria에 가까우며 광합성을 하는 미생물이다.
　　　ⓒ 세포벽의 구조는 박테리아와 흡사하다.
　　　ⓔ 광합성 색소가 엽록체 안에 들어있지 않다.
　　　ⓜ 호기성 신진대사를 하며 전자공여체로 물을 사용한다.
　　　ⓗ 대기로부터 질소고정능력을 가진다.
　③ 녹조류(green Algae)
　　　㉠ 조류 중 가장 큰 문(division)이다.
　　　ⓒ 세포벽은 엽록소이다.
　　　ⓒ 클로로필 a, b를 가지고 있다.
　　　ⓔ 종류는 단세포와 다세포가 있으며, 비운동성이 있는가 하면 유영편모(Swimming flagella)를 갖춘 것도 있다.

(5) 원핵세포

① 원핵세포의 세포벽은 세포막의 외부에 위치하며 세포를 지지하고 보호해주는 견고한 구조로 되어 있다.
② 원핵세포의 리보솜은 단백질과 리보핵산으로 구성되어 있는 작은 과립체이다.
③ 원핵세포의 세포크기는 진핵세포에 비하여 작다.
④ 세포벽은 펩티드 글리칸으로 구성되어 있다.
⑤ 유사분열을 안한다.

(6) 진핵생물(진핵세포)

① 유사분열을 하며 염색체가 여러개이다.
② 호흡을 위한 사립체가 있다.
③ 2~9개의 편모가 있다.
④ 세포벽은 셀룰로즈, 키틴질로 되어 있다.
⑤ 세포소기관으로 미토콘드리아, 엽록체, 액포 등이 존재한다.
⑥ 핵막이 있다.
⑦ 리보솜은 80S(예외로 미토콘드리아와 엽록체는 70S)이다.

(7) 미생물의 성장과 특성

① 순서 : 유도기 → 대수성장단계 → 감소성장단계 → 내성장단계
② 유도기 : 수중에서 미생물과 유기물이 상호작용하는 단계, 각종 효소 단백질을 생합성하는 단계

③ 대수성장단계 : 미생물이 엉키지 않고 자라는 분산성장단계, 먹이가 풍부하고 증식속도가 가장 큰 단계, 새로운 세포물질이 지배적인 단계, floc이 비대하여 침강성이 낮은 단계
④ 감소성장단계 : 미생물이 엉켜 floc 형성 단계, 원형질이 개체수보다 많아지는 단계, 먹이가 부족하게 되는 단계
⑤ 내성장단계 : 미생물의 증식이 정지되는 단계

> **TIP**
> 미생물의 증식곡선 단계 순서를 찾는 문제
> • 4단계 : 유도기 - 대수기 - 정지기 - 사멸기
> • 7단계 : 유도기 - 대수증식기 - 감소성장기 - 정지기 - 증가사멸기 - 대수사멸기 - 사멸기

제4장 수질오염지표

❶ 용존산소(DO)

(1) 용존산소(DO)의 특징

① 수온이 높을수록 용존산소량은 감소한다.
② 용존염류의 농도가 높을수록 용존산소량은 감소한다.
③ 현존 용존산소 농도가 낮을수록 산소전달율은 높아진다.
④ 같은 수온하에서는 해수보다 담수의 용존산소량이 높다.
⑤ 물속의 용존산소는 수온이 낮고 기압이 높을 때 증가한다.

★★ (2) 산소전달속도(K_{La})

$$\frac{dO}{dt} = K_{La} \times (C_s - C)$$

① 기포가 작을수록 커진다.
② 교반강도가 클수록 크다.
③ 수중의 용존산소농도가 낮을수록 크다.
④ 공기중의 산소분압이 낮아지면 감소한다.

(3) 담수의 DO가 해수의 DO보다 높은 이유는 염도가 낮기 때문이다.

❷ 생물화학적 산소 요구량(BOD)

(1) 특징

① 호기성 미생물에 의해 유기물이 산화분해될 때 소비되는 산소량이다.
② 유기물이 완전히 분해 또는 안정화되는데 사용된 산소의 양을 최종 BOD라 한다.
③ 최종 BOD 측정은 보통 20일정도 걸리나 BOD시험은 보통 5일 BOD로 한다.
④ 질소화합물의 산화를 보통 2단계 BOD라 하며 보통 8일부터 질산화가 이루어진다.
⑤ 시료를 20℃에서 5일간 저장하여 두었을 때 시료중의 호기성 미생물의 증식과 호흡작용에 의하여 소비되는 용존산소의 양으로부터 측정한다.

(2) BOD_t 공식

① 소모공식, 밑수 10(또는 상용대수)
$BOD_t = BOD_u \times (1-10^{-k_1 \times t})$

② 소모공식, 밑수 e(또는 자연대수)
$BOD_t = BOD_u \times (1-e^{-k_1 \times t})$

③ 잔류공식, 밑수 10(또는 상용대수)
$BOD_t = BOD_u \times (10^{-k_1 \times t})$

④ 잔류공식, 밑수 e(또는 자연대수)
$BOD_t = BOD_u \times (e^{-k_1 \times t})$

$\begin{bmatrix} BOD_t : \text{t일 BOD(mg/L)} \\ k_1 : \text{탈산소계수(/day)} \end{bmatrix}$ BOD_u : 최종 BOD(mg/L)
   t : 시간(day)

(3) COD = BDCOD + NBDCOD

$\begin{bmatrix} BDCOD : \text{생물학적 분해 가능한 COD} = BOD_u \\ NBDCOD : \text{생물학적 분해 불가능한 COD} \\ \therefore NBDCOD = COD-BDCOD(=BOD_u) \end{bmatrix}$

❸ 경도(Hardness)

경도는 물의 세기 정도를 말하며 2가 양이온 금속성 물질(Ca^{2+}, Mg^{2+}, Mn^{2+}, Fe^{2+}, Sr^{2+})의 량을 탄산칼슘($CaCO_3$)의 농도로 환산한 값(ppm = mg / L)이다.

(1) 경도의 특징

① 경도에는 영구경도인 비탄산경도와 일시경도인 탄산경도가 있다.
② 탄산경도 성분은 물을 끓일 때 제거되므로 일시경도라 한다.
③ 비탄산경도 성분은 열을 가해도 제거되지 않으므로 영구경도라 한다.
④ 일반적으로 칼슘이온과 마그네슘이온이 경도의 주원인이 된다.
⑤ 총경도 = 탄산경도(일시경도) + 비탄산경도(영구경도)
  ∴ 비탄산경도 = 총경도-탄산경도
  ㉠ 총경도 > Alk : Alk = 탄산경도
    ∴ 비탄산경도 = 총경도-Alk
  ㉡ 총경도 < Alk : 총경도 = 탄산경도
    ∴ 비탄산경도 = 총경도-총경도 = 0
⑥ 농도가 낮은 경우에는 경도를 유발하지 않으나 농도가 높은 경우에 경도를 유발하는 물질을 가경도(유사경도)유발물질이라 하며 금속이온 중 Na^+, K^+ 등이 있으며 대표적인 물질은 Na^+(나트륨이온)이다.

(2) 경도 계산식

$$\frac{경도(mg/L)}{50g} = \frac{Ca^{2+}mg/L}{20g} + \frac{Mg^{2+}mg/L}{12g} + \frac{Fe^{2+}mg/L}{28g} + \frac{Mn^{2+}mg/L}{27.5g} + \frac{Sr^{2+}mg/L}{43.8g}$$

❹ 알칼리도(Alkalinity)

산을 중화할 수 있는 완충능력, 즉 수중에 존재하는 [H+]을 중화시키기 위하여 반응할 수 있는 이온의 총량을 말한다.

(1) 알칼리도(Alkalinity)의 특징

① P - Alk(P - 알칼리도)는 처음 pH에서 pH 8.3까지 소요된 산의 양을 $CaCO_3$로 환산한 양을 말한다. 유발물질 중 자연수의 경우 중탄산염(HCO_3^-)에 의한 알칼리도가 지배적이다.
② P - Alk(P - 알칼리도)을 측정할 때 사용하는 지시약은 페놀프탈레인이다. 총경도가 알칼리도보다 큰 경우는 알칼리도와 탄산경도는 같다.
③ 총알칼리도는 처음 pH에서 pH 4.5까지 소요된 산의 양을 $CaCO_3$로 환산한 양을 말한다. (M-알칼리도가 총알칼리도이다.)

④ 총알칼리도를 측정할 때 사용하는 지시약은 메틸 오렌지이다.
⑤ 자연수 중의 알칼리도 원인물질은 HCO_3^-, CO_3^{2-}, OH^-이다.
⑥ 유발물질 중 자연수의 경우 중탄산염(HCO_3^-)에 의한 알칼리도가 지배적이다.
⑦ 자연수의 알칼리도는 석회암 등의 지질에 의해 변할 수 있다.
⑧ 실용목적에서는 자연수에 있어서 수산화물, 탄산염, 중탄산염 이외, 기타 물질에 기인되는 알칼리도는 중요하지 않다.
⑨ 알칼리도 자료는 부식제어가 관련되는 중요한 변수인 Langelier 포화지수 계산에 이용된다.

✯✯✯ (2) 알칼리도(Alkalinity) 계산식

① 물속에 존재하는 이온의 농도가 주어질 때

$$\frac{Alk(mg/L)}{50g} = \frac{OH^-(mg/L)}{17g} + \frac{CO_3^{2-}(mg/L)}{60g/2} + \frac{HCO_3^-(mg/L)}{61g}$$

② 적정법에 의한 계산공식

$$알칼리도(mg/L \text{ as } CaCO_3) = \frac{A \times N \times 50,000}{V} = A \times N \times f \times \frac{1000}{V} \times 50$$

- A : 주입된 산의 부피(mL)
- V : 시료의 부피(mL)
- N : 주입된 산의 N농도
- 50,000(mg) : $CaCO_3$ 당량

제5장 하천의 수질오염 관리

✯✯ ❶ 유해물질과 만성질환 및 발생공업

① PCB - 카네미유증
  - 변압기, 콘덴서 공장
② 수은 - 헌터-루셀 증후군, 미나마타병, 경구염, 수족 떨림
  - 제련, 살충제, 온도계, 압력계 제조업
③ 망간 - 파킨슨씨 증후군과 유사한 증상
  - 광산, 합금, 유리착색 공업
④ 카드뮴 - 이따이이따이병, 골연화증
  - 아연정련업, 도금공업

⑤ 아연 - 소인증
- 도금, 안료공업
⑥ 불소 - 법랑반점
- 살충제, 도료공업
⑦ 비소 - 피부염, 발암, 피부흑색(청색)화
- 황산제조, 피혁공업
⑧ 구리 - 만성중독시 간경변, 윌슨씨 증후군
- 도금공장, 파이프 제조업

❷ 소독 및 살균

(1) 염소소독의 특징

① 염소 소독 시 pH가 높을 때 일어나는 반응은 $HOCl \rightarrow H^+ + OCl^-$ 이다.
② HOCl이 OCl^- 보다 살균력이 80배 강하다.
③ 살균능력은 클로라민 < OCl^- < HOCl 순이다.
④ 유기물이 많아서 BOD가 높은물을 상수원으로 사용하는 경우 염소 소독시 생성되는 발암성물질은 THM(Trihalomethane)이다.
⑤ 염소의 살균력은 온도가 높을수록, 반응시간이 길수록, 주입농도가 증가할수록, pH가 낮을수록 증가한다.
⑥ 수중에 암모니아가 존재하면 염소와 반응하여 클로라민을 형성한다.
⑦ 미량의 phenol을 함유하는 물을 염소 처리하면 음료수에 불쾌한 맛과 냄새를 야기 시키는 이유는 페놀이 염소와 작용하여 클로로페놀을 생성시키기 때문이다.

(2) 클로라민의 살균력

① 살균력 순서는 $NHCl_2$(디클로라민) > NH_2Cl(모노클로라민)이다.
② NCl_3(트리클로라민)은 산화력이 0이므로 살균력이 없다.

(3) 잔류성

① 잔류성 물질 : 염소화합물(Cl_2, HOCl, OCl^-, ClO_2, 클로라민)
② 잔류성 없는 물질 : O_3(오존), 자외선(UV)

❸ 트리할로메탄(THM) 특징

(1) THM의 생성조건

① 전구물질의 농도가 높을수록 생성량은 증가한다.
② pH가 증가할수록 생성량은 증가한다.
③ 온도가 증가할수록 생성량은 증가한다.
④ 물속의 유기물질이 소독제로 사용되는 염소 또는 바닷물중의 브롬과 반응하여 생성된다.
⑤ 여름철 장마시 숲속에서 휴믹물질이 상수원수로 유입될 때 다량 발생한다.
⑥ 유리염소와 부식질계 유기물이 반응하여 생성된다.

> **TIP**
>
> **THM 증가조건**
> 수온↑, pH↑, 접촉시간↑, 염소 주입량↑

(2) 수돗물에서 생성된 트리할로메탄류는 대부분 클로로포름으로 존재한다.

(3) 클로로포름(트리클로로메탄)은 THM의 75%을 차지한다.

(4) 대책

① 전구물질 제거법 : 활성탄 흡착(용해성), 중간염소처리(용해성), 응집침전(콜로이드 형태)
② 소독방법전환 : 클로라민, O_3(오존), ClO_2(이산화염소), UV(자외선)

❹ 하천의 자정작용

(1) 자정계수(f)의 특징

① 자정계수는 $\dfrac{\text{재포기 계수}(k_2)}{\text{탈산소 계수}(k_1)}$ 이다.
② 유속이 빨라지면 자정계수는 커진다.
③ 구배가 크면 자정계수는 커진다.
④ 자정계수의 단위는 없다.

⑤ 수심이 얕을수록 자정계수는 커진다.
⑥ 온도가 높아지면 자정계수는 낮아진다.
⑦ 자정계수 순서는 폭포 > 유속이 빠른 하천 > 완만한 하천 > 조그만 연못 순서이다.
⑧ 유기물질의 구조가 간단할수록 탈산소계수는 증가한다.

> **TIP**
> 온도가 증가함에 따라 k_1(탈산소 계수), k_2(재포기 계수)가 모두 증가하지만 k_1 (탈산소 계수) 증가율이 더욱 커져 자정계수(f)는 감소한다.

(2) 재포기(Reaeration)계수(k_2)

① 유속이 클수록 커진다.
② 수심이 얕을수록 커진다.
③ 재포기계수가 커지면 자정계수는 커진다.
④ 경사가 급할수록 커진다.
⑤ 하상이 거칠수록 커진다.
⑥ 수온이 높을수록 커진다.
⑦ 교란이 있을수록 커진다.

❺ Whipple의 하천정화단계

(1) (초기)분해지대

① 희석이 잘되는 큰 하천보다 희석이 덜 되는 작은 하천에서 더 뚜렷이 나타난다.
② 세균의 수가 증가하고 유기물을 많이 함유하는 슬러지의 침전이 많아진다.
③ 오염에 잘 견디는 곰팡이류가 녹색 수중식물이나 고등미생물을 대신해 번식한다.
④ 유기물을 다량 함유하는 슬러지의 침전이 많아지고 용존산소량이 크게 줄어드는 대신에 탄산가스의 양은 증가한다.

(2) 활발한 분해지대

① 수중에 DO가 거의 없어 혐기성 Bacteria가 번식하며 NH_3-N 농도가 증가하는 지대이다.
② 흑색 및 점성질의 슬러지 침전물이 생기고 기체방울이 수면으로 떠오른다.
③ 수중에 CO_2 농도나 NH_3-N농도가 증가하며 fungi가 사라진다.
④ 호기성세균이 혐기성세균으로 교체된다.

(3) 회복지대

① 혐기성균이 호기성균으로 대체되며 조류가 많이 발생하며 fungi도 조금씩 발생한다.
② 광합성을 하는 조류가 번식하며 원생동물, 유충, 갑각류가 번식하며 큰 수중식물도 다시 나타난다.
③ 바닥에서는 조개나 벌레의 유충이 번식하며 오염에 견디는 힘이 강한 은빛 담수어 등의 물고기도 서식한다.
④ 용존산소가 포화 될 정도로 증가한다.
⑤ 아질산염이나 질산염의 농도가 증가한다.

(4) 정수지대

① DO와 BOD가 오염이전으로 회복된다.
② 호기성 세균이 증가하고 착색조류가 증가, 송어, 쏘가리 증가한다.
③ NO_3-N가 증가한다.

6 하천모델링의 종류

(1) Streeter-Phelps 모델

① 점오염원으로부터 오염부하량 고려
② 하천수질 모델링의 최초
③ 유기물 분해로 인한 용존산소 소비와 대기로부터 수면을 통해 산소가 재공급되는 재폭기 고려

(2) DO SAG-Ⅰ, Ⅱ, Ⅲ 모델

① 1차원 정상상태 모델이다.
② 점오염원 및 비점오염원이 하천의 용존산소에 미치는 영향을 나타낼 수 있다.
③ Streeter-Phelps 식을 기본으로 한다.
④ 저질의 영향과 광합성 작용에 의한 용존산소 반응을 무시한다.

(3) QUAL-Ⅰ 모델

① 유속, 수심, 조도계수에 의해서 확산계수를 계산한다.
② 하천과 대기사이에서의 열복사를 고려한다.
③ 오염물질의 유입과 용수취수를 고려한다.

(4) QUAL-Ⅱ 모델

① 질소화합물(NH_3-N, NO_2-N, NO_3-N), P(인), 클로로필-a(chl-a)를 고려
② 음해법을 이용해 미분방정식의 해를 구한다.
③ QUAL-Ⅰ 모델보다 계산시간이 짧다.

(5) WQRRS 모델

① 하천 및 호수의 부영양화를 고려한 생태계모델이다.
② 정적 및 동적인 하천의 수질, 수문학적 특성이 광범위하게 고려된다.
③ 호수에는 수심별 1차원 모델이 적용된다.

(6) USGS Streeter phelps 모델

① Streeter phelps 모델을 확장시킨 1차원 모델이다.
② 하천의 수리학적 특성, 반응계수 등을 고려
③ 비점오염원 무산소상태를 고려한다.

제6장 호수의 수질오염관리

❶ 성층현상 및 전도현상

(1) 호소에서 성층현상 및 전도현상

① 겨울에는 호수바닥의 물이 최대 밀도를 나타내게 된다.
② 여름에는 수직운동이 호수 상층에만 국한된다.
③ 수심에 따른 온도변화로 인해 발생되는 물의 밀도차에 의해 일어난다.
④ 봄, 가을에는 저수지의 수직혼합이 활발하여 분명한 열 밀도층의 구별이 없어진다.
⑤ 겨울과 여름에는 수직혼합이 없어 정체현상이 생기며 수심에 따라 온도와 용존산소 농도 차이가 크고 겨울보다 여름이 정체가 더 뚜렷히 생긴다.
⑥ 수온에 따라 표수층, 수온약층, 심수층의 성층을 이룬다.
⑦ 하층의 물은 표층으로 잘 순환(turn over)되지 않고 수직운동은 상층에만 국한한다.
⑧ 봄철 기온이 높고 바람이 약할 경우에는 성층이 늦게 이루어진다.

⑨ 봄철 전도현상은 표수층의 수온이 높아지기 시작하고 4℃가 되면 최대밀도를 가지게 되어 아래로 이동하게 되고 상대적으로 심수층 물이 표수층으로 이동하게 되어 일어난다.
⑩ 가을철 전도현상은 표수층의 수온이 점차 감소되기 시작하고 밀도는 증가하기 시작한다. 표수층의 수온이 심수층의 수온과 비슷해지면 바람에 의해서도 표수층의 물이 아래로 이동하고 심수층의 물이 표수층으로 이동하게 되어 발생한다.
⑪ 성층현상 ┌ 강한성층 : 여름철
　　　　　 └ 강한성층 : 겨울철
⑫ 전도현상은 봄과 가을에 발생한다.
⑬ 호소의 성층현상은 기후특성, 호소 저수용량에 따른 유입 유출량의 크기, 호수의 크기 등 다양한 환경 인자에 의해 영향을 받는다.
⑭ 수온약층은 표수층에 비하여 수심에 따른 온도차이가 크다.

❷ 호수의 부영양화

(1) 칼슨지수

칼슨에 의해 개발되어 칼슨지수라고 하는데 칼슨지수는 경험적으로 만든 연속적인 부영양화 지수이다.

① Carlson 지수 산정시 적용되는 Parameter
　㉠ 클로로필-a (chl-a)
　㉡ T-P (총인)
　㉢ 투명도 (SD)
② 부영양화 단계를 예측하는 모델
　㉠ 인(P) 부하모델 : Vollenweider 모델
　㉡ 인(P)-엽록소 모델 : Larsen & Mercier 모델, Dillan 모델, 사카모토 모델

(2) Vollenweider(볼렌와이더)가 제안한 영양물질 수지모델(호소의 부영양화 예측 모델)에서 고려 사항

① 방류 유량
② 침전율 계수
③ 호수의 체적

(3) Vollenweider model

호수에 부하되는 인산량을 적용하여 대상호수의 영양상태를 평가, 예측하는 모델 중 호수내의 인의 물질수지 관계식을 이용하여 평가하는 방법이다.

제7장 해수

❶ 해수의 특성

(1) 해수의 특징

① 해수는 pH 약 8.2 정도이며 강전해질로 1리터당 35g의 염분을 함유한다.
② 해수의 밀도는 염분, 수온, 수압의 함수로 수심이 깊을수록 증가한다.
③ 해수 내 전체 질소 중 약 35% 정도는 암모니아성 질소와 유기질소의 형태이다.
④ 해수의 Mg/Ca 비는 3~4 정도로 담수에 비하여 크다.
⑤ 중요한 화학적 성분 7가지(Holy seven)는 Cl^-, Na^+, SO_4^{2-}, Mg^{2+}, Ca^{2+}, K^+, HCO_3^- 이다.
⑥ 해수의 주요성분 농도비는 항상 일정하다.
⑦ 해수는 HCO_3^-[bicarbonate : 중탄산염]를 포함시킨 상태로 되어 있다.(bicarbonate의 완충용액이다.)
⑧ 염분은 통상 천분율로 표시한다.
⑨ 염분농도순서는 중위도 > 적도 > 극지방 순서이다.
⑩ 염분은 적도 해역에서는 높고 남극과 북극 해역에서는 다소 낮다.
⑪ 해수는 염분 외에 온도만 측정하면 해수의 비중을 알 수 있다.

(2) 해수에서 영양염류가 수온이 낮은 곳에 많고 수온이 높은 지역에서 적은 이유

① 수온이 낮은 바다의 표층수는 원래 영양염류가 풍부한 극지방의 심층수로부터 기원하기 때문이다.
② 수온이 높은 바다의 표층수는 적도 부근의 표층수로부터 기원하므로 영양염류가 결핍 되어 있다.
③ 수온이 높은 바다는 수계의 안정으로 수직혼합이 일어나지 않아 표층수의 영양염류가 플랑크톤에 의해 소비되기 때문이다.

❊❊ (3) 해류의 원인

① tidal current(조류) : 태양과 달의 영향으로 발생된다.
② tsunamis(쓰나미) : 지진이나 화산에 의해 발생된다.
③ upwelling(용승류) : 바람과 해양 및 육지의 상호작용으로 형성되는 상승류이다.
④ 심해류 : 해수의 온도와 염분에 의한 밀도차에 의하여 발생된다.

❷ 적조현상의 조건

① 해류의 정체(물의 이동이 적은 정체수역)
② 염분 농도의 감소
③ 수온의 상승
④ 영양염류의 증가
⑤ 햇빛이 강할 때
⑥ 플랑크톤 농도의 증가
⑦ 하천 유입수의 오염도 증가

제8장 수질오염 공식정리편

(1) Monod식에 의한 세포의 비증식 속도 계산식

$$\mu = \mu_{max} \times \frac{S}{Ks + S}$$

μ : 세포의 비증식 계수(/hr)
μ_{max} : 세포의 최대 비증식 계수(/hr)
S : 제한기질의 농도(mg/L)
Ks : 반포화 농도(즉, $\mu = \frac{1}{2}\mu_{max}$ 일 때 제한기질의 농도(mg/L))

(2) 1차 반응식

$$\ln \frac{C_t}{C_o} = -k \times t$$

- C_t : t시간 후의 농도(mg/L)
- k : 상수(/hr)
- C_o : 초기농도(mg/L)
- t : 시간(hr)

(3) 반감기 사용(1차 반응식에서)

$$\ln \frac{C_t}{C_o} = -k \times t \xrightarrow[C_t = 1/2 C_o]{\text{반감기}} \ln \frac{1}{2} = -k \times t$$

(4) 완전혼합형(CFSTR) 반응조에서 1차 반응식

① K(상수)가 없거나 희석만 고려할 경우

$$\ln \frac{C_t}{C_o} = -\left(\frac{Q}{V}\right) \times t$$

② K(상수)가 주어진 경우

$$Q(C_o - C_t) = k \times V \times C_t$$

(5) 플러그반응조(PFR)에서 1차 반응식

$$\ln \frac{C_t}{C_o} = -k \times \left(\frac{V}{Q}\right) \text{ 또는 } \ln \frac{C_t}{C_o} = -\left(\frac{Q}{V}\right) \times t$$

- C_o : 초기농도(mg/L)
- k : 상수(/hr)
- Q : 유량(m^3/hr)
- C_t : t시간 후의 농도(mg/L)
- V : 체적(m^3)

(6) 산소부족농도 계산식

$$D_t(\text{산소부족농도}) = \frac{k_1 \times L_o}{k_2 - k_1} \times (10^{-k_1 \times t} - 10^{-k_2 \times t}) + D_o \times (10^{-k_2 \times t})$$

- k_1 : 탈산소계수(/day)
- L_o : 최종 BOD(= BOD_u)(mg/L)
- D_o = Cs(포화 DO농도) - C(혼합수중 DO농도)
- t : 시간(day) = $\dfrac{\text{거리(m)}}{\text{유속(m/day)}}$
- k_2 : 재포기계수(/day)
- D_o : 초기산소부족량(mg/L)

(7) BOD 공식

① 소모공식, 밑수 10(또는 상용대수)
$$BOD_t = BOD_u \times (1-10^{-k_1 \times t})$$

② 소모공식, 밑수 e(또는 자연대수)
$$BOD_t = BOD_u \times (1-e^{-k_1 \times t})$$

③ 잔류공식, 밑수 10(또는 상용대수)
$$BOD_t = BOD_u \times (10^{-k_1 \times t})$$

④ 잔류공식, 밑수 e(또는 자연대수)
$$BOD_t = BOD_u \times (e^{-k_1 \times t})$$

$\begin{bmatrix} BOD_t : \text{t일 BOD(mg/L)} \\ k_1 : \text{탈산소계수(/day)} \end{bmatrix}$ BOD_u : 최종 BOD(mg/L)
  t : 시간(day)

(8) 혼합공식

$$C_m = \frac{Q_1C_1 + Q_2C_2}{Q_1 + Q_2}$$

$\begin{bmatrix} C_m : \text{혼합지점의 농도} \\ C_1, C_2 : \text{농도(mg/L)} \end{bmatrix}$ Q_1, Q_2 : 유량(m³/day)

(9) N농도 계산식

① N농도 = eq/L

화학명	화학식	분자량(g)	당량	1당량g
과망간산칼륨	$KMnO_4$	158g	5 당량	158g/5
다이크롬산칼륨	$K_2Cr_2O_7$	294g	6 당량	294g/6

$$N농도(eq/L) = \frac{질량(g)}{부피(L)} \bigg| \frac{1eq}{1당량\ g}$$

② 만약에 질량(g)과 부피(L)가 주어지지 않고 비중이 주어지면 비중(g/mL)을 사용하면 된다.

$$N농도(eq/L) = \frac{비중(g)}{(mL)} \bigg| \frac{10^3 mL}{1L} \bigg| \frac{1eq}{1당량\ g} \bigg| \frac{\%}{100}$$

(10) M 농도 계산식

① M농도 = mol/L

$$M농도(mol/L) = \frac{질량(g)}{부피(L)} \times \frac{1mol}{분자량(g)}$$

② 화합물의 1mol = 분자량(g)이다. 만약에 질량(g)과 부피(L)가 주어지지 않고 비중이 주어지면 비중(g/mL)을 사용하여 풀이한다.

$$M농도(mol/L) = \frac{비중(g)}{(mL)} \times \frac{10^3 mL}{1L} \times \frac{1mol}{분자량(g)} \times \frac{\%}{100}$$

(11) pH 계산식

① pH와 POH의 정의

$pH = -\log[H^+] \Rightarrow [H^+] = 10^{-pH} mol/L$

$pOH = -\log[OH^-] \Rightarrow [OH^-] = 10^{-pOH} mol/L$

② pH와 POH의 상관관계

$pH + pOH = 14$

$pH = 14 - pOH$

$pOH = 14 - pH$

③ pH 계산식

산성물질에서 $pH = -\log[H^+]$

알칼리성물질에서 $pH = 14 + \log[OH^-]$

(12) 경도 계산식

$$\frac{경도(mg/L)}{50g} = \frac{Ca^{2+}mg/L}{20g} + \frac{Mg^{2+}mg/L}{12g} + \frac{Fe^{2+}mg/L}{28g} + \frac{Mn^{2+}mg/L}{27.5g} + \frac{Sr^{2+}mg/L}{43.8g}$$

(13) 알칼리도(Alk) 계산식

① $$\frac{Alk(mg/L)}{50g} = \frac{OH^-(mg/L)}{17g} + \frac{CO_3^{2-}(mg/L)}{60g/2} + \frac{HCO_3^-(mg/L)}{61g}$$

② $$Alk(mg/L) = \frac{A \times N \times 50,000}{V}$$

- A : 적정에 사용되는 량(mL)
- V : 시료량(mL)
- N : 적정용액의 N농도
- 50,000(mg) : CaCO₃ 1당량(mg)

(14) 제거효율 계산(η)

① $\eta = \left(1 - \dfrac{C_o}{C_i}\right) \times 100(\%)$

$\begin{bmatrix} \eta : \text{효율}(\%) \\ C_o : \text{출구농도(mg/L)} \end{bmatrix}$ $C_i : \text{입구농도(mg/L)}$

② $\eta = \left(1 - \dfrac{C_o \times P}{C_i}\right) \times 100(\%)$

$\left[P\,(\text{희석배수치}) = \dfrac{\text{유입수의 Cl}^-\text{ 농도}}{\text{유출수의 Cl}^-\text{ 농도}} = \dfrac{\text{희석 후 유량}}{\text{희석 전 유량}} \right]$

③ $\eta_T = 1 - (1 - \eta_1) \times (1 - \eta_2) \times (1 - \eta_3)$

$\begin{bmatrix} \eta_T : \text{총합 효율}(\%) \\ \eta_2 : \text{2차처리 효율}(\%) \end{bmatrix}$ $\begin{matrix} \eta_1 : \text{1차처리 효율}(\%) \\ \eta_3 : \text{3차처리 효율}(\%) \end{matrix}$

④ ①식과 ③식을 합치면 다음과 같은 식이 성립된다.

$\left(1 - \dfrac{C_o}{C_i}\right) = 1 - (1 - \eta_1) \times (1 - \eta_2) \times (1 - \eta_3)$

※※ (15) $\dfrac{BOD_6}{BOD_u}$ 비 계산

$BOD_6 = BOD_u \times (1 - 10^{-k_1 \times t})$

$\therefore \dfrac{BOD_6}{BOD_u} = (1 - 10^{-k_1 \times t})$

(16) SAR(Sodium adsorption ratio) : 나트륨 흡착률 계산식

① $SAR = \dfrac{Na^+}{\sqrt{\dfrac{Mg^{2+} + Ca^{2+}}{2}}}$

② 단위 : meq/L = mN = mg/L ÷ 1mg 당량

$Na^+ = Na^+ mg/L \div 23$

$Ca^{2+} = Ca^{2+} mg/L \div 20$

$Mg^{2+} = Mg^{2+} mg/L \div 12$

③ 판정
- SAR 0~10 : 영향 적음
- SAR 10~18 : 중간 정도 영향
- SAR 18~26 : 큰 영향
- SAR 26 이상 : 아주 큰 영향

(17) COD = BDCOD + NBDCOD

$\begin{bmatrix} \text{BDCOD : 생물학적 분해 가능한 COD} = BOD_u \\ \text{NBDCOD : 생물학적 분해 불가능한 COD} \\ \therefore \text{NBDCOD} = COD - BDCOD(=BOD_u) \end{bmatrix}$

(18) 총량 계산식

총량(kg/day) = 유량(m^3/day) × 농도(kg/m^3)

(19) 중화적정 공식

NV = N'V'

(20) 수은주 비중

$\dfrac{10332 mmH_2O}{760 mmHg} = 13.6 \Rightarrow \begin{cases} mmH_2O \rightarrow mmHg : mmH_2O \div 13.6 \\ mmHg \rightarrow mmH_2O : mmHg \times 13.6 \end{cases}$

(21) 유독성 단위 계산식

유독성 단위(TU) = $\dfrac{\text{환경수 중 오염물질 농도}}{\text{초기 TLm(96TLm)}}$

(22) 모세관 현상에서 물기둥 높이(h) 계산식

$h = \dfrac{4 \cdot \sigma \cdot \cos\theta}{r \cdot d}$

$\begin{bmatrix} h : \text{물기둥 높이(cm)} \\ \theta : \text{접촉각} \\ d : \text{유리관 지름(cm)} \end{bmatrix}$ σ : 표면장력(g_f/cm)
r : 물의 밀도(1g/cm^3)

TIP

$g_f/cm = dyne/cm \times \dfrac{g_f}{980 dyne}$, $kg_f/m = N/m \times \dfrac{kg_f}{9.8N}$

(23) 탈산소계수(K_1) 보정식, 재폭기계수(K_2) 보정식

$$K_1(T) = K_1(20℃) \times 1.047^{(T-20)}$$
$$K_2(T) = K_2(20℃) \times 1.018^{(T-20)}$$

(24) 이온강도(I) 계산식

$$이온강도(I) = \frac{합\{(이온의\ 몰수) \times (이온가수)^2\}}{2}$$

(25) 산소전달계수(KLa) 계산식

$$\frac{dO}{dt} = \alpha \cdot K_{La} \times (\beta \cdot Cs - C)$$

$\dfrac{dO}{dt}$: 시간에 따른 용존산소농도 변화(mg/L·hr) K_{La} : 산소전달계수(/hr)
Cs : 포화산소농도(mg/L)   C : 물속의 용존산소농도(mg/L)
α, β : 계수

(26) 염소주입량 계산식

염소주입량 = 염소요구량 + 염소잔류량

(27) DO 포화도 계산식

$$DO\ 포화도(\%) = \frac{현재\ DO\ 농도}{포화\ DO\ 농도} \times 100(\%)$$

(28) 완충방정식

$$pH = pKa + \log \frac{[염기]}{[산]}$$

$$\frac{[염기]}{[산]} = \frac{Ka}{[H^+]}$$

(29) 초산(CH_3COOH)에서 [H^+] 농도

$$[H^+] = \sqrt{Ka \times C}$$

Ka : 산해리상수   C : CH_3COOH의 mol/L농도

(30) 임계점 도달시간(t_c), 임계부족량(D_c)

$$t_c = \frac{1}{k_1(f-1)} \log\left[f\left\{1-(f-1)\frac{D_o}{L_o}\right\}\right]$$

$$D_c = \frac{L_o}{f} \times 10^{-k_1 \times t}$$

- k_1 : 탈산소계수(/day)
- k_2 : 재폭기계수(/day)
- D_o : 초기산소부족량($D_o = C_s - C$)
- f : 자정계수($f = \frac{k_2}{k_1}$)
- L_o = BODu : 최종 BOD(mg/L)

(31) 생물지수(BI) 계산식

$$BI = \frac{2A+B}{A+B+C} \times 100$$

- BI : 생물지수
- B : 광범위 출현종의 미생물
- A : 청수성 미생물
- C : 오수성 미생물

- 판정
  - 깨끗한 물 : 20% 이상
  - 약간 오염된 물 : 11~19%
  - 오염된 물 : 6~10%
  - 심하게 오염된 물 : 5% 이하

(32) $BIP = \frac{\text{무색 생물수}}{\text{전 생물수}} \times 100(\%)$

- 판정
  - 깨끗한 물 : 0~2%
  - 약간 오염된 물 : 10~20%
  - 심하게 오염된 물 : 70~100%

제9장 반응식 정리

(1) 박테리아($C_5H_7O_2N$)의 호기성 반응

$$C_5H_7O_2N + 5O_2 \rightarrow 5CO_2 + 2H_2O + NH_3$$

(2) 프로피온산(C_2H_5COOH)의 이온 반응식

$$C_2H_5COOH \rightleftarrows C_2H_5COO^- + H^+$$

(3) 아세트산의 전리반응식

$$CH_3COOH \rightleftarrows CH_3COO^- + H^+$$

(4) 글루코스($C_6H_{12}O_6$)의 호기성 반응

$$C_6H_{12}O_6 + 6O_2 \rightarrow 6CO_2 + 6H_2O$$

(5) 글루코스($C_6H_{12}O_6$)의 혐기성 반응

$$C_6H_{12}O_6 \rightarrow 3CO_2 + 3CH_4$$

(6) 에탄(C_2H_6)의 호기성 반응

$$C_2H_6 + 3.5O_2 \rightarrow 2CO_2 + 3H_2O$$

(7) CH_2O(Foramaldehyde)의 호기성 반응

$$CH_2O + O_2 \rightarrow CO_2 + H_2O$$

(8) $Ca(OH)_2$와 $Ca(HCO_3)_2$ 반응에 의해 $CaCO_3$의 침전형성

$$Ca(OH)_2 + Ca(HCO_3)_2 \rightarrow 2CaCO_3 + 2H_2O$$

- $Ca(OH)_2$: 수산화칼슘
- $CaCO_3$: 탄산칼슘
- $Ca(HCO_3)_2$: 중탄산칼슘

(9) 자당($C_{12}H_{22}O_{11}$)의 호기성 반응

$$C_{12}H_{22}O_{11} + 12O_2 \rightarrow 12CO_2 + 11H_2O$$

(10) $Na_2SO_3 + 0.5O_2 \rightarrow Na_2SO_4$

(11) 메탄올(CH_3OH)의 호기성 반응

$CH_3OH + 1.5O_2 \rightarrow CO_2 + 2H_2O$

(12) $Ca(OH)_2$의 이온 반응식

$Ca(OH)_2 \rightleftarrows Ca^{2+} + 2OH^-$

(13) 글리신($CH_2(NH_2)COOH$)의 호기성 반응

$CH_2(NH_2)COOH + 3.5O_2 \rightarrow 2CO_2 + 2H_2O + HNO_3$

(14) 페놀(C_6H_5OH)의 호기성 반식

$C_6H_5OH + 7O_2 \rightarrow 6CO_2 + 3H_2O$

(15) 에탄올(C_2H_5OH)의 호기성 반응

$C_2H_5OH + 3O_2 \rightarrow 2CO_2 + 3H_2O$

(16) 탈질균에 의해 질소가스화 될 때 소요되는 메탄올량

$6NO_3^- + 5CH_3OH \rightarrow 3N_2 + 5CO_2 + 7H_2O + 6OH^-$

(17) 용해도적(곱) : K_{sp}

① $PbSO_4 \rightleftarrows Pb^{2+} + SO_4^{2-} \Rightarrow K_{sp} = [Pb^{2+}][SO_4^{2-}]$
② $Mg(OH)_2 \rightleftarrows Mg^{2+} + 2OH^- \Rightarrow K_{sp} = [Mg^{2+}][OH^-]^2$
③ $CaF_2 \rightleftarrows Ca^{2+} + 2F^- \Rightarrow K_{sp} = [Ca^{2+}][F^-]^2$

수질오염공정시험기준

제1장 총칙

1. 농도 표시

① 백분율(Parts Per Hundred)은 용액 100mL 중의 성분무게(g), 또는 기체 100mL 중의 성분무게(g)를 표시할 때는 W/V%, 용액 100mL 중의 성분용량(mL), 또는 기체 100mL 중의 성분용량(mL)을 표시할 때는 V/V%, 용액 100 g 중 성분용량(mL)을 표시할 때는 V/W%, 용액 100 g중 성분무게(g)를 표시할 때는 W/W%의 기호를 쓴다. 다만, 용액의 농도를 "%"로만 표시할 때는 W/V%를 말한다.
② 천분율(ppt, parts per thousand)을 표시할 때는 g/L, g/kg의 기호를 쓴다.
③ 백만분율(ppm, parts per million)을 표시할 때는 mg/L, mg/kg의 기호를 쓴다.
④ 십억분율(ppb, parts per billion)을 표시할 때는 μg/L, μg/kg의 기호를 쓴다.
⑤ 기체 중의 농도는 표준상태(0℃, 1기압)로 환산 표시한다.

2. 온도 표시

① 표준온도는 0℃, 상온은 15~25℃, 실온은 1~35℃로 하고, 찬 곳은 따로 규정이 없는 한 0~15℃의 곳을 뜻한다.
② 냉수는 15℃ 이하, 온수는 60~70℃, 열수는 약 100℃를 말한다.
③ "수욕상 또는 수욕중에서 가열한다"라 함은 따로 규정이 없는 한 수온 100℃에서 가열함을 뜻하고 약 100℃의 증기욕을 쓸 수 있다.
④ 각각의 시험은 따로 규정이 없는 한 상온에서 조작하고 조작 직후에 그 결과를 관찰한다. 단, 온도의 영향이 있는 것의 판정은 표준온도를 기준으로 한다.

3. 관련 용어의 정의

① 시험조작 중 "즉시"란 30초 이내에 표시된 조작을 하는 것을 뜻한다.
② "감압 또는 진공"이라 함은 따로 규정이 없는 한 15mmHg 이하를 뜻한다.

③ "이상"과 "초과", "이하", "미만"이라고 기재하였을 때는 "이상" "이하"는 기산점 또는 기준점인 숫자를 포함하며, "초과"와 "미만"의 기산점 또는 기준점인 숫자를 포함하지 않는 것을 뜻한다. 또 "a~b"라 표시한 것은 a 이상 b 이하임을 뜻한다.

④ "바탕시험을 하여 보정한다"라 함은 시료에 대한 처리 및 측정을 할 때, 시료를 사용하지 않고 같은 방법으로 조작한 측정치를 빼는 것을 뜻한다.

⑤ 방울수라 함은 20℃에서 정제수 20 방울을 적하할 때, 그 부피가 약 1mL 되는 것을 뜻한다.

⑥ "항량으로 될 때까지 건조한다"라 함은 같은 조건에서 1 시간 더 건조할 때 전후 무게의 차가 g당 0.3mg 이하일 때를 말한다.

⑦ 용액의 산성, 중성, 또는 알칼리성을 검사할 때는 따로 규정이 없는 한 유리전극법에 의한 pH미터로 측정하고 구체적으로 표시할 때는 pH 값을 쓴다.

⑧ 여과용 기구 및 기기를 기재하지 않고 "여과한다"라고 하는 것은 KSM 7602 거름종이 5종 또는 이와 동등한 여과지를 사용하여 여과함을 말한다.

⑨ "정밀히 단다"라 함은 규정된 양의 시료를 취하여 화학저울 또는 미량저울로 칭량함을 말한다.

⑩ 무게를 "정확히 단다"라 함은 규정된 수치의 무게를 0.1mg까지 다는 것을 말한다.

⑪ "정확히 취하여"라 하는 것은 규정한 양의 액체를 부피피펫으로 눈금까지 취하는 것을 말한다.

⑫ "약"이라 함은 기재된 양에 대하여 ±10%이상의 차가 있어서는 안 된다.

⑬ "냄새가 없다"라고 기재한 것은 냄새가 없거나, 또는 거의 없는 것을 표시하는 것이다.

⑭ 시험에 쓰는 물은 따로 규정이 없는 한 증류수 또는 정제수로 한다.

9. 용기

① "용기"라 함은 시험용액 또는 시험에 관계된 물질을 보존, 운반 또는 조작하기 위하여 넣어두는 것으로 시험에 지장을 주지 않도록 깨끗한 것을 뜻한다.

② "밀폐용기"라 함은 취급 또는 저장하는 동안에 이물질이 들어가거나 또는 내용물이 손실되지 아니하도록 보호하는 용기를 말한다.

③ "기밀용기"라 함은 취급 또는 저장하는 동안에 밖으로부터의 공기 또는 다른 가스가 침입하지 아니하도록 내용물을 보호하는 용기를 말한다.

④ "밀봉용기"라 함은 취급 또는 저장하는 동안에 기체 또는 미생물이 침입하지 아니하도록 내용물을 보호하는 용기를 말한다.

⑤ "차광용기"라 함은 광선이 투과하지 않는 용기 또는 투과하지 않게 포장을 한 용기이며 취급 또는 저장하는 동안에 내용물이 광화학적 변화를 일으키지 아니하도록 방지할 수 있는 용기를 말한다.

제2장 일반시험기준

① 공장폐수 및 하수유량 측정방법

1. 개요

(1) 목적

공장, 하수 및 폐수 종말처리장 등의 원수, 공정수, 배출수 등의 관내의 유량을 측정하는데 사용하며, 관(pipe)내의 유량측정 방법에는 벤튜리미터(venturi meter), 유량측정용 노즐(nozzle), 오리피스(orifice), 피토우(pitot)관, 자기식 유량측정기(magnetic flow meter)가 있다.

(2) 적용범위

공장, 하수 및 폐수 종말처리장 등의 원수, 공정수, 배출수 등에서 공장폐수원수(raw wastewater), 1차 처리수(primary effluent), 2차 처리수(secondary effluent), 1차 슬러지(primary sludge), 반송슬러지(return sludge, thickened sludge), 포기액(mixed liquor), 공정수(process water)등의 압력 하에 존재하는 관내의 유량을 측정하는데 사용한다.

▶ 폐수처리 공정에서 유량측정장치의 적용

장치	공장폐수 원수(raw wastewater)	1차 처리수 (primary effluent)	2차 처리수 (secondary effluent)	1차 슬러지 (primary sludge)	반송 슬러지 (return sludge)	농축슬러지 (thickened sludge)	포기액 (mixed liquor)	공정수 (process water)
벤튜리미터 (venturi meter)	○	○	○	○	○	○	○	
유량측정용 노즐(nozzle)	○	○	○	○	○	○	○	○
오리피스 (orifice)								○
피토우 (pitot)관								○
자기식 유량측정기 (magnetic flow meter)	○	○	○	○	○	○		○

❷ 공장폐수 및 하수유량 – 측정용수로 및 기타 유량 측정방법

1. 개요

(1) 목적

공장, 하수 및 폐수 종말처리장 등의 원수, 공정수, 배출수 등의 개수로의 유량을 측정하는 데 사용한다.

(2) 적용범위

① 관내의 압력이 필요하지 않은 측정용 수로에서 유량을 측정하는데 적용한다.
② 공장, 하수 및 폐수 종말처리장 등의 원수, 공정수 배출수 등에서 공장폐수원수(raw wastwater), 1차 처리수(primary effluent), 2차 처리수(secondary effluent), 공정수(process water)등의 측정용 수로 유량을 측정하는 데 사용한다.

▶ 폐수처리 공정에서 유량측정장치의 적용

장치	공장폐수 원수(raw wastewater)	1차 처리수 (primary effluent)	2차 처리수 (secondary effluent)	1차 슬러지 (primary sludge)	반송 슬러지 (return sludge)	농축슬러지 (thickened sludge)	포기액 (mixed liquor)	공정수 (process water)
웨어 (weir)		○	○					○
플룸 (flume)	○	○	○					○

(3) 유량의 산출 방법

① 직각 3각 웨어

$$Q = K \cdot h^{5/2}$$

$$\begin{bmatrix} Q : 유량(m^3/\text{분}) \\ K : 유량계수 = 81.2 + \dfrac{0.24}{h} + [8.4 + \dfrac{12}{\sqrt{D}}] \times [\dfrac{h}{B} - 0.09]^2 \\ B : 수로의 폭(m) \qquad\qquad D : 수로의 밑면으로부터 절단 하부 점까지의 높이(m) \\ h : 웨어의 수두(m) \end{bmatrix}$$

② 4각 웨어

$$Q = K \cdot b \cdot h^{3/2}$$

- Q : 유량(m^3/분)
- K : 유량계수 = $107.1 + \dfrac{0.177}{h} + 14.2\dfrac{h}{D} - 25.7 \times \sqrt{\dfrac{(B-b)h}{D \cdot B}} + 2.04\sqrt{\dfrac{B}{D}}$
- D : 수로의 밑면으로부터 절단 하부 모서리까지의 높이(m)
- B : 수로의 폭(m)   b : 절단의 폭(m)   h : 웨어의 수두(m)

TIP

삼각위어와 사각위어의 유량 적용공식 핵심정리

구분	적용공식	K값
삼각위어	$Q = K \cdot h^{5/2}$ (m^3/min)	K = 83~85
사각위어	$Q = K \cdot b \cdot h^{3/2}$ (m^3/min)	K = 109~111

2. 용기에 의한 측정

(1) 최대 유량이 1m^3/분 미만인 경우

① 유수를 용기에 받아서 측정한다.

② 용기는 용량 100~200L인 것을 사용하여 유수를 채우는 데에 요하는 시간을 스톱워치(stop watch)로 잰다. 용기에 물을 받아 넣는 시간을 20초 이상이 되도록 용량을 결정한다.

③ 다음 계산식에 의하여 그 유량을 구한다.

$$Q = 60 \cdot \dfrac{V}{t}$$

- Q : 유량(m^3/분)   V : 측정용기의 용량(m^3)
- t : 유수가 용량 V를 채우는 데에 걸린 시간(sec)

3. 개수로에 의한 측정

(1) 수로의 구성재질과 수로 단면의 형상이 일정하고 수로의 길이가 적어도 10m까지 똑바른 경우

① 직선 수로의 구배와 횡단면을 측정하고 이어서 자(尺)등으로 수로폭간의 수위를 측정한다.

② 다음의 식을 사용하여 유량을 계산한다. 평균유속은 케이지(Chezy)의 유속공식에 의한다.

$Q = 60 \cdot V \cdot A$

- Q : 유량(m^3/분)
- A : 유수단면적(m^2)
- C : 유속계수(Bazin의 공식)
- R : 경심[유수 단면적 A를 윤변 S로 나눈 것(m)]
- V : 평균유속(= $C\sqrt{Ri}$)(m/s)
- i : 홈 바닥의 구배(비율)
- $C = \dfrac{87}{1 + \dfrac{r}{\sqrt{R}}}$ (m/s)

▶ 관의 형상에 따른 경심공식

원형	장방형	제형
A(면적) = $\dfrac{\pi \cdot D^2}{4}$	A(면적) = b × h	A(면적) = $\dfrac{h(B_1+B_2)}{2}$
S(윤변의 길이) = $\pi \cdot D$	S(윤변의 길이) = b+2h	S(윤변의 길이) = B_2+2b
R(경심) = $\dfrac{D}{4}$	R(경심) = $\dfrac{b \times h}{b+2h}$	R(경심) = $\dfrac{h(B_1+B_2)}{2(B_2+2b)}$

(2) 수로의 구성, 재질, 수로단면의 형상, 구배 등이 일정하지 않은 개수로의 경우

① 수로는 될수록 직선적이며, 수면이 물결치지 않는 곳을 고른다.
② 10m를 측정구간으로 하여 2m마다 유수의 횡단면적을 측정하고, 산술평균값을 구하여 유수의 평균 단면적으로 한다.
③ 유속의 측정은 부표를 사용하여 10m구간을 흐르는데 걸리는 시간을 스톱워치(stop watch)로 재며 이때 실측유속을 표면 최대유속으로 한다.
④ 수로의 수량은 다음 식을 사용하여 계산한다.

$V = 0.75 \cdot V_e$

- V : 총평균 유속(m/s)
- V_e : 표면 최대유속(m/s)

$Q = 60 \cdot V \cdot A$

- Q : 유량(m^3/분)
- A : 측정구간의 유수의 평균단면적(m^2)
- V : 총평균 유속(m/s)

③ 하천유량 – 유속 면적법의 적용범위

이 시험기준은 단면의 폭이 크며 유량이 일정한 곳에 활용하기에 적합하다.

① 균일한 유속분포를 확보하기 위한 충분한 길이(약 100m 이상)의 직선 하도(河道)의 확보가 가능하고 횡단면상의 수심이 균일한 지점
② 모든 유량 규모에서 하나의 하도로 형성되는 지점
③ 가능하면 하상이 안정되어 있고, 식생의 성장이 없는 지점
④ 유속계나 부자가 어디에서나 유효하게 잠길 수 있을 정도의 충분한 수심이 확보되는 지점
⑤ 합류나 분류가 없는 지점
⑥ 교량 등 구조물 근처에서 측정할 경우 교량의 상류지점
⑦ 대규모 하천을 제외하고 가능하면 도섭으로 측정할 수 있는 지점
⑧ 선정된 유량측정 지점에서 말뚝을 박아 동일 단면에서 유량측정을 수행할 수 있는 지점

④ 시료의 채취 및 보존방법

1. 시료 채취 방법

① 복수시료채취방법 등
  ㉠ 수동으로 시료를 채취할 경우에는 30분 이상 간격으로 2회 이상 채취(composite sample)하여 일정량의 단일시료로 한다. 단, 부득이한 사유로 6시간 이상 간격으로 채취한 시료는 각각 측정분석한 후 산술평균하여 측정분석값을 산출한다.
  ㉡ 자동시료채취기로 시료를 채취할 경우에는 6시간 이내에 30분 이상 간격으로 2회 이상 채취(composite sample)하여 일정량의 단일 시료로 한다.
  ㉢ 수소이온농도(pH), 수온 등 현장에서 즉시 측정하여야 하는 항목인 경우에는 30분 이상 간격으로 2회 이상 측정한 후 산술평균하여 측정값을 산출한다.(단, pH의 경우 2회 이상 측정한 값을 pH 7을 기준으로 산과 알칼리로 구분하여 평균값을 산정하고 산정한 평균값 중 배출허용기준을 많이 초과한 평균값을 측정분석값으로 함)
  ㉣ 시안(CN), 노말헥산추출물질, 대장균군 등 시료채취기구 등에 의하여 시료의 성분이 유실 또는 변질 등의 우려가 있는 경우에는 30분 이상 간격으로 2개 이상의 시료를 채취하여 각각 분석한 후 산술평균하여 분석값을 산출한다.

2. 시료채취시 유의사항

① 시료는 목적시료의 성질을 대표할 수 있는 위치에서 시료채취용기 또는 채수기를 사용하여 채취하여야 한다.
② 시료 채취 용기는 시료를 채우기 전에 시료로 3회 이상 씻은 다음 사용하며, 시료를 채울 때에는 어떠한 경우에도 시료의 교란이 일어나서는 안 되며 가능한 한 공기와 접촉하는 시간을 짧게 하여 채취한다.
③ 시료채취량은 시험항목 및 시험횟수에 따라 차이가 있으나 보통 3~5L정도이어야 한다.
④ 시료채취시에 시료채취시간, 보존제 사용여부, 매질 등 분석결과에 영향을 미칠 수 있는 사항을 기재하여 분석자가 참고할 수 있도록 한다.
⑤ 용존가스, 환원성 물질, 휘발성유기화합물, 냄새, 유류 및 수소이온 등을 측정하기 위한 시료를 채취할 때에는 운반중 공기와의 접촉이 없도록 시료 용기에 가득 채운 후 빠르게 뚜껑을 닫는다.

> **TIP**
> ① 휘발성유기화합물 분석용 시료를 채취할 때에는 뚜껑의 격막을 만지지 않도록 주의 하여야 한다.
> ② 병을 뒤집어 공기방울이 확인되면 다시 채취해야 한다.

⑥ 현장에서 용존산소 측정이 어려운 경우에는 시료를 가득 채운 300mL BOD병에 황산망간 용액 1mL와 알칼리성 요오드화칼륨-아자이드화나트륨 용액 1mL를 넣고 기포가 남지 않게 조심하여 마개를 닫고 수회 병을 회전하고 암소에 보관하여 8시간 이내 측정한다.
⑦ 유류 또는 부유물질 등이 함유된 시료는 시료의 균일성이 유지될 수 있도록 채취해야 하며, 침전물 등이 부상하여 혼입되어서는 안된다.
⑧ 지하수 시료는 취수정 내에 고여 있는 물과 원래 지하수의 성상이 달라질 수 있으므로 고여 있는 물을 충분히 퍼낸 다음 새로 나온 물을 채취한다. 이 경우 퍼내는 양은 고여 있는 물의 4~5배정도이나 pH 및 전기전도도를 연속적으로 측정하여 이 값이 평형을 이룰 때까지로 한다.
⑨ 지하수 시료채취 시 심부층의 경우 저속양수펌프 등을 이용하여 반드시 저속시료채취하여 시료 교란을 최소화하여야 하며, 천부층의 경우 저속양수펌프 또는 정량이송펌프 등을 사용한다.
⑩ 냄새 측정을 위한 시료채취 시 유리기구류는 사용 직전에 새로 세척하여 사용한다. 먼저 냄새 없는 세제로 닦은 후 정제수로 닦아 사용하고, 고무 또는 플라스틱 재질의 마개는 사용하지 않는다.

⑪ 총유기탄소를 측정하기 위한 시료 채취 시 시료병은 가능한 외부의 오염이 없어야 하며, 이를 확인하기 위해 바탕시료를 시험해 본다. 시료병은 폴리테트라플루오로에틸렌(PTFE)으로 처리된 고무마개를 사용하며, 암소에서 보관하며 깨끗하지 않은 시료병은 사용하기 전에는 산세척하고, 알루미늄 호일로 포장하여 400℃ 회화로에서 1시간 이상 구워 냉각한 것을 사용한다.
⑫ 퍼클로레이트를 측정하기 위한 시료채취 시 시료 용기를 질산 및 정제수로 씻은 후 사용하며, 시료채취시 시료병의 2/3를 채운다.

3. 시료 채취 지점

(1) 하천수

① 하천수의 오염 및 용수의 목적에 따라 채수지점을 선정하며 하천본류와 하천지류가 합류하는 경우에는 그림의 합류이전의 각 지점과 합류이후 충분히 혼합된 지점에서 각각 채수한다.

하천수 채수지점

② 하천의 단면에서 수심이 가장 깊은 수면의 지점과 그 지점을 중심으로 하여
  ㉠ 좌우로 수면폭을 2등분한 각각의 지점의 수면으로부터
  ㉡ 수심 2m 미만일 때에는 수심의 $\frac{1}{3}$에서
  ㉢ 수심이 2m 이상일 때에는 수심의 $\frac{1}{3}$ 및 $\frac{2}{3}$에서 각각 채수한다.

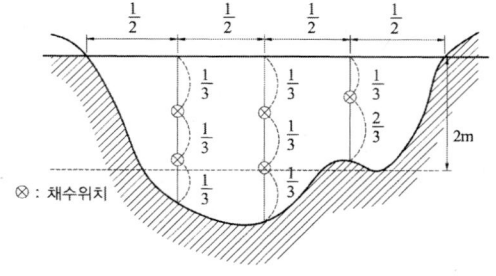

하천수 채수위치 (단면)

4. 시료의 보존방법

▶ 시료의 보존방법

항목		시료 용기	보존방법	최대보존기간 (권장보존기간)
냄새		G	가능한 한 즉시 분석 또는 냉장 보관	6시간
노말헥산추출물질		G	4℃ 보관, H_2SO_4로 pH 2 이하	28일
부유물질		P, G	4℃ 보관	7일
색도		P, G	4℃ 보관	48시간
생물화학적 산소요구량		P, G	4℃ 보관	48시간(6시간)
수소이온농도		P, G	-	즉시 측정
온도		P, G	-	즉시 측정
용존산소	적정법	BOD병	즉시 용존산소 고정 후 암소 보관	8시간
	전극법	BOD병	-	즉시 측정
잔류염소		G (갈색)	즉시 분석	-
전기전도도		P, G	4℃ 보관	24시간
총 유기탄소		P, G	즉시 분석 또는 H_3PO_4 또는 H_2SO_4를 가한 후(pH < 2) 4℃ 냉암소에서 보관	28일(7일)
클로로필 a		P, G	즉시 여과하여 -20℃ 이하에서 보관	7일(24시간)
탁도		P, G	4℃ 냉암소에서 보관	48시간(24시간)
투명도		-	-	-
화학적 산소요구량		P, G	4℃ 보관, H_2SO_4로 pH 2 이하	28일(7일)
불소		P	-	28일
브롬이온		P, G	-	28일
시안		P, G	4℃ 보관, NaOH로 pH 12 이상	14일(24시간)
아질산성 질소		P, G	4℃ 보관	48시간(즉시)
암모니아성 질소		P, G	4℃ 보관, H_2SO_4로 pH 2 이하	28일(7일)
염소이온		P, G	-	28일
음이온계면활성제		P, G	4℃ 보관	48시간
인산염인		P, G	즉시 여과한후 4℃ 보관	48시간
질산성 질소		P, G	4℃ 보관	48시간
총인(용존 총인)		P, G	4℃ 보관, H_2SO_4로 pH 2 이하	28일
총질소(용존 총질소)		P, G	4℃ 보관, H_2SO_4로 pH 2 이하	28일(7일)

항목		시료 용기	보존방법	최대보존기간 (권장보존기간)
퍼클로레이트		P, G	6℃ 이하 보관, 현장에서 멸균된 여과지로 여과	28일
페놀류		G	4℃ 보관, H_3PO_4로 pH 4 이하 조정한 후 시료 1L 당 $CuSO_4$ 1g 첨가	28일
황산이온		P, G	6℃ 이하 보관	28일(48시간)
금속류(일반)		P, G	시료 1L 당 HNO_3 2mL 첨가	6개월
비소		P, G	1L당 HNO_3 1.5mL로 pH 2 이하	6개월
셀레늄		P, G	1L당 HNO_3 1.5mL로 pH 2 이하	6개월
수은(0.2μg/L 이하)		P, G	1L당 HCl(12M) 5mL 첨가	28일
6가크롬		P, G	4℃ 보관	24시간
알킬수은		P, G	HNO_3 2mL/L	1개월
다이에틸헥실프탈레이트		G (갈색)	4℃보관	7일 (추출 후 40일)
1,4-다이옥산		G (갈색)	HCl(1+1)을 시료 10mL당 1~2방울씩 가하여 pH 2 이하	14일
염화비닐, 아크릴로니트릴, 브로모폼		G (갈색)	HCl(1+1)을 시료 10mL당 1~2방울씩 가하여 pH 2 이하	14일
석유계총탄화수소		G (갈색)	4℃보관, H_2SO_4 또는 HCl으로 pH 2 이하	7일 이내 추출, 추출 후 40일
유기인		G	4℃보관, HCl로 pH 5~9	7일 (추출 후 40일)
폴리클로리네이티드비페닐(PCB)		G	4℃보관, HCl로 pH 5~9	7일 (추출 후 40일)
휘발성유기화합물		G	냉장보관 또는 HCl을 가해 pH < 2로 조정 후 4℃보관 냉암소보관	7일 (추출 후 14일)
총대장균군	환경기준적용시료	P, G	저온(10℃ 이하)	24시간
	배출허용기준 및 방류수 기준 적용시료	P, G	저온(10℃ 이하)	6시간
분원성 대장균군		P, G	저온(10℃ 이하)	24시간
대장균		P, G	저온(10℃ 이하)	24시간
물벼룩 급성 독성		G	4℃ 보관	36시간
식물성 플랑크톤		P, G	즉시 분석 또는 포르말린용액을 시료의 3~5(V/V%) 가하거나 글루타르알데히드 또는 루골용액을 시료의 1~2(V/V%) 가하여 냉암소보관	6개월

P : polyethylene, G : glass

❺ 시료의 전처리 방법

1. 산분해법

① **질산법** : 이 방법은 유기함량이 비교적 높지 않은 시료의 전처리에 사용한다.
② **질산-염산법** : 이 방법은 유기물 함량이 비교적 높지 않고 금속의 수산화물, 산화물, 인산염 및 황화물을 함유하고 있는 시료에 적용되며 휘발성 또는 난용성 염화물을 생성하는 금속 물질의 분석에는 주의한다.
③ **질산-황산법** : 이 방법은 유기물 등을 많이 함유하고 있는 대부분의 시료에 적용된다. 그러나 칼슘, 바륨, 납 등을 다량 함유한 시료는 난용성의 황산염을 생성하여 다른 금속성분을 흡착하므로 주의한다.
④ **질산-과염소산법** : 이 방법은 유기물을 다량 함유하고 있으면서 산분해가 어려운 시료에 적용된다.

> **TIP**
>
> **주의사항**
> ① 과염소산을 넣을 경우 질산이 공존하지 않으면 폭발할 위험이 있으므로 반드시 질산을 먼저 넣어주어야 하며, 어떠한 경우에도 유기물을 함유한 뜨거운 용액에 과염소산을 넣어서는 안 된다.
> ② 납을 측정할 경우, 시료 중에 황산이온(SO_4^{2-})이 다량 존재하면 불용성의 황산납이 생성되어 측정값에 손실을 가져온다. 이때는 분해가 끝난 액에 정제수 대신 아세트산암모늄(5 → 6) 50mL를 넣고 가열하여 액이 끓기 시작하면 비커 또는 킬달플라스크를 회전시켜 내벽을 액으로 충분히 씻어준 다음 약 5분 동안 가열을 계속하고 방치하여 냉각하여 거른다.

⑤ **질산-과염소산-불화수소산법** : 이 방법은 다량의 점토질 또는 규산염을 함유한 시료에 적용된다.

2. 마이크로파 산분해법

① 이 방법은 밀폐 용기를 이용한 마이크로파 장치에 의한 방법에 적용되는 방법이다.
② 깨끗한 용기에 잘 혼합된 시료 적당량을 옮긴 후 적당량의 질산을 가한다. 이 방법은 유기물을 다량 함유하고 있으면서 산분해가 어려운 시료에 적용된다.
③ 시료와 동일한 방법으로 바탕시험을 하며 전체 회전판의 평형을 맞추기 위하여 남은 용기에도 시료와 동일하게 정제수에 시약을 가하여 용기가 모두 일정하게 가열이 되도록 한다. 기타 전처리 조건은 제조사의 매뉴얼에 따른다.

④ 분해가 완료되면 용기를 꺼내어 시료 용액이 실온이 되도록 냉각시키고 시료를 혼합시키기 위해 용기를 잘 흔들어 섞고 용기 내에 남아 있는 가스를 제거한다. 분해된 시료가 고체 물질을 함유한다면 거르거나, 10분간 2,000~3,000rpm으로 원심 분리하여 거르거나 정치시켜 사용한다.

3. 회화에 의한 분해

① 이 방법은 목적성분이 400℃ 이상에서 휘산되지 않고 쉽게 회화될 수 있는 시료에 적용된다. 시료 중에 염화암모늄, 염화마그네슘 등이 다량 함유된 경우에는 납, 철, 주석, 아연, 안티몬 등이 휘산되어 손실을 가져오므로 주의하여야 한다.
② 회화온도 : 400~500℃

4. 용매추출법

① 다이에틸다이티오카바민산(diethyldithiocarbamate) 추출법 : 수질 시료 중 구리, 아연, 납, 카드뮴 및 니켈의 측정에 적용된다.
② 디티존-메틸아이소부틸케톤(MIBK, methyl isobutyl ketone) 추출법 : 이 방법은 시료 중 구리, 아연, 납, 카드뮴, 니켈 및 코발트 등의 측정에 적용된다.
③ 디티존-사염화탄소(5-amino-2-benzimidazolethiol-carbon-tetra chloride) 추출법 : 이 방법은 시료 중 아연, 납, 카드뮴 등의 측정에 적용된다.
④ 피로리딘 다이티오카르바민산 암모늄(1-pyrrolidinecarbodithioicacid, ammonuim salt)추출법 : 이 방법은 시료 중 구리, 아연, 납, 카드뮴, 니켈, 철, 망간, 6가 크롬, 코발트 및 은 등의 측정에 적용된다. 다만 망간은 착화합물 상태에서 매우 불안정하므로 추출 즉시 측정하여야 하며, 크롬은 6가 크롬 상태로 존재할 경우에만 추출된다. 또한 철의 농도가 높을 경우에는 다른 금속의 추출에 방해를 줄 수 있으므로 주의해야 한다.

제3장 일반항목편

❶ 냄새(Odor)

(1) 간섭물질

잔류염소 냄새는 측정에서 제외한다. 따라서 잔류염소가 존재하면 티오황산나트륨 용액을 첨가하여 잔류염소를 제거한다.

> **TIP**
> ① 티오황산나트륨용액 1mL는 잔류염소 농도가 1mg/L인 시료 500mL의 잔류염소를 제거할 수 있다.
> ② 냄새 측정자는 너무 후각이 민감하거나, 둔감해서는 안 된다. 또한 측정자는 측정 전에 흡연을 하거나 음식을 섭취하면 안 되고, 로션, 향수, 진한 비누 등을 사용해서도 아니된다. 감기나 냄새에 대한 알레르기 등이 없어야 한다. 미리 정해진 횟수를 측정한 측정자는 무취 공간에서 30분 이상 휴식을 취해야 한다.
> ③ 냄새측정 실험실은 주위가 산만하지 않으며, 환기가 가능해야 한다. 필요하다면 활성탄 필터와 항온, 항습장치를 갖춘다.
> ④ 냄새를 정확하게 측정하기 위하여 측정자는 5명 이상으로 한다.
> ⑤ 시료 측정시 탁도, 색도 등이 있으면 온도 변화에 따라 냄새가 발생할 수 있으므로, 온도변화를 1℃ 이내로 유지한다. 또한 측정자가 시료에 대한 선입견을 갖지 않도록 어둡게 처리된 플라스크 또는 갈색플라스크를 사용한다.

(2) 냄새역치(TON, threshold odor number)

냄새를 감지할 수 있는 최대 희석배수를 말한다.

(3) 농도계산

냄새 역치(TON, threshold odor number)를 구하는 경우 사용한 시료의 부피와 냄새 없는 희석수의 부피를 사용하여 다음과 같이 계산한다.

$$\text{냄새역치(Ton)} = \frac{A+B}{A}$$

A : 시료 부피(mL)   B : 무취 정제수 부피(mL)

❷ 투명도(Transparency)

이 시험기준은 투명도를 측정하기 위하여 지름 30cm의 투명도판(백색원판)을 사용하여 호소나 하천에 보이지 않는 깊이로 넣은 다음 이것을 천천히 끓어 올리면서 보이기 시작한 깊이를 0.1m 단위로 읽어 투명도를 측정하는 방법이다.

(1) 적용범위

이 시험기준은 지표수 중 호소수 또는 유속이 작은 하천에 적용할 수 있다.

(2) 투명도판

투명도판(백색원판)은 지름이 30cm로 무게가 약 3 kg이 되는 원판에 지름 5cm의 구멍 8개가 뚫려 있다.

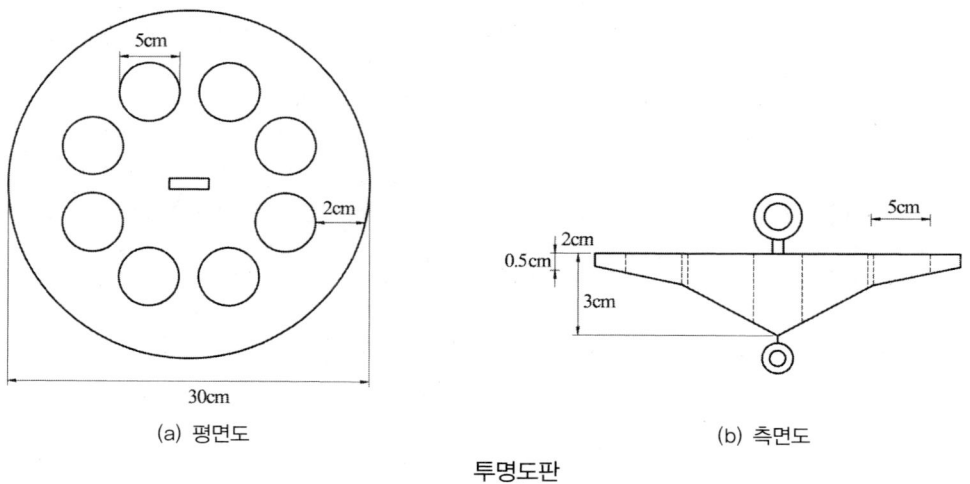

투명도판

(3) 분석절차

① 투명도판은 측정에 앞서 상판에 이물질이 없도록 깨끗하게 닦아 주고, 측정시간은 오전 10시에서 오후 4시 사이에 측정한다.
② 날씨가 맑고 수면이 잔잔할 때 측정하고, 직사광선을 피하여 배의 그늘 등에서 투명도판을 조용히 보이지 않는 깊이로 넣은 다음 천천히 끌어 올리면서 보이기 시작한 깊이를 반복해서 측정한다.

TIP

① 투명도판의 색도차는 투명도에 미치는 영향이 적지만, 원판의 광 반사능도 투명도에 영향을 미치므로 표면이 더러울 때에는 다시 색칠하여야 한다.
② 투명도는 일기, 시각, 개인차 등에 의하여 약간의 차이가 있을 수 있으므로 측정조건을 기록해 두어야 한다.
③ 흐름이 있어 줄이 기울어질 경우에는 2kg정도의 추를 달아서 줄을 세워야 하고 줄은 10cm 간격으로 눈금표시가 되어 있어야 하며, 충분히 강도가 있는 것을 사용한다.
④ 강우시나 수면에 파도가 격렬하게 일 때는 정확한 투명도를 얻을 수 없으므로 측정하지 않는 것이 좋다.
⑤ 측정결과는 0.1m 단위로 표기한다.

❸ 색도(Color)

① 이 시험기준은 색도를 측정하기 위하여 시각적으로 눈에 보이는 색상에 관계없이 단순 색도차 또는 단일 색도차를 계산한다.
② 아담스-니컬슨(Adams-Nickerson)의 색도공식을 근거로 하고 있다.
③ 육안적으로 두개의 서로 다른 색상을 가진 A, B가 무색으로부터 같은 정도로 색도가 있다고 판정되면, 이들의 색도값(ADMI 값 : American Dye Manufacturers Institute)도 같게 된다.
④ 이 방법은 백금-코발트 표준물질과 아주 다른 색상의 폐·하수에서 뿐만 아니라 표준물질과 비슷한 색상의 폐·하수에도 적용할 수 있다.

❹ 수소이온농도(Potential of Hydrogen, pH)

이 시험기준은 물속의 수소이온농도(pH)를 측정하는 방법으로, 기준전극과 비교전극으로 구성되어진 pH측정기를 사용하여 양전극간에 생성되는 기전력의 차를 이용하여 측정하는 방법이다.

(1) 적용범위

이 시험기준은 수온이 0~40℃인 지표수, 지하수, 폐수에 적용되며, 정량범위는 pH 0~14이다.

(2) 간섭물질

① 일반적으로 유리전극은 용액의 색도, 탁도, 콜로이드성 물질들, 산화 및 환원성 물질들 그리고 염도에 의해 간섭을 받지 않는다.
② pH 10 이상에서 나트륨에 의해 오차가 발생할 수 있는데, 이는 "낮은 나트륨 오차 전극"을 사용하여 줄일 수 있다.
③ 기름층이나 작은 입자상이 전극을 피복하여 pH 측정을 방해할 수 있는데, 이 피복물을 부드럽게 문질러 닦아내거나 세척제로 닦아낸 후 증류수로 세척하여 부드러운 천으로 물기를 제거하여 사용한다. 염산(1 + 9)을 사용하여 피복물을 제거할 수 있다.
④ pH는 온도변화에 따라 영향을 받는다.

⑤ 용존산소(DO : Dissolved Oxygen)

1. 적정법

(1) 적용범위

이 시험기준은 지표수, 지하수, 폐수 등에 적용할 수 있으며, 정량한계는 0.1mg/L이다.

(2) 간섭물질

① 시료가 착색되거나 현탁된 경우 정확한 측정을 할 수 없다.
② 시료 중에 산·환원성 물질이 존재하면 측정을 방해받을 수 있다.
③ 시료에 미생물 플록(floc)이 형성된 경우 측정을 방해받을 수 있다.

(3) 전처리

① 시료의 착색·현탁된 경우 : 칼륨명반용액과 암모니아수 주입
② 황산구리-설파민산법(미생물 플록(floc)이 형성된 경우) : 황산구리-설퍼민산용액 주입
③ 산화성 물질을 함유한 경우(잔류염소) : 알칼리성 요오드화칼륨 - 아자이드화나트륨 용액 주입
④ 산화성 물질을 함유한 경우(Fe(Ⅲ)) : Fe(Ⅲ) 100~200mg/L가 함유되어 있는 시료의 경우, 황산을 첨가하기 전에 플루오린화칼륨 용액 1mL를 가한다.

⑥ 생물화학적 산소요구량(BOD, Biochemical Oxygen Demand)

(1) 전처리

① pH가 6.5~8.5의 범위를 벗어나는 산성 또는 알칼리성 시료는 염산용액(1 M) 또는 수산화나트륨용액(1 M)으로 시료를 중화하여 pH 7~7.2로 맞춘다. 다만 이때 넣어주는 염산 또는 수산화나트륨의 양이 시료량의 0.5%가 넘지 않도록 하여야 한다. pH가 조정된 시료는 반드시 식종을 실시한다.

② 가능한 한 염소소독 전에 시료를 채취한다. 그러나 잔류염소를 함유한 시료는 시료 100mL에 아자이드화나트륨 0.1 g과 요오드화칼륨 1 g을 넣고 흔들어 섞은 다음 염산을 넣어 산성으로 한다.(약 pH 1) 유리된 요오드를 전분지시약을 사용하여 아황산나트륨용액(0.025N)으로 액의 색깔이 청색에서 무색으로 변화될 때까지 적정하여 얻은 아황산나트륨용액(0.025N)의 소비된 부피(mL)를 남아 있는 시료의 양에 대응하여 넣어 준다. 일반적으로 잔류염소를 함유한 시료는 반드시 식종을 실시한다.

③ 수온이 20℃ 이하일 때의 용존산소가 과포화 되어 있을 경우에는 수온을 23~25℃로 상승시킨 이후에 15분간 통기하고 방치하고 냉각하여 수온을 다시 20℃로 한다.

④ 기타 독성을 나타내는 시료에 대해서는 그 독성을 제거한 후 식종을 실시한다.

(2) 분석방법

① 시료(또는 전처리한 시료)의 예상 BOD값으로부터 단계적으로 희석배율을 정하여 3~5종의 희석 시료를 2개를 한 조로 하여 조제한다.

② 예상 BOD값에 대한 사전경험이 없을 때에는 희석하여 시료 조제방법
    ㉠ 오염정도가 심한 공장폐수는 0.1~1.0%
    ㉡ 처리하지 않은 공장폐수와 침전된 하수는 1~5%
    ㉢ 처리하여 방류된 공장폐수는 5~25%
    ㉣ 오염된 하천수는 25~100%의 시료가 함유되도록 희석 조제한다.

③ 5일 저장기간 동안 산소의 소비량이 40~70% 범위안의 희석 시료를 선택하여 초기용존산소량과 5일간 배양한 다음 남아 있는 용존산소량의 차로부터 BOD를 계산한다.

❼ 화학적 산소요구량(Chemical Oxygen Demand)

	산성 과망간칼륨법 (COD_{Mn})	알칼리성 과망간칼륨법 (COD_{Mn})	다이크롬산칼륨법 (COD_{Cr})
시료액성	황산산성	알칼리성	황산산성
가열시간	30분	60분	2시간
적정용액	0.005M 과망간칼륨 ($KMnO_4$)용액	0.025M 티오황산나트륨 ($Na_2S_2O_3$)용액	0.025N 황산제일철암모늄용액
종말점	엷은 홍색	무색	청록색 → 적갈색
농도(mg/L)	COD(mg/L) = $(b-a) \times f \times \frac{1000}{V} \times 0.2$	COD(mg/L) = $(b-a) \times f \times \frac{1000}{V} \times 0.2$	COD(mg/L) = $(b-a) \times f \times \frac{1000}{V} \times 0.2$

❽ 부유물질(Suspended Solids)

(1) 간섭물질

① 나무 조각, 큰 모래입자 등과 같은 큰 입자들은 부유물질 측정에 방해를 주며, 이 경우 직경 2mm 금속망에 먼저 통과시킨 후 분석을 실시한다.
② 증발잔류물이 1,000mg/L 이상인 경우의 해수, 공장폐수 등은 특별히 취급하지 않을 경우, 높은 부유물질 값을 나타낼 수 있다. 이 경우 여과지를 여러 번 세척한다.
③ 철 또는 칼슘이 높은 시료는 금속 침전이 발생하며 부유물질 측정에 영향을 줄 수 있다.
④ 유지(oil) 및 혼합되지 않는 유기물도 여과지에 남아 부유물질 측정값을 높게 할 수 있다.

(2) 분석절차

≪ 유리섬유여과지(GF/C)를 여과장치에 부착하여 미리 정제수 20mL씩으로 3회 흡인 여과하여 씻은 다음 시계접시 또는 알루미늄 호일 접시 위에 놓고 105~110℃의 건조기 안에서 2시간 건조시켜 황산 데시케이터에 넣어 방치하고 냉각한 다음 항량하여 무게를 정밀히 달고, 여과장치에 부착 시킨다.

❾ 노말헥산 추출물질(n-Hexane Extractable Material)

이 시험기준은 물중에 비교적 휘발되지 않는 탄화수소, 탄화수소유도체, 그리스유상물질 및 광유류를 함유하고 있는 시료를 pH 4 이하의 산성으로 하여 노말헥산층에 용해되는 물질을 노말헥산으로 추출하고 노말헥산을 증발시킨 잔류물의 무게로부터 구하는 방법이다. 다만, 광유류의 양을 시험하고자 할 경우에는 활성규산마그네슘(플로리실) 컬럼을 이용하여 동식물유지류를 흡착·제거하고 유출액을 같은 방법으로 구할 수 있다.

(1) 적용범위

이 시험기준은 지표수, 지하수, 폐수 등에 적용할 수 있으며, 정량한계는 0.5mg/L이다.

> **TIP**
> ① 폐수 중의 비교적 휘발되지 않는 탄화수소, 탄화수소유도체, 그리스유상물질 및 광유류가 노말헥산층에 용해되는 성질을 이용한 방법으로 통상 유분의 성분별 선택적 정량이 곤란하다.
> ② 활성규산마그네슘 컬럼과 동등이상의 성능을 나타낼 수 있는 것을 사용할 수 있다.
> ③ 활성규산마그네슘은 입경 150~250μm로서 사용전에 노말헥산으로 씻고 150℃로 약 2시간 가열한 후 진공건조용기에서 식힌 것을 사용한다.

(2) 간섭물질

최종 무게 측정을 방해할 가능성이 있는 입자가 존재할 경우 0.45μm 여과지로 여과한다.

(3) 분석절차

① 총 노말헥산추출물질
㉠ 시료적당량(노말헥산 추출물질로서 5~200mg 해당량)을 분별깔때기에 넣고 메틸오렌지용액(0.1%) 2~3방울을 넣고 황색이 적색으로 변할 때까지 염산(1+1)을 넣어 시료의 pH를 4이하로 조절한다.

⑩ 염소이온(Chloride, Cl⁻)

▶ **적용 가능한 시험방법**

염소이온	정량한계(mg/L)	정밀도(% RSD)
이온크로마토그래피	0.1mg/L	±25% 이내
적정법	0.7mg/L	±25% 이내
이온전극법	5mg/L	±25% 이내

1. 적정법

　이 시험기준은 물속에 존재하는 염소이온을 분석하기 위해서, 염소이온을 질산은과 정량적으로 반응시킨 다음 과잉의 질산은이 크롬산과 반응하여 크롬산은의 침전(엷은 적황색 침전)으로 나타나는 점을 적정의 종말점으로 하여 염소이온의 농도를 측정하는 방법이다.

⑪ 암모니아성 질소(Ammonium Nitrogen)

▶ 적용 가능한 시험방법

암모니아성질소	정량한계(mg/L)	정밀도(% RSD)
자외선/가시선 분광법	0.01mg/L	±25% 이내
이온전극법	0.08mg/L	±25% 이내
적정법	1mg/L	±25% 이내

⑫ 아질산성 질소(Nitrite-N)

▶ 적용 가능한 시험방법

아질산성 질소	정량한계(mg/L)	정밀도(% RSD)
자외선/가시선 분광법	0.004mg/L	±25% 이내
이온크로마토그래피	0.1mg/L	±25% 이내

⑬ 질산성 질소(Nitrate Nitrogen)

▶ 적용 가능한 시험방법

질산성질소	정량한계(mg/L)	정밀도(% RSD)
이온크로마토그래피	0.1mg/L	±25% 이내
자외선/가시선 분광법 (부루신법)	0.1mg/L	±25% 이내
자외선/가시선 분광법 (활성탄흡착법)	0.3mg/L	±25% 이내
데발다합금 환원증류법	중화적정법 : 0.5mg/L 분광법 : 0.1mg/L	±25% 이내

⑭ 총질소(Total Nitrogen)

▶ 적용 가능한 시험방법

총질소	정량한계(mg/L)	정밀도(% RSD)
자외선/가시선 분광법(산화법)	0.1mg/L	±25% 이내
자외선/가시선 분광법 (카드뮴-구리 환원법)	0.004mg/L	±25% 이내
자외선/가시선 분광법 (환원증류-킬달법)	0.02mg/L	±25% 이내
연속흐름법	0.06mg/L	±25% 이내

▶ 질소화합물의 분석방법 정리

질소화합물의 종류	분석방법
암모니아성 질소(NH_3-N)	① 자외선 가시선 분광법 ② 이온전극법 ③ 적정법
아질산성 질소(NO_2-N)	① 자외선 가시선 분광법 ② 이온크로마토그래피
질산성 질소(NO_3-N)	① 이온크로마토그래피 ② 자외선 가시선 분광법(부루신법) ③ 자외선 가시선 분광법(활성탄 흡착법) ④ 데발다합금 환원 증류법
총질소(T-N)	① 자외선 가시선 분광법(산화법) ② 자외선 가시선 분광법(카드뮴 - 구리 환원법) ③ 자외선 가시선 분광법(환원증류 - 킬달법) ④ 연속흐름법

⑮ 인산염인(Phosphate Phosphorus, PO_4-P)

▶ 적용 가능한 시험방법

인산염인	정량한계(mg/L)	정밀도(% RSD)
자외선/가시선 분광법 (이염화주석환원법)	0.003mg/L	±25% 이내
자외선/가시선 분광법 (아스코르빈산환원법)	0.003mg/L	±25% 이내
이온크로마토그래피	0.1mg/L	±25% 이내

1. 자외선/가시선 분광법(이염화주석환원법)

이 시험기준은 물속에 존재하는 인산염인을 측정하기 위하여 시료 중의 인산염인이 몰리브덴산 암모늄과 반응하여 생성된 몰리브덴산인 암모늄을 이염화주석으로 환원하여 생성된 몰리브덴 청의 흡광도를 690nm에서 측정하는 방법이다.

2. 자외선/가시선 분광법(아스코빈산환원법)

이 시험기준은 물속에 존재하는 인산염인을 측정하기 위하여 몰리브덴산암모늄과 반응하여 생성된 몰리브덴산인암모늄을 아스코빈산으로 환원하여 생성된 몰리브덴 청의 흡광도를 880nm에서 측정하여 인산염인을 정량하는 방법이다.

⑯ 총인(Total Phosphorus)

▶ 적용 가능한 시험방법

총인	정량한계(mg/L)	정밀도(% RSD)
자외선/가시선 분광법	0.005mg/L	±25% 이내
연속흐름법	0.003mg/L	±25% 이내

1. 자외선/가시선 분광법

이 시험기준은 물속에 존재하는 총인을 측정하기 위하여 유기물화합물 형태의 인을 산화 분해하여 모든 인 화합물을 인산염(PO_4^{3-}) 형태로 변화시킨 다음 몰리브덴산암모늄과 반응하여 생성된 몰리브덴산인암모늄을 아스코빈산으로 환원하여 생성된 몰리브덴산의 흡광도를 880nm에서 측정하여 총인의 양을 정량하는 방법이다.

⑰ 페놀류(Phenols)

▶ 적용 가능한 시험방법

페놀 및 그 화합물	정량한계(mg/L)	정밀도(% RSD)
자외선/가시선 분광법	추출법 : 0.005mg/L 직접법 : 0.05mg/L	±25% 이내
연속흐름법	0.007mg/L	±25% 이내

1. 자외선/가시선 분광법

이 시험기준은 물속에 존재하는 페놀류를 측정하기 위하여 증류한 시료에 염화암모늄-암모니아 완충용액을 넣어 pH 10으로 조절한 다음 4-아미노안티피린과 헥사시안화철(II)산칼륨을 넣어 생성된 붉은색의 안티피린계 색소의 흡광도를 측정하는 방법으로 수용액에서는 510nm, 클로로폼용액에서는 460nm에서 측정한다.

⑱ 시안(Cyanides)

▶ 적용 가능한 시험방법

시안	정량한계(mg/L)	정밀도(% RSD)
자외선/가시선 분광법	0.01mg/L	±25% 이내
이온전극법	0.10mg/L	±25% 이내
연속흐름법	0.01mg/L	±25% 이내

1. 자외선/가시선 분광법

이 시험기준은 물속에 존재하는 시안을 측정하기 위하여 시료를 pH 2 이하의 산성에서 가열 증류하여 시안화물 및 시안착화합물의 대부분을 시안화수소로 유출시켜 포집한 다음 포집된 시안이온을 중화하고 클로라민-T를 넣어 생성된 염화시안이 피리딘-피라졸론 등의 발색시약과 반응하여 나타나는 청색을 620nm에서 측정하는 방법이다.

TIP

① 다량의 유지류가 함유된 시료는 아세트산 또는 수산화나트륨 용액으로 pH 6~7로 조절 하고 시료의 약 2%에 해당하는 노말헥산 또는 클로로폼을 넣어 짧은 시간동안 흔들어 섞고 수층을 분리하여 시료를 취한다.
② 잔류염소가 함유된 시료는 잔류염소 20mg 당 L-아스코르빈산(10%) 0.6mL 또는 아비산 나트륨용액(10%) 0.7mL를 넣어 제거한다.
③ 황화합물이 함유된 시료는 아세트산아연용액(10%) 2mL를 넣어 제거한다. 이 용액 1mL는 황화물이온 약 14mg에 대응한다.

2. 이온전극법

이 시험기준은 지하수, 지표수, 폐수 등에 존재하는 시안을 측정하기 위하여 pH 12~13의 알칼리성에서 시안이온전극과 비교전극을 사용하여 전위를 측정하고 그 전위차로부터 시안을 정량하는 방법으로 음이온류 - 이온전극법에 따른다.

⑲ 불소(Fluoride, F⁻)

1. 적용 가능한 시험방법

불소	정량한계(mg/L)	정밀도(% RSD)
자외선/가시선 분광법	0.15mg/L	±25% 이내
이온전극법	0.1mg/L	±25% 이내
이온크로마토그래피	0.05mg/L	±25% 이내
연속흐름법	0.1mg/L	±25% 이내

2. 자외선/가시선 분광법

이 시험기준은 물속에 존재하는 불소를 측정하기 위하여 시료에 넣은 란탄알리자린 콤프렉손의 착화합물이 불소이온과 반응하여 생성하는 청색의 복합 착화합물의 흡광도를 620nm에서 측정하는 방법이다.

⑳ 브롬이온(Bromide)

▶ 적용 가능한 시험방법

브롬이온	정량한계	정밀도(% RSD)
이온크로마토그래피	0.03mg/L	±25% 이내

㉑ 황산이온(Sulfate)

▶ 적용 가능한 시험방법

황산이온	정량한계(mg/L)	정밀도(% RSD)
이온크로마토그래피	0.5mg/L	±25% 이내

㉒ 음이온계면활성제(Anionic Surfactants)

▶ 적용 가능한 시험방법

음이온계면활성제	정량한계(mg/L)	정밀도(% RSD)
자외선/가시선 분광법	0.02mg/L	±25% 이내
연속흐름법	0.09mg/L	±25% 이내

1. 자외선/가시선 분광법

이 시험기준은 물속에 존재하는 음이온 계면활성제를 측정하기 위하여 메틸렌블루와 반응시켜 생성된 청색의 착화합물을 클로로폼으로 추출하여 흡광도를 650nm에서 측정하는 방법이다.

㉓ 클로로필 a(Chlorophyll a)

이 시험기준은 물속의 클로로필 a의 양을 측정하는 방법으로 아세톤 용액을 이용하여 시료를 여과한 여과지로부터 클로로필 색소를 추출하고, 추출액의 흡광도를 663, 645, 630 및 750nm에서 측정하여 클로로필 a의 양을 계산하는 방법이다.

㉔ 전기전도도(Conductivity)

① 지시부와 검출부로 구성되어 있으며, 지시부는 교류 휘트스톤브리지(wheatstone bridge)회로나 연산 증폭기 회로 등으로 구성된 것을 사용하며, 검출부는 한 쌍의 고정된 전극(보통 백금 전극 표면에 백금흑도금을 한 것)으로 된 전도도 셀 등을 사용한다.
② 전도도 셀은 그 형태, 위치, 전극의 크기에 따라 각각 자체의 셀 상수를 가지고 있다. 셀 상수는 전도도 표준용액(염화칼륨용액)을 사용하여 결정하거나 셀 상수가 알려진 다른 전도도 셀과 비교하여 결정할 수 있으나, 일반적으로 기기제작사의 지침서 또는 설명서에 명시되어 있다.
③ 전기전도도 측정계 중에서 25℃에서의 자체온도 보상회로가 장치되어 있는 것이 사용하기에 편리하다. 그러한 장치가 없는 경우에는 온도에 따른 환산식을 사용하여 25℃에서 전기전도도 값으로 환산해야 한다.
④ 전기전도도 셀은 항상 수중에 잠긴 상태에서 보존하여야 하며, 정기적으로 점검한 후 사용한다.

㉕ 총 유기탄소(Total Organic Carbon)

① 총 유기탄소(TOC, total organic carbon) : 수중에서 유기적으로 결합된 탄소의 합을 말한다.

② 총 탄소(TC, total carbon) : 수중에서 존재하는 유기적 또는 무기적으로 결합된 탄소의 합을 말한다.
③ 무기성 탄소(IC, inorganic carbon) : 수중에 탄산염, 중탄산염, 용존 이산화탄소 등 무기적으로 결합된 탄소의 합을 말한다.
④ 용존성 유기탄소(DOC, dissolved organic carbon) : 총 유기탄소 중 공극 0.45μm의 막 여지를 통과하는 유기탄소를 말한다.
⑤ 부유성 유기탄소(SOC, suspended organic carbon) : 총 유기탄소 중 공극 0.45μm의 막 여지를 통과하지 못한 유기탄소를 말한다. GF/F로 여과시 입자성 유기탄소(POC, particulate organic carbon)로 구분하기도 하였다.
⑥ 비정화성 유기탄소(NPOC, nonpurgeable organic carbon) : 총 탄소 중 pH 2 이하에서 포기에 의해 정화(purging)되지 않는 탄소를 말한다. 과거에는 비휘발성 유기탄소라고 구분하기도 하였다.

26 퍼클로레이트(Perchlorate)

▶ 적용 가능한 시험방법

퍼클로레이트	정량한계(mg/L)	정밀도(% RSD)
액체크로마토그래프-질량분석법	0.002mg/L	±25% 이내
이온크로마토그래피	0.002mg/L	±25% 이내

제4장 중금속편

1 크롬(Chromium, Cr)

▶ 적용 가능한 시험방법

크롬	정량한계(mg/L)	정밀도(% RSD)
원자흡수분광광도법	산처리법 : 0.01mg/L 용매추출법 : 0.001mg/L	±25% 이내
자외선/가시선 분광법	0.04mg/L	±25% 이내
유도결합플라스마-원자발광분광법	0.007mg/L	±25% 이내
유도결합플라스마-질량분석법	0.0002mg/L	±25% 이내

1. 자외선/가시선 분광법

이 시험기준은 물속에 존재하는 크롬을 자외선/가시선 분광법으로 측정하는 것으로, 3가 크롬은 과망간산칼륨을 첨가하여 6가 크롬으로 산화시킨 후, 산성 용액에서 다이페닐카바자이드와 반응하여 생성하는 적자색 착화합물의 흡광도를 540nm에서 측정한다.

(1) 적용범위

이 시험기준은 지표수, 지하수, 폐수 등에 적용할 수 있으며, 정량한계는 0.04mg/L이다.

(2) 간섭물질

몰리브덴(Mo), 수은(Hg), 바나듐(V), 철(Fe), 구리(Cu) 이온이 과량 함유되어 있을 경우, 방해 영향이 나타날 수 있다.

❷ 6가 크롬(Hexavalent Chromium, Cr^{6+})

▶ 적용 가능한 시험방법

6가 크롬	정량한계(mg/L)	정밀도(% RSD)
원자흡수분광광도법	0.01mg/L	±25% 이내
자외선/가시선 분광법	0.04mg/L	±25% 이내
유도결합플라스마-원자발광분광법	0.007mg/L	±25% 이내

1. 원자흡수분광광도법

이 시험기준은 물속에 존재하는 6가 크롬을 원자흡수분광광도법으로 정량하는 방법이다. 6가 크롬을 피로리딘 디티오카르바민산 착물로 만들어 메틸아이소부틸케톤으로 추출한 다음 원자흡수분광광도계로 흡광도를 측정하여 6가 크롬의 농도를 구하는 것이 목적이다. 최종 분석시료는 불꽃에 분무하여 원자화되는 크롬 원소가 그 원자증기층을 투과하는 빛을 흡수하는 흡수 정도를 시료에 포함된 크롬의 농도로 환산한다.

(1) 적용범위

이 시험기준은 지표수, 지하수, 폐수 등에 적용할 수 있으며, 정량한계는 0.01mg/L이다.

(2) 간섭물질

폐수에 반응성이 큰 다른 금속 이온이 존재할 경우 방해 영향이 크므로, 이 경우는 황산나트륨 1%를 첨가하여 측정한다. 일반적으로 표층수에 존재하는 원소의 방해 영향은 무시할 수 있다.

2. 자외선/가시선 분광법

이 시험기준은 물속에 존재하는 6가 크롬을 자외선/가시선 분광법으로 측정하는 것으로, 산성 용액에서 다이페닐카바자이드와 반응하여 생성하는 적자색 착화합물의 흡광도를 540nm에서 측정한다.

(1) 적용범위

이 시험기준은 지표수, 지하수, 폐수 등에 적용할 수 있으며, 정량한계는 0.04mg/L이다.

(2) 간섭물질

몰리브덴(Mo), 수은(Hg), 바나듐(V), 철(Fe), 구리(Cu) 이온이 과량 함유되어 있을 경우 방해 영향이 나타날 수 있다.

❸ 아연(Zinc, Zn)

▶ 적용 가능한 시험방법

아연	정량한계(mg/L)	정밀도(% RSD)
원자흡수분광광도법	0.002mg/L	±25% 이내
자외선/가시선 분광법	0.010mg/L	±25% 이내
유도결합플라스마-원자발광분광법	0.002mg/L	±25% 이내
유도결합플라스마-질량분석법	0.006mg/L	±25% 이내
양극벗김전압전류법	0.0001mg/L	±20% 이내

1. 자외선/가시선 분광법

이 시험기준은 물속에 존재하는 아연을 측정하기 위하여 아연이온이 pH 약 9에서 진콘 (2-카르복시-2´-하이드록시(hydroxy) -5´술포포마질-벤젠·나트륨염)과 반응하여 생성하는 청색 킬레이트 화합물의 흡광도를 620nm에서 측정하는 방법이다.

(1) 적용범위

이 시험기준은 지표수, 지하수, 폐수 등에 적용 할 수 있으며, 정량한계는 0.010mg/L이다.

> **TIP**
>
> **시료 분석시 주의사항**
> ① 2가 망간이 공존하지 않은 경우에는 아스코빈산나트륨을 넣지 않는다.
> ② 발색의 정도는 15~29℃, pH는 8.8~9.2의 범위에서 잘 된다.

④ 구리(Copper, Cu)

▶ 적용 가능한 시험방법

구리	정량한계(mg/L)	정밀도(% RSD)
원자흡수분광광도법	0.008mg/L	±25% 이내
자외선/가시선 분광법	0.01mg/L	±25% 이내
유도결합플라스마-원자발광분광법	0.006mg/L	±25% 이내
유도결합플라스마-질량분석법	0.002mg/L	±25% 이내

1. 자외선/가시선 분광법

이 시험기준은 물속에 존재하는 구리이온이 알칼리성에서 다이에틸다이티오카르바민산나트륨과 반응하여 생성하는 황갈색의 킬레이트 화합물을 아세트산부틸로 추출하여 흡광도를 440nm에서 측정하는 방법이다.

> **TIP**
>
> **시료의 전처리에서 주의사항**
> ① 시료의 전처리를 하지 않고 직접 시료를 사용하는 경우, 시료 중에 시안화합물이 함유되어 있으면 염산산성으로 하여 끓여 시안화물을 완전히 분해 제거한 다음 시험한다.
> ② 추출용매는 아세트산부틸 대신 사염화탄소, 클로로폼, 벤젠 등을 사용할 수도 있다. 그러나 시료 중 음이온 계면활성제가 존재하면 구리의 추출이 불완전하다.
> ③ 무수황산나트륨 대신 건조 거름종이를 사용하여 걸러내어도 된다.
> ④ 비스무트(Bi)가 구리의 양보다 2배 이상 존재할 경우에는 황색을 나타내어 방해한다.

❺ 카드뮴(Cadmium, Cd)

▶ 적용 가능한 시험방법

카드뮴	정량한계(mg/L)	정밀도(% RSD)
원자흡수분광광도법	0.002mg/L	±25% 이내
자외선/가시선 분광법	0.004mg/L	±25% 이내
유도결합플라스마-원자발광분광법	0.004mg/L	±25% 이내
유도결합플라스마-질량분석법	0.002mg/L	±25% 이내

1. 자외선/가시선 분광법

이 시험기준은 물속에 존재하는 카드뮴이온을 시안화칼륨이 존재하는 알칼리성에서 디티존과 반응시켜 생성하는 카드뮴착염을 사염화탄소로 추출하고, 추출한 카드뮴 착염을 타타르산용액으로 역추출한 다음 다시 수산화나트륨과 시안화칼륨을 넣어 디티존과 반응하여 생성하는 적색의 카드뮴착염을 사염화탄소로 추출하고 그 흡광도를 530nm에서 측정하는 방법이다.

❻ 납(Lead, Pb)

▶ 적용 가능한 시험방법

불소	정량한계(mg/L)	정밀도(% RSD)
원자흡수분광광도법	0.04mg/L	±25% 이내
자외선/가시선 분광법	0.004mg/L	±25% 이내
유도결합플라스마-원자발광분광법	0.04mg/L	±25% 이내
유도결합플라스마-질량분석법	0.002mg/L	±25% 이내
양극벗김전압전류법	0.0001mg/L	±20% 이내

⑦ 망간(Manganese, Mn)

▶ 적용 가능한 시험방법

망간	정량한계(mg/L)	정밀도(% RSD)
원자흡수분광광도법	0.005mg/L	±25% 이내
자외선/가시선 분광법	0.2mg/L	±25% 이내
유도결합플라스마-원자발광분광법	0.002mg/L	±25% 이내
유도결합플라스마-질량분석법	0.0005mg/L	±25% 이내

⑧ 비소(Arsenic, As)

▶ 적용 가능한 시험방법

비소	정량한계(mg/L)	정밀도(% RSD)
수소화물생성-원자흡수분광광도법	0.005mg/L	±25% 이내
자외선/가시선 분광법	0.004mg/L	±25% 이내
유도결합플라스마-원자발광분광법	0.05mg/L	±25% 이내
유도결합플라스마-질량분석법	0.006mg/L	±25% 이내
양극벗김전압전류법	0.0003mg/L	±20% 이내

1. 수소화물생성-원자흡수분광광도법

이 시험기준은 물속에 존재하는 비소를 측정하는 방법으로 아연 또는 나트륨붕소수화물($NaBH_4$)을 넣어 수소화 비소로 포집하여 아르곤(또는 질소)-수소 불꽃에서 원자화시켜 193.7nm에서 흡광도를 측정하고 비소를 정량하는 방법이다.

2. 자외선/가시선 분광법

이 시험기준은 물속에 존재하는 비소를 측정하는 방법으로, 3가 비소로 환원시킨 다음 아연을 넣어 발생되는 수소화비소를 다이에틸다이티오카바민산은(Ag-DDTC)의 피리딘 용액에 흡수시켜 생성된 적자색 착화합물을 530nm에서 흡광도를 측정하는 방법이다.

(1) 적용범위

이 시험기준은 지표수, 지하수, 폐수 등에 적용할 수 있으며, 정량한계는 0.004mg/L이다.

(2) 간섭물질

① 안티몬 또한 이 시험 조건에서 스티빈(stibine, SbH_3)으로 환원되고 흡수용액과 반응하여 510nm에서 최대 흡광도를 갖는 붉은 색의 착화합물을 형성한다. 안티몬이 고농도의 경우에는 이 방법을 사용하지 않는 것이 좋다.
② 높은 농도(>5mg/L)의 크롬, 코발트, 구리, 수은, 몰리브덴, 은 및 니켈은 비소 정량을 방해한다.
③ 황화수소(H_2S) 기체는 비소 정량에 방해하므로 아세트산납을 사용하여 제거하여야 한다.

⑨ 니켈(Nickel, Ni)

▶ 적용 가능한 시험방법

니켈	정량한계(mg/L)	정밀도(% RSD)
원자흡수분광광도법	0.01mg/L	±25% 이내
자외선/가시선 분광법	0.008mg/L	±25% 이내
유도결합플라스마-원자발광분광법	0.015mg/L	±25% 이내
유도결합플라스마-질량분석법	0.002mg/L	±25% 이내

1. 자외선/가시선 분광법

이 시험기준은 물속에 존재하는 니켈이온을 암모니아의 약 알칼리성에서 다이메틸글리옥심과 반응시켜 생성한 니켈착염을 클로로폼으로 추출하고 이것을 묽은 염산으로 역추출한다. 추출물에 브롬과 암모니아수를 넣어 니켈을 산화시키고 다시 암모니아 알칼리성에서 다이메틸글리옥심과 반응시켜 생성한 적갈색 니켈착염의 흡광도 450nm에서 측정하는 방법이다.

⑩ 철(Iron, Fe)

▶ 적용 가능한 시험방법

철	정량한계(mg/L)	정밀도(% RSD)
원자흡수분광광도법	0.03mg/L	±25% 이내
자외선/가시선 분광법	0.08mg/L	±25% 이내
유도결합플라스마-원자발광분광법	0.007mg/L	±25% 이내

⑪ 셀레늄(Selenium, Se)

▶ 적용 가능한 시험방법

셀레늄	정량한계(mg/L)	정밀도(% RSD)
수소화물생성-원자흡수분광광도법	0.005mg/L	±25% 이내
유도결합플라스마-질량분석법	0.03mg/L	±25% 이내

1. 수소화물생성-원자흡수분광광도법

이 시험기준은 물속에 존재하는 셀레늄을 측정하는 방법으로, 나트륨붕소수화물($NaBH_4$)을 넣어 수소화 셀레늄으로 포집하여 아르곤(또는 질소)-수소 불꽃에서 원자화시켜 196.0nm에서 흡광도를 측정하고 셀레늄을 정량하는 방법이다.

⑫ 수은(Mercury, Hg)

▶ 적용 가능한 시험방법

수은	정량한계(mg/L)	정밀도(% RSD)
냉증기-원자흡수분광광도법	0.0005mg/L	±25% 이내
자외선/가시선 분광법	0.003mg/L	±25% 이내
양극벗김전압전류법	0.0001mg/L	±20% 이내
냉증기-원자형광법	0.0005μg/L	±25% 이내

1. 냉증기-원자흡수분광광도법

이 시험기준은 물속에 존재하는 수은을 측정하는 방법으로, 시료에 이염화주석($SnCl_2$)을 넣어 금속수은으로 산화시킨 후, 이 용액에 통기하여 발생하는 수은증기를 원자흡수분광광도법으로 253.7nm의 파장에서 측정하여 정량하는 방법이다.

(1) 간섭물질

① 시료 중 염화물이온이 다량 함유된 경우에는 산화 조작시 유리염소를 발생하여 253.7nm에서 흡광도를 나타낸다. 이때는 염산하이드록실아민용액을 과잉으로 넣어 유리염소를 환원시키고 용기 중에 잔류하는 염소는 질소 가스를 통기시켜 추출한다.

② 벤젠, 아세톤 등 휘발성 유기물질도 253.7nm에서 흡광도를 나타낸다. 이 때에는 과망간산칼륨 분해 후 헥산으로 이들 물질을 추출 분리한 다음 시험한다.

2. 자외선/가시선 분광법

이 시험기준은 물속에 존재하는 수은을 정량하기 위하여 사용한다. 수은을 황산 산성에서 디티존·사염화탄소로 일차추출하고 브롬화칼륨 존재하에 황산산성에서 역추출하여 방해성분과 분리한 다음 인산-탄산염 완충용액 존재하에서 디티존·사염화탄소로 수은을 추출하여 490nm에서 흡광도를 측정하는 방법이다.

⑬ 알킬수은(Alkyl Mercury)

▶ 적용 가능한 시험방법

알킬수은	정량한계(mg/L)	정밀도(% RSD)
기체크로마토그래피	0.0005mg/L	±25%
원자흡수분광광도법	0.0005mg/L	±25%

1. 기체크로마토그래피

이 시험기준은 물속에 존재하는 알킬수은 화합물을 기체크로마토그래피에 따라 정량하는 방법이다. 알킬수은화합물을 벤젠으로 추출하여 L-시스테인용액에 선택적으로 역추출하고 다시 벤젠으로 추출하여 기체크로마토그래프로 측정하는 방법이다.

제5장 유기물질 및 휘발성유기화합물편

① 석유계총탄화수소

1. 용매추출/기체크로마토그래피

이 시험기준은 물속에 존재하는 비등점이 높은(150~500℃) 유류에 속하는 석유계총탄화수소(제트유, 등유, 경유, 벙커C, 윤활유, 원유 등)를 다이클로로메탄으로 추출하여 기체크로마토그래프에 따라 확인 및 정량하는 방법으로 크로마토그램에 나타난 피크의 패턴에 따라 유류 성분을 확인하고 탄소수가 짝수인 노말알칸(C8~C40) 표준물질과 시료의 크로마토그램 총면적을 비교하여 정량한다.

(1) 적용범위

이 시험기준은 지표수, 지하수, 폐수 등에 적용 할 수 있으며, 정량한계는 0.2mg/L 이다.

② 유기인(Organophosphorus Pesticides)

1. 용매추출/기체크로마토그래피

이 시험기준은 물속에 존재하는 유기인계 농약성분 중 다이아지논, 파라티온, 이피엔, 메틸디메톤 및 펜토에이트를 측정하기 위한 것으로, 채수한 시료를 헥산으로 추출하여 필요시 실리카겔 또는 플로리실 컬럼을 통과시켜 정제한다. 이 액을 농축시켜 기체크로마토그래프에 주입하고 크로마토그램을 작성하여 유기인을 확인하고 정량하는 방법이다.

(1) 적용범위

이 시험기준은 지표수, 지하수, 폐수 등에 적용 할 수 있으며, 각 성분별 정량한계는 0.0005mg/L이다.

(2) 간섭물질

① 폴리테트라플루오로에틸렌(PTFE) 재질이 아닌 튜브, 봉합제 및 유속조절제의 사용을 피해야 한다.

② 높은 농도를 갖는 시료와 낮은 농도를 갖는 시료를 연속하여 분석할 때에 오염이 될 수 있으므로, 높은 농도의 시료를 분석한 후에는 바탕시료를 분석하는 것이 좋다.
③ 실리카겔 컬럼 정제는 산, 염화페놀, 폴리클로로페녹시페놀 등의 극성화합물을 제거하기 위하여 수행하며, 사용 전에 정제하고 활성화시켜야 하거나 시판용 실리카 카트리지를 이용할 수 있다.
④ 플로리실 컬럼 정제는 시료에 유분의 관찰 또는 분석 후 시료 크로마토그램의 방해성 문이 유분의 영향으로 판단될 경우에 수행하며 시판용 플로리실 카트리지를 이용할 수 있다.

> **TIP**
>
> **전처리시 주의사항**
> 헥산으로 추출하는 경우 메틸디메톤의 추출율이 낮아 질수도 있다. 이때에는 헥산 대신 다이클로로메탄과 헥산의 혼합용액(15 : 85)을 사용한다.

③ 폴리클로리네이티드비페닐(Polychlorinated Biphenyls)

1. 용매추출/기체크로마토그래피

이 시험기준은 물속에 존재하는 폴리클로리네이티드비페닐(PCBs)을 측정하는 방법으로, 채수한 시료를 헥산으로 추출하여 필요시 알칼리 분해한 다음 다시 헥산으로 추출하고 실리카겔 또는 플로리실 컬럼을 통과시켜 정제한다. 이 액을 농축시켜 기체크로마토그래프에 주입하고 크로마토그램을 작성하여 나타난 피크 패턴에 따라 PCB를 확인하고 정량하는 방법이다.

(1) 적용범위

이 시험기준은 지표수, 지하수, 폐수 등에 적용 할 수 있으며, 정량한계는 0.0005mg/L이다.

제6장 생물편

❶ 총대장균군(Total Coliform)

1. 막여과법

① 총대장균군의 정의는 그람음성·무아포성의 간균으로서 락토오스를 분해하여 가스 또는 산을 발생하는 모든 호기성 또는 혐기성균을 말한다.
② 배양기의 배양온도는 (35±0.5)℃로 유지할 수 있는 것을 사용한다.
③ 배양 후 금속성 광택을 띠는 적색이나 진한 적색 계통을 집락한다.

2. 시험관법

3. 평판집락법

4. 효소이용정량법

❷ 분원성대장균군(Fecal Coliform)

1. 막여과법

① 분원성대장균군의 정의는 온혈동물의 배설물에서 발견되는 그람음성·무아포성의 간균으로서 44.5℃에서 락토오스를 분해하여 가스 또는 산을 발생하는 모든 호기성 또는 통성 혐기성균을 말한다.
② 배양기 또는 항온수조의 배양온도는 (44.5±0.2)℃로 유지할 수 있는 것을 사용한다.
③ 배양 후 여러 가지 색조를 띠는 청색을 계수한다.

2. 시험관법

3. 효소이용정량법

❸ 대장균(Escherichia Coli)

1. 효소이용정량법

① 대장균의 정의는 그람음성·무아포성의 간균으로 베타-글루쿠론산 분해효소(β-glucuronidase)의 활성을 가진 모든 호기성 또는 통성 혐기성균을 말한다.

② 배양기 또는 항온수조의 배양온도는 (35±0.5)℃ 및 (44.5±0.2)℃로 유지할 수 있는 것을 사용한다.

❹ 식물성플랑크톤(Phytoplankton) : 현미경 계수법

① 이 시험기준은 물속의 부유생물인 식물성 플랑크톤을 현미경계수법을 이용하여 개체수를 조사하는 정량분석 방법이다.

② 식물성 플랑크톤은 운동력이 없거나 극히 적어 물환경의 유동에 따라 물환경 내에 부유하면서 생활하는 단일 개체, 집락성, 선상형태의 광합성 생물을 총칭한다.

③ 시료의 개체수는 계수면적당 10~40 정도가 되도록 희석 또는 농축한다.

④ **시료 희석** : 시료가 육안으로 녹색이나 갈색으로 보일 경우 정제수로 적절한 농도로 희석한다.

⑤ 정성시험의 목적은 식물성 플랑크톤의 종류를 조사하는 것이다.

⑥ 정량시험에서 식물성 플랑크톤의 계수는 정확성과 편리성을 위하여 일정 부피를 갖는 계수용 챔버를 사용한다. 식물성 플랑크톤의 동정에는 고배율이 많이 이용되지만 계수에는 저~중배율이 많이 이용된다.

⑦ 저배율 방법(200배율 이하)에는 스트립 이용계수와 격자이용계수가 있으며, 세즈윅-라프터 챔버가 이용된다.

⑧ 중배율 방법(200~500배율 이하)에는 팔머-말로니 챔버 이용계수와 혈구계수이용계수가 있다.

❺ 물벼룩을 이용한 급성 독성 시험법(Cladocera, Crustacea)

(1) 용어정의

① 치사(Mortality) : 일정 희석 비율로 준비된 시료에 물벼룩을 투입하여 24시간 경과 후 시험용기를 손으로 살짝 두드려 주고, 15초 후 관찰했을 때 독성물질에 의해 영향을 받

② 유영저해(Immobilization) : 일정 희석 비율로 준비된 시료에 물벼룩을 투입하여 24시간 경과 후 시험용기를 손으로 살짝 두드려 주고, 15초 후 관찰했을 때 독성물질에 의해 영향을 받아 움직임이 없을 경우를 '유영저해'로 판정한다. 이 때 안테나 다리 등 부속지를 움직인다 하더라도 유영을 하지 못한다면 '유영저해'로 판정한다.

③ 반수영향농도(EC_{50} 값, Median effective concentration) : 투입 시험생물의 50%가 치사 혹은 유영저해를 나타낸 농도이다.

④ 생태독성값(TU, Toxic unit) : 통계적 방법을 이용하여 반수영향농도 EC_{50} 값을 구한 후 100에서 EC_{50} 값을 나눠 준 값을 말한다. (EC_{50} 값의 단위는 %이다.)

⑤ 지수식 시험방법(Static non-renewal test) : 시험기간 중 시험용액을 교환하지 않는 시험을 말한다.

⑥ 표준독성물질(Reference substance) : 독성시험이 정상적인 조건에서 수행되는지를 확인하기 위하여 사용하며 다이크롬산포타슘(potassium dichromate, $K_2Cr_2O_7$, 분자량 : 294.18)을 이용한다.

(2) 시험생물

① 시험생물은 물벼룩인 Daphnia Magna Straus를 사용하도록 하며, 출처가 명확하고 건강한 개체를 사용한다.

② 시험을 실시할 때는 계대배양(여러 세대를 거쳐 배양)한 생후 2주 이상의 물벼룩 암컷 성체를 시험 전날에 새롭게 준비한 배양액이 담긴 용기에 옮기고, 그 다음날까지 생산한 생후 24시간 미만의 어린 개체를 사용한다. 물벼룩은 배양 상태가 좋을 때 7~10일 사이에 첫 새끼를 부화하게 되는데 이때 부화된 새끼는 시험에 사용하지 않고 같은 어미가 약 네 번째 부화한 새끼부터 시험에 사용하여야 한다. 군집배양의 경우, 부화 횟수를 정확히 아는 것이 어렵기 때문에 생후 약 2주 이상의 어미에서 생산된 새끼를 시험에 사용하면 된다.

③ 외부기관에서 새로 분양 받았다면 2번 이상의 세대교체 후 물벼룩을 시험에 사용해야 한다.

④ 시험하기 2시간 전에 먹이를 충분히 공급하여 시험 중 먹이가 주는 영향을 최소화하도록 한다.

⑤ 먹이는 Chlorella sp., Pseudochirknella subcapitata 등과 같은 녹조류와 yeast, cerophyll(R), trout chow의 혼합액인 YCT를 사용한다.

⑥ 물벼룩을 폐기할 경우에는 망으로 걸러 살아있는 상태로 하수구에 유입되지 않도록 주의해야한다.

⑦ 배양액을 교체해주거나 정해진 희석배율의 시험수에 시험생물을 옮겨 주입할 때에

는 시험생물이 공기 중에 노출되는 시간을 가능한 한 짧게 한다.
⑧ 태어난 지 24시간 이내의 시험생물일지라도 가능한 한 크기가 동일한 시험생물을 시험에 사용한다.
⑨ 평상시 물벼룩 배양에서 하루에 배양 용기 내 전체 물벼룩 수의 10% 이상이 치사한 경우 이들로부터 생산된 어린 물벼룩은 시험생물로 사용하지 않는다.
⑩ 배양시 물벼룩이 표면에 뜨지 않아야 하고, 표면에 뜰 경우 시험에 사용하지 않는다.
⑪ 물벼룩을 옮길 때 사용되는 스포이드에 의한 교차 오염이 발생하지 않도록 주의를 기울인다.

Part 03 수질오염방지기술

제1장 물리적 처리

❶ 정수시설의 착수정

① 착수정의 고수위와 주변벽체의 상단간에는 60cm 이상의 여유를 두어야 한다.
② 형상은 일반적으로 직사각형 또는 원형으로 하고 유입구에는 제수밸브 등을 설치한다.
③ 착수정의 용량은 체류시간 1.5분 이상으로 한다.
④ 착수정의 수심은 3~5m 정도로 한다.
⑤ 수위가 고수위 이상으로 올라가지 않도록 월류관이나 월류위어를 설치한다.
⑥ 필요에 따라 분말활성탄을 주입할 수 있는 장치를 설치하는 것이 바람직하다.
⑦ 착수정은 2조 이상으로 분할하는 것이 원칙이나 분할하지 않는 경우에는 필히 바이패스관을 설치하여야 한다.
⑧ 착수정에는 원수수질을 파악할 수 있는 채수시설과 수질측정장치를 설치하는 것이 좋다.

❷ 침사지

(1) 상수시설 침사지의 설계사항

① 저부경사는 보통 $\frac{1}{100} \sim \frac{2}{100}$로 한다.
② 수심은 유효수심에 모래 퇴적부의 깊이를 더한 것으로 한다.
③ 체류시간은 30~60초를 표준으로 한다.
④ 표면부하율은 200~500mm/min을 표준으로 한다.
⑤ 지내 평균유속은 2~7cm/sec를 표준으로 한다.
⑥ 지의 상단높이는 고수위보다 0.6~1m정도의 여유고를 둔다.

⑦ 지의 유효수심은 3~4m를 표준으로 하고, 퇴사심도를 0.5~1m로 한다.
⑧ 지의 길이는 폭의 3~8배를 표준으로 한다.

(2) 하수도 시설의 중력식 침사지

① 침사지의 평균유속은 0.3m/sec를 표준으로 한다.
② 침사지의 표면 부하율은 오수침사지의 경우 1800m^3/m^2·일, 우수침사지의 경우 3600m^3/m^2·일 정도로 한다.

❸ 침전지

(1) 하수처리시설 1차 침전지의 조건

① 침전지의 지수는 2지 이상으로 한다.
② 표면 부하율은 계획1일 최대오수량에 대하여 25~40m^3/m^2·day로 한다.
③ 침전지 수면의 여유고는 40~60cm정도로 한다.
④ 유효수심은 2.5~4m를 표준으로 한다.
⑤ 표면부하율은 계획1일 최대오수량에 대하여 분류식의 경우 35~70m^3/m^2·day, 합류식의 경우 25~50m^3/m^2·day로 한다.
⑥ 침전시간은 계획1일 최대 오수량에 대하여 표면부하율과 유효수심을 고려하여 정하며 일반적으로 2~4시간으로 한다.

(2) 하수처리시설 2차 침전지의 조건

① 표면 부하율은 계획1일 최대오수량에 대하여 20~30m^3/m^2·일로 한다.
② 고형물 부하율은 95~145kg/m^2·일로 한다.
③ 월류위어의 부하율은 190m^3/m·day이다.
④ 유효수심은 2.5~4m를 표준으로 한다.
⑤ 침전시간은 계획1일 최대 오수량에 따라 정하며 일반적으로 3~5시간으로 한다.

(3) 침강이론

① Ⅰ형침전(독립침전)
  ㉠ 고형물의 농도가 낮은 현탁액 속의 입자가 등가속도 영역에서 중력에 의해 침전하는 것을 말한다.
  ㉡ 농도가 낮은 부유물, 독립입자의 침강형태, 비중이 큰 무기성입자침전, 입자 상호간 방해 없음

② Ⅱ형침전(응결침전, 응집침전)
   ㉠ 비교적 농도가 낮은 현탁액에서 침전 중 입자들끼리 결합하고 응집하는 것을 말한다.
   ㉡ 부유물의 농도 낮을 때, 플록침전, 응결침전
   ㉢ 약품침전지나 2차 침전지가 해당

③ Ⅲ형침전(지역침전, 간섭침전, 방해침전)
   ㉠ 중간정도 농도, 서로 방해를 받으며 집단체로 침전하고 침전지나 농축조가 해당
   ㉡ 침전하는 입자들이 너무 가까이 있어서 입자간의 힘이 이웃입자의 침전을 방해하게 되고 동일한 속도로 침전하며 활성슬러지공법의 최종침전조 중간 깊이에서 일어나는 침전이다.
   • 특징
     - 생물학적 처리시설과 함께 사용되는 2차 침전시설 내에서 발생한다.
     - 입자간의 작용하는 힘에 의해 주변입자들의 침전을 방해하는 중간정도 농도의 부유액에서의 침전을 말한다.
     - 입자 등은 서로간의 상대적 위치를 변경시키지 않고 입자들은 구조물을 형성하여 한 개의 단위로 침전한다.
     - 함께 침전하는 입자들은 상부에 고체와 액체의 경계면이 형성된다.

④ Ⅳ형침전(압축침전, 압밀침전)
   ㉠ 입자들은 농도가 너무 커서 입자들끼리 구조물을 형성하여 더 이상의 침전은 압밀에 의해서만 생기는 고농도의 부유액에서 일어나는 침전이다.
   ㉡ 압밀은 상부의 액체로부터의 침전에 의하여 입자구조물에 연속적으로 가해지는 입자들의 무게 때문에 일어나게 된다.
   ㉢ 깊은 2차침전시설과 슬러지농축시설의 바닥에서와 같이 깊은 슬러지층의 하부에서 보통 일어난다.
   ㉣ 농축조가 해당된다.

④ 여과지

✕✕✕ (1) 상수시설 중 완속여과지 특징

① 여과지의 여과속도 표준은 4~5m/day이다.
② 여과지의 깊이는 하수집수장치의 높이에 자갈층 두께, 모래층 두께, 모래면 위의 수심과 여유고를 더하여 2.5~3.5m를 표준으로 한다.

③ 여과지의 모래면 위의 수심은 0.9~1.2m(90~120cm)표준으로 한다.
④ 주위벽 상단은 지반보다 15cm이상 높여서 여과지 내로 오염수나 토사 등의 유입을 방지하여야 한다.
⑤ 한냉지에서는 여과지 물이 동결할 염려가 있으므로 여과지를 복개한다.
⑥ 여과지는 2지 이상으로 하고 10지마다 1지 비율로 예비지를 둔다.

(2) 상수시설 중 급속여과지 특징

① 여과면적은 계획정수량을 여과속도로 나누어 계산한다.
② 1지의 여과면적은 150m² 이하로 한다.
③ 여과속도는 120~150m/일을 표준으로 한다.
④ 중력식을 표준으로 한다.

▶ 완속여과지와 급속여과지 정리

	완속여과지	급속여과지
여과 속도	4~5m/day 표준	120~150m/day 표준
모래층 두께	70~90cm	60~120cm
모래 유효경	0.3~0.45mm	0.45~0.7mm
균등 계수	2.0 이하	1.7 이하
여과지의 모래면 위의 수심	0.9~1.2m(90~120cm)	1~1.5m(100~150cm)

제2장 화학적 처리

❶ 약품침전지 및 특성

(1) 정수시설의 응집지의 플록형성지 특성

① 혼화지와 침전지 사이에 위치하고 침전지에 붙여서 설치한다.
② 플록형성시간은 계획정수량에 대하여 20~40분간을 표준으로 한다.
③ 기계식 교반에서 플록큐레이션의 주변속도는 15~80cm/sec를 표준으로 한다.
④ 플록형성지 내의 교반 강도는 하류로 갈수록 점차 감소시키는 것이 바람직하다.
⑤ 직사각형이 표준이다.
⑥ 야간 근무자가 플록형성상태를 감시할 수 있는 적절한 조명장치를 설치한다.

⑦ 플록형성지는 단락류나 정체부가 생기지 않으면서 충분하게 교반될 수 있는 구조로 한다.

(2) 완속교반의 주목적

응집된 입자의 floc화를 촉진하기 위하여

❷ 응집제의 종류

(1) 황산 알루미늄(황산반토, Alum)

① 장점
  ㉠ 철염에 비해 가격이 저렴하다.
  ㉡ 독성이 없다.
  ㉢ 부식성이 없어 취급이 용이하다.
  ㉣ 탁도, 조류, 세균 등의 현탁성 물질, 부유물 제거에 효과적이다.

② 단점
  ㉠ 형성된 플록(floc)이 비교적 가볍다.
  ㉡ 적정 pH 폭이 좁다.(pH 5~8)

(2) 철염

① 장점
  ㉠ 염화제2철은 고체분말로서 6개의 결정수를 가지며 최적 pH 범위는 4~12 정도이다.
  ㉡ 철염의 floc은 무겁고 침강이 빠르며 pH 9 이상에서 망간 제거가 가능하다.
  ㉢ 염화제2철은 형성 플록이 무겁고 침강이 빠르다.
  ㉣ 황산 제1철은 pH와 알칼리도가 높은 물에서 주로 사용한다.
  ㉤ 알칼리 영역에서도 floc이 용해되지 않는다.

② 단점
  ㉠ 1철염은 철이온이 잔류하고, 색도를 유발시킨다.
  ㉡ 가격이 비싸다.
  ㉢ 부식성이 강하다.
  ㉣ 황산제1철은 소석회를 함께 첨가한다.

❸ 흡착법에서 활성탄의 종류

① 입상 활성탄(GAC ; Granular Activated Carbon)
  ㉠ 분말 활성탄에 비해 흡착속도가 느리다.
  ㉡ 분말 활성탄에 비해 취급이 쉽다.
  ㉢ 재생이 용이하다.
  ㉣ 물과 분리가 용이하다.
② 분말 활성탄(PAC ; Powdered Activated Carbon)
  ㉠ 입상 활성탄에 비해 흡착속도가 **빠르다**.
  ㉡ 입상 활성탄에 비해 취급이 어렵다.
  ㉢ 분말이라 비산되기 쉽다.
③ 생물 활성탄(BAC ; Biological Activated Carbon)
  ㉠ 일반 활성탄에 비해 수명을 4배 이상 연장할 수 있다.
  ㉡ 활성탄이 서로 부착, 응집하여 수두손실이 증가할 수 있다.
  ㉢ 정상상태까지의 기간이 길다.
  ㉣ 활성탄에 병원균이 자랄 때 문제가 될 수 있다.
  ㉤ 오염물질에 따라 생물분해, 흡착작용이 상호보완하여 준다.
  ㉥ 미생물성장에 좋지 않은 조건이라도 흡착기능에 의하여 오염물질 제거가 가능하다.
  ㉦ 분해에 적응시간이 필요한 용해성 유기물질의 제거에 효과적이다.
  ㉧ 활성탄 사용시간 연장 및 재생이 가능하다.
  ㉨ 충격부하가 강하다.

❹ 펜턴산화법의 특징

① 화학적 산화법의 일종이다.
② 펜턴 시약으로부터 발생하는 OH라디칼을 이용하는 처리법이다.
③ 난분해성 유기물의 산화처리에 이용된다.
④ 최적 반응은 pH 3~4.5(3~5) 정도의 범위이다.
⑤ pH의 조정은 반응조에 과산화수소와 철염을 가한 후 조절하는 것이 효과적이다.
⑥ 과산화수소는 철염이 과량으로 존재할 때 조금씩 단계적으로 첨가하는 것이 효과적이다.
⑦ 폐수의 COD는 감소하지만 BOD는 증가한다.
⑧ 철염을 이용하므로 수산화철의 슬러지가 다량 생성될 수 있다.

⑨ 펜턴 산화반응에서 철은 촉매로 작용한다.
⑩ 펜턴시약을 이용하여 난분해성 유기물을 처리하는 과정은 대체로 산화반응과 함께 pH조절, 중화 및 응집, 침전으로 크게 3단계로 나눌 수 있다.

❺ 유해물질 처리법

(1) 물리·화학적 질소제거 공정

막공법, 공기탈기법, 선택적이온교환법, 파과점 염소주입법

(2) 시안(CN) 화합물 처리방법

전기투석, 충격법, 감청법, 산성탈기법, 알칼리산화법, 오존산화법, 전해산화법

(3) 크롬처리방법

① 독성이 있는 6가를 독성이 없는 3가로 pH 2~4에서 환원시키고 3가를 pH 8~11 범위에서 침전시켜 처리한다.
② Cr^{6+}는 Cr^{3+}로 환원한 후 알칼리를 주입하여 수산화물을 침전시킨다.
③ $Cr^{3+} + 3(OH^-) \rightarrow Cr(OH)_3 \downarrow$ (pH 8~11)

```
황산 (pH 2~4)              NaOH(pH 8~11)    응집제 주입
    ↓                           ↓                ↓
            환원제(NaHSO₃)
 Cr⁶⁺(황색) ─────────────→ Cr³⁺(청록색) → Cr(OH)₃ → 방류(중성수 용액)
                                                    ↓
                                            Cr(OH)₃의 침전물 형성
```

(4) 무기수은계 폐수처리방법

아말감법, 황화물침전법, 이온교환법, 흡착법

(5) 유기수은계 폐수처리방법

산화분해법

(6) 불소 처리법

응집제거법, 활성알루미나법, 골탄법, 전해법(전기분해법)

(7) 카드뮴함유폐수 처리법

수산화물침전법, 황화물침전법, 이온교환법

※※ (8) 이온교환 선택성 크기

① 음이온 교환수지에서 음이온 선택성순서
$SO_4^{2-} > I^- > NO_3^- > CrO_4^{2-} > Br^- > Cl^- > OH^-$

② 양이온 교환수지에서 양이온 선택성순서
$Ba^{2+} > Pb^{2+} > Sr^{2+} > Ca^{2+} > Ni^{2+}$

(9) 수질성분이 금속도관의 부식에 미치는 영향

① 암모니아는 착화합물의 형성을 통해 구리, 납 등의 금속 용해도를 증가 시킬 수 있다.
② 칼슘은 $CaCO_3$로 침전하여 부식을 보호하고 부식속도를 감소시킨다.
③ pH가 높으면 관을 보호하고 부식속도를 감소시킨다.
④ 높은 알칼리도는 구리와 납의 부식을 증가시킨다.
⑤ 구리는 갈바닉 전지를 이룬 배관상에 흠집(구멍)을 야기한다.
⑥ 고농도의 염화물이나 황산염은 철, 구리, 납의 부식을 증가시킨다.
⑦ 용존산소는 여러 부식 반응속도를 증가시킨다.

❻ 살균

1. 살균의 특징

(1) 살균력의 크기

① $O_3 > Cl_2$
② $HOCl > OCl^-$ > 클로라민(결합 잔류 염소의 대표적 물질)
③ 클로라민 : 살균력은 약하나 소독 후 물에 이취미가 없고 살균작용이 오래 지속된다.
④ $HOCl$이 OCl^-보다 80배 이상 강하다.

※※※ (2) 염소 살균력 증가조건

온도↑, 반응시간↑, 주입농도↑, 낮은 pH

2. 소독제의 종류

(1) 염소살균(소독)의 특징

① 살균강도는 HOCl이 OCl⁻ 보다 약 80배 이상 강하다.
② 염소의 살균력은 반응시간이 길며, 주입농도가 높을수록 강하다.
③ 염소의 살균력은 pH가 낮을수록 살균능력이 크다.
④ 염소의 살균력은 온도가 높을수록 살균능력이 크다.
⑤ 바이러스 사멸효과가 나쁜 편이다.
⑥ 처리수의 총용존고형물이 증가한다.
⑦ 하수의 염화물 함유량이 증가한다.
⑧ 암모니아 첨가에 의해 잔류염소가 형성된다.
⑨ ClO_2 소독에 비하여 바이러스 사멸효과가 나쁘다.
⑩ 암모니아가 존재하는 경우 결합잔류 염소로 존재한다.
⑪ 염소 접촉조로부터 휘발성 유기물이 생성된다.
⑫ 처리수의 잔류독성이 탈염소 과정에 의해 제거되어야 한다.
⑬ HOCl은 암모니아와 반응하여 클로라민을 생성한다.
⑭ 유량변동에 대해 적응성이 어렵다.
⑮ 인체에 위해성이 높다.
⑯ 잔류효과가 크다.
⑰ 알칼리도가 낮을수록 살균능력이 크다.

(2) 오존살균의 특징

① 오존은 저장 할 수 없어 현장에서 생산해야 한다.
② 오존은 산소의 동소체로 HOCl보다 더 강력한 산화제이다.
③ 수용액에서 오존은 매우 불안정하여 20℃ 증류수에서의 반감기는 20~30분 정도이다.
④ 오존은 잔류성이 없다.
⑤ 슬러지가 생기지 않는다.
⑥ 효과에 지속성이 없다.
⑦ 철 및 망간의 제거능력이 크다.
⑧ 병원균에 대하여 살균력이 강하며 탈취, 탈색효과가 크다.
⑨ 유기화합물의 생분해성을 높이며 바이러스의 불활성화 효과가 크다.
⑩ 오존은 자체의 높은 산화력으로 염소에 비하여 높은 살균력을 가지고 있다.
⑪ 소독 부산물의 생성을 유발하는 각종 전구물질에 대한 처리 효율이 높다.

(3) 자외선(UV) 방사의 특징

① 5~400nm 스펙트럼 범위의 단파장에서 발생하는 전자기 방사를 말한다.
② 수중에 잔류 방사량(잔류 살균력이 없음)이 존재하지 않는다.
③ 자외선소독은 화학물질 소비가 없고 해로운 부산물도 생성되지 않는다.
④ 물과 수중의 성분은 자외선의 전달 및 흡수에 영향을 주며 Beer-Lambert 법칙이 적용된다.
⑤ 태양광 중에 파장이 커질수록 살균효과는 감소한다.
⑥ 염소소독에 비해 안정성이 높다.
⑦ 잔류독성이 없다.
⑧ 대부분의 Virus, Spores, Cysts등을 비활성 시키는데 염소보다 효과적이다.
⑨ 접촉시간이 짧다.(1~5초)
⑩ pH변화에 관계없이 지속적인 살균이 가능하다.
⑪ 유량과 수질의 변동에 대해 적응력이 강하다.
⑫ 과학적으로 증명된 정밀한 처리시스템이다.
⑬ 물의 탁도가 높으면 소독능력은 저하된다.
⑭ 소독의 성공여부를 즉시 측정할 수 없다.
⑮ 비교적 소독비용이 저렴하다.
⑯ 안정성이 높고 요구되는 공간이 적다.

제3장 생물학적 처리

❶ 표준활성슬러지법

(1) 표준활성슬러지법(재래식 활성슬러지법)

① MLSS 1500~2500mg/L
② F/M비 0.2~0.4/day
③ HRT(수리학적 체류시간) 6~8hr
④ SRT(미생물 체류시간) 3~6day
⑤ 반응조 수심 4~6m

(2) 활성슬러지법 처리방법별 F/M비

① 표준활성슬러지법 : 0.2~0.4 kgBOD/kgSS · day
② 순산소활성슬러지법 : 0.3~0.6 kgBOD/kgSS · day
③ 장기포기법 : 0.03~0.05 kgBOD/kgSS · day
④ 산화구법 : 0.03~0.05 kgBOD/kgSS · day

(3) 표준활성슬러지법의 특징

① 동일한 COD 제거효율을 얻기 위해서는 온도가 감소함에 따라 F/M비를 감소해야 한다.
② F/M비가 높으면 BOD 제거효율이 떨어지게 된다.
③ 폭기시간은 원폐수가 폭기조내에 머무는 시간을 뜻하며 원폐수의 량만을 고려하고 반송슬러지량은 고려하지 않는다.
④ 슬러지팽화가 발생된다.
⑤ 슬러지(미생물)를 키워 처리하므로 슬러지의 생성량이 많다.
⑥ 운전비용이 고가이다.
⑦ BOD, SS의 제거율이 높다.
⑧ 처리수의 수질이 양호하다.
⑨ 설치면적이 적게 소요된다.

(4) 활성슬러지 공정 중 최종 침전조에서 슬러지 부상원인

① 탈질소화 현상이 발생할 때
② 침전조의 수면적 부하가 높은 경우
③ SVI가 높고 잉여슬러지의 인출량이 부족할 때

(5) 슬러지부상(Sludge rising) 원인은 침전조의 탈질화작용에 의한다.

② 생물막공법

1. 생물막공법의 특징

(1) 생물막공법의 처리특성

① 수질, 수량 변동이 강하여 저온처리 효율이 좋다.
② 질화세균 및 탈질균이 잘 증식된다.

③ 저농도의 폐수처리가 가능하다.
④ 슬러지 발생량이 적다.
⑤ 슬러지 보유량이 크고 생물상이 다양하다.
⑥ 생물막 각 단계별 우점종이 다르다.
⑦ 유해물질에 대한 내성이 높다.
⑧ 균일폭기가 어렵다.
⑨ 정화에 관여하는 미생물의 다양성이 높다.
⑩ 부산물이 생기지 않는다.
⑪ 질화세균 및 탈질균이 잘 증식된다.
⑫ 정수장 면적을 줄일 수 있다.
⑬ 자동화·무인화가 용이하다.
⑭ 시설의 표준화가 되어있지 않아 부품관리 시공이 어렵다.
⑮ 분해속도가 빠른 기질제어에 비효과적이다. (분해속도가 빠른 기질제어에 효과적인 방법은 활성슬러지법이다.)

(2) 막공법 중 물질분리를 유발하는 추진력

① 전기투석(Electrodialysis) - 전위차
② 투석(Dialysis) - 농도차
③ 역삼투(RO) - 정압차(정수압차)
④ 한외여과(UF) - 정압차(정수압차)
⑤ 나노여과(NF) - 정압차(정수압차)
⑥ 정밀여과(MF) - 정압차(정수압차)

2. 살수여상법

(1) 살수여상법 특징

① 슬러지 일령은 부유성장 시스템보다 높아 100일 이상의 슬러지일령에 쉽게 도달된다.
② 총괄 관측수율은 전형적인 활성슬러지공정의 60~80% 정도이다.
③ 정기적으로 여상에 살충제를 살포하거나 여상을 침수토록하여 파리문제를 해결할 수 있다.
④ 슬러지 팽화가 발생되지 않는다.
⑤ 슬러지의 발생량이 적다.
⑥ 생물막의 공기유동저항이 커 산소공급 능력에 한계가 있다.
⑦ 운전이 용이하다.

3. 회전원판법(RBC)

(1) 회전원판생물막 접촉기(RBC)

- 특징
  ① 미생물에 대한 산소공급 소요전력이 적고 높은 슬러지일령으로 유지된다.
  ② RBC조 메디아는 전형적으로 40%정도가 물에 잠기도록 하며 미생물이 여재위에 부착 성장함에 따라 막은 액체내에서 전단력을 증가시킨다.
  ③ 시스템의 산소전달능력을 초과하지 않을 정도의 유기물 부하율이 유지되도록 RBC조가 설계되어야 한다.
  ④ 활성슬러지 시스템에서 필요한 에너지의 $\frac{1}{3} \sim \frac{1}{2}$의 에너지가 필요하다.
  ⑤ 유입수는 침전을 거치거나 적어도 회전속도를 증가시켜 전단력을 작게하는 방법이 사용된다.
  ⑥ 슬러지 생산은 살수여상 공정에서의 관측수율과 비슷하다.
  ⑦ 메디아는 전형적으로 40%가 물에 잠긴다
  ⑧ 모델링의 복잡성으로 경험적 설계기준이 발전하였다.
  ⑨ 살수여상과 같이 파리는 발생하지 않으나 하루살이가 발생하는 수가 있다.
  ⑩ 설비는 경량 재료로 만든 원판으로 구성되며, 1~2rpm의 속도로 회전한다.
  ⑪ 고정메디아로 높은 미생물 농도 및 슬러지 일령을 유지할 수 있다.
  ⑫ 원판의 회전으로 인해 부착생물과 회전판사이에 전단력이 생긴다.

- 장점
  ① 부하충격에 강하고 에너지 소요가 적다.
  ② 미생물에 대한 산소공급 소요전력이 작다.
  ③ 충격부하의 조절이 가능하다.
  ④ 다단계 공정에서 높은 질산화율을 얻을 수 있다.
  ⑤ 활성슬러지 공법에 비하여 소요동력이 적다.
  ⑥ 단회로 현상의 제어가 쉽다.
  ⑦ 슬러지 반송이 불필요하다.
  ⑧ 운전관리상 조작이 간단하다.
  ⑨ 부하변동과 유해물질에 대한 내성이 크다.
  ⑩ 질산화가 가능하다.
  ⑪ 휴지기간에 대한 대응력이 뛰어나다.
  ⑫ 폐수량 변화에 강하다.

⑬ 재순환이 필요없고 유지비가 적게 든다.
⑭ 소비전력량은 소규모 처리시설에는 표준활성슬러지법에 비하여 작다.

- 단점
    ① 타 생물학적 처리공정에 비하여 bench-scale의 처리연구를 현장시스템으로 scale-up 시키기가 용이하지 못한다.
    ② 운영변수가 많아 모델링이 복잡하다.
    ③ 공기에 노출되기 때문에 저온시 처리효율이 크게 떨어진다.
    ④ 활성슬러지법에 비해 이차침전지에서 미세한 SS가 유출되기 쉽고 처리수의 투명도가 나쁘다.

4. 생물막법 중 접촉산화법

① 분해속도가 낮은 기질제거에 효과적이다.
② 부하, 수량변동에 대하여 완충능력이 있다.
③ 슬러지 반송이 필요없고 슬러지 발생량이 적다.
④ 슬러지 보유량이 크며 생물상이 다양하다.
⑤ 반송슬러지가 필요하지 않아 운전관리가 용이하다.
⑥ 슬러지 자산화가 기대되어 잉여슬러지량이 감소한다.
⑦ 비표면적이 큰 접촉제를 사용하여 부착생물량을 다량으로 보유할 수 있기 때문에 유입 기질 변동에 유연히 대응할 수 있다.
⑧ 매체에 생성되는 생물량은 부하조건에 의하여 결정된다.
⑨ 슬러지 반송은 필요 없으며 수온의 변동에 강하다.
⑩ 생물상이 다양하여 처리효과가 안정적이다.
⑪ 난분해성 물질 및 유해물질에 대한 내성이 크다.
⑫ 슬러지 반송이 필요없고 슬러지 발생량이 적으나 초기 건설비가 높다.
⑬ 접촉재가 조내에 있기 때문에 부착생물량의 확인이 용이하지 못하다.
⑭ 고부하시 매체의 공극으로 인하여 폐쇄위험이 크다.
⑮ 미생물량과 영향인자를 정상상태로 유지하기 위한 조작이 용이하지 못하다.
⑯ 반응조내에 매체를 균일하게 포기 교반하는 조건 설정이 어렵다.

제4장 3차 처리(고도처리)

❶ A/O 공법

(1) A/O 공법의 공정도

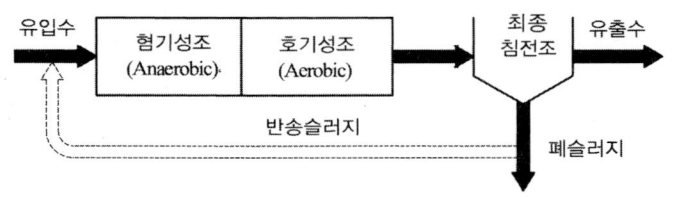

(2) A/O공법

① 인을 주로 처리하기 위한 공법이다.
② 폐슬러지내의 인의 함량은 비교적 높아 비료 가치가 있다.
③ 기온이 낮을 때 운전성능이 불확실하다.
④ 비교적 수리학적 체류시간이 짧다.
⑤ 높은 BOD/P비가 요구된다.
⑥ 공정의 운전 유연성이 제한적이다.
⑦ 혐기성조-호기성조로 이루어져 있다.
⑧ 인제거율은 시스템내의 SRT가 중요한 변수가 된다.
⑨ 인 제거 성능으로는 우천시에 저하되는 경향이 있다.
⑩ 표준활성슬러지법의 반응조 전반 20~40%정도를 혐기성 반응조로 하는것이 표준이다.
⑪ 혐기성 반응조의 운전지표로 산화·환원 전위를 사용할 수 있다.
⑫ 인제거 기능외에 사상성 미생물에 의한 벌킹억제 효과가 있다.
⑬ 처리수의 BOD 및 SS 농도를 표준활성슬러지법과 동등하게 처리할 수 있다.

(3) 폭기조(호기성조)의 주된 역할 : 인의 과잉 섭취
혐기성조의 주된 역할 : 유기물제거와 인의 방출

❷ A₂/O 공법

(1) A₂/O 공법의 공정도

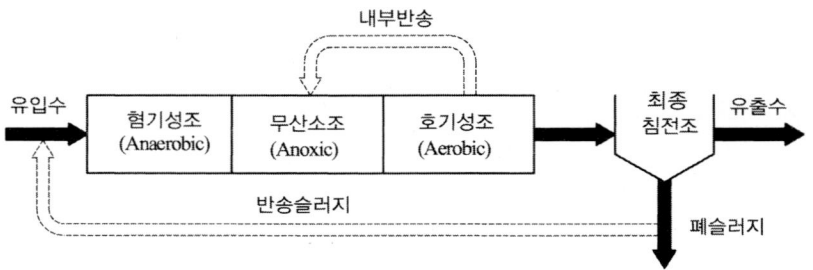

(2) A₂/O 공법의 특징

① 인과 질소를 동시에 처리할 수 있다.
② 인농도가 높아진 잉여슬러지를 인발함으로써 제거한다.
③ A/O공법에 비하여 탈질성능이 우수하다.
④ 폭기조의 주된 역할은 질산화와 인의 과잉섭취이며 유입유량의 2배정도 비율로 다시 무산소조로 반송시킨다.
⑤ 폐슬러지내의 인함유량은 일반슬러지에 비해 3~5% 높아 비료로서의 가치가 높다.
⑥ 폭기조에서 질산화를 통하여 생성된 질산성 질소를 무산소조로 내부반송하여 질소를 제거한다.
⑦ 무산소조에는 질산염과 아질산염 형태의 화학적으로 결합된 산소가 호기성조로부터 질산화된 MLSS로 내부반송되어 유입된다.
⑧ 내부 반송율은 유입유량 기준으로 100~300%정도이다.

❸ 4단계 Bardenpho 공정

(1) 4단계 Bardenpho 공정

생물학적 인 및 질소제거 공정 중 질소제거를 주목적으로 개발한 공정이다.

(2) 4단계 Bardenpho의 공정도

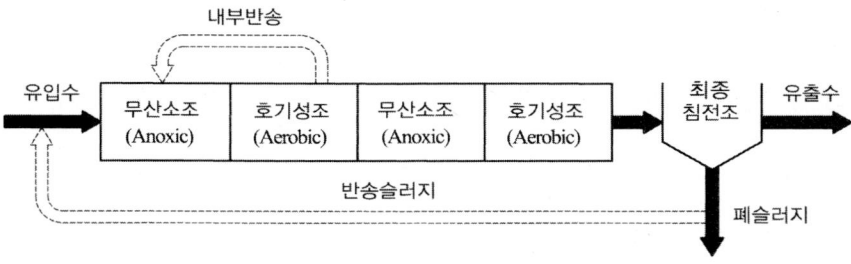

❹ 5단계 Bardenpho 공정
(수정 Bardenpho 공정 또는 M-Bardenpho 공정)

(1) 5단계 Bardenpho 공정의 공정도

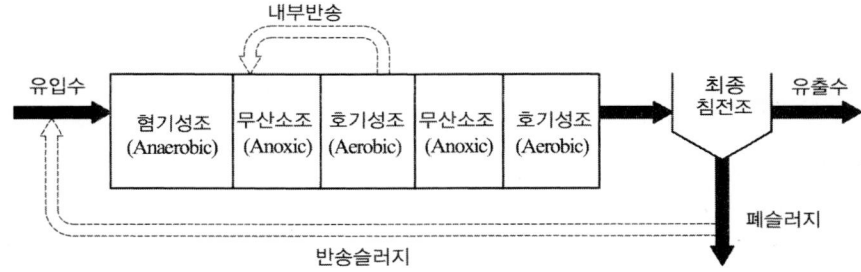

(2) 5단계 Bardenpho 공정(수정 Bardenpho 공정)

① 혐기성조의 역할 : 유기물제거 및 인의 방출
② 질소와 인을 동시에 처리할 수 있다.
③ 내부반송률이 높고 비교적 큰 규모의 반응조 사용이 가능하다.
④ 폐슬러지내의 인의 함량이 높아 비료가치가 있다.
⑤ 2단계 호기성조(재폭기조)의 역할은 종침에서 탈질에 의한 Rising 현상 및 인의 재방출을 방지하는데 있다.(2단계 호기성조는 최종침전지에서의 혐기성상태를 방지하기 위해 재포기를 실시한다.)
⑥ 1단계 무산소조에서는 탈질화 현상으로 질소제거가 이루어진다.
⑦ 2단계 무산소조에서는 잔류 질산성질소가 제거된다.
⑧ 슬러지의 생산량은 적으나 비교적 큰 규모의 반응조가 요구된다.
⑨ 효과적인 인제거를 위해서는 혐기성조에서 질산성질소가 유입되지 않아야 한다.

⑩ 인제거는 과잉의 인을 섭취한 슬러지를 폐기함으로써 이루어진다.
⑪ 혐기성조-1단계 무산소조-1단계 호기성조-2단계무산소조-2단계 호기성조로 이루어져 있다.
⑫ 내부반송은 1단계 호기성조에서 1단계 무산소조로 이루어진다.

❺ 포스트립(Phostrip) 공법

(1) 포스트립 공법의 공정도

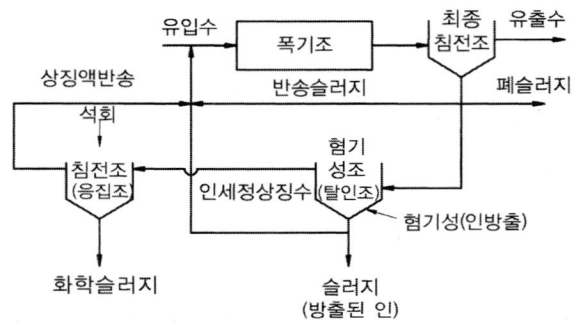

(2) 포스트립(Phostrip) 공법의 특징

Phostrip 프로세스는 폐수중 인 성분을 생물학적, 화학적 원리와 함께 이용하여 제거하는 방법이다.

① 인 침전을 위하여 석회주입이 필요함.
② 최종침전지에서 인 용출 방지를 위하여 MLSS내 DO를 높게 유지하여야 한다.
③ 기존 활성슬러지 처리장에 쉽게 적용 가능하다.
④ Stripping(액체속에 용해되어 있는 기체를 분리, 제거하는 조작)을 위한 별도의 반응조가 필요하다.
⑤ Main Stream 화학침전에 비하여 약품사용량이 적다.
⑥ 반송슬러지의 일부를 혐기성 상태의 조로 유입시켜 인을 방출시킨다.
⑦ 인 제거시 BOD/P에 의하여 조절되지 않는다.
⑧ 유입수의 BOD 부하에 따라 인 방출이 큰 영향을 받지 않는다.

⑥ 연속회분식(SBR)

(1) 연속회분식 활성슬러지법(SBR;Sequencing Batch Reactor)

생물학적 원리를 이용하여 폐수를 고도처리(영양염류 제거공정)하기 위한 공정 중 하나의 탱크에서 시차를 두고 유입, 반송, 침전, 유출 등의 각 과정을 거치는 공정이다.

- 장점
  ① 단일반응조에서 1주기(Cycle)중에 호기-무산소등의 조건을 설정하여 질산화와 탈질화를 도모할 수 있다.
  ② 충격부하 또는 첨두유량에 대한 대응성이 우수하다.
  ③ 자동화를 실시하기가 용이하다.
  ④ BOD 부하의 변화폭이 큰 경우에 잘 견딘다.
  ⑤ 슬러지 반송을 위한 펌프가 필요없어 배관과 동력이 절감된다.
  ⑥ 질소와 인의 효율적인 제거가 가능하다.
  ⑦ 2차 침전지와 슬러지 반송을 생략할 수 있다.
  ⑧ 수리학적 과부하에도 mLSS의 누출이 없다.
  ⑨ 팽화방지를 위한 공정의 변경이 용이하다.
  ⑩ 운전방식에 따라 사상균 벌킹을 방지할 수 있다.
  ⑪ 소규모처리장에 적합하다.
  ⑫ 고부하형의 경우 다른 처리방식과 비교하여 적은 부지면적에 시설을 건설할 수 있다.
  ⑬ 활성슬러지 혼합액을 이상적인 정치상태에서 침전시켜 고액분리가 원활히 행해진다.

- 단점
  ① 처리용량이 큰 처리장에는 적응하기 어렵다.(소용량 처리장에 적합)
  ② 설계자료가 제한적이다.

(2) 공정순서(SBR)

주입(fill) → 반응(react) → 침전(settle) → 제거(draw) → 휴지(idle)

제5장 방지기술 공식정리

(1) 소화조에서 소화율(%) 계산식

$$\text{소화율}(\%) = \left(1 - \frac{VSS_2 / FSS_2}{VSS_1 / FSS_1}\right) \times 100(\%)$$

- VSS_1 : 생 슬러지의 휘발성 고형물
- FSS_1 : 생 슬러지의 잔류성 고형물
- VSS_2 : 소화 슬러지의 휘발성 고형물
- FSS_2 : 소화 슬러지의 잔류성 고형물

(2) 탈질반응조(Anoxic basin)의 체류시간 계산식

$$\text{체류시간} = \frac{S_i - S_o}{R_{DN} \times MLVSS}$$

- R_{DN} : T℃에서 탈질화율($mgNO_3-N$/mg VSS·day)
- $R_{DN}(T℃) = R_{DN}(20℃) \times K^{(T-20)} \times (1-DO)$
- k : 보정계수
- S_i : 유입수 질산염 농도(mg/L)
- DO : 용존산소 농도(mg/L)
- S_o : 유출수 질산염 농도(mg/L)

(3) 침강속도 계산식

$$V_s = \frac{d^2(\rho_S - \rho_W)g}{18\mu}$$

- V_s : 침강속도(cm/sec)
- ρ_S : 입자의 비중(g/cm³)
- g : 중력가속도(980cm/sec²)
- d : 직경(cm)
- ρ_W : 물의 비중(1.0g/cm³)
- μ : 점성도(g/cm·sec)

(4) 완전혼합형 반응조(CFSTR)에서 반응식

$$Q(C_o - C_t) = K \times V \times C_t^m$$

- Q : 유량(m³/hr)
- C_t : t시간 후의 농도(mg/L)
- V : 반응조 부피(m³)
- C_o : 초기농도(mg/L)
- k : 속도상수
- m : 차수

(5) 플러그 흐름 반응조(PFR)에서 반응식

$$\ln \frac{C_t}{C_o} = -\left(\frac{Q}{V}\right) \times t$$

- C_o : 초기농도(mg/L)
- Q : 유량(m^3/hr)
- t : 시간(hr)
- C_t : t시간 후의 농도(mg/L)
- V : 체적(m^3)

(6) 1차 반응식

$$\ln \frac{C_t}{C_o} = -k \times t$$

- C_o : 초기농도(mg/L)
- k : 상수(/hr)
- C_t : t시간 후의 농도(mg/L)
- t : 시간(hr)

(7) Q : 유량(m^3/day), V : 체적(m^3), t : 시간(day)의 상관관계식

① $Q(m^3/day) = \dfrac{V(m^3)}{t(day)}$

② $V(m^3) = Q(m^3/day) \times t(day)$

③ $t(day) = \dfrac{V(m^3)}{Q(m^3/day)}$

(8) 슬러지량 계산식

$$슬러지량(m^3/day) = \frac{SS농도(kg/m^3) \times Q(m^3/day) \times \eta(제거율)}{비중량(kg/m^3)} \times \frac{100}{100-P}$$

> **TIP**
>
> 여기서 슬러지 비중이 1.0이면 비중량은 1,000kg/m^3이다. $100-P$(함수율)은 TS(고형물 함량)과 동일하므로 함수율(P)이 주어지면 $\dfrac{100}{100-P}$, 고형물(TS)가 주어지면 $\dfrac{100}{TS}$ 를 대입하면 된다.

(9) 슬러지 비중 구하는 문제

① $\dfrac{100}{\rho_{SL}} = \dfrac{W_{TS}}{\rho_{TS}} + \dfrac{W_P}{\rho_P}$

- ρ_{SL} : 슬러지 비중
- ρ_P : 수분의 비중
- W_P : 수분의 함량(%)
- ρ_{TS} : 고형물 비중
- W_{TS} : 고형물 함량(%)

② $\dfrac{100}{\rho_{SL}} = \dfrac{W_{VS}}{\rho_{VS}} + \dfrac{W_{FS}}{\rho_{FS}} + \dfrac{W_P}{\rho_P}$

- ρ_{SL} : 슬러지 비중
- ρ_P : 수분의 비중(1.0)
- W_{VS} : 휘발성 고형물(유기물)함량(%)
- W_P : 수분의 함량(%)
- ρ_{VS} : 휘발성 고형물(유기물)비중
- ρ_{FS} : 잔류성 고형물(무기물)비중
- W_{FS} : 잔류성 고형물(무기물)함량(%)

(10) 막의 면적(m^2)

① $Q_F = k \times (\triangle P - \triangle \pi)$

- Q_F : 유출수량($L/m^2 \cdot day$)
- $\triangle P$: 압력차(kPa)
- k : 막의 확산계수($L/m^2 \cdot day \cdot kPa$)
- $\triangle \pi$: 삼투압차(kPa)

② $25℃$ 의 막의 면적($A_{25℃}$) = $\dfrac{Q(유량)}{Q_F(유출수량)}$

③ $10℃$ 의 막의 면적($A_{10℃}$) = $1.58 A_{25℃}$

(11) 속도경사 계산식

$G = \sqrt{\dfrac{P}{\mu \times V}} \Rightarrow P = G^2 \times \mu \times V$

- G : 속도경사(/sec)
- μ : 점성도($kg/m \cdot sec = N \cdot sec/m^2$)
- P : 동력(watt)
- V : 반응조 부피(m^3)

(12) 동력 계산식

$P = \dfrac{C_D \times A \times \rho \times V^3}{2}$

- P : 동력(watt = $kg \cdot m^2/sec^3$)
- A : Paddle의 이론적 면적(m^2)
- V : Paddle의 상대속도(m/sec)
- C_D : 항력계수
- ρ : 물의 비중량($1,000 kg/m^3$)

(13) 공기와 고형물의 비(A/S비) 계산식

$$A/S비 = \frac{1.3 \times Sa \times (f \times P - 1)}{SS} \times R$$

- Sa : 공기의 용해도(mL/L)
- SS : 부유고형물 농도(mg/L)
- P : 절대압력(atm)
- R : 반송비

> **TIP**
> 문제조건에서 A/S비 단위가 주어지지 않으면 공식에서 1.3을 사용한다.
> 문제조건에서 A/S비 단위가 주어지면 공식에서 1.3을 사용하지 않는다.

(14) 월류부하 계산식

$$월류부하(m^3/m \cdot day) = \frac{Q}{L}$$

- Q : 폐수량(m^3/day)
- L : 월류위어 길이(m) ⇒ 원형에서 L = π · D

(15) 수분과 고형물에 따른 슬러지 계산식

$$V_1 \times (100 - P_1) = V_2 \times (100 - P_2)$$
$$V_1 \times TS_1 = V_2 \times TS_2$$

- V : 슬러지량(m^3)
- TS : 고형물 함량(%)
- P : 함수율(%)

(16) BOD 면적부하 계산식

$$BOD \ 면적부하(g/m^2 \cdot day) = \frac{BOD \times Q}{A}$$

- BOD : BOD 농도(g/m^3)
- A : 면적(m^2)
- Q : 유량(m^3/day)

(17) 등온 흡착공식

$$\frac{X}{M} = KC^{\frac{1}{n}}$$

- X : 농도차(처음 농도 − 나중 농도)(mg/L)
- k, n : 경험적인 상수
- M : 활성탄 주입 농도(mg/L)
- C : 나중 농도(mg/L)

(18) 처리효율 계산식

① $\eta = \left(1 - \dfrac{BOD_o}{BOD_i}\right) \times 100(\%)$

② $\eta = \left\{1 - \dfrac{BOD_o \times P}{BOD_i}\right\} \times 100(\%)$

③ $\eta_T = 1 - (1 - \eta_1) \times (1 - \eta_2) \times (1 - \eta_3)$

④ $\left(1 - \dfrac{BOD_o}{BOD_i}\right) = 1 - (1 - \eta_1) \times (1 - \eta_2) \times (1 - \eta_3)$

$\left[\begin{array}{ll} \eta : \text{처리 효율}(\%) & \eta_T : \text{총합효율}(\%) \\ \eta_1 : \text{1차 처리 효율}(\%) & \eta_2 : \text{2차 처리 효율}(\%) \\ \eta_3 : \text{3차 처리 효율}(\%) & BOD_i : \text{유입수 BOD 농도(mg/L)} \\ BOD_o : \text{유출수 BOD 농도(mg/L)} \\ P : \text{희석 배수치} \Rightarrow P = \dfrac{\text{유입수 Cl}^- \text{농도}}{\text{유출수 Cl}^- \text{농도}} = \dfrac{\text{희석 전 농도}}{\text{희석 후 농도}} = \dfrac{\text{희석 후 유량}}{\text{희석 전 유량}} \end{array}\right.$

(19) 고형물 부하율 계산식

$$\text{고형물 부하}(kg/m^2 \cdot hr) = \dfrac{\text{고형물 농도}(kg/m^3) \times \text{유량}(m^3/hr)}{\text{면적}(m^2)}$$

(20) 수두손실 계산식

$$h_L = \beta \sin\alpha \left(\dfrac{t}{b}\right)^{4/3} \times \dfrac{V^2}{2g}$$

$\left[\begin{array}{ll} h_L : \text{수두손실(m)} & \beta : \text{형상계수} \\ \alpha : \text{경사각} & t : \text{스크린의 막대 굵기(m)} \\ b : \text{스크린의 유효간격(m)} & g : \text{중력가속도}(9.8m/sec^2) \\ V : \text{유속(m/sec)} \end{array}\right.$

(21) 부상속도 계산식

$$V_f = \dfrac{d^2(\rho_w - \rho_s)g}{18\mu}$$

$\left[\begin{array}{ll} V_f : \text{부상속도(cm/sec)} & d : \text{직경(cm)} \\ \rho_w : \text{물의 비중}(1.0g/cm^3) & \rho_s : \text{입자의 비중}(g/cm^3) \\ g : \text{중력가속도}(980cm/sec^2) & \mu : \text{점성도}(g/cm \cdot sec) \end{array}\right.$

(22) 혼합공식 계산식

$$C_m = \frac{Q_1C_1 + Q_2C_2}{Q_1 + Q_2}$$

C_m : 혼합지점의 농도(mg/L) $\quad$ Q : 유량(m^3/day)
C : 농도(mg/L)

(23) 염소 주입량 계산식

염소 주입량 = 염소 요구량 + 염소 잔류량

(24) 산기관수 계산식

$$산기관수 = \frac{공급공기량(m^3/m^3 \cdot hr) \times 폐수량(m^3/day) \times 체류시간(day)}{산기관의 공급 공기량(m^3/hr \cdot 개)}$$

(25) 선속도 계산식

$$선속도(m^3/m^2 \cdot hr) = \frac{유량(m^3/hr)}{면적(m^2)}$$

(26) 원형 침전지에서 부피 계산식

$$원형 침전지에서 부피(V) = \left(\frac{\pi \cdot D^2}{4} \times H_1\right) + \left(\frac{\pi \cdot D^2}{4} \times H_2 \times \frac{1}{3}\right)$$

(27) Re(레이놀드 수) 계산식

① 원형일 때

$$Re = \frac{DV\rho}{\mu} = \frac{DV}{\nu}$$

Re : 레이놀드 수 $\quad$ D : 입자 직경(cm)
V : 유속(cm/sec) $\quad$ μ : 점성도(g/cm · sec)
ν : 동점도(cm^2/sec)

② 장방형

$$Re = \frac{D_oV\rho}{\mu} = \frac{D_oV}{\nu}$$

D_o(환산직경 = 상당직경) = 4R

$$R(경심) = \frac{A(면적)}{S(윤변길이)} = \frac{b+h}{b+2h}$$

$$\begin{bmatrix} b : 폭(m) & h : 평균수위(m) \end{bmatrix}$$

③ 판정

(층류) Re < 2100

(난류) Re > 4000

(천이구역) 2100 < Re < 4000

(28) 활성 슬러지법의 계산식

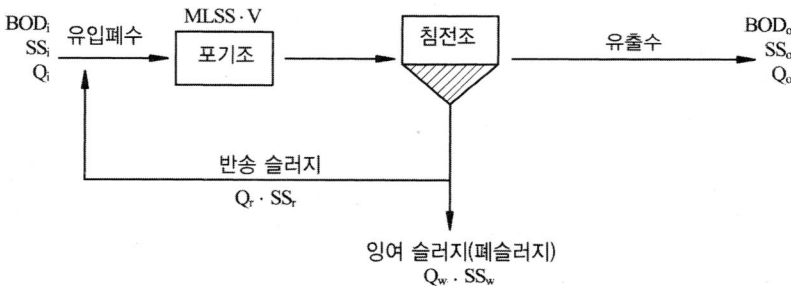

① HRT(수리학적 체류시간) = $\dfrac{V(m^3)}{Q(m^3/day)}$

② SRT = MCRT(미생물 체류시간)

$= \dfrac{MLSS \times V}{Q_w \cdot SS_w + Q_o SS_o} \xrightarrow{SS_o \text{ 무시}} \quad \therefore SRT = \dfrac{MLSS \times V}{Q_w \times SS_w} = \dfrac{V}{Q_w} \times \dfrac{X}{X_r}$

③ L_V (BOD 용적부하) (kg/m³·day) = $\dfrac{BOD \times Q}{V}$

④ F/M비(BOD-MLSS부하)(/day) = $\dfrac{BOD \times Q}{MLSS \times V}$

응용 1 $\dfrac{Q}{V} = \dfrac{1}{t}$ $\qquad \therefore$ F/M비 = $\dfrac{BOD}{MLSS} \times \dfrac{1}{t}$

응용 2 $\dfrac{BOD \times Q}{V} = L_V$ $\qquad \therefore$ F/M비 = $\dfrac{1}{MLSS} \times L_V$

⑤ 슬러지량($Q_w \cdot SS_w$) = $Y \cdot Q \cdot BOD \cdot \eta - kd \cdot V \cdot MLSS$

TIP

BOD · η = $BOD_i - BOD_o$

⑥ θ_v(유기물 반응시간) = $\dfrac{S_i - S_o}{\text{반응상수}(k) \times \text{MLVSS} \times S_o}$

$\begin{cases} \text{MLVSS} = \text{MLSS의 } 75\% \\ S_i = \text{COD}_i - \text{NBDCOD} \\ S_o = \text{COD}_o - \text{NBDCOD} \end{cases}$

• 응용 1 : SRT, Y, Kd 주어지고 체적(V) 계산?

① $\text{SRT} = \dfrac{\text{MLSS} \cdot V}{Q_w \cdot SS_w}$

② $Q_w \cdot SS_w = Y \cdot Q \cdot \text{BOD} \cdot \eta - Kd \cdot V \cdot \text{MLSS}$

②식의 $Q_w \cdot SS_w$를 ①식의 $Q_w \cdot SS_w$에 대입

$\text{SRT} = \dfrac{\text{MLSS} \cdot V}{Y \cdot Q \cdot \text{BOD} \cdot \eta - kd \cdot V \cdot \text{MLSS}}$

$\Rightarrow \dfrac{1}{\text{SRT}} = \dfrac{Y \cdot Q \cdot \text{BOD} \cdot \eta - Kd \cdot V \cdot \text{MLSS}}{\text{MLSS} \cdot V}$

$\Rightarrow \dfrac{1}{\text{SRT}} = \dfrac{Y \cdot Q \cdot \text{BOD} \cdot \eta}{\text{MLSS} \cdot V} - \dfrac{Kd \cdot V \cdot \text{MLSS}}{\text{MLSS} \cdot V}$

$\Rightarrow \boxed{\dfrac{1}{\text{SRT}} = \dfrac{Y \cdot Q \cdot \text{BOD} \cdot \eta}{\text{MLSS} \cdot V} - Kd}$

$\Rightarrow \dfrac{1}{\text{SRT}} + Kd = \dfrac{Y \cdot Q \cdot \text{BOD} \cdot \eta}{\text{MLSS} \cdot V}$

$\therefore \boxed{V = \dfrac{Y \cdot Q \cdot \text{BOD} \cdot \eta}{\left(\dfrac{1}{\text{SRT}} + Kd\right) \cdot \text{MLSS}}}$

• 응용 2 : SRT, Y, Kd 주어지고 폐슬러지량($Q_w \cdot SS_w$) 계산?

① $\text{SRT} = \dfrac{\text{MLSS} \cdot V}{Q_w \cdot SS_w}$

② $Q_w \cdot SS_w = Y \cdot Q \cdot \text{BOD} \cdot \eta - Kd \cdot V \cdot \text{MLSS}$

①식의 $\text{MLSS} \cdot V = \text{SRT} \cdot Q_w \cdot SS_w$를 ②식의 $\text{MLSS} \cdot V$에 대입

$Q_w \cdot SS_w = Y \cdot Q \cdot \text{BOD} \cdot \eta - Kd \cdot \text{SRT} \cdot Q_w \cdot SS_w$

$Q_w \cdot SS_w + Kd \cdot \text{SRT} \cdot Q_w \cdot SS_w = Y \cdot Q \cdot \text{BOD} \cdot \eta$

$Q_w \cdot SS_w(1 + Kd \cdot \text{SRT}) = Y \cdot Q \cdot \text{BOD} \cdot \eta$

$$\therefore Q_w \cdot S_w = \frac{Y \cdot Q \cdot BOD \cdot \eta}{1+(Kd \cdot SRT)}$$

$$\left[BOD \cdot \eta = BOD_i - BOD_o \right.$$

(29) 활성슬러지법의 제어 지표

① SVI(슬러지 용적지수) : 포기조에서 성장한 미생물의 2차 침전지에서의 침강농축성을 나타내는 지표이다.

- 판정(SVI) $\begin{cases} 50\sim150 : \text{침강성 양호} \\ 200 \text{ 이상} : \text{슬러지 팽화 발생} \end{cases}$

$$SVI(mL/g) = \frac{SV(mL/L)}{MLSS(mg/L)} \times 10^3 = \frac{SV(\%)}{MLSS(mg/L)} \times 10^4 = \frac{10^6}{SS_r(mg/L)}$$

여기서 $SS_r = SS_w$ 이다.

② 반송비(R)와 반송율(%)

㉠ $R = \dfrac{MLSS - SS_i}{SS_r - MLSS} \xrightarrow{SS_i \text{ 무시}} R = \dfrac{MLSS}{SS_r - MLSS}$

여기서 $SS_r = SS_w$ 이다.

㉡ $SVI = \dfrac{10^6}{SS_r} \Rightarrow SS_r = \dfrac{10^6}{SVI}$ 을 ㉠식에 대입

$$R = \frac{MLSS - SS_i}{10^6/SVI - MLSS}$$

㉢ $R = \dfrac{SV(\%)}{100 - SV(\%)}$

㉣ $R = \dfrac{Q_r}{Q_i}$

㉤ 반송율(%) = R(반송비) × 100(%)

③ SDI(슬러지밀도지수) : SVI의 역수이며 2~0.67 적당

$$SDI = \frac{1}{SVI} \times 100(g/100mL)$$

제6장 방지기술 반응식 정리

① $C_2H_5OH + 3O_2 \rightarrow 2CO_2 + 3H_2O$

② $C_6H_{12}O_6$(글루코스)
  ㉠ 호기성 반응식 : $C_6H_{12}O_6 + 6O_2 \rightarrow 6CO_2 + 6H_2O$
  ㉡ 혐기성 반응식 : $C_6H_{12}O_6 \rightarrow 3CO_2 + 3CH_4$

③ $2NH_4^+ + CaCO_3 \rightarrow (NH_4)_2CO_3 + Ca^{2+}$

④ $2CN^- + 5Cl_2 + 4H_2O \rightarrow 2CO_2 + N_2 + 8HCl + 2Cl^-$

⑤ $CH_2(NH_2)COOH$(글리신)의 호기성 반응
  $CH_2(NH_2)COOH + 3.5O_2 \rightarrow 2CO_2 + 2H_2O + HNO_3$

⑥ $Na_2SO_3 + 0.5O_2 \rightarrow Na_2SO_4$

⑦ $6NO_3^- + 5CH_3OH \rightarrow 3N_2 + 5CO_2 + 7H_2O + 6OH^-$

⑧ $C_5H_7O_2N$(박테리아)의 호기성 반응
  $C_5H_7O_2N + 5O_2 \rightarrow 5CO_2 + 2H_2O + NH_3$

⑨ $Fe_2(SO_4)_3 + 3Ca(OH)_2 \rightarrow 3CaSO_4 + 2Fe(OH)_3$

⑩ CH_3COOH(초산)의 호기성 반응
  $CH_3COOH + 2O_2 \rightarrow 2CO_2 + H_2O$

⑪ $NH_3\text{-}N + 2O_2 \rightarrow HNO_3 + H_2O$

상하수도 계획

제1장 상수도 계획

❶ 상수도 시설의 기본 계획

※※※ 상수도 시설의 기본계획 중 기본사항인 계획(목표) 연도는 15~20년간 표준으로 한다.

❷ 상수도 시설의 원수

(1) 복류수

수원으로서 하천이나 호수의 바닥 또는 변두리 자갈, 모래층 중에 함유되어 있는 물로서 철분, 망간 등의 함유도가 적은 지하수

※※※ (2) 지하수(복류수 포함)의 취수시설인 집수매거조건

① 집수매거의 방향은 통상 복류수의 흐름방향에 직각이 되도록 한다.
② 집수공의 유입속도는 3cm/sec 이하로 하고 집수매거의 경사는 수평으로 하거나 $\frac{1}{500}$ 이하의 완만한 경사로 한다.
③ 매설 깊이는 5m를 표준으로 하나 지질이나 지층의 제약으로 부득이한 경우에는 2m 이하로 할 수 있다.
④ 집수매거의 집수구멍의 직경은 10~20mm로 하며 그 수는 관거 표면적 1m^{2}당 20~30개 정도가 되도록 한다.
⑤ 집수매거의 재질은 철근콘크리트 유공관을 사용하며 단면은 원형 또는 장방형으로 한다.
⑥ 집수매거내 속도는 1m/sec 이하로 한다.

⑦ 취수량은 일반적으로 중량 취수에 이용된다.
⑧ 지질조건은 투수성이 큰 하천 바닥에 적합하다.
⑨ 기상조건에 일반적으로 영향이 적다.
⑩ 하천의 대소에 관계없이 이용된다.
⑪ 하천바닥에 매몰되어 있어 관리하기 어렵다.

❸ 상수도의 구성

취수 → 도수 → 정수 → 송수 → 배수 → 급수

1. 취수시설

(1) 취수탑

① 취수탑의 단면이 원형 또는 타원형인 경우에는 장폭방향을 흐름방향과 일치하도록 설치하여야 한다.
② 탑체의 상단은 계획 최고 수위보다 1~1.5m 이상 높아야 한다.
③ 취수구의 유입속도는 하천의 경우 15~30cm/sec정도 되도록 단면적을 설계한다.
④ 취수탑의 내경은 필요한 수의 취수구를 적당하게 배치할 수 있는 크기를 가져야 한다.
⑤ 취수탑의 상단 및 관리교의 하단은 하천, 호소 및 댐의 계획최고 수위보다 높게 한다.
⑥ 갈수시에도 일정이상의 수심을 확보할 수 있다면 취수탑은 연간 수위 변화가 크더라도 하천이나 호소, 댐에서의 취수시설로 알맞다.
⑦ 취수탑의 횡단면은 환상으로서 원형 또는 타원형으로 한다.
⑧ 대량 취수시 경제적이다.
⑨ 공사비는 일반적으로 크다.
⑩ 시공시 가물막이 등 가설공사는 비교적 소규모로 할 수 있다.
⑪ 토사유입을 방지할 수 없다.

(2) 취수틀

① 호소의 중소량 취수시설로 많이 사용한다.
② 구조가 간단하며 시공이 비교적 용이하다.
③ 수중에 설치되므로 호소의 표면수는 취수할 수 없다.

(3) 취수문

① 보통 중·소량 취수에 이용된다. 그러나 취수둑에 비해서는 대량 취수에도 쓰인다.
② 유심이 안정된 하천에 적합하다.
③ 토사, 부유물의 유입방지가 용이하지 못하다.
④ 갈수시 일정 수심 확보가 안되면 취수가 불가능하다.
⑤ 비교적 수위변동이 적은 호소에 적합하다.
⑥ 수심 상황에 따른 취수의 영향이 거의 없다.
⑦ 갈수기에 호소에 유입되는 소량 이하로 취수할 계획이면 안정 취수가 가능하다.
⑧ 일반적으로 가물막이(cofferdam)를 필요로 한다.
⑨ 갈수시, 홍수시, 결빙시에는 취수량 확보 조치 및 조정이 필요하다.

(4) 취수보(언)

① 일반적으로 대하천에 적당하다.
② 안정된 취수가 가능하다.
③ 하천의 흐름이 불안정한 경우에 적합하다.
④ 침사효과가 크다.
⑤ 하천의 유황이 크게 변하는 장소에는 적당하지 않다.
⑥ 유심이 취수구에 가까우며 안정되고 홍수에 의한 하상변화가 적은 지점으로 한다.
⑦ 원칙적으로 철근콘크리트 구조로 한다.
⑧ 원칙적으로 홍수의 유심방향과 직각의 직선형으로 가능한 한 하천의 직선부에 설치한다.

2. 도수시설

상수도 시설 중 원수를 취수지점으로부터 정수장까지 끌어들이는 시설이다.

① 도수시설의 계획 도수량은 계획 취수량을 기준으로 한다.
② 도수 노선은 원칙적으로 공공도로 및 수도용지로 한다.
③ 도수시설을 취수시설에서 취수된 원수를 정수시설까지 끌어들이는 시설로 도수관 또는 도수거, 펌프설비 등으로 구성된다.
④ 상수시설 중 도수관 설계사항 중 자연유하식인 경우에는 허용최대 한도를 3m/sec로 하고 도수관의 평균유속의 최소한도는 0.3m/sec이다.
⑤ 가능한 한 최소동수경사선 이하가 되도록 도수노선을 선정한다.

⑥ 도수 및 송수방식은 자연유하식과 가압식이 있다.
⑦ 도수거는 균일한 동수경사 $\left(\frac{1}{1000}\right) \sim \left(\frac{1}{3000}\right)$로 도수하는 시설이다.
⑧ 도수거는 수리학적으로 자유수면을 갖고 중력의 작용으로 경사진 수로를 흐르는 시설이다.
⑨ 도수거는 취수지점으로부터 정수시설까지 원수를 개수로 방식으로 도수하는 시설이다.
⑩ 개거나 암거인 경우에는 대개 30~50m 간격으로 시공조인트를 겸한 신축조인트를 설치한다.
⑪ 수평이나 수직방향의 급격한 굴곡을 피한다.
⑫ 몇 개의 노선에 대하여 건설비 등의 경제성, 유지관리의 난이도 등을 비교, 검토하고 종합적으로 판단하여 결정한다.

3. 정수시설

(1) 착수정

① 착수정의 고수위와 주변벽체의 상단간에는 60cm 이상의 여유를 두어야 한다.
② 형상은 일반적으로 직사각형 또는 원형으로 하고 유입구에는 제수밸브 등을 설치한다.
③ 착수정의 용량은 체류시간이 1.5분 이상으로 한다.
④ 착수정의 수심은 3~5m 정도로 한다.
⑤ 수위가 고수위 이상으로 올라가지 않도록 월류관이나 월류위어를 설치한다.
⑥ 필요에 따라 분말활성탄을 주입할 수 있는 장치를 설치하는 것이 바람직하다.

(2) 상수시설 침사지의 설계사항

① 저부경사는 보통 $\frac{1}{100} \sim \frac{2}{100}$로 한다.
② 수심은 유효수심에 모래 퇴적부의 깊이를 더한 것으로 한다.
③ 체류시간은 30~60초를 표준으로 한다.
④ 표면부하율은 200~500mm/min을 표준으로 한다.
⑤ 지내 평균유속은 2~7cm/sec를 표준으로 한다.
⑥ 지의 상단높이는 고수위보다 0.6~1m정도의 여유고를 둔다.
⑦ 지의 유효수심은 3~4m를 표준으로 하고, 퇴사심도를 0.5~1m로 한다.
⑧ 지의 길이는 폭의 3~8배를 표준으로 한다.

(3) 하수도 시설의 중력식 침사지
① 침사지의 평균 유속은 0.3m/sec를 표준으로 한다.
② 침사지의 표면 부하율은 오수침사지의 경우 1800m³/m²·일, 우수침사지의 경우 3600m³/m²·일 정도로 한다.

(4) 하수처리시설 1차 침전지의 조건
① 침전지의 지수는 2지 이상으로 한다.
② 표면 부하율은 계획1일 최대오수량에 대하여 25~40m³/m²·day로 한다.
③ 침전지 수면의 여유고는 40~60cm 정도로 한다.
④ 유효수심은 2.5~4m를 표준으로 한다.
⑤ 표면부하율은 계획1일 최대오수량에 대하여 분류식의 경우 35~70m³/m²·day, 합류식의 경우 25~50m³/m²·day로 한다.
⑥ 침전시간은 계획1일 최대 오수량에 대하여 표면부하율과 유효수심을 고려하여 정하며 일반적으로 2~4시간으로 한다.

(5) 정수시설의 응집지의 플록형성지 특성
① 혼화지와 침전지 사이에 위치하고 침전지에 붙여서 설치한다.
② 플록형성시간은 계획정수량에 대하여 20~40분간을 표준으로 한다.
③ 기계식 교반에서 플록큐레이션의 주변속도는 15~80cm/sec를 표준으로 한다.
④ 플록형성지 내의 교반 강도는 하류로 갈수록 점차 감소시키는 것이 바람직하다.
⑤ 직사각형이 표준이다.
⑥ 야간 근무자가 플록형성상태를 감시할 수 있는 적절한 조명장치를 설치한다.
⑦ 플록형성지는 단락류나 정체부가 생기지 않으면서 충분하게 교반될 수 있는 구조로 한다.

(6) 하수처리시설 2차 침전지의 조건
① 표면 부하율은 계획1일 최대오수량에 대하여 20~30m³/m²·일로 한다.
② 고형물 부하율은 95~145kg/m²·일로 한다.
③ 월류위어의 부하율은 190m³/m·day이다.
④ 유효수심은 2.5~4m를 표준으로 한다.
⑤ 침전시간은 계획1일 최대 오수량에 따라 정하며 일반적으로 3~5시간으로 한다.

(7) 상수시설 중 완속여과지 특징

① 여과지의 여과속도 표준은 4~5m/day이다.
② 여과지의 깊이는 하수집수장치의 높이에 자갈층 두께, 모래층 두께, 모래면 위의 수심과 여유고를 더하여 2.5~3.5m를 표준으로 한다.
③ 모래층 두께는 70~90cm를 표준으로 한다.
④ 주위벽 상단은 지반보다 15cm 이상 높여서 여과지 내로 오염수나 토사 등의 유입을 방지하여야 한다.
⑤ 한냉지에서는 여과지 물이 동결할 염려가 있으므로 여과지를 복개한다.
⑥ 여과지는 2지 이상으로 하고 10지마다 1지 비율로 예비지를 둔다.

(8) 상수시설 중 급속여과지의 조건

① 여과면적은 계획정수량을 여과속도로 나누어 계산한다.
② 1지의 여과면적은 150m² 이하로 한다.
③ 여과속도는 120~150m/일을 표준으로 한다.
④ 중력식을 표준으로 한다.

▶ 완속여과지와 급속여과지 정리

	완속여과지	급속여과지
여과 속도	4~5m/day 표준	120~150m/day 표준
모래층 두께	70~90cm	60~120cm
모래 유효경	0.3~0.45mm	0.45~0.7mm
균등 계수	2.0 이하	1.7 이하
여과지의 모래면 위의 수심	0.9~1.2m(90~120cm)	1~1.5m(100~150cm)

4. 송수시설

① 송수는 관수로로 하는 것을 원칙으로 하되 개수로로 할 경우에는 터널 또는 수밀성의 암거로 한다.
② 송수시설은 정수장에서 배수지까지 송수하는 시설이다.
③ 송수방식은 자연 유하식, 펌프가압식 및 병용식이 있다.
④ 송수시설의 계획송수량은 원칙적으로 계획1일 최대급수량을 기준으로 한다.

5. 배수시설

(1) 배수지

① 자연 유하식 배수지의 높이는 최소 동수압이 확보되는 높이여야 한다.
② 2개 이상의 배수계통으로 된 경우는 각 계통마다 배수지의 유효용량을 결정하여야 한다.
③ 배수지의 유효용량은 시간변동 조정용량과 비상 대처용량을 합하여 급수구역의 계획 1일 최대급수량의 12시간분 이상을 표준으로 한다.
④ 배수지의 유효수심은 3~6m 범위를 표준으로 한다.
⑤ 배수지가 급수지역의 중앙에 있으면 관말까지의 배수관 연장이 짧아 관경을 작게 하여도 된다.
⑥ 배수지의 최소 동수압 $1.5kg/cm^2$(150kPa)이며 최대 동수압은 $4kg/cm^2$(400kPa)이다.
⑦ 배수지는 부득이한 경우 외에는 급수지역의 중앙 가까이 설치한다.
⑧ 유효용량은 시간변동 조정유량과 비상 대처용량을 합한다.
⑨ 고수위에서 배수지의 상부 슬래브까지는 30cm 이상의 여유고를 둔다.
⑩ 배수시설인 배수관의 수압 : 급수관을 분기하는 지점에서 배수관내의 최대정수압은 700kPa을 초과하지 않아야 한다.
⑪ 급수관을 분기하는 기점에서 배수관내의 최소동수압은 150kPa($1.5kg/cm^2$) 이상을 확보하여야 한다.

제2장 하수도 계획

❶ 하수도 시설

(1) 하수도의 기본계획

① 하수도 기본계획의 목표연도는 원칙적으로 20년 정도로 한다.
② 하수의 배제방식은 지역의 특성, 방류수역의 여건 등을 고려하여 정한다.
③ 도구의 위치 및 구조는 방류수역의 수질 및 수량에 미치는 영향을 종합적으로 고려하여 결정한다.
④ 하수처리 구역 내에서 발생하는 수세 분뇨는 관거 정비사항을 고려하여 하수관거에 투입하는 것이 원칙이다.

(2) 하수도 관거 계획시 고려사항

① 오수관거는 계획시간 최대오수량을 기준으로 계획한다.
② 오수관거와 우수관거가 교차하여 역사이펀을 피할 수 없을 경우 오수관거를 역사이펀으로 하는것이 좋다.
③ 분류식과 합류식이 공존하는 경우에는 원칙적으로 양지역의 관거는 분리하여 계획한다.
④ 관거는 원칙적으로 암거로 하여 수밀한 구조로 하여야 한다.
⑤ 합류관거는 오수관거보다 최소유속을 크게 하여야 한다.
⑥ 계획하수량은 계획시간 최대오수량으로 한다.
⑦ 오수관거의 유속은 계획시간 최대 오수량에 대하여 최소 0.6m/sec, 최대 3.0m/sec로 한다. 우수관거 및 합류관거에서의 유속은 계획우수량에 대하여 최소 0.8m/sec, 최대 3.0m/s이다.
⑧ 최소 관경은
   ㉠ 오수관거에서는 250mm
   ㉡ 오수관거의 최소관경의 표준은 200mm
   ㉢ 우수관거 및 합류관거에서는 300mm

(3) 하수고도처리(잔류SS 및 잔류 용존유기물 제거)방법인 분리법에 적용되는 분리막 모듈 형식

① 중공사형
② 관형
③ 나선형
④ 판형

❷ 하수의 배제 방식

(1) 하수의 배제 방식 중 합류식

① 관거내의 보수 : 폐쇄의 염려가 없으며 검사 및 수리가 비교적 용이하다.
② 토지이용 : 기존의 측구를 폐지할 경우는 도로폭을 유용하게 이용할 수 있다.
③ 관거오접 : 철저한 감시가 필요없다.
④ 시공 : 대구경 관거가 되면 좁은 도로에서의 매설에 어려움이 있다.

⑤ 중계펌프장이나 처리장내 펌프장의 계획하수량은 강우시 계획오수량 기준
⑥ 수질보전면(강우 초기의 노면 세정수) : 시설의 일부를 개선 또는 개량하면 강우 초기의 오염된 우수를 수용해서 처리할 수 있다.
⑦ 우천시 오수의 월류가 있다.

(2) 하수의 배제 방식 중 분류식

① 관거오접 : 철저한 감시가 필요하다.
② 시공 : 소구경 관거를 매설하므로 시공이 용이하지만 관거의 경사가 급하면 매설길이가 크게 된다.
③ 관거내 퇴적 : 토사의 유입은 있으나 수세효과는 기대할 수 없다.
④ 처리장으로 토사유입 : 토사의 유입은 있으나 합류식 정도는 아니다.
⑤ 관거내의 보수 : 폐쇄의 염려가 있다.
⑥ 우천시 월류 : 우천시 오수의 월류가 없다.
⑦ 건설비 : 우수관거와 오수관거의 2계통을 건설하는 경우는 비싸지만, 오수관거만을 건설하는 경우는 가장 저렴하다.

❸ 하수관거의 종류

(1) 하수관거의 원형관

① 공장제품 사용시 이음이 많아져 지하수 침수를 효과적으로 막을 수 없다.
② 역학 계산이 가능하다.
③ 수리학적으로 유리하다.
④ 내경 3m(3000mm)정도까지 공장제품을 사용할 수 있어 공사기간이 단축된다.
⑤ 안전하게 지지시키기 위해서 모래 기초 외에 별도로 적당한 기초공을 필요로 하는 경우가 있다.

(2) 하수관거의 직사각형(장방형)

① 일반적으로 높이가 폭보다 작다.
② 역학계산이 간단하다.
③ 시공 장소의 흙두께 및 폭원에 제한을 받는 경우에 유리하다.
④ 현장 타설의 경우에 공사기간이 지연된다.
⑤ 만류가 되기까지는 수리학적으로 유리하다.

(3) 하수관거 중 말굽형(마제형)의 특징

① 대구경 관거에 유리하며 경제적이다.
② 단면 형상이 복잡하기 때문에 시공성이 열악하다.
③ 상반부의 아치작용에 의해 역학적으로 유리하다.
④ 현장 타설의 경우는 공사기간이 길어진다.

(4) 하수관거 중 계란형의 특징

① 원형거에 비하여 관폭이 작아도 되므로 수직방향의 토압에 유리하다.
② 재질에 따라 제조비가 늘어나는 경우가 있다
③ 수직방향의 시공에 정확도가 요구되므로 면밀한 시공이 필요하다.
④ 유량이 큰 경우 원형거에 비해 수리학적으로 불리하다.

> **TIP**
>
> 하수시설인 우수조정지 구조형식
> ① 댐식(제방높이 15m 미만), ② 굴착식, ③ 지하식

④ 오수처리

① 합류식에서 우천시 계획오수량은 원칙적으로 계획시간 최대오수량의 3배 이상으로 한다.
② 계획1일 평균오수량은 계획1일 최대오수량의 70~80%를 표준으로 한다.
③ 지하수량은 1인 1일 최대오수량의 10~20%로 한다.
④ 계획1일 최대오수량은 1인1일 최대오수량에 계획인구를 곱한 후 여기에 공장배수량, 지하수량 및 기타 배수량을 가산한 것으로 한다.
⑤ 1인 1일 최대오수량은 1인 1일 최대급수량을 감안해 결정한다.
⑥ 계획시간 최대오수량은 계획1일 최대오수량의 1시간당 수량의 1.3~1.8배를 표준으로 한다.

❺ 우수량

≪(1) 계획 우수량 산정

① 확률년수는 원칙적으로 10~30년으로 한다.
② 유달시간은 유입시간과 유하시간을 합한 것이다.
③ 유출계수는 토지 이용도별 기초유출계수로부터 총괄유출계수를 구하는 것을 원칙으로 한다.
④ 최대 계획 우수 유출량의 산정은 합리식에 의한 것으로 한다.
⑤ 유하시간은 최상류관거의 끝으로부터 하류관거의 어떤 지점까지의 거리를 계획유량에 대응한 유속으로 나누어 구한다.
⑥ 우수배제계획에서 계획우수량 산정시 고려사항은 유출계수, 배수면적, 확률년수이다.
⑦ 유입시간은 최소단위배수구의 지표면 특성을 고려하여 구한다.

> **TIP**
> 계획우수량을 정할 때 고려하는 빗물펌프장의 확률변수는 30~50년이다.

(2) 역사이펀관

① 역사이펀실에는 수문설비 및 깊이 0.5m 정도의 이토실을 설치한다.
② 관거의 흙 두께는 1m이상이며 역사이펀관의 관경은 최소 250mm 이상으로 한다.
③ 역사이펀실의 깊이가 5m이상인 경우 중간에 배수펌프를 설치 할 수 있는 설치대를 둔다.
④ 역사이펀관거와 유입구와 유출구는 손실수두를 적게 하기 위하여 종모양으로 하고 관거내의 유속은 상류측 관거내의 유속을 20~30% 증가시킨 것으로 한다.
⑤ 오수관거와 우수관거가 교차하며 역사이펀을 피할 수 없을 경우 오수관거를 역사이펀으로 하는 것이 좋다.
⑥ 역사이펀관의 형상은 U자형이나 V자형으로 한다.
⑦ 역사이펀의 손실수두 계산식

역 syphons의 손실수두(H) = $I \cdot L + 1.5 \times \dfrac{V^2}{2g} + \alpha$

- L : 관의 길이(m)
- g : 중력가속도(9.8m/sec²)
- I : 역사이펀내의 유속에 대한 동수구배
- V : 관내 유속(m/sec)
- α : 손실수두에 관한 여유(보통 0.03~0.05m)

⑥ 관거의 접합

(1) 관정접합

유수는 원활한 흐름이 되지만 굴착깊이가 증가됨으로 공사비가 증대되고 펌프로 배수하는 지역에서는 양정이 높게 되는 단점이 있다.

(2) 관저접합

① 굴착깊이가 얕아 공기와 공사비가 절감되며, 펌프로 양수하는 경우, 양정고 감소, 수위상승방지 등의 장점이 있어 펌프로 배수하는 지역에 적합한 하수관 접합방식이다.
② 굴착깊이를 얕게 함으로써 공사비용을 줄일 수 있으며 수위상승을 방지하고 양정고를 줄일 수 있어 펌프로 배수하는 지역에 적합하나 상승부에서는 동수경사선이 관정보다 높이 올라 갈 우려가 있다.

제3장 상수도용 양수설비

❶ 펌프의 용도 및 하수도용 펌프의 특징

(1) 하수도용 펌프(펌프의 Ns(비교회전도))

① 비교회전도(Ns)가 크면 유량이 많은 저양정의 펌프로 된다.
② 비교회전도(Ns)의 값이 펌프 형식 선정의 기준이 된다.
③ 수량 및 전양정이 같다면 회전수가 많을수록 비교회전도(Ns)의 값이 크게 된다.
④ 비교회전도(Ns)가 크게 될수록 흡입성능이 나쁘고 공동현상(케비테이션)이 발생하기 쉽다.
⑤ 비교회전도(Ns)가 같으면 펌프의 크기에 관계없이 같은 형식의 펌프로 하고 특성도 대체로 같다.
⑥ 비교회전도(Ns)가 크면 양수량은 크고 양정은 낮은 펌프가 된다.
⑦ 비교회전도(Ns)는 축류펌프가 터어빈 펌프에 비하여 높다.
⑧ 펌프는 비교회전도(Ns)의 값에 따라 그 형식이 변한다.

❷ 펌프의 종류

(1) 축류펌프

① 전양정이 5m 이하일 때 적용
② 펌프의 구경은 400mm 이상을 표준으로 한다.
③ 흡입성능이 낮고 효율폭이 좁다.
④ 비교회전도(N_s)은 1100~2000rpm이다.
⑤ 규정양정의 130% 이상이 되면 소음 및 진동이 발생한다.

(2) 스크류 펌프

① 양정에 제한이 있다.
② 일반 펌프에 비하여 펌프가 크게 된다.
③ 토출측의 수로를 압력관으로 할 수 없다.
④ 수중의 협잡물을 물과 함께 양수시키므로 막힘이 거의 없다.
⑤ 회전수가 낮기 때문에 마모가 적다.
⑥ 가동에 필요한 물채움 장치나 밸브 등 부대시설이 없어 자동운전이 용이하다.
⑦ 구조가 간단하고 개방형이어서 운전 및 보수가 쉽다.

(3) 사류 펌프

① 전양정 3~6m일 때 적용
② 펌프의 구경 200mm 이상
③ 비교회전도(N_s)는 700~1200rpm
④ 양정변화에 대해 수량 변동이 적고 수량 변동에 대하여 동력의 변화도 적다.
⑤ 우수용 펌프 등 수위변동이 큰 곳에 적합한 펌프이다.

(4) 원심 펌프

① 전양정이 4m 이상일 때 적용
② 펌프의 구경 80mm 이상
③ 비교회전도(N_s)는 100~250rpm
④ 효율이 높고 적용범위가 넓으며 적은 유량을 가감하는 경우에 소요동력이 적어도 운전에 지장이 없고 공동현상이 잘 발생하지 않는다.

(5) 비교회전도(Ns) 값의 비교

축류펌프(1100~2000rpm) > 사류펌프(700~1200rpm) > 원심펌프(100~250rpm)

(6) 펌프의 수격작용 방지법

① 펌프에 fly wheel(플라이휠)을 붙인다.
② 토출측 관로에 에어챔버를 설치한다.
③ **토출관측에 한방향수조(one-way tank)를 설치한다.**
④ 펌프 토출측에 급폐체크밸브를 설치한다.
⑤ 토출관측 관로에 압력 릴리프밸브(Pressure relief Valve)를 설치한다.
⑥ 토출관 쪽에 조압수조(Surge tank)를 설치하는 방법
⑦ 정전시에는 무제한으로 역류시키는 방법(동결의 위험이 있는 곳에 유효하다.)
⑧ 펌프토출구 부근에 공기탱크를 두거나 부압 발생지점에 흡기밸브를 설치하여 압력 강하시 공기를 넣어 준다.
⑨ 관내 유속을 낮추거나 관거 상황을 변경한다.

(7) 펌프의 캐비테이션(공동현상) 방지책

① 펌프의 설치 위치를 가능한 한 낮추어 가용유효흡입 수두를 크게 한다.
② 흡입관의 손실을 가능한 한 작게 하여 가용유효 흡입수두를 크게 한다.
③ 펌프의 회전속도를 낮게 선정하여 필요유효흡입 수두를 작게 한다.
④ 흡입측 밸브를 완전히 개방하고 펌프를 운전한다.

(8) 서어징 현상

펌프 운전시 비정상 현상으로 토출량과 토출압이 주기적으로 변동하는 상태를 일으키며 펌프 특성 곡선이 산고형에서 발생하는 큰 진동이 발생되는 현상이다.

제4장 해수의 담수화

❶ 해수 담수화 방식

(1) 상변화방식은 증발법과 결정법이 있다.

① 증발법 : 다단 플래쉬법, 다중 효용법, 증기 압축법, 투과기화법이 있다.
② 결정법 : 냉동법, 가스수화물법이 있다.

(2) 상불변 방식은 막법과 용매추출법이 있다.

① 막법 : 역삼투법, 전기투석법이 있다.
② 용매추출법

제5장 상하수도 계획 공식정리

(1) $Kw = \dfrac{r \times Q \times H}{102 \times \eta} \times \alpha$

$\begin{bmatrix} Kw : 동력 \\ r : 물의 비중량(1{,}000 kg/m^3) \\ Q : 토출량(m^3/sec) \\ H : 전양정(m) \\ \eta : 펌프의 효율 \\ \alpha : 여유율 \end{bmatrix}$

(2) $W = C_1 \times r \times B^2$

$\begin{bmatrix} W : 관이 받는 하중(t/m) \\ C_1 : 토압계수 \\ r : 표토의 밀도(t/m^3) \\ B : 폭(m) \rightarrow B = 1.5 \times D + 0.3(m) \end{bmatrix}$

(3) 펌프의 흡입구경

$$D = 146 \times \sqrt{\frac{Q}{V}}$$

- D : 펌프의 흡입구경(mm)
- Q : 펌프의 토출량(m^3/min)
- V : 유속(m/sec)

(4) 우수량 계산

합리식에 의한 우수량 : $Q = \dfrac{1}{360} CIA$

- Q : 우수량(m^3/sec)
- C : 유출계수
- I : 강우강도(mm/hr)
- t(유달시간) = 유입시간(min) + 유하시간(min)
- 유하시간 = $\dfrac{L(길이)(m)}{V(유속)(m/min)}$
- A : 면적(ha), $1km^2$ = 100ha

(5) $Ns = N \times \dfrac{Q^{1/2}}{H^{3/4}}$

- Ns : 비교회전도(rpm = 회/min)
- N : 규정회전수(rpm)
- Q : 펌프의 토출량(m^3/min)
- H : 총양정(m)

(6) 원형에서 유량계산

$Q = A \times V$

- Q : 유량(m^3/sec)
- A : 면적(m^2) → $A = \dfrac{\pi D^2}{4}(m^2)$
- V : 유속(m/sec) → Manning식에 의한 유속(V) = $\dfrac{1}{n} \times R^{2/3} \times I^{1/2}$
- n : 조도계수
- R : 경심(m) → R = $\dfrac{A(면적)}{S(윤변의 길이)} = \dfrac{\dfrac{\pi D^2}{4}}{\pi \cdot D} = \dfrac{D}{4}(m)$
- I : 기울기 → 1%일 때 $I = \dfrac{1}{100}$, 1‰ 일 때 $I = \dfrac{1}{1,000}$
- ∴ $Q(m^3/sec) = \dfrac{\pi D^2}{4}(m^2) \times \dfrac{1}{n} \times \left(\dfrac{D}{4}\right)^{2/3} \times I^{1/2}(m/sec)$

(7) 장방형에서 유량 계산

Q = A×V

- Q : 유량(m^3/sec)
- A : 면적(m^2) → A = b×h (b : 폭(m), h : 평균수위(m))
- V : 유속(m/sec) → Manning식에 의한 유속(V) = $\frac{1}{n} \times R^{2/3} \times I^{1/2}$
- n : 조도계수
- R : 경심(m) → R = $\frac{A(면적)}{S(윤변의\ 길이)}$ = $\frac{b \times h}{b+2h}$
- I : 기울기 → 1%일 때 I = $\frac{1}{100}$, 1‰일 때 I = $\frac{1}{1,000}$
- ∴ Q(m^3/sec) = b×h(m^2) × $\frac{1}{n}$ × $\left(\frac{b \times h}{b+2h}\right)^{2/3}$ × $I^{1/2}$ (m/sec)

(8) U(균등계수) : 체하 입경 60%와 체하입경 10%의 입경비

$$U = \frac{P_{60\%}}{P_{10\%}}$$

(9) $T = \frac{P \times D}{2\sigma t}$

- T : 관 두께(mm)
- P : 관내수압(kg/cm^2)
- D : 직경(mm)
- σt : 강재허용응력(kg/cm^2)

(10) 등차 급수 방법 : 발전이 끝난 도시에 적용

$P_n = P_o + N \times a$

- P_n : 현재부터 n년 후 추정되는 인구
- P_o : 현재 인구
- N : 설계기간(년)
- a : 연간 증가되는 평균 인구 → a = $\frac{P_o - P_t}{t}$
- P_t : 현재부터 t년 전의 인구
- t : 경과시간(년)

(11) 등비급수법 : 발전이 계속되는 도시

$$P_n = P_o \times (1+r)^n$$

- P_n : 현재부터 n년 후 추정되는 인구
- P_o : 현재 인구
- r : 연간 인구 증가율 → $r = \left(\dfrac{P_o}{P_t}\right)^{1/t} - 1$
- P_t : 현재부터 t년 전의 인구
- n : 설계기간(년)

(12) $Q = 2\pi kb \dfrac{H-h_o}{2.3\log_{10}\left(\dfrac{R}{r_o}\right)}$

- Q : 양수량(m^3/sec)
- k : 투수계수
- b : 피압 대수층 두께(m)
- $H-h_o$: 양수정에서 수위강하(m)
- R : 피압수 우물에서 반경(m)
- r_o : 우물반경(m)
- $2.3\log_{10} = \ln$

(13) Darcy – Weisbach 공식

$$h_L = f \times \dfrac{L}{D} \times \dfrac{V^2}{2g}$$

- h_L : 관마찰 손실수두(m)
- f : 마찰손실계수
- L : 길이(m)
- D : 관경(m)
- g : 중력가속도(9.8m/sec^2)
- V : 유속(m/sec)

(14) 역 syphons의 손실수두

$$H = I \cdot L + 1.5 \times \dfrac{V^2}{2g} + \alpha$$

- L : 관의길이(m)
- V : 관내유속(m/sec)
- g : 중력가속도(9.8m/sec^2)
- α : 손실수두에 관한 여유(보통 0.03~0.05m)
- I : 역사이펀내의 유속에 대한 동수구배

수질환경관계법규

제1장 총칙

❶ 물환경보전법에서 사용하는 용어

① **물환경** : 사람의 생활과 생물의 생육에 관계되는 물의 질(이하 "수질"이라 한다) 및 공공 수역의 모든 생물과 이들을 둘러싸고 있는 비생물적인 것을 포함한 수생태계를 총칭하여 말한다.
② **점오염원** : 폐수배출시설, 하수발생시설, 축사 등으로서 관거·수로 등을 통하여 일정한 지점으로 수질오염물질을 배출하는 배출원을 말한다.
③ **비점오염원** : 도시, 도로, 농지, 산지, 공사장 등으로서 불특정 장소에서 불특정하게 수질오염물질을 배출하는 배출원을 말한다.
④ **기타수질오염원** : 점오염원 및 비점오염원으로 관리되지 아니하는 수질오염물질을 배출하는 시설 또는 장소로서 환경부령으로 정하는 것을 말한다.
⑤ **폐수** : 물에 액체성 또는 고체성의 수질오염물질이 섞여 있어 그대로는 사용할 수 없는 물을 말한다.
⑥ **폐수관로** : 폐수를 사업장에서 제17호의 공공폐수처리시설로 유입시키기 위하여 제48조제1항에 따라 공공폐수처리시설을 설치·운영하는 자가 설치·관리하는 관로와 그 부속시설을 말한다.
⑦ **강우유출수** : 비점오염원의 수질오염물질이 섞여 유출되는 빗물 또는 눈 녹은 물 등을 말한다.
⑧ **불투수면** : 빗물 또는 눈 녹은 물 등이 지하로 스며들 수 없게 하는 아스팔트·콘크리트 등으로 포장된 도로, 주차장, 보도 등을 말한다.
⑨ **수질오염물질** : 수질오염의 요인이 되는 물질로서 환경부령으로 정하는 것을 말한다.
⑩ **특정수질유해물질** : 사람의 건강, 재산이나 동식물의 생육에 직접 또는 간접으로 위해를 줄 우려가 있는 수질오염물질로서 환경부령으로 정하는 것을 말한다.
⑪ **공공수역** : 하천, 호소, 항만, 연안해역, 그 밖에 공공용으로 사용되는 수역과 이에 접속하여 공공용으로 사용되는 환경부령으로 정하는 수로를 말한다.

⑫ 환경부령이 정하는 수로
　㉠ 지하수로
　㉡ 농업용 수로
　㉢ 하수관로
　㉣ 운하
⑬ 폐수배출시설 : 수질오염물질을 배출하는 시설물, 기계, 기구, 그 밖의 물체로서 환경부령으로 정하는 것을 말한다. 다만, 해양환경관리법에 따른 선박 및 해양시설은 제외한다.
⑭ 폐수무방류배출시설 : 폐수배출시설에서 발생하는 폐수를 해당 사업장에서 수질오염방지시설을 이용하여 처리하거나 동일 폐수배출시설에 재이용하는 등 공공수역으로 배출하지 아니하는 폐수배출시설을 말한다.
⑮ 수질오염방지시설 : 점오염원, 비점오염원 및 기타수질오염원으로부터 배출되는 수질오염물질을 제거하거나 감소하게 하는 시설로서 환경부령으로 정하는 것을 말한다.
⑯ 비점오염저감시설 : 수질오염방지시설 중 비점오염원으로부터 배출되는 수질오염물질을 제거하거나 감소하게 하는 시설로서 환경부령으로 정하는 것을 말한다.
⑰ 호소 : 다음 각 목의 어느 하나에 해당하는 지역으로서 만수위(댐의 경우에는 계획홍수위를 말한다) 구역 안의 물과 토지를 말한다.
　㉠ 댐·보 또는 둑(사방사업법에 따른 사방시설은 제외) 등을 쌓아 하천 또는 계곡에 흐르는 물을 가두어 놓은 곳
　㉡ 하천에 흐르는 물이 자연적으로 가두어진 곳
　㉢ 화산활동 등으로 인하여 함몰된 지역에 물이 가두어진 곳
⑱ 수면관리자 : 다른 법령에 따라 호소를 관리하는 자를 말한다. 이 경우 동일한 호소를 관리하는 자가 둘 이상인 경우에는 「하천법」에 따른 하천관리청 외의 자가 수면관리자가 된다.
⑲ 수생태계 건강성 : 수생태계를 구성하고 있는 요소 중 환경부령으로 정하는 물리적·화학적·생물적 요소들이 훼손되지 아니하고 각각 온전한 기능을 발휘할 수 있는 상태를 말한다.
⑳ 상수원호소 : 수도법 제7조에 따라 지정된 상수원보호구역 및 환경정책기본법 제38조에 따라 지정된 수질보전을 위한 특별대책지역 밖에 있는 호소 중 호소의 내부 또는 외부에 수도법 제3조제17호에 따른 취수시설을 설치하여 그 호소의 물을 먹는 물로 사용하는 호소로서 환경부장관이 정하여 고시한 것을 말한다.
㉑ 공공폐수처리시설 : 공공폐수처리구역의 폐수를 처리하여 공공수역에 배출하기 위한 처리시설과 이를 보완하는 시설을 말한다.
㉒ 공공폐수처리구역 : 폐수를 공공폐수처리시설에 유입하여 처리할 수 있는 지역으로서 제49조제3항에 따라 환경부장관이 지정한 구역을 말한다.

㉓ 물놀이형 수경(水景)시설 : 수돗물, 지하수 등을 인위적으로 저장 및 순환하여 이용하는 분수, 연못, 폭포, 실개천 등의 인공시설물 중 일반인에게 개방되어 이용자의 신체와 직접 접촉하여 물놀이를 하도록 설치하는 시설을 말한다. 다만, 다음 각 목의 시설은 제외한다.
  ㉠ 관광진흥법 제5조제2항 또는 제4항에 따라 유원시설업의 허가를 받거나 신고를 한 자가 설치한 물놀이형 유기시설(遊技施設) 또는 유기기구(遊技機具)
  ㉡ 체육시설의 설치·이용에 관한 법률 제3조에 따른 체육시설 중 수영장
  ㉢ 환경부령으로 정하는 바에 따라 물놀이 시설이 아니라는 것을 알리는 표지판과 울타리를 설치하거나 물놀이를 할 수 없도록 관리인을 두는 경우

❷ 수질오염물질의 총량관리

① 오염총량관리기본계획의 수립에 포함되어야 하는 사항
  ㉠ 해당 지역 개발계획의 내용
  ㉡ 지방자치단체별·수계구간별 오염부하량(汚染負荷量)의 할당
  ㉢ 관할 지역에서 배출되는 오염부하량의 총량 및 저감계획
  ㉣ 해당 지역 개발계획으로 인하여 추가로 배출되는 오염부하량 및 그 저감계획
② 오염총량관리기본방침에 포함되어야 하는 사항
  ㉠ 오염총량관리의 목표
  ㉡ 오염총량관리의 대상 수질오염물질 종류
  ㉢ 오염원의 조사 및 오염부하량 산정방법
  ㉣ 오염총량관리기본계획의 주체, 내용, 방법 및 시한
  ㉤ 오염총량관리시행계획의 내용 및 방법
③ 오염총량관리시행계획을 수립하여 환경부장관에게 승인받아야 하는 사항
  ㉠ 오염총량관리시행계획 대상 유역의 현황
  ㉡ 오염원 현황 및 예측
  ㉢ 연차별 지역 개발계획으로 인하여 추가로 배출되는 오염부하량 및 해당 개발계획의 세부 내용
  ㉣ 연차별 오염부하량 삭감 목표 및 구체적 삭감 방안
  ㉤ 오염부하량 할당 시설별 삭감량 및 그 이행 시기
  ㉥ 수질예측 산정자료 및 이행 모니터링 계획

④ 오염총량관리기본계획의 승인을 받으려는 경우 오염총량관리기본계획안에 첨부하여 환경부장관에게 제출해야하는 서류
  ㉠ 유역환경의 조사·분석 자료
  ㉡ 오염원의 자연증감에 관한 분석 자료
  ㉢ 지역개발에 관한 과거와 장래의 계획에 관한 자료
  ㉣ 오염부하량의 산정에 사용한 자료
  ㉤ 오염부하량의 저감계획을 수립하는데에 사용한 자료

❸ 오염총량초과부과금

① 오염총량초과부과금의 산정방법 및 산정기준 등에 관하여 필요한 사항은 대통령령으로 정한다.
② 일일초과오염배출량 = 일일유량×배출농도×10^{-6} - 할당오염부하량
  일일초과오염배출량 = (일일유량 - 지정배출량)×배출농도×10^{-6}
  ㉠ 일일초과오염배출량의 단위는 킬로그램(kg)으로 하되, 소수점 이하 첫째 자리까지 계산한다.
  ㉡ 일일유량은 조치명령 등의 원인이 되는 배출오염물질을 채취하였을 때의 오수 및 폐수유량으로 계산한 오수 및 폐수총량을 말한다.
  ㉢ 배출농도는 조치명령 등의 원인이 되는 배출오염물질을 채취하였을 때의 배출농도를 말하며, 배출농도의 단위는 리터당 밀리그램(㎎/L)으로 한다.
  ㉣ 할당오염부하량과 지정배출량의 단위는 1일당 킬로그램(kg/일)과 1일당 리터(L/일)로 한다.
③ 일일유량 = 측정유량×조업시간
  ㉠ 일일유량의 단위는 리터(L)로 한다.
  ㉡ 측정유량의 단위는 분당 리터(L/min)로 한다.
  ㉢ 일일조업시간은 측정하기 전 최근 조업한 30일간의 오수 및 폐수 배출시설의 조업시간 평균치로서 분으로 표시한다.

❹ 오염총량관리를 위한 기관간 협조 및 조사·연구반의 운영

① 환경부장관은 오염총량관리 대상 오염물질 및 수계구간별 오염총량목표수질의 조정, 오염총량관리의 시행 등에 관한 검토·조사 및 연구를 위하여 환경부령이 정하는

바에 따라 관계 전문가 등으로 조사·연구반을 구성·운영할 수 있는 기관은 국립환경과학원이다.

② 조사·연구반의 반원은 국립환경과학원장이 추천하는 국립환경과학원 소속의 공무원과 수질 및 수생태계 관련 전문가로 구성한다.

③ 조사·연구반의 수행업무
  ㉠ 오염총량목표수질에 대한 검토·연구
  ㉡ 오염총량관리기본방침에 대한 검토·연구
  ㉢ 오염총량관리기본계획에 대한 검토
  ㉣ 오염총량관리시행계획에 대한 검토
  ㉤ 오염총량관리시행계획에 대한 전년도의 이행사항 평가 보고서 검토
  ㉥ 오염총량목표수질 설정을 위하여 필요한 수계특성에 대한 조사·연구
  ㉦ 오염총량관리제도의 시행과 관련한 제도 및 기술적 사항에 대한 검토·연구
  ㉧ ㉠부터 ㉦까지의 업무를 수행하기 위한 정보체계의 구축 및 운영

제2장 공공수역의 물환경보전

❶ 총칙

(1) 국립환경과학원장, 유역환경청장, 지방환경청장이 설치·운영하는 측정망의 종류

① 비점오염원에서 배출되는 비점오염물질 측정망
② 수질오염물질의 총량 관리를 위한 측정망
③ 대규모 오염원의 하류지점 측정망
④ 수질오염경보를 위한 측정망
⑤ 대권역·중권역을 관리하기 위한 측정망
⑥ 공공수역 유해물질 측정망
⑦ 퇴적물 측정망
⑧ 생물 측정망

(2) 시·도지사, 대도시의 장, 수면관리자가 설치·운영하는 측정망의 종류

① 소권역을 관리하기 위한 측정망
② 도심하천 측정망

③ 그 밖에 유역환경청장이나 지방환경청장과 협의하여 설치·운영하는 측정망

(3) 낚시행위의 제한

① 특별자치시장·특별자치도지사·군수·구청장이 낚시 금지구역 또는 낚시 제한구역을 지정할 경우 고려사항
  ㉠ 용수의 목적
  ㉡ 오염원 현황
  ㉢ 수질오염도
  ㉣ 낚시터 인근에서의 쓰레기 발생 현황 및 처리 여건
  ㉤ 연도별 낚시 인구의 현황
  ㉥ 서식 어류의 종류 및 양 등 수중 생태계의 현황

② 낚시 제한구역에서의 제한사항에서 환경부령이 정하는 사항
  ㉠ 낚시바늘에 끼워서 사용하지 아니하고 물고기를 유인하기 위하여 떡밥·어분 등을 던지는 행위
  ㉡ 어선을 이용한 낚시행위 등 낚시어선업법에 따른 낚시어선업을 영위하는 행위 (내수어업법 시행령에 따른 외줄낚시는 제외)
  ㉢ 1명당 4대 이상의 낚시대를 사용하는 행위
  ㉣ 1개의 낚시대에 5개 이상의 낚시바늘을 떡밥과 뭉쳐서 미끼로 던지는 행위
  ㉤ 쓰레기를 버리거나 취사행위를 하거나 화장실이 아닌 곳에서 대·소변을 보는 등 수질오염을 일으킬 우려가 있는 행위
  ㉥ 고기를 잡기 위하여 폭발물·배터리·어망 등을 이용하는 행위(내수면어업법에 따라 면허 또는 허가를 받거나 신고를 하고 어망을 사용하는 경우는 제외)
  ㉦ 수산자원보호령에 따른 포획금지행위
  ㉧ 낚시로 인한 수질오염을 예방하기 위하여 그 밖에 시·군·자치구의 조례로 정하는 행위

(4) 수질오염경보제

① 조류경보
  ㉠ 상수원 구간

경보단계	발령·해제기준
관심	2회 연속 채취 시 남조류의 세포수가 1,000세포/mL 이상 10,000세포/mL 미만인 경우
경계	2회 연속 채취 시 남조류의 세포수가 10,000세포/mL 이상 1,000,000세포/mL 미만인 경우

경보단계	발령·해제기준
조류 대발생	2회 연속 채취 시 남조류의 세포수가 1,000,000세포/mL 이상인 경우
해제	2회 연속 채취 시 남조류의 세포수가 1,000세포/mL 미만인 경우

ⓒ 친수활동 구간

경보단계	발령·해제기준
관심	2회 연속 채취 시 남조류의 세포수가 20,000세포/mL 이상 100,000세포/mL 미만인 경우
경계	2회 연속 채취 시 남조류의 세포수가 100,000세포/mL 이상인 경우
해제	2회 연속 채취 시 남조류의 세포수가 20,000세포/mL 미만인 경우

② 수질오염감시경보

경보단계	발령·해제기준
관심	가. 수소이온농도, 용존산소, 총 질소, 총 인, 전기전도도, 총 유기탄소, 휘발성 유기화합물, 페놀, 중금속(구리, 납, 아연, 카드늄 등) 항목 중 2개 이상 항목이 측정항목별 경보기준을 초과하는 경우 나. 생물감시 측정값이 생물감시 경보기준 농도를 30분 이상 지속적으로 초과하는 경우
주의	가. 수소이온농도, 용존산소, 총 질소, 총 인, 전기전도도, 총 유기탄소, 휘발성 유기화합물, 페놀, 중금속(구리, 납, 아연, 카드늄 등) 항목 중 2개 이상 항목이 측정항목별 경보기준을 2배 이상(수소이온농도 항목의 경우에는 5 이하 또는 11 이상을 말한다) 초과하는 경우 나. 생물감시 측정값이 생물감시 경보기준 농도를 30분 이상 지속적으로 초과하고, 수소이온농도, 총 유기탄소, 휘발성유기화합물, 페놀, 중금속(구리, 납, 아연, 카드늄 등) 항목 중 1개 이상의 항목이 측정항목별 경보기준을 초과하는 경우와 전기전도도, 총 질소, 총 인, 클로로필-a 항목 중 1개 이상의 항목이 측정항목별 경보기준을 2배 이상 초과하는 경우
경계	생물감시 측정값이 생물감시 경보기준 농도를 30분 이상 지속적으로 초과하고, 전기전도도, 휘발성유기화합물, 페놀, 중금속(구리, 납, 아연, 카드늄 등) 항목 중 1개 이상의 항목이 측정항목별 경보기준을 3배 이상 초과하는 경우
심각	경계경보 발령 후 수질 오염사고 전개속도가 매우 빠르고 심각한 수준으로서 위기발생이 확실한 경우
해제	측정항목별 측정값이 관심단계 이하로 낮아진 경우

TIP

1. 측정소별 측정항목과 측정항목별 경보기준 등 수질오염감시경보에 관하여 필요한 사항은 환경부장관이 고시한다.
2. 용존산소, 전기전도도, 총유기탄화수소 항목이 경보기준을 초과하는 것은 그 기준초과 상태가 30분 이상 지속되는 경우를 말한다.

3. 수소이온농도 항목이 경보기준을 초과하는 것은 5 이하 또는 11 이상이 30분 이상 지속되는 경우를 말한다.
4. 생물감시장비 중 물벼룩감시장비가 경보기준을 초과하는 것은 양쪽 모든 시험조에서 30분 이상 지속되는 경우를 말한다.

❷ 국가 및 수계영향권별 물환경관리

(1) 대권역 물환경관리계획의 수립

① 유역환경청장은 국가 물환경관리기본계획에 따라 대권역별로 대권역 물환경관리계획을 10년마다 수립하여야 한다.

② 대권역계획에 포함되어야 하는 사항
  ㉠ 물환경의 변화 추이 및 물환경목표기준
  ㉡ 상수원 및 물 이용현황
  ㉢ 점오염원, 비점오염원 및 기타수질오염원의 분포현황
  ㉣ 점오염원, 비점오염원 및 기타수질오염원에서 배출되는 수질오염물질의 양
  ㉤ 수질오염 예방 및 저감 대책
  ㉥ 물환경 보전조치의 추진방향
  ㉦ 저탄소 녹색성장 기본법에 따른 기후변화에 대한 적응대책
  ㉧ 그 밖에 환경부령으로 정하는 사항

③ 오염된 공공수역에서의 물놀이 등의 행위제한 권고기준

▶ **물놀이 등의 행위제한 권고기준**

대상 행위	항목	기준
수영 등 물놀이	대장균	500(개체수/100mL) 이상
어패류 등 섭취	어패류 체내 총 수은(Hg)	0.3(mg/kg) 이상

④ 호소수 이용 상황 등의 조사·측정
  ㉠ 환경부장관은 물환경을 보전할 필요가 있는 호소를 지정·고시하고, 그 호소의 물환경을 정기적으로 조사·측정해야하는 기준
    ⓐ 1일 30만 톤 이상의 원수(原水)를 취수하는 호소
    ⓑ 동식물의 서식지·도래지이거나 생물다양성이 풍부하여 특별히 보전할 필요가 있다고 인정되는 호소
    ⓒ 수질오염이 심하여 특별한 관리가 필요하다고 인정되는 호소

✭✭✭ ⓒ 시·도지사가 물환경을 보전할 필요가 있는 호소를 지정·고시하고, 그 호소의 물환경을 정기적으로 조사·측정해야하는 기준 : 만수위(滿水位)일 때의 면적이 50만 제곱미터이상인 호소

❸ 중점관리 저수지

(1) 중점관리 저수지의 지정

① 환경부장관은 관계 중앙행정기관의 장과 협의를 거쳐 다음 각 호의 어느 하나에 해당하는 저수지를 중점관리저수지로 지정하고, 저수지관리자와 그 저수지의 소재지를 관할하는 시·도지사로 하여금 해당 저수지가 생활용수 및 관광·레저의 기능을 갖추도록 그 수질을 관리하게 할 수 있다.

✭✭✭ ㉠ 총저수용량이 1천만세제곱미터 이상인 저수지
㉡ 오염 정도가 대통령령으로 정하는 기준을 초과하는 저수지
㉢ 그 밖에 환경부장관이 상수원 등 해당 수계의 수질보전을 위하여 필요하다고 인정하는 경우

② 중점관리저수지의 지정 및 지정해제에 필요한 사항은 환경부령으로 정한다.

(2) 중점관리저수지의 관리자와 그 저수지의 소재지를 관할하는 시·도지사가 수립하는 중점관리저수지의 수질오염방지 및 수질개선에 관한 대책에 포함되어야 하는 사항

① 중점관리저수지의 설치목적, 이용현황 및 오염현황
✭✭✭ ② 중점관리저수지의 경계로부터 반경 2킬로미터 이내의 거주인구 등 일반현황
③ 중점관리저수지의 수질 관리목표
④ 중점관리저수지의 수질 오염 예방 및 수질 개선방안

(3) 중점관리저수지의 지정기준에서 대통령령으로 정하는 기준

① 농업용 저수지 : 호소의 생활환경 기준 중 약간 나쁨(Ⅳ) 등급
② 그 밖의 저수지 : 호소의 생활환경 기준 중 보통(Ⅲ) 등급

제3장 점오염원의 관리

❶ 산업폐수의 배출규제

(1) 배출시설 등의 가동시작신고

① 시운전 기간 중 환경부령이 정하는 기간
  ㉠ 폐수처리방법이 생물화학적 처리방법인 경우 : 가동시작일부터 50일
  ㉡ 폐수처리방법이 생물화학적 처리방법인 경우 중 가동시작일이 11월 1일부터 다음 연도 1월 31일까지에 해당하는 경우 : 가동시작일부터 70일
  ㉢ 폐수처리방법이 물리적 또는 화학적 처리방법인 경우 : 가동시작일부터 30일

(2) 배출시설 및 방지시설의 운영

① 측정기기와 관련하여 조치명령을 받은 자의 개선기간
  ㉠ 개선기간 : 6개월의 범위에서 개선기간
  ㉡ 개선기간 연장 : 천재지변이나 그 밖의 부득이한 사유로 개선기간 이내에 조치를 끝낼 수 없는 경우에는 조치명령을 받은 자의 신청을 받아 6개월의 범위에서 개선기간을 연장

② 폐수배출시설 및 수질오염방지시설의 운영기록 보존
  사업자 또는 수질오염방지시설을 운영하는 자는 폐수배출시설 및 수질오염방지시설의 가동시간, 폐수배출량, 약품투입량, 시설관리 및 운영자, 그 밖에 시설운영에 관한 중요사항을 운영일지에 매일 기록하고, 최종 기록일부터 1년간 보존하여야 한다. 다만, 폐수무방류배출시설의 경우에는 운영일지를 3년간 보존하여야 한다.

(3) 수질원격감시체계 관제센터의 설치·운영

① 환경부장관은 전산망을 운영하기 위하여 한국환경공단법에 따른 한국환경공단에 수질원격감시체계 관제센터를 설치·운영할 수 있다.
② 관제센터의 기능·운영 및 자동측정자료의 관리 등에 관하여 필요한 사항은 환경부장관이 정하여 고시한다.

(4) 배출부과금

① 배출부과금 산정시 고려사항
   ㉠ 배출허용기준 초과 여부
   ㉡ 배출되는 수질오염물질의 종류
   ㉢ 수질오염물질의 배출기간
   ㉣ 수질오염물질의 배출량
   ㉤ 자가측정 여부

② 지역별 부과계수

청정지역 및 가 지역	나 지역 및 특례지역
1.5	1.0

③ 기본배출부과금의 부과 대상 수질오염물질의 종류
   ㉠ 유기물질
   ㉡ 부유물질

④ 규모별 사업장 종 구분

▶ **사업장의 규모별 구분**

종류	배출규모
제1종 사업장	1일 폐수배출량이 2,000m^3 이상인 사업장
제2종 사업장	1일 폐수배출량이 700m^3 이상, 2,000m^3 미만인 사업장
제3종 사업장	1일 폐수배출량이 200m^3 이상, 700m^3 미만인 사업장
제4종 사업장	1일 폐수배출량이 50m^3 이상, 200m^3 미만인 사업장
제5종 사업장	위 제1종부터 제4종까지의 사업장에 해당하지 아니하는 배출시설

⑤ 수질오염물질이 배출허용기준을 초과하여 배출되는 경우 초과배출부과금은 제1종 사업장은 400만원, 제2종사업장은 300만원, 제3종사업장은 200만원, 제4종사업장은 100만원, 제5종사업장은 50만원으로 한다.

⑥ 수질오염물질이 공공수역에 배출되는 경우(폐수무방류시설에 한함) 초과배출부과금은 500만원

⑦ 초과부과금의 산정기준

▶ 초과부과금의 산정기준

구분 수질오염 물질		수질오염 물질 1킬로 그램당 부과금액	배출허용기준초과율별 부과계수								지역별 부과계수		
			20% 미만	20% 이상 40% 미만	40% 이상 80% 미만	80% 이상 100% 미만	100% 이상 200% 미만	200% 이상 300% 미만	300% 이상 400% 미만	400% 이상	청정 지역 및 가 지역	나 지역	특례 지역
유기물질		250(배출 농도를 생물화학 적산소 요구량 또는 화학적 산소요구 량으로 측정한 경우)	3.0	4.0	4.5	5.0	5.5	6.0	6.5	7.0	2	1.5	1
		450(배출 농도를 총유기탄 소량으로 측정한 경우)											
부유물질		250	3.0	4.0	4.5	5.0	5.5	6.0	6.5	7.0	2	1.5	1
총 질소		500	3.0	4.0	4.5	5.0	5.5	6.0	6.5	7.0	2	1.5	1
총 인		500	3.0	4.0	4.5	5.0	5.5	6.0	6.5	7.0	2	1.5	1
크롬 및 그 화합물		75,000	3.0	4.0	4.5	5.0	5.5	6.0	6.5	7.0	2	1.5	1
망간 및 그 화합물		30,000	3.0	4.0	4.5	5.0	5.5	6.0	6.5	7.0	2	1.5	1
아연 및 그 화합물		30,000	3.0	4.0	4.5	5.0	5.5	6.0	6.5	7.0	2	1.5	1
특정 유해 물질	페놀류	150,000	3.0	4.0	4.5	5.0	5.5	6.0	6.5	7.0	2	1.5	1
	시안 화합물	150,000	3.0	4.0	4.5	5.0	5.5	6.0	6.5	7.0	2	1.5	1
	구리 및 그 화합물	50,000	3.0	4.0	4.5	5.0	5.5	6.0	6.5	7.0	2	1.5	1
	카드뮴 및 그 화합물	500,000	3.0	4.0	4.5	5.0	5.5	6.0	6.5	7.0	2	1.5	1

▶ **초과부과금의 산정기준**

구분 수질오염 물질		수질오염 물질 1킬로 그램당 부과금액	배출허용기준초과율별 부과계수								지역별 부과계수		
			20% 미만	20% 이상 40% 미만	40% 이상 80% 미만	80% 이상 100% 미만	100% 이상 200% 미만	200% 이상 300% 미만	300% 이상 400% 미만	400% 이상	청정 지역 및 가 지역	나 지역	특례 지역
특정 유해 물질	수은 및 그 화합물	1,250,000	3.0	4.0	4.5	5.0	5.5	6.0	6.5	7.0	2	1.5	1
	유기인 화합물	150,000	3.0	4.0	4.5	5.0	5.5	6.0	6.5	7.0	2	1.5	1
	비소 및 그 화합물	100,000	3.0	4.0	4.5	5.0	5.5	6.0	6.5	7.0	2	1.5	1
	납 및 그 화합물	150,000	3.0	4.0	4.5	5.0	5.5	6.0	6.5	7.0	2	1.5	1
	6가크롬 화합물	300,000	3.0	4.0	4.5	5.0	5.5	6.0	6.5	7.0	2	1.5	1
	폴리염화 비페닐	1,250,000	3.0	4.0	4.5	5.0	5.5	6.0	6.5	7.0	2	1.5	1
	트리클로 로에틸렌	300,000	3.0	4.0	4.5	5.0	5.5	6.0	6.5	7.0	2	1.5	1
	테트라클로 로에틸렌	300,000	3.0	4.0	4.5	5.0	5.5	6.0	6.5	7.0	2	1.5	1

⑧ 초과배출부과금 부과 대상 수질오염물질의 종류
- 유기물질
- 부유물질
- 카드뮴 및 그 화합물
- 시안화합물
- 유기인화합물
- 납 및 그 화합물
- 6가 크롬화합물
- 비소 및 그 화합물
- 수은 및 그 화합물
- 폴리염화비페닐[polychlorinated biphenyl]
- 구리 및 그 화합물
- 크롬 및 그 화합물
- 페놀류
- 트리클로로에틸렌

- 테트라클로로에틸렌
- 망간 및 그 화합물
- 아연 및 그 화합물
- 총 질소
- 총 인

⑨ 사업장의 종류별 구분에 따른 위반횟수별 부과계수

종류	위반횟수별 부과계수				
제1종 사업장	• 처음 위반한 경우				
	사업장 규모	2,000m³/일 이상 4,000m³/일 미만	4,000m³/일 이상 7,000m³/일 미만	7,000m³/일 이상 10,000m³/일 미만	10,000m³/일 이상
	부과계수	1.5	1.6	1.7	1.8
	다음 위반부터는 그 위반 직전의 부과계수에 1.5를 곱한 것으로 한다.				
제2종 사업장	• 처음 위반의 경우 : 1.4 • 다음 위반부터는 그 위반 직전의 부과계수에 1.4를 곱한 것으로 한다.				
제3종 사업장	• 처음 위반의 경우 : 1.3 • 다음 위반부터는 그 위반 직전의 부과계수에 1.3을 곱한 것으로 한다.				
제4종 사업장	• 처음 위반의 경우 : 1.2 • 다음 위반부터는 그 위반 직전의 부과계수에 1.2를 곱한 것으로 한다.				
제5종 사업장	• 처음 위반의 경우 : 1.1 • 다음 위반부터는 그 위반 직전의 부과계수에 1.1을 곱한 것으로 한다.				

※ 중요 : 폐수무방류배출시설에 대한 위반횟수별 부과계수 처음 위반한 경우 1.8로 하고, 다음 위반부터는 그 위반직전의 부과계수에 1.5를 곱한 것으로 한다.

⑩ 감면의 대상은 기본배출부과금으로 하고, 그 감면의 범위는 다음 각 호와 같다.

㉠ 감면율 적용 : 해당 부과기간의 시작일 전 6개월 이상 방류수수질기준을 초과하는 수질오염물질을 배출하지 아니한 사업자는 기본배출부과금을 감경

ⓐ 6개월 이상 1년 내 : 100분의 20
ⓑ 1년 이상 2년 내 : 100분의 30
ⓒ 2년 이상 3년 내 : 100분의 40
ⓓ 3년 이상 : 100분의 50

㉡ 폐수 재이용률별 감면율을 적용 : 최종방류구에 방류하기 전에 배출시설에서 배출하는 폐수를 재이용하는 사업자는 기본배출부과금을 감경

ⓐ 재이용률이 10퍼센트 이상 30퍼센트 미만인 경우 : 100분의 20
ⓑ 재이용률이 30퍼센트 이상 60퍼센트 미만인 경우 : 100분의 50
ⓒ 재이용률이 60퍼센트 이상 90퍼센트 미만인 경우 : 100분의 80
ⓓ 재이용률이 90퍼센트 이상인 경우 : 100분의 90

(5) 과징금 처분

① 과징금처분
  ㉠ 공익을 목적으로 하는 사업장은 조업정지에 갈음하여 매출액에 100분의 5를 곱한 금액을 초과하지 아니하는 범위에서 과징금 부과
  ㉡ 폐수처리업의 등록을 한 자에 대하여는 영업정지처분에 갈음하여 매출액에 100분의 5를 곱한 금액을 초과하지 아니하는 범위에서 과징금 부과

② 공익목적의 사업장의 종류
  ㉠ 의료법에 의한 의료기관의 배출시설
  ㉡ 발전소의 발전설비
  ㉢ 초·중등교육법 및 고등교육법에 의한 학교의 배출시설
  ㉣ 제조업의 배출시설
  ㉤ 그 밖에 대통령령이 정하는 배출시설

③ 과징금의 부과기준
  ㉠ 과징금은 행정처분 기준에 따른 조업정지일수에 1일당 부과금액과 사업장 규모별 부과계수를 각각 곱하여 산정할 것
  ㉡ 1일당 부과금액은 300만원으로 하고, 사업장 규모별 부과계수는 제1종사업장은 2.0, 제2종사업장은 1.5, 제3종사업장은 1.0, 제4종사업장은 0.7, 제5종사업장은 0.4로 할 것
  ㉢ 과징금의 납부기한은 과징금납부통지서의 발급일부터 30일

(6) 환경기술인

① 사업자는 배출시설과 방지시설의 정상적인 운영·관리를 위하여 환경기술인을 임명하고, 대통령령이 정하는 바에 따라 환경부장관에게 신고하여야 한다. 환경기술인을 바꾸어 임명한 때에도 또한 같다.
② 환경기술인을 두어야 할 사업장의 범위 및 환경기술인의 자격기준은 대통령령으로 정한다.
③ 환경기술인의 임명신고
  ㉠ 최초로 배출시설을 설치한 경우 : 가동시작 신고와 동시
  ㉡ 환경기술인을 바꾸어 임명하는 경우 : 그 사유가 발생한 날부터 5일 이내

④ 사업장별 환경기술인의 자격기준

▶ **사업장별 환경기술인의 자격기준**

구분	환경기술인
제1종사업장	수질환경기사 1명 이상
제2종사업장	수질환경산업기사 1명 이상
제3종사업장	수질환경산업기사, 환경기능사 또는 3년 이상 수질분야 환경관련 업무에 직접 종사한 자 1명 이상
제4종사업장· 제5종사업장	배출시설 설치허가를 받거나 배출시설 설치신고가 수리된 사업자 또는 배출시설 설치허가를 받거나 배출시설 설치신고가 수리된 사업자가 그 사업장의 배출시설 및 방지시설업무에 종사하는 피고용인 중에서 임명하는 자 1명 이상

※ 특정수질유해물질이 포함된 수질오염물질을 배출하는 제4종 또는 제5종사업장은 제3종사업장에 해당하는 환경기술인을 두어야 한다. 다만, 특정수질유해물질이 포함된 1일 10m³ 이하의 폐수를 배출하는 사업장의 경우에는 그러하지 아니하다.

⑤ 환경기술인 교육
- ㈀ 교육과정
    - ⓐ 최초교육 : 환경기술인 등이 최초로 업무에 종사한 날로부터 1년 이내에 실시하는 교육
    - ⓑ 보수교육 : 최초교육 후 3년마다 실시하는 교육
- ㈁ 교육기관
    - ⓐ 환경기술인 : 한국환경보전원
    - ⓑ 측정기기 관리대행업에 등록된 기술인력 : 국립환경인재개발원, 한국상하수도협회
    - ⓒ 폐수처리업에 종사하는 기술요원 : 국립환경인재개발원
- ㈂ 교육과정
    - ⓐ 환경기술인과정
    - ⓑ 폐수처리기술요원과정
    - ⓒ 측정기기관리대행 기술인력과정
- ㈃ 교육기간은 4일 이내

제4장 비점오염원의 관리

❶ 비점오염원의 관리

① 비점오염원관리대책 지역을 지정·고시할 때 포함되어야 하는 사항
   ㉠ 관리목표
   ㉡ 관리대상 수질오염물질의 종류 및 발생량
   ㉢ 관리대상 수질오염물질의 발생예방 및 저감방안
   ㉣ 그 밖에 관리지역의 적정한 관리를 위하여 환경부령이 정하는 사항

② 시행계획의 수립시 포함되어야 하는 사항
   ㉠ 관리지역의 개발현황 및 개발계획
   ㉡ 관리지역의 대상 수질오염물질의 발생현황 및 지역개발계획으로 예상되는 발생량 변화
   ㉢ 환경친화적 개발 등의 대상 수질오염물질 발생 예방
   ㉣ 방지시설의 설치·운영 및 불투수면 면적의 축소 등 대상 수질오염물질 저감계획
   ㉤ 그 밖에 관리대책의 시행을 위하여 환경부령이 정하는 사항

③ 비점오염원의 변경신고를 하여야 하는 경우
   ㉠ 상호·대표자·사업명 또는 업종의 변경
   ㉡ 총 사업면적·개발면적 또는 사업장 부지면적이 처음 신고면적의 100분의 15 이상 증가하는 경우
   ㉢ 비점오염저감시설의 종류, 위치, 용량이 변경되는 경우
   ㉣ 비점오염원 또는 비점오염저감시설의 전부 또는 일부를 폐쇄하는 경우

④ 이행 또는 설치·개선 명령의 기간
   ㉠ 비점오염저감계획 이행(시설 설치·개선의 경우는 제외)의 경우 : 2개월
   ㉡ 시설 설치의 경우 : 1년
   ㉢ 시설 개선의 경우 : 6개월
   ㉣ 연장기간 : 6개월 범위

⑤ 시설유형별 기준
   ㉠ 자연형 시설
      ⓐ 저류시설
      ⓑ 인공습지
      ⓒ 침투시설
      ⓓ 식생형 시설

ⓒ 장치형 시설
  ⓐ 여과형 시설
  ⓑ 소용돌이형 시설
  ⓒ 스크린형 시설
  ⓓ 응집·침전 처리형 시설
  ⓔ 생물학적 처리형 시설
⑥ 휴경 등 권고대상 농경지의 해발고도 및 경사도
  ㉠ 환경부령으로 정하는 해발고도 : 해발 400미터
  ㉡ 환경부령으로 정하는 경사도 : 경사도 15퍼센트
⑦ 비점오염 관련 관계 전문기관
  ㉠ 환경부령으로 정하는 관계 전문 기관 : 한국환경공단, 한국환경정책·평가연구원
⑧ 비점오염저감시설을 설치하여야 하는 취수시설의 상류·하류 지역에서 환경부령으로 정하는 거리란 취수시설로부터 상류로 유하거리 15킬로미터 및 하류로 유하거리 1킬로미터를 말한다.

제5장 폐수처리업

❶ 위임업무보고사항

업무내용	보고횟수	보고기일	보고자
1. 폐수배출시설의 설치허가, 수질오염물질의 배출상황검사, 폐수배출시설에 대한 업무처리 현황	연 4회	매분기 종료 후 15일 이내	시·도지사
2. 폐수무방류배출시설의 설치 허가(변경 허가) 현황	수시	허가(변경허가) 후 10일 이내	시·도지사
3. 기타 수질오염원 현황	연 2회	매반기 종료 후 15일 이내	시·도지사
4. 폐수처리업에 대한 등록·지도단속실적 및 처리실적 현황	연 2회	매반기 종료 후 15일 이내	시·도지사
5. 폐수위탁·사업장 내 처리현황 및 처리실적	연 1회	다음 해 1월 15일까지	시·도지사
6. 환경기술인의 자격별·업종별 신고상황	연 1회	다음 해 1월 15일까지	시·도지사

업무내용	보고횟수	보고기일	보고자
7. 배출업소의 지도·점검 및 행정처분 실적	연 4회	매분기 종료후 15일 이내	시·도지사
8. 배출부과금 부과 실적	연 4회	매분기 종료후 15일까지	시·도지사, 유역환경청장, 지방환경청장
9. 배출부과금 징수 실적 및 체납처분 현황	연 2회	매반기 종료 후 15일 이내	시·도지사, 유역환경청장, 지방환경청장
10. 배출업소 등에 따른 수질오염사고 발생 및 조치사항	수시	사고발생 시	시·도지사, 유역환경청장, 지방환경청장
11. 과징금 부과 실적	연 2회	매반기 종료 후 10일 이내	시·도지사
12. 과징금 징수 실적 및 체납처분 현황	연 2회	매반기 종료 후 10일 이내	시·도지사
13. 비점오염원의 설치신고 및 방지시설 설치 현황 및 행정처분 현황	연 4회	매분기 종료 후 15일 이내	유역환경청장, 지방환경청장
14. 골프장 맹·고독성 농약 사용 여부 확인 결과	연 2회	매반기 종료 후 10일 이내	시·도지사
15. 측정기기 부착시설설치현황	연 2회	매반기 종료 후 15일 이내	시·도지사, 유역환경청장, 지방환경청장
16. 측정기기 부착사업장 관리현황	연 2회	매반기 종료 후 15일 이내	시·도지사, 유역환경청장, 지방환경청장
17. 측정기기 부착사업장에 대한 행정처분 현황	연 2회	매반기 종료 후 15일 이내	시·도지사, 유역환경청장, 지방환경청장
18. 측정기기 관리대행업에 대한 등록·변경등록, 관리대행능력 평가·공시 및 행정처분 현황	연 1회	다음해 1월 15일까지	유역환경청장 지방환경청장
19. 수생태계 복원계획(변경계획)수립·승인 및 시행계획(변경계획)협의 현황	연 2회	매반기 종료후 15일이내	유역환경청장 지방환경청장
20. 수생태계 복원 시행계획(변경계획)협의 현황	연 2회	매반기 종료후 15일이내	유역환경청장 지방환경청장

제6장 수질오염물질 및 수질오염 방지시설

1 수질오염 방지시설의 종류

① 물리적 처리시설
  ㉠ 스크린
  ㉡ 분쇄기
  ㉢ 침사(沈砂)시설
  ㉣ 유수분리시설
  ㉤ 유량조정시설(집수조)
  ㉥ 혼합시설
  ㉦ 응집시설
  ㉧ 침전시설
  ㉨ 부상시설
  ㉩ 여과시설
  ㉪ 탈수시설
  ㉫ 건조시설
  ㉬ 증류시설
  ㉭ 농축시설

② 화학적 처리시설
  ㉠ 화학적 침강시설
  ㉡ 중화시설
  ㉢ 흡착시설
  ㉣ 살균시설
  ㉤ 이온교환시설
  ㉥ 소각시설
  ㉦ 산화시설
  ㉧ 환원시설
  ㉨ 침전물 개량시설

③ 생물화학적 처리시설
  ㉠ 살수여과상
  ㉡ 폭기(瀑氣)시설

ⓒ 산화시설(산화조(酸化槽) 또는 산화지(酸化池)를 말한다)
② 혐기성·호기성 소화시설
⑩ 접촉조
ⓗ 안정조
ⓢ 돈사톱밥발효시설

제7장 방류수 수질 기준 및 항목별 배출허용 기준

1 항목별 배출허용 기준

▶ 항목별 배출허용 기준 중 생물화학적산소요구량·총유기탄소량·부유물질량

대상규모 항목 지역구분	1일 폐수배출량 2천 세제곱미터 이상			1일 폐수배출량 2천 세제곱미터 미만		
	생물화학적 산소요구량 (mg/L)	총유기 탄소량 (mg/L)	부유 물질량 (mg/L)	생물화학적 산소요구량 (mg/L)	총유기 탄소량 (mg/L)	부유 물질량 (mg/L)
청정지역	30 이하	25 이하	30 이하	40 이하	30 이하	40 이하
가 지역	60 이하	40 이하	60 이하	80 이하	50 이하	80 이하
나 지역	80 이하	50 이하	80 이하	120 이하	75 이하	120 이하
특례지역	30 이하	25 이하	30 이하	30 이하	25 이하	30 이하

제8장 수질환경정책기본법상 환경기준

1 수질 및 수생태계 환경기준 중 하천의 사람 건강보호 기준

항목	기준값(mg/L)
카드뮴(Cd)	0.005 이하
비소(As)	0.05 이하
시안(CN)	검출되어서는 안 됨(검출한계 0.01)
수은(Hg)	검출되어서는 안 됨(검출한계 0.001)

항목	기준값(mg/L)
유기인	검출되어서는 안 됨(검출한계 0.0005)
폴리크로리네이티드비페닐(PCB)	검출되어서는 안 됨(검출한계 0.0005)
납(Pb)	0.05 이하
6가크롬(Cr^{6+})	0.05 이하
음이온계면활성제(ABS)	0.5 이하
사염화탄소	0.004 이하
1,2-디클로로에탄	0.03 이하
테트라클로로에틸렌(PCE)	0.04 이하
디클로로메탄	0.02 이하
벤젠	0.01 이하
클로로포름	0.08 이하
디에틸헥실프탈레이트(DEHP)	0.008 이하
안티몬	0.02 이하
1,4-다이옥세인	0.05 이하
포름알데히드	0.5 이하
헥사클로로벤젠	0.00004 이하

② 수질 및 수생태계 환경 기준 중 해역에서 생활환경 기준

(1) 생활환경

항목	수소이온농도 (pH)	총대장균군 (총대장균군수/100mL)	용매 추출유분 (mg/L)
기준	6.5~8.5	1,000 이하	0.01 이하

memo

과년도 기출문제

2013년
3월 10일 시행
6월 2일 시행
8월 18일 시행

2014년
3월 2일 시행
5월 25일 시행
8월 17일 시행

2015년
3월 8일 시행
5월 31일 시행
8월 16일 시행

2016년
3월 6일 시행
5월 8일 시행
8월 21일 시행

2017년
3월 5일 시행
5월 7일 시행
8월 26일 시행

2018년
3월 4일 시행
4월 28일 시행
8월 19일 시행

2019년
3월 3일 시행
4월 27일 시행
8월 4일 시행

2020년
6월 7일 시행
8월 22일 시행
9월 26일 시행

2021년
3월 7일 시행
5월 15일 시행
8월 14일 시행

2022년
3월 5일 시행
4월 24일 시행

2013년 1회 수질환경기사

2013년 3월 10일 시행

| 제1과목 | 수질오염개론

01 산(acid)과 염기(base)에 관한 설명으로 틀린 것은?

㉮ 산은 활성을 띤 금속과 반응하여 원소상태의 수소를 내어 놓는다.
㉯ 산의 용액을 전기분해하면 음극에서 원소상태의 수소가 발생된다.
㉰ 대부분의 비금속은 염기성산화물로서 산에 녹아 염기성용액을 형성한다.
㉱ 염기는 전자쌍을 주는 화학종으로, 산은 전자쌍을 받는 화학종으로 구분할 수 있다.

02 다음의 이상적 완전혼합형 반응조내 흐름(혼합)에 관한 설명 중 틀린 것은?

㉮ 분산수(dispersion NO)가 0에 가까울수록 완전혼합 흐름상태라 할 수 있다.
㉯ Morrill지수의 값이 클수록 이상적인 완전혼합 흐름상태에 가깝다.
㉰ 분산(Variance)이 1 일 때 완전혼합흐름상태라 할 수 있다.
㉱ 지체시간(lag time)이 0 이다.

[풀이] ㉮ 분산수(dispersion NO)가 무한대(∞)에 가까울수록 완전혼합 흐름상태라 할 수 있다.

TIP

완전혼합형반응조(CFSTR)과 플러그흐름반응조(PFR)의 비교

	CFSTR	PFR
분산	1	0
분산수	무한대(∞)	0
모릴지수	클수록	1
지체시간	0	이론적 체류시간과 동일할 때

03 호소수의 성층현상을 설명한 것으로 틀린 것은?

㉮ 성층현상의 결과 생긴 층을 수면으로부터 표수층, 수온약층, 심수층 이라고 부른다.
㉯ 여름철 성층현상은 봄철의 기상조건에 따라 달라지는데 봄철 기온이 높고 바람이 약할 경우에는 성층이 늦게 이루어진다.
㉰ Hypolimnion층은 깊이에 따라 온도변화가 심한 층을 말하며 통상 수심이 1m 내려감에 따라 약 1℃ 이상의 수온차가 생긴다.
㉱ 성층현상은 주로 봄, 가을에 전도현상이 발생하여 수직혼합이 활발히 진행되므로 호소수의 수질이 악화된다.

[풀이] ㉰ 깊이에 따라 온도변화가 심한 층은 Themocline(수온약층)이다.

정답 01 ㉰ 02 ㉮ 03 ㉰

04 다음 수질을 가진 농업용수의 SAR값으로 판단할 때 Na^+가 흙에 미치는 영향은 어떻다고 할 수 있는가?

[수질농도]
- Na^+ = 230mg/L
- Ca^{2+} = 60mg/L
- Mg^{2+} = 36mg/L
- PO_4^{3-} = 1500mg/L
- Cl^- = 200mg/L
- 원자량 : 나트륨 23, 칼슘 40, 마그네슘 24, 인 31

㉮ 영향이 적다.
㉯ 영향이 중간정도이다.
㉰ 영향이 비교적 높다.
㉱ 영향이 매우 높다.

풀이 나트륨 흡착률(SAR) = $\dfrac{Na^+}{\sqrt{\dfrac{Ca^{2+}+Mg^{2+}}{2}}}$

Na^+ = Na^+mg/L÷23 = 230mg/L÷23 = 10mN
Ca^{2+} = Ca^{2+}mg/L÷20 = 60mg/L÷20 = 3mN
Mg^{2+} = Mg^{2+}mg/L÷12 = 36mg/L÷12 = 3mN

따라서 SAR = $\dfrac{10}{\sqrt{\dfrac{3+3}{2}}}$ = 5.77

따라서 SAR이 10이하이므로 흙에 미치는 영향은 적다.

TIP
① meq/L = me/L = mN = mg/L ÷ g당량
② 판정
  0 ~ 10 : 영향 적음
  10 ~ 18 : 중간정도 영향
  18 ~ 26 : 높은 영향
  26이상 : 아주 큰 영향

05 지표수와 비교하여 지하수의 일반적인 특성인 것은?

㉮ 유기물의 함량이 비교적 높다.
㉯ 용해된 염류의 농도가 비교적 낮다.
㉰ 자정작용의 속도가 빠르다.
㉱ 온도가 비교적 균일하다.

풀이 ㉮ 유기물의 함량이 비교적 낮다.
㉯ 용해된 염류의 농도가 비교적 높다.
㉰ 자정작용의 속도가 느리다.

06 최종 BOD가 500mg/L이고, 탈산소계수(자연대수를 base로 함)가 0.1/day인 물의 5일 소모 BOD는?

㉮ 175mg/L   ㉯ 197mg/L
㉰ 224mg/L   ㉱ 255mg/L

풀이 $BOD_5 = BOD_u \times (1-e^{-k_1 \times t})$

BOD_5 : 5일 BOD(mg/L)
BOD_u : 최종 BOD(mg/L)
k_1 : 탈산소계수(/day)
t : 시간(day)

따라서 BOD_5 = 500mg/L×(1-$e^{-0.1/day \times 5day}$)
= 196.74mg/L

TIP
5일 BOD이므로 t = 5day가 된다.

정답 04 ㉮ 05 ㉱ 06 ㉯

07 다음의 수질 분석결과표 내의 경도유발 물질로 인한 경도(mg/L as $CaCO_3$)는?
(단, 원자량 : Ca는 40, Mg는 24, Na는 23, Sr는 88)

mg/L	mg/L
Na^+ 25	Mg^{2+} 9
Ca^{2+} 16	Sr^{2+} 1

㉮ 약 63 ㉯ 약 79
㉰ 약 87 ㉱ 약 93

풀이
$$\frac{경도(mg/L)}{50g} = \frac{Ca^{2+}mg/L}{20g} + \frac{Mg^{2+}mg/L}{12g} + \frac{Sr^{2+}mg/L}{44g}$$
$$= \frac{16mg/L}{20g} + \frac{9mg/L}{12g} + \frac{1mg/L}{44g}$$
$$= 87.64mg/L$$

TIP
경도는 물의 세기를 말하며, 2가 양이온 금속성 물질(Ca^{2+}, Mg^{2+}, Mn^{2+}, Fe^{2+}, Sr^{2+})의 양을 탄산칼슘($CaCO_3$)의 농도로 환산한 값(ppm = mg/L)이다.

08 하천 및 호수의 부영양화를 고려한 생태계모델로 정적 및 동적인 하천의 수질 및 수문학적 특성을 광범위하게 고려한 수질관리모델은?

㉮ Vollenweider 모델
㉯ QUALE 모델
㉰ WQRRS 모델
㉱ WASPO 모델

풀이 하천 및 호수의 부영양화를 고려한 생태계모델로 정적 및 동적인 하천의 수질 및 수문학적 특성을 광범위하게 고려한 수질관리모델은 WQRRS 모델이다.

09 다음은 Graham의 기체법칙에 관한 내용이다. ( )안에 맞는 내용은? (단, Cl_2 분자량은 71.5이다.)

수소의 확산속도에 비해 산소는 약 (①), 염소는 약 (②) 정도의 확산속도를 나타낸다.

㉮ ① 1/8, ② 1/4 ㉯ ① 1/8, ② 1/9
㉰ ① 1/4, ② 1/8 ㉱ ① 1/4, ② 1/6

풀이 Graham의 기체법칙에서 기체의 확산속도는 기체 분자량의 제곱근에 반비례한다.
따라서, 수소에 확산속도에 비해 산소의 확산속도는 $\sqrt{\frac{2}{32}} = \frac{1}{4}$이고, 염소의 확산속도는 $\sqrt{\frac{2}{71.5}} = \frac{1}{6}$이다.

10 어느 공장폐수의 BOD를 측정하였을 때 초기 DO는 8.4mg/L이고, 이를 20℃에서 5일간 보관한 후 측정한 DO는 3.6mg/L이었다. 이 폐수를 BOD 제거율이 90%가 되는 활성슬러지 처리시설에서 처리하였을 경우 방류수의 BOD (mg/L)는? (단, BOD 측정시의 희석배율은 50배이다.)

㉮ 12 ㉯ 16
㉰ 21 ㉱ 24

풀이
① BOD = (DO_1-DO_2)×P
  DO_1 : 초기 DO농도(mg/L)
  DO_2 : 5일간 배양후 DO농도(mg/L)
  P : 희석 배수치
따라서 BOD = (8.4-3.6)mg/L×50배 = 240mg/L
② 제거효율(%) = $\left(1 - \frac{유출수의 BOD}{유입수의 BOD}\right) \times 100$
따라서 90% = $\left(1 - \frac{유출수의 BOD}{240mg/L}\right) \times 100$
∴ 유출수의 BOD = 240mg/L×(1-0.90)
  = 24mg/L

정답 07 ㉯ 08 ㉰ 09 ㉱ 10 ㉱

11 반감기가 3일인 방사성 폐수의 농도가 10mg/L 라면 감소속도정수(day^{-1})는?
(단, 1차 반응속도 기준, 자연대수 기준)

㉮ 0.132 ㉯ 0.231
㉰ 0.326 ㉱ 0.430

풀이 반감기 공식 : $\ln\frac{1}{2} = -k \times t$

$\ln\frac{1}{2} = -k \times 3day$

$\therefore k = \dfrac{\ln\frac{1}{2}}{-3day} = 0.231/day$

12 어떤 하천수의 수온은 10℃이다. 20℃의 탈산소계수 K(상용대수)가 0.1/day일 때 최종 BOD에 대한 BOD_6의 비는?
(단, $K_T = K_{20} \times 1.047^{(T-20)}$, BOD_6/최종BOD)

㉮ 0.42 ㉯ 0.58
㉰ 0.63 ㉱ 0.83

풀이 ① 20℃의 k를 10℃의 k로 전환한다.
$k(T) = k(20℃) \times 1.047^{(T-20)}$
$k(10℃) = 0.1/day \times 1.047^{(10-20)} = 0.063/day$
② $BOD_6 = BOD_u \times (1-10^{-k_1 \times t})$
$\dfrac{BOD_6}{BOD_u} = 1-10^{-k_1 \times t} = 1-10^{(-0.063/day \times 6day)} = 0.58$

13 식초산(CH_3COOH) 1500mg/L 용액의 pH가 3.4 이라면 이 용액의 전리상수는?

㉮ 5.14×10^{-6} ㉯ 6.34×10^{-6}
㉰ 7.74×10^{-6} ㉱ 8.54×10^{-6}

풀이 $CH_3COOH \rightleftarrows CH_3COO^- + H^+$

전리상수(k) = $\dfrac{[CH_3COO^-][H^+]}{[CH_3COOH]}$

① CH_3COOH의 mol/L
$= \dfrac{1500mg}{L} \times \dfrac{1g}{10^3 mg} \times \dfrac{1mol}{60g} = 0.025 mol/L$

② pH = 3.4이므로 $[H^+] = 10^{-pH} mol/L = 10^{-3.4} mol/L$
반응식에서 $[H^+] = [CH_3COO^-] = 10^{-3.4} mol/L$

③ 전리상수(k) = $\dfrac{(10^{-3.4} mol/L) \times (10^{-3.4} mol/L)}{(0.25 mol/L)}$
$= 6.34 \times 10^{-6}$

TIP
① $pH = -\log[H^+] \Rightarrow [H^+] = 10^{-pH} mol/L$
② 1mol = 분자량(g)
③ CH_3COOH의 분자량
= 12+(3×1)+12+16+16+1 = 60g

14 적조현상에 의해 어패류가 폐사하는 원인과 가장 거리가 먼 것은?

㉮ 적조생물이 어패류의 아가미에 부착하여
㉯ 적조류의 광범위한 수면막 형성으로 인해
㉰ 치사성이 높은 유독물질을 분비하는 조류로 인해
㉱ 적조류의 사후분해에 의한 수중 부패 독의 발생으로 인해

정답 11 ㉯ 12 ㉯ 13 ㉯ 14 ㉯

15 거주 인구가 10,000명인 신시가지의 오수를 처리장에서 처리 후 인접 하천으로 방류하고 있다. 하천으로 배출되는 평균 오수 유량은 60m³/hr, BOD 농도는 20 mg/L라 할 때, 오수처리장의 처리효율은? (단, BOD 인구당량은 50g/인·일로 가정)

㉮ 약 92.5%   ㉯ 약 94.2%
㉰ 약 96.5%   ㉱ 약 98.1%

 처리효율(%) = $\left(1 - \dfrac{\text{유출수의 BOD}}{\text{유입수의 BOD}}\right) \times 100$

① 유입수의 BOD
 = 50g/인·일 × 10,000인 = 500,000g/일
② 유출수의 BOD
 = 60m³/hr × 20g/m³ × 24hr/day = 28,800g/일
③ 처리효율(%) = $\left(1 - \dfrac{28,800\text{g/일}}{500,000\text{g/일}}\right) \times 100 = 94.24\%$

TIP
① ppm = mg/L = g/m³
② BOD 총량(g/day) = 유량(m³/day) × BOD 농도(g/m³)

16 콜로이드에 관한 설명으로 틀린 것은?

㉮ 콜로이드 입자의 질량은 매우 작아서 중력의 영향은 중요하지 않다.
㉯ 일부 콜로이드 입자들의 크기는 가시광선 평균 파장보다 크기 때문에 빛의 투과를 간섭한다.
㉰ 콜로이드 입자들은 모두 전하를 띠고 있다.
㉱ 콜로이드의 입자는 매우 작아 보통의 반투막을 통과한다.

㉱ 콜로이드의 입자는 보통의 반투막을 통과하지 못한다.

17 다음 중 박테리아 세포에서 발견되는 기관으로 호흡에 관여하는 효소가 존재하는 것은?

㉮ 메소좀(mesosome)
㉯ 볼루틴 과립(Volutin granules)
㉰ 협막(capsule)
㉱ 리보좀(ribosomes)

호흡에 관여하는 효소가 존재하는 것은 메소좀이며, 단백질을 생성하는 곳은 리보좀이다.

18 μ(세포비증가율)가 μ_{max}의 80%일 때 기질농도(S_{80})와 μ_{max}의 20%일 때의 기질농도(S_{20})와의 (S_{80}/S_{20})비는? (단, 배양기내의 세포비증가율은 Monod식이 적용)

㉮ 4   ㉯ 8
㉰ 16   ㉱ 32

Monod식 : $\mu = \mu_{max} \times \dfrac{S}{K_S + S}$

μ : 세포의 비증식 계수(/hr)
μ_{max} : 세포의 최대 비증식 계수(/hr)
S : 제한기질의 농도(mg/L)
K_S : 반포화 농도(mg/L)

① μ_{max} = 100%, μ = μ_{max}의 80%일 때
 $0.8 = 1 \times \dfrac{S_{80}}{K_S + S_{80}}$
 ⇒ $0.8(K_S + S_{80}) = S_{80}$
 ⇒ $(1-0.8)S_{80} = 0.8K_S$
 ⇒ $S_{80} = \dfrac{0.8K_S}{1-0.8} = 4K_S$

② μ_{max} = 100%, μ = μ_{max}의 20%일 때
 $0.2 = 1 \times \dfrac{S_{20}}{K_S + S_{20}}$
 ⇒ $0.2(K_S + S_{20}) = S_{20}$
 ⇒ $(1-0.2)S_{20} = 0.2K_S$
 ⇒ $S_{20} = \dfrac{0.2K_S}{1-0.2} = 0.25K_S$

③ $\dfrac{S_{80}}{S_{20}} = \dfrac{4K_S}{0.25K_S} = 16$

정답 15 ㉯ 16 ㉱ 17 ㉮ 18 ㉰

19 박테리아($C_5H_7O_2N$) 10g/L을 COD로 환산하면 몇 g/L인가? (단, 질소는 암모니아로 전환됨)

㉮ 10.3g/L   ㉯ 12.1g/L
㉰ 14.2g/L   ㉱ 16.8g/L

풀이 $C_5H_7O_2N + 5O_2 \rightarrow 5CO_2 + 2H_2O + NH_3$
113g : 5×32g
10g/L : COD

∴ COD = $\dfrac{10g/L \times 5 \times 32g}{113g}$ = 14.16mg/L

TIP
분자량 계산
① $C_5H_7O_2N$ = (5×12)+(7×1)+(2×16)+14 = 113g
② O_2 = 2×16 = 32g

20 시중에 판매되는 농황산의 비중은 약 1.84, 농도는 96%(중량기준)정도이다. 이 농황산의 몰(mole/L) 농도는?

㉮ 56   ㉯ 32
㉰ 26   ㉱ 18

풀이 mol/L = $\dfrac{비중(g)}{(mL)} \times \dfrac{10^3 mL}{1L} \times \dfrac{1mol}{분자량(g)} \times \dfrac{\%농도}{100}$

= $\dfrac{1.84g}{mL} \times \dfrac{10^3 mL}{1L} \times \dfrac{1mol}{98g} \times \dfrac{96\%}{100}$

= 18.02mol/L

TIP
① M농도 = mol/L
② 1mol = 분자량(g)
③ H_2SO_4의 분자량 = (2×1)+32+(4×16) = 98g

제2과목 | 상하수도계획

21 하수 원형 단면 관거의 장단점으로 틀린 것은?

㉮ 안전하게 지지시키기 위한 모래기초 외의 별도의 기초공이 필요 없다.
㉯ 공사기간이 단축된다. (일반적으로 내경 3000mm 정도까지는 공장제품 사용 가능)
㉰ 역학 계산이 간단하다.
㉱ 공장제품 사용으로 접합부가 많아져 지하수의 침투량이 많아질 염려가 있다.

풀이 ㉮ 안전하게 지지시키기 위한 모래기초 외에 별도로 적당한 기초공을 필요로 하는 경우가 있다.

22 정수시설 중 완속여과지에 관한 설명으로 틀린 것은?

㉮ 여과지의 깊이는 하부집수장치의 높이에 자갈층 두께, 모래층 두께, 모래면 위의 수심과 여유고를 더하여 2.5~3.5m를 표준으로 한다.
㉯ 완속여과지의 여과속도는 4~5m/day를 표준으로 한다.
㉰ 완속여과지의 모래층 두께는 70~90cm를 표준으로 한다.
㉱ 여과지의 모래면 위의 수심은 0.3~0.6m를 표준으로 한다.

풀이 ㉱ 여과지의 모래면 위의 수심은 0.9~1.2m를 표준으로 한다.

정답 19 ㉰   20 ㉱   21 ㉮   22 ㉱

23 다음은 정수시설의 계획정수량과 시설 능력에 관한 내용이다. ( )안에 옳은 내용은?

> 소비자에게 고품질의 수도 서비스를 중단 없이 제공하기 위하여 정수시설은 유지보수, 사고대비, 시설개량 및 확장 등에 대비하여 적절한 예비용량을 갖춤으로서 수도시스템으로서의 안정성을 높여야 한다. 이를 위하여 예비용량을 감안한 정수시설의 가동율은 ( )내외가 적당하다.

㉮ 55% ㉯ 65%
㉰ 75% ㉱ 85%

24 관거별 계획하수량을 정할 때 고려할 사항으로 틀린 것은?

㉮ 오수관거에서는 계획1일최대오수량으로 한다.
㉯ 우수관거에서는 계획우수량으로 한다.
㉰ 합류식 관거에서는 계획시간최대오수량에 계획우수량을 합한 것으로 한다.
㉱ 차집관거는 우천시 계획오수량으로 한다.

[풀이] ㉮ 오수관거에서는 계획시간최대오수량으로 한다.

25 하수관거시설인 우수토실의 우수월류 위어의 위어길이(L)을 계산하는 식으로 맞는 것은? (단, L(m) : 위어길이, Q(m³/s) : 우수월류량, H(m) : 월류수심(위어길이간의 평균값)

㉮ $L = [Q/(1.2H^{1/2})]$ ㉯ $L = [Q/(1.8H^{1/2})]$
㉰ $L = [Q/(1.2H^{3/2})]$ ㉱ $L = [Q/(1.8H^{3/2})]$

26 펌프의 토출유량은 1800m³/hr, 흡입구의 유속은 4m/sec일 때 펌프의 흡입구경(mm)은?

㉮ 약 350 ㉯ 약 400
㉰ 약 450 ㉱ 약 500

[풀이] $D = 146 \times \sqrt{\dfrac{Q}{V}}$

D : 펌프의 흡입구경(mm)
Q : 펌프의 토출량(m³/min)
V : 유속(m/sec)

따라서 $D = 146 \times \sqrt{\dfrac{1800m^3/hr \times 1hr/60min}{4m/sec}}$
= 399.84mm

27 용해성성분으로 무기물인 불소(처리대상물질)를 제거하기 위해 유효한 고도정수처리방법과 가장 거리가 먼 것은?

㉮ 응집침전 ㉯ 골탄
㉰ 이온교환 ㉱ 전기분해

[풀이] 불소의 처리법으로는 응집제거법, 활성알루미나법, 골탄법, 전해법(전기분해법)이 있다.

28 상수처리를 위한 응집지의 플록형성지에 대한 설명 중 틀린 것은?

㉮ 플록형성지는 혼화지와 침전지 사이에 위치하고 침전지에 붙여서 설치한다.
㉯ 플록형성시간은 계획정수량에 대하여 20~40분간을 표준으로 한다.
㉰ 플록형성지 내의 교반강도는 하류로 갈수록 점차 감소시키는 것이 바람직하다.
㉱ 플록형성지에 저류벽이나 정류벽 등을 설치하면 단락류가 생겨 유효저류시간을 줄일 수 있다.

[풀이] ㉱ 플록형성지는 단락류나 정체부가 생기지 않으면서 충분하게 교반될 수 있는 구조로 한다.

정답 23 ㉰ 24 ㉮ 25 ㉱ 26 ㉯ 27 ㉰ 28 ㉱

29 계획취수량은 계획 1일 최대급수량의 몇 % 정도의 여유를 두고 정하는가?

㉮ 5% 정도 ㉯ 10% 정도
㉰ 15% 정도 ㉱ 20% 정도

풀이 상수도 취수시 계획취수량 기준은 계획1일 최대급수량의 10%증가된 수량으로 정한다.

30 $I = \dfrac{3,660}{t+15}$ mm/hr, 면적 3.0km², 유입시간 6분, 유출계수 C = 0.65, 관내유속이 1m/sec 인 경우 관 길이 600m 인 하수관에서 흘러나오는 우수량은? (단, 합리식 적용)

㉮ 64 m³/sec ㉯ 76 m³/sec
㉰ 82 m³/sec ㉱ 91 m³/sec

풀이 합리식 $Q = \dfrac{1}{360} C \cdot I \cdot A$

$\begin{bmatrix} C : 유출계수 \\ I : 강우강도(mm/hr) \\ A : 면적(ha) \end{bmatrix}$

① 유하시간(min) = $\dfrac{L(길이)}{v(유속)}$
   = $\dfrac{600m}{1m/sec \times 60sec/min} = 10min$

② 유달시간 = 유입시간 + 유하시간
   = 6min + 10min = 16min

③ $I = \dfrac{3,660}{t+15} = \dfrac{3,660}{16min+15} = 118.06 mm/hr$

④ A(ha) = 3.0km² × 100ha/1km² = 300ha

⑤ $Q = \dfrac{1}{360} \times 0.64 \times 118.06 mm/hr \times 300ha$
   = 63.95 m³/sec

31 하수의 배제방식인 합류식, 분류식을 비교한 내용으로 틀린 것은?

㉮ 관거오접 : 분류식의 경우 철저한 감시가 필요하다.
㉯ 관거내 퇴적 : 분류식의 경우 관거내의 퇴적이 적으며 수세효과는 기대할 수 없다.
㉰ 처리장으로의 토사유입 : 분류식의 경우 토사의 유입은 있으나 합류식 정도는 아니다.
㉱ 관거내의 보수 : 분류식의 경우 측구가 있는 경우는 관리시간이 단축되고 충분한 관리가 가능하다.

풀이 ㉱ 관거내의 보수 : 분류식의 경우 폐쇄의 염려가 있다.

32 취수시설인 침사지에 관한 설명으로 틀린 것은?

㉮ 표면부하율은 500 ~ 800mm/min을 표준으로 한다.
㉯ 지내 평균유속은 2 ~ 7cm/sec를 표준으로 한다.
㉰ 지의 상단높이는 고수위보다 0.6 ~ 1m의 여유고를 둔다.
㉱ 지의 유효수심은 3 ~ 4m를 표준으로 하고, 퇴사심도를 0.5 ~ 1m로 한다.

풀이 ㉮ 표면부하율은 200 ~ 500mm/min을 표준으로 한다.

정답 29 ㉯ 30 ㉮ 31 ㉱ 32 ㉮

33 취수시설에 대한 설명으로 틀린 것은?
(단, 하천수를 수원으로 하는 경우)

㉮ 취수보는 안정된 취수와 침사효과가 큰 것이 특징이다.
㉯ 취수보는 하천을 막아 계획취수위를 확보하여 안정된 취수를 가능하게 하기 위한 시설이다.
㉰ 취수탑은 유황이 안정된 하천에서 대량으로 취수할 때 특히 유리하다.
㉱ 일반적으로 취수보가 취수탑에 비해 경제적이다.

[풀이] ㉱ 일반적으로 취수탑이 취수보에 비해 경제적이다.

34 하수관로에서 조도계수 0.014, 동수경사 1/100이고 관경이 400mm일 때 이 관로의 유량은? (단, 만관기준, Manning 공식에 의함)

㉮ 약 0.08 m³/sec ㉯ 약 0.12 m³/sec
㉰ 약 0.15 m³/sec ㉱ 약 0.19 m³/sec

[풀이]
① A(면적) = $\dfrac{\pi D^2}{4} = \dfrac{\pi \times (0.4m)^2}{4} = 0.12566 m^2$

② R(경심) = $\dfrac{D}{4} = \dfrac{0.4m}{4} = 0.1m$

③ I(기울기 = 동수경사) = $\dfrac{1}{100}$

④ Manning 공식에서 유속(v)를 구한다.

$v = \dfrac{1}{n} \times R^{\frac{2}{3}} \times I^{\frac{1}{2}}$ (m/sec)

 n : 조도계수
 R : 경심(m)
 I : 기울기

따라서 $v = \dfrac{1}{0.014} \times (0.1m)^{\frac{2}{3}} \times \left(\dfrac{1}{100}\right)^{\frac{1}{2}}$
    = 1.539 m/sec

⑤ 유량(Q) = 면적(A) × 유속(v)
     = 0.12566 m² × 1.539 m/sec
     = 0.19 m³/sec

35 하수처리시설인 일차침전지의 표면부하율 기준으로 옳은 것은?

㉮ 계획1일최대오수량에 대하여 분류식의 경우 25~50m³/m²·d로 한다.
㉯ 계획1일최대오수량에 대하여 분류식의 경우 15~25m³/m²·d로 한다.
㉰ 계획1일최대오수량에 대하여 합류식의 경우 15~25m³/m²·d로 한다.
㉱ 계획1일최대오수량에 대하여 합류식의 경우 25~50m³/m²·d로 한다.

[풀이] 계획1일최대오수량에 대하여 분류식의 경우 35~70m³/m²·d이고 합류식의 경우 25~50m³/m²·d로 한다.

36 다음은 취수탑의 위치에 관한 내용이다. ( )안에 옳은 것은?

> 취수탑은 탑의 설치 위치에서 갈수수심이 최소 ( ) 이상이 아니면 계획취수량의 취수에 필요한 취수구의 설치가 곤란하다.

㉮ 1m ㉯ 2m
㉰ 3m ㉱ 4m

[정답] 33 ㉱ 34 ㉱ 35 ㉱ 36 ㉯

37 상수도 펌프의 설치와 부속설비에 대한 설명으로 틀린 것은?

㉮ 펌프의 흡입관은 공기가 갇히지 않도록 배관한다.
㉯ 펌프의 토출관은 마찰손실이 작도록 고려하고 체크밸브와 제어밸브를 설치한다.
㉰ 펌프의 흡수정은 펌프의 설치위치에 가급적 가까이 만들고 난류나 와류가 일어나지 않는 형상으로 한다.
㉱ 흡입관은 가능한 한 길이를 짧게 하고 경사를 두지 않도록 한다.

풀이 ㉱ 흡입관은 수평으로 설치하는 것을 피하여야 한다.

38 1분당 300m³의 물을 150m 양정(전양정)할 때 최고 효율점에 달하는 펌프가 있다. 이 때의 회전수가 1500rpm이라면 이 펌프의 비속도(비교회전도)는?

㉮ 약 512 ㉯ 약 554
㉰ 약 606 ㉱ 약 658

풀이
$$N_s = N \times \frac{Q^{\frac{1}{2}}}{H^{\frac{3}{4}}}$$

- N_s : 비교회전도(rpm)
- N : 규정회전수(rpm)
- Q : 토출량(m³/min)
- H : 전양정(m)

따라서 $N_s = 1,500\text{rpm} \times \dfrac{(300\text{m}^3/\text{min})^{\frac{1}{2}}}{(150\text{m})^{\frac{3}{4}}} = 606.16\text{rpm}$

TIP

$\text{rpm} = \dfrac{\text{회}}{\text{min}}$

39 지하수의 취수지점 선정에 관련한 설명 중 틀린 것은?

㉮ 연해부의 경우에는 해수의 영향을 받지 않아야 한다.
㉯ 얕은 우물인 경우에는 오염원으로부터 5m 이상 떨어져서 장래에도 오염의 영향을 받지 않는 지점이어야 한다.
㉰ 복류수인 경우에는 오염원으로부터 15m 이상 떨어져서 장래에도 오염의 영향을 받지 않는 지점이어야 한다.
㉱ 복류수인 경우에 장래에 일어날 수 있는 유로변화 또는 하상저하 등을 고려하고 하천개수계획에 지장이 없는 지점을 선정한다.

40 다음 중 불용해성성분 중 처리대상항목이 조류인 경우 이를 처리하기 위한 고도정수처리방법과 가장 거리가 먼 것은?

㉮ 활성탄
㉯ 막여과
㉰ 마이크로스트레이너
㉱ 부상분리

풀이 ㉮ 활성탄은 용해성성분 처리시 사용한다.

정답 37 ㉱ 38 ㉰ 39 ㉯ 40 ㉮

| 제3과목 | 수질오염방지기술

41 활성슬러지 공법을 이용한 폐수처리장에서 반송슬러지 농도가 8,000mg/L이고, 폭기조에 MLSS 농도를 3,000mg/L로 유지시키고자 한다면 슬러지 반송률(%)은? (단, 유입수 SS농도는 고려하지 않음)

㉮ 약 50% ㉯ 약 55%
㉰ 약 60% ㉱ 약 65%

풀이 ① 반송비$(R) = \dfrac{MLSS-SS_i}{SS_r-MLSS}$

$= \dfrac{3,000mg/L}{8,000mg/L-3,000mg/L} = 0.60$

② 반송율(%) = 반송율$(R) \times 100 = 0.60 \times 100 = 60\%$

TIP
SS_i는 단서에 의해서 생략한다.

42 하수처리에 관련된 침전현상(독립, 응집, 간섭, 압밀)의 종류 중 '간섭침전'에 관한 설명과 가장 거리가 먼 것은?

㉮ 생물학적 처리시설과 함께 사용되는 2차 침전시설내에서 발생한다.
㉯ 입자 간의 작용하는 힘에 의해 주변 입자들의 침전을 방해하는 중간 정도 농도의 부유액에서의 침전을 말한다.
㉰ 입자 등은 서로간의 간섭으로 상대적 위치를 변경시켜 전체 입자들이 한 개의 단위로 침전한다.
㉱ 함께 침전하는 입자들의 상부에 고체와 액체의 경계면이 형성된다.

풀이 ㉰ 입자 등은 서로간의 간섭으로 상대적 위치를 변경시키지 않고 입자들은 구조물을 형성하여 한 개의 단위로 침전한다.

43 활성슬러지 방식으로 유량 Q(m^3/일), BOD농도 C(mg/L)의 침출수를 MLSS 농도 3,000mg/L, BOD-MLSS 부하 0.2(kg/kg·일)로 처리할 계획을 세웠으나 실제 침출수가 유량 1.1Q(m^3/일), BOD농도는 2C(mg/L)가 되어 MLSS 농도를 6,000mg/L로 처리하였다면 이때의 BOD-MLSS 부하는? (단, 반응조 부피는 변화 없음)

㉮ 0.14kg/kg·일 ㉯ 0.22kg/kg·일
㉰ 0.32kg/kg·일 ㉱ 0.41kg/kg·일

풀이 F/M비(/day) $= \dfrac{BOD \times Q}{MLSS \times V}$

① $0.2/day = \dfrac{1mg/L \times 1m^3/day}{3,000mg/L \times V}$

∴ $V = \dfrac{1mg/L \times 1m^3/day}{0.2/day \times 3,000mg/L} = 0.00167m^3$

② F/M비 $= \dfrac{2mg/L \times 1.1m^3/day}{6,000mg/L \times 0.00167m^3} = 0.22/day$

TIP
① 1Q일 때 Q = 1m^3/day
② 1C일 때 C = 1mg/L
③ 1.1Q일 때 Q = 1.1m^3/day
④ 2C일 때 C = 2mg/L

정답 41 ㉰ 42 ㉰ 43 ㉯

44 1일 폐수배출량이 500m³이고 BOD 300 mg/L, 질소(N)가 5mg/L, SS가 100mg/L인 폐수를 활성슬러지법으로 처리하고자 한다. 공급해야 할 요소 [$CO(NH_2)_2$]의 부족량은 하루에 몇 kg인가? (단, BOD : N : P의 비율은 100 : 5 : 1로 가정)

㉮ 약 8.4   ㉯ 약 10.7
㉰ 약 13.2 ㉱ 약 16.3

풀이 ① BOD : N
　　100 : 5
　　300mg/L : N
　　∴ $N = \dfrac{5 \times 300\text{mg/L}}{100} = 15\text{mg/L}$
② $CO(NH_2)_2$: 2N
　　60g : 2×14g
　　$CO(NH_2)_2$: (15-5)mg/L
　　∴ $CO(NH_2)_2 = \dfrac{60\text{g} \times (15-5)\text{mg/L}}{2 \times 14\text{g}}$
　　　　　　　　$= 21.4286\text{mg/L}$
③ $CO(NH_2)_2$(kg/day)
　= 농도(kg/m³)×유량(m³/day)
　= 21.4286×10⁻³kg/m³×500m³/day
　= 10.71kg/day

TIP
① ppm = mg/L = g/m³
② mg/L $\xrightarrow{\times 10^{-3}}$ kg/m³

45 Freundlich 등온 흡착식($X/M = KC_e^{1/n}$)에 대한 설명으로 틀린 것은?

㉮ X는 흡착된 용질의 양을 나타낸다.
㉯ K, n은 상수값으로 평형농도에 적용한 단위에 상관없이 동일하다.
㉰ C_e는 용질의 평형농도(질량/체적)를 나타낸다.
㉱ 한정된 범위의 용질농도에 대한 흡착 평형값을 나타낸다.

46 3%(V/V%) 고형물 함량의 슬러지 30m³을 10%(V/V%) 고형물 함량의 슬러지케이크로 탈수하면 탈수 케이크의 용적은? (단, 슬러지 비중은 1.0)

㉮ 3.4m³   ㉯ 8.2m³
㉰ 9.0m³   ㉱ 14.5m³

풀이 $V_1 \times TS_1 = V_2 \times TS_2$
⎡ V_1 : 탈수 전 슬러지량(m³)
⎢ P_1 : 탈수 전 고형물(%)
⎢ V_2 : 탈수 후 슬러지량(m³)
⎣ P_2 : 탈수 후 고형물(%)
따라서 30m³×3 = V_2×10
∴ $V_2 = \dfrac{30\text{m}^3 \times 3}{10} = 9\text{m}^3$

TIP
① $V_1 \times (100-P_1) = V_2 \times (100-P_2)$
② $V_1 \times TS_1 = V_2 \times TS_2$
③ P(%) = 100-TS(%)
④ TS(%) = 100-P(%)

정답　44 ㉯　45 ㉯　46 ㉰

47 다음은 생물학적 3차 처리를 위한 A/O 공정을 나타낸 것이다. 각 반응조 역할을 가장 적절하게 설명한 것은?

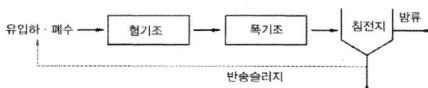

㉮ 혐기조에서는 유기물 제거와 인의 방출이 일어나고 폭기조에서는 인의 과잉섭취가 일어난다.
㉯ 폭기조에서는 유기물 제거가 일어나고 혐기조에서는 질산화 및 탈질이 동시에 일어난다.
㉰ 제거율을 높이기 위해서는 외부탄소원인 메탄올 등을 폭기조에 주입한다.
㉱ 혐기조에서는 인의 과잉섭취가 일어나며 폭기조에서는 질산화가 일어난다.

[풀이] A/O 공정은 인(P) 처리가 주목적인 공정으로 혐기조에서는 유기물 제거와 인의 방출이 일어나고 폭기조에서는 인의 과잉섭취가 일어난다.

---

48 유기물을 포함하는 유체가 완전혼합 연속반응조를 통과할 때 유기물의 농도가 200mg/L에서 20mg/L로 감소한다. 반응조 내의 반응이 일차반응이고 반응조 체적이 20m³이고 반응속도상수가 0.2day⁻¹이라면 유체의 유량은?

㉮ 0.11m³/d   ㉯ 0.22m³/d
㉰ 0.33m³/d   ㉱ 0.44m³/d

[풀이] $Q(C_o - C_t) = k \cdot V \cdot C_t$

$\begin{bmatrix} Q : 유량(m^3/day) \\ C_o : 초기농도(mg/L) \\ C_t : t시간후의 농도(mg/L) \\ k : 상수(/day) \\ V : 체적(m^3) \end{bmatrix}$

따라서 $Q \times (200-20)mg/L = 0.2/day \times 20m^3 \times 20mg/L$

$\therefore Q = \dfrac{0.2/day \times 20m^3 \times 20mg/L}{(200-20)mg/L} = 0.44m^3/day$

---

49 역삼투 장치로 하루에 380,000L의 3차 처리된 유출수를 탈염시키고자 한다. 요구되는 막 면적은?

- 25℃에서 물질전달계수 = 0.2068L/(day-m²)(kPa)
- 유입수와 유출수 사이의 압력차 = 2400kPa
- 유입수와 유출수의 삼투압차 = 310kPa
- 최저 운전온도 = 10℃
- $A_{10} = 1.6 A_{25}$

㉮ 약 1407m²   ㉯ 약 1621m²
㉰ 약 1813m²   ㉱ 약 1963m²

[풀이] ① $Q_F = K \times (\triangle P - \triangle \pi)$

$\begin{bmatrix} Q_F : 유출수량(L/m^2 \cdot day) \\ K : 물질전달계수(L/m^2 \cdot day \cdot kPa) \\ \triangle P : 압력차(kPa) \\ \triangle \pi : 삼투압차(kPa) \end{bmatrix}$

따라서
$Q_F = 0.2068(L/m^2 \cdot day \cdot kPa) \times (2,400-310)kPa$
$= 432.212 L/day \cdot m^2$

② 25℃ 막의 면적($A_{25℃}$) = $\dfrac{Q(유량)}{Q_F(유출수량)}$

$= \dfrac{380,000 L/day}{432.212 L/m^2 \cdot day} = 879.20 m^2$

③ $A_{10℃} = 1.6 _{25℃} = 1.6 \times 879.20 m^2 = 1406.72 m^2$

정답 47 ㉮ 48 ㉱ 49 ㉮

50 1차 처리결과 생성되는 슬러지를 분석한 결과 함수율이 80%, 고형물 중 무기성 고형물질이 30%, 유기성 고형물질이 70%, 유기성 고형물질의 비중 1.1, 무기성 고형물질의 비중이 2.2로 판정되었다. 이 때 슬러지의 비중은?

㉮ 1.017　　㉯ 1.023
㉰ 1.032　　㉱ 1.048

[풀이] $\dfrac{1}{\rho_{SL}} = \dfrac{W_{FS}}{\rho_{FS}} + \dfrac{W_{VS}}{\rho_{VS}} + \dfrac{W_P}{\rho_P}$

ρ_{SL} : 슬러지의 비중
ρ_{FS} : 무기물의 비중
W_{FS} : 무기물의 함량
ρ_{VS} : 유기물의 비중
W_{VS} : 유기물의 함량
ρ_P : 수분의 비중
W_P : 수분의 함량

따라서 $\dfrac{1}{\rho_{SL}} = \dfrac{0.2 \times 0.3}{2.2} + \dfrac{0.2 \times 0.7}{1.1} + \dfrac{0.8}{1.0}$

∴ $\rho_{SL} = \dfrac{1}{0.9545} = 1.048$

TIP
① 물(수분)의 비중 = 1.0
② W_{FS} = 고형물 함량 × 무기물 함량
③ W_{VS} = 고형물 함량 × 유기물 함량
④ 고형물 함량 = 1 − 수분의 함량

51 부피가 4000m³인 포기조의 MLSS 농도가 2000mg/L이다. 반송슬러지의 SS농도가 8000mg/L, 슬러지 체류시간(SRT)이 5일이면 폐슬러지의 유량은? (단, 2차 침전지 유출수 중의 SS는 무시한다.)

㉮ 125m³/day　　㉯ 150m³/day
㉰ 175m³/day　　㉱ 200m³/day

[풀이] $SRT = \dfrac{MLSS \cdot V}{Q_w SS_w}$

$5\,day = \dfrac{2000mg/L \times 4000m^3}{Q_w \times 8000mg/L}$

∴ $Q_w = \dfrac{2000mg/L \times 4000m^3}{5day \times 8000mg/L} = 200m^3/day$

TIP
SS_r(반송슬러지 농도) = SS_w(폐슬러지 농도)

52 NO_3^-가 박테리아에 의하여 N_2로 환원되는 경우 폐수의 pH는?

㉮ 증가한다.
㉯ 감소한다.
㉰ 변화없다.
㉱ 감소하다가 증가한다.

[풀이] NO_3^-가 박테리아에 의해 N_2로 환원되는 경우 질소 환원 박테리아의 탄소공급원으로 제공된 메탄올(CH_3OH) 중 OH^-가 발생해 pH가 증가한다.

53 활성슬러지법인 심층포기법에 관한 설명으로 틀린 것은?

㉮ 심층포기법은 수심이 깊은 조를 이용하여 용지이용율을 높이고자 고안된 공법이다.
㉯ 산기수심을 깊게 할수록 단위 송풍량당 압축동력이 증대하여 소비동력이 증가된다.
㉰ 용존질소의 재기포화에 따른 대책이 필요하다.
㉱ 포기조를 설치하기 위해서 필요한 단위 용량당 용지면적은 조의 수심에 비례하여 감소한다.

[풀이] ㉯ 산기수심을 깊게 할수록 단위 송풍량당 압축동력이 증대하지만, 산소 용해도가 높은만큼 송기량이 감소하기 때문에 소비동력은 증가하지 않는다.

정답 50 ㉱　51 ㉱　52 ㉮　53 ㉯

54 연속회분식(SBR)의 운전단계에 관한 설명으로 틀린 것은?

㉮ 주입 : 주입단계 운전의 목적은 기질(원폐수 또는 1차 유출수)을 반응조에 주입하는 것이다.
㉯ 주입 : 주입단계는 총 cycle 시간의 약 25% 정도이다.
㉰ 반응 : 반응단계는 총 cycle 시간의 약 65% 정도이다.
㉱ 침전 : 연속흐름식 공정에 비하여 일반적으로 더 효율적이다.

[풀이] ㉰ 반응 : 반응단계는 총 cycle 시간의 약 35% 정도이다.

55 염분농도가 평균 40mg/L인 폐수에 시간당 40kg의 소금을 첨가시킨 후 측정한 염분의 농도가 60mg/L이었다면 이때의 폐수 유량은?

㉮ 1,500m³/시간 ㉯ 2,000m³/시간
㉰ 2,500m³/시간 ㉱ 3,000m³/시간

[풀이] 시간당 40kg의 소금을 첨가했을 때 농도의 변화가 20mg/L일때의 유량(m³/hr)을 계산한다.
따라서
40kg/hr = 20×10⁻³kg/m³ × Q(m³/hr)
∴ Q = $\frac{40 kg/hr}{20 \times 10^{-3} kg/m^3}$ = 2,000m³/hr

TIP
① ppm = mg/L = g/m³
② mg/L $\xrightarrow{\times 10^{-3}}$ kg/m³
③ 총량(kg/hr) = 농도(kg/m³)×유량(m³/hr)

56 폐수량이 10,000m³/day, SS가 400 mg/L, 침전지의 SS 제거율이 80%이며 침전슬러지의 함수율이 98%일 때 슬러지의 부피는? (단, 슬러지 비중은 1.0으로 가정함)

㉮ 140 m³/day   ㉯ 160 m³/day
㉰ 180 m³/day   ㉱ 200 m³/day

[풀이] 슬러지량(m³/day)
= $\frac{SS농도(kg/m^3) \times 폐수량(m^3/day) \times 제거율}{비중량(kg/m^3)} \times \frac{100}{100-함수율(\%)}$

= $\frac{0.4kg/m^3 \times 10,000m^3/day \times 0.80}{1000kg/m^3} \times \frac{100}{100-98}$

= 160m³/day

TIP
① mg/L $\xrightarrow{\times 10^3}$ kg/m³
② 비중(g/cm³) $\xrightarrow{\times 10^3}$ 비중량(kg/m³)
③ 1.0g/cm³ $\xrightarrow{\times 10^3}$ 1000kg/m³

57 표면적이 50m²인 침전탱크에 폐수 2,500m³/day가 유입된다. 이 폐수 중의 입자상 물질이 Stokes 식에 따라 90% 제거되는 고형물 입자의 크기는? (단, 폐수의 밀도는 1000kg/m³, 점도는 0.1kg/m·sec, 현탁 고형물 입자의 밀도는 1.25g/cm³)

㉮ 6.19×10⁻²m   ㉯ 6.19×10⁻²cm
㉰ 5.80×10⁻⁴m   ㉱ 5.80×10⁻⁴cm

[풀이] ① 수면적부하율(V_o)
= $\frac{Q}{A}$ = $\frac{2500 m^3/day}{50 m^2}$ = 50m/day

따라서

$$V_o(\text{cm/sec}) = \frac{50\text{m}}{\text{day}} \times \frac{10^2 \text{cm}}{1\text{m}} \times \frac{1\text{day}}{24\text{hr}} \times \frac{1\text{hr}}{3600\text{sec}}$$
$$= 0.0579 \text{cm/sec}$$

② V_o(수면적부하율)$\times \eta = V_s$(침강속도)

$$V_o \times \eta = \frac{d^2(\rho_s - \rho_w)g}{18\mu}$$

$$0.0579\text{cm/sec} \times 0.90 = \frac{d^2 \times (1.25-1.0)\text{g/cm}^3 \times 980\text{cm/sec}^2}{18 \times 1.0\text{g/cm} \cdot \text{sec}}$$

∴ $d = 6.19 \times 10^{-2}$ cm

TIP

제거효율(%) = $\frac{\text{침강속도}(V_s)}{\text{수면적부하율}(V_o)} \times 100$

58
농도 5,500mg/L인 폭기조 활성 슬러지 1L를 30분간 정치시켰을 때 침강 슬러지의 부피가 45%를 차지하였다. 이 때의 SDI는?

㉮ 1.22 ㉯ 1.48
㉰ 1.61 ㉱ 1.83

풀이

① $SVI = \frac{SV(\%)}{MLSS(\text{mg/L})} \times 10^4$

$= \frac{45\%}{5,500\text{mg/L}} \times 10^4 = 81.82$

② $SDI = \frac{1}{SVI} \times 100 = \frac{1}{81.82} \times 100 = 1.22$

TIP
- SVI : 슬러지용적지수(mL/g)
- SDI : 슬러지밀도지수(g/100mL)

59
수중의 암모니아(NH_3)를 포기하여 제거(air stripping)하고자 할 때 가장 중요한 인자는?

㉮ pH와 온도
㉯ pH와 용존산소 농도
㉰ 온도와 용존산소 농도
㉱ 온도와 공기공급량

풀이 수중의 암모니아성 질소 탈기법은 암모니아성 질소를 pH 10이상에서 암모니아 가스로 탈기시키는 공법이며, 기온이 상승할수록 같은 양의 폐수를 처리하는데 필요한 공기의 양은 감소하게 된다. 따라서 가장 중요한 인자는 pH와 온도이다.

60
활성슬러지의 혼합액을 0.2%에서 4%로 부상 농축시키기 위한 조건이 A/S비 = 0.008, 온도 = 20℃, 공기의 용해도 = 18.7mL/L, 포화도 = 0.5, 표면부하율 = 8L/m²·min, 슬러지유량 = 500m³/day 일 때 요구되는 압력(P : atm)은?

㉮ 3.32 ㉯ 4.97
㉰ 5.24 ㉱ 6.75

풀이

A/S비 $= \frac{1.3 \times Sa \times (f \times P - 1)}{SS}$

$\begin{bmatrix} Sa : \text{공기의 용해도(mL/L)} \\ P : \text{절대압력(atm)} \\ f : \text{포화도} \\ SS : \text{부유물질 농도(mg/L)} \end{bmatrix}$

따라서 $0.008 = \frac{1.3 \times 18.7\text{mL/L} \times (0.5 \times P - 1)}{0.2 \times 10^4 \text{mg/L}}$

∴ $P = 3.32$ atm

정답 58 ㉮ 59 ㉮ 60 ㉮

| 제4과목 | 수질오염공정시험기준

61 개수로 유량측정에 관한 설명으로 틀린 것은? (단, 수로의 구성, 재질, 단면의 형상, 기울기 등이 일정하지 않은 개수로의 경우)

㉮ 수로는 가능한 한 직선적이며 수면이 물결치지 않는 곳을 고른다.
㉯ 10m를 측정구간으로 하여 2m마다 유수의 횡단면적을 측정하고, 산출평균 값을 구하여 유수의 평균 단면적으로 한다.
㉰ 유속의 측정은 부표를 사용하여 100m 구간을 흐르는데 걸리는 시간을 스톱워치로 재며 이때 실측 유속을 표면 최대유속으로 한다.
㉱ 총 평균 유속(m/s)은 [0.75×표면 최대유속(m/s)]식으로 계산된다.

풀이 ㉰ 유속의 측정은 부표를 사용하여 10m 구간을 흐르는데 걸리는 시간을 스톱워치로 재며 이때 실측 유속을 표면 최대유속으로 한다.

62 식물성 플랑크톤 시험 방법으로 옳은 것은? (단, 수질오염공정시험기준)

㉮ 현미경 계수법   ㉯ 최적 확수법
㉰ 평판집락계수법 ㉱ 시험관정량법

풀이 식물성 플랑크톤 시험 방법으로는 현미경계수법이 있다.

63 유속 면적법을 이용하여 하천유량을 측정할 때 적용 적합지점에 관한 내용으로 틀린 것은?

㉮ 가능하면 하상이 안정되어 있고 식생의 성장이 없는 지점
㉯ 합류나 분류가 없는 지점
㉰ 교량 등 구조물 근처에서 측정할 경우 교량의 상류 지점
㉱ 대규모 하천을 제외하고 가능한 부자(浮子)로 측정할 수 있는 지점

풀이 ㉱ 대규모 하천을 제외하고 가능하면 도섭으로 측정할 수 있는 지점

64 투명도 측정에 관한 내용으로 틀린 것은?

㉮ 투명도판의 지름은 30cm이다.
㉯ 투명도판에 뚫린 구멍의 지름은 5cm이다.
㉰ 투명도판에는 구멍이 8개 뚫려있다.
㉱ 투명도판의 무게는 약 2kg이다.

풀이 ㉱ 투명도판의 무게는 약 3kg이다.

정답 61 ㉰ 62 ㉮ 63 ㉱ 64 ㉱

65 다음은 효소이용정량법을 적용하여 대장균을 분석하는 내용이다. ( )안에 옳은 내용은?

> 물속에 존재하는 대장균을 분석하기 위한 것으로, 효소기질 시약과 시료를 혼합하여 배양한 후 ( )로 측정하는 방법이다.

㉮ 무균 검출기 ㉯ 자외선 검출기
㉰ 색도 검출기 ㉱ 시험관 검출기

TIP
효소이용정량법에서 대장균이란 그람음성 무아포성의 간균으로 총글루쿠론산 분해효소(β-glucuronidase)의 활성을 가진 모든 호기성 또는 통성 혐기성균을 말한다.

66 자외선 가시선 분광법으로 시안을 분석할 때 시료에 함유된 황화합물을 제거하기 위해 사용하는 시약은?

㉮ 아세트산아연 용액
㉯ L-아스코빈산
㉰ 아비산나트륨
㉱ 수산나트륨

TIP
시안분석시 전처리방법
① 다량의 유지류가 함유된 시료는 아세트산 또는 수산화나트륨 용액으로 pH 6~7로 조절하고 시료의 약 2%에 해당하는 노말헥산 또는 클로로폼을 넣어 짧은 시간동안 흔들어 섞고 수층을 분리하여 시료를 취한다.
② 잔류염소가 함유된 시료는 잔류염소 20mg 당 L-아스코르빈산(10%) 0.6mL 또는 아비산나트륨용액(10%) 0.7mL를 넣어 제거한다.
③ 황화합물이 함유된 시료는 아세트산아연 용액(10%) 2mL를 넣어 제거한다. 이 용액 1mL는 황화물이온 약 14mg에 대응한다.

67 유입부의 직경이 100cm, 목(throat)부 직경이 50cm인 벤튜리미터로 폐수가 유입되고 있다. 이 벤튜리미터 유입부관 중심부에서의 수두는 100cm, 목(throat)부의 수두는 10cm일 때 유량(cm^3/sec)은? (단, 유량계수는 1.0 이다.)

㉮ 약 852,000 ㉯ 약 858,000
㉰ 약 862,000 ㉱ 약 868,000

풀이 $Q = A(\text{단면적}) \times v(\text{유속})$

$= \dfrac{\pi D_2^2}{4} \times C \times \dfrac{1}{\sqrt{1-\left(\dfrac{D_2}{D_1}\right)^4}} \times \sqrt{2gh}$

- D_2 : 목부의 직경(cm)
- D_1 : 유입부의 직경(cm)
- C : 유량계수
- g : 중력가속도(980cm/sec^2)
- h : 정수압차(cm)

$Q = \dfrac{\pi \times (50\text{cm})^2}{4} \times 1.0 \times \dfrac{1}{\sqrt{1-\left(\dfrac{50\text{cm}}{100\text{cm}}\right)^4}}$

$\times \sqrt{2 \times 980\text{cm/sec}^2 \times (100-10)\text{cm}}$

$= 851,713.52 \text{cm}^3/\text{sec}$

68 냄새역치(TON)의 계산식으로 옳은 것은? (단, A : 시료부피(mL), B : 무취 정제수 부피(mL))

㉮ (A+B)/B ㉯ (A+B)/A
㉰ A/(A+B) ㉱ B/(A+B)

정답 65 ㉯ 66 ㉮ 67 ㉮ 68 ㉯

69 자외선 가시선 분광법을 적용하여 페놀류를 측정할 때 사용되는 시약은?

㉮ 4-아미노 안티피린
㉯ 인도 페놀
㉰ O-페난트로린
㉱ 디티존

풀이 ㉮ 4-아미노 안티피린 : 페놀류의 자외선 가시선 분광법
㉯ 인도 페놀 : 암모니아성 질소의 자외선 가시선 분광법
㉰ O-페난트로린 : 철의 자외선 가시선 분광법
㉱ 디티존 : 수은의 자외선 가시선 분광법

70 불소화합물의 분석방법과 가장 거리가 먼 것은? (단, 수질오염공정시험기준)

㉮ 자외선 가시선 분광법
㉯ 이온전극법
㉰ 이온크로마토그래피법
㉱ 불꽃 원자흡수분광광도법

풀이 불소화합물의 분석방법에는 자외선 가시선 분광법, 이온전극법, 이온크로마토그래피, 연속흐름법이 있다.

71 알킬수은을 기체크로마토그래피법으로 측정할 때 알킬수은 화합물의 추출용액으로 사용되는 것은?

㉮ 벤젠   ㉯ 사염화탄소
㉰ 헥산   ㉱ 클로로포름

풀이 알킬수은을 기체크로마토그래피법으로 측정할 때 알킬수은 화합물의 추출용액으로 사용되는 것은 벤젠이다.

72 자외선 가시선 분광법을 적용한 니켈 측정에 관한 설명으로 옳은 것은?

㉮ 황갈색 니켈착염의 흡광도를 측정한다.
㉯ 적갈색 니켈착염의 흡광도를 측정한다.
㉰ 청색 니켈착염의 흡광도를 측정한다.
㉱ 적자색 니켈착염의 흡광도를 측정한다.

TIP
니켈의 자외선/가시선 분광법
니켈이온을 암모니아의 약알칼리성에서 다이메틸글리옥심과 반응시켜 생성한 니켈착염을 클로로폼으로 추출하고 이것을 묽은 염산으로 역추출 한다. 추출물에 브롬과 암모니아수를 넣어 니켈을 산화시키고 다시 암모니아 알칼리성에서 다이메틸글리옥심과 반응시켜 생성한 적갈색 니켈착염의 흡광도 450nm에서 측정하는 방법이다.

73 시료의 보존방법으로 틀린 것은?

㉮ 아질산성 질소 : 4℃ 보관, H_2SO_4로 pH 2 이하
㉯ 총질소(용존 총질소) : 4℃ 보관, H_2SO_4로 pH 2 이하
㉰ 화학적 산소요구량 : 4℃ 보관, H_2SO_4로 pH 2 이하
㉱ 암모니아성 질소 : 4℃ 보관, H_2SO_4로 pH 2 이하

풀이 ㉮ 아질산성 질소 : 4℃ 보관

정답 69 ㉮ 70 ㉱ 71 ㉯ 72 ㉯ 73 ㉮

74 시료의 전처리 방법 중 유기물을 다량 함유하고 있으면서 산분해가 어려운 시료에 적용하는 방법은?

㉮ 질산 - 염산 산분해법
㉯ 질산 산분해법
㉰ 마이크로파 산분해법
㉱ 질산 - 황산 산분해법

풀이 유기물을 다량 함유하고 있으면서 산분해가 어려운 시료의 전처리법은 질산 - 과염소산법이나 마이크로파 산분해법을 이용한다.

TIP
전처리방법
① 질산법 : 유기함량이 비교적 높지 않은 시료에 적용
② 질산-염산법 : 유기물 함량이 비교적 높지 않고 금속의 수산화물, 산화물, 인산염 및 황화물을 함유하고 있는 시료에 적용
③ 질산-황산법 : 유기물 등을 많이 함유하고 있는 대부분의 시료에 적용
④ 질산-과염소산법 : 유기물을 다량 함유하고 있으면서 산분해가 어려운 시료에 적용
⑤ 질산-과염소산-불화수소산법 : 다량의 점토질 또는 규산염을 함유한 시료에 적용
⑥ 마이크로파 산분해법 : 밀폐 용기를 이용한 마이크로파 장치에 의한 방법에 적용되는 방법으로 유기물을 다량 함유하고 있으면서 산분해가 어려운 시료에 적용

75 다음의 불꽃 원자흡수분광광도법 분석 절차 중 가장 먼저 수행되는 것은?

㉮ 최적의 에너지 값을 얻도록 선택파장을 최적화 한다.
㉯ 버너헤드를 설치하고 위치를 조정한다.
㉰ 바탕시료를 주입하여 영점조정을 한다.
㉱ 공기와 아세틸렌을 공급하면서 불꽃을 발생시키고 최대 감도를 얻도록 유량을 조절한다.

76 자외선 가시선 분광법을 적용한 음이온 계면활성제 시험방법에 관한 설명으로 틀린 것은?

㉮ 메틸렌블루와 반응시켜 생성된 청색의 착화합물을 추출하여 흡광도를 측정한다.
㉯ 컬럼을 통과시켜 시료중의 계면활성제를 종류별로 구분하여 측정할 수 있다.
㉰ 메틸렌블루와 반응시켜 생성된 착화합물을 추출할 때 클로로폼을 사용한다.
㉱ 약 1000mg/L 이상의 염소이온 농도에서 양의 간섭을 나타내며 따라서 염분농도가 높은 시료의 분석에는 사용할 수 없다.

풀이 ㉯ 컬럼을 통과시켜 시료중의 계면활성제를 종류별로 구분하여 측정할 수 없다.

77 자외선 가시선 분광법으로 아연을 측정할 때에 관한 설명으로 틀린 것은?

㉮ 청색 킬레이트 화합물의 흡광도를 620 nm에서 측정하는 방법이다.
㉯ 정량한계는 0.010mg/L 이다.
㉰ 아스코빈산나트륨은 2가 철이 공존하지 않는 경우에는 넣지 않는다.
㉱ 시료내 아연이온은 pH 약 9에서 진콘과 반응한다.

풀이 ㉰ 아스코빈산나트륨은 2가 망간이 공존하지 않는 경우에는 넣지 않는다.

정답 74 ㉰ 75 ㉮ 76 ㉯ 77 ㉰

78 공장폐수 및 하수유량(관내의 유량측정 방법)의 측정 방법에 관한 설명으로 틀린 것은?

㉮ 오리피스는 설치비용이 적고 유량측정이 정확하나 목부분의 단면조절을 할 수 없어 유량조절이 어렵다.
㉯ 피토우관의 유속은 마노미터에 나타나는 수두차에 의하여 계산한다.
㉰ 자기식 유량측정기의 측정원리는 패러데이의 법칙을 이용하여 자장의 직각에서 전도체를 이동시킬 때 유발되는 전압은 전도체의 속도에 비례한다는 원리를 이용한 것이다.
㉱ 피토우관으로 측정할 때는 반드시 일직선상의 관에서 이루어져야 한다.

풀이 ㉮ 오리피스는 설치비용이 적고 유량측정이 정확하며 목부분의 단면을 조절할 수 있어 유량조절이 용이하다.

79 취급 또는 저장하는 동안에 이물질이 들어가거나 또는 내용물이 손실되지 아니하도록 보호하는 용기는?

㉮ 밀봉용기 ㉯ 밀폐용기
㉰ 기밀용기 ㉱ 압밀용기

풀이 용기의 종류
㉮ 밀봉용기 : 기체 또는 미생물
㉯ 밀폐용기 : 이물질
㉰ 기밀용기 : 공기 또는 다른 가스
㉱ 차광용기 : 광선

80 폐수중의 비소를 자외선 가시선 분광법으로 측정할 때 황화수소 기체는 비소의 정량을 방해 한다. 이를 제거할 때 사용되는 시약은?

㉮ 몰리브덴산나트륨
㉯ 나트륨붕소
㉰ 안티몬수은
㉱ 아세트산납

풀이 황화수소(H_2S) 기체는 비소 정량에 방해하므로 아세트산납을 사용하여 제거하여야 한다.

| 제5과목 | 수질환경관계법규

81 환경기준인 수질 및 수생태계 상태별 생물학적 특성이해표 내용 중 생물등급이 "좋음 ~ 보통"일 때의 생물지표종(어류)으로 틀린 것은?

㉮ 버들치 ㉯ 쉬리
㉰ 갈겨니 ㉱ 은어

풀이 ㉮ 버들치 : 매우좋음 ~ 좋음
㉯ 쉬리 : 좋음 ~ 보통
㉰ 갈겨니 : 좋음 ~ 보통
㉱ 은어 : 좋음 ~ 보통

TIP
수질 및 수생태계 상태별 생물학적 특성이해표 내용 중 생물등급에 따른 어류
① 매우좋음 ~ 좋음 : 산천어, 금강모치, 열목어, 버들치 등
② 좋음 ~ 보통 : 쉬리, 갈겨니, 은어, 쏘가리, 등
③ 보통 ~ 약간나쁨 : 피라미, 끄리, 모래무지, 참붕어 등
④ 약간나쁨 ~ 매우나쁨 : 붕어, 잉어, 미꾸라지, 메기 등

정답 78 ㉮ 79 ㉯ 80 ㉱ 81 ㉮

82 국립환경과학원장, 유역환경청장, 지방환경청장이 설치, 운영하는 측정망의 종류와 가장 거리가 먼 것은?

㉮ 퇴적물 측정망
㉯ 점오염원 배출 오염물질 측정망
㉰ 공공수역 유해물질 측정망
㉱ 생물 측정망

풀이 ㉯ 비점오염원에서 배출되는 비점오염물질 측정망

TIP
측정망의 종류
1. 국립환경과학원장, 유역환경청장, 지방환경청장이 설치·운영하는 측정망의 종류
   ① 비점오염원에서 배출되는 비점오염물질 측정망
   ② 수질오염물질의 총량관리를 위한 측정망
   ③ 대규모 오염원의 하류지점 측정망
   ④ 수질오염경보를 위한 측정망
   ⑤ 대권역·중권역을 관리하기 위한 측정망
   ⑥ 공공수역 유해물질 측정망
   ⑦ 퇴적물 측정망
   ⑧ 생물 측정망
2. 시·도지사, 대도시의 장, 수면관리자가 설치·운영하는 측정망의 종류
   ① 소권역을 관리하기 위한 측정망
   ② 도심하천 측정망

83 비점오염저감계획서에 포함되어야 할 사항과 가장 거리가 먼 것은?

㉮ 비점오염원 관련 현황
㉯ 저영향개발기법 등을 적용한 비점오염원 저감 방안
㉰ 저영향개발기법 등을 적용한 비점오염 저감시설 설치계획
㉱ 비점오염원 관리 및 모니터링 방안

풀이 ㉱ 비점오염저감시설 유지관리 및 모니터링 방안

84 설치허가 대상 폐수배출시설의 범위 기준으로 옳은 것은?

㉮ 상수원보호구역에 설치하거나 그 경계구역으로부터 상류로 유하거리 5킬로미터 이내에 설치하는 배출시설
㉯ 상수원보호구역에 설치하거나 그 경계구역으로부터 상류로 유하거리 10킬로미터 이내에 설치하는 배출시설
㉰ 상수원보호구역에 설치하거나 그 경계구역으로부터 상류로 유하거리 15킬로미터 이내에 설치하는 배출시설
㉱ 상수원보호구역에 설치하거나 그 경계구역으로부터 상류로 유하거리 20킬로미터 이내에 설치하는 배출시설

85 중점관리저수지의 지정기준으로 옳은 것은?

㉮ 총저수용량이 1만 세제곱미터 이상인 저수지
㉯ 총저수용량이 10만 세제곱미터 이상인 저수지
㉰ 총저수용량이 1백만 세제곱미터 이상인 저수지
㉱ 총저수용량이 1천만 세제곱미터 이상인 저수지

정답 82 ㉯ 83 ㉱ 84 ㉯ 85 ㉱

86 오염총량관리기본방침에 포함되어야 할 사항과 가장 거리가 먼 것은?

㉮ 오염총량관리의 목표
㉯ 오염부하량 저감대책
㉰ 오염총량관리의 대상 수질오염물질 종류
㉱ 오염원의 조사 및 오염부하량 산정방법

풀이 오염총량관리기본방침에 포함되어야 할 사항에는 ㉮·㉰·㉱ 외에 오염총량관리기본계획의 주체 내용 방법 및 시한 그리고 오염총량관리시행계획의 내용 및 방법이 있다.

87 환경부장관이 수질 및 수생태계를 보전할 필요가 있어 지정, 고시하고 물환경을 정기적으로 조사 측정하여야하는 호소의 지정 기준으로 옳은 것은?

㉮ 1일 5만톤 이상의 원수를 취수하는 호소
㉯ 1일 10만톤 이상의 원수를 취수하는 호소
㉰ 1일 20만톤 이상의 원수를 취수하는 호소
㉱ 1일 30만톤 이상의 원수를 취수하는 호소

TIP
호소수 이용 상황 등의 조사·측정
1. 환경부장관은 물환경을 보전할 필요가 있는 호소를 지정·고시하고, 그 호소의 물환경을 정기적으로 조사·측정해야하는 기준
   ① 1일 30만톤 이상의 원수(原水)를 취수하는 호소
   ② 동식물의 서식지·도래지이거나 생물다양성이 풍부하여 특별히 보전할 필요가 있다고 인정되는 호소
   ③ 수질오염이 심하여 특별한 관리가 필요하다고 인정되는 호소
2. 시·도지사가 물환경을 보전할 필요가 있는 호소를 지정·고시하고, 그 호소의 수질 및 수생태계를 정기적으로 조사·측정해야하는 기준 : 만수위(滿水位) 일 때의 면적이 50만 제곱미터 이상인 호소

88 환경부장관이 폐수처리업자에게 등록을 취소하거나 6개월 이내의 기간을 정하여 영업정지를 명할 수 있는 경우에 대한 기준으로 틀린 것은?

㉮ 고의 또는 중대한 과실로 폐수처리영업을 부실하게 한 경우
㉯ 영업정지 처분기준 중에 영업행위를 한 경우
㉰ 1년에 2회 이상 영업정지 처분을 받은 경우
㉱ 등록 후 1년 이상 계속하여 영업실적이 없는 경우

풀이 ㉱ 다른 사람에게 등록증을 대여한 경우

89 기타 수질오염원의 시설구분으로 틀린 것은?

㉮ 수산물 양식시설
㉯ 농축수산물 단순가공시설
㉰ 금속 도금 및 세공시설
㉱ 운수장비정비 또는 폐차장 시설

풀이 기타 수질오염원의 시설구분은 ① 수산물 양식시설, 골프장 ② 운수장비 정비 또는 폐차장 시설 ③ 농축수산물 단순가공시설 ④ 사진처리 또는 X-Ray시설 ⑤ 금은판매점의 세공시설이나 안경점 ⑥ 복합물류터미널 ⑦ 거점소독시설이 있다.

정답 86 ㉯ 87 ㉱ 88 ㉱ 89 ㉰

90 대권역 물환경관리 계획의 수립시 포함되어야 할 사항과 가장 거리가 먼 것은?

㉮ 상수원 및 물 이용현황
㉯ 물환경 변화 추이 및 목표기준
㉰ 물환경 보전조치의 추진방향
㉱ 물환경 관리 우선순위 및 대책

TIP
대권역계획에 포함되어야 하는 사항
① 물환경의 변화 추이 및 목표기준
② 상수원 및 물 이용현황
③ 점오염원, 비점오염원 및 기타 수질오염원의 분포현황
④ 점오염원, 비점오염원 및 기타 수질오염원에 의한 수질오염물질 발생량
⑤ 수질오염 예방 및 저감대책
⑥ 물환경 보전조치의 추진방향

91 수질오염경보의 종류별, 경보단계별 조치사항에 관한 내용 중 수질오염감시경보 "경계단계시" 수면관리자의 조치사항으로 틀린 것은?

㉮ 물환경변화 감시 및 원인 조사
㉯ 방어막 설치 등 오염물질 방제 조치
㉰ 주변 오염원 단속 강화
㉱ 사고발생시 지역사고대책본부 구성, 운영

[풀이] 수질오염감시경보 "경계단계시" 수면관리자의 조치사항으로는 물환경변화 감시 및 원인 조사 그리고 방어막 설치 등 오염물질 방제 조치 그리고 사고발생시 지역사고대책본부 구성, 운영이 있다.

92 수질 및 수생태계 환경기준 중 하천에서의 사람의 건강보호기준으로 틀린 것은?

㉮ 1,4-다이옥세인 : 0.05mg/L 이하
㉯ 6가크롬 : 0.05mg/L 이하
㉰ 수은 : 0.05mg/L 이하
㉱ 납 : 0.05mg/L 이하

[풀이] ㉰ 수은 : 검출되어서는 안됨

93 다음의 수질오염방지시설 중 물리적 처리시설이 아닌 것은?

㉮ 혼합시설   ㉯ 흡수시설
㉰ 응집시설   ㉱ 유수분리시설

TIP
수질오염방지시설의 종류
1. 물리적 처리시설
   ① 스크린   ② 분쇄기
   ③ 침사(沈砂)시설   ④ 유수분리시설
   ⑤ 유량조정시설(집수조) ⑥ 혼합시설
   ⑦ 응집시설   ⑧ 침전시설
   ⑨ 부상시설   ⑩ 여과시설
   ⑪ 탈수시설   ⑫ 건조시설
   ⑬ 증류시설   ⑭ 농축시설
2. 화학적 처리시설
   ① 화학적 침강시설   ② 중화시설
   ③ 흡착시설   ④ 살균시설
   ⑤ 이온교환시설   ⑥ 소각시설
   ⑦ 산화시설   ⑧ 환원시설
   ⑨ 침전물 개량시설
3. 생물화학적 처리시설
   ① 살수여과상
   ② 폭기(瀑氣)시설
   ③ 산화시설(산화조(酸化槽) 또는 산화지(酸化池)를 말한다.)
   ④ 혐기성·호기성 소화시설
   ⑤ 접촉조
   ⑥ 안정조
   ⑦ 돈사톱밥발효시설

정답 90 ㉱ 91 ㉰ 92 ㉰ 93 ㉯

94 수질오염경보의 종류별 경보단계 및 그 단계별 발령, 해제기준에 관한 설명으로 틀린 것은?

㉮ 측정소별 측정항목과 측정항목별 경보기준 등 수질오염감시경보에 관하여 필요한 사항은 환경부장관이 고시한다.
㉯ 용존산소, 전기전도도, 총 유기탄소 항목이 경보기준을 초과하는 것은 그 기준 초과 상태가 30분 이상 지속되는 경우를 말한다.
㉰ 수소이온농도 항목이 경보기준을 초과하는 것은 4 이하 또는 11 이상이 30분 이상 지속되는 경우를 말한다.
㉱ 생물감시장비 중 물벼룩감시장비가 경보기준을 초과하는 것은 양쪽 모든 시험조에서 30분 이상 지속되는 경우를 말한다.

[풀이] ㉰ 수소이온농도 항목이 경보기준을 초과하는 것은 5 이하 또는 11 이상이 30분 이상 지속되는 경우를 말한다.

95 정당한 사유 없이 공공수역에 특정수질유해물질을 누출, 유출시키거나 버린 자에 대한 벌칙기준은?

㉮ 2년 이하의 징역 또는 1천만원 이하의 벌금
㉯ 2년 이하의 징역 또는 2천만원 이하의 벌금
㉰ 3년 이하의 징역 또는 3천만원 이하의 벌금
㉱ 5년 이하의 징역 또는 5천만원 이하의 벌금

[풀이] 정당한 사유 없이 공공수역에 특정수질유해물질을 누출, 유출시키거나 버린 자는 3년 이하의 징역 또는 3천만원 이하의 벌금에 해당된다.

96 사업자 및 배출시설과 방지시설에 종사하는 자는 배출시설과 방지시설의 정상적인 운영, 관리를 위한 환경기술인의 업무를 방해하여서는 아니되며, 그로부터 업무수행에 필요한 요청을 받은 때에는 정당한 사유가 없는 한 이에 응하여야 한다. 이 규정을 위반하여 환경기술인의 업무를 방해하거나 환경기술인의 요청을 정당한 사유 없이 거부한 자에 대한 벌칙기준은?

㉮ 100만원 이하의 벌금
㉯ 200만원 이하의 벌금
㉰ 300만원 이하의 벌금
㉱ 500만원 이하의 벌금

[풀이] 환경기술인의 업무를 방해하거나 환경기술인의 요청을 정당한 사유 없이 거부한 자는 100만원 이하의 벌금에 해당한다.

97 환경부장관이 수질원격감시체계 관제센터를 설치, 운영할 수 있는 기관은?

㉮ 한국환경공단
㉯ 지방환경청
㉰ 국립환경과학원
㉱ 시도보건환경연구원

[풀이] 환경부장관이 수질원격감시체계 관제센터를 설치, 운영할 수 있는 기관은 한국환경공단이다.

정답 94 ㉰ 95 ㉰ 96 ㉮ 97 ㉮

98 물놀이 등의 행위제한 권고기준으로 옳은 것은?

㉮ 수영 등 물놀이 : 대장균 - 5000(개체수/100mL) 이상
㉯ 수영 등 물놀이 : 대장균 - 500(개체수/100mL) 이상
㉰ 어패류 등 섭취 : 어패류 체내 총 수은 -0.03mg/kg 이상
㉱ 어패류 등 섭취 : 어패류 체내 수은-검출되어서는 안됨

[풀이] 물놀이 등의 행위제한 권고기준

대상 행위	항목	기준
수영 등 물놀이	대장균	500(개체수/100mL) 이상
어패류 등 섭취	어패류 체내 총 수은(Hg)	0.3(mg/kg) 이상

99 공공폐수처리시설의 방류수 수질기준으로 틀린 것은? (단, I지역 기준, ( )는 농공단지 공공폐수처리 시설의 방류수 수질기준임)

㉮ BOD : 10(10)mg/L 이하
㉯ TOC : 20(30)mg/L 이하
㉰ 총질소(T-N) : 20(20)mg/L 이하
㉱ 생태독성(TU) : 1(1) 이하

[풀이] ㉯ TOC : 15(25)mg/L 이하

100 물환경보전법에서 사용하는 용어의 정의로 틀린 것은?

㉮ 수질오염방지시설 : 점오염원 및 기타 수질오염원으로부터 배출되는 수질오염물질을 제거하거나 감소하게 하는 시설로서 환경부령이 정하는 것을 말한다.
㉯ 기타 수질오염 : 점오염원 및 비점오염원으로 관리되지 아니하는 수질오염물질을 배출하는 시설 또는 장소로서 환경부령이 정하는 것을 말한다.
㉰ 강우유출수 : 비점오염원의 수질오염물질이 섞여 유출되는 빗물 또는 눈녹은 물 등을 말한다.
㉱ 비점오염저감시설 : 수질오염방지시설 중 비점오염원으로부터 배출되는 수질오염물질을 제거하거나 감소하게 하는 시설로서 환경부령이 정하는 것을 말한다.

[풀이] ㉮ 수질오염방지시설 : 점오염원, 비점오염원 및 기타 수질오염원으로부터 배출되는 수질오염물질을 제거하거나 감소하게 하는 시설로서 환경부령이 정하는 것을 말한다.

정답 98 ㉯ 99 ㉯ 100 ㉮

/ 제1과목 / 수질오염개론

01 어느 하천의 BOD_u가 8mg/L이고, 탈산소 계수(k_1)가 0.1/d일 때, 4일 후 남아 있는 하천의 BOD 농도는? (단, 상용대수기준)

㉮ 3.2mg/L ㉯ 3.6mg/L
㉰ 4.1mg/L ㉱ 4.3mg/L

풀이 $BOD_4 = BOD_u \times (10^{-k_1 \times t}) = 8mg/L \times (10^{-0.1/day \times 4day})$
   $= 3.19mg/L$

TIP
① 소모공식
   $BOD_t = BOD_u \times (1-10^{-k_1 \times t})$
② 잔류공식
   $BOD_t = BOD_u \times 10^{-k_1 \times t}$
③ 상용대수 일 때 밑수 10
④ 자연대수 일 때 밑수 e

02 수분 함량 97%의 슬러지에 응집제를 가하니 [상등액 : 침전슬러지] 용적비가 2 : 1로 되었다. 이때 침전슬러지의 수분함량은? (단, 비중은 1.0, 응집제의 양은 무시, 상등액은 고형물이 없음)

㉮ 91% ㉯ 93%
㉰ 95% ㉱ 97%

풀이 $V_1 \times (100-P_1) = V_2 \times (100-P_2)$
   $3 \times (100-97) = 1 \times (100-P_2)$
   $\therefore P_2 = 91\%$

TIP
V_1은 침전전이므로 전체값 3이 되고 V_2는 침전슬러지량이므로 1이 된다.

03 어느 배양기의 제한기질농도(S)가 1000 mg/L, 세포의 최대 비증식계수(μ_{max})가 0.2/hr일때 Monod 식에 의한 세포의 비증식계수(μ)는? (단, 제한기질 반포화농도(Ks) = 20mg/L)

㉮ 0.098/hr ㉯ 0.196/hr
㉰ 0.294/hr ㉱ 0.392/hr

풀이 Monod식 : $\mu = \mu_{max} \times \dfrac{S}{K_S+S}$

$\begin{bmatrix} \mu : \text{세포의 비증식 계수(/hr)} \\ \mu_{max} : \text{세포의 최대 비증식 계수(/hr)} \\ S : \text{제한기질의 농도(mg/L)} \\ K_S : \text{반포화 농도(mg/L)} \end{bmatrix}$

따라서
$\mu = \mu_{max} \times \dfrac{S}{K_S+S} = 0.2/hr \times \dfrac{1000mg/L}{20mg/L+1000mg/L}$
$= 0.196/hr$

정답 01 ㉮ 02 ㉮ 03 ㉯

04 물의 이온화적(K_w)에 관한 설명으로 옳은 것은?

㉮ 25℃에서 물의 K_w가 1.0×10^{-14}이다.
㉯ 물은 강전해질로서 거의 모두 전리된다.
㉰ 수온이 높아지면 감소하는 경향이 있다.
㉱ 순수의 pH는 7.0이며 온도가 증가할수록 pH는 높아진다.

[풀이] ㉯ 물은 약전해질이다.
㉰ 수온이 높아지면 물의 이온화적(K_w)은 증가한다.
㉱ 순수의 pH는 7.0이며 온도가 증가할수록 pH는 감소한다.

05 반감기가 2일인 방사성 폐수의 농도가 100mg/L라면 감소 속도상수는? (단, 1차 반응 기준)

㉮ 0.128day^{-1} ㉯ 0.242day^{-1}
㉰ 0.347day^{-1} ㉱ 0.423day^{-1}

[풀이] 1차반응식에서 반감기 사용

$\ln\frac{1}{2} = -k \times t$

$\ln\frac{1}{2} = -k \times 2\text{day}$

$\therefore k = \dfrac{\ln\frac{1}{2}}{-2\text{day}} = 0.347/\text{day}$

TIP

1차반응식 : $\ln\dfrac{C_t}{C_o} = -k \times t$

C_o : 처음의 농도
C_t : t시간 후의 농도
k : 상수
t : 시간

06 0℃에서 DO 8.0mg/L인 물의 DO 포화도는 몇 % 인가? (단, 대기의 화학적 조성 중 O_2는 21%(V/V), 0℃에서 순수한 물의 공기 용해도는 38.46mL/L)

㉮ 50.7   ㉯ 60.7
㉰ 63.5   ㉱ 69.3

[풀이] DO 포화도(%) = $\dfrac{\text{현재 DO 농도}}{\text{포화 DO 농도}} \times 100(\%)$

① 현재 DO 농도 = 8.0mg/L
② 포화 DO 농도
$= \dfrac{38.46\text{mL}}{\text{L}} \times \dfrac{32\text{mg}}{22.4\text{mL}} \times \dfrac{21\%}{100} = 11.538\text{mg/L}$

③ DO 포화도(%) = $\dfrac{8.0\text{mg/L}}{11.538\text{mg/L}} \times 100 = 69.34\%$

TIP

O_2 1mol $\begin{cases} 32\text{mg} \\ 22.4\text{mL} \end{cases}$

07 1차 반응식이 적용된다고 할 때 완전혼합반응기(CFSTR) 체류시간은 압출형 반응기(PFR) 체류시간의 몇 배가 되는가? (단, 1차 반응에 의해 초기농도의 70%가 감소되었고, 자연지수로 계산하며 속도상수는 같다고 가정함.)

㉮ 1.34   ㉯ 1.51
㉰ 1.72   ㉱ 1.94

[풀이] ① 완전혼합형 반응조(CFSTR)의 1차 반응식
$Q(C_o - C_t) = k \cdot V \cdot C_t$
$\Rightarrow (C_o - C_t) = \dfrac{V}{Q} \cdot k \cdot C_t$
$\Rightarrow t = \dfrac{C_o - C_t}{k \cdot C_t} = \dfrac{1 - 0.3}{k \times 0.3} = \dfrac{2.33}{k}$

② 압출형 반응기(PFR)의 1차 반응식
$\ln\dfrac{C_t}{C_o} = -k \times t \Rightarrow \ln\dfrac{C_o}{C_t} = k \times t$

정답 04 ㉮   05 ㉰   06 ㉱   07 ㉱

$$\Rightarrow t = \frac{\ln \frac{C_o}{C_t}}{k} = \frac{\ln \frac{1}{0.3}}{k} = \frac{1.20}{k}$$

③ $\frac{CFSTR}{PFR} = \frac{2.33/k}{1.20/k} = 1.94$

TIP
① C_o(초기농도) = 100% = 1
② C_t(t시간 후 농도) = 100-70% = 30% = 0.3
③ $t = \frac{V}{Q}$

08 해수의 특성으로 틀린 것은?

㉮ 해수는 HCO_3^-를 포화시킨 상태로 되어 있다.
㉯ 해수의 밀도는 염분비 일정법칙에 따라 항상 균일하게 유지된다.
㉰ 해수 내 전체질소 중 약 35% 정도는 암모니아성 질소와 유기 질소의 형태이다.
㉱ 해수의 Mg/Ca 비는 3~4 정도로 담수에 비하여 크다.

풀이 ㉯ 해수의 밀도는 염분, 수온, 수압의 함수로 수심이 깊을수록 증가한다.

09 원생동물(Protozoa)의 종류에 관한 내용으로 옳은 것은?

㉮ Paramecia는 자유롭게 수영하면서 고형물질을 섭취한다.
㉯ Vorticella는 불량한 활성슬러지에서 주로 발견된다.
㉰ Sarcodina는 나팔의 입에서 물흐름을 일으켜 고형물질만 걸러서 먹는다.
㉱ Suctoria는 몸통을 움직이면서 위족으로 고형물질을 몸으로 싸서 먹는다.

풀이 ㉯ Vorticella는 양질의 활성슬러지에서 주로 발견된다.
㉰ Sarcodina는 몸통을 움직이면서 위족으로 먹이를 섭취한다.
㉱ Suctoria는 물에서 고착생활을 하며 관같이 생긴 촉수로 양분을 섭취한다.

10 다음의 유기물 1mole이 완전 산화될 때 이론적인 산소요구량(ThOD)이 가장 적은 것은?

㉮ C_6H_6
㉯ $C_6H_{12}O_6$
㉰ C_2H_5OH
㉱ CH_3COOH

풀이 이론적인 산소요구량(ThOD)이 가장 적은 것은 호기성 반응을 있을 때 산소의 개수가 가장 적은 ㉱번이 정답이 된다.
㉮ $C_6H_6 + 7.5O_2 \rightarrow 6CO_2 + 3H_2O$
㉯ $C_6H_{12}O_6 + 6O_2 \rightarrow 6CO_2 + 6H_2O$
㉰ $C_2H_5OH + 3O_2 \rightarrow 2CO_2 + 3H_2O$
㉱ $CH_3COOH + 2O_2 \rightarrow 2CO_2 + 2H_2O$

TIP
① ThOD가 가장 큰 물질 = 반응식에서 산소개수가 가장 큰 물질
② ThOD가 가장 적은 물질 = 반응식에서 산소개수가 가장 적은 물질

정답 08 ㉯ 09 ㉮ 10 ㉱

11 μ(세포비증가율)가 μ_{max}의 60% 일 때의 기질농도(S_{60})와 μ_{max}의 20%일 때의 기질농도(S_{20})와의 (S_{60}/S_{20})는? (단, 배양기내의 세포비 증가율은 Monod식 적용)

㉮ 32 ㉯ 16
㉰ 8   ㉱ 6

풀이

Monod식 :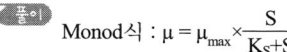

μ : 세포의 비증식 계수(/hr)
μ_{max} : 세포의 최대 비증식 계수(/hr)
S : 제한기질의 농도(mg/L)
K_S : 반포화 농도(mg/L)

① μ_{max} = 100%, $\mu = \mu_{max}$의 60%일 때

$0.6 = 1 \times \dfrac{S_{60}}{K_S + S_{60}}$

⇒ $0.6(K_S + S_{60}) = S_{60}$
⇒ $(1-0.6)S_{60} = 0.6K_S$
⇒ $S_{60} = \dfrac{0.6K_S}{1-0.6} = 1.5K_S$

② μ_{max} = 100%, $\mu = \mu_{max}$의 20%일 때

$0.2 = 1 \times \dfrac{S_{20}}{K_S + S_{20}}$

⇒ $0.2(K_S + S_{20}) = S_{20}$
⇒ $(1-0.2)S_{20} = 0.2K_S$
⇒ $S_{20} = \dfrac{0.2K_S}{1-0.2} = 0.25K_S$

③ $\dfrac{S_{60}}{S_{20}} = \dfrac{1.5K_S}{0.25K_S} = 6$

12 다음 중 적조 현상에 관한 설명으로 틀린 것은?

㉮ 수괴의 연직안정도가 작을 때 발생한다.
㉯ 강우에 따른 하천수의 유입으로 해수의 염분량이 낮아지고 영양염류가 보급될 때 발생한다.
㉰ 적조조류에 의한 아가미 폐색과 어류의 호흡장애가 발생한다.
㉱ 수중 용존산소 감소에 의한 어패류의 폐사가 발생한다.

풀이 ㉮ 수괴의 연직안정도가 클 때 발생한다.

13 glycine($CH_2(NH_2)COOH$) 7몰을 분해하는데 필요한 이론적 산소 요구량은?
(단, 최종산물은 HNO_3, CO_2, H_2O이다.)

㉮ 724g O_2 ㉯ 742g O_2
㉰ 768g O_2 ㉱ 784g O_2

풀이

$CH_2(NH_2)COOH + 3.5O_2 \rightarrow 2CO_2 + 2H_2O + HNO_3$
　　1mol　　　：　3.5×32g
　　7mol　　　：　ThOD

∴ ThOD = $\dfrac{7mol \times 3.5 \times 32g}{1mol}$ = 784g

TIP
① 글리신 = $CH_2(NH_2)COOH$ = $C_2H_5O_2N$
② ThOD이론적인 산소요구량

정답 11 ㉱ 12 ㉮ 13 ㉱

14 다음의 각종 용액 중 몰(mole) 농도가 가장 큰 것은? (단, Na, Cl의 원자량은 각각 23, 35.5)

㉮ 300g 수산화나트륨/4L
㉯ 3.6g 황산/30mL
㉰ 0.4kg 염화나트륨/10L
㉱ 5.2g 염산/0.1L

[풀이] $mol/L = \dfrac{질량(g)}{부피(L)} \times \dfrac{1mol}{분자량(g)}$

㉮ $mol/L = \dfrac{300g}{4L} \times \dfrac{1mol}{40g} = 1.88 mol/L$

㉯ $mol/L = \dfrac{3.6g}{0.03L} \times \dfrac{1mol}{98g} = 1.23 mol/L$

㉰ $mol/L = \dfrac{400g}{10L} \times \dfrac{1mol}{58.5g} = 0.68 mol/L$

㉱ $mol/L = \dfrac{5.2g}{0.1L} \times \dfrac{1mol}{36.5g} = 1.43 mol/L$

TIP
① M농도 = mol/L
② 1mol = 분자량(g)
③ 수산화나트륨(NaOH) = 23+16+1 = 40g
④ 황산(H_2SO_4) = (2×1)+32+(4×16) = 98g
⑤ 염화나트륨(NaCl) = 23+35.5 = 58.5g
⑥ 염산(HCl) = 1+35.5 = 36.5g

15 용존산소농도가 9.0mg/L인 물 1000리터가 있다. 이 물의 용존산소를 완전히 제거하기 위해 이론적으로 필요한 Na_2SO_3 량은? (단, Na : 23, S : 32)

㉮ 14.2g ㉯ 35.5g
㉰ 45.5g ㉱ 70.9g

[풀이] $Na_2SO_3 + 0.5O_2 \rightarrow Na_2SO_4$
126g : 0.5×32g
X : 9.0mg/L×1000L×10^{-3}g/mg
∴ $X = \dfrac{126g \times 9.0mg/L \times 1000L \times 10^{-3}g/mg}{0.5 \times 32g} = 70.88g$

16 다음 중 CSO_s, SSO_s에 대한 설명으로 옳지 않은 것은?

㉮ CSO_s(Combined Sewer Overflows)는 도시지역 비점오염 부하중 큰 비중을 차지한다.
㉯ SSO_s(Sanitary Sewer Overflows)는 합류식 하수도에서 우천 시 하수관거를 통해 공공수역으로 방류된 처리된 하수를 말한다.
㉰ CSO_s는 합류식 하수관거의 용량을 초과하여 처리되지 못하고 유출되는 오수를 말한다.
㉱ 도시하천의 수질개선을 위해서는 CSO_s에 대한 처리대책이 필요하다.

[풀이] ㉯ SSO_s(Sanitary Sewer Overflows)는 분류식 하수도에서 우천 시 하수관거를 통해 공공수역으로 방류된 처리된 하수를 말한다.

17 0.02N 약산이 1.0% 해리되어 있다면 이 수용액의 pH는?

㉮ 3.1 ㉯ 3.4
㉰ 3.7 ㉱ 3.9

[풀이]
$CH_3COOH \xrightarrow{1.0\% 해리} CH_3COO^- + H^+$
해리 전   0.02M   0M   0M
해리 후 0.02M-0.02M×0.01 0.02M×0.01 0.02M×0.01
따라서 pH = $-\log[H^+]$ = $-\log[0.02M \times 0.01]$ = 3.70

TIP
① 약산 = 아세트산 = CH_3COOH
② 아세트산은 1가이므로 M농도 = N농도
③ 0.02N = 0.02M
④ 산성물질에서 pH = $-\log[H^+]$
⑤ 알칼리성물질에서 pH = $14 + \log[OH^-]$

정답 14 ㉮ 15 ㉱ 16 ㉯ 17 ㉰

18 생태계에서 질소의 순환을 설명한 내용으로 옳지 않은 것은?

㉮ 대기 중의 질소는 질소고정박테리아와 특정한 조류에 의해 단백질로 전환된다.
㉯ 질산화 미생물은 호기성미생물이며 독립영양미생물에 속한다.
㉰ Nitrosomonas균은 호기성 상태에서 암모니아를 아질산염으로 전환시킨다.
㉱ 소변 속의 질소는 요소로서 효소 urease에 의하여 질산성 질소로 가수 분해된다.

풀이 ㉱ 소변 속의 질소는 요소로서 효소 urease에 의하여 암모니아성 질소로 가수 분해 된다.

19 지구에서 물(담수)의 저장 형태 중 가장 많은 양을 차지하는 것은?

㉮ 만년설과 빙하 ㉯ 담수호
㉰ 토양수   ㉱ 대기

풀이 지구상의 담수의 분포 중 가장 많이 차지하고 있는 것이 빙하(만년설 포함)이고, 그 다음이 지하수이다.

20 미생물의 분류에서 탄소원이 CO_2 이고 에너지원을 무기물의 산화·환원으로부터 얻는 미생물은?

㉮ Photoautotrophics
㉯ Chemoautotrophics
㉰ Photoheterotrophics
㉱ Chemoheterotrophics

풀이 ㉯ Chemoautotrophics(화학합성독립영양계)에 대한 설명이다.

TIP

에너지원과 탄소원에 의한 미생물의 분류		
분류	에너지원	탄소원
광합성 독립 영양 미생물	빛	CO_2
화학합성 독립영양 미생물	무기물의 산화·환원 반응	CO_2
광합성 종속 영양 미생물	빛	유기탄소
화학합성 종속영양 미생물	무기물의 산화·환원 반응	유기탄소

| 제2과목 | 상하수도계획

21 하수도 계획의 목표연도는 원칙적으로 몇 년으로 설정하는가?

㉮ 15년   ㉯ 20년
㉰ 25년   ㉱ 30년

풀이 하수도 계획의 목표연도는 20년 정도이고, 상수도 계획의 목표연도는 15~20년을 표준으로 한다.

정답 18 ㉱ 19 ㉮ 20 ㉯ 21 ㉯

22 원심력 펌프의 규정회전수는 2회/sec, 규정토출량이 32m³/min, 규정양정(H)이 8m이다. 이때 이 펌프의 비교 회전도는?

㉮ 약 143 ㉯ 약 164
㉰ 약 182 ㉱ 약 201

풀이

$$Ns = N \times \frac{Q^{\frac{1}{2}}}{H^{\frac{3}{4}}}$$

- Ns : 비교회전도(rpm)
- N : 규정회전수(rpm)
- Q : 토출량(m³/min)
- H : 전양정(m)

따라서

$$Ns = (2회/sec \times 60sec/min)rpm \times \frac{(32m^3/min)^{\frac{1}{2}}}{(8m)^{\frac{3}{4}}}$$

= 142.70rpm

TIP
① rpm = 회/min
② 회/min = 회/sec×60sec/min

23 정수시설인 플록형성지에 관한 설명으로 틀린 것은?

㉮ 혼화지와 침전지 사이에 위치하고 침전지에 붙여서 설치한다.
㉯ 플록형성시간은 계획정수량에 대하여 20~40분간을 표준으로 한다.
㉰ 플록형성지 내의 교반강도는 하류로 갈수록 점차 감소시키는 것이 바람직하다.
㉱ 야간근무자도 플록형성상태를 감시할 수 있는 투명도 게이지를 설치하여야 한다.

풀이 ㉱ 야간근무자가 플록형성상태를 감시할 수 있는 적절한 조명장치를 설치한다.

24 하천수를 수원으로 하는 경우에 사용하는 취수시설인 취수보에 관한 설명으로 틀린 것은?

㉮ 일반적으로 대하천에 적당하다.
㉯ 안정된 취수가 가능하다.
㉰ 침사 효과가 적다.
㉱ 하천의 흐름이 불안정한 경우에 적합하다.

풀이 ㉰ 침사 효과가 크다.

25 하수관의 맨홀 설치에 관한 설명으로 틀린 것은?

㉮ 맨홀은 관거의 기점, 방향, 경사 및 관경 등이 변하는 곳에 설치한다.
㉯ 관거 직선부에서는 맨홀의 최대 간격은 600mm 이하 관에서 최대 간격 75m이다.
㉰ 맨홀의 상판높이(인버트의 상단~맨홀 상판)는 유지관리상 작업원이 서서 작업할 수 있도록 1.8~2.0m 정도로 하는 것이 바람직하다.
㉱ 맨홀 부속물인 인버트의 발디딤부는 5~7%의 횡단경사를 둔다.

풀이 ㉱ 맨홀 부속물인 인버트의 발디딤부는 10~20%의 횡단경사를 둔다.

26 계획우수량을 정할 때 고려하는 빗물펌프장의 확률년수로 옳은 것은?

㉮ 5년~10년 ㉯ 10년~20년
㉰ 20년~30년 ㉱ 30년~50년

풀이 계획우수량을 정할 때 고려하는 빗물펌프장의 확률년수는 30년~50년이다.

정답 22 ㉮ 23 ㉱ 24 ㉰ 25 ㉱ 26 ㉱

27 하수 펌프장 시설인 스크류펌프(screw pump)의 일반적 장·단점으로 틀린 것은?

㉮ 회전수가 낮기 때문에 마모가 적다.
㉯ 수중의 협잡물이 물과 함께 떠올라 폐쇄 가능성이 크다.
㉰ 기동에 필요한 물채움장치나 밸브 등 부대시설이 없어 자동운전이 쉽다.
㉱ 토출측의 수로를 압력관으로 할 수 없다.

[풀이] ㉯ 수중의 협잡물을 물과 함께 양수시키므로 막힘이 거의 없다.

28 하수처리에 사용되는 생물학적 처리공정 중 부유미생물을 이용한 공정이 아닌 것은?

㉮ 산화구법
㉯ 접촉산화법
㉰ 질산화내생탈질법
㉱ 막분리활성슬러지법

[풀이] ㉮ 산화구법 : 부유성장식
㉯ 접촉산화법 : 부착성장식
㉰ 질산화내생탈질법 : 부유성장식
㉱ 막분리활성슬러지법 : 부유성장식

29 펌프의 토출량이 $0.1m^3/sec$, 토출구의 유속이 $2m/sec$로 할 때 펌프의 구경은?

㉮ 약 255mm ㉯ 약 365mm
㉰ 약 475mm ㉱ 약 545mm

[풀이] $D = 146 \times \sqrt{\dfrac{Q}{V}}$

- D : 펌프의 흡입구경(mm)
- Q : 펌프의 토출량(m^3/min)
- V : 유속(m/sec)

따라서 $D = 146 \times \sqrt{\dfrac{0.1m^3/sec \times 60sec/min}{2m/sec}}$
$= 252.88mm$

30 하수처리에서 막분리 활성슬러지법(MBR법)의 장·단점 및 설계, 유지관리상의 유의점이 아닌 것은?

㉮ 2차침전지의 침강성과 관련된 문제가 없다.
㉯ 완벽한 고액분리가 가능하며 높은 MLSS 유지가 가능하다.
㉰ 적은 소요부지로 부지이용성이 탁월하다.
㉱ 분리막 파울링에 대한 대처가 용이하다.

[풀이] ㉱ 분리막 파울링에 대한 대처가 용이하지 못하다.

정답 27 ㉯ 28 ㉯ 29 ㉮ 30 ㉱

31 펌프 운전시 발생할 수 있는 비정상현상 중 펌프운전 중에 토출량과 토출압이 주기적으로 숨이 찬 것처럼 변동하는 상태를 일으키는 현상으로 펌프 특성 곡선이 산형에서 발생하며 큰 진동을 발생하는 경우를 무엇이라 하는가?

㉮ 캐비테이션(cavitation)
㉯ 서어징(surging)
㉰ 수격작용(water hammer)
㉱ 크로스커넥션(cross connection)

풀이 ㉯ 서어징(surging)에 대한 설명이다.

> **TIP**
> **용어설명**
> ① 캐비테이션(cavitation) : 물이 관속을 유동하고 있을 때 유동하는 물속의 어느 부분의 정압이 그때의 증기압보다 낮아지면 부분적으로 기화하여 관내부에 증기부, 즉 공동이 발생되는 현상이다.
> ② 수격작용(water hammer) : 관속을 충만하게 흐르고 있는 액체의 속도를 급격히 변화 시키면 액체에 큰압력 변화가 발생하여 관내에 있는 액체에 물리적변화가 일어남으로서 충격압을 형성시킴과 동시에 이로인한 유체가 관벽을 치는 현상을 말한다.
> ③ 크로스커넥션(cross connection) : 음용수용 급수시설에 음용수로 사용될 수 없는 물이 직접 또는 간접적으로 유입될 수 있도록 되어 있는 물리적인 영결이다.

32 지하수 취수시 적용되는 적정양수량의 정의로 옳은 것은?

㉮ 최대양수량의 80% 이하의 양수량
㉯ 한계양수량의 80% 이하의 양수량
㉰ 최대양수량의 70% 이하의 양수량
㉱ 한계양수량의 70% 이하의 양수량

풀이 경제양수량(적정양수량)은 한계양수량의 70% 이하의 양수량을 말한다.

33 하수 슬러지의 혐기성 소화가스의 포집과 저장 시설을 정할 때 고려하여야 할 사항으로 틀린 것은?

㉮ 가스포집관은 내경 100~300mm 정도로 한다.
㉯ 하루에 발생하는 가스부피의 1/2 정도를 저장할 수 있는 용량의 가스 저장조를 설치한다.
㉰ 관부식 방지를 위한 탈염소 장치를 설치한다.
㉱ 슬러지 소화조 지붕의 가스돔 및 가스포집관에 안전장치를 설치한다.

34 저수시설을 형태적으로 분류할 때의 구분과 가장 거리가 먼 것은?

㉮ 지하댐   ㉯ 하구둑
㉰ 유수지   ㉱ 저류지

35 계획 오수량 산정시, 우리나라 하수도 시설기준상 지하수량 범위기준으로 옳은 것은?

㉮ 1인1일 최대오수량의 5~8%
㉯ 1인1일 최대오수량의 10~20%
㉰ 시간 최대오수량의 5~8%
㉱ 시간 최대오수량의 10~20%

풀이 지하수량은 1인1일 최대오수량의 10~20%로 한다.

> **TIP**
> **계획 오수량 산정**
> ① 합류식에서 우천시 계획오수량은 원칙적으로 계획시간 최대오수량의 3배 이상으로 한다.
> ② 계획1일 평균오수량은 계획1일 최대오수량의 70~80%를 표준으로 한다.
> ③ 지하수량은 1인 1일 최대오수량의 10~20%로 한다.

정답 31 ㉯ 32 ㉱ 33 ㉰ 34 ㉱ 35 ㉯

④ 계획1일 최대오수량은 1인1일 최대오수량에 계획인구를 곱한후 여기에 공장배수량, 지하수량 및 기타 배수량을 가산한 것으로 한다.
⑤ 1인 1일 최대오수량은 1인 1일 최대급수량을 감안해 결정한다.
⑥ 계획시간 최대오수량은 계획1일 최대오수량의 1시간당 수량의 1.3 ~ 1.8배를 표준으로 한다.

36 상수관로에서 조도계수 0.014, 동수경사 1/100이고, 관경이 400mm일 때 이 관로의 유량은? (단, 만관 기준, Manning 공식에 의함)

㉮ $3.8 \, m^3/min$ ㉯ $6.2 \, m^3/min$
㉰ $9.3 \, m^3/min$ ㉱ $11.6 \, m^3/min$

풀이
① 단면적(A) = $\frac{\pi D^2}{4} = \frac{\pi}{4} \times (0.4m)^2 = 0.12566 m^2$

② 유속(V) = $\frac{1}{n} \times R^{\frac{2}{3}} \times I^{\frac{1}{2}}$ (m/sec)

n(조도계수) = 0.014

R(경심) = $\frac{D}{4} = \frac{0.4m}{4} = 0.1m$

I(기울기) = $\frac{1}{100}$

따라서 V = $\frac{1}{0.014} \times (0.1m)^{\frac{2}{3}} \times \left(\frac{1}{100}\right)^{\frac{1}{2}}$
= 1.539m/sec

③ 유량(Q) = 단면적(A) × 유속(V)
= $0.12566 m^2 \times 1.539 m/sec \times 60 sec/min$
= $11.60 m^3/min$

TIP
경심(R) 계산
① 장방형일 때
R = $\frac{단면적(A)}{윤변길이(S)} = \frac{b \times h}{b + 2h}$ (m)

② 원형일 때
R = $\frac{단면적(A)}{윤변길이(S)} = \frac{\frac{\pi D^2}{4}}{\pi \cdot D} = \frac{D}{4}$ (m)

37 상수처리를 위한 급속여과지의 형식 중 여과유량의 조절방식에 따른 구분으로 틀린 것은? (단, 정속여과방식의 정속여과 제어방식 기준)

㉮ 유량제어형 ㉯ 수위제어형
㉰ 정압제어형 ㉱ 자연평형형

38 하수 슬러지의 수송 관경에 관한 내용으로 옳은 것은?

㉮ 관내유속은 0.3 ~ 0.5m/sec를 표준으로 한다.
㉯ 관내유속은 0.5 ~ 1.0m/sec를 표준으로 한다.
㉰ 관내유속은 1.0 ~ 1.5m/sec를 표준으로 한다.
㉱ 관내유속은 1.5 ~ 2.0m/sec를 표준으로 한다.

39 하수처리 방법인 장기포기법에 관한 설명으로 틀린 것은?

㉮ 활성슬러지법의 변법으로 플러그흐름형태의 반응조에 HRT와 SRT를 길게 유지하고 동시에 MLSS농도를 높게 유지하면서 오수를 처리하는 방법이다.
㉯ 형상은 장방형 또는 정방형으로 하며 장방형의 경우 유로의 폭은 유효수심의 1 ~ 2배 범위에서 결정한다.
㉰ 유효수심은 2 ~ 4m를 표준으로 한다.
㉱ 질산화가 진행되면서 pH의 저하가 발생한다.

풀이 ㉰ 유효수심은 4 ~ 6m를 표준으로 한다.

정답 36 ㉱ 37 ㉰ 38 ㉰ 39 ㉰

40 하수처리시설에서 중력식 침사지에 대한 설명으로 틀린 것은?

㉮ 평균 유속은 0.30m/s를 표준으로 한다.
㉯ 체류시간은 2~3분을 표준으로 한다.
㉰ 수심은 유효수심에 모래퇴적부의 깊이를 더한 것으로 한다.
㉱ 침사지 표면부하율은 오수침사지의 경우 1800 m³/m²·d정도로 한다.

[풀이] ㉯ 체류시간은 30~60초를 표준으로 한다.

| 제3과목 | 수질오염방지기술

41 비중 1.7, 입경 0.05mm인 입자가 침전지에서 침강할 때 침강속도가 0.36m/hr이었다면 비중 2.7, 입경 0.06mm인 입자의 침강속도는? (단, 물의 온도, 점성도 등 조건은 같고, stokes법칙을 따르며, 물의 비중은 1.0이다.)

㉮ 약 0.63m/hr   ㉯ 약 0.87m/hr
㉰ 약 1.12m/hr   ㉱ 약 1.26m/hr

[풀이] 침강속도$(V_s) = \dfrac{d^2(\rho_s-\rho_w)g}{18\mu}$

따라서 $V_s \propto d^2(\rho_s-\rho_w)$이므로
$0.36\text{m/hr} : \{(0.05\text{mm})^2 \times (1.7-1.0)\}$
$= V_s : \{(0.06\text{mm})^2 \times (2.7-1.0)\}$

$\therefore V_s = \dfrac{0.36\text{m/hr} \times \{(0.06\text{mm})^2 \times (2.7-1.0)\}}{\{(0.05\text{mm})^2 \times (1.7-1.0)\}}$

$= 1.26\text{m/hr}$

---

42 36mg/L의 암모늄 이온(NH_4^+)을 함유한 5000m³의 폐수를 50000g CaCO₃/m³의 처리 용량을 가지는 양이온 교환수지로 처리하고자 한다. 이때 소요되는 양이온 교환수지의 부피(m³)는?

㉮ 6   ㉯ 8
㉰ 10   ㉱ 12

[풀이] ① $2NH_4^+ + CaCO_3 \rightarrow (NH_4)_2CO_3 + Ca^{2+}$
   $2 \times 18\text{g} : 100\text{g}$
   $36\text{g/m}^3 \times 5000\text{m}^3 : X$
   $\therefore X = 500,000\text{g}$

② 양이온 교환수지의 부피(m³)
   $= \dfrac{500,000\text{g}}{50,000\text{g/m}^3} = 10\text{m}^3$

TIP
① mg/L = g/m³
② 36mg/L = 36g/m³

---

43 Phostrip 공정에 관한 설명으로 옳지 않은 것은?

㉮ Stripping을 위한 별도의 반응조가 필요하다.
㉯ 인 제거시 BOD/P비에 의하여 조절되지 않는다.
㉰ 기존 활성슬러지 처리장에 쉽게 적용 가능하다.
㉱ 인 제거를 위한 약품(석회 등) 주입이 필요 없다.

[풀이] ㉱ 인 제거를 위한 약품(석회 등) 주입이 필요하다.

정답 40 ㉯   41 ㉱   42 ㉰   43 ㉱

44 1차 처리된 분뇨의 2차 처리를 위해 폭기조, 2차침전지로 구성된 표준 활성슬러지를 운영하고 있다. 운영 조건이 다음과 같을 때 고형물 체류시간(SRT)은?

- 유입유량 1,000m³/day
- 폭기조 수리학적 체류시간 6시간
- MLSS 농도 3,000mg/L
- 잉여슬러지 배출량 30m³/day
- 잉여슬러지 SS농도 10,000mg/L
- 2차침전지 유출수 SS 농도 5mg/L

㉮ 약 2일 ㉯ 약 2.5일
㉰ 약 3일 ㉱ 약 3.5일

풀이

$$SRT = \frac{MLSS \cdot V}{Q_w \cdot SS_w + Q_o \cdot SS_o}$$

$$= \frac{3,000mg/L \times 1,000m^3/day \times \left(\frac{6hr}{24}\right)day}{30m^3/day \times 10,000mg/L + (1,000-30)m^3/day \times 5mg/L}$$

= 2.46day

TIP
① $V(m^3) = Q(m^3/day) \times t(day)$
② $Q_o = Q_i - Q_w$

45 비소(As)함유 폐수처리 방법으로 가장 일반적인 것은?

㉮ 아말감법
㉯ 황화물 침전법
㉰ 수산화물 공침법
㉱ 알칼리 염소법

풀이 비소(As)함유 폐수처리 방법으로는 수산화물 공침법을 주로 사용한다.

46 방류하기전의 폐수에 염소소독을 하였다. 6분 동안 99%의 세균이 살균되었고 이때 잔류 염소 농도 0.1mg/L이다. 동일 조건에서 시간을 반으로 줄이면 몇 %의 세균이 살균되는가? (단, 세균의 사멸은 1차 반응 속도식 기준)

㉮ 90% ㉯ 92%
㉰ 94% ㉱ 96%

풀이

1차 반응식 : $\ln \frac{C_t}{C_o} = -k \times t$

$\begin{bmatrix} C_o : 초기농도(100\%) \\ C_t : t시간 후 농도 \\ k : 상수 \\ t : 시간 \end{bmatrix}$

① $\ln \frac{100-99}{100} = -k \times 6min$

∴ $k = \frac{\ln \frac{100-99}{100}}{-6min} = 0.7675/min$

② $\ln \frac{C_t}{100} = -0.7675/min \times 3min$

∴ $C_t = 100 \times e^{(-0.7675/min \times 3min)} = 10\%$

③ 살균된 세균(%) = $100 - C_t = 100 - 10 = 90\%$

47 100mg/L의 에탄올(C_2H_5OH)만을 함유하는 20,000m³/day의 공장폐수를 재래식 활성슬러지 공법으로 처리할 경우, 적절한 처리를 위하여 요구되는 영양염류(질소, 인)의 첨가량(kg/day)은 약 얼마인가? (단, 에탄올은 생물학적으로 100% 분해되며, BOD : N : P = 100 : 5 : 1 이다.)

㉮ 질소 - 209, 인 - 42
㉯ 질소 - 239, 인 - 48
㉰ 질소 - 253, 인 - 51
㉱ 질소 - 285, 인 - 57

정답 44 ㉯ 45 ㉰ 46 ㉮ 47 ㉮

풀이
① $C_2H_5OH + 3O_2 \rightarrow 2CO_2 + 3H_2O$
  46g : 3×32g
  $0.1kg/m^3 \times 20,000m^3/day : X(BOD_u)$
  ∴ $X(BOD_u) = 4173.91 kg/day$
② BOD : N
  100 : 5
  $4173.91 kg/day : X_1(N)$
  ∴ $X_1(N) = 208.70 kg/day$
③ BOD : P
  100 : 1
  $4173.91 kg/day : X_2(P)$
  $X_2(P) = 41.74 kg/day$

TIP
① $ppm = mg/L = g/m^3$
② $mg/L \xrightarrow{\times 10^{-3}} kg/m^3$
③ 총량(kg/day) = 농도$(kg/m^3) \times$ 유량(m^3/day)

48 1차 침전지로 유입되는 하수는 300 mg/L의 부유 고형물을 함유하고 있다. 1차 침전지를 거쳐 방류되는 유출수 중의 부유고형물 농도는 120mg/L이다. 처리 유량이 50000m^3/day이면 1차 침전지에서 제거되는 슬러지의 양은? (단, 1차 슬러지 고형물 함량은 2%, 비중은 1.0 이다.)

㉮ 300m^3/day ㉯ 350m^3/day
㉰ 400m^3/day ㉱ 450m^3/day

풀이 슬러지량(m^3/day)
$= \dfrac{\text{제거되는 SS량}(kg/m^3) \times \text{유량}(m^3/day)}{\text{비중량}(kg/m^3)} \times \dfrac{100}{100 - \text{함수율}(\%)}$
$= \dfrac{(0.3-0.12)kg/m^3 \times 50,000m^3/day}{1000kg/m^3} \times \dfrac{100}{100-98}$
$= 450 m^3/day$

TIP
① 제거되는 SS량 = 유입수 SS - 유출수 SS
② 비중량(kg/m^3) = 비중$(g/cm^3) \times 10^3$

③ 함수율(%) = 100 - 고형물(%) = 100 - 2% = 98%

49 MLSS농도 1,500mg/L의 혼합액을 1,000 mL 메스실린더에 취해 30분간 정치했을 때의 침강 슬러지가 차지하는 용적이 220mL였다면 이 슬러지의 SDI는?

㉮ 0.68 ㉯ 0.86
㉰ 1.21 ㉱ 1.36

풀이
① $SVI = \dfrac{SV(mL/L)}{MLSS(mg/L)} \times 10^3$
  $= \dfrac{220 mL/L}{1,500 mg/L} \times 10^3 = 146.67$
② $SDI = \dfrac{1}{SVI} \times 100 = \dfrac{1}{146.67} \times 100 = 0.68$

TIP
용어설명
① SVI(슬러지 용적지수) : 포기조에서 성장한 미생물의 2차 침전지에서의 침강농축성을 나타내는 지표로 단위는 mL/g이다.
② SDI(슬러지 밀도지수) : 슬러지 용적지수(SVI)의 역수이며 단위는 g/100mL이다.

50 하수 슬러지의 감량시설인 소화조의 소화효율은 일반적으로 슬러지의 VS 감량률로 표시된다. 소화조로 유입되는 슬러지의 VS/TS비율이 70%, 소화슬러지의 VS/TS비율이 50%일 경우 소화조의 효율은 몇 %인가?

㉮ 42.7% ㉯ 48.1%
㉰ 51.7% ㉱ 57.1%

풀이 소화율(%) = $\left\{ 1 - \dfrac{\text{소화슬러지}(VS/FS)}{\text{생슬러지}(VS/FS)} \right\} \times 100(\%)$

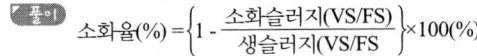 48 ㉱ 49 ㉮ 50 ㉱

$$= \left\{1 - \frac{(50\%/50\%)}{(70\%/30\%)}\right\} \times 100(\%) = 57.14\%$$

51 생활하수를 처리하는 활성슬러지 공정에 다량의 유기물을 함유하는 폐수가 유입되어 충격부하를 유발시켰을 때 가장 신속히 다루어야 할 조작 인자는?

㉮ 영양염류(N, P등)의 투입량 증가
㉯ 벌킹(bulking)현상 제어
㉰ 슬러지 반송율의 증가
㉱ 폭기량 및 체류시간 감소

[풀이] 다량의 유기물을 함유하는 폐수가 유입되어 충격부하를 유발시켰을때는 유기물을 제거할 적정한 슬러지량을 만족시켜야 하므로 슬러지 반송율을 증가시켜야 한다.

52 유량이 20,000m³/day, BOD 2mg/L인 하천에 유량이 500m³/day, BOD 500 mg/L인 공장폐수를 폐수처리시설로 유입하여 처리 후 하천으로 방류시키고자 한다. 완전히 혼합된 후 합류지점의 BOD를 3mg/L 이하로 하고자 한다면 폐수처리시설의 BOD 제거율은 몇 % 이상이어야 하는가? (단, 혼합 후의 기타변화는 없다고 가정한다.)

㉮ 61.8%   ㉯ 76.9%
㉰ 87.2%   ㉱ 91.4%

[풀이]

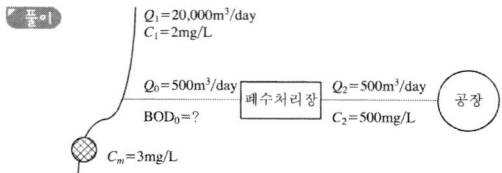

폐수처리장의 효율(%) = $\left(1 - \frac{유출수 BOD}{유입수 BOD}\right) \times 100(\%)$

① $C_m = \frac{Q_1C_1 + Q_2C_2}{Q_1 + Q_2}$

$3mg/L = \frac{20,000m^3/day \times 2mg/L + 500m^3/day \times BOD_o}{(20,000+500)m^3/day}$

∴ $BOD_o = 43mg/L$

② 유입수 BOD(BOD_i) = 500mg/L

③ 폐수처리장의 효율(%) = $\left(1 - \frac{43mg/L}{500mg/L}\right) \times 100$

= 91.4%

53 폐수유량이 1000m³/day, 고형물농도가 2700mg/L 인 슬러지를 부상법에 의해 농축시키고자 한다. 압축탱크의 압력이 4기압이며 공기의 밀도 1.3g/L, 공기의 용해량이 29.2cm³/L 일 때 air/solid비는? (단, f는 0.5이며 비순환방식이다.)

㉮ 0.009   ㉯ 0.014
㉰ 0.019   ㉱ 0.025

[풀이]

$A/S비 = \frac{1.3 \times Sa \times (f \cdot P - 1)}{SS}$

Sa : 공기의 용해도(mL/L)
SS : 부유고형물 농도(mg/L)
P : 절대압력(atm)

따라서 $A/S비 = \frac{1.3 \times 29.2cm^3/L \times (0.5 \times 4atm - 1)}{2700mg/L}$

= 0.014

TIP
cm³/L = mL/L

정답 51 ㉰   52 ㉱   53 ㉯

54 생물학적 인, 질소제거 공정에서 호기조, 무산소조, 혐기조 공정의 주된 역할을 가장 옳게 설명한 것은? (단, 유기물 제거는 고려하지 않으며, 호기조 - 무산소조 - 혐기조 순서임)

㉮ 질산화 및 인의 과잉 흡수 - 탈질소 - 인의 용출
㉯ 질산화 - 탈질소 및 인의 과잉 흡수 - 인의 용출
㉰ 질산화 및 인의 용출 - 인의 과잉 흡수 - 탈질소
㉱ 질산화 및 인의 용출 - 탈질소 - 인의 과잉 흡수

풀이 반응조의 역할
① 호기성조(폭기조) : 인의 과잉 흡수 및 질산화
② 무산소조 : 탈질작용(질소제거)
③ 혐기성조 : 인의 용출(인의 방출)

55 미처리 폐수에서 냄새를 유발하는 화합물과 냄새의 특징으로 가장 거리가 먼 것은?

㉮ 황화수소 - 썩은 달걀냄새
㉯ 유기 황화물 - 썩은 채소냄새
㉰ 스카톨 - 배설물 냄새
㉱ 디아민류 - 생선 냄새

풀이 ㉱ 디아민류 - 부패된 고기 냄새

56 MLSS 농도 3,000mg/L, F/M비가 0.4인 포기조에 BOD 350mg/L의 폐수가 3,000m³/day로 유입되고 있다. 포기조 체류시간(hr)은?

㉮ 5   ㉯ 7
㉰ 9   ㉱ 11

풀이
① $F/M비(/day) = \frac{BOD \times Q}{MLSS \times V} = \frac{BOD}{MLSS} \times \frac{1}{t}$

따라서 $0.4/day = \frac{350mg/L}{3,000mg/L} \times \frac{1}{t}$

$\therefore t = \frac{350mg/L}{0.4/day \times 3,000mg/L} = 0.2917day$

② $t(hr) = 0.2917day \times \frac{24hr}{1day} = 7.0hr$

TIP
$t = \frac{V}{Q} \Rightarrow \frac{1}{t} = \frac{Q}{V}$

57 다음 조건하에서 대략적인 잉여 활성 슬러지 생산량(m³/일)은?

- 포기조 용적 = 1,000m³
- MLSS 농도 = 2.5kg/m³
- 고형물의 포기조 체류시간 = 6day
- 반송슬러지 농도 = 10kg/m³
- 기타 조건은 고려하지 않음

㉮ 약 28m³/일   ㉯ 약 36m³/일
㉰ 약 42m³/일   ㉱ 약 56m³/일

풀이
$SRT = \frac{MLSS \times V}{Q_w \times SS_w}$

$6day = \frac{2.5kg/m^3 \times 1,000m^3}{Q_w \times 10kg/m^3}$

$\therefore Q_w = 41.67m^3/day$

정답   54 ㉮   55 ㉱   56 ㉯   57 ㉰

58 상수처리를 위한 사각 침전조에 유입되는 유량은 30,000m³/d이고 표면부하율은 24m³/m²·d 이며 체류시간은 6시간이다. 침전조의 길이와 폭의 비는 2 : 1 이라면 조의 크기는?

㉮ 폭 : 20m, 길이 : 40m, 깊이 : 6m
㉯ 폭 : 20m, 길이 : 40m, 깊이 : 4m
㉰ 폭 : 25m, 길이 : 50m, 깊이 : 6m
㉱ 폭 : 25m, 길이 : 50m, 깊이 : 4m

풀이 ① 표면적부하율($m^3/m^2 \cdot day$) = $\dfrac{Q(m^3/day)}{A(m^2)}$

∴ $A(m^2) = \dfrac{30,000m^3/day}{24m^3/m^2 \cdot day} = 1250m^2$

여기서 수면적(A) = 폭(W)×길이(L)
$1250m^2 = W \times 2W = 2W^2$

∴ $W = \sqrt{\dfrac{1250m^2}{2}} = 25m$

∴ L = 50m

② 표면부하율($m^3/m^2 \cdot day$) = $\dfrac{H}{t}$

$24m^3/m^2 \cdot day = \dfrac{H}{\left(\dfrac{6hr}{24}\right)day}$

∴ H = 6m
③ W(폭) = 25m, L(길이) = 50m, H(깊이) = 6m

59 1일 10,000m³의 폐수를 급속혼화지에서 체류시간 60sec, 평균속도경사(G) 400sec⁻¹인 기계식고속 교반장치를 설치하여 교반하고자 한다. 이 장치의 필요한 소요 동력은? (단, 수온은 10℃, 점성계수(μ)는 1.307×10⁻³kg/m·s)

㉮ 약 2621W　㉯ 약 2226W
㉰ 약 1842W　㉱ 약 1452W

풀이 $P = G^2 \times \mu \times V$

　$\begin{bmatrix} P : 동력(watt) \\ G : 속도경사(/sec) \\ \mu : 점성도(kg/m \cdot sec) \\ V : 체적(m^3) \end{bmatrix}$

① $V(m^3) = Q(m^3/day) \times t(day)$
　　= $\dfrac{10,000m^3}{day} \times \dfrac{1day}{24hr} \times \dfrac{1hr}{3600sec} \times 60sec$
　　= 6.94m³
② $P = (400/sec)^2 \times 1.307 \times 10^{-3} kg/m \cdot sec \times 6.94m^3$
　　= 1451.29Watt

60 농축조에 함수율 99%인 일차슬러지를 투입하여 함수율 96%의 농축슬러지를 얻었다. 농축 후의 슬러지량은 초기 일차 슬러지량의 몇 %로 감소하였는가?
(단, 비중은 1.0 기준)

㉮ 50%　㉯ 33%
㉰ 25%　㉱ 20%

풀이 $V_1 \times (100-P_1) = V_2 \times (100-P_2)$
$V_1 \times (100-99) = V_2 \times (100-96)$

$\dfrac{V_2}{V_1} = \dfrac{(100-99)}{(100-96)} = 0.25$

따라서 V_2는 V_1의 25%에 해당된다.

정답 58 ㉰　59 ㉱　60 ㉰

| 제4과목 | 수질오염공정시험기준

61 노말헥산 추출물질 시험법에서 노말헥산 추출을 위한 시료의 pH 기준은?

㉮ pH 2 이하   ㉯ pH 4 이하
㉰ pH 9 이상   ㉱ pH 10 이상

TIP
총 노말헥산추출물질
시료적당량(노말헥산 추출물질로서 5~200mg 해당량)을 분별깔때기에 넣고 메틸오렌지용액(0.1%) 2~3방울을 넣고 황색이 적색으로 변할 때까지 염산(1+1)을 넣어 시료의 pH를 4 이하로 조절한다.

62 시료의 보존방법이 [4℃보관, H_2SO_4로 pH 2 이하]에 해당되지 않는 항목은?

㉮ 암모니아성 질소
㉯ 아질산성 질소
㉰ 화학적 산소요구량
㉱ 노말헥산 추출물질

풀이 ㉯ 아질산성 질소 : 4℃보관

63 다음은 페놀류(자외선 가시선 분광법) 측정시 간섭물질에 관한 내용이다. ( )안에 내용으로 옳은 것은?

황화합물의 간섭을 받을 수 있는데 이는 ( )을 사용하여 pH 4로 산성화하여 교반하면 황화수소나 이산화황으로 제거할 수 있다.

㉮ 황산   ㉯ 인산
㉰ 질산   ㉱ 염산

64 물벼룩을 이용한 급성 독성 시험법에 관한 내용으로 틀린 것은?

㉮ 물벼룩은 배양 상태가 좋을 때 7~10일 사이에 첫 부화된 건강한 새끼를 시험에 사용한다.
㉯ 시험하기 2시간 전에 먹이를 충분히 공급하여 시험 중 먹이가 주는 영향을 최소화 한다.
㉰ 시험생물은 물벼룩인 Daphnia Magna Straus를 사용하며, 출처가 명확하고 건강한 개체를 사용한다.
㉱ 먹이는 녹조류와 yeast, cerophyll(R), trout chow의 혼합액인 YCT를 사용한다.

풀이 ㉮ 물벼룩은 배양 상태가 좋을 때 7~10일 사이에 첫 새끼를 부화하게 되는데 이때 부화된 새끼는 시험에 사용하지 않고 같은 어미가 약 네 번째 부화한 새끼부터 시험에 사용하여야 한다.

65 다음은 총질소-연속흐름법 측정에 관한 내용이다. ( )안에 내용으로 옳은 것은?

시료 중 모든 질소화합물을 산화분해하여 질산성질소 형태로 변화시킨 다음, ( )을 통과시켜 아질산성질소의 양을 550nm 또는 기기에서 정해진 파장에서 측정하는 방법이다.

㉮ 수산화나트륨(0.025N)용액 칼럼
㉯ 무수황산나트륨 환원 칼럼
㉰ 환원증류·킬달 칼럼
㉱ 카드뮴-구리환원 칼럼

정답 61 ㉯ 62 ㉯ 63 ㉯ 64 ㉮ 65 ㉱

66 시료의 전처리 방법에 관한 내용으로 틀린 것은?

㉮ 마이크로파 산분해법 : 전반적인 처리 절차 및 원리는 산분해법과 같으나 마이크로파를 이용해서 시료를 가열하는 것이 다르다.
㉯ 마이크로파 산분해법 : 마이크로파를 이용하여 시료를 가열할 경우 고온, 고압하에서 조작할 수 있어 전처리 효율이 좋아진다.
㉰ 용매추출법 : 시료에 적당한 착화제를 첨가하여 시료 중의 금속류와 착화합물을 형성시킨 다음, 형성된 착화합물을 유기용매로 추출하여 분석하는 방법이다.
㉱ 용매추출법 : 시료 중에 분석 대상물의 농도가 높거나 단순한 물질을 추출 분석할 때 사용한다.

[풀이] ㉱ 용매추출법 : 시료 중에 분석 대상물의 농도가 낮거나 복잡한 매질 중에서 분석 대상물질만을 선택적으로 추출하여 분석하고자 할 때 사용한다.

67 크롬-원자흡수분광광도법의 정량한계에 관한 내용으로 옳은 것은?

㉮ 357.9nm에서 산처리법은 0.1mg/L, 용매추출법은 0.01mg/L이다.
㉯ 357.9nm에서 산처리법은 0.01mg/L, 용매추출법은 0.1mg/L이다.
㉰ 357.9nm에서 산처리법은 0.01mg/L, 용매추출법은 0.001mg/L이다.
㉱ 357.9nm에서 산처리법은 0.001mg/L, 용매추출법은 0.01mg/L이다.

[풀이] 크롬의 원자흡수분광광도법은 공기-아세틸렌불꽃을 주입하여 분석하며, 정량한계는 357.9nm에서 산처리법은 0.01mg/L, 용매추출법은 0.001mg/L이다.

68 물벼룩 급성 독성 항목을 분석하기 위한 시료의 최대 보존기간은?

㉮ 6시간   ㉯ 24시간
㉰ 36시간 ㉱ 48시간

[풀이] 물벼룩 급성 독성 항목을 분석하기 위한 시료의 최대 보존기간은 36시간이다.

69 식물성 플랑크톤 측정에 관한 설명으로 틀린 것은?

㉮ 시료가 육안으로 녹색이나 갈색으로 보일 경우 정제수로 적절한 농도로 희석한다.
㉯ 물속에 식물성 플랑크톤은 평판집락법을 이용하여 면적당 분포하는 개체수를 조사한다.
㉰ 식물성 플랑크톤은 운동력이 없거나 극히 적어 수체의 유동에 따라 수체 내에 부유하면서 생활하는 단일개체, 집락성, 선상형태의 광합성 생물을 총칭한다.
㉱ 시료의 개체수는 개수면적당 10~40정도가 되도록 희석 또는 농축한다.

[풀이] ㉯ 물속에 부유생물인 식물성 플랑크톤을 현미경계수법을 이용하여 개체수를 조사하는 정량분석 방법이다.

정답 66 ㉱ 67 ㉰ 68 ㉰ 69 ㉯

70 다음은 시안(자외선 가시선 분광법) 측정에 관한 내용이다. ( )안에 내용으로 옳은 것은?

> 물속에 존재하는 시안을 측정하기 위하여 시료를 pH 2 이하의 산성에서 가열 증류하여 시안화물 및 시안착화합물의 대부분을 시안화수소로 유출시켜 포집한 다음, 포집된 시안이온을 중화하고 ( )을(를) 넣어 생성된 염화시안이 피리딘-피라졸론 등의 발색 시약과 반응하여 나타나는 청색을 620nm에서 측정하는 방법이다.

㉮ 클로라민 - T
㉯ 설퍼민 아마이드산
㉰ 염화제이철
㉱ 하이포염소산

TIP

시안의 자외선 가시선 분광법
물속에 존재하는 시안을 측정하기 위하여 시료를 pH 2 이하의 산성에서 가열 증류하여 시안화물 및 시안착화합물의 대부분을 시안화수소로 유출시켜 포집한 다음 포집된 시안이온을 중화하고 클로라민-T를 넣어 생성된 염화시안이 피리딘-피라졸론 등의 발색 시약과 반응하여 나타나는 청색을 620 nm에서 측정하는 방법이며, 정량한계는 0.01mg/L이다.

71 4각 웨어에 의하여 유량을 측정하려고 한다. 웨어의 수두 0.5m, 절단의 폭이 4m이면 유량(m³/분)은? (단, 유량 계수는 4.8 이다.)

㉮ 약 4.3
㉯ 약 6.8
㉰ 약 8.1
㉱ 약 10.4

풀이

$Q(m^3/min) = k \times b \times h^{\frac{3}{2}}$
- k : 유량계수
- b : 절단폭(m)
- h : 수두(m)

따라서 $Q = 4.8 \times 4m \times (0.5m)^{\frac{3}{2}} = 6.79 m^3/min$

72 벤튜리미터(Venturi Meter)의 유량 측정공식, $Q = \dfrac{C \cdot A}{\sqrt{1-[(ㄱ)]^4}} \cdot \sqrt{2gH}$ 에서 (ㄱ)에 들어갈 내용으로 옳은 것은?

(단, Q : 유량(cm³/sec), C : 유량계수, A : 목 부분의 단면적(cm³), g : 중력가속도(980cm/sec²), H : 수두차(cm))

㉮ 유입부의 직경/목(throat)부 직경
㉯ 목(throat)부 직경/유입부의 직경
㉰ 유입부 관 중심부에서의 수두/목(throat)부의 수두
㉱ 목(throat)부의 수두/유입부 관 중심부에서의 수두

정답 70 ㉮ 71 ㉯ 72 ㉯

73 다음 유량계 중 최대유량/최소유량 비가 가장 큰 것은?

㉮ 벤튜리미터
㉯ 오리피스
㉰ 자기식 유량 측정기
㉱ 피토우관

[풀이] 유량계에 따른 정밀/정확도 및 최대유속과 최소유속의 비율

유량계	범위 (최대유량 : 최소유량)	정확도, (실제유량에 대한, %)	정밀도, (최대유량에 대한, %)
벤튜리미터	4 : 1	± 1	± 0.5
유량측정용 노즐	4 : 1	± 0.3	± 0.5
오리피스	4 : 1	± 1	± 1
피토우관	3 : 1	± 3	± 1
자기식 유량 측정기	10 : 1	± 1~2	± 0.5

74 양극벗김전압전류법으로 분석할 수 있는 금속과 가장 거리가 먼 것은? (단, 공정시험기준)

㉮ 구리   ㉯ 납
㉰ 비소   ㉱ 아연

[풀이] 분석방법
㉮ 구리 : 원자흡수분광광도법, 자외선/가시선 분광법, 유도결합플라스마 - 원자발광분광법, 유도결합플라스마 - 질량분석법
㉯ 납 : 원자흡수분광광도법, 자외선/가시선 분광법, 유도결합플라스마 - 원자발광분광법, 유도결합플라스마 - 질량분석법, 양극벗김전압전류법
㉰ 비소 : 수소화물생성 - 원자흡수분광광도법, 자외선/가시선 분광법, 유도결합플라스마 - 원자발광분광법, 유도결합플라스마 - 질량분석법, 양극벗김전압전류법
㉱ 아연 : 원자흡수분광광도법, 자외선/가시선 분광법, 유도결합플라스마 - 원자발광분광법, 유도결합플라스마 - 질량분석법, 양극벗김전압전류법

75 부유물질 측정시 간섭물질에 관한 설명과 가장 거리가 먼 것은?

㉮ 유지(oil) 및 혼합되지 않는 유기물도 여과지에 남아 부유물질 측정값을 높게 할 수 있다.
㉯ 철 또는 칼슘이 높은 시료는 금속 침전이 발생하며 부유물질 측정에 영향을 줄 수 있다.
㉰ 나무 조각, 큰 모래입자 등과 같은 큰 입자들은 부유물질 측정에 방해를 주며, 이 경우 직경 2mm 금속망에 먼저 통과시킨 후 분석을 실시한다.
㉱ 증발잔유물이 1000mg/L 이상인 공장폐수 등은 여과지에 의한 측정 오차를 최소화하기 위해 여과지 세척을 하지 않는다.

[풀이] ㉱ 증발잔유물이 1000mg/L 이상인 경우의 해수, 공장폐수 등은 특별히 취급하지 않을 경우 높은 부유물질 값을 나타낼 수 있다. 이 경우 여과지를 여러번 세척한다.

76 정도관리 요소 중 정밀도를 옳게 나타낸 것은? (단, n : 연속적으로 측정한 횟수)

㉮ 정밀도(%) = (n회 측정한 결과의 평균값/표준편차)×100
㉯ 정밀도(%) = (표준편차/n회 측정한 결과의 평균값)×100
㉰ 정밀도(%) = (상대편차/n회 측정한 결과의 평균값)×100
㉱ 정밀도(%) = (n회 측정한 결과의 평균값/상대편차)×100

[풀이] 정밀도(precision)는 시험분석 결과의 반복성을 나타내는 것으로 반복시험하여 얻은 결과를 상대표준편차(RSD, relative standard deviation)로 나타내며, 연속적으로 n회 측정한 결과의 평균값($\bar{x}$)과 표준편차(s)로 구한다.

정밀도(%) = $\dfrac{s(표준편차)}{\bar{x}(n회\ 측정한\ 결과의\ 평균값)}$×100

정답 73 ㉰   74 ㉮   75 ㉱   76 ㉯

77 공정시험기준의 내용으로 옳지 않은 것은?

㉮ 온수는 60~70℃, 냉수는 15℃ 이하를 말한다.
㉯ 방울수는 20℃에서 정제수 20방울을 적하할 때 그 부피가 약 1mL가 되는 것을 뜻한다.
㉰ '정밀히 단다'라 함은 규정된 수치의 무게를 0.1mg까지 다는 것을 말한다.
㉱ 각각의 시험은 따로 규정이 없는 한 상온에서 조작하고 조작 직후에 그 결과를 관찰한다. 단, 온도의 영향이 있는 것의 판정은 표준온도를 기준으로 한다.

[풀이] ㉰ '정밀히 단다'라 함은 규정된 양의 시료를 취하여 화학저울 또는 미량저울로 칭량함을 말한다.

78 폐수 내 불소화합물 측정에 적용 가능한 시험방법과 가장 거리가 먼 것은? (단, 공정시험기준)

㉮ 자외선 가시선 분광법
㉯ 불꽃원자흡수분광광도법
㉰ 이온전극법
㉱ 이온크로마토그래피

[풀이] 폐수 내 불소화합물 측정에 적용 가능한 시험방법으로는 자외선 가시선 분광법, 이온전극법, 이온크로마토그래피, 연속흐름법이 있다.

79 다음은 총대장균군-시험관법에 관한 설명이다. ( )안에 내용으로 옳은 것은?

> 물속에 존재하는 총대장균군을 측정하는 방법으로 ( )으로 나뉘며 추정시험이 양성일 경우 확정시험을 시행한다.

㉮ 배지를 이용하는 추정시험과 배양시험관을 이용하는 확정시험 방법
㉯ 배양시험관을 이용하는 추정시험과 배지를 이용하는 확정시험 방법
㉰ 백금이를 이용하는 추정시험과 다람시험관을 이용하는 확정시험방법
㉱ 다람시험관을 이용하는 추정시험과 백금이를 이용하는 확정시험 방법

80 시료의 보존방법과 최대보존기간에 관한 내용으로 틀린 것은?

㉮ 탁도 측정대상 시료는 4℃ 냉암소에 보존하고 최대 보존기간은 48시간이다.
㉯ 시안 측정대상 시료는 4℃에서 NaOH로 pH 12 이상으로 하여 보존하고 최대 보존기간은 14일이다.
㉰ 냄새 측정대상 시료는 4℃로 보존하며 최대 보존기간은 12시간이다.
㉱ 전기전도도 측정대상 시료는 4℃로 보존하며 최대보존기간은 24시간이다.

[풀이] ㉰ 냄새 측정대상 시료는 가능한 한 즉시 분석 또는 냉장 보관하며, 최대 보존기간은 6시간이다.

정답 77 ㉰ 78 ㉯ 79 ㉱ 80 ㉰

제5과목 | 수질환경관계법규

81 수질 및 수생태계 환경기준 중 해역의 생활환경 기준 항목이 아닌 것은?

㉮ 음이온계면활성제
㉯ 용매 추출유분
㉰ 총대장균군
㉱ 수소이온농도

풀이 수질 및 수생태계 환경기준 중 해역의 생활환경 기준 항목은 수소이온농도, 총대장균군, 용매추출유분이다.

82 수질 및 수생태계 환경기준 중 하천에서의 사람의 건강보호 기준으로 옳은 것은?

㉮ 사염화탄소 : 0.05mg/L 이하
㉯ 디클로로메탄 : 0.05mg/L 이하
㉰ 벤젠 : 0.01mg/L 이하
㉱ 카드뮴 : 0.01mg/L 이하

풀이 ㉮ 사염화탄소 : 0.004mg/L 이하
㉯ 디클로로메탄 : 0.02mg/L 이하
㉱ 카드뮴 : 0.005mg/L 이하

83 위임업무 보고 업무내용 중 보고횟수가 연 1회에 해당되는 것은?

㉮ 기타 수질오염원 현황
㉯ 환경기술인의 자격별, 업종별 신고현황
㉰ 폐수무방류배출시설의 설치허가 현황
㉱ 폐수처리업에 대한 등록, 지도단속실적 및 처리실적 현황

풀이 보고횟수
㉮ 기타 수질오염원 현황 : 연 2회
㉯ 환경기술인의 자격별, 업종별 신고현황 : 연 1회
㉰ 폐수무방류배출시설의 설치허가 현황 : 수시
㉱ 폐수처리업에 대한 등록, 지도단속실적 및 처리실적 현황 : 연 2회

84 폐수의 처리능력과 처리가능성을 고려하여 수탁하여야 하는 준수사항을 지키지 아니한 폐수처리업자에 대한 벌칙기준은?

㉮ 100만원 이하의 벌금
㉯ 200만원 이하의 벌금
㉰ 300만원 이하의 벌금
㉱ 500만원 이하의 벌금

풀이 ㉱ 500만원 이하의 벌금에 해당한다.

85 수질 및 수생태계 정책 심의 위원회에 관한 내용으로 틀린 것은?

㉮ 환경부장관의 소속으로 수질 및 수생태계 정책심의위원회를 둔다.
㉯ 위원회는 위원장과 부위원장 각 1인을 포함한 20인 이내의 위원으로 구성한다.
㉰ 위원회의 운영 등에 관한 필요한 사항은 환경부령으로 정한다.
㉱ 위원회의 위원장은 환경부장관으로 하고, 부위원장은 위원 중에서 위원장이 임명 또는 위촉하는 자로 한다.

풀이 ㉰ 위원회의 운영 등에 관한 필요한 사항은 대통령령으로 정한다.

참고 법 개정으로 삭제됨

정답 81 ㉮ 82 ㉰ 83 ㉯ 84 ㉱ 85 ㉰

86 환경부장관이 수질원격감시체계 관제센터를 설치 운영할 수 있는 곳은?

㉮ 유역환경청
㉯ 한국환경공단
㉰ 국립환경과학원
㉱ 시·도 보건환경연구원

[풀이] 환경부장관이 수질원격감시체계 관제센터를 설치 운영할 수 있는 곳은 한국환경공단이다.

87 특별자치시장·특별자치도지사·시장, 군수, 구청장(자치구의 구청장을 말한다)이 낚시금지구역 또는 낚시제한구역을 지정하려는 경우 고려할 사항과 가장 거리가 먼 것은?

㉮ 용수의 목적
㉯ 오염원 현황
㉰ 낚시터 인근에서의 쓰레기 발생 현황 및 처리여건
㉱ 계절별 낚시 인구의 현황

[풀이] 낚시금지구역 또는 낚시제한구역을 지정할 경우 고려사항
① 용수의 목적
② 오염원 현황
③ 수질오염도
④ 낚시터 인근에서의 쓰레기 발생 현황 및 처리 여건
⑤ 연도별 낚시 인구의 현황
⑥ 서식 어류의 종류 및 양 등 수중생태계의 현황

88 공공폐수처리시설의 방류수 수질기준으로 틀린 것은? (단, Ⅳ지역 기준, ( )는 농공단지 공공폐수처리시설의 방류수 수질기준임)

㉮ BOD : 10(10)mg/L 이하
㉯ TOC : 25(25)mg/L 이하
㉰ 총질소(T-N) : 20(20)mg/L 이하
㉱ 총인(T-P) : 1(1)mg/L 이하

[풀이] ㉱ 총인(T-P) : 2(2)mg/L 이하

89 물환경보전법에서 사용하는 용어 정의 내용 중 호소에 해당되지 않는 지역은? (단, 만수위(댐의 경우에는 계획홍수위를 말한다) 구역안에 물과 토지를 말한다.)

㉮ 둑([사방사업법]에 의한 사방시설 포함)에 의해 물이 가두어진 곳
㉯ 댐, 보를 쌓아 하천 또는 계곡에 흐르는 물을 가두어 놓은 곳
㉰ 하천에 흐르는 물이 자연적으로 가두어진 곳
㉱ 화산활동 등으로 인하여 함몰된 지역에 물이 가두어진 곳

[풀이] ㉮ 둑([사방사업법]에 의한 사방시설 제외에 의해 물이 가두어진 곳

TIP

호소
다음 각목의 어느 하나에 해당하는 지역으로서 만수위(댐의 경우에는 계획 홍수위를 말한다)구역 안의 물과 토지를 말한다.
① 댐·보 또는 둑(사방사업법에 의한 사방시설을 제외한다) 등을 쌓아 하천 또는 계곡에 흐르는 물을 가두어 놓은 곳
② 하천에 흐르는 물이 자연적으로 가두어진 곳
③ 화산활동 등으로 인하여 함몰된 지역에 물이 가두어진 곳

정답 86 ㉯ 87 ㉱ 88 ㉱ 89 ㉮

90 비점오염저감시설 중 자연형 시설인 인공습지의 설치기준으로 틀린 것은?

㉮ 인공습지의 유입구에서 유출구까지의 유로는 최대한 길게 하고 길이 대 폭은 5 : 1 이상으로 한다.
㉯ 유입부에서 유출부까지의 경사는 0.5퍼센트 이상 1.0퍼센트 이하의 범위를 초과하지 아니하도록 한다.
㉰ 습지에는 물이 연중 항상 있을 수 있도록 유량공급 대책을 마련하여야 한다.
㉱ 생물의 서식 공간을 창출하기 위하여 5종부터 7종까지의 다양한 식물을 심어 생물다양성을 증가시킨다.

[풀이] ㉮ 인공습지의 유입구에서 유출구까지의 유로는 최대한 길게 하고 길이 대 폭은 2 : 1 이상으로 한다.

91 오염총량관리기본계획에 포함되어야 하는 사항과 가장 거리가 먼 것은?

㉮ 관할 지역에서 배출되는 오염부하량의 총량 및 저감계획
㉯ 당해 지역 개발계획으로 인하여 추가로 배출되는 오염부하량 및 그 저감계획
㉰ 당해 지역별 및 개발계획에 따른 오염부하량의 할당
㉱ 당해지역 개발계획의 내용

[풀이] ㉰ 지방자치단체별·수계구간별 오염부하량의 할당

92 폐수배출시설에서 배출되는 수질오염물질인 부유물질량의 배출허용 기준은? (단, 나지역, 1일 폐수배출량 2천세제곱미터 미만 기준)

㉮ 80mg/L 이하   ㉯ 90mg/L 이하
㉰ 120mg/L 이하 ㉱ 130mg/L 이하

[풀이] 항목별 배출허용기준

대상규모 항목 지역구분	1일 폐수배출량 2천 세제곱미터 이상			1일 폐수배출량 2천 세제곱미터 미만		
	생물화학적 산소요구량 (mg/L)	총유기탄소량 (mg/L)	부유물질량 (mg/L)	생물화학적 산소요구량 (mg/L)	총유기탄소량 (mg/L)	부유물질량 (mg/L)
청정지역	30 이하	25 이하	30 이하	40 이하	30 이하	40 이하
가지역	60 이하	40 이하	60 이하	80 이하	50 이하	80 이하
나지역	80 이하	50 이하	80 이하	120 이하	75 이하	120 이하
특례지역	30 이하	25 이하	30 이하	30 이하	25 이하	30 이하

93 다음은 초과배출부과금 산정에 적용되는 배출허용기준 위반횟수별 부과계수에 관한 내용이다. ( )안에 옳은 내용은?

폐수무방류배출시설에 대한 위반횟수별 부과계수 : 처음 위반한 경우 (   )로 하고 다음 위반부터는 그 위반 직전의 부과계수에 1.5를 곱한 것으로 한다.

㉮ 1.3   ㉯ 1.5
㉰ 1.8   ㉱ 2.0

94 물놀이 등이 행위제한 권고기준으로 옳은 것은?

㉮ 수영 등 물놀이 : 대장균 - 500(개체수/mL) 이상
㉯ 수영 등 물놀이 : 대장균 - 100(개체수/mL) 이상
㉰ 어패류 등 섭취 : 어패류 체내 총 수은 - 0.3mg/kg 이상
㉱ 어패류 등 섭취 : 체내 카드뮴 - 0.03mg/kg 이상

정답 90 ㉮ 91 ㉰ 92 ㉰ 93 ㉰ 94 ㉰

[풀이] 물놀이 등의 행위제한 권고기준

대상 행위	항목	기준
수영 등 물놀이	대장균	500(개체수/100mL) 이상
어패류 등 섭취	어패류 체내 총 수은(Hg)	0.3(mg/kg) 이상

95 업무상 과실 또는 중대한 과실로 인하여 공공수역에 특정수질유해물질을 누출, 유출시킨자에 대한 벌칙기준은?

㉮ 1년 이하의 징역 또는 1천만원 이하의 벌금
㉯ 2년 이하의 징역 또는 1천5백만원 이하의 벌금
㉰ 3년 이하의 징역 또는 3천만원 이하의 벌금
㉱ 5년 이하의 징역 또는 5천만원 이하의 벌금

[풀이] ㉮ 1년 이하의 징역 또는 1천만원 이하의 벌금에 해당한다.

96 수질오염경보의 종류별, 경보단계별 조치사항에 관한 내용 중 조류경보(조류대발생경보단계)시 취수장, 정수장, 관리자의 조치사항으로 틀린 것은?

㉮ 정수의 독소 분석 실시
㉯ 정수처리 강화(활성탄 처리, 오존처리)
㉰ 취수구와 조류 우심지역에 대한 방어막 설치
㉱ 조류증식 수심 이하로 취수구 이동

[풀이] ㉰ 취수구와 조류 우심지역에 대한 방어막 설치는 수면관리자의 조치사항이다.

97 수질오염경보의 종류별 경보단계 및 그 단계별 발령, 해제기준에 관한 내용 중 조류경보의 해제기준으로 옳은 것은?
(단, 상수원구간 기준)

㉮ 2회 연속 채취시 남조류의 세포수가 100세포/mL 미만인 경우
㉯ 2회 연속 채취시 남조류의 세포수가 200세포/mL 미만인 경우
㉰ 2회 연속 채취시 남조류의 세포수가 500세포/mL 미만인 경우
㉱ 2회 연속 채취시 남조류의 세포수가 1,000세포/mL 미만인 경우

[풀이] 조류경보의 해제기준은 ㉱ 2회 연속 채취시 남조류의 세포수가 1,000세포/mL 미만인 경우이다.

정답 95 ㉮ 96 ㉰ 97 ㉱

98 다음은 총량관리 단위유역의 수질 측정 방법에 관한 내용이다. ( )안에 옳은 내용은?

> 목표수질지점별로 연간 ( ) 이상 측정하여야 한다.

㉮ 10회 ㉯ 15회
㉰ 20회 ㉱ 30회

99 다음은 공공폐수처리시설의 유지, 관리 기준에 관한 내용이다. ( )안에 옳은 내용은?

> 처리시설의 가동시간, 폐수방류량, 약품 투입량, 관리 운영자, 그 밖에 처리시설의 운영에 관한 주요사항을 사실대로 매일 기록하고 이를 최종 기록한 날부터 ( ) 보전하여야 한다.

㉮ 1년간 ㉯ 2년간
㉰ 3년간 ㉱ 5년간

100 다음의 수질오염방지시설 중 생물화학적 처리시설이 아닌 것은?

㉮ 접촉   ㉯ 살균시설
㉰ 폭기시설 ㉱ 살수여과상

[풀이] ㉮ 접촉조 : 생물화학적 처리시설
㉯ 살균시설 : 화학적 처리시설
㉰ 폭기시설 : 생물화학적 처리시설
㉱ 살수여과상 : 생물화학적 처리시설

정답 98 ㉱ 99 ㉮ 100 ㉯

2013년 3회 수질환경기사

2013년 8월 18일 시행

제1과목 | 수질오염개론

01 최종 BOD가 15mg/L, DO가 5mg/L인 하천의 상류지점으로부터 6일 유하거리의 하류지점에서의 DO농도는 몇 mg/L인가? (단, DO 포화농도 9mg/L, 탈산소 계수는 0.1/day, 재폭기 계수는 0.2/day이다. 상용대수 기준, 온도영향 고려치 않음)

㉮ 3.1 ㉯ 4.3
㉰ 5.9 ㉱ 6.3

풀이 ① $D_t = \dfrac{k_1 \times L_o}{k_2 - k_1} \times (10^{-k_1 \times t} - 10^{-k_2 \times t}) + D_o \times (10^{-k_2 \times t})$

D_t : t시간 후 DO 부족농도(mg/L)
k_1 : 탈산소계수(/day)
k_2 : 재폭기계수(/day)
L_o : 최종 BOD(= BOD_u)(mg/L)
D_o : 초기산소 부족량(mg/L)
D_o = 포화 DO 농도(Cs)-하천의 DO 농도(C)

따라서 $D_t = \dfrac{0.1/day \times 15mg/L}{0.2/day - 0.1/day}$
$\times (10^{-0.1/day \times 6day} - 10^{-0.2/day \times 6day})$
$+ (9mg/L - 5mg/L) \times (10^{-0.2/day \times 6day})$
$= 3.07mg/L$

② 6일 유하거리의 하류지점에서의 DO 농도
$= Cs - D_t = 9mg/L - 3.07mg/L = 5.93mg/L$

02 탈산소계수가 0.15/day이면 BOD_5와 BOD_u의 비는? (단, BOD_5/BOD_u, 밑수는 상용대수이다.

㉮ 약 0.69 ㉯ 약 0.74
㉰ 약 0.82 ㉱ 약 0.91

풀이 $BOD_5 = BOD_u \times (1 - 10^{-k_1 \times t})$

$\dfrac{BOD_5}{BOD_u} = 1 - 10^{(-k_1 \times t)} = 1 - 10^{(-0.15/day \times 5day)}$
$= 0.82$

03 어떤 A도시에 유량 4.2m³/sec, 유속 0.4m/sec, BOD 7mg/L인 하천이 흐르고 있다. 이 하천에 유량 25.2m³/min, BOD 500mg/L인 공장폐수가 유입되고 있다면 하천수와 공장폐수와 합류지점의 BOD는? (단, 완전 혼합이라 가정함)

㉮ 약 33mg/L ㉯ 약 45mg/L
㉰ 약 52mg/L ㉱ 약 67mg/L

풀이 혼합공식 $C_m = \dfrac{Q_1C_1 + Q_2C_2}{Q_1 + Q_2}$ 를 이용한다.

$C_m = \dfrac{4.2m^3/sec \times 7mg/L + 25.2m^3/min \times 1min/60sec \times 500mg/L}{4.2m^3/sec + 25.2m^3/min \times 1min/60sec}$

$= 51.82mg/L$

 01 ㉰ 02 ㉰ 03 ㉰

04 지하수 오염의 특징으로 틀린 것은?

㉮ 지하수의 오염경로는 단순하여 오염원에 의한 오염범위를 명확하게 구분하기가 용이하다.
㉯ 지하수는 흐름을 눈으로 관찰할 수 없기 때문에 대부분의 경우 오염원의 흐름방향을 명확하게 확인하기 어렵다.
㉰ 오염된 지하수층을 제거, 원상 복구하는 것은 매우 어려우며 많은 비용과 시간이 소요된다.
㉱ 지하수는 대부분 지역에서 느린 속도로 이동하여 관측정이 오염원으로부터 원거리에 위치한 경우 오염원의 발견에 많은 시간이 소요될 수 있다.

[풀이] ㉮ 지하수의 오염경로는 복잡하여 오염원에 의한 오염범위를 명확하게 구분하기가 용이하지 못하다.

05 최종 BOD농도가 250mg/L인 글루코스($C_6H_{12}O_6$)용액을 호기성 처리할 때 필요한 이론적 질소(N) 농도는? (단, BOD_5 : N : P = 100 : 5 : 1, 탈산소계수(k = 0.01 hr^{-1}), 상용대수 기준)

㉮ 약 11.7mg/L   ㉯ 약 13.6mg/L
㉰ 약 15.4mg/L   ㉱ 약 17.4mg/L

[풀이] ① BOD_5를 계산한다.
$BOD_5 = BOD_u \times (1-10^{-k_1 \times t})$
$= 250mg/L \times (1-10^{-0.01/hr \times 24hr/day \times 5day})$
$= 234.23mg/L$
② 질소(N) 농도를 계산한다.
BOD_5 : N
100 : 5
234.23mg/L : N(mg/L)
∴ N = 11.71mg/L

06 액체내의 콜로이드들을 응집시키는데 기본적 메카니즘과 가장 거리가 먼 것은?

㉮ 이중층의 압축 완화
㉯ 전하의 중화
㉰ 침전물에 의한 포착
㉱ 입자간의 가교 형성

[풀이] ㉮ 이중층의 압축 강화

07 $Ca(OH)_2$ 농도가 50mg/L인 용액의 pH는? (단, $Ca(OH)_2$는 완전 해리되며, Ca의 원자량은 40 이다.)

㉮ 11.1   ㉯ 11.3
㉰ 11.5   ㉱ 11.7

[풀이] $Ca(OH)_2 \rightarrow Ca^{2+} + 2OH^-$
  XM   XM   2XM
① $Ca(OH)_2$의 mol/L를 구한다.
$\dfrac{mol}{L} = \dfrac{50 \times 10^{-3}g}{L} \times \dfrac{1mol}{74g} = 6.757 \times 10^{-4} mol/L$
② $[OH^-]$농도 = 2XM = $2 \times 6.757 \times 10^{-4}$ mol/L
③ pH = $14 + \log[OH^-]$
= $14 + \log[2 \times 6.757 \times 10^{-4} mol/L]$
= 11.13

TIP
pH 계산
① 산성물질 pH = $-\log[H^+]$
② 알칼리성물질 pH = $14 + \log[OH^-]$

정답 04 ㉮ 05 ㉮ 06 ㉮ 07 ㉮

08 생분뇨의 BOD는 19,500ppm, 염소이온 농도는 4,500ppm이다. 정화조 방류수의 염소이온 농도가 225ppm이고 BOD농도가 30ppm일 때, 정화조의 BOD 제거 효율은? (단, 희석 적용, 염소는 분해되지 않음)

㉮ 96% ㉯ 97%
㉰ 98% ㉱ 99%

풀이 ① 희석배수치(P)를 계산한다.
$$P = \frac{\text{유입수 Cl}^-}{\text{유출수 Cl}^-} = \frac{4500\text{ppm}}{225\text{ppm}} = 20$$
② BOD 제거효율(η)를 계산한다.
$$\eta = \left(1 - \frac{\text{유출수 BOD} \times P}{\text{유입수 BOD}}\right) \times 100$$
$$= \left(1 - \frac{30\text{ppm} \times 20}{19,500\text{ppm}}\right) \times 100 = 96.92\%$$

09 부영양화의 영향으로 틀린 것은?

㉮ 부영양화가 진행되면 상품가치가 높은 어종들이 사라져 수산업의 수익성이 저하된다.
㉯ 부영양화된 호수의 수질은 질소와 인 등 영양염류의 이상 성장을 초래하고 병충해에 대한 저항력을 약화시킨다.
㉰ 부영양화의 pH는 중성 또는 약산성이나 여름에는 일시적으로 강산성을 나타내어 저니층의 용출을 유발한다.
㉱ 조류로 인해 정수공정의 효율이 저하된다.

풀이 ㉰ 부영양화의 pH는 중성 또는 약알칼리성이나 여름에는 일시적으로 강알칼리성을 나타내어 저니층의 용출을 유발한다.

10 용액을 통해 흐르는 전류의 특성으로 틀린 것은?

㉮ 전류는 전자에 의해 운반된다.
㉯ 온도의 상승은 저항을 감소시킨다.
㉰ 대체로 전기저항이 금속의 경우보다 크다.
㉱ 용액에서 화학변화가 일어난다.

풀이 ㉮ 전류는 전하에 의해 운반된다.

11 진핵세포 또는 원핵세포 내 기관 중 단백질 합성이 주요 기능인 것은?

㉮ 미토콘드리아 ㉯ 리보솜
㉰ 액포 ㉱ 리소좀

풀이 주요기능
㉮ 미토콘드리아 : 세포내 에너지 생성
㉯ 리보솜 : 단백질 생성
㉰ 액포 : 노폐물 배출 및 저장
㉱ 리소좀 : 소화기능

12 에탄올(C_2H_5OH) 300mg/L가 함유된 폐수의 이론적 COD값은? (단, 기타 오염물질은 고려하지 않음)

㉮ 312mg/L ㉯ 453mg/L
㉰ 578mg/L ㉱ 626mg/L

풀이 $C_2H_5OH + 3O_2 \rightarrow 2CO_2 + 3H_2O$
46g : 3×32g
300mg/L : COD
∴ COD = 626.09mg/L

정답 08 ㉯ 09 ㉰ 10 ㉮ 11 ㉯ 12 ㉱

13 자당(sucrose, $C_{12}H_{22}O_{11}$)이 완전히 산화될 때 이론적인 ThOD/ThOC 비는?

㉮ 2.67 ㉯ 3.83
㉰ 4.43 ㉱ 5.68

[풀이] $C_{12}H_{22}O_{11} + 12O_2 \rightarrow 12CO_2 + 11H_2O$

$$\frac{ThOD(이론적인 산소요구량)}{ThOC(이론적인 유기탄소량)} = \frac{12 \times 32g}{12 \times 12g} = 2.67$$

14 약산인 $0.01N-CH_3COOH$가 18% 해리되어 있다면 이 수용액의 pH는?

㉮ 약 2.15 ㉯ 약 2.25
㉰ 약 2.45 ㉱ 약 2.75

[풀이]
$$CH_3COOH \xrightarrow{18\% 해리} CH_3COO^- + H^+$$

해리 전   0.01M   0M   0M
해리 후 0.01M-0.01M×0.18   0.01M×0.18 0.01M×0.18

따라서 $pH = -\log[H^+] = -\log[0.01M \times 0.18] = 2.75$

TIP
① CH_3COOH는 1가이므로 M농도 = N농도 이다.
② 해리후 $[H^+]$농도 = 0.01M×0.18이다.

15 다음의 기체 법칙 중 옳은 것은?

㉮ Boyle의 법칙 : 일정한 압력에서 기체의 부피는 절대온도에 정비례한다.
㉯ Henry의 법칙 : 기체가 관련된 화학반응에서는 반응하는 기체와 생성되는 기체의 부피 사이에 정수관계가 있다.
㉰ Graham의 법칙 : 기체의 확산속도(조그마한 구멍을 통한 기체의 탈출)는 기체 분자량의 제곱근에 반비례 한다.
㉱ Gay-Lussac의 결합 부피 법칙 : 혼합 기체 내의 각 기체의 부분압력은 혼합물 속의 기체의 양에 비례한다.

[풀이]
㉮ Boyle의 법칙 : 일정온도에서 기체의 압력과 그 부피는 서로 반비례한다.
㉯ Henry의 법칙 : 용해도가 크지 않은 기체가 일정한 온도에서 일정량의 액체에 녹는 무게는 압력에 비례하며, 혼합기체는 그 부분압력에 비례한다.
㉱ Gay-Lussac의 결합 부피 법칙 : 기체가 관련된 화학반응에서는 반응하는 기체와 생성된 기체의 부피사이에는 정수관계가 성립된다.

16 바닷물 중에는 0.054M의 $MgCl_2$가 포함되어 있다. 바닷물 250mL에는 몇 g의 $MgCl_2$가 포함되어 있는가? (단, Mg 및 Cl의 원자량은 각각 24.3 및 35.5임)

㉮ 약 0.8g ㉯ 약 1.3g
㉰ 약 2.6g ㉱ 약 3.9g

[풀이] $MgCl_2$의 1mol = 95.3g

$$\frac{mol}{L} = \frac{w(g)}{V(L)} \times \frac{1mol}{분자량(g)}$$

따라서 $0.054M(mol/L) = \frac{w(g)}{0.25L} \times \frac{1mol}{95.3g}$

∴ w = 1.29g

17 어떤 시료의 생물학적 분해가능 유기물질의 농도가 35mg/L이며, 시료에 함유된 물질의 경험적인 분자식을 $C_6H_{11}ON_2$라고 할 때 이 물질이 완전 산화되는데 소요되는 산소농도(mg/L)는? (단, 분해 최종산물은 CO_2, H_2O, NH_3이다.)

㉮ 40mg/L ㉯ 50mg/L
㉰ 60mg/L ㉱ 70mg/L

[풀이] $C_6H_{11}ON_2 + 6.75O_2 \rightarrow 6CO_2 + 2.5H_2O + 2NH_3$
127g : 6.75×32g
35mg/L : X(mg/L)
∴ X = 59.53mg/L

정답 13 ㉮ 14 ㉱ 15 ㉰ 16 ㉯ 17 ㉰

18 0.1ppb Cd 용액 1L 중에 들어 있는 Cd의 양(g)은?

㉮ 1×10^{-6} ㉯ 1×10^{-7}
㉰ 1×10^{-8} ㉱ 1×10^{-9}

[풀이] 0.1ppb = 0.1μg/L

따라서 $Cd(g) = \dfrac{0.1\mu g}{L} \times \dfrac{1g}{10^6 \mu g} \times 1L$
$= 1.0 \times 10^{-7} g$

19 5g의 $Ca(OH)_2$를 $Ca(HCO_3)_2$와 완전히 반응 시킨다면 $CaCO_3$의 이론적 생성량은? (단, Ca 원자량 : 40)

㉮ 6.3g ㉯ 9.8g
㉰ 11.4g ㉱ 13.5g

[풀이] $Ca(OH)_2 + Ca(HCO_3)_2 \rightarrow 2CaCO_3 + 2H_2O$
74g : $2 \times 100g$
5g : X
∴ X = 13.51g

20 산업폐수의 BOD_5가 235mg/L이며, BOD_u는 350mg/L이라면 BOD_3은? (단, 기타 조건은 같음, base는 상용대수)

㉮ 약 141mg/L ㉯ 약 151mg/L
㉰ 약 161mg/L ㉱ 약 171mg/L

[풀이] ① k_1(탈산소계수)를 계산한다.
$BOD_5 = BOD_u \times (1-10^{-k_1 \times t})$
$235mg/L = 350mg/L \times (1-10^{-k_1 \times 5day})$

∴ $k_1 = \dfrac{\log\left(1-\dfrac{235mg/L}{350mg/L}\right)}{-5day} = 0.09667/day$

② BOD_3를 계산한다.
$BOD_3 = BOD_u \times (1-10^{-k_1 \times t})$
$= 350mg/L \times (1-10^{-0.09667/day \times 3day})$
$= 170.50mg/L$

| 제2과목 | 상하수도계획

21 계획오수량에 관한 설명으로 틀린 것은?

㉮ 지하수량은 1인1일 최대오수량의 5~10%를 표준으로 한다.
㉯ 계획1일최대오수량은 1인1일 최대오수량에 계획인구를 곱한 후, 여기에 공장 폐수량, 지하수량 및 기타 배수량을 더한 것으로 한다.
㉰ 계획1일평균오수량은 계획1일최대오수량의 70~80%를 표준으로 한다.
㉱ 계획시간최대오수량은 계획1일최대오수량의 1시간당 수량의 1.3~1.8배를 표준으로 한다.

[풀이] ㉮ 지하수량은 1인1일 최대오수량의 10~20%를 표준으로 한다.

22 펌프 수격작용(Water hammer)의 방지대책으로 틀린 것은? (단, 수주분리 발생의 방지법 기준)

㉮ 펌프의 플라이휠을 제거하여 관성을 최소화 한다.
㉯ 토출측 관로에 압력조절수조를 설치해서 부압발생장소에 물을 보급하여 부압을 방지함과 아울러 압력상승도 흡수한다.
㉰ 토출측 관로에 일방향 압력조절수조를 설치하여 압력강하시에 물을 보급해서 부압 발생을 방지한다.
㉱ 관내유속을 낮추거나 관거상황을 변경한다.

[풀이] ㉮ 펌프의 플라이휠을 붙인다.

정답 18 ㉯ 19 ㉱ 20 ㉱ 21 ㉮ 22 ㉮

23 다음은 상수 급수시설인 급수관의 배관에 관한 내용이다. ( )안에 옳은 내용은?

> 급수관을 공공도로에 부설할 경우에는 도로 관리자가 정한 점용위치와 깊이에 따라 배관해야 하며 다른 매설물과의 간격을 ( )이상 확보한다.

㉮ 0.3m ㉯ 0.5m
㉰ 1.0m ㉱ 1.5m

24 배수시설인 배수관의 최소동수압 및 최대정수압 기준으로 옳은 것은? (단, 급수관을 분기하는 지점에서 배수관내 수압기준)

㉮ 100kPa 이상을 확보 함, 500kPa를 초과하지 않아야 함.
㉯ 100kPa 이상을 확보 함, 600kPa를 초과하지 않아야 함.
㉰ 150kPa 이상을 확보 함, 700kPa를 초과하지 않아야 함.
㉱ 150kPa 이상을 확보 함, 800kPa를 초과하지 않아야 함.

[풀이] 배수지의 최소동수압 150kPa, 최대동수압 400kPa, 최대정수압 700kPa을 초과하지 않아야 한다.

25 취수지점으로부터 정수장까지 원수를 공급하는 시설 배관은?

㉮ 취수관 ㉯ 송수관
㉰ 도수관 ㉱ 배수관

[풀이] 취수지점으로부터 정수장까지 원수를 공급하는 시설 배관은 도수관이다.

26 상수도시설인 배수지 용량에 대한 설명으로 옳은 것은?

㉮ 유효용량은 시간변동조정용량과 비상대처용량을 합하여 급수구역의 계획시간최대급수량의 8시간 분 이상을 표준으로 한다.
㉯ 유효용량은 시간변동조정용량과 비상대처용량을 합하여 급수구역의 계획시간최대급수량의 12시간 분 이상을 표준으로 한다.
㉰ 유효용량은 시간변동조정용량과 비상대처용량을 합하여 급수구역의 계획1일 최대급수량의 8시간 분 이상을 표준으로 한다.
㉱ 유효용량은 시간변동조정용량과 비상대처용량을 합하여 급수구역의 계획1일 최대급수량의 12시간 분 이상을 표준으로 한다.

27 하수처리시설 중 소독시설에서 사용하는 오존의 장단점으로 틀린 것은?

㉮ 병원균에 대하여 살균작용이 강하다.
㉯ 철 및 망간의 제거능력이 크다.
㉰ 경제성이 좋다.
㉱ 바이러스의 불활성화 효과가 크다.

[풀이] ㉰ 경제성이 낮다.

정답 23 ㉮ 24 ㉰ 25 ㉰ 26 ㉱ 27 ㉰

28 정수시설인 용존공기부상 공정 중 플록 형성지에 관한 설명으로 틀린 것은?

㉮ 약품침전지의 플록형성지에 비하여 상대적으로 낮은 교반강도를 갖는다.
㉯ 교반시간, 즉 체류시간은 일반적으로 15 ~ 20분 정도이다.
㉰ 기포플록덩어리가 부상지 수면쪽으로 향하도록 부상지 유입구에 경사진 저류벽을 설치한다.
㉱ 플록형성지 폭은 부상지의 폭과 같도록 한다.

풀이 ㉮ 약품침전지의 플록형성지에 비하여 상대적으로 높은 교반강도를 갖는다.

29 상수도시설인 정수시설 중 급속 여과지의 여과모래에 대한 기준으로 틀린 것은?

㉮ 강열감량은 0.75% 이하일 것
㉯ 균등계수는 2.7 이하일 것
㉰ 비중은 2.55 ~ 2.65의 범위일 것
㉱ 마모율은 3% 이하일 것

풀이 ㉯ 균등계수는 1.7 이하일 것

30 하수처리, 재이용계획에서 계획오염부하량 및 계획유입수질에 관한 설명으로 틀린 것은?

㉮ 계획유입수질 : 하수의 계획유입수질은 계획오염부하량을 계획1일평균오수량으로 나눈 값으로 한다.
㉯ 공장폐수에 의한 오염부하량 : 폐수배출부하량이 큰 공장은 업종별 오염부하량 원단위를 기초로 추정하는 것이 바람직하다.
㉰ 생활오수에 의한 오염부하량 : 1인1일당 오염부하량 원단위를 기초로 하여 정한다.
㉱ 관광오수에 의한 오염부하량 : 당일관광과 숙박으로 나누고 각각의 원단위에서 추정한다.

풀이 ㉯ 공장폐수에 의한 오염부하량 : 재해시설 등을 감안하되 실측자료를 기초로 하여 정함을 원칙으로 한다.

31 상수도관 부식의 종류 중 매크로셀 부식으로 분류되지 않는 것은? (단, 자연 부식 기준)

㉮ 콘크리트·토양
㉯ 이종금속
㉰ 산소농담(통기차)
㉱ 박테리아

풀이 ㉱ 박테리아는 Micro cell 부식이다.

TIP

자연부식의 종류
① Macro cell 부식 : 콘크리트, 토양, 이종금속, 산소농담(통기차)
② Micro cell 부식 : 산성토양, 박테리아, 일반토양, 대기중 부식

정답 28 ㉮ 29 ㉯ 30 ㉯ 31 ㉱

32 하수관거의 접합방법 중 굴착 깊이를 얕게 함으로써 공사비용을 줄일 수 있으며 수위상승을 방지하고 양정고를 줄일 수 있어 펌프로 배수하는 지역에 적합하나 상류부에서는 동수경사선이 관정보다 높이 올라갈 우려가 있는 것은?

㉮ 수면접합   ㉯ 관중심접합
㉰ 관저접합   ㉱ 관정접합

풀이 ㉰ 관저접합에 대한 설명이다.

33 하천수를 수원으로 하는 경우, 취수시설인 취수문에 대한 설명으로 틀린 것은?

㉮ 취수지점은 일반적으로 상류부의 소하천에 사용하고 있다.
㉯ 하상변동이 작은 지점에서 취수할 수 있어 복단면의 하천 취수에 유리하다.
㉰ 시공조건에서 일반적으로 가물막이를 하고 임시하도 설치 등을 고려해야 한다.
㉱ 기상조건에서 파랑에 대하여 특히 고려할 필요는 없다.

34 펌프의 토출량이 12m³/min, 펌프의 유효흡입수두 8m, 규정회전수 2000회/분인 경우, 이 펌프의 비교 회전도는?
(단, 양흡입의 경우가 아님)

㉮ 892   ㉯ 1045
㉰ 1286   ㉱ 1457

풀이 $Ns = N \times \dfrac{Q^{1/2}}{H^{3/4}}$

Ns : 비교회전도(rpm = 횟수/min)
N : 규정회전수(rpm)
Q : 토출량(m³/min)
H : 총양정(m)

따라서 $Ns = 2000회/분 \times \dfrac{(12m^3/min)^{1/2}}{(8m)^{3/4}}$
= 1457rpm

35 하수슬러지 농축방법 중 잉여슬러지 농축에 부적합한 것은?

㉮ 부상식 농축   ㉯ 중력식 농축
㉰ 원심분리 농축 ㉱ 중력벨트 농축

풀이 ㉯ 중력식 농축은 1차 슬러지에 적합하다.

36 계획급수인구 결정시 시계열경향분석에 의한 장래인구의 추계방법이 아닌 것은?

㉮ 변동곡선식에 의한 방법
㉯ 수정지수곡선식에 의한 방법
㉰ 베기곡선식에 의한 방법
㉱ 이론곡선식에 의한 방법

37 하수 고도처리(잔류 SS 및 잔류 용존유기물 제거)방법인 막 분리법에 적용되는 분리막 모듈 형식과 가장 거리가 먼 것은?

㉮ 중공사형   ㉯ 투사형
㉰ 판형   ㉱ 나선형

풀이 분리막의 모듈 형식에는 중공사형, 관형, 판형, 나선형이 있다.

정답 32 ㉰ 33 ㉱ 34 ㉱ 35 ㉯ 36 ㉮ 37 ㉯

38 막여과 정수시설의 막을 약품 세척할 때 사용되는 약품과 제거가능 물질을 나열한 것 중 잘못된 것은?

㉮ 수산화나트륨 : 유기물
㉯ 황산 : 무기물
㉰ 옥살산 : 유기물
㉱ 산 세제 : 무기물

풀이 ㉰ 옥살산 : 무기물

39 예비용량을 감안한 정수시설의 적정 가동율은?

㉮ 55% 내외가 적정하다.
㉯ 65% 내외가 적정하다.
㉰ 75% 내외가 적정하다.
㉱ 85% 내외가 적정하다.

풀이 예비용량을 감안한 정수시설의 적정 가동율은 75% 내외가 적정하다.

40 배수지의 고수위와 저수위와의 수위차, 즉 배수지의 유효수심의 표준으로 적절한 것은?

㉮ 1~2m   ㉯ 2~4m
㉰ 3~6m   ㉱ 5~8m

풀이 배수지의 유효수심의 표준으로는 3~6m이다.

| 제3과목 | 수질오염방지기술

41 폭기조의 MLSS농도를 3000mg/L로 유지하기 위한 슬러지 반송비는? (단, SVI = 120, 유입수내 SS는 무시한다.)

㉮ 0.43   ㉯ 0.56
㉰ 0.62   ㉱ 0.74

풀이 반송비(R) = $\frac{MLSS - SS_i}{SS_r - MLSS}$ 유입수의 SS 무시하면

$R = \frac{MLSS}{SS_r - MLSS} = \frac{2500mg/L \times 1000m^3}{25m^3/day \times 1 \times 10^4 mg/L} = 10day$

① $SVI = \frac{10^6}{SS_r}$ 에서

$SS_r = \frac{10^6}{SVI} = \frac{10^6}{120} = 8333.33mg/L$

② 반송비(R) = $\frac{3000mg/L}{8333.33mg/L - 3000mg/L} = 0.56$

42 폭기조내의 MLSS 3,000mg/L, 폭기조 용적이 500m³인 활성슬러지 처리공법에서 최종 침전지에서 유출하는 SS를 무시할 경우 매일 20m³ 슬러지를 배출시키면 세포 평균 체류시간(SRT)은? (단, 배출 슬러지 농도는 1%)

㉮ 3.5일   ㉯ 5.5일
㉰ 7.5일   ㉱ 9.5일

풀이 $SRT = \frac{MLSS \cdot V}{Q_w \cdot SS_w} = \frac{3,000mg/L \times 500m^3}{20m^3/day \times 1 \times 10^4 mg/L}$
= 7.5day

TIP
① SRT = MCRT = θ_C = 미생물 체류시간
　　= 고형물 체류시간
② % $\xrightarrow{\times 10^4}$ ppm
③ ppm = mg/L
④ SS_w = 1% = 1×10⁴ppm = 1×10⁴mg/L

정답 38 ㉰   39 ㉰   40 ㉰   41 ㉯   42 ㉰

43 생물학적 질소, 인 제거공정에서 폭기조의 기능과 가장 거리가 먼 것은?

㉮ 질산화 ㉯ 유기물 제거
㉰ 탈질 ㉱ 인 과잉섭취

[풀이] ㉰ 탈질은 무산소조의 역할이다.

44 생물학적 인 제거 공정 중 A/O 공법의 장단점으로 틀린 것은?

㉮ 폐슬러지내의 인의 함량(1% 이하)이 낮다.
㉯ 타공법에 비하여 운전이 비교적 간단하다.
㉰ 높은 BOD/P 비가 요구된다.
㉱ 비교적 수리학적 체류시간이 짧다.

[풀이] ㉮ 폐슬러지내의 인의 함량이 높다.

45 슬러지 개량을 위한 열처리의 장점으로 틀린 것은?

㉮ 고온 분해에 따라 악취가 발생되지 않는다.
㉯ 일반적으로 약품처리가 필요 없다.
㉰ 슬러지를 안정화시키고 병원균을 사멸한다.
㉱ 슬러지 성분변화에 민감하지 않다.

[풀이] ㉮ 악취가 발생된다.

46 BOD 150mg/L의 폐수 800m³/d를 깊이 2m, 표면적 300m²의 살수여상조로 처리하는 공장에서 면적 절약을 위해 기존의 살수여상조를 깊이 4m, BOD 부하 0.6kg/m³·d의 활성슬러지법 폭기조로 개조하였다면 살수여상조 및 폭기조의 각 표면적만을 비교하였을 때 약 몇 m²가 절약되는가?

㉮ 100m² ㉯ 150m²
㉰ 200m² ㉱ 250m²

[풀이] ① BOD의 체적부하(kg/m³·day)

$= \dfrac{BOD(kg/m^3) \times Q(m^3/day)}{V(m^3)}$

$= \dfrac{BOD(kg/m^3) \times Q(m^3/day)}{A(m^2) \times H(m)}$

따라서 $0.6kg/m^3 \cdot day = \dfrac{0.15kg/m^3 \times 800m^3/day}{A(m^2) \times 4m}$

∴ A = 50m²

② 절약되는 면적 = 300m² − 50m² = 250m²

47 플록을 형성하여 침강하는 입자들이 서로 방해를 받으므로 침전속도는 점차 감소하게 되며 침전하는 부유물과 상등수 간에 뚜렷한 경계면이 생기는 침전형태로 가장 적합한 것은?

㉮ 지역침전 ㉯ 압축침전
㉰ 압밀침전 ㉱ 응집침전

[풀이] ㉮ 지역침전(Ⅲ형침전)에 대한 설명이다.

정답 43 ㉰ 44 ㉮ 45 ㉮ 46 ㉱ 47 ㉮

48 활성슬러지 처리시설의 유출수에 대장균이 10^7 마리/100mL가 있다고 할 때 이를 200마리/100mL 이하로 낮추기 위해 필요한 염소잔류량(C_t)은? (단, 접촉시간은 20분으로 규정한다.)

$$\frac{N_t}{N_0} = (1+0.23C_t \cdot t)^{-3}$$

㉮ 3.1mg/L ㉯ 5.6mg/L
㉰ 7.8mg/L ㉱ 9.4mg/L

풀이 $\frac{N_t}{N_0} = (1+0.23 \times C_t \times t)^{-3}$

$\begin{bmatrix} N_0 : 초기\ 대장균수 \\ N_t : t시간\ 후\ 대장균수 \\ C_t : 염소잔류량(mg/L) \\ t : 접촉시간(min) \end{bmatrix}$

따라서 $\frac{200}{10^7} = (1+0.23 \times C_t \times 20\text{min})^{-3}$

$\left(\frac{200}{10^7}\right)^{-\frac{1}{3}} = (1+0.23 \times C_t \times 20\text{min})$

∴ $C_t = 7.79$mg/L

49 역삼투 장치로 하루에 20,000L의 3차 처리된 유출수를 탈염시키고자 한다. 25℃에서의 물질전달 계수는 0.2068L/{(day−m²)(kPa)}, 유입수와 유출수의 압력차는 2400kPa, 유입수와 유출수의 삼투압차는 310kPa, 최저운전온도는 10℃이다. 요구되는 막면적은? (단, $A_{10℃}$ = 1.2$A_{25℃}$)

㉮ 약 39m² ㉯ 약 56m²
㉰ 약 78m² ㉱ 약 94m²

풀이 ① $Q_F = k \times (\triangle P - \triangle \pi)$

$\begin{bmatrix} Q_F : 유출수량(L/m^2 \cdot day) \\ k : 물질전달계수(L/m^2 \cdot day \cdot kpa) \\ \triangle P : 압력차(kPa) \end{bmatrix}$

따라서
$Q_F = 0.2068\text{L/day} \cdot \text{m}^2 \cdot \text{kPa} \times (2,400-310)\text{kPa}$
$= 432.212\text{L/day} \cdot \text{m}^2$

② 25℃ 막의 면적($A_{25℃}$) = $\frac{Q(L/day)}{Q_F(L/day \cdot m^2)}$

$= \frac{200,000\text{L/day}}{432.212\text{L/m}^2 \cdot \text{day}} = 46.27\text{m}^2$

③ $A_{10℃} = 1.2 \times A_{25℃} = 1.2 \times 46.27\text{m}^2 = 55.52\text{m}^2$

50 BOD 200mg/L인 폐수가 1,200m³/day로 폭기조에 유입되고 있다. 폭기조 부피는 400m³, MLSS 농도는 2,000mg/L이다. F/M비를 0.15kgBOD/kgMLSS·d로 유지하자면 MLSS 농도를 얼마만큼 증가시켜야 되겠는가?

㉮ 500mg/L ㉯ 1,000mg/L
㉰ 1,500mg/L ㉱ 2,000mg/L

풀이 ① F/M비 = $\frac{BOD \times Q}{MLSS \times V}$

$0.15/\text{day} = \frac{200\text{mg/L} \times 1,200\text{m}^3/\text{day}}{MLSS \times 400\text{m}^3}$

∴ MLSS = 4,000mg/L

② △MLSS = 4,000mg/L − 2,000mg/L = 2,000mg/L

51 폭기조 혼합액을 30분간 침전시킨 후 침전물의 부피가 600mL/L이고 이때 MLSS가 3000mg/L이면 SVI는?

㉮ 140　　㉯ 160
㉰ 180　　㉱ 200

풀이 $SVI = \dfrac{SV(mL/L)}{MLSS(mg/L)} \times 10^3 = \dfrac{600mL/L}{3000mg/L} \times 10^3 = 200$

TIP
① SVI : 슬러지 용적지수
② SVI의 단위 : mL/g
③ 정상침강 : SVI가 50 ~ 150
④ 슬러지 팽화 : SVI가 200 이상

52 함수율이 98%이고 고형물내 VS함량이 65%인 축산폐수 200m³/day를 혐기성 소화로 처리하고자 한다. 혐기성 소화조의 고형물 부하를 7.5kgVS/m³-day로 설계하고자 할 때 소화조의 용량은? (단, 축산폐수내 고형물의 비중은 1.0 이다.)

㉮ 238m³　　㉯ 347m³
㉰ 436m³　　㉱ 583m³

풀이 고형물 부하(kg/m³ · day)
$= \dfrac{폐수량(m^3/day) \times 고형물량 \times VS량 \times 비중량(kg/m^3)}{체적(m^3)}$

$7.5 kg/m^3 \cdot day = \dfrac{200m^3/day \times 0.02 \times 0.65 \times 1,000 kg/m^3}{V(m^3)}$

∴ V = 346.67m³

TIP
① 고형물(%)+함수율(%) = 100%
② 고형물(%) = 100-함수율(%)
　　　　　　 = 100-98% = 2%

53 속도경사(velocity gradient)에 대한 설명으로 틀린 것은?

㉮ 속도경사는 점성계수가 클수록 커진다.
㉯ 속도경사는 동력이 클수록 커진다.
㉰ 일반적으로 속도경사의 단위는 sec⁻¹이다.
㉱ 속도경사는 반응조 용적이 클수록 작아진다.

풀이 ㉮ 속도경사는 점성계수가 클수록 작아진다.

54 다음의 중금속과 그 처리방법으로 가장 거리가 먼 것은?

㉮ 카드뮴 - 아말감 침전법
㉯ 납 - 황화물 침전법
㉰ 시안 - 알칼리염소법
㉱ 비소 - 수산화물 공침법

풀이 처리방법
㉮ 카드뮴 : 부상법, 여과법, 침전법(수산화물, 황화물, 탄산염), 이온교환법, 흡착법
㉯ 납 : 황화물 침전법, 수산화물 침전법
㉰ 시안 : 알칼리염소법, 오존산화법, 전해산화법, 산성탈기법, 감청법, 충격법, 전기투석법
㉱ 비소 - 수산화물 공침법

정답 51 ㉱　52 ㉯　53 ㉮　54 ㉮

55 BOD 200mg/L, 유량 25m³/hr인 폐수를 활성슬러지법으로 처리하고자 한다. BOD 용적부하를 0.6kg BOD/m³·day로 유지하려면 폭기조의 수리학적 체류시간은?

㉮ 4시간 ㉯ 6시간
㉰ 8시간 ㉱ 10시간

풀이

① BOD 용적부하$(kg/m^3 \cdot day) = \dfrac{BOD \times Q}{V}$

따라서

$0.6 kg/m^3 \cdot day = \dfrac{0.2 kg/m^3 \times 25 m^3/hr \times 24 hr/day}{V(m^3)}$

∴ $V = 200 m^3$

② 수리학적 체류시간$(t) = \dfrac{V}{Q} = \dfrac{200 m^3}{25 m^3/hr} = 8 hr$

56 어떤 폐수의 암모니아성 질소가 10mg/L이고 동화작용에 충분한 유기탄소(CH_3OH)를 공급한다. 처리장의 유량이 3000m³/day라면 미생물에 의한 완전한 동화작용 결과 생성되는 미생물생산량은? (단, $20CH_3OH + 15O_2 + 3NH_3 \rightarrow 3C_5H_7NO_2 + 5CO_2 + 34H_2O$를 적용한다.)

㉮ 242kg/day ㉯ 314kg/day
㉰ 434kg/day ㉱ 513kg/day

풀이

$3NH_3-N : 3C_5H_7O_2N$
$3 \times 14 g : 3 \times 113 g$
$10 \times 10^{-3} kg/m^3 \times 3,000 m^3/day : x$
∴ $x = 242.14 kg/day$

TIP

암모니아성 질소(NH_3-N)의 농도가 10mg/L이므로 암모니아 중 질소(N)와 미생물($C_5H_7O_2N$)을 비로 놓고 문제를 풀이한다.

57 폭기조의 유입수 BOD = 150mg/L, 유출수 BOD = 10mg/L, MLSS = 2500mg/L, 미생물성장계수(Y) = 0.7kg, MLSS/kg BOD, 내생호흡계수(ke) = 0.01day⁻¹, 폭기시간(△t) = 6시간 이다. 미생물체류시간(θ_c)은?

㉮ 5.4일 ㉯ 6.8일
㉰ 7.4일 ㉱ 8.7일

풀이

$SRT = \dfrac{MLSS \times t}{Y \times (BOD_i - BOD_o) - ke \times MLSS \times t}$

$= \dfrac{2.5 kg/m^3 \times \left(\dfrac{6hr}{24}\right) day}{0.7 \times (0.15-0.01) kg/m^3 - 0.01/day \times 2.5 kg/m^3 \times \left(\dfrac{6hr}{24}\right) day}$

$= 6.81 day$

TIP

① $SRT = \dfrac{MLSS \cdot V}{Q_w \cdot SS_w}$

② $Q_w \cdot SS_w = Y \cdot Q \cdot (BOD_i - BOD_o) - kd \cdot MLSS \cdot V$

②식의 $Q_w \cdot SS_w$를 ①식의 $Q_w \cdot SS_w$에 대입한다.

$SRT = \dfrac{MLSS \cdot V}{Y \cdot Q \cdot (BOD_i - BOD_o) - kd \cdot MLSS \cdot V}$

여기서 $V = Q \times t$를 대입한다.

$SRT = \dfrac{MLSS \cdot Q \cdot t}{Y \cdot Q \cdot (BOD_i - BOD_o) - kd \cdot MLSS \cdot Q \cdot t}$

따라서 $SRT = \dfrac{MLSS \times t}{Y \times (BOD_i - BOD_o) - kd \times MLSS \times t}$

정답 55 ㉰ 56 ㉮ 57 ㉯

58 최종 BOD 5kg을 혐기성 조건에서 안정화 시킬 때 생산되는 이론적 메탄의 양은? (단, 유기물은 $C_6H_{12}O_6$로 가정함.)

㉮ 0.45kg ㉯ 1.25kg
㉰ 2.15kg ㉱ 3.65kg

풀이 ① 유기물($C_6H_{12}O_6$)의 양을 계산한다.
$C_6H_{12}O_6 + 6O_2 \rightarrow 6CO_2 + 6H_2O$
180g : 6×32g
X_1 : 5kg
X_1 = 4.6875kg
② CH_4의 양을 계산한다.
$C_6H_{12}O_6 \rightarrow 3CO_2 + 3CH_4$
180g : 3×16g
4.6875kg : X_2
X_2 = 1.25kg

59 처리인구 5,200명인 2차 하수처리시설로 폭기식 라군 공정을 설계하고자 한다. 유량은 380L/cap·day, 유입 BOD_5는 200mg/L, 유출 BOD_5 20mg/L, k(반응속도상수) = 2.1/day이며 kg BOD_5 당 1.6kg 산소가 필요하다면 필요 반응시간에 따른 총 라군 부피는? (단, 1차 반응, 1차 침전지에서 유입 BOD_5의 33% 제거된다.)

㉮ 3,360m³ ㉯ 4,360m³
㉰ 5,360m³ ㉱ 6,360m³

풀이 $Q(C_o - C_t) = k \cdot V \cdot C_t$
Q = 0.38m³/cap·day×5200명 = 1976m³/day
C_o = 200mg/L×(1-0.33) = 134mg/L
따라서 1976m³/day×(134-20)mg/L
= 2.1/day×V×20mg/L
∴ V = 5,363.43m³

60 직사각형 급속여과지를 설계하고자 한다. 설계조건이 다음과 같을 때, 급속여과지의 지수는 몇 개가 필요한가?

[설계조건]
• 유량 30,000m³/day
• 여과속도 120m/day
• 여과지 1지의 길이 10m, 폭 7m, 기타 조건은 고려하지 않음

㉮ 2 ㉯ 4
㉰ 6 ㉱ 8

풀이 여과속도(m/day) = $\dfrac{\text{유량}(m^3/day)}{\text{여과지 면적}(m^2) \times \text{지수}(N)}$

120m/day = $\dfrac{30{,}000m^3/day}{10m \times 7m \times N}$

∴ N = 3.57 ≒ 4개

| 제4과목 | 수질오염공정시험기준

61 수질오염공정시험기준상 이온전극법으로 측정할 수 있는 대상 항목과 가장 거리가 먼 것은?

㉮ 브롬 ㉯ 시안
㉰ 암모니아성 질소 ㉱ 염소이온

풀이 시험방법
㉮ 브롬 : 이온크로마토그래피
㉯ 시안 : 자외선 가시선 분광법, 이온전극법, 연속흐름법
㉰ 암모니아성 질소 : 자외선 가시선 분광법, 이온전극법, 적정법
㉱ 염소이온 : 이온크로마토그래피, 적정법, 이온전극법

정답 58 ㉯ 59 ㉰ 60 ㉯ 61 ㉮

62 냄새 측정시 잔류염소 제거를 위해 첨가하는 용액은?

㉮ L-아스코빈산나트륨
㉯ 티오황산나트륨
㉰ 과망간산칼륨
㉱ 질산은

풀이 냄새 측정시 잔류염소 제거를 위해 첨가하는 용액은 티오황산나트륨 용액이다.

63 다음은 대장균(효소이용정량법) 측정에 관한 내용이다. ( )안에 옳은 내용은?

> 물속에 존재하는 대장균을 분석하기 위한 것으로, 효소기질 시약과 시료를 혼합하여 배양한 후 ( ) 검출기로 측정하는 방법이다.

㉮ 자외선   ㉯ 적외선
㉰ 가시선   ㉱ 기전력

64 수질오염공정시험기준 총칙에 관한 설명으로 옳지 않은 것은?

㉮ 분석용 저울은 0.1mg까지 달 수 있는 것이어야 한다.
㉯ 시험결과의 표시는 정량한계의 결과 표시 자리수를 따르며, 정량한계 미만은 불검출된 것으로 간주한다.
㉰ '바탕시험을 하여 보정한다'라 함은 시료를 사용하여 같은 방법으로 조작한 측정치를 보정하는 것을 말한다.
㉱ '정확히 취하여'라 하는 것은 규정한 양의 액체를 부피피펫으로 눈금까지 취하는 것을 말한다.

풀이 ㉰ '바탕시험을 하여 보정한다'라 함은 시료에 대한 처리 및 측정을 할때, 시료를 사용하지 않고 같은 방법으로 조작한 측정치를 빼는 것을 뜻한다.

65 총질소 실험방법과 가장 거리가 먼 것은? (단, 수질오염공정시험 기준)

㉮ 연속흐름법
㉯ 자외선 가시선 분광법 - 활성탄흡착법
㉰ 자외선 가시선 분광법 - 카드뮴·구리 환원법
㉱ 자외선 가시선 분광법 - 환원증류·킬달법

풀이 총질소 실험방법으로는 자외선 가시선 분광법(산화법), 자외선 가시선 분광법(카드뮴-구리 환원법), 자외선 가시선 분광법(환원증류-킬달법), 연속흐름법이 있다.

66 음이온 계면활성제를 자외선/가시선 분광법으로 측정할 때 사용되는 시약으로 옳은 것은?

㉮ 메틸 레드   ㉯ 메틸 오렌지
㉰ 메틸렌 블루   ㉱ 메틸렌 옐로우

풀이 음이온 계면활성제의 자외선 가시선 분광법 : 메틸렌블루와 반응시켜 생성된 청색의 착화합물을 클로로포름으로 추출하여 흡광도를 650 nm에서 측정하는 방법이다.

정답 62 ㉯ 63 ㉮ 64 ㉰ 65 ㉯ 66 ㉰

67 다음은 관내의 압력이 필요하지 않은 측정용 수로에서 유량을 측정하는데 적용하는 방법 중 용기에 의한 측정에 관한 내용이다. ( )안에 옳은 내용은?

> 최대 유량이 1m³/분 미만인 경우 : 유수를 용기에 받아서 측정하며 용기는 용량 ( )를 사용하여 유수를 채우는데에 요하는 시간을 스톱워치로 잰다.

㉮ 100L ~ 200L ㉯ 200L ~ 300L
㉰ 300L ~ 400L ㉱ 400L ~ 500L

68 부유물질 측정시 간섭물질에 관한 설명으로 틀린 것은?

㉮ 증발잔류물이 1000mg/L 이상인 경우의 해수, 공장폐수 등은 특별히 취급하지 않을 경우, 높은 부유물질 값을 나타낼 수 있다.
㉯ 큰 모래입자 등과 같은 큰 입자들은 부유물질 측정에 방해를 주며 이 경우 직경 1mm 여과지에 먼저 통과시킨 후 분석을 실시한다.
㉰ 철 또는 칼슘이 높은 시료는 금속침전이 발생하며 부유물질 측정에 영향을 줄 수 있다.
㉱ 유지 및 혼합되지 않는 유기물도 여과지에 남아 부유물질 측정값을 높게 할 수 있다.

풀이 ㉯ 큰 모래입자 등과 같은 큰 입자들은 부유물질 측정에 방해를 주며 이 경우 직경 2mm 금속망에 먼저 통과시킨 후 분석을 실시한다.

69 다음은 자외선 가시선 분광법을 적용하여 페놀류를 측정할 때 간섭물질에 관한 설명이다. ( )안에 옳은 내용은?

> 황화합물의 간섭을 받을 수 있는데 이는 ( )을 사용하여 pH로 산성화하여 교반하면 황화수소, 이산화황으로 제거할 수 있다.

㉮ 염산 ㉯ 질산
㉰ 인산 ㉱ 과염소산

70 적정법으로 염소이온을 측정할 때 정량한계로 옳은 것은?

㉮ 0.1mg/L ㉯ 0.3mg/L
㉰ 0.5mg/L ㉱ 0.7mg/L

풀이 염소이온의 정량한계
① 이온크로마토그래피 : 0.1mg/L
② 적정법 : 0.7mg/L
③ 이온전극법 : 5mg/L

71 금속류인 바륨의 시험방법과 가장 거리가 먼 것은? (단, 수질오염공정시험기준 적용)

㉮ 불꽃원자흡수분광광도법
㉯ 자외선 가시선 분광법
㉰ 유도결합플라스마 원자발광분광법
㉱ 유도결합플라스마 질량분석법

풀이 바륨의 시험방법으로는 불꽃원자흡수분광광도법, 유도결합플라스마-원자발광분광법, 유도결합플라스마-질량분석법이 있다.

정답 67 ㉮ 68 ㉯ 69 ㉰ 70 ㉱ 71 ㉯

72 파샬수로(Parshall flume)에 대한 설명으로 옳은 것은?

㉮ 수두차가 작은 경우에는 유량 측정의 정확도가 현저히 떨어진다.
㉯ 부유물질 또는 토사 등이 많이 섞여 있는 경우에는 목(throat)부분에 부유물질의 침전이 다량 발생되어 자연유하가 어렵다.
㉰ 재질은 부식에 대한 내구성이 강한 스테인레스 강판, 염화비닐합성수지 등을 이용하며 면처리는 매끄럽게 처리하여 가급적 마찰로 인한 수두손실을 적게 한다.
㉱ 관형 및 장방형으로 구분되며 패러데이(Faraday)의 법칙을 이용한다.

풀이 ㉮ 수두차가 작은 경우에는 유량 측정의 정확도가 양호하다.
㉯ 부유물질 또는 토사 등이 많이 섞여 있는 경우에는 목(throat)부분에 부유물질의 침전이 적고 자연유하가 가능하다.
㉱번의 설명은 자기식 유량측정기이다.

73 웨어의 수두가 0.8m, 절단의 폭이 5m인 4각 웨어를 사용하여 유량을 측정하고자 한다. 유량계수가 1.6일 때 유량(m³/day)은?

㉮ 약 4,345 ㉯ 약 6,925
㉰ 약 8,245 ㉱ 약 10,370

풀이 ① 4각웨어의 유량(Q) = $k \cdot b \cdot h^{\frac{3}{2}}$ (m³/min)

$\begin{bmatrix} k : 유량계수 \\ b : 폭(m) \\ h : 수두(m) \end{bmatrix}$

따라서 Q = 1.6×5m×(0.8m)$^{\frac{3}{2}}$ = 5.72m³/min

② Q(m³/day) = $\frac{5.72m^3}{min} \times \frac{60min}{1hr} \times \frac{24hr}{1day}$

= 8,243.04m³/day

74 온도 측정시 사용되는 용어 중 '담금'에 관한 내용으로 옳은 것은?

㉮ 온도 측정을 위해 대상 시료에 담그는 것으로 온담금과 반담금이 있다.
㉯ 온도 측정을 위해 대상 시료에 담그는 것으로 온담금과 부분담금이 있다.
㉰ 온도 측정을 위해 대상 시료에 담그는 것으로 온담금과 55mm 담금이 있다.
㉱ 온도 측정을 위해 대상 시료에 담그는 것으로 온담금과 76mm 담금이 있다.

75 다음은 자외선 가시선 분광법을 니켈의 측정 방법에 관한 내용이다. ( )안에 옳은 내용은?

> 니켈이온을 암모니아의 약 알칼리성에서 다이메틸글리옥심과 반응시켜 생성한 니켈착염을 클로로폼으로 추출하고 이것을 묽은 염산으로 역추출 한다. 추출물에 브롬과 암모니아수를 넣어 니켈을 산화시키고 다시 암모니아 알칼리성에서 다이메틸글리옥심과 반응하여 생성한 ( )의 흡광도를 측정한다.

㉮ 적색 니켈착염 ㉯ 청색 니켈착염
㉰ 적갈색 니켈착염 ㉱ 황갈색 니켈착염

정답 72 ㉰ 73 ㉰ 74 ㉱ 75 ㉰

76 총유기탄소 분석기기 내 산화부에서 유기탄소를 이산화탄소로 산화하는 방법으로 옳게 짝지은 것은?

㉮ 고온연소 산화방법, 저온연소 산화방법
㉯ 고온연소 산화방법, 전기전도도 산화방법
㉰ 고온연소 산화법, 과황산 열 산화법
㉱ 고온연소 산화방법, 비분산적외선 산화방법

풀이 유기탄소를 이산화탄소로 산화하는 방법으로는 고온연소 산화법, 과황산 UV 및 과황산 열 산화법이 있다.

77 다음 항목 중 시료 보존 방법이 나머지와 다른 것은?

㉮ 전기전도도
㉯ 아질산성 질소
㉰ 잔류염소
㉱ 음이온계면활성제

풀이 시료의 보존방법
㉮ 전기전도도 : 4℃ 보관
㉯ 아질산성 질소 : 4℃ 보관
㉰ 잔류염소 : 즉시 분석
㉱ 음이온계면활성제 : 4℃ 보관

78 다음은 크롬 분석에 관한 내용이다. ( )안에 옳은 내용은? (단, 크롬의 자외선 가시선 분광법 기준)

> 물속에 존재하는 크롬을 자외선 가시선 분광법으로 측정할 때 3가 크롬은 (   )을/를 첨가하여 6가 크롬으로 산화시킨다.

㉮ 과망간산칼륨   ㉯ 염화제일주석
㉰ 과염소산나트륨   ㉱ 사염화탄소

79 자외선 가시선 분광법을 적용한 불소측정에 관한 설명으로 틀린 것은?

㉮ 란탄알리자린 콤프렉손의 착화합물이 불소이온과 반응 생성하는 청색의 복합 착화합물의 흡광도를 620nm에서 측정한다.
㉯ 정량한계는 0.03mg/L이다.
㉰ 알루미늄 및 철의 방해가 크나 증류하면 영향이 없다.
㉱ 전처리법으로 직접증류법과 수증기증류법이 있다.

풀이 ㉯ 정량한계는 0.15mg/L이다.

80 다음 금속류 분석 시료 중 최대 보존기간이 가장 짧은 것은?

㉮ 비소   ㉯ 셀레늄
㉰ 알킬수은   ㉱ 6가크롬

풀이 최대 보존기간
㉮ 비소 : 6개월
㉯ 셀레늄 : 6개월
㉰ 알킬수은 : 1개월
㉱ 6가크롬 : 24시간

정답 76 ㉰ 77 ㉰ 78 ㉮ 79 ㉯ 80 ㉱

제5과목 | 수질환경관계법규

81 다음은 수질 및 수생태계 하천 환경기준 중 생활환경 기준에 적용되는 등급에 따른 수질 및 수생태계 상태를 나타낸 것이다. 어떤 등급의 수질 및 수생태계의 상태인가?

> 상당량의 오염물질로 인하여 용존산소가 소모되는 생태계로 농업용수로 사용하거나 여과, 침전, 활성탄 투입, 살균 등 고도의 정수처리 후 공업용수로 사용할 수 있음.

㉮ 약간 나쁨   ㉯ 나쁨
㉰ 상당히 나쁨 ㉱ 매우 나쁨

풀이 ㉮ 약간 나쁨에 해당한다.

82 국립환경과학원장, 유역환경청장, 지방환경청장이 설치할 수 있는 측정망의 종류와 가장 거리가 먼 것은?

㉮ 비점오염원에서 배출되는 비점오염물질 측정망
㉯ 퇴적물 측정망
㉰ 도심하천 측정망
㉱ 공공수역 유해물질 측정망

풀이 ㉰ 도심하천 측정망은 시·도지사, 대도시의 장, 수면관리자가 설치 운영하는 측정망의 종류이다.

TIP
측정망의 종류
1. 국립환경과학원장, 유역환경청장, 지방환경청장이 설치·운영하는 측정망의 종류
   ① 비점오염원에서 배출되는 비점오염물질 측정망
   ② 수질오염물질의 총량관리를 위한 측정망
   ③ 대규모 오염원의 하류지점 측정망
   ④ 수질오염경보를 위한 측정망
   ⑤ 대권역·중권역을 관리하기 위한 측정망
   ⑥ 공공수역 유해물질 측정망
   ⑦ 퇴적물 측정망
   ⑧ 생물 측정망
2. 시·도지사, 대도시의 장, 수면관리자가 설치·운영하는 측정망의 종류
   ① 소권역을 관리하기 위한 측정망
   ② 도심하천 측정망

83 다음은 호소수 이용 상황 등의 조사 측정에 관한 내용이다. ( )안에 옳은 내용은?

> 시도지사는 환경부장관이 지정, 고시하는 호소 외의 호소로서 만수위일 때의 면적이 ( ) 이상인 호소의 물환경 등을 정기적으로 조사, 측정하여야 한다.

㉮ 10만 제곱미터   ㉯ 20만 제곱미터
㉰ 30만 제곱미터   ㉱ 50만 제곱미터

84 오염총량관리 기본방침에 포함되어야 하는 사항과 가장 거리가 먼 것은?

㉮ 오염총량관리 대상지역
㉯ 오염원의 조사 및 오염부하량 산정방법
㉰ 오염총량관리의 대상 수질오염물질 종류
㉱ 오염총량관리의 목표

풀이 **오염총량관리기본방침에 포함되어야 하는 사항**
① 오염총량관리의 목표
② 오염총량관리의 대상 수질오염물질 종류
③ 오염원의 조사 및 오염부하량 산정방법
④ 오염총량관리기본계획의 주체, 내용, 방법 및 시한
⑤ 오염총량관리시행계획의 내용 및 방법

정답 81 ㉮ 82 ㉰ 83 ㉱ 84 ㉮

85 수질오염경보 중 수질오염감시경보 단계가 '관심'인 경우 한국환경공단이사장의 조치 사항으로 옳은 것은?

㉮ 물환경변화 감시 및 원인 조사
㉯ 지속적 모니터링을 통한 감시
㉰ 관심정보 발령 및 관계기관 통보
㉱ 원인조사 및 오염물질 추적 조사 지원

[풀이] 수질오염감시경보 단계가 '관심'인 경우 한국환경공단이사장의 조치 사항으로는 측정기기의 이상 여부 확인, 유역·지방환경청장에게 보고, 지속적 모니터링을 통한 감시가 있다.

86 다음은 환경부장관이 지정할 수 있는 비점오염원관리지역의 지정기준에 관한 내용이다. ( )안에 옳은 내용은?

> 인구 ( ) 이상인 도시로서 비점오염원관리가 필요한 지역

㉮ 10만 명   ㉯ 30만 명
㉰ 50만 명   ㉱ 100만 명

87 비점오염원의 변경신고 기준으로 옳은 것은?

㉮ 총 사업면적·개발면적 또는 사업장 부지면적이 처음 신고면적의 100분의 15 이상 증가 하는 경우
㉯ 총 사업면적·개발면적 또는 사업장 부지면적이 처음 신고면적의 100분의 20 이상 증가 하는 경우
㉰ 총 사업면적·개발면적 또는 사업장 부지면적이 처음 신고면적의 100분의 30 이상 증가 하는 경우
㉱ 총 사업면적·개발면적 또는 사업장 부지면적이 처음 신고면적의 100분의 50 이상 증가 하는 경우

[풀이] 비점오염원의 변경신고를 하여야 하는 경우
① 상호·대표자·사업명 또는 업종의 변경
② 총 사업면적·개발면적 또는 사업장 부지면적이 처음 신고면적의 100분의 15 이상 증가하는 경우
③ 비점오염저감 시설의 종류, 위치, 용량이 변경되는 경우
④ 비점오염원 또는 비점오염저감시설의 전부 또는 일부를 폐쇄하는 경우

88 유역환경청장이 수립하는 대권역 물환경관리 계획에 포함되어야 하는 사항과 가장 거리가 먼 것은?

㉮ 상수원 및 물 이용현황
㉯ 물환경 보전조치의 추진방향
㉰ 수질오염 예방 및 저감대책
㉱ 수질오염에 대한 환경영향평가

[풀이] 대권역계획에 포함되어야 하는 사항
① 물환경의 변화 추이 및 목표기준
② 상수원 및 물 이용현황
③ 점오염원, 비점오염원 및 기타 수질오염원의 분포현황
④ 점오염원, 비점오염원 및 기타 수질오염원에서 배출되는 수질오염물질의 양
⑤ 수질오염 예방 및 저감대책
⑥ 물환경 보전조치의 추진방향
⑦ 기후변화에 대한 적응대책

정답 85 ㉯ 86 ㉱ 87 ㉮ 88 ㉱

89 시도지사는 공공수역의 수질보전을 위하여 환경부령이 정하는 해발고도 이상에 위치한 농경지 중 환경부령이 정하는 경사도 이상의 농경지를 경작하는 자에 대하여 경작방식의 변경, 농약·비료의 사용량 저감, 휴경 등을 권고할 수 있다. 위에서 언급한 환경부령으로 정하는 해발고도와 경사도 기준으로 옳은 것은?

㉮ 400미터, 15퍼센트
㉯ 400미터, 25퍼센트
㉰ 600미터, 15퍼센트
㉱ 600미터, 25퍼센트

90 사업자가 배출시설 또는 방지시설의 설치를 완료하여 당해 배출시설 및 방지시설을 가동하고자 하는 때에는 환경부령이 정하는 바에 의하여 미리 환경부장관에게 가동시작 신고를 하여야 한다. 이를 위반하여 가동시작 신고를 하지 아니하고 조업한 자에 대한 벌칙 기준은?

㉮ 2백만원 이하의 벌금
㉯ 3백만원 이하의 벌금
㉰ 5백만원 이하의 벌금
㉱ 1년 이하의 징역 또는 1천만원 이하의 벌금

[풀이] ㉱ 1년 이하의 징역 또는 1천만원 이하의 벌금에 해당한다.

91 다음은 폐수무방류배출시설의 세부설치기준에 관한 내용이다. ( )안에 옳은 내용은?

특별대책지역에 설치되는 폐수무방류배출시설의 경우 1일 24시간 연속하여 가동되는 것이면 배출 폐수를 전량 처리할 수 있는 예비 방지시설을 설치하여야 하고 ( ) 이상이면 배출 폐수의 무방류 여부를 실시간으로 확인할 수 있는 원격유량감시장치를 설치하여야 한다.

㉮ 1일 최대 폐수발생량이 100세제곱미터
㉯ 1일 최대 폐수발생량이 200세제곱미터
㉰ 1일 최대 폐수발생량이 300세제곱미터
㉱ 1일 최대 폐수발생량이 500세제곱미터

92 다음 ( )안에 들어갈 알맞은 말은?

환경부장관은 공익을 목적으로 하는 사업장의 배출시설(폐수무방류배출시설은 제외)을 설치·운영하는 사업자에 대하여 조업정지를 명하여야 하는 경우로서 그 조업정지가 주민의 생활, 대외적인 신용, 고용, 물가 등 국민경제 또는 그 밖의 공익에 현저한 지장을 줄 우려가 있다고 인정되는 경우에는 조업정지처분을 갈음하여 매출액에 ( )를 곱한 금액을 초과하지 아니하는 범위에서 과징금을 부과할 수 있다.

㉮ 100분의 0.5   ㉯ 100분의 1
㉰ 100분의 5   ㉱ 100분의 10

정답 89 ㉮ 90 ㉱ 91 ㉯ 92 ㉰

93 다음의 수질오염방지시설 중 물리적 처리시설이 아닌 것은?

㉮ 혼합시설　　㉯ 침전물 개량시설
㉰ 응집시설　　㉱ 유수분리시설

▶풀이　수질오염방지시설의 종류
　㉮ 혼합시설 : 물리적 처리시설
　㉯ 침전물 개량시설 : 화학적 처리시설
　㉰ 응집시설 : 물리적 처리시설
　㉱ 유수분리시설 : 물리적 처리시설

94 특별시장·광역시장·특별자치도지사가 오염총량관리 시행계획을 수립할 때 포함되어야 하는 사항과 가장 거리가 먼 것은?

㉮ 해당 지역 개발계획의 내용
㉯ 수질예측산정자료 및 이행 모니터링 계획
㉰ 연차별 오염부하량 삭감목표 및 구체적 삭감 방안
㉱ 오염원 현황 및 예측

▶풀이　오염총량관리 시행계획을 수립할 때 포함되어야 하는 사항
　① 오염총량관리시행계획 대상 유역의 현황
　② 오염원 현황 및 예측
　③ 연차별 지역 개발계획으로 인하여 추가로 배출되는 오염부하량 및 해당 개발계획의 세부 내용
　④ 연차별 오염부하량 삭감 목표 및 구체적 삭감 방안
　⑤ 오염부하량 할당 시설별 삭감량 및 그 이행 시기
　⑥ 수질예측 산정자료 및 이행 모니터링 계획

95 환경기술인 등의 교육기간·대상자 등에 관한 내용으로 틀린 것은?

㉮ 최초교육 : 환경기술인 등이 최초로 업무에 종사한 날부터 1년 이내에 실시하는 교육
㉯ 보수교육 : 최초 교육 후 3년 마다 실시하는 교육
㉰ 환경기술인 교육기관 : 환경관리협회
㉱ 폐수처리업에 종사하는 기술요원의 교육기관 : 국립환경인재개발원

▶풀이　㉰ 환경기술인 교육기관 : 환경보전협회

96 시도지사가 골프장의 맹독성·고독성 농약의 사용여부를 확인하기 위해 골프장별로 농약사용량을 조사하고 농약 잔류량을 검사하여야 하는 주기 기준은?

㉮ 월 마다　　㉯ 분기 마다
㉰ 반기 마다　㉱ 년 마다

▶풀이　골프장별로 농약사용량을 조사하고 농약 잔류량 검사는 반기마다 한다.

97 공공폐수처리시설의 방류수 수질기준으로 틀린 것은? (단, Ⅰ지역 기준, (　)는 농공단지 공공폐수처리시설의 방류수 수질기준임)

㉮ BOD : 10(10)mg/L 이하
㉯ TOC : 15(25)mg/L 이하
㉰ 총질소(T-N) : 10(10)mg/L 이하
㉱ 총인(T-P) : 0.2(0.2)mg/L 이하

▶풀이　㉰ 총질소(T-N) : 20(20)mg/L 이하

정답　93 ㉯　94 ㉮　95 ㉰　96 ㉰　97 ㉰

98 수질 및 수생태계 환경기준 중 하천의 수질 및 수생태계 상태별 생물학적 특성 이해표 내용 중 생물등급이 [좋음~보통]인 경우, 생물지표종(저서생물)이 아닌 것은?

㉮ 붉은 딸따구   ㉯ 다슬기
㉰ 넓적거머리   ㉱ 동양하루살이

풀이 ㉮ 붉은 딸따구는 약간나쁨~매우나쁨에 해당한다.

TIP
생물등급이 [좋음~보통]인 경우, 생물지표종(저서생물)
다슬기, 넓적거머리, 강하루살이, 동양하루살이, 등줄하루살이, 등딱지하루살이, 물삿갓벌레, 큰줄날도래

99 다음은 오염총량관리 조사·연구반에 관한 내용이다. ( )안에 옳은 내용은?

법에 따른 오염총량관리 조사·연구반은 ( )에 둔다.

㉮ 한국환경공단
㉯ 국립환경과학원
㉰ 유역환경청
㉱ 수질환경 원격조사센터

100 다음은 환경부장관이 수변생태구역 매수 등을 하기 위한 기준에 관한 내용이다. ( )안에 옳은 것은?

하천, 호소 등의 경계부터 ( )이내의 지역일 것

㉮ 200미터   ㉯ 300미터
㉰ 500미터   ㉱ 1킬로미터

정답 98 ㉮ 99 ㉯ 100 ㉱

2014년 1회 수질환경기사

2014년 3월 2일 시행

| 제1과목 | 수질오염개론

01 어느 하천수의 단위시간당 산소전달율 K_{La}를 측정하고자 용존산소 농도를 측정하였더니 10mg/L이었다. 이때 용존산소 농도를 0mg/L으로 만들기 위해 필요한 Na_2SO_3의 이론첨가량은 얼마인가? (단, 원자량은 Na : 23, S : 32)

㉮ 104mg/L ㉯ 92mg/L
㉰ 85mg/L ㉱ 79mg/L

풀이 $Na_2SO_3 + 0.5O_2 \rightarrow Na_2SO_4$
126g : 0.5×32g
X : 10mg/L
$\therefore X = \dfrac{10mg/L \times 126g}{0.5 \times 32g} = 78.75mg/L$

02 $Ca(OH)_2$ 500mg/L 용액의 pH는 얼마인가? (단, $Ca(OH)_2$는 완전해리, Ca 원자량 : 40)

㉮ 11.43 ㉯ 11.73
㉰ 12.13 ㉱ 12.53

풀이 $Ca(OH)_2 \rightarrow Ca^{2+} + 2OH^-$
　　　　XM　　XM　　2XM
① $Ca(OH)_2$의 mol/L를 구한다.
$mol/L = \dfrac{500mg}{L} \times \dfrac{1g}{10^3 mg} \times \dfrac{1mol}{74g}$
$= 6.757 \times 10^{-3} mol/L$

② $[OH^-]$의 농도
$= 2XM = 2 \times 6.757 \times 10^{-3} mol/L$
③ $pH = 14 + \log[OH^-]$
$= 14 + \log[2 \times 6.757 \times 10^{-3} mol/L]$
$= 12.13$

TIP
① 산성물질에서 $pH = -\log[H^+]$
② 알칼리성물질에서 $pH = 14 + \log[OH^-]$

03 다음이 설명하는 일반적 기체 법칙은 어느 것인가?

여러 물질이 혼합된 용액에서 어느 물질의 증기압(분압)은 혼합액에서 그 물질의 몰 분율에 순수한 상태에서 그 물질의 증기압을 곱한 것과 같다.

㉮ 라울트의 법칙
㉯ 게이-루삭의 법칙
㉰ 헨리의 법칙
㉱ 그레함의 법칙

풀이 ㉮ 라울트의 법칙에 대한 설명이다.

정답 01 ㉱　02 ㉰　03 ㉮

04 20% NaOH 용액은 몇 N 용액 인가?

㉮ 2.0N ㉯ 3.0N
㉰ 4.0N ㉱ 5.0N

풀이 $eq/L = \dfrac{20g}{100mL} \times \dfrac{10^3 mL}{L} \times \dfrac{1eq}{40g} = 5.0 eq/L$

TIP
① N농도 = eq/L
② 20% 용액 = $\dfrac{20g}{100mL}$
③ NaOH 1eq = 40g

05 지하수의 수질을 분석한 결과 다음과 같았다. 이 지하수의 이온강도(I)는 얼마인가?

- Ca^{2+} : 3×10^{-4} mole/L
- Na^+ : 5×10^{-4} mole/L
- Mg^{2+} : 5×10^{-5} mole/L
- CO_3^{2-} : 2×10^{-5} mole/L

㉮ 0.0099 ㉯ 0.00099
㉰ 0.0085 ㉱ 0.00085

풀이 이온강도(I)
$= \dfrac{\text{합}\{\text{이온의 몰수} \times (\text{이온가수})^2\}}{2}$
$= \dfrac{1}{2} \times \{(3 \times 10^{-4} \times 2^2) + (5 \times 10^{-4} \times 1^2) + (5 \times 10^{-5} \times 2^2) + (2 \times 10^{-5} \times 2^2)\}$
$= 0.00099$

TIP
이온강도(I)는 용액에 들어있는 이온의 전체농도를 나타내는 척도이다.

06 적조(red tide)에 관한 설명으로 가장 거리가 먼 것은?

㉮ 갈수기로 인하여 염도가 증가된 정체 해역에서 주로 발생한다.
㉯ 수중의 용존산소 감소에 의한 어패류의 폐사가 발생된다.
㉰ 수괴의 연직안정도가 크고 독립해 있을 때 발생된다.
㉱ 해저에 빈산소층이 형성할 때 발생한다.

풀이 ㉮ 홍수시로 인하여 염도가 낮아진 정체 해역에서 주로 발생한다.

07 pH 7인 물에서 CO_2의 해리상수는 4.3×10^{-7}이고 $[HCO_3^-] = 8.6 \times 10^{-3}$ mol/L 일 때 CO_2농도는 얼마인가?

㉮ 68mg/L ㉯ 78mg/L
㉰ 88mg/L ㉱ 98mg/L

풀이 ① $CO_2 + H_2O \rightleftharpoons HCO_3^- + H^+$

해리상수(Ka) $= \dfrac{[HCO_3^-][H^+]}{[CO_2]}$

$[H^+] = 10^{-pH}$ mol/L $= 10^{-7}$ mol/L

따라서 $4.3 \times 10^{-7} = \dfrac{[8.6 \times 10^{-3} \text{mol/L}][10^{-7} \text{mol/L}]}{[CO_2]}$

∴ $[CO_2] = 0.002$ mol/L

② CO_2의 mg/L $= \dfrac{0.002 \text{mol}}{L} \times \dfrac{44g}{1 \text{mol}} \times \dfrac{10^3 \text{mg}}{1g}$
$= 88$ mg/L

정답 04 ㉱ 05 ㉯ 06 ㉮ 07 ㉰

08 지구상에 분포하는 담수 중 빙하(만년 설포함) 다음으로 가장 많은 비율을 차지하고 있는 것은 어느 것인가? (단, 담수 기준)

㉮ 하천수 ㉯ 지하수
㉰ 대기습도 ㉱ 토양수

풀이 담수의 분포 순서
빙하(만년설 포함) > 지하수 > 지표수 > 토양의 수분 > 대기중의 수분 순이다.

09 1차 반응에 있어 반응 초기의 농도가 100 mg/L이고, 4시간 후에 10 mg/L로 감소되었다. 반응 2시간 후의 농도(mg/L)는 얼마인가?

㉮ 17.8 ㉯ 24.8
㉰ 31.6 ㉱ 42.8

풀이 1차 반응식 : $\ln \frac{C_t}{C_o} = -k \times t$

① $\ln \frac{10mg/L}{100mg/L} = -k \times 4hr$

∴ k = 0.5756/hr

② $\ln \frac{C_t}{100mg/L} = -0.5756/hr \times 2hr$

∴ $C_t = 100mg/L \times e^{(-0.5756/hr \times 2hr)} = 31.63mg/L$

10 어느 하천에 다음과 같은 하수가 유입될 때 혼합지점으로부터 10km 하류 지점에서의 용존산소농도는 얼마인가? (단, 혼합수의 k_1과 k_2(밑수 e)는 0.2/일과 0.3/일이며 20℃에서의 포화산소농도는 9.2mg/L이다.)

	하천	하수
유량	4.5m³/s	0.9m³/s
BOD₅	2.4mg/L	75mg/L
온도	20℃	20℃
DO	8.0mg/L	0.8mg/L
유속	0.3m/s	

㉮ 약 5.0mg/L ㉯ 약 5.5mg/L
㉰ 약 6.0mg/L ㉱ 약 6.5mg/L

풀이 $D_t = \frac{k_1 \times L_o}{k_2 - k_1} \times (e^{-k_1 \times t} - e^{-k_2 \times t}) + D_o \times e^{-k_2 \times t}$

① $L_o = BOD_u$: 최종 BOD를 계산한다.

$BOD_5 = \frac{Q_1C_1 + Q_2C_2}{Q_1 + Q_2}$

$= \frac{4.5m^3/sec \times 2.4mg/L + 0.9m^3/sec \times 75mg/L}{(4.5+0.9)m^3/sec}$

= 14.5mg/L

$BOD_5 = BOD_u \times (1 - e^{-k_1 \times t})$

$14.5mg/L = BOD_u \times (1 - e^{-0.2/day \times 5day})$

∴ $BOD_u = 22.94mg/L$

② 혼합수 중 DO 농도를 계산한다.

$DO농도 = \frac{Q_1C_1 + Q_2C_2}{Q_1 + Q_2}$

$= \frac{4.5m^3/sec \times 8.0mg/L + 0.9m^3/sec \times 0.8mg/L}{(4.5+0.9)m^3/sec}$

= 6.8mg/L

따라서 $D_o = C_s - C = 9.2mg/L - 6.8mg/L$
= 2.4mg/L

③ 시간(t) = $\frac{길이(L)}{유속(v)}$

$= \frac{10 \times 10^3 m}{0.3m/sec \times 3,600sec/hr \times 24hr/day}$

= 0.39day

④ $D_t = \frac{0.2/day \times 22.94mg/L}{0.3/day - 0.2/day} \times (e^{-0.2/day \times 0.39day}$

$- e^{-0.3/day \times 0.39day}) + 2.4mg/L \times (e^{-0.3/day \times 0.39day})$

= 3.758mg/L

⑤ 10km 하류 지점에서의 용존산소 농도
= $C_s - D_t$ = 9.2mg/L - 3.758mg/L = 5.44mg/L

정답 08 ㉯ 09 ㉰ 10 ㉯

11 다음은 Graham의 기체법칙에 관한 내용이다. ( )안에 알맞은 것은 어느 것인가?

> 수소의 확산속도에 비해 염소는 약 (①), 산소는 (②) 정도의 확산속도를 나타낸다.

㉮ ① 1/6, ② 1/4　㉯ ① 1/6, ② 1/9
㉰ ① 1/4, ② 1/6　㉱ ① 1/9, ② 1/6

풀이 그레이엄의 법칙에서 기체의 확산속도는 그 분자량의 제곱근에 반비례 한다.
따라서 수소의 확산속도에 비해
염소의 확산속도 $= \sqrt{\dfrac{2}{71.5}} = \dfrac{1}{6}$
산소의 확산속도 $= \sqrt{\dfrac{2}{32}} = \dfrac{1}{4}$ 이다.

TIP
Cl_2의 분자량 = 71.5

12 글리신($CH_2(NH_2)COOH$)의 이론적 COD/TOC의 비는 얼마인가? (단, 글리신의 최종 분해산물은 CO_2, HNO_3, H_2O 이다.)

㉮ 2.83　㉯ 3.76
㉰ 4.67　㉱ 5.38

풀이 $CH_2(NH_2)COOH + 3.5O_2$
$\rightarrow 2CO_2 + 2H_2O + HNO_3$
$\dfrac{COD}{TOC} = \dfrac{3.5 \times 32g}{2 \times 12g} = 4.67$

13 하천모델의 종류 중 DO SAG - Ⅰ, Ⅱ, Ⅲ에 관한 설명으로 가장 거리가 먼 것은?

㉮ 2차원 정상상태 모델이다.
㉯ 점오염원 및 비점오염원이 하천의 용존산소에 미치는 영향을 나타낼 수 있다.
㉰ Streeter-Phelps식을 기본으로 한다.
㉱ 저질의 영향이나 광합성 작용에 의한 용존산소반응을 무시한다.

풀이 ㉮ 1차원 정상상태 모델이다.

14 해수의 특성으로 가장 거리가 먼 것은?

㉮ 해수의 밀도는 수온, 염분, 수압에 영향을 받는다.
㉯ 해수는 강전해질로서 1L 당 평균 35g의 염분을 함유한다.
㉰ 해수내 전체질소 중 35% 정도는 질산성질소 등 무기성 질소 형태이다.
㉱ 해수의 Mg/Ca비는 3~4 정도이다.

풀이 ㉰ 해수내 전체질소 중 35% 정도는 암모니아성 질소와 유기질소의 형태이다.

15 지하수의 특성에 관한 설명으로 가장 거리가 먼 것은?

㉮ 염분함량이 지표수보다 낮다.
㉯ 주로 세균(혐기성)에 의한 유기물 분해작용이 일어난다.
㉰ 국지적인 환경조건의 영향을 크게 받는다.
㉱ 빗물로 인하여 광물질이 용해되어 경도가 높다.

풀이 ㉮ 염분함량이 지표수보다 높다.

정답 11 ㉮　12 ㉰　13 ㉮　14 ㉰　15 ㉮

16 탈산소계수(k_1)가 0.20 day^{-1}인 하천의 BOD$_5$농도가 100mg/L이었다. BOD$_1$은 얼마인가? (단, 상용대수 기준)

㉮ 36mg/L ㉯ 41mg/L
㉰ 46mg/L ㉱ 51mg/L

풀이
① $BOD_5 = BOD_u \times (1-10^{-k_1 \times t})$
   $100mg/L = BOD_u \times (1-10^{-0.2/day \times 5day})$
   $\therefore BOD_u = \dfrac{100mg/L}{(1-10^{-0.2/day \times 5day})} = 111.11mg/L$
② $BOD_1 = 111.11mg/L \times (1-10^{-0.2/day \times 1day})$
    $= 41.0mg/L$

17 호소나 저수지의 여름철 성층현상에 관한 설명으로 가장 거리가 먼 것은?

㉮ 수온차에 따라 표수층, 수온약층, 심수층의 성층을 이룬다.
㉯ 하층의 물은 표층으로 잘 순환(turn over)되지 않고 수직운동은 상층에만 국한된다.
㉰ 완충작용을 하는 수온약층의 깊이에 따른 수온차이는 표층수에 비해 매우 적다.
㉱ 수심에 따른 온도변화로 인해 발생되는 물의 밀도차에 의해 발생된다.

풀이 ㉰ 수온약층은 표층수에 비하여 수심에 따른 온도 차이가 크다.

18 다음 수질을 가진 농업용수의 SAR 값은 얼마인가? (단, Na$^+$ = 460mg/L, PO$_4^{3-}$ = 1,500mg/L, Cl$^-$ = 108mg/L, Ca^{++} = 600mg/L, Mg^{++} = 240mg/L, NH$_3$-N = 380mg/L, Na 원자량 : 23, P 원자량 : 31, Cl 원자량 : 35.5, Ca 원자량 : 40, Mg 원자량 : 24)

㉮ 2 ㉯ 4
㉰ 6 ㉱ 8

풀이
① mN = mg/L ÷ 1mg 당량
   Na$^+$ = 460mg/L ÷ 23 = 20mN
   Ca^{2+} = 600mg/L ÷ 20 = 30mN
   Mg^{2+} = 240mg/L ÷ 12 = 20mN
② $SAR = \dfrac{Na^+}{\sqrt{\dfrac{Ca^{2+}+Mg^{2+}}{2}}}$
   $= \dfrac{20mN}{\sqrt{\dfrac{30mN+20mN}{2}}} = 4$

TIP
SAR = 나트륨 흡착률

19 Glucose 500mg/L가 완전 산화하는데 필요한 이론적 산소요구량은 얼마인가?

㉮ 533mg/L ㉯ 633mg/L
㉰ 733mg/L ㉱ 833mg/L

풀이 $C_6H_{12}O_6 + 6O_2 \rightarrow 6CO_2 + 6H_2O$
180g : 6×32g
500mg/L : X
$\therefore X = \dfrac{6 \times 32g \times 500mg/L}{180g} = 533.33mg/L$

TIP
글루코스 = 포도당 = $C_6H_{12}O_6$

정답 16 ㉯ 17 ㉰ 18 ㉯ 19 ㉮

20 어떤 하천수의 분석결과이다. 총경도 (mg/L as CaCO$_3$)는 얼마인가? (단, 원자량 : Ca 40, Mg 24, Na 23, Sr 88)

[분석 결과]
Na$^+$: 25mg/L   Mg^{2+} : 11mg/L
Ca^{2+} : 8mg/L   Sr^{2+} : 2mg/L

㉮ 약 68   ㉯ 약 78
㉰ 약 88   ㉱ 약 98

풀이
$$\frac{총경도(mg/L)}{50g} = \frac{Ca^{2+}mg/L}{20g} + \frac{Mg^{2+}mg/L}{12g} + \frac{Sr^{2+}mg/L}{44g}$$
$$= \frac{8mg/L}{20g} + \frac{11mg/L}{12g} + \frac{2mg/L}{44g}$$
∴ 총경도 = 68.11mg/L

| 제2과목 | 상하수도계획

21 다음은 정수시설의 시설능력에 관한 내용이다. (   )안에 알맞은 것은?

소비자에게 고품질의 수도 서비스를 중단없이 제공하기 위하여 정수시설은 유지보수, 사고대비, 시설 개량 및 확장 등에 대비하여 적절한 예비용량을 갖춤으로서 수도시스템으로의 안정성을 높여야 한다. 이를 위하여 예비용량을 감안한 정수시설의 가동율은 (   )내외가 적정하다.

㉮ 70%   ㉯ 75%
㉰ 80%   ㉱ 85%

풀이 예비용량을 감안한 정수시설의 가동율은 75% 내외가 적정하다.

22 도수관을 설계할 때 평균유속 기준으로 가장 적당한 것은?

㉮ 자연유하식인 경우, 허용최대한도는 1.5m/s, 도수관의 평균유속은 최소한도 0.3m/s로 한다.
㉯ 자연유하식인 경우, 허용최대한도는 1.5m/s, 도수관의 평균유속은 최소한도 0.6m/s로 한다.
㉰ 자연유하식인 경우, 허용최대한도는 3.0m/s, 도수관의 평균유속은 최소한도 0.3m/s로 한다.
㉱ 자연유하식인 경우, 허용최대한도는 3.0m/s, 도수관의 평균유속은 최소한도 0.6m/s로 한다.

풀이 도수관을 설계할 때 평균유속 기준은 자연유하식인 경우, 허용최대한도는 3.0m/s, 도수관의 평균유속은 최소한도 0.3m/s로 한다.

23 경사가 2‰인 하수관거의 길이가 6,000m일 때 상류관과 하류관의 고저차는 얼마인가? (단, 기타 조건은 고려하지 않음)

㉮ 3m   ㉯ 6m
㉰ 9m   ㉱ 12m

풀이 경사(I) = $\frac{\triangle H}{\triangle L}$
∴ $\triangle H$ = 경사(I) × $\triangle L$
= $\frac{2}{1,000}$ × 6,000m = 12m

정답 20 ㉮ 21 ㉯ 22 ㉰ 23 ㉱

24 펌프의 규정토출량 50m³/min, 펌프의 규정회전수 900회/min, 펌프의 규정양정 15m 일때 비교회전도는 얼마인가?

㉮ 약 835   ㉯ 약 926
㉰ 약 1,048 ㉱ 약 1,135

풀이

$$N_s = N \times \frac{Q^{\frac{1}{2}}}{H^{\frac{3}{4}}}$$

- N_s : 비교회전도(rpm)
- N : 규정회전수(rpm)
- Q : 토출량(m³/min)
- H : 전양정(m)

따라서 $N_s = 900회/min \times \dfrac{(50m^3/min)^{\frac{1}{2}}}{(15m)^{\frac{3}{4}}} = 835 rpm$

TIP

$rpm = \dfrac{회}{min}$

25 해수 담수화방식의 상변화방식 중 결정법인 것은 어느 것인가?

㉮ 다중효용법   ㉯ 투과기화법
㉰ 가스수화물법 ㉱ 증기압축법

풀이
① 상변화방식
  ㉠ 증발법 : 다단 플래쉬법, 다중 효용법, 증기 압축법, 투과기화법
  ㉡ 결정법 : 냉동법, 가스수화물법
② 상불변방식
  ㉠ 막법 : 역삼투법, 전기투석법
  ㉡ 용매추출법

26 자연부식 중 매크로셀 부식에 해당되는 것은 어느 것인가?

㉮ 산소농담(통기차)
㉯ 특수토양부식
㉰ 간섭
㉱ 박테리아부식

풀이
① 자연부식
  ㉠ Macro cell 부식 : 콘크리트, 토양, 이종금속, 산소농담(통기차)
  ㉡ Micro cell 부식 : 산성토양, 박테리아, 일반토양, 대기중 부식
② 전기식(전식) 부식 : 간섭

27 상수처리를 위한 침사지 구조에 관한 내용으로 가장 거리가 먼 것은?

㉮ 표면부하율은 200~500mm/min을 표준으로 한다.
㉯ 지내 평균유속은 2~7m/min을 표준으로 한다.
㉰ 지의 상단높이는 고수위보다 0.6~1m의 여유고를 둔다.
㉱ 지의 유효수심은 3~4m를 표준으로 한다.

풀이 ㉯ 지내 평균유속은 2~7cm/sec를 표준으로 한다.

28 정수시설인 착수정의 용량 기준은 어느 것인가?

㉮ 체류시간 1.5분 이상
㉯ 체류시간 3.0분 이상
㉰ 체류시간 15분 이상
㉱ 체류시간 30분 이상

풀이 정수시설인 착수정의 용량 기준은 체류시간 1.5분 이상이다.

정답 24 ㉮ 25 ㉰ 26 ㉮ 27 ㉯ 28 ㉮

29 우수관거 및 합류관거의 최소관경에 관한 내용으로 맞는 것은?

㉮ 200mm를 표준으로 한다.
㉯ 250mm를 표준으로 한다.
㉰ 300mm를 표준으로 한다.
㉱ 350mm를 표준으로 한다.

풀이 최소관경
① 오수관거의 최소관경 : 250mm
② 오수관거의 최소관경의 표준 : 200mm
③ 우수관거 및 합류관거의 최소관경 : 300mm
④ 우수관거 및 합류관거의 최소관경의 표준 : 250mm

30 관거별 계획하수량을 정할 때 고려사항으로 가장 거리가 먼 것은?

㉮ 오수관거에서는 계획시간최대오수량으로 한다.
㉯ 차집관거는 계획시간최대오수량과 계획우수량을 합한 것으로 한다.
㉰ 지역의 실정에 따라 계획하수량에 여유율을 둘 수 있다.
㉱ 우수관거에서는 계획우수량으로 한다.

풀이 ㉯ 차집관거에서 계획하수량은 우천시 계획 오수량으로 한다.

31 다음 중 막모듈의 열화 내용과 가장 거리가 먼 것은?

㉮ 장기적인 압력부하에 의한 막 구조의 압밀화
㉯ 건조되거나 수축으로 인한 막 구조의 비가역적인 변화
㉰ 원수 중의 고형물이나 진동에 의한 막 면의 상처나 마모, 파단
㉱ 막의 다공질부의 흡착, 석출, 포착 등에 의한 폐색

풀이 ㉱ 막의 다공질부의 흡착, 석출, 포착 등에 의한 폐색은 파울링의 내용이다.

TIP

막의 열화 및 파울링

1. 열화
   ① 정의 : 막 자체의 변질로 생긴 비가역적인 막 성능의 저하를 의미한다.
   ② 내용
   ㉠ 장기적인 압력부하에 의한 막 구조의 압밀화
   ㉡ 원수 중의 고형물이나 진동에 의한 막 면의 상처나 마모, 파단
   ㉢ 건조되거나 수축으로 인한 막 구조의 비가역적인 변화
   ㉣ 막이 pH나 온도 등의 작용에 의한 분해
   ㉤ 산화제에 의하여 막 재질의 특성변화나 분해
   ㉥ 미생물과 막 재질의 자화 또는 분비물의 작용에 의한 변화

2. 파울링
   ① 정의 : 막 자체의 변질이 아닌 외적 인자로 생긴 막 성능의 저하를 의미한다.
   ② 내용
   ㉠ 막의 다공질부의 흡착, 석출, 포착 등에 의한 폐색(막힘)
   ㉡ 막모듈의 공급유로 또는 여과수 유로가 고형물로 폐색되어 흐르지 않는 상태(유로폐색)

정답 29 ㉯ 30 ㉯ 31 ㉱

32 다음은 하수 관거의 접합에 관한 내용이다. ( )안에 알맞은 것은?

> 2개의 관거가 합류하는 경우의 중심교각은 되도록 (①) 이하로 하고 곡선을 갖고 합류하는 경우의 곡률반경은 내경의 (②) 이상으로 한다.

㉮ ① 45° ② 5배 ㉯ ① 45° ② 10배
㉰ ① 60° ② 5배 ㉱ ① 60° ② 10배

[풀이] 중심교각은 60°, 곡률반경은 내경의 5배 이상으로 한다.

33 호소, 댐을 수원으로 하는 경우, 취수시설에 관한 설명으로 가장 거리가 먼 것은?

㉮ 취수탑(가동식) : 일반적인 철근콘크리트조로 축조하며 수심이 특히 깊은 저수지 등에서 사용된다.
㉯ 취수문 : 일반적으로 중, 소량 취수에 사용된다.
㉰ 취수틀 : 구조가 간단하고 시공도 비교적 용이하다.
㉱ 취수틀 : 수중에 설치되므로 호소의 표면수는 취수할 수 없다.

[풀이] ㉮ 취수탑은 하천이나 호소, 댐에서의 취수시설로 알맞다.

34 계획오염부하량 및 계획유입수질에 관한 설명으로 틀린 것은?

㉮ 관광오수에 의한 오염부하량은 당일관광과 숙박으로 나누고 각각의 원단위에서 추정한다.
㉯ 영업오수에 의한 오염부하량은 업무의 종류 및 오수의 특징 등을 감안하여 결정한다.
㉰ 생활오수에 의한 오염부하량은 1인1일당 오염부하량 원단위를 기초로 하여 정한다.
㉱ 하수의 계획유입수질은 계획오염부하량을 계획1일 최대오수량으로 나눈 값으로 한다.

[풀이] ㉱ 하수의 계획유입수질은 계획오염부하량을 계획1일 평균오수량으로 나눈 값으로 한다.

35 하수도시설인 우수조정지의 여수토구에 관한 설명으로 맞는 것은?

㉮ 여수토구는 확률년수 10년 강우의 최대우수유출량의 1.2배 이상의 유량을 방류시킬 수 있는 것으로 한다.
㉯ 여수토구는 확률년수 10년 강우의 최대우수유출량의 1.44배 이상의 유량을 방류시킬 수 있는 것으로 한다.
㉰ 여수토구는 확률년수 100년 강우의 최대우수유출량의 1.2배 이상의 유량을 방류시킬 수 있는 것으로 한다.
㉱ 여수토구는 확률년수 100년 강우의 최대우수유출량의 1.44배 이상의 유량을 방류시킬 수 있는 것으로 한다.

[풀이] 여수토구는 확률년수 100년 강우의 최대우수유출량의 1.44배 이상의 유량을 방류시킬 수 있는 것으로 한다.

정답 32 ㉰ 33 ㉮ 34 ㉱ 35 ㉱

36 하수도 배제방식 중 분류식에 관한 내용으로 틀린 것은? (단, 합류식과 비교 기준)

㉮ 관거오접 : 없다.
㉯ 관거내 퇴적 : 관거 내의 퇴적이 적다.
㉰ 처리장으로의 토사유입 : 토사의 유입이 있지만 합류식 정도는 아니다.
㉱ 건설비 : 오수관거와 우수관거의 2계통을 건설하는 경우는 비싸지만 오수관거만을 건설하는 경우는 가장 저렴하다.

[풀이] ㉮ 관거오접 : 철저한 감시가 필요하다.

37 말굽형 하수관거의 장점으로 가장 거리가 먼 것은?

㉮ 대구경 관거에 유리하며 경제적이다.
㉯ 수리학적으로 유리하다.
㉰ 단면형상이 간단하여 시공성이 우수하다.
㉱ 상반부의 아치작용에 의해 역학적으로 유리하다.

[풀이] ㉰ 단면형상이 복잡하여 시공성이 열악하다.

38 정수시설인 배수관의 수압에 관한 설명으로 맞는 것은?

㉮ 급수관을 분기하는 지점에서 배수관내의 최대 정수압은 150kPa(약 1.6kg$_f$/cm^2)를 초과하지 않아야 한다.
㉯ 급수관을 분기하는 지점에서 배수관내의 최대 정수압은 250kPa(약 2.6kg$_f$/cm^2)를 초과하지 않아야 한다.
㉰ 급수관을 분기하는 지점에서 배수관내의 최대 정수압은 450kPa(약 4.6kg$_f$/cm^2)를 초과하지 않아야 한다.
㉱ 급수관을 분기하는 지점에서 배수관내의 최대 정수압은 700kPa(약 7.1kg$_f$/cm^2)를 초과하지 않아야 한다.

[풀이] 급수관을 분기하는 지점에서 배수관내의 최대 정수압은 700kPa(약 7.1kg$_f$/cm^2)를 초과하지 않아야 한다.

39 하수도시설인 유량조정조에 대한 설명으로 가장 거리가 먼 것은?

㉮ 조의 용량은 체류시간 6시간을 표준으로 한다.
㉯ 유효수심은 3~5m를 표준으로 한다.
㉰ 유량조정조의 유출수는 침사지에 반송하거나 펌프로 일차침전지 혹은 생물반응조에 송수한다.
㉱ 조내에 침전물의 발생 및 부패를 방지하기 위해 교반장치 및 산기장치를 설치한다.

40 정수시설인 완속여과지에 관한 설명으로 틀린 것은?

㉮ 주위벽 상단은 지반보다 60cm 이상 높여 여과지 내로 오염수나 토사등의 유입을 방지한다.
㉯ 여과속도는 4~5m/d를 표준으로 한다.
㉰ 모래층의 두께는 70~90cm를 표준으로 한다.
㉱ 여과면적은 계획정수량을 여과속도로 나누어 구한다.

[풀이] ㉮ 주위벽 상단은 지반보다 15cm 이상 높여 여과지 내로 오염수나 토사 등의 유입을 방지한다.

[정답] 36 ㉮ 37 ㉰ 38 ㉱ 39 ㉮ 40 ㉮

| 제3과목 | 수질오염방지기술

41 양이온 교환수지를 이용하여 암모늄이온 9mg/L를 포함하고 있는 물 10,000 m³를 처리하고자 한다. 이 교환수지의 교환능력이 100kg CaCO₃/m³이라면 필요한 이론적 교환수지의 부피는 얼마인가?

㉮ 1.5m³
㉯ 2.5m³
㉰ 3.5m³
㉱ 4.5m³

풀이
① $2NH_4^+ + CaCO_3 \rightarrow (NH_4)_2CO_3 + Ca^{2+}$
  $2 \times 18g : 100g$
  $9g/m^3 \times 10,000m^3 : X$
  ∴ $X = 250,000g$

② 교환수지의 부피 = $\dfrac{250,000g}{100 \times 10^3 g/m^3} = 2.5m^3$

42 슬러지 내 고형물 무게의 1/3이 유기물질, 2/3가 무기물질이며 이 슬러지 함수율은 80%, 유기물질 비중이 1.0, 무기물질 비중은 2.5라면 슬러지 전체의 비중은 얼마인가?

㉮ 1.072
㉯ 1.087
㉰ 1.095
㉱ 1.112

풀이
$\dfrac{1}{\rho_{SL}} = \dfrac{W_{VS}}{\rho_{VS}} + \dfrac{W_{FS}}{\rho_{FS}} + \dfrac{W_P}{\rho_P}$

$= \dfrac{0.2 \times \frac{1}{3}}{1.0} + \dfrac{0.2 \times \frac{2}{3}}{2.5} + \dfrac{0.8}{1.0}$

∴ $\dfrac{1}{\rho_{SL}} = 0.92$

따라서 $\rho_{SL} = \dfrac{1}{0.92} = 1.087$

43 하수고도처리를 위한 A/O공정의 특징으로 맞는 것은? (단, 일반적인 활성슬러지공법과 비교 기준)

㉮ 혐기조에서 인의 과잉흡수가 일어난다.
㉯ 폭기조 내에서 탈질이 잘 이루어진다.
㉰ 잉여슬러지 내의 인 농도가 높다.
㉱ 표준 활성슬러지공법의 반응조 전반 10% 미만을 혐기반응조로 하는 것이 표준이다.

풀이
㉮ 혐기조에서 인의 방출이 일어난다.
㉯ 폭기조(호기성조)는 인의 과잉흡수이다.
㉱ 표준 활성슬러지공법의 반응조 전반 20~40% 정도를 혐기반응조로 하는 것이 표준이다.

44 하수처리과정에서 소독 방법 중 염소와 자외선 소독의 장단점을 비교할 때 염소소독의 장단점으로 잘못된 것은?

㉮ 암모니아의 첨가에 의해 결합잔류염소가 형성된다.
㉯ 염소접촉조로부터 휘발성유기물이 생성된다.
㉰ 처리수의 총용존고형물이 감소한다.
㉱ 처리수의 잔류독성이 탈염소과정에 의해 제거되어야 한다.

풀이 ㉰ 처리수의 총용존고형물이 증가한다.

정답 41 ㉯ 42 ㉯ 43 ㉰ 44 ㉰

45 G = 200/sec, V = 50m³, 교반기 효율 80%, μ = 1.35×10⁻²g/cm·sec일 때 소요동력 P(kW)는 얼마인가?

㉮ 1.43kW   ㉯ 2.75kW
㉰ 3.38kW   ㉱ 4.12kW

풀이 ① P = G²×μ×V
= (200/sec)²×1.35×10⁻³kg/m·sec×50m³× $\frac{100}{80\%}$
= 3375Watt
② 3375Watt×10⁻³ = 3.38kW

TIP
① g/cm·sec×10⁻¹ = kg/m·sec
② Watt×10⁻³ = kW

46 어느 1차 반응에 있어서 반응 물질의 농도가 300mg/L이고 반응개시 2시간 후에 30mg/L로 되었다. 반응개시 3시간 후 반응 물질 농도(mg/L)는 얼마인가?

㉮ 7.5   ㉯ 9.5
㉰ 11.5   ㉱ 15.5

풀이 1차 반응식 : $\ln \frac{C_t}{C_o}$ = -k×t

① $\ln \frac{30mg/L}{300mg/L}$ = -k×2hr
∴ k = 1.1513/hr

② $\ln \frac{C_t}{300mg/L}$ = -1.1513/hr×3hr
∴ C_t = 300mg/L×e^(-1.1513/hr×3hr) = 9.49mg/L

47 다음 그림은 하수내 질소, 인을 효과적으로 제거하기 위한 공법이다. 어떤 공법에 대한 계통도인가?

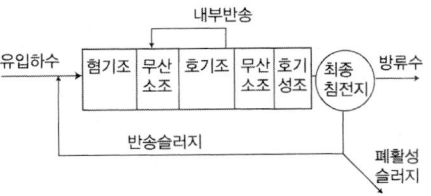

㉮ VIP process
㉯ A²/O process
㉰ M-Bardenpho process
㉱ phostrip process

풀이 ㉰ M-Bardenpho process(5단계 바덴포)에 대한 계통도이다.

48 지름이 0.05mm 이고 비중이 0.6인 기름방울은 비중이 0.8인 기름방울보다 수중에서의 부상속도가 얼마나 더 큰가? (단, 물의 비중은 1.0, 기타 조건은 같다고 함)

㉮ 1.5배   ㉯ 2.0배
㉰ 2.5배   ㉱ 3.0배

풀이 $V_f = \frac{d^2(\rho_w-\rho_s)g}{18\mu}$ 에서
부상속도(V_f) = ($\rho_w-\rho_s$)이므로
$V_f = \frac{(1.0-0.6)}{(1.0-0.8)}$ = 2배

정답 45 ㉰   46 ㉯   47 ㉰   48 ㉯

49 포기조 내의 혼합액 1리터를 30분간 정치했을 때 슬러지 용량이 250mL 였다면 슬러지 반송률은 약 몇 %가 되는가?
(단, 유입수 SS 고려하지 않음)

㉮ 23 ㉯ 28
㉰ 33 ㉱ 38

[풀이]

$$반송율(\%) = \frac{SV(\%)}{100-SV(\%)} \times 100$$

$$SV(\%) = \frac{250mL}{L} \times \frac{1L}{10^3 mL} \times 100 = 25\%$$

따라서 반송율$(\%) = \frac{25\%}{100-25\%} \times 100 = 33.33\%$

50 유량이 3,000m³/일이고, BOD농도가 400mg/L인 폐수를 활성슬러지법으로 처리하고 있는 다음 조건을 이용한 내호흡율(kd)은 얼마인가?

[조건]
- 포기시간 : 8시간
- 처리수 농도 : BOD 30mg/L
- SS 30mg/L
- MLSS 농도 : 4,000mg/L
- 잉여슬러지 발생량 : 50m³/일
- 잉여슬러지 농도 : 0.9%
- 세포증식 계수 : 0.8

㉮ 약 0.052/일 ㉯ 약 0.110/일
㉰ 약 0.123/일 ㉱ 약 0.183/일

[풀이] $Q_w SS_w = Y \cdot Q \cdot (BOD_i - BOD_o) - kd \cdot MLSS \cdot V$

$50m^3/day \times 9kg/m^3$
$= 0.8 \times 3,000m^3/day \times (0.4-0.03)kg/m^3 - kd \times 4kg/m^3$
$\times 3,000m^3/day \times \left(\frac{8hr}{24}\right) day$

∴ kd = 0.110/day

TIP

① $mg/L \xrightarrow{\times 10^{-3}} kg/m^3$

② $\% \xrightarrow{\times 10^4} ppm$

③ $SS_w = 0.9\% = 0.9 \times 10^4 mg/L = 9kg/m^3$

51 잉여슬러지를 부상 농축조를 이용하여 농축시키고자 한다. 잉여슬러지의 부피는 1,000m³/day이고, 이 슬러지의 부유물질 농도는 1.5% 이다. 고형물 부하량이 10kg/m²·hr 이고 하루 24시간 가동되는 부상 농축조로 처리하고자 할 때 필요한 수면적(surface area)은 얼마인가? (단, 슬러지 비중은 1.0으로 가정한다.)

㉮ 32.5m² ㉯ 42.5m²
㉰ 52.5m² ㉱ 62.5m²

[풀이] 고형물 부하량(kg/m²·hr)
$= \frac{SS농도(kg/m^3) \times 슬러지량(m^3/day)}{수면적(m^2)}$

따라서
$10kg/m^2 \cdot hr = \frac{15kg/m^3 \times 1,000m^3/day \times 1day/24hr}{수면적(m^2)}$

∴ 수면적 = 62.5m²

TIP

① $\% \xrightarrow{\times 10^4} ppm(mg/L)$

② SS 1.5% = $1.5 \times 10^4 mg/L = 15kg/m^3$

정답 49 ㉰ 50 ㉯ 51 ㉱

52 직경이 1.0×10^{-2} cm인 원형 입자의 침강 속도(m/hr)는 얼마인가?

- Stokes공식 사용
- 물의 밀도 = $1.0 g/cm^3$
- 입자의 밀도 = $2.1 g/cm^3$
- 물의 점성계수 = $1.0087 \times 10^{-2} g/cm \cdot sec$

㉮ 21.4m/hr   ㉯ 24.4m/hr
㉰ 28.4m/hr   ㉱ 32.4m/hr

풀이
① $V_s = \dfrac{d^2(\rho_w - \rho_s)g}{18\mu}$

$= \dfrac{(1.0 \times 10^{-2} cm)^2 \times (2.1-1.0)g/cm^3 \times 980 cm/sec^2}{18 \times 1.0087 \times 10^{-2} g/cm \cdot sec}$

$= 0.5937 cm/sec$

② $V_s(m/hr) = \dfrac{0.5937 cm}{sec} \times \dfrac{1m}{10^2 cm} \times \dfrac{3600 sec}{1hr}$

$= 21.37 m/hr$

53 인구 8,000명의 도시하수를 RBC(회전원판법)로 처리한다. 평균유입하수량은 380L/cap·day, 유입 BOD_5는 300mg/L, 1차 침전조에서 BOD_5는 30% 제거되며, 총 유출 BOD_5는 20mg/L, 단수는 4이다. 실험에서 K는 45L/day·m²이라면 대수적 방법으로 구한 설계 수력학적 부하(Q/A)는 얼마인가?

(단, 성능식 : $\dfrac{S_n}{S_o} = \left[\dfrac{1}{\left(1 + \dfrac{K}{Q/A}\right)} \right]^n$)

㉮ 28.1L/day·m²   ㉯ 45.0L/day·m²
㉰ 56.2L/day·m²   ㉱ 72.6L/day·m²

풀이
$\dfrac{S_n}{S_o} = \left[\dfrac{1}{\left(1 + \dfrac{k}{Q/A}\right)} \right]^n$

$\dfrac{20 mg/L}{300 mg/L \times (1-0.3)} = \left[\dfrac{1}{\left(1 + \dfrac{45 L/day \cdot m^2}{Q/A}\right)} \right]^4$

$\therefore \dfrac{Q}{A} = 56.25 L/day \cdot m^2$

54 살수여상 공정으로부터 유출되는 유출수의 부유물질을 제거하고자 한다. 유출수의 평균유량은 12,300m³/day, 여과지의 여과속도는 17L/m²·min이고 4개의 여과지(병렬기준)를 설계하고자 할 때 여과지 하나의 면적은 얼마인가?

㉮ 약 75m²   ㉯ 약 100m²
㉰ 약 125m²   ㉱ 약 150m²

풀이 유량(Q) = 면적(A)×여과속도(v)

$\therefore A = \dfrac{Q}{V}$

$= \dfrac{12,300 m^3/day \times 1 day/24 hr \times 1 hr/60 min}{17 \times 10^{-3} m^3/m^2 \cdot min} \times \dfrac{1}{4}$

$= 125.61 m^2$

정답 52 ㉮   53 ㉰   54 ㉰

55 연속회분식(Sequencing Batch)활성슬러지법의 특징으로 가장 거리가 먼 것은?

㉮ 침전 및 배출공정시 보통의 연속식침전지에 비해 스컴의 잔류 가능성이 낮다.
㉯ 운전방식에 따라 사상균 벌킹을 방지할 수 있다.
㉰ 오수의 양과 질에 따라 포기시간과 침전시간을 비교적 자유롭게 설정할 수 있다.
㉱ 유입오수의 부하변동이 규칙성을 갖는 경우 비교적 안정된 처리를 행할 수 있다.

[풀이] ㉮ 침전 및 배출공정시 보통의 연속식침전지에 비해 스컴의 잔류 가능성이 높다.

---

56 유량 4,000m³, 부유물질 농도 220mg/L 인 하수를 처리하는 일차침전지에서 발생되는 슬러지의 양은 얼마인가? (단, 슬러지 단위 중량(비중) 1.03, 함수율 94%, 일차침전지 체류시간 2시간, 부유물질 제거효율 60% 기타 조건은 고려하지 않는다.)

㉮ 6.32m³ ㉯ 8.54m³
㉰ 10.72m³ ㉱ 12.53m³

[풀이] 슬러지량(m^3)

$$= \frac{SS농도(kg/m^3) \times 유량(m^3) \times 제거율}{비중량(kg/m^3)} \times \frac{100}{100-P(\%)}$$

$$= \frac{0.22kg/m^3 \times 4,000m^3 \times 0.60}{1,030kg/m^3} \times \frac{100}{100-94(\%)}$$

$$= 8.54m^3$$

---

57 200mg/L의 에탄올(C_2H_5OH)만을 함유하는 4,000m³/day의 공장폐수를 활성슬러지 공법으로 처리하는 경우에 이론적으로 첨가되어야 하는 질소의 양(kg/day)은 얼마인가? (단, 에탄올은 완전 생물학적으로 분해된다고 가정하고, BOD : N = 100 : 5)

㉮ 약 24 ㉯ 약 42
㉰ 약 62 ㉱ 약 84

[풀이] ① $C_2H_5OH + 3O_2 \rightarrow 2CO_2 + 3H_2O$
  46g : 3×32g
  0.2kg/m³×4,000m³/day : $X_1(BOD_u)$
  ∴ $X_1(BOD_u)$ = 1669.565kg/day

② BOD : N
  100 : 5
  1,669.565kg/day : $X_2(N)$
  ∴ $X_2(N)$ = 83.48kg/day

---

58 유기물에 의한 최종 BOD 2kg을 안정화시킬 때 이론적으로 발생되는 메탄량은 얼마인가? (단, 유기물은 Glucose로 가정하고, 완전분해기준이다.)

㉮ 약 0.4kg ㉯ 약 0.5kg
㉰ 약 0.6kg ㉱ 약 0.7kg

[풀이] ① $C_6H_{12}O_6 + 6O_2 \rightarrow 6CO_2 + 6H_2O$
  180kg : 6×32kg
  X_1 : 2kg
  ∴ X_1 = 1.875kg

② $C_6H_{12}O_6 \rightarrow 3CH_4 + 3CO_2$
  180kg : 3×16kg
  1.875kg : X_2
  ∴ X_2 = 0.5kg

정답 55 ㉮ 56 ㉯ 57 ㉱ 58 ㉯

59 평균 유입하수량 10,000m³/day인 도시하수처리장의 1차침전지를 설계하고자 한다. 1차침전지의 표면부하율을 50m³/m²·day로 하여 원형침전지를 설계한다면 침전지의 직경은 얼마인가?

㉮ 약 14m ㉯ 약 16m
㉰ 약 18m ㉱ 약 20m

풀이 표면부하율(m³/m²·day)

$$= \frac{Q(m^3/day)}{A(m^2)} = \frac{Q(m^3/day)}{\frac{\pi}{4} \times D^2(m^2)}$$

$$50m^3/m^2 \cdot day = \frac{10,000m^3/day}{\frac{\pi}{4} \times D^2}$$

$$D^2 = \frac{10,000m^3/day}{\frac{\pi}{4} \times 50m^3/m^2 \cdot day} = 254.647m^2$$

$$\therefore D = \sqrt{254.647m^2} = 15.96m$$

60 유입하수의 BOD농도가 200mg/L이고 포기조내 체류시간이 4시간이며 포기조의 F/M비를 0.3kg BOD/kgMLSS-day로 유지한다고 하면 포기조의 MLSS 농도는 얼마인가?

㉮ 2,500mg/L ㉯ 3,000mg/L
㉰ 3,500mg/L ㉱ 4,000mg/L

풀이

$$F/M비 = \frac{BOD \times Q}{MLSS \times V} = \frac{BOD}{MLSS} \times \frac{1}{t}$$

따라서 $0.3/day = \frac{200mg/L}{MLSS} \times \frac{1}{\left(\frac{4hr}{24}\right)day}$

$\therefore MLSS = 4,000mg/L$

| 제4과목 | 수질오염공정시험기준

61 유기인을 용매추출/기체크로마토그래피법으로 측정할 경우, 각 성분별 정량한계는 어느 것인가?

㉮ 0.5mg/L ㉯ 0.05mg/L
㉰ 0.005mg/L ㉱ 0.0005mg/L

풀이 유기인의 용매추출/기체크로마토그래피법의 정량한계는 0.0005mg/L이다.

62 다음은 분원성 대장균군-막여과법의 측정방법이다. ( )안에 알맞은 것은?

> 물속에 존재하는 분원성대장균군을 측정하기 위하여 페트리접시에 배지를 올려놓은 다음 배양 후 여러 가지 색조를 띠는 ( )의 집락을 계수하는 방법이다.

㉮ 황색 ㉯ 녹색
㉰ 적색 ㉱ 청색

정답 59 ㉯ 60 ㉱ 61 ㉱ 62 ㉱

63 다음 총칙에 대한 설명 중 알맞은 것은 어느 것인가?

㉮ "항량으로 될 때까지 건조한다"라 함은 같은 조건에서 1시간 더 건조할 때 전후 무게차가 g당 0.1mg 이하일 때를 말한다.
㉯ "감압 또는 진공"이라 함은 따로 규정이 없는 한 15mmH₂O 이하를 말한다.
㉰ "기밀용기"라 함은 취급 또는 저장하는 동안에 밖으로부터의 공기 또는 다른 가스가 침입하지 아니하도록 내용물을 보호하는 용기를 말한다.
㉱ "방울수"라 함은 0℃에서 정제수 20방울을 적하할 때 그 부피가 약 1mL 되는 것을 뜻한다.

[풀이] ㉮ "항량으로 될 때까지 건조한다"라 함은 같은 조건에서 1시간 더 건조할 때 전후 무게차가 g당 0.3mg 이하일 때를 말한다.
㉯ "감압 또는 진공"이라 함은 따로 규정이 없는 한 15mmHg 이하를 말한다.
㉱ "방울수"라 함은 20℃에서 정제수 20방울을 적하할 때 그 부피가 약 1mL 되는 것을 뜻한다.

64 총칙의 내용 중 온도에 관한 내용으로 틀린 것은 어느 것인가?

㉮ 찬 곳은 따로 규정이 없는 한 0~15℃의 곳을 뜻한다.
㉯ 냉수는 15℃ 이하를 말한다.
㉰ 온수는 60~80℃를 말한다.
㉱ 상온은 15~25℃를 말한다.

[풀이] ㉰ 온수는 60~70℃를 말한다.

65 배출허용기준 적합여부 판정을 위한 시료채취 기준으로 알맞은 것은 어느 것인가? (단, 자동시료채취기를 사용하며 복수시료채취)

㉮ 2시간 이내에 30분 이상 간격으로 2회 이상 채취하여 일정량의 단일 시료로 한다.
㉯ 4시간 이내에 30분 이상 간격으로 2회 이상 채취하여 일정량의 단일 시료로 한다.
㉰ 6시간 이내에 30분 이상 간격으로 2회 이상 채취하여 일정량의 단일 시료로 한다.
㉱ 8시간 이내에 30분 이상 간격으로 2회 이상 채취하여 일정량의 단일 시료로 한다.

66 시료의 최대보존기간이 다른 측정 항목은 어느 것인가?

㉮ 시안
㉯ 불소
㉰ 염소이온
㉱ 노말헥산추출물질

[풀이] 시료의 최대보존기간
㉮ 시안 : 14일
㉯ 불소 : 28일
㉰ 염소이온 : 28일
㉱ 노말헥산추출물질 : 28일

67 시안을 자외선/가시선 분광법으로 분석할 때 아세트산아연용액을 넣어 제거하는 시료 내 물질은 어느 것인가?

㉮ 황화합물   ㉯ 철, 망간
㉰ 잔류염소   ㉱ 질소화합물

[풀이] 황화물이 함유된 시료는 아세트산아연용액(10%) 2mL를 넣어 제거한다.

정답 63 ㉰ 64 ㉰ 65 ㉰ 66 ㉮ 67 ㉮

68 분원성 대장균군을 측정하기 위한 시료의 보존방법 기준으로 알맞은 것은 어느 것인가?

㉮ 저온(4℃ 이하)
㉯ 저온(10℃ 이하)
㉰ 4℃ 보관
㉱ 4℃ 냉암소에 보관

[풀이] 분원성 대장균군을 측정하기 위한 시료의 보존방법 기준은 저온(10℃ 이하)이다.

69 다음은 구리를 자외선/가시선 분광법으로 정량하는 방법이다. ( )안에 알맞은 것은 어느 것인가?

> 물속에 존재하는 구리이온이 알칼리성에서 다이에틸다이티오카르바민산나트륨과 반응 하여 생성하는 ( )을 아세트산부틸로 추출하여 흡광도를 측정한다.

㉮ 적색의 킬레이트 화합물
㉯ 청색의 킬레이트 화합물
㉰ 적갈색의 킬레이트 화합물
㉱ 황갈색의 킬레이트 화합물

70 다음은 알킬수은을 기체크로마토그래피로 측정하는 방법이다. ( )안에 알맞은 것은 어느 것인가?

> 알킬수은화합물을 ( )(으)로 추출하여 L-시스테인용액에 선택적으로 역추출하고 다시 ( )(으)로 추출하여 기체크로마토그래피로 측정한다.

㉮ 아세톤 ㉯ 벤젠
㉰ 메탄올 ㉱ 사염화탄소

71 수질오염공정시험기준상 양극벗김전압전류법을 적용하여 측정하는 금속류는 어느 것인가?

㉮ 아연   ㉯ 주석
㉰ 카드뮴 ㉱ 크롬

[풀이] 적용 가능한 분석방법
㉮ 아연 : 원자흡수분광광도법, 자외선/가시선 분광법, 유도결합플라스마-원자발광분광법, 유도결합플라스마-질량분석법, 양극벗김전압전류법
㉯ 주석 : 원자흡수분광광도법, 유도결합플라스마-원자발광분광법, 유도결합플라스마-질량분석법
㉰ 카드뮴 : 원자흡수분광광도법, 자외선/가시선 분광법, 유도결합플라스마-원자발광분광법, 유도결합플라스마-질량분석법
㉱ 크롬 : 원자흡수분광광도법, 자외선/가시선 분광법, 유도결합플라스마-원자발광분광법, 유도결합플라스마-질량분석법

정답 68 ㉯ 69 ㉱ 70 ㉯ 71 ㉮

72 다음의 표준용액 중 pH가 가장 높은 것은 어느 것인가? (단, 0℃ 기준)

㉮ 탄산염 표준용액
㉯ 붕산염 표준용액
㉰ 수산염 표준용액
㉱ 프탈산염 표준용액

풀이 pH순서
수산염<프탈산염<인산염<붕산염<탄산염<수산화칼슘표준액 순이다.

73 자외선/가시선 분광법을 적용하여 음이온계면활성제를 측정할 때 음이온계면활성제가 메틸렌블루와 반응하여 생성된 청색의 착화합물 추출에 사용되는 것은 어느 것인가?

㉮ 사염화탄소   ㉯ 헥산
㉰ 클로로폼   ㉱ 아세톤

풀이 추출용매는 클로로폼이다.

74 공장폐수 및 하수의 관내 유량측정을 위한 측정장치 중 관내의 흐름이 완전히 발달하여 와류에 영향을 받지 않고 실질적으로 직선적인 흐름을 유지하기 위해 난류 발생의 원인이 되는 관로상의 점으로부터 충분히 하류지점에 설치하여야 하는 것은 어느 것인가?

㉮ 오리피스
㉯ 벤튜리미터
㉰ 피토우관
㉱ 자기식 유량측정기

풀이 ㉯ 벤튜리미터에 대한 설명이다.

75 전기전도도의 정밀도 기준으로 알맞은 것은 어느 것인가?

㉮ 측정값의 % 상대표준편차(RSD)로 계산하며 측정값이 15% 이내이어야 한다.
㉯ 측정값의 % 상대표준편차(RSD)로 계산하며 측정값이 20% 이내이어야 한다.
㉰ 측정값의 % 상대표준편차(RSD)로 계산하며 측정값이 25% 이내이어야 한다.
㉱ 측정값의 % 상대표준편차(RSD)로 계산하며 측정값이 30% 이내이어야 한다.

76 수질오염공정시험기준상 탁도 측정에 관한 설명으로 틀린 것은?

㉮ 파편과 입자가 큰 침전이 존재하는 시료를 빠르게 침전시킬 경우, 탁도값이 낮게 측정된다.
㉯ 물에 색깔이 있는 시료는 잠재적으로 측정값이 높게 분석된다.
㉰ 시료 속에 거품은 빛을 산란시키고 높은 측정값을 나타낸다.
㉱ 탁도를 측정하기 위해서는 탁도계를 이용하여 물의 흐림 정도를 측정한다.

풀이 ㉯ 물에 색깔이 있는 시료는 색이 빛을 흡수하기 때문에 잠재적으로 측정값이 낮게 분석된다.

정답 72 ㉮   73 ㉰   74 ㉯   75 ㉯   76 ㉯

77 시료채취시 유의사항으로 틀린 것은 어느 것인가?

㉮ 유류 또는 부유물질 등이 함유된 시료는 시료의 균일성이 유지될 수 있도록 채취해야 하며 침전물 등이 부상하여 혼입되어서는 안된다.
㉯ 퍼클로레이트를 측정하기 위한 시료를 채취할 때 시료의 공기접촉이 없도록 시료병에 가득 채운다.
㉰ 시료채취량은 시험항목 및 시험횟수에 따라 차이가 있으나 보통 3~5L 정도이어야 한다.
㉱ 휘발성유기화합물 분석용 시료를 채취할 때에는 뚜껑의 격막을 만지지 않도록 주의하여야 한다.

[풀이] ㉯ 용존산소, 환원성물질, 휘발성유기화합물, 냄새, 유류 및 수소이온 등을 측정하기 위한 시료를 채취할 때 시료의 공기접촉이 없도록 시료병에 가득 채운다.

78 4각 웨어로 유량을 측정하는 계산식으로 알맞은 것은 어느 것인가? (단, Q : 유량(m^3/min), k : 유량계수, b : 절단의 폭(m), h : 웨어의 수두(m))

㉮ $Q = kbh^{5/2}$　　㉯ $Q = kbh^{3/2}$
㉰ $Q = kh^{5/2}$　　㉱ $Q = kh^{3/2}$

[풀이] ① 삼각웨어에서 유량(Q) = $K \cdot h^{\frac{5}{2}}$ (m^3/min)
② 사각웨어에서 유량(Q) = $K \cdot b \cdot h^{\frac{3}{2}}$ (m^3/min)

79 다음은 자외선/가시선 분광법으로 아연을 정량하는 방법이다. ( )안에 알맞은 것은?

> 물속에 존재하는 아연을 측정하기 위하여 아연이온이 ( )에서 진콘과 반응하여 생성하는 청색 킬레이트 화학물의 흡광도를 측정한다.

㉮ pH 약 4　　㉯ pH 약 9
㉰ pH 약 10　　㉱ pH 약 12

80 수질오염공정시험기준상 냄새 측정에 관한 내용으로 틀린 것은 어느 것인가?

㉮ 물속의 냄새를 측정하기 위하여 측정자의 후각을 이용하는 방법이다.
㉯ 잔류염소의 냄새는 측정에서 제외한다.
㉰ 냄새 역치는 냄새를 감지할 수 있는 최대 희석배수를 말한다.
㉱ 각 판정요원의 냄새의 역치를 산술평균하여 결과로 보고한다.

[풀이] ㉱ 각 판정요원의 냄새의 역치를 기하평균하여 결과로 보고한다.

정답　77 ㉯　78 ㉯　79 ㉯　80 ㉱

제5과목 | 수질환경관계법규

81 물환경보전법에서 사용하는 용어의 뜻으로 잘못된 것은 어느 것인가?

㉮ '점오염원'이란 폐수처리시설, 하수발생시설, 축사 등 특정장소에서 특정하게 수질오염물질을 배출하는 배출원을 말한다.
㉯ '기타수질오염원'이란 점오염원 및 비점오염원으로 관리되지 아니하는 수질오염물질을 배출하는 시설 또는 장소로서 환경부령으로 정하는 것을 말한다.
㉰ '강우유출수'란 비점오염원의 수질오염물질이 섞여 유출되는 빗물 또는 눈 녹은 물 등을 말한다.
㉱ '수질오염물질'이란 수질오염의 요인이 되는 물질로서 환경부령으로 정하는 것을 말한다.

풀이 ㉮ 점오염원이란 폐수배출시설, 하수발생시설, 축사 등으로서 관거·수로 등을 통하여 일정한 지점으로 수질오염물질을 배출하는 배출원을 말한다.

82 정당한 사유 없이 공공수역에 분뇨, 가축분뇨, 동물의 사체, 폐기물(지정폐기물 제외) 또는 오니를 버리는 행위를 하여서는 아니 된다. 이를 위반하여 분뇨·가축분뇨 등을 버린 자에 대한 벌칙 기준은 어느 것인가?

㉮ 6월 이하의 징역 또는 5백만원 이하의 벌금
㉯ 1년 이하의 징역 또는 1천만원 이하의 벌금
㉰ 2년 이하의 징역 또는 1천5백만원 이하의 벌금
㉱ 3년 이하의 징역 또는 2천만원 이하의 벌금

83 폐수배출시설에서 배출되는 수질오염물질의 배출허용기준으로 알맞은 것은 어느 것인가? (단, 1일 폐수배출량 2,000m³ 미만인 사업장, 특례지역, 단위 : mg/L)

㉮ BOD 30 이하, TOC 25 이하, SS 30 이하
㉯ BOD 40 이하, COD 50 이하, SS 40 이하
㉰ BOD 80 이하, COD 90 이하, SS 80 이하
㉱ BOD 120 이하, COD 130 이하, SS 120 이하

84 다음 중 법에서 규정하고 있는 기타 수질오염원의 기준으로 잘못된 것은 어느 것인가?

㉮ 취수능력 10m³/일 이상인 먹는 물 제조시설
㉯ 면적 30,000m² 이상인 골프장
㉰ 면적 1,500m² 이상인 자동차 폐차장 시설
㉱ 면적 200,000m² 이상인 복합물류터미널 시설

정답 81 ㉮ 82 ㉯ 83 ㉮ 84 ㉮

85 오염총량관리기본방침에 포함되어야 할 사항으로 틀린 것은 어느 것인가?

㉮ 오염원의 조사 및 오염부하량 산정방법
㉯ 오염총량관리시행 대상 유역 현황
㉰ 오염총량관리의 대상 수질오염물질 종류
㉱ 오염총량관리의 목표

[풀이] 오염총량관리기본방침에 포함되어야 하는 사항
① 오염총량관리의 목표
② 오염총량관리의 대상 수질오염물질 종류
③ 오염원의 조사 및 오염부하량 산정방법
④ 오염총량관리기본계획의 주체, 내용, 방법 및 시한
⑤ 오염총량관리시행계획의 내용 및 방법

86 사업자 및 배출시설과 방지시설에 종사하는 사람은 배출시설과 방지시설의 정상적인 운영, 관리를 위한 환경기술인의 업무를 방해하여서는 아니 되며, 그로부터 업무 수행에 필요한 요청을 받았을 때에는 정당한 사유가 없으면 이에 따라야 한다. 이를 위반하여 환경기술인의 업무를 방해하거나 환경기술인의 요청을 정당한 사유없이 거부한 자에 대한 벌칙기준은 어느 것인가?

㉮ 100만원 이하의 벌금
㉯ 200만원 이하의 벌금
㉰ 300만원 이하의 벌금
㉱ 500만원 이하의 벌금

87 다음은 공공폐수처리시설의 유지, 관리 기준에 관한 내용이다. (   )안에 알맞은 것은?

> 처리시설의 가동시간, 폐수방류량, 약품 투입량, 관리·운영자, 그 밖에 처리시설의 운영에 관한 주요사항을 사실대로 매일 기록하고 이를 최종 기록한 날부터 (   ) 보존하여야 한다.

㉮ 1년간　　㉯ 2년간
㉰ 3년간　　㉱ 5년간

88 해당 배출부과금의 부과기간의 시작일 전 1년 6개월간 방류수수질기준을 초과하는 수질오염물질을 배출하지 아니한 사업자에게 기본배출부과금 100만원이 부과된 경우, 감경되는 금액은 얼마인가?

㉮ 20만원　　㉯ 30만원
㉰ 40만원　　㉱ 50만원

[풀이] 1년 이상 2년 이내 방류수 수질기준을 초과하는 수질오염물질을 배출하지 아니한 사업자는 기본배출부과금의 100분의 30을 감경되므로 감경되는 금액
= 100만원 × $\dfrac{30}{100}$ = 30만원이다.

정답 85 ㉯　86 ㉮　87 ㉮　88 ㉯

89 다음 ( )안에 들어갈 알맞은 말은?

> 환경부장관은 공익을 목적으로 하는 사업장의 배출시설(폐수무방류배출시설은 제외)을 설치·운영하는 사업자에 대하여 조업정지를 명하여야 하는 경우로서 그 조업정지가 주민의 생활, 대외적인 신용, 고용, 물가 등 국민경제 또는 그 밖의 공익에 현저한 지장을 줄 우려가 있다고 인정되는 경우에는 조업정지처분을 갈음하여 매출액에 ( )를 곱한 금액을 초과하지 아니하는 범위에서 과징금을 부과할 수 있다.

㉮ 100분의 0.5 ㉯ 100분의 5
㉰ 100분의 10 ㉱ 100분의 15

90 비점오염원관리지역의 지정기준으로 알맞은 것은 어느 것인가?

㉮ 인구 5만명 이상인 도시로서 비점오염원관리가 필요한 지역
㉯ 인구 10만명 이상인 도시로서 비점오염원관리가 필요한 지역
㉰ 인구 50만명 이상인 도시로서 비점오염원관리가 필요한 지역
㉱ 인구 100만명 이상인 도시로서 비점오염원관리가 필요한 지역

91 비점오염저감시설 중 장치형 시설에 해당되는 것은 어느 것인가?

㉮ 저류형 시설
㉯ 침투형 시설
㉰ 생물학적 처리형 시설
㉱ 인공습지형 시설

92 폐수처리업을 등록할 수 없는 결격사유로 잘못된 것은 어느 것인가?

㉮ 폐수처리업의 등록이 취소된 후 2년이 지나지 아니한 자
㉯ 파산선고를 받고 복권된 지 2년이 지나지 아니한 자
㉰ 피성년후견인
㉱ 피한정후견인

[풀이] ㉯ 파산선고를 받고 복권되지 아니한 자

93 수질 및 수생태계 환경기준에서 하천에서의 사람의 건강보호 기준 중 기준값이 '검출되어서는 안 됨(검출한계 0.01mg/L)'에 해당되는 항목은 어느 것인가?

㉮ 카드뮴 ㉯ 시안
㉰ 비소 ㉱ 유기인

94 다음은 호소수 이용 상황 등의 조사 측정 등에 관한 내용이다. ( )안에 알맞은 것은 어느 것인가?

> 시도지사는 환경부장관이 지정, 고시하는 호소 외의 호소로서 만수위 일 때의 ( )인 호소의 물환경 등을 정기적으로 조사, 측정하여야 한다.

㉮ 면적이 30만 제곱미터 이상
㉯ 면적이 50만 제곱미터 이상
㉰ 용적이 30만 세제곱미터 이상
㉱ 용적이 50만 세제곱미터 이상

정답 89 ㉯ 90 ㉱ 91 ㉰ 92 ㉯ 93 ㉯ 94 ㉯

95 수질 및 수생태계 환경기준 중 해역의 생활환경 항목인 용매추출유분(mg/L) 기준값은 어느 것인가?

㉮ 0.01 이하   ㉯ 0.1 이하
㉰ 1.0 이하   ㉱ 10.0 이하

96 물놀이 등의 행위제한 권고기준 중 대상 행위가 '어패류 등 섭취'인 경우의 권고 기준으로 알맞은 것은 어느 것인가?

㉮ 어패류 체내 총 카드뮴(Cd)
  : 0.3(mg/kg) 이상
㉯ 어패류 체내 총 카드뮴(Cd)
  : 0.03(mg/kg) 이상
㉰ 어패류 체내 총 수은(Hg)
  : 0.3(mg/kg) 이상
㉱ 어패류 체내 총 수은(Hg)
  : 0.03(mg/kg) 이상

97 조류경보 단계인 '경계' 발령시 조치사항이 아닌 것은 어느 것인가? (단, 상수원 구간이다.)

㉮ 정수의 독소분석 실시
㉯ 황토 등 흡착제 살포 등을 이용한 조류제거 조치 실시
㉰ 주변 오염원에 대한 단속 강화
㉱ 어패류 어획, 식용 및 가축방목의 자제 권고

[풀이] ㉯번은 조류대발생경보의 수면관리자의 조치사항이다.

98 비점오염저감계획서에 포함되어야 하는 사항으로 틀린 것은 어느 것인가?

㉮ 저영향개발기법 등을 적용한 비점오염원 저감방안
㉯ 비점오염원 관리 및 모니터링 방안
㉰ 저영향개발기법 등을 적용한 비점오염 저감시설 설치계획
㉱ 비점오염원 관련 현황

[풀이] ㉯ 비점오염저감시설 유지관리 및 모니터링 방안

99 수질오염방제센터에서 수행하는 사업으로 틀린 것은 어느 것인가?

㉮ 수질오염 수역 수계·호소 등의 관리 우선순위 및 관리 대책
㉯ 수질오염사고에 대비한 장비, 자재, 약품 등의 비치 및 보관을 위한 시설의 설치운영
㉰ 수질오염 방제기술 관련 교육·훈련, 연구개발 및 홍보
㉱ 공공수역의 수질오염사고 감시

100 위임업무 보고사항 중 "골프장 맹·고독성 농약 사용 여부 확인 결과"의 보고횟수 기준으로 알맞은 것은 어느 것인가?

㉮ 수시   ㉯ 연 4회
㉰ 연 2회   ㉱ 연 1회

정답 95 ㉮ 96 ㉰ 97 ㉯ 98 ㉯ 99 ㉮ 100 ㉰

2014년 2회 수질환경기사

2014년 5월 25일 시행

제1과목 | 수질오염개론

01 최종 BOD가 20mg/L, DO가 5mg/L인 하천의 상류지점으로부터 3일 유하거리의 하류지점에서의 DO 농도(mg/L)는 얼마인가? (단, 온도 변화는 없으며 DO 포화농도는 9mg/L이고, 탈산소계수는 0.1/day, 재폭기계수는 0.2/day, 상용대수 기준임)

㉮ 약 4.0mg/L ㉯ 약 4.5mg/L
㉰ 약 3.0mg/L ㉱ 약 2.5mg/L

풀이
① $D_t = \dfrac{k_1 \times L_o}{k_2 - k_1} \times (10^{-k_1 \times t} - 10^{-k_2 \times t}) + D_o \times (10^{-k_2 \times t})$

$= \dfrac{0.1/day \times 20mg/L}{0.2/day - 0.1/day} \times (10^{-0.1/day \times 3day} - 10^{-0.2/day \times 3day})$
$+ (9mg/L - 5mg/L) \times (10^{-0.2/day \times 3day})$
$= 6.005 mg/L$

② 3일 유하거리의 하류지점에서의 DO 농도
 $= C_s - D_t = 9mg/L - 6.005mg/L = 3.0 mg/L$

02 유량 30,000m³/d, BOD 1mg/L인 하천에 유량 1,000m³/d, BOD 220mg/L의 생활오수가 처리되지 않고 유입되고 있다. 하천수와 생활오수가 합류 직후 완전 혼합된다고 가정할 때, 합류 후 하천의 BOD를 3mg/L로 유지하기 위해서 필요한 생활오수의 최소 BOD 제거율(%)은 얼마인가?

㉮ 60.2% ㉯ 71.4%
㉰ 82.4% ㉱ 95.5%

풀이 ① 혼합공식을 이용해 $C_2(=C_o)$를 계산한다.

$C_m = \dfrac{Q_1 C_1 + Q_2 C_2}{Q_1 + Q_2}$

따라서

$3mg/L = \dfrac{30,000m^3/day \times 1mg/L + 1,000m^3/day \times C_2}{(30,000 + 1,000)m^3/day}$

∴ $C_2 = 63 mg/L$

② 처리장의 제거효율(%) $= \left(1 - \dfrac{C_o}{C_i}\right) \times 100$

$= \left(1 - \dfrac{63mg/L}{220mg/L}\right) \times 100 = 71.36\%$

정답 01 ㉰ 02 ㉯

03 수질분석 결과가 다음과 같다. 이 시료의 경도 값은 얼마인가?

〈수질분석결과〉
- Ca^{2+} = 520mg/L
- Mg^{2+} = 48mg/L
- Na^+ = 40.6mg/L
(단, Ca = 40, Mg = 24, Na = 23이다.)

㉮ 1,100 mg/L as $CaCO_3$
㉯ 1,200 mg/L as $CaCO_3$
㉰ 1,300 mg/L as $CaCO_3$
㉱ 1,500 mg/L as $CaCO_3$

[풀이] $\dfrac{경도}{50g} = \dfrac{Ca^{2+}mg/L}{20g} + \dfrac{Mg^{2+}mg/L}{12g}$

$\dfrac{경도(mg/L)}{50g} = \dfrac{520mg/L}{20g} + \dfrac{48mg/L}{12g}$

∴ 경도 = 1,500mg/L

04 적조 발생 요인으로 틀린 것은 어느 것인가?

㉮ 수괴의 연직 안정도가 작다.
㉯ 영양염의 공급이 충분하다.
㉰ 하천수 유입으로 해수의 염분량이 저하된다.
㉱ 해저의 산소가 고갈된다.

[풀이] ㉮ 수괴의 연직 안정도가 크다.

05 농업용수의 수질을 분석할 때 이용되는 SAR(Sodium Adsorption Ratio)과 관계없는 것은 어느 것인가?

㉮ Na^+
㉯ Mg^{2+}
㉰ Ca^{2+}
㉱ Fe^{2+}

[풀이] $SAR = \dfrac{Na^+}{\sqrt{\dfrac{Ca^{2+}+Mg^{2+}}{2}}}$

06 Glycine($C_2H_5O_2N$)이 호기성 조건에서 CO_2, H_2O, HNO_3로 분해된다면 glycine 30g 분해에 소요되는 산소량(g)은 얼마인가?

㉮ 약 35g
㉯ 약 45g
㉰ 약 55g
㉱ 약 65g

[풀이] $C_2H_5O_2N + 3.5O_2 \rightarrow 2CO_2 + 2H_2O + HNO_3$
75g : 3.5×32g
30g : X(산소량)

∴ X(산소량) = $\dfrac{30g \times 3.5 \times 32g}{75g}$ = 44.8g

07 어느 배양기의 제한기질농도(S)가 100 mg/L, 세포 최대비증식계수(μ_{max})가 0.35 /hr일 때 Monod식에 의한 세포의 비증식계수(μ)는 얼마인가? (단, 제한기질 반포화농도(Ks)는 30mg/L 이다.)

㉮ 0.27/hr
㉯ 0.34/hr
㉰ 0.42/hr
㉱ 0.54/hr

[풀이] $\mu = \mu_{max} \times \dfrac{S}{Ks+S}$

= 0.35/hr × $\dfrac{100mg/L}{30mg/L+100mg/L}$ = 0.27/hr

정답 03 ㉱ 04 ㉮ 05 ㉱ 06 ㉯ 07 ㉮

08 생물체 내에서 일어나는 에너지 대사에 적용되는 열역학 법칙에 대한 설명으로 틀린 것은 어느 것인가?

㉮ 에너지의 총량은 일정하다.
㉯ 자연적인 반응은 질서도가 커지는 방향으로 진행된다.
㉰ 엔트로피는 끊임없이 증가하고 있다.
㉱ 절대온도 0°K(-273, 16℃)에서는 분자운동이 없으며 엔트로피는 0 이다.

[풀이] ㉯ 자연적인 반응은 무질서도가 커지는 방향으로 진행된다.

09 아세트산(CH_3COOH) 120mg/L 용액의 pH는 얼마인가? (단, 아세트산 K_a는 1.8×10^{-5})

㉮ 4.65 ㉯ 4.21
㉰ 3.72 ㉱ 3.52

[풀이] $CH_3COOH \rightarrow CH_3COO^- + H^+$

$K_a = \dfrac{[CH_3COO^-][H^+]}{[CH_3COOH]}$ 에서

$[CH_3COO^-] = [H^+]$이므로

$K_a = \dfrac{[H^+]^2}{[CH_3COOH]}$

$[H^+] = \sqrt{K_a \times [CH_3COOH]}$

① $[CH_3COOH]$의 농도를 계산한다.

$[CH_3COOH]$의 mol/L $= \dfrac{0.12g}{L} \Big| \dfrac{1mol}{60g} = 0.002M$

② $[H^+] = \sqrt{(1.8 \times 10^{-5}) \times (0.002M)}$
$= 1.9 \times 10^{-4}$ mol/L

③ pH $= -\log[H^+] = -\log[1.9 \times 10^{-4} \text{mol/L}] = 3.72$

10 물의 특성에 관한 설명으로 잘못된 것은 어느 것인가?

㉮ 물은 2개의 수소원자가 산소원자를 사이에 두고 104.5°의 결합각을 가진 구조로 되어 있다.
㉯ 물은 극성을 띠지 않아 다양한 물질의 용매로 사용된다.
㉰ 물은 유사한 분자량의 다른 화합물보다 비열이 매우 커 수온의 급격한 변화를 방지해준다.
㉱ 물의 밀도는 4℃에서 가장 크다.

[풀이] ㉯ 물은 극성을 띠며 다양한 물질의 용매로 사용된다.

11 25℃, 4atm의 압력에 있는 메탄가스 15kg을 저장하는데 필요한 탱크의 부피(m^3)는 얼마인가? (단, 이상기체의 법칙을 적용하며, R = 0.082L · atm/mol · °K(표준상태 기준임.))

㉮ $4.42m^3$ ㉯ $5.73m^3$
㉰ $6.54m^3$ ㉱ $7.45m^3$

[풀이] 기체상태 방정식 : $PV = \dfrac{W}{M}RT$

$\begin{cases} P : 압력(atm) \\ V : 부피(L) \\ W : 질량(g) \\ M : 분자량(g) \\ R : 기체상수(0.082L \cdot atm/mol \cdot k) \\ T : 절대온도(273 + ℃) \end{cases}$

따라서
$4atm \times V(L)$
$= \dfrac{15 \times 10^3 g}{16g} \times 0.082L \cdot atm/mol \cdot k \times (273+25)k$

$\therefore V = 5727.19L = 5.73m^3$

정답 08 ㉯ 09 ㉰ 10 ㉯ 11 ㉯

12 하천 수질모델 중 WQRRS에 대한 내용으로 틀린 것은 어느 것인가?

㉮ 하천 및 호수의 부영양화를 고려한 생태계 모델이다.
㉯ 유속, 수심, 조도계수에 의해 확산계수를 결정한다.
㉰ 호수에는 수심별 1차원 모델이 적용된다.
㉱ 정적 및 동적인 하천의 수질, 수문학적 특성이 광범위하게 고려된다.

풀이 ㉯번에 대한 설명은 QUAL모델에 대한 설명이다.

13 2,000mg/L $Ca(OH)_2$ 용액의 pH는 얼마인가? (단, $Ca(OH)_2$는 완전 해리되며 Ca의 원자량은 40)

㉮ 12.13   ㉯ 12.43
㉰ 12.73   ㉱ 12.93

풀이 $Ca(OH)_2 \rightarrow Ca^{2+} + 2OH^-$
          XM   XM   2XM

$Ca(OH)_2$의 mol/L = $\dfrac{2g}{L} \Big| \dfrac{1mol}{74g}$ = 0.027mol/L

$[OH^-]$ = 2XM = 2×0.027mol/L
pH = 14+log$[OH^-]$ = 14+log[2×0.027mol/L]
    = 12.73

TIP
① $Ca(OH)_2$ 2,000mg/L = 2g/L
② $Ca(OH)_2$의 분자량 = 40+2×16+2×1 = 74g
③ 산성물질에서 pH = -log$[H^+]$
④ 알칼리성물질에서 pH = 14+log$[OH^-]$

14 하수에 유입된 어떤 유해 물질을 제거하기 위해 사전에 pH3에서 pH7까지 올려야 한다면 다른 영향이 없고 계산대로 반응할 경우 공업용 수산화나트륨(순도 95%)을 하수 1L에 몇 g 정도 투입하여야 하는가? (단, 완전해리 기준이며, Na : 23이다.)

㉮ 0.42g   ㉯ 0.042g
㉰ 0.0042g   ㉱ 0.00042g

풀이 ① pH 3 → pH 7은 중화이므로 중화시 필요한 $[OH^-]$의 농도를 계산한다.
pH 3 ⇒ $[H^+]$ = 10^{-3}mol/L
중화시 필요한 $[OH^-]$ = 10^{-3}mol/L 이다.
② $[OH^-]$는 1가이므로
10^{-3}mol/L = 10^{-3}eq/L
③ NaOH 필요한 (g/L)을 계산한다.
NaOH(g/L) = $\dfrac{10^{-3}eq}{L} \times \dfrac{40g}{1eq} \times \dfrac{100}{95\%}$
          = 0.042g/L

TIP
① M농도 = mol/L
② N농도 = eq/L
③ M농도×가수 = N 농도
④ pH = -log$[H^+]$ ⇒ $[H^+]$ = 10^{-pH}mol/L
⑤ pOH = -log$[OH^-]$ ⇒ $[OH^-]$ = 10^{-pOH}mol/L

정답 12 ㉯   13 ㉰   14 ㉯

15 기체의 법칙 중 Graham의 법칙에 대한 내용으로 알맞은 것은 어느 것인가?

㉮ 기체가 관련된 화학반응에서는 반응하는 기체와 생성된 기체의 부피 사이에는 정수관계가 성립한다.
㉯ 기체의 확산속도(조그마한 구멍을 통한 기체의 탈출)는 기체 분자량의 제곱근에 반비례한다.
㉰ 일정한 온도에서 일정한 부피의 액체에 용해되면 기체의 양은 그 액체 위에 미치는 기체 압력에 비례한다.
㉱ 공기와 같은 혼합기체 속에서 각 성분기체는 서로 독립적으로 압력을 나타낸다.

16 최종 BOD가 200mg/L, 탈산소계수(base는 자연대수 기준)가 0.2day^{-1}인 오수의 5일 소모 BOD(mg/L)는 얼마인가?

㉮ 약 126mg/L   ㉯ 약 136mg/L
㉰ 약 146mg/L   ㉱ 약 156mg/L

[풀이] $BOD_5 = BOD_u \times (1-e^{-k_1 \times t})$
 $= 200mg/L \times (1-e^{-0.2/day \times 5day})$
 $= 126.42mg/L$

TIP
① 자연대수 ⇒ 밑수 e 사용
② 상용대수 ⇒ 밑수 10 사용

17 용존산소농도가 9.0mg/L인 물 100L가 있다면, 이 물의 용존산소를 완전히 제거하려 할 때 필요한 이론적 Na_2SO_3의 량(g)은 얼마인가? (단, Na의 원자량은 23이다.)

㉮ 약 6.3g   ㉯ 약 7.1g
㉰ 약 9.2g   ㉱ 약 11.4g

[풀이] $Na_2SO_3 + 0.5O_2 \rightarrow Na_2SO_4$
 126g : 0.5×32g
 X : 9.0mg/L×100L
∴ X = 7087.5mg = 7.09g

18 하천의 자정단계와 오염의 정도를 파악하는 Whipple의 자정단계(지대별 구분)에 대한 내용으로 잘못된 것은 어느 것인가?

㉮ 분해지대 : 유기성 부유물의 침전과 환원 및 분해에 의한 탄산가스의 방출이 일어난다.
㉯ 분해지대 : 용존산소의 감소가 현저하다.
㉰ 활발한 분해지대 : 수중환경은 혐기성 상태가 되어 침전 저니는 흑갈색 또는 황색을 띤다.
㉱ 활발한 분해지대 : 오염에 강한 실지렁이가 나타나고 혐기성 곰팡이가 증식한다.

[풀이] ㉱ 활발한 분해지대 : 혐기성 박테리아가 증식한다.

정답 15 ㉯ 16 ㉮ 17 ㉯ 18 ㉱

19 어느 시료의 대장균 수가 5,000/mL이라면 대장균 수가 100/mL가 될 때까지 필요한 시간은 얼마인가? (단, 1차 반응 기준이며, 대장균의 반감기는 1시간이다.)

㉮ 약 4.8시간 ㉯ 약 5.6시간
㉰ 약 6.7시간 ㉱ 약 7.9시간

[풀이]

① 반감기 : $\ln\frac{1}{2} = -k \times t$

$\ln\frac{1}{2} = -k \times 1hr$

∴ k = 0.693/hr

② 1차반응식 : $\ln\frac{C_t}{C_o} = -k \times t$

$\ln\frac{100/mL}{5,000/mL} = -0.693/hr \times t$

∴ t = 5.65hr

20 0.01M-KBr과 0.02M-ZnSO$_4$용액의 이온강도는 얼마인가? (단, 완전해리 기준이다.)

㉮ 0.08 ㉯ 0.09
㉰ 0.12 ㉱ 0.14

[풀이]

KBr → K$^+$ + Br$^-$
0.01M   0.01M   0.01M

ZnSO$_4$ → Zn^{2+} + SO$_4^{2-}$
0.02M   0.02M   0.02M

이온강도(I) = $\frac{합\{몰수 \times (가수)^2\}}{2}$

= $\frac{1}{2} \times \{(0.01M \times 1^2) + (0.01M \times 1^2) + (0.02M \times 2^2) + (0.02M \times 2^2)\}$

= 0.09

TIP
이온강도(I) : 용액중에 있는 이온의 전체농도를 나타내는 척도이다.

| 제2과목 | 상하수도계획

21 하수관거시설인 우수토실에 대한 내용으로 틀린 것은 어느 것인가?

㉮ 우수월류량은 계획하수량에서 우천시 계획오수량을 뺀 양으로 한다.
㉯ 오수토실의 오수 유출관거에는 소정의 유량 이상이 흐르도록 하여야 한다.
㉰ 우수토실은 위어형 이외에 수직오리피스, 기계식 수동 수문 및 자동수문, 볼텍스 밸브류 등을 사용할 수 있다.
㉱ 우수토실을 설치하는 위치는 차집관거의 배치, 방류수면 및 방류지역의 주변환경 등을 고려하여 선정한다.

[풀이] ㉯ 우수토실의 오수 유출관거에는 소정의 유량 이상이 흐르지 않도록 한다.

22 다음은 하수관거의 접합방법을 정할 때의 고려사항이다. ( )안에 알맞은 것은?

> 2개의 관거가 합류하는 경우의 중심교각은 되도록 (①) 이하로 하고, 곡선을 갖고 합류하는 경우의 곡률반경은 내경의 (②) 이상으로 한다.

㉮ ① 60°, ② 5배   ㉯ ① 60°, ② 3배
㉰ ① 45°, ② 5배   ㉱ ① 45°, ② 3배

정답 19 ㉯ 20 ㉯ 21 ㉯ 22 ㉮

23 관경 1,100mm, 역사이펀 관거내의 유속에 대한 동수경사 2.4‰, 유속 2.15m/sec, 역사이펀 관거의 길이 L = 76m일 때, 역사이펀의 손실수두(m)는 얼마인가? (단, β = 1.5, α = 0.05m 이다.)

㉮ 0.29m ㉯ 0.39m
㉰ 0.49m ㉱ 0.59m

풀이 $H = I \times L + 1.5 \times \dfrac{V^2}{2g} + \alpha$

H : 손실수두(m)
I : 동수구배(기울기)
L : 관의 길이(m)
g : 중력가속도(9.8m/sec²)
α : 손실수두에 관한 여유

따라서

$H = \dfrac{2.4}{1,000} \times 76m + 1.5 \times \dfrac{(2.15m/sec)^2}{2 \times 9.8m/sec^2} + 0.05m$

= 0.59m

24 상수도관에서 발생되는 부식 중 자연부식(마이크로셀 부식)에 해당되는 것은 어느 것인가?

㉮ 산소농담(통기차)
㉯ 간섭
㉰ 박테리아부식
㉱ 이종금속

풀이 자연부식(마이크로셀 부식)은 산성토양, 박테리아, 일반토양, 대기중 부식이 있다.

25 해수담수화를 위해 해수를 취수할 때 취수위치에 따른 장·단점으로 잘못된 것은 어느 것인가?

㉮ 해중취수(10m 이상) : 기상변화, 해조류의 영향이 적다.
㉯ 해안취수(10m 이내) : 계절별 수질, 수온변화가 심하다.
㉰ 염지하수 취수 : 추가적 전처리 비용이 발생한다.
㉱ 해안취수(10m 이내) : 양적으로 경제적이다.

풀이 ㉰ 염지하수 취수 : 추가적 전처리 비용이 발생하지 않는다.

26 다음은 상수도시설인 착수정에 관한 내용이다.( )안에 알맞은 것은?

> 착수정의 용량은 체류시간을 ( )으로 한다.

㉮ 0.5분 이상 ㉯ 1.0분 이상
㉰ 1.5분 이상 ㉱ 3.0분 이상

27 하수관거 배수설비의 설명 중 틀린 것은 어느 것인가?

㉮ 배수설비는 공공하수도의 일종이다.
㉯ 배수설비중의 물받이의 설치는 배수구역 경계지점 또는 배수구역안에 설치하는 것을 기본으로 한다.
㉰ 결빙으로 인한 우·오수 흐름의 지장이 발생되지 않도록 하여야 한다.
㉱ 배수관은 암거로 하며, 우수만을 배수하는 경우에는 개거도 가능하다.

정답 23 ㉱ 24 ㉰ 25 ㉰ 26 ㉰ 27 ㉮

28 상수시설인 배수시설 중 배수지의 유효 수심 범위(표준)로 알맞은 것은 어느 것인가?

㉮ 6~8m ㉯ 3~6m
㉰ 2~3m ㉱ 1~2m

29 관거별 계획하수량을 정할 때 고려해야 할 사항으로 알맞지 않은 것은 어느 것인가?

㉮ 오수관거에서는 계획시간최대오수량으로 한다.
㉯ 우수관거에서는 계획우수량으로 한다.
㉰ 차집관거에서는 계획1일최대오수량으로 한다.
㉱ 합류식 관거에서는 계획시간최대오수량에 계획우수량을 합한 것으로 한다.

【풀이】 ㉰ 차집관거에서는 우천시 계획 오수량으로 한다.

30 하수배제방식이 합류식인 경우 중계펌프장의 계획하수량으로 알맞은 것은 어느 것인가?

㉮ 우천시 계획오수량
㉯ 계획우수량
㉰ 계획시간최대오수량
㉱ 계획1일최대오수량

31 하수관거시설이 황화수소에 의하여 부식되는 것을 방지하기 위한 대책으로 잘못된 것은 어느 것인가?

㉮ 관거를 청소하고 미생물의 생식 장소를 제거한다.
㉯ 염화 제2철을 주입하여 황화물을 고정화한다.
㉰ 염소를 주입하여 ORP를 저하시킨다.
㉱ 환기에 의해 관내 황화수소를 희석한다.

【풀이】 ㉰ 염소를 주입하여 ORP를 상승시킨다.

32 상수시설 중 배수시설을 설계하고 정비할 때에 설계상의 기본적인 사항으로 알맞은 것은 어느 것인가?

㉮ 배수지의 용량은 시간변동조정용량, 비상시대처용량, 소화용수량 등을 고려하여 계획시간최대급수량의 24시간 분 이상을 표준으로 한다.
㉯ 배수관을 계획할 때에 지역의 특성과 상황에 따라 직결 급수의 범위를 확대하는 것 등을 고려하여 최대정수압을 결정하며, 수압의 기준점은 시설물의 최고높이로 한다.
㉰ 배수본관은 단순한 수지상 배관으로 하지 말고 가능한 한 상호 연결된 관망형태로 구성한다.
㉱ 배수지관의 경우 급수관을 분기하는 지점에서 배수관내의 최대정수압은 150kPa(약 1.53kg$_f$/cm^2)를 넘지 않도록 한다.

【풀이】 ㉮ 배수지의 유효용량은 급수구역의 계획1일 최대 급수량의 8~12시간분을 표준으로 한다.
㉯ 잘못된 설명
㉱ 배수지관의 경우 급수관을 분기하는 지점에서 배수관내의 최대정수압은 700kPa(약 7kg$_f$/cm^2)을 넘지 않도록 한다.

정답 28 ㉯ 29 ㉰ 30 ㉮ 31 ㉰ 32 ㉰

33 상수도시설인 주요 저수시설에 대한 내용으로 잘못된 것은 어느 것인가?

㉮ 전용댐 : 개발수량이 작은 규모가 많다.
㉯ 전용댐 : 양호한 수질을 유지하기가 어렵다.
㉰ 하구둑 : 둑의 조작으로 하류의 유지용수를 확보한다.
㉱ 하구둑 : 염소이온 농도에 주의를 요한다.

풀이 ㉯ 전용댐 : 양호한 수질을 유지하기가 용이하다.

34 최근 정수장에서 응집제로서 많이 사용되고 있는 폴리염화알루미늄(PACl)에 관한 내용으로 알맞은 것은 어느 것인가?

㉮ 일반적으로 황산알루미늄보다 적정주입 pH의 범위가 넓으며 알칼리도의 감소가 적다.
㉯ 일반적으로 황산알루미늄보다 적정주입 pH의 범위가 좁으며 알칼리도의 감소가 적다.
㉰ 일반적으로 황산알루미늄보다 적정주입 pH의 범위가 좁으며 알칼리도의 감소가 크다.
㉱ 일반적으로 황산알루미늄보다 적정주입 pH의 범위가 넓으며 알칼리도의 감소가 크다.

35 화학적 처리를 위한 응집시설 중 급속혼화시설에 관한 내용이다. ( )안에 알맞은 것은?

> 기계식 급속혼화시설을 채택하는 경우에는 ( )을 갖는 혼화지에 응집제를 주입한 다음 즉시 급속교반 시킬 수 있는 혼화장치를 설치한다.

㉮ 30초 이내의 체류시간
㉯ 1분 이내의 체류시간
㉰ 3분 이내의 체류시간
㉱ 5분 이내의 체류시간

36 상수도 기본계획수립시 기본사항에 대한 결정 중 계획(목표)년도에 대한 설명으로 알맞은 것은 어느 것인가?

㉮ 기본계획의 대상이 되는 기간으로 계획수립시부터 10~15년간을 표준으로 한다.
㉯ 기본계획의 대상이 되는 기간으로 계획수립시부터 15~20년간을 표준으로 한다.
㉰ 기본계획의 대상이 되는 기간으로 계획수립시부터 20~25년간을 표준으로 한다.
㉱ 기본계획의 대상이 되는 기간으로 계획수립시부터 25~30년간을 표준으로 한다.

정답 33 ㉯ 34 ㉮ 35 ㉯ 36 ㉯

37 정수시설인 하니콤방식에 대한 내용으로 알맞지 않은 것은 어느 것인가? (단, 회전원판방식과 비교 기준)

㉮ 체류시간 : 2시간 정도
㉯ 손실수두 : 거의 없음
㉰ 폭기설비 : 필요 없음
㉱ 처리수조의 깊이 : 5~7m

[풀이] ㉰ 폭기설비 : 필요 있음

38 정수방법인 완속여과방식에 대한 내용으로 잘못된 것은 어느 것인가?

㉮ 약품처리가 필요 없다.
㉯ 완속여과의 정화는 주로 생물작용에 의한 것이다.
㉰ 비교적 양호한 원수에 알맞은 방식이다.
㉱ 부지면적 소요가 적다.

[풀이] ㉱ 부지면적 소요가 많다.

39 펌프 흡입구의 유속이 4m/sec 이고 펌프의 토출량은 840m³/hr 일 때, 하수 이송에 사용되는 이 펌프의 흡입구경(mm)은 얼마인가?

㉮ 223mm ㉯ 273mm
㉰ 326mm ㉱ 357mm

[풀이]
$D = 146 \times \sqrt{\dfrac{Q}{V}}$

$\begin{bmatrix} D : 흡입구경(mm) \\ Q : 토출량(m^3/min) \\ V : 유속(m/sec) \end{bmatrix}$

따라서 $D = 146 \times \sqrt{\dfrac{840m^3/hr \times 1hr/60min}{4m/sec}}$
$= 273.14mm$

40 해수담수화시설 중 역삼투설비에 대한 내용으로 틀린 것은 어느 것인가?

㉮ 해수담수화시설에서 생산된 물은 pH나 경도가 낮기 때문에 필요에 따라 적절한 약품을 주입하거나 다른 육지의 물과 혼합하여 수질을 조정한다.
㉯ 막모듈은 플러싱과 약품세척 등을 조합하여 세척한다.
㉰ 고압펌프를 정지할 때에는 드로백(draw-back)이 유지되도록 체크 밸브를 설치하여야 한다.
㉱ 고압펌프는 효율과 내식성이 좋은 기종으로 하며 그 형식은 시설규모 등에 따라 선정한다.

| 제3과목 | 수질오염방지기술

41 생물학적 질소, 인 제거를 위한 A_2/O 공정 중 호기조의 역할로 알맞은 것은 어느 것인가?

㉮ 질산화, 인방출 ㉯ 질산화, 인흡수
㉰ 탈질화, 인방출 ㉱ 탈질화, 인흡수

[풀이] 반응조의 역할
① 혐기성조 : 인(P)의 방출
② 무산소조 : 질소(N)의 제거
③ 호기성조 : 인(P)의 과잉흡수, 질산화

42 슬러지를 진공 탈수시켜 부피가 50% 감소되었다. 유입슬러지 함수율이 98% 이었다면 탈수 후 슬러지의 함수율(%)은 얼마인가? (단, 슬러지 비중은 1.0 기준이다.)

정답 37 ㉰ 38 ㉱ 39 ㉯ 40 ㉰ 41 ㉯ 42 ㉱

㉮ 90% ㉯ 92%
㉰ 94% ㉱ 96%

[풀이] $V_1 \times (100-P_1) = V_2 \times (100-P_2)$
$V_2 = V_1 \times 0.5$
따라서 $V_1 \times (100-98) = V_1 \times 0.5 \times (100-P_2)$
∴ $P_2 = 96\%$

43 1,000m³의 하수로부터 최초침전지에서 생성되는 슬러지 양은 얼마인가?

- 최초침전지 체류시간 : 2시간
- 부유물질 제거효율 : 60%
- 부유물질농도 : 220mg/L
- 부유물질 분해 없음
- 슬러지 비중 : 1.0
- 슬러지 함수율 : 97%

㉮ 2.4m³/1,000m³ ㉯ 3.2m³/1,000m³
㉰ 4.4m³/1,000m³ ㉱ 5.2m³/1,000m³

[풀이] 슬러지발생량(m³)

$= \dfrac{SS농도(kg/m^3) \times 슬러지량(m^3) \times 제거효율(\eta)}{비중량(kg/m^3)} \times \dfrac{100}{100-함수율(\%)}$

$= \dfrac{0.22kg/m^3 \times 1,000m^3 \times 0.60}{1,000kg/m^3} \times \dfrac{100}{100-97\%}$

$= 4.4m^3$

TIP

① mg/L $\xrightarrow{\times 10^{-3}}$ kg/m³

② SS 220mg/L = SS 0.22kg/m³

③ 비중(g/cm³) $\xrightarrow{\times 10^3}$ 비중량(kg/m³)

④ 비중 1.0g/cm³ $\xrightarrow{\times 10^3}$ 1,000kg/m³

44 하수 소독시 적용되는 오존소독방법에 관한 일반적 장·단점으로 틀린 것은 어느 것인가? (단, 염소소독 방법 등과 비교)

㉮ Cl_2보다 더 강력한 산화제이다.
㉯ 저장시스템 파괴 사고의 위험이 있다.
㉰ 모든 박테리아와 바이러스를 살균시킨다.
㉱ 초기 투자비와 부속설비가 비싸다.

[풀이] ㉯ 저장시스템 파괴 사고의 위험이 없다.

45 역삼투 장치로 하루에 1,710m³의 3차 처리된 유출수를 탈염시키고자 한다. 요구되는 막면적(m²)은 얼마인가?

- 유입수와 유출수 사이의 압력차 = 2,400kPa
- 25℃에서 물질전달계수 = 0.2068L/(day-m²)(kPa)
- 최저 운전 온도 = 10℃
- $A_{10℃} = 1.58 A_{25℃}$
- 유입수와 유출수의 삼투압차 = 310kPa

㉮ 약 5,351m² ㉯ 약 6,251m²
㉰ 약 7,351m² ㉱ 약 8,121m²

[풀이] ① 유출수량(Q_F)를 계산한다.
$Q_F(L/day \cdot m^2) = K(L/day \cdot m^2 \cdot kpa) \times (\triangle p - \triangle \pi)$
$= 0.2068 L/day \cdot m^2 \cdot kpa \times (2,400kpa - 310kpa)$
$= 432.212 L/day \cdot m^2$

② $A_{25℃} = \dfrac{Q(L/day)}{Q_F(L/day \cdot m^2)}$

$= \dfrac{1,710 \times 10^3 L/day}{432.212 L/day \cdot m^2} = 3,956.39 m^2$

③ $A_{10℃}$를 계산한다.
$A_{10℃} = 1.58 A_{25℃} = 1.58 \times 3,956.39 m^2$
$= 6,251.10 m^2$

정답 43 ㉰ 44 ㉯ 45 ㉯

46 어느 특정한 산화지 내에 1일 BOD 부하를 30kg/day·m²으로 설계하였다. 평균 유량이 2.5m³/min이고 BOD 농도가 270mg/L일 때 필요한 면적(m²)은 얼마인가? (단, 기타 조건은 고려하지 않음.)

㉮ 30.5m²   ㉯ 32.4m²
㉰ 36.2m²   ㉱ 40.8m²

풀이 BOD 부하(kg/day·m²)

$$= \frac{BOD(kg/m^3) \times Q(m^3/day)}{A(m^2)}$$

$$30kg/day \cdot m^2 = \frac{0.27kg/m^3 \times 2.5m^3/min \times 60min/hr \times 24hr/day}{A(m^2)}$$

$$\therefore A = \frac{0.27kg/m^3 \times 2.5m^3/min \times 60min/hr \times 24hr/day}{30kg/day \cdot m^2}$$

$$= 32.4m^2$$

47 농축슬러지를 혐기성 소화를 통해 안정화시키고 있다. 조건이 다음과 같을 때 메탄생성량(kg/day)은 얼마인가?

[조건]
- 농축슬러지에 포함된 유기성분은 모두 글루코오스($C_6H_{12}O_6$)이며 미생물에 의해 100% 분해된다.
- 소화조에서 모두 메탄과 이산화탄소로 전환된다고 가정한다.
- 농축슬러지 BOD 480mg/L
- 유입유량 200m³/day

㉮ 18kg/day   ㉯ 24kg/day
㉰ 32kg/day   ㉱ 41kg/day

풀이 ① $C_6H_{12}O_6$(글루코스)의 농도를 계산한다.
$C_6H_{12}O_6 + 6O_2 \rightarrow 6CO_2 + 6H_2O$
180g : 6×32g
X_1 : 480mg/L
∴ X_1(유기물) = 450mg/L

② CH_4의 농도를 계산한다.
$C_6H_{12}O_6 \rightarrow 3CH_4 + 3CO_2$
180g : 3×16g
450mg/L : X_2
∴ $X_2(CH_4)$ = 120mg/L

③ CH_4의 생성량(kg/day)
= 메탄의 농도(kg/m³) × 유량(m³/day)
= 0.12kg/m³ × 200m³/day
= 24kg/day

48 물리, 화학적으로 질소제거 공정인 파괴점 염소주입에 대한 설명으로 틀린 것은 어느 것인가? (단, 기타 방법과 비교 내용임)

㉮ 수생생물에 독성을 끼치는 잔류 염소농도가 높아진다.
㉯ pH에 영향이 없어 염소투여요구량이 일정하다.
㉰ 기존 시설에 적용이 용이하다.
㉱ 고도의 질소제거를 위하여 여타 질소제거 공정 다음에 사용 가능하다.

풀이 ㉯ pH에 영향이 있으며, 염소투여 요구량이 일정하지 않다.

49 생물학적 질소제거공정에서 질산화로 생성된 NO_3^--N 40mg/L가 탈질되어 질소로 환원될 때 필요한 이론적인 메탄올(CH_3OH)의 양(mg/L)은 얼마인가?

㉮ 17.2mg/L   ㉯ 36.6mg/L
㉰ 58.4mg/L   ㉱ 76.2mg/L

풀이 $6NO_3^--N + 5CH_3OH \rightarrow 3N_2 + 5CO_2 + 7H_2O + 6OH^-$
6×14g : 5×32g
40mg/L : X

$$\therefore X = \frac{40mg/L \times 5 \times 32g}{6 \times 14g} = 76.19mg/L$$

정답 46 ㉯ 47 ㉯ 48 ㉯ 49 ㉱

50 하루 유량 5,000m³인 폐수를 용량이 1,500m³인 활성슬러지 폭기조로 처리한다. 이때 K_d = 0.03/일, Y = 0.6MLSSmg/BODmg, MLSS는 6,000mg/L로 유지되고 있고 유입 BOD 500mg/L는 활성슬러지 폭기조에서 BOD 90% 제거된다면 SRT는 얼마인가? (단, 활성슬러지 공법의 폭기조만 고려한다.)

㉮ 11.1일 ㉯ 10.2일
㉰ 8.3일   ㉱ 7.4일

풀이

① $\dfrac{1}{SRT} = \dfrac{Y \cdot Q \cdot BOD \cdot \eta}{MLSS \cdot V}$ -kd

$= \dfrac{0.6 \times 5,000m^3/day \times 0.5kg/m^3 \times 0.90}{6kg/m^3 \times 1,500m^3}$ - 0.03/day

= 0.12/day

② $SRT = \dfrac{1}{0.12/day} = 8.33 day$

51 혐기성 소화법과 비교한 호기성 소화법의 장·단점으로 틀린 것은 어느 것인가?

㉮ 운전이 용이하다.
㉯ 소화슬러지 탈수가 용이하다.
㉰ 가치있는 부산물이 생성되지 않는다.
㉱ 저온시의 효율이 저하된다.

풀이 ㉯ 소화슬러지 탈수가 용이하지 못하다.

52 폭기조 내의 혼합액의 SVI가 100이고, MLSS 농도를 2,200mg/L로 유지하려면 적정한 슬러지의 반송률(%)은 얼마인가? (단, 유입수의 SS는 무시한다.)

㉮ 23.6%   ㉯ 28.2%
㉰ 33.6%   ㉱ 38.3%

풀이

반송율(%) = $\dfrac{MLSS - SS_i}{SS_r - MLSS} \times 100$

$= \dfrac{2,200mg/L}{\dfrac{10^6}{100} - 2,200mg/L} \times 100 = 28.21\%$

TIP

① $SVI = \dfrac{10^6}{SS_r} \Rightarrow SS_r = \dfrac{10^6}{SVI}$

② SS_i는 무시하므로 사용하지 않는다.

53 막공법에 대한 설명으로 틀린 것은 어느 것인가?

㉮ 투석은 선택적 투과막을 통해 용액 중에 다른 이온, 혹은 분자의 크기가 다른 용질을 분리시키는 것이다.
㉯ 투석에 대한 추진력은 막을 기준으로 한 용질의 농도차이다.
㉰ 한외여과 및 미여과의 분리는 주로 여과작용에 의한 것으로 역삼투현상에 의한 것이 아니다.
㉱ 역삼투는 한외여과 및 미여과와 상이하게 반투막으로 용매를 통과시키기 위해 정수압을 이용한다.

풀이 ㉰ 역삼투와 한외여과 및 미여과는 물질분리를 위한 추진력으로 정수압차를 이용한다.

정답 50 ㉰ 51 ㉯ 52 ㉯ 53 ㉱

54 폐수 유량이 3,000m³/day, 부유 고형물의 농도가 150mg/L이다. 공기부상 시험에서 공기와 고형물의 비가 0.05mg air/mg-solid 일 때 최적의 부상을 나타낸다. 설계온도 20℃, 이때의 공기용해도는 18.7mL/L이다. 흡수비 0.5, 부하율이 0.12m³/m²·min일 때 반송이 있으며 운전압력이 3.5 기압인 부상조 표면적(m²)은 얼마인가?

㉮ 18.5m²　　㉯ 24.5m²
㉰ 32.5m²　　㉱ 41.5m²

풀이 ① 반송비(R)을 계산한다.

$$A/S비 = \frac{1.3 \times Sa \times (f \cdot P - 1)}{SS} \times R$$

$$0.05 = \frac{1.3 \times 18.7mL/L \times (0.5 \times 3.5atm - 1)}{150mg/L} \times R$$

∴ R = 0.411

② 부하율(m³/m²·min) = $\frac{Q(1+R)m^3/min}{A(m^2)}$

0.12m³/m²·min

= $\frac{3,000m^3/day \times 1day/24hr \times 1hr/60min \times (1+0.411)}{A(m^2)}$

∴ A(m²)

= $\frac{3,000m^3/day \times 1day/24hr \times 1hr/60min \times (1+0.411)}{0.12m^3/m^2 \cdot min}$

= 24.50m²

TIP
① 순환식인 경우
　부상조의 유량(Q) = Q+Q_R = Q(1+R)
② 비순환식인 경우
　부하율(m³/m²·min) = $\frac{Q(m^3/min)}{A(m^2)}$

55 생물학적 원리를 이용하여 질소, 인을 제거하는 공정인 5단계 Bardenpho공법에 대한 내용으로 틀린 것은 어느 것인가?

㉮ 인제거를 위해 혐기성조가 추가된다.
㉯ 조 구성은 혐기조, 무산소조, 호기조, 무산소조, 호기조 순이다.
㉰ 내부반송률은 유입유량 기준으로 100~200% 정도이며 2단계 무산소조로부터 1단계 무산소조로 반송된다.
㉱ 마지막 호기성 단계는 폐수내 잔류 질소가스를 제거하고 최종 침전지에서 인의 용출을 최소화하기 위하여 사용한다.

풀이 ㉰ 내부반송은 1단계 호기조에서 1단계 무산소조로 한다.

56 생물막법 처리방식인 접촉산화법의 장·단점으로 틀린 것은 어느 것인가?

㉮ 부하, 수량변동에 대하여 완충능력이 있다.
㉯ 미생물량과 영향인자를 정상상태로 유지하기 위한 조작이 어렵다.
㉰ 분해속도가 낮은 기질제거에 효과적이며 수온의 변동에 강하다.
㉱ 반응조내 매체를 균일하게 포기 교반하는 조건설정이 용이하다.

풀이 ㉱ 반응조내 매체를 균일하게 포기 교반하는 조건설정이 어렵다.

정답 54 ㉯　55 ㉰　56 ㉱

57 CSTR 반응조를 일차반응조건으로 설계하고, A의 제거 또는 전환율이 90%가 되게 하고자 한다. 만일, 반응상수 k가 0.35/hr이면 이 CSTR 반응조의 체류시간(hr)은 얼마인가?

㉮ 12.5hr   ㉯ 25.7hr
㉰ 32.5hr   ㉱ 43.7hr

풀이 $Q(C_o-C_t) = k \cdot V \cdot C_t$

여기서 $t = \dfrac{V}{Q}$ 이므로

$(C_o-C_t) = k \cdot C_t \cdot \left(\dfrac{V}{Q}\right)$

$t = \dfrac{C_o-C_t}{k \times C_t} = \dfrac{(1-0.1)}{(0.35/hr \times 0.1)} = 25.71hr$

58 암모니아성 질소가 25mg/L인 폐수의 완전 질산화에 필요한 이론적 산소요구량(mg/L)은 얼마인가?

㉮ 약 115mg/L   ㉯ 약 125mg/L
㉰ 약 135mg/L   ㉱ 약 145mg/L

풀이 $NH_3\text{-}N + 2O_2 \rightarrow HNO_3 + H_2O$
  14g : 2×32g
  25mg/L : ThOD

∴ $ThOD = \dfrac{25mg/L \times 2 \times 32g}{14g} = 114.29mg/L$

59 폐수량 500m³/day, BOD 300mg/L인 폐수를 표준 활성슬러지공법으로 처리하여 최종방류수 BOD 농도를 20mg/L 이하로 유지하고자 한다. 최초침전지 BOD 제거효율이 30%일때 포기조와 최종침전지, 즉 2차 처리 공정에서 유지되어야 하는 최저 BOD 제거효율(%)은 얼마인가?

㉮ 약 82.5%   ㉯ 약 85.5%
㉰ 약 90.5%   ㉱ 약 94.5%

풀이 $BOD \text{ 제거효율}(\%) = \left(1 - \dfrac{\text{유출수의 BOD}}{\text{유입수의 BOD}}\right) \times 100(\%)$

① 2차 처리공정의 유입수 BOD
   = 300mg/L × (1-0.30) = 210mg/L
② 2차 처리공정의 유출수 BOD = 20mg/L
③ $BOD \text{ 제거효율}(\%) = \left(1 - \dfrac{20mg/L}{210mg/L}\right) \times 100$
   = 90.48%

60 슬러지의 소화율이란 생슬러지 중의 VS가 가스화 및 액화되는 비율을 말한다. 생슬러지와 소화슬러지의 VS/TS가 각각 80% 및 50%일 경우 소화율(%)은 얼마인가?

㉮ 38%   ㉯ 46%
㉰ 63%   ㉱ 75%

풀이 $\text{소화율}(\%) = \left\{1 - \dfrac{\text{소화후}(VS/FS)}{\text{소화전}(VS/FS)}\right\} \times 100$

$= \left\{1 - \dfrac{(50\%/50\%)}{(80\%/20\%)}\right\} \times 100$

= 75%

정답 57 ㉯   58 ㉮   59 ㉰   60 ㉱

| 제4과목 | 수질오염공정시험기준

61 고형물질이 많아 관을 메울 우려가 있는 폐·하수의 관내 유량을 측정하는 방법으로 알맞은 것은 어느 것인가?

㉮ 자기식 유량측정기 (magnetic flow meter)
㉯ 유량측정용 노즐(nozzle)
㉰ 파샬플룸(parshall flume)
㉱ 피토우관(pitot)

풀이 ㉮ 자기식 유량측정기에 대한 설명이다.

62 물속에 존재하는 비소의 측정방법으로 틀린 것은 어느 것인가? (단, 수질오염공정시험기준)

㉮ 수소화물생성-원자흡수분광광도법
㉯ 자외선/가시선 분광법
㉰ 양극벗김전압전류법
㉱ 이온크로마토그래피법

풀이 비소의 측정방법에는 수소화물생성-원자흡수분광광도법, 자외선/가시선 분광법, 유도결합플라스마-원자발광분광법, 유도결합플라스마-질량분석법, 양극벗김전압전류법이 있다.

63 효소이용정량법을 활용한 대장균 분석 시 사용되는 검출기는 어느 것인가?

㉮ 자외선 검출기
㉯ 적외선 검출기
㉰ 마이크로파 검출기
㉱ 초음파 검출기

64 총 유기탄소 측정시 적용되는 용어 정의로 틀린 것은 어느 것인가?

㉮ 비정화성 유기탄소 : 총 탄소 중 pH 5.6 이하에서 포기에 의해 정화되지 않는 탄소를 말한다.
㉯ 부유성 유기탄소 : 총 유기탄소 중 공극 0.45㎛의 막여지를 통과하지 못한 유기탄소를 말한다.
㉰ 무기성 탄소 : 수중에 탄산염, 중탄산염, 용존 이산화탄소 등 무기적으로 결합된 탄소의 합을 말한다.
㉱ 총 탄소 : 수중에서 존재하는 유기적 또는 무기적으로 결합된 탄소의 합을 말한다.

풀이 ㉮ 비정화성 유기탄소 : 총 탄소 중 pH 2 이하에서 포기에 의해 정화되지 않는 탄소를 말한다.

65 공장, 하수 및 폐수 종말처리장 등의 원수, 공정수, 배출수 등의 개수로 유량을 측정하는데 사용하는 웨어의 정확도 기준은 얼마인가? (단, 실제유량에 대한 %)

㉮ ±5% ㉯ ±10%
㉰ ±15% ㉱ ±25%

정답 61 ㉮ 62 ㉱ 63 ㉮ 64 ㉮ 65 ㉮

66 0.025N-KMnO₄ 400mL를 조제하려면 KMnO₄ 약 몇 g을 취해야 하는가? (단, 원자량 : K = 39, Mn = 55)

㉮ 약 0.32g ㉯ 약 0.63g
㉰ 약 0.84g ㉱ 약 0.98g

풀이

$$\frac{eq}{L} = \frac{질량(g)}{부피(L)} \times \frac{1eq}{분자량(g)/가수}$$

$$0.025eq/L = \frac{질량(g)}{0.4L} \times \frac{1eq}{158g/5}$$

∴ 질량 = 0.32g

TIP
① N농도 = eq/L
② KMnO₄(과망간산칼륨)의 $1eq = \frac{158g}{5}$

67 분원성대장균군(막여과법) 분석 시험에 대한 설명으로 잘못된 것은 어느 것인가?

㉮ 분원성대장균군이란 온혈동물의 배설물에서 발견되는 그람음성·무아포성의 간균이다.
㉯ 물속에 존재하는 분원성대장균군을 측정하기 위하여 페트리접시에 배지를 올려놓은 다음 배양 후 여러 가지 색조를 띠는 청색의 집락을 계수하는 방법이다.
㉰ 배양기 또는 항온수조는 배양온도를 (25±0.5)℃로 유지할 수 있는 것을 사용한다.
㉱ 실험결과는 '분원성대장균군/100mL'로 표기한다.

풀이 ㉰ 배양기 또는 항온수조는 배양온도를 (44.5±0.2)℃로 유지할 수 있는 것을 사용한다.

68 하천유량 측정을 위한 유속 면적법의 적용범위로 잘못된 것은 어느 것인가?

㉮ 대규모 하천을 제외하고 가능하면 도섭으로 측정할 수 있는 지점
㉯ 교량 등 구조물 근처에서 측정할 경우 교량의 상류지점
㉰ 합류나 분류되는 지점
㉱ 선정된 유량측정 지점에서 말뚝을 박아 동일 단면에서 유량측정을 수행할 수 있는 지점

풀이 ㉰ 합류나 분류가 없는 지점

TIP

적용범위
① 균일한 유속분포를 확보하기 위한 충분한 길이(약 100m 이상)의 직선 하도(河道)의 확보가 가능하고 횡단면상의 수심이 균일한 지점
② 모든 유량 규모에서 하나의 하도로 형성되는 지점
③ 가능하면 하상이 안정되어 있고, 식생의 성장이 없는 지점
④ 유속계나 부자가 어디에서나 유효하게 잠길 수 있을 정도의 충분한 수심이 확보되는 지점
⑤ 합류나 분류가 없는 지점
⑥ 교량 등 구조물 근처에서 측정할 경우 교량의 상류지점
⑦ 대규모 하천을 제외하고 가능하면 도섭으로 측정할 수 있는 지점
⑧ 선정된 유량측정 지점에서 말뚝을 박아 동일 단면에서 유량측정을 수행할 수 있는 지점

정답 66 ㉮ 67 ㉰ 68 ㉰

69 다음은 수질연속자동측정기의 설치방법 중 시료채취 지점에 대한 설명이다. ( )안에 알맞은 것은 어느 것인가?

> 취수구의 위치는 수면하 10cm 이상, 바닥으로부터 ( )를 유지하여 동절기의 결빙을 방지하고 바닥 퇴적물이 유입되지 않도록 하되 불가피한 경우는 수면하 5cm에서 채수할 수 있다.

㉮ 10cm ㉯ 15cm
㉰ 20cm ㉱ 30cm

70 시료의 최대 보존기간이 다른 측정항목은 어느 것인가?

㉮ 페놀류
㉯ 인산염인
㉰ 화학적산소요구량
㉱ 황산이온

[풀이] 시료의 최대 보존기간
㉮ 페놀류 : 28일
㉯ 인산염인 : 48시간
㉰ 화학적산소요구량 : 28일
㉱ 황산이온 : 28일

71 기체크로마토그래피에 의해 유기인 측정에 관한 내용 중 간섭물질에 대한 설명으로 잘못된 것은 어느 것인가?

㉮ 폴리테트라플루오로에틸렌(PTFE) 재질이 아닌 튜브, 봉합체 및 유속조절제의 사용을 피해야 한다.
㉯ 검출기는 불꽃광도 검출기(FPD) 또는 질소인 검출기(NPD)를 사용한다.
㉰ 높은 농도를 갖는 시료와 낮은 농도를 갖는 시료를 연속하여 분석할 때에 오염이 될 수 있으므로 높은 농도의 시료를 분석한 후에는 바탕시료를 분석하는 것이 좋다.
㉱ 플로리실 컬럼 정제는 산, 염화페놀, 폴리클로로페녹시페놀 등의 극성화합물을 제거하기 위해 수행한다.

[풀이] ㉱ 실리카겔 컬럼 정제는 산, 염화페놀, 폴리클로로페녹시페놀 등의 극성화합물을 제거하기 위해 수행한다.

72 웨어의 수두가 0.25m, 수로의 폭이 0.8m, 수로의 밑면에서 절단 하부점까지의 높이가 0.7m인 직각 3각웨어의 유량(m^3/min)은 얼마인가? (단, 유량계수 $k = 81.2 + \dfrac{0.24}{h} + \left(8.4 + \dfrac{12}{\sqrt{D}}\right) \times \left(\dfrac{h}{B} - 0.09\right)^2$)

㉮ 1.4m^3/min ㉯ 2.1m^3/min
㉰ 2.6m^3/min ㉱ 2.9m^3/min

[풀이]
① $k = 81.2 + \dfrac{0.24}{h} + \left(8.4 + \dfrac{12}{\sqrt{D}}\right) \times \left(\dfrac{h}{B} - 0.09\right)^2$

$= 81.2 + \dfrac{0.24}{0.25m} + \left(8.4 + \dfrac{12}{\sqrt{0.7m}}\right)$

$\times \left(\dfrac{0.25m}{0.8m} - 0.09\right)^2 = 83.29$

② 삼각웨어의 유량(Q) $= k \cdot h^{\frac{5}{2}}$ (m^3/min)

$= 83.29 \times (0.25m)^{\frac{5}{2}} = 2.60 m^3$/min

정답 69 ㉯ 70 ㉯ 71 ㉱ 72 ㉰

73 다음은 자외선/가시선 분광법을 적용한 크롬 측정에 관한 내용이다. ( )안에 알맞은 것은 어느 것인가?

> 3가 크롬은 (①)을 첨가하여 6가 크롬으로 산화시킨 후 산성용액에서 다이페닐카바자이드와 반응하여 생성되는 (②) 착화합물의 흡광도를 측정한다.

㉮ ① 과망간산칼륨, ② 황색
㉯ ① 과망간산칼륨, ② 적자색
㉰ ① 티오황산나트륨, ② 적색
㉱ ① 티오황산나트륨, ② 황갈색

74 다음의 측정항목 중 시료 보존 방법이 다른 것은 어느 것인가?

㉮ 물벼룩 급성독성
㉯ 생물화학적 산소요구량
㉰ 전기전도도
㉱ 황산이온

풀이 시료 보존방법
㉮ 물벼룩 급성독성 : 4℃ 보관
㉯ 생물화학적 산소요구량 : 4℃ 보관
㉰ 전기전도도 : 4℃ 보관
㉱ 황산이온 : 6℃ 이하 보관

75 유기물 함량이 비교적 높지 않고 금속의 수산화물, 산화물, 인산염 및 황화물을 함유하는 시료의 전처리(산분해법)방법으로 알맞은 것은 어느 것인가?

㉮ 질산법
㉯ 황산법
㉰ 질산-황산법
㉱ 질산-염산법

76 암모니아성 질소의 분석방법으로 틀린 것은 어느 것인가? (단, 수질오염공정시험기준)

㉮ 자외선/가시선 분광법
㉯ 연속흐름법
㉰ 이온전극법
㉱ 적정법

풀이 암모니아성 질소의 분석방법으로는 자외선/가시선 분광법, 이온전극법, 적정법이 있다.

77 노말헥산 추출물질의 정량한계는 어느 것인가?

㉮ 0.1 mg/L   ㉯ 0.5 mg/L
㉰ 1.0 mg/L   ㉱ 5.0 mg/L

78 다음은 니켈의 자외선/가시선 분광법 측정에 관한 내용이다. ( )안에 알맞은 것은?

> 니켈이온을 암모니아의 약 알칼리성에서 다이메틸글리옥심과 반응시켜 생성한 니켈착염을 클로로폼으로 추출하고 이것을 ( )으로 역추출 한다.

㉮ 벤젠   ㉯ 노말헥산
㉰ 묽은 염산   ㉱ 사염화탄소

정답 73 ㉯ 74 ㉱ 75 ㉱ 76 ㉯ 77 ㉯ 78 ㉰

79 다음은 퇴적물 완전연소 가능량 측정에 관한 내용이다. ( )안에 알맞은 것은?

> 110℃에서 건조시킨 시료를 도가니에 담고 무게를 측정한 다음 ( ) 가열한 후 다시 무게를 측정한다.

㉮ 550℃에서 1시간
㉯ 550℃에서 2시간
㉰ 550℃에서 3시간
㉱ 550℃에서 4시간

80 시험과 관련된 총칙에 대한 내용으로 틀린 것은 어느 것인가?

㉮ "방울수"라 함은 0℃에서 정제수 20방울을 적하할 때 그 부피가 약 1mL 되는 것을 뜻한다.
㉯ "찬 곳"은 따로 규정이 없는 한 0~15℃의 곳을 뜻한다.
㉰ "감압 또는 진공"이라 함은 따로 규정이 없는 한 15mmHg 이하를 말한다.
㉱ "약"이라 함은 기재된 양에 대하여 ±10% 이상의 차가 있어서는 안된다.

[풀이] ㉮ "방울수"라 함은 20℃에서 정제수 20방울을 적하할 때 그 부피가 약 1mL 되는 것을 뜻한다.

| 제5과목 | 수질환경관계법규

81 위임업무 보고사항 중 보고 횟수가 다른 업무내용은 어느 것인가?

㉮ 폐수처리업에 대한 등록, 지도단속실적 및 처리실적 현황
㉯ 폐수위탁, 사업장 내 처리현황 및 처리실적
㉰ 기타 수질오염원 현황
㉱ 과징금 부과실적

[풀이] 보고 횟수
㉮ 연 2회
㉯ 연 1회
㉰ 연 2회
㉱ 연 2회

82 비점오염저감시설을 자연형과 장치형 시설로 구분할 때 다음 중 장치형 시설로 틀린 것은 어느 것인가?

㉮ 생물학적 처리형 시설
㉯ 여과형 시설
㉰ 소용돌이형 시설
㉱ 저류형 시설

[풀이] 장치형 시설로는 여과형 시설, 소용돌이형 시설, 스크린형 시설, 응집·침전 처리형 시설, 생물학적 처리형 시설이 있다.

정답 79 ㉯ 80 ㉮ 81 ㉯ 82 ㉱

83 다음 중 수질자동측정기기 및 부대시설을 모두 부착하지 아니할 수 있는 시설의 기준으로 알맞은 것은 어느 것인가?

㉮ 연간 조업일수가 60일 미만인 사업장
㉯ 연간 조업일수가 90일 미만인 사업장
㉰ 연간 조업일수가 120일 미만인 사업장
㉱ 연간 조업일수가 150일 미만인 사업장

84 시·도지사가 오염총량관리기본계획의 승인을 받으려는 경우 오염총량관리기본계획안에 첨부하여 환경부장관에게 제출하여야 하는 서류로 틀린 것은 어느 것인가?

㉮ 유역환경의 조사·분석 자료
㉯ 오염부하량의 저감계획을 수립하는데에 사용한 자료
㉰ 오염총량목표수질을 수립하는데에 사용한 자료
㉱ 오염부하량의 산정에 사용한 자료

> **풀이** 오염총량관리기본계획안에 첨부해야 할 서류
> ① 유역환경의 조사·분석 자료
> ② 오염원의 자연증감에 관한 분석 자료
> ③ 지역개발에 관한 과거와 장래의 계획에 관한 자료
> ④ 오염부하량의 산정에 사용한 자료
> ⑤ 오염부하량의 저감계획을 수립하는데에 사용한 자료

85 다음은 기타 수질오염원의 설치·관리자가 하여야 할 조치에 관한 내용이다. ( )안에 알맞은 것은?

> [수산물 양식시설 : 가두리 양식 어장]
> 사료를 준 후 2시간 지났을 때 침전되는 양이 ( ) 미만인 부상(浮上)사료를 사용한다. 다만 10센티미터 미만의 치어 또는 종묘에 대한 사료는 제외한다.

㉮ 10%   ㉯ 20%
㉰ 30%   ㉱ 40%

86 다음은 공공폐수처리시설의 유지·관리 기준 중 처리시설의 관리·운영자가 실시하여야 하는 방류수 수질검사에 관한 내용이다. ( )안에 알맞은 것은? (단, 방류수 수질은 현저하게 악화되지 않음)

> 처리시설의 적정운영 여부를 확인하기 위하여 방류수 수질검사를 (①) 실시하되, 1일당 2천세제곱미터 이상인 시설은 (②) 실시하여야 한다. 다만, 생태독성(TU)검사는 (③) 실시하여야 한다.

㉮ ① : 월 1회 이상, ② : 주 1회 이상,
　③ : 월 2회 이상
㉯ ① : 월 1회 이상, ② : 월 2회 이상,
　③ : 주 1회 이상
㉰ ① : 월 2회 이상, ② : 주 1회 이상,
　③ : 월 1회 이상
㉱ ① : 월 2회 이상, ② : 월 1회 이상,
　③ : 주 1회 이상

정답 83 ㉯　84 ㉰　85 ㉮　86 ㉰

87 대권역 물환경관리 계획에 포함되어야 할 사항으로 틀린 것은 어느 것인가?

㉮ 상수원 및 물 이용현황
㉯ 점오염원, 비점오염원 및 기타 수질오염원의 분포현황
㉰ 점오염원, 비점오염원 및 기타 수질오염원의 수질오염 저감시설 현황
㉱ 점오염원, 비점오염원 및 기타 수질오염원에서 배출되는 수질오염물질의 양

> **풀이** 대권역계획에 포함되어야 하는 사항
> ① 물환경의 변화 추이 및 목표기준
> ② 상수원 및 물 이용현황
> ③ 점오염원, 비점오염원 및 기타 수질오염원의 분포현황
> ④ 점오염원, 비점오염원 및 기타 수질오염원에서 배출되는 수질오염물질의 양
> ⑤ 수질오염 예방 및 저감대책
> ⑥ 물환경 보전조치의 추진방향

88 환경부장관이 수질 등의 측정자료를 관리·분석하기 위하여 측정기기 부착사업자 등이 부착한 측정기기와 연결, 그 측정결과를 전산 처리할 수 있는 전산망 운영을 위한 수질원격감시체계 관제센터를 설치·운영할 수 있는 곳은 어디인가?

㉮ 국립환경과학원
㉯ 유역환경청
㉰ 한국환경공단
㉱ 시·도 보건환경연구원

89 공공수역의 물환경보전을 위하여 특정 농작물의 경작 권고를 할 수 있는 자는 누구인가?

㉮ 대통령
㉯ 유역·지방환경청장
㉰ 환경부장관
㉱ 시·도지사

90 일일기준 초과 배출량 및 일일유량 산정방법에 관한 설명으로 틀린 것은 어느 것인가?

㉮ 배출농도의 단위는 리터당 밀리그램(mg/L)으로 한다.
㉯ 특정수질유해물질의 배출허용기준 초과 일일오염 물질배출량은 소수점 이하 넷째 자리까지 계산한다.
㉰ 일일유량 산정을 위한 측정유량의 단위는 m^3/min으로 한다.
㉱ 일일유량 산정을 위한 일일조업시간은 측정하기 전 최근 조업한 30일간의 배출시설 조업시간의 평균치로서 분(min)으로 표시한다.

> **풀이** ㉰ 일일유량 산정을 위한 측정유량의 단위는 L/min으로 한다.

정답 87 ㉰ 88 ㉰ 89 ㉱ 90 ㉰

91 환경부장관은 비점오염원 관리지역을 지정, 고시한때에는 비점오염원 관리대책을 수립하여야 한다. 다음 중 관리대책에 포함되어야 할 사항으로 틀린 것은 어느 것인가?

㉮ 관리대상 지역의 개발현황 및 계획
㉯ 관리대상 수질오염물질의 종류 및 발생량
㉰ 관리대상 수질오염물질의 발생 예방 및 저감방안
㉱ 관리목표

풀이 관리대책에 포함되어야 할 사항
① 관리목표
② 관리대상 수질오염물질의 종류 및 발생량
③ 관리대상 수질오염물질의 발생 예방 및 저감방안

92 비점오염원 관리지역의 지정 기준으로 알맞은 것은 어느 것인가?

㉮ 하천 및 호소의 수생태계에 관한 환경기준에 미달하는 유역으로 유달부하량 중 비점오염 기여율이 50% 이하인 지역
㉯ 관광지구 지정으로 비점오염원 관리가 필요한 지역
㉰ 인구 50만 이상인 도시로서 비점오염원 관리가 필요한 지역
㉱ 지질이나 지층구조가 특이하여 특별한 관리가 필요하다고 인정되는 지역

93 총량관리 단위 유역의 수질 측정방법 중 측정수질에 대한 설명으로 알맞은 것은 어느 것인가?

㉮ 산정 시점으로부터 과거 1년간 측정한 것으로 하며, 그 단위는 리터당 밀리그램(mg/L)으로 표시한다.
㉯ 산정 시점으로부터 과거 2년간 측정한 것으로 하며, 그 단위는 리터당 밀리그램(mg/L)으로 표시한다.
㉰ 산정 시점으로부터 과거 3년간 측정한 것으로 하며, 그 단위는 리터당 밀리그램(mg/L)으로 표시한다.
㉱ 산정 시점으로부터 과거 5년간 측정한 것으로 하며, 그 단위는 리터당 밀리그램(mg/L)으로 표시한다.

94 다음 중 초과부과금 산정기준으로 적용되는 수질오염물질 1킬로그램당 부과금액이 가장 높은(많은) 것은 어느 것인가?

㉮ 카드뮴 및 그 화합물
㉯ 6가크롬 화합물
㉰ 납 및 그 화합물
㉱ 수은 및 그 화합물

풀이 수질오염물질 1킬로그램당 부과금액
㉮ 카드뮴 및 그 화합물 : 500,000원
㉯ 6가크롬 화합물 : 300,000원
㉰ 납 및 그 화합물 : 150,000원
㉱ 수은 및 그 화합물 : 1,250,000원

정답 91 ㉮ 92 ㉱ 93 ㉰ 94 ㉱

95 공공수역의 수질보전을 위하여 고랭이 경작지에 대한 경작방법을 권고할 수 있는 기준(환경부령으로 정함)이 되는 해발고도와 경사도로 알맞은 것은 어느 것인가?

㉮ 300m 이상, 10% 이상
㉯ 300m 이상, 15% 이상
㉰ 400m 이상, 10% 이상
㉱ 400m 이상, 15% 이상

96 물환경보전법에 사용하는 용어의 뜻으로 잘못된 것은 어느 것인가?

㉮ "점오염원"이라 함은 폐수배출시설, 하수발생시설, 축사 등으로서 관거·수로 등을 통하여 일정한 지점으로 수질오염물질을 배출하는 배출원을 말한다.
㉯ "공공수역"이라 함은 하천, 호소, 항만, 연안해역 그 밖에 공공용으로 사용되는 환경부령이 정하는 수역을 말한다.
㉰ "폐수"라 함은 물에 액체성 또는 고체성의 수질오염 물질이 섞여 있어 그대로는 사용할 수 없는 물을 말한다.
㉱ "폐수무방류배출시설"이라 함은 폐수배출시설에서 발생하는 폐수를 해당 사업장에서 수질오염방지시설을 이용하여 처리하거나 동일 배출시설에 재이용하는 등 공공수역으로 배출하지 아니하는 폐수배출시설을 말한다.

[풀이] ㉯ "공공수역"이라 함은 하천, 호소, 항만, 연안해역 그 밖에 공공용으로 사용되는 수역과 이에 접속하여 공공용에 사용되는 환경부령이 정하는 수로를 말한다.

97 다음은 중점관리저수지의 관리자와 그 저수지의 소재지를 관할하는 시도지사가 수립하는 중점관리저수지의 수질오염방지 및 수질개선에 관한 대책에 포함되어야 하는 사항이다. ( )안에 알맞은 것은?

> 중점관리저수지의 경계로부터 반경 ( )의 거주인구 등 일반현황

㉮ 500m 이내　　㉯ 1km 이내
㉰ 2km 이내　　㉱ 5km 이내

98 폐수배출시설에 대한 배출부과금을 부과하는 경우, 배출부과금 부과기간의 시작일 전 6개월 이상 방류수 수질기준을 초과하는 수질오염물질을 배출하지 아니한 사업자에 대해 감면율을 적용하여 기본배출부과금을 감경할 수 있다. 1년 이상 2년 내에 방류수 수질기준을 초과하여 오염물질을 배출하지 아니한 경우에 적용되는 감면율로 알맞은 것은 어느 것인가?

㉮ 100분의 30　　㉯ 100분의 40
㉰ 100분의 50　　㉱ 100분의 60

[풀이] 감면율
① 6개월 이상 1년 내 : 100분의 20
② 1년 이상 2년 내 : 100분의 30
③ 2년 이상 3년 내 : 100분의 40
④ 3년 이상 : 100분의 50

정답 95 ㉱ 96 ㉯ 97 ㉰ 98 ㉮

99 중점관리저수지(농업용의 경우)의 해제 조건에 대한 설명으로 알맞은 것은 어느 것인가?

㉮ 호소의 생활환경기준 중 약간 나쁨(Ⅳ) 등급 기준 이하로 1년 이상 계속 유지하는 경우
㉯ 호소의 생활환경기준 중 약간 나쁨(Ⅳ) 등급 기준 이하로 2년 이상 계속 유지하는 경우
㉰ 호소의 생활환경기준 중 보통(Ⅲ)등급 기준 이하로 1년 이상 계속 유지하는 경우
㉱ 호소의 생활환경기준 중 보통(Ⅲ)등급 기준 이하로 2년 이상 계속 유지하는 경우

100 수질 및 수생태계 환경기준 중 하천에서의 사람의 건강보호 기준으로 알맞은 것은 어느 것인가?

㉮ 6가크롬 - 0.5mg/L 이하
㉯ 비소 - 0.05mg/L 이하
㉰ 음이온계면활성제 - 0.1mg/L 이하
㉱ 테트라클로로에틸렌 - 0.02mg/L 이하

풀이 하천에서의 사람의 건강보호 기준
㉮ 6가크롬 - 0.05mg/L 이하
㉰ 음이온계면활성제 - 0.5mg/L 이하
㉱ 테트라클로로에틸렌 - 0.04mg/L 이하

정답 99 ㉯ 100 ㉯

2014년 3회 수질환경기사

2014년 8월 17일 시행

| 제1과목 | 수질오염개론

01 25℃, 2기압의 압력에 있는 메탄가스 40kg을 저장하는데 필요한 탱크의 부피(m^3)는 얼마인가? (단, 이상기체의 법칙, R = 0.082L · atm/mol · k 적용)

㉮ 20.6m^3 ㉯ 25.3m^3
㉰ 30.6m^3 ㉱ 35.3m^3

풀이 기체상태 방정식 $PV = \dfrac{W}{M}RT$를 이용한다.

- P : 압력(atm)
- V : 부피(L)
- W : 질량(g)
- M : 분자량(g)
- R : 기체상수(0.082L · atm/mol · k)
- T : 절대온도(273 + ℃)

따라서
2atm×V(L)
$= \dfrac{40×10^3 g}{16g} ×0.082L · atm/mol · k×(273+25)$

$\therefore V = \dfrac{40×10^3 g×0.082L · atm/mol · k×(273+25)k}{2atm×16g}$

$= 30,545L = 30.55m^3$

02 어떤 폐수의 BOD_5가 300mg/L, COD가 400mg/L이었다. 이 폐수의 난분해성 COD(NBDCOD)는 얼마인가? (단, 탈산소계수, $k_1 = 0.01hr^{-1}$이다. 상용대수기준 BDCOD = BODu)

㉮ 60mg/L ㉯ 70mg/L
㉰ 80mg/L ㉱ 90mg/L

풀이 COD = NBDCOD+BDCOD(= BOD_u)

- NBDCOD : 생물학적 분해 불가능한 COD
- BDCOD : 생물학적 분해 가능한 COD
  = 최종 BOD = BOD_u

① BOD_5공식을 이용해 BOD_u(= BDCOD)를 계산한다.
$BOD_5 = BOD_u×(1-10^{-k_1×t})$
300mg/L = $BOD_u×(1-10^{-0.01/hr×24hr/day×5day})$

$\therefore BOD_u = \dfrac{300mg/L}{(1-10^{-0.01/hr×24hr/day×5day})} = 320mg/L$

② NBDCOD = COD-BDCOD
= 400mg/L-320mg/L = 80mg/L

정답 01 ㉰ 02 ㉰

03 호수 내의 성층현상에 대한 내용으로 틀린 것은 어느 것인가?

㉮ 여름성층의 연직 온도경사는 분자확산에 의한 DO구배와 같은 모양이다.
㉯ 성층의 구분 중 약층(thermocline)은 수심에 따른 수온 변화가 적다.
㉰ 겨울성층은 표층수 냉각에 의한 성층이어서 역성층이라고도 한다.
㉱ 전도현상은 가을과 봄에 일어나며 수괴의 연직혼합이 왕성하다.

풀이 ㉯ 성층의 구분 중 약층(thermocline)은 수심에 따른 수온 변화가 크다.

04 수질분석결과 Na^+ = 10mg/L, Ca^{2+} = 20mg/L, Mg^{2+} = 24mg/L, Sr^{2+} = 2.2mg/L일 때, 총경도는 얼마인가? (단, Na : 23, Ca : 40, Mg : 24, Sr : 87.6)

㉮ 112.5mg/L as $CaCO_3$
㉯ 132.5mg/L as $CaCO_3$
㉰ 152.5mg/L as $CaCO_3$
㉱ 172.5mg/L as $CaCO_3$

풀이
$$\frac{총경도(mg/L)}{50g} = \frac{Ca^{2+}mg/L}{20g} + \frac{Mg^{2+}mg/L}{12g} + \frac{Sr^{2+}mg/L}{43.8g}$$
$$= \frac{20mg/L}{20g} + \frac{24mg/L}{12g} + \frac{2.2mg/L}{43.8g}$$
∴ 총경도 = 152.51mg/L

05 20℃에서 k_1이 0.16/day(base 10)이라 하면, 10℃에 대한 BOD_5/BOD_u 비는 얼마인가? (단, θ = 1.047)

㉮ 0.63   ㉯ 0.69
㉰ 0.73   ㉱ 0.76

풀이 ① 20℃k_1을 10℃의 k_1으로 전환한다.
$k_1(10℃) = k_1(20℃) \times \theta^{(T-20)}$
$= 0.16/day \times 1.047^{(10-20)}$
$= 0.101/day$
② 10℃에 대한 BOD_5/BOD_u를 계산한다.
$BOD_5 = BOD_u \times (1-10^{-k_1 \times t})$
$\frac{BOD_5}{BOD_u} = 1-10^{(-k_1 \times t)} = 1-10^{(-0.101/day \times 5day)} = 0.69$

06 해수의 Holy Seven에서 가장 농도가 낮은 것은 어느 것인가?

㉮ Cl^- ㉯ Mg^{2+}
㉰ Ca^{2+} ㉱ HCO_3^-

풀이 Holy Seven에서 농도순서
$Cl^- > Na^+ > SO_4^{2-} > Mg^{2+} > Ca^{2+} > K^+ > HCO_3^-$

07 유기화합물이 무기화합물과 다른 점으로 틀린 것은 어느 것인가?

㉮ 유기화합물들은 일반적으로 녹는점과 끓는점이 낮다.
㉯ 유기화합물들은 하나의 분자식에 대하여 여러 종류의 화합물이 존재할 수 있다.
㉰ 유기화합물들은 대체로 이온 반응보다는 분자반응을 하므로 반응속도가 빠르다.
㉱ 대부분의 유기화합물은 박테리아의 먹이로 될 수 있다.

풀이 ㉰ 유기화합물들은 대체로 이온 반응보다는 분자반응을 하므로 반응속도가 느리다.

정답 03 ㉯   04 ㉰   05 ㉯   06 ㉱   07 ㉰

08 물의 물리적 특성으로 틀린 것은 어느 것인가?

㉮ 물의 표면장력이 낮을수록 세탁물의 세정효과가 증가한다.
㉯ 물이 얼게 되면 액체상태보다 밀도가 커진다.
㉰ 물의 융해열은 다른 액체보다 높은 편이다.
㉱ 물의 여러 가지 특성은 물분자의 수소결합 때문에 나타나는 것이다.

풀이 ㉯ 물이 얼게 되면 액체상태보다 밀도가 작아진다.

09 원핵세포와 진핵세포에 대한 내용으로 틀린 것은 어느 것인가?

㉮ 원핵세포는 핵막이 없고 진핵세포는 있다.
㉯ 원핵세포의 세포소기관은 리보좀 70S로 진핵세포에 비해 크기가 작다.
㉰ 모든 진핵세포가 가지고 있는 세포소기관은 미토콘드리아 이다.
㉱ 미토콘드리아는 호흡대사와 ATP 생산 즉 에너지 생산기능을 수행한다.

풀이 ㉯ 원핵세포의 세포성분인 리보좀의 크기는 70S로 진핵세포에 비해서 작다.

10 어느 배양기의 제한기질농도(S)가 100 mg/L, 세포 비증식 계수 최대값(μ_{max})이 0.3/hr일 때 Monod 식에 의한 세포 비증식계수(μ)는 얼마인가? (단, 제한기질 반포화농도(Ks) = 20mg/L)

㉮ 0.21/hr　　㉯ 0.23/hr
㉰ 0.25/hr　　㉱ 0.27/hr

풀이 Monod식 : $\mu = \mu_{max} \times \dfrac{S}{Ks+S}$

μ : 세포의 비증식 계수(/hr)
μ_{max} : 세포의 최대 비증식 계수(/hr)
S : 제한기질의 농도(mg/L)
Ks : 반포화 농도(mg/L)

따라서 $\mu = 0.3/hr \times \dfrac{100mg/L}{20mg/L+100mg/L} = 0.25/hr$

11 글루코스($C_6H_{12}O_6$) 100mg/L를 혐기성 분해시킬 때 생산되는 이론적 메탄량(mg/L)은 얼마인가?

㉮ 22.7mg/L　　㉯ 24.7mg/L
㉰ 26.7 mg/L　　㉱ 28.7mg/L

풀이 $C_6H_{12}O_6 \rightarrow 3CH_4 + 3CO_2$
　　180g　　:　3×16g
　　100mg/L :　X

∴ $X = \dfrac{100mg/L \times 3 \times 16g}{180g} = 26.67mg/L$

TIP
① $C_6H_{12}O_6$ = 포도당 = 글루코스
② $C_6H_{12}O_6$의 분자량 = 6×12+12×1+6×16 = 180g

정답　08 ㉯　09 ㉰　10 ㉰　11 ㉰

12 어느 시료의 대장균수가 5,000/mL라면 대장균수가 20/mL가 될 때까지 소요되는 시간(hr)은 얼마인가? (단, 일차반응 기준, 대장균의 반감기는 2시간)

㉮ 약 16hr ㉯ 약 18hr
㉰ 약 20hr ㉱ 약 22hr

풀이

① 반감기 : $\ln \frac{1}{2} = -k \times t$

$\ln \frac{1}{2} = -k \times 2hr$

∴ $k = 0.3466/hr$

② 1차반응식 : $\ln \frac{C_t}{C_o} = -k \times t$

$\ln \frac{20/mL}{5,000/mL} = -0.3466/hr \times t$

∴ $t = 15.93hr$

13 아세트산(CH_3COOH) 3,000mg/L 용액의 pH가 3.0이었다면 이 용액의 해리정수(Ka)는 얼마인가?

㉮ 2×10^{-5} ㉯ 2×10^{-6}
㉰ 2×10^{-7} ㉱ 2×10^{-8}

풀이 $CH_3COOH \rightleftharpoons CH_3COO^- + H^+$

해리정수(Ka) = $\frac{[CH_3COO^-][H^+]}{[CH_3COOH]}$

① CH_3COOH의 mol/L = $\frac{3g}{L} \times \frac{1mol}{60g}$

$= 0.05 mol/L$

② $[H^+] = 10^{-pH} mol/L = 10^{-3} mol/L$

③ $[H^+] = [CH_3COO^-] = 10^{-3} mol/L$

④ 해리정수(Ka)

$= \frac{[10^{-3} mol/L][10^{-3} mol/L]}{[0.05 mol/L]} = 2.0 \times 10^{-5}$

14 적조에 의해 어패류가 폐사하는 원인으로 틀린 것은 어느 것인가?

㉮ 강한 독성을 갖는 편모류에 의한 적조 발생
㉯ 고밀도로 존재하는 적조생물의 사후분해에 의해 다량의 용존산소가 소비
㉰ 적조생물이 어패류의 아가미 등에 부착
㉱ 다량의 적조생물 호흡에 의해 수중의 탄산염성분의 과다 배출

15 호수의 수리특성을 고려하여 부영양화도와 인부하량과의 관계를 경험적으로 예측 평가하는 모델은 무엇인가?

㉮ Streeter-phelps모델
㉯ WASP모델
㉰ Vollenweider모델
㉱ DO-SAG모델

풀이 ㉰ Vollenweider모델에 대한 설명이다.

16 BOD 1kg의 제거에 보통 1kg의 산소가 필요하다면 1.45ton의 BOD가 유입된 하천에서 BOD를 완전히 제거하고자 할 때 요구되는 공기량은 얼마인가? (단, 물의 공기 흡수율은 7%(부피기준)이며, 공기 $1m^3$은 0.236kg의 O_2를 함유한다고 하고 하천의 BOD는 고려하지 않는다.)

㉮ 약 84,773m^3 air ㉯ 약 85,773m^3 air
㉰ 약 86,773m^3 air ㉱ 약 87,773m^3 air

풀이 요구되는 공기량(m^3)

$= \frac{1m^3 \text{공기}}{0.236 kg\, O_2} \times \frac{1kg\, O_2}{1kg\, BOD} \times 1.45 \times 10^3 kg\, BOD \times \frac{100}{7\%}$

$= 87,772.40 m^3$

정답 12 ㉮ 13 ㉮ 14 ㉱ 15 ㉰ 16 ㉱

17 유출유입량 5,000m³/d, 저수량 500,000 m³인 호수에 A공장의 폐수가 일시적으로 방류되어 호수의 BOD가 100mg/L로 되었다. 이 호수의 BOD농도가 10mg/L로 저하될 때 필요한 기간(일)은? (단, 공장폐수 외 BOD 유입은 없으며 호수는 완전혼합 반응조이다. 1차 반응, 정상상태 기준이다.)

㉮ 230일 ㉯ 250일
㉰ 270일 ㉱ 290일

풀이

$$\ln\left(\frac{C_t}{C_o}\right) = -\left(\frac{Q}{V}\right) \times t$$

$\begin{bmatrix} C_o : 초기농도(mg/L) \\ C_t : t시간 후의 농도(mg/L) \\ Q : 폐수량(m^3/day) \\ V : 체적(m^3) \\ t : 시간(day) \end{bmatrix}$

따라서 $\ln\left(\frac{10mg/L}{100mg/L}\right) = -\left(\frac{5,000m^3/day}{500,000m^3}\right) \times t$

∴ t = 230.26day

18 어떤 도시에서 DO 0mg/L, BOD_u 200 mg/L, 유량 1.0m³/sec, 온도 20℃의 하수를 유량 6m³/sec인 하천에 방류하고자 한다. 방류지점에서 몇 km 하류에서 가장 DO 농도가 작아지겠는가? (단, 하천의 온도 20℃, BOD_u 1mg/L, DO 9.2mg/L, 방류 후 혼합된 유량의 유속 3.6 km/hr이며 혼합수의 k_1 = 0.1/d, k_2 = 0.2/d, 20℃에서 산소포화농도는 9.2 mg/L이다. 상용대수기준)

㉮ 약 243 ㉯ 약 258
㉰ 약 273 ㉱ 약 292

풀이 유하지점(km)
= 유속(km/hr)×임계점 도달시간(hr)
임계점 도달시간(t_c)
$= \frac{1}{k_1(f-1)} \log\left[f\left\{(1-(f-1)\frac{D_o}{L_o})\right\}\right]$

① 자정계수(f) $= \frac{k_2}{k_1} = \frac{0.2/day}{0.1/day} = 2$

② 혼합지점의 최종 BOD(BOD_u = L_o)를 계산한다.

$C_m = \frac{Q_1C_1+Q_2C_2}{Q_1+Q_2}$

$= \frac{1.0m^3/sec \times 200mg/L + 6m^3/sec \times 1mg/L}{1.0m^3/sec + 6m^3/sec}$

= 29.43mg/L

③ 혼합지점의 DO 농도를 계산한다.

$C_m = \frac{Q_1C_1+Q_2C_2}{Q_1+Q_2}$

$= \frac{1.0m^3/sec \times 0mg/L + 6m^3/sec \times 9.2mg/L}{1.0m^3/sec + 6m^3/sec}$

= 7.886mg/L

④ 초기산소부족량(D_o)
= 포화DO농도(C_s) - 혼합수의 DO 농도(C)
= 9.2mg/L - 7.886mg/L
= 1.314mg/L

⑤ 임계점 도달시간(t_c)를 계산한다.
$t_c = \frac{1}{0.1/day \times (2-1)} \log\left[2 \times \left\{1-(2-1)\right.\right.$
$\left.\left.\times \left(\frac{1.314mg/L}{29.43mg/L}\right)\right\}\right]$ = 2.812day

⑥ 유하지점(km)
= 유속(km/hr)×임계점 도달시간(hr)
= 3.6km/hr×24hr/day×2.812day
= 242.96km

19 전자쌍을 받는 화학종을 산, 전자쌍을 주는 화학종을 염기라고 정의하고 있는 것은 어느 것인가?

㉮ Arrhenius의 정의
㉯ Bronsted-Lowry의 정의
㉰ Lewis의 정의
㉱ Graham의 정의

풀이 ㉰ Lewis의 정의에 대한 설명이다.

정답 17 ㉮ 18 ㉮ 19 ㉰

20 Glycine($C_2H_5O_2N$)이 호기성 조건하에서 CO_2, H_2O, NH_3로 변화되고, 다시 NH_3가 H_2O, HNO_3로 변화된다면 50g의 Glycine이 CO_2, H_2O, HNO_3로 변화될 때 이론적으로 소요되는 산소총량(g)은 얼마인가?

㉮ 약 45g
㉯ 약 55g
㉰ 약 65g
㉱ 약 75g

[풀이] $C_2H_5O_2N + 3.5O_2 \rightarrow 2CO_2 + 2H_2O + HNO_3$

75g : 3.5×32g
50g : X

∴ $X = \dfrac{50g \times 3.5 \times 32g}{75g} = 74.67g$

22 막여과법을 정수처리에 적용하는 주된 선정 이유로 틀린 것은 어느 것인가?

㉮ 응집제를 사용하지 않거나 또는 적게 사용한다.
㉯ 막의 특성에 따라 원수 중의 현탁물질, 콜로이드, 세균류, 크립토스포리디움 등 일정한 크기 이상의 불순물을 제거할 수 있다.
㉰ 부지면적이 종래보다 적을 뿐 아니라 시설의 건설공사 기간도 짧다.
㉱ 막의 교환이나 세척 없이 반영구적으로 자동운전이 가능하여 유지관리 측면에서 에너지를 절약할 수 있다.

제2과목 | 상하수도계획

21 "계획오수량"에 대한 내용으로 틀린 것은 어느 것인가?

㉮ 합류식에서 우천시 계획오수량은 원칙적으로 계획 시간 최대오수량의 3배 이상으로 한다.
㉯ 계획 시간 최대오수량은 계획 1일 최대오수량의 1시간당 수량의 1.3~1.8배를 표준으로 한다.
㉰ 계획 1일 평균오수량은 계획 1일 최대오수량의 60~70%를 표준으로 한다.
㉱ 지하수량은 1인 1일 최대오수량의 10~20%로 한다.

[풀이] ㉰ 계획 1일 평균오수량은 계획 1일 최대오수량의 70~80%를 표준으로 한다.

23 상수처리를 위한 침사지 구조에 관한 기준으로 틀린 것은 어느 것인가?

㉮ 지의 상단높이는 고수위보다 0.3~0.6m의 여유고를 둔다.
㉯ 지내 평균유속은 2~7cm/s를 표준으로 한다.
㉰ 표면부하율은 200~500mm/min을 표준으로 한다.
㉱ 지의 유효수심은 3~4m를 표준으로 하고 퇴사심도를 0.5~1m로 한다.

[풀이] ㉮ 지의 상단높이는 고수위보다 0.6~1m의 여유고를 둔다.

24 빗물펌프장의 계획우수량 결정을 위해 원칙적으로 적용되는 확률년수의 기준은 얼마인가?

㉮ 20~30년
㉯ 20~40년
㉰ 30~40년
㉱ 30~50년

정답 20 ㉱ 21 ㉰ 22 ㉱ 23 ㉮ 24 ㉱

25 전식의 위험이 있는 철도 가까이에 금속관을 매설하는 경우, 금속관을 매설하는 측의 대책(전식방지방법)으로 틀린 것은 어느 것인가?

㉮ 이음부의 절연화
㉯ 강제배류법
㉰ 내부전원법
㉱ 유전양극법(또는 희생양극법)

[풀이] ㉰ 외부전원법

26 하수처리수 재이용 시설계획으로 알맞은 것은 어느 것인가?

㉮ 재이용수 공급관거는 계획일최대유량을 기준으로 계획한다.
㉯ 재이용수 공급관거는 계획시간최대유량을 기준으로 계획한다.
㉰ 재이용수 공급관거는 계획일평균유량을 기준으로 계획한다.
㉱ 재이용수 공급관거는 계획시간평균유량을 기준으로 계획한다.

27 계획취수량을 확보하기 위하여 필요한 저수용량의 결정에 사용하는 계획 기준년으로 알맞은 것은 어느 것인가?

㉮ 원칙적으로 5개년에 제1위 정도의 갈수를 표준으로 한다.
㉯ 원칙적으로 7개년에 제1위 정도의 갈수를 표준으로 한다.
㉰ 원칙적으로 10개년에 제1위 정도의 갈수를 표준으로 한다.
㉱ 원칙적으로 15개년에 제1위 정도의 갈수를 표준으로 한다.

28 해수담수화방식 중 상(相)변화방식인 증발법에 해당되는 것은 어느 것인가?

㉮ 가스수화물법   ㉯ 다중효용법
㉰ 냉동법   ㉱ 전기투석법

[풀이] 상변화방식 중 증발법에는 다단플래쉬법, 다중효용법, 증기압축법, 투과기화법이 있다.

29 하수관거 설계시 오수관거의 최소관경에 관한 기준으로 알맞은 것은 어느 것인가?

㉮ 150mm를 표준으로 한다.
㉯ 200mm를 표준으로 한다.
㉰ 250mm를 표준으로 한다.
㉱ 300mm를 표준으로 한다.

[풀이] 오수관거의 최소관경은 250mm, 최소관경 표준은 200mm이다.

30 상수처리를 위한 용존공기부상 공정 중 플록형성지에 대한 내용으로 틀린 것은 어느 것인가?

㉮ 플록형성지는 2지 이상으로 구분한다.
㉯ 플록형성지 유출부에 수평면에 대하여 60~70°인 경사 저류벽을 설치한다.
㉰ 플록형성지 폭은 부상지의 폭과 같도록 하며 10m 정도로 한다.
㉱ 교반시간 즉 체류시간은 일반적으로 3~5분 정도이다.

[풀이] ㉱ 교반시간 즉 체류시간은 일반적으로 15~20분 정도이다.

정답 25 ㉰ 26 ㉯ 27 ㉰ 28 ㉯ 29 ㉯ 30 ㉱

31 회전수 20회/sec, 토출량 23m³/min, 전양정 8m의 터어빈 펌프의 비속도는 얼마인가?

㉮ 약 610rpm   ㉯ 약 810rpm
㉰ 약 1,210rpm ㉱ 약 1,610rpm

풀이 펌프의 비속도(Ns) = $N \times \dfrac{Q^{\frac{1}{2}}}{H^{\frac{3}{4}}}$

- N : 규정회전수(rpm = 회/min)
- Q : 토출량(m³/min)
- H : 전양정(m)

따라서 Ns = $(20회/sec \times 60sec/min) \times \dfrac{(23m^3/min)^{\frac{1}{2}}}{(8m)^{\frac{3}{4}}}$

= 1,209.84rpm

32 하수도계획의 목표연도는 어느 것인가?

㉮ 원칙적으로 10년으로 한다.
㉯ 원칙적으로 15년으로 한다.
㉰ 원칙적으로 20년으로 한다.
㉱ 원칙적으로 25년으로 한다.

참고 상수도 계획의 목표연도는 15~20년이다.

33 복류수나 자유수면을 갖는 지하수를 취수하기 위한 집수매거에 대한 설명으로 틀린 것은 어느 것인가?

㉮ 일반적으로 집수매거는 복류수의 흐름방향에 대하여 평행으로 설치하는 것이 효율적이다.
㉯ 가능한한 직접 지표수의 영향을 받지 않도록 하기 위하여 매설깊이는 5m 이상으로 하는 것이 바람직하다.
㉰ 집수매거의 길이는 시험우물 등에 의한 양수시험 결과에 따라 정한다.
㉱ 철근콘크리트조의 유공관 또는 권선형 스크린관을 표준으로 한다.

풀이 ㉮ 일반적으로 집수매거는 복류수의 흐름방향에 대하여 수직으로 설치하는 것이 효율적이다.

34 정수처리시설인 응집지 내의 플록형성지에 대한 내용으로 틀린 것은 어느 것인가?

㉮ 플록형성지는 혼화지와 침전지 사이에 위치하고 침전지에 붙여서 설치한다.
㉯ 플록형성은 응집된 미소플록을 크게 성장시키기 위해 적당한 기계식교반이나 우류식교반이 필요하다.
㉰ 플록형성지 내의 교반강도는 하류로 갈수록 점차 증가시키는 것이 바람직하다.
㉱ 플록형성지는 단락류나 정체부가 생기지 않으면서 충분하게 교반될 수 있는 구조로 한다.

풀이 ㉰ 플록형성지 내의 교반강도는 하류로 갈수록 점차 감소시키는 것이 바람직하다.

정답 31 ㉰ 32 ㉰ 33 ㉮ 34 ㉰

35 상수처리를 위한 정수시설인 급속여과지에 대한 내용으로 틀린 것은 어느 것인가?

㉮ 여과속도는 120~150m/d를 표준으로 한다.
㉯ 플록의 질이 일정한 것으로 가정하였을 때 여과층의 필요두께는 여재입경에 반비례한다.
㉰ 균등계수가 1에 가까울수록 탁질억류 가능량은 증가한다.
㉱ 세립자의 여과모래를 사용할수록 플록 저지율은 높지만, 표면여과의 경향이 강해진다.

[풀이] ㉯ 플록의 질이 일정한 것으로 가정하였을 때 여과층의 필요두께는 여재입경에 비례한다.

36 계획취수량이 10m³/s, 유입수심이 5m, 유입속도가 0.4m/s인 지역에 취수구를 설치하고자 할 때 취수구의 폭(B)은 얼마인가? (단, 취수보 설계 기준)

㉮ 0.5m ㉯ 1.25m
㉰ 2.5m ㉱ 5.0m

[풀이] 계획취수량(m³/sec)
= 면적(m²)×유입속도(m/sec)
따라서 10m³/sec = 5m×폭(m)×0.4m/sec
∴ 폭 = $\frac{10\text{m}^3/\text{sec}}{5\text{m}\times 0.4\text{m/sec}}$ = 5.0m

37 정수시설인 고속응집침전지를 선택할 때에 고려하여야 하는 조건과 구조 기준으로 틀린 것은 어느 것인가?

㉮ 원수 탁도는 10 NTU 이상이어야 한다.
㉯ 용량은 계획정수량의 1.5~2.0시간분으로 한다.
㉰ 최고 탁도는 1,000 NTU 이하인 것이 바람직하다.
㉱ 표면부하율은 60~120mm/min을 표준으로 한다.

[풀이] ㉱ 표면부하율은 40~50mm/min을 표준으로 한다.

38 하수관거의 단면형상이 계란형인 경우 설명이 틀린 것은 어느 것인가?

㉮ 유량이 적은 경우 원형거에 비해 수리학적으로 유리하다.
㉯ 수직방향의 시공에 정확도가 요구되므로 면밀한 시공이 필요하다.
㉰ 재질에 따라 제조비가 늘어나는 경우가 있다.
㉱ 원형거에 비해 관폭이 커도 되므로 수평방향의 토압에 유리하다.

[풀이] ㉱ 원형거에 비해 관폭이 작아도 되므로 수직방향의 토압에 유리하다.

정답 35 ㉯ 36 ㉱ 37 ㉱ 38 ㉱

39 도수시설인 도수관로의 매설깊이에 관한 기준으로 알맞은 것은 어느 것인가? (단, 도로하중은 고려함)

㉮ 관종 등에 따라 다르지만 일반적으로 관경 900mm 이하 관로의 매설깊이는 30cm 이상으로 한다.
㉯ 관종 등에 따라 다르지만 일반적으로 관경 900mm 이하 관로의 매설깊이는 60cm 이상으로 한다.
㉰ 관종 등에 따라 다르지만 일반적으로 관경 1,000mm 이상 관로의 매설깊이는 150cm 이상으로 한다.
㉱ 관종 등에 따라 다르지만 일반적으로 관경 1,000mm 이상 관로의 매설깊이는 200cm 이상으로 한다.

40 다음은 상수의 소독(살균)설비 중 저장설비에 관한 내용이다. ( )안에 알맞은 말은?

> 액화염소의 저장량은 항상 1일 사용량의 ( ) 이상으로 한다.

㉮ 5일분　　㉯ 10일분
㉰ 15일분　　㉱ 30일분

제3과목 | 수질오염방지기술

41 Langmuir 등온 흡착식을 유도하기 위한 가정으로 틀린 것은 어느 것인가?

㉮ 한정된 표면만이 흡착에 이용된다.
㉯ 표면에 흡착된 용질물질은 그 두께가 분자 한 개 정도의 두께이다.
㉰ 흡착은 비가역적이다.
㉱ 평형조건이 이루어졌다.

[풀이] ㉰ 흡착은 가역적이다.

42 일반적인 양이온 교환물질에 있어 일반적인 양이온에 대한 선택성의 순서로 가장 적합한 것은 어느 것인가?

㉮ $Ba^{+2} > Pb^{+2} > Sr^{+2} > Ni^{+2} > Ca^{+2}$
㉯ $Ba^{+2} > Pb^{+2} > Ca^{+2} > Ni^{+2} > Sr^{+2}$
㉰ $Ba^{+2} > Pb^{+2} > Ca^{+2} > Sr^{+2} > Ni^{+2}$
㉱ $Ba^{+2} > Pb^{+2} > Sr^{+2} > Ca^{+2} > Ni^{+2}$

[참고] 음이온에 대한 선택성의 순서
$SO_4^{2-} > I^- > NO_3^- > CrO_4^{2-} > Br^- > Cl^- > OH^-$

정답 39 ㉰ 40 ㉯ 41 ㉰ 42 ㉱

43 CFSTR에서 물질을 분해하여 효율 95%로 처리하고자 한다. 이 물질은 0.5차 반응으로 분해되며, 속도상수는 0.05 $(mg/L)^{1/2}/h$이다. 유량은 500L/h이고 유입농도는 250mg/L로서 일정하다면 CFSTR의 필요 부피(m^3)는 얼마인가? (단, 정상상태라 가정한다.)

㉮ 약 520 m^3 ㉯ 약 570 m^3
㉰ 약 620 m^3 ㉱ 약 670 m^3

풀이 $Q(C_o - C_t) = k \cdot V \cdot C_t^{0.5}$

$0.5 m^3/hr \times (250 - 12.5 mg/L)$
$= 0.05/hr \times V \times (12.5 mg/L)^{0.5}$

$\therefore V = \dfrac{0.5 m^3/hr \times (250-12.5 mg/L)}{0.05/hr \times (12.5 mg/L)^{0.5}} = 671.75 m^3$

여기서, $C_t = C_o \times (1-\eta) = 250 mg/L \times (1-0.95)$
$= 12.5 mg/L$

44 분리막을 이용한 다음의 폐수처리방법 중 구동력이 농도차인 것은 어느 것인가?

㉮ 역삼투(Reverse Osmosis)
㉯ 투석(Dialysis)
㉰ 한외여과(Ultrafiltration)
㉱ 정밀여과(Microfiltration)

풀이 역삼투, 한외여과, 정밀여과의 구동력은 정수압차이다.

45 하수내 함유된 유기물질뿐 아니라 영양물질까지 제거하기 위하여 개발된 A^2/O 공법에 대한 내용으로 틀린 것은 어느 것인가?

㉮ 인과 질소를 동시에 제거할 수 있다.
㉯ 혐기조에서는 인의 방출이 일어난다.
㉰ 폐 sludge내의 인함량은 비교적 높아서 (3~5%) 비료의 가치가 있다.
㉱ 무산소조에서는 인의 과잉섭취가 일어난다.

풀이 ㉱ 무산소조에서는 탈질작용이 일어난다.

46 폭기조 내 MLSS 농도가 4,000mg/L이고 슬러지 반송률이 55%인 경우 이 활성슬러지의 SVI는 얼마인가? (단, 유입수 SS 고려하지 않는다.)

㉮ 69 ㉯ 79
㉰ 89 ㉱ 99

풀이 ① 반송율(%) = $\dfrac{MLSS - SS_i}{SS_r - MLSS} \times 100$

따라서, $55\% = \dfrac{4,000 mg/L}{SS_r - 4,000 mg/L} \times 100$

$\therefore SS_r = \dfrac{4,000 mg/L + 0.55 \times 4,000 mg/L}{0.55}$
$= 11,272.73 mg/L$

② $SVI = \dfrac{10^6}{SS_r} = \dfrac{10^6}{11,272.73 mg/L} = 88.71 mL/g$

TIP

$\dfrac{1}{mg/L} = mL/g$

정답 43 ㉱ 44 ㉯ 45 ㉱ 46 ㉰

47 폐수처리장의 완속교반기 동력을 부피 1,000m³인 탱크에서 G값을 50/s를 적용하여 설계하고자 한다면 이론적으로 소요되는 동력(kW)은 얼마인가? (단, 폐수의 점도는 1.139×10⁻³N·s/m²)

㉮ 약 2.15kW ㉯ 약 2.45kW
㉰ 약 2.85kW ㉱ 약 3.25kW

풀이 ① 동력(Watt) = G²×V×μ
- G : 속도경사(/sec)
- V : 체적(m³)
- μ : 점성계수(N·sec/m² = kg/m·sec)

따라서 동력(Watt)
= (50/sec)²×1,000m³×1.139×10⁻³N·sec/m²
= 2,847.5Watt

② 동력(kW) = 2,847.5Watt×10⁻³ = 2.85kW

48 1차 침전지의 유입 유량은 1,000m³/day이고 SS농도는 350mg/L이다. 1차 침전지에서의 SS 제거효율이 60%일 때 하루에 1차 침전지에서 발생되는 슬러지 부피(m³)는 얼마인가? (단, 슬러지의 비중은 1.05, 함수율은 94%, 기타 조건은 고려하지 않는다.)

㉮ 2.3m³ ㉯ 2.5m³
㉰ 2.7m³ ㉱ 3.3m³

풀이 슬러지 발생량(m³)
$$= \frac{SS(kg/m^3) \times Q(m^3/day) \times \eta}{비중량(kg/m^3)} \times \frac{100}{100-P(\%)}$$
$$= \frac{0.35kg/m^3 \times 1,000m^3/day \times 0.60}{1,050kg/m^3} \times \frac{100}{100-94}$$
$$= 3.33m^3$$

TIP
① mg/L $\xrightarrow{\times 10^{-3}}$ kg/m³

② 비중(g/cm³) $\xrightarrow{\times 10^3}$ 비중량(kg/m³)

49 함수율 96%인 생분뇨가 분뇨처리장에 150m³/day의 율로 투입되고 있다. 이 분뇨에는 휘발성 고형물(VS)이 총 고형물(TS)의 50%이고, VS의 60%가 소화가스로 발생되었다. VS 1kg당 0.5m³의 소화가스가 발생 되었다면, 분뇨의 소화가스 총발생량(m³/day)은 얼마인가? (단, 분뇨의 비중은 1로 한다.)

㉮ 700m³/day ㉯ 900m³/day
㉰ 1,100m³/day ㉱ 1,300m³/day

풀이 소화가스 총 발생량(m³/day)
$$= \frac{생분뇨량(m^3)}{(day)} \times \frac{고형물 농도(kg)}{(m^3)} \times \frac{VS(\%)}{100}$$
$$\times \frac{VS의 소화율(\%)}{100} \times \frac{소화가스 발생량(m^3)}{VS\ 1kg\ 당}$$
$$= \frac{150m^3}{day} \times \frac{40kg}{m^3} \times 0.50 \times 0.60 \times \frac{0.5m^3}{1kg}$$
$$= 900m^3/day$$

TIP
① % $\xrightarrow{\times 10^4}$ ppm(mg/L)

② mg/L $\xrightarrow{\times 10^{-3}}$ kg/m³

③ TS = 100-함수율(%) = 100-96% = 4%

④ 4% = 40kg/m³

정답 47 ㉰ 48 ㉱ 49 ㉯

50 슬러지 함수율이 90%인 슬러지 15m³/hr를 가압 탈수기로 탈수하고자 할 때 탈수기의 소요 면적(m²)은 얼마인가? (단, 비중은 1.0 기준, 탈수기의 탈수 속도는 3kg(건조 고형물)/m²·hr이다.)

㉮ 400m² ㉯ 450m²
㉰ 500m² ㉱ 550m²

풀이 탈수기의 탈수속도(kg/m²·hr)
$= \dfrac{\text{슬러지 농도(kg/m}^3) \times \text{슬러지량(m}^3/\text{hr})}{\text{소요면적(m}^2)}$

따라서 $3\text{kg/m}^2 \cdot \text{hr} = \dfrac{100\text{kg/m}^3 \times 15\text{m}^3/\text{hr}}{\text{소요면적(m}^2)}$

∴ 소요면적 = 500m²

TIP
① 슬러지농도 = 100−90% = 10%
② 10% = 10×10⁴mg/L = 100kg/m³

51 Chick's law에 의하면 염소소독에 의한 미생물 사멸율은 1차 반응에 따른다고 한다. 미생물의 80%가 0.1mg/L 잔류염소로 2분 내에 사멸된다면 99.9%를 사멸시키기 위해서 요구되는 접촉시간(분)은 얼마인가?

㉮ 5.7분 ㉯ 8.6분
㉰ 12.7분 ㉱ 14.2분

풀이 1차반응식 : $\ln \dfrac{C_t}{C_o} = -k \times t$

① $\ln \dfrac{(100-80)\%}{100\%} = -k \times 2\text{min}$

∴ k = 0.8047/min

② $\ln\left(\dfrac{(100-99.9)\%}{100\%}\right) = -0.8047/\text{min} \times t$

∴ t = 8.58min

52 하수처리를 위한 회전 원판법에 대한 내용으로 틀린 것은 어느 것인가?

㉮ 질산화가 일어나기 쉬우며 pH가 저하되는 경우가 있다.
㉯ 원판의 회전으로 인해 부착생물과 회전판 사이에 전단력이 생긴다.
㉰ 살수여상과 같이 여상에 파리는 발생하지 않으나 하루살이가 발생하는 수가 있다.
㉱ 활성슬러지법에 비해 이차침전지 SS 유출이 적어 처리수의 투명도가 좋다.

풀이 ㉱ 활성슬러지법에 비해 이차침전지 SS 유출이 많다.

53 BOD 250mg/L인 폐수를 살수 여상법으로 처리할 때 처리수의 BOD는 80mg/L 이었고 이때의 온도가 20℃였다. 만일 온도가 23℃로 된다면 처리수의 BOD 농도(mg/L)는 얼마인가? (단, 온도 이외의 처리조건은 같고, E : 처리효율, $E_t = E_{20} \times Ci^{T-20}$, Ci = 1.035임)

㉮ 약 46mg/L ㉯ 약 53mg/L
㉰ 약 62mg/L ㉱ 약 71mg/L

풀이 ① 20℃에서 살수여상의 효율(E)
$= \left(1 - \dfrac{\text{BOD}_o}{\text{BOD}_i}\right) \times 100$

따라서 $E = \left(1 - \dfrac{80\text{mg/L}}{250\text{mg/L}}\right) \times 100 = 68\%$

② $E(23℃) = E(20℃) \times 1.035^{(T-20)}$
$= 68\% \times 1.035^{(23-20)}$
$= 75.393\%$

③ 23℃에서 유출수의 BOD를 계산한다.
$E = \left(1 - \dfrac{\text{BOD}_o}{\text{BOD}_i}\right) \times 100$

$75.393\% = \left(1 - \dfrac{\text{BOD}_o}{250\text{mg/L}}\right) \times 100$

∴ $\text{BOD}_o = 250\text{mg/L} \times (1 - 0.75393)$
$= 61.52\text{mg/L}$

정답 50 ㉰ 51 ㉯ 52 ㉱ 53 ㉰

54 수면부하율(또는 표면부하율)이 75m³/m²·d인 침전지에서 100% 제거될 수 있는 입자의 직경(mm)은 얼마 이상부터인가? (단, 폐수와 입자의 비중은 각각 1.0과 1.35이며 폐수의 점성계수는 0.098kg/m·s이고, 입자의 침전은 stokes 공식을 따른다.)

㉮ 0.37mm 이상 ㉯ 0.47mm 이상
㉰ 0.57mm 이상 ㉱ 0.67mm 이상

풀이
① 수면부하율(V_o) = $\dfrac{75m^3}{m^2 \cdot day} \times \dfrac{1day}{24hr} \times \dfrac{1hr}{3,600sec}$
  = $8.68 \times 10^{-4} m^3/m^2 \cdot sec$
② 침강속도(V_s) = $\dfrac{d^2(\rho_s - \rho_w)g}{18\mu}$
③ 수면부하율(V_o)×η = 침강속도(V_s)
  $8.68 \times 10^{-4} m^3/m^2 \cdot sec$
  = $\dfrac{d^2 \times (1,350-1,000)kg/m^3 \times 9.8m/sec^2}{18 \times 0.098 kg/m \cdot sec}$
∴ d = 6.681×10^{-4}m = 0.67mm

55 2차 처리 유출수에 포함된 25mg/L의 유기물을 분말 활성탄 흡착법으로 3차 처리하여 2mg/L 될 때까지 제거하고자 할 때 폐수 3m³ 당 필요한 활성탄의 양(g)은 얼마인가? (단, 오염물질의 흡착량과 흡착제거량과의 관계는 Freundlich 등온식에 따르며 k = 0.5, n = 1이다.)

㉮ 69g ㉯ 76g
㉰ 84g ㉱ 91g

풀이
① 등온흡착식 : $\dfrac{(C_i - C_o)}{M} = k \times C_o^{\frac{1}{n}}$
  $\dfrac{(25-2)mg/L}{M} = 0.5 \times (2mg/L)^{\frac{1}{1}}$
∴ M = $\dfrac{(25-2)mg/L}{0.5 \times (2mg/L)^{\frac{1}{1}}}$ = 23mg/L
② 활성탄의 필요량(g) = $23g/m^3 \times 3m^3$ = 69g

TIP
① mg/L = g/m³
② 23mg/L = 23g/m³

56 직경이 다른 두개의 원형입자를 동시에 20℃의 물에 떨어뜨려 침강실험을 했다. 입자 A의 직경은 2×10^{-2}cm이며 입자 B의 직경은 5×10^{-2}cm라면 입자 A와 입자 B의 침강속도의 비율(V_A/V_B)은 얼마인가? (단, 입자 A와 B의 비중은 같으며, stokes 공식을 적용, 기타 조건은 같다.)

㉮ 0.28 ㉯ 0.23
㉰ 0.16 ㉱ 0.12

풀이
침강속도(V_s) = $\dfrac{d^2(\rho_s - \rho_w)g}{18\mu}$
[$V_s \propto d^2$
∴ $\dfrac{V_A}{V_B} = \dfrac{(2 \times 10^{-2}cm)^2}{(5 \times 10^{-2}cm)^2}$ = 0.16

57 질산화 반응에 대한 설명으로 알맞은 것은 어느 것인가?

㉮ 질산균의 에너지원은 유기물이다.
㉯ 질산균의 증식속도는 활성슬러지 내 미생물보다 빠르다.
㉰ 질산균의 질산화 반응시 알칼리도가 생성된다.
㉱ 질산균의 질산화 반응시 용존산소는 2mg/L 이상이어야 한다.

정답 54 ㉱ 55 ㉮ 56 ㉰ 57 ㉱

58 건조된 슬러지 무게의 1/5이 유기물질, 4/5가 무기물질이며 건조전 슬러지 함수율은 90%, 유기물질 비중은 1.0, 무기물질 비중이 2.5라면 건조전 슬러지 전체의 비중은 얼마인가?

㉮ 1.031 ㉯ 1.041
㉰ 1.051 ㉱ 1.061

풀이
$$\frac{1}{\rho_{SL}} = \frac{W_{VS}}{\rho_{VS}} + \frac{W_{FS}}{\rho_{FS}} + \frac{W_P}{\rho_P}$$

$$= \frac{0.1 \times \frac{1}{5}}{1.0} + \frac{0.1 \times \frac{4}{5}}{2.5} + \frac{0.90}{1.0}$$

$$\therefore \rho_{SL} = \frac{1}{0.952} = 1.05$$

59 역삼투 장치로 하루에 200,000L의 3차 처리된 유출수를 탈염시키고자 한다. 25℃에서 물질전달계수 = 0.2068L/(d-m²)(kPa), 유입수와 유출수 사이의 압력차는 2,400kPa, 유입수와 유출수 사이의 삼투압차는 310kPa, 최저운전 온도는 10℃, $A_{10℃} = 1.58 A_{25℃}$라면 요구되는 막 면적(m²)은 얼마인가?

㉮ 약 730m² ㉯ 약 830m²
㉰ 약 930m² ㉱ 약 1030m²

풀이
① Q_F(유출수량)을 계산한다.
$Q_F = k \times (\triangle P - \triangle \pi)$
$= 0.2068 L/day \cdot m^2 \cdot kpa \times (2,400-310)kpa$
$= 432.212 L/day \cdot m^2$

② $A_{25℃}$를 계산한다.
$A_{25℃} = \frac{Q}{Q_F} = \frac{200,000 L/day}{432.212 L/day \cdot m^2}$
$= 462.736 m^2$

③ $A_{10℃}$를 계산한다.
$A_{10℃} = 1.58 A_{25℃} = 1.58 \times 462.736 m^2$
$= 731.12 m^2$

60 회분식 반응조를 일차반응의 조건으로 설계하고, A성분의 제거 또는 전환율이 95%가 되게 하고자 한다. 만일, 반응속도상수 k가 0.40/hr이면 이 회분식 반응조의 체류(반응)시간(hr)은 얼마인가?

㉮ 약 4.7hr ㉯ 약 5.8hr
㉰ 약 6.4hr ㉱ 약 7.5hr

풀이
1차 반응식 : $\ln \frac{C_t}{C_o} = -k \cdot t$

$\ln \frac{(100-95)\%}{100\%} = -0.40/hr \times t$

$\therefore t = 7.49 hr$

제4과목 | 수질오염공정시험기준

61 다음은 총 유기탄소 시험에 적용되는 용어의 정의이다. ( )안에 알맞은 말은?

> 용존성 유기탄소는 총 유기탄소 중 공극 (①)의 막여지를 통과하는 유기탄소를 말하며, 비정화성 유기탄소는 총 탄소 중 (②) 이하에서 포기에 의해 정화되지 않는 탄소를 말한다.

㉮ ① 0.35μm, ② pH 2
㉯ ① 0.35μm, ② pH 4
㉰ ① 0.45μm, ② pH 2
㉱ ① 0.45μm, ② pH 4

62 총칙에 대한 내용으로 틀린 것은 어느 것인가?

㉮ 시험에 사용하는 시약은 따로 규정이 없는 한 1급 이상 또는 이와 동등한 규격의 시약을 사용한다.
㉯ "항량으로 될 때까지 건조한다"라는 의미는 같은 조건에서 1시간 더 건조할 때 전후 무게의 차가 g당 0.3mg 이하일 때를 말한다.
㉰ 기체 중의 농도는 표준상태(0℃, 1기압)로 환산 표시한다.
㉱ "정확히 취하여"라 하는 것은 규정한 양의 시료를 부피피펫으로 0.1mL까지 취하는 것을 말한다.

[풀이] ㉱ "정확히 취하여"라 하는 것은 규정한 양의 액체를 부피피펫으로 눈금까지 취하는 것을 말한다.

63 사각 웨어에 의하여 유량을 측정하려고 한다. 웨어의 수두가 90cm, 절단 폭이 5m이면 이 사각 웨어의 유량(m^3/min)은 얼마인가? (단, 유량 계수는 1.5이다.)

㉮ 5.2m^3/min ㉯ 5.6m^3/min
㉰ 6.0m^3/min ㉱ 6.4m^3/min

[풀이] 사각웨어의 유량(Q) = $k \cdot b \cdot h^{\frac{3}{2}}$ (m^3/min)
따라서 Q = 1.5×5m×(0.9m)$^{\frac{3}{2}}$ = 6.40m^3/min

TIP
삼각웨어의 유량(Q) = $k \cdot h^{\frac{5}{2}}$ (m^3/min)

64 냄새 측정을 위한 시료의 최대보존기간은 얼마인가?

㉮ 즉시 ㉯ 6시간
㉰ 24시간 ㉱ 48시간

65 식물성 플랑크톤을 현미경계수법으로 측정할 때 저배율 방법(200배율 이하) 적용에 대한 설명으로 틀린 것은 어느 것인가?

㉮ 세즈윅-라프터 챔버는 조작은 어려우나 재현성이 높아서 중배율 이상에서도 관찰이 용이하여 미소 플랑크톤의 검경에 적절하다.
㉯ 시료를 챔버에 채울 때 피펫은 입구가 넓은 것을 사용하는 것이 좋다.
㉰ 계수 시 스트립을 이용할 경우, 양쪽 경계면에 걸린 개체는 하나의 경계면에 대해서만 계수한다.
㉱ 계수 시 격자의 경우 격자 경계면에 걸린 개체는 4면 중 2면에 걸린 개체는 계수하고 나머지 2면에 들어온 개체는 계수하지 않는다.

[풀이] ㉮ 세즈윅-라프터 챔버는 조작이 편리하고 재현성이 높은 반면 중배율 이상에서는 관찰이 어렵기 때문에 미소 플랑크톤의 검경에는 적절하지 않다.

정답 62 ㉱ 63 ㉱ 64 ㉯ 65 ㉮

66 다음은 인산염인(자외선/가시선 분광법 – 아스코빈산환원법) 측정방법에 관한 내용이다. ( )안에 알맞은 말은?

> 물속에 존재하는 인산염인을 측정하기 위하여 몰리브덴산암모늄과 반응하여 생성된 몰리브덴산인암모늄을 아스코빈산으로 환원하여 생성된 몰리브덴산 ( )에서 측정하여 인산염인을 정량하는 방법이다.

㉮ 적색의 흡광도를 460nm
㉯ 적색의 흡광도를 540nm
㉰ 청의 흡광도를 660nm
㉱ 청의 흡광도를 880nm

67 총질소의 측정방법으로 틀린 것은 어느 것인가?

㉮ 자외선/가시선 분광법(산화법)
㉯ 자외선/가시선 분광법(카드뮴-구리 환원법)
㉰ 자외선/가시선 분광법(연속흐름법)
㉱ 자외선/가시선 분광법(환원증류-킬달법)

[풀이] 총질소의 측정방법으로는 자외선/가시선 분광법(산화법), 자외선/가시선 분광법(카드뮴-구리 환원법), 자외선/가시선 분광법(환원증류-킬달법), 연속흐름법이 있다.

68 취급 또는 저장하는 동안에 기체 또는 미생물이 침입하지 아니하도록 내용물을 보호하는 용기는 어느 것인가?

㉮ 밀봉용기 ㉯ 밀폐용기
㉰ 기밀용기 ㉱ 차폐용기

[풀이] 용기
① 밀폐용기 : 이물질
② 기밀용기 : 공기 또는 다른 가스
③ 밀봉용기 : 기체 또는 미생물
④ 차광용기 : 광선

69 개수로에 의한 유량 측정시 수로의 구성, 재질, 형상, 기울기 등이 일정하지 않은 경우에 대한 내용으로 틀린 것은 어느 것인가?

㉮ 수로는 될수록 직선적이며, 수면이 물결치지 않는 곳을 고른다.
㉯ 10m를 측정구간으로 하여 5m마다 유수의 횡단면적을 측정한다.
㉰ 유속의 측정은 부표를 사용하여 10m 구간을 흐르는데 걸리는 시간을 스톱워치(Stop Watch)로 잰다.
㉱ 수로의 수량은 $Q = 60V \cdot A$, $V = 0.75Ve$ 로 한다. (Q : 유량[m^3/분], V : 총평균 유속[m/s], Ve : 표면 최대 유속[m/s], A : 평균단면적[m^2])

[풀이] ㉯ 10m를 측정구간으로 하여 2m마다 유수의 횡단면적을 측정한다.

정답 66 ㉱ 67 ㉰ 68 ㉮ 69 ㉯

70 메틸렌블루와 반응하여 생성된 청색의 착화합물을 클로로폼으로 추출하여 흡광도를 650nm에서 측정하여 정량하는 수질오염물질은 어느 것인가? (단, 자외선/가시선 분광법 기준이다.)

㉮ 음이온 계면활성제
㉯ 유기인
㉰ 인산염인
㉱ 폴리클로리네이티드 비페닐

[풀이] ㉮ 음이온 계면활성제에 대한 설명이다.

71 자외선/가시선 분광법에 의한 페놀류의 측정원리에 관한 내용으로 틀린 것은 어느 것인가?

㉮ 수용액에서는 510nm에서 흡광도를 측정한다.
㉯ 클로로폼용액에서는 460nm에서 흡광도를 측정한다.
㉰ 추출법의 정량한계는 0.1mg/L이다.
㉱ 황 화합물의 간섭이 있는 경우 인산(H_3PO_4)이 사용된다.

[풀이] ㉰ 추출법의 정량한계는 0.005mg/L이다.

72 다음은 용기에 의한 유량 측정에 관한 내용이다. ( )안에 알맞은 말은?

• 최대 유량 $1m^3$/분 이상인 경우 수조가 큰 경우는 유입시간에 있어서 유수의 부피는 상승한 수위와 상승수면의 평균표면적의 계측에 의하여 유량을 산출한다. 이 경우 측정시간은 (①), 수위의 상승속도는 적어도 (②) 이어야 한다.

㉮ ① 1분 정도, ② 매분 1cm 이상
㉯ ① 1분 정도, ② 매분 5cm 이상
㉰ ① 5분 정도, ② 매분 1cm 이상
㉱ ① 5분 정도, ② 매분 5cm 이상

73 측정항목별 시료보전방법과 최대보존기간을 옳게 짝지은 것은 어느 것인가?

㉮ 부유물질 : 4℃ 보관, 28일
㉯ 전기전도도 : 4℃ 보관, 즉시
㉰ 음이온계면활성제 : 4℃ 보관, 48시간
㉱ 질산성질소 : 4℃ 보관, 6시간

[풀이] 측정항목별 시료보전방법과 최대보존기간
㉮ 부유물질 : 4℃ 보관, 7일
㉯ 전기전도도 : 4℃ 보관, 24시간
㉱ 질산성질소 : 4℃ 보관, 48시간

정답 70 ㉮ 71 ㉰ 72 ㉯ 73 ㉰

74 분석시 다음 그림의 장치가 필요한 항목은 어느 것인가?

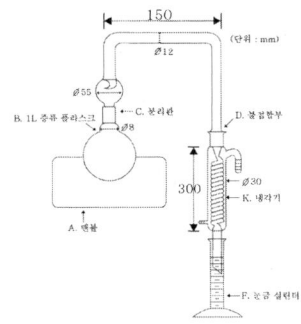

㉮ 페놀류 ㉯ 색도
㉰ 총유기탄소 ㉱ 클로로필 a

75 물벼룩을 이용한 급성 독성시험법에서 사용하는 용어의 정의로 틀린 것은?

㉮ 치사 : 일정 희석 비율로 준비된 시료에 물벼룩을 투입하여 24시간 경과 후 시험용기를 손으로 살짝 두드려 주고, 15초 후 관찰했을 때 독성물질에 의해 영향을 받아 움직임이 명백하게 없는 상태를 '치사'라 판정한다.
㉯ 유영저해 : 일정 희석 비율로 준비된 시료에 물벼룩을 투입하여 24시간 경과 후 시험용기를 손으로 살짝 두드려 주고, 15초 후 관찰했을 때 독성물질에 의해 영향을 받아 움직임이 없을 경우를 '유영저해'로 판정한다. 이 때 안테나나 다리 등 부속지를 움직인다 하더라도 유영을 하지 못한다면 '유영저해'로 판정한다.
㉰ 반수영향농도 : 투입 시험생물의 50%가 치사 혹은 유영저해를 나타낸 농도이다.
㉱ 생태독성값 : 통계적 방법을 이용하여 반수영향농도 EC_{50} 값을 구한 후 10에서 EC_{50} 값을 나눠 준 값을 말한다. (EC_{50} 값의 단위는 %이다.)

[풀이] ㉱ 생태독성값 : 값을 구한 후 100에서 EC_{50} 값을 나눠준 값을 말한다.(EC_{50} 값의 단위는 %이다.)

76 수질의 색도 측정에서 이용되는 색도표준원액 제조에 사용되는 시약으로 틀린 것은 어느 것인가?

㉮ 육염화백금칼륨
㉯ 염화코발트6수화물
㉰ 염화아연분말
㉱ 염산

77 다음은 비소–수소화물생성–원자흡수분광광도법에 관한 내용이다. ( )안에 알맞은 말은?

물속에 존재하는 비소를 측정하는 방법으로 아연 또는 ( )을 넣어 수소화 비소로 포집하여 아르곤(또는 질소)-수소 불꽃에서 원자화 시켜 흡광도를 측정한다.

㉮ 다이에틸디티오카비민산은수화물
㉯ 염화제이철수화물
㉰ 요오드화칼륨수화물
㉱ 나트륨붕소수화물

78 잔류염소(비색법) 측정할 때 크롬산(2mg/L 이상)으로 인한 종말점 간섭을 방지하기 위해 가하는 시약은 어느 것인가?

㉮ 염화바륨 ㉯ 황산구리
㉰ 염산용액(25%) ㉱ 과망간산칼륨

정답 74 ㉮ 75 ㉱ 76 ㉰ 77 ㉱ 78 ㉮

79 시료 채취시 유의사항으로 틀린 것은 어느 것인가?

㉮ 채취 용기는 시료를 채우기 전에 시료로 3회 이상 씻은 다음 사용한다.
㉯ 시료 채취 용기에 시료를 채울 때에는 어떠한 경우에도 시료의 교란이 일어나서는 안 된다.
㉰ 지하수 시료는 취수정 내에 고여 있는 물과 원래 지하수의 성상이 달라질 수 있으므로 고여 있는 물을 충분히 퍼낸 다음 새로 나온 물을 채취한다.
㉱ 시료 채취량은 시험항목 및 시험 횟수의 필요량의 3~5배 채취를 원칙으로 한다.

[풀이] ㉱ 시료 채취량은 시험항목 및 시험 횟수에 따라 차이가 있으나 보통 3~5L 정도이어야 한다.

80 복수시료채취방법에 대한 설명으로 알맞은 것은 어느 것인가? (단, 배출허용기준 적합여부 판정을 위한 시료채취 시)

㉮ 자동시료채취기로 시료를 채취할 경우에는 6시간 이내에 30분 이상 간격으로 2회 이상 채취하여 일정량의 단일 시료로 한다.
㉯ 자동시료채취기로 시료를 채취할 경우에는 6시간 이내에 30분 이상 간격으로 4회 이상 채취하여 일정량의 단일 시료로 한다.
㉰ 자동시료채취기로 시료를 채취할 경우에는 8시간 이내에 30분 이상 간격으로 2회 이상 채취하여 일정량의 단일 시료로 한다.
㉱ 자동시료채취기로 시료를 채취할 경우에는 8시간 이내에 30분 이상 간격으로 4회 이상 채취하여 일정량의 단일 시료로 한다.

제5과목 | 수질환경관계법규

81 다음의 비점오염저감시설 중 자연형 시설에 해당되는 것은 어느 것인가?

㉮ 생물학적 처리형 시설
㉯ 여과형 시설
㉰ 침투형 시설
㉱ 소용돌이형 시설

[풀이] 비점오염원 저감시설
① 자연형 시설 : 저류시설, 인공습지, 침투형 시설, 식생형 시설
② 장치형 시설 : 여과형 시설, 소용돌이형 시설, 스크린형 시설, 응집·침전 처리형 시설, 생물학적 처리형 시설

82 수질오염방지시설 중 화학적 처리시설에 속하는 것은 어느 것인가?

㉮ 응집시설   ㉯ 접촉조
㉰ 폭기시설   ㉱ 살균시설

[풀이] 수질오염방지시설
㉮ 응집시설 : 물리적 처리시설
㉯ 접촉조 : 생물화학적 처리시설
㉰ 폭기시설 : 생물화학적 처리시설

정답 79 ㉱ 80 ㉮ 81 ㉰ 82 ㉱

83 대통령령이 정하는 처리용량 이상의 방지시설(공동방지시설 포함)을 운영하는 자는 배출되는 수질오염물질이 배출허용기준, 방류수 수질기준에 맞는지를 확인하기 위하여 적산전력계 또는 적산유량계 등 대통령령이 정하는 측정기기를 부착하여야 한다. 이를 위반하여 적산전력계 또는 적산유량계를 부착하지 아니한 자에 대한 벌칙 기준은 어느 것인가?

㉮ 1,000만원 이하의 벌금
㉯ 500만원 이하의 벌금
㉰ 300만원 이하의 벌금
㉱ 100만원 이하의 벌금

[풀이] ㉱ 100만원 이하의 벌금에 대한 설명이다.

84 다음은 폐수처리업자의 준수사항에 관한 설명이다. ( )안에 알맞은 말은?

수탁한 폐수는 정당한 사유 없이 (①) 보관할 수 없으며, 보관폐수의 전체량이 저장시설 저장능력의 (②) 이상 되게 보관하여서는 아니 된다.

㉮ ① 10일 이상, ② 80%
㉯ ① 10일 이상, ② 90%
㉰ ① 30일 이상, ② 80%
㉱ ① 30일 이상, ② 90%

85 수질 및 수생태계 상태를 등급으로 나타내는 경우, "좋음" 등급에 대한 설명으로 알맞은 것은 어느 것인가? (단, 수질 및 수생태계 하천의 생활 환경기준)

㉮ 용존산소가 풍부하고 오염물질이 거의 없는 청정 상태에 근접한 생태계로 침전 등 간단한 정수처리 후 생활용수로 사용할 수 있음
㉯ 용존산소가 풍부하고 오염물질이 거의 없는 청정 상태에 근접한 생태계로 여과·침전 등 간단한 정수처리 후 생활용수로 사용할 수 있음
㉰ 용존산소가 많은 편이고 오염물질이 거의 없는 청정 상태에 근접한 생태계로 여과·침전·살균 등 일반적인 정수처리 후 생활용수로 사용할 수 있음
㉱ 용존산소가 많은 편이고 오염물질이 거의 없는 청정상태에 근접한 생태계로 활성탄 투입 등 일반적인 정수처리 후 생활용수로 사용할 수 있음

86 시·도지사가 측정망을 이용하여 수질오염도를 상시 측정하거나 수생태계 현황을 조사한 경우에 그 조사 결과를 몇 일 이내에 환경부장관에게 보고하여야 하는가?

㉮ 수질오염도 : 측정일이 속하는 달의 다음 달 5일 이내,
수생태계 현황 : 조사 종료일로부터 1개월 이내
㉯ 수질오염도 : 측정일이 속하는 달의 다음 달 5일 이내,
수생태계 현황 : 조사 종료일로부터 3개월 이내

[정답] 83 ㉱ 84 ㉯ 85 ㉰ 86 ㉱

㉰ 수질오염도 : 측정일이 속하는 달의 다음 달 10일 이내,
수생태계 현황 : 조사 종료일로부터 1개월 이내
㉱ 수질오염도 : 측정일이 속하는 달의 다음 달 10일 이내,
수생태계 현황 : 조사 종료일로부터 3개월 이내

87 비점오염원의 설치신고 또는 변경신고를 할 때 제출하는 비점오염저감 계획서에 포함되어야 하는 사항으로 틀린 것은 어느 것인가?

㉮ 비점오염원 관련 현황
㉯ 저영향개발기법 등을 적용한 비점오염저감시설 설치계획
㉰ 비점오염원 관리 및 모니터링 방안
㉱ 저영향개발기법 등을 적용한 비점오염원 저감방안

[풀이] ㉰ 비점오염저감시설 유지관리 및 모니터링 방안

88 다음의 위임업무 보고사항 중 보고 횟수가 연 4회에 해당되는 것은 어느 것인가?

㉮ 측정기기 부착 사업자에 대한 행정처분 현황
㉯ 측정기기 부착사업장 관리 현황
㉰ 비점오염원의 설치신고 및 방지시설 설치 현황 및 행정처분 현황
㉱ 과징금 부과 실적

[풀이] 위임업무 보고사항 중 보고 횟수
㉮ 연 2회
㉯ 연 2회
㉰ 연 4회
㉱ 연 2회

89 수질오염경보(조류경보) 단계 중 다음 발령기준에 해당하는 단계는 어느 것인가? (단, 상수원 구간)

2회 연속 채취 시 남조류 세포수가 10,000세포/mL 이상, 1,000,000세포/mL 미만인 경우

㉮ 관심   ㉯ 경계
㉰ 조류대발생   ㉱ 해제

90 환경부장관이 물환경을 보전할 필요가 있다고 지정, 고시하고 물환경을 정기적으로 조사, 측정하여야 하는 호소의 기준으로 틀린 것은 어느 것인가?

㉮ 1일 30만톤 이상의 원수를 취수하는 호소
㉯ 만수위일 때 면적이 50만 제곱미터 이상인 호소
㉰ 수질오염이 심하여 특별한 관리가 필요하다고 인정되는 호소
㉱ 동식물의 서식지, 도래지이거나 생물다양성이 풍부하여 특별히 보전할 필요가 있다고 인정되는 호소

[풀이] ㉯번은 시·도지사에 해당한다.

정답 87 ㉰   88 ㉰   89 ㉯   90 ㉯

91 다음은 수변생태구역의 매수·조성 등에 관한 내용이다. ( )안에 알맞은 말은?

> 환경부장관은 하천, 호소 등의 물환경 보전을 위하여 필요하다고 인정하는 때에는 (①)으로 정하는 기준에 해당하는 수변생태구역을 매수하거나 (②)으로 정하는 바에 따라 생태적으로 조성, 관리할 수 있다.

㉮ ① 환경부령, ② 대통령령
㉯ ① 대통령령, ② 환경부령
㉰ ① 환경부령, ② 국무총리령
㉱ ① 국무총리령, ② 환경부령

92 다음은 공공폐수처리시설의 유지·관리 기준에 관한 사항이다. ( )안에 알맞은 말은?

> 처리시설의 관리, 운영자는 처리시설의 적정 운영 여부를 확인하기 위하여 방류수수질검사를 (①) 실시하되, 1일당 2천 세제곱미터 이상인 시설은 주 1회 이상 실시하여야 한다. 다만, 생태독성(TU) 검사는 (②) 실시하여야 한다.

㉮ ① 월 2회 이상, ② 월 1회 이상
㉯ ① 월 1회 이상, ② 월 2회 이상
㉰ ① 월 2회 이상, ② 월 2회 이상
㉱ ① 월 1회 이상, ② 월 1회 이상

93 오염총량관리시행계획에 포함되어야 하는 사항으로 틀린 것은 어느 것인가?

㉮ 오염원 현황 및 예측
㉯ 오염도 조사 및 오염부하량 산정방법
㉰ 연차별 오염부하량 삭감목표 및 구체적 삭감 방안
㉱ 수질 예측 산정자료 및 이행 모니터링 계획

풀이 오염총량관리 시행계획을 수립할 때 포함되어야 하는 사항
① 오염총량관리시행계획 대상 유역의 현황
② 오염원 현황 및 예측
③ 연차별 지역 개발계획으로 인하여 추가로 배출되는 오염부하량 및 해당 개발계획의 세부 내용
④ 연차별 오염부하량 삭감목표 및 구체적 삭감 방안
⑤ 오염부하량 할당 시설별 삭감량 및 그 이행시기
⑥ 수질예측 산정자료 및 이행 모니터링 계획

94 다음은 배출시설의 설치허가를 받은 자가 배출시설의 변경허가를 받아야 하는 경우에 대한 기준이다. ( )안에 알맞은 말은?

> 폐수배출량이 허가 당시보다 100분의 50(특정수질유해물질이 배출되는 시설의 경우에는 100분의 30) 이상 또는 ( ) 이상 증가하는 경우

㉮ 1일 500세제곱미터
㉯ 1일 600세제곱미터
㉰ 1일 700세제곱미터
㉱ 1일 800세제곱미터

정답 91 ㉯ 92 ㉮ 93 ㉯ 94 ㉰

95 중점관리 저수지의 지정 기준으로 알맞은 것은 어느 것인가?

㉮ 총저수 용량이 1백만세제곱미터 이상인 저수지
㉯ 총저수 용량이 1천만세제곱미터 이상인 저수지
㉰ 총저수 면적이 1백만제곱미터 이상인 저수지
㉱ 총저수 면적이 1천만제곱미터 이상인 저수지

96 골프장의 잔디 및 수목 등에 맹·고독성 농약을 사용한 자에 대한 벌금 또는 과태료 부과 기준은 얼마인가?

㉮ 3백만원 이하의 벌금
㉯ 5백만원 이하의 벌금
㉰ 1천만원 이하의 과태료
㉱ 3백만원 이하의 과태료

[풀이] ㉰ 1천만원 이하의 과태료에 해당한다.

97 1일 폐수배출량이 2,000m³ 미만인 규모의 지역별, 항목별 배출허용기준으로 틀린 것은 어느 것인가?

㉮
	BOD (mg/L)	TOC (mg/L)	SS (mg/L)
청정지역	30 이하	40 이하	30 이하

㉯
	BOD (mg/L)	TOC (mg/L)	SS (mg/L)
가지역	80 이하	50 이하	80 이하

㉰
	BOD (mg/L)	TOC (mg/L)	SS (mg/L)
나지역	120 이하	75 이하	120 이하

㉱
	BOD (mg/L)	TOC (mg/L)	SS (mg/L)
특례지역	30 이하	25 이하	30 이하

[풀이] ㉮
	BOD (mg/L)	TOC (mg/L)	SS (mg/L)
청정지역	40 이하	30 이하	40 이하

98 폐수처리업의 등록기준에 대한 설명으로 틀린 것은 어느 것인가?

㉮ 하나의 시설 또는 장비가 두 가지 이상의 기능을 가질 경우에는 각각의 해당 시설 또는 장비를 갖춘 것으로 본다.
㉯ 폐수수탁처리업, 폐수재이용업을 함께 하려는 때에는 같은 요건이라도 업종별로 따로 갖추어야 한다.
㉰ 수질오염물질 각 항목을 측정, 분석할 수 있는 실험기기, 기구 및 시약을 보유한 측정대행업자 또는 대학부설 연구기관 등과 측정대행계약 또는 공동사용계약을 체결한 경우에는 해당 실험기기, 기구 및 시약을 갖추지 아니할 수 있다.
㉱ 기술능력이 환경기술인의 자격요건 이상이고 폐수처리시설과 폐수배출시설이 동일한 시설인 경우에는 환경기술인을 중복하여 임명하지 아니하여도 된다.

[풀이] ㉯ 폐수수탁처리업, 폐수재이용업을 함께 하려는 때는 같은 요건을 중복하여 갖추지 아니할 수 있다.

정답 95 ㉯ 96 ㉰ 97 ㉮ 98 ㉯

99 수질오염경보(조류경보) 발령 단계 중 경계시 취수장·정수장 관리자의 조치 사항은 어느 것인가? (단, 상수원 구간)

㉮ 주 2회 이상 시료채취·분석
㉯ 정수의 독소분석 실시
㉰ 시험분석 결과를 발령기관으로 신속하게 통보
㉱ 취수구 및 조류가 심한 지역에 대한 차단막 설치 등 조류 제거 조치 실시

[풀이] ㉮ 4대강 물환경연구소장
㉰ 4대강 물환경연구소장
㉱ 수면관리자

100 수질오염감시경보의 발령, 해제 기준에 대한 설명으로 알맞은 것은 어느 것인가?

㉮ 생물감시장비 중 물벼룩감시장비가 경보기준을 초과하는 것은 한쪽 시험조에서 15분 이상 지속되는 경우를 말함
㉯ 생물감시장비 중 물벼룩감시장비가 경보기준을 초과하는 것은 한쪽 시험조에서 30분 이상 지속되는 경우를 말함
㉰ 생물감시장비 중 물벼룩감시장비가 경보기준을 초과하는 것은 양쪽 모든 시험조에서 15분 이상 지속되는 경우를 말함
㉱ 생물감시장비 중 물벼룩감시장비가 경보기준을 초과하는 것은 양쪽 모든 시험조에서 30분 이상 지속되는 경우를 말함

정답 99 ㉯ 100 ㉱

2015년 1회 수질환경기사

2015년 3월 8일 시행

| 제1과목 | 수질오염개론

01 크롬에 대한 내용으로 잘못된 것은 어느 것인가?

㉮ 만성크롬중독인 경우에는 미나마타병이 발생한다.
㉯ 3가 크롬은 비교적 안정하나 6가 크롬 화합물은 자극성이 강하고 부식성이 강하다.
㉰ 3가 크롬은 피부흡수가 어려우나 6가 크롬은 쉽게 피부를 통과한다.
㉱ 만성중독현상으로는 비점막염증이 나타난다.

풀이 ㉮ 미나마타병은 수은(Hg)에 의해 발생되는 질환이다.

02 유해물질로 인하여 발생하는 대표적 질환으로 알맞은 것은 어느 것인가?

㉮ PCB : 파킨슨씨 증후군과 유사한 증상
㉯ 수은 : 중추신경계의 마비와 콩팥 기능의 장해
㉰ 아연 : 윌슨씨병
㉱ 구리 : 카네미유증

풀이 ㉮ PCB : 카네미유증
㉰ 아연 : 소인증
㉱ 구리 : 윌슨씨 증후군

03 친수성 콜로이드에 대한 내용으로 잘못된 것은 어느 것인가?

㉮ 유탁상태(에멀전)로 존재한다.
㉯ 물에 쉽게 분산된다.
㉰ 친수성 콜로이드의 대부분은 소수성 콜로이드를 보호하는 작용을 한다.
㉱ 틴달(Tyndall) 효과가 크다.

풀이 ㉱ 틴달(Tyndall) 효과가 약하거나 거의 없다.

04 다음의 수질을 가진 농업용수의 SAR값으로부터 Na^+가 흙에 미치는 영향을 바르게 판단한 것은 어느 것인가?

- 수질농도 : Na^+ = 1,150mg/L
  Ca^{2+} = 60mg/L
  Mg^{2+} = 36mg/L
  PO_4^{3-} = 1,500mg/L
  I^- = 200mg/L
- 원자량
  Na : 23, Mg : 24, P : 31, Ca : 40

㉮ 영향이 작다.
㉯ 영향이 중간 정도이다.
㉰ 영향이 비교적 크다.
㉱ 영향이 매우 크다.

풀이 ① SAR(나트륨 흡착률) = $\dfrac{Na^+}{\sqrt{\dfrac{Ca^{2+}+Mg^{2+}}{2}}}$

정답 01 ㉮ 02 ㉯ 03 ㉱ 04 ㉱

② 단위 : meq/L = mN = mg/L÷1mg 당량
   Na^+ = 1,150mg/L÷23 = 50mN
   Ca^{2+} = 60mg/L÷20 = 3mN
   Mg^{2+} = 36mg/L÷12 = 3mN

③ SAR = $\dfrac{50}{\sqrt{\dfrac{3+3}{2}}}$ = 28.87

④ 판정
   SAR 0 ~ 10 : 영향적다.
   SAR 10 ~ 18 : 중간정도 영향
   SAR 18 ~ 26 : 높은 영향
   SAR 26 이상 : 아주 큰 영향

⑤ SAR이 29정도이므로 영향이 매우 크다.

05 산화와 환원반응에 관한 내용으로 잘못된 것은 어느 것인가?

㉮ 전자를 준 쪽은 산화된 것이고 전자를 얻는 쪽은 환원이 된 것이다.
㉯ 산화수가 증가하면 산화, 감소하면 환원반응이라 한다.
㉰ 산화제는 전자를 주는 물질이며 전자를 주는 힘이 클수록 더 강한 산화제이다.
㉱ 상대방을 산화시키고 자신을 환원시키는 물질을 산화제라 한다.

풀이 ㉰ 산화제는 다른 물질로부터 전자를 빼앗는 물질이다.

06 콜로이드 응집의 기본 메커니즘으로 틀린 것은 어느 것인가?

㉮ 전하의 중화
㉯ 이중층의 압축
㉰ 입자간의 가교 형성
㉱ 중력에 따른 전단력 강화

풀이 ㉱ 침전물에 의한 포착

07 반응조 혼합에 대한 설명으로 잘못된 것은 어느 것인가?

㉮ Morrill 지수가 1인 경우, 이상적인 플러그 흐름 상태이다.
㉯ 분산 수가 무한대가 되면 이상적인 플러그 흐름 상태이다.
㉰ 분산이 1이면 이상적인 완전혼합 흐름 상태이다.
㉱ Morrill 지수의 값이 클수록 완전혼합 흐름 상태에 근접한다.

풀이 ㉯ 분산 수가 무한대가 되면 완전혼합 흐름 상태이다.

08 하천의 자정작용에 대한 내용으로 잘못된 것은 어느 것인가?

㉮ 생물학적 자정작용인 혐기성분해는 중간 화합물이 휘발성이므로 유해한 경우가 많으며 호기성분해에 비하여 장시간이 요구된다.
㉯ 자정작용 중 가장 큰 비중을 차지하는 것은 생물학적 작용이라 할 수 있다.
㉰ 자정계수는 탈산소계수/재폭기계수를 뜻한다.
㉱ 화학적 자정작용인 응집작용은 흡수된 산소에 의해 오염물질이 분해될 때 발생되는 탄산가스가 물의 pH를 증가시켜 수산화물의 생성을 촉진시키므로 용해되어 있는 철이나 망간 등을 침전시킨다.

풀이 ㉰ 자정계수는 재폭기계수/탈산소계수를 뜻한다.

정답 05 ㉰ 06 ㉱ 07 ㉯ 08 ㉰

09 용량이 6000m³인 수조에 200m³/hr의 유량이 유입된다면 수조 내 염소이온 농도가 200mg/L에서 20mg/L 될 때까지의 소요시간(hr)은 얼마인가? (단, 유입수 내 염소이온 농도는 0, 완전혼합형, 희석효과만 고려한다.)

㉮ 약 34hr ㉯ 약 48hr
㉰ 약 57hr ㉱ 약 69hr

풀이 $\ln\left(\dfrac{C_t}{C_o}\right) = -\left(\dfrac{Q}{V}\right) \times t$

- C_o : 초기농도(mg/L)
- C_t : t시간 후의 농도(mg/L)
- Q : 유량(m³/hr)
- V : 체적(m³)
- t : 시간(hr)

따라서 $\ln\left(\dfrac{20mg/L}{200mg/L}\right) = -\left(\dfrac{200m^3/hr}{6,000m^3}\right) \times t$

∴ t = 69.08hr

10 Glucose($C_6H_{12}O_6$) 500mg/L 용액을 호기성 처리시 필요한 이론적인 인(P) 농도(mg/L)는 얼마인가? (단, BOD_5 : N : P = 100 : 5 : 1, k_1 = 0.1day⁻¹, 상용대수 기준, 완전분해 기준, BOD_u = COD)

㉮ 약 3.7mg/L ㉯ 약 5.6mg/L
㉰ 약 8.5mg/L ㉱ 약 12.8mg/L

풀이 ① $C_6H_{12}O_6$에서 최종 BOD(BOD_u) 계산
$C_6H_{12}O_6 + 6O_2 \rightarrow 6CO_2 + 6H_2O$
180g : 6×32g
500mg/L : X(BOD_u)
∴ X(BOD_u) = 533.33mg/L

② BOD_5 공식을 이용해 BOD_5 계산
$BOD_5 = BOD_u \times (1-10^{-k_1 \times t})$
= 533.33mg/L×(1-10$^{-0.1/day \times 5day}$)
= 364.68mg/L

③ 인(P)의 농도 계산
BOD_5 : P
100 : 1
364.68mg/L : X(P)
∴ X(P) = 3.65mg/L

11 해수의 함유성분들 중 가장 적게 함유된 성분은 어느 것인가?

㉮ SO_4^{2-} ㉯ Ca^{2+}
㉰ Na^+ ㉱ Mg^{2+}

풀이 해수의 성분 순서는 $Cl^- > Na^+ > SO_4^{2-} > Mg^{2+} > Ca^{2+} > K^+ > HCO_3^-$ 이다.

12 수온 20℃, 유량 20m³/sec, BOD_u 5mg/L인 하천에 점오염원으로부터 유량 3m³/sec, 수온 20℃, 부하량 50g BOD_u/sec의 오염물질이 유입되어 완전혼합될 때 0.5일 유하 후의 잔류 BOD(mg/L)는 얼마인가? (단, 하천의 20℃의 탈산소 계수는 0.2/day(자연대수) 이고, BOD 분해에 필요한 만큼의 충분한 DO가 하천내에 존재한다.)

㉮ 약 7mg/L ㉯ 약 6mg/L
㉰ 약 5mg/L ㉱ 약 4mg/L

풀이 ① 혼합공식을 이용해 혼합지점의 BOD_u 계산
$C_m = \dfrac{Q_1C_1 + Q_2C_2}{Q_1 + Q_2}$
$= \dfrac{20m^3/sec \times 5g/m^3 + 50g/sec}{(20+3)m^3/sec}$
= 6.52mg/L

② 잔류공식을 이용해 $BOD_{0.5}$ 계산
$BOD_{0.5} = BOD_u \times e^{-k_1 \times t}$
= 6.52mg/L×e$^{(-0.2/day \times 0.5day)}$
= 5.90mg/L

정답 09 ㉱ 10 ㉮ 11 ㉯ 12 ㉯

13 직경 3mm인 모세관의 표면장력이 0.0037kg₁/m이라면 물 기둥의 상승높이(cm)는 얼마 인가? (단, $h = \dfrac{4 \cdot r \cdot \cos\beta}{\omega \cdot d}$, 접촉각 $\beta = 5°$)

㉮ 0.26cm ㉯ 0.38cm
㉰ 0.49cm ㉱ 0.57cm

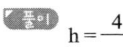

$h = \dfrac{4 \cdot r \cdot \cos\beta}{\omega \cdot d}$

$\begin{bmatrix} h : 높이(m) \\ r : 표면장력(kg \cdot f/m) \\ \omega : 비중량(1000kg/m^3) \\ d : 직경(m) \end{bmatrix}$

여기서 $h = \dfrac{4 \times 0.0037 kg_f/m \times \cos 5°}{1,000 kg/m^3 \times 3 \times 10^{-3} m}$
$= 0.0049m = 0.49cm$

14 탈질에 대한 생물반응에 관한 내용으로 잘못된 것은 어느 것인가?

㉮ 관련 미생물 : 통성 혐기성균
㉯ 증식속도 : 2 ~ 8 mg NO_3^--N/MLSS·hr
㉰ 알칼리도 : NO_3^--N, NO_2^--N 환원에 따라 알칼리도 생성
㉱ 용존산소 : 0mg/L에 가까움

15 분뇨의 일반적인 내용으로 잘못된 것은 어느 것인가?

㉮ 하수 슬러지에 비해 염분농도와 질소농도가 높다.
㉯ 다량의 유기물과 협잡물을 함유하나 고액분리가 용이하다.
㉰ 분뇨에 함유된 질소화합물이 pH 완충작용을 한다.
㉱ 일반적으로 수집·처분계획을 수립시, 1인 1일 1L를 기준으로 한다.

㉯ 다량의 유기물과 협잡물을 함유하고, 고액분리가 어렵다.

16 정화조로 유입된 생분뇨의 BOD가 21,500 mg/L, 염소이온 농도가 5,500mg/L, 방류수의 염소이온 농도가 200mg/L 이라면, 방류수의 BOD 농도가 30mg/L일 때 정화조의 BOD 제거율(%)은 얼마인가?

㉮ 99.6% ㉯ 96.2 %
㉰ 93.4% ㉱ 89.8%

① 희석배수치(P) 계산
$P = \dfrac{유입수의\ Cl^-}{유출수의\ Cl^-} = \dfrac{5,500mg/L}{200mg/L} = 27.5$
② BOD 제거효율(%) 계산
BOD 제거효율(%)
$= \left(1 - \dfrac{유출수의\ BOD \times P}{유입수의\ BOD}\right) \times 100$
$= \left(1 - \dfrac{30mg/L \times 27.5}{21,500mg/L}\right) \times 100$
$= 96.16\%$

17 미생물 영양원 중 유황(sulfur)에 대한 내용으로 잘못된 것은 어느 것인가?

㉮ 황산화세균은 편성 혐기성 세균이다.
㉯ 유황을 함유한 아미노산은 세포 단백질의 필수 구성원이다.
㉰ 미생물세포에서 탄소 대 유황의 비는 100 : 1 정도이다.
㉱ 유황고정, 유황화합물, 산화·환원 순으로 변환된다.

정답 13 ㉰ 14 ㉯ 15 ㉯ 16 ㉯ 17 ㉱

18 DO 포화농도가 8mg/L인 하천에서 t = 0 일 때 DO가 5mg/L이라면 6일 유하했을 때의 DO 부족량(mg/L)은 얼마인가? (단, BOD_u = 20mg/L, k_1 = 0.1/day, k_2 = 0.2/day, 상용대수 기준이다.)

㉮ 약 2mg/L ㉯ 약 3mg/L
㉰ 약 4mg/L ㉱ 약 5mg/L

 $D_t = \dfrac{k_1 \times L_0}{k_2 - k_1} \times (10^{-k_1 \times t} - 10^{-k_2 \times t}) + D_0 \times (10^{-k_2 \times t})$

$= \dfrac{0.1/day \times 20mg/L}{0.2/day - 0.1/day} \times (10^{-0.1/day \times 6day} - 10^{-0.2/day \times 6day})$
$+ (8-5)mg/L \times (10^{-0.2/day \times 6day})$
$= 3.95 mg/L$

19 호수의 수질관리를 위하여 일반적으로 사용할 수 있는 예측모형으로 잘못된 것은 어느 것인가?

㉮ WASP5 모델
㉯ WQRRS 모델
㉰ ROM 모델
㉱ Vollenweider 모델

㉰ ROM 모델은 해양 대순환 모델이다.

20 아래와 같은 반응에 관여하는 미생물은 어느 것인가?

$2NO_3^- + 5H_2 \rightarrow N_2 + 2OH^- + 4H_2O$

㉮ Pseudomonas ㉯ Sphaerotilus
㉰ Acinetobacter ㉱ Nitrosomonas

탈질화과정에 참여하는 미생물을 찾는 문제이므로 Pseudomonas가 된다.

| 제2과목 | 상하수도 계획

21 상수도 시설용량의 계획에 관한 내용으로 잘못된 것은 어느 것인가?

㉮ 취수시설의 계획취수량은 계획1일 최대급수량을 기준으로 한다.
㉯ 도수시설의 계획도수량은 계획취수량을 기준으로 한다.
㉰ 정수시설의 계획정수량은 계획1일 최대급수량을 기준으로 한다.
㉱ 배수시설의 계획배수량은 계획1일 최대급수량을 기준으로 한다.

22 펌프의 토출량이 1.0m³/sec, 토출구의 유속이 3.55m/sec일 때 펌프의 구경(mm)은 얼마 인가?

㉮ 500mm ㉯ 600mm
㉰ 700mm ㉱ 800mm

 $D = 146 \times \sqrt{\dfrac{Q}{V}}$

D : 펌프의 흡입구경(mm)
Q : 펌프의 토출량(m³/min)
V : 유속(m/sec)

따라서 $D = 146 \times \sqrt{\dfrac{1.0 m^3/sec \times 60 sec/min}{3.55 m/sec}}$
$= 600.23 mm$

정답 18 ㉰ 19 ㉰ 20 ㉮ 21 ㉱ 22 ㉯

23 상수도시설인 집수매거의 구조에 관한 내용으로 잘못된 것은 어느 것인가?

㉮ 집수매거의 경사는 수평으로 하거나 1/500 이하의 완만한 경사로 한다.
㉯ 집수매거는 지형 등을 고려하여 가능한 한 복류수 흐름방향과 수평으로 설치하는 것이 효율적이다.
㉰ 집수매거의 매설깊이는 5m 이상으로 하는 것이 바람직하다.
㉱ 집수매거의 길이는 시험우물 등에 의한 양수시험 결과에 따라 정한다.

[풀이] ㉯ 집수매거는 지형 등을 고려하여 가능한 한 복류수 흐름방향과 수직으로 설치하는 것이 효율적이다.

24 우물의 양수량 결정시 적용되는 "적정양수량"의 정의로 알맞은 것은 어느 것인가?

㉮ 최대양수량의 70% 이하
㉯ 최대양수량의 80% 이하
㉰ 한계양수량의 70% 이하
㉱ 한계양수량의 80% 이하

[풀이] 적정양수량(경제양수량)은 한계양수량의 70%이하의 양수량을 말한다.

25 상수도시설의 등급별 내진설계 목표에 관한 설명이다. ( )안에 알맞은 말은 어느 것인가?

> 상수도시설물의 내진성능 목표에 따른 설계지진강도는 붕괴방지수준에서 시설물의 내진등급이 Ⅰ등급인 경우에는 재현주기 (①), Ⅱ등급인 경우에는 (②)에 해당되는 지진지반운동으로 한다.

㉮ ① : 100년, ② : 50년
㉯ ① : 200년, ② : 100년
㉰ ① : 500년, ② : 200년
㉱ ① : 1000년, ② : 500년

26 길이 1.2km의 하수관이 2‰의 경사로 매설되어 있을 경우, 이 하수관 양 끝단 간의 고저차(m)는 얼마인가? (단, 기타 사항은 고려하지 않는다.)

㉮ 0.24m ㉯ 2.4m
㉰ 0.6m   ㉱ 6.0m

[풀이]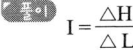

$I : 기울기$
$\triangle H : 고저차(m)$
$\triangle L : 길이차(m)$

$\therefore \triangle H = I \times \triangle L$
$= \dfrac{2}{1000} \times 1.2\text{km} \times 10^3 \text{m/km}$
$= 2.4\text{m}$

정답 23 ㉯ 24 ㉰ 25 ㉱ 26 ㉯

27 하수처리시설인 순산소활성슬러지법에 대한 내용으로 잘못된 것은 어느 것인가?

㉮ 잉여슬러지 발생량은 슬러지의 체류시간에 의해서 큰 차이가 나므로 표준활성슬러지법에 비해서 일반적으로 적다.
㉯ MLSS 농도는 표준활성슬러지법의 2배 이상으로 유지 가능하다.
㉰ 포기조 내의 SVI는 보통 100 이하로 유지되고 슬러지 침강성은 양호하다.
㉱ 이차침전지에서 스컴이 거의 발생하지 않는다.

[풀이] ㉱ 이차침전지에서 스컴이 발생하는 경우가 많다.

28 정수시설의 착수정 구조와 형상에 대한 설계기준으로 잘못된 것은 어느 것인가?

㉮ 착수정은 분할을 원칙으로 하며 고수위 이상으로 유지되도록 월류관이나 월류위어를 설치한다.
㉯ 형상은 일반적으로 직사각형 또는 원형으로 하고 유입구에는 제수밸브 등을 설치한다.
㉰ 착수정의 고수위와 주변벽체의 상단 간에는 60cm 이상의 여유를 두어야 한다.
㉱ 부유물이나 조류 등을 제거할 필요가 있는 장소에는 스크린을 설치한다.

[풀이] ㉮ 착수정은 분할을 원칙으로 하며 고수위 이상으로 올라가지 않도록 월류관이나 월류위어를 설치한다.

29 막여과 정수처리설비에 관한 설명으로 알맞은 것은 어느 것인가?

㉮ 막 여과유속은 경제성 및 보수성을 종합적으로 고려하여 최저치를 설정한다.
㉯ 회수율은 취수조건 등과 상관없이 일정하게 운영하는 것이 효율적이고 경제적이다.
㉰ 구동압방식과 운전제어방식은 구동압이나 막의 종류, 배수(配水)조건 등을 고려하여 최적방식을 선정한다.
㉱ 막 여과방식은 막 공급수질을 제외한 막 여과수량과 막의 종별 등의 조건을 고려하여 최적방식을 선정한다.

30 구경 400mm인 직렬펌프의 토출량이 10m³/min, 규정 전양정이 40m, 규정 회전속도가 4200rpm일 때 비회전속도(N_S)는 얼마인가?

㉮ 609rpm ㉯ 756rpm
㉰ 835rpm ㉱ 957rpm

[풀이]

$$N_S = N \times \frac{Q^{\frac{1}{2}}}{H^{\frac{3}{4}}}$$

N_S : 펌프의 비교회전도(rpm)
N : 펌프의 회전수(rpm)
Q : 펌프의 규정토출량(m³/min)
H : 전양정(m)

따라서 $N_S = 4200 \text{rpm} \times \dfrac{(10\text{m}^3/\text{min})^{\frac{1}{2}}}{(40\text{m})^{\frac{3}{4}}}$

= 835.03rpm

정답 27 ㉱ 28 ㉮ 29 ㉰ 30 ㉰

31 분류식 하수배제방식에서 펌프장시설의 계획하수량 결정시 유입·방류펌프장 계획하수량으로 알맞은 것은 어느 것인가?

㉮ 계획시간최대오수량
㉯ 계획우수량
㉰ 우천시계획오수량
㉱ 계획일최대오수량

32 상수도시설 중 저수시설인 하구둑에 대한 내용으로 잘못된 것은 어느 것인가?
(단, 전용댐, 다목적댐과 비교)

㉮ 개발수량 : 중소규모의 개발이 기대된다.
㉯ 경제성 : 일반적으로 댐보다 저렴하다.
㉰ 설치지점 : 수요지 가까운 하천의 하구에 설치하여 농업용수에 바닷물의 침해 방지기능을 겸하는 경우가 많다.
㉱ 저류수의 수질 : 자체관리로 비교적 양호한 수질을 유지할 수 있어 염소이온 농도에 대한 주의가 필요 없다.

[풀이] ㉱ 저류수의 수질 : 염소이온 농도에 주의를 요한다.

33 용존공기부상(DAF)에 대한 설명이다. ( )안에 알맞은 것은 어느 것인가?

> DAF를 운영하는 정수장에서 고탁도( )의 원수가 유입되는 경우에는 DAF 전에 전처리시설로 예비침전지를 두어야 한다.

㉮ 100NTU 이상   ㉯ 1,000NTU 이상
㉰ 2,000NTU 이상 ㉱ 5,000NTU 이상

34 하수처리공법 중 접촉산화법에 관한 내용으로 잘못된 것은 어느 것인가?

㉮ 반송슬러지가 필요하지 않으므로 운전관리가 용이하다.
㉯ 생물상이 다양하여 처리효과가 안정적이다.
㉰ 부착생물량의 임의 조정이 어려워 조작조건 변경에 대응하기 쉽지 않다.
㉱ 접촉재가 조 내에 있기 때문에 부착생물량의 확인이 어렵다.

[풀이] ㉰ 부착생물량의 임의 조정이 용이하여 조작조건 변경에 대응하기 쉽다.

35 도수관 설계시 접합정에 관한 내용으로 잘못된 것은 어느 것인가?

㉮ 구조상 안전한 것으로 충분한 수밀성과 내구성을 지니며 용량은 계획도수량의 3분 이상으로 한다.
㉯ 유입속도가 큰 경우에는 접합정 내에 월류벽 등을 설치하여 유속을 감쇄시킨 다음 유출관으로 유출되는 구조로 한다.
㉰ 유출관의 유출구 중심높이는 저수위에서 관경의 2배 이상 낮게 하는 것을 원칙으로 한다.
㉱ 필요에 따라 양수장치, 배수설비, 월류장치를 설치하고 유출구와 배수설비에는 제수밸브 또는 제수문을 설치한다.

정답 31 ㉮ 32 ㉱ 33 ㉮ 34 ㉰ 35 ㉮

36 하수처리시설의 계획유입수질 산정방식으로 알맞은 것은 어느 것인가?

㉮ 계획오염부하량을 계획1일평균오수량으로 나누어 산정한다.
㉯ 계획오염부하량을 계획시간평균오수량으로 나누어 산정한다.
㉰ 계획오염부하량을 계획1일최대오수량으로 나누어 산정한다.
㉱ 계획오염부하량을 계획시간최대오수량으로 나누어 산정한다.

37 하수시설에서 우수조정지 구조형식이 아닌 것은 어느 것인가?

㉮ 댐식(제방높이 15m 미만)
㉯ 저하식(관내 저류포함)
㉰ 굴착식
㉱ 유하식(자연 호소포함)

[풀이] 하수시설에서 우수조정지 구조형식으로는 댐식(제방높이 15m 미만), 저하식(관내 저류포함), 굴착식이 있다.

38 기존의 하수처리시설에 고도처리시설을 설치하고자 할 때 검토사항으로 잘못된 것은 어느 것인가?

㉮ 표준활성슬러지법이 설치된 기존처리장의 고도처리 개량은 개선대상 오염물질별 처리 특성을 감안하여 효율적인 설계가 되어야 한다.
㉯ 시설개량은 시설개량방식을 우선 검토하되 방류수 수질기준 준수가 곤란한 경우에 한 해 운전개선방식을 함께 추진하여야 한다.
㉰ 기본설계과정에서 처리장의 운영실태 정밀분석을 실시한 후 이를 근거로 사업 추진방향 및 범위 등을 결정하여야 한다.
㉱ 기존시설물 및 처리공정을 최대한 활용하여야 한다.

39 하수도시설기준의 우수배제계획에서 계획우수량을 정할 때 빗물펌프장 확률년수 기준으로 알맞은 것은 어느 것인가?

㉮ 15 ~ 20년   ㉯ 20 ~ 30년
㉰ 30 ~ 50년   ㉱ 50 ~ 100년

[풀이] 계획우수량을 정할 때 고려하는 빗물펌프장의 확률년수는 30년 ~ 50년이다.

40 계획오수량을 정할 때 고려되는 지하수량에 관한 내용으로 알맞은 것은 어느 것인가?

㉮ 1인1일 평균오수량의 5 ~ 10%로 한다.
㉯ 1인1일 최대오수량의 5 ~ 10%로 한다.
㉰ 1인1일 평균오수량의 10 ~ 20%로 한다.
㉱ 1인1일 최대오수량의 10 ~ 20%로 한다.

정답 36 ㉮ 37 ㉱ 38 ㉯ 39 ㉰ 40 ㉱

| 제3과목 | 수질오염방지기술

41 총 잔류염소 농도(Cl_2)를 3.05mg/L에서 1.00mg/L로 탈염시키기 위해 유량 4,350m³/d인 물에 가해주어야 할 아황산염(SO_3^{2-})의 양(kg/d)은 얼마인가?
(단, Cl : 35.5, S : 32.1)

㉮ 약 6kg/d ㉯ 약 8kg/d
㉰ 약 10kg/d ㉱ 약 12kg/d

[풀이] ① Cl_2 : SO_3^{2-}
  71g : 80.1g
  (3.05-1.00)mg/L : X
  ∴ X = 2.31mg/L
② SO_3^{2-}의 총량(kg/day) 계산
  총량(kg/day) = 농도(kg/m³)×유량(m³/day)
  = 2.31×10⁻³kg/m³×4,350m³/day
  = 10.05kg/day

42 9.0kg의 글루코스(Glucose)로부터 발생 가능한 0℃, 1atm에서의 CH_4 가스의 용적(L)은 얼마인가? (단, 혐기성 분해 기준이다.)

㉮ 3,160L ㉯ 3,360L
㉰ 3,560L ㉱ 3,760L

[풀이] $C_6H_{12}O_6 \rightarrow 3CH_4+3CO_2$
  180g : 3×22.4L
  9×10³g : X
  ∴ X = 3,360L

TIP
글루코스 = 포도당 = $C_6H_{12}O_6$

43 역삼투 장치로 하루에 500m³의 3차 처리된 유출수를 탈염시키고자 한다. 요구되는 막면적(m²)은 얼마인가?

- 25℃에서 물질전달계수
  : 0.2068L/(day·m²)(kPa)
- 유입수와 유출수 사이의 압력차 : 2400kPa
- 유입수와 유출수의 삼투압차 : 310kPa
- 최저 운전온도 : 10℃
- $A_{10℃} = 1.28A_{25℃}$, A : 막면적

㉮ 약 1,130m² ㉯ 약 1,280m²
㉰ 약 1,330m² ㉱ 약 1,480m²

[풀이] ① $Q_F = k×(\triangle P-\triangle \pi)$
  Q_F : 유출수량(L/m²·day)
  k : 물질전달계수(L/day·m²·kPa)
  $\triangle P$: 압력차(kPa)
  $\triangle \pi$: 삼투압차(kPa)
  따라서
  Q_F = 0.2068L/day·m²·kPa×(2400-310)kPa
  = 432.212L/day·m²
② 25℃ 막의 면적($A_{25℃}$) = $\frac{Q(유량)}{Q_F(유출수량)}$
  = $\frac{500×10^3 L/day}{432.212L/day·m²}$ = 1,156.84m²
③ 10℃ 막의 면적($A_{10℃}$) = 1.28×$A_{25℃}$
  = 1.28×1,156.84m² = 1,480.76m²

정답 41 ㉰ 42 ㉯ 43 ㉱

44 폭기조의 MLSS 농도를 3,000mg/L로 유지하기 위한 재순환율(%)은 얼마인가? (단, SVI = 120, 유입 SS 고려하지 않고, 방류수 SS는 0mg/L이다.)

㉮ 36.3% ㉯ 46.3%
㉰ 56.3% ㉱ 66.3%

풀이

① 반송비(R) = $\dfrac{MLSS}{SS_r - MLSS}$ = $\dfrac{MLSS}{\dfrac{10^6}{SVI} - MLSS}$

= $\dfrac{3,000\text{mg/L}}{\dfrac{10^6}{120} - 3,000\text{mg/L}}$ = 0.5625

② 재순환율(%) = 반송비(R)×100
= 0.5625×100
= 56.25%

TIP

SVI = $\dfrac{10^6}{SS_r}$ 이므로 $SS_r = \dfrac{10^6}{SVI}$

45 NO_3^- 15mg/L가 탈질균에 의해 질소가 스화 될 때 소요되는 이론적 메탄올의 양(mg/L)은 얼마인가? (단, 기타 유기 탄소원은 고려하지 않는다.)

㉮ 5.5 ㉯ 6.5
㉰ 7.5 ㉱ 8.5

풀이

$6NO_3^- + 5CH_3OH \rightarrow 3N_2 + 5CO_2 + 7H_2O + 6OH^-$
6×62g : 5×32g
15mg/L : X
∴ X = 6.45mg/L

46 활성슬러지 공정의 폭기조 내 MLSS 농도 2,000mg/L, 폭기조의 용량 5m³, 유입 폐수의 BOD 농도 300mg/L, 폐수 유량 15m³/day 일 때, F/M비(kg BOD/kg MLSS·day)는 얼마인가?

㉮ 0.35 ㉯ 0.45
㉰ 0.55 ㉱ 0.65

풀이

F/M비(/day) = $\dfrac{BOD(kg/m^3) \times Q(m^3/day)}{MLSS(kg/m^3) \times V(m^3)}$

= $\dfrac{0.3kg/m^3 \times 15m^3/day}{2kg/m^3 \times 5m^3}$

= 0.45/day

47 G = 200/sec, V = 150m³, 교반기 효율 80%, μ = 1.35×10⁻²g/cm·sec일 때 소요동력 P(kW)는 얼마인가?

㉮ 20.8kW ㉯ 15.8kW
㉰ 10.1kW ㉱ 5.1kW

풀이

G = $\sqrt{\dfrac{P}{\mu \cdot V}}$ 에서 P = $G^2 \times \mu \times V$

- P : 동력(kW)
- G : 속도경사(/sec)
- μ : 점성계수(kg/m·sec)
- V : 체적(m³)

따라서

P = $(200/sec)^2 \times 1.35 \times 10^{-3} kg/m \cdot sec \times 150m^3 \times \dfrac{100}{80\%}$

= 10,125W = 10.13kW

TIP

μ : 점성계수

Centipoise $\xrightarrow{\times 10^{-2}}$ poise(g/cm·sec) $\xrightarrow{\times 10^{-1}}$ kg/m·sec

정답 44 ㉰ 45 ㉯ 46 ㉯ 47 ㉰

48 도시 하수처리장 1차 침전지의 SS 제거 효율이 약 38% 이다. 유입수의 SS가 260mg/L 이고, 유량이 8,000m³/day 라면 1차 침전지에서 제거되는 슬러지의 양(m³/day)은 얼마 인가? (단, 1차 슬러지는 5%의 고형물을 함유하며, 슬러지의 비중은 1.1 이다.)

㉮ 약 6.4m³/day   ㉯ 약 9.4m³/day
㉰ 약 12.4m³/day ㉱ 약 14.4m³/day

풀이 제거되는 슬러지량(m³/day)

$= \dfrac{SS농도(kg/m^3) \times Q(m^3/day) \times \eta(제거효율)}{비중량(kg/m^3)} \times \dfrac{100}{TS(\%)}$

$= \dfrac{0.26kg/m^3 \times 8,000m^3/day \times 0.38}{1,100kg/m^3} \times \dfrac{100}{5\%}$

$= 14.37 m^3/day$

TIP
① mg/L $\xrightarrow{\times 10^{-3}}$ kg/m³
② 비중(g/cm³) $\xrightarrow{\times 10^3}$ 비중량(kg/m³)

49 살수여상 처리공정에서 생성되는 슬러지의 농도는 4.5%이며 하루에 생성되는 고형물의 양은 1,000kg이다. 이 슬러지를 중력을 이용하여 농축시키고자 할 때 중력농축조의 직경(m)은 얼마인가? (단, 농축조의 형태는 원형이며 깊이는 3m, 중력 농축조의 고형물 부하량은 25kg/m²·day, 비중은 1.0이다.)

㉮ 3.55m   ㉯ 5.10m
㉰ 6.72m   ㉱ 7.14m

풀이 고형물 부하량(kg/m²·day)

$= \dfrac{고형물의 양(kg/day)}{농축조의 면적(m^2)}$

따라서 $25 kg/m^2 \cdot day = \dfrac{1,000 kg/day}{\dfrac{\pi \times D^2}{4}}$

∴ D = 7.14m

50 수량 36,000m³/day의 하수를 폭 15m, 길이 30m, 깊이 2.5m의 침전지에서 표면적 부하 40m³/m²·day의 조건으로 처리하기 위한 침전지 수는 얼마인가? (단, 병렬 기준이다.)

㉮ 2   ㉯ 3
㉰ 4   ㉱ 5

풀이 표면적 부하율(m³/m²·day)

$= \dfrac{유량(m^3/day)}{수면적(m^2)} \times \dfrac{1}{침전지수(n)}$

$40 m^3/m^2 \cdot day = \dfrac{36,000 m^3/day}{15m \times 30m} \times \dfrac{1}{n}$

∴ n = 2개

51 아래의 공정은 A²/O 공정을 나타낸 것이다. 각 반응조의 주요 기능으로 알맞은 것은 어느 것인가?

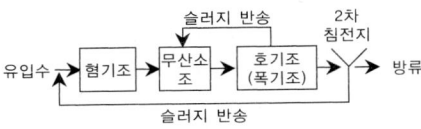

㉮ 혐기조 : 인방출, 무산소조 : 질산화
   폭기조 : 탈질, 인과잉섭취
㉯ 혐기조 : 인방출, 무산소조 : 탈질
   폭기조 : 인과잉섭취, 질산화
㉰ 혐기조 : 탈질, 무산소조 : 질산화
   폭기조 : 인방출 및 과잉섭취
㉱ 혐기조 : 탈질, 무산소조 : 인과잉섭취
   폭기조 : 질산화, 인방출

정답   48 ㉱   49 ㉱   50 ㉮   51 ㉯

52 MLSS의 농도가 1,500mg/L인 슬러지를 부상법(Flotation)에 의해 농축시키고자 한다. 압축 탱크의 유효전달 압력이 4기압이며 공기의 밀도를 1.3g/L, 공기의 용해량이 18.7mL/L일 때 Air/Solid (A/S)비는 얼마인가? (단, 유량은 300m³/day 이며 처리수의 반송은 없고 f = 0.5이다.)

㉮ 0.008 ㉯ 0.010
㉰ 0.016 ㉱ 0.020

풀이
$$A/S비 = \frac{1.3 \times Sa \times (f \cdot P - 1)}{SS}$$
$$= \frac{1.3 \times 18.7 \text{mL/L} \times (0.5 \times 4\text{atm} - 1)}{1,500 \text{mg/L}}$$
$$= 0.016$$

53 활성슬러지 공정에서 폭기조 유입 BOD가 180mg/L, SS가 180mg/L, BOD 슬러지 부하가 0.6kg BOD/kg MLSS·day 일 때, MLSS 농도(mg/L)는 얼마인가? (단, 폭기조 수리학적 체류시간은 6시간이다.)

㉮ 1,100mg/L ㉯ 1,200mg/L
㉰ 1,300mg/L ㉱ 1,400mg/L

풀이
$$F/M비 = \frac{BOD \times Q}{MLSS \times V} = \frac{BOD}{MLSS} \times \frac{1}{t}$$

따라서 $0.6/\text{day} = \frac{180 \text{mg/L}}{MLSS} \times \frac{1}{\left(\frac{6hr}{24}\right)\text{day}}$

∴ MLSS = 1,200mg/L

54 펜톤산화처리방법에 대한 내용으로 잘못된 것은 어느 것인가?

㉮ 일반적인 적정 반응 pH는 3 ~ 4.5 이다.
㉯ 펜톤시약은 철염과 과산화수소를 말한다.
㉰ 과산화수소수를 과량으로 첨가하면 수산화철의 침전율을 향상시킬 수 있다.
㉱ 폐수의 COD는 감소하지만 BOD는 증가할 수 있다.

풀이 ㉰ 철염(황산제1철)을 과량으로 첨가하면 수산화철의 침전율을 향상시킬 수 있다.

55 하수고도처리 공법 중 생물학적 방법으로 질소와 인을 동시에 제거하는 방법은 어느 것인가?

㉮ Phostrip ㉯ 4단계 Bardenpho
㉰ A/O ㉱ A²/O

풀이 공법별 처리물질
㉮ Phostrip : 생물학적, 화학적 원리를 이용한 인(P) 제거공정
㉯ 4단계 Bardenpho : 질소(N) 제거공정
㉰ A/O : 인(P) 제거공정
㉱ A²/O : 질소(N)와 인(P) 제거공정

56 염소 소독의 장·단점으로 잘못된 것은 어느 것인가? (단, 자외선 소독과 비교 기준)

㉮ 소독력 있는 잔류염소를 수송관거 내에 유지시킬 수 있다.
㉯ 처리수의 총용존고형물이 감소한다.
㉰ 염소접촉조로부터 휘발성 유기물이 생성된다.
㉱ 처리수의 잔류독성이 탈염소과정에 의해 제거되어야 한다.

풀이 ㉯ 처리수의 총용존고형물이 증가한다.

정답 52 ㉰ 53 ㉯ 54 ㉰ 55 ㉱ 56 ㉯

57 아래의 조건에서 탈질반응조(anoxic basin) 체류시간(hr)은 얼마인가?

- 반응조로의 유입수 질산염농도(S_0) = 35mg/L
- 반응조로의 유출수 질산염농도(S) = 5mg/L
- MLVSS 농도(X) = 1,500mg/L
- 온도 = 10℃
- DO = 0.1mg/L
- 20℃에서의 탈질율(R_{DN}) = 0.2/day
- k = 1.09

㉮ 3.3hr ㉯ 4.3hr
㉰ 5.3hr ㉱ 6.3hr

[풀이] ① 10℃의 탈질율(R_{DN}) 계산
$R_{DN}(10℃) = R_{DN}(20℃) \times k^{(T-20)} \times (1-DO)$
$= 0.2/day \times 1.09^{(10-20)} \times (1-0.1mg/L)$
$= 0.076/day$

② 탈질반응조의 체류시간(hr) 계산
체류시간 $= \dfrac{S_0-S}{R_{DN}(10℃) \times MLVSS}$
$= \dfrac{(35-5)mg/L}{0.076/day \times 1500mg/L}$
$= 0.26316day$
따라서 0.26316day × 24hr/1day = 6.32hr

58 활성슬러지를 탈수하기 위하여 98%(중량비)의 수분을 함유하는 슬러지에 응집제를 가했더니 [상등액 : 침전 슬러지]의 용적비가 2 : 1이 되었다. 이 때 침전 슬러지의 함수율(%)은 얼마인가?
(단, 응집제의 양은 매우 적고, 비중은 1.0으로 가정한다.)

㉮ 92% ㉯ 93%
㉰ 94% ㉱ 95%

[풀이] $V_1 \times (100-P_1) = V_2 \times (100-P_2)$
$3 \times (100-98\%) = 1 \times (100-P_2)$
∴ $P_2 = 94\%$

59 하수에서의 생물학적 질소 제거에 관한 내용으로 잘못된 것은 어느 것인가?

㉮ 탈질을 위해서는 유기탄소가 필요하다.
㉯ 부유성장 탈질 반응기에서의 전형적인 수리학적 체류시간은 5 ~ 6 시간이다.
㉰ 질산화 미생물의 성장속도는 온도와 기타의 환경적 변수에 강하게 의존한다.
㉱ 탈질화는 알칼리도의 순생성을 나타내며 탈질을 위한 최적 pH는 6 ~ 8이다.

60 폐수 내 함유된 NH_4^+ 36mg/L를 제거하기 위하여 이온교환능력이 100g $CaCO_3$/m^3인 양이온 교환수지를 이용하여 1,000m^3의 폐수를 처리하고자 할 때 필요한 양이온 교환수지의 부피(m^3)는 얼마인가?

㉮ 1,000m^3 ㉯ 2,000m^3
㉰ 3,000m^3 ㉱ 4,000m^3

[풀이] ① $2NH_4^+ + CaCO_3 \rightarrow (NH_4)_2CO_3 + Ca^{2+}$
$2 \times 18g : 100g$
$36mg/L(g/m^3) \times 1,000m^3 : X$
∴ X = 100,000g

② 필요한 양이온 교환수지의 부피(m^3)
$= \dfrac{100,000g}{100g/m^3} = 1,000m^3$

| 제4과목 | 수질오염공정시험기준

61 페놀류 측정시 붉은색의 안티피린계 색소의 흡광도를 측정하는 방법 중 클로로폼 용액에서는 몇 nm에서 측정하는가?

㉮ 460nm ㉯ 480nm
㉰ 510nm ㉱ 540nm

62 식물성플랑크톤을 현미경계수법으로 측정할 때 분석기기 및 기구에 대한 설명으로 잘못된 것은 어느 것인가?

㉮ 광학현미경 혹은 위상차 현미경 : 1000배율까지 확대 가능한 현미경을 사용한다.
㉯ 대물마이크로미터 : 눈금이 새겨져 있는 평평한 판으로, 현미경으로 물체의 길이를 측정하고자 할 때 쓰는 도구로 접안마이크로미터 한 눈금의 길이를 계산하는데 사용한다.
㉰ 혈구계수기 : 슬라이드글라스의 중앙에 격자모양의 계수 구역이 상하 2개로 구분되어 있으며, 계수 구역에는 격자모양으로 구분이 되어 있어 각 격자 구역 내의 침전된 조류를 계수한 후 mL 당 총 세포수를 환산한다.
㉱ 접안마이크로미터 : 평평한 유리에 새겨진 눈금으로 접안렌즈에 부착하여 대물마이크로미터 길이 환산에 적용한다.

[풀이] ㉱ 접안마이크로미터 : 둥근 유리에 새겨진 눈금으로 접안렌즈에 부착하여 사용한다.

63 전기전도도 측정계에 대한 설명으로 틀린 것은 어느 것인가?

㉮ 전기전도도 셀은 항상 수중에 잠긴 상태에서 보존하여야 하며 정기적으로 점검한 후 사용한다.
㉯ 전도도셀은 그 형태, 위치, 전극의 크기에 따라 각각 자체의 셀 상수를 가지고 있다.
㉰ 검출부는 한 쌍의 고정된 전극(보통 백금 전극 표면에 백금흑도금을 한 것)으로 된 전도도 셀 등을 사용한다.
㉱ 지시부는 직류 휘트스톤브리지 회로나 자체 보상회로로 구성된 것을 사용한다.

[풀이] ㉱ 지시부는 교류 휘트스톤브리지 회로나 연산 증폭기 회로 등으로 구성된 것을 사용한다.

64 용존산소(DO) 측정시 시료가 착색, 현탁된 경우에 사용하는 전처리시약은 어느 것인가?

㉮ 칼륨명반용액, 암모니아수
㉯ 황산구리, 술퍼민산용액
㉰ 황산, 불화칼륨용액
㉱ 황산제이철용액, 과산화수소

[풀이] 시료가 착색, 현탁된 경우에는 칼륨명반용액, 암모니아수를 주입한다.

정답 61 ㉮ 62 ㉱ 63 ㉱ 64 ㉮

65 다음 pH 표준액 중 pH 값이 0℃에서 가장 높은(큰) 값을 나타내는 표준액은 어느 것인가?

㉮ 프탈산염 표준액
㉯ 수산염 표준액
㉰ 탄산염 표준액
㉱ 붕산염 표준액

[풀이] pH 값이 0℃에서 가장 높은(큰) 값을 나타내는 표준액의 순서는 수산화칼슘>탄산염>붕산염>인산염>프탈산>수산염 순이다.

66 수질오염물질의 농도표시 방법에 대한 설명으로 적절치 않은 것은?

㉮ 백만분율을 표시할 때는 ppm 또는 mg/L의 기호를 쓴다.
㉯ 십억분율을 표시할 때는 $\mu g/m^3$ 또는 ppb의 기호를 쓴다.
㉰ 용액의 농도를 %로만 표시할 때는 W/V%를 말한다.
㉱ 십억분율은 1ppm의 1/1000 이다.

[풀이] ㉯ 십억분율을 표시할 때는 $\mu g/L$ 또는 ppb의 기호를 쓴다.

67 원자흡수분광광도법의 간섭에 대한 내용으로 잘못된 것은 어느 것인가?

㉮ 분석에 사용하는 스펙트럼선이 다른 인접선과 완전히 분리되지 않은 경우에는 표준시료와 분석시료의 조성을 더욱 비슷하게 하면 간섭의 영향을 피할 수 있다.
㉯ 화학적 간섭은 불꽃의 온도가 분자를 들뜬 상태로 만들기에 충분히 높지 않아서, 해당 파장을 흡수하지 못하여 발생한다.
㉰ 물리적 간섭은 표준물질과 시료의 매질 차이에 의해 발생한다.
㉱ 이온화 간섭은 불꽃온도가 너무 높을 경우 중성원자에서 전자를 빼앗아 이온이 생성될 수 있으며 이 경우 음(-)의 오차가 발생하게 된다.

68 다음 측정항목 중 시료의 보존방법이 다른 물질은 어느 것인가?

㉮ 유기인
㉯ 화학적 산소요구량
㉰ 암모니아성 질소
㉱ 노말헥산추출물질

[풀이] 측정항목별 시료의 보존방법
㉮ 유기인 : 4℃ 보관, HCl로 pH 5~9
㉯ 화학적 산소요구량 : 4℃ 보관, H_2SO_4로 pH2이하
㉰ 암모니아성 질소 : 4℃ 보관, H_2SO_4로 pH2이하
㉱ 노말헥산추출물질 : 4℃ 보관, H_2SO_4로 pH2이하

정답 65 ㉰ 66 ㉯ 67 ㉮ 68 ㉮

69 자외선/가시선 분광법으로 폐수 중 크롬을 분석할 때 사용하지 않는 시약은 어느 것인가?

㉮ 과망간산칼륨
㉯ 암모니아수
㉰ 황산제이철암모늄
㉱ 아자이드화나트륨

70 다음은 이온전극법에 관한 설명이다. ( )안에 알맞은 말은 어느 것인가?

> 이온전극은 [이온전극 | 측정용액 | 비교전극]의 측정계에서 측정대상 이온에 감응하여 ( )에 따라 이온활량에 비례하는 전위차를 나타낸다.

㉮ 네른스트 식   ㉯ 페러데이 식
㉰ 플레밍 식   ㉱ 아레니우스 식

71 다음은 기체크로마토그래피에 의한 알킬수은의 분석방법이다. ( )안에 알맞은 말은 어느 것인가?

> 알킬수은화합물을 (①)으로 추출하여 (②)에 선택적으로 역추출하고 다시 (①)으로 추출하여 기체크로마토그래프로 측정하는 방법이다.

㉮ ① 헥산, ② 염화메틸수은용액
㉯ ① 헥산, ② 크로모졸브용액
㉰ ① 벤젠, ② 펜토에이트용액
㉱ ① 벤젠, ② L-시스테인용액

72 유도결합플라스마 원자발광분광법에서 적용하는 정량방법으로 틀린 것은 어느 것인가?

㉮ 넓이백분율법   ㉯ 표준첨가법
㉰ 내표준법   ㉱ 검량선법

73 총 노말헥산추출물질 시험방법에서 시료에 넣어주는 지시약과 염산(1+1)을 넣어 조절해야 하는 pH 범위로 가장 알맞은 것은 어느 것인가?

㉮ 메틸렌블루용액(0.1W/V%), pH 5.5 이하
㉯ 메틸레드용액(0.1W/V%), pH 5.5 이하
㉰ 메틸오렌지용액(0.1W/V%), pH 4 이하
㉱ 메틸레드용액(0.1W/V%), pH 4 이하

74 시료의 전처리를 위해 회화로를 사용하여 시료중의 유기물을 분해시키고자 한다. 회화로의 온도로 가장 알맞은 것은 어느 것인가?

㉮ 350℃   ㉯ 450℃
㉰ 550℃   ㉱ 650℃

정답 69 ㉰ 70 ㉮ 71 ㉱ 72 ㉮ 73 ㉰ 74 ㉯

75 0.1mgN/mL 농도의 NH_3-N 표준원액을 1L 조제하고자 할 때 요구되는 NH_4Cl의 양 (mg/L)은 얼마인가? (단, NH_4Cl의 M.W = 53.5이다.)

㉮ 227mg/L ㉯ 382mg/L
㉰ 476mg/L ㉱ 591mg/L

[풀이] NH_4Cl : NH_3-N
53.5g : 14g
X : 0.1mg/mL×10^3mL/L
∴ X = 382.14mg/L

76 알킬수은화합물을 기체크로마토그래피에 따라 정량할 때 사용하는 검출기로 알맞은 것은 어느 것인가?

㉮ 불꽃광도형 검출기(FPD)
㉯ 전자포획형 검출기(ECD)
㉰ 불꽃열이온화 검출기(FTD)
㉱ 열전도도 검출기(TCD)

77 수질분석용 시료 채취시 유의 사항으로 틀린 것은 어느 것인가?

㉮ 채취용기는 시료를 채우기 전에 깨끗한 물로 3회 이상 씻은 다음 사용한다.
㉯ 유류 또는 부유물질 등이 함유된 시료는 시료의 균일성이 유지될 수 있도록 채취하여야 하며 침전물 등이 부상하여 혼입되어서는 안된다.
㉰ 용존가스, 환원성 물질, 휘발성유기화합물, 냄새, 유류 및 수소이온 등을 측정하는 시료는 시료용기에 가득 채워야 한다.
㉱ 시료 채취량은 보통 3~5L 정도이어야 한다.

[풀이] ㉮ 채취용기는 시료를 채우기 전에 시료로 3회 이상 씻은 다음 사용한다.

78 다이에틸다이티오카르바민산법을 적용한 구리 측정에 대한 내용으로 잘못된 것은 어느 것인가?

㉮ 시료의 전처리를 하지 않고 직접 시료를 사용하는 경우, 시료 중에 시안화합물이 함유되어 있으면 염산 산성으로 하여서 끓여 시안화물을 완전히 분해 제거한 다음 시험한다.
㉯ 비스무트(Bi)가 구리의 양보다 2배 이상 존재할 경우에는 청색을 나타내어 방해한다.
㉰ 무수황산나트륨 대신 건조거름종이를 사용하여 여과하여도 된다.
㉱ 추출용매는 초산부틸 대신 사염화탄소, 클로로포름, 벤젠 등을 사용할 수 있다.

[풀이] ㉯ 비스무트(Bi)가 구리의 양보다 2배 이상 존재할 경우에는 황색을 나타내어 방해한다.

79 수은의 분석시 냉증기-원자흡수분광광도법에 사용하는 환원기화장치의 환원용기에 주입하는 용액은 어느 것인가?

㉮ 이염화주석
㉯ 염화제일철용액
㉰ 황산제일철용액
㉱ 염산 하이드록실아민용액

정답 75 ㉯ 76 ㉯ 77 ㉮ 78 ㉯ 79 ㉮

80 수질측정항목과 시료 최대보존기간의 연결이 틀린 것은 어느 것인가?

㉮ 생물화학적산소요구량 - 48시간
㉯ 용존 총인 - 48시간
㉰ 6가 크롬 - 24시간
㉱ 분원성 대장균군 - 24시간

[풀이] ㉯ 용존 총인 - 28일

제5과목 | 수질환경관계법규

81 배출시설에 대한 일일기준초과배출량 산정시 적용되는 일일유량 산정식 중 일일조업시간에 대한 내용으로 맞는 것은 어느 것인가?

㉮ 일일조업시간은 측정하기 전 최근 조업한 3월간의 배출시설의 조업시간의 평균치로서 분으로 표시한다.
㉯ 일일조업시간은 측정하기 전 최근 조업한 3월간의 배출시설의 조업시간의 평균치로서 시간으로 표시한다.
㉰ 일일조업시간은 측정하기 전 최근 조업한 30일간의 배출시설의 조업시간의 평균치로서 분으로 표시한다.
㉱ 일일조업시간은 측정하기 전 최근 조업한 30일간의 배출시설의 조업시간의 평균치로서 시간으로 표시한다.

82 사업장별 환경기술인의 자격기준에 대한 내용으로 잘못된 것은 어느 것인가?

㉮ 대기환경기술인으로 임명된 자가 수질환경기술인의 자격을 함께 갖춘 경우에는 수질환경기술인을 겸임할 수 있다.
㉯ 연간 90일 미만 조업하는 제1종부터 제3종까지의 사업장은 제4종 사업장, 제5종 사업장에 해당하는 환경기술인을 선임할 수 있다.
㉰ 공동방지시설의 경우에는 폐수배출량이 제4종 또는 제5종 사업장의 규모에 해당하면 제3종 사업장에 해당하는 환경기술인을 두어야 한다.
㉱ 제1종 또는 제2종 사업장 중 3개월간 실제 작업한날만을 계산하여 1일 평균 17시간 이상 작업한 경우에는 환경기술인을 각각 2명 이상 두어야 한다.

[풀이] ㉱ 제1종 또는 제2종 사업장 중 1개월간 실제 작업한 날만을 계산하여 1일 평균 17시간 이상 작업한 경우에는 환경기술인을 각각 2명 이상 두어야 한다.

[참고] 법규 개정으로 ㉱번 삭제됨

83 측정기기의 부착 대상 및 종류 중 부대시설에 해당되는 것으로 알맞게 짝지은 것은 어느 것인가?

㉮ 자동시료채취기, 자료수집기
㉯ 자동측정분석기기, 자동시료채취기
㉰ 용수적산유량계, 적산전력계
㉱ 하수, 폐수적산유량계, 적산전력계

정답 80 ㉯ 81 ㉰ 82 ㉱ 83 ㉮

84 사업장의 규모별 구분에 대한 설명으로 틀린 것은 어느 것인가?

㉮ 1일 폐수배출량이 800m³인 사업장은 제2종 사업장이다.
㉯ 1일 폐수배출량이 1800m³인 사업장은 제2종 사업장이다.
㉰ 사업장 규모별 구분은 최근 조업한 30일간의 평균배출량을 기준으로 한다.
㉱ 최초 배출시설 설치허가시의 폐수배출량은 사업계획에 따른 예상용수사용량을 기준으로 산정한다.

[풀이] ㉰ 사업장 규모별 구분은 1년중 가장 많이 배출한 날을 기준으로 정한다.

85 시·도지사가 오염총량관리기본계획의 승인을 받으려는 경우, 오염총량관리기본계획안에 첨부하여 환경부장관에게 제출하여야 하는 서류로 틀린 것은 어느 것인가?

㉮ 유역환경의 조사, 분석 자료
㉯ 오염원의 자연 증감에 관한 분석 자료
㉰ 오염총량관리 계획 목표에 관한 자료
㉱ 오염부하량의 저감계획을 수립하는 데에 사용한 자료

[풀이] 오염총량관리기본계획안에 첨부해야 할 서류에는 ㉮, ㉯, ㉱외에 지역개발에 관한 과거와 장례의 계획에 관한 자료, 오염부하량의 산정에 사용한 자료가 있다.

86 사업자 및 배출시설과 방지시설에 종사하는 자는 배출시설과 방지시설의 정상적인 운영, 관리를 위한 환경기술인의 업무를 방해하여서는 아니 되며, 그로부터 업무수행에 필요한 요청을 받은 때에는 정당한 사유가 없으면 이에 따라야 한다. 이 규정을 위반하여 환경기술인의 업무를 방해하거나 환경기술인의 요청을 정당한 사유 없이 거부한 자에 대한 벌칙기준은 어느 것인가?

㉮ 100만원 이하의 벌금
㉯ 200만원 이하의 벌금
㉰ 300만원 이하의 벌금
㉱ 500만원 이하의 벌금

87 폐수처리업자의 준수사항으로 잘못된 것은 어느 것인가?

㉮ 증발농축시설, 건조시설, 소각시설의 대기오염물질 농도를 매월 1회 자가측정하여야 하며, 분기마다 악취에 대한 자가측정을 실시하여야 한다.
㉯ 처리 후 발생하는 슬러지의 수분함량은 85% 이하이어야 하며, 처리는 폐기물관리법에 따라 적정하게 처리하여야 한다.
㉰ 수탁한 폐수는 정당한 사유 없이 5일 이상 보관할 수 없으며 보관폐수의 전체량이 저장시설 저장능력의 80% 이상 되게 보관하여서는 아니 된다.
㉱ 기술인력을 그 해당 분야에 종사하도록 하여야 하며, 폐수처리시설을 16시간 이상 가동할 경우에는 해당 처리시설의 현장 근무 2년 이상의 경력자를 작업현장에 책임, 근무 하도록 하여야 한다.

[풀이] ㉰ 수탁한 폐수는 정당한 사유 없이 10일 이상 보관할 수 없으며 보관폐수의 전체량이 저장시설 저장능력의 90% 이상 되게 보관하여서는 아니 된다.

정답 84 ㉰ 85 ㉰ 86 ㉮ 87 ㉰

88 비점오염저감시설 중 장치형 시설로 틀린 것은 어느 것인가?

㉮ 생물학적 처리형 시설
㉯ 응집·침전 처리형 시설
㉰ 소용돌이형 시설
㉱ 침투형 시설

풀이 장치형 시설에는 여과형 시설, 소용돌이형 시설, 스크린형 시설, 응집·침전 처리형 시설, 생물학적 처리형 시설이 있다.

89 시·도지사가 오염총량관리기본계획 수립시 포함하여야 하는 사항으로 틀린 것은 어느 것인가?

㉮ 해당 지역 개발계획의 내용
㉯ 관할 지역의 오염원 현황
㉰ 지방자치단체별·수계구간별 오염부하량의 할당
㉱ 해당 지역 개발계획으로 인하여 추가로 배출되는 오염부하량 및 그 저감계획

풀이 ㉯ 관할 지역에서 배출되는 오염부하량의 총량 및 저감계획

90 수질 및 수생태계 환경기준(하천) 중 사람의 건강보호를 위한 기준값으로 알맞은 것은 어느 것인가?

㉮ 카드뮴 : 0.02mg/L 이하
㉯ 사염화탄소 : 0.04mg/L 이하
㉰ 6가 크롬 : 0.01mg/L 이하
㉱ 납(Pb) : 0.05mg/L 이하

풀이 항목별 기준값
㉮ 카드뮴 : 0.005mg/L 이하
㉯ 사염화탄소 : 0.004mg/L 이하
㉰ 6가 크롬 : 0.05mg/L 이하

91 규정에 의한 등록 또는 변경등록을 하지 아니하고 폐수처리업을 한 자에 대한 벌칙기준으로 알맞은 것은 어느 것인가?

㉮ 5년 이하의 징역 또는 3천만원 이하의 벌금
㉯ 3년 이하의 징역 또는 2천만원 이하의 벌금
㉰ 2년 이하의 징역 또는 1천5백만원 이하의 벌금
㉱ 1년 이하의 징역 또는 1천만원 이하의 벌금

92 하천 수질 및 수생태계 상태의 생물등급이 [매우 좋음~좋음]인 경우, 생물 지표종(어류)으로 알맞은 것은 어느 것인가?

㉮ 쉬리   ㉯ 쏘가리
㉰ 은어   ㉱ 금강모치

풀이 생물등급이 [매우 좋음~좋음]인 경우, 생물 지표종(어류)으로는 산천어, 금강모치, 열목어, 버들치 등이 있다.

93 다음 중 특정수질유해물질로 틀린 것은 어느 것인가?

㉮ 1, 1-디클로로에틸렌
㉯ 브로모포름
㉰ 아크릴로니트릴
㉱ 2, 4-다이옥산

풀이 ㉱ 1, 4-다이옥산

정답 88 ㉱ 89 ㉯ 90 ㉱ 91 ㉱ 92 ㉱ 93 ㉱

94 배출시설 변경신고에 따른 가동시작 신고의 대상으로 틀린 것은 어느 것인가?

㉮ 폐수배출량이 신고당시보다 100분의 50 이상 증가되는 경우
㉯ 배출시설에 설치된 방지시설의 폐수처리방법을 변경하는 경우
㉰ 배출시설에서 배출허용기준 보다 적게 발생한 오염물질로 인해 개선이 필요한 경우
㉱ 방지시설 설치면제기준에 따라 방지시설을 설치하지 아니한 배출시설에 방지시설을 새로 설치하는 경우

풀이 ㉰ 배출시설에서 배출허용기준을 초과하는 새로운 수질오염물질이 발생되어 배출시설 또는 방지시설의 개선이 필요한 경우

95 일일기준초과 배출량 산정시 적용되는 일일유량의 산정방법은 [측정유량×일일조업시간] 이다. 측정유량의 단위로 알맞은 것은 어느 것인가?

㉮ 초당 리터   ㉯ 분당 리터
㉰ 시간당 리터   ㉱ 일당 리터

96 기본부과금의 지역별 부과계수로 틀린 것은 어느 것인가?

㉮ 청정지역 : 1.5   ㉯ 가 지역 : 1
㉰ 나 지역 : 1   ㉱ 특례지역 : 1

풀이 ㉯ 가 지역 : 1.5

97 배출시설의 설치를 제한할 수 있는 지역의 범위 기준으로 잘못된 것은 어느 것인가?

㉮ 취수시설이 있는 지역
㉯ 환경정책기본법 제38조에 따라 수질보전을 위해 지정·고시한 특별대책지역
㉰ 수도법 제7조의2제1항에 따라 공장의 설립이 제한되는 지역
㉱ 수질보전을 위해 지정·고시한 특별대책지역의 하류지역

풀이 ㉱ 수질보전을 위해 지정·고시한 특별대책지역의 상류지역

98 다음은 과징금에 대한 설명이다. (   )안에 알맞은 말은 어느 것인가?

> 환경부장관은 폐수처리업의 등록을 한 자에 대하여 영업정지를 명하여야 하는 경우로서 그 영업정지가 주민의 생활 그 밖의 공익에 현저한 지장을 초래할 우려가 있다고 인정되는 경우에는 영업정지 처분에 갈음하여 (   )의 과징금을 부과할 수 있다.

㉮ 매출액에 100분의 1을 곱한 금액 이내
㉯ 매출액에 100분의 5를 곱한 금액 이내
㉰ 매출액에 100분의 10을 곱한 금액 이내
㉱ 매출액에 100분의 15를 곱한 금액 이내

99 다음의 수질오염방지시설 중 물리적 처리시설로 틀린 것은 어느 것인가?

㉮ 유수분리시설   ㉯ 혼합시설
㉰ 침전물 개량시설 ㉱ 응집시설

풀이 ㉰ 침전물 개량시설은 화학적 처리시설에 해당한다.

정답 94 ㉰ 95 ㉯ 96 ㉯ 97 ㉱ 98 ㉯ 99 ㉰

100 물환경보전법상 용어의 정의로 틀린 것은 어느 것인가?

㉮ 폐수라 함은 물에 액체성 또는 고체성의 수질오염물질이 섞여 있어 그대로는 사용할 수 없는 물을 말한다.
㉯ 수질오염물질이라 함은 수질오염의 요인이 되는 물질로서 환경부령이 정하는 것을 말한다.
㉰ 폐수무방류배출시설이라 함은 폐수배출시설에서 발생하는 폐수를 위탁하여 공공수역으로 배출하지 아니하는 시설을 말한다.
㉱ 기타 수질 오염원이라 함은 점오염원 및 비점오염원으로 관리되지 아니하는 수질오염 물질을 배출하는 시설 또는 장소로서 환경부령이 정하는 것을 말한다.

[풀이] ㉰ 폐수무방류배출시설이라 함은 폐수배출시설에서 발생하는 폐수를 당해 사업장안에서 수질오염방지시설을 이용하여 처리하거나 동일 배출시설에 재이용하는 등 공공수역으로 배출하지 아니하는 폐수배출시설을 말한다.

정답 100 ㉰

2015년 2회 수질환경기사

2015년 5월 31일 시행

| 제1과목 | 수질오염개론

01 진핵세포에 관한 내용으로 틀린 것은 어느 것인가?

㉮ 세포핵에 1개의 염색체를 가지고 있다.
㉯ 유사분열을 한다.
㉰ 몇 개의 DNA분자로 되어 있다.
㉱ 세포벽은 두껍거나 없다.

풀이 ㉮ 염색체가 여러개이다.

02 다음 중 수질모델링을 위한 절차에 해당하는 항목으로 틀린 것은 어느 것인가?

㉮ 변수추정   ㉯ 수질예측 및 평가
㉰ 보정   ㉱ 감응도 분석

03 하천모델 중 다음의 특징을 가지는 모델은 어느 것인가?

- 유속, 수심, 조도계수에 의한 확산계수 결정
- 하천과 대기 사이의 열복사, 열교환 고려
- 음해법으로 미분방정식의 해를 구함

㉮ QUAL-1   ㉯ WQRRS
㉰ DO SAG-1 ㉱ HSPE

풀이 ㉮ QUAL-1 모델에 대한 설명이다.

04 건조고형물량이 3,000kg/day인 생슬러지를 저율혐기성소화조로 처리한다. 휘발성고형물은 건조고형물의 70%이고 휘발성고형물의 60%는 소화에 의해 분해된다. 소화된 슬러지의 총고형물(kg/day)은 얼마인가?

㉮ 1,040kg/day   ㉯ 1,740kg/day
㉰ 2,040kg/day   ㉱ 2,440kg/day

풀이 ① 소화된 휘발성 고형물
= 건조고형물량(kg/day)×$\frac{휘발성 고형물(\%)}{100}$
×$\frac{100-분해율(\%)}{100}$
= 3,000kg/day×0.70×(1-0.60) = 840kg/day
② 소화된 잔류성 고형물
= 건조고형물량(kg/day)×$\frac{100-휘발성 고형물(\%)}{100}$
= 3,000kg/day×(1-0.70) = 900kg/day
③ 소화된 슬러지의 총 고형물
= 840kg/day+900kg/day = 1,740kg/day

05 황산염에 대한 내용으로 틀린 것은 어느 것인가?

㉮ 황산이온은 자연수 속에 들어 있는 주요 음이온이다.
㉯ 용존산소와 질산염이 존재하지 않는 환경에서 황산이온은 수소원(전자공여체)으로 사용된다.

정답 01 ㉮ 02 ㉮ 03 ㉮ 04 ㉯ 05 ㉯

㉰ 황산이온이 과다하게 포함된 수돗물을 마시면 설사를 일으킨다.
㉱ 황산이온이 혐기성 상태에서 환원되어 생성되는 황화수소로 인하여 악취문제가 발생한다.

풀이 ㉯ 용존산소와 질산염이 존재하지 않는 환경에서 황산이온은 전자수용체로 사용된다.

TIP
① 수소공여체(전자공여체) : 생체 산화환원계에서 수소를 다른 물질에 공급하고 그 자신은 산화되는 물질
② 수소수용체(전자수용체) : 탈수소반응의 반응물질에서 나오는 수소와 결합하여 스스로 변화하는 물질

07 해수의 성분에 대한 내용으로 틀린 것은 어느 것인가?

㉮ 해수의 염분은 무역풍대 해역보다 적도 해역이 낮다.
㉯ Cl^-은 해수에 녹아있는 성분 중 가장 많은 양을 차지한다.
㉰ 해수 내 성분 중 나트륨 다음으로 가장 많은 성분을 차지하는 것은 칼륨이다.
㉱ 해수 내 전체 질소 중 35% 정도는 암모니아성 질소, 유기질소 형태이다.

풀이 ㉰ 해수 내 성분 중 나트륨이온 다음으로 가장 많은 성분을 차지하는 것은 황산이온이다.

08 수은(Hg)에 대한 내용으로 틀린 것은 어느 것인가?

㉮ 아연정련업, 도금공장, 도자기제조업에서 주로 발생한다.
㉯ 대표적 만성질환으로는 미나마타병, 헌터-루셀 증후군이 있다.
㉰ 유기수은은 금속상태의 수은보다 생물체내에 흡수력이 강하다.
㉱ 상온에서 액체상태로 존재하며, 인체에 노출시 중추신경계에 피해를 준다.

풀이 ㉮ 제련, 살충제, 온도계, 압력계 제조업에서 주로 발생한다.

06 유출, 유입량이 $5,000m^3/d$, 저수량이 $500,000m^3$인 호수에 A공장의 폐수가 일시적으로 방류되어 호수의 BOD 농도가 100mg/L로 되었다. 이 호수의 BOD 농도가 1.0mg/L로 저하 되려면 얼마의 기간(일)이 필요한가? (단, 일시적으로 유입된 공장폐수 외의 BOD 유입은 없으며 호수는 완전혼합반응조이며, 1차반응으로 가정한다.)

㉮ 230일   ㉯ 330일
㉰ 460일   ㉱ 560일

풀이
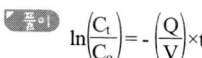

- C_0 : 초기농도(mg/L)
- C_t : t시간 후의 농도(mg/L)
- Q : 유량(m^3/day)
- V : 체적(m^3)
- t : 시간(day)

따라서 $\ln\left(\dfrac{1.0mg/L}{100mg/L}\right) = -\left(\dfrac{5,000m^3/day}{500,000m^3}\right) \times t$

∴ t = 460.52day

정답 06 ㉰   07 ㉰   08 ㉮

09 수원의 종류 중 지하수에 대한 내용으로 틀린 것은 어느 것인가?

㉮ 수온변동이 적고 탁도가 낮다.
㉯ 미생물이 없고 오염물이 적다.
㉰ 유속이 빠르고, 광역적인 환경조건의 영향을 받아 정화되는데 오랜 기간이 소요된다.
㉱ 무기염류 농도와 경도가 높다.

풀이 ㉰ 유속이 느리고, 국소적인 환경조건의 영향을 받으며, 정화되는데 오랜 기간이 소요된다.

10 어떤 하천수의 수온은 10℃이다. 20℃의 탈산소계수 K(상용대수)가 0.1/day일 때 최종 BOD에 대한 BOD_6의 비는 얼마인가? (단, $K_T = K_{20} \times 1.047^{(T-20)}$, BOD_6/최종 BOD)

㉮ 0.42   ㉯ 0.58
㉰ 0.63   ㉱ 0.83

풀이 ① 20℃의 탈산소계수를 10℃의 탈산소계수로 전환한다.
$k(T) = k_{20} \times 1.047^{(T-20)}$
$= 0.1/day \times 1.047^{(10-20)} = 0.063/day$

② $\dfrac{BOD_6}{최종\ BOD}$ 계산한다.
$BOD_6 = BOD_u \times (1-10^{-k \times t})$
$\dfrac{BOD_6}{BOD_u} = (1-10^{-k \times t})$
$= 1-10^{(-0.063/day \times 6day)} = 0.58$

11 어떤 시료의 생물학적 분해 가능 유기물질의 농도가 37mg/L이며, 경험적인 분자식이 $C_6H_{11}ON_2$라고 할 때 이 물질의 이론적 최종 BOD(mg/L)는 얼마인가?

$$C_6H_{11}ON_2+(a)O_2$$
$$\rightarrow (b)CO_2+(c)H_2O+(d)NH_3$$

㉮ 63mg/L   ㉯ 83mg/L
㉰ 103mg/L   ㉱ 123mg/L

풀이 $C_6H_{11}ON_2+6.75O_2 \rightarrow 6CO_2+2.5H_2O+2NH_3$
127g : 6.75×32g
37mg/L : X(BOD_u)
∴ X(BOD_u) = 62.93mg/L

12 pH 7인 물에서 CO_2의 해리상수는 4.3×10^{-7}이고 $[HCO_3^-] = 4.3 \times 10^{-2}$mole/L일 때 CO_2의 농도(mg/L)는 얼마인가?

㉮ 1mg/L   ㉯ 10mg/L
㉰ 44mg/L   ㉱ 440mg/L

풀이 ① CO_2의 농도를 계산한다.
$CO_2+H_2O \rightleftharpoons HCO_3^- +H^+$
해리상수(Ka) = $\dfrac{[HCO_3^-][H^+]}{[CO_2]}$
$[H^+] = 10^{-pH}$mol/L $= 10^{-7}$mol/L
따라서 $[CO_2] = \dfrac{[HCO_3^-][H^+]}{Ka}$
$= \dfrac{(4.3 \times 10^{-2}mol/L) \times (10^{-7}mol/L)}{4.3 \times 10^{-7}} = 0.01$mol/L

② CO_2의 농도(mg/L)
$= \dfrac{0.01mol}{L} \times \dfrac{44g}{1mol} \times \dfrac{10^3 mg}{1g} = 440$mg/L

TIP
CO_2 1mol = 분자량(g) = 44g

정답 09 ㉰   10 ㉯   11 ㉮   12 ㉱

13 완충용액에 관한 내용으로 틀린 것은 어느 것인가?

㉮ 완충용액의 작용은 화학평형원리로 쉽게 설명된다.
㉯ 완충용액은 한도내에서 산을 가했을 때 pH에 약간의 변화만 준다.
㉰ 완충용액은 보통 약산과 그 약산의 짝염기의 염을 함유한 용액이다.
㉱ 완충용액은 보통 강염기와 그 염기의 강산의 염이 함유된 용액이다.

풀이 ㉱ 완충용액은 보통 약산과 그 산의 강염기의 염이 함유된 용액이다.

14 아래와 같은 폐수의 생물학적으로 분해가 불가능한 불용성 COD(mg/L)는 얼마인가? (단, $BOD_u/BOD_5 = 1.5$, COD = 1,583mg/L, SCOD = 948mg/L, BOD_5 = 659 mg/L, $SBOD_5$ = 484mg/L이다.)

㉮ 816.5mg/L   ㉯ 574.5mg/L
㉰ 372.5mg/L   ㉱ 235.5mg/L

풀이 ① COD = ICOD+SCOD
∴ ICOD = COD-SCOD
= 1,583mg/L-948mg/L = 635mg/L
② $BDICOD = IBOD_u$
$= k \times IBOD_5 = k \times (BOD_5-SBOD_5)$
= 1.5×(659mg/L-484mg/L)
= 262.5mg/L
③ NBDICOD = ICOD-BDICOD
= 635mg/L-262.5mg/L
= 372.5mg/L

15 완전혼합흐름 상태에 대한 내용으로 알맞은 것은 어느 것인가?

㉮ 분산이 1일 때 이상적 완전혼합 상태이다.
㉯ 분산수가 0일 때 이상적 완전혼합 상태이다.
㉰ Morrill 지수의 값이 1에 가까울수록 이상적 완전혼합 상태이다.
㉱ 지체시간이 이론적 체류시간과 동일할 때 이상적 완전혼합 상태이다.

풀이 ㉯ 분산수가 무한대일 때 이상적 완전혼합 상태이다.
㉰ Morrill 지수의 값이 클수록 이상적 완전혼합 상태이다.
㉱ 지체시간이 0일 때 이상적 완전혼합 상태이다.

16 반감기가 3일인 방사성 폐수의 농도가 10mg/L라면 감소속도정수(day^{-1})는 얼마인가? (단, 1차 반응속도 기준, 자연대수 기준이다.)

㉮ 0.132   ㉯ 0.231
㉰ 0.326   ㉱ 0.430

풀이 반감기 공식 : $\ln\frac{1}{2} = -k \times t$

$\ln\frac{1}{2} = -k \times 3day$

∴ k = 0.231/day

정답 13 ㉱   14 ㉰   15 ㉮   16 ㉯

17 하천수의 단위시간당 산소전달계수(K_{La})를 측정코자 하천수의 용존산소(DO) 농도를 측정하니 12mg/L였다. 이때 용존산소의 농도를 완전히 제거하기 위하여 투입하는 Na_2SO_3의 이론적 농도(mg/L)는 얼마인가? (단, 원자량은 Na : 23, S : 32, O : 16)

㉮ 약 63mg/L ㉯ 약 74mg/L
㉰ 약 84mg/L ㉱ 약 95mg/L

풀이 $Na_2SO_3 + 0.5O_2 \rightarrow Na_2SO_4$
126g : 0.5×32g
X : 12mg/L
∴ X = 94.5mg/L

18 세균(Bacteria)의 경험적 분자식으로 알맞은 것은 어느 것인가?

㉮ $C_5H_8O_2N$ ㉯ $C_5H_7O_2N$
㉰ $C_7H_8O_5N$ ㉱ $C_8H_9O_5N$

풀이 박테리아의 경험적 분자식(호기성 기준)은 $C_5H_7O_2N$이다.

19 지표수와 비교한 지하수 특성으로 틀린 것은 어느 것인가?

㉮ 수온변동이 적고 자정속도가 느리다.
㉯ 지표수에 비해 염류의 함량이 크다.
㉰ 미생물이 없고, 오염물이 적다.
㉱ 지층 및 지역별로 수질차이가 작다.

풀이 ㉱ 지층 및 지역별로 수질차이가 크다.

20 미생물의 세포증식과 관련한 Monod 형태의 식을 나타낸 것으로 틀린 것은 어느 것인가?

$$\mu = \mu_m \times \frac{S}{K_s + S}$$

㉮ μ는 비성장률로 단위는 시간$^{-1}$ 이다.
㉯ μ_m은 최대 비성장률로 단위는 시간$^{-1}$ 이다.
㉰ S는 기질의 감소율(상수)로 단위는 무차원이다.
㉱ K_s는 반속도 상수로 최대성장률이 1/2일 때의 기질의 농도이다.

풀이 ㉰ S는 제한기질의 농도이며 단위는 mg/L이다.

| 제2과목 | 상하수도 계획

21 상수처리시설 중 플록형성지의 플록형성 표준시간은? (단, 계획정수량 기준)

㉮ 5~10분간 ㉯ 10~20분간
㉰ 20~40분간 ㉱ 40~60분간

풀이 플록형성지의 플록형성 표준시간은 20~40분간이다.

22 상수 수원인 복류수에 대한 설명으로 틀린 것은 어느 것인가?

㉮ 취수량이 증가하면 자연여과 효율이 높아져 취수량 변화에 따른 수질 변화는 적어진다.
㉯ 원류인 하천이나 호소의 수질, 자연여과, 지층의 토질이나 그 두께 그리고 원류의 거리 등에 따라 수질이 변화한다.

정답 17 ㉱ 18 ㉯ 19 ㉱ 20 ㉰ 21 ㉰ 22 ㉮

㉰ 복류수는 반드시 가장 가까운 하천이나 호소의 물이 지하에 침투되었다고 할 수 없다.
㉱ 대체로 양호한 수질을 얻을 수 있어서 그대로 수원으로 사용되는 경우가 많다.

풀이 ㉮ 취수량이 증가하면 자연여과 효율이 높아져 취수량 변화에 따른 수질 변화는 커진다.

23 막여과시설에서 막모듈의 열화에 관한 설명으로 틀린 것은 어느 것인가?

㉮ 미생물과 막 재질의 자화 또는 분비물의 작용에 의한 변화
㉯ 산화제에 의하여 막 재질의 특성변화나 분해
㉰ 건조되거나 수축으로 인한 막 구조의 비가역적인 변화
㉱ 응집제 투입에 따른 막모듈의 공급유로가 고형물로 폐색

풀이 ㉱번은 파울링에 대한 내용이다.

24 직경 200cm 원형관로에 물이 1/2차서 흐를 경우, 이 관로의 경심(cm)은 얼마인가?

㉮ 15cm   ㉯ 25cm
㉰ 50cm   ㉱ 100cm

풀이 경심(R) = $\frac{단면적(A)}{윤변의 길이(S)}$ = $\frac{\frac{\pi D^2}{4} \times \frac{1}{2}}{\pi \times D \times \frac{1}{2}}$ = $\frac{D}{4}$ (m)

∴ R = $\frac{200cm}{4}$ = 50cm

25 콘크리트조의 장방형 수로(폭 2m, 깊이 2.5m)가 있다. 이 수로의 유효수심이 2m인 경우의 평균유속(m/sec)은 얼마인가? (단, Manning 공식으로 계산, 동수경사 : 1/2,000, 조도 계수 : 0.017이다.)

㉮ 1.00m/sec   ㉯ 1.42m/sec
㉰ 1.53m/sec   ㉱ 1.73m/sec

풀이 Manning식에서 유속(v) = $\frac{1}{n} \times R^{\frac{2}{3}} \times I^{\frac{1}{2}}$ (m/sec)

R(경심) = $\frac{b \times h}{b+2h}$ = $\frac{2m \times 2m}{2m + 2 \times 2m}$ = 0.6667m

I(기울기 = 구배 = 동수경사) = $\frac{1}{2,000}$

따라서 유속(v) = $\frac{1}{0.017} \times (0.6667)^{\frac{2}{3}} \times \left(\frac{1}{2,000}\right)^{\frac{1}{2}}$
= 1.00m/sec

26 접촉산화법의 특징 및 장·단점에 대한 설명으로 틀린 것은 어느 것인가?

㉮ 부착생물량을 임의로 조정하기 어려워 조작조건의 변경에 대응하기가 용이하지 않다.
㉯ 슬러지의 자산화가 기대되어 잉여슬러지량이 감소한다.
㉰ 반응조내 매체를 균일하게 포기 교반하는 조건설정이 어렵고 사수부가 발생할 우려가 있다.
㉱ 반송슬러지가 필요하지 않으므로 운전관리가 용이하다.

풀이 ㉮ 부착생물량을 임의로 조정하기 용이해 조작조건의 변경에 대응하기가 용이하다.

정답 23 ㉱   24 ㉰   25 ㉮   26 ㉮

27 호소, 댐을 수원으로 하는 취수문에 대한 내용으로 틀린 것은 어느 것인가?

㉮ 일반적으로 중, 소량 취수에 쓰인다.
㉯ 일반적으로 가물막이(cofferdam)를 필요로 한다.
㉰ 파랑, 결빙 등의 기상조건에 영향이 거의 없다.
㉱ 갈수기에 호소에 유입되는 수량 이하로 취수 할 계획이면 안정 취수가 가능하다.

[풀이] ㉰ 갈수시, 홍수시, 결빙시에 영향을 받는다.

28 비교회전도가 700 ~ 1,200rpm인 경우에 사용되는 하수도용 펌프 형식으로 알맞은 펌프는 어느 것인가?

㉮ 터어빈펌프 ㉯ 볼류트펌프
㉰ 축류펌프   ㉱ 사류펌프

[풀이] ㉱ 사류펌프에 대한 설명이다.

29 정수처리시 랑겔리아지수(LI)의 개선을 위한 방법으로 알맞은 것은 어느 것인가? (단, 용해성 성분)

㉮ 알칼리제 처리 ㉯ 철세균 이용법
㉰ 전기분해   ㉱ 부상분리

[풀이] 정수처리시 랑겔리아지수(LI)의 개선을 위한 방법(용해성 성분)은 알칼리제 처리이다.

30 단면형태가 직사각형인 하수관거의 장·단점으로 알맞은 것은 어느 것인가?

㉮ 시공장소의 흙두께 및 폭원에 제한을 받는 경우에 유리하다.
㉯ 만류가 되기까지는 수리학적으로 불리하다.
㉰ 철근이 해를 받았을 경우에도 상부하중에 대하여 대단히 안정적이다.
㉱ 현장 타설의 경우, 공사기간이 단축된다.

[풀이] ㉯ 만류가 되기까지는 수리학적으로 유리하다.
㉰ 철근이 해를 받았을 경우에는 상부하중에 대하여 대단히 불안정적이다.
㉱ 현장 타설의 경우, 공사기간이 지연된다.

31 캐비테이션(공동현상)의 방지대책으로 틀린 것은 어느 것인가?

㉮ 펌프의 설치위치를 가능한 한 낮추어 가용유효흡입 수두를 크게 한다.
㉯ 흡입관의 손실을 가능한 작게 하여 가용유효흡입 수두를 크게 한다.
㉰ 펌프의 회전속도를 낮게 선정하여 필요유효흡입수두를 크게 한다.
㉱ 흡입측 밸브를 완전히 개방하고 펌프를 운전한다.

[풀이] ㉰ 펌프의 회전속도를 낮게 선정하여 필요유효 흡입수두를 작게 한다.

정답 27 ㉰ 28 ㉱ 29 ㉮ 30 ㉮ 31 ㉰

32 하수관거의 접합 방법 중 유수는 원활한 흐름이 되지만 굴착 깊이가 증가됨으로 공사비가 증대되고 펌프로 배수하는 지역에서는 양정이 높게 되는 단점이 있는 접합은 어느 것인가?

㉮ 수면접합　　㉯ 관정접합
㉰ 중심접합　　㉱ 관저접합

[풀이] ㉯ 관정접합에 대한 설명이다.

33 다음 표는 우수량을 산출하기 위해 조사한 지역 분포와 유출계수의 결과이다. 이 지역의 전체 평균 유출계수는 얼마인가?

지역	분포	유출계수
상업	20%	0.6
주거	30%	0.4
공원	10%	0.2
공업	40%	0.5

㉮ 0.30　　㉯ 0.35
㉰ 0.42　　㉱ 0.46

[풀이] 전체 평균 유출계수 = $\dfrac{\text{합(유출계수×분포)}}{100}$

$= \dfrac{0.6×20\%+0.4×30\%+0.2×10\%+0.5×40\%}{100}$

$= 0.46$

34 하수슬러지 개량방법과 특징으로 틀린 것은 어느 것인가?

㉮ 고분자응집제 첨가 : 슬러지 성상을 그대로 두고 탈수성, 농축성의 개선을 도모한다.
㉯ 무기약품 첨가 : 무기약품은 슬러지의 pH를 변화시켜 무기질 비율을 증가시키고 안정화를 도모한다.
㉰ 열처리 : 슬러지 성분의 일부를 용해시켜 탈수개선을 도모한다.
㉱ 세정 : 혐기성 소화슬러지의 알칼리도를 증가시켜 탈수 개선을 도모한다.

[풀이] ㉱ 세정 : 알칼리도를 줄이고 슬러지 탈수에 사용되는 응집제량을 줄일 수 있으며, 슬러지의 탈수 특성을 좋게 하기 위한 직접적인 방법은 아니다.

35 정수시 처리대상물질(항목)과 처리방법이 잘못 짝지어진 것은 어느 것인가?

㉮ 불용해성 성분 - 조류 - 부상분리
㉯ 불용해성 성분 - 미생물(크립토스포리디움) - 활성탄
㉰ 불용해성 성분 - 탁도 - 완속여과방식
㉱ 용해성 성분 - 트리클로로에틸렌 - 폭기(스트리핑)

[풀이] ㉯ 불용해성 성분 - 미생물(크립토스포리디움) - 막여과

정답 32 ㉯　33 ㉱　34 ㉱　35 ㉯

36 상수처리시설인 침사지의 구조 기준으로 틀린 것은 어느 것인가?

㉮ 표면부하율은 200~500mm/min을 표준으로 한다.
㉯ 지내 평균유속은 30cm/sec를 표준으로 한다.
㉰ 지의 상단높이는 고수위보다 0.6~1m의 여유고를 둔다.
㉱ 지의 유효수심은 3~4m를 표준으로 한다.

[풀이] ㉯ 지내 평균유속은 2~7cm/sec를 표준으로 한다.

37 계획우수량을 정할 때 고려하여야 할 사항으로 틀린 것은 어느 것인가?

㉮ 하수관거의 확률년수는 원칙적으로 10~30년으로 한다.
㉯ 유입시간은 최소단위배수구의 지표면 특성을 고려하여 구한다.
㉰ 유출계수는 지형도를 기초로 답사를 통하여 충분히 조사하고 장래 개발계획을 고려하여 구한다.
㉱ 유하시간은 최상류관거의 끝으로부터 하류관거의 어떤 지점까지의 거리를 계획유량에 대응한 유속으로 나누어 구하는 것을 원칙으로 한다.

[풀이] ㉰ 유출계수는 토지 이용도별 기초유출계수로부터 총괄유출계수를 구하는 것을 원칙으로 한다.

38 하수도 계획의 목표연도는 원칙적으로 몇 년 정도로 하는가?

㉮ 10년 ㉯ 15년
㉰ 20년 ㉱ 25년

[풀이] 하수도 계획의 목표연도는 20년, 상수도 계획의 목표연도는 15~20년

39 배수시설인 배수관의 수압에 대한 내용으로 (   )안에 알맞은 것은?

> 급수관을 분기하는 지점에서 배수관내의 최대정수압은 (   )kPa를 초과하지 않아야 한다.

㉮ 500 ㉯ 700
㉰ 900 ㉱ 1,100

40 상수도시설 일반구조의 설계하중 및 외력에 대한 고려 사항으로 틀린 것은 어느 것인가?

㉮ 풍압은 풍량에 풍력계수를 곱하여 산정한다.
㉯ 얼음 두께에 비하여 결빙면이 작은 구조물의 설계에는 빙압을 고려한다.
㉰ 지하수위가 높은 곳에 설치하는 지상(地狀) 구조물은 비웠을 경우의 부력을 고려한다.
㉱ 양압력은 구조물의 전후에 수위차가 생기는 경우에 고려한다.

정답 36 ㉯ 37 ㉰ 38 ㉰ 39 ㉯ 40 ㉮

| 제3과목 | 수질오염방지기술

41 설계부하가 37.6m³/m²·day이고, 처리할 폐수 유량이 9,568m³/day인 경우의 원형 침전조 직경(m)은 얼마인가?

㉮ 12m ㉯ 14m
㉰ 16m ㉱ 18m

풀이 설계부하($m^3/m^2 \cdot day$)

$= \dfrac{Q(m^3/day)}{A(m^2)} = \dfrac{Q(m^3/day)}{\dfrac{\pi D^2}{4}(m^2)}$

$\therefore 37.6 m^3/m^2 \cdot day = \dfrac{9,568 m^3/day}{\dfrac{\pi D^2}{4}(m^2)}$

$\therefore D = \sqrt{\dfrac{4 \times 9,568 m^3/day}{\pi \times 37.6 m^3/m^2 \cdot day}} = 18.0m$

42 연속회분식반응조(Sequencing Batch Reactor)에 대한 내용으로 틀린 것은 어느 것인가?

㉮ 하나의 반응조 안에서 호기성 및 혐기성 반응 모두를 이룰 수 있다.
㉯ 별도의 침전조가 필요없다.
㉰ 기본적인 처리계통도는 5단계로 이루어지며 요구하는 유출수에 따라 운전 Mode를 채택할 수 있다.
㉱ 기존 활성슬러지 처리에서의 시간개념을 공간개념으로 전환한 것이라 할 수 있다.

풀이 ㉱ 기존 활성슬러지 처리에서의 공간개념을 시간개념으로 전환한 것이라 할 수 있다.

43 활성슬러지 처리시설에서 1차 침전후의 BOD_5가 200mg/L인 폐수 2,000m³/d를 처리하려고 한다. 포기조 유기물부하는 0.2kg BOD/kg`MLVSS·d, 체류시간이 6hr일 때, MLVSS(mg/L)는 얼마인가?

㉮ 1,000mg/L ㉯ 2,000mg/L
㉰ 3,000mg/L ㉱ 4,000mg/L

풀이 $F/M비(/day) = \dfrac{BOD \times Q}{MLSS \times V} = \dfrac{BOD}{MLSS} \times \dfrac{1}{t}$

$0.2/day = \dfrac{200mg/L}{MLVSS(mg/L)} \times \dfrac{1}{\left(\dfrac{6hr}{24}\right)day}$

$\therefore MLVSS = 4,000mg/L$

44 수온 20℃에서 평균직경 1mm인 모래입자의 침전속도(m/sec)는 얼마인가? (단, 동점성값은 $1.003 \times 10^{-6} m^2/s$, 모래비중은 2.5, Stoke's 법칙을 이용 하시오.)

㉮ 0.414 m/s ㉯ 0.614 m/s
㉰ 0.814 m/s ㉱ 1.014 m/s

풀이 ① ν(동점성 계수) $= \dfrac{\mu(점성계수)}{\rho(물의 밀도)}$

$1.003 \times 10^{-6} m^2/sec = \dfrac{\mu(kg/m \cdot sec)}{1,000 kg/m^3}$

$\therefore \mu = 1.003 \times 10^{-3} kg/m \cdot sec$

② $Vs = \dfrac{d^2(\rho_s - \rho_w)g}{18\mu}$

$= \dfrac{(1 \times 10^{-3}m)^2 \times (2,500-1,000)kg/m^3 \times 9.8m/sec^2}{18 \times 1.003 \times 10^{-3} kg/m \cdot sec}$

$= 0.814 m/sec$

정답 41 ㉱ 42 ㉱ 43 ㉱ 44 ㉰

45 기계적으로 청소되는 바(bar)스크린의 바 두께는 5mm이고, 바 간의 거리는 20mm이다. 바를 통과하는 유속이 0.9 m/s라고 한다면 스크린을 통과하는 수두손실(m)은 얼마인가?
(단, $H = [(V_b^2 - V_a^2)/2g][1/0.7]$)

㉮ 0.0157m ㉯ 0.0212m
㉰ 0.0317m ㉱ 0.0438m

풀이

$V_a \times A_a = V_b \times A_b \Rightarrow V_a = V_b \times \dfrac{A_b}{A_a}$

$A_a = W \times H$

$\begin{bmatrix} W : 수로의\ 폭 \\ H : 수심 \end{bmatrix}$

$A_b = W \times H \times \dfrac{바\ 간격}{바\ 두께 + 바\ 간격}$

$= W \times H \times \dfrac{20mm}{5mm + 20mm} = 0.8 W \times H$

따라서 $V_a = V_b \times \dfrac{A_b}{A_a} = 0.9 m/sec \times \dfrac{0.8 W \times H}{W \times H}$

$= 0.72 m/sec$

따라서 $H = \dfrac{V_b^2 - V_a^2}{2g} \times \dfrac{1}{0.7}$

$= \dfrac{(0.9 m/sec)^2 - (0.72 m/sec)^2}{2 \times 9.8 m/sec^2} \times \dfrac{1}{0.7}$

$= 0.0213 m$

TIP
A_a는 수로이므로 바간격과 바두께 고려안함
A_b는 통과면적이므로 바간격과 바두께 고려함

46 생물학적 처리공정에서 질산화 반응은 다음의 총괄 반응식으로 나타낼 수 있다.
[$NH_4^+ + 2O_2 \xrightarrow{질산화} NO_3^- + 2H^+ + H_2O$]의 반응식에서 NH_4^+-N 3mg/L가 질산화 되는데 요구되는 산소(O_2)의 양(mg/L)은 얼마인가?

㉮ 11.2mg/L ㉯ 13.7mg/L
㉰ 15.3mg/L ㉱ 18.4mg/L

풀이 NH_4^+-N + $2O_2 \rightarrow NO_3^-$-N + $2H^+ + H_2O$
14g : 2×32g
3mg/L : ThOD
∴ ThOD = 13.71mg/L

47 활성슬러지 폭기조의 유효용적이 1,000m³, MLSS 농도는 3,000mg/L이고 MLVSS는 MLSS 농도의 75%이다. 유입하수의 유량은 4,000m³/day이고, 합성계수 Y는 0.63mg MLVSS/mg-$BOD_{removed}$, 내생분해계수 k는 0.05day⁻¹, 1차 침전조 유출수의 BOD는 200mg/L, 폭기조 유출수의 BOD는 20mg/L 일 때, 슬러지 생성량(kg/day)은 얼마인가?

㉮ 301 kg/day ㉯ 321kg/day
㉰ 341kg/day ㉱ 361kg/day

풀이 잉여슬러지량($Q_w \cdot SS_w$)
$= Y \times Q \times (BOD_i - BOD_o) - k \times V \times MLVSS$
$= 0.63 \times 4,000 m^3/day \times (0.2 - 0.02) kg/m^3 - 0.05/day \times 1,000 m^3 \times 3 kg/m^3 \times 0.75$
$= 341.1 kg/day$

  45 ㉯ 46 ㉯ 47 ㉰

48 유입 유량이 500,000m³/day, BOD₅가 200mg/L인 폐수를 처리하기 위해 완전혼합형 활성슬러지 처리장을 설계하려고 한다. 1차 침전지에서 제거된 유입수의 BOD₅는 34%이, MLVSS는 3,000mg/L, 반응속도상수(k)는 1.0L/g MLVSS·hr 이라면, 일차반응일 경우 F/M비는 얼마인가? (단, 유출수 BOD₅ 10mg/L이다.)

㉮ 0.24kg BOD/kg MLVSS·day
㉯ 0.28kg BOD/kg MLVSS·day
㉰ 0.32kg BOD/kg MLVSS·day
㉱ 0.36kg BOD/kg MLVSS·day

풀이 ① 유기물 반응시간

$$= \frac{S_i - S_o}{k \times MLVSS \times S_o}$$

$$= \frac{\{200mg/L \times (1-0.34)\} - 10mg/L}{1.0L/g \cdot hr \times 3g/L \times 10mg/L}$$

$= 4.0667hr$

② 유기물 반응시간(day) $= 4.0667hr \times \dfrac{1day}{24hr}$

$= 0.17day$

③ F/M비(/day) $= \dfrac{BOD \times Q}{MLSS \times V} = \dfrac{BOD}{MLSS} \times \dfrac{1}{t}$

$$= \frac{200mg/L \times (1-0.34)}{3,000mg/L} \times \frac{1}{0.17day}$$

$= 0.25/day$

49 하수종말처리장에서 30분 침강율 20%, SVI 100, 반송슬러지 SS 농도가 9,000 mg/L일 때, 슬러지 반송율(%)은 얼마인가?

㉮ 약 30%   ㉯ 약 50%
㉰ 약 70%   ㉱ 약 90%

풀이 ① $SVI = \dfrac{SV(\%)}{MLSS(mg/L)} \times 10^4$

$100 = \dfrac{20\%}{MLSS(mg/L)} \times 10^4$

∴ MLSS = 2,000mg/L

② 반송비(R) $= \dfrac{MLSS}{SS_r - MLSS}$

$= \dfrac{2,000mg/L}{9,000mg/L - 2,000mg/L} = 0.2857$

③ 반송율(%) = 반송비(R) × 100
$= 0.2857 \times 100 = 28.57\%$

50 유입폐수량 50m³/hr, 유입수 BOD 농도 200g/m³, MLVSS 농도 2kg/m³, F/M비 0.5kg BOD/kg MLVSS·day일 때, 폭기조 용적(m³)은 얼마인가?

㉮ 240m³   ㉯ 380m³
㉰ 430m³   ㉱ 520m³

풀이
F/M비(/day) $= \dfrac{BOD \times Q}{MLVSS \times V}$

$0.5/day = \dfrac{0.2kg/m^3 \times 50m^3/hr \times 24hr/day}{2kg/m^3 \times V}$

∴ V = 240m³

정답 48 ㉮   49 ㉮   50 ㉮

51 하수의 인 제거 처리공정 중 인 제거율(%)이 가장 높은 것은 어느 것인가?

㉮ 역삼투 ㉯ 여과
㉰ RBC ㉱ 탄소흡착

[풀이] 보기에서 인을 제거할 수 있는 공법은 역삼투이다.

52 무기수은계 화합물을 함유한 폐수의 처리방법으로 틀린 것은 어느 것인가?

㉮ 황화물 침전법 ㉯ 활성탄 흡착법
㉰ 산화분해법 ㉱ 이온교환법

[풀이] 무기수은계 화합물을 함유한 폐수의 처리방법으로는 아말감법, 황화물침전법, 이온교환법, 활성탄흡착법이 있다.

53 유해물질인 시안(CN)처리 방법에 대한 내용으로 틀린 것은 어느 것인가?

㉮ 오존산화법 : 오존은 알칼리성 영역에서 시안화합물을 N_2로 분해시켜 무해화한다.
㉯ 전해법 : 유가(有價)금속류를 회수할 수 있는 장점이 있다.
㉰ 충격법 : 시안을 pH 3 이하의 강산성 영역에서 강하게 폭기하여 산화하는 방법이다.
㉱ 감청법 : 알칼리성 영역에서 과잉의 황산알루미늄을 가하여 공침시켜 제거하는 방법이다.

[풀이] ㉱ 감청법 : 알칼리성 영역에서 과잉의 황산제1철 또는 황산제2철을 가하여 공침시켜 제거하는 방법이다.

54 정수처리 대상 항목의 처리방법으로 틀린 것은 어느 것인가?

㉮ 색도가 높은 경우에는 응집침전처리, 활성탄 처리 또는 오존처리를 한다.
㉯ 트리클로로에틸렌, 테트라클로로에틸렌, 1,1,1-트리클로로에탄 등을 함유한 경우에는 이를 저감시키기 위하여 폭기처리나 입상활성탄 처리를 한다.
㉰ 음이온 계면활성제를 다량으로 함유한 경우에는 음이온 계면활성제를 제거하기 위하여 활성탄 처리나 생물처리를 한다.
㉱ 침식성 유리탄산을 다량 포함한 경우에는 응집침전처리 또는 생물처리를 한다.

55 인구 6,000명의 도시하수를 RBC로 처리한다. 평균유량 380L/cap·day, 유입 BOD_5 200mg/L, 초기 침전조에서 BOD_5는 33% 제거되며, 총 유출 BOD_5는 20mg/L, 단수는 4이다. 실험에서 k는 50.6L/day·m²이라면 대수적 방법으로 구한 설계 수력학적 부하는 얼마인가?

(단, 성능식 : $\dfrac{S_n}{S_o} = \left[\dfrac{1}{\left(1+\dfrac{k}{Q/A}\right)}\right]^n$

㉮ Q/A : 65.4L/day·m²
㉯ Q/A : 77.7L/day·m²
㉰ Q/A : 83.1L/day·m²
㉱ Q/A : 96.9L/day·m²

[풀이] $\dfrac{S_n}{S_o} = \left[\dfrac{1}{\left(1+\dfrac{k}{Q/A}\right)}\right]^n$

$\dfrac{20mg/L}{200mg/L \times (1-0.33)} = \left[\dfrac{1}{\left(1+\dfrac{50.6L/day·m^2}{Q/A}\right)}\right]^4$

∴ $\dfrac{Q}{A} = 83.11 L/day·m^2$

정답 51 ㉮ 52 ㉰ 53 ㉱ 54 ㉱ 55 ㉰

56 혐기성 소화시 소화가스 발생량 저하의 원인으로 틀린 것은 어느 것인가?

㉮ 저농도 슬러지 유입
㉯ 소화슬러지 과잉배출
㉰ 소화가스 누적
㉱ 조내 온도저하

풀이 ㉰ 소화가스 누출될 때

57 하수관거가 매설되어 있지 않은 지역에 위치한 500개의 단독주택(정화조 설치)에서 생성된 정화조 슬러지를 소규모 하수처리장에 운반하여 처리할 경우, 이로 인한 BOD 부하량 증가율(%)(질량기준, 유입일 기준)은 얼마인가?

〈조건〉
- 정화조는 년 1회 슬러지 수거
- 각 정화조에서 발생되는 슬러지 : 3.8m³
- 년간 250일 동안 일정량의 정화조 슬러지를 수거, 운반, 하수처리장 유입 처리
- 정화조 슬러지 BOD 농도 : 6,000mg/L
- 하수처리장 유량 및 BOD 농도 : 3,800m³/day 및 220mg/L
- 슬러지 비중 1.0 가정

㉮ 약 3.5%   ㉯ 약 5.5%
㉰ 약 7.5%   ㉱ 약 9.5%

풀이 ① 정화조의 슬러지량
= 3.8m³/년×6kg/m³×500개 = 11,400kg/년
② 하수처리장의 슬러지량
= 3,800m³/day×250day/년×0.22kg/m³
= 209,000kg/년
③ BOD부하량 증가율(%)
= 정화조의 슬러지량 / 하수처리장의 슬러지량 ×100
= 11,400kg/년 / 209,000kg/년 ×100 = 5.45%

58 역삼투법으로 하루에 760m³의 3차 처리 유출수를 탈염하기 위하여 요구되는 막의 면적(m²)은 얼마인가?

〈조건〉
- 물질전달계수 : 0.104L/(d·m²)(kPa)
- 유입, 유출수의 압력차 : 2,400kPa
- 유입, 유출수의 삼투압차 : 310kPa
- 운전온도는 고려하지 않음

㉮ 약 3,200   ㉯ 약 3,400
㉰ 약 3,500   ㉱ 약 3,600

풀이 ① $Q_F = k×(\triangle p - \triangle \pi)$
= 0.104L/day·m²·kPa×(2,400-310)kPa
= 217.36L/day·m²
② 막의 면적(m²) = $\dfrac{Q(유량)}{Q_F(유출수량)}$
= $\dfrac{760,000\text{L/day}}{217.36\text{L/day}·\text{m}^2}$
= 3,496.50m²

59 하수로부터 인 제거를 위한 화학제의 선택에 영향을 미치는 인자로 틀린 것은 어느 것인가?

㉮ 유입수의 인 농도
㉯ 슬러지 처리시설
㉰ 알칼리도
㉱ 다른 처리공정과의 차별성

정답 56 ㉰   57 ㉯   58 ㉰   59 ㉱

60 하수처리에 생물막법의 효과적 적용이 필요한 경우로 틀린 것은 어느 것인가?

㉮ 특수한 기능을 가진 미생물을 반응조내 고정화해야 할 필요가 있는 경우
㉯ 증식속도가 빨라 고정화하지 않으면 미생물의 유출농도를 제어할 수 없는 경우
㉰ 활성슬러지로는 대응할 수 없는 정도의 큰 부하변동이 있는 경우
㉱ 생물반응의 저해물질이 유입되는 경우

【풀이】 증식속도가 빠른 경우는 부유 성장식을 이용하는 것이 유리하다.

| 제4과목 | 수질오염공정시험기준

61 직각 3각 웨어에서 웨어의 수두 0.2m, 수로폭 0.5m, 수로의 밑면으로부터 절단 하부점까지의 높이 0.9m 일 때, 아래의 식을 이용하여 유량(m^3/min)을 구하면 얼마인가?

$$k = 81.2+0.24/h+[(8.4+12/\sqrt{D})\times(h/B-0.09)^2]$$

㉮ 1.0 ㉯ 1.5
㉰ 2.0 ㉱ 2.5

【풀이】
① $k = 81.2+\dfrac{0.24}{0.2m}+\left[\left(8.4+\dfrac{12}{\sqrt{0.9m}}\right)\times\left(\dfrac{0.2m}{0.5m}-0.09\right)^2\right] = 84.42$

② $Q = k\times h^{\frac{5}{2}}(m^3/min)$
$= 84.42\times(0.2m)^{\frac{5}{2}} = 1.51 m^3/min$

62 퇴적물 채취기 중 포나 그랩(ponar grab)에 대한 내용으로 틀린 것은 어느 것인가?

㉮ 모래가 많은 지점에서도 채취가 잘되는 중력식 채취기이다.
㉯ 채취기를 바닥 퇴적물 위에 내린 후 메신저를 투하하면 장방형 상자의 밑판이 닫힌다.
㉰ 부드러운 펄층이 두터운 경우에는 깊이 빠져 들어가기 때문에 사용하기 어렵다.
㉱ 원래의 모델은 무게가 무겁고 커서 윈치 등이 필요하지만 소형의 포나 그랩은 윈치 없이 내리고 올릴 수 있다.

【풀이】 ㉯ 에크만 그랩에 대한 설명이다.

63 전기전도도 측정에 대한 내용으로 틀린 것은 어느 것인가?

㉮ 정밀도는 측정값의 % 상대표준편차로 계산하며 측정값이 20% 이내이어야 한다.
㉯ 정밀도 및 정확도는 연 1회 이상 산정하는 것을 원칙으로 한다.
㉰ 온도계는 0.1℃까지 측정 가능한 온도계를 사용한다.
㉱ 측정단위는 μV/cm이다.

【풀이】 ㉱ 측정단위는 μS/cm이다.

정답 60 ㉯ 61 ㉯ 62 ㉯ 63 ㉱

64 자외선/가시선 분광법(이염화주석환원법)을 이용한 인산염인 측정에서 시료가 산성인 경우 사용하는 지시약은 어느 것인가?

㉮ 메틸오렌지
㉯ 페놀프탈레인
㉰ p-나이트로페놀용액
㉱ 메틸레드

[풀이] 시료가 산성일 경우에는 P-나이트로페놀용액 (0.1%)을 지시약으로 사용한다.

65 자외선/가시선 분광법을 적용한 음이온 계면활성제 측정에 대한 내용으로 틀린 것은 어느 것인가?

㉮ 정량한계는 0.02mg/L이다.
㉯ 시료중의 계면활성제를 종류별로 구분하여 측정할 수 없다.
㉰ 시료속에 미생물이 있는 경우 일부의 음이온계면활성제가 신속히 변할 가능성이 있으므로 가능한 빠른 시간안에 분석을 하여야 한다.
㉱ 양이온 계면활성제가 존재할 경우 양의 오차가 주로 발생한다.

[풀이] ㉱ 양이온 계면활성제가 존재할 경우 음의 오차가 주로 발생한다.

66 시료의 보존방법에 대한 내용으로 알맞은 것은 어느 것인가?

㉮ 노말헥산추출물질 측정용 시료는 염산 (1+4)를 넣어 pH 4 이하로 하여 마개를 한다.
㉯ 페놀류 측정용 시료는 인산을 가하여 pH 4로 조절하고 시료 1L당 황산동 0.5g을 가하고 5~10℃의 냉암소에 보관하며 채수 후 24시간 안에 분석하여야 한다.
㉰ 비소 측정용 시료는 염산을 가하여 pH 2 이하로 조절한다.
㉱ 6가크롬 측정용 시료는 4℃에서 보관한다.

[풀이] ㉮ 노말헥산추출물질 측정용 시료는 황산을 넣어 pH 2 이하로 하여 마개를 한다.
㉯ 페놀류 측정용 시료는 인산을 가하여 pH 4 이하로 조절하고 시료 1L당 황산동 1g을 가하여 4℃에서 보관한다.
㉰ 비소 측정용 시료는 질산 1.5mL을 가하여 pH 2 이하로 조절하여 보관한다.

67 실험 일반 총칙에 대한 설명으로 틀린 것은 어느 것인가?

㉮ 공정시험기준 이외의 방법이라도 측정결과가 같거나 그 이상의 정확도가 있다고 국내·외에서 공인된 방법은 이를 사용할 수 있다.
㉯ 하나 이상의 공정시험기준으로 시험한 결과가 서로 달라 제반 기준의 적부에 영향을 줄 경우 항목별 공정시험기준의 주 시험법에 의한 분석 성적에 의하여 판정한다.
㉰ 연속측정 또는 현장측정의 목적으로 사용되는 측정기기는 표준물질에 대한 보정을 행한 후 사용할 수 있다.
㉱ 시험결과의 표시는 정량한계의 결과 표시 자리수를 따르며 정량한계 미만인 불검출된 것으로 간주한다.

[풀이] ㉰ 연속측정 또는 현장측정의 목적으로 사용되는 측정기기는 공정시험기준에 의한 측정치와의 정확한 보정을 행한 후 사용할 수 있다.

정답 64 ㉰ 65 ㉱ 66 ㉱ 67 ㉰

68 공장폐수 및 하수유량[관(pipe)내의 유량측정 방법] 측정방법 중 오리피스에 대한 내용으로 틀린 것은 어느 것인가?

㉮ 설치에 비용이 적게 소요되며 비교적 유량측정이 정확하다.
㉯ 오리피스판의 두께에 따라 흐름의 수로 내외에 설치가 가능하다.
㉰ 오리피스 단면에 커다란 수두손실이 일어나는 단점이 있다.
㉱ 단면이 축소되는 목부분을 조절함으로써 유량이 조절된다.

▶ 풀이 ㉯ 얇은 판 오리피스가 널리 이용되고 있으며 흐름의 수로 내에 설치한다.

69 중금속 측정을 위한 시료의 전처리 방법 중 용매추출법인 피로리딘 다이티오카르바민산 암모늄 추출법에 관한 내용으로 틀린 것은 어느 것인가?

㉮ 시료중의 구리, 아연, 납, 카드뮴, 니켈, 코발트 및 은등의 측정에 이용되는 방법이다.
㉯ 철의 농도가 높을 때에는 다른 금속 추출에 방해를 줄 수 있다.
㉰ 망간은 착화합물 상태에서 매우 안정적이기 때문에 추출되기 어렵다.
㉱ 크롬은 6가 크롬 상태로 존재할 경우에만 추출된다.

▶ 풀이 ㉰ 망간은 착화합물 상태에서 매우 불안정하므로 추출 즉시 측정하여야 한다.

70 냄새의 분석방법 및 절차에 대한 설명으로 틀린 것은 어느 것인가?

㉮ 잔류염소가 존재하면 티오황산나트륨 용액을 첨가하여 잔류염소를 제거한다.
㉯ 측정자가 시료에 대한 선입견을 갖지 않도록 어둡게 처리된 플라스크 또는 갈색 플라스크를 사용한다.
㉰ 냄새를 정확하게 측정하기 위하여 측정자는 3명 이상으로 한다.
㉱ 시료 측정시 탁도, 색도 등이 있으면 온도변화에 따라 냄새가 발생할 수 있으므로 온도변화를 1℃ 이내로 유지한다.

▶ 풀이 ㉰ 냄새를 정확하게 측정하기 위하여 측정자는 5명 이상으로 한다.

71 다음은 총대장균군(막여과법) 분석에 대한 내용이다. ( )안에 알맞은 것은?

> 물속에 존재하는 총대장균군을 측정하기 위하여 페트리접시에 배지를 올려놓은 다음 배양 후 금속성 광택을 띠는 ( ) 계통의 집락을 계수하는 방법이다.

㉮ 적색이나 진한 적색
㉯ 갈색이나 진한 갈색
㉰ 청색이나 진한 청색
㉱ 황색이나 진한 황색

정답 68 ㉯ 69 ㉰ 70 ㉰ 71 ㉮

72 불소를 자외선/가시선 분광법으로 분석할 경우, 간섭물질로 작용하는 알루미늄 및 철의 방해를 제거할 수 있는 방법은 어느 것인가? (단, 수질오염공정시험기준)

㉮ 산화 ㉯ 증류
㉰ 침전 ㉱ 환원

73 시료채취 유의사항으로 알맞은 것은 어느 것인가?

㉮ 지하수의 심층부의 경우 고속정량펌프를 사용하여야 한다.
㉯ 냄새 측정을 위한 시료채취 시 유리기구류는 사용 직전에 새로 세척하여 사용한다.
㉰ 퍼클로레이트를 측정하기 위한 경우는 시료병에 시료를 가득 채워야 한다.
㉱ 1,4-다이옥산, 염화비닐, 아크릴로니트릴 등을 측정하기 위한 경우는 시료용기를 스테인레스강 재질의 채취기를 사용하여야 한다.

[풀이] ㉮ 지하수의 심층부의 경우 저속양수펌프를 사용하여야 한다.
㉰ 퍼클로레이트를 측정하기 위한 경우는 시료병에 시료를 2/3를 채운다.
㉱ 1,4-다이옥산, 염화비닐, 아크릴로니트릴 등을 측정하기 위한 경우는 시료용기를 갈색유리병을 사용한다.

74 투명도 측정에 대한 내용으로 틀린 것은 어느 것인가?

㉮ 측정시간은 오전 10시에서 오후 4시 사이에 측정한다.
㉯ 측정결과는 0.1m 단위로 표기한다.
㉰ 투명도판(백색원판)은 지름이 30cm로 무게가 약 3kg이 되는 원판에 지름 5cm의 구멍 8개가 뚫려 있다.
㉱ 흐름이 있어 줄이 기울어질 경우에는 5kg 이상의 추를 달아 줄을 세워야 한다.

[풀이] ㉱ 흐름이 있어 줄이 기울어질 경우에는 2kg 정도의 추를 달아 줄을 세워야 한다.

75 석유계 총탄화수소를 용매추출/기체크로마토그래피로 분석할 때 정량한계(mg/L)는 얼마인가?

㉮ 0.01mg/L ㉯ 0.02mg/L
㉰ 0.1mg/L   ㉱ 0.2mg/L

76 다음은 하천수의 시료 채취 지점에 대한 설명이다. ( )안에 공통으로 들어갈 것은?

> 하천의 단면에서 수심이 가장 깊은 수면의 지점과 그 지점을 중심으로 하여 좌우로 수면폭을 2등분한 각각의 지점의 수면으로부터 수심 ( )미만일 때에는 수심의 1/3에서 수심( )이상일 때에는 수심의 1/3 및 2/3에서 각각 채수한다.

㉮ 2m ㉯ 3m
㉰ 5m ㉱ 6m

정답 72 ㉯ 73 ㉯ 74 ㉱ 75 ㉱ 76 ㉮

77 물벼룩을 이용한 급성독성 시험법에서 사용하는 용어의 정의로 틀린 것은?

㉮ 치사(Mortality) : 일정 희석 비율로 준비된 시료에 물벼룩을 투입하여 12시간 경과 후 시험용기를 손으로 살짝 두드려 주고, 30초 후 관찰했을 때 독성물질에 의해 영향을 받아 움직임이 명백하게 없는 상태를 '치사'라 판정한다.

㉯ 유영저해(Immobilization) : 일정 희석 비율로 준비된 시료에 물벼룩을 투입하여 24시간 경과 후 시험용기를 손으로 살짝 두드려 주고, 15초 후 관찰했을 때 독성물질에 의해 영향을 받아 움직임이 없을 경우를 '유영저해'로 판정한다. 이때 안테나나 다리 등 부속지를 움직인다 하더라도 유영을 하지 못한다면 '유영저해'로 판정한다.

㉰ 생태독성값(TU, Toxic unit) : 통계적 방법을 이용하여 반수영향농도 EC_{50} 값을 구한 후 100에서 EC_{50} 값을 나눠 준 값을 말한다. (EC_{50} 값의 단위는 %이다.)

㉱ 지수식시험방법(Static non-renewal test) : 시험기간 중 시험용액을 교환하지 않는 시험을 말한다.

[풀이] ㉮ 치사(Mortality) : 일정 희석 비율로 준비된 시료에 물벼룩을 투입하여 24시간 경과 후 시험용기를 손으로 살짝 두드려 주고, 15초 후 관찰했을 때 독성물질에 의해 영향을 받아 움직임이 명백하게 없는 상태를 '치사'라 판정한다.

78 다음의 금속류 중 원자형광법으로 측정할 수 있는 물질은 어느 것인가? (단, 수질오염공정시험기준)

㉮ 수은 ㉯ 납
㉰ 6가 크롬 ㉱ 비소

[풀이] 수은의 측정방법으로는 냉증기-원자흡수분광광도법, 자외선/가시선 분광법, 양극벗김 전압전류법, 냉증기-원자형광법이 있다.

79 시료의 분석 항목별 최대보존기간이 틀린 것은 어느 것인가? (단, 적절한 보존방법 적용 기준)

㉮ 냄새 - 즉시 측정 ㉯ 색도 - 48시간
㉰ 불소 - 28일 ㉱ 시안 - 14일

[풀이] ㉮ 냄새 - 6시간

80 알킬수은 화합물의 분석방법으로서 알맞은 것은 어느 것인가? (단, 수질오염공정시험기준)

㉮ 기체크로마토그래피법
㉯ 자외선/가시선 분광법
㉰ 이온크로마토그래피법
㉱ 유도결합플라스마-원자발광분광법

[풀이] 알킬수은의 분석방법으로는 기체크로마토그래피, 원자흡수분광광도법이 있다.

| 제5과목 | 수질환경관계법규 |

81 자연공원법 규정에 의한 자연공원의 공원구역에 폐수배출시설에서 1일 폐수배출량이 1,000m³ 발생하는 경우, 총유기탄소량(mg/L) 배출허용기준은 얼마인가?

㉮ 40 이하 ㉯ 25 이하
㉰ 70 이하 ㉱ 90 이하

정답 77 ㉮ 78 ㉮ 79 ㉮ 80 ㉮ 81 ㉯

[풀이] 생물학적 산소요구량 : 40mg/L이하
총유기탄소량 : 25mg/L이하
부유물질량 : 40mg/L이하

82 배출부과금에 대한 내용으로 틀린 것은 어느 것인가?

㉮ 배출부과금 산정방법 및 산정기준 등에 관하여 필요사항은 환경부령으로 정한다.
㉯ 폐수무방류배출시설에서 수질오염물질이 공공수역으로 배출되는 경우는 초과배출부과금을 부과한다.
㉰ 배출부과금을 부과할 때에는 배출되는 수질오염물질의 종류를 고려하여야 한다.
㉱ 배출시설(폐수무방류배출시설을 제외)에서 배출되는 폐수 중 수질오염물질이 배출허용 기준이하로 배출되나 방류수 수질기준을 초과하는 경우는 기본배출부과금을 부과한다.

[풀이] ㉮ 배출부과금 산정방법 및 산정기준 등에 관하여 필요사항은 대통령령으로 정한다.

83 사업장별 환경기술인의 자격기준에 대한 내용으로 틀린 것은 어느 것인가?

㉮ 방지시설 설치면제 사업장은 4,5종 사업장의 환경기술인을 둘 수 있다.
㉯ 배출시설에서 배출되는 수질오염물질 등을 공동방지시설에서 처리하게 하는 사업장은 4,5종 사업장의 환경기술인을 둘 수 있다.
㉰ 연간 90일 미만 조업하는 1,2종 사업장은 3종 사업장의 환경기술인을 선임할 수 있다.
㉱ 3년 이상 수질분야 환경관련 업무에 직접 종사한 자는 3종사업장의 환경기술인이 될 수 있다.

[풀이] ㉰ 연간 90일 미만 조업하는 제1종부터 제3종까지의 사업장은 제4종사업장·제5종사업장에 해당하는 환경기술인을 선임할 수 있다.

84 수질오염방지시설 중 생물화학적 처리시설로 틀린 것은 어느 것인가?

㉮ 살균시설   ㉯ 접촉조
㉰ 안정조   ㉱ 폭기시설

[풀이] ㉮ 살균시설은 화학적 처리시설에 해당한다.

85 비점오염원 관리지역에 대한 관리대책을 수립할 때 포함될 사항으로 틀린 것은 어느 것인가?

㉮ 관리목표
㉯ 관리대상 수질오염물질의 종류
㉰ 관리대상 수질오염물질의 분석방법
㉱ 관리대상 수질오염물질의 저감 방안

[풀이] 관리대책을 수립할 때 포함될 사항으로는 관리목표, 관리대상 수질오염물질의 종류, 관리대상 수질오염물질의 저감 방안이다.

86 공공수역의 전국적인 물환경의 실태를 파악하기 위해 국립환경과학원장, 유역환경청장, 지방환경청장이 설치, 운영하는 측정망의 종류로 틀린 것은 어느 것인가?

㉮ 생물 측정망
㉯ 토질 측정망
㉰ 공공수역 유해물질 측정망
㉱ 비점오염원에서 배출되는 비점오염물질 측정망

[풀이] 국립환경과학원장, 유역환경청장, 지방환경청장이 설치·운영하는 측정망의 종류

정답 82 ㉮ 83 ㉰ 84 ㉮ 85 ㉰ 86 ㉯

① 비점오염원에서 배출되는 비점오염물질 측정망
② 수질오염물질의 총량관리를 위한 측정망
③ 대규모 오염원의 하류지점 측정망
④ 수질오염경보를 위한 측정망
⑤ 대권역·중권역을 관리하기 위한 측정망
⑥ 공공수역 유해물질 측정망
⑦ 퇴적물 측정망
⑧ 생물 측정망

87 물환경보전법상 용어의 정의로 틀린 것은 어느 것인가?

㉮ "비점오염저감시설"이란 수질오염방지시설 중 비점오염원으로부터 배출되는 수질오염 물질을 제거하거나 감소하게 하는 시설로서 환경부령이 정하는 것을 말한다.
㉯ "공공수역"이란 하천, 호소, 항만, 연안해역, 그 밖에 공공용에 사용되는 수역과 이에 접속하여 공공용으로 사용되는 환경부령이 정하는 수로를 말한다.
㉰ "비점오염원"이란 도시, 도로, 농지, 산지, 공사장 등으로서 불특정 장소에서 불특정하게 수질오염물질을 배출하는 배출원을 말한다.
㉱ "기타 수질오염원"이란 비점오염원으로 관리되지 아니하는 특정수질오염물질을 배출하는 시설로서 환경부령이 정하는 것을 말한다.

풀이 ㉱ 기타 수질오염원이란 점오염원 및 비점오염원으로 관리되지 아니하는 수질오염물질을 배출하는 시설 또는 장소로서 환경부령이 정하는 것을 말한다.

88 다음의 위임업무보고사항 중 보고횟수가 서로 다른 것은 어느 것인가?

㉮ 기타수질오염원 현황
㉯ 과징금 부과 실적
㉰ 비점오염원 설치신고 및 방지시설 설치현황
㉱ 과징금 징수 실적 및 체납처분 현황

풀이 보고횟수
㉮ 기타수질오염원 현황 : 연 2회
㉯ 과징금 부과 실적 : 연 2회
㉰ 비점오염원 설치신고 및 방지시설 설치현황 : 연 4회
㉱ 과징금 징수 실적 및 체납처분 현황 : 연 2회

89 거짓이나 그 밖의 부정한 방법으로 폐수배출시설 설치허가를 받았을 때의 행정처분기준으로 알맞은 것은 어느 것인가?

㉮ 개선명령
㉯ 허가취소 또는 폐쇄명령
㉰ 조업정지 5일
㉱ 조업정지 30일

90 최종 방류구에서 방류하기 전에 배출시설에서 배출하는 폐수를 재이용하는 사업자는 재이용률별 감면율을 적용하여 해당 부과기간에 부과되는 기본배출 부과금을 감경 받는다. 폐수 재이용률별 감면율 기준으로 알맞은 것은 어느 것인가?

㉮ 재이용률 10% 이상 30% 미만 : 100분의 30
㉯ 재이용률 30% 이상 60% 미만 : 100분의 50
㉰ 재이용률 60% 이상 90% 미만 : 100분의 60
㉱ 재이용률 90% 이상 : 100분의 80

정답 87 ㉱ 88 ㉰ 89 ㉯ 90 ㉯

풀이 ㉮ 재이용률 10% 이상 30% 미만 : 100분의 20
㉯ 재이용률 60% 이상 90% 미만 : 100분의 80
㉰ 재이용률 90% 이상 : 100분의 90

91 수질오염경보인 조류경보 중 조류경보 단계시 관계기관별 조치사항으로 틀린 것은 어느 것인가? (단, 상수원 구간이다.)

㉮ 수면관리자 : 취수구와 조류가 심한 지역에 대한 차단막 설치 등 조류 제거 조치 실시
㉯ 수면관리자 : 황토 등 흡착제 살포, 조류 제거선 등을 이용한 조류제거 조치 실시
㉰ 취수장·정수장 관리자 : 조류증식 수심 이하로 취수구 이동
㉱ 취수장·정수장 관리자 : 정수처리 강화(활성탄 처리, 오존처리)

풀이 ㉯ 황토 등 흡착제 살포, 조류 제거선 등을 이용한 조류제거 조치 실시 : 조류대발생 경보 중 수면관리자의 조치사항

92 수질 및 수생태계 정책심의 위원회에 대한 내용으로 틀린 것은 어느 것인가?

㉮ 수질 및 수생태계와 관련된 측정·조사에 관한 사항에 대하여 심의한다.
㉯ 위원회의 위원장은 환경부장관으로 한다.
㉰ 환경부장관이 위촉하는 수질 및 수생태계 관련 전문가 15명으로 구성된다.
㉱ 수질 및 수생태계 관리체계에 관한 사항에 대하여 심의한다.

풀이 ㉰ 환경부장관이 위촉하는 수질 및 수생태계 관련 전문가 20명 이내로 구성된다.

참고 법규 개정으로 삭제됨

93 폐수처리방법이 화학적 처리방법인 경우에 시운전 기간 기준으로 알맞은 것은 어느 것인가? (단, 가동시작일은 1월 1일임)

㉮ 가동시작일부터 30일
㉯ 가동시작일부터 40일
㉰ 가동시작일부터 50일
㉱ 가동시작일부터 60일

94 낚시제한구역에서의 낚시방법 제한사항에 관한 기준으로 틀린 것은 어느 것인가?

㉮ 1명당 4대 이상의 낚시대를 사용하는 행위
㉯ 낚시 바늘에 끼워서 사용하지 아니하고 떡밥 등을 3회 이상 던지는 행위
㉰ 1개의 낚시대에 5개 이상의 낚시바늘을 떡밥과 뭉쳐서 미끼로 던지는 행위
㉱ 어선을 이용한 낚시행위 등 [낚시 관리 및 육성법]에 따른 낚시어선업을 영위하는 행위

풀이 ㉯ 낚시바늘에 끼워서 사용하지 아니하고 물고기를 유인하기 위하여 떡밥·어분 등을 던지는 행위

정답 91 ㉯ 92 ㉰ 93 ㉮ 94 ㉯

95 대권역 물환경관리 계획을 수립하는 경우 포함되어야 할 사항으로 틀린 것은 어느 것인가?

㉮ 점오염원, 비점오염원 및 기타수질오염원에서 배출되는 수질오염물질의 양
㉯ 상수원 및 물 이용현황
㉰ 점오염원, 비점오염원 및 기타수질오염원 분포현황
㉱ 점오염원 확대 계획 및 저감시설 현황

[풀이] 대권역계획에 포함되어야 하는 사항
① 물환경의 변화 추이 및 목표기준
② 상수원 및 물 이용현황
③ 점오염원, 비점오염원 및 기타 수질오염원의 분포현황
④ 점오염원, 비점오염원 및 기타 수질오염원에서 배출되는 수질오염물질의 양
⑤ 수질오염 예방 및 저감대책
⑥ 물환경 보전조치의 추진방향
⑦ 기후변화에 대한 적응대책

96 환경기준(수질 및 수생태계) 중 하천의 사람의 건강보호 기준으로 알맞은 것은 어느 것인가?

㉮ 안티몬 : 0.05mg/L 이하
㉯ 벤젠 : 0.05mg/L 이하
㉰ 납 : 0.05mg/L 이하
㉱ 카드뮴 : 0.05mg/L 이하

[풀이] ㉮ 안티몬 : 0.02mg/L 이하
㉯ 벤젠 : 0.01mg/L 이하
㉱ 카드뮴 : 0.005mg/L 이하

97 다음 중 배출부과금 감면대상기준으로 틀린 것은 어느 것인가?

㉮ 사업장 규모가 제5종 사업장의 사업자
㉯ 공공폐수처리시설에 폐수를 유입하는 사업자
㉰ 해당 부과기간의 시작일 전 3개월 이상 방류수 수질기준을 초과하여 오염물질을 배출하지 아니한 자
㉱ 최종방류구에 방류하기 전에 배출시설에서 배출하는 폐수를 재이용하는 사업자

[풀이] ㉰ 해당 부과기간의 시작일 전 6개월 이상 방류수 수질기준을 초과하여 오염물질을 배출하지 아니한 자

98 규정에 의한 관계공무원의 출입·검사를 거부·방해 또는 기피한 폐수무방류배출시설을 설치·운영하는 사업자에게 처하는 벌칙기준으로 알맞은 것은 어느 것인가?

㉮ 3년 이하의 징역 또는 3천만원 이하의 벌금
㉯ 2년 이하의 징역 또는 2천만원 이하의 벌금
㉰ 1년 이하의 징역 또는 1천만원 이하의 벌금
㉱ 500만원 이하의 벌금

[풀이] ㉰ 1년 이하의 징역 또는 1천만원 이하의 벌금에 해당한다.

정답 95 ㉱ 96 ㉰ 97 ㉰ 98 ㉰

99 공공폐수처리시설의 방류수 수질기준 중 Ⅲ지역의 총유기탄소량(mg/L)은 얼마 이하로 배출하여야 하는가?

㉮ 20 ㉯ 30
㉰ 25 ㉱ 50

100 다음은 폐수무방류배출시설의 세부 설치기준에 대한 설명이다. ( )안에 알맞은 것은?

> 특별대책지역에 설치되는 폐수무방류배출시설의 경우 1일 24시간 연속하여 가동되는 것이면 배출 폐수를 전량 처리할 수 있는 예비 방지시설을 설치하여야 하고, 1일 최대 폐수발생량이 ( )이상이면 배출 폐수의 무방류 여부를 실시간으로 확인 할 수 있는 원격유량감시장치를 설치하여야 한다.

㉮ 100m³ ㉯ 200m³
㉰ 300m³ ㉱ 500m³

정답 99 ㉰ 100 ㉯

2015년 3회 수질환경기사

2015년 8월 16일 시행

| 제1과목 | 수질오염개론

01 콜로이드의 침전에 미치는 영향이 입자에 반대되는 전하를 가진 첨가된 전해질 이온이 지니고 있는 전하의 수에 따라 현저하게 증가한다는 법칙은 어느 것인가?

㉮ Schulze - Hardy 법칙
㉯ Derjagin - Verwey 법칙
㉰ Vander - Brown 법칙
㉱ Landau - Overbe 법칙

풀이 ㉮ Schulze - Hardy 법칙에 대한 설명이다.

02 하수가 유입된 하천의 자정작용을 하천 유하거리에 따라 분해지대, 활발한 분해지대, 회복지대, 정수지대의 4단계로 분류하여 나타내는 경우, 회복지대에 대한 설명으로 틀린 것은 어느 것인가?

㉮ 세균수가 감소한다.
㉯ 발생된 암모니아성 질소가 질산화 된다.
㉰ 용존산소의 농도가 포화될 정도로 증가한다.
㉱ 규조류가 사라지고 윤충류, 갑각류도 감소한다.

풀이 ㉱ 규조류가 번식하고 윤충류, 갑각류가 번식한다.

03 소수성 콜로이드에 대한 설명으로 틀린 것은 어느 것인가?

㉮ 물과 반발하는 성질을 가진다.
㉯ 물 속에 현탁상태로 존재한다.
㉰ 아주 작은 입자로 존재한다.
㉱ 염에 큰 영향을 받지 않는다.

풀이 ㉱ 염에 큰 영향을 받는다.

04 균류(Fungi)의 경험적 화학 조성식으로 알맞은 것은 어느 것인가?

㉮ $C_7H_{14}O_3N$ ㉯ $C_8H_{12}O_2N$
㉰ $C_{10}H_{17}O_6N$ ㉱ $C_{12}H_{19}O_7N$

풀이 경험적 화학 조성식
① 호기성 박테리아 : $C_5H_7O_2N$
② 혐기성 박테리아 : $C_5H_9O_3N$
③ 조류 : $C_5H_8O_2N$
④ 곰팡이(Fungi) : $C_{10}H_{17}O_6N$
⑤ 원생동물 : $C_7H_{14}O_3N$

정답 01 ㉮ 02 ㉱ 03 ㉱ 04 ㉰

05 시료의 BOD_5가 200mg/L이고 탈산소 계수값이 0.15/day(밑수는 10)일 때 최종 BOD(mg/L)는 얼마인가?

㉮ 213mg/L   ㉯ 223mg/L
㉰ 233mg/L   ㉱ 243mg/L

풀이 $BOD_5 = BOD_u \times (1-10^{-k_1 \times t})$
200mg/L = $BOD_u \times (1-10^{-0.15/day \times 5day})$
∴ $BOD_u = \dfrac{200mg/L}{(1-10^{-0.15/day \times 5day})} = 243.26mg/L$

06 글루코스($C_6H_{12}O_6$) 300g을 35℃ 혐기성 소화조에서 완전분해시킬 때 발생 가능한 메탄 가스의 양(L)은 얼마인가? (단, 메탄가스는 1기압, 35℃로 발생된다고 가정 하시오.)

㉮ 약 112L   ㉯ 약 126L
㉰ 약 154L   ㉱ 약 174L

풀이 ① $C_6H_{12}O_6 \rightarrow 3CH_4 + 3CO_2$
　　180g : 3×22.4L
　　300g : X(CH_4)
∴ X(CH_4) = $\dfrac{300g \times 3 \times 22.4L}{180g}$ = 112L(표준상태)
② 35℃, 1기압상태의 $CH_4(L)$를 계산한다.
112L × $\dfrac{273+35℃}{273}$ = 126.36L

07 25℃, 2atm의 압력에 있는 메탄가스 5.0kg을 저장하는데 필요한 탱크의 부피(m^3)는 얼마인가? (단, 이상기체의 법칙을 적용하고, R은 0.082L·atm/mol·K이다.)

㉮ 약 3.8m^3 ㉯ 약 5.3m^3
㉰ 약 7.6m^3 ㉱ 약 9.2m^3

풀이 이상기체 법칙 $PV = \dfrac{W}{M}RT$

P : 압력(atm)
V : 부피(L)
W : 질량(g)
M : 분자량(g)
R : 기체상수(0.082L·atm/mol·k)
T : 절대온도(273+℃)

따라서 2atm × V(L) = $\dfrac{5 \times 10^3 g}{16g}$ × 0.082L·atm/mol·k × (273+25)k
∴ V = 3,818.125L = 3.82m^3

08 하천의 5일 BOD가 300mg/L이고 최종 BOD가 500mg/L이다. 이 하천의 탈산소계수(상용대수)는 얼마인가?

㉮ 0.06/day   ㉯ 0.08/day
㉰ 0.10/day   ㉱ 0.12/day

풀이 $BOD_5 = BOD_u \times (1-10^{-k_1 \times t})$
300mg/L = 500mg/L × $(1-10^{-k_1 \times 5day})$
∴ $k_1 = \dfrac{\log\left(1-\dfrac{300mg/L}{500mg/L}\right)}{-5day}$ = 0.08/day

TIP
① 10^x를 제거하기 위해 맞은변에 log를 취한다.
② e^x를 제거하기 위해 맞은변에 ln을 취한다.

정답 05 ㉱   06 ㉯   07 ㉮   08 ㉯

09 수은주 높이 150mm는 수주로 몇 mm 인가?

㉮ 약 2,040 ㉯ 약 2,530
㉰ 약 3,240 ㉱ 약 3,530

[풀이] 150mmHg × 13.6 = 2,040mmH$_2$O

TIP

① 수은주 비중 = $\dfrac{10332\text{mmH}_2\text{O}}{760\text{mmHg}}$
  = 13.6(mmH$_2$O/mmHg)

② mmHg $\xrightarrow{\times 13.6}$ mmH$_2$O

③ mmH$_2$O $\xrightarrow{\div 13.6}$ mmHg

10 유량이 50,000m^3/day인 폐수를 하천에 방류하였다. 폐수방류 전 하천의 BOD는 4mg/L이며, 유량은 4,000,000m^3/day 이다. 방류한 폐수가 하천수와 완전 혼합되었을 때 하천의 BOD가 1mg/L 높아진다고 하면, 하천에 가해지는 폐수의 BOD 부하량(kg/day)은 얼마인가? (단, 폐수가 유입된 이후에 생물학적 분해로 인한 하천의 BOD량 변화는 고려하지 않는다.)

㉮ 1,280kg/day ㉯ 2,810kg/day
㉰ 3,250kg/day ㉱ 4,250kg/day

[풀이] ① 혼합공식을 이용해 폐수의 BOD 농도를 계산한다.

$C_m = \dfrac{Q_1C_1 + Q_2C_2}{Q_1 + Q_2}$

따라서

$5\text{mg/L} = \dfrac{4{,}000{,}000\text{m}^3/\text{day} \times 4\text{mg/L} + 50{,}000\text{m}^3/\text{day} \times C_2}{4{,}000{,}000\text{m}^3/\text{day} + 50{,}000\text{m}^3/\text{day}}$

∴ C_2 = 85mg/L

② 폐수의 BOD 부하량을 계산한다.
  폐수의 BOD 부하량(kg/day)
  = 폐수의 BOD 농도(kg/m^3) × 폐수량(m^3/day)
  = 85 × 10^{-3}kg/m^3 × 50,000m^3/day
  = 4,250kg/day

TIP

① 혼합지점의 농도
  = 하천의 BOD농도(4mg/L) + 1mg/L = 5mg/L

② mg/L $\xrightarrow{\times 10^{-3}}$ kg/m^3

11 금속을 통해 흐르는 전류의 특징으로 틀린 것은 어느 것인가?

㉮ 금속의 화학적 성질은 변하지 않는다.
㉯ 전류는 전자에 의해 운반된다.
㉰ 온도의 상승은 저항을 증가시킨다.
㉱ 대체로 전기저항이 용액의 경우보다 크다.

[풀이] ㉱ 대체로 전기저항이 용액의 경우보다 작다.

12 성층현상에 대한 내용으로 틀린 것은 어느 것인가?

㉮ 수심에 따른 온도변화로 발생되는 물의 밀도차에 의해 발생된다.
㉯ 봄, 가을에는 저수지의 수직혼합이 활발하여 분명한 층의 구별이 없어진다.
㉰ 여름에 수심에 따른 연직온도경사와 산소구배는 반대 모양을 나타내는 것이 특징이다.
㉱ 겨울과 여름에는 수직운동이 없어 정체현상이 생기며 수심에 따라 온도와 용존산소농도 차이가 크다.

[풀이] ㉰ 여름에 수심에 따른 연직온도경사와 산소구배는 같은 모양을 나타내는 것이 특징이다.

정답 09 ㉮ 10 ㉱ 11 ㉱ 12 ㉰

13 크기가 2,000m³인 탱크 내 염소이온 농도가 250mg/L이다. 탱크내의 물은 완전혼합이며, 염소이온이 없는 물이 20m³/hr로 연속적으로 유입되어 염소이온 농도가 2.5mg/L로 낮아질 때까지의 소요시간(hr)은 얼마인가?

㉮ 약 310hr   ㉯ 약 360hr
㉰ 약 410hr   ㉱ 약 460hr

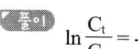 $\ln \dfrac{C_t}{C_o} = -\left(\dfrac{Q}{V}\right) \times t$

- C_o : 초기농도(mg/L)
- C_t : t시간 후의 농도(mg/L)
- Q : 유량(m³/hr)
- V : 반응조의 크기(m³)
- t : 시간(hr)

따라서 $\ln \left(\dfrac{2.5mg/L}{250mg/L}\right) = -\left(\dfrac{20m^3/hr}{2,000m^3}\right) \times t$

∴ t = 460.52hr

14 아래와 같은 특징을 나타내는 하천 모델은 어느 것인가?

- 하천 및 호수의 부영양화를 고려한 생태계 모델
- 정적 및 동적인 하천의 수질, 수문학적 특성이 고려
- 호수에는 수심별 1차원 모델이 적용

㉮ WASP   ㉯ DO-Sag
㉰ QUAL-I   ㉱ WQRRS

풀이 ㉱ WQRRS 모델에 대한 설명이다.

15 3g의 아세트산(CH₃COOH)을 증류수에 녹여 1L로 하였다. 이 용액의 수소이온 농도(mol/L)는 얼마인가? (단, 이온화상수 값은 1.75×10⁻⁵ 이다.)

㉮ 6.3×10⁻⁴mol/L   ㉯ 6.3×10⁻⁵mol/L
㉰ 9.3×10⁻⁴mol/L   ㉱ 9.3×10⁻⁵mol/L

풀이 $CH_3COOH \rightarrow CH_3COO^- + H^+$

이온화상수(k) = $\dfrac{[CH_3COO^-][H^+]}{[CH_3COOH]}$

CH_3COOH의 mol/L = $\dfrac{3g}{L} \times \dfrac{1mol}{60g} = 0.05mol/L$

$[CH_3COO^-] = [H^+]$이므로

따라서 이온화상수(k) = $\dfrac{[H^+]^2}{[CH_3COOH]}$

$[H^+] = \sqrt{k \times [CH_3COOH]}$
$= \sqrt{(1.75 \times 10^{-5}) \times (0.05mol/L)}$
$= 9.35 \times 10^{-4} mol/L$

16 원핵세포와 진핵세포를 비교한 내용으로 틀린 것은 어느 것인가?

	진핵세포	원핵세포
분열	㉠	㉡
핵막	㉢	㉣
세포크기	㉤	㉥
세포소기관	㉦	㉧

㉮ ㉠ 유사분열을 함 ㉡ 유사분열 없음
㉯ ㉢ 있음 ㉣ 없음
㉰ ㉤ 큼 ㉥ 작음
㉱ ㉦ 엽록체 등이 존재함
　 ㉧ 액포 등이 존재함

풀이 ㉱ ㉦ 엽록체 등이 존재함
　　 ㉧ 세포소기관 존재하지 않음

정답 13 ㉱ 14 ㉱ 15 ㉰ 16 ㉱

17 $Mg(OH)_2$ 290mg/L 용액의 pH는 얼마인가? (단, $Mg(OH)_2$는 완전해리 하며, 분자량은 58이다.)

㉮ 12.0　　㉯ 12.3
㉰ 12.6　　㉱ 12.9

풀이 $Mg(OH)_2 \rightarrow Mg^{2+} + 2OH^-$
　　　　 XM　　XM　2XM

$Mg(OH)_2$의 mol/L = $\dfrac{0.29g}{L} \Big| \dfrac{1mol}{58g}$ = 0.005mol/L

따라서 XM = 0.005mol/L 이므로
$[OH^-]$ = 2XM = 2×0.005mol/L
pH = 14+log$[OH^-]$
　 = 14+log[2×0.005mol/L]
　 = 12.0

TIP
① $[OH^-]$의 농도가 2XM에 주의해야 한다.
② 산성물질에서 pH = -log$[H^+]$
③ 알칼리성물질에서 pH = 14+log$[OH^-]$

18 하천의 탈산소계수를 조사한 결과 20℃에서 0.19/day이었다. 하천수의 온도가 25℃로 증가되었다면 탈산소계수(/day)는 얼마인가? (단, 온도보정계수는 1.047이다.)

㉮ 0.22/day　　㉯ 0.24/day
㉰ 0.26/day　　㉱ 0.28/day

풀이 k(T) = $k_1(20℃) \times 1.047^{(T-20)}$
　　　　　= 0.19/day×$1.047^{(25-20)}$ = 0.24/day

19 BOD_5가 270mg/L이고, COD가 450mg/L인 경우, 탈산소계수(k_1)의 값이 0.1/day일 때, 생물학적으로 분해 불가능한 COD(mg/L)는 얼마인가? (단, BDCOD = BOD_u이며, 상용대수 기준이다.)

㉮ 약 55mg/L　　㉯ 약 65mg/L
㉰ 약 75mg/L　　㉱ 약 85mg/L

풀이 ① 최종 BOD(BOD_u)를 계산한다.
$BOD_5 = BOD_u \times (1-10^{-k_1 \times t})$
따라서 270mg/L = $BOD_u \times (1-10^{-0.1/day \times 5day})$
∴ BOD_u = 394.868mg/L
② NBDCOD를 계산한다.
NBDCOD = COD−BDCOD
　　　　 = 450mg/L−394.868mg/L
　　　　 = 55.13mg/L

TIP
BDCOD = BOD_u

20 Bacteria($C_5H_7O_2N$)의 호기성 산화과정에서 박테리아 50g당 소요되는 이론적 산소요구량(g)은 얼마인가? (단, 박테리아는 CO_2, H_2O, NH_3로 전환된다.)

㉮ 27g　　㉯ 43g
㉰ 71g　　㉱ 96g

풀이 $C_5H_7O_2N + 5O_2 \rightarrow 5CO_2 + 2H_2O + NH_3$
113g : 5×32g
50g : ThOD
∴ ThOD = 70.80g

정답　17 ㉮　18 ㉯　19 ㉮　20 ㉰

| **제2과목 | 상하수도계획**

21 집수매거에 대한 내용으로 틀린 것은 어느 것인가?

㉮ 복류수를 집수할 경우에는 매설의 방향은 복류수의 방향에 수평으로 한다.
㉯ 집수매거의 경사는 1/500 이하의 완만한 경사로 하는 것이 좋다.
㉰ 매설깊이는 5m이상으로 하는 것이 바람직하다.
㉱ 집수매관의 유출단에서 평균유속은 1m/sec이하로 한다.

[풀이] ㉮ 복류수를 집수할 경우에는 매설의 방향은 복류수의 방향에 수직으로 한다.

22 응집시설 중 완속교반시설에 대한 내용으로 틀린 것은 어느 것인가?

㉮ 완속교반기는 패들형과 터빈형이 사용된다.
㉯ 완속교반시 속도경사는 40 ~ 100/초 정도로 낮게 유지한다.
㉰ 조의 형태는 폭 : 길이 : 깊이 = 1 : 1 : 1 ~ 1.2가 적당하다.
㉱ 체류시간은 5 ~ 10분이 적당하고 3 ~ 4개의 실로 분리하는 것이 좋다.

[풀이] ㉱ 체류시간은 20 ~ 30분이 적당하다.

23 배수지에 대한 내용으로 틀린 것은 어느 것인가?

㉮ 배수지는 급수지역의 중앙 가까이 설치하여야 한다.
㉯ 배수지의 유효용량은 계획1일 최대급수량으로 한다.
㉰ 배수지의 구조는 정수지(淨水池)의 구조와 비슷하다.
㉱ 자연유하식 배수지의 높이는 최소 동수압이 확보되는 높이로 하여야 한다.

[풀이] ㉯ 배수지의 유효용량은 시간변동조정용량과 비상대처용량을 합하여 급수구역의 계획1일최대급수량의 12시간분 이상을 표준으로 한다.

24 $I = \dfrac{3,660}{t+15}$ mm/hr, 면적 2.0km², 유입시간 6분, 유출계수 C = 0.65, 관내유속이 1m/sec인 경우, 관길이 600m인 하수관에서 흘러나오는 우수량(m³/sec)은 얼마인가? (단, 합리식을 적용 하시오.)

㉮ 31m³/sec   ㉯ 38m³/sec
㉰ 43m³/sec   ㉱ 52m³/sec

[풀이] $Q = \dfrac{1}{360} CIA$

C : 유출계수
I : 강우강도(mm/hr)
A : 면적(ha)

① $I = \dfrac{3,660}{t+15}$ (mm/hr)

t(유달시간) = 유입시간(min) + 유하시간(min)

유하시간 = $\dfrac{\text{관의 길이(m)}}{\text{관내 유속(m/min)}}$

$= \dfrac{600m}{1m/sec \times 60sec/min} = 10min$

따라서 t(유달시간) = 6min+10min = 16min

$I = \dfrac{3,660}{t+15} = \dfrac{3,660}{16min+15} = 118.0645mm/hr$

정답 21 ㉮ 22 ㉱ 23 ㉯ 24 ㉰

② A(면적) = 2.0km² × 100ha/1km² = 200ha

③ $Q = \frac{1}{360} CIA$

  $= \frac{1}{360} \times 0.65 \times 118.0645 \text{mm/hr} \times 200\text{ha}$

  $= 42.63 \text{m}^3/\text{sec}$

25 상수관(금속관)의 부식은 자연부식과 전식으로 나누어진다. 다음 중 전식에 해당되는 것은 어느 것인가?

㉮ 간섭
㉯ 이종금속
㉰ 산소농담(통기차)
㉱ 특수토양부식

[풀이] 전식에 해당하는 것은 간섭이다.

26 오수배제계획시 계획오수량, 오수관거 계획에 관하여 고려할 사항으로 틀린 것은?

㉮ 오수관거는 계획1일최대오수량을 기준으로 계획한다.
㉯ 합류식에서 하수의 차집관거는 우천시 계획오수량을 기준으로 계획한다.
㉰ 관거는 원칙적으로 암거로 하며 수밀한 구조로 하여야 한다.
㉱ 오수관거와 우수관거가 교차하여 역사이펀을 피할 수 없는 경우에는 오수관거를 역사이펀으로 하는 것이 바람직하다.

[풀이] ㉮ 오수관거는 계획시간최대오수량을 기준으로 계획한다.

27 수평으로 부설한 직경 300mm, 길이 3,000m의 주철관에 8,640m³/day로 송수시 관로 끝에서의 손실수두(m)은 얼마인가? (단, 마찰계수 f = 0.03, g = 9.8 m/sec², 마찰손실만 고려하시오.)

㉮ 약 10.8m ㉯ 약 15.3m
㉰ 약 21.6m ㉱ 약 30.6m

[풀이] $h_L = f \times \frac{L}{D} \times \frac{v^2}{2g}$

h_L : 관마찰손실수두(m)
f : 마찰계수
L : 길이(m)
D : 직경(m)
v : 유속(m/sec)
g : 중력가속도(9.8m/sec²)

① $v(\text{m/sec}) = \dfrac{Q(\text{m}^3/\text{sec})}{\dfrac{\pi D^2}{4}(\text{m}^2)}$

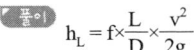

$= \dfrac{8,640\text{m}^3/\text{day} \times 1\text{day}/24\text{hr} \times 1\text{hr}/3600\text{sec}}{\dfrac{\pi}{4} \times (0.3\text{m})^2}$

$= 1.4147 \text{m/sec}$

② $h_L = 0.03 \times \dfrac{3,000\text{m}}{0.3\text{m}} \times \dfrac{(1.4147\text{m/sec})^2}{2 \times 9.8\text{m/sec}^2}$

$= 30.63\text{m}$

정답 25 ㉮ 26 ㉮ 27 ㉱

28 원심력 펌프의 규정회전수는 2회/sec, 규정토출량이 32m³/min, 규정양정(H)이 8m이다. 이때 이 펌프의 비교 회전도(rpm)는 얼마인가?

㉮ 약 143rpm ㉯ 약 164rpm
㉰ 약 182rpm ㉱ 약 201rpm

풀이

$$Ns = N \times \frac{Q^{\frac{1}{2}}}{H^{\frac{3}{4}}}$$

- Ns : 비교회전도(rpm)
- N : 규정회전수(rpm)
- Q : 토출량(m³/min)
- H : 전양정(m)

따라서 $Ns = 2회/sec \times 60sec/min \times \frac{(32m^3/min)^{\frac{1}{2}}}{(8m)^{\frac{3}{4}}}$

= 142.70rpm

TIP
rpm = 회/sec×60sec/min

29 1분당 300m³의 물을 150m 양정(전양정)할 때 최고효율점에 달하는 펌프가 있다. 이 때의 회전수가 1,500rpm이라면 이 펌프의 비속도(비교회전도)(rpm)은 얼마인가?

㉮ 약 512rpm ㉯ 약 554rpm
㉰ 약 606rpm ㉱ 약 658rpm

풀이

$$Ns = N \times \frac{Q^{\frac{1}{2}}}{H^{\frac{3}{4}}}$$

- Ns : 비교회전도(rpm)
- N : 규정회전수(rpm)
- Q : 토출량(m³/min)
- H : 전양정(m)

따라서 $Ns = 1,500rpm \times \frac{(300m^3/min)^{\frac{1}{2}}}{(150m)^{\frac{3}{4}}}$

= 606.16rpm

30 직경 2m인 하수관을 매설하려 한다. 성토에 의하여 관에 가해지는 하중을 Marston의 방법에 의해 계산하면 얼마인가? (단, 흙의 단위중량은 1.9kN/m³, C_1은 1.86, 관의 상부 90° 부분에서의 관매설을 위해 굴토한 도랑의 폭은 3.3m이다.)

㉮ 약 25.7kN/m ㉯ 약 38.5kN/m
㉰ 약 45.7kN/m ㉱ 약 52.9kN/m

풀이 $W = C_1 \times r \times B^2$

- W : 관이 받는 하중(kN/m)
- C_1 : 상수
- r : 흙의 단위 중량(kN/m³)
- B : 폭(m)

따라서 $W = 1.86 \times 1.9kN/m^3 \times (3.3m)^2 = 38.49kN/m$

31 상수처리시설인 '착수정'에 대한 내용으로 틀린 것은 어느 것인가?

㉮ 형상은 일반적으로 직사각형 또는 원형으로 하고 유입구에는 제수밸브 등을 설치한다.
㉯ 착수정의 고수위와 주변벽체의 상단간에는 60cm 이상의 여유를 두어야 한다.
㉰ 용량은 체류시간을 30~60분 정도로 한다.
㉱ 수심은 3~5m 정도로 한다.

풀이 ㉰ 용량은 체류시간 1.5분 이상으로 한다.

정답 28 ㉮ 29 ㉰ 30 ㉯ 31 ㉰

32 호소, 댐을 수원으로 하는 경우의 취수시설인 취수틀에 대한 내용으로 틀린 것은 어느 것인가?

㉮ 수위변화에 대한 영향이 비교적 작다.
㉯ 호소 등의 대소에는 영향을 받지 않는다.
㉰ 호소의 표면수를 안정적으로 취수할 수 있다.
㉱ 구조가 간단하고 시공도 비교적 용이하다.

풀이 ㉰ 호소의 표면수는 취수할 수 없다.

33 하수처리에 사용되는 생물학적 처리공정 중 부유미생물을 이용한 공정으로 틀린 것은 어느 것인가?

㉮ 산화구법
㉯ 접촉산화법
㉰ 질산화내생탈질법
㉱ 막분리활성슬러지법

풀이 ㉯ 접촉산화법은 부착미생물을 이용한 공정이다.

34 정수시설인 급속여과지 시설기준에 대한 내용으로 틀린 것은 어느 것인가?

㉮ 여과면적은 계획정수량을 여과속도로 나누어 구한다.
㉯ 여과지 1지의 여과면적은 200m² 이하로 한다.
㉰ 모래층의 두께는 여과모래의 유효경이 0.45~0.7mm의 범위인 경우에는 60~70cm를 표준으로 한다.
㉱ 여과속도는 120~150m/d를 표준으로 한다.

풀이 ㉯ 여과지 1지의 여과면적은 150m² 이하로 한다.

35 집수정에서 가정까지의 급수계통을 순서적으로 나열한 것으로 알맞은 것은 어느 것인가?

㉮ 취수→도수→정수→송수→배수→급수
㉯ 취수→도수→정수→배수→송수→급수
㉰ 취수→송수→도수→정수→배수→급수
㉱ 취수→송수→배수→정수→도수→급수

풀이 급수계통의 순서는 취수→도수→정수→송수→배수→급수 순이다.

36 정수처리방법인 중간염소처리에서 염소의 주입지점으로 가장 적절한 것은 어느 것인가?

㉮ 혼화지와 침전지 사이
㉯ 침전지와 여과지 사이
㉰ 착수정과 혼화지 사이
㉱ 착수정과 도수관 사이

풀이 정수처리방법인 중간염소처리에서 염소의 주입지점은 침전지와 여과지 사이이다.

정답 32 ㉰ 33 ㉯ 34 ㉯ 35 ㉮ 36 ㉯

37 소규모 하수도 계획시 고려하여야 하는 소규모 지역 고유의 특성으로 틀린 것은 어느 것인가?

㉮ 계획구역이 작고 처리구역내의 생활양식이 유사하며 유입하수의 수량 및 수질의 변동이 거의 없다.
㉯ 처리수의 방류지점의 유량이 작은 소하천, 소호소 및 농업용수로 등이므로 처리수의 영향을 받기가 쉽다.
㉰ 하수도 운영에 있어서 지역주민과 밀접한 관련을 갖는다.
㉱ 고장 및 유지보수시에 기술자의 확보가 곤란하고 제조업체에 의한 신속한 서비스를 받기 어렵다.

[풀이] ㉮ 계획구역이 작고 처리구역내의 생활양식이 유사하며 유입하수의 수량 및 수질의 변동이 크다.

38 상수관로에서 조도계수 0.014, 동수경사 1/100이고, 관경이 400mm일 때 이 관로의 유량 (m³/min)은 얼마인가? (단, 만관 기준, Manning 공식에 의함)

㉮ 3.8m³/min   ㉯ 6.2m³/min
㉰ 9.3m³/min   ㉱ 11.6m³/min

[풀이] ① 단면적(A) = $\dfrac{\pi D^2}{4} = \dfrac{\pi}{4} \times (0.4m)^2 = 0.12566 m^2$

② 유속(v) = $\dfrac{1}{n} \times R^{\frac{2}{3}} \times I^{\frac{1}{2}}$

    ⌈ n : 조도계수

    R(경심) = $\dfrac{단면적(A)}{윤변의 길이(S)} = \dfrac{D}{4} = \dfrac{0.4m}{4} = 0.1m$

    I(동수경사) = $\dfrac{1}{100}$

따라서 v = $\dfrac{1}{0.014} \times (0.1m)^{\frac{2}{3}} \times \left(\dfrac{1}{100}\right)^{\frac{1}{2}}$
= 1.539m/sec

③ 유량(Q) = 단면적(A)×유속(v)
= 0.12566m²×1.539m/sec×60sec/min
= 11.60m³/min

39 상수처리를 위한 약품침전지의 구성과 구조로 틀린 것은 어느 것인가?

㉮ 슬러지의 퇴적심도로서 30cm 이상을 고려한다.
㉯ 유효수심은 3~5.5m로 한다.
㉰ 침전지 바닥에는 슬러지 배제에 편리하도록 배수구를 향하여 경사지게 한다.
㉱ 고수위에서 침전지 벽체 상단까지의 여유고는 10cm정도로 한다.

[풀이] ㉱ 고수위에서 침전지 벽체 상단까지의 여유고는 30cm정도로 한다.

40 지하수의 취수지점 선정에 대한 내용으로 틀린 것은 어느 것인가?

㉮ 연해부의 경우에는 해수의 영향을 받지 않아야 한다.
㉯ 얕은 우물인 경우에는 오염원으로부터 5m 이상 떨어져서 장래에도 오염의 영향을 받지 않는 지점이어야 한다.
㉰ 복류수인 경우에는 오염원으로부터 15m 이상 떨어져서 장래에도 오염의 영향을 받지 않는 지점이어야 한다.
㉱ 복류수인 경우에 장래에 일어날 수 있는 유로변화 또는 하상저하 등을 고려하고 하천 개수계획에 지장이 없는 지점을 선정한다.

정답 37 ㉮ 38 ㉱ 39 ㉱ 40 ㉯

제3과목 | 수질오염방지기술

41 수량이 30,000m³/d, 수심이 3.5m, 하수 체류시간이 2.5hr인 침전지의 수면부하율 (또는 표면부하율)(m³/m²·d)은 얼마인가?

㉮ 67.1m³/m²·d ㉯ 54.2m³/m²·d
㉰ 41.5m³/m²·d ㉱ 33.6m³/m²·d

[풀이]

$$수면부하율(m^3/m^2 \cdot day) = \frac{수심(m)}{체류시간(day)}$$

$$= \frac{3.5m}{\left(\frac{2.5hr}{24}\right)day} = 33.6 m^3/m^2 \cdot day$$

42 회전원판법의 장·단점에 관한 내용으로 틀린 것은 어느 것인가?

㉮ 단회로 현상의 제어가 어렵다.
㉯ 폐수량 변화에 강하다.
㉰ 파리는 발생하지 않으나 하루살이가 발생하는 수가 있다.
㉱ 활성슬러지법에 비해 최종침전지에서 미세한 부유물질이 유출되기 쉽다.

[풀이] ㉮ 단회로 현상의 제어가 쉽다.

43 인구가 10,000명인 마을에서 발생되는 하수를 활성슬러지법으로 처리하는 처리장에 저율 혐기성 소화조를 설계하려고 한다. 생슬러지(건조고형물 기준) 발생량은 0.11kg/인·일이며, 휘발성고형물은 건조고형물의 70%이다. 가스발생량은 0.94m³/VSS·kg이고 휘발성고형물의 65%가 소화된다면 일일 가스발생량(m³/day)은 얼마인가?

㉮ 약 345m³/day ㉯ 약 471m³/day
㉰ 약 563m³/day ㉱ 약 644m³/day

[풀이] 가스발생량(m³/day)
= 0.11kg/인·일×10,000인×0.70×0.65×0.94m³/kg
= 470.47m³/day

44 수질 성분이 부식에 미치는 영향으로 틀린 것은 어느 것인가?

㉮ 높은 알칼리도는 구리와 납의 부식을 증가시킨다.
㉯ 암모니아는 착화물 형성을 통해 구리, 납 등의 금속용해도를 증가시킬 수 있다.
㉰ 잔류염소는 Ca와 반응하여 금속의 부식을 감소시킨다.
㉱ 구리는 갈바닉 전지를 이룬 배관상에 흠집(구멍)을 야기한다.

[풀이] ㉰ 잔류염소는 Ca와 반응하여 금속의 부식을 증가시킨다.

정답 41 ㉱ 42 ㉮ 43 ㉯ 44 ㉰

45 정수처리시 적용되는 랑게리아 지수에 대한 설명으로 틀린 것은 어느 것인가?

㉮ 랑게리아 지수란 물의 실제 pH와 이론적 pH(pHs : 수중의 탄산칼슘이 용해되거나 석출되지 않는 평형상태에 있을 때의 pH)와의 차이를 말한다.
㉯ 랑게리아 지수가 양(+)의 값으로 절대치가 클수록 탄산칼슘피막 형성이 어렵다.
㉰ 랑게리아 지수가 음(-)의 값으로 절대치가 클수록 물의 부식성이 강하다.
㉱ 물의 부식성이 강한 경우의 랑게리아 지수는 pH, 칼슘경도, 알칼리도를 증가시킴으로써 개선할 수 있다.

풀이 ㉯ 랑게리아 지수가 양(+)의 값으로 절대치가 클수록 탄산칼슘피막 형성이 쉽다.

46 도시하수 중의 질소제거를 위한 방법에 관한 내용으로 틀린 것은 어느 것인가?

㉮ 탈기법 : 하수의 pH를 높여 하수중 질소(암모늄이온)를 암모니아로 전환시킨 후 대기로 탈기시킨다.
㉯ 파괴점 염소처리법 : 충분한 염소를 투입하여 수중의 질소를 염소와 결합한 형태로 공침제거 시킨다.
㉰ 이온교환수지법 : NH_4^+이온에 대해 친화성 있는 이온교환수지를 사용하여 NH_4^+를 제거시킨다.
㉱ 생물학적 처리법 : 미생물이 산화 및 환원반응에 의하여 질소를 제거시킨다.

풀이 ㉯ 파괴점 염소제거법 : 염소를 주입하여 암모늄염을 질소가스로 처리하는 방법이다.

47 하수의 고도처리를 위한 생물학적공법 중 인제거만을 주목적으로 개발된 공법은 어느 것인가?

㉮ Bardenpho process
㉯ A^2/O process
㉰ 수정 Bardenpho process
㉱ A/O process

풀이 ㉱ A/O process은 인(P)만을 제거하는 공법이다.

48 SBR 공법의 일반적인 운전단계 순서로 알맞은 것은 어느 것인가?

㉮ 주입(Fill) → 휴지(Idle) → 반응(React) → 침전(Settle) → 제거(Draw)
㉯ 주입(Fill) → 반응(React) → 휴지(Idle) → 침전(Settle) → 제거(Draw)
㉰ 주입(Fill) → 반응(React) → 침전(Settle) → 휴지(Idle) → 제거(Draw)
㉱ 주입(Fill) → 반응(React) → 침전(Settle) → 제거(Draw) → 휴지(Idle)

풀이 SBR(연속회분식) 공법의 일반적인 운전단계 순서는 주입(Fill) → 반응(React) → 침전(Settle) → 제거(Draw) → 휴지(Idle) 순이다.

정답 45 ㉯ 46 ㉯ 47 ㉱ 48 ㉱

49 하수소독시 적용되는 UV 소독방법에 대한 내용으로 틀린 것은 어느 것인가? (단, 오존 및 염소소독 방법과 비교)

㉮ pH 변화에 관계없이 지속적인 살균이 가능하다.
㉯ 유량과 수질의 변동에 대해 적응력이 강하다.
㉰ 설치가 복잡하고, 전력 및 램프수가 많이 소요되므로 유지비가 높다.
㉱ 물이 혼탁하거나 탁도가 높으면 소독능력에 영향을 미친다.

풀이) ㉰ 설치가 간단하고 유지비가 저렴하다.

50 반송슬러지의 탈인 제거 공정에 대한 내용으로 틀린 것은 어느 것인가?

㉮ 탈인조 상징액은 유입수량에 비하여 매우 작다.
㉯ 인을 침전시키기 위해 소요되는 석회의 양은 순수 화학처리방법보다 적다.
㉰ 유입수의 유기물 부하에 따른 영향이 크다.
㉱ 대표적인 인 제거공법으로는 phostrip process가 있다.

풀이) ㉰ 유입수의 유기물 부하에 따른 영향을 크게 받지 않는다.

51 표준 활성슬러지법에서 하수처리를 위해 사용되는 미생물에 대한 내용으로 알맞은 것은 어느 것인가?

㉮ 지체기로부터 대수증식기에 걸쳐 존재하는 미생물에 의해 하수가 주로 처리된다.
㉯ 대수증식기로부터 감쇠증식기에 걸쳐 존재하는 미생물에 의해 하수가 주로 처리된다.
㉰ 감쇠증식기로부터 내생호흡기에 걸쳐 존재하는 미생물에 의해 하수가 주로 처리된다.
㉱ 내생호흡기로부터 사멸기에 걸쳐 존재하는 미생물에 의해 하수가 주로 처리된다.

풀이) ㉰번이 하수처리 단계의 설명이다.

52 유량 2,000m³/day인 폐수를 탈질화하고자 한다. 다음 조건에서 탈질화에 사용되는 anoxic 반응조의 부피(m³)는 얼마인가? (단, 내부반송 등 기타 조건은 고려하지 않는다.)

- 반응조 유입수 질산염 농도 : 22mg/L
- 반응조 유출수 질산염 농도 : 3mg/L
- MLVSS : 2,000mg/L
- 용존산소 : 0.1mg/L
- 탈질율(U) : 0.1day^{-1}

㉮ 105m³ ㉯ 145m³
㉰ 175m³ ㉱ 190m³

풀이)
① 무산소조(anoxic 반응조)의 체류시간
$= \dfrac{(S_i - S_o)}{U \times MLVSS} = \dfrac{(22-3)mg/L}{0.1/day \times 2,000mg/L} = 0.095 day$

② 반응조의 부피(V) = 유량(m³/day) × 체류시간(day)
= 2,000m³/day × 0.095day
= 190m³

53 환원처리공법으로 크롬함유 폐수를 수산화물 침전법으로 처리하고자 할 때 침전을 위한 적정 pH 범위는 얼마인가?
(단, $Cr^{+3} + 3OH^- \rightarrow Cr(OH)_3 \downarrow$)

㉮ pH 4.0 ~ 4.5   ㉯ pH 5.5 ~ 6.5
㉰ pH 8.0 ~ 8.5   ㉱ pH 11.0 ~ 11.5

54 폭기조 혼합액의 SVI가 170에서 130으로 감소하였다. 처리장 운전시 대응 방법으로 알맞은 것은 어느 것인가?

㉮ 별다른 조치가 필요없다.
㉯ 반송슬러지 양을 감소시킨다.
㉰ 폭기시간을 증가시킨다.
㉱ 무기응집제를 첨가한다.

풀이 SVI(슬러지용적지수)가 50 ~ 150은 정상범위 이므로 별다른 조치를 취할 필요가 없다.

55 폐수처리에 관련된 침전현상으로 입자간의 작용하는 힘에 의해 주변입자들의 침전을 방해하는 중간정도 농도 부유액에서의 침전은 어느 것인가?

㉮ 제1형 침전(독립입자침전)
㉯ 제2형 침전(응집침전)
㉰ 제3형 침전(계면침전)
㉱ 제4형 침전(압밀침전)

풀이 입자간의 작용하는 힘에 의해 주변입자들의 침전을 방해하는 중간정도 농도 부유액에서의 침전은 제3형 침전(계면침전, 지역침전, 간섭침전, 방해침전)이다.

56 포기조의 유입수 BOD 150mg/L, 유출수 BOD 10mg/L, MLSS 3,000mg/L, 미생물 성장 계수(Y) 0.7kg·MLSS/kg·BOD`, 내생호흡계수(k_d) 0.03day^{-1}, 포기시간(t) 6시간이다. 미생물체류시간(θ_c)은 얼마인가?

㉮ 약 10day   ㉯ 약 12day
㉰ 약 14day   ㉱ 약 16day

풀이
$$\frac{1}{\theta_C} = \frac{Y \cdot (BOD_i - BOD_o)}{MLSS \times t} - k_d$$

$$\frac{1}{\theta_C} = \frac{0.7 \times (0.15 - 0.01) kg/m^3}{3 kg/m^3 \times \left(\frac{6hr}{24}\right) day} - 0.03/day$$

∴ θ_C = 9.93day

TIP
① $\theta_c = \frac{MLSS \cdot V}{Q_w \cdot SS_w}$
② $Q_w \cdot SS_w = Y \cdot Q \cdot (BOD_i - BOD_o) - k_d \cdot MLSS \cdot V$
③ $t = \frac{V}{Q} \Rightarrow \frac{1}{t} = \frac{Q}{V}$

57 소화조 슬러지 주입율이 100m^3/day이고, 슬러지의 SS 농도가 6.47%, 소화조 부피가 1,250m^3, SS 내 VS 함유율이 85%일 때 소화조에 주입되는 VS의 용적부하(kg/m^3·day)는 얼마인가? (단, 슬러지의 비중은 1.0 이다.)

㉮ 1.4   ㉯ 2.4
㉰ 3.4   ㉱ 4.4

풀이 소화조에 주입되는 VS의 용적부하(kg/m^3·day)

$$= \frac{\text{소화조슬러지 주입율}(m^3/day) \times SS농도(kg/m^3) \times \frac{VS(\%)}{100}}{\text{소화조의 부피}(m^3)}$$

$$= \frac{100 m^3/day \times 64.7 kg/m^3 \times 0.85}{1,250 m^3} = 4.40 kg/m^3 \cdot day$$

정답 53 ㉰   54 ㉮   55 ㉰   56 ㉮   57 ㉱

TIP

① % $\xrightarrow{\times 10^4}$ mg/L

② mg/L $\xrightarrow{\times 10^{-3}}$ kg/m³

③ % $\xrightarrow{\times 10^1}$ kg/m³

④ 6.47% $\xrightarrow{\times 10^1}$ 64.7kg/m³

58 수면적 55m²의 침전지에서 400m³/d의 폐수를 침전시킨다고 가정할 때, 이 침전지에서 98% 제거되는 입자의 침강속도(mm/min)는 얼마인가?

㉮ 약 2mm/min ㉯ 약 3mm/min
㉰ 약 4mm/min ㉱ 약 5mm/min

풀이 침강속도(V_S) = 수면부하율(V_o)×제거효율(η)

수면부하율(m³/m²·day) = $\dfrac{폐수량(m^3/day)}{수면적(m^2)}$

$= \dfrac{400m^3/day}{55m^2} = 7.273m/day$

따라서 침강속도(mm/min)

$= \dfrac{7.273m}{day} \times \dfrac{1day}{24hr} \times \dfrac{1hr}{60min} \times \dfrac{10^3mm}{1m} \times 0.98$

$= 4.95mm/min$

59 물리·화학적으로 질소를 효과적으로 제거하는 방법으로 틀린 것은 어느 것인가?

㉮ 금속염(Al, Fe) 첨가법
㉯ 공기탈기법(Air Stripping)
㉰ 선택적 이온교환법
㉱ 파괴점 염소주입법

풀이 물리·화학적으로 질소 제거 방법으로는 막공법, 공기탈기법, 선택적이온교환법, 파괴점 염소주입법이 있다.

60 1,000m³의 폐수 중에서 SS 농도가 210mg/L일 때 처리효율 70%인 처리장에서 발생하는 슬러지의 양(m³)은 얼마인가? (단, 처리된 SS량과 발생슬러지량은 같다고 가정하고, 슬러지 비중은 1.03, 함수율은 94%이다.)

㉮ 약 2.4m³ ㉯ 약 3.8m³
㉰ 약 4.2m³ ㉱ 약 5.1m³

풀이 슬러지발생량(m³)

$= \dfrac{폐수량(m^3) \times SS(kg/m^3) \times 제거효율}{비중량(kg/m^3)} \times \dfrac{100}{100-함수율}$

$= \dfrac{1,000m^3 \times 0.21kg/m^3 \times 0.70}{1,030kg/m^3} \times \dfrac{100}{100-94\%}$

$= 2.38m^3$

TIP

① 비중(g/cm³)×10³ = 비중량(kg/m³)
② 1.03g/cm³×10³ = 1,030kg/m³
③ mg/L×10⁻³ = kg/m³

| 제4과목 | 수질오염공정시험기준

61 분원성 대장균군-막여과법에서 배양온도 유지기준으로 알맞은 것은 어느 것인가?

㉮ 25±0.2℃ ㉯ 30±0.5℃
㉰ 35±0.5℃ ㉱ 44.5±0.2℃

풀이 분원성 대장균군-막여과법에서 배양온도 유지기준은 44.5±0.2℃이다.

정답 58 ㉱ 59 ㉮ 60 ㉮ 61 ㉱

62 막여과법에 의한 총대장균군을 측정하기 위해, 시료를 10mL, 1mL 및 0.1mL 취해 시험한 결과 40, 9 및 1로 집락이 계수되었을 경우 총대장균군수는 얼마인가?

㉮ 390/100mL ㉯ 400/100mL
㉰ 410/100mL ㉱ 440/100mL

[풀이] 총대장균군수/100mL = $\dfrac{\text{생성된 집락}}{\text{여과한 시료량(mL)}} \times 100$

$= \dfrac{40}{10\text{mL}} \times 100 = 400/100\text{mL}$

TIP
금속성 광택을 띠는 적색이나 진한 적색 계통의 집락을 계수하며, 집락수가 20 ~ 80의 범위에 드는 것을 선정한다.

63 자외선/가시선 분광법으로 페놀류를 정량할 때 4-아미노안티피린과 함께 가하는 시약이름과 그 때 가장 적당한 pH는 얼마인가?

㉮ 초산이나트륨, pH 4
㉯ 헥사시안화철(Ⅱ)산칼륨, pH 4
㉰ 초산이나트륨, pH 10
㉱ 헥사시안화철(Ⅱ)산칼륨, pH 10

[풀이] 페놀류의 자외선/가시선 분광법은 증류한 시료에 염화암모늄-암모니아 완충용액을 넣어 pH 10으로 조절한 다음 4-아미노안티피린과 헥사시안화철(Ⅱ)산칼륨을 넣어 생성된 붉은색의 안티피린계 색소의 흡광도를 측정하는 방법이다.

64 "정확히 취하여"라고 하는 것은 규정한 양의 액체를 무엇으로 눈금까지 취하는 것을 말하는가?

㉮ 메스실린더   ㉯ 뷰렛
㉰ 부피피펫   ㉱ 눈금비이커

65 I_0 단색광이 정색액을 통과할 때 그 빛의 50%가 흡수된다면 이 경우 흡광도는 얼마인가?

㉮ 0.6   ㉯ 0.5
㉰ 0.3   ㉱ 0.2

[풀이] 흡광도(A) = $\log \dfrac{1}{\text{투과도}} = \log \dfrac{1}{0.50} = 0.30$

TIP
① 흡수율(%) + 투과율(%) = 100%
② 투과율(%) = 100 - 흡수율(%) = 100 - 50% = 50%

66 기체크로마토그래피의 전자포획검출기에 관한 설명이다. ( )안에 알맞은 말은 어느 것인가?

방사선 동위원소로부터 방출되는 ( )이 운반기체를 전리하여 미소전류를 흘려보낼 때 시료중의 할로겐이나 산소와 같이 전자포획력이 강한 화합물에 의하여 전자가 포획되어 전류가 감소하는 것을 이용하는 방법이다.

㉮ α(알파)선   ㉯ β(베타)선
㉰ γ(감마)선   ㉱ 중성자선

정답 62 ㉯ 63 ㉱ 64 ㉰ 65 ㉰ 66 ㉯

67 시험할 때 사용되는 용어의 정의로 틀린 것은 어느 것인가?

㉮ 감압 또는 진공 : 따로 규정이 없는 한 15mmHg 이하를 뜻한다.
㉯ 바탕시험 : 시료에 대한 처리 및 측정을 할 때 시료를 사용하지 않고 같은 방법으로 조작한 측정치를 더한 것을 뜻한다.
㉰ 용기 : 시험용액 또는 시험에 관계된 물질을 보존, 운반 또는 조작하기 위하여 넣어두는 것으로 시험에 지장을 주지 않도록 깨끗한 것을 뜻한다.
㉱ 정밀히 단다 : 규정된 양의 시료를 취하여 화학저울 또는 미량저울로 칭량함을 말한다.

풀이 ㉯ 바탕시험 : 시료에 대한 처리 및 측정을 할 때, 시료를 사용하지 않고 같은 방법으로 조작한 측정치를 빼는 것을 뜻한다.

68 예상 BOD값에 대한 사전 경험이 없을 때, 희석하여 시료를 조제하는 기준으로 알맞은 것은 어느 것인가?

㉮ 강한 공장폐수 : 0.01 ~ 0.1%
㉯ 오염된 하천수 : 15 ~ 50%
㉰ 처리하여 방류된 공장폐수 : 25 ~ 70%
㉱ 처리하지 않은 공장폐수 : 1 ~ 5%

풀이 예상 BOD값에 대한 사전 경험이 없을 때, 희석하여 시료를 조제하는 기준
㉮ 강한 공장폐수 : 0.1 ~ 1.0%
㉯ 오염된 하천수 : 25 ~ 100%
㉰ 처리하여 방류된 공장폐수 : 5 ~ 25%
㉱ 처리하지 않은 공장폐수 : 1 ~ 5%

69 자외선/가시선 분광법을 적용하여 페놀류를 측정할 때 사용되는 시약은 어느 것인가?

㉮ 4-아미노안티피린
㉯ 인도 페놀
㉰ O-페난트로린
㉱ 디티존

풀이 페놀류의 자외선/가시선 분광법은 증류한 시료에 염화암모늄-암모니아 완충용액을 넣어 pH 10으로 조절한 다음 4-아미노안티피린과 헥사시안화철(Ⅱ)산칼륨을 넣어 생성된 붉은색의 안티피린계 색소의 흡광도를 측정하는 방법이다.

70 폴리클로리네이티드비페닐(PCB_S)의 측정에서 기체크로마토그래피법을 적용할 때 기구 및 기기의 조건으로 틀린 것은 어느 것인가?

㉮ 검출기는 전자포획검출기
㉯ 컬럼은 안지름이 0.20 ~ 0.35mm
㉰ 검출기 온도는 270 ~ 320℃
㉱ 시료도입부 온도는 50 ~ 200℃

풀이 ㉱ 시료도입부 온도는 250 ~ 300℃

71 알킬수은을 기체크로마토그래피법으로 분석하고자 한다. 이때 운반기체의 유속 범위로 알맞은 것은 어느 것인가?

㉮ 3 ~ 8mL/분
㉯ 15 ~ 25mL/분
㉰ 30 ~ 80mL/분
㉱ 150 ~ 250mL/분

풀이 알킬수은을 기체크로마토그래피법으로 분석할 때 운반기체의 유속범위는 30 ~ 80mL/분이다.

정답 67 ㉯ 68 ㉱ 69 ㉮ 70 ㉱ 71 ㉰

72 기준전극과 비교전극으로 구성된 pH 측정기를 사용하여 수소이온농도를 측정할 때 간섭물질에 대한 설명으로 틀린 것은 어느 것인가?

㉮ pH는 온도변화에 따라 영향을 받는다.
㉯ pH 10 이상에서 나트륨에 의한 오차가 발생할 수 있는데 이는 낮은 나트륨 오차 전극을 사용하여 줄일 수 있다.
㉰ 일반적으로 유리전극은 산화 및 환원성 물질, 염도에 의해 간섭을 받는다.
㉱ 기름층이나 작은 입자상이 전극을 피복하여 pH 측정을 방해할 수 있다.

[풀이] ㉰ 일반적으로 유리전극은 산화 및 환원성 물질, 염도에 의해 간섭을 받지 않는다.

73 다음 중 관내의 유량 측정 방법으로 틀린 것은 어느 것인가?

㉮ 오리피스
㉯ 자기식 유량 측정기(Magnetic flow meter)
㉰ 피토우(pitot)관
㉱ 위어(Weir)

[풀이] ㉱ 위어(Weir)는 관내의 압력이 필요하지 않은 측정용 수로에서 유량 측정 방법이다.

74 전기전도도 측정시 전도도 표준용액 조제에 사용되는 시약은 어느 것인가?

㉮ 염화칼슘   ㉯ 염화제이암모늄
㉰ 염화암모늄 ㉱ 염화칼륨

75 물속에 존재하는 셀레늄 측정방법으로 알맞은 것은 어느 것인가?

㉮ 자외선/가시선 분광법-산화법
㉯ 자외선/가시선 분광법-환원 증류법
㉰ 수소화물생성-원자흡수분광광도법
㉱ 양극벗김전압전류법

[풀이] 셀레늄 측정방법에는 수소화물생성-원자흡수분광광도법과 유도결합플라스마-질량분석법이 있다.

76 총인 측정에 대한 내용으로 틀린 것은 어느 것인가?

㉮ 아스코르빈산 환원 흡광도법으로 정량하여 총인의 농도를 구한다.
㉯ 분해되기 쉬운 유기물을 함유한 시료는 질산(시료 50mL, 질산 2mL)을 넣고 가열하여 전처리한다.
㉰ 시료 중 유기물을 산화 분해하여 용존 인화합물을 인산염(PO_4) 형태로 변화시킨다.
㉱ 여액이 혼탁할 경우에는 반복하여 재여과한다.

[풀이] ㉯ 분해되기 쉬운 유기물을 함유한 시료는 과황산칼륨 분해법을 이용한다.

정답 72 ㉰ 73 ㉱ 74 ㉱ 75 ㉰ 76 ㉯

77 폐수의 부유물질(SS)을 측정하였더니 1,312mg/L 이었다. 시료 여과 전 유리섬유여지의 무게가 1.2113g 이고, 이 때 사용된 시료량이 100mL 이었다면 시료 여과 후 건조시킨 유리섬유여지의 무게는 얼마인가?

㉮ 1.2242g ㉯ 1.3425g
㉰ 2.5233g ㉱ 3.5233g

풀이
$$SS농도(mg/L) = \frac{(여과후\ 무게 - 여과전\ 무게)(mg)}{시료량(L)}$$

$$1,312mg/L = \frac{(여과후\ 무게 - 1.2113g) \times 10^3 mg/g}{100 \times 10^{-3} L}$$

∴ 여과 후 무게 = 1.3425g

78 시료의 최대보존기간이 가장 짧은 항목은 어느 것인가?

㉮ 색도 ㉯ 셀레늄
㉰ 전기전도도 ㉱ 클로로필 a

풀이 시료의 최대보존기간
㉮ 색도 : 48시간
㉯ 셀레늄 : 6개월
㉰ 전기전도도 : 24시간
㉱ 클로로필 a : 7일

79 개수로 유량측정에 대한 내용으로 틀린 것은 어느 것인가? (단, 수로의 구성, 재질, 단면의 형상, 기울기 등이 일정하지 않은 개수로의 경우)

㉮ 수로는 될수록 직선적이며, 수면이 물결치지 않는 곳을 고른다.
㉯ 10m를 측정구간으로 하여 2m마다 유수의 횡단면적을 측정하고, 산출평균값을 구하여 유수의 평균 단면적으로 한다.
㉰ 유속의 측정은 부표를 사용하여 100m 구간을 흐르는데 걸리는 시간을 스톱워치로 재며 이때 실측유속을 표면 최대유속으로 한다.
㉱ 총 평균 유속(m/s)은 [0.75×표면 최대유속(m/s)]으로 계산된다.

풀이 ㉰ 유속의 측정은 부표를 사용하여 10m 구간을 흐르는데 걸리는 시간을 스톱워치로 재며 이때 실측유속을 표면 최대유속으로 한다.

80 다음은 기체크로마토그래피법을 적용하여 석유계총탄화수소를 측정할 때의 원리이다. (   )안에 알맞은 말은 어느 것인가?

시료중의 제트유, 등유, 경유, 벙커 C유, 윤활유, 원유 등을 (   )(으)로 추출하여 기체크로마토그래피법에 따라 확인 및 정량한다.

㉮ 사염화탄소 ㉯ 클로로포름
㉰ 다이클로로메탄 ㉱ 노말헥산+에탄올

제5과목 | 수질환경관계법규

81 오염총량초과부과금 산정 방법 및 기준에 대한 설명으로 틀린 것은 어느 것인가?

㉮ 일일초과오염배출량의 단위는 킬로그램(kg)으로 하되, 소수점 이하 첫째 자리까지 계산한다.
㉯ 할당오염부하량과 지정배출량의 단위는 1일당 킬로그램(kg/일)과 1일당 리터(L/일)로 한다.
㉰ 일일조업시간은 측정하기 전 최근 조업한 30일간의 오수 및 폐수 배출시설의 조업시간 평균치로서 분으로 표시한다.
㉱ 측정유량의 단위는 시간당 리터(L/hr)로 한다.

[풀이] ㉱ 측정유량의 단위는 분당 리터(L/min)로 한다.

82 다음은 초과배출부과금 산정에 적용되는 배출허용기준 위반횟수별 부과계수에 관한 내용이다. ( )안에 알맞은 말은 어느 것인가?

> 폐수무방류배출시설에 대한 위반횟수별 부과계수 : 처음 위반한 경우 ( )(으)로 하고 다음 위반부터는 그 위반 직전의 부과계수에 1.5를 곱한 것으로 한다.

㉮ 1.3   ㉯ 1.5
㉰ 1.8   ㉱ 2.0

83 환경부장관이 물환경보전법의 목적을 달성하기 위하여 필요하다고 인정하는 때에 관계기관의 장에게 조치를 요청할 수 있는 사항으로 틀린 것은 어느 것인가?

㉮ 농업용수의 사용규제
㉯ 해충구제방법의 개선
㉰ 수질오염원 등록규제
㉱ 농약·비료의 사용규제

[풀이] 관계기관의 장에게 조치를 요청할 수 있는 사항으로는 농업용수의 사용규제, 해충구제방법의 개선, 농약·비료의 사용규제 등이다.

84 사업장별 환경기술인의 자격기준 중 제2종사업장에 해당하는 환경기술인으로 알맞은 것은 어느 것인가?

㉮ 수질환경기사 1명 이상
㉯ 수질환경산업기사 1명 이상
㉰ 환경기능사 1명 이상
㉱ 2년 이상 수질분야에 근무한 자 1명 이상

[풀이] 제2종사업장에 해당하는 환경기술인은 수질환경산업기사 1명 이상이다.

정답 81 ㉱   82 ㉰   83 ㉰   84 ㉯

85 오염물질의 배출허용기준 중 "나지역"의 기준으로 알맞은 것은 어느 것인가?

㉮ BOD : 120mg/L 이하
 (1일 폐수배출량 2,000m³ 미만)
㉯ BOD : 90mg/L 이하
 (1일 폐수배출량 2,000m³ 이상)
㉰ TOC : 90mg/L 이하
 (1일 폐수배출량 2,000m³ 미만)
㉱ TOC : 80mg/L 이하
 (1일 폐수배출량 2,000m³ 이상)

풀이 배출허용기준 중 "나지역"의 기준
① 1일 폐수배출량 2,000m³ 미만
 BOD : 120mg/L 이하
 TOC : 75mg/L 이하, SS : 120mg/L 이하
② 1일 폐수배출량 2,000m³ 이상
 BOD : 80mg/L 이하
 TOC : 50mg/L 이하, SS : 80mg/L 이하

86 특정수질유해물질 등을 누출·유출하거나 버린자에 해당되는 처벌로 알맞은 것은 어느 것인가?

㉮ 1년 이하의 징역 또는 1천만원 이하의 벌금
㉯ 3년 이하의 징역 또는 3천만원 이하의 벌금
㉰ 5년 이하의 징역 또는 5천만원 이하의 벌금
㉱ 7년 이하의 징역 또는 7천만원 이하의 벌금

풀이 특정수질유해물질 등을 누출·유출하거나 버린 자는 3년 이하의 징역 또는 3천만원 이하의 벌금에 해당한다.

87 배출부과금을 부과하는 경우, 당해 배출부과금 부과기준일 전 6개월 동안 방류수 수질기준을 초과하는 수질오염물질을 배출하지 아니한 사업자에 대하여 방류수 수질기준을 초과하지 아니하고 수질오염물질을 배출한 기간별로 당해 부과 기간에 부과하는 기본배출 부과금의 감면율로 알맞은 것은 어느 것인가?

㉮ 6월 이상 1년 내 : 100분의 10
㉯ 1년 이상 2년 내 : 100분의 30
㉰ 2년 이상 3년 내 : 100분의 50
㉱ 3년 이상 : 100분의 60

풀이 감면율
㉮ 6월 이상 1년 내 : 100분의 20
㉯ 1년 이상 2년 내 : 100분의 30
㉰ 2년 이상 3년 내 : 100분의 40
㉱ 3년 이상 : 100분의 50

88 오염총량관리기본계획에 포함되어야 하는 사항과 가장 거리가 먼 것은?

㉮ 관할 지역에서 배출되는 오염부하량의 총량 및 저감계획
㉯ 해당 지역 개발계획으로 인하여 추가로 배출되는 오염부하량 및 그 저감계획
㉰ 해당 지역별 및 개발계획에 따른 오염부하량의 할당
㉱ 해당 지역 개발계획의 내용

풀이 ㉰ 지방자치단체별·수계구간별 오염부하량의 할당

정답 85 ㉮ 86 ㉯ 87 ㉯ 88 ㉰

89 다음 중 수질오염측정망 설치계획에 포함되지 않는 사항은 어느 것인가?

㉮ 측정망 설치시기
㉯ 측정망 배치도
㉰ 측정망을 설치할 토지 또는 건축물의 위치 및 면적
㉱ 측정망 설치기간

풀이 수질오염측정망 설치계획에는 ㉮·㉯·㉰ 외에 측정망 운영기관, 측정자료의 확인방법이 포함된다.

90 수질 및 수생태계 환경기준 중 하천(생활환경) Ⅱ등급의 기준으로 알맞은 것은 어느 것인가?

㉮ 생물화학적 산소요구량(BOD) : 5mg/L 이하
㉯ 부유물질량(SS) : 30mg/L 이하
㉰ 용존산소량(DO) : 5mg/L 이상
㉱ 대장균군수(MPN/100mL) : 총대장균군 500 이하

풀이 하천(생활환경) Ⅱ등급의 기준
㉮ 생물화학적 산소요구량(BOD) : 3mg/L 이하
㉯ 부유물질량(SS) : 25mg/L 이하
㉰ 용존산소량(DO) : 5mg/L 이상
㉱ 대장균군수(MPN/100mL) : 총대장균군 1,000 이하

91 물환경보전법 시행규칙에서 규정한 수질오염방지시설 중 생물화학적 처리시설로 틀린 것은 어느 것인가?

㉮ 살균시설
㉯ 폭기시설
㉰ 산화시설(산화조 또는 산화지)
㉱ 안정조

풀이 ㉮ 살균시설은 화학적 처리시설이다.

92 다음 중 물환경보전법상 수면관리자에 대한 정의로 알맞은 것은 어느 것인가?

㉮ 수질환경법령의 규정에 의하여 호소를 관리하는 자를 말한다. 이 경우 동일한 호소를 관리하는 자가 둘 이상인 경우에는 상수도법에 따른 하천관리청의 자가 수면관리자가 된다.
㉯ 수질환경법령의 규정에 의하여 호소를 관리하는 자를 말한다. 이 경우 동일한 호소를 관리하는 자가 둘 이상인 경우에는 상수도법에 따른 하천관리청외의 자가 수면관리자가 된다.
㉰ 다른 법령의 규정에 의하여 호소를 관리하는 자를 말한다. 이 경우 동일한 호소를 관리하는 자가 둘 이상인 경우에는 하천법에 따른 하천관리청의 자가 수면관리자가 된다.
㉱ 다른 법령의 규정에 의하여 호소를 관리하는 자를 말한다. 이 경우 동일한 호소를 관리하는 자가 둘 이상인 경우에는 하천법에 따른 하천관리청 외의 자가 수면관리자가 된다.

정답 89 ㉱ 90 ㉰ 91 ㉮ 92 ㉱

93 비점오염저감시설의 관리·운영기준으로 틀린 것은 어느 것인가? (단, 자연형 시설)

㉮ 인공습지 : 동절기(11월부터 다음 해 3월까지를 말한다)에는 인공습지에서 말라 죽은 식생을 제거·처리하여야 한다.
㉯ 인공습지 : 식생대가 50퍼센트 이상 고사하는 경우에는 추가로 수생식물을 심어야 한다.
㉰ 식생형시설 : 식생수로 바닥의 퇴적물이 처리용량의 25퍼센트를 초과하는 경우에는 침전된 토사를 제거하여야 한다.
㉱ 식생형시설 : 전처리를 위한 침사지는 주기적으로 협잡물과 침전물을 제거하여야 한다.

[풀이] ㉱ 여과형시설 : 전처리를 위한 침사지는 주기적으로 협잡물과 침전물을 제거하여야 한다.

94 환경기술인의 업무를 방해하거나 환경기술인의 요청을 정당한 사유없이 거부한 자에 대한 벌칙 기준에 해당하는 것은 어느 것인가?

㉮ 5백만원 이하의 벌금
㉯ 3백만원 이하의 벌금
㉰ 2백만원 이하의 벌금
㉱ 1백만원 이하의 벌금

[풀이] 환경기술인의 업무를 방해하거나 환경기술인의 요청을 정당한 사유없이 거부한 자는 1백만원 이하의 벌금에 해당한다.

95 폐수처리방법이 생물화학적 처리방법인 경우 가동개시신고를 한 사업자의 시운전 기간으로 알맞은 것은 어느 것인가? (단, 가동개시일 : 11월 10일)

㉮ 가동시작일부터 30일
㉯ 가동시작일부터 50일
㉰ 가동시작일부터 70일
㉱ 가동시작일부터 90일

96 낚시금지구역 또는 낚시제한구역의 안내판의 규격기준 중 색상기준으로 알맞은 것은 어느 것인가?

㉮ 바탕색 : 청색, 글씨 : 흰색
㉯ 바탕색 : 흰색, 글씨 : 청색
㉰ 바탕색 : 회색, 글씨 : 흰색
㉱ 바탕색 : 흰색, 글씨 : 회색

97 1일 폐수 배출량이 2천 세제곱미터 이상인 사업장에서 생물학적산소요구량의 농도가 25mg/L의 폐수를 배출하였다면, 이 업체의 방류수수질기준 초과에 따른 부과계수는 얼마인가? (단, 배출허용기준에 적용되는 지역은 청정지역임)

㉮ 2.0　　　㉯ 2.2
㉰ 2.4　　　㉱ 2.6

정답 93 ㉱　94 ㉱　95 ㉰　96 ㉮　97 ㉰

98 폐수의 처리능력과 처리가능성을 고려하여 수탁하여야 하는 준수사항을 지키지 아니한 폐수처리업자에 대한 벌칙기준으로 알맞은 것은 어느 것인가?

㉮ 100만원 이하의 벌금
㉯ 200만원 이하의 벌금
㉰ 300만원 이하의 벌금
㉱ 500만원 이하의 벌금

[풀이] 폐수의 처리능력과 처리가능성을 고려하여 수탁하여야 하는 준수사항을 지키지 아니 한 자는 500만원 이하의 벌금에 해당한다.

99 다음 중 기본배출부과금 산정시 적용되는 사업장별 부과계수로 알맞은 것은 어느 것인가?

㉮ 제1종 사업장은 2.0
㉯ 제2종 사업장은 1.5
㉰ 제3종 사업장은 1.3
㉱ 제4종 사업장은 1.1

[풀이] 기본배출부과금 산정시 적용되는 사업장별 부과계수
㉮ 제1종 사업장은 1.4
㉯ 제2종 사업장은 1.3
㉰ 제3종 사업장은 1.2
㉱ 제4종 사업장은 1.1

100 수질 및 수생태계 정책심의위원회에 대한 설명으로 틀린 것은 어느 것인가?

㉮ 환경부장관의 소속으로 수질 및 수생태계 정책심의위원회를 둔다.
㉯ 위원회는 위원장과 부위원장 각 1인을 포함한 20명 이내의 위원으로 성별을 고려하여 구성한다.
㉰ 위원회의 운영 등에 관한 필요한 사항은 환경부령으로 정한다.
㉱ 위원회의 위원장은 환경부장관으로 하고, 부위원장은 위원중에서 위원장이 임명하거나 위촉하는 사람으로 한다.

[풀이] ㉰ 위원회의 운영 등에 관한 필요한 사항은 대통령령으로 정한다.

[참고] 법규 개정으로 삭제됨

정답 98 ㉱ 99 ㉱ 100 ㉰

2016년 1회 수질환경기사

2016년 3월 6일 시행

| 제1과목 | 수질오염개론

01 곰팡이(Fungi)류의 경험적 화학 분자식으로 알맞은 것은 어느 것인가?

㉮ $C_{12}H_7O_4N$
㉯ $C_{12}H_8O_5N$
㉰ $C_{10}H_{17}O_6N$
㉱ $C_{10}H_{18}O_4N$

풀이 곰팡이(Fungi)류의 경험적 화학 분자식은 $C_{10}H_{17}O_6N$ 이다.

02 분뇨의 특징에 대한 내용으로 틀린 것은 어느 것인가?

㉮ 분뇨 내 질소화합물은 알칼리도를 높게 유지시켜 pH의 강하를 막아준다.
㉯ 분과 뇨의 구성비는 약 1 : 8~1 : 10 정도이며 고액분리가 용이하다.
㉰ 분의 경우 질소산화물은 전체 VS의 12~20% 정도 함유되어 있다.
㉱ 분뇨는 다량의 유기물을 함유하며, 점성이 있는 반고상 물질이다.

풀이 ㉯ 분과 뇨의 구성비는 약 1 : 8~1 : 10 정도이며 고액분리가 어렵다.

03 콜로이드의 성질과 특성에 대한 내용으로 틀린 것은 어느 것인가?

㉮ 제타전위는 콜로이드 입자의 전하와 전하의 효력이 미치는 분산매의 거리를 측정한다.
㉯ 제타전위가 클수록 입자는 응집하기 쉬우므로 콜로이드를 완전히 응집시키는 데 제타전위를 5~10mV 이상으로 해야 한다.
㉰ 소수성 콜로이드는 전해질의 첨가에 따라 응집하며 응결시킬 때 필요한 이온에 대한 응결가는 이온가가 높은 쪽이 크다.
㉱ 친수성 콜로이드는 물에 대한 친화력이 대단히 크므로 소량의 전해질 첨가에는 영향을 받지 않고 대량의 전해질을 가하면 염석에 따라 침전한다.

풀이 ㉯ Zeta 전위가 0에 가까워질수록 응결이 쉽게 일어난다.

정답 01 ㉰ 02 ㉯ 03 ㉯

04 호수의 성층현상에 관한 설명으로 틀린 것은 어느 것인가?

㉮ 수심에 따른 온도변화로 인해 발생되는 물의 밀도차에 의하여 발생한다.
㉯ Thermocline(약층)은 순환층과 정체층의 중간층으로 깊이에 따른 온도변화가 크다.
㉰ 봄이 되면 얼음이 녹으면서 수표면 부근의 수온이 높아지게 되고 따라서 수직운동이 활발해져 수질이 악화된다.
㉱ 여름이 되면 연직에 따른 온도경사와 용존산소 경사가 반대모양을 나타낸다.

[풀이] ㉱ 여름이 되면 연직에 따른 온도경사와 용존산소 경사가 같은모양을 나타낸다.

05 경도가 $CaCO_3$로서 500mg/L이고 Ca^{+2} 100mg/L, Na^+ 46mg/L, Cl^- 1.3mg/L인 물에서의 Mg^{+2}의 농도(mg/L)는 얼마인가? (단, 원자량은 Ca 40, Mg 24, Na 23, Cl 35.5)

㉮ 30mg/L   ㉯ 60mg/L
㉰ 120mg/L ㉱ 240mg/L

[풀이] $\dfrac{경도(mg/L)}{50g} = \dfrac{Ca^{2+}mg/L}{20g} + \dfrac{Mg^{2+}mg/L}{12g}$

따라서 $\dfrac{500mg/L}{50g} = \dfrac{100mg/L}{20g} + \dfrac{Mg^{2+}mg/L}{12g}$

∴ Mg^{2+} = 60mg/L

06 미생물을 진핵세포와 원핵세포로 나눌 때 원핵세포에는 없고 진핵세포에만 있는 것은 어느 것인가?

㉮ 리보솜   ㉯ 세포소기관
㉰ 세포벽   ㉱ DNA

[풀이] 원핵세포에는 없고 진핵세포에만 있는 것은 ㉯ 세포소기관이다.

07 물의 특성에 대한 내용으로 틀린 것은 어느 것인가?

㉮ 수소와 산소의 공유결합 및 수소결합으로 되어 있다.
㉯ 수온이 감소하면 물의 점성도가 감소한다.
㉰ 물의 점성도는 표준상태에서 대기의 대략 100배 정도이다.
㉱ 물분자 사이의 수소결합으로 큰 표면장력을 갖는다.

[풀이] ㉯ 수온이 감소하면 물의 점성도가 증가한다.

08 부영양화가 진행되는 단계에서의 지표현상으로 틀린 것은 어느 것인가?

㉮ 심수층의 DO 농도가 점차적으로 감소한다.
㉯ 플랑크톤 및 그 잔재물이 증가되고, 물의 투명도가 점차 낮아진다.
㉰ 퇴적된 저니의 용출이 현격하게 늘어나며 COD 농도가 증가한다.
㉱ 식물성 플랑크톤이 늘어나고 남조류, 녹조류 등이 규조류로 변화되어 진다.

정답 04 ㉱ 05 ㉯ 06 ㉯ 07 ㉯ 08 ㉱

09 알칼리도(Alkalinity)에 대한 내용으로 틀린 것은 어느 것인가?

㉮ 알칼리도가 낮은 물은 철(Fe)에 대한 부식성이 강하다.
㉯ 알칼리도가 부족할 때는 소석회($Ca(OH)_2$)나 소다회(Na_2CO_3)와 같은 약제를 첨가하여 보충한다.
㉰ 자연수의 알칼리도는 주로 중탄산염(HCO_3^-)의 형태를 이룬다.
㉱ 중탄산염(HCO_3^-)이 많이 함유된 물을 가열하면 pH는 낮아진다.

풀이 ㉱ 중탄산염(HCO_3^-)이 많이 함유된 물을 가열하면 pH는 높아진다.

10 유해물질, 배출원, 유해내용이 알맞게 짝지어진 것은 어느 것인가?

㉮ 카드뮴 - 전해소다공장, 농약공장 - 수족의 지각장애
㉯ 수은 - 금속광산, 정련공장, 원자로 - 동요성 보행
㉰ 납 - 합금, 도금, 제련 - 피부궤양
㉱ 망간 - 광산, 합금, 유리착색 - 파킨스병 유사증세

풀이 ㉮ 카드뮴 - 아연정련업, 도금공업 - 이따이이따이병, 골연화증
㉯ 수은 - 제련, 살충제, 온도계, 압력계 제조업 - 헌터루셀 증후군, 미나마타병
㉰ 납 - 축전지, 인쇄, 도가니제조공업 - 피부질환

11 아세트산(CH_3COOH) 1,000mg/L 용액의 pH가 3.0이었다면, 이 용액의 해리상수(Ka)는 얼마인가?

㉮ 2×10^{-5} ㉯ 3×10^{-5}
㉰ 4×10^{-5} ㉱ 6×10^{-5}

풀이 $CH_3COOH \rightleftarrows CH_3COO^- + H^+$

해리상수(Ka) = $\dfrac{[CH_3COO^-][H^+]}{[CH_3COOH]}$

① CH_3COOH의 mol/L
$= \dfrac{1,000mg}{L} \times \dfrac{1g}{10^3 mg} \times \dfrac{1mol}{60g}$
$= 0.0167 mol/L$

② pH = 3.0이므로
$[H^+] = 10^{-pH} mol/L = 10^{-3} mol/L$

③ $[H^+] = [CH_3COO^-] = 10^{-3} mol/L$

④ 산해리상수(Ka)
$= \dfrac{[10^{-3} mol/L][10^{-3} mol/L]}{[0.0167 mol/L]} = 6.0 \times 10^{-5}$

12 BOD가 2,000mg/L인 폐수를 제거율 85%로 처리한 후 몇 배 희석하면 방류수 기준에 맞는가? (단, 방류수 기준은 40mg/L이라고 가정한다.)

㉮ 4.5배 이상   ㉯ 5.5배 이상
㉰ 6.5배 이상   ㉱ 7.5배 이상

풀이 $\eta = \left(1 - \dfrac{BOD_o \times P}{BOD_i}\right) \times 100$

$85\% = \left(1 - \dfrac{40mg/L \times P}{2,000mg/L}\right) \times 100$

$\therefore P = \dfrac{2,000mg/L \times (1-0.85)}{40mg/L} = 7.5배$

정답 09 ㉱ 10 ㉱ 11 ㉱ 12 ㉱

13 적조현상에 의해 어패류가 폐사하는 원인으로 틀린 것은 어느 것인가?

㉮ 적조생물이 어패류의 아가미에 부착하여
㉯ 적조류의 광범위한 수면막 형성으로 인해
㉰ 치사성이 높은 유독물질을 분비하는 조류로 인해
㉱ 적조류의 사후분해에 의한 수중 부패 독의 발생으로 인해

풀이 적조현상에 의해 어패류가 폐사하는 원인은 ㉮·㉰·㉱에 의해서 이다.

14 H_2SO_4의 비중이 1.84이며, 농도는 95중량%이다. N농도는 얼마인가?

㉮ 8.9   ㉯ 17.8
㉰ 35.7 ㉱ 71.3

풀이
$$eq/L = \frac{비중(g)}{(mL)} \times \frac{10^3 mL}{1L} \times \frac{1eq}{1당량\ g} \times \frac{\%농도}{100}$$

$$= \frac{1.84g}{mL} \times \frac{10^3 mL}{1L} \times \frac{1eq}{98g/2} \times \frac{95\%}{100}$$

$$= 35.67N$$

TIP
① N농도 = eq/L
② H_2SO_4 $1eq = \frac{분자량}{가수}$
③ H_2SO_4 분자량 = 2×1+32+4×16 = 98g

15 지구상의 담수 존재량의 가장 많은 부분을 차지하고 있는 것은 어느 것인가?

㉮ 지하수   ㉯ 토양수분
㉰ 빙하   ㉱ 하천수

16 지하수의 일반적 특성으로 틀린 것은 어느 것인가?

㉮ 수온변동이 적고 탁도가 낮다.
㉯ 미생물이 거의 없고 오염물질이 적다.
㉰ 무기염류농도와 경도가 높다.
㉱ 자정속도가 빠르다.

풀이 ㉱ 자정속도가 느리다.

17 수질오염과 관련된 미생물에 관한 내용으로 틀린 것은 어느 것인가?

㉮ 박테리아는 용해된 유기물을 섭취한다.
㉯ Fungi가 폐수처리 과정에서 많이 발생되면 유출수로부터 분리가 잘 안되며 이를 슬러지 팽화라 한다.
㉰ Protozoa는 호기성이며 탄소동화 작용을 하지 않고 박테리아 같은 미생물을 잡아먹는다.
㉱ 균류는 탄소동화작용을 하는 생물로 무기물을 섭취하는 호기성 종속 미생물이다.

풀이 ㉱ 균류(곰팡이)는 탄소동화 작용을 하지 않는다.

정답 13 ㉯ 14 ㉰ 15 ㉰ 16 ㉱ 17 ㉱

18 트리할로메탄(THM)에 대한 내용으로 틀린 것은 어느 것인가?

㉮ 일정 기준 이상의 염소를 주입하면 THM의 농도는 급감한다.
㉯ pH가 증가할수록 THM의 생성량은 증가한다.
㉰ 온도가 증가할수록 THM의 생성량은 증가한다.
㉱ 수돗물에 생성된 트리할로메탄류는 대부분 클로로포름으로 존재한다.

풀이 ㉮ 일정 기준 이상의 염소를 주입하면 THM의 농도는 급증한다.

19 미생물의 종류를 분류할 때, 탄소 공급원에 따른 분류는?

㉮ Aerobic, Anaerobic
㉯ Thermophilic, Psychrophilic
㉰ Phytosynthetic, Chemosynthetic
㉱ Autotrophic, Heterotrophic

풀이 탄소공급원에 따라 Autotrophic(독립영양계)와 Heterotrophic(종속영양계)로 구분한다.

20 하천의 단면적이 350m², 유량이 428,400 m³/hr, 평균수심 1.7m일 때 탈산소계수가 0.12/day인 지점의 자정계수는 얼마인가? (단, $k_2 = 2.2 \times \dfrac{V}{H^{1.33}}$ 식에서 단위는 V[m/sec], H[m]이다.)

㉮ 0.3   ㉯ 1.6
㉰ 2.4   ㉱ 3.1

풀이 자정계수(f) = $\dfrac{k_2}{k_1}$

① k_1(탈산소계수) = 0.12/day
② k_2(재폭기계수) = $2.2 \times \dfrac{V}{H^{1.33}}$

$V(m/sec) = \dfrac{428,400 m^3/hr \times 1hr/3,600sec}{350m^2}$

$= 0.34 m/sec$

따라서 $k_2 = 2.2 \times \dfrac{0.34 m/sec}{(1.7)^{1.33}} = 0.37/day$

③ 자정계수(f) = $\dfrac{k_2}{k_1} = \dfrac{0.37/day}{0.12/day} = 3.08$

| 제2과목 | 상하수도계획

21 원심력 펌프의 규정회전수 N = 30회/sec, 규정토출량 Q = 0.8m³/sec, 규정양정 H = 15m일 때, 펌프의 비교회전도는 얼마인가? (단, 양흡입이 아님)

㉮ 약 1,050rpm   ㉯ 약 1,250rpm
㉰ 약 1,410rpm   ㉱ 약 1,640rpm

풀이 $N_S = N \times \dfrac{Q^{\frac{1}{2}}}{H^{\frac{3}{4}}}$

$\begin{bmatrix} N_s : 비교회전도(rpm = \dfrac{회}{min}) \\ N : 규정회전수(rpm) \\ Q : 토출량(m^3/min) \\ H : 전양정(m) \end{bmatrix}$

따라서
$N_S = (30회/sec \times 60sec/min)$
$\times \dfrac{(0.8m^3/sec \times 60sec/min)^{\frac{1}{2}}}{(15m)^{\frac{3}{4}}} = 1,636.16 rpm$

정답 18 ㉮   19 ㉱   20 ㉱   21 ㉱

22 침전지 침전효율과 연관된 설명으로 알맞은 것은 어느 것인가?

㉮ 침전제거율 향상을 위해 침전지의 침강면적(A)을 작게 한다.
㉯ 침전제거율 향상을 위해 플록의 침강속도(V)를 작게 한다.
㉰ 침전제거율 향상을 위해 유량(Q)을 크게 한다.
㉱ 가장 기본적인 지표는 표면부하율이다.

> 풀이
> ㉮ 침전제거율 향상을 위해 침전지의 침강면적(A)을 크게 한다.
> ㉯ 침전제거율 향상을 위해 플록의 침강속도(V)를 크게 한다.
> ㉰ 침전제거율 향상을 위해 유량(Q)을 작게 한다.

23 상수시설 중 배수지에 대한 내용으로 틀린 것은 어느 것인가?

㉮ 유효용량은 시간변동조정용량, 비상대처용량을 합하여 급수구역의 계획1일 최대급수량의 12시간분 이상을 표준으로 한다.
㉯ 부득이한 경우 외에는 배수지를 급수지역의 중앙 가까이 설치한다.
㉰ 유효수심은 1~2m 정도를 표준으로 한다.
㉱ 자연유하식 배수지의 표고는 최소동수압이 확보되는 높이어야 한다.

> 풀이
> ㉰ 유효수심은 3~6m 정도를 표준으로 한다.

24 상수도 관종을 선정할 때 고려사항으로 틀린 것은 어느 것인가?

㉮ 관 재질에 의하여 물이 오염될 우려가 없어야 한다.
㉯ 내압과 외압에 대하여 안전해야 하며 매설조건에 적합해야 한다.
㉰ 통수능력 감소에 따른 내용년수를 고려해야 한다.
㉱ 매설환경에 적합한 시공성을 지녀야 한다.

> 풀이
> ㉰ 통수능력 증가에 따른 내용년수를 고려해야 한다.

25 계획분뇨처리량 기준으로 알맞은 것은 어느 것인가?

㉮ 1일평균 분뇨발생량을 기준으로 한다.
㉯ 년간 분뇨발생량을 기준으로 한다.
㉰ 계획지역 수거량을 기준으로 한다.
㉱ 지역별 분뇨처리시설 용량을 기준으로 한다.

26 하수도계획의 목표연도로 알맞은 것은 어느 것인가?

㉮ 원칙적으로 10년으로 한다.
㉯ 원칙적으로 15년으로 한다.
㉰ 원칙적으로 20년으로 한다.
㉱ 원칙적으로 25년으로 한다.

> 풀이
> 목표연도
> 상수도는 15~20년, 하수도는 20년이다.

정답 22 ㉱ 23 ㉰ 24 ㉰ 25 ㉰ 26 ㉰

27 배수탑에 관한 내용으로 틀린 것은 어느 것인가?

㉮ 배수탑은 총 수심은 20m 정도를 한계로 하여야 한다.
㉯ 유출관의 유출구 중심고는 저수위보다 관경의 2배 이상 낮게 하여야 한다.
㉰ 배수탑에는 고수위에 벨 마우스를 갖는 월류관을 설치하여야 한다.
㉱ 배수탑의 유입관, 유출관, 월류관, 배출관에는 부등침하나 신축에는 관계없으므로 신축 이음을 설치할 필요가 없다.

[풀이] ㉱ 배수탑의 유입관, 유출관, 월류관, 배출관에는 부등침하나 신축에 관계있으므로 신축이음을 설치하여야 한다.

28 하수도 시설인 중력식 침사지에 관한 내용으로 틀린 것은 어느 것인가?

㉮ 침사지의 평균유속은 0.3m/초를 표준으로 한다.
㉯ 저부경사는 보통 1/500~1/1,000로 하며 그리트 제거설비의 종류별 특성에 따라 범위가 적용된다.
㉰ 침사지의 표면부하율은 오수침사지의 경우 1,800m³/m²·일, 우수침사지의 경우 3,600m³/m²·일 정도로 한다.
㉱ 침사지 수심은 유효수심에 모래 퇴적부의 깊이를 더한 것으로 한다.

[풀이] ㉯ 저부경사는 보통 1/100~2/100로 하며 그리트 제거설비의 종류별 특성에 따라 범위가 적용된다.

29 펌프의 토출량이 0.1m³/sec, 토출구의 유속이 2m/sec로 할 때 펌프의 구경은 얼마인가?

㉮ 약 255mm   ㉯ 약 365mm
㉰ 약 475mm   ㉱ 약 545mm

[풀이] $D = 146 \times \sqrt{\dfrac{Q}{V}}$

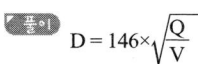

따라서 $D = 146 \times \sqrt{\dfrac{0.1m^3/sec \times 60sec/min}{2m/sec}}$
$= 252.88mm$

30 상수시설의 도수관 중 공기밸브의 설치에 대한 내용으로 틀린 것은 어느 것인가?

㉮ 관로의 종단도상에서 상향 돌출부의 하단에 설치해야 하지만 제수밸브의 중간에 상향 돌출부가 없는 경우에는 높은 쪽의 제수밸브 바로 뒤쪽에 설치한다.
㉯ 관경 400mm 이상의 관에는 반드시 급속공기밸브 또는 쌍구공기밸브를 설치하고, 관경 350mm 이하의 관에 대해서는 급속공기밸브 또는 단구공기밸브를 설치한다.
㉰ 공기밸브에는 보수용의 제수밸브를 설치한다.
㉱ 매설관에 설치하는 공기밸브에는 밸브실을 설치한다.

정답 27 ㉱ 28 ㉯ 29 ㉮ 30 ㉮

31 하수처리를 위한 생물처리설비 중 회전원판장치에 대한 내용으로 틀린 것은 어느 것인가?

㉮ 접촉지의 용량은 액량면적비로 결정한다.
㉯ 처리계열은 2계열 이상으로 하고 각 계열은 2개 이상의 접촉지를 직렬로 배치한다.
㉰ 회전원판의 주변속도는 15~20m/min을 표준으로 한다.
㉱ 접촉지의 내벽과 원판 끝부분과의 간격은 원판직경의 5~8%를 표준으로 한다.

32 하수도에 사용되는 펌프형식 중 전양정이 3~12m일 때 적용하고, 펌프구경은 400mm 이상을 표준으로 하며 양정변화에 대하여 수량의 변동이 적고, 또 수량변동에 대해 동력의 변화도 적으므로 우수용 펌프 등 수위변동이 큰 곳에 적합한 펌프는 어느 것인가?

㉮ 원심펌프   ㉯ 사류펌프
㉰ 원심사류펌프   ㉱ 축류펌프

[풀이] ㉯ 사류펌프에 대한 설명이다.

33 하수의 계획오염부하량 및 계획유입수질에 대한 설명으로 틀린 것은 어느 것인가?

㉮ 계획유입수질 : 계획오염부하량을 계획 1일최대오수량으로 나눈 값으로 한다.
㉯ 생활오수에 의한 오염부하량 : 1인1일당 오염부하량 원단위를 기초로 하여 정한다.
㉰ 관광오수에 의한 오염부하량 : 당일관광과 숙박으로 나누고 각각의 원단위에서 추정한다.
㉱ 영업오수에 의한 오염부하량 : 업무의 종류 및 오수의 특징 등을 감안하여 결정한다.

[풀이] ㉮ 계획유입수질 : 계획오염부하량을 계획1일평균오수량으로 나눈 값으로 한다.

34 도시 하수처리장의 원형 침전지에 3,000 m³/day의 하수가 유입되고 위어의 월류부하를 12m³/m-day로 하고자 한다면, 최종 침전지 월류위어(weir)의 길이(m)는 얼마인가?

㉮ 220m   ㉯ 230m
㉰ 240m   ㉱ 250m

[풀이] 월류부하($m^3/m \cdot day$) = $\dfrac{Q(m^3/day)}{L(m)}$

따라서 $12m^3/m \cdot day = \dfrac{3,000m^3/day}{L}$

∴ $L = \dfrac{3,000m^3/day}{12m^3/m \cdot day} = 250m$

정답 31 ㉱ 32 ㉯ 33 ㉮ 34 ㉱

35 연평균 강우량이 1,135mm인 지역에 필요한 저수지의 용량(day)은 얼마인가?
(단, 가정법 적용하시오.)

㉮ 약 126day ㉯ 약 146day
㉰ 약 166day ㉱ 약 186day

풀이 가정법 공식

$$C = \frac{5,000}{(0.8 \times R)^{\frac{1}{2}}}$$

- C : 저수지의 용량(day)
- R : 연평균 강우량(mm)

따라서 $C = \dfrac{5,000}{(0.8 \times 1,135mm)^{\frac{1}{2}}} = 165.93\,day$

36 배수면적이 50km²인 지역의 우수량이 800m³/s일 때 이 지역의 강우강도(I)는 몇 mm/hr인가? (단, 유출계수 : 0.83, 우수량의 산출은 합리식 적용 하시오.)

㉮ 약 70 ㉯ 약 75
㉰ 약 80 ㉱ 약 85

풀이 $Q = \dfrac{1}{360}CIA$

- Q : 우수량(m³/sec)
- C : 유출계수
- I : 강우강도(mm/hr)
- A : 면적(ha) 1km² = 100ha

따라서
$800\,m^3/sec = \dfrac{1}{360} \times 0.83 \times I \times 50km^2 \times 100ha/1km^2$

∴ $I = 69.40\,mm/hr$

37 천정호(얕은 우물)의 경우 양수량 $Q = \dfrac{\pi k(H^2-h^2)}{2.3\log(R/r)}$ 로 표시된다. 반경 0.5m의 천정호 시험정에서 H=6m, h=4m, R=50m의 경우에 Q=10L/sec의 양수량을 얻었다. 조건에서 투수계수 k는 얼마인가?

㉮ 0.043m/분 ㉯ 0.073m/분
㉰ 0.086m/분 ㉱ 0.146m/분

풀이 양수량$(Q) = \dfrac{\pi k(H^2-h^2)}{2.3\log(R/r)}$

① $Q(m^3/min) = 10L/sec \times 10^{-3}m^3/L \times 60sec/min$
   $= 0.6\,m^3/min$

② $0.6\,m^3/min = \dfrac{\pi \times k \times (6^2-4^2)}{2.3\log\left(\dfrac{50m}{0.5m}\right)}$

∴ $k = 0.044\,m/min$

38 강우강도 $I = \dfrac{3,970}{t+31}$ mm/hr, 유역면적 3.0km², 유입시간 180sec, 관거길이 1km, 유출계수 1.1, 하수관의 유속 33m/min일 경우 우수유출량은 얼마인가?
(단, 합리식 적용하시오.)

㉮ 약 29m³/sec ㉯ 약 33m³/sec
㉰ 약 48m³/sec ㉱ 약 57m³/sec

풀이 $Q = \dfrac{1}{360}CIA$

① 강우강도$(I) = \dfrac{3,970}{t+31}$

t(유달시간) = 유입시간+유하시간$\left(\dfrac{길이}{유속}\right)$

$= \left(\dfrac{180sec}{60}\right)min + \left(\dfrac{1,000m}{33m/min}\right)$

$= 33.303\,min$

정답 35 ㉰ 36 ㉮ 37 ㉮ 38 ㉱

따라서 $I = \dfrac{3,970}{t+31} = \dfrac{3,970}{33.303\text{min}+31}$
　　　　$= 61.74\text{mm/hr}$
② 면적(A) = $3.0\text{km}^2 \times 100\text{ha}/1\text{km}^2 = 300\text{ha}$
③ $Q = \dfrac{1}{360} \times 1.1 \times 61.74\text{mm/hr} \times 300\text{ha}$
　　$= 56.60\text{m}^3/\text{sec}$

39 하수도시설기준상 축류펌프의 비교회전도(N_S) 범위로 알맞은 것은 어느 것인가?

㉮ 100~250rpm
㉯ 200~850rpm
㉰ 700~1,200rpm
㉱ 1,100~2,000rpm

40 상수도 시설의 내진설계 방법으로 틀린 것은 어느 것인가?

㉮ 등가적정해석법　㉯ 다중회귀법
㉰ 응답변위법　　　㉱ 동적해석법

[풀이] 상수도 시설의 내진설계 방법으로는 등가적정해석법, 응답변위법, 동적해석법이 있다.

제3과목 | 수질오염방지기술

41 활성슬러지법과 비교하여 생물막 공법의 특징으로 틀린 것은 어느 것인가?

㉮ 적은 에너지를 요구한다.
㉯ 단순한 운전이 가능하다.
㉰ 이차침전지에서 슬러지 벌킹의 문제가 없다.
㉱ 충격독성부하로부터 회복이 느리다.

[풀이] ㉱ 충격독성부하로부터 회복이 빠르다.

42 정수장 여과지의 여상 내부에 기포가 생기면 여과효율이 급격히 감소한다. 여상에 기포가 갇히게 되는 원인으로 틀린 것은 어느 것인가?

㉮ 여상 내부의 수온 상승
㉯ 여상 내부의 압력이 대기압보다 저하
㉰ 여상 내부에 조류가 증식하여 산소 발생
㉱ 여상 내부 수두손실의 급격한 변동

정답 39 ㉱　40 ㉯　41 ㉱　42 ㉱

43 활성슬러지 공법으로부터 1일 3,000kg (건조고형물 기준)이 발생되는 폐슬러지를 호기성으로 소화처리 하고자 할 때 소화조의 용적(m^3)은 얼마인가? (단, 폐슬러지 농도는 3%, 수온이 20℃, 수리학적 체류시간 23일, 비중 1.03)

㉮ 약 1,515m^3 ㉯ 약 1,725m^3
㉰ 약 1,945m^3 ㉱ 약 2,233m^3

풀이 ① 폐슬러지량(m^3/day)
$= \dfrac{\text{고형물량(kg/day)}}{\text{비중량(kg/}m^3\text{)}} \times \dfrac{100}{\text{TS(\%)}}$
$= \dfrac{3,000\text{kg/day}}{1,030\text{kg/}m^3} \times \dfrac{100}{3\%} = 97.087m^3/day$

② 소화조의 용적(m^3)
= 폐슬러지량(m^3/day)×체류시간(day)
= 97.087m^3/day × 23day = 2,233m^3

44 수질성분이 금속 하수도관의 부식에 미치는 영향으로 틀린 것은 어느 것인가?

㉮ 잔류염소는 용존산소와 반응하여 금속 부식을 억제시킨다.
㉯ 용존산소는 여러 부식 반응속도를 증가시킨다.
㉰ 고농도의 염화물이나 황산염은 철, 구리, 납의 부식을 증가시킨다.
㉱ 암모니아는 착화물의 형성을 통하여 구리, 납 등의 용해도를 증가시킬 수 있다.

풀이 ㉮ 잔류염소는 용존산소와 반응하여 금속 부식을 증가시킨다.

45 기계적으로 청소가 되는 바 스크린의 바(bar) 두께는 5mm이고, 바 간의 거리는 30mm이다. 바를 통과하는 유속이 0.90 m/s일 때 스크린을 통과하는 수두손실(m)은 얼마인가?

(단, $h_L = \left(\dfrac{V_B^2 - V_A^2}{2g}\right)\left(\dfrac{1}{0.7}\right)$)

㉮ 0.0157m   ㉯ 0.0238m
㉰ 0.0325m   ㉱ 0.0452m

풀이 $V_a A_a = V_b A_b$ 에서 $V_a = V_b \times \dfrac{A_b}{A_a}$

$A_b = W \times H \times \dfrac{\text{바간격}}{\text{바두께} + \text{바간격}}$
$= W \times H \times \dfrac{30mm}{(5+30)mm} = 0.857WH$

∴ $V_a = 0.90\text{m/sec} \times \dfrac{0.857WH}{WH} = 0.77\text{m/sec}$

따라서
$h_L = \dfrac{(0.9\text{m/sec})^2 - (0.77\text{m/sec})^2}{2 \times 9.8\text{m/sec}^2} \times \left(\dfrac{1}{0.7}\right)$
$= 0.0158m$

TIP
① A_a는 수로이므로 바간격과 바두께 고려안함
② A_b는 통과면적이므로 바간격과 바두께 고려함

정답 43 ㉱   44 ㉮   45 ㉮

46 펜톤처리공정에 대한 내용으로 틀린 것은 어느 것인가?

㉮ 펜톤시약의 반응시간은 철염과 과산화수소수의 주입 농도에 따라 변화를 보인다.
㉯ 펜톤시약을 이용하여 난분해성 유기물을 처리하는 과정은 대체로 산화반응과 함께 pH 조절, 펜톤산화, 중화 및 응집, 침전으로 크게 4단계로 나눌 수 있다.
㉰ 펜톤시약의 효과는 pH 8.3~10 범위에서 가장 강력한 것으로 알려져 있다.
㉱ 폐수의 COD는 감소하지만 BOD는 증가할 수 있다.

[풀이] ㉰ 펜톤시약의 효과는 pH 3~5 범위에서 가장 강력한 것으로 알려져 있다.

47 BAC(Biological Activated Carbon : 생물활성탄)의 단점으로 틀린 것은 어느 것인가?

㉮ 활성탄이 서로 부착, 응집되어 수두손실이 증가될 수 있다.
㉯ 정상상태까지의 기간이 길다.
㉰ 미생물 부착으로 일반 활성탄보다 사용시간이 짧다.
㉱ 활성탄에 병원균이 자랐을 때 문제가 야기될 수 있다.

[풀이] ㉰ 일반 활성탄에 비해 수명을 4배 이상 연장할 수 있다.

48 깊이가 2.75m인 조에서 물의 체류시간을 2분으로 할 때 G값을 500s^{-1}로 유지하는데 필요한 공기의 양(m^3/s)은 얼마인가? (단, 수온 5℃인 경우, Q = 0.21m^3/s, μ=1.518×10^{-3}N·S/m^2, Pa = 101.3×10^{3}N/m^2, P = Pa×Qa×ln[(10.3+h)/10.3]식 적용하시오.)

㉮ 약 0.40m^3/s   ㉯ 약 0.55m^3/s
㉰ 약 0.86m^3/s   ㉱ 약 1.21m^3/s

[풀이] ① P = G^2×μ×V
= (500/sec)^2×1.518×10^{-3}N·S/m^2
×(0.21m^3/sec×60sec/min×2min)
= 9,563.4watt

② P = P$_a$×Q$_a$×ln$\frac{(10.3+h)}{10.3}$

9,563.4watt
= 101.3×10^{3}N/m^2×Q$_a$×ln$\left(\frac{10.3+2.75m}{10.3}\right)$

∴ Q$_a$ = 0.40m^3/sec

49 포기조 내의 혼합액 중 부유물 농도(MLSS)가 2,000g/m^3, 반송슬러지의 부유물 농도가 9,576g/m^{3}이라면 슬러지 반송률(%)은 얼마인가? (단, 유입수내 SS는 고려하지 않는다)

㉮ 23.2%   ㉯ 26.4%
㉰ 28.6%   ㉱ 32.8%

[풀이] ① 반송비(R) = $\frac{\text{MLSS-SS}_i}{\text{SS}_r\text{-MLSS}}$

= $\frac{2,000\text{g/m}^3}{9,576\text{g/m}^3\text{-}2,000\text{g/m}^3}$ = 0.2640

② 반송률(%) = 반송비(R)×100 = 0.2640×100
= 26.40%

50 SBR의 장점으로 틀린 것은 어느 것인가?

㉮ BOD 부하의 변화폭이 큰 경우에 잘 견딘다.
㉯ 처리용량이 큰 처리장에 적용이 용이하다.
㉰ 슬러지 반송을 위한 펌프가 필요없어 배관과 동력이 절감된다.
㉱ 질소와 인의 효율적인 제거가 가능하다.

풀이 ㉯ 처리용량이 작은 처리장에 적용이 용이하다.

TIP
SBR은 연속회분식 활성슬러지법이다.

51 수은계 폐수 처리방법으로 틀린 것은 어느 것인가?

㉮ 수산화물 침전법 ㉯ 흡착법
㉰ 이온교환법   ㉱ 황화물침전법

풀이 수은계 폐수 처리방법으로는 아말감법, 황화물 침전법, 이온교환법, 흡착법이 있다.

52 인구 145,000명인 도시에 완전혼합 활성슬러지 처리장을 설계하고자 한다. 다음과 같은 조건을 이용하여 유출수 BOD$_5$ 10mg/L일 때 반응조 부피(m^3)는 얼마인가?

- 유입수 유량 360L/인-d
- 유입수 BOD$_5$ 205mg/L
- 1차 침전지에서 제거된 유입수 BOD$_5$는 34%
- MLSS 3,000mg/L
- MLVSS는 MLSS의 75%
- K 0.926L/g MLVSS · hr
- 일차반응임
- $\theta = \dfrac{S_i - S_t}{KXS_t}$

㉮ 약 12,000m^3 ㉯ 약 13,000m^3
㉰ 약 14,000m^3 ㉱ 약 15,000m^3

풀이
① $\theta = \dfrac{S_i - S_t}{KXS_t}$
$= \dfrac{205\text{mg/L} \times (1-0.34) - 10\text{mg/L}}{0.926\text{L/g} \cdot \text{hr} \times 3\text{g/L} \times 0.75 \times 10\text{mg/L}}$
$= 6.014\text{hr}$

② 반응조 부피(m^3) = 유량(m^3/day) × 체류시간(day)
유량(Q) = 0.36m^3/인 · day × 145,000인
$= 52,200$m^3/day

체류시간(day) = 6.014hr × $\dfrac{1\text{day}}{24\text{hr}}$ = 0.25day

따라서 반응조 부피(m^3)
= 52,200m^3/day × 0.25day = 13,050m^3

정답 50 ㉯ 51 ㉮ 52 ㉯

53 고도 수처리를 하기 위한 방법인 정밀여과에 대한 내용으로 틀린 것은 어느 것인가?

㉮ 막은 대칭형 다공성막 형태이다.
㉯ 분리형태는 pore size 및 흡착현상에 기인한 체거름이다.
㉰ 추진력은 농도차이다.
㉱ 전자공업의 초순수제조, 무균수제조, 식품의 무균여과에 적용한다.

[풀이] ㉰ 추진력은 정수압차이다.

54 분리막을 이용한 수처리 방법 중 추진력이 정수압차가 아닌 것은 어느 것인가?

㉮ 투석   ㉯ 정밀여과
㉰ 역삼투 ㉱ 한외여과

[풀이] 투석은 농도차, 전기투석은 전위차이다.

55 부유입자에 의한 백색광 산란을 설명하는 Raleigh의 법칙은 어느 것인가? (단, I : 산란광의 세기, V : 입자의 체적, λ : 빛의 파장, n : 입자의 수)

㉮ $I \propto \dfrac{V^2}{\lambda^4} n$ ㉯ $I \propto \dfrac{V}{\lambda^2} n$

㉰ $I \propto \dfrac{V}{\lambda} n^2$ ㉱ $I \propto \dfrac{V}{\lambda^2} n^2$

56 폐수처리시설을 설치하기 위하여 다음 설계기준으로 처리하고자 한다. 필요한 활성슬러지 반응조의 수리학적 체류시간(HRT)은 얼마인가? (단, 설계기준 : 일 폐수량 40L, BOD 농도 20,000mg/L, MLSS 5,000mg/L, F/M 1.5kg BOD/kg MLSS · d)

㉮ 24hr   ㉯ 48hr
㉰ 64hr   ㉱ 88hr

[풀이] ① F/M비 $= \dfrac{BOD \times Q}{MLSS \times V} = \dfrac{BOD}{MLSS} \times \dfrac{1}{HRT}$

$1.5/day = \dfrac{20,000mg/L}{5,000mg/L} \times \dfrac{1}{HRT}$

$\therefore HRT = \dfrac{20,000mg/L / 5,000mg/L}{1.5/day}$

$= 2.667day$

② $HRT(hr) = 2.667day \times \dfrac{24hr}{1day} = 64.0hr$

57 Cd^{2+}가 함유된 폐수의 pH를 높여주면 수산화카드뮴의 침전물이 생성되어 제거된다. 20℃, pH 11에서 폐수 내 이론적 카드뮴 이온의 농도(mg/L)는 얼마인가? (단, 20℃, pH 11에서 수산화카드뮴의 용해도적은 4.0×10^{-14}이며 카드뮴 원자량은 112.4이다.)

㉮ 3.5×10^{-5}mg/L   ㉯ 4.5×10^{-5}mg/L
㉰ 3.5×10^{-3}mg/L   ㉱ 4.5×10^{-3}mg/L

[풀이] ① $Cd(OH)_2 \rightarrow Cd^{2+} + 2OH^-$
용해도적(Ksp) = $[Cd^{2+}][OH^-]^2$
pH = 11 ⇒ pOH = 14-11 = 3
$[OH^-] = 10^{-pOH} mol/L = 10^{-3} mol/L$
따라서 $4.0 \times 10^{-14} = [Cd^{2+}][10^{-3}mol/L]^2$

$\therefore [Cd^{2+}] = \dfrac{4.0 \times 10^{-14}}{[10^{-3}mol/L]^2} = 4.0 \times 10^{-8} mol/L$

② Cd^{2+}의 mg/L

정답 53 ㉰ 54 ㉮ 55 ㉮ 56 ㉰ 57 ㉱

$$= \frac{4.0\times10^{-8}\text{mol}}{\text{L}} \times \frac{112.4\text{g}}{1\text{mol}} \times \frac{10^3\text{mg}}{1\text{g}}$$
$$= 4.5\times10^{-3}\text{mg/L}$$

58 활성슬러지 처리방법별 F/M 비가 가장 높은 공법은 어느 것인가?

㉮ 표준활성슬러지법
㉯ 순산소활성슬러지법
㉰ 장기포기법
㉱ 산화구법

풀이 활성슬러지 처리방법별 F/M 비
㉮ 표준활성슬러지법 : 0.2~0.4kgBOD/kgSS · day
㉯ 순산소활성슬러지법 : 0.3~0.6kgBOD/kgSS · day
㉰ 장기포기법 : 0.03~0.05kgBOD/kgSS · day
㉱ 산화구법 : 0.03~0.05kgBOD/kgSS · day

59 반지름이 8cm인 원형 관로에서 유체의 유속이 20m/sec일 때 반지름이 40cm인 곳에서의 유속(m/sec)은 얼마인가? (단, 유량은 동일하며 기타 조건은 고려하지 않는다.)

㉮ 0.8   ㉯ 1.6
㉰ 2.2   ㉱ 3.4

풀이 $Q = A \times v = \frac{\pi D^2}{4} \times v$

$\frac{\pi}{4} \times (2\times0.08\text{m})^2 \times 20\text{m/sec} = \frac{\pi}{4} \times (2\times0.4\text{m})^2 \times v$

∴ v = 0.8m/sec

60 BOD 250mg/L, 유입 폐수량 30,000 m³/day, MLSS 농도 2,500mg/L이고 체류시간이 6시간인 폐수를 활성슬러지법으로 처리한다면 BOD 슬러지부하는 얼마인가?

㉮ 0.4kg BOD/kg MLSS · day
㉯ 0.3kg BOD/kg MLSS · day
㉰ 0.2kg BOD/kg MLSS · day
㉱ 0.1kg BOD/kg MLSS · day

풀이 $\text{F/M비} = \frac{\text{BOD} \times Q}{\text{MLSS} \times V} = \frac{\text{BOD}}{\text{MLSS}} \times \frac{1}{t}$

$= \frac{250\text{mg/L}}{2,500\text{mg/L}} \times \frac{1}{\left(\frac{6\text{hr}}{24}\right)\text{day}} = 0.4/\text{day}$

제4과목 | 수질오염공정시험기준

61 수산화나트륨(NaOH) 10g을 물에 녹여서 500mL로 하였을 경우 몇 N 용액인가?

㉮ 0.1N   ㉯ 0.25N
㉰ 0.5N   ㉱ 0.75N

풀이 $N = \frac{\text{질량(g)}}{\text{부피(L)}} \times \frac{1\text{eq}}{1\text{당량 g}} = \frac{10\text{g}}{0.5\text{L}} \times \frac{1\text{eq}}{40\text{g}} = 0.5\text{N}$

TIP
① N = eq/L
② 1당량g = $\frac{\text{분자량(g)}}{\text{가수}}$
③ NaOH의 분자량 = 23+16+1 = 40g

정답 58 ㉯   59 ㉮   60 ㉮   61 ㉰

62 현장에서 용존산소 측정이 어려운 경우에는 시료를 가득 채운 300mL BOD병에 황산망간용액 1mL, 알칼리성 요오드화칼륨-아지이드화 나트륨 용액 1mL를 넣는다. 만약 시료 중 Fe(Ⅲ)이 함유되어 있을 때에 넣어주는 용액은 어느 것인가?

㉮ KF 용액 ㉯ KI 용액
㉰ H_2SO_4 ㉱ 전분용액

63 흡광도 측정에서 투과율이 30%일 때 흡광도는 얼마인가?

㉮ 0.37 ㉯ 0.42
㉰ 0.52 ㉱ 0.63

[풀이] 흡광도$(A) = \log \dfrac{1}{투과율} = \log \dfrac{1}{0.30} = 0.52$

TIP
① 투과율+흡수율 = 100%
② 투과율 = 100-흡수율(%)

64 정량한계(LOQ)를 옳게 표시한 것은 어느 것인가?

㉮ 정량한계 = 3×표준편차
㉯ 정량한계 = 3.3×표준편차
㉰ 정량한계 = 5×표준편차
㉱ 정량한계 = 10×표준편차

65 BOD 측정용 시료의 전처리 조작에 대한 내용으로 틀린 것은 어느 것인가?

㉮ 산성 시료는 수산화나트륨용액(1M)으로 중화시킨다.
㉯ 알칼리성 시료는 염산용액(1M)으로 중화시킨다.
㉰ 일반적으로 잔류염소를 함유한 시료는 반드시 식종을 실시한다.
㉱ 수온이 20℃ 이상인 시료는 10℃ 이하로 식힌 후 통기시켜 산소를 포화시켜 준다.

[풀이] ㉱ 수온이 20℃ 이하인 시료는 23~25℃로 상승시킨 이후에 15분간 통기하고 방치하고 냉각하여 수온을 다시 20℃로 한다.

66 시료의 전처리 방법인 회화에 의한 분해 방법의 설명으로 틀린 것은 어느 것인가?

㉮ 시료중에 염화암모늄, 염화마그네슘 등이 다량 함유된 경우에는 납, 철, 주석, 아연 등이 휘산되어 손실을 가져오므로 주의하여야 한다.
㉯ 시료 적당량(100~500mL)을 취하여 백금, 실리카 또는 자체증발접시에 넣고 물중탕 또는 열판에서 가열하여 증발건고 한다.
㉰ 잔류물이 녹으면 냉수 100mL를 넣고 여과하여 거름종이를 냉수로 2회 씻어준다.
㉱ 목적성분이 400℃ 이상에서 휘산되지 않고 쉽게 회화될 수 있는 시료에 적용된다.

[풀이] ㉰ 잔류물이 녹으면 온수 20mL를 넣고 여과하여 거름종이를 온수로 3회 씻어준다.

정답 62 ㉮ 63 ㉰ 64 ㉱ 65 ㉱ 66 ㉰

67 폐수중의 비소를 자외선/가시선 분광법으로 측정하려고 한다. 비소 정량에 방해하는 황화수소 기체를 제거할 때 사용되는 시약은 어느 것인가?

㉮ 몰리브덴산나트륨
㉯ 나트륨붕소
㉰ 안티몬수은
㉱ 아세트산납

풀이 황화수소 기체를 제거할 때 사용되는 시약은 아세트산납이다.

68 다이페닐카바지이드와 반응하여 생성하는 적자색 착화합물의 흡광도를 540 nm에서 측정하는 중금속은 어느 것인가?

㉮ 6가 크롬   ㉯ 인산염인
㉰ 구리   ㉱ 총인

풀이 ㉮ 6가 크롬에 대한 설명이다.

69 음이온 계면활성제를 자외선/가시선 분광법으로 측정할 때 사용되는 시약으로 알맞은 것은 어느 것인가?

㉮ 메틸 레드   ㉯ 메틸 오렌지
㉰ 메틸렌 블루   ㉱ 메틸렌 옐로우

풀이 음이온 계면활성제를 자외선/가시선 분광법으로 측정할 때 사용되는 시약은 메틸렌 블루이다.

70 원자흡수분광광도법에서 일어나는 간섭의 설명으로 틀린 것은 어느 것인가?

㉮ 광학적 간섭 : 분석하고자 하는 원소의 흡수파장과 비슷한 다른 원소의 파장이 서로 겹쳐 비이상적으로 높게 측정되는 경우
㉯ 물리적 간섭 : 표준용액과 시료 또는 시료와 시료간의 물리적 성질(점도, 밀도, 표면장력 등)의 차이 또는 표준물질과 시료의 매질(matrix) 차이에 의해 발생
㉰ 화학적 간섭 : 불꽃의 온도가 분자를 들뜬 상태로 만들기에 충분히 높지 않아서, 해당 파장을 흡수하지 못하여 발생
㉱ 이온화 간섭 : 불꽃온도가 너무 낮을 경우 중성원자에서 전자를 빼앗아 이온이 생성될 수 있으며 이 경우 양(+)의 오차가 발생

풀이 ㉱ 이온화 간섭 : 불꽃온도가 너무 높을 경우 중성원자에서 전자를 빼앗아 이온이 생성될 수 있으며 이 경우 음(-)의 오차가 발생

71 원자흡수분광광도법에 의한 금속측정에 대한 내용으로 틀린 것은 어느 것인가?

㉮ 아연검정에 있어서 디티존에 따라 선택 추출한 경우는 니켈이나 코발트를 억제하기 때문에 펠옥시소 이황산 칼륨을 가한다.
㉯ 6가 크롬 측정에 있어서 공존 금속류에 의한 간섭을 억제하기 위해서는 황산나트륨을 첨가한다.
㉰ 용해성 철 측정에 있어서 다량의 실리카가 포함되어 있을 때는 칼슘을 첨가하여 그 간섭을 억제한다.
㉱ 용해성 망간 측정에 있어서 미량의 경우에는 철 공침법으로 농축한다.

정답 67 ㉱ 68 ㉮ 69 ㉰ 70 ㉱ 71 ㉮

72 다이크롬산칼륨법에 의한 화학적 산소 요구량에 대한 내용으로 틀린 것은 어느 것인가?

㉮ 2시간 이상 끓인 다음 최초에 넣은 다이크롬산 칼륨액의 60~70%가 남도록 취하여야 한다.
㉯ 황산제일철암모늄용액으로 적정하여 시료에 의해 소비된 다이크롬산칼륨을 계산하고 이에 상당하는 산소의 양을 측정하는 방법이다.
㉰ 지표수, 지하수, 폐수 등에 적용하며, COD 5~50mg/L의 낮은 농도범위를 갖는 시료에 적용한다.
㉱ 염소이온의 농도가 1,000mg/L 이상의 농도일 때에는 COD값이 최소한 250mg/L 이상의 농도이어야 한다.

[풀이] ㉮ 2시간 이상 끓인 다음 최초에 넣은 다이크롬산 칼륨액의 약 반이 남도록 취한다.

73 하천의 수심이 0.5m일 때 유속을 측정하기 위해 각 수심의 유속을 측정한 결과 수심 20%지점 1.7m/sec, 수심 40%지점 1.5m/sec, 60%지점 1.3m/sec, 80%지점 1.0m/sec이었다. 평균 유속(m/sec, 소구간단면기준)은 얼마인가?

㉮ 1.15 ㉯ 1.25
㉰ 1.35 ㉱ 1.45

[풀이] 평균유속 $= \dfrac{V_{0.2}+V_{0.8}}{2} = \dfrac{1.7\text{m/sec}+1.0\text{m/sec}}{2}$
$= 1.35\text{m/sec}$

TIP

평균유속 공식
① 수심이 0.4m 미만일 때 평균유속 $= V_{0.6}$
② 수심이 0.4m 이상일 때 평균유속 $= \dfrac{V_{0.2}+V_{0.8}}{2}$

74 웨어의 수두가 0.8m, 절단의 폭이 5m인 4각 웨어를 사용하여 유량을 측정하고자 한다. 유량계수가 1.6일 때 유량(m^3/day)은 얼마인가?

㉮ 약 4,345m^3/day   ㉯ 약 6,925m^3/day
㉰ 약 8,245m^3/day   ㉱ 약 10,370m^3/day

[풀이] ① $Q = k \cdot b \cdot h^{\frac{3}{2}} (m^3/\text{min}) = 1.6 \times 5m \times (0.8m)^{\frac{3}{2}}$
$= 5.7243 m^3/\text{min}$

② $Q(m^3/\text{day}) = \dfrac{5.7243 m^3}{\text{min}} \times \dfrac{60\text{min}}{1\text{hr}} \times \dfrac{24\text{hr}}{1\text{day}}$
$= 8,243 m^3/\text{day}$

75 기체크로마토그래피법으로 인 또는 유황화합물을 선택적으로 검출하려 할 때 사용되는 검출기는 어느 것인가?

㉮ ECD   ㉯ FID
㉰ FPD   ㉱ TCD

[풀이] 인 또는 유황화합물을 선택적으로 검출하려 할 때 사용되는 검출기는 불꽃광도검출기(FPD)이다.

정답 72 ㉮ 73 ㉰ 74 ㉰ 75 ㉰

76 다음 설명 중 틀린 것은 어느 것인가?

㉮ 연속측정 또는 현장측정의 목적으로 사용하는 측정기기는 공정시험방법에 의한 측정치와의 정확한 보정을 행한 후 사용할 수 있다.
㉯ 검정곡선은 분석물질의 농도변화에 따른 지시값을 나타낸 것을 말한다.
㉰ 표준편차율이라 함은 평균값을 표준편차로 나눈 값의 백분율로서 반복조작시의 편차를 상대적으로 표시한 것을 말한다.
㉱ 기기검출한계(IDL)란 시험분석 대상물질을 기기가 검출할 수 있는 최소한의 농도 또는 양을 의미한다.

[풀이] ㉰ 표준편차율이라 함은 표준편차를 평균값으로 나눈 값의 백분율로서 반복 조작시의 편차를 상대적으로 표시한 것을 말한다.

77 아연(자외선/가시선 분광법)정량에 관한 설명 중 (   )안에 들어갈 말은 어느 것인가?

> 물속에 존재하는 아연을 측정하기 위하여 아연이온이 pH 약 9에서 진콘과 반응하여 생성하는 (   )에서 측정하는 방법이다.

㉮ 적갈색 킬레이트 화합물의 흡광도를 460nm
㉯ 적색 킬레이트 화합물의 흡광도를 520nm
㉰ 황색 킬레이트 화합물의 흡광도를 560nm
㉱ 청색 킬레이트 화합물의 흡광도를 620nm

78 시료채취 시 유의사항에 관한 내용으로 틀린 것은 어느 것인가?

㉮ 채취용기는 시료를 채우기 전에 시료로 3회 이상 세척 후 사용한다.
㉯ 수소이온을 측정하기 위한 시료를 채취할때에는 운반 중 공기와 접촉이 없도록 용기에 가득 채운다.
㉰ 휘발성유기화합물 분석용 시료를 채취할 때에는 뚜껑에 격막이 생성되지 않도록 주의 한다.
㉱ 시료채취량은 시험항목 및 시험회수에 따라 차이가 있으나 보통 3~5리터 정도이다.

[풀이] ㉰ 휘발성유기화합물 분석용 시료를 채취할 때에는 뚜껑의 격막을 만지지 않도록 주의 하여야 한다.

79 물벼룩을 이용한 급성 독성시험법에서 사용하는 용어의 정의로 틀린 것은?

㉮ 치사 : 일정 희석 비율로 준비된 시료에 물벼룩을 투입하여 24시간 경과 후 시험용기를 손으로 살짝 두드려 주고, 15초 후 관찰했을 때 독성물질에 의해 영향을 받아 움직임이 명백하게 없는 상태를 '치사'라 판정한다.
㉯ 유영저해 : 일정 희석 비율로 준비된 시료에 물벼룩을 투입하여 24시간 경과 후 시험용기를 손으로 살짝 두드려 주고, 15초 후 관찰했을 때 독성물질에 의해 영향을 받아 움직임이 없을 경우를 '유영저해'로 판정한다. 이 때 안테나나 다리 등 부속지를 움직인다 하더라도 유영을 하지 못한다면 '유영저해'로 판정한다.
㉰ 반수영향농도 : 투입 시험생물의 50%가 치사 혹은 유영저해를 나타낸 농도이다.
㉱ 지수식 시험방법 : 시험기간 중 시험용액을 교환하는 시험을 말한다.

정답 76 ㉰ 77 ㉱ 78 ㉰ 79 ㉱

풀이 ㉣ 지수식 시험방법 : 시험기간 중 시험용액을 교환하지 않는 시험을 말한다.

80 부유물질 측정 시 간섭물질에 대한 내용으로 틀린 것은 어느 것인가?

㉮ 증발잔류물이 1,000mg/L 이상인 경우의 해수, 공장폐수 등은 특별히 취급하지 않을 경우, 높은 부유물질 값을 나타낼 수 있다.
㉯ 큰 모래입자 등과 같은 큰 입자들은 부유물질 측정에 방해를 주며 이 경우 직경 1mm 여과지에 먼저 통과시킨 후 분석을 실시한다.
㉰ 철 또는 칼슘이 높은 시료는 금속침전이 발생하며 부유물질 측정에 영향을 줄 수 있다.
㉱ 유지 및 혼합되지 않는 유기물도 여과지에 남아 부유 물질 측정값을 높게 할 수 있다.

풀이 ㉯ 큰 모래입자 등과 같은 큰 입자들은 부유물질 측정에 방해를 주며 이 경우 직경 2mm 금속망을 먼저 통과시킨 후 분석을 실시한다.

| 제5과목 | 수질환경관계법규

81 환경기술인의 교육기관으로 알맞은 것은 어느 것인가?

㉮ 국립환경인재개발원
㉯ 한국상하수도협회
㉰ 환경보전협회
㉱ 국립환경과학원

풀이 환경기술인 등의 교육기관은 환경보전협회이다.

82 일일기준 초과배출량의 산정방법으로 알맞은 것은 어느 것인가?

㉮ 일일유량×배출허용기준농도×10^{-6}
㉯ 일일유량×배출허용기준농도×10^{-3}
㉰ 일일유량×배출허용기준 초과농도×10^{-6}
㉱ 일일유량×배출허용기준 초과농도×10^{-3}

83 다음 중 공공폐수처리시설 기본계획에 포함되어야 할 사항으로 틀린 것은 어느 것인가?

㉮ 공공폐수처리시설에서 배출허용기준 적합여부 및 근거에 관한 사항
㉯ 공공폐수처리시설의 폐수처리계통도, 처리능력 및 처리방법에 관한 사항
㉰ 공공폐수처리시설의 설치·운영자에 관한 사항
㉱ 오염원 분포 및 폐수배출량과 그 예측에 관한 사항

TIP
공공폐수처리시설 기본계획에 포함되어야 할 사항
① 공공폐수처리시설에서 처리하려는 대상 지역에 관한 사항
② 오염원분포 및 폐수배출량과 그 예측에 관한 사항
③ 공공폐수처리시설의 폐수처리계통도, 처리능력 및 처리방법에 관한 사항
④ 공공폐수처리시설에서 처리된 폐수가 방류수역의 수질에 미치는 영향에 관한 평가
⑤ 공공폐수처리시설의 설치·운영자에 관한 사항
⑥ 공공폐수처리시설 부담금의 비용부담에 관한 사항
⑦ 총사업비, 분야별 사업비 및 그 산출근거
⑧ 연차별 투자계획 및 자금조달계획
⑨ 토지 등의 수용·사용에 관한 사항
⑩ 그 밖에 공공폐수처리시설의 설치·운영에 필요

정답 80 ㉯ 81 ㉰ 82 ㉰ 83 ㉮

한 사항

84 상수원 구간의 수질오염경보인 조류경보 단계 중 [관심]단계의 발령·해제기준으로 알맞은 것은 어느 것인가?

㉮ 2회 연속 채취시 남조류 세포수가 1,000세포/mL 미만인 경우
㉯ 2회 연속 채취 시 남조류 세포수가 1,000세포/mL 이상 10,000세포/mL 미만인 경우
㉰ 2회 연속 채취시 남조류 세포수가 5,000세포/mL 이상 50,000세포/mL 미만인 경우
㉱ 2회 연속 채취시 남조류 세포수가 10,000세포/mL 이상 1,000,000세포/mL 미만인 경우

풀이 상수원 구간 조류경보
① 관심단계 : 2회 연속 채취 시 남조류 세포수가 1,000세포/mL 이상 10,000세포/mL 미만인 경우
② 경계단계 : 2회 연속 채취 시 남조류 세포수가 10,000세포/mL 이상 1,000,000세포/mL 미만인 경우
③ 조류대발생단계 : 2회 연속 채취 시 남조류 세포수가 1,000,000세포/mL 이상인 경우

85 변경승인을 받아야 할 공공폐수처리시설 기본계획의 중요사항 중 "환경부령이 정하는 중요사항"의 변경(기준)으로 알맞은 것은 어느 것인가?

㉮ 총 사업비의 100분의 10 이상에 해당하는 사업비
㉯ 총 사업비의 100분의 20 이상에 해당하는 사업비
㉰ 총 사업비의 100분의 25 이상에 해당하는 사업비
㉱ 총 사업비의 100분의 50 이상에 해당하는 사업비

풀이 환경부령이 정하는 중요사항의 변경기준은 총 사업비의 100분의 25 이상에 해당하는 사업비이다.

86 수질환경기준(하천) 중 사람의 건강보호를 위한 전수역에서 각 성분별 환경기준으로 알맞은 것은 어느 것인가?

㉮ 비소(As) : 0.1mg/L 이하
㉯ 납(Pb) : 0.01mg/L 이하
㉰ 6가 크롬(Cr^{+6}) : 0.05mg/L 이하
㉱ 음이온계면활성제(ABS) : 0.01mg/L 이하

풀이 ㉮ 비소(As) : 0.05mg/L 이하
㉯ 납(Pb) : 0.05mg/L 이하
㉱ 음이온계면활성제(ABS) : 0.5mg/L 이하

정답 84 ㉯ 85 ㉰ 86 ㉰

87 위임업무 보고사항 중 업무내용과 보고기일이 잘못 짝지어진 것은 어느 것인가?

㉮ 폐수처리업에 대한 등록·지도단속실적 및 처리실적 - 매반기 종료 후 15일 이내
㉯ 폐수위탁·사업장 내 처리현황 및 처리실적 - 다음해 1월 15일 까지
㉰ 배출업소 등에 따른 수질오염사고 발생 및 조치사항 - 사고발생 시
㉱ 과징금 부과 실적 - 매분기 종료 후 15일 이내

[풀이] ㉱ 과징금 부과 실적 - 매반기 종료 후 10일 이내

88 기타수질오염원의 대상과 규모 기준으로 틀린 것은 어느 것인가?

㉮ 자동차 폐차장 시설로서 면적 1,500m^2 이상인 시설
㉯ 조류의 알을 물세척만 하는 시설로서 물 사용량이 1일 5m^3 이상인 시설
㉰ 농산물을 보관·수송 등을 위하여 소금으로 절임만 하는 시설로서 용량 10m^3 이상인 시설
㉱ 「내수면 어업법」에 따른 가두리양식 어장으로서 수조 면적 합계 500m^2 이상인 시설

[풀이] ㉱ 「내수면 어업법」에 따른 가두리양식 어장은 면허대상 모두

89 오염총량관리기본방침에 포함되어야 하는 사항으로 틀린 것은 어느 것인가?

㉮ 오염총량관리지역 현황
㉯ 오염총량관리의 목표
㉰ 오염원의 조사 및 오염부하량 산정방법
㉱ 오염총량관리의 대상 수질오염물질 종류

[풀이] 오염총량관리기본방침에 포함되어야 하는 사항으로는 ㉯·㉰·㉱외에 오염총량관리기본계획의 주체, 내용, 방법 및 시한 그리고 오염총량관리시행계획의 내용 및 방법이 있다.

90 기타수질오염원 시설인 골프장의 규모 기준으로 알맞은 것은 어느 것인가? (단, 골프장 : 체육시설의 설치·이용에 관한 법률 시행령에 따른 골프장)

㉮ 면적 10만m^2 이상이거나 3홀 이상
㉯ 면적 10만m^2 이상이거나 9홀 이상
㉰ 면적 3만m^2 이상이거나 3홀 이상
㉱ 면적 3만m^2 이상이거나 9홀 이상

[풀이] 기타수질오염원 시설인 골프장의 규모기준은 면적 3만m^2 이상이거나 3홀 이상이다.

91 물환경보전법에서 사용하는 용어 정의로 틀린 것은 어느 것인가?

㉮ 폐수란 액체성 또는 고체성의 수질오염물질이 혼입되어 그대로 사용할 수 없는 물로 환경부령이 정하는 것을 말한다.
㉯ 수면관리자란 다른 법령에 따라 호소를 관리하는 자를 말한다. 이 경우 동일한 호소를 관리하는 자가 둘 이상인 경우에는 하천법에 따른 하천관리청 외의 자가 수면관리자가 된다.
㉰ 특정수질유해물질이란 사람의 건강, 재산이나 동식물의 생육에 직접 또는 간접으로 위해를 줄 우려가 있는 수질오염물질로서 환경부령으로 정하는 것을 말한다.
㉱ 수질오염방지시설이란 점오염원, 비점오염원 및 기타수질오염원으로부터 배출되는 수질오염물질을 제거하거나 감

정답 87 ㉱ 88 ㉱ 89 ㉮ 90 ㉰ 91 ㉮

소하게 하는 시설로서 환경부령으로 정하는 것을 말한다.

풀이 ㉮ 폐수란 물에 액체성 또는 고체성의 수질오염물질이 혼입되어 그대로 사용할 수 없는 물을 말한다.

92 1일 800m³의 폐수가 배출되는 사업장의 환경기술인의 자격기준으로 알맞은 것은 어느 것인가?

㉮ 수질환경기사 1명 이상
㉯ 수질환경산업기사 1명 이상
㉰ 환경기능사 1명 이상
㉱ 2년 이상 수질분야 환경관련 업무에 직접 종사한 자 1명 이상

풀이 1일 800m³의 폐수가 배출되는 사업장은 제2종사업장이므로 수질환경산업기사 1명 이상이다.

93 측정망 설치계획 결정·고시 시 허가를 받은 것으로 볼 수 있는 사항으로 틀린 것은 어느 것인가?

㉮ 하천법 규정에 의한 하천공사의 허가
㉯ 하천법 규정에 의한 하천점용의 허가
㉰ 농지관리법 규정에 의한 농지점용의 허가
㉱ 도로법 규정에 의한 도로점용의 허가

풀이 ㉮·㉯·㉱외에 공유수면관리법의 규정에 의한 공유수면의 점용·사용허가가 있다.

94 방지시설설치의 면제를 받을 수 있는 기준에 해당되는 경우로 틀린 것은 어느 것인가?

㉮ 배출시설의 기능 및 공정상 오염물질이 항상 배출허용기준 이하로 배출되는 경우
㉯ 폐수처리업의 등록을 한 자에게 환경부령이 정하는 폐수를 전량 위탁처리하는 경우
㉰ 발생 폐수의 전량 재이용 등 방지시설을 설치하지 아니하고도 수질오염물질을 적정하게 처리할 수 있는 경우
㉱ 발생 폐수를 공공폐수처리시설에 재배출하여 처리하는 경우

95 초과배출부과금 산정 시 적용되는 위반횟수별 부과계수에 대한 내용이다. ( )에 알맞은 것은 어느 것인가?

> 폐수무방류배출시설에 대한 위반횟수별 부과계수는 처음 위반한 경우 (①)로 하고, 다음 위반부터는 그 위반직전의 부과계수에 (②)를 곱한 것으로 한다.

㉮ ① 1.5, ② 1.3   ㉯ ① 1.8, ② 1.5
㉰ ① 2.1, ② 1.7   ㉱ ① 2.4, ② 1.9

96 배출시설의 설치를 제한할 수 있는 지역의 범위는 누구의 령(令)으로 정하는가?

㉮ 시장, 군수, 구청장
㉯ 시, 도지사
㉰ 환경부장관
㉱ 대통령

풀이 배출시설의 설치를 제한할 수 있는 지역의 범위는 대통령령으로 정한다.

정답 92 ㉯   93 ㉰   94 ㉱   95 ㉯   96 ㉱

97 오염물질 희석처리의 인정을 받으려는 자가 시·도지사에게 제출하여야 하는 서류로 틀린 것은 어느 것인가?

㉮ 처리하려는 폐수의 농도
㉯ 희석처리의 불가피성
㉰ 희석처리방법 및 계통도
㉱ 처리하려는 폐수의 특성

98 오염총량 초과부과금에 대한 내용으로 틀린 것은 어느 것인가?

㉮ 할당오염부하량등을 초과하여 배출한 자로부터 오염총량 초과부과금을 부과·징수한다.
㉯ 오염총량 초과부과금은 초과배출이익에 초과율별·위반횟수별·지역별 부과계수를 각각 곱하여 산정한다.
㉰ 오염총량 초과부과금 납부통지를 받은 자는 그 납부통지를 받은 날부터 15일 이내에 관제센터에 오염총량 초과부과금 조정을 신청할 수 있다.
㉱ 오염총량 초과부과금의 납부통지는 부과사유가 발생한 날부터 60일 이내에 하여야 한다.

[풀이] ㉰ 오염총량 초과부과금 납부통지를 받은 자는 그 납부통지를 받은 날부터 30일 이내에 관제센터에 오염총량 초과부과금 조정을 신청할 수 있다.

99 사업장별 환경기술인의 자격기준에 대한 내용으로 틀린 것은 어느 것인가?

㉮ 방지시설 설치면제대상 사업장과 배출시설에서 배출되는 오염물질 등을 공동방지시설에서 처리하게 하는 사업장은 4, 5종 사업장에 해당하는 환경기술인을 두어야 한다.
㉯ 연간 90일 미만 조업하는 1, 2, 3종 사업장은 4, 5종 사업장에 해당하는 환경기술인을 선임할 수 있다.
㉰ 공동방지시설에 있어서 폐수배출량이 4종 및 5종 사업장의 규모에 해당하는 경우에는 3종 사업장에 해당하는 환경기술인을 두어야 한다.
㉱ 1종 또는 2종사업장 중 1월간 실제 작업한 날만을 계산하여 1일 평균 17시간 이상 작업하는 경우에 그 사업장은 환경기술인을 각 2인 이상을 두어야 한다. 이 경우 각각 1인을 제외한 나머지 인원은 3종 사업장에 해당하는 환경기술인으로 대체할 수 있다.

[풀이] ㉮ 방지시설 설치면제대상 사업장과 배출시설에서 배출되는 오염물질 등을 공동방지시설에서 처리하게 하는 사업장은 4, 5종 사업장에 해당하는 환경기술인을 둘 수 있다.

[참고] 법규 개정으로 ㉱번 삭제됨

100 국립환경과학원장, 유역환경청장, 지방환경청장이 설치할 수 있는 측정망의 종류로 틀린 것은 어느 것인가?

㉮ 비점오염원에서 배출되는 비점오염물질 측정망
㉯ 퇴적물 측정망
㉰ 도심하천 측정망
㉱ 공공수역 유해물질 측정망

[풀이] ㉰ 도심하천 측정망은 시·도지사, 대도시의 장, 수면관리자가 설치 운영하는 측정망의 종류이다.

정답 97 ㉰ 98 ㉰ 99 ㉮ 100 ㉰

2016년 2회 수질환경기사

2016년 5월 8일 시행

| 제1과목 | 수질오염개론

01 수질오염물질별 인체영향(질환)이 틀리게 연결된 것은 어느 것인가?

㉮ 비소 : 법랑 반점
㉯ 크롬 : 비중격 연골천공
㉰ 아연 : 기관지 자극 및 폐염
㉱ 납 : 근육과 관절의 장애

풀이 ㉮ 불소 : 법랑 반점

02 하천의 DO가 8mg/L, BOD_u가 10mg/L일 때, 용존산소곡선(DO Sag Curve)에서의 임계점에 도달하는 시간(day)은 얼마인가? (단, 온도는 20℃, DO 포화농도는 9.2mg/L, $k_1 = 0.1/day$, $k_2 = 0.2/day$, $t_c = \dfrac{1}{k_1(f-1)} \log\left[f\left\{1-(f-1)\dfrac{D_o}{L_o}\right\}\right]$이다. 상용대수 기준이다.)

㉮ 2.46day   ㉯ 2.64day
㉰ 2.78day   ㉱ 2.93day

풀이 $t_c = \dfrac{1}{k_1(f-1)} \log\left[f\left\{1-(f-1)\dfrac{D_o}{L_o}\right\}\right]$

$\begin{bmatrix} t_c : \text{임계점 도달시간(day)} \\ k_1 : \text{탈산소계수(/day)} \\ k_2 : \text{재폭기계수(/day)} \\ f : \text{자정계수}\left(f = \dfrac{k_2}{k_1} = \dfrac{0.2/day}{0.1/day} = 2\right) \\ L_o : \text{최종 BOD}(= BOD_u) \\ D_o : \text{초기산소부족량} \\ (D_o = C_S - C = 9.2mg/L - 8mg/L = 1.2mg/L) \end{bmatrix}$

따라서
$t_c = \dfrac{1}{0.1/day \times (2-1)} \log\left\{2 \times \left[1-(2-1) \times \left(\dfrac{1.2mg/L}{10mg/L}\right)\right]\right\}$
$= 2.46 day$

03 저수지의 용량이 $2.8 \times 10^8 m^3$이고 염분의 농도가 1.25%이며 유량은 $2.4 \times 10^9 m^3/$년 이라면 저수지 염분농도가 200mg/L로 될 때까지의 소요시간(개월)은 얼마인가? (단, 염분 유입은 없으며 저수지는 완전혼합 반응조, 1차반응(자연대수)로 가정한다.)

㉮ 4.6개월   ㉯ 5.8개월
㉰ 6.9개월   ㉱ 7.4개월

풀이 1차 반응식 : $\ln\left(\dfrac{C_t}{C_o}\right) = -\left(\dfrac{Q}{V}\right) \times t$

$\begin{bmatrix} C_o : \text{초기농도}(1.25\% = 1.25 \times 10^4 mg/L) \\ C_t : t\text{시간 후의 농도}(200mg/L) \\ Q : \text{유량}(2.4 \times 10^9 m^3/\text{년}) \\ V : \text{체적}(2.8 \times 10^8 m^3) \end{bmatrix}$

따라서 $\ln \dfrac{200mg/L}{1.25 \times 10^4 mg/L} = -\left(\dfrac{2.4 \times 10^9 m^3/\text{년}}{2.8 \times 10^8 m^3}\right) \times t$

∴ $t = 0.4824$년 $= 5.79$달

정답 01 ㉮   02 ㉮   03 ㉯

04 우리나라의 하천에 관한 내용으로 알맞은 것은 어느 것인가?

㉮ 최소 유량에 대한 최대 유량의 비가 작다.
㉯ 유출시간이 길다.
㉰ 하천 유량이 안정되어 있다.
㉱ 하상 계수가 크다.

[풀이] ㉮ 최소 유량에 대한 최대 유량의 비가 크다.
㉯ 유출시간이 짧다.
㉰ 하천 유량이 안정되어 있지 않다.

05 소수성 콜로이드 입자가 전기를 띠고 있는 것을 조사할 때 적합한 것은 어느 것인가?

㉮ 콜로이드 입자에 강한 빛을 조사하여 Tyndall 현상을 조사한다.
㉯ 콜로이드 용액의 삼투압을 조사한다.
㉰ 한외현미경으로 입자의 Brown 운동을 관찰한다.
㉱ 전해질을 소량 넣고 응집을 조사한다.

06 분뇨의 특성에 대한 내용으로 틀린 것은 어느 것인가?

㉮ 분과 뇨의 구성비는 대략 부피비로 1 : 10 정도이고, 고형물의 비는 7 : 1 정도이다.
㉯ 음식문화의 차이로 인하여 우리나라와 일본의 분뇨 특성이 다르다.
㉰ 1인 1일 분뇨생산량은 분이 약 0.14L, 뇨가 2L 정도로서 합계 2.14L 이다.
㉱ 분뇨 내의 BOD와 SS는 COD의 1/3 ~ 1/2 정도를 나타낸다.

07 수은(Hg) 중독에 대한 설명으로 틀린 것은 어느 것인가?

㉮ 난청, 언어장애, 구심성 시야협착, 정신장애를 일으킨다.
㉯ 이따이이따이병을 유발한다.
㉰ 유기수은은 무기수은보다 독성이 강하며 신경계통에 장해를 준다.
㉱ 무기수은은 황화물 침전법, 활성탄 흡착법, 이온교환법 등으로 처리할 수 있다.

[풀이] ㉯ 이따이이따이병을 유발하는 것은 카드뮴(Cd)이다.

08 염소가스 물에 녹여 pH가 7이고 염소이온의 농도가 71mg/L이면 자유염소와 차아염소산간의 비($[HOCl]/[Cl_2]$)는 얼마인가? (단, 차아염소산은 해리되지 않는 것으로 가정, 전리상수값은 $4.5 \times 10^{-4} mol/L$ (25℃))

㉮ 3.57×10^7
㉯ 3.57×10^6
㉰ 2.57×10^7
㉱ 2.25×10^6

[풀이] ① $Cl_2 + H_2O \rightleftharpoons HOCl + H^+ + Cl^-$

$$k = \frac{[HOCl][H^+][Cl^-]}{[Cl_2]}$$

$$\frac{[HOCl]}{[Cl_2]} = \frac{k}{[H^+][Cl^-]}$$

② $[H^+]$의 농도 계산
pH = 7이므로 pH = $-\log[H^+]$에서
$[H^+] = 10^{-pH} mol/L$
따라서 $[H^+] = 10^{-7} mol/L$

③ $[Cl^-]$의 농도 계산

$$[Cl^-]의 mol/L = \frac{71mg}{L} \times \frac{1g}{10^3 mg} \times \frac{1mol}{35.5g}$$
$$= 0.002 mol/L$$

④ $\frac{[HOCl]}{[Cl_2]} = \frac{k}{[H^+][Cl^-]}$

$$= \frac{4.5 \times 10^{-4} mol/L}{[10^{-7} mol/L][0.002 mol/L]}$$
$$= 2.25 \times 10^6$$

정답 04 ㉱ 05 ㉱ 06 ㉰ 07 ㉯ 08 ㉱

09 지구상 담수의 존재량을 볼 때 그 양이 가장 큰 형태는 어느 것인가?

㉮ 빙하 및 빙산 ㉯ 하천수
㉰ 지하수 ㉱ 수증기

풀이 지구상 담수중에서 가장 많은 것은 빙하 및 빙산이고, 그 다음이 지하수이다.

10 물의 물리적 특성으로 틀린 것은?

㉮ 고체상태인 경우 수소결합에 의해 육각형 결정구조를 형성한다.
㉯ 액체상태의 경우 공유결합과 수소결합의 구조로 H^+, OH^-로 전리되어 전하적으로 양성을 가진다.
㉰ 동점성계수는 점성계수/밀도이며 포이즈(poise) 단위를 적용한다.
㉱ 물은 물분자 사이의 수소결합으로 인하여 큰 표면장력을 갖는다.

풀이 ㉰ 동점성계수는 점성계수/밀도이며, 단위는 cm^2/sec이다.

11 물의 순환과 이용에 대한 내용으로 틀린 것은 어느 것인가?

㉮ 지구전체의 강수량은 대략 $4 \times 10^{14} m^3$/년으로서 그 중 약 1/4 가량이 육지에 떨어진다.
㉯ 지구상의 물의 전체량의 약 97%가 해수이다.
㉰ 담수중 50%가 곧 바로는 이용이 불가능하다.
㉱ 담수중 하천수가 차지하는 비율은 약 0.32% 정도이다.

풀이 ㉰ 담수중 90% 정도가 곧 바로는 이용이 불가능하다.

12 분뇨 특성에 대한 설명 중 틀린 것은 어느 것인가?

㉮ 분과 뇨의 양적 혼합비는 10:1 이고, 고형물의 비로는 약 7:1 정도이다.
㉯ 우리나라 사람은 1인당 BOD는 50g정도 발생한다.
㉰ 분뇨의 발생가스중 주 부식성 가스는 H_2S, NH_3 등이다.
㉱ 분뇨의 비중은 약 1.02 이다.

풀이 ㉮ 분과 뇨의 양적 혼합비는 1:8 이고, 고형물의 비로는 약 7:1 정도이다.

13 유기화합물이 무기화합물과 다른 점을 알맞게 나타낸 것은 어느 것인가?

㉮ 유기화합물들은 대체로 이온반응보다는 분자반응을 하므로 반응속도가 느리다.
㉯ 유기화합물들은 대체로 분자반응보다는 이온반응을 하므로 반응속도가 느리다.
㉰ 유기화합물들은 대체로 이온반응보다는 분자반응을 하므로 반응속도가 빠르다.
㉱ 유기화합물들은 대체로 분자반응보다는 이온반응을 하므로 반응속도가 빠르다.

14 수질관리 모델로 틀린 것은 어느 것인가?

㉮ WASP model ㉯ RAM model
㉰ WQRRS model ㉱ HSPF model

풀이 ㉯ RAM model는 대기분산모델에 해당한다.

정답 09 ㉮ 10 ㉰ 11 ㉰ 12 ㉮ 13 ㉮ 14 ㉯

15 하수등의 유입으로 인한 하천 변화 상태를 Whipple의 4지대로 나타낼 수 있다. 다음 중 '활발한 분해지대'에 대한 설명으로 틀린 것은 어느 것인가?

㉮ 용존산소가 없어 부패상태이며 물리적으로 이 지대는 회색 내지 흑색으로 나타난다.
㉯ 혐기성세균과 곰팡이류가 호기성균과 교체되어 번식한다.
㉰ 수중의 CO_2 농도나 암모니아성 질소가 증가한다.
㉱ 화장실 냄새나 H_2S에 의한 달걀 썩는 냄새가 난다.

[풀이] ㉯ 호기성세균이 혐기성세균으로 교체된다.

16 그램음성 독립영양세균에 속하지 않는 것은 어느 것인가?

㉮ Nitrosomonas속 ㉯ Beggiatoa속
㉰ Micrococcus속 ㉱ Thiobacillus속

[풀이] ㉰ Micrococcus속은 탈질미생물로서 종속영양세균에 속한다.

17 지하수의 특성에 관한 내용으로 틀린 것은 어느 것인가?

㉮ 지하수는 국지적인 환경조건의 영향을 크게 받는다.
㉯ 지하수의 염분농도는 지표수 평균농도보다 낮다.
㉰ 주로 세균에 의한 유기물 분해작용이 일어난다.
㉱ 지하수는 토양수내 유기물질 분해에 따른 탄산가스의 발생과 약산성의 빗물로 인하여 광물질이 용해되어 경도가 높다.

[풀이] ㉯ 지하수의 염분농도는 지표수 평균농도보다 높다.

18 박테리아를 환경적인 조건에 따라 분류할 때, 바닷물과 비슷한 염 조건하에서 잘 자라는 박테리아(호염균)는 어느 것인가?

㉮ Hyperthermophiles
㉯ Microaerophiles
㉰ Halophiles
㉱ Chemotrophs

[풀이] ㉰ Halophiles에 대한 설명이다.

19 생물농축에 관한 내용으로 틀린 것은 어느 것인가?

㉮ 수생생물의 체내의 각종 중금속 농도는 환경수중의 농도보다는 높은 경우가 많다.
㉯ 생물체중의 농도와 환경수중의 농도비를 농축비 또는 농축계수라고 말한다.
㉰ 수생생물의 종류에 따라서 중금속의 농축비가 다르게 되어 있는 것이 많다.
㉱ 농축비는 먹이사슬 과정에서 높은 단계의 소비자에 상당하는 생물일수록 낮게 된다.

[풀이] ㉱ 농축비는 먹이사슬과정에서 높은 단계의 소비자에 상당하는 생물일수록 높게 된다.

정답 15 ㉯ 16 ㉰ 17 ㉯ 18 ㉰ 19 ㉱

20 콜로이드(Colloid)용액이 갖는 일반적인 특성으로 틀린 것은 어느 것인가?

㉮ 광선을 통과시키면 입자가 빛을 산란하여 빛의 진로를 볼 수 없게 된다.
㉯ 콜로이드 입자가 분산매 및 다른 입자와 충돌하여 불규칙한 운동을 하게 된다.
㉰ 콜로이드 입자는 질량에 비해서 표면적이 크므로 용액속에 있는 다른 입자를 흡착하는 힘이 크다.
㉱ 콜로이드 용액에서는 콜로이드 입자가 양이온 또는 음이온을 띠고 있다.

[풀이] ㉮ 광선을 통과시키면 입자가 빛을 산란하여 빛의 진로를 볼 수 있게 된다.

제2과목 | 상하수도계획

21 펌프 운전 시 발생할 수 있는 비정상현상에 대한 설명이다. 펌프 운전 중에 토출량과 토출압이 주기적으로 숨이 찬 것처럼 변동하는 상태를 일으키는 현상으로 펌프 특성 곡선이 산형에서 발생하며 큰 진동을 발생하는 현상은 무엇인가?

㉮ 캐비테이션(Cavitation)
㉯ 서어징(Surging)
㉰ 수격작용(Water hammer)
㉱ 크로스컨넥숀(Cross connection)

[풀이] ㉯ 서어징(Surging)에 대한 설명이다.

22 하수슬러지 소각을 위한 유동층소각로의 장단점으로 틀린 것은 어느 것인가?

㉮ 연소효율이 높고 소각되지 않는 양이 적기 때문에 로 잔사매립에 의한 2차 공해가 없다.
㉯ 유동매체로 규소 등을 사용할 때에 손실이 발생하므로 손실보충을 연속적으로 하여야 한다.
㉰ 로 내 온도의 자동제어 및 열회수가 용이하다.
㉱ 로 내의 기계적 가동부분이 많아 유지관리가 어렵다.

[풀이] ㉱ 로 내의 기계적 가동부분이 적어 유지관리가 쉽다.

23 배수시설인 배수관의 최소동수압 및 최대정수압 기준으로 알맞은 것은 어느 것인가? (단, 급수관을 분기하는 지점에서 배수관내 수압기준이다.)

㉮ 100kPa 이상을 확보 함, 500kPa를 초과하지 않아야 한다.
㉯ 100kPa 이상을 확보 함, 600kPa를 초과하지 않아야 한다.
㉰ 150kPa 이상을 확보 함, 700kPa를 초과하지 않아야 한다.
㉱ 150kPa 이상을 확보 함, 800kPa를 초과하지 않아야 한다.

정답 20 ㉮ 21 ㉯ 22 ㉱ 23 ㉰

24 펌프의 토출량이 1,200m³/hr, 흡입구의 유속이 2.0m/sec일 경우 펌프의 흡입구경(mm)은 얼마인가?

㉮ 약 262mm ㉯ 약 362mm
㉰ 약 462mm ㉱ 약 562mm

풀이

$D = 146 \times \sqrt{\dfrac{Q}{V}}$

D : 펌프의 흡입구경(mm)
Q : 펌프의 토출량(m³/min)
V : 유속(m/sec)

따라서 $D = 146 \times \sqrt{\dfrac{1,200m^3/hr \times 1hr/60min}{2.0m/sec}}$
= 461.69mm

25 유역면적이 1.2km², 유출계수가 0.2인 산림지역에 강우 강도가 2.5mm/min일 때 우수유출량(m³/sec)은 얼마인가?
(단, 합리식 적용)

㉮ 4m³/sec ㉯ 6m³/sec
㉰ 8m³/sec ㉱ 10m³/sec

풀이

$Q = \dfrac{1}{360} \times C \times I \times A (m^3/sec)$

C : 유출계수
I : 강우강도(mm/hr)
A : 면적(ha)

따라서

$Q = \dfrac{1}{360} \times 0.2 \times 2.5mm/min \times 60min/hr \times 1.2km^2$
$\times 100ha/1km^2 = 10m^3/sec$

26 상수도 관종 중 강관의 단점으로 틀린 것은 어느 것인가?

㉮ 가공성이 나쁘다(약하다).
㉯ 전식에 대하여 고려해야 한다.
㉰ 내외의 방식면이 손상되면 부식되기 쉽다.
㉱ 용접이음은 숙련공이나 특수한 공구를 필요로 한다.

풀이 ㉮ 가공성이 좋다.

27 상수시설인 배수지의 용량에 대한 설명으로 ( )안에 알맞은 말은 어느 것인가?

> 유효용량은 "시간변동조정용량"과 "비상대처용량"을 합하여 급수구역의 계획 1일 최대급수량의 ( ) 이상을 표준으로 하여야 하며 지역특성과 상수도시설의 안정성 등을 고려하여 결정한다.

㉮ 6시간분 ㉯ 8시간분
㉰ 10시간분 ㉱ 12시간분

정답 24 ㉰ 25 ㉱ 26 ㉮ 27 ㉱

28 하수시설인 중력식침사지에 관한 내용으로 알맞은 것은 어느 것인가?

㉮ 체류시간은 3~6분을 표준으로 한다.
㉯ 수심은 유효수심에 모래퇴적부의 깊이를 더한 것으로 한다.
㉰ 오수침사지의 표면부하율은 3,600m³/m²·day 정도로 한다.
㉱ 우수침사지의 표면부하율은 1,800m³/m²·day 정도로 한다.

[풀이] ㉮ 체류시간은 30~60초을 표준으로 한다.
㉰ 오수침사지의 표면부하율은 1,800m³/m²·day 정도로 한다.
㉱ 우수침사지의 표면부하율은 3,600m³/m²·day 정도로 한다.

29 상수시설인 도수관을 설계할 때의 평균유속에 대한 설명으로 (   )에 알맞은 말은 어느 것인가?

> 자연유하식인 경우에는 허용최대한도를 (①)로 하고 도수관의 평균유속의 최소한도는 (②)로 한다.

㉮ ① 1m/s, ② 0.3m/s
㉯ ① 2m/s, ② 0.5m/s
㉰ ① 3m/s, ② 0.3m/s
㉱ ① 5m/s, ② 0.5m/s

30 상수처리를 위한 정수시설 중 착수정에 대한 설명으로 틀린 것은 어느 것인가?

㉮ 수위가 고수위 이상으로 올라가지 않도록 월류관이나 월류위어를 설치한다.
㉯ 착수정의 고수위와 주변벽체의 상단간에는 60cm 이상의 여유를 두어야 한다.
㉰ 착수정의 용량은 체류시간을 30분 이상으로 한다.
㉱ 필요에 따라 분말활성탄을 주입할 수 있는 장치를 설치하는 것이 바람직하다.

[풀이] ㉰ 착수정의 용량은 체류시간을 1.5분 이상으로 한다.

31 펌프의 캐비테이션이 발생하는 것을 방지하기 위한 대책으로 틀린 것은 어느 것인가?

㉮ 펌프의 설치위치를 가능한 한 높게 하여 펌프의 필요유효흡입수두를 작게 한다.
㉯ 펌프의 회전수를 낮게 선정하여 펌프의 필요유효흡입수두를 작게 한다.
㉰ 흡입관의 손실을 가능한 한 작게 하여 펌프의 필요유효흡입수두를 크게 한다.
㉱ 흡입측 밸브를 완전히 개방하고 펌프를 운전한다.

[풀이] ㉮ 펌프의 설치위치를 가능한 한 낮추어 하여 펌프의 필요유효흡입수두를 크게 한다.

정답 28 ㉯ 29 ㉰ 30 ㉰ 31 ㉮

32 상수의 급속여과지 설계기준에 관한 내용으로 틀린 것은 어느 것인가?

㉮ 단층의 여과속도는 200~350m/일을 표준으로 한다.
㉯ 모래층의 두께는 여과사의 유효경이 0.45~0.7mm의 범위인 경우에는 60~70cm를 표준으로 한다.
㉰ 여과면적은 계획정수량을 여과속도로 나누어 구한다.
㉱ 1지의 여과면적은 150m² 이하로 한다.

[풀이] ㉮ 단층의 여과속도는 120~150m/일을 표준으로 한다.

33 관거 직선부에서 하수도 맨홀의 최대 간격 표준은 얼마인가? (단, 600mm 이하의 관을 기준으로 한다.)

㉮ 50m ㉯ 75m
㉰ 100m ㉱ 150m

[풀이]

관경(mm)	최대간격(m)
300 이하	50
600 이하	75
1000 이하	100
1500 이하	150
1650 이하	200

34 토출량 20m³/min, 전양정 6m, 회전속도 1,200rpm인 펌프의 비교회전도(rpm)는 얼마인가?

㉮ 약 1,300rpm ㉯ 약 1,400rpm
㉰ 약 1,500rpm ㉱ 약 1,600rpm

[풀이]
$$N_S = N \times \frac{Q^{\frac{1}{2}}}{H^{\frac{3}{4}}}$$

N_S : 비교회전도(rpm = 회/min)
N : 규정회전수(rpm)
Q : 토출량(m³/min)
H : 총양정(m)

따라서 $N_S = 1,200\text{rpm} \times \dfrac{(20\text{m}^3/\text{min})^{\frac{1}{2}}}{(6\text{m})^{\frac{3}{4}}}$

= 1,399.85rpm

35 상수시설인 침사지의 구조에 관한 설명으로 틀린 것은?

㉮ 표면부하율은 500~800mm/min을 표준으로 한다.
㉯ 지내평균유속은 2~7cm/sec를 표준으로 한다.
㉰ 지의 길이는 폭의 3~8배를 표준으로 한다.
㉱ 지의 상단높이는 고수위보다 0.6~1m의 여유고를 둔다.

[풀이] ㉮ 표면부하율은 200~500mm/min을 표준으로 한다.

정답 32 ㉮ 33 ㉯ 34 ㉯ 35 ㉮

36 계획오수량에 대한 내용으로 틀린 것은 어느 것인가?

㉮ 합류식에서 우천시 계획오수량은 원칙적으로 계획1일최대오수량의 3배 이상으로 한다.
㉯ 계획1일최대오수량은 1인1일최대오수량에 계획인구를 곱한 후, 여기에 공장폐수량, 지하수량 및 기타 배수량을 더한 것으로 한다.
㉰ 지하수량은 1인1일최대오수량의 10~20%로 한다.
㉱ 계획1일평균오수량은 계획1일 최대오수량의 70~80%를 표준으로 한다.

[풀이] ㉮ 합류식에서 우천시 계획오수량은 원칙적으로 계획시간최대오수량의 3배 이상으로 한다.

37 하수관거 중 우수관거 및 합류관거의 유속 기준으로 알맞은 것은 어느 것인가?

㉮ 계획우수량에 대하여 유속을 최소 0.6 m/s, 최대 3.0m/s로 한다.
㉯ 계획우수량에 대하여 유속을 최소 0.8 m/s, 최대 3.0m/s로 한다.
㉰ 계획우수량에 대하여 유속을 최소 1.0 m/s, 최대 3.0m/s로 한다.
㉱ 계획우수량에 대하여 유속을 최소 1.2 m/s, 최대 3.0m/s로 한다.

38 용지이용율을 높이고자 고안된 심층포기조에 대한 내용으로 틀린 것은 어느 것인가?

㉮ 조의 용적은 계획1일 최대오수량에 따라서 설정한다.
㉯ 조의 수는 2조 이상으로 한다.
㉰ 형상은 정사각형으로 하고 폭은 수심에 대해 3배 정도로 한다.
㉱ 수심은 10m 정도로 한다.

[풀이] ㉰ 형상은 직사각형으로 하고 폭은 수심에 대해 1배 정도로 한다.

39 직경 0.3m로 판 자유수면 정호에서 양수 전의 지하수위는 불투수층 위로 30m 였다. 100m³/hr로 양수할 때 양수정으로부터 10m와 20m 떨어진 관측정의 수위는 3m와 1m 각각 저하하였다. 이때 대수층의 투수계수는 얼마인가?

㉮ 약 0.20m/s   ㉯ 약 0.20m/hr
㉰ 약 0.25m/s   ㉱ 약 0.25m/hr

[풀이] $Q = 2\pi kb \dfrac{H-h_o}{2.3\log_{10}\left(\dfrac{R}{r_o}\right)}$

Q : 양수량(m³/hr)
k : 투수계수(m/hr)
b : 피압대수층 두께(m)
H-h₀ : 양수정에서의 수위강하(m)
R : 피압수 우물에서 반경(m)
r : 우물반경(m)
2.3log₁₀ = ln

$100m^3/hr = 2\times\pi\times k\times 30m \times \dfrac{3m-1m}{\ln\left(\dfrac{0.3m}{0.15m}\right)}$

∴ k = 0.18m/hr

정답 36 ㉮ 37 ㉯ 38 ㉰ 39 ㉯

40 내경 1.0m인 강관에 내압 10MPa로 물이 흐른다. 내압에 의한 원주방향의 응력도가 1,500N/mm²일 때 강관두께(mm)는 얼마인가?

㉮ 으 3.3mm   ㉯ 약 5.2mm
㉰ 으 7.4mm   ㉱ 약 9.5mm

[풀이]
$T = \dfrac{P \times D}{2 \times \sigma t}$

T : 강관두께(mm)
D : 내경(mm)
P : 강관 내압
σt : 응력도(N/mm²)

따라서 $T = \dfrac{10MPa \times 1,000mm}{2 \times 1,500N/mm^2} = 3.33mm$

제3과목 | 수질오염방지기술

41 염소 소독에 의한 세균의 사멸은 1차 반응 속도식에 따른다. 잔류염소 농도 0.4mg/L에서 2분 간에 85%의 세균이 살균되었다면 99.9% 살균을 위해 필요한 시간(분)은 얼마인가? (단, base는 자연대수 기준.)

㉮ 으 5.9분   ㉯ 약 7.3분
㉰ 으 10.2분   ㉱ 약 16.7분

[풀이]
1차 반응식 : $\ln \dfrac{N_t}{N_0} = -k \times t$

① $\ln \dfrac{100-85}{100} = -k \times 2min$
∴ $k = 0.9486/min$

② $\ln \dfrac{100-99.9}{100} = -0.9486/min \times t$
∴ $t = 7.28min$

42 유량이 6,750m³/d, 부유물질농도(SS)가 55mg/L인 폐수에 황산제이철(Fe₂(SO₄)₃) 100mg/L를 응집제로 주입한다. 이 물에 알칼리도가 없는 경우 매일 첨가해야 하는 석회의 양(kg/d)은 얼마인가? (단, 원자량 Fe = 55.8, Ca = 40)

㉮ 315   ㉯ 346
㉰ 375   ㉱ 386

[풀이]
$Fe_2(SO_4)_3 + 3Ca(OH)_2 \rightarrow 3CaSO_4 + 2Fe(OH)_3$
399.6g : 3×74g
0.1kg/m³ × 6,750m³/day : X
∴ X = 375kg/day

43 염소살균에 대한 내용으로 틀린 것은 어느 것인가?

㉮ HOCl의 살균력은 OCl⁻의 약 80배 정도 강한 것으로 알려져 있다.
㉯ 수중 용존 염소는 페놀과 반응하여 클로로페놀을 형성하여 불쾌한 맛과 냄새를 유발한다.
㉰ pH 9 이상에서는 물에 주입된 염소는 대부분이 HOCl로 존재한다.
㉱ 유리잔류염소는 수중의 암모니아나 유기성 질소화합물이 존재할 경우 이들과 반응하여 결합잔류염소를 형성한다.

[풀이] ㉰ pH 9 이상에서는 물에 주입된 염소는 대부분이 OCl⁻로 존재한다.

정답 40 ㉮   41 ㉯   42 ㉰   43 ㉰

44 SS 3,600mg/L를 함유하고 있는 폐수 내 입자의 침강속도 분포가 그림과 같을 때 폐수 28,800m³/day를 보통 침전처리하여 SS 90% 이상을 제거하고자 한다. 필요한 침전지의 최소 소요면적(m²)은 얼마인가?

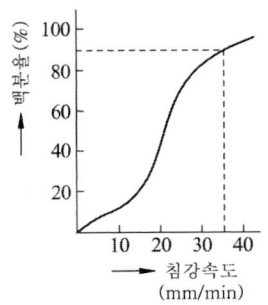

㉮ 약 100m² ㉯ 약 200m²
㉰ 약 1,000m² ㉱ 약 2,000m²

풀이 SS 제거율이 90%일 때 제거되지 않는 SS는 10%이므로 그림에서 10%에서의 침강속도는 10mm/min이다.

침전지의 최소 소요면적 = $\dfrac{폐수량}{침강속도}$

$= \dfrac{28,800m^3/day}{10mm/min \times 10^{-3}m \times 60min/hr \times 24hr/day}$

$= 2,000m^2$

45 활성슬러지법 운전 중 슬러지부상 문제를 해결할 수 있는 방법으로 틀린 것은 어느 것인가?

㉮ 폭기조에서 이차침전지로의 유량을 감소시킨다.
㉯ 이차침전지 슬러지 수집장치의 속도를 높인다.
㉰ 슬러지 폐기량을 감소시킨다.
㉱ 이차침전지에서 슬러지체류시간을 감소시킨다.

풀이 ㉰ 슬러지 폐기량을 증가시킨다.

46 생물학적으로 질소를 제거하기 위해 질산화-탈질공정을 운영함에 있어, 호기성 상태에서 산화된 NO_3^- 60mg/L를 탈질시키는데 소모되는 이론적인 메탄올 농도(mg/L)는 얼마인가?

$$\dfrac{5}{6}CH_3OH + NO_3^- + \dfrac{1}{6}H_2CO_3$$
$$\rightarrow \dfrac{1}{2}N_2 + HCO_3^- + \dfrac{4}{3}H_2O$$

㉮ 약 14mg/L ㉯ 약 18mg/L
㉰ 약 22mg/L ㉱ 약 26mg/L

풀이 $\dfrac{5}{6}CH_3OH : NO_3^-$

$\dfrac{5}{6} \times 32g : 62g$

X : 60mg/L

∴ X = 25.81mg/L

정답 44 ㉱ 45 ㉰ 46 ㉱

47 유량 10,000m³/d인 폐수를 처리하기 위한 장방형 skimming 탱크의 표면적 부하율(m³/m²·d)은 얼마인가? (단, 체류시간은 10분이고, 상승속도는 200mm/min 임)

㉮ 213　　㉯ 233
㉰ 258　　㉱ 288

[풀이] 표면적 부하율($m^3/m^2 \cdot d$) = $\dfrac{유량(m^3/day)}{수면적(m^2)}$

상승속도와 동일하다.
따라서 표면적 부하율($m^3/m^2 \cdot d$)

$= \dfrac{200mm}{min} \times \dfrac{1m}{10^3 mm} \times \dfrac{60min}{1hr} \times \dfrac{24hr}{1day}$

$= 288 m/day = 288 m^3/m^2 \cdot day$

48 완전혼합 활성슬러지 공법의 장점으로 틀린 것은 어느 것인가?

㉮ 산소소모율(oxygen uptake rate)에 있어서 최대 균등화
㉯ 유입물질이 반응조 전체에 분산됨으로 인한 충격부하영향의 최소화
㉰ 호기성생물학적 산화가 일어나는 동안 발생되는 CO_2의 적절한 중화
㉱ 독성물질 유입시 플록(floc) 형성의 안정성

[풀이] ㉱ 독성물질 유입시 플록(floc) 형성의 불안정성

49 회전원판접촉법(RBC)의 장점으로 틀린 것은 어느 것인가?

㉮ 충격부하의 조절이 가능하다.
㉯ 다단계 공정에서 높은 질산화율을 얻을 수 있다.
㉰ 활성슬러지 공법에 비하여 소요동력이 적다.
㉱ 반송에 따른 처리효율의 효과적 증대가 가능하다.

[풀이] ㉱ 슬러지 반송이 필요없다.

50 5단계 Bardenpho 공법에 대한 내용으로 틀린 것은 어느 것인가?

㉮ 슬러지 생산량은 비교적 많으나 반응조의 규모가 작다.
㉯ 호기조에서 1차 무산소조로 내부반송을 한다.
㉰ 효과적인 인 제거를 위해서는 혐기조에 질산성 질소가 유입되지 않아야 한다.
㉱ 인 제거는 과잉의 인을 섭취한 슬러지를 폐기함으로서 이루어진다.

[풀이] ㉮ 슬러지 생산량은 적으나 비교적 큰 규모의 반응조가 요구된다.

정답 47 ㉱　48 ㉱　49 ㉱　50 ㉮

51 함수율 98%, 유기물함량이 62%인 슬러지 100m³/day를 25일 소화하여 유기물의 2/3를 가스화 및 액화하여 함수율 95%의 소화슬러지로 추출하는 경우 소화조 용량(m³)은 얼마인가? (단, 슬러지 비중은 1.0, 기타 조건은 고려하지 않음)

㉮ 1,244m³ ㉯ 1,344m³
㉰ 1,444m³ ㉱ 1,544m³

52 단면이 직사각형인 하천의 깊이가 0.2m이고 깊이에 비하여 폭이 매우 넓을 때 동수반경(m)은 얼마인가?

㉮ 0.2 ㉯ 0.5
㉰ 0.8 ㉱ 1.0

 풀이

동수경사 = 경심(R) = $\dfrac{면적(A)}{윤변의 길이(S)}$

$= \dfrac{b \times h}{b+2h} = \dfrac{b \times 0.2m}{b} = 0.2m$

TIP
폭(b)은 깊이(h)에 비해 무척 넓으므로 윤변의 길이를 계산할 때의 깊이(h)는 무시 할 수 있다.

53 용해성 BOD_5가 250mg/L인 폐수가 완전혼합 활성슬러지 공정으로 처리된다. 유출수의 용해성 BOD_5는 7.4mg/L이다. 유량이 18,925m³/day일 때 포기조 용적(m³)은 얼마인가?

〈조건〉
• MLVSS = 4,000mg/L
• Y = 0.65kg미생물/kg소모된 BOD_5
• k_d = 0.06/day
• 미생물 평균 체류시간 θ_c = 10day
• 24시간 연속폭기

㉮ 3,330 ㉯ 4,663
㉰ 5,330 ㉱ 6,270

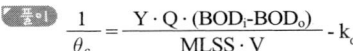 풀이

$\dfrac{1}{\theta_c} = \dfrac{Y \cdot Q \cdot (BOD_i - BOD_o)}{MLSS \cdot V} - k_d$

$\dfrac{1}{10day} = \dfrac{0.65 \times 18,925m^3/day \times (250-7.4)mg/L}{4,000mg/L \times V} - 0.06/day$

$\therefore V = \dfrac{0.65 \times 18,925m^3/day \times (250-7.4)mg/L}{\left(0.06/day + \dfrac{1}{10day}\right) \times 4,000mg/L}$

$= 4,662.94m^3$

54 하·폐수처리시 슬러지 팽화(bulking) 현상을 조절하는 방법으로 틀린 것은 어느 것인가?

㉮ 염소나 과산화수소를 반송슬러지에 주입한다.
㉯ 선택반응조(selector)를 이용한다.
㉰ fungi를 성장시켜 F/M비를 감소시킨다.
㉱ 포기조 내의 용존산소의 농도를 변화시킨다.

풀이 ㉰ 곰팡이(fungi)의 성장을 억제한다.

정답 51 ㉱ 52 ㉮ 53 ㉯ 54 ㉰

55 침전하는 입자들이 너무 가까이 있어서 입자간의 힘이 이웃입자의 침전을 방해하게 되고 동일한 속도로 침전하며 최종 침전지 중간 정도의 깊이에서 일어나는 침전형태는 어느 것인가?

㉮ 지역침전 ㉯ 응집침전
㉰ 독립침전 ㉱ 압축침전

풀이 ㉮ 지역침전에 대한 설명이다.

56 수질성분이 금속하수도관의 부식에 미치는 영향으로 틀린 것은 어느 것인가?

㉮ 고농도의 칼슘은 침전물이 쌓이는 곳에 부식을 가속화한다.
㉯ 마그네슘은 알칼리도와 pH 완충효과를 향상시킬 수 있다.
㉰ 구리는 갈바닉 전지를 이룬 배관상에 구멍을 야기한다.
㉱ 암모니아는 착화물의 형성을 통해 구리, 납 등의 금속 용해도를 증가시킬 수 있다.

풀이 ㉮ 고농도의 칼슘은 침전물이 쌓이는 곳에 부식을 느리게 한다.

57 폐수 유량의 첨두인자(peaking factor)란 무엇인가?

㉮ 첨두유량과 최소유량의 비
㉯ 첨두유량과 평균유량의 비
㉰ 첨두유량과 최대유량의 비
㉱ 첨두유량과 첨두유량의 1/3과의 비

58 슬러지 개량법의 특징으로 틀린 것은 어느 것인가?

㉮ 고분자 응집제 첨가 : 슬러지 응결을 촉진한다.
㉯ 무기약품 첨가 : 무기약품은 슬러지의 pH를 변화시켜 무기질 비율을 증가시키고 안정화를 도모한다.
㉰ 세정 : 혐기성 소화슬러지의 알칼리도를 감소시켜 산성금속염의 주입량을 감소시킨다.
㉱ 열처리 : 슬러지의 함수율을 감소시키고 응결핵을 생성시켜 탈수를 개선한다.

풀이 ㉱ 열처리 : 친수성 콜로이드 슬러지에 130℃ 이상에서 약 20분간 열처리하여 세포막 파괴와 유기물의 구조를 변경시켜 탈수를 개선한다.

59 산성조건하에서 $NaHSO_3$ 혹은 $FeSO_4$ 등을 사용하여 환원과정을 거친 후 중화시켜 침전물을 제거함으로써 처리할 수 있는 폐수는 어느 것인가?

㉮ 철, 망간 함유폐수
㉯ 시안 함유폐수
㉰ 카드뮴 함유폐수
㉱ 6가크롬 함유폐수

풀이 ㉱ 6가크롬 함유폐수에 대한 설명이다.

정답 55 ㉮ 56 ㉮ 57 ㉯ 58 ㉱ 59 ㉱

60 기계식 봉 스크린을 0.64m/s로 흐르는 수로에 설치하고자 한다. 봉의 두께는 10mm이고, 간격이 30mm라면 봉 사이로 지나는 유속(m/s)은 얼마인가?

㉮ 0.75m/s ㉯ 0.80m/s
㉰ 0.85m/s ㉱ 0.90m/s

[풀이]
$V_a A_a = V_b A_b \Rightarrow V_b = V_a \times \dfrac{A_a}{A_b}$

$A_b = W \times H \times \dfrac{바간격}{바두께 + 바간격}$

$= W \times H \times \dfrac{30mm}{10mm+30mm} = 0.75 WH$

$A_a = W \times H$

따라서 $V_b = V_a \times \dfrac{A_a}{A_b} = 0.64 m/sec \times \dfrac{W \times H}{0.75 \times W \times H}$

$= 0.85 m/sec$

TIP
A_a는 수로이므로 바간격과 바두께를 고려하지 않는다.
A_b는 통과면적이므로 바간격과 바두께를 고려한다.

| 제4과목 | 수질오염공정시험기준

61 예상 BOD치에 대한 사전경험이 없을 때 오염된 하천수의 검액조제 방법은 어느 것인가?

㉮ 25~100%의 시료가 함유되도록 희석 조제한다.
㉯ 15~25%의 시료가 함유되도록 희석 조제한다.
㉰ 5~15%의 시료가 함유되도록 희석 조제한다.
㉱ 1~5%의 시료가 함유되도록 희석 조제한다.

62 95% 황산(비중 1.84)이 있다면 이 황산의 N 농도는 얼마인가?

㉮ 15.6N ㉯ 19.4N
㉰ 27.8N ㉱ 35.7N

[풀이]
$N = \dfrac{비중(g)}{(mL)} \times \dfrac{10^3 mL}{1L} \times \dfrac{1eq}{1당량 g} \times \dfrac{농도(\%)}{100}$

$= \dfrac{1.84g}{mL} \times \dfrac{10^3 mL}{1L} \times \dfrac{1eq}{98g/2} \times \dfrac{95\%}{100}$

$= 35.67 N$

TIP
① N농도 = eq/L
② 황산 = H_2SO_4
③ H_2SO_4의 분자량 = $2 \times 1 + 32 + 4 \times 16 = 98g$

63 기체크로마토그래프 검출기에 대한 내용으로 틀린 것은 어느 것인가?

㉮ 열전도도 검출기는 금속 필라멘트 또는 전기저항체를 검출소자로 한다.
㉯ 수소염 이온화 검출기의 본체는 수소연소노즐, 이온수집기, 대극(對極), 배기구로 구성 된다.
㉰ 알칼리 열이온화 검출기는 함유할로겐 화합물 및 함유황화물을 고감도로 검출할 수 있다.
㉱ 전자포획형 검출기는 많은 니트로 화합물, 유기금속화합물 등을 선택적으로 검출할 수 있다.

[풀이] ㉰ 알칼리 열이온화 검출기는 질소인 검출기라고도 하며 인 화합물 및 질소화합물을 고감도로 검출할 수 있다.

정답 60 ㉰ 61 ㉮ 62 ㉱ 63 ㉰

64 수질분석을 위한 시료 채취 시 유의사항으로 틀린 것은 어느 것인가?

㉮ 채취용기는 시료를 채우기 전에 맑은 물로 3회 이상 씻은 다음 사용한다.
㉯ 용존가스, 환원성 물질, 휘발성 유기물질 등의 측정을 위한 시료는 운반중 공기와의 접촉이 없도록 가득 채워져야 한다.
㉰ 지하수 시료는 취수정 내에 고여있는 물을 충분히 퍼낸(고여 있는 물의 4~5배 정도이니 pH 및 전기전도도를 연속적으로 측정하여 이 값이 평형을 이룰 때까지 퍼낸다.) 다음 새로 나온 물을 채취한다.
㉱ 시료채취량은 시험항목 및 시험횟수에 따라 차이가 있으나 보통 3~5L 정도이어야 한다.

[풀이] ㉮ 채취용기는 시료를 채우기 전에 시료로 3회 이상 씻은 다음 사용한다.

65 시료를 온도 4℃, H_2SO_4로 pH를 2 이하로 보존하여야 하는 측정대상 항목이 아닌 것은 어느 것인가?

㉮ 총질소
㉯ 총인
㉰ 화학적산소요구량
㉱ 유기인

[풀이] ㉱ 유기인 : 온도 4℃, HCl로 pH를 5~9로 보관

66 투명도 측정에 대한 설명으로 틀린 것은 어느 것인가?

㉮ 투명도판(백색원판)의 지름은 30cm 이다.
㉯ 투명도판에 뚫린 구멍의 지름은 5cm 이다.
㉰ 투명도판에는 구멍이 8개 뚫려 있다.
㉱ 투명도판의 무게는 약 2kg 이다.

[풀이] ㉱ 투명도판의 무게는 약 3kg 이다.

67 항량으로 될 때까지 건조한다는 용어의 의미로 알맞은 것은 어느 것인가?

㉮ 같은 조건에서 1시간 더 건조하였을 때 전후 무게의 차가 거의 없을 때
㉯ 같은 조건에서 1시간 더 건조하였을 때 전후 무게의 차가 g당 0.1mg 이하일 때
㉰ 같은 조건에서 1시간 더 건조하였을 때 전후 무게의 차가 g당 0.3mg 이하일 때
㉱ 같은 조건에서 1시간 더 건조하였을 때 전후 무게의 차가 g당 0.5mg 이하일 때

68 알킬수은 화합물을 기체크로마토그래피에 따라 정량하는 방법에 대한 내용으로 틀린 것은 어느 것인가?

㉮ 전자포획형 검출기(ECD)를 사용한다.
㉯ 알킬수은화합물을 벤젠으로 추출한다.
㉰ 운반기체는 순도 99.999% 이상의 질소 또는 헬륨을 사용한다.
㉱ 정량한계는 0.05mg/L 이다.

[풀이] ㉱ 정량한계는 0.0005mg/L 이다.

정답 64 ㉮ 65 ㉱ 66 ㉱ 67 ㉰ 68 ㉱

69 수질오염공정시험기준 상 양극벗김전압전류법을 적용하여 측정하는 금속류는 어느 것인가?

㉮ 아연 ㉯ 주석
㉰ 카드뮴 ㉱ 크롬

풀이 아연의 시험방법으로는 원자흡수분광광도법, 자외선/가시선 분광법, 유도결합플라스마-원자발광분광법, 유도결합플라스마-질량분석법, 양극벗김전압전류법이 있다.

70 유도결합플라스마-원자발광광도계의 측정 시 유도코일 상단으로부터 플라스마 발광부 관측높이(mm)는 얼마인가? (단, 알칼리 원소 경우 제외)

㉮ 15~18mm ㉯ 20~25mm
㉰ 30~34mm ㉱ 40~43mm

71 폐수의 유량 측정법에 있어 $1m^3/min$ 이하로 폐수유량이 배출될 경우 용기에 의한 측정방법에 관한 내용이다. ( )에 알맞은 말은 어느 것인가?

> 용기는 용량 100~200L인 것을 사용하여 유수를 채우는 데에 요하는 시간을 스톱워치로 잰다. 용기에 물을 받아 넣는 시간을 ( )이 되도록 용량을 결정한다.

㉮ 10초 이상 ㉯ 20초 이상
㉰ 30초 이상 ㉱ 40초 이상

72 다음 그림은 비소시험장치(비화수소발생장치) 이다. ( )에 알맞은 물질은 어느 것인가? (단, 흡광광도법 기준)

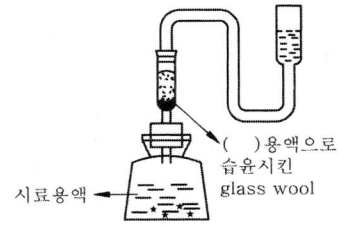

㉮ AsH_3 ㉯ $SnCl_2$
㉰ $Pb(CH_3COO)_2$ ㉱ $AgSCNS(C_2H_5)_2$

73 암모니아성 질소의 측정방법으로 틀린 것은 어느 것인가?

㉮ 자외선/가시선 분광법
㉯ 이온전극법
㉰ 이온크로마토그래피
㉱ 적정법

풀이 암모니아성 질소의 측정방법으로는 자외선/가시선 분광법, 이온전극법, 적정법이 있다.

74 유도결합플라스마-원자발광분광법에서 일반적으로 냉각가스의 유량(L/min)은 얼마인가?

㉮ 0.1~2L/min ㉯ 0.5~2L/min
㉰ 5~10L/min ㉱ 10~19L/min

정답 69 ㉮ 70 ㉮ 71 ㉯ 72 ㉰ 73 ㉰ 74 ㉱

75 구리를 자외선/가시선 분광법으로 정량하는 방법으로 ( )에 알맞은 말은 어느 것인가?

> 물속에 존재하는 구리이온이 알칼리성에서 다이에틸다이티오카르바민산나트륨과 반응하여 생성하는 ( )을 아세트산 부틸로 추출하여 측광도를 측정한다.

㉮ 적색의 킬레이트 화합물
㉯ 청색의 킬레이트 화합물
㉰ 적갈색의 킬레이트 화합물
㉱ 황갈색의 킬레이트 화합물

76 4각 웨어에 의하여 유량을 측정하려고 한다. 웨어의 수두 0.5m, 절단의 폭이 4m이면 유량(m^3/min)은 얼마인가? (단, 유량 계수는 4.8 이다.)

㉮ 약 4.3m^3/min   ㉯ 약 6.8m^3/min
㉰ 약 8.1m^3/min   ㉱ 약 10.4m^3/min

풀이 $Q = k \cdot b \cdot h^{\frac{3}{2}}$
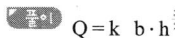
= 4.3×4m×(0.5m)$^{\frac{3}{2}}$
= 6.79m^3/min

TIP
삼각위어의 유량(Q) = $k \cdot h^{\frac{5}{2}}$ (m^3/min)

77 식물성 플랑크톤 측정에 대한 내용으로 틀린 것은 어느 것인가?

㉮ 시료가 육안으로 녹색이나 갈색으로 보일 경우 정제수로 적절한 농도로 희석한다.
㉯ 물속에 식물성 플랑크톤은 평판집락법을 이용하여 면적당 분포하는 개체수를 조사한다.
㉰ 식물성 플랑크톤은 운동력이 없거나 극히 적어 수체의 유동에 따라 수체 내에 부유하면서 생활하는 단일개체, 집락성, 선상형태의 광합성 생물을 총칭한다.
㉱ 시료의 개체수는 계수면적당 10~40 정도가 되도록 희석 또는 농축한다.

풀이 ㉯ 물속의 식물성 플랑크톤은 현미경계수법을 이용하여 개체수를 조사하는 정량분석 방법이다.

78 이온전극법에 관한 내용으로 틀린 것은 어느 것인가?

㉮ 시료용액의 교반은 이온전극의 응답속도 이외의 전극범위, 정량한계값에는 영향을 미치지 않는다.
㉯ 전극과 비교전극을 사용하여 전위를 측정하고 그 전위차로부터 정량하는 방법이다.
㉰ 이온전극법에 사용하는 장치의 기본구성은 비교전극, 이온전극, 자석교반기, 저항 전위계, 이온측정기 등으로 되어있다.
㉱ 이온전극의 종류에는 유리막 전극, 고체막 전극, 격막형 전극으로 구분된다.

정답 75 ㉱   76 ㉯   77 ㉯   78 ㉮

79 순수한 정제수 500mL에 HCl(비중 1.18) 100mL를 혼합했을 경우 이 용액의 염산농도 (중량 %)는 얼마인가?

㉮ 19.1% ㉯ 20.0%
㉰ 23.4% ㉱ 31.7%

[풀이]
$$중량(\%) = \frac{용질}{용질+용매} \times 100(\%)$$
$$= \frac{100mL \times 1.18g/mL}{100mL \times 1.18g/mL + 500mL \times 1.0g/mL} \times 100$$
$$= 19.09\%$$

80 산성 과망간산칼륨법에 의해 COD를 측정할 때 0.050N 과망간산칼륨 용액 1mL은 산소 몇 mg에 상당하는가?

㉮ 0.2mg ㉯ 0.4mg
㉰ 0.8mg ㉱ 0.16mg

[풀이]
$$산소(g) = \frac{0.05eq}{L} \times 1mL \times \frac{1L}{10^3 mL} \times \frac{8g}{1eq} \times \frac{10^3 mg}{1g}$$
$$= 0.4mg$$

| 제5과목 | 수질환경관계법규 |

81 물환경보전법에 적용되는 용어의 정의로 틀린 것은 어느 것인가?

㉮ 폐수무방류배출시설 : 폐수배출시설에서 발생하는 폐수를 당해 사업장 안에서 수질오염방지시설을 이용하여 처리하거나 동일 배출시설에 재이용하는 등 공공수역으로 배출 하지 아니하는 폐수배출시설을 말한다.

㉯ 수면관리자 : 호소를 관리하는 자를 말하며, 이 경우 동일한 호소를 관리하는 자가 3 인 이상인 경우에는 하천법에 의한 하천의 관리청의 자가 수면관리자가 된다.

㉰ 특정수질유해물질 : 사람의 건강, 재산이나 동·식물의 생육에 직접 또는 간접으로 위해를 줄 우려가 있는 수질오염물질로서 환경부령이 정하는 것을 말한다.

㉱ 공공수역 : 하천·호소·항만·연안해역 그밖에 공공용에 사용되는 수역과 이에 접속하여 공공용에 사용되는 환경부령이 정하는 수로를 말한다.

[풀이] ㉯ 수면관리자 : 다른 법령의 규정에 의하여 호소를 관리하는 자를 말한다. 이 경우 동일한 호소를 관리하는 자가 2 이상인 경우에는 하천법에 의한 하천의 관리청외의 자가 수면관리자가 된다.

82 상수원의 수질보전을 위하여 상수원을 오염시킬 우려가 있는 물질을 수송하는 자동차의 통행을 제한하려고 한다. 해당되는 지역이 아닌 것은 어느 것인가?

㉮ 상수원보호구역
㉯ 규정에 의하여 지정·고시된 수변구역
㉰ 상수원에 중대한 오염을 일으킬 수 있어 대통령령이 정하는 지역
㉱ 특별대책지역

[풀이] ㉰ 상수원에 중대한 오염을 일으킬 수 있어 환경부령이 정하는 지역

83 다음 조건에서 적용되는 오염물질의 배출허용기준은 어느 것인가?

- 1일 폐수배출량이 2,000m³ 미만
- 환경기준(수질) Ⅱ등급 정도의 수질을 보전하여야 한다고 인정하는 수역의 수질에 영향을 미치는 지역으로서 환경부장관이 정하여 고시하는 지역
- 단위 : mg/L

㉮ BOD 80 이하, SS 80 이하
㉯ BOD 70 이하, SS 70 이하
㉰ BOD 60 이하, SS 60 이하
㉱ BOD 50 이하, SS 50 이하

84 특별대책지역의 수질오염을 방지하기 위하여 해당 지역에 새로 설치되는 배출시설에 대해 적용할 수 있는 배출허용기준은 어느 것인가?

㉮ 별도배출허용기준
㉯ 시·도 배출허용기준
㉰ 특별배출허용기준
㉱ 엄격한 배출허용기준

85 공공폐수처리시설의 방류수 수질기준 중 생태독성(TU)기준으로 알맞은 것은 어느 것인가? (단, 2013. 1. 1. 이후 수질기준, 보기항의 (   )내 기준은 농공단지 공공폐수처리시설 방류수 수질기준)

㉮ 1(1) 이하   ㉯ 1(2) 이하
㉰ 2(2) 이하   ㉱ 2(3) 이하

86 수질오염방지시설 중 생물화학적 처리시설에 해당되는 것은?

㉮ 살균시설   ㉯ 폭기시설
㉰ 환원시설   ㉱ 침전물 개량시설

87 오염총량관리기본방침에 포함되어야 하는 사항으로 틀린 것은 어느 것인가?

㉮ 오염총량관리의 목표
㉯ 오염총량관리 대상 지역 및 시설
㉰ 오염총량관리의 대상 수질오염물질 종류
㉱ 오염원의 조사 및 오염부하량 산정방법

[풀이] 오염총량관리기본방침에 포함되어야 하는 사항으로는 ① 오염총량관리의 목표 ② 오염총량관리의 대상 수질오염물질 종류 ③ 오염원의 조사 및 오염부하량 산정방법 ④ 오염총량관리기본계획의 주체, 내용, 방법 및 시한 ⑤ 오염총량관리시행계획의 내용 및 방법이 있다.

88 낚시금지구역 또는 낚시제한구역을 지정하고자 하는 경우 고려사항으로 틀린 것은 어느 것인가?

㉮ 오염원 현황
㉯ 지역별 낚시인구 현황
㉰ 수질오염도
㉱ 용수의 목적

[풀이] 고려사항으로는 ① 용수의 목적 ② 오염원 현황 ③ 수질오염도 ④ 낚시터 인근에서의 쓰레기 발생 현황 및 처리 여건 ⑤ 연도별 낚시 인구의 현황 ⑥ 서식어류의 종류 및 양 등 수중생태계의 현황이 있다.

정답 83 ㉮ 84 ㉰ 85 ㉮ 86 ㉯ 87 ㉯ 88 ㉯

89 환경기술인 등의 교육기간·대상자 등에 대한 설명으로 틀린 것은 어느 것인가?

㉮ 최초교육 : 환경기술인 등이 최초로 업무에 종사한 날부터 1년 이내에 실시하는 교육
㉯ 보수교육 : 최초 교육 후 3년 마다 실시하는 교육
㉰ 환경기술인 교육기관 : 환경관리협회
㉱ 폐수처리 기술요원 교육기관 : 국립환경인재개발원

풀이 ㉰ 환경기술인 교육기관 : 환경보전협회

90 사람의 건강보호를 위한 수질 및 수생태계 하천의 환경기준으로 틀린 것은 어느 것인가?

㉮ 유기인 : 검출되어서는 안됨
㉯ 6가크롬 : 0.05mg/L 이하
㉰ 카드뮴(Cd) : 0.05mg/L 이하
㉱ 음이온계면활성제(ABS) : 0.5mg/L 이하

풀이 ㉰ 카드뮴(Cd) : 0.005mg/L 이하

91 오염물질의 희석처리가 가능한 경우에 해당하지 않는 것은 어느 것인가?

㉮ 폐수의 염분 농도가 높아 원래의 상태로는 생물화학적 처리가 어려운 경우
㉯ 폐수의 유기물의 농도가 높아 원래의 상태로는 생물화학적 처리가 어려운 경우
㉰ 폐수의 독성이 강해 원래의 상태로는 생물화학적 처리가 어려운 경우
㉱ 폭발의 위험 등이 있어 원래의 상태로는 화학적 처리가 어려운 경우에 희석처리 가능

92 환경기술인 또는 기술요원이 관련 분야에 따라 이수하여야 할 교육과정의 교육기간 기준으로 알맞은 것은 어느 것인가? (단, 정보통신매체를 이용한 원격교육 제외)

㉮ 16시간 이내 ㉯ 24시간 이내
㉰ 3일 이내   ㉱ 4일 이내

93 방지시설설치의 면제기준에 대한 내용으로 틀린 것은 어느 것인가?

㉮ 수질오염물질이 항상 배출허용기준 이하로 배출되는 경우
㉯ 새로운 수질오염물질이 발생되어 배출시설 또는 방지시설의 개선이 필요한 경우
㉰ 폐수를 전량 위탁처리하는 경우
㉱ 폐수를 전량 재이용하는 등 방지시설을 설치하지 아니하고도 수질오염물질을 적정하게 처리할 수 있는 경우

94 수질오염경보 중 수질오염감시경보 단계가 '관심'인 경우 한국환경공단이사장의 조치사항으로 알맞은 것은 어느 것인가?

㉮ 물환경변화 감시 및 원인 조사
㉯ 지속적 모니터링을 통한 감시
㉰ 관심경보 발령 및 관계기관 통보
㉱ 원인조사 및 오염물질 추적 조사 지원

정답 89 ㉰ 90 ㉰ 91 ㉱ 92 ㉱ 93 ㉯ 94 ㉯

95 사업장에서 1일 폐수 배출량이 150m³ 발생하고 있을 때 사업장의 규모별 구분으로 알맞은 것은 어느 것인가?
- ㉮ 2종 사업장
- ㉯ 3종 사업장
- ㉰ 4종 사업장
- ㉱ 5종 사업장

96 위탁처리대상 폐수를 환경부령으로 정하고 있다. 폐수배출시설의 설치를 제한할 수 있는 지역에서 위탁 처리할 수 있는 1일 폐수의 양은 얼마인가?
- ㉮ 1m³ 미만
- ㉯ 5m³ 미만
- ㉰ 20m³ 미만
- ㉱ 50m³ 미만

97 정당한 사유 없이 공공수역에 다량의 토사를 유출하거나 버려 상수원 또는 하천, 호소를 현저히 오염되게 하는 행위를 한 자에게 부과되는 과태료는 얼마인가?
- ㉮ 100만원 이하의 과태료를 부과
- ㉯ 300만원 이하의 과태료를 부과
- ㉰ 500만원 이하의 과태료를 부과
- ㉱ 1천만원 이하의 과태료를 부과

98 폐수무방류배출시설의 운영일지의 보존기간은 얼마인가?
- ㉮ 최종 기록일로부터 6월
- ㉯ 최종 기록일부터 1년
- ㉰ 최종 기록일로부터 3년
- ㉱ 최종 기록일부터 5년

99 비점오염원관리지역의 지정기준으로 알맞은 것은 어느 것인가?
- ㉮ 인구 5만명 이상인 도시로서 비점오염원관리가 필요한 지역
- ㉯ 인구 10만명 이상인 도시로서 비점오염원관리가 필요한 지역
- ㉰ 인구 50만명 이상인 도시로서 비점오염원관리가 필요한 지역
- ㉱ 인구 100만명 이상인 도시로서 비점오염원관리가 필요한 지역

100 특정수질 유해물질로 분류되어 있지 않은 것은 어느 것인가?
- ㉮ 1,4-다이옥산
- ㉯ 아세트알데히드
- ㉰ 아크릴아미드
- ㉱ 브로모포름

정답 95 ㉰ 96 ㉯ 97 ㉱ 98 ㉰ 99 ㉱ 100 ㉯

2016년 3회 수질환경기사

2016년 8월 21일 시행

| 제1과목 | 수질오염개론

01 Streeter-Phelps식의 기본 가정조건으로 틀린 것은 어느 것인가?

㉮ 오염원은 점오염원이다.
㉯ 하상퇴적물의 유기물분해를 고려하지 않는다.
㉰ 조류의 광합성은 무시, 유기물의 분해는 1차 반응이다.
㉱ 하천의 흐름 방향 분산을 고려한다.

풀이 ㉱ 하천의 흐름 방향 분산을 고려하지 않는다.

02 생물학적 질산화 중 아질산화에 대한 내용으로 틀린 것은 어느 것인가?

㉮ Nitrobacter에 의해 수행된다.
㉯ 수율은 0.04~0.13mgVSS/mgNH$_4^+$-N 정도이다.
㉰ 관련 미생물은 독립영양성 세균이다.
㉱ 산소가 필요하다.

풀이 ㉮ Nitrosomonas에 의해 수행된다.

03 미생물에 의한 영양대사과정 중 에너지 생성반응으로서 기질이 세포에 의해 이용되고 복잡한 물질에서 간단한 물질로 분해되는 과정(작용)을 무엇이라 하는가?

㉮ 이화   ㉯ 동화
㉰ 동기화 ㉱ 환원

풀이 ㉮ 이화작용에 대한 설명이다.

04 해수의 특성에 관한 내용으로 알맞은 것은 어느 것인가?

㉮ 염분은 적도해역과 극해역이 다소 높다.
㉯ 해수의 주요성분 농도비는 수온, 염분의 함수로 수심이 깊어질수록 증가한다.
㉰ 해수의 Na/Ca비는 3~4 정도로 담수보다 매우 높다.
㉱ 해수 내 전체 질소 중 35% 정도는 암모니아성 질소, 유기질소 형태이다.

풀이 ㉮ 염분은 적도해역에서는 높고 극해역에서는 다소 낮다.
㉯ 해수의 주요성분 농도비는 항상 일정하다.
㉰ 해수의 Mg/Ca비는 3~4 정도로 담수보다 매우 높다.

정답 01 ㉱ 02 ㉮ 03 ㉮ 04 ㉱

05 확산의 기본법칙인 Fick's 제1법칙을 가장 알맞게 설명한 것은 어느 것인가? (단, 확산에 의해 어떤 면적요소를 통과하는 물질의 이동속도 기준)

㉮ 이동속도는 확산물질의 조성비에 비례한다.
㉯ 이동속도는 확산물질의 농도경사에 비례한다.
㉰ 이동속도는 확산물질의 분자확산계수와 반비례한다.
㉱ 이동속도는 확산물질의 유입과 유출의 차이만큼 축적된다.

풀이 Fick's 제1법칙은 확산에 의해 어떤 면적요소를 통과하는 물질의 이동속도 기준에서 이동속도는 확산물질의 농도경사에 비례한다.

06 진핵세포에 대한 내용으로 틀린 것은 어느 것인가?

㉮ 핵막이 있다.
㉯ 분리분열을 한다.
㉰ 세포소기관으로 미토콘드리아, 엽록체, 액포 등이 존재한다.
㉱ 리보솜은 80S(예외 : 미토콘드리아와 엽록체는 70S)이다.

풀이 ㉯ 유사분열을 한다.

07 분뇨에 대한 내용으로 틀린 것은 어느 것인가?

㉮ 분뇨의 영양물질은 NH_4HCO_3 및 $(NH_4)_2CO_3$ 형태로 존재하며 소화조 내의 알칼리도 유지 및 pH 강하를 막아주는 완충역할을 담당한다.
㉯ 분과 뇨의 구성비는 약 1 : 8~10 정도이며 고액 분리가 어렵다.
㉰ 뇨의 경우 질소화합물은 전체 VS의 10~20% 정도 함유하고 있다.
㉱ 분뇨의 비중은 1.02 정도이고, 점도는 비점도로서 1.2~2.2 정도이다.

풀이 ㉰ 분의 경우 질소화합물은 전체 VS의 10~20% 정도 함유하고 있다.

08 공중 위생상 중요한 방사능 물질인 스트론튬(Sr^{90})은 29년의 반감기를 가지고 있다. 주어진 양의 스트론튬을 90% 감소시키기 위한 저장기간(년)은 얼마인가? (단, 1차 반응, 자연대수 기준)

㉮ 약 37년   ㉯ 약 67년
㉰ 약 97년   ㉱ 약 113년

풀이 ① 반감기 : $\ln \frac{1}{2} = -k \times t$

$\ln \frac{1}{2} = -k \times 29$년

∴ k = 0.024/년

② 1차반응식 : $\ln \frac{C_t}{C_o} = -k \times t$

$\ln \frac{10\%}{100\%} = -0.024$/년$\times t$

∴ t = 96년

정답 05 ㉯ 06 ㉯ 07 ㉰ 08 ㉰

09 호소의 영양상태를 평가하기 위한 Carlson 지수를 산정하기 위해 요구되는 인자로 틀린 것은 어느 것인가?

㉮ Chlorophyll-a ㉯ SS
㉰ 투명도 ㉱ T-P

[풀이] Carlson 지수 산정 인자로는 Chlorophyll-a, 투명도, T-P가 있다.

10 산성강우에 관한 내용으로 틀린 것은 어느 것인가?

㉮ 주요 원인물질은 유황산화물, 질소산화물, 염산을 들 수 있다.
㉯ 대기오염이 혹심한 지역에 국한되는 현상으로 비교적 정확한 예보가 가능하다.
㉰ 초목의 잎과 토양으로부터 Ca^{++}, Mg^{++}, K^+등의 용출 속도를 증가시킨다.
㉱ 보통 대기 중 탄산가스와 평형상태에 있는 물은 약 pH 5.6의 산성을 띄고 있다.

[풀이] ㉯ 대기오염이 혹심한 지역 뿐만 아니라 전지역에서 발생하는 현상으로 비교적 정확한 예보가 불가능하다.

11 150kL/day의 분뇨를 포기하여 BOD의 20%를 제거하였다. BOD 1kg을 제거하는데 필요한 공기공급량이 $60m^3$이라 했을 때 시간당 공기공급량(m^3)은 얼마인가? (단, 연속포기, 분뇨의 BOD는 20,000 mg/L이다.)

㉮ $100m^3$/hr ㉯ $500m^3$/hr
㉰ $1,000m^3$/hr ㉱ $1,500m^3$/hr

[풀이] 공급공기량(m^3/hr)
$$= \frac{60m^3}{1kg제거BOD} \times \frac{150m^3}{day} \times \frac{20kg}{m^3} \times 0.2 \times \frac{1day}{24hr}$$
$$= 1,500m^3/hr$$

TIP
① 150kL/day = $150m^3$/day
② BOD 20,000mg/L = BOD $20kg/m^3$

12 이상적인 완전혼합 흐름상태를 나타내는 반응조 혼합정도의 표시로 틀린 것은 어느 것인가?

㉮ 분산이 1일 때
㉯ 지체시간이 0일 때
㉰ Morrill 지수가 1에 가까울수록
㉱ 분산수가 무한대일 때

[풀이] ㉰ Morrill 지수는 클수록

정답 09 ㉯ 10 ㉯ 11 ㉱ 12 ㉰

13 평균수온이 5℃인 저수지의 수심이 10m이고 수면적이 0.1km²이었다. 이 저수지의 수온차가 10℃라 할 때 정상상태에서의 열전달속도(kcal/hr)는 얼마인가? (단, 5℃에서의 열전도도 K_T = 5.8kcal/[(hr·m²)(℃/m)])

㉮ 2.9×10^5 ㉯ 5.8×10^5
㉰ 2.9×10^6 ㉱ 5.8×10^6

풀이 열전달속도(kcal/hr)
= 5.8kcal/[(hr·m²)(℃/m)] × 0.1×10⁶m² × $\frac{10℃}{10m}$
= 5.8×10^5 kcal/hr

TIP
1km² = 10⁶m²

14 glycine($CH_2(NH_2)COOH$) 7몰을 분해하는데 필요한 이론적 산소 요구량(gO_2)은 얼마인가? (단, 최종산물을 HNO_3, CO_2, H_2O이다.)

㉮ 724g ㉯ 742g
㉰ 768g ㉱ 784g

풀이 $CH_2(NH_2)COOH + 3.5O_2 \rightarrow 2CO_2 + 2H_2O + HNO_3$
1mol : 3.5×32g
7mol : ThOD
∴ ThOD = 784g

15 부조화형 호수가 아닌 것은 어느 것인가?

㉮ 부식 영양형 호수
㉯ 부 영양형 호수
㉰ 알칼리 영양형 호수
㉱ 산 영양형 호수

16 용존산소농도를 6mg/L로 유지하기 위하여 산소섭취속도가 40mg/L·hr인 포기기를 설치하였다. 이 때 K_{La}값(총괄산소전달계수, hr⁻¹)은 약 얼마인가? (단, 20℃에서 용존산소 포화농도 9.07mg/L이다.)

㉮ 9.0hr⁻¹ ㉯ 10.5hr⁻¹
㉰ 12.3hr⁻¹ ㉱ 13.0hr⁻¹

풀이 $\frac{dO}{dt} = k_{La} \times (C_s - C)$

$\frac{dO}{dt}$: 산소섭취속도(mg/L·hr)
k_{La} : 총괄산소전달계수
C_s : 용존산소 포화농도(mg/L)
C : 용존산소농도(mg/L)

따라서 40mg/L·hr = k_{La}×(9.07-6)mg/L
∴ k_{La} = 13.03/hr

17 물의 물리적 특성과 이와 관련된 용어의 설명으로 틀린 것은 어느 것인가?

㉮ 물의 비중은 4℃에서 1.0이다.
㉯ 점성계수란 전단응력에 대한 유체의 거리에 대한 속도 변화율에 대한 비를 말한다.
㉰ 표면장력은 액체표면의 분자가 액체 내부로 끌리는 힘에 기인된다.
㉱ 동점성계수는 밀도를 점성계수로 나눈 것을 말한다.

풀이 ㉱ 동점성계수는 점성계수를 밀도로 나눈 것을 말한다.

정답 13 ㉯ 14 ㉱ 15 ㉯ 16 ㉱ 17 ㉱

18 카드뮴에 관한 설명으로 틀린 것은 어느 것인가?

㉮ 카드뮴은 흰 은색이며 아연 정련업, 도금공업 등에서 배출된다.
㉯ 골연화증이 유발된다.
㉰ 만성폭로로 인한 흔한 증상은 단백뇨이다.
㉱ 윌슨씨병 증후군과 소인증이 유발된다.

풀이 ㉱ 카드뮴의 대표질환으로는 이따이이따이병이다.

19 섬유상 유황박테리아로 에너지원으로 황화수소를 이용하며 균체에 황입자를 축적하는 것은 어느 것인가?

㉮ sphaerotilus ㉯ zooglea
㉰ cyanophyia   ㉱ beggiatoa

풀이 ㉱ 베기아토아(beggiatoa)에 대한 설명이다.

20 유량 400,000m³/day의 하천에 인구 20만명의 도시로부터 30,000m³/day의 하수가 유입되고 있다. 하수 유입 전 하천의 BOD는 0.5mg/L이고, 유입 후 하천의 BOD를 2mg/L로 하기 위해서 하수처리장을 건설하려고 한다면 이 처리장의 BOD 제거효율(%)은 얼마인가? (단, 인구 1인당 BOD 배출량은 20g/day이다.)

㉮ 약 84% ㉯ 약 87%
㉰ 약 90% ㉱ 약 93%

풀이

① $C_m = \dfrac{Q_1C_1 + Q_2C_2}{Q_1 + Q_2}$

$2\text{mg/L} = \dfrac{400,000\text{m}^3/\text{day} \times 0.5\text{mg/L} + 30,000\text{m}^3/\text{day} \times C_2}{(400,000 + 30,000)\text{m}^3/\text{day}}$

∴ $C_2(BOD_O) = 22\text{mg/L} = 22\text{g/m}^3$

② BOD 제거효율(%) = $\left(1 - \dfrac{BOD_o}{BOD_i}\right) \times 100$

$= \left(1 - \dfrac{22\text{g/m}^3 \times 30,000\text{m}^3/\text{day}}{20\text{g/인} \cdot \text{day} \times 200,000\text{인}}\right) \times 100$

$= 83.5\%$

| 제2과목 | 상하수도계획 |

21 폭 4m, 높이 3m인 개수로의 수심이 2m이고 경사가 4‰일 경우 Manning 공식에 의한 유속(m/sec)은 약 얼마인가? (단, n = 0.014)

㉮ 1.13m/sec ㉯ 2.26m/sec
㉰ 4.52m/sec ㉱ 9.04m/sec

풀이

Manning식 : $v = \dfrac{1}{n} \times R^{\frac{2}{3}} \times I^{\frac{1}{2}}$ (m/sec)

경심(R) = $\dfrac{\text{단면적}(A)}{\text{윤변의 길이}(S)} = \dfrac{b \times h}{b + 2h}$

$= \dfrac{4\text{m} \times 2\text{m}}{4\text{m} + 2 \times 2\text{m}} = 1\text{m}$

기울기(I) = 4‰ = $\dfrac{4}{1,000}$

따라서 $v = \dfrac{1}{0.014} \times (1\text{m})^{\frac{2}{3}} \times \left(\dfrac{4}{1,000}\right)^{\frac{1}{2}} = 4.52\text{m/sec}$

정답 18 ㉱ 19 ㉱ 20 ㉮ 21 ㉰

22 유역면적이 2km²인 지역에서의 우수 유출량을 산정하기 위하여 합리식을 사용하였다. 다음 조건일 때 관거 길이 1,000m인 하수관의 우수유출량(m³/sec)은 얼마인가? (단, 강우강도 I(mm/hr) = $\frac{3,660}{t+30}$, 유입시간 6분, 유출계수 0.7, 관내의 평균 유속 1.5m/sec)

㉮ 약 25m³/sec ㉯ 약 30m³/sec
㉰ 약 35m³/sec ㉱ 약 40m³/sec

[풀이] $Q = \frac{1}{360} CIA$

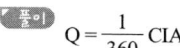

  Q : 우수유출량(m³/sec)
  C : 유출계수
  I : 강우강도(mm/hr)
  A : 면적(ha)

유달시간(t) = 유입시간+유하시간$\left(\frac{길이}{유속}\right)$

= 6분 + $\frac{1,000}{1.5\text{m/sec} \times 60\text{sec/min}}$ = 17.11분

강우강도(I) = $\frac{3,660}{17.11분+30}$ = 77.6905mm/hr

따라서 강우유출량(Q)
= $\frac{1}{360} \times 0.7 \times 77.6905\text{mm/hr} \times 2\text{km}^2 \times 100\text{ha}/1\text{km}^2$
= 30.21m³/sec

23 상수시설인 도수관을 설계할 때의 평균 유속에 관한 설명으로 ( )안에 알맞은 말은 어느 것인가?

자연유하식인 경우에는 허용최대한도를 (①)로 하고 도수관의 평균유속의 최소한도는 (②)로 한다.

㉮ ① 3.0m/s, ② 0.3m/s
㉯ ① 3.0m/s, ② 1m/s
㉰ ① 5.0m/s, ② 0.3m/s
㉱ ① 5.0m/s, ② 1m/s

24 상수도관으로 사용되는 관종 중 스테인리스강관에 대한 설명으로 틀린 것은 어느 것인가?

㉮ 강인성이 뛰어나고 충격에 강하다.
㉯ 용접접속에 시간이 걸린다.
㉰ 라이닝이나 도장을 필요로 하지 않는다.
㉱ 이종금속과의 절연처리가 필요없다.

[풀이] ㉱ 이종금속과의 절연처리가 필요하다.

정답 22 ㉯ 23 ㉮ 24 ㉱

25 상수도 취수 시 계획취수량의 기준으로 알맞은 것은 어느 것인가?

㉮ 계획 1일 최대급수량의 10% 정도 증가된 수량으로 정함
㉯ 계획 1일 평균급수량의 10% 정도 증가된 수량으로 정함
㉰ 계획 1시간 최대급수량의 10% 정도 증가된 수량으로 정함
㉱ 계획 1시간 평균급수량의 10% 정도 증가된 수량으로 정함

풀이 상수도 취수 시 계획취수량의 기준은 계획 1일 최대급수량의 10% 정도 증가된 수량 으로 정한다.

26 내경 500mm의 강관 내압 1.0MPa으로 물이 흐르고 있다. 매설 강관의 최소 두께(mm)는 약 얼마인가? (단, 내압에 의한 원주방향의 응력도는 110N/mm²이다.)

㉮ 2.27mm   ㉯ 4.52mm
㉰ 6.54mm   ㉱ 9.08mm

풀이 $T = \dfrac{P \times D}{2\sigma_t}$

⎡ T : 관두께(mm)
⎢ P : 관내수압(MPa)
⎢ D : 직경(mm)
⎣ σ_t : 응력도(N/mm²)

따라서 $T = \dfrac{1.0\text{MPa} \times 500\text{mm}}{2 \times 110\text{N/mm}^2} = 2.27\text{mm}$

27 복류수를 취수하는 집수매거의 유출단에서 매거 내의 평균유속으로 알맞은 것은 어느 것인가?

㉮ 0.3m/sec 이하   ㉯ 0.5m/sec 이하
㉰ 0.8m/sec 이하   ㉱ 1.0m/sec 이하

풀이 집수매거의 유출단에서 매거 내의 평균유속은 1.0 m/sec 이하이다.

28 활성슬러지법에서 사용하는 수중형 포기기에 대한 내용으로 틀린 것은 어느 것인가?

㉮ 저속터빈과 압력튜브 혹은 보통관을 통한 압축공기를 주입하는 형식이다.
㉯ 혼합정도가 좋으며 결빙문제나 유체가 튀지 않는다.
㉰ 깊은 반응조에 적용하며 운전에 융통성이 있다.
㉱ 송풍조의 규모를 줄일 수 있어 전기료가 적게 소요된다.

풀이 ㉱ 송풍조의 규모를 줄일 수 없어 전기료가 많이 소요된다.

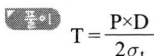
25 ㉮   26 ㉮   27 ㉱   28 ㉱

29 펌프의 비교회전도에 대한 내용으로 알맞은 것은 어느 것인가?

㉮ 비교회전도가 크게 될수록 흡입성능이 나쁘고 공동현상이 발생하기 쉽다.
㉯ 비교회전도가 크게 될수록 흡입성능은 나쁘나 공동현상이 발생하기 어렵다.
㉰ 비교회전도가 크게 될수록 흡입성능이 좋고 공동현상이 발생하기 어렵다.
㉱ 비교회전도가 크게 될수록 흡입성능은 좋으나 공동현상이 발생하기 쉽다.

[풀이] 비교회전도가 크게 될수록 흡입성능이 나쁘고 공동현상이 발생하기 쉽고 유량이 적은 저양정의 펌프가 된다.

30 배수관로 상에 유리관을 세웠을 때 다음 그림과 같은 상태였다. 이 때 배수관 내의 유속(m/sec)은 얼마인가? (단, 수면의 차이는 10cm이다.)

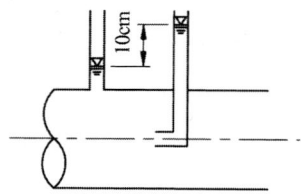

㉮ 1.0m/sec ㉯ 1.4m/sec
㉰ 1.8m/sec ㉱ 2.2m/sec

[풀이] $V = C \times \sqrt{2gh}$

　V : 유속(m/sec)
　g : 중력가속도(9.8m/sec²)
　h : 속도수두(m)

따라서 $V = \sqrt{2 \times 9.8 \text{m/sec}^2 \times 0.1} = 1.4 \text{m/sec}$

31 하수처리시설의 이차침전지에 관한 내용으로 틀린 것은 어느 것인가?

㉮ 유효수심은 2.5~4m를 표준으로 한다.
㉯ 이차침전지의 고형물부하율은 40~125 kg/m²·d로 한다.
㉰ 침전시간은 계획 1일 최대오수량에 따라 정하며 일반적으로 6~8시간으로 한다.
㉱ 침전지 수면의 여유고는 40~60cm 정도로 한다.

[풀이] ㉰ 침전시간은 계획 1일 최대오수량에 따라 정하며 일반적으로 3~5시간으로 한다.

32 하수관거에 대한 설명으로 틀린 것은 어느 것인가?

㉮ 도관은 내산 및 내알칼리성이 뛰어나고 마모에 강하며 이형관을 제조하기 쉽다.
㉯ 폴리에틸렌관은 가볍고 취급이 용이하여 시공성은 좋으나 산, 알칼리에 약한 단점이 있다.
㉰ 덕타일주철관은 내압성 및 내식성이 우수하다.
㉱ 파형강관은 용융아연도금된 강관을 스파이럴형으로 제작한 강관이다.

[풀이] ㉯ 폴리에틸렌관은 가볍고 취급이 용이하여 시공성이 좋고 산, 알칼리에 강하다.

정답 29 ㉮ 30 ㉯ 31 ㉰ 32 ㉯

33 정수시설 중 플록형성지에 대한 내용으로 틀린 것은 어느 것인가?

㉮ 기계식교반에서 플록큐레이터(flocculator)의 주변속도는 5~10cm/sec를 표준으로 한다.
㉯ 플록형성시간은 계획정수량에 대하여 20~40분간을 표준으로 한다.
㉰ 직사각형이 표준이다.
㉱ 혼화지와 침전지 사이에 위치하고 침전지에 붙여서 설치한다.

풀이 ㉮ 기계식교반에서 플록큐레이터(flocculator)의 주변속도는 15~80cm/sec를 표준으로 한다.

34 취수시설 중 취수탑에 대한 내용으로 틀린 것은 어느 것인가?

㉮ 연간을 통하여 최소 수심이 2m 이상으로 하천에 설치하는 경우에는 유심이 제방에 되도록 근접한 지점으로 한다.
㉯ 취수탑의 횡단면은 환상으로서 원형 또는 타원형으로 한다.
㉰ 취수탑의 상단 및 관리교의 하단은 하천, 호소 및 댐의 계획최고수위보다 높게 한다.
㉱ 취수탑을 하천에 설치하는 경우에는 장축방향을 흐름 방향과 직각이 되도록 설치한다.

풀이 ㉱ 취수탑을 하천에 설치하는 경우에는 장축방향을 흐름 방향과 일치하도록 설치한다.

35 수격작용(water hammer)을 방지 또는 줄이는 방법으로 틀린 것은 어느 것인가?

㉮ 펌프에 fly wheel을 붙여 펌프의 관성을 증가시킨다.
㉯ 흡입측 관로에 압력조절수조(surge tank)를 설치하여 부압을 유지시킨다.
㉰ 펌프 토출구 부근에 공기탱크를 두거나 부압발생지점에 흡기밸브를 설치하여 압력강하시 공기를 넣어준다.
㉱ 관내유속을 낮추거나 관거상황을 변경한다.

풀이 ㉯ 토출측 관로에 압력조절수조를 설치해서 부압발생 장소에 물을 보급하여 부압을 방지함과 아울러 압력상승도 흡수한다.

36 상향류식 경사판 침전지에 관한 내용으로 틀린 것은 어느 것인가?

㉮ 표면부하율은 4~9mm/min으로 한다.
㉯ 경사각은 55~60°로 한다.
㉰ 침강장치는 1단으로 한다.
㉱ 침전지 내의 평균상승유속은 250mm/min 이하로 한다.

37 펌프 회전차나 동체 속에 흐르는 압력이 국소적으로 저하하여 그 액체의 포화 증기압 이하로 떨어져 발생하는 펌프 운전 시의 비정상 현상을 무엇이라 하는가?

㉮ 캐비테이션   ㉯ 서어징
㉰ 수격 작용   ㉱ 맥놀이 현상

풀이 ㉮ 캐비테이션에 대한 설명이다.

정답   33 ㉮   34 ㉱   35 ㉯   36 ㉮   37 ㉮

38 관경 1,100mm, 동수경사 2.4‰, 유속 1.63m/sec, 연장 L = 30.6m일 때 역사이폰의 손실수두(m)는 약 얼마인가?
(단, 손실수두에 관한 여유 α = 0.042m이다.)

㉮ 0.42m   ㉯ 0.32m
㉰ 0.25m   ㉱ 0.16m

[풀이]
$$H = I \times L + 1.5 \times \frac{V^2}{2g} + \alpha$$

- H : 손실수두(m)
- I : 역사이폰내의 유속에 대한 동수구배
- L : 관의 길이(m)
- V : 관내유속(m/sec)
- g : 중력가속도(9.8m/sec²)
- α : 손실수두에 관한 여유

따라서
$$H = \frac{2.4}{1,000} \times 30.6m + 1.5 \times \frac{(1.63m/sec)^2}{2 \times 9.8m/sec^2} + 0.042m$$
$$= 0.32m$$

39 상수시설인 착수정의 체류시간, 수심 기준으로 알맞은 것은 어느 것인가?

㉮ 체류시간 : 1.5분 이상, 수심 : 2~3m 정도
㉯ 체류시간 : 1.5분 이상, 수심 : 3~5m 정도
㉰ 체류시간 : 3.0분 이상, 수심 : 2~3m 정도
㉱ 체류시간 : 3.0분 이상, 수심 : 3~5m 정도

40 하수도계획 목표연도는 몇 년을 원칙으로 하는가?

㉮ 10년   ㉯ 20년
㉰ 30년   ㉱ 40년

[풀이] 계획 목표연도가 하수는 20년, 상수도는 15~20년이다.

| 제3과목 | 수질오염방지기술

41 핀 플록(pin-floc)이나 플록파괴(deflocculation)가 발생하는 원인으로 틀린 것은 어느 것인가?

㉮ 독성(toxic)물질 유입
㉯ 혐기성(anaerobic) 상태
㉰ 유황(sulfide)
㉱ 장기폭기(extended aeration)

[풀이] 핀 플록이나 플록파괴가 발생하는 원인으로는 독성물질 유입, 혐기성상태, 장기폭기 등이 있다.

42 300m³/day의 폐수를 배출하는 도금공장이 있다. 이 폐수 중에는 CN⁻이 150 mg/L 함유되어 다음 반응식을 이용하여 처리하고자 할 때 필요한 NaClO의 양(kg)은 약 얼마인가?

$$2NaCN + 5NaClO + H_2O$$
$$\rightarrow 2NaHCO_3 + N_2 + 5NaCl$$

㉮ 180.4kg   ㉯ 322.4kg
㉰ 344.8kg   ㉱ 300.5kg

[풀이]
2CN⁻ : 5NaClO
2×26g : 5×74.5g
0.15kg/m³ × 300m³/day : X
∴ X = 322.36kg/day

정답 38 ㉯ 39 ㉯ 40 ㉯ 41 ㉰ 42 ㉯

43 Monod 식을 이용한 세포의 비증식속도 (Specific growth rate, hr⁻¹)는 얼마인가? (단, 제한기질농도 200mg/L, 1/2포화농도(Ks) 50mg/L, 세포의 비증식속도 최대치 0.1hr⁻¹이다.)

㉮ 0.08hr⁻¹   ㉯ 0.12hr⁻¹
㉰ 0.16hr⁻¹   ㉱ 0.24hr⁻¹

풀이

$$\mu = \mu_{max} \times \frac{S}{K_s+S}$$

- μ : 세포의 비증식 계수(/hr)
- μ_{max} : 세포의 최대 비증식 계수(/hr)
- S : 제한기질의 농도(mg/L)
- Ks : 반포화 농도(mg/L)

따라서 $\mu = 0.1/hr \times \dfrac{200mg/L}{(50+200)mg/L} = 0.08/hr$

44 막공법 중 물질 분리를 유발하는 추진력(driving force)으로 틀린 것은 어느 것인가?

㉮ 전기투석(Electrodialysis) - 기전력
㉯ 투석(Dialysis) - 정수압차
㉰ 역삼투(Reverse Osmosis) - 정수압차
㉱ 한외여과(Utrafiltration) - 정수압차

풀이 ㉯ 투석(Dialysis) - 농도차

45 수질성분이 금속도관의 부식에 미치는 영향으로 설명이 틀린 것은 어느 것인가?

㉮ 암모니아는 착화물의 형성을 통해 구리, 납 등의 금속 용해도를 증가시킬 수 있다.
㉯ 칼슘은 $CaCO_3$로 침전하여 부식을 보호하고 부식속도를 감소시킨다.
㉰ 마그네슘은 갈바닉 전지를 이룬 배관 상에 구멍을 야기한다.
㉱ pH가 높으면 관을 보호하고 부식속도를 감소시킨다.

풀이 ㉰ 구리는 갈바닉 전지를 이룬 배관 상에 구멍을 야기한다.

46 폐수 유량이 2,000m³/d, 부유 고형물의 농도가 200mg/L이다. 설계온도 20℃, 이 때의 공기 용해도는 18.7mL/L, 흡수비 0.5, 표면부하율이 120m³/(m²·d), 운전압력이 3기압 이라면 반송비와 부상조의 필요한 표면적(m²)은 약 얼마인가? (단, A/S비는 0.05, 반송이 있는 공기부상조 기준이다.)

㉮ 0.82, 25m²   ㉯ 0.82, 30m²
㉰ 0.87, 25m²   ㉱ 0.87, 30m²

풀이

① $A/S비 = \dfrac{1.3 \times Sa \times (f \times P-1)}{SS} \times R$

$0.05 = \dfrac{1.3 \times 18.7mL/L \times (0.5 \times 3atm-1)}{200mg/L} \times R$

∴ R = 0.82

② 부하율(m³/m²·day) = $\dfrac{Q(m^3/min)}{A(m^2)}$

$Q = Q \times (1+R) = 2,000m^3/day \times (1+0.82)$
$= 3,640m^3/day$

따라서 $120m^3/m^2 \cdot day = \dfrac{3,640m^3/day}{A(m^2)}$

∴ A = 30.333m²

정답 43 ㉮ 44 ㉯ 45 ㉰ 46 ㉯

47 혐기성 소화조 운전 중 이상발포가 발생되었을 때의 대책으로 틀린 것은 어느 것인가?

㉮ 슬러지의 유입을 줄이고 배출을 일시 중지한다.
㉯ 소화온도를 높인다.
㉰ 조내 교반을 중지한다.
㉱ 스컴을 파쇄·제거한다.

[풀이] ㉰ 조내 교반을 한다.

48 도금폐수 중 시안함유폐수의 처리에 대한 내용으로 틀린 것은 어느 것인가?

㉮ pH 3 이하의 산성으로 하여 공기를 격렬하게 주입시켜 HCN 가스를 대기 중에 발산시켜 제거한다.
㉯ 시안착화합물로 변화시키는 방법은 크롬폐수와 혼합되어 있을 때의 처리에 적합하다.
㉰ 알칼리성으로 하여 염소화하는 방법이 가장 일반적이다.
㉱ 선택침전법은 여러 가지 폐수가 혼재되어 있을 때 적용하며 슬러지 발생량이 적은 장점이 있다.

[풀이] ㉱ 선택침전법은 시안함유폐수의 처리법이 아니다.

49 슬러지 발생량이 3,000kg/d인 소화조가 있다. 슬러지는 70%의 휘발성물질을 포함하고 있으며 이중 60%가 분해된다. 슬러지 1kg이 분해될 때 50%의 메탄이 함유된 $0.874m^3/kg$의 소화가스가 발생한다. 소화조 보온에 필요한 에너지는 530,000kJ/h이다. 발생된 에너지의 몇 %가 실질적으로 소화조의 가온에 사용되었는가? (단, 메탄의 열량 $35,850kJ/m^3$, 가온장치 열효율 70%, 24시간 연속 가온 기준이다.)

㉮ 65% ㉯ 74%
㉰ 81% ㉱ 92%

[풀이] 소화조 가온에 사용된 발생에너지(%)

$$= \frac{\text{소화조 가온에 필요한 열량}}{CH_4 \text{ 발열량}} \times 100(\%)$$

$$= \frac{530,000kJ/hr \times 24hr/day \times \frac{100}{70\%}}{3,000kg/day \times 0.70 \times 0.60 \times 0.874m^3/kg \times 0.50 \times 35,850kJ/m^3} \times 100$$

$= 92.06\%$

50 용수 응집시설의 급속 혼합조를 설계하고자 한다. 혼합조의 설계유량은 $18,480m^3/day$이며 정방향으로 하고 깊이는 폭의 1.25배로 한다면 교반을 위한 필요 동력(kW)은? (단, $\mu = 0.00131 N \cdot s/m^2$, 속도 구배 $= 900 sec^{-1}$, 체류시간 30초)

㉮ 약 4.3kW ㉯ 약 5.6kW
㉰ 약 6.8kW ㉱ 약 7.3kW

[풀이] ① $V(m^3) = Q(m^3/day) \times t(day)$

$$= \frac{18,480m^3}{day} \times 30sec \times \frac{1hr}{3,600sec} \times \frac{1day}{24hr}$$

$= 6.4167 m^3$

정답 47 ㉰ 48 ㉱ 49 ㉱ 50 ㉰

② $P = G^2 \times \mu \times V$
　$= (900/sec)^2 \times 0.00131 N \cdot s/m^2 \times 6.4167 m^3$
　$= 6,808.76 Watt = 6.81 kW$

51 입자형상계수가 0.75이고 평균입경이 1.7mm인 안트라사이트가 600mm로 구성된 여층에서 물이 180L/m²·min의 속도로 흐를 때 Reynolds 수는?
(단, 동점성계수는 $1.003 \times 10^{-6} m^2/s$)

㉮ 약 2.81　㉯ 약 3.81
㉰ 약 4.81　㉱ 약 5.81

풀이 $Re = \dfrac{D \times V}{\nu}$

$= \dfrac{1.7 \times 10^{-3} m \times 0.75 \times 0.18 m/min \times 1 min/60 sec}{1.003 \times 10^{-6} m^2/sec}$

$= 3.81$

TIP
① D = 평균입경 × 입자형상계수
② V = 180L/m²·min = 0.18m³/m²·min
　　= 0.18m/min

52 함수율 96%인 축산폐수 500m³/day가 혐기성소화조에 투입되고 있다. VS/TS 비는 50% 이며 혐기성 소화 후 VS 물질의 80%가 가스로 발생하고 있다. 이 소화조에서 하루 발생한 소화가스의 열량 (kcal/day)은? (단, 축산폐수의 비중 1.0, VS 1ton은 25m³의 소화가스를 발생, 소화가스 1m³의 열량은 6,000kcal이다.)

㉮ 130,000kcal/day
㉯ 400,000kcal/day
㉰ 840,000kcal/day
㉱ 1,200,000kcal/day

풀이 발생한 소화가스의 열량(kcal/day)
= 500m³/day × 40kg/m³ × 0.50 × 0.80 × 25m³/ton
　× 1ton/10³kg × 6,000kcal/m³
= 1,200,000kcal/day

TIP
① 고형물(TS) = 100-함수율(P) = 100-96% = 4%
② % $\xrightarrow{\times 10^4}$ ppm
③ mg/L $\xrightarrow{\times 10^{-3}}$ kg/m³
④ % $\xrightarrow{\times 10}$ kg/m³
⑤ TS = 4% $\xrightarrow{\times 10}$ 40kg/m³

53 역삼투장치로 하루에 600,000L의 3차 처리된 유출수를 탈염하고자 한다. 다음과 같을 때, 요구되는 막 면적(m²)은 얼마인가?

- 25℃에서 물질전달계수
　= 0.2068L/(day·m²)(kPa)
- 유입수와 유출수의 압력차 = 2,400kPa
- 유입수와 유출수의 삼투압차 = 310kPa
- 최저 운전온도 = 10℃
- $A_{10℃} = 1.3 A_{25℃}$

㉮ 약 1,200m²　㉯ 약 1,400m²
㉰ 약 1,600m²　㉱ 약 1,800m²

풀이 ① $Q_F = k \times (\triangle P - \triangle \pi)$

Q_F : 유출수량(L/m²·day)
k : 물질전달계수(L/m²·day·kPa)
△P : 압력차(kPa)
△π : 삼투압차(kPa)

따라서
$Q_F = 0.2068 L/m^2 \cdot day \cdot kPa \times (2,400-310) kPa$
= 432.212 L/m²·day

② 25℃의 막의 면적($A_{25℃}$)

정답　51 ㉯　52 ㉱　53 ㉱

$$= \frac{Q(유량)}{Q_F(유출수량)} = \frac{600,000 L/day}{432.212 L/m^2 \cdot day}$$
$$= 1,388.2076 m^2$$
③ $A_{10℃} = 1.3 \times A_{25℃} = 1.3 \times 1,388.2076 m^2$
$$= 1,804.67 m^2$$

54 MLSS 농도 3,000mg/L, F/M비가 0.4인 포기조에 BOD 350mg/L의 폐수가 3,000m³/day로 유입되고 있다. 포기조 체류시간(hr)은 얼마인가?

㉮ 5hr ㉯ 7hr
㉰ 9hr ㉱ 11hr

[풀이]
① F/M비(/day) = $\frac{BOD(kg/m^3) \times Q(m^3/day)}{MLSS(kg/m^3) \times V(m^3)}$

$$= \frac{BOD(kg/m^3)}{MLSS(kg/m^3)} \times \frac{1}{t(day)}$$

따라서 0.4/day = $\frac{0.35 kg/m^3}{3 kg/m^3} \times \frac{1}{t(day)}$

∴ t = $\frac{0.35 kg/m^3}{3 kg/m^3 \times 0.4/day}$ = 0.2917day

② t(hr) = $\frac{0.2917 day}{1 day} \Big| \frac{24 hr}{}$ = 7.0hr

55 함수율이 90%인 슬러지 겉보기 비중이 1.02이었다. 이 슬러지를 탈수하여 함수율이 60%인 슬러지를 얻었다면 탈수된 슬러지가 갖는 비중은 얼마인가? (단, 물의 비중은 1.0이다.)

㉮ 약 1.09 ㉯ 약 1.19
㉰ 약 1.29 ㉱ 약 1.39

[풀이]
$\frac{1}{\rho_{SL}} = \frac{W_{TS}}{\rho_{TS}} + \frac{W_P}{\rho_P}$

① $\frac{1}{1.02} = \frac{0.10}{\rho_{TS}} + \frac{0.90}{1.0}$

∴ ρ_{TS} = 1.244

② $\frac{1}{\rho_{SL}} = \frac{0.40}{1.244} + \frac{0.60}{1.0}$

∴ ρ_{SL} = 1.09

56 3,000명의 주민이 살고 있는 도시의 우유제조 공장에서 하루 평균 80m³씩의 폐수가 배출되고 있다. 폐수의 BOD가 1,000mg/L이며 인구 1인당 하루 70g의 BOD를 배출할 때 필요한 안정화지의 면적(m²)은 얼마인가? (단, 안정화지 설계 BOD부하량은 2.5g/m²·day이다.)

㉮ 12,500m² ㉯ 65,500m²
㉰ 116,000m² ㉱ 148,000m²

[풀이] 안정화지 설계 BOD부하량(g/m²·day)
$$= \frac{BOD 부하량(g/day)}{A(m^2)}$$

따라서 2.5g/m²·day
$$= \frac{(1,000 g/m^3 \times 80 m^3/day) + (70 g/인 \cdot day \times 3,000 인)}{A(m^2)}$$

∴ A = 116,000m²

57 침전지에서 입자의 침강속도가 증대되는 원인으로 틀린 것은 어느 것인가?

㉮ 입자 비중의 증가
㉯ 액체 점성계수 증가
㉰ 수온의 증가
㉱ 입자 직경의 증가

[풀이] ㉯ 액체 점성계수 감소

정답 54 ㉯ 55 ㉮ 56 ㉰ 57 ㉯

58 생물화학적 인 및 질소 제거 공법 중 인 제거만을 주목적으로 개발된 공법은 어느 것인가?

㉮ Phostrip ㉯ A^2/O
㉰ UCT ㉱ Bardenpho

[풀이] 인 제거만을 주목적으로 개발된 공법은 Phostrip공법이다.

59 브롬화염소 살균에 대한 내용으로 틀린 것은 어느 것인가?

㉮ 브롬화염소는 기화속도가 낮기 때문에 염소보다 덜 유해하다.
㉯ 부식성이 높아 염소와 관련된 배관이나 용기에 철제를 쓸 수 없다.
㉰ 하수의 살균제로 쓰일 때 브롬화염소는 액화기체로서 주입된다.
㉱ 브롬화염소 잔류량은 접촉조 안에서 빨리 감소하므로 주입지점에서 하수와 잘 섞어줄 필요가 있다.

[풀이] ㉯ 브롬화염소는 부식성이 낮다.

60 폐수의 화학적 성분 중 무기물이 아닌 것은 어느 것인가?

㉮ 염화물 ㉯ 카드뮴
㉰ 질산성질소 ㉱ 계면활성제

[풀이] ㉱ 계면활성제는 유기물이다.

| 제4과목 | 수질오염공정시험기준

61 공장폐수나 하수의 관내 유량측정방법 중 공정수(process water)에 적용되는 장치로 틀린 것은 어느 것인가?

㉮ 유량측정용 노즐
㉯ 벤튜리미터
㉰ 오리피스
㉱ 자기식 유량측정기

[풀이] 공정수에 적용되는 장치에는 유량측정용 노즐, 오리피스, 피토우관, 자기식 유량측정기가 있다.

62 감응계수를 알맞게 표현한 것은 어느 것인가? (단, 검정곡선 작성용 표준용액의 농도 : C, 반응값 : R)

㉮ 감응계수 = R/C ㉯ 감응계수 = C/R
㉰ 감응계수 = R×C ㉱ 감응계수 = C-R

63 시료채취시 유의사항으로 틀린 것은 어느 것인가?

㉮ 시료 채취 용기는 시료를 채우기 전에 시료로 3회 이상 씻은 다음 사용한다.
㉯ 유류 또는 부유물질 등이 함유된 시료는 균질성이 유지될 수 있도록 채취하여야 하며, 침전물 등이 부상하여 혼합되어서는 안 된다.
㉰ 심부층의 지하수 채취시에는 고속양수펌프를 이용하여 채취시간을 최소화함으로써 수질의 변질을 방지하여야 한다.
㉱ 용존가스, 환원성 물질, 휘발성유기화합물, 냄새, 유류 및 수소이온 등을 측정하기 위한 시료를 채취할 때는 운반중 공기와의 접촉이 없도록 시료 용기에 가득 채운 후 빠르게 뚜껑을 닫는다.

정답 58 ㉮ 59 ㉯ 60 ㉱ 61 ㉯ 62 ㉮ 63 ㉰

풀이 ㈐ 심부층의 지하수 채취시에는 저속양수펌프를 이용하여 반드시 저속시료채취하여 시료 교란을 최소화 하여야 한다.

64 공장의 폐수 100mL를 취하여 산성 100℃에서 $KMnO_4$에 의한 화학적 산소 소비량을 측정하였다. 시료의 적정에 소비된 0.025N $KMnO_4$의 양이 7.5mL였다면 이 폐수의 COD(mg/L)는 약 얼마인가? (단, 0.025N $KMnO_4$ factor 1.02, 바탕시험 적정에 소비된 0.025N $KMnO_4$ 1.00mL)

㈎ 13.3mg/L ㈏ 16.7mg/L
㈐ 24.8mg/L ㈑ 32.2mg/L

풀이 $COD(mg/L) = \dfrac{(b-a) \times f \times 0.2}{V(L)}$

$= \dfrac{(7.5-1.0)mL \times 1.02 \times 0.2}{100 \times 10^{-3}L}$

$= 13.26 mg/L$

65 공정시험기준의 설명으로 틀린 것은 어느 것인가?

㈎ 온수는 60~70℃, 냉수는 15℃ 이하를 말한다.
㈏ 방울수는 20℃에서 정제수 20방울을 적하할 때, 그 부피가 약 1mL가 되는 것을 뜻한다.
㈐ '정밀히 단다'라 함은 규정된 수치의 무게를 0.1mg까지 다는 것을 말한다.
㈑ 시험에 쓰는 물은 따로 규정이 없는 한 증류수 또는 정제수로 한다.

풀이 ㈐ '정밀히 단다'라 함은 규정된 양의 시료를 취하여 화학저울 또는 미량저울로 칭량함을 말한다.

66 하천의 BOD를 측정하기 위해 검수에 희석수를 가해 40배로 희석한 것을 BOD병에 채우고 20℃에서 5일간 부란시키기 전 희석 검수의 DO는 8.5mg/L, 5일 부란 후 적정에 사용된 0.025N-$Na_2S_2O_3$용액이 1.5mL, BOD병 내용적이 303mL, 적정에 사용된 검수량이 100mL, 0.025N-$Na_2S_2O_3$의 역가는 1이다. 이 하천수의 BOD(mg/L)는 얼마인가? (단, DO측정을 위해 투입된 $MnSO_4$와 알카리성 요오드화칼륨 아지드화나트륨 용액의 양은 각각 1mL로 한다.)

㈎ 약 190mg/L ㈏ 약 220mg/L
㈐ 약 250mg/L ㈑ 약 280mg/L

풀이 ① $DO_1 = 8.5mg/L$

② $DO_2 = a \times f \times \dfrac{V_1}{V_2} \times \dfrac{1,000}{V_1-R} \times 0.2$

$= 1.5mL \times 1.0 \times \dfrac{303mL}{100mL} \times \dfrac{1,000}{303mL-2mL} \times 0.2$

$= 3.02mg/L$

③ $BOD(mg/L) = (DO_1-DO_2) \times$ 희석배수치
$= (8.5-3.02)mg/L \times 40배$
$= 219.2mg/L$

67 유도결합플라스마-원자발광분광법에 관한 내용으로 틀린 것은 어느 것인가?

㈎ 토치는 2중으로 된 석영관을 사용한다.
㈏ 냉각 가스는 아르곤을 사용한다.
㈐ 운반 가스는 아르곤을 사용한다.
㈑ 플라스마는 그 자체가 광원으로 이용된다.

풀이 ㈎ 토치는 내부직경이 18, 12, 1.5mm인 3개의 동심원 또는 동등한 규격의 석영관을 사용한다.

정답 64 ㈎ 65 ㈐ 66 ㈏ 67 ㈎

68 염소이온 측정법에 대한 내용으로 틀린 것은 어느 것인가?

㉮ 정량 범위는 질산은 적정법 경우 0.1 mg/L, 이온크로마토그래피법의 경우 0.7mg/L 이상이다.
㉯ 질산은 적정법의 경우 시료가 심하게 착색되어 있으면 칼륨명반현탁액을 넣어 탈색 시켜야 한다.
㉰ 질산은 적정법에 의한 종말점은 엷은 적황색 침전이 나타날 때이다.
㉱ 질산은 적정법은 질산은이 크롬산과 반응하여 크롬산은의 침전으로 나타나는 점을 적정의 종말점으로 한다.

[풀이] ㉮ 정량 범위는 질산은 적정법 경우 0.7mg/L, 이온크로마토그래피법의 경우 0.1mg/L 이상이다.

69 자외선/가시선 분광법으로 페놀류를 정량할 때의 내용이다. ( )안에 알맞은 말은 어느 것인가?

> 증류한 시료에 염화암모늄-암모니아 완충액을 넣어 ( )으로 조절한 다음 4-아미노안티피린과 헥사시안화철(Ⅱ)산 칼륨을 넣어 생성된 붉은색의 안티피린계 색소의 흡광도를 측정하는 방법이다.

㉮ pH 8　　㉯ pH 9
㉰ pH 10　㉱ pH 11

70 유속-면적법에 의한 하천유량을 구하기 위한 소구간 단면에 있어서의 평균유속 V_m을 구하는 식으로 알맞은 것은 어느 것인가? (단, $V_{0.2}$, $V_{0.4}$, $V_{0.5}$, $V_{0.6}$, $V_{0.8}$은 각각 수면으로부터 전수심의 20%, 40%, 50%, 60% 및 80%인 점의 유속이다.)

㉮ 수심이 0.4m 미만일 때 $V_m = V_{0.5}$
㉯ 수심이 0.4m 미만일 때 $V_m = V_{0.8}$
㉰ 수심이 0.4m 이상일 때
　$V_m = (V_{0.2} + V_{0.8}) \times 1/2$
㉱ 수심이 0.4m 이상일 때
　$V_m = (V_{0.4} + V_{0.6}) \times 1/2$

71 자외선/가시선 분광법을 적용한 음이온 계면활성제 시험방법에 대한 내용으로 틀린 것은 어느 것인가?

㉮ 메틸렌블루와 반응시켜 생성된 청색의 착화합물을 추출하여 흡광도를 측정한다.
㉯ 컬럼을 통과시켜 시료 중의 계면활성제를 종류별로 구분하여 측정할 수 있다.
㉰ 메틸렌블루와 반응시켜 생성된 착화합물을 추출할 때 클로로폼을 사용한다.
㉱ 약 1,000mg/L 이상의 염소이온 농도에서 양의 간섭을 나타내며 따라서 염분농도가 높은 시료의 분석에는 사용할 수 없다.

[풀이] ㉯ 컬럼을 통과시켜 시료 중의 계면활성제를 종류별로 구분하여 측정할 수 없다.

정답 68 ㉮　69 ㉰　70 ㉰　71 ㉯

72 폭기조 내의 폐수 DO를 측정하기 위하여 시료 300mL를 취하여 윙클러 아지드법에 의하여 처리하고 203mL를 분취하여 0.025N $Na_2S_2O_3$로 적정하니 3mL가 소모되었다. 이 폐수의 DO(mg/L)는 약 얼마인가? (단, 0.025N $Na_2S_2O_3$의 역가 1.2, 전체 시료량에 넣은 시약 4mL이다.)

㉮ 3.2mg/L ㉯ 3.6mg/L
㉰ 4.2mg/L ㉱ 4.6mg/L

풀이
$$DO = a \times f \times \frac{V_1}{V_2} \times \frac{1,000}{V_1-R} \times 0.2$$
$$= 3mL \times 1.2 \times \frac{300mL}{203mL} \times \frac{1,000}{300mL-4mL} \times 0.2$$
$$= 3.59 mg/L$$

73 식물성 플랑크톤의 정량시험 중 저배율에 의한 방법은 어느 것인가? (단, 200배율 이하)

㉮ 스트립 이용 계수
㉯ 팔머-말로니 챔버 이용 계수
㉰ 혈구계수기 이용 계수
㉱ 최적 확수 이용 계수

풀이 저배율 방법(200배율 이하)에는 스트립 이용 계수와 격자 이용 계수가 있다.

74 하천수의 시료채취에 대한 설명으로 알맞은 것은 어느 것인가? (단, 수심 1.5m 기준)

㉮ 하천 단면에서 수심이 가장 깊은 수면의 지점과 그 지점을 중심으로 좌우로 수면 폭을 3등분한 각각의 지점의 수면으로부터 수심의 1/3 지점을 채수한다.
㉯ 하천 단면에서 수심이 가장 깊은 수면의 지점과 그 지점을 중심으로 좌우로 수면 폭을 3등분한 각각의 지점의 수면으로부터 수심의 1/2 지점을 채수한다.
㉰ 하천 단면에서 수심이 가장 깊은 수면의 지점과 그 지점을 중심으로 좌우로 수면 폭을 2등분한 각각의 지점의 수면으로부터 수심의 1/3 지점을 채수한다.
㉱ 하천 단면에서 수심이 가장 깊은 수면의 지점과 그 지점을 중심으로 좌우로 수면 폭을 2등분한 각각의 지점의 수면으로부터 수심의 1/2 지점을 채수한다.

풀이 수심이 2m 미만일 때에는 수심의 1/3지점에서, 수심이 2m 이상일 때에는 수심의 1/3, 2/3지점에서 채수한다.

75 수질시료를 보존할 때 반드시 유리용기에 넣어 보존해야 하는 측정항목으로 틀린 것은 어느 것인가?

㉮ 폴리클로리네이티드비페닐
㉯ 페놀류
㉰ 유기인
㉱ 불소

풀이 ㉱ 불소는 폴리에틸렌병에만 보관해야 한다.

정답 72 ㉯ 73 ㉮ 74 ㉰ 75 ㉱

76 취급 또는 저장하는 동안에 이물질이 들어가거나 또는 내용물이 손실되지 아니하도록 보호하는 용기는 어느 것인가?

㉮ 밀봉용기   ㉯ 밀폐용기
㉰ 기밀용기   ㉱ 압밀용기

풀이 용기
① 밀폐용기 : 이물질
② 기밀용기 : 공기
③ 밀봉용기 : 미생물
④ 차광용기 : 광선

77 부유물질 측정 시 간섭물질에 대한 내용으로 틀린 것은 어느 것인가?

㉮ 유지(oil) 및 혼합되지 않는 유기물도 여과지에 남아 부유물질 측정값을 높게 할 수 있다.
㉯ 철 또는 칼슘이 높은 시료는 금속 침전이 발생하며 부유물질 측정에 영향을 줄 수 있다.
㉰ 나무 조각, 큰 모래입자 등과 같은 큰 입자들은 부유물질 측정에 방해를 주며, 이 경우 직경 2mm 금속망에 먼저 통과시킨 후 분석을 실시한다.
㉱ 증발잔유물이 1,000mg/L 이상인 공장폐수 등은 여과지에 의한 측정 오차를 최소화하기 위해 여과지 세척을 하지 않는다.

풀이 ㉱ 증발잔유물이 1,000mg/L 이상인 공장폐수 등은 여과지에 의한 측정 오차를 최소화하기 위해 여과지 세척을 여러번 한다.

78 BOD 실험에서 시료를 희석함에 있어 예상 BOD 값에 대한 사전경험이 없을 때, 적용되는 경우에 관한 내용으로 알맞은 것은 어느 것인가?

㉮ 오염이 심한 공장폐수 1.0~5.0%의 시료가 함유되도록 희석, 조제한다.
㉯ 침전된 하수는 5.0~10%의 시료가 함유되도록 희석, 조제한다.
㉰ 처리하여 방류된 공장폐수는 25~50%의 시료가 함유되도록 희석, 조제한다.
㉱ 오염된 하천수는 25.0~100%의 시료가 함유되도록 희석 조제한다.

풀이 ㉮ 오염이 심한 공장폐수 0.1~1.0%의 시료가 함유되도록 희석, 조제한다.
㉯ 침전된 하수는 1~5%의 시료가 함유되도록 희석, 조제한다.
㉰ 처리하여 방류된 공장폐수는 5~25%의 시료가 함유되도록 희석, 조제한다.

79 다이페닐카바자이드를 작용시켜 생성되는 착화합물의 흡광도를 540nm에서 측정하여 정량하는 항목은 어느 것인가?

㉮ 니켈   ㉯ 6가 크롬
㉰ 구리   ㉱ 카드뮴

정답 76 ㉯   77 ㉱   78 ㉱   79 ㉯

80 6가 크롬 표준용액(0.5mg/mL) 1L를 조제하기 위하여 소요되는 표준시약(다이크롬산칼륨)의 양(g)은 약 얼마인가?
(단, 원자량 : 칼륨 39, 크롬 52)

㉮ 1.413g ㉯ 2.826g
㉰ 3.218g ㉱ 4.641g

[풀이] $K_2Cr_2O_7$: $2Cr^{6+}$
294g : 2×52g
X : 0.5mg/mL(= g/L)×1L
∴ X = 1.413g

| 제5과목 | 수질환경관계법규 |

81 상수원 구간의 수질오염경보(조류경보) 중 다음 발령기준에 해당하는 경보단계는 어느 것인가?

> 2회 연속 채취 시 남조류 세포수가 5,000 세포/mL 정도인 경우

㉮ 관심 ㉯ 경계
㉰ 조류 대발생 ㉱ 해제

[풀이] 상수원 구간의 수질오염경보(조류경보) 중 관심단계의 기준은 2회 연속 채취시 남조류 세포수가 1,000 세포/mL 이상 10,000세포/mL 미만인 경우이다.

82 수질 및 수생태계 상태를 등급으로 나타내는 경우, '좋음' 등급에 관한 내용으로 알맞은 것은 어느 것인가? (단, 수질 및 수생태계 생활 환경기준)

㉮ 용존산소가 풍부하고 오염물질이 거의 없는 청정상태에 근접한 생태계로 침전 등 간단한 정수처리 후 생활용수로 사용할 수 있음
㉯ 용존산소가 풍부하고 오염물질이 거의 없는 청정상태에 근접한 생태계로 여과·침전 등 간단한 정수처리 후 생활용수로 사용할 수 있음
㉰ 용존산소가 많은 편이고 오염물질이 거의 없는 청정상태에 근접한 생태계로 여과·침전·살균 등 일반적인 정수처리 후 생활용수로 사용할 수 있음
㉱ 용존산소가 많은 편이고 오염물질이 거의 없는 청정상태에 근접한 생태계로 활성탄 투입 등 일반적인 정수처리 후 생활용수로 사용할 수 있음

83 1일 폐수배출량이 2,000m³ 미만인 규모의 지역별, 항목별 배출허용기준이 틀린 것은? (단, 단위는 mg/L)

㉮
청정지역	BOD	TOC	SS
	30 이하	40 이하	30 이하

㉯
가지역	BOD	TOC	SS
	80 이하	50 이하	80 이하

㉰
나지역	BOD	TOC	SS
	120 이하	75 이하	120 이하

㉱
특례지역	BOD	TOC	SS
	30 이하	25 이하	30 이하

[풀이] ㉮
청정지역	BOD	TOC	SS
	40 이하	30 이하	40 이하

정답 80 ㉮ 81 ㉮ 82 ㉰ 83 ㉮

84 대통령령으로 정하는 처리용량 이상의 방지시설(공동방지시설 포함)을 운영하는 자는 배출되는 수질오염물질이 배출허용기준, 방류수 수질기준에 맞는 지를 확인하기 위하여 적산전력계 또는 적산유량계 등 대통령령이 정하는 측정기기를 부착하여야 한다. 이를 위반하여 적산전력계 또는 적산유량계를 부착하지 아니한 자에 대한 벌칙 기준은 어느 것인가?

㉮ 1,000만원 이하의 벌금
㉯ 500만원 이하의 벌금
㉰ 300만원 이하의 벌금
㉱ 100만원 이하의 벌금

[풀이] ㉱ 100만원 이하의 벌금에 해당한다.

85 비점오염원의 설치신고 또는 변경신고를 할 때 제출하는 비점오염저감 계획서에 포함되어야 하는 사항으로 틀린 것은 어느 것인가?

㉮ 비점오염원 관련 현황
㉯ 저영향개발기법 등을 적용한 비점오염저감시설 설치계획
㉰ 비점오염원 관리 및 모니터링 방안
㉱ 저영향개발기법 등을 적용한 비점오염원 저감방안

[풀이] 비점오염저감 계획서에 포함되어야 하는 사항
① 비점오염원 관련 현황
② 저영향개발기법 등을 적용한 비점오염원 저감방안
③ 저영향개발기법 등을 적용한 비점오염저감시설 설치계획
④ 비점오염저감시설 유지관리 및 모니터링 방안

86 골프장의 잔디 및 수목 등에 맹·고독성 농약을 사용한 자에 대한 벌금 또는 과태료 부과 기준으로 알맞은 것은 어느 것인가?

㉮ 3백만원 이하의 벌금
㉯ 5백만원 이하의 벌금
㉰ 3백만원 이하의 과태료 부과
㉱ 1천만원 이하의 과태료 부과

[풀이] ㉱ 1천만원 이하의 과태료에 해당한다.

87 환경부장관이 물환경을 보전할 필요가 있다고 지정·고시하고 물환경을 정기적으로 조사·측정하여야 하는 호소의 기준으로 틀린 것은 어느 것인가?

㉮ 1일 30만톤 이상의 원수를 취수하는 호소
㉯ 만수위일 때 면적이 30만 제곱미터 이상인 호소
㉰ 수질오염이 심하며 특별한 관리가 필요하다고 인정되는 호소
㉱ 동식물의 서식지·도래지이거나 생물다양성이 풍부하여 특별히 보전할 필요가 있다고 인정되는 호소

[풀이] ㉯ 시도지사 : 만수위일때의 면적이 50만 제곱미터 이상인 호소

정답 84 ㉱ 85 ㉰ 86 ㉱ 87 ㉯

88 배출시설의 설치허가를 받은 자가 배출시설의 변경허가를 받아야 하는 경우에 대한 기준으로 ( )에 알맞은 말은 어느 것인가?

> 폐수배출량이 허가 당시보다 100분의 50 (특정수질유해물질이 기준 이상으로 배출되는 배출시설의 경우에는 100분의 30) 이상 또는 ( ) 이상 증가하는 경우

㉮ 1일 500세제곱미터
㉯ 1일 600세제곱미터
㉰ 1일 700세제곱미터
㉱ 1일 800세제곱미터

89 폐수처리업의 등록기준에 대한 설명으로 틀린 것은 어느 것인가?

㉮ 하나의 시설 또는 장비가 두 가지 이상의 기능을 가질 경우에는 각각의 해당 시설 또는 장비를 갖춘 것으로 본다.
㉯ 폐수수탁처리업, 폐수재이용업을 함께 하려는 때는 같은 요건이라도 업종별로 따로 갖추어야 한다.
㉰ 수질오염물질 각 항목을 측정·분석할 수 있는 실험기기·기구 및 시약을 보유한 측정대행업자 또는 대학부설 연구기관 등과 측정대행계약 또는 공동사용계약을 체결한 경우에는 해당실험기기·기구 및 시약을 갖추지 아니할 수 있다.
㉱ 기술능력이 환경기술인의 자격요건 이상이고 폐수 처리시설과 폐수배출시설이 동일한 시설인 경우에는 환경기술인을 중복하여 임명하지 아니하여도 된다.

90 공공폐수처리시설의 유지·관리기준에 대한 내용이다. ( )에 알맞은 말은 어느 것인가?

> 처리시설의 관리·운영자는 처리시설의 적정 운영 여부를 확인하기 위하여 방류수 수질검사를 (①) 실시하되, 1일당 2천 세제곱미터 이상인 시설은 주 1회 이상 실시하여야 한다. 다만, 생태독성(TU)검사는 (②) 실시하여야 한다.

㉮ ① 월 2회 이상, ② 월 1회 이상
㉯ ① 월 1회 이상, ② 월 2회 이상
㉰ ① 월 2회 이상, ② 월 2회 이상
㉱ ① 월 1회 이상, ② 월 1회 이상

91 시·도지사가 측정망을 이용하여 수질오염도를 상시 측정하거나 수생태계 현황을 조사한 경우에 그 조사 결과를 며칠 이내에 환경부장관에게 보고하여야 하는가?

㉮ 수질오염도 : 측정일이 속하는 달의 다음 달 5일 이내, 수생태계 현황 : 조사 종료일부터 1개월 이내
㉯ 수질오염도 : 측정일이 속하는 달의 다음 달 5일 이내, 수생태계 현황 : 조사 종료일부터 3개월 이내
㉰ 수질오염도 : 측정일이 속하는 달의 다음 달 10일 이내, 수생태계 현황 : 조사 종료일부터 1개월 이내
㉱ 수질오염도 : 측정일이 속하는 달의 다음 달 10일 이내, 수생태계 현황 : 조사 종료일부터 3개월 이내

정답 88 ㉰ 89 ㉯ 90 ㉮ 91 ㉱

92 위임업무 보고사항 중 보고 횟수가 연 4회에 해당되는 것은 어느 것인가?

㉮ 측정기기 부착 사업자에 대한 행정처분 현황
㉯ 측정기기 부착사업장 관리 현황
㉰ 비점오염원의 설치신고 및 방지시설 설치현황 및 행정처분 현황
㉱ 과징금 부과 실적

[풀이] 보고 횟수
㉮ 연 2회
㉯ 연 2회
㉰ 연 4회
㉱ 연 2회

93 수질오염방지시설 중 화학적 처리시설로 알맞은 것은 어느 것인가?

㉮ 응집시설　　㉯ 접촉조
㉰ 폭기시설　　㉱ 살균시설

[풀이] 수질오염방지시설
㉮ 물리적 처리시설
㉯ 생물화학적 처리시설
㉰ 생물화학적 처리시설
㉱ 화학적 처리시설

94 수변생태구역의 매수·조성 등에 대한 설명이다. ( )에 알맞은 말은 어느 것인가?

> 환경부장관은 하천, 호소 등의 물환경보전을 위하여 필요하다고 인정할 때에는 (①)으로 정하는 기준에 해당하는 수변습지 및 수변토지를 매수하거나 (②)으로 정하는 바에 따라 생태적으로 조성, 관리할 수 있다.

㉮ ① 환경부령, ② 대통령령
㉯ ① 대통령령, ② 환경부령
㉰ ① 환경부령, ② 총리령
㉱ ① 총리령, ② 환경부령

95 폐수처리업자의 준수사항에 대한 내용이다. ( )에 알맞은 말은 어느 것인가?

> 수탁한 폐수는 정당한 사유 없이 (①) 보관할 수 없으며, 보관폐수의 전체량이 저장시설 저장능력의 (②) 이상 되게 보관하여서는 아니 된다.

㉮ ① 10일 이상, ② 80%
㉯ ① 10일 이상, ② 90%
㉰ ① 30일 이상, ② 80%
㉱ ① 30일 이상, ② 90%

96 오염총량관리시행계획에 포함되어야 하는 사항으로 틀린 것은 어느 것인가?

㉮ 오염원 현황 및 예측
㉯ 오염도 조사 및 오염부하량 산정방법
㉰ 연차별 오염부하량 삭감 목표 및 구체적 삭감방안
㉱ 수질 예측 산정자료 및 이행 모니터링 계획

[풀이] 오염총량관리시행계획에 포함되어야 하는 사항
① 오염총량관리시행계획 대상 유역의 현황
② 오염원 현황 및 예측
③ 연차별 지역 개발계획으로 인하여 추가로 배출되는 오염부하량 및 해당 개발계획의 세부 내용
④ 연차별 오염부하량 삭감목표 및 구체적 삭감방안
⑤ 오염부하량 할당 시설별 삭감량 및 그 이행시기
⑥ 수질예측 산정자료 및 이행 모니터링 계획

정답 92 ㉰　93 ㉱　94 ㉯　95 ㉯　96 ㉯

97 수질오염감시경보의 발령, 해제 기준에 대한 설명으로 알맞은 것은 어느 것인가?

㉮ 생물감시장비 중 물벼룩감시장비가 경보기준을 초과하는 것은 한쪽 시험조에서 15분 이상 지속되는 경우를 말한다.
㉯ 생물감시장비 중 물벼룩감시장비가 경보기준을 초과하는 것은 한쪽 시험조에서 30분 이상 지속되는 경우를 말한다.
㉰ 생물감시장비 중 물벼룩감시장비가 경보기준을 초과하는 것은 양쪽 모든 시험조에서 15분 이상 지속되는 경우를 말한다.
㉱ 생물감시장비 중 물벼룩감시장비가 경보기준을 초과하는 것은 양쪽 모든 시험조에서 30분 이상 지속되는 경우를 말한다.

98 수질오염경보 중 상수원 구간의 경계단계에서 취수장·정수장 관리자의 조치사항으로 알맞은 것은 어느 것인가?

㉮ 주 2회 이상 시료채취·분석
㉯ 정수의 독소분석 실시
㉰ 발령기관에 대한 시험분석결과의 신속한 통보
㉱ 취수구 및 조류가 심한 지역에 대한 방어막 설치 등 조류 제거 조치 실시

[풀이] 수질오염경보 중 상수원 구간의 경계단계에서 취수장·정수장 관리자의 조치사항으로는 ① 조류증식 수심 이하로 취수구 이동 ② 정수처리 강화(활성탄 처리, 오존처리) ③ 정수의 독소분석 실시가 있다.

99 비점오염저감시설 중 자연형 시설에 해당되는 것은 어느 것인가?

㉮ 생물학적 처리형 시설
㉯ 여과형 시설
㉰ 침투형 시설
㉱ 소용돌이형 시설

[풀이] 비점오염저감시설
① 자연형 시설 : 저류시설, 인공습지, 침투형 시설, 식생형 시설
② 장치형 시설 : 여과형 시설, 소용돌이형 시설, 스크린형 시설, 응집·침전 처리형 시설, 생물학적 처리형 시설

100 중점관리 저수지의 지정 기준으로 알맞은 것은 어느 것인가?

㉮ 총저수용량이 1백만세제곱미터 이상인 저수지
㉯ 총저수용량이 1천만세제곱미터 이상인 저수지
㉰ 총저수면적이 1백만제곱미터 이상인 저수지
㉱ 총저수면적이 1천만제곱미터 이상인 저수지

정답 97 ㉱ 98 ㉯ 99 ㉰ 100 ㉯

2017년 1회 수질환경기사

2017년 3월 5일 시행

| 제1과목 | 수질오염개론

01 생체내에 필수적인 금속으로 결핍 시에는 인슐린의 저하를 일으킬 수 있는 유해물질은 어느 것인가?

㉮ Cd ㉯ Mn
㉰ CN ㉱ Cr

풀이 ㉱ 크롬(Cr)에 대한 설명이다.

02 우리나라 개인하수처리시설에서 발생되는 정화조 오니에 관한 내용으로 틀린 것은 어느 것인가?

㉮ BOD농도 8,000mg/L 내외
㉯ SS농도 22,000mg/L 내외
㉰ 분뇨보다 생물학적 분해불가능 성분을 적게 포함한다.
㉱ 성상은 처리시설 형식에 따라 현격한 차이를 보인다.

풀이 ㉰ 분뇨보다 생물학적 분해불가능 성분을 많이 포함한다.

03 하천의 BOD_5가 220mg/L이고, BOD_u가 470mg/L일 때 탈산소계수(k_1, day^{-1}) 값은? (단, 상용대수 기준)

㉮ 0.045 ㉯ 0.055
㉰ 0.065 ㉱ 0.075

풀이 $BOD_5 = BOD_u \times (1-10^{-k_1 \times t})$
$220mg/L = 470mg/L \times (1-10^{-k_1 \times 5day})$
$\therefore k_1 = \dfrac{\log\left(1 - \dfrac{220mg/L}{470mg/L}\right)}{-5day} = 0.055/day$

TIP
① 10^x를 제거하기 위해 맞은변에 log를 취한다.
② e^x를 제거하기 위해 맞은변에 ln을 취한다.

04 알칼리도(Alkalinity)에 대한 내용으로 틀린 것은 어느 것인가?

㉮ P-알칼리도와 M-알칼리도를 합친 것을 총알칼리도라 한다.
㉯ 알칼리도 계산은 다음 식으로 나타낸다.
$Alk(CaCO_3 mg/L) = \dfrac{a \cdot N \cdot 50}{V} \times 1,000$
a : 소비된 산의 부피(mL), N : 산의 농도(eq/L), V : 시료의 양(mL)
㉰ 실용목적에서는 자연수에 있어서 수산화물, 탄산염, 중탄산염 이외, 기타물질에 기인되는 알칼리도는 중요하지 않다.
㉱ 부식제어에 관련되는 중요한 변수인 Langelier 포화지수 계산에 적용된다.

풀이 ㉮ M-알칼리도가 총알칼리도이다.

정답 01 ㉱ 02 ㉰ 03 ㉯ 04 ㉮

05 물에 대한 내용으로 틀린 것은 어느 것인가?

㉮ 수소결합을 하고 있다.
㉯ 수온이 증가할수록 표면장력은 커진다.
㉰ 온도가 상승하거나 하강하면 체적은 증대한다.
㉱ 용융열과 증발열이 높다.

풀이 ㉯ 수온이 증가할수록 표면장력은 작아진다.

06 지구상에 분포하는 수량 중 빙하(만년설포함) 다음으로 가장 많은 비율을 차지하고 있는 것은 어느 것인가? (단, 담수 기준)

㉮ 하천수 ㉯ 지하수
㉰ 대기습도 ㉱ 토양수

풀이 담수의 분포는 빙하(만년설 포함) > 지하수 > 지표수 > 토양의 수분 > 대기중의 수분 순서이다.

07 하천의 수질관리를 위하여 1920년대 초에 개발된 수질예측모델로 BOD와 DO 반응 즉 유기물 분해로 인한 DO소비와 대기로부터 수면을 통해 산소가 재공급되는 재폭기만 고려한 모델은 어느 것인가?

㉮ DO SAG I 모델
㉯ QUAL-I 모델
㉰ WQRRS 모델
㉱ Streeter-Phelps 모델

풀이 ㉱ Streeter-Phelps 모델에 대한 설명이다.

08 해수에서 영양염류가 수온이 낮은 곳에 많고 수온이 높은 지역에서 적은 이유로 틀린 것은 어느 것인가?

㉮ 수온이 낮은 바다의 표층수는 본래 영양염류가 풍부한 극지방의 심층수로부터 기원하기 때문이다.
㉯ 수온이 높은 바다의 표층수는 적도부근의 표층수로부터 기원하므로 영양염류가 결핍되어 있다.
㉰ 수온이 낮은 바다는 겨울에도 표층수 냉각에 따른 밀도 변화가 적어 심층수로의 침강작용이 일어나지 않기 때문이다.
㉱ 수온이 높은 바다는 수계의 안정으로 수직혼합이 일어나지 않아 표층수의 영양염류가 플랑크톤에 의해 소비되기 때문이다.

09 물질대사 중 동화작용을 가장 알맞게 표현한 것은 어느 것인가?

㉮ 잔여영양분 + ATP → 세포물질 + ADP + 무기인 + 배설물
㉯ 잔여영양분 + ADP + 무기인 → 세포물질 + ATP + 배설물
㉰ 세포내 영양분의 일부 + ATP → ADP + 무기인 + 배설물
㉱ 세포내 영양분의 일부 + ADP + 무기인 → ATP + 배설물

풀이 동화작용에 대한 설명은 ㉮번이다.

정답 05 ㉯ 06 ㉯ 07 ㉱ 08 ㉰ 09 ㉮

10 해수의 특성으로 틀린 것은 어느 것인가?

㉮ 해수의 밀도는 수온, 염분, 수압에 영향을 받는다.
㉯ 해수는 강전해질로서 1L당 평균 35g의 염분을 함유한다.
㉰ 해수내 전체질소 중 35% 정도는 질산성 질소 등 무기성 질소 형태이다.
㉱ 해수의 Mg/Ca비는 3~4 정도이다.

[풀이] ㉰ 해수내 전체질소 중 35% 정도는 암모니아성질소와 유기질소 형태이다.

11 25℃, 2기압의 메탄가스 40kg을 저장하는데 필요한 탱크의 부피(m^3)는 얼마인가? (단, 이상기체의 법칙, R = 0.082L·atm/mol·k 적용)

㉮ 20.6m^3 ㉯ 25.3m^3
㉰ 30.6m^3 ㉱ 35.3m^3

[풀이] 기체상태 방정식 : $PV = \frac{W}{M}RT$를 이용한다.

P : 압력(atm)
V : 부피(m^3)
n : 몰수
W : 질량(g)
M : 분자량(g)
R : 기체상수(L·atm/mol·k)
T : 절대온도(K)

따라서 2atm×V(L)
$= \frac{40 \times 10^3 g}{16g} \times (0.082 L \cdot atm/mol \cdot k)$
$\times (273+25)k$
∴ V = 30,545L = 30.55m^3

12 자정상수(f)의 영향인자에 대한 내용으로 알맞은 것은 어느 것인가?

㉮ 수심이 깊을수록 자정상수는 커진다.
㉯ 수온이 높을수록 자정상수는 작아진다.
㉰ 유속이 완만할수록 자정상수는 커진다.
㉱ 바닥구배가 클수록 자정상수는 작아진다.

[풀이] ㉮ 수심이 깊을수록 자정상수는 작아진다.
㉰ 유속이 완만할수록 자정상수는 작아진다.
㉱ 바닥구배가 클수록 자정상수는 커진다.

13 하천이나 호수의 심층에서 미생물의 작용에 대한 내용으로 틀린 것은 어느 것인가?

㉮ 수중의 유기물은 분해되어 일부가 세포합성이나 유지대사를 위한 에너지원이 된다.
㉯ 호수심층에 산소가 없을 때 질산이온을 전자수용체로 이용하는 종속영양세균인 탈질화 세균이 많아진다.
㉰ 유기물이 다량 유입되면 혐기성 상태가 되어 H_2S와 같은 기체를 유발하지만 호기성 상태가 되면 암모니아성 질소가 증가한다.
㉱ 어느 정도 유기물이 분해된 하천의 경우 조류발생이 증가할 수 있다.

[풀이] ㉰ 유기물이 다량 유입되면 혐기성 상태가 되어 H_2S와 같은 기체를 유발하지만 호기성 상태가 되면 질산성 질소가 증가한다.

정답 10 ㉰   11 ㉯   12 ㉯   13 ㉰

14 다음 화합물($C_5H_7O_2N$)에 대한 이론적인 BOD_{10}/COD는 얼마인가? (단, 탈산소계수 0.1/day, base는 상용대수, 화합물은 100% 산화됨 (최종산물은 CO_2, NH_3, H_2O), $COD = BOD_u$)

㉮ 0.80 ㉯ 0.85
㉰ 0.90 ㉱ 0.95

[풀이] $C_5H_7O_2N + 5O_2 \rightarrow 5CO_2 + 2H_2O + NH_3$
$BOD_{10} = BOD_u \times (1-10^{-k_1 \times t})$
$\therefore \dfrac{BOD_{10}}{BOD_u} = 1-10^{-k_1 \times t} = 1-10^{(-0.1/day \times 10day)} = 0.90$

TIP
$BOD_u = COD$이므로 $\dfrac{BOD_{10}}{BOD_u} = \dfrac{BOD_{10}}{COD}$

15 하수량에서 첨두율(peaking factor)은 무엇인가?

㉮ 하수량의 평균유량에 대한 비
㉯ 하수량의 최소유량에 대한 비
㉰ 하수량의 최대유량에 대한 비
㉱ 최대유량의 최소유량에 대한 비

[풀이] ㉮ 하수량에서 첨두율은 하수량의 평균유량에 대한 비이다.

16 하천수의 난류확산 방정식과 상관성이 적은 인자는 어느 것인가?

㉮ 유량   ㉯ 침강속도
㉰ 난류확산계수   ㉱ 유속

[풀이] 하천수의 난류확산 방정식의 인자는 침강속도, 난류확산계수, 유속 등이다.

17 세포의 형태에 따른 세균의 종류를 알맞게 연결한 것은 어느 것인가?

㉮ 구형 - Vibrio cholera
㉯ 구형 - Spirillum volutans
㉰ 막대형 - Bacillus subtilis
㉱ 나선형 - Streptococcus

18 오염된 물속에 있는 유기성 질소가 호기성 조건하에서 50일 정도 시간이 지난 후에 가장 많이 존재하는 질소의 형태는 어느 것인가?

㉮ 암모니아성 질소   ㉯ 아질산성 질소
㉰ 질산성 질소   ㉱ 유기성 질소

[풀이] 호기성 조건이므로 질산화과정이 일어나므로 질산성 질소가 가장 많이 존재한다.

19 하천 수질모델 중 WQRRS에 대한 내용으로 틀린 것은 어느 것인가?

㉮ 하천 및 호수의 부영양화를 고려한 생태계 모델이다.
㉯ 유속, 수심, 조도계수에 의해 확산계수를 결정한다.
㉰ 호수에는 수심별 1차원 모델이 적용된다.
㉱ 정적 및 동적인 하천의 수질, 수문학적 특성이 광범위하게 고려된다.

[풀이] ㉯번의 설명은 QUAL-I 모델이다.

정답 14 ㉰ 15 ㉮ 16 ㉮ 17 ㉰ 18 ㉰ 19 ㉯

20 글리신($CH_2(NH_2)COOH$)의 이론적 COD/TOC의 비는 얼마인가? (단, 글리신의 최종 분해산물은 CO_2, HNO_3, H_2O이다.)

㉮ 2.83 ㉯ 3.76
㉰ 4.67 ㉱ 5.38

풀이 $CH_2(NH_2)COOH + 3.5O_2 \rightarrow 2CO_2 + 2H_2O + HNO_3$

$$\frac{COD}{TOC} = \frac{3.5 \times 32g}{2 \times 12g} = 4.67$$

| 제2과목 | 상하수도계획

21 공동현상(Cavitation)이 발생하는 것을 방지하기 위한 대책으로 틀린 것은 어느 것인가?

㉮ 흡입측 밸브를 완전히 개방하고 펌프를 운전한다.
㉯ 흡입관의 손실을 가능한 크게 한다.
㉰ 펌프의 위치를 가능한 한 낮춘다.
㉱ 펌프의 회전속도를 낮게 선정한다.

풀이 ㉯ 흡입관의 손실을 가능한 작게 한다.

22 정수시설인 배수지에 대한 설명으로 ( )에 알맞은 말은?

> 유효용량은 시간변동조정용량과 비상대처용량을 합하여 급수구역의 계획 1일최대급수량의 ( )을 표준으로 하여야 하며 지역특성과 상수도시설의 안정성 등을 고려하여 결정한다.

㉮ 4시간분 이상 ㉯ 6시간분 이상
㉰ 8시간분 이상 ㉱ 12시간분 이상

23 하수도 관거 계획 시 고려할 사항으로 틀린 것은 어느 것인가?

㉮ 오수관거는 계획시간최대오수량을 기준으로 계획한다.
㉯ 오수관거와 우수관거가 교차하여 역사이폰을 피할 수 없는 경우, 우수관거를 역사이폰으로 하는 것이 좋다.
㉰ 분류식과 합류식이 공존하는 경우에는 원칙적으로 양 지역의 관거는 분리하여 계획한다.
㉱ 관거는 원칙적으로 암거로 하며 수밀한 구조로 하여야 한다.

풀이 오수관거와 우수관거가 교차하여 역사이폰을 피할 수 없는 경우, 오수관거를 역사이폰으로 하는 것이 좋다.

정답 20 ㉰ 21 ㉯ 22 ㉱ 23 ㉯

24 유역면적이 100ha이고 유입시간(time of inlet)이 8분, 유출계수(C)가 0.38일 때 최대계획 우수유출량(m^3/sec)은 얼마인가? (단, 하수관거의 길이(L) = 400m, 관유속= 1.2m/sec로 되도록 설계, I = $\frac{655}{\sqrt{t+0.09}}$ (mm/hr), 합리식 적용)

㉮ 약 18m^3/sec   ㉯ 약 24m^3/sec
㉰ 약 36m^3/sec   ㉱ 약 42m^3/sec

[풀이] $Q = \frac{1}{360} CIA$

  C : 유출계수
  I : 강우강도(mm/hr)
  A : 면적(ha)

① I = $\frac{655}{\sqrt{t+0.09}}$ (mm/hr)

t(유달시간) = 유입시간(min) + 유하시간(min)

유하시간 = $\frac{관의 길이(m)}{관내 유속(m/min)}$

= $\frac{400m}{1.2m/sec \times 60sec/min}$ = 5.56min

따라서 t(유달시간) = 8min + 5.56min = 13.56min

I = $\frac{655}{\sqrt{t+0.09}}$ (mm/hr) = $\frac{655}{\sqrt{13.56+0.09}}$

= 173.63mm/hr

② A(면적) = 100ha

③ Q = $\frac{1}{360}$ CIA

= $\frac{1}{360}$ ×0.38×173.63mm/hr×100ha

= 18.32m^3/sec

25 하수 고도처리(잔류 SS 및 잔류 용존유기물 제거)방법인 막 분리법에 적용되는 분리막 모듈형식으로 틀린 것은 어느 것인가?

㉮ 중공사형   ㉯ 투사형
㉰ 판형   ㉱ 나선형

[풀이] 막 분리법에 적용되는 분리막 모듈형식은 중공사형, 관형, 나선형, 판형이 있다.

26 합류식에서 우천시 계획오수량은 원칙적으로 계획시간 최대오수량의 몇 배 이상으로 고려하여야 하는가?

㉮ 1.5배   ㉯ 2.0배
㉰ 2.5배   ㉱ 3.0배

27 관거별 계획하수량을 정할 때 고려할 사항으로 틀린 것은 어느 것인가?

㉮ 오수관거에서는 계획1일최대오수량으로 한다.
㉯ 우수관거에서는 계획우수량으로 한다.
㉰ 합류식 관거에서는 계획시간최대오수량에 계획우수량을 합한 것으로 한다.
㉱ 차집관거는 우천시 계획오수량으로 한다.

[풀이] ㉮ 오수관거에서는 계획시간 최대오수량을 기준으로 계획한다.

정답   24 ㉮   25 ㉯   26 ㉱   27 ㉮

28 로지스틱(logistic)인구 추정공식 $\left(y=\dfrac{K}{1+e^{a-bx}}\right)$에 대한 내용으로 틀린 것은 어느 것인가?

㉮ y : 추정치
㉯ K : 년평균 인구증가율
㉰ x : 경과년수
㉱ a, b : 상수

풀이 ㉯ K : 포화인구

29 하천표류수 취수시설 중 취수문에 대한 내용으로 틀린 것은 어느 것인가?

㉮ 취수보에 비해서는 대량취수에도 쓰이나, 보통 소량취수에 주로 이용된다.
㉯ 유심이 안정된 하천에 적합하다.
㉰ 토사, 부유물의 유입방지가 용이하다.
㉱ 갈수 시 일정수심확보가 안되면 취수가 불가능하다.

풀이 ㉰ 토사, 부유물의 유입방지가 용이하지 못하다.

30 막여과 정수시설의 막을 약품 세척할 때 사용되는 약품과 제거가능 물질로 틀린 것은 어느 것인가?

㉮ 수산화나트륨 : 유기물
㉯ 황산 : 무기물
㉰ 옥살산 : 유기물
㉱ 산 세제 : 무기물

풀이 ㉰ 옥살산 : 무기물

31 상수의 배수시설인 배수지에 대한 내용으로 틀린 것은 어느 것인가?

㉮ 가능한 한 급수지역의 중앙 가까이 설치한다.
㉯ 유효수심은 1~2m 정도를 표준으로 한다.
㉰ 유효용량은 "시간변동조정용량"과 "비상대처용량"을 합하여 급수구역의 계획1일최대급수량의 12시간분 이상을 표준으로 한다.
㉱ 자연유하식 배수지의 표고는 최소동수압이 확보되는 높이여야 한다.

풀이 ㉯ 유효수심은 3~6m 정도를 표준으로 한다.

32 하수 관거시설에 관한 내용으로 틀린 것은 어느 것인가?

㉮ 오수관거의 유속은 계획시간최대오수량에 대하여 최소 0.6m/s, 최대 3.0m/s로 한다.
㉯ 우수관거 및 합류관거에서의 유속은 계획우수량에 대하여 최소 0.8m/s, 최대 3.0m/s로 한다.
㉰ 오수관거의 최소관경은 200mm를 표준으로 한다.
㉱ 우수관거 및 합류관거의 최소관경은 350mm를 표준으로 한다.

풀이 ㉱ 우수관거 및 합류관거의 최소관경은 250mm를 표준으로 한다.

정답 28 ㉯ 29 ㉰ 30 ㉰ 31 ㉯ 32 ㉱

33 수돗물의 부식성 관련 지표인 랑게리아지수(포화지수, LI)의 계산식으로 알맞은 것은 어느 것인가? (단, pH = 물의 실제 pH, pHs = 수중의 탄산칼슘이 용해되거나 석출되지 않는 평형상태의 pH)

㉮ LI = pH + pHs   ㉯ LI = pH − pHs
㉰ LI = pH×pHs   ㉱ LI = pH / pHs

34 상수도 시설인 도수시설의 도수노선에 대한 내용으로 틀린 것은 어느 것인가?

㉮ 원칙적으로 공공도로 또는 수도 용지로 한다.
㉯ 수평이나 수직방향의 급격한 굴곡을 피한다.
㉰ 관로상 어떤 지점도 동수경사선보다 낮게 위치하지 않도록 한다.
㉱ 몇 개의 노선에 대하여 건설비 등의 경제성, 유지관리의 난이도 등을 비교, 검토하고 종합적으로 판단하여 결정한다.

[풀이] ㉰ 가능한 한 최소동수경사선 이하가 되도록 도수노선을 선정한다.

35 하천표류수를 수원으로 할 때 하천 기준수량은 어느 것인가?

㉮ 평수량   ㉯ 갈수량
㉰ 홍수량   ㉱ 최대홍수량

[풀이] 하천표류수를 수원으로 할 때 하천 기준수량은 갈수량이다.

36 정수시설인 플록형성지에 대한 내용으로 틀린 것은 어느 것인가?

㉮ 혼화지와 침전지 사이에 위치하고 침전지에 붙여서 설치한다.
㉯ 플록형성시간은 계획정수량에 대하여 20~40분간을 표준으로 한다.
㉰ 플록형성지 내의 교반강도는 하류로 갈수록 점차 감소시키는 것이 바람직하다.
㉱ 야간근무자도 플록형성상태를 감시할 수 있는 투명도 게이지를 설치하여야 한다.

[풀이] ㉱ 야간근무자도 플록형성상태를 감시할 수 있도록 적절한 조명장치를 설치하여야 한다.

37 하수도시설인 유량조정조에 대한 설명으로 틀린 것은 어느 것인가?

㉮ 조의 용량은 체류시간 3시간을 표준으로 한다.
㉯ 유효수심은 3~5m를 표준으로 한다.
㉰ 유량조정조의 유출수는 침사지에 반송하거나 펌프로 일차침전지 혹은 생물반응조에 송수한다.
㉱ 조내에 침전물의 발생 및 부패를 방지하기 위해 교반장치 및 산기장치를 설치한다.

정답 33 ㉯ 34 ㉰ 35 ㉯ 36 ㉱ 37 ㉮

38 역사이펀 관로의 길이 500m, 관경은 500mm이고, 경사는 0.3%라고 하면 상기 관로에 서 일어나는 손실수두(m)와 유량(m³/sec)은? (단, Manning조도 계수 n값 = 0.013, 역사이펀 관로의 미소손실 = 총 5cm 수두, 역사이펀 손실수두(H) = i×L+(1.5×V²/2g)+a, 만관이라 가정)

㉮ 1.63, 0.207 ㉯ 2.61, 0.207
㉰ 1.63, 0.827 ㉱ 2.61, 0.827

풀이

① 유속(V) = $\frac{1}{n} \times R^{\frac{2}{3}} \times I^{\frac{1}{2}}$

  n : 조도계수(0.03)

  R(경심) = $\frac{단면적(A)}{윤변의 길이(S)} = \frac{D}{4} = \frac{0.5m}{4}$
       = 0.125m

  I(동수경사) = $\frac{0.3}{100}$

  따라서 v = $\frac{1}{0.013} \times (0.125m)^{\frac{2}{3}} \times \left(\frac{0.3}{100}\right)^{\frac{1}{2}}$
       = 1.0533m/sec

② H = i×L+1.5× $\frac{V^2}{2g}$ + α

  H : 손실수두(m)
  i : 동수구배(기울기)
  L : 관의 길이(m)
  g : 중력가속도(9.8m/sec²)
  α : 손실수두에 관한 여유

  따라서
  H = $\frac{0.3}{100}$×500m+1.5× $\frac{(1.0533m/sec)^2}{2 \times 9.8m/sec^2}$ +0.05m
   = 1.63m

③ 유량(m³/sec) = 면적(A)×유속(v)
        = $\frac{\pi D^2}{4}$ ×v
        = $\frac{\pi \times (0.5m)^2}{4}$ ×1.0533m/sec
        = 0.2068m³/sec

39 정수처리를 위한 막여과설비에서 적절한 막여과의 유속 설정 시 고려사항으로 틀린 것은 어느 것인가?

㉮ 막의 종류
㉯ 막공급의 수질과 최고 수온
㉰ 전처리설비의 유무와 방법
㉱ 입지조건과 설치공간

40 정수장에서 염소 소독 시 pH가 낮아질수록 소독효과가 커지는 이유는 무엇인가?

㉮ OCl^-의 증가
㉯ $HOCl$의 증가
㉰ H^+의 증가
㉱ O(발생기 산소)의 증가

풀이 pH가 낮아질수록 HOCl의 증가하여 소독효과가 커진다.

━━━ **| 제3과목 | 수질오염방지기술** ━━━

41 NO_3^-가 박테리아에 의하여 N_2로 환원되는 경우 폐수의 pH는?

㉮ 증가한다.
㉯ 감소한다.
㉰ 변화없다.
㉱ 감소하다가 증가한다.

풀이 NO_3^-가 박테리아에 의하여 N_2로 환원되는 경우는 OH^-가 증가하므로 pH는 증가 한다.

정답 38 ㉮ 39 ㉯ 40 ㉯ 41 ㉮

42 활성슬러지 공정에서 폭기조나 침전지 표면에 갈색거품을 유발시키는 방선균의 일종인 Nocardia의 과도한 성장을 유발시킬 수 있는 요인 또는 제어방법에 대한 설명으로 틀린 것은 어느 것인가?

㉮ 낮은 F/M 비가 유발 요인이 된다.
㉯ 불충분한 슬러지 인출로 인한 MLSS 농도의 증가가 유발 요인이 된다.
㉰ 미생물 체류시간을 증가시킨다.
㉱ 화학약품을 투여하여 폭기조의 pH를 낮춘다.

[풀이] ㉰ 미생물 체류시간을 감소시킨다.

43 생물학적 질소제거공정에서 질산화로 생성된 NO_3-N 40mg/L가 탈질되어 질소로 환원될 때 필요한 이론적인 메탄올(CH_3OH)의 양(mg/L)은 얼마인가?

㉮ 17.2 ㉯ 36.6
㉰ 58.4 ㉱ 76.2

[풀이] $6NO_3^- + 5CH_3OH \rightarrow 3N_2 + 5CO_2 + 7H_2O + 6OH^-$
$6 \times 14g : 5 \times 32g$
$40mg/L : X$
∴ $x = 76.20mg/L$

44 하수관거 내에서 황화수소(H_2S)가 발생되는 조건으로 틀린 것은 어느 것인가?

㉮ 용존산소의 결핍
㉯ 황산염의 환원
㉰ 혐기성 세균의 증식
㉱ 염기성 pH

[풀이] 황화수소(H_2S)가 발생되는 조건은 혐기성상태이다. 따라서 산소와 관련지어 답을 찾는다.

45 미처리 폐수에서 냄새를 유발하는 화합물과 냄새의 특징으로 틀린 것은 어느 것인가?

㉮ 황화수소 - 썩은 달걀냄새
㉯ 유기 황화물 - 썩은 채소냄새
㉰ 스카톨 - 배설물 냄새
㉱ 디아민류 - 생선 냄새

[풀이] ㉱ 디아민류 - 부패된 고기 냄새

46 어떤 물질이 1차 반응으로 분해되며, 속도상수는 $0.05d^{-1}$이다. 유량이 $395m^3/d$일 때, 이 물질의 90%를 제거하는데 필요한 PFR부피(m^3)는?

㉮ 17,250 ㉯ 18,190
㉰ 19,530 ㉱ 20,350

[풀이] ① $\ln \frac{C_t}{C_o} = -k \times t$
$\ln \frac{10\%}{100\%} = -0.05/day \times t$
∴ t = 46.05day
② $V = Q \times t = 395m^3/day \times 46.05day = 18,189.75m^3$

47 슬러지를 진공 탈수시켜 부피가 50% 감소되었다. 유입슬러지 함수율이 98%이었다면 탈수 후 슬러지의 함수율(%)은?
(단, 슬러지 비중은 1.0 기준)

㉮ 90 ㉯ 92
㉰ 94 ㉱ 96

[풀이] 부피 감소율(%) = $(1 - \frac{V_2}{V_1}) \times 100 = (1 - \frac{100-P_1}{100-P_2}) \times 100$
$50\% = (1 - \frac{100-98\%}{100-P_2}) \times 100$
∴ $P_2 = 96\%$

정답 42 ㉰ 43 ㉱ 44 ㉱ 45 ㉱ 46 ㉯ 47 ㉱

48 평균유량이 20,000m³/d이고 최고유량이 30,000m³/d인 하수처리장에 1차 침전지를 설계하고자 한다. 표면월류는 평균유량 조건하에서 25m/d, 최대유량조건하에서 60m/d를 유지하고자 할 때 실제 설계하여야 하는 1차 침전지의 수면적(m²)은 얼마인가? (단, 침전지는 원형 침전지라 가정)

㉮ 500m² ㉯ 650m²
㉰ 800m² ㉱ 1,300m²

풀이 ① 평균유량에서 표면적(A)
$= \dfrac{평균유량}{평균속도} = \dfrac{20,000m^3/day}{25m/day} = 800m^2$

② 최고유량에서 표면적(A)
$= \dfrac{최고유량}{최고속도} = \dfrac{30,000m^3/day}{60m/day} = 500m^2$

따라서 큰 표면적을 설계 표면적으로 해야 하므로 1차 침전지의 표면적은 800m²이다.

49 1차 처리된 분뇨의 2차 처리를 위해 폭기조, 2차침전지로 구성된 표준 활성슬러지를 운영하고 있다. 운영 조건이 다음과 같을 때 고형물 체류시간(SRT, day)은 얼마인가? (단, 유입유량 = 1,000 m³/day, 폭기조 수리학적 체류시간 = 6시간, MLSS 농도 = 3,000mg/L, 잉여슬러지 배출량 = 30m³/day, 잉여슬러지 SS농도 = 10,000 mg/L, 2차침전지 유출수 SS농도 = 5mg/L)

㉮ 약 2day ㉯ 약 2.5day
㉰ 약 3day ㉱ 약 3.5day

풀이 $SRT = \dfrac{MLSS \times V}{Q_w \cdot SS_w + Q_o \cdot SS_o}$

$= \dfrac{3,000mg/L \times 1,000m^3/day \times \left(\dfrac{6hr}{24}\right)day}{30m^3/day \times 10,000mg/L + (1,000-30)m^3/day \times 5mg/L}$

$= 2.46day$

50 다음 물질 중 증기압(mmHg)이 가장 큰 것은 어느 것인가?

㉮ 물 ㉯ 에틸 알코올
㉰ n-헥산 ㉱ 벤젠

51 역삼투장치로 하루에 20,000L의 3차 처리된 유출수를 탈염시키고자 한다. 25℃에서의 물질전달계수는 0.2068L /{(day−m²)(kPa)}, 유입수와 유출수의 압력차는 2,400kPa, 유입수와 유출수의 삼투압차는 310kPa, 최저운전온도는 10℃이다. 요구되는 막면적(m²)은 얼마인가? (단, $A_{10℃} = 1.2A_{25℃}$)

㉮ 약 39m² ㉯ 약 56m²
㉰ 약 78m² ㉱ 약 94m²

풀이 ① Q_F(유출수량) 계산
$Q_F = k \times (\triangle P - \triangle \pi)$
$= 0.2068 L/day \cdot m^2 \cdot kpa \times (2400-310)kpa$
$= 432.212 L/day \cdot m^2$

② $A_{25℃}$ 계산
$A_{25℃} = \dfrac{Q}{Q_F} = \dfrac{20,000L/day}{432.212L/day \cdot m^2} = 46.2736m^2$

③ $A_{10℃}$ 계산
$A_{10℃} = 1.2A_{25℃} = 1.2 \times 46.2736m^2 = 55.53m^2$

정답 48 ㉰ 49 ㉯ 50 ㉰ 51 ㉯

52 2,000m³/day의 하수를 처리하는 하수처리장의 1차침전지에서 침전고형물이 0.4ton/day, 2차침전지에서 0.3ton/day이 제거되며 이 때 각 고형물의 함수율은 98%, 99.5%이다. 체류시간을 3일로 하여 고형물을 농축시키려면 농축조의 크기(m³)는 얼마인가? (단, 고형물의 비중은 1.0으로 가정)

㉮ 80m³ ㉯ 240m³
㉰ 620m³ ㉱ 1,860m³

풀이 ① 슬러지 발생량(m³/day) 계산
1차 침전지슬러지 발생량(m³/day)
$= \dfrac{건조슬러지량(kg/day)}{비중량(kg/m^3)} \times \dfrac{100}{100-함수율(\%)}$
$= \dfrac{400kg/day}{1,000kg/m^3} \times \dfrac{100}{100-98} = 20m^3/day$

2차 침전지슬러지 발생량(m³/day)
$= \dfrac{건조슬러지량(kg/day)}{비중량(kg/m^3)} \times \dfrac{100}{100-함수율(\%)}$
$= \dfrac{300kg/day}{1,000kg/m^3} \times \dfrac{100}{100-99.5} = 60m^3/day$

② 소화조의 용적(m³) 계산
소화조의 용적(m³)
= 슬러지 발생량(m³/day)×수리학적 체류시간(day)
= (20+60)m³/day×3day = 240m³

53 다음 그림은 하수 내 질소, 인을 효과적으로 제거하기 위한 어떤 공법을 나타낸 것인가?

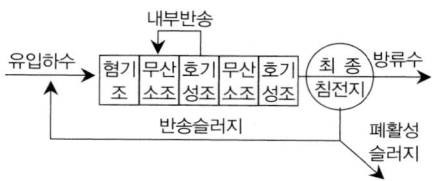

㉮ VIP process
㉯ A²/O process
㉰ 수정-Bardenpho process
㉱ phostrip process

풀이 ㉰ 수정-Bardenpho process(5단계 바덴포, 수정바덴포)의 계통도이다.

54 플록을 형성하여 침강하는 입자들이 서로 방해를 받으므로 침전속도는 점차 감소하게 되며 침전하는 부유물과 상등수 간에 뚜렷한 경계면이 생기는 침전형태는 어느 것인가?

㉮ 지역침전 ㉯ 압축침전
㉰ 압밀침전 ㉱ 응집침전

풀이 ㉮ Ⅲ형 침전(지역침전, 간섭침전, 방해침전)에 대한 설명이다.

정답 52 ㉯ 53 ㉰ 54 ㉮

55 여과에서 단일 메디아 여과상보다 이중 메디아 혹은 혼합 메디아를 사용하는 장점으로 틀린 것은 어느 것인가?

㉮ 높은 여과속도
㉯ 높은 탁도를 가진 물을 여과하는 능력
㉰ 긴 운전시간
㉱ 메디아 수명 연장에 따른 높은 경제성

[풀이] 단일 메디아에 비해 이중 메디아 혹은 혼합 메디아는 경제성이 낮다.

56 혼합에 사용되는 교반강도의 식에 관한 내용으로 틀린 것은 어느 것인가? (단, 교반강도 식 : $G = (P/\mu V)^{1/2}$)

㉮ G = 속도경사(1/sec)
㉯ P = 동력(N/sec)
㉰ μ = 점성계수($N \cdot sec/m^2$)
㉱ V = 부피(m^3)

[풀이] ㉯ P = 동력(Watt = $kg \cdot m^2/sec^3$)

57 염소의 살균력에 관한 내용으로 틀린 것은 어느 것인가?

㉮ 살균강도는 HOCl > OCl⁻이다.
㉯ 염소의 살균력은 반응시간이 길고 온도가 높을 때 강하다.
㉰ 염소의 살균력은 주입농도가 높고 pH가 낮을 때 강하다.
㉱ Chloramines은 살균력은 강하나 살균작용은 오래 지속되지 않는다.

[풀이] ㉱ Chloramines은 살균력은 약하나 살균작용은 오래 지속된다.

58 급속 모래여과를 운전할 때 나타나는 문제점이라 할 수 없는 것은?

㉮ 진흙 덩어리(mud ball)의 축적
㉯ 여재의 층상구조 형성
㉰ 여과상의 수축
㉱ 공기 결합(air binding)

[풀이] 급속 모래여과를 운전할 때 나타나는 문제점은 진흙 덩어리의 축적, 여과상의 수축, 공기 결합 등이다.

59 폐수 중 크롬이 함유되었을 경우의 설명으로 틀린 것은 어느 것인가?

㉮ 크롬은 자연수에서 3가 크롬 형태로 존재한다.
㉯ 3가 크롬은 인체 건강에 그다지 해를 끼치지 않는다.
㉰ 3가 크롬은 자연수에서 완전 가수분해된다.
㉱ 6가 크롬은 합금, 도금, 페인트 생산 공정에 이용된다.

[풀이] ㉮ 크롬은 자연수에서 6가 크롬 형태로 존재한다.

60 수처리 과정에서 부유되어 있는 입자의 응집을 초래하는 원인으로 틀린 것은 어느 것인가?

㉮ 제타 포텐셜의 감소
㉯ 플록에 의한 체거름 효과
㉰ 정전기 전하 작용
㉱ 가교현상

[풀이] 응집의 원인으로는 이중층의 압축, 체거름 효과, 입자간의 가교작용, 제타전위의 감소, 침전물에 의한 흡착, 전하의 중화 등이 있다.

정답 55 ㉱ 56 ㉯ 57 ㉱ 58 ㉯ 59 ㉮ 60 ㉰

| 제4과목 | 수질오염공정시험기준

61 램버트-비어(Lambert-Beer)의 법칙에서 흡광도의 의미는 어느 것인가? (단, I_o = 입사광의 강도, I_t = 투사광의 강도, t = 투과도)

㉮ $\dfrac{I_t}{I_o}$ ㉯ $t \times 100$

㉰ $\log \dfrac{1}{t}$ ㉱ $I_t \times 10^{-1}$

풀이 흡광도(A) = $\log \dfrac{1}{투과도(t)}$ 이다.

62 0.005M-KMnO₄ 400mL를 조제하려면 KMnO₄약 몇 g을 취해야 하는가? (단, 원자량 K = 39, Mn = 55)

㉮ 약 0.32   ㉯ 약 0.63
㉰ 약 0.84   ㉱ 약 0.98

풀이 $M = \dfrac{W(g)}{V(L)} \times \dfrac{1mol}{분자량(g)}$

$0.005M = \dfrac{W(g)}{0.4L} \times \dfrac{1mol}{158g}$

∴ W = 0.316g

63 배수로에 흐르는 폐수의 유량을 부유체를 사용하여 측정했다. 수로의 평균단면적 0.5m², 표면 최대속도 6m/s일 때 이 폐수의 유량(m³/min)은 얼마인가? (단, 수로의 구성, 재질, 수로단면의 형상, 기울기 등이 일정하지 않은 개수로)

㉮ 115   ㉯ 135
㉰ 185   ㉱ 245

풀이 유량(m³/min) = 평균 단면적(m²) × 평균유속(m/min)
= 0.5m² × 6m/sec × 0.75 × 60sec/min
= 135m³/min

TIP 평균유속 = 표면최대유속 × 0.75

64 흡광광도계용 흡수셀의 재질과 그에 따른 파장범위가 잘못 연결된 것은 어느 것인가? (단, 재질 - 파장범위)

㉮ 유리제 - 가시부
㉯ 유리제 - 근적외부
㉰ 석영제 - 자외부
㉱ 플라스틱제 - 근자외부

풀이 ㉱ 플라스틱제 - 근적외부

정답 61 ㉰   62 ㉮   63 ㉯   64 ㉱

65 크롬-자외선/가시선 분광법에 대한 설명으로 틀린 것은 어느 것인가?

㉮ $KMnO_4$로 3가 크롬을 6가 크롬으로 산화시킨다.
㉯ 적자색 착화합물의 흡광도를 430nm에서 측정한다.
㉰ 정량한계는 0.04mg/L이다.
㉱ 6가크롬을 산성에서 다이페닐카바자이드와 반응시킨다.

[풀이] ㉯ 적자색 착화합물의 흡광도를 540nm에서 측정한다.

66 수질연속자동측정기기의 설치방법 중 시료채취 지점에 대한 설명으로 ( )에 알맞은 말은?

> 취수구의 위치는 수면하 10cm 이상, 바닥으로부터 ( )을 유지하여 동절기의 결빙을 방지하고 바닥 퇴적물이 유입되지 않도록 하되, 불가피한 경우는 수면하 5cm에서 채취할 수 있다.

㉮ 5cm 이상 ㉯ 15cm 이상
㉰ 25cm 이상 ㉱ 35cm 이상

67 유기물을 다량 함유하고 있으면서 산 분해가 어려운 시료에 적용되는 전처리법은 어느 것인가?

㉮ 질산 - 염산법   ㉯ 질산 - 황산법
㉰ 질산 - 초산법   ㉱ 질산 - 과염소산법

[풀이] ㉱ 질산-과염소산법에 대한 설명이다.

68 기체크로마토그래피법의 어떤 정량법에 대한 설명인가?

> 크로마토그램으로부터 얻은 시료 각 성분의 봉우리 면적을 측정하고 그것들의 합을 100으로 하여 이에 대한 각각의 봉우리 넓이 비를 각 성분의 함유율로 한다.

㉮ 내부표준 백분율법
㉯ 보정성분 백분율법
㉰ 성분 백분율법
㉱ 넓이 백분율법

[풀이] ㉱ 넓이 백분율법에 대한 설명이다.

69 백분율(W/V, %)의 설명으로 알맞은 것은 어느 것인가?

㉮ 용액 100g 중의 성분무게(g)를 표시
㉯ 용액 100mL 중의 성분용량(mL)을 표시
㉰ 용액 100mL 중의 성분무게(g)를 표시
㉱ 용액 100g 중의 성분용량(mL)을 표시

[풀이] 백분율(W/V, %)는 용액 100mL 중의 성분무게(g)를 표시한 것이다.

70 취급 또는 저장하는 동안에 이물질이 들어가거나 내용물이 손실되지 아니하도록 보호하는 용기는 어느 것인가?

㉮ 밀폐용기   ㉯ 기밀용기
㉰ 밀봉용기   ㉱ 차광용기

[풀이] ㉮ 밀폐용기에 대한 설명이다.

정답 65 ㉯ 66 ㉯ 67 ㉱ 68 ㉱ 69 ㉰ 70 ㉮

71 유도결합플라스마 발광광도법에 관한 내용으로 틀린 것은 어느 것인가?

㉮ 플라스마는 그 자체가 광원으로 이용되기 때문에 매우 넓은 농도범위에서 시료를 측정한다.
㉯ ICP의 토치는 제일 안쪽으로는 시료가 운반가스와 함께 흐르며, 가운데 관으로는 보조가스, 제일 바깥쪽 관에는 냉각가스가 도입된다.
㉰ 알곤플라스마는 토치 위에 불꽃형태로 생성되지만 온도, 전자 밀도가 가장 높은 영역은 중심축보다 안쪽에 위치한다.
㉱ ICP 발광광도 분석장치는 시료주입부, 고주파전원부, 광원부, 분광부, 연산처리부 및 기록부로 구성되어 있다.

[풀이] ㉰ 알곤플라스마는 토치 위에 불꽃형태로 생성되지만 온도, 전자 밀도가 가장 높은 영역은 중심축보다 약간 바깥쪽에 위치한다.

72 수질오염공정시험기준에서 암모니아성 질소의 분석방법으로 틀린 것은 어느 것인가?

㉮ 자외선/가시선 분광법
㉯ 연속흐름법
㉰ 이온전극법
㉱ 적정법

[풀이] 암모니아성 질소의 분석방법으로는 자외선/가시선 분광법, 이온전극법, 적정법이 있다.

73 기체크로마토그래피법에 의한 PCB 정량법에서 실리카겔 칼럼의 역할은 무엇인가?

㉮ 기체크로마토그래피의 정량물질을 고열로부터 보호하기 위한 칼럼이다.
㉯ 기체크로마토그래피에 분석용 시료를 주입하기 전에 PCB 이외 극성화합물을 제거하는 칼럼이다.
㉰ 분석용 시료 중의 수분을 흡수시키는 칼럼이다.
㉱ 시료중 가용성 염류를 분리시키는 이온교환 칼럼이다.

[풀이] PCB 정량법에서 실리카겔 칼럼의 역할은 분석용 시료를 주입하기 전에 PCB 이외 극성화합물을 제거하는 것이다.

74 황산산성에서 과요오드산 칼륨으로 산화하여 생성된 이온을 흡광도 525nm에서 측정하여 정량하는 금속은 어느 것인가?

㉮ Mn^{++} ㉯ Ni^{++}
㉰ Co^{++} ㉱ Pb^{++}

[풀이] ㉮ 망간(Mn)에 대한 설명이다.

75 분원성 대장균군-막여과법의 측정방법으로 (   )에 알맞은 말은?

> 물속에 존재하는 분원성대장균군을 측정하기 위하여 페트리접시에 배지를 올려놓은 다음 배양 후 여러 가지 색조를 띠는 (   )의 집락을 계수하는 방법이다.

㉮ 황색   ㉯ 녹색
㉰ 적색   ㉱ 청색

정답 71 ㉰   72 ㉯   73 ㉯   74 ㉮   75 ㉱

76 원자흡수분광광도법의 일반적인 분석 오차원인으로 틀린 것은 어느 것인가?

㉮ 계산의 잘못
㉯ 파장선택부의 불꽃 역화 또는 과열
㉰ 검량선 작성의 잘못
㉱ 표준시료와 분석시료의 조성이나 물리적 화학적 성질의 차이

[풀이] ㉯ 파장선택부의 광학계의 조절 불량

77 카드뮴을 자외선/가시선 분광법을 이용하여 측정할 경우 ( )에 들어갈 알맞은 말은?

> 물속에 존재하는 카드뮴이온을 시안화칼륨이 존재하는 알칼리성에서 디티존과 반응하여 생성하는 카드뮴착염을 사염화탄소로 추출하고, 추출한 카드뮴착염을 (①)으로 역추출한 다음 다시 (②)과(와) 시안화칼륨을 넣어 디티존과 반응하여 생성하는 (③)의 카드뮴착염을 사염화탄소로 추출하고 그 흡광도를 측정하는 방법이다.

㉮ ① 타타르산용액, ② 수산화나트륨, ③ 적색
㉯ ① 아스코르빈산용액, ② 염산(1+15), ③ 적색
㉰ ① 타타르산용액, ② 수산화나트륨, ③ 청색
㉱ ① 아스코르빈산용액, ② 염산(1+15), ③ 청색

78 70% 질산을 물로 희석하여 5% 질산으로 제조하려고 한다. 70% 질산과 물의 비율은 얼마인가?

㉮ 1 : 9 ㉯ 1 : 11
㉰ 1 : 13 ㉱ 1 : 15

79 용해성 망간을 측정하기 위해 시료를 채취 후 속히 여과해야 하는 이유는 무엇인가?

㉮ 망간을 공침시킬 우려가 있는 현탁물질을 제거하기 위해
㉯ 망간 이온을 접촉적으로 산화, 침전시킬 우려가 있는 이산화망간을 제거하기 위해
㉰ 용존상태에서 존재하는 망간과 침전상태에서 존재하는 망간을 분리하기 위해
㉱ 단시간내에 석출, 침전할 우려가 있는 콜로이드 상태의 망간을 제거하기 위해

[풀이] 용해성 망간을 측정하기 위해 시료를 채취 후 속히 여과해야 하는 이유는 용존상태에서 존재하는 망간과 침전상태에서 존재하는 망간을 분리하기 위해서이다.

정답 76 ㉯ 77 ㉮ 78 ㉰ 79 ㉰

80 수질오염공정시험기준 상 냄새 측정에 대한 설명으로 틀린 것은 어느 것인가?

㉮ 물속의 냄새를 측정하기 위하여 측정자의 후각을 이용하는 방법이다.
㉯ 잔류염소의 냄새는 측정에서 제외한다.
㉰ 냄새 역치는 냄새를 감지할 수 있는 최대 희석배수를 말한다.
㉱ 각 판정요원의 냄새의 역치를 산술평균하여 결과로 보고한다.

[풀이] ㉱ 각 판정요원의 냄새의 역치를 기하평균하여 결과로 보고한다.

| 제5과목 | 수질환경관계법규

81 초과부과금 산정 시 1킬로그램당 부과금액이 가장 큰 수질오염물질은 어느 것인가?

㉮ 크롬 및 그 화합물
㉯ 비소 및 그 화합물
㉰ 테트라클로로에틸렌
㉱ 납 및 그 화합물

[풀이] 초과부과금 산정 시 1킬로그램당 부과금액
㉮ 크롬 및 그 화합물 : 75,000원
㉯ 비소 및 그 화합물 : 100,000원
㉰ 테트라클로로에틸렌 : 300,000원
㉱ 납 및 그 화합물 : 150,000원

82 기본배출부과금 산정 시 적용되는 지역별 부과계수로 알맞은 것은 어느 것인가?

㉮ 가 지역 : 1.2　㉯ 청정지역 : 0.5
㉰ 나 지역 : 1　　㉱ 특례지역 : 2

[풀이] 지역별 부과계수
㉮ 가 지역 : 1.5
㉯ 청정지역 : 1.5
㉰ 나 지역 : 1.0
㉱ 특례지역 : 1.0

83 하천, 호수에서 자동차를 세차하는 행위를 한 자에 대한 과태료 처분기준으로 알맞은 것은 어느 것인가?

㉮ 100만원 이하의 과태료
㉯ 50만원 이하의 과태료
㉰ 30만원 이하의 과태료
㉱ 10만원 이하의 과태료

[풀이] ㉮ 100만원 이하의 과태료에 해당한다.

84 비점오염저감계획서에 포함되어야 하는 사항으로 틀린 것은?

㉮ 저영향개발기법 등을 적용한 비점오염원 저감방안
㉯ 비점오염원 관리 및 모니터링 방안
㉰ 저영향개발기법 등을 적용한 비점오염 저감시설 설치계획
㉱ 비점오염원 관련 현황

[풀이] ㉯ 비점오염저감시설 유지관리 및 모니터링 방안

정답　80 ㉱　81 ㉰　82 ㉰　83 ㉮　84 ㉯

85 오염총량관리기본방침에 포함되어야 하는 사항으로 틀린 것은 어느 것인가?

㉮ 오염총량관리의 목표
㉯ 오염총량관리의 대상 수질오염물질 종류
㉰ 오염원의 조사 및 오염부하량 산정방법
㉱ 오염총량관리 현황

[풀이] 오염총량관리기본방침에 포함되어야 하는 사항으로는 오염총량관리의 목표, 오염총량 관리의 대상 수질오염물질 종류, 오염원의 조사 및 오염부하량 산정방법, 오염총량관리기본계획의 주체, 내용, 방법 및 시한 그리고 오염총량관리시행계획의 내용 및 방법이 있다.

86 수질자동측정기기 및 부대시설을 모두 부착하지 아니할 수 있는 시설의 기준으로 알맞은 것은 어느 것인가?

㉮ 연간 조업일수가 60일 미만인 사업장
㉯ 연간 조업일수가 90일 미만인 사업장
㉰ 연간 조업일수가 120일 미만인 사업장
㉱ 연간 조업일수가 150일 미만인 사업장

[풀이] 수질자동측정기기 및 부대시설을 모두 부착하지 아니할 수 있는 시설의 기준은 연간 조업일수가 90일 미만인 사업장이다.

87 수질 및 수생태계 중 하천의 생활환경 기준으로 틀린 것은 어느 것인가? (단, 등급 : 약간 좋음, 단위 : mg/L)

㉮ COD : 2 이하
㉯ BOD : 3 이하
㉰ SS : 25 이하
㉱ DO : 5.0 이상

[풀이] ㉮ COD : 5 이하

88 휴경 등 권고대상 농경지의 해발고도 및 경사도로 알맞은 것은 어느 것인가?

㉮ 해발고도 : 해발200미터, 경사도 : 10%
㉯ 해발고도 : 해발400미터, 경사도 : 15%
㉰ 해발고도 : 해발600미터, 경사도 : 20%
㉱ 해발고도 : 해발800미터, 경사도 : 25%

89 수질 및 수생태계 하천 환경기준 중 생활환경 기준에 적용되는 등급에 따른 물환경 상태를 나타낸 것이다. 다음 설명에 해당하는 등급의 물환경 상태는 어느 것인가?

> 상당량의 오염물질로 인하여 용존산소가 소모되는 생태계로 농업용수로 사용하거나 여과, 침전, 활성탄 투입, 살균 등 고도의 정수처리 후 공업용수로 사용할 수 있음

㉮ 약간 나쁨
㉯ 나쁨
㉰ 상당히 나쁨
㉱ 매우 나쁨

[풀이] ㉮ 약간 나쁨 상태에 해당한다.

정답 85 ㉱ 86 ㉯ 87 ㉮ 88 ㉯ 89 ㉮

90 사업장별 환경기술인의 자격기준에 대한 내용으로 틀린 것은 어느 것인가?

㉮ 연간 90일 미만 조업하는 제1종부터 제3종까지의 사업장은 제4종사업장·제5종사업장에 해당하는 환경기술인을 선임할 수 있다.
㉯ 공동방지시설의 경우에 폐수배출량이 제1종 또는 제2종사업장은 제3종사업장에 해당하는 환경기술인을 둘 수 있다.
㉰ 제1종 또는 제2종사업장 중 1개월간 실제 작업한 날만을 계산하여 1일 평균 17시간 이상 작업하는 경우 그 사업장은 환경기술인을 각각 2명 이상 두어야 한다.
㉱ 방지시설 설치면제 대상인 사업장과 배출시설에서 배출되는 수질오염물질 등을 공동방지시설에서 처리하게 하는 사업장은 제4종사업장·제5종사업장에 해당하는 환경기술인을 둘 수 있다.

[풀이] ㉯ 공동방지시설의 경우에 폐수배출량이 제4종 또는 제5종사업장의 규모에 해당하면 제3종사업장에 해당하는 환경기술인을 두어야 한다.

[참고] ㉰번은 법개정으로 삭제됨

91 물환경보전법상의 용어 정의가 틀린 것은 어느 것인가?

㉮ 폐수 : 물에 액체성 또는 고체성의 수질오염물질이 섞여 있어 그대로는 사용할 수 없는 물
㉯ 수질오염물질 : 사람의 건강, 재산이나 동, 식물 생육에 위해를 줄 수 있는 물질로 환경부령으로 정하는 것
㉰ 강우유출수 : 비점오염원의 수질오염물질이 섞여 유출되는 빗물 또는 눈 녹은 물 등
㉱ 기타수질오염원 : 점오염원 및 비점오염원으로 관리되지 아니하는 수질오염물질을 배출하는 시설 또는 장소로서 환경부령으로 정하는 것

[풀이] ㉯ 수질오염물질 : 수질오염의 요인이 되는 물질로서 환경부령이 정하는 것을 말한다.

92 배출부과금을 부과할 때 고려하여야 하는 사항으로 틀린 것은 어느 것인가?

㉮ 배출허용기준 초과 여부
㉯ 자가측정 여부
㉰ 수질오염물질 처리비용
㉱ 배출되는 수질오염물질의 종류

[풀이] 배출부과금을 부과할 때 고려하여야 하는 사항으로는 배출허용기준 초과 여부, 수질 오염물질의 배출기간, 수질오염물질의 배출량, 자가측정 여부, 배출되는 수질오염물질의 종류가 있다.

93 호소수 이용 상황 등의 조사·측정에 대한 설명 중 ( )에 알맞은 말은?

> 시·도지사는 환경부장관이 지정·고시하는 호소 외의 호소로서 만수위일 때의 면적이 ( ) 이상인 호소의 물환경 등을 정기적으로 조사·측정하여야 한다.

㉮ 10만 제곱미터 ㉯ 20만 제곱미터
㉰ 30만 제곱미터 ㉱ 50만 제곱미터

정답 90 ㉯ 91 ㉯ 92 ㉰ 93 ㉱

94 공공폐수처리시설의 관리·운영자가 처리시설의 적정운영 여부 확인을 위한 방류수 수질검사 실시기준으로 알맞은 것은 어느 것인가? (단, 시설규모는 1,000m³/day이며, 수질은 현저히 악화되지 않았음)

㉮ 방류수 수질검사 월 2회 이상
㉯ 방류수 수질검사 월 1회 이상
㉰ 방류수 수질검사 매분기 1회 이상
㉱ 방류수 수질검사 매반기 1회 이상

95 수질오염물질 총량관리를 위하여 시·도지사가 오염총량관리기본계획을 수립하여 환경부장관에게 승인을 얻어야 한다. 계획수립 시 포함되는 사항으로 틀린 것은 어느 것인가?

㉮ 해당 지역 개발계획의 내용
㉯ 시·도지사가 설치·운영하는 측정망 관리계획
㉰ 관할 지역에서 배출되는 오염부하량의 총량 및 저감계획
㉱ 해당 지역 개발계획으로 인하여 추가로 배출되는 오염부하량 및 그 저감계획

[풀이] ㉯ 지방자치단체별·수계구간별 오염부하량의 할당

96 국립환경과학원장, 유역환경청장, 지방환경청장이 설치·운영하는 측정망의 종류로 틀린 것은 어느 것인가?

㉮ 퇴적물 측정망
㉯ 점오염원 배출오염물질 측정망
㉰ 공공수역 유해물질 측정망
㉱ 생물 측정망

[풀이] ㉯ 비점오염원에서 배출되는 비점오염물질 측정망

97 대권역 물환경관리 계획에 포함되어야 할 사항으로 틀린 것은 어느 것인가?

㉮ 상수원 및 물 이용현황
㉯ 점오염원, 비점오염원 및 기타수질오염원의 분포현황
㉰ 점오염원, 비점오염원 및 기타수질오염원의 수질오염 저감시설 현황
㉱ 점오염원, 비점오염원 및 기타수질오염원에서 배출되는 수질오염물질의 양

[풀이] ㉰ 점오염원, 비점오염원 및 기타수질오염원의 분포현황

98 폐수처리업자의 준수사항에 대한 내용 중 ( )에 알맞은 말은?

> 수탁한 폐수는 정당한 사유없이 (①) 보관할 수 없으며, 보관폐수의 전체량이 저장시설 저장능력의 (②)이상 되게 보관하여서는 아니 된다.

㉮ ① 10일 이상, ② 80%
㉯ ① 10일 이상, ② 90%
㉰ ① 30일 이상, ② 80%
㉱ ① 30일 이상, ② 90%

정답 94 ㉮   95 ㉯   96 ㉯   97 ㉰   98 ㉯

99 호소수 이용 상황 등의 조사·측정 등에 대한 내용 중 (　)에 알맞은 말은?

> 환경부장관이나 시·도지사는 지정, 고시된 호소의 생성·조성 연도, 유역면적, 저수량 등 호소를 관리하는데에 필요한 기초자료에 대하여 (　)마다 조사, 측정함을 원칙으로 한다.

㉮ 2년　　㉯ 3년
㉰ 5년　　㉱ 10년

100 공공폐수처리시설의 유지·관리기준에 대한 내용 중 (　)에 알맞은 말은?

> 처리시설의 관리, 운영자는 처리시설의 적정 운영여부를 확인하기 위하여 방류수 수질검사를 (①) 실시하되, 1일당 2천세제곱미터 이상인 시설은 주 1회 이상 실시하여야 한다. 다만, 생태독성(TU)검사는 (②) 실시하여야 한다.

㉮ ① 월 2회 이상, ② 월 1회 이상
㉯ ① 월 1회 이상, ② 월 2회 이상
㉰ ① 월 2회 이상, ② 월 2회 이상
㉱ ① 월 1회 이상, ② 월 1회 이상

정답　99 ㉯　100 ㉮

2017년 5월 7일 시행

2017년 2회 수질환경기사

| 제1과목 | 수질오염개론 |

01 산소포화농도가 9mg/L인 하천에서 처음의 용존산소농도가 7mg/L라면 3일간 흐른 후 하천 하류지점에서의 용존산소 농도(mg/L)는 얼마인가? (단, BOD_u = 10mg/L, 탈산소계수 = 0.1day^{-1}, 재폭기계수 = 0.2day^{-1}, 상용대수기준)

㉮ 4.5mg/L ㉯ 5.0mg/L
㉰ 5.5mg/L ㉱ 6.0mg/L

$$D_t = \frac{k_1 \times L_o}{k_2-k_1} \times (10^{-k_1 \times t} - 10^{-k_2 \times t}) + D_o \times (10^{-k_2 \times t})$$

⎡ D_t : t시간 후 DO 부족농도(mg/L)
  k_1 : 탈산소계수(/day)
  k_2 : 재폭기계수(/day)
  L_o : 최종 BOD(mg/L)
  D_o : 초기산소 부족량(mg/L)
  D_o = 포화 DO 농도(C_s)-하천의 DO 농도(C)
  　 = 9mg/L-7mg/L = 2mg/L ⎦

3일 유하 후 하류에서의 DO농도

$$D_t = \frac{0.1/day \times 10mg/L}{0.2/day-0.1/day} \times (10^{-0.1/day \times 3day} - 10^{-0.2/day \times 3day})$$
$$+ 2mg/L \times (10^{-0.2/day \times 3day}) = 3.0mg/L$$

따라서 하류에서의 DO 농도
= $C_S - D_{3day}$ = 9mg/L-3.0mg/L = 6.0mg/L

02 담수와 해수에 관한 내용으로 틀린 것은 어느 것인가?

㉮ 해수의 용존산소 포화도는 담수보다 작은데 주로 해수 중의 염류 때문이다.
㉯ up welling은 담수가 해수의 표면으로 상승하는 현상이다.
㉰ 해수의 주성분으로는 Cl^-, Na^+, SO_4^{2-} 등이 가장 많다.
㉱ 하구에서는 담수와 해수가 쐐기 형상으로 교차한다.

㉯ up welling은 심수층의 물이 표수층으로 상승하는 현상이다.

03 생물체 내에서 일어나는 에너지 대사에 적용되는 열역학법칙에 대한 설명으로 틀린 것은 어느 것인가?

㉮ 에너지의 총량은 일정하다.
㉯ 자연적인 반응은 질서도가 커지는 방향으로 진행한다.
㉰ 엔트로피는 끊임없이 증가하고 있다.
㉱ 절대온도 0°K(-273.16℃)에서는 분자운동이 없으며 엔트로피는 0 이다.

㉯ 자연적인 반응은 질서도가 작아지는 방향으로 진행한다.

정답 01 ㉱ 02 ㉯ 03 ㉯

04 분변성 오염을 나타낼 때 사용되는 지표 미생물이 갖추어야 할 조건으로 틀린 것은 어느 것인가?

㉮ 사람의 대변에만 많은 수로 존재해야 한다.
㉯ 자연환경에는 없거나 적은 수로 존재해야 한다.
㉰ 비병원성으로 간단한 방법에 의해 쉽고 빠르게 검출될 수 있어야 한다.
㉱ 병원균보다 적은 수로 존재하고 자연환경에서 병원균보다 생존력이 약해야 한다.

05 운동기관이 없으며, 먹이를 흡수에 의해 섭식하는 원생동물 종류는 어느 것인가?

㉮ 포자충류 ㉯ 편모충류
㉰ 섬모충류 ㉱ 육질충류

풀이 ㉮ 포자충류에 대한 설명이다.

06 0.01M-KBr과 0.02M-ZnSO$_4$ 용액의 이온강도는? (단, 완전 해리 기준)

㉮ 0.08 ㉯ 0.09
㉰ 0.12 ㉱ 0.14

풀이
KBr → K$^+$ + Br$^-$
0.01M   0.01M   0.01M
ZnSO$_4$ → Zn^{2+} + SO$_4^{2-}$
0.02M   0.02M   0.02M

이온강도(I) = $\dfrac{\text{합}\{\text{몰수}\times(\text{가수})^2\}}{2}$

= $\dfrac{1}{2}$ {(0.01M×1^2)+(0.01M×1^2)+(0.02M×2^2)+(0.02M×2^2)} = 0.09

TIP
이온강도(I) : 용액중에 있는 이온의 전체농도를 나타내는 척도이다.

07 지하수 오염의 특징으로 틀린 것은 어느 것인가?

㉮ 지하수의 오염경로는 단순하여 오염원에 의한 오염범위를 명확하게 구분하기가 용이하다.
㉯ 지하수는 흐름을 눈으로 관찰할 수 없기 때문에 대부분의 경우 오염원의 흐름방향을 명확하게 확인하기 어렵다.
㉰ 오염된 지하수층을 제거, 원상 복구하는 것은 매우 어려우며 많은 비용과 시간이 소요된다.
㉱ 지하수는 대부분 지역에서 느린 속도로 이동하여 관측정이 오염원으로부터 원거리에 위치한 경우 오염원의 발견에 많은 시간이 소요될 수 있다.

풀이 ㉮ 지하수의 오염경로는 다양하여 오염원에 의한 오염범위를 명확하게 구분하기가 용이하지 못하다.

08 광합성에 관한 내용으로 틀린 것은 어느 것인가?

㉮ 호기성광합성(녹색식물의 광합성)은 진조류와 청녹조류를 위시하여 고등식물에서 발견된다.
㉯ 녹색식물의 광합성은 탄산가스와 물로부터 산소와 포도당(또는 포도당 유도산물)을 생성하는 것이 특징이다.
㉰ 세균활동에 의한 광합성은 탄산가스의 산화를 위하여 물 이외의 화합물질이 수소원자를 공여, 유리산소를 형성한다.
㉱ 녹색식물의 광합성 시 광은 에너지를 그리고 물은 환원반응에 수소를 공급해 준다.

정답 04 ㉱ 05 ㉮ 06 ㉯ 07 ㉮ 08 ㉰

09 생하수 내에 주로 존재하는 질소의 형태는 어느 것인가?

㉮ 암모니아와 N_2
㉯ 유기성질소와 암모니아성질소
㉰ N_2와 NO
㉱ NO_2^-와 NO_3^-

풀이 생하수 내의 질소는 주로 유기성질소와 암모니아성질소이다.

10 우리나라 근해의 적조(red tide)현상의 발생조건에 관한 내용으로 알맞은 것은 어느 것인가?

㉮ 햇빛이 약하고 수온이 낮을 때 이상 균류의 이상 증식으로 발생한다.
㉯ 수괴의 연직 안정도가 적어질 때 발생된다.
㉰ 정체수역에서 많이 발생된다.
㉱ 질소, 인 등의 영양분이 부족하여 적색이나 갈색의 적조 미생물이 이상적으로 증식한다.

풀이 ㉮ 햇빛이 강하고 수온이 높을 때 조류의 이상 증식으로 발생한다.
㉯ 수괴의 연직 안정도가 클 때 발생된다.
㉱ 질소, 인 등의 영양분이 충분하여 적색이나 갈색의 적조 미생물이 이상적으로 증식한다.

11 호수내의 성층현상에 대한 내용으로 틀린 것은 어느 것인가?

㉮ 여름성층의 연직 온도경사는 분자확산에 의한 DO구배와 같은 모양이다.
㉯ 성층의 구분 중 약층(thermocline)은 수심에 따른 수온변화가 적다.
㉰ 겨울성층은 표층수 냉각에 의한 성층이어서 역성층이라고도 한다.
㉱ 전도현상은 가을과 봄에 일어나며 수괴(水傀)의 연직혼합이 왕성하다.

풀이 ㉯ 성층의 구분 중 약층(thermocline)은 수심에 따른 수온변화가 크다.

12 하천수에서 난류확산에 의한 오염물질의 농도분포를 나타내는 난류확산방정식을 이용하기 위하여 일차적으로 고려해야 할 인자로 틀린 것은 어느 것인가?

㉮ 대상 오염물질의 침강속도(m/s)
㉯ 대상 오염물질의 자기감쇠계수
㉰ 유속(m/s)
㉱ 하천수의 난류지수(Re.No)

13 수질예측모형이 공간성에 따른 분류에 대한 내용으로 틀린 것은 어느 것인가?

㉮ 0차원 모형 : 식물성 플랑크톤의 계절적 변동사항에 주로 이용된다.
㉯ 1차원 모형 : 하천이나 호수를 종방향 또는 횡방향의 연속교반 반응조로 가정한다.
㉰ 2차원 모형 : 수질의 변동이 일방향성이 아닌 이방향성으로 분포하는 것으로 가정한다.
㉱ 3차원 모형 : 대호수의 순환 패턴분석에 이용된다.

[풀이] ㉮ 0차원 모형 : 식물성 플랑크톤의 계절적 변동사항에는 적용하기 곤란하다.

14 호소수의 전도현상(Turnover)이 호소수 수질환경에 미치는 영향에 대한 설명으로 틀린 것은 어느 것인가?

㉮ 수괴의 수직운동 촉진으로 호소 내 환경 용량이 제한되어 물의 자정능력이 감소된다.
㉯ 심층부까지 조류의 혼합이 촉진되어 상수원의 취수 심도에 영향을 끼치게 되므로 수도의 수질이 악화된다.
㉰ 심층부의 영양염이 상승하게 됨에 따라 표층부에 규조류가 번성하게 되어 부영양화가 촉진된다.
㉱ 조류의 다량 번식으로 물의 탁도가 증가되고 여과지가 폐색되는 등의 문제가 발생한다.

15 시료의 수질분석을 실시하여 다음 표와 같은 결과값을 얻었을 때 시료의 비탄산경도(mg/L as $CaCO_3$)는 얼마인가?
(단, K = 39, Na = 23, Ca = 40, Mg = 24, C = 12, O = 16, H = 1, Cl = 35.5, S = 32)

성분	농도(mg/L)	성분	농도(mg/L)
K^+	13	OH^-	32
Na^+	23	Cl^-	71
Ca^{2+}	20	SO_4^{2-}	96
Mg^{2+}	12	HCO_3^-	61

㉮ 50
㉯ 100
㉰ 150
㉱ 200

[풀이] $\dfrac{비탄산경도(mg/L)}{50g} = \dfrac{Cl^- mg/L}{35.5g} + \dfrac{SO_4^{2-} mg/L}{48g}$

$\dfrac{비탄산경도(mg/L)}{50g} = \dfrac{71mg/L}{35.5g} + \dfrac{96mg/L}{48g}$

∴ 비탄산경도 = 200mg/L as $CaCO_3$

16 하구(estuary)의 혼합 형식 중 하상구배와 조차가 적어서 염수와 담수의 2층의 밀도류가 발생되는 것은 어느 것인가?

㉮ 강 혼합형
㉯ 약 혼합형
㉰ 중 혼합형
㉱ 완 혼합형

[풀이] ㉯ 약 혼합형에 대한 설명이다.

정답 13 ㉮ 14 ㉮ 15 ㉱ 16 ㉯

17 Glucose($C_6H_{12}O_6$) 500mg/L 용액을 호기성 처리시 필요한 이론적인 인(P) 농도(mg/L)는 얼마인가? (단, BOD_5 : N : P = 100 : 5 : 1, k_1 = 0.1day^{-1}, 상용대수기준, 완전분해 기준, BOD_u = COD)

㉮ 약 3.7mg/L ㉯ 약 5.6mg/L
㉰ 약 8.5mg/L ㉱ 약 12.8mg/L

풀이
① $C_6H_{12}O_6$에서 최종 BOD(BOD_u) 계산
$C_6H_{12}O_6 + 6O_2 \rightarrow 6CO_2 + 6H_2O$
180g : 6×32g
500mg/L : X(BOD_u)
∴ X(BOD_u) = 533.33mg/L
② BOD_5 공식을 이용해 BOD_5 계산
$BOD_5 = BOD_u \times (1-10^{-k_1 \times t})$
 = 533.33mg/L×(1-10$^{-0.1/day \times 5day}$)
 = 364.68mg/L
③ 인(P)의 농도 계산
BOD_5 : P
100 : 1
364.08mg/L : X(P)
∴ X(P) = 3.65mg/L

18 기상수(우수, 눈 우박 등)에 대한 내용으로 틀린 것은 어느 것인가?

㉮ 기상수는 대기중에서 지상으로 낙하할 때는 상당한 불순물을 함유한 상태이다.
㉯ 우수의 주성분은 육수의 주성분과 거의 동일하다.
㉰ 해안 가까운 곳의 우수는 염분함량의 변화가 크다.
㉱ 천수는 사실상 증류수로서 증류단계에서는 순수에 가까워 다른 자연수보다 깨끗하다.

풀이 ㉯우수의 주성분은 해수의 주성분과 거의 동일하다.

19 20℃의 하천수에 있어서 바람 등에 의한 DO공급량이 0.02mgO_2/L·day이고, 이 강이 항상 DO 농도가 7mg/L 이상 유지되어야 한다면 이 강의 산소전달계수(hr^{-1})는? (단, α와 β는 무시, 20℃ 포화 DO = 9.17mg/L)

㉮ 1.3×10^{-3} ㉯ 3.8×10^{-3}
㉰ 1.3×10^{-4} ㉱ 3.8×10^{-4}

풀이 $\frac{dO}{dt} = K_{La} \times (C_s - C)$
따라서 0.02mg/L·day×1day/24hr = K_{La}×(9.17-7)mg/L
∴ K_{La} = 3.84×10^{-4}/hr

20 호수의 수질관리를 위하여 일반적으로 사용할 수 있는 예측모형으로 틀린 것은 어느 것인가?

㉮ WASP5 모델
㉯ WQRRS 모델
㉰ POM 모델
㉱ Vollenweider 모델

풀이 ㉰POM 모델은 해양 대순환 모델이다.

정답 17 ㉮ 18 ㉯ 19 ㉱ 20 ㉰

| 제2과목 | 상하수도계획

21 정수시설의 시설능력에 대한 설명이다. ( )안에 들어갈 알맞은 말은?

> 소비자에게 고품질의 수도 서비스를 중단없이 제공하기 위하여 정수시설은 유지보수, 사고대비, 시설 개량 및 확장 등에 대비하여 적절한 예비용량을 갖춤으로서 수도시스템으로서의 안정성을 높여야 한다. 이를 위하여 예비용량을 감안한 정수시설의 가동율은 ( )내외가 적당하다.

㉮ 55% ㉯ 65%
㉰ 75% ㉱ 85%

22 상수도관 부식의 종류 중 매크로셀 부식으로 틀린 것은 어느 것인가? (단, 자연부식 기준)

㉮ 콘크리트·토양
㉯ 이종금속
㉰ 산소농담(통기차)
㉱ 박테리아

풀이 ㉱ 박테리아는 Micro cell 부식에 해당한다.

23 경사가 2‰인 하수관거의 길이가 6,000m일 때 상류관과 하류관의 고저차(m)는 얼마인가? (단, 기타 조건은 고려하지 않음)

㉮ 3m ㉯ 6m
㉰ 9m ㉱ 12m

풀이 $I(경사) = \dfrac{고저차(\triangle H)}{길이차(\triangle L)}$

$\dfrac{2}{1000} = \dfrac{\triangle H}{6000m}$

∴ $\triangle H = 12m$

24 지하수 취수시 적용되는 양수량 중에서 적정양수량의 정의로 알맞은 것은 어느 것인가?

㉮ 최대양수량의 80% 이하의 양수량
㉯ 한계양수량의 80% 이하의 양수량
㉰ 최대양수량의 70% 이하의 양수량
㉱ 한계양수량의 70% 이하의 양수량

풀이 적정 양수량이란 한계양수량의 70% 이하의 양수량을 말한다.

정답 21 ㉰ 22 ㉱ 23 ㉱ 24 ㉱

25 펌프효율 $\eta = 80\%$, 전양정 $H = 16m$인 조건하에서 양수량 $Q = 12L/sec$로 펌프를 회전시킨다면 이 때 필요한 축동력(kW)은 얼마인가? (단, 전동기는 직결, 물의 밀도 $r = 1,000kg/m^3$)

㉮ 1.28kW ㉯ 1.73kW
㉰ 2.35kW ㉱ 2.88kW

▶풀이 $kW = \dfrac{r \times Q \times H}{102 \times \eta} \times \alpha$

$\begin{bmatrix} r : \text{비중량}(1,000kg/m^3) \\ Q : \text{펌프의 토출량}(m^3/sec) \\ H : \text{전양정}(m) \\ \eta : \text{펌프의 효율} \\ \alpha : \text{여유율} \end{bmatrix}$

$\therefore kW = \dfrac{1,000kg/m^3 \times 12 \times 10^{-3}m^3/sec \times 16m}{102 \times 0.8}$
$= 2.35kW$

26 양수량(Q) $14m^3/min$, 전양정(H) 10m, 회전수(N) 1,100rpm인 펌프의 비교회전도(Ns)는 얼마인가?

㉮ 412rpm ㉯ 732rpm
㉰ 1,302rpm ㉱ 1,416rpm

▶풀이 $Ns = N \times \dfrac{Q^{\frac{1}{2}}}{H^{\frac{3}{4}}}$

$\begin{bmatrix} Ns : \text{비교회전도(rpm)} \\ N : \text{규정회전수(rpm)} \\ Q : \text{토출량}(m^3/min) \\ H : \text{전양정}(m) \end{bmatrix}$

따라서 $Ns = 1100rpm \times \dfrac{(14m^3/min)^{\frac{1}{2}}}{(10m)^{\frac{3}{4}}} = 732rpm$

TIP
$rpm = \dfrac{회}{min}$

27 취수시설에서 침사지에 대한 내용으로 틀린 것은 어느 것인가?

㉮ 지의 위치는 가능한 한 취수구에 근접하여 제내지에 설치한다.
㉯ 지의 상단높이는 고수위보다 0.3~0.6m의 여유고를 둔다.
㉰ 지의 고수위는 계획취수량이 유입될 수 있도록 취수구의 계획최저수위 이하로 정한다.
㉱ 지의 길이는 폭의 3~8배, 지내 평균 유속은 2~7cm/sec를 표준으로 한다.

▶풀이 ㉯지의 상단높이는 고수위보다 0.6~1m의 여유고를 둔다.

28 Cavitation 발생을 방지하기 위한 대책으로 틀린 것은 어느 것인가?

㉮ 펌프의 설치위치를 가능한 한 낮추어 가용유효흡입수두를 크게 한다.
㉯ 펌프의 회전속도를 낮게 선정하여 필요유효흡입수두를 크게 한다.
㉰ 흡입측 밸브를 완전히 개방하고 펌프를 운전한다.
㉱ 흡입관에 손실을 가능한 한 작게 하여 가용유효흡입수두를 크게 한다.

▶풀이 ㉯펌프의 회전속도를 낮게 선정하여 필요유효흡입수두를 작게 한다.

정답 25 ㉰ 26 ㉯ 27 ㉯ 28 ㉯

29 정수시설인 급속여과지 시설기준에 대한 내용으로 틀린 것은 어느 것인가?

㉮ 여과면적은 계획정수량을 여과속도로 나누어 구한다.
㉯ 1지의 여과면적은 200m² 이상으로 한다.
㉰ 여과모래의 유효경이 0.45~0.7mm의 범위인 경우에는 모래층의 두께는 60~70cm를 표준으로 한다.
㉱ 여과속도는 120~150m/d를 표준으로 한다.

풀이 ㉯ 1지의 여과면적은 150m² 이하로 한다.

30 정수시설인 막여과시설에서 막모듈의 파울링에 해당되는 내용은 어느 것인가?

㉮ 막모듈의 공급유로 또는 여과수 유로가 고형물로 폐색되어 흐르지 않는 상태
㉯ 미생물과 막 재질의 자화 또는 분비물의 작용에 의한 변화
㉰ 건조되거나 수축으로 인한 막 구조의 비가역적인 변화
㉱ 원수 중의 고형물이나 진동에 의한 막 면의 상처나 마모, 파단

풀이 ㉯·㉰·㉱는 열화에 대한 내용이다.

31 급수시설의 설계유량에 관한 내용으로 틀린 것은 어느 것인가?

㉮ 수원지, 저수지, 유역면적 결정에는 1일 평균급수량이 기준
㉯ 배수, 송수관구경 결정에는 1일최대급수량을 기준
㉰ 배수본관의 구경결정에는 시간최대급수량을 기준
㉱ 정수장의 설계유량은 1일평균급수량을 기준

풀이 ㉱ 정수장의 설계유량은 시간최대급수량을 기준

32 도시의 상수도 보급을 위하여 최근 7년간의 인구를 이용하여 급수인구를 추정하려고 한다. 최근 7년간 도시의 인구가 다음과 같은 경향을 나타낼 때, 2018년도의 인구를 등차급수법으로 추정한 것은 어느 것인가?

년도	인구	년도	인구
2008	157,000	2012	201,100
2009	176,200	2013	213,520
2010	185,400	2014	225,270
2011	198,400		

㉮ 약 265,324명 ㉯ 약 270,786명
㉰ 약 277,750명 ㉱ 약 294,416명

풀이 연간 증가되는 평균 인구수(a)
$= \dfrac{P_o - P_t}{t} = \dfrac{225{,}270 - 157{,}000}{6년} = 11{,}378명$
$P_n = P_o + N \times a = 225{,}270명 + 4년 \times 11{,}378명$
$= 270{,}782명$

정답 29 ㉯ 30 ㉮ 31 ㉱ 32 ㉯

33 상수도시설의 계획 기준으로 틀린 것은 어느 것인가?

㉮ 계획취수량은 계획1일최대급수량을 기준으로 한다.
㉯ 계획배수량은 원칙적으로 해당 배수구역의 계획1일최대급수량으로 한다.
㉰ 도수시설의 계획도수량은 계획취수량을 기준으로 한다.
㉱ 계획정수량은 계획1일최대급수량을 기준으로 한다.

풀이 ㉯ 계획배수량은 원칙적으로 해당 급수구역의 계획1일최대급수량으로 한다.

34 최근 정수장에서 응집제로서 많이 사용되고 있는 폴리염화알루미늄(PACl)에 관한 내용으로 알맞은 것은 어느 것인가?

㉮ 일반적으로 황산알루미늄보다 적정주입 pH의 범위가 넓으며 알칼리도의 감소가 적다.
㉯ 일반적으로 황산알루미늄보다 적정주입 pH의 범위가 좁으며 알칼리도의 감소가 적다.
㉰ 일반적으로 황산알루미늄보다 적정주입 pH의 범위가 좁으며 알칼리도의 감소가 크다.
㉱ 일반적으로 황산알루미늄보다 적정주입 pH의 범위가 넓으며 알칼리도의 감소가 크다.

35 하수관거 설계시 오수관거의 최소관경 기준으로 알맞은 것은 어느 것인가?

㉮ 150mm를 표준으로 한다.
㉯ 200mm를 표준으로 한다.
㉰ 250mm를 표준으로 한다.
㉱ 300mm를 표준으로 한다.

풀이 오수관거의 최소관경은 250mm이고 최소관경 표준은 200mm이다.

36 도수거에 관한 내용으로 알맞은 것은 어느 것인가?

㉮ 도수거의 개수로 경사는 일반적으로 1/100 ~ 1/300의 범위에서 선정된다.
㉯ 개거나 암거인 경우에는 대개 30 ~ 50m 간격으로 시공조인트를 겸한 신축조인트를 설치한다.
㉰ 도수거에서 평균유속의 최대한도는 2.0m/s로 한다.
㉱ 도수거에서 최소유속은 0.5m/s로 한다.

풀이 ㉮ 도수거의 개수로 경사는 일반적으로 1/1000 ~ 1/3000의 범위에서 선정된다.
㉰ 도수거에서 평균유속의 최대한도는 3.0m/s로 한다.
㉱ 도수거에서 최소유속은 0.3m/s로 한다.

정답 33 ㉯ 34 ㉮ 35 ㉯ 36 ㉯

37 하수슬러지 소각을 위한 소각로 중에서 건설비가 가장 많이 드는 것은 어느 것인가?

㉮ 다단소각로
㉯ 유동층소각로
㉰ 기류건조소각로
㉱ 회전소각로

[풀이] ㉰ 기류건조소각로에 대한 설명이다.

38 상수관로의 길이 800m, 내경 200mm에서 유속 2m/sec로 흐를 때 관마찰 손실수두(m)는 얼마인가? (단, Darcy-Weisbach 공식을 이용, 마찰손실계수 = 0.02)

㉮ 약 16.3m   ㉯ 약 18.4m
㉰ 약 20.7m   ㉱ 약 22.6m

[풀이]
$H_L = f \times \dfrac{L}{D} \times \dfrac{V^2}{2g}$ (mmH$_2$O)

$= 0.02 \times \dfrac{800m}{0.2m} \times \dfrac{(2m/sec)^2}{2 \times 9.8m/sec^2} = 16.32m$

39 상수도 기본계획수립 시 기본사항에 대한 결정 중 계획(목표)년도에 대한 설명으로 알맞은 것은 어느 것인가?

㉮ 기본계획의 대상이 되는 기간으로 계획수립시부터 10~15년간을 표준으로 한다.
㉯ 기본계획의 대상이 되는 기간으로 계획수립시부터 15~20년간을 표준으로 한다.
㉰ 기본계획의 대상이 되는 기간으로 계획수립시부터 20~25년간을 표준으로 한다.
㉱ 기본계획의 대상이 되는 기간으로 계획수립시부터 25~30년간을 표준으로 한다.

[풀이] 상수도의 계획년도는 15~20년, 하수도의 계획년도는 20년이다.

40 계획취수량이 10m³/sec, 유입수심이 5m, 유입속도가 0.4m/sec인 지역에 취수구를 설치하고자 할 때 취수구의 폭(m)은 얼마인가? (단, 취수보 설계 기준)

㉮ 0.5m   ㉯ 1.25m
㉰ 2.5m   ㉱ 5.0m

[풀이] 계획취수량(m³/sec)
= 폭(m)×유효수심(m)×유입속도(m/sec)
따라서 10m³/sec = 폭×5m×0.4m/sec
∴ 폭 = 5.0m

제3과목 수질오염방지기술

41 직경이 1.0×10^{-2}cm인 원형 입자의 침강속도(m/hr)는 얼마인가? (단, Stokes 공식 사용, 물의 밀도 = 1.0g/cm³, 입자의 밀도 = 2.1g/cm³, 물의 점성계수 = 1.0087×10^{-2}g/cm·sec)

㉮ 21.4m/hr   ㉯ 24.4m/hr
㉰ 28.4m/hr   ㉱ 32.4m/hr

[풀이]
① $V_S = \dfrac{d^2(\rho_s - \rho_w)g}{18\mu}$

V_S : 침강속도(m/sec)
d : 직경(m)
ρ_s : 입자의 밀도(kg/m³)
ρ_w : 물의 밀도(kg/m³)
g : 중력가속도(9.8m/sec²)
μ : 점성도(kg/m·sec)

따라서
$V_S = \dfrac{(1.0 \times 10^{-2}cm)^2 \times (2.1-1.0)g/cm^3 \times 980cm/sec^2}{18 \times 1.0087 \times 10^{-2}g/cm \cdot sec}$

= 0.5938cm/sec

② V_S(m/hr) = $\dfrac{0.5937cm}{sec} \times \dfrac{1m}{10^2cm} \times \dfrac{3,600sec}{1hr}$

= 21.37m/hr

정답 37 ㉰ 38 ㉮ 39 ㉯ 40 ㉱ 41 ㉮

42 Michaelis-Menten 공식에서 반응속도 (r)가 R_{max}의 80%일 때의 기질농도와 R_{max}의 20%일 때의 기질농도의 비 $([S]_{80}/[S]_{20})$는?

㉮ 8   ㉯ 16
㉰ 24   ㉱ 41

Monod식 : $\mu = \mu_{max} \times \dfrac{S}{K_S+S}$

- μ : 세포의 비증식 계수(/hr)
- μ_{max} : 세포의 최대 비증식 계수(/hr)
- S : 제한기질의 농도(mg/L)
- K_S : 반포화 농도(mg/L)

① $\mu_{max} = 100\%$, $\mu = \mu_{max}$의 80%일 때

$0.8 = 1 \times \dfrac{S_{80}}{K_S+S_{80}}$

$\Rightarrow 0.8(K_S+S_{80}) = S_{80}$

$\Rightarrow (1-0.8)S_{80} = 0.8K_S$

$\Rightarrow S_{80} = \dfrac{0.8K_S}{1-0.8} = 4K_S$

② $\mu_{max} = 100\%$, $\mu = \mu_{max}$의 20%일 때

$0.2 = 1 \times \dfrac{S_{20}}{K_S+S_{20}}$

$\Rightarrow 0.2(K_S+S_{20}) = S_{20}$

$\Rightarrow (1-0.2)S_{20} = 0.2K_S$

$\Rightarrow S_{20} = \dfrac{0.2K_S}{1-0.2} = 0.25K_S$

③ $\dfrac{S_{80}}{S_{20}} = \dfrac{4K_S}{0.25K_S} = 16$

43 분뇨의 생물학적 처리공법으로서 호기성 미생물이 아닌 혐기성 미생물을 이용한 혐기성 처리공법을 주로 사용하는 근본적인 이유는 무엇인가?

㉮ 분뇨에는 혐기성미생물이 살고 있기 때문에
㉯ 분뇨에 포함된 오염물질은 혐기성미생물만이 분해할 수 있기 때문에
㉰ 분뇨의 유기물 농도가 너무 높아 포기에 너무 많은 비용이 들기 때문에
㉱ 혐기성처리공법으로 발생되는 메탄가스가 공법에 필수적이기 때문에

풀이: 분뇨처리시 혐기성처리 공법을 이용하는 근본적인 이유는 분뇨의 유기물 농도가 너무 높아 포기에 너무 많은 비용이 들기 때문이다.

44 상수처리를 위한 사각 침전조에 유입되는 유량은 30,000㎥/d이고 표면부하율은 24㎥/㎡·d이며 체류시간은 6시간이다. 침전조의 길이와 폭의 비는 2:1이라면 조의 크기는 얼마인가?

㉮ 폭 : 20m, 길이 : 40m, 깊이 : 6m
㉯ 폭 : 20m, 길이 : 40m, 깊이 : 4m
㉰ 폭 : 25m, 길이 : 50m, 깊이 : 6m
㉱ 폭 : 25m, 길이 : 50m, 깊이 : 4m

풀이:
① 표면적부하율(㎥/㎡·day) = $\dfrac{Q(m^3/day)}{A(m^2)}$

$\therefore A(m^2) = \dfrac{30,000 m^3/day}{24 m^3/m^2 \cdot day} = 1250 m^2$

여기서 수면적(A) = 폭(W)×길이(L)
$1250 m^2 = W \times 2W = 2W^2$

$\therefore W = \sqrt{\dfrac{1250 m^2}{2}} = 25m$

$\therefore L = 50m$

정답 42 ㉯   43 ㉰   44 ㉰

② 표면부하율 $((m^3/m^2 \cdot day) = \dfrac{H}{t}$

$24 m^3/m^2 \cdot day = \dfrac{H}{\left(\dfrac{6hr}{24}\right)day}$

∴ H = 6m

③ W(폭) = 25m, L(길이) = 50m, H(깊이) = 6m

45 수량 36,000m³/day의 하수를 폭 15m, 길이 30m, 깊이 2.5m의 침전지에서 표면적 부하 40m³/m²·d의 조건으로 처리하기 위한 침전지 수는 얼마인가? (단, 병렬 기준)

㉮ 2 ㉯ 3
㉰ 4 ㉱ 5

풀이
① 표면부하율 $(m^3/m^2 \cdot day) = \dfrac{유량(m^3/day)}{표면적(m^2)}$

$40 m^3/m^2 \cdot day = \dfrac{36,000 m^3/day}{A}$

∴ A = 900m²

② 침전지 수 = $\dfrac{900m^2}{15m \times 30m} = 2.0$

46 생물학적 원리를 이용하여 하수 내 질소를 제거(3차 처리)하기 위한 공정으로 틀린 것은 어느 것인가?

㉮ SBR 공정 ㉯ UCT 공정
㉰ A/O 공정 ㉱ Bardenpho 공정

풀이 ㉰ A/O 공정은 인(P)만을 제거하는 공법이다.

47 NaOH를 1% 함유하고 있는 60m³의 폐수를 HCl 36% 수용액으로 중화하려할 때 소요되는 HCl 수용액의 양(kg)은 얼마인가?

㉮ 1102.46 ㉯ 1303.57
㉰ 1520.83 ㉱ 1601.57

풀이
① NaOH의 eq/L = $\dfrac{1 \times 10^4 mg}{L} \times \dfrac{10^{-3}g}{mg} \times \dfrac{1eq}{40g}$

= 0.25eq/L

② HCl(kg) = $\dfrac{0.25eq}{L} \times \dfrac{36.5g}{1eq} \times 60m^3 \times \dfrac{100}{36\%}$

= 1,520.83kg

TIP
① N = eq/L
② NaOH 1eq = 40g
③ HCl 1eq = 36.5g
④ % $\xrightarrow{\times 10^4}$ ppm(mg/L)

48 A²/O 공법에 관한 내용으로 틀린 것은 어느 것인가?

㉮ 혐기조 - 무산소조 - 호기조 - 침전조 순으로 구성된다.
㉯ A²/O 공정은 내부재순환이 있다.
㉰ 미생물에 의한 인의 섭취는 주로 혐기조에서 일어난다.
㉱ 무산소조에서는 질산성질소가 질소가스로 전환된다.

풀이 ㉰ 미생물에 의한 인의 섭취는 주로 호기조에서 일어난다.

정답 45 ㉮ 46 ㉰ 47 ㉰ 48 ㉰

49 질산화 반응에 대한 내용으로 알맞은 것은 어느 것인가?

㉮ 질산균의 에너지원은 유기물이다.
㉯ 질산균의 증식속도는 활성슬러지 내 미생물보다 빠르다.
㉰ 질산균의 질산화 반응시 알칼리도가 생성된다.
㉱ 질산균의 질산화 반응시 용존산소는 2mg/L 이상이어야 한다.

[풀이] ㉮ 질산균의 에너지원은 무기물이다.
㉯ 질산균의 증식속도는 활성슬러지 내 미생물보다 느리다.
㉰ 질산균의 질산화 반응시 알칼리도가 생성되지 않는다.

50 역삼투장치로 하루에 1,710m³의 3차 처리된 유출수를 탈염시킬 때 요구되는 막 면적(m²)은 얼마인가? (단, 유입수와 유출수 사이의 압력차 = 2,400kPa, 25℃에서 물질전달계수 = 0.2068L/(day-m²)(kPa), 최저 운전 온도 = 10℃, $A_{10℃} = 1.58 A_{25℃}$, 유입수와 유출수의 삼투압 차 = 310kPa)

㉮ 약 5,351 ㉯ 약 6,251
㉰ 약 7,351 ㉱ 약 8,121

[풀이] ① $Q_F = k \times (\triangle P - \triangle \pi)$

Q_F : 유출수량(L/m² · day)
k : 물질전달계수(L/day · m² · kPa)
$\triangle P$: 압력차(kPa)
$\triangle \pi$: 삼투압차(kPa)

따라서
$Q_F = 0.2068 L/day \cdot m^2 \cdot kpa \times (2400-310)kpa$
$= 432.212 L/day \cdot m^2$

② 25℃ 막의 면적($A_{25℃}$)
$= \dfrac{Q(유량)}{Q_F(유출수량)} = \dfrac{1710 \times 10^3 L/day}{432.212 L/day \cdot m^2}$
$= 3,956.39 m^2$

③ 10℃ 막의 면적($A_{10℃}$) = 1.58 × $A_{10℃}$
$= 1.58 \times 3,956.39 m^2 = 6,251.10 m^2$

51 슬러지 건조상 면적을 결정하기 위한 건조고형성분 중량치(건조 alum 슬러지)는 73kg/m², 평균 alum 주입량 10mg/L, 원수의 평균 탁도가 12NTU 이라면 30일간의 슬러지를 저류하기 위한 정사각형 슬러지 건조상의 한 변의 길이(m)는 얼마인가? (단, 일일 평균 처리수 유량 75,700m³)

1일당 건조 alum 슬러지 발생량(단위 : 처리수 1,000m³ 당 kg)은 [alum 주입량(mg/L)×0.26]+[원수 탁도(NTU)×1.3]의 공식으로 산정

㉮ 약 12m   ㉯ 약 16m
㉰ 약 20m   ㉱ 약 24m

[풀이] ① 1일당 건조 alum 슬러지 발생량(kg)
= (10mg/L×0.26)+(12NTU×1.3)
= 18.2kg/day
② 1000m³/day : 18.2kg/day = 75,700m³/day : X
∴ X = 1,377.74kg/day
③ 면적(A) = $\dfrac{1,377.74 kg/day}{73 kg/m^2}$ = 18.870 m²/day
④ 정사각형이므로 한변의 길이
= $\sqrt{18.87 m^2/day \times 30일}$ = 23.79m

정답 49 ㉱ 50 ㉯ 51 ㉱

52 폭기조 내 MLSS 농도가 4,000mg/L이고 슬러지 반송률이 55%인 경우 이 활성슬러지의 SVI는 얼마인가? (단, 유입수 SS 고려하지 않음)

㉮ 약 69   ㉯ 약 79
㉰ 약 89   ㉱ 약 99

풀이
① 반송율(%) = $\dfrac{MLSS}{SS_r - MLSS} \times 100$

따라서 $55\% = \dfrac{4,000\text{mg/L}}{SS_r - 4,000\text{mg/L}} \times 100$

∴ $SS_r = \dfrac{4,000\text{mg/L} + 0.55 \times 4,000\text{mg/L}}{0.55}$
= 11,272.73mg/L

② $SVI = \dfrac{10^6}{SS_r} = \dfrac{10^6}{11,272.73\text{mg/L}} = 88.71\text{mL/g}$

TIP
$\dfrac{1}{\text{mg/L}} = \text{mL/g}$

53 연속회분식(SBR)의 운전단계에 대한 내용으로 틀린 것은 어느 것인가?

㉮ 주입 : 주입단계 운전의 목적은 기질(원폐수 또는 1차 유출수)을 반응조에 주입하는 것이다.
㉯ 주입 : 주입단계는 총 cycle 시간의 약 25% 정도이다.
㉰ 반응 : 반응단계는 총 cycle 시간의 약 65% 정도이다.
㉱ 침전 : 연속흐름식 공정에 비하여 일반적으로 더 효율적이다.

풀이 ㉰ 반응 : 반응단계는 총 cycle 시간의 약 35% 정도이다.

54 하수고도처리를 위한 A/O공정의 특징으로 알맞은 것은 어느 것인가? (단, 일반적인 활성슬러지공법과 비교 기준)

㉮ 혐기조에서 인의 과잉흡수가 일어난다.
㉯ 폭기조 내에서 탈질이 잘 이루어진다.
㉰ 잉여슬러지 내의 인 농도가 높다.
㉱ 표준 활성슬러지공법의 반응조 전반 10% 미만을 혐기반응조로 하는 것이 표준이다.

풀이 ㉮ 혐기조에서 인의 방출이 일어난다.
㉯ 폭기조 내에서 인의 과잉흡수가 일어난다.
㉱ 표준 활성슬러지공법의 반응조 전반 20~40% 미만을 혐기반응조로 하는 것이 표준이다.

55 생물학적 방법과 화학적 방법을 함께 이용한 고도처리 방법은 어느 것인가?

㉮ 수정 Bardenpho 공정
㉯ Phostrip 공정
㉰ SBR 공정
㉱ UCT 공정

풀이 생물학적 방법과 화학적 방법을 함께 이용한 고도처리 방법은 Phostrip 공정이다.

56 고농도의 유기물질(BOD)이 오염이 적은 수계에 배출될 때 나타나는 현상으로 틀린 것은 어느 것인가?

㉮ pH의 감소   ㉯ DO의 감소
㉰ 박테리아의 증가   ㉱ 조류의 증가

풀이 고농도의 유기물질이 오염이 적은 수계에 배출되면 질산화작용에 의해 pH는 감소하고, 유기물을 분해하기 위해 박테리아의 증가 그리고 유기물 분해에 용존산소가 소모되므로 용존산소가 감소한다.

정답 52 ㉰   53 ㉰   54 ㉰   55 ㉯   56 ㉱

57 혐기성 소화법과 비교한 호기성 소화법의 장·단점으로 틀린 것은 어느 것인가?

㉮ 운전이 용이하다.
㉯ 소화슬러지 탈수가 용이하다.
㉰ 가치 있는 부산물이 생성되지 않는다.
㉱ 저온시의 효율이 저하된다.

[풀이] ㉯ 소화슬러지 탈수가 용이하지 못하다.

58 고도 수처리에 이용되는 정밀여과 분리막 방법에 대한 내용으로 틀린 것은 어느 것인가?

㉮ 분리형태 : 용해, 확산
㉯ 구동력 : 정수압차(0.1 ~ 1Bar)
㉰ 막형태 : 대칭형 다공성막(Pore size 0.1 ~ 10μm)
㉱ 적용분야 : 전자공업의 초순수 제조, 무균수제조

[풀이] ㉮ 분리형태는 pore size 및 흡착현상에 기인한 체걸름이다.

59 회전원판법의 특징으로 틀린 것은 어느 것인가?

㉮ 운전관리상 조작이 간단하고 소비전력량은 소규모 처리시설에서는 표준활성슬러지법에 비하여 적다.
㉯ 질산화가 일어나기 쉬우며 이로 인하여 처리수의 BOD가 낮아진다.
㉰ 활성슬러지법에 비해 이차침전지에서 미세한 SS가 유출되기 쉽고 처리수의 투명도가 나쁘다.
㉱ 살수여상과 같이 파리는 발생하지 않으나 하루살이가 발생하는 수가 있다.

[풀이] ㉯ 질산화가 일어나기 쉬우며, 처리수의 BOD가 높은 편이다.

60 4L의 물은 0.3atm의 분압에서 CO_2를 포함하는 가스혼합물과 평형상태에 있다. H_2CO_3의 용해도에 대한 Henry 상수는 2.0g/L·atm이다. 물에서 용존된 CO_2는 몇 g이며 물의 pH는 얼마인가? (단, H_2CO_3의 일차 용해도적 $k_1 = 4.3 \times 10^{-7}$, 이차해리는 무시)

㉮ 1.20g, pH = 2.56
㉯ 1.45g, pH = 4.12
㉰ 2.23g, pH = 2.56
㉱ 2.41g, pH = 4.12

정답 57 ㉯ 58 ㉮ 59 ㉯ 60 ㉱

제4과목 | 수질오염공정시험기준

61 자외선/가시선 분광법(o-페난트로린법)을 이용한 철분석의 측정원리에 대한 설명으로 틀린 것은 어느 것인가?

㉮ 철 이온을 암모니아 알칼리성으로 하여 수산화제이철로 침전분리한다.
㉯ 침전을 염산에 녹인 후 염산하이드록실아민으로 제일철로 환원한다.
㉰ o-페난트로린을 넣어 약알칼리성에서 나타나는 청색의 철착염의 흡광도를 측정한다.
㉱ 지표수, 지하수, 폐수 등에 적용할 수 있으며 정량한계는 0.08mg/L이다.

풀이 ㉰ o-페난트로린을 넣어 약산성에서 나타나는 등적색의 철착염의 흡광도를 510nm에서 측정한다.

62 수산화나트륨 1g을 증류수에 용해시켜 400mL로 하였을 때 이 용액의 pH는?

㉮ 13.8 ㉯ 12.8
㉰ 11.8 ㉱ 10.8

풀이 ① $NaOH \rightarrow Na^+ + OH^-$
  XM   XM   XM

NaOH의 mol/L = $\frac{질량(g)}{부피(L)} \times \frac{1mol}{분자량(g)}$

= $\frac{1g}{0.4L} \times \frac{1mol}{40g}$ = 0.0625mol/L

따라서 $[OH^-]$ = XM = 0.0625mol/L 이다.
② pH = 14+log$[OH^-]$ = 14+log[0.0625mol/L]
  = 12.80

TIP
① M농도 = mol/L
② 1mol = 분자량(g)
③ NaOH의 분자량 = 23+16+1 = 40g

④ 산성물질에서 pH = -log$[H^+]$
⑤ 알칼리성물질에서 pH = 14+log$[OH^-]$

63 노말헥산 추출물질의 정량한계(mg/L)는 얼마인가?

㉮ 0.1   ㉯ 0.5
㉰ 1.0   ㉱ 5.0

풀이 노말헥산 추출물질의 정량한계는 0.5mg/L이다.

64 산소전달율을 측정하기 위하여 실험 시작 초기에 물속에 존재하는 DO를 제거하기 위하여 첨가하는 시약은 어느 것인가?

㉮ $AgNO_3$ ㉯ Na_2SO_3
㉰ $CaCO_3$ ㉱ NaN_3

풀이 물속에 존재하는 DO를 제거하기 위하여 첨가하는 시약은 아황산나트륨(Na_2SO_3)이다.

65 공장폐수 및 하수의 관내 유량측정을 위한 측정장치 중 관내의 흐름이 완전히 발달하여 와류에 영향을 받지 않고 실질적으로 직선적인 흐름을 유지하기 위해 난류 발생의 원인이 되는 관로상의 점으로부터 충분히 하류지점에 설치하여야 하는 것은 무엇인가?

㉮ 오리피스
㉯ 벤튜리미터
㉰ 피토우관
㉱ 자기식 유량측정기

풀이 ㉯ 벤튜리미터에 대한 설명이다.

정답 61 ㉰ 62 ㉯ 63 ㉯ 64 ㉯ 65 ㉯

66 전기전도도 측정계에 대한 설명으로 틀린 것은 어느 것인가?

㉮ 전기전도도 셀은 항상 수중에 잠긴 상태에서 보존하여야 하며 정기적으로 점검한 후 사용한다.
㉯ 전도도셀은 그 형태, 위치, 전극의 크기에 따라 각각 자체의 셀 상수를 가지고 있다.
㉰ 검출부는 한 쌍의 고정된 전극(보통 백금 전극 표면에 백금흑도금을 한 것)으로 된 전도도셀 등을 사용한다.
㉱ 지시부는 직류 휘트스톤브리지 회로나 자체보상회로로 구성된 것을 사용한다.

풀이 ㉱ 지시부는 교류 휘트스톤브리지 회로나 자체보상회로로 구성된 것을 사용한다.

67 수질오염물질을 측정함에 있어 측정의 정확성과 통일성을 유지하기 위한 제반 사항에 대한 내용으로 틀린 것은 어느 것인가?

㉮ 시험에 사용하는 시약은 따로 규정이 없는 한 1급 이상 또는 이와 동등한 규격의 시약을 사용한다.
㉯ "항량으로 될 때까지 건조한다"라는 의미는 같은 조건에서 1시간 더 건조할 때 전후 무게의 차가 g당 0.3mg이하일 때를 말한다.
㉰ 기체 중의 농도는 표준상태(0℃, 1기압)로 환산 표시한다.
㉱ "정확히 취하여"라 하는 것은 규정한 양의 시료를 부피피펫으로 0.1mL까지 취하는 것을 말한다.

풀이 ㉱ "정확히 취하여"라 하는 것은 규정한 양의 시료를 부피피펫으로 눈금까지 취하는 것을 말한다.

68 수질오염공정시험기준에서 시료의 최대 보존기간이 서로 다른 측정항목은 어느 것인가?

㉮ 페놀류
㉯ 인산염인
㉰ 화학적산소요구량
㉱ 황산이온

풀이 시료의 최대 보존기간
㉮ 페놀류 : 28일
㉯ 인산염인 : 48시간
㉰ 화학적산소요구량 : 28일
㉱ 황산이온 : 28일

69 유도결합플라스마 발광광도 분석장치 순서가 바르게 된 것은 어느 것인가?

㉮ 시료주입부 - 고주파전원부 - 광원부 - 분광부 - 연산처리부 및 기록부
㉯ 시료주입부 - 고주파전원부 - 분광부 - 광원부 - 연산처리부 및 기록부
㉰ 시료주입부 - 광원부 - 분광부 - 고주파전원부 - 연산처리부 및 기록부
㉱ 시료주입부 - 광원부 - 고주파전원부 - 분광부 - 연산처리부 및 기록부

정답 66 ㉱ 67 ㉱ 68 ㉯ 69 ㉮

70 수질오염공정시험기준에서 금속류인 바륨의 시험방법으로 틀린 것은 어느 것인가?

㉮ 원자흡수분광광도법
㉯ 자외선/가시선 분광법
㉰ 유도결합플라스마 원자발광분광법
㉱ 유도결합플라스마 질량분석법

[풀이] 바륨의 시험방법으로는 원자흡수분광광도법, 유도결합플라스마 원자발광분광법, 유도결합플라스마 질량분석법이 있다.

71 배출허용기준 적합여부 판정을 위한 시료채취시 복수 시료채취방법 적용을 제외할 수 있는 경우가 아닌 것은 어느 것인가?

㉮ 환경오염사고, 취약시간대의 환경오염 감시 등 신속한 대응이 필요한 경우
㉯ 부득이 복수시료채취 방법으로 할 수 없을 경우
㉰ 유량이 일정하며 연속적으로 발생되는 폐수가 방류되는 경우
㉱ 사업장내에서 발생하는 폐수를 회분식 등 간헐적으로 처리하여 방류하는 경우

[풀이] ㉰ 물환경보전법에 의한 비정상적 행위를 한 경우

72 수질오염공정시험기준에서 시료보존 방법이 지정되어 있지 않은 측정항목은 어느 것인가?

㉮ 용존산소(윙클러법)
㉯ 불소
㉰ 색도
㉱ 부유물질

[풀이] 시료보존 방법이 지정되어 있지 않은 측정항목은 불소이다.

73 다음 중 시료의 보존방법이 서로 다른 측정항목은 어느 것인가?

㉮ 화학적산소요구량
㉯ 질산성질소
㉰ 암모니아성질소
㉱ 총질소

[풀이] ㉯ 질산성질소는 4℃이고, ㉮·㉰·㉱는 4℃보관, H_2SO_4로 pH2이하이다.

정답 70 ㉯ 71 ㉰ 72 ㉯ 73 ㉯

74 원자흡수분광광도법에서 사용하고 있는 용어에 대한 내용으로 틀린 것은 어느 것인가?

㉮ 공명선은 원자가 외부로부터 빛을 흡수했다가 다시 먼저 상태로 돌아갈 때 방사하는 스펙트럼선이다.
㉯ 역화는 불꽃의 연소속도가 작고 혼합기체의 분출속도가 클 때 연소현상이 내부로 옮겨지는 것이다.
㉰ 소연료불꽃은 가연성가스와 조연성 가스의 비를 적게한 불꽃. 즉 가연성가스/조연성 가스의 값을 적게 한 불꽃이다.
㉱ 멀티패스는 불꽃중에서 광로를 길게하고 흡수를 증대시키기 위하여 반사를 이용하여불꽃 중에 빛을 여러번 투과시키는 것이다.

[풀이] ㉯ 역화는 불꽃의 연소속도가 크고 혼합기체의 분출속도가 작을 때 연소현상이 내부로 옮겨지는 것이다.

75 생물화학적 산소요구량(BOD)을 측정할 때 가장 신뢰성이 높은 결과를 갖기 위해서는 용존산소 감소율이 5일 후 어느 정도이어야 하는가?

㉮ 10 ~ 20% ㉯ 20 ~ 40%
㉰ 40 ~ 70% ㉱ 70 ~ 90%

76 NaOH 0.01M은 몇 mg/L인가?

㉮ 40   ㉯ 400
㉰ 4,000   ㉱ 40,000

[풀이] $mg/L = \dfrac{0.01 mol}{L} \times \dfrac{40g}{1mol} \times \dfrac{10^3 mg}{g} = 400 mg/L$

77 기체크로마토그래피법에 대한 내용으로 틀린 것은 어느 것인가?

㉮ 가스시료도입부는 가스계량관(통상 0.5 ~ 5mL)과 유로변환기구로 구성된다.
㉯ 검출기오븐은 검출기 한 개를 수용하며, 분리관 오븐 온도보다 높게 유지되어서는 안된다.
㉰ 열전도도형 검출기에서는 순도 99.9% 이상의 수소나 헬륨을 사용한다.
㉱ 수소염이온화검출기에서는 순도 99.9% 이상의 질소 또는 헬륨을 사용한다.

[풀이] ㉯ 검출기오븐은 검출기 한 개 또는 여러개를 수용할 수 있고, 분리관 오븐과 동일하거나 그 이상의 온도를 유지할 수 있어야 한다.

78 COD 값을 증가시키는 원인이 되지 않는 이온은 어느 것인가?

㉮ 염소 이온   ㉯ 제1철 이온
㉰ 아질산 이온 ㉱ 크롬산 이온

[풀이] COD값을 증가시키는 원인이 되지 않는 이온은 크롬산 이온이다.

정답 74 ㉯ 75 ㉰ 76 ㉯ 77 ㉯ 78 ㉱

79 흡광광도 분석 장치의 구성 순서로 알맞은 것은 어느 것인가?

㉮ 광원부 - 파장선택부 - 시료부 - 측광부
㉯ 시료부 - 광원부 - 파장선택부 - 측광부
㉰ 시료부 - 파장선택부 - 광원부 - 측광부
㉱ 광원부 - 시료부 - 파장선택부 - 측광부

80 수질오염공정시험기준의 원자흡수분광광도법에 의한 수은 측정시 수은표준원액 제조를 위한 표준시약은 무엇인가?

㉮ 염화수은 ㉯ 이산화수은
㉰ 황화수은 ㉱ 황화제이수은

[풀이] 수은 측정시 수은표준원액 제조를 위한 표준시약은 염화수은이다.

── | 제5과목 | 수질환경관계법규 ──

81 위임업무 보고사항 중 보고 횟수가 연 1회에 해당되는 것은 어느 것인가?

㉮ 기타 수질오염원 현황
㉯ 폐수위탁·사업장내 처리현황 및 처리실적
㉰ 과징금 징수 실적 및 체납처분 현황
㉱ 폐수처리업에 대한 등록·지도단속실적 및 처리실적 현황

[풀이] 위임업무 보고사항 중 보고 횟수
㉮ 연 2회, ㉯ 연 1회
㉰ 연 2회, ㉱ 연 2회

82 비점오염저감시설의 설치기준에서 자연형 시설 중 인공습지의 설치기준으로 틀린 것은 어느 것인가?

㉮ 습지에는 물이 연중 항상 있을 수 있도록 유량공급대책을 마련하여야 한다.
㉯ 인공습지의 유입구에서 유출구까지의 유로는 최대한 길게 하고, 길이 대 폭의 비율은 2 : 1 이상으로 한다.
㉰ 유입부에서 유출부까지의 경사는 1.0 ~ 5.0%를 초과하지 아니하도록 한다.
㉱ 생물의 서식 공간을 창출하기 위하여 5종부터 7종까지의 다양한 식물을 심어 생물다양성을 증가시킨다.

[풀이] ㉰ 유입부에서 유출부까지의 경사는 0.5 ~ 1.0%를 초과하지 아니하도록 한다.

83 환경기준 중 수질 및 수생태계에서의 호소의 생활환경 기준 항목에 해당되지 않는 것은 어느 것인가?

㉮ DO   ㉯ COD
㉰ T-N   ㉱ BOD

[풀이] 호소의 생활환경 기준 항목에는 수소이온농도, COD, TOC, SS, DO, T-P, T-N, 클로로필-a, 대장균군(총대장균군, 분원성대장균군)이 있다.

84 간이공공하수처리시설에서 배출하는 하수찌꺼기 성분 검사주기는 얼마인가?

㉮ 월 1회 이상   ㉯ 분기 1회 이상
㉰ 반기 1회 이상 ㉱ 연 1회 이상

정답 79 ㉮ 80 ㉮ 81 ㉯ 82 ㉰ 83 ㉱ 84 ㉱

85 공공폐수처리시설의 방류수 수질기준 중 틀린 것은 어느 것인가? (단, I 지역, 2020. 1. 1 이후)

㉮ BOD 10mg/L 이내
㉯ TOC 15mg/L 이내
㉰ SS 20mg/L 이내
㉱ T-N 20mg/L 이내

풀이 ㉰ SS 10mg/L 이내

86 환경부장관이 물환경을 보전할 필요가 있다고 지정, 고시하고 물환경을 정기적으로 조사, 측정하여야 하는 호소의 기준으로 틀린 것은 어느 것인가?

㉮ 1일 30만톤 이상의 원수를 취수하는 호소
㉯ 만수위일 때 면적이 10만 제곱미터 이상인 호소
㉰ 수질오염이 심하여 특별한 관리가 필요하다고 인정되는 호소
㉱ 동식물의 서식지·도래지이거나 생물다양성이 풍부하여 특별히 보전할 필요가 있다고 인정되는 호소

풀이 ㉯ 만수위일 때 면적이 50만 제곱미터 이상인 호소

87 7년 이하의 징역 또는 7천만원 이하의 벌금에 해당하지 않는 것은 어느 것인가?

㉮ 허가 또는 변경허가를 받지 아니하거나 거짓으로 허가 또는 변경허가를 받아 배출시설을 설치 또는 변경허가나 그 배출시설을 이용하여 조업한 자
㉯ 방지시설에 유입되는 수질오염물질을 최종방류구를 거치지 아니하고 배출하거나 최종방류구를 거치지 아니하고 배출할 수 있는 시설을 설치하는 행위를 한 자
㉰ 폐수무방류배출시설에서 배출되는 폐수를 사업장 밖으로 반출하거나 공공수역으로 배출하거나 배출할 수 있는 시설을 설치하는 행위를 한 자
㉱ 배출시설의 설치를 제한하는 지역에서 제한되는 배출시설을 설치하거나 그 시설을 이용하여 조업한 자

풀이 ㉯ 5년 이하의 징역 또는 5천만원 이하의 벌금

88 배출시설 변경신고에 따른 가동시작 신고의 대상으로 틀린 것은 어느 것인가?

㉮ 폐수배출량이 신고 당시보다 100분의 50 이상 증가하는 경우
㉯ 배출시설에 설치된 방지시설의 폐수처리방법을 변경하는 경우
㉰ 배출시설에서 배출허용기준보다 적게 발생한 오염물질로 인해 개선이 필요한 경우
㉱ 방지시설 설치면제기준에 따라 방지시설을 설치하지 아니한 배출시설에 방지시설을 새로 설치하는 경우

정답 85 ㉰ 86 ㉯ 87 ㉯ 88 ㉰

89 낚시제한구역에서의 제한사항으로 틀린 것은 어느 것인가?

㉮ 1명당 3대의 낚시대를 사용하는 행위
㉯ 1개의 낚시대에 5개 이상의 낚시바늘을 떡밥과 뭉쳐서 미끼로 던지는 행위
㉰ 낚시바늘에 끼워서 사용하지 아니하고 물고기를 유인하기 위하여 떡밥·어분 등을 던지는 행위
㉱ 어선을 이용한 낚시행위 등「낚시 관리 및 육성법」에 따른 낚시어선업을 영위하는 행위(「내수면어업법 시행령」에 따른 외줄낚시는 제외한다.)

풀이 ㉮ 1명당 4대의 낚시대를 사용하는 행위

90 물환경보전법상 호소 및 해당 지역에 대한 내용으로 틀린 것은 어느 것인가?

㉮ 둑(사방사업법의 사방시설 포함)을 쌓아 하천에 흐르는 물을 가두어 놓은 곳
㉯ 하천에 흐르는 물이 자연적으로 가두어진 곳
㉰ 화산활동 등으로 인하여 함몰된 지역에 물이 가두어진 곳
㉱ 댐·보를 쌓아 하천에 흐르는 물을 가두어 놓은 곳

풀이 ㉮ 둑(사방사업법의 사방시설 제외)을 쌓아 하천에 흐르는 물을 가두어 놓은 곳

91 수질오염방지시설 중 물리적 처리시설에 해당되는 것은 어느 것인가?

㉮ 폭기시설
㉯ 산화시설(산화조 또는 산화지)
㉰ 이온교환시설
㉱ 부상시설

풀이 수질오염방지시설
㉮ 폭기시설 : 생물화학적 처리시설
㉯ 산화시설(산화조 또는 산화지) : 생물화학적 처리시설
㉰ 이온교환시설 : 화학적 처리시설
㉱ 부상시설 : 물리적 처리시설

92 환경부장관이 수립하는 물환경관리 계획에 포함되어야 하는 사항으로 틀린 것은 어느 것인가?

㉮ 수질오염관리 기본 및 시행계획
㉯ 점오염원, 비점오염원 및 기타 수질오염원에 의한 수질오염물질의 양
㉰ 점오염원, 비점오염원 및 기타 수질오염원의 분포현황
㉱ 물환경 변화 추이 및 목표기준

풀이 ㉮ 수질오염 예방 및 저감대책

정답 89 ㉮ 90 ㉮ 91 ㉱ 92 ㉮

93 수변생태구역의 매수·조성 등에 대한 설명이다. (   )안에 들어갈 알맞은 말은?

> 환경부장관은 하천·호소 등의 물환경 보전을 위하여 필요하다고 인정하는 때에는 (①)으로 정하는 기준에 해당하는 수변습지 및 수변토지를 매수하거나 (②)으로 정하는 바에 따라 생태적으로 조성·관리할 수 있다.

㉮ ① 환경부령, ② 대통령령
㉯ ① 대통령령, ② 환경부령
㉰ ① 환경부령, ② 국무총리령
㉱ ① 국무총리령, ② 환경부령

94 환경기술인에 대한 교육기관으로 알맞은 것은 어느 것인가?

㉮ 국립환경인재개발원
㉯ 국립환경과학원
㉰ 한국환경공단
㉱ 환경보전협회

풀이 환경기술인에 대한 교육기관은 환경보전협회이다.

95 다음 중 특정수질유해물질이 아닌 것은 어느 것인가?

㉮ 1,1-디클로로에틸렌
㉯ 브로모포름
㉰ 아크릴로니트릴
㉱ 2,4-다이옥산

96 수질오염경보의 종류별·경보단계별 조치사항 중 상수원 구간에서 조류경보의 [관심] 단계일 때 유역, 지방 환경청장의 조치사항인 것은 어느 것인가?

㉮ 관심 경보 발령
㉯ 대중매체를 통한 홍보
㉰ 조류 제거 조치 실시
㉱ 주변 오염원 단속 강화

풀이 유역, 지방 환경청장의 조치사항은 관심경보 발령과 주변오염원에 대한 지도 단속이 다.

97 일 8,000톤의 폐수를 배출하고 있는 사업장으로 처음 위반한 경우 위반횟수별 부과계수는얼마인가?

㉮ 1.5   ㉯ 1.6
㉰ 1.7   ㉱ 1.8

풀이 일 8,000톤의 폐수를 배출하고 있는 사업장은 1종사업장으로 위반횟수별 부과계수는 1.7이다.

98 수질오염물질의 배출허용기준의 지역 구분으로 틀린 것은 어느 것인가?

㉮ 나지역   ㉯ 다지역
㉰ 청정지역 ㉱ 특례지역

풀이 ㉯ 가지역

정답 93 ㉯ 94 ㉱ 95 ㉱ 96 ㉮ 97 ㉰ 98 ㉯

99 수질 및 수생태계 환경기준 중 해역의 생활환경기준 항목으로 틀린 것은 어느 것인가?

㉮ 음이온계면활성제
㉯ 용매 추출유분
㉰ 총대장균군
㉱ 수소이온농도

[풀이] 해역의 생활환경기준 항목으로는 용매 추출유분, 총대장균군, 수소이온농도이다.

100 배출시설에 대한 일일기준초과배출량 산정에 적용되는 일일유량은 (측정유량×일일조업시간)이다. 일일유량을 구하기 위한 일일조업시간에 대한 설명으로 ( )에 들어갈 알맞은 말은?

> 측정하기 전 최근 조업한 30일간의 배출시설 조업시간의 (①)로서 (②)으로 표시한다.

㉮ ① 평균치, ② 분(min)
㉯ ① 평균치, ② 시간(HR)
㉰ ① 최대치, ② 분(min)
㉱ ① 최대치, ② 시간(HR)

정답 99 ㉮ 100 ㉮

2017년 3회 수질환경기사

2017년 8월 26일 시행

| 제1과목 | 수질오염개론

01 40℃에서 순수한 물 1L의 물 농도(mole/L)는 얼마인가? (단, 40℃의 물의 밀도 = 0.9455kg/L)

㉮ 25.4mol/L ㉯ 37.6mol/L
㉰ 48.8mol/L ㉱ 52.5 mol/L

풀이 $mol/L = \dfrac{0.9455kg}{L} \times \dfrac{10^3 g}{1kg} \times \dfrac{1mol}{18g} = 52.53 mol/L$

02 원생동물(Protozoa)의 종류에 대한 설명으로 알맞은 것은 어느 것인가?

㉮ Paramecia는 자유롭게 수영하면서 고형물질을 섭취한다.
㉯ Vorticella는 불량한 활성슬러지에서 주로 발견된다.
㉰ Sarcodina는 나팔의 입에서 물흐름을 일으켜 고형물질만 걸러서 먹는다.
㉱ Suctoria는 몸통을 움직이면서 위족으로 고형물질을 몸으로 싸서 먹는다.

풀이 ㉯ Vorticella는 양질의 활성슬러지에서 주로 발견된다.
㉰ Sarcodina는 몸통을 움직이면서 위족으로 먹이를 섭취한다.
㉱ Suctoria는 물에서 고착생활을 하며 관같이 생긴 촉수로 양분을 섭취한다.

03 10가지 오염물질 즉 DO, pH, 대장균군, 비전도도, 알칼리도, 염소이온농도, CCE, 용해성 물질 보정계수 등을 대상으로 각기 가중치를 주어 계산하는 수질오염평가지수는 무엇인가?

㉮ Dinins Social Accounting System
㉯ Prati's Implicit Index of pollution
㉰ NSF water Quality Index
㉱ Hotton's Quality Index

풀이 ㉱ Hotton's Quality Index에 대한 설명이다.

04 해수에서 영양염류가 수온이 낮은 곳에 많고 수온이 높은 지역에서 적은 이유로 틀린 것은 어느 것인가?

㉮ 수온이 낮은 바다의 표층수는 원래 영양염류가 풍부한 극지방의 심층수로부터 기원하기 때문이다.
㉯ 수온이 높은 바다의 표층수는 적도부근의 표층수로부터 기원하므로 영양염류가 결핍되어 있다.
㉰ 수온이 낮은 바다는 겨울에 표층수가 냉각되어 밀도가 커지므로 침강작용이 일어나지 않기 때문이다.
㉱ 수온이 높은 바다는 수계의 안정으로 수직혼합이 일어나지 않아 표층수의 영양염류가 플랑크톤에 의해 소비되기 때문이다.

정답 01 ㉱ 02 ㉮ 03 ㉱ 04 ㉰

05 미생물 중 세균(Bacteria)에 대한 내용으로 틀린 것은 어느 것인가?

㉮ 원시적 엽록소를 이용하여 부분적인 탄소동화작용을 한다.
㉯ 용해된 유기물을 섭취하며 주로 세포분열로 번식한다.
㉰ 수분 80%, 고형물 20% 정도로 세포가 구성되며 고형물중 유기물이 90%를 차지한다.
㉱ 환경인자(pH, 온도)에 대하여 민감하며 열보다 낮은 온도에서 저항성이 높다.

[풀이] ㉮ 박테리아는 탄소동화작용을 하지 않는다.

06 직경이 0.1mm인 모세관에서 10℃일 때 상승하는 물의 높이(cm)는 얼마인가? (단, 공기밀도 $1.25 \times 10^{-3} g \cdot cm^{-3}$)(10℃ 일때), 접촉각은 0°, 표면장력 $74.2 dyne \cdot cm^{-1}$)

㉮ 30.3m ㉯ 42.5m
㉰ 51.7m ㉱ 63.9m

[풀이] $h = \dfrac{4 \cdot r \cdot \cos\beta}{\omega \cdot d}$

$\begin{bmatrix} h : 높이(cm) \\ r : 표면장력(g \cdot f/cm) \\ \omega : 비중량(1g/cm^3) \\ d : 직경(cm) \end{bmatrix}$

$h = \dfrac{4 \times (74.2/980)g_f/cm \times \cos 0°}{1g/cm^3 \times 0.01cm} = 30.29cm$

07 글루코스($C_6H_{12}O_6$) 300g을 35℃ 혐기성 소화조에서 완전분해시킬 때 발생 가능한 메탄가스의 양(L)은 얼마인가? (단, 메탄가스는 1 기압, 35℃로 발생 가정)

㉮ 약 112L ㉯ 약 126L
㉰ 약 154L ㉱ 약 174L

[풀이] ① $C_6H_{12}O_6 \rightarrow 3CH_4 + 3CO_2$
180g : 3×22.4L
300g : X(CH_4)

∴ $X(CH_4) = \dfrac{300g \times 3 \times 22.4L}{180g} = 112L$(표준상태)

② 35℃, 1기압상태의 CH_4(L)를 계산한다.

$112L \times \dfrac{273 + 35℃}{273} = 126.36L$

08 물의 전도도(도전율)에 대한 설명으로 틀린 것은 어느 것인가?

㉮ 함유 이온이나 염의 농도를 종합적으로 표시하는 지표이다.
㉯ 0℃에서 단면 $1cm^2$, 길이 1 cm 용액의 대면간의 비저항치로 표시된다.
㉰ 하구와 같이 담수와 해수가 혼합되어 있으면 그 분포를 해석함에 있어 전도도 조사가 간편하다.
㉱ 증류수나 탈이온화수의 광물 함량도의 평가에 이용된다

[풀이] ㉯ 25℃에서 단면 $1cm^2$, 길이 1 cm 용액의 대면간의 비저항치로 표시된다.

정답 05 ㉮ 06 ㉮ 07 ㉯ 08 ㉯

09 우리나라의 수자원 이용현황 중 가장 많은 용도로 사용하는 용수는 무엇인가?
- ㉮ 생활용수
- ㉯ 공업용수
- ㉰ 농업용수
- ㉱ 유지용수

풀이 이용현황 순서는 농업용수 > 하천유지용수 > 생활용수 > 공업용수 순이다.

10 150 kL/day의 분뇨를 산기관을 이용하여 포기 하였더니 BOD의 20%가 제거되었다. BOD 1kg을 제거하는데 필요한 공기공급량이 40m³이라 했을 때 하루당 공기공급량(m³)은 얼마인가? (단, 연속포기, 분뇨의 BOD = 20,000 mg/L)
- ㉮ 2,400m³
- ㉯ 12,000m³
- ㉰ 24,000m³
- ㉱ 36,000m³

풀이 공기공급량(m³/day)

$= \dfrac{40m^3 \text{ Air}}{1\text{kg 제거 BOD}} \times \dfrac{150m^3 \text{ 분뇨}}{\text{day}} \times \dfrac{20\text{kg BOD}}{m^3 \text{ 분뇨}}$

$\times \dfrac{20\%}{100}$

$= 24,000 m^3/day$

11 물의 일반적인 성질로 틀린 것은 어느 것인가?
- ㉮ 물의 밀도는 수온, 압력에 따라 달라진다.
- ㉯ 물의 점성은 수온증가에 따라 증가한다.
- ㉰ 물의 표면장력은 수온증가에 따라 감소한다.
- ㉱ 물의 온도가 증가하면 포화증기압도 증가한다.

풀이 ㉯ 물의 점성은 수온증가에 따라 감소한다.

12 하천의 자정단계와 오염의 정도를 파악하는 Whipple의 자정단계(지대별 구분)에 관한 내용으로 틀린 것은 어느 것인가?
- ㉮ 분해지대 : 유기성 부유물의 침전과 환원 및 분해에 의한 탄산가스의 방출이 일어난다.
- ㉯ 분해지대 : 용존산소의 감소가 현저하다.
- ㉰ 활발한 분해지대 : 수중환경은 혐기성 상태가 되어 침전저니는 흑갈색 또는 황색을 띤다.
- ㉱ 활발한 분해지대 : 오염에 강한 실지렁이가 나타나고 혐기성 곰팡이가 증식한다.

풀이 ㉱ 활발한 분해지대 : 오염에 강한 실지렁이가 나타나고 혐기성 박테리아가 증식한다.

13 식물과 조류세포의 엽록체에서 광합성의 명반응과 암반응을 담당하는 곳은 무엇인가?
- ㉮ 틸라코이드와 스트로마
- ㉯ 스트로마와 그라나
- ㉰ 그라나와 내막
- ㉱ 내막과 외막

풀이 엽록체에서 광합성의 명반응과 암반응을 담당하는 곳은 틸라코이드와 스트로마이다.

정답 09 ㉰ 10 ㉰ 11 ㉯ 12 ㉱ 13 ㉮

14 분뇨의 특성에 대한 내용으로 틀린 것은 어느 것인가?

㉮ 분의 경우 질소화합물을 전체 VS의 12~20% 정도 함유하고 있다.
㉯ 뇨의 경우 질소화합물을 전체 VS의 40~50% 정도 함유하고 있다.
㉰ 질소화합물은 주로 $(NH_4)_2CO_3$, NH_4HCO_3 형태로 존재한다.
㉱ 질소화합물은 알칼리도를 높게 유지시켜 주므로 pH의 강하를 막아주는 완충작용을 한다.

[풀이] ㉯ 뇨의 경우 질소화합물은 전체 VS의 80~90% 정도 함유하고 있다.

15 호수나 저수지 등에 오염된 물이 유입될 경우, 수온에 따른 밀도차에 의하여 형성되는 성층현상에 관한 내용으로 틀린 것은 어느 것인가?

㉮ 표수층(epilimnion)과 수온약층(thermocline)의 깊이는 대개 7m정도이며 그 이하는 저수층(hypolimnion)이다.
㉯ 여름에는 가벼운 물이 밀도가 큰 물 위에 놓이게 되며 온도차가 커져서 수직운동은 점차 상부층에만 국한된다.
㉰ 저수지 물이 급수원으로 이용될 경우 봄, 가을 즉 성층현상이 뚜렷하지 않을 경우가 유리하다.
㉱ 봄과 가을의 저수지 물의 수직운동은 대기중의 바람에 의해서 더욱 가속된다.

[풀이] ㉰ 저수지 물이 급수원으로 이용될 경우 봄, 가을에는 전도현상이 일어나므로 좋지않다.

16 지하수의 수질을 분석한 결과가 다음과 같을 때 지하수의 이온강도(I)는 얼마인가? (단, Ca^{2+} : $3×10^{-4}$mole/L, Na^+ : $5×10^{-4}$ mole/L, Mg^{2+} : $5×10^{-5}$mole/L, CO_3^{2-} : $2×10^{-5}$ mole/L)

㉮ 0.0099   ㉯ 0.00099
㉰ 0.0085   ㉱ 0.00085

[풀이] 이온강도(I) = $\dfrac{\text{합}\{\text{이온의 몰수}×(\text{이온가수})^2\}}{2}$

$= \dfrac{1}{2}\{(3×10^{-4}×2^2)+(5×10^{-4}×1^2)$
$+(5×10^{-5}×2^2)+(2×10^{-5}×2^2)\}$
$= 0.00099$

TIP 이온강도(I)는 용액에 들어있는 이온의 전체농도를 나타내는 척도이다.

17 무더운 늦여름에 급증식하는 조류로서 수화현상(water bloom)과 가장 관련이 있는 것은 어느 것인가?

㉮ 청-녹조류   ㉯ 갈조류
㉰ 규조류   ㉱ 적조류

[풀이] ㉮ 청-녹조류에 대한 설명이다.

정답 14 ㉯ 15 ㉰ 16 ㉯ 17 ㉮

18 미생물과 그 특성에 대한 내용으로 틀린 것은 어느 것인가?

㉮ Algae : 녹조류와 규조류 등은 조류 중 진핵조류에 해당한다.
㉯ Fungi : 곰팡이와 효모를 총칭하며, 경험적 조성식이 $C_7H_{14}O_3N$ 이다.
㉰ Bacteria : 아주 작은 단세포생물로서 호기성 박테리아의 경험적 조성식은 $C_5H_7O_2N$ 이다.
㉱ Protozoa : 대개 호기성이며 크기가 100μm이내가 많다.

풀이 ㉯ Fungi : 곰팡이를 의미하며, 경험적 조성식이 $C_{10}H_{17}O_6N$ 이다.

19 호수의 성층 중에서 부영양화(Eutrophication)가 주로 발생하는 곳은 어디인가?

㉮ epilimnion   ㉯ thermocline
㉰ hypolimnion ㉱ mesolimnion

풀이 표수층(epilimnion)에 대한 설명이다.

20 다음 물질 중 산화제로 틀린 것은 어느 것인가?

㉮ 오존   ㉯ 염소
㉰ 아황산나트륨 ㉱ 브롬

풀이 ㉰ 아황산나트륨(Na_2SO_3)은 산화제가 아니다.

| 제2과목 | 상하수도계획

21 정수시설 중 약품침전지에 관한 내용으로 틀린 것은 어느 것인가?

㉮ 각 지마다 독립하여 사용 가능한 구조로 하여야 한다.
㉯ 고수위에서 침전지 벽체 상단까지의 여유고는 30cm 이상으로 한다.
㉰ 지의 형상은 직사각형으로 하고 길이는 폭의 3~8배 이상으로 한다.
㉱ 유효수심은 2~2.5m로 하고 슬러지 퇴적심도는 50cm 이하를 고려하되 구조상 합리적으로 조정할 수 있다.

풀이 ㉱ 유효수심은 3~5.5m이다.

22 정수시설의 플록형성지에 대한 내용으로 틀린 것은 어느 것인가?

㉮ 플록형성지는 혼화지와 침전지 사이에 위치하게 하고 침전지에 붙여서 설치한다.
㉯ 플록형성지는 응집된 미소플록을 크게 성장시키기 위하여 기계식교반이나 우류식교반이 필요하다.
㉰ 기계식교반에서 플록큐레이터의 주변 속도는 15~30cm/s를 표준으로 한다.
㉱ 플록형성지 내의 교반강도는 하류로 갈수록 점차 증가시켜 플록 간 접촉횟수를 높인다.

풀이 ㉱ 플록형성지 내의 교반강도는 하류로 갈수록 점차 감소시킨다.

정답 18 ㉯   19 ㉮   20 ㉰   21 ㉱   22 ㉱

23 하수관의 최소관경 기준으로 알맞은 것은 어느 것인가?

㉮ 오수관거 : 150mm,
우수관거 및 합류관거 : 200mm
㉯ 오수관거 : 200mm,
우수관거 및 합류관거 : 250mm
㉰ 오수관거 : 250mm,
우수관거 및 합류관거 300mm
㉱ 오수관거 : 350mm,
우수관거 및 합류관거 : 300mm

24 정수처리시설 중에서, 이상적인 침전지에서의 효율을 검증하고자 한다. 실험결과, 입자의 침전속도가 0.15cm/s이고 유량이 30,000m³/day로 나타났을 때 침전효율(제거율, %)은 얼마인가? (단, 침전지의 유효면적은 100m²이고 수심은 4m이며 이상적 흐름상태 가정)

㉮ 73.2% ㉯ 63.2%
㉰ 53.2% ㉱ 43.2%

[풀이] 침강속도(V_s) = 수면적부하율(V_o)×η
0.15×10^{-2} m/sec
$= \dfrac{30,000 m^3/day \times 1day/24hr \times 1hr/3600sec}{100 m^2} \times \eta$
∴ $\eta = 43.2\%$

25 길이가 500m이고 안지름 50cm인 관을 안지름 30cm인 등치관으로 바꾸면 길이(m)는 얼마인가? (단, Williams - Hazen 식 적용)

㉮ 35.45m ㉯ 41.55m
㉰ 43.55m ㉱ 45.45m

26 정수시설인 착수정의 용량기준으로 알맞은 것은 어느 것인가?

㉮ 체류시간 : 0.5분 이상,
수심 : 2~4m 정도
㉯ 체류시간 : 1.0분 이상,
수심 : 2~4m 정도
㉰ 체류시간 : 1.5분 이상,
수심 : 3~5m 정도
㉱ 체류시간 : 1.0분 이상,
수심 : 3~5m 정도

27 펌프의 흡인관 설치요령으로 틀린 것은 어느 것인가?

㉮ 흡인관은 각 펌프마다 설치해야 한다.
㉯ 저수위로부터 흡입구까지의 수심은 흡인관 직경의 1.5배 이상으로 한다.
㉰ 흡입관과 취수정 벽의 유격은 직경의 1.5배 이상으로 한다.
㉱ 흡인관과 취수정 바닥까지의 깊이는 직경의 1.5배 이상으로 유격을 둔다.

정답 23 ㉯ 24 ㉱ 25 ㉯ 26 ㉰ 27 ㉱

28 하수관거시설인 우수토실에 대한 내용으로 틀린 것은 어느 것인가?

㉮ 우수월류량은 계획하수량에서 우천 시 계획오수량을 뺀 양으로 한다.
㉯ 우수토실의 우수유출관거에는 소정의 유량 이상이 흐르도록 하여야 한다.
㉰ 우수토실은 위어형 이외에 수직오리피스, 기계식 수동 수문 및 자동식 수문, 볼텍스 밸브류 등을 사용할 수 있다.
㉱ 우수토실을 설치하는 위치는 차집관거의 배치, 방류수면 및 방류지역의 주변환경 등을 고려하여 선정한다.

[풀이] ㉯ 우수토실의 우수유출관거에는 소정의 유량 이상은 흐르지 않도록 하여야 한다.

29 우수배제계획의 수립 중 우수유출량의 억제에 대한 계획으로 틀린 것은 어느 것인가?

㉮ 우수유출량의 억제방법은 크게 우수저류형, 우수침투형 및 토지이용의 계획적관리로 나눌 수 있다.
㉯ 우수저류형 시설 중 On-site시설은 단지 내 저류 및 우수조정지, 우수체수지 등이 있다.
㉰ 우수침투형은 우수유출총량을 감소시키는 효과로서 침투 지하매설관, 침투성 포장 등이 있다.
㉱ 우수저류형은 우수유출총량은 변하지 않으나 첨두유출량을 감소시키는 효과가 있다.

30 하수관거를 매설하기 위해 굴토한 도랑의 폭이 1.8m이다. 매설지점의 표토는 젖은 진흙으로서 흙의 밀도가 $2.0t/m^3$ 이고, 흙의 종류와 관의 깊이에 따라 결정되는 계수 $C_1 = 1.5$이었다. 이때 매설관이 받는 하중(t/m)은 얼마인가? (단, Marston공식에 의해 계산)

㉮ 2.5t/m   ㉯ 5.8t/m
㉰ 7.4t/m   ㉱ 9.7t/m

[풀이] $W = C_1 \times r \times B^2$
- W : 관이 받는 하중(t/m)
- C_1 : 상수
- r : 흙의 단위 중량(t/m^3)
- B : 폭(m)

따라서 $W = 1.5 \times 2.0t/m^3 \times (1.8m)^2 = 9.72t/m$

31 상수시설에서 급수관을 배관하고자 할 경우의 고려사항으로 틀린 것은 어느 것인가?

㉮ 급수관을 공공도로에 부설할 경우에는 다른 매설물과의 간격을 30cm 이상 확보한다.
㉯ 수요가의 대지 내에서 가능한 한 직선배관이 되도록 한다.
㉰ 가급적 건물이나 콘크리트의 기초 아래를 횡단하여 배관하도록 한다.
㉱ 급수관이 개거를 횡단하는 경우에는 가능한 한 개거의 아래로 부설한다.

[풀이] ㉰ 가급적 건물이나 콘크리트의 기초 아래를 횡단하지 않도록 배관하도록 한다.

정답 28 ㉯ 29 ㉱ 30 ㉱ 31 ㉰

32 수원 선정 시 고려하여야 할 사항으로 틀린 것은 어느 것인가?

㉮ 수량이 풍부하여야 한다.
㉯ 수질이 좋아야 한다.
㉰ 가능한 한 높은 곳에 위치해야 한다.
㉱ 수돗물 소비지에서 먼 곳에 위치해야한다.

[풀이] ㉱ 수돗물 소비지에서 가까운 곳에 위치해야 한다.

33 취수탑 설치 위치는 갈수기에도 최소 수심이 얼마 이상이어야 하는가?

㉮ 1m ㉯ 2m
㉰ 3m ㉱ 3.5m

[풀이] 취수탑 설치 위치는 갈수기에도 최소 수심이 2m 이상 이어야 한다.

34 상수도 시설 중 침사지에 대한 내용으로 틀린 것은 어느 것인가?

㉮ 지의 길이는 폭의 3~8배를 표준으로 한다.
㉯ 지의 상단높이는 고수위보다 0.6~1m의 여유고를 둔다.
㉰ 지의 유효수심은 5~7m를 표준으로 한다.
㉱ 표면부하율은 200~500mm/min을 표준으로 한다.

[풀이] ㉰ 지의 유효수심은 3~4m를 표준으로 한다.

35 기존의 하수처리시설에 고도처리시설을 설치하고자 할 때 검토사항으로 틀린 것은 어느 것인가?

㉮ 표준활성슬러지법이 설치된 기존처리장의 고도처리 개량은 개선대상 오염물질별 처리 특성을 감안하여 효율적인 설계가 되어야 한다.
㉯ 시설개량은 시설개량방식을 우선 검토하되 방류수 수질기준 준수가 곤란한 경우에 한 해 운전개선방식을 함께 추진해야 한다.
㉰ 기본설계과정에서 처리장의 운영실태 정밀분석을 실시한 후 이를 근거로 사업추진방향 및 범위 등을 결정하여야 한다.
㉱ 기존시설물 및 처리공정을 최대한 활용하여야 한다.

36 캐비테이션 방지대책으로 틀린 것은 어느 것인가?

㉮ 펌프의 설치위치를 가능한 한 낮춘다.
㉯ 펌프의 회전속도를 낮게 한다.
㉰ 흡입측 밸브를 조금만 개방하고 펌프를 운전한다.
㉱ 흡입관의 손실을 가능한 한 적게 한다.

[풀이] ㉰ 흡입측 밸브를 완전히 개방하고 펌프를 운전한다.

정답 32 ㉱ 33 ㉯ 34 ㉰ 35 ㉯ 36 ㉰

37 막 여과 정수처리설비에 관한 설명으로 알맞은 것은 어느 것인가?

㉮ 막 여과유속은 경제성 및 보수성을 종합적으로 고려하여 최저치를 설정한다.
㉯ 회수율은 취수조건 등과 상관없이 일정하게 운영하는 것이 효율적이고 경제적이다.
㉰ 구동압방식과 운전제어방식은 구동압이나 막의 종류, 배수(配水)조건 등을 고려하여 최적방식을 선정한다.
㉱ 막 여과방식은 막 공급수질을 제외한 막 여과수량과 막의 종별 등의 조건을 고려하여 최적방식을 선정한다.

38 강우 배수구역이 다음 표와 같은 경우 평균 유출계수는 얼마인가?

구분	유출계수	면적
주거지역	0.4	2ha
상업지역	0.6	3ha
녹지지역	0.2	7ha

㉮ 0.22 ㉯ 0.33
㉰ 0.44 ㉱ 0.55

[풀이] 유출계수 = $\dfrac{0.4 \times 2ha + 0.6 \times 3ha + 0.2 \times 7ha}{2ha + 3ha + 7ha}$ = 0.33

39 정수처리 방법 중 트리할로메탄(trihalo methane)을 감소 또는 제거시킬 수 있는 방법으로 틀린 것은 어느 것인가?

㉮ 중간염소처리 ㉯ 전염소처리
㉰ 활성탄처리 ㉱ 결합염소처리

[풀이] 트리할로메탄을 감소 또는 제거시킬 수 있는 방법에는 중간염소처리, 활성탄처리, 결합염소처리가 있다.

40 상수시설인 배수시설 중 배수지의 유효 수심(표준)으로 알맞은 것은 어느 것인가?

㉮ 6~8m ㉯ 3~6m
㉰ 2~3m ㉱ 1~2m

[풀이] 배수지의 유효수심(표준)은 3~6 m이다.

| 제3과목 | 수질오염방지기술

41 농축슬러지를 혐기성소화로 안정화시키고자 할 때 메탄 생성량(kg/day)은 얼마인가? (단, 농축슬러지에 포함된 유기성분은 모두 글루코오스($C_6H_{12}O_6$)이며 미생물에 의해 100%분해, 소화조에서 모두 메탄과 이산화탄소로 전환된다고 가정, 농축슬러지 BOD = 480mg/L, 유입유량 = 200m³/day)

㉮ 18kg/day ㉯ 24kg/day
㉰ 32kg/day ㉱ 41kg/day

[풀이]
① $C_6H_{12}O_6$(글루코스)의 농도를 계산한다.
$C_6H_{12}O_6 + 6O_2 \rightarrow 6CO_2 + 6H_2O$
180g : 6×32g
X_1 : 480mg/L
∴ X_1(유기물) = 450mg/L
② CH_4의 농도를 계산한다.
$C_6H_{12}O_6 \rightarrow 3CH_4 + 3CO_2$
180g : 3×16g
450mg/L : X_2
∴ $X_2(CH_4)$ = 120mg/L
③ CH_4의 생성량(kg/day)
= 메탄의 농도(kg/m³)×유량(m³/day)
= 0.12kg/m³×200m³/day = 24kg/day

정답 37 ㉰ 38 ㉯ 39 ㉯ 40 ㉯ 41 ㉯

42 원형 1차침전지를 설계하고자 할 때 가장 적당한 침전지의 직경(m)은 얼마인가? (단, 평균유량 = 9000m³/day, 평균표면부하율 = 45m³/m²·day, 최대유량 = 2.5×평균 유량, 최대표면부하율 = 100m³/m²·day)

㉮ 12m ㉯ 15m
㉰ 17m ㉱ 20m

풀이 ① 최대유량 = 2.5×평균유량
= 2.5×9,000m³/day = 22,500m³/day
② 최대표면부하율(m³/m²·day)
$= \dfrac{\text{최대유량(m}^3/\text{day)}}{\text{단면적(m}^2)}$
∴ $100\text{m}^3/\text{m}^2\cdot\text{day} = \dfrac{22,500\text{m}^3/\text{day}}{A\text{m}^2}$
∴ A = 225m²
③ $A = \dfrac{\pi\cdot D^2}{4}$
$225\text{m}^2 = \dfrac{\pi\cdot D^2}{4}$
∴ $D = \sqrt{\dfrac{4\times 225\text{m}^2}{\pi}} = 16.93\text{m}$

43 생물학적 처리법 가운데 살수여상법에 관한 내용으로 틀린 것은 어느 것인가?

㉮ 슬러지일령은 부유성장 시스템보다 높아 100일 이상의 슬러지일령에 쉽게 도달된다.
㉯ 총괄 관측수율은 전형적인 활성슬러지 공정의 60~80% 정도이다.
㉰ 덮개 없는 여상의 재순환율을 증대시키면 실제로 여상 내의 평균온도가 높아진다.
㉱ 정기적으로 여상에 살충제를 살포하거나 여상을 침수토록 하여 파리문제를 해결할 수 있다.

풀이 ㉰ 덮개 없는 여상의 재순환율을 증대시키면 실제로 여상 내의 평균온도가 낮아진다.

44 탈질소 공정에서 폐수에 첨가하는 약품은 어느 것인가?

㉮ 응집제 ㉯ 질산
㉰ 소석회 ㉱ 메탄올

풀이 탈질소 공정에서 폐수에 첨가하는 약품은 메탄올(CH₃OH)이다.

45 다음에서 설명하는 분리방법으로 가장 적합한 것은 어느 것인가?

- 막형태 : 대칭형 다공성막
- 구동력 : 정수압차
- 분리형태 : Pore size 및 흡착현상에 기인한 체거름
- 적용분야 : 전자공업의 초순수 제조, 무균수 제조식품의 무균여과

㉮ 역삼투 ㉯ 한외여과
㉰ 정밀여과 ㉱ 투석

풀이 ㉰ 정밀여과에 대한 설명이다.

46 활성슬러지 공정의 2차 침전지에서 나타나는 일반적인 고형물 농도와 침전속도의 관계를 바르게 나타낸 그래프는 어느 것인가?

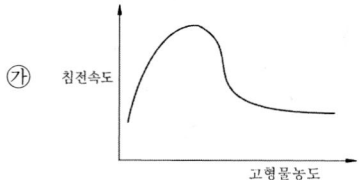

정답 42 ㉰ 43 ㉰ 44 ㉱ 45 ㉰ 46 ㉰

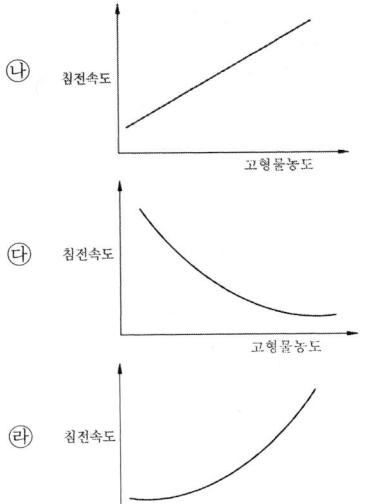

㉯ [침전속도 vs 고형물농도 - 증가]
㉰ [침전속도 vs 고형물농도 - 감소]
㉱ [침전속도 vs 고형물농도 - 증가(곡선)]

47 유기물의 감소반응이 2차반응($Vc = -KC^2$)이라 할 때 반응 후 초기농도($C_o = 1$)에 대하여 유출 농도($C_e = 0.2$)가 80% 감소되도록 하는데 필요한 CFSTR(완전혼합반응기)와 PFR(플럭흐름반응기)의 부피비는 얼마인가? (단, CFSTR의 물질수지식 : $0 = QC_o - QC_e - VKC_e^2$ (정상 상태), PFR은 정상상태에서 $V = \dfrac{Q}{K}\left(\dfrac{1}{C_e} - \dfrac{1}{C_o}\right)$

의 식으로 표현)

㉮ CFSTR : PFR = 5 : 1
㉯ CFSTR : PFR = 7 : 1
㉰ CFSTR : PFR = 10
㉱ CFSTR : PFR = 15 : 1

풀이 ① CFSTR에서 체적(V)를 구한다.
$Q(C_o - C_t) = k \times V \times C_t^2$
$V = \dfrac{Q \times (C_o - C_t)}{k \times C_t^2} = \dfrac{Q \times (1 - 0.2)}{k \times 0.2^2} = 20 \times \dfrac{Q}{k}$

② PFR에서 체적(V)를 구한다.

$\dfrac{1}{C_o} - \dfrac{1}{C_t} = -k \times t$

$\dfrac{1}{C_t} - \dfrac{1}{C_o} = k \times \dfrac{V}{Q}$

$V = \left(\dfrac{1}{C_t} - \dfrac{1}{C_o}\right) \times \left(\dfrac{Q}{k}\right) = \left(\dfrac{1}{0.2} - \dfrac{1}{1}\right) \times \left(\dfrac{Q}{k}\right) = 4 \times \dfrac{Q}{k}$

③ CFSTR : PFR = $\left(20 \times \dfrac{Q}{k}\right) : \left(4 \times \dfrac{Q}{k}\right)$ = 5 : 1

48 폐수처리 후 나머지 BOD 25kg과 인 1.5kg을 호수로 방류하였다. 1mg의 인은 0.1g의 algae를 합성하고 1g의 algae가 부패하면 140mg의 DO를 소비한다. 이 처리로 인한 호수의 DO 소비량(kg)은 얼마인가? (단, BOD 1kg = O_2 1kg이다.)

㉮ 21kg   ㉯ 25kg
㉰ 46kg   ㉱ 55kg

풀이 ① $\dfrac{140\text{mg DO}}{1\text{g algae}} \times \dfrac{0.1\text{g algae}}{1\text{mg 인}} \times 1.5\text{kg 인} = 21\text{kg DO}$

② BOD 1 kg이 O_2 1 kg이므로 BOD 25 kg은 O_2 25 kg이다.
③ 호수의 DO 소비량 = 21kg + 25kg = 46kg

49 폐수 시료에 대해 BOD 시험을 수행하여 얻은 결과가 다음과 같을 때 시료의 BOD(mg/L)는 얼마인가?

시료번호	1	2	3
희석율(%)	1	2	3
용존산소 감소(mg/L)	2.7	4.9	7.2

㉮ 약 115mg/L   ㉯ 약 190mg/L
㉰ 약 250mg/L   ㉱ 약 300mg/L

정답 47 ㉮ 48 ㉰ 49 ㉰

50 소독을 위한 자외선방사에 대한 내용으로 틀린 것은 어느 것인가?

㉮ 5~400 nm 스펙트럼 범위의 단파장에서 발생하는 전자기 방사를 말한다.
㉯ 미생물이 사멸되며 수중에 잔류방사량(잔류살균력이 있음)이 존재한다.
㉰ 자외선소독은 화학물질 소비가 없고 해로운 부산물도 생성되지 않는다.
㉱ 물과 수중의 성분은 자외선의 전달 및 흡수에 영향을 주며 Beer-Lambert 법칙이 적용 된다.

[풀이] ㉯ 미생물이 사멸되며 수중에 잔류방사량(잔류살균력이 있음)이 존재하지 않는다.

51 활성슬러지의 2차 침전조에 관한 내용으로 틀린 것은 어느 것인가?

㉮ 고형물 부하로만 설계한다.
㉯ 미생물(Biomass)의 보관 창고 역할을 한다.
㉰ 슬러지 농축의 역할을 한다.
㉱ 고액 분리의 역할을 한다.

52 연속 회분식 활성슬러지법인 SBR (Sequencing Batch Reactor)에 대한 설명으로 '최대의 수량을 포기조 내에 유지한 상태에서 운전목적에 따라 포기와 교반을 하는 단계'는 어느 것인가?

㉮ 유입기   ㉯ 반응기
㉰ 침전기   ㉱ 유출기

[풀이] ㉯ 반응기에 대한 설명이다.

53 하수내 질소 및 인을 생물학적으로 처리하는 UCT 공법의 경우 다른 공법과는 달리 침전지에서 반송되는 슬러지를 혐기조로 반송하지 않고 무산소조로 반송하는데, 그 이유로 알맞은 것은 어느 것인가?

㉮ 혐기조에 질산염의 부하를 감소시킴으로써 인의 방출을 증대시키기 위해
㉯ 호기조에서 질산화된 질소의 일부를 잔류 유기물을 이용하여 탈질시키기 위해
㉰ 무산소조에 유입되는 유기물 부하를 감소시켜 탈질을 증대시키기 위해
㉱ 후속되는 호기조의 질산화를 증대시키기 위해

54 다음 공정에서 처리 될 수 있는 폐수의 종류는 어느 것인가?

폐수 → 혼합 (↑H_2SO_4 ↑$FeSO_4$) → 혼합 (↑$Ca(OH)_2$) → 침전 → 유출수
                                                              ↓ 슬러지

㉮ 크롬폐수   ㉯ 시안폐수
㉰ 비소폐수   ㉱ 방사능폐수

[풀이] ㉮ 크롬폐수에 대한 설명이다.

정답 50 ㉯   51 ㉮   52 ㉯   53 ㉮   54 ㉮

55 음용수 중 철과 망간이 기준 농도에 맞추기 위한 그 제거 공정으로 틀린 것은 어느 것인가?

㉮ 포기에 의한 침전
㉯ 생물학적 여과
㉰ 제올라이트 수착
㉱ 인산염에 의한 산화

56 평균유량이 20,000m³/day인 도시하수처리장의 1차 침전지를 설계하고자 한다. 최대 유량/평균유량 = 2.75이라면 침전조의 직경(m)은 얼마인가? (단, 1차 침전지에 대한 권장 설계기준 : 최대 표면부하율 = 50m³/m²·day, 평균 표면부하율 = 20m³/m²·day)

㉮ 32.7m ㉯ 37.4m
㉰ 42.5m ㉱ 48.7m

① $\dfrac{최대유량}{평균유량} = 2.75$

최대유량 = 평균유량×2.75 = 20,000m³/day×2.75
= 55,000m³/day

② 최대 표면부하율(m³/m²·day)
$= \dfrac{최대유량(m^3/day)}{단면적(m^2)}$

50m³/m²·day $= \dfrac{55,000m^3/day}{A m^2}$

∴ A = 1,100m²

③ $A = \dfrac{\pi \times D^2}{4}$

1,100m² $= \dfrac{\pi \times D^2}{4}$

∴ $D = \sqrt{\dfrac{4 \times 1,100m^2}{\pi}} = 37.42m$

57 물 5m³의 DO가 9.0mg/L이다. 이 산소를 제거하는 데 필요한 아황산나트륨의 양(g)은 얼마인가?

㉮ 256.5g ㉯ 354.7g
㉰ 452.6g ㉱ 488.8g

$Na_2SO_3 + 0.5O_2 \rightarrow Na_2SO_4$
126g : 0.5×32g
X : 9.0mg/L(g/m³)×5m³
∴ X = 354.38g

58 생물학적 인제거공정에서 설계 SRT가 상대적으로 짧으며, 높은 유기부하율을 설계에 사용할 수 있는 장점이 있고, 타 공법에 비해 운전이 비교적 간단하고 폐슬러지의 인함량이 높아(3~5%) 비료의 가치를 가지는 공정은 어느 것인가?

㉮ A/O공정
㉯ 개량 Bardenpho공정
㉰ 연속회분식반응조(SBR)공정
㉱ UCT공법

㉮ A/O공정에 대한 설명이다.

정답 55 ㉱ 56 ㉯ 57 ㉯ 58 ㉮

59 CSTR 반응조를 일차반응조건으로 설계하고, A의 제거 또는 전환율이 90%가 되게 하고자 한다. 반응상수 k가 0.35/hr일 때 CSTR 반응조의 체류시간(hr)은 얼마인가?

㉮ 12.5hr ㉯ 25.7hr
㉰ 32.5hr ㉱ 43.7hr

풀이 1차 반응식 : $Q \times (C_o - C_t) = k \times V \times C_t$

$(C_o - C_t) = k \times V \times \dfrac{V}{Q}$ (여기서 $\dfrac{V}{Q} = t$)

$\therefore t = \dfrac{C_o - C_t}{k \times C_t} = \dfrac{(1 - 0.1)}{0.35/hr \times 0.1} = 25.71hr$

60 산기식포기장치가 수심 4.5 m의 곳에 설치되어 있고, 유입하수의 수온은 20℃, 포기조 산소흡수율이 10%인 포기장치에 대한 산소포화농도값(C_s, mg/L)은 얼마인가? (단, 20℃일 때 증류수의 포화용존산소농도 = 9.02mg/L, β = 0.95)

㉮ 8.9mg/L ㉯ 9.9mg/L
㉰ 10.99mg/L ㉱ 12.3mg/L

| 제4과목 | 수질오염공정시험기준

61 유기물 함량이 비교적 높지 않고 금속의 수산화물, 산화물, 인산염 및 황화물을 함유하는 시료의 전처리(산분해법)방법으로 알맞은 것은 어느 것인가?

㉮ 질산법 ㉯ 황산법
㉰ 질산 - 황산법 ㉱ 질산 - 염산법

풀이 ㉱ 질산 - 염산법에 대한 설명이다.

62 시험과 관련된 총칙에 대한 내용으로 틀린 것은 어느 것인가?

㉮ "방울수"라 함은 0℃에서 정제수 20방울을 적하할 때 그 부피가 약 10mL 되는 것을 뜻한다.
㉯ "찬 곳"은 따로 규정이 없는 한 0 ~ 15℃의 곳을 뜻한다.
㉰ "감압 또는 진공"이라 함은 따로 규정이 없는 한 15mmHg 이하를 말한다.
㉱ "약"이라 함은 기재된 양에 대하여 ±10% 이상의 차가 있어서는 안된다.

풀이 ㉮ "방울수"라 함은 20℃에서 정제수 20방울을 적하할 때 그 부피가 약 1mL 되는 것을 뜻한다.

정답 59 ㉯ 60 ㉰ 61 ㉱ 62 ㉮

63 용매추출/기체크로마토그래피를 이용한 휘발성 유기화합물 측정에 대한 설명으로 틀린 것은 어느 것인가?

㉮ 채수한 시료를 헥산으로 추출하여 기체크로마토그래프를 이용하여 분석하는 방법이다.
㉯ 검출기는 전자포획형검출기를 선택하여 측정한다.
㉰ 운반기체는 질소로 유량은 20 ~ 40mL/min이다.
㉱ 컬럼온도는 35 ~ 250℃이다.

풀이 ㉰ 운반기체는 질소로 유량은 0.5 ~ 2mL/min이다.

64 물벼룩을 이용한 급성독성 시험법에 대한 설명으로 틀린 것은 어느 것인가?

㉮ 물벼룩은 배양상태가 좋을 때 7 ~ 10일 사이에 첫 부하된 건강한 새끼를 시험에 사용한다.
㉯ 시험하기 2시간 전에 먹이를 충분히 공급하여 시험 중 먹이가 주는 영향을 최소화 한다.
㉰ 시험생물은 물벼룩인 Daphnia magna straus를 사용하며, 출처가 명확하고 건강한 개체를 사용한다.
㉱ 먹이는 녹조류와 yeast, cerophyll(R), trout chow의 혼합액인 YCT를 사용한다.

풀이 ㉮ 물벼룩은 배양상태가 좋을 때 7 ~ 10일 사이에 첫 부하된 새끼는 시험에 사용하지 않는다.

65 수질오염공정시험기준상 시료의 보존 방법이 다른 항목은 어느 것인가?

㉮ 클로로필 a
㉯ 색도
㉰ 부유물질
㉱ 음이온계면활성제

풀이 ㉮ 클로로필 a : 즉시 여과하여 -20℃이하에서 보관
㉯ 색도 : 4℃ 보관
㉰ 부유물질 : 4℃ 보관
㉱ 음이온계면활성제는 4℃ 보관

66 유량산출의 기초가 되는 수두측정치는 영점 수위측정치에서 무엇을 뺀 값인가?

㉮ 흐름의 수위측정치
㉯ 웨어의 수두
㉰ 유속측정치
㉱ 수로의 폭

67 자외선/가시선 분광법으로 하는 크롬 측정에 대한 설명으로 틀린 것은 어느 것인가?

㉮ 3가 크롬은 과망간산칼륨을 첨가하여 6가 크롬으로 산화시킨다.
㉯ 정량한계는 0.04mg/L이다.
㉰ 적자색 착화합물의 흡광도를 620nm에서 측정한다.
㉱ 몰리브덴, 수은, 바나듐, 철, 구리 이온이 과량 함유되어 있는 경우, 방해 영향이 나타 날 수 있다.

풀이 ㉰ 적자색 착화합물의 흡광도를 540nm에서 측정한다.

정답 63 ㉰ 64 ㉮ 65 ㉮ 66 ㉮ 67 ㉰

68 원자흡수분광광도법의 용어에 대한 내용으로 틀린 것은 어느 것인가?

㉮ 공명선 : 원자가 외부로부터 빛을 흡수했다가 다시 처음 상태로 돌아갈 때 방사하는 스펙트럼 선
㉯ 역화 : 불꽃의 연소속도가 크고 혼합기체의 분출속도가 작을 때 연소현상이 내부로 옮겨지는 것
㉰ 다음극 중공음극램프 : 두 개 이상의 중공음극을 갖는 중공음극램프
㉱ 선프로파일 : 파장에 대한 스펙트럼선의 근접도를 나타내는 곡선

[풀이] ㉱ 선프로파일 : 파장에 대한 스펙트럼선의 강도를 나타내는 곡선

69 불소화합물 측정에 적용 가능한 시험방법으로 틀린 것은 어느 것인가? (단, 수질오염공정 시험기준)

㉮ 자외선/가시선 분광법
㉯ 원자흡수분광광도법
㉰ 이온전극법
㉱ 이온크로마토그래피

[풀이] 불소화합물의 시험방법에는 자외선/가시선 분광법, 이온전극법, 이온크로마토그래피, 연속흐름법이 있다.

70 수질오염공정시험기준상 질산성 질소의 측정법으로 알맞은 것은 어느 것인가?

㉮ 자외선/가시선 분광법(디아조화법)
㉯ 이온크로마토그래피법
㉰ 이온전극법
㉱ 카드뮴 환원법

[풀이] 질산성질소의 시험방법에는 이온크로마토그래피, 자외선/가시선 분광법(부루신법), 자외선/가시선 분광법(활성탄흡착법), 데발다합금 환원증류법이 있다.

71 시험관법으로 분원성대장균군을 측정하는 방법으로 ( )안에 들어갈 알맞은 말은?

> 물속에 존재하는 분원성대장균군을 측정하기 위하여 ( )을 이용하는 추정시험과 백금이를 이용하는 확정시험으로 나뉘며 추정시험이 양성일 경우 확정시험을 시행하는 방법이다.

㉮ 배양시험관   ㉯ 다람시험관
㉰ 페트리시험관   ㉱ 멸균시험관

72 기체크로마토그래피로 측정되지 않는 것은 어느 것인가?

㉮ 염소이온
㉯ 알킬수은
㉰ PCB
㉱ 휘발성저급염소화탄화수소류

[풀이] 염소이온의 시험방법에는 이온크로마토그래피, 적정법, 이온전극법이 있다.

정답 68 ㉱ 69 ㉯ 70 ㉯ 71 ㉯ 72 ㉮

73 배출허용기준 적합여부를 판정을 위해 자동 시료채취기로 시료를 채취하는 방법의 기준은 어느 것인가?

㉮ 6시간 이내에 30분이상 간격으로 2회 이상 채취하여 일정량의 단일 시료로 한다.
㉯ 6시간 이내에 1시간이상 간격으로 2회 이상 채취하여 일정량의 단일 시료로 한다.
㉰ 8시간 이내에 1시간이상 간격으로 2회 이상 채취하여 일정량의 단일 시료로 한다.
㉱ 8시간 이내에 2시간이상 간격으로 2회 이상 채취하여 일정량의 단일 시료로 한다.

74 자외선/가시선 분광법으로 시안을 정량할 때 시료에 포함되어 분석에 영향을 미치는 물질과 이를 제거하기 위해 사용하는 시약을 잘못 연결한 것은 어느 것인가?

㉮ 유지류 : 클로로폼
㉯ 황화합물 : 아세트산아연용액
㉰ 잔류염소 : 아비산나트륨용액
㉱ 질산염 : L-아스코르빈산

[풀이] ㉱ 잔류염소 : L-아스코르빈산

75 용존산소를 적정법으로 측정하고자 할 때 Fe(Ⅲ)(100~200mg/L)이 함유되어 있는 시료의 전처리방법으로 알맞은 것은 어느 것인가?

㉮ 황산의 첨가 후 플루오린화칼륨용액 (100g/L) 1mL를 가한다.
㉯ 황산의 첨가 후 플루오린화칼륨용액 (300g/L) 1mL를 가한다.
㉰ 황산의 첨가 전 플루오린화칼륨용액 (100g/L) 1mL를 가한다.
㉱ 황산의 첨가 전 플루오린화칼륨용액 (300g/L) 1mL를 가한다.

76 크롬을 원자흡수분광광도법으로 분석할 때 0.02M-KMnO₄(MW = 158.03)용액을 조제하는 방법으로 알맞은 것은 어느 것인가?

㉮ KMnO₄ 8.1g을 정제수에 녹여 전량을 100mL로 한다.
㉯ KMnO₄ 3.4g을 정제수에 녹여 전량을 100mL로 한다.
㉰ KMnO₄ 1.8g을 정제수에 녹여 전량을 100mL로 한다.
㉱ KMnO₄ 0.32g을 정제수에 녹여 전량을 100mL로 한다.

[풀이]
$$M = \frac{W(g)}{V(L)} \times \frac{1\,mol}{\text{분자량}(g)}$$

$$0.02\,mol/L = \frac{W(g)}{1L} \times \frac{1\,mol}{158.03g}$$

∴ W = 3.16g
따라서 100mL에는 0.316g을 녹인다.

정답 73 ㉮ 74 ㉱ 75 ㉱ 76 ㉱

77 기준전극과 비교전극으로 구성된 pH 측정기를 사용하여 수소이온농도를 측정할 때 간섭물질에 대한 설명으로 틀린 것은 어느 것인가?

㉮ pH는 온도변화에 따라 영향을 받는다.
㉯ pH 10 이상에서 나트륨에 의한 오차가 발생할 수 있는데 이는 낮은 나트륨 오차 전극을 사용하여 줄일 수 있다.
㉰ 일반적으로 유리전극은 산화 및 환원성 물질, 염도에 의해 간섭을 받는다.
㉱ 기름층이나 작은 입자상이 전극을 피복하여 pH 측정을 방해할 수 있다.

[풀이] ㉰ 일반적으로 유리전극은 산화 및 환원성 물질, 염도에 의해 간섭을 받지 않는다.

78 알킬수은 화합물의 분석방법으로 알맞은 것은 어느 것인가? (단, 수질오염공정시험기준)

㉮ 기체크로마토그래피법
㉯ 자외선/가시선 분광법
㉰ 이온크로마토그래피법
㉱ 유도결합플라스마-원자발광분광법

[풀이] 알킬수은 화합물의 분석방법은 기체크로마토그래피법이다.

79 유속면적법을 이용하여 하천유량을 측정할 때 적용 적합 지점에 대한 설명으로 틀린 것은 어느 것인가?

㉮ 가능하면 하상이 안정되어 있고 식생의 성장이 없는 지점
㉯ 합류나 분류가 없는 지점
㉰ 교량 등 구조물 근처에서 측정할 경우 교량의 상류지점
㉱ 대규모 하천을 제외하고 가능한 부자로 측정할 수 있는 지점

[풀이] ㉱ 대규모 하천을 제외하고 가능하면 도섭으로 측정할 수 있는 지점

80 수질분석용 시료 채취시 유의사항으로 틀린 것은 어느 것인가?

㉮ 시료 채취 용기는 시료를 채우기 전에 깨끗한 물로 3회 이상 씻은 다음 사용한다.
㉯ 유류 또는 부유물질 등이 함유된 시료는 시료의 균일성이 유지될 수 있도록 채취하여야 하며 침전물 등이 부상하여 혼입되어서는 안 된다.
㉰ 용존가스, 환원성 물질, 휘발성유기화합물, 냄새, 유류 및 수소이온 등을 측정하는 시료는 시료용기에 가득 채워야 한다.
㉱ 시료 채취량은 보통 3 ~ 5L 정도이어야 한다.

[풀이] ㉮ 시료 채취 용기는 시료를 채우기 전에 시료로 3회 이상 씻은 다음 사용한다.

정답 77 ㉰ 78 ㉮ 79 ㉱ 80 ㉮

| 제5과목 | 수질환경관계법규

81 오염총량관리 기본방침에 포함되어야 하는 사항으로 틀린 것은 어느 것인가?

㉮ 오염총량관리 대상지역
㉯ 오염원의 조사 및 오염부하량 산정방법
㉰ 오염총량관리의 대상 수질오염물질 종류
㉱ 오염총량관리의 목표

풀이 오염총량관리 기본방침에 포함되어야 하는 사항으로는 ㉯·㉰·㉱외에 오염총량관리기 본계획의 주체, 내용, 방법 및 시한 그리고 오염총량관리시행계획의 내용 및 방법이 있다.

82 환경부장관이 지정할 수 있는 비점오염원관리 지역의 지정기준에 대한 설명이다. ( ) 안에 들어갈 알맞은 말은?

인구 ( )이상인 도시로서 비점오염원 관리가 필요한 지역

㉮ 10만 명   ㉯ 30만 명
㉰ 50만 명   ㉱ 100만 명

83 수질오염방지시설 중 생물화학적 처리시설로 틀린 것은 어느 것인가?

㉮ 살균시설   ㉯ 접촉조
㉰ 안정조   ㉱ 폭기시설

풀이 ㉮ 살균시설은 화학적 처리시설에 해당한다.

84 배출부과금 부과 시 고려사항으로 틀린 것은 어느 것인가?

㉮ 배출허용기준 초과 여부
㉯ 배출되는 수질오염물질의 종류
㉰ 수질오염물질의 배출기간
㉱ 수질오염물질의 위해성

풀이 배출부과금 부과 시 고려사항으로는 배출허용기준 초과기준, 배출되는 수질오염물질 의 종류, 수질오염물질의 배출기간, 수질오염물질의 배출량, 자가측정 여부가 있다.

85 5년 이하의 징역 또는 5천만원 이하의 벌금형에 해당하지 않는 것은 어느 것인가?

㉮ 공공수역에 특정수질 유해물질 등을 누출·유출시키거나 버린 자
㉯ 배출시설에서 배출되는 수질오염물질을 방지시설에 유입하지 않고 배출한 자
㉰ 배출시설의 조업정지 또는 폐쇄명령을 위반한 자
㉱ 신고를 하지 아니하거나 거짓으로 신고를 하고 배출시설을 설치하거나 그 배출시설을 이용하여 조업한 자

풀이 ㉮번은 3년 이하의 징역 또는 3천만원 이하의 벌금에 해당한다.

정답 81 ㉮ 82 ㉱ 83 ㉮ 84 ㉱ 85 ㉮

86 다음에 해당되는 수질오염 감시경보 단계는 어느 것인가?

> 생물감시 측정값이 생물감시 경보기준 농도를 30분 이상 지속적으로 초과하고, 전기전도도, 휘발성유기화합물, 페놀, 중금속(구리, 납, 아연, 카드뮴 등) 항목 중 1개 이상의 항목이 측정항목별 경보기준을 3배 이상 초과하는 경우

㉮ 주의 단계　　㉯ 경계 단계
㉰ 심각 단계　　㉱ 발생 단계

풀이 ㉯ 경계단계에 대한 설명이다.

87 특별시장·광역시장·특별자치시장·특별자치도지사가 오염총량관리시행계획을 수립할 때 포함하여야 하는 사항으로 틀린 것은 어느 것인가?

㉮ 해당 지역 개발계획의 내용
㉯ 수질예측 산정자료 및 이행 모니터링 계획
㉰ 연차별 오염부하량 삭감 목표 및 구체적 삭감 방안
㉱ 오염원 현황 및 예측

풀이 오염총량관리시행계획을 수립할 때 포함하여야 하는 사항으로는 ㉯·㉰·㉱외에 오염 총량관리시행계획 대상 유역의 현황, 연차별 지역 개발계획으로 인하여 추가로 배출되는 오염부하량 및 해당 개발계획의 세부 내용, 오염부하량 할당 시설별 삭감량 및 그 이행시기가 있다.

88 공공수역의 전국적인 수질 현황을 파악하기 위해 국립환경과학원장, 유역환경청장, 지방환경청장이 설치할 수 있는 측정망의 종류로 틀린 것은 어느 것인가?

㉮ 생물 측정망
㉯ 토질 측정망
㉰ 공공수역 유해물질 측정망
㉱ 비점오염원에서 배출되는 비점오염물질 측정망

풀이 국립환경과학원장, 유역환경청장, 지방환경청장이 설치할 수 있는 측정망의 종류로는 ㉮·㉰·㉱외에 수질오염물질의 총량 관리를 위한 측정망, 대규모 오염원의 하류지점 측정망, 수질오염경보를 위한 측정망, 대권역·중권역을 관리하기 위한 측정망, 퇴적물 측정망이 있다.

89 사업장별 환경기술인의 자격기준에 대한 내용이다. ( )안에 들어갈 알맞은 말은?

> 환경산업기사 이상의 자격이 있는 자를 임명하여야 하는 사업장에서 환경기술인을 바꾸어 임명하는 경우로서 자격이 있는 구직자를 찾기 어려운 경우 등 부득이한 사유가 있는 경우에는 잠정적으로 ( ) 이내의 범위에서는 제4종사업장·제5종 사업장의 환경기술인 자격에 준하는 자를 그 자격을 갖춘 자로 보아 신고를 할 수 있다.

㉮ 6월　　㉯ 90일
㉰ 60일　　㉱ 30일

정답 86 ㉯　87 ㉮　88 ㉯　89 ㉱

90 산업폐수의 배출규제에 대한 내용으로 알맞은 것은 어느 것인가?

㉮ 폐수배출시설에서 배출되는 수질오염물질의 배출허용기준은 대통령이 정한다.
㉯ 시·도 또는 인구 50만 이상의 시는 지역환경 기준을 유지하기가 곤란하다고 인정할 때에는 시·도지사가 특별배출허용기준을 정할 수 있다.
㉰ 특별대책지역의 수질오염방지를 위해 필요하다고 인정할 때에는 엄격한 배출허용기준을 정할 수 있다.
㉱ 시·도안에 설치되어 있는 폐수무방류배출시설은 조례에 의해 배출허용기준을 적용한다.

91 비점오염저감시설 중 장치형 시설로 틀린 것은 어느 것인가?

㉮ 생물학적 처리형 시설
㉯ 응집·침전 처리형 시설
㉰ 소용돌이형 시설
㉱ 침투형 시설

[풀이] 장치형 시설로는 여과형 시설, 소용돌이형 시설, 스크린형 시설, 응집·침전 처리형 시설, 생물학적 처리형 시설이 있다.

92 발생폐수를 공공폐수처리시설로 유입하고자 하는 배출시설 설치자는 배수관거 등 배수 설비를 기준에 맞게 설치하여야 한다. 배수 설비의 설치방법 및 구조기준으로 틀린 것은 어느 것인가?

㉮ 배수관의 관경은 내경 150mm 이상으로 하여야 한다.
㉯ 배수관은 우수관과 분리하여 빗물이 혼합되지 아니하도록 설치하여야 한다.
㉰ 배수관 입구에는 유효간격 10mm 이하의 스크린을 설치하여야 한다.
㉱ 배수관의 기점·종점·합류점·굴곡점과 관경·관종이 달라지는 지점에는 유출구를 설치하여야 하며, 직선인 부분에는 내경의 200배 이하의 간격으로 맨홀을 설치하여야 한다.

[풀이] ㉱ 배수관의 기점·종점·합류점·굴곡점과 관경·관종이 달라지는 지점에는 맨홀을 설치하여야 하며, 직선인 부분에는 내경의 120배 이하의 간격으로 맨홀을 설치하여야 한다.

93 방지시설을 설치하지 아니한 자에 대한 1차 행정처분기준 중 개선명령에 해당되는 것은 어느 것인가? (단, 항상 배출허용기준 이하로 배출된다는 사유 및 위탁처리한다는 사유로 방지시설을 설치하지 아니한 경우)

㉮ 폐수를 위탁하지 아니하고 그냥 배출한 경우
㉯ 폐수 성상별 저장시설을 설치하지 아니한 경우
㉰ 개선계획서를 제출하지 아니하고 배출허용 기준을 초과하여 수질오염물질을 배출한 경우
㉱ 폐수위탁처리 시 실적을 기간 내에 보고하지 아니한 경우

정답 90 ㉰ 91 ㉱ 92 ㉱ 93 ㉰

94 초과배출부과금의 부과 대상이 되는 수질오염물질로 틀린 것은 어느 것인가?

㉮ 유기인화합물   ㉯ 시안화합물
㉰ 대장균   ㉱ 유기물질

[풀이] 초과배출부과금의 부과 대상이 되는 수질오염물질에 대장균은 해당하지 않는다.

95 배출시설에 대한 일일기준초과배출량 산정 시 적용되는 일일유량의 산정 방법이다. ( ) 안에 들어갈 알맞은 말은?

> 일일조업시간은 측정하기 전 최근 조업한 (㉠)간의 배출시설의 조업시간의 평균치로서 (㉡)으로 표시한다.

㉮ ㉠ 3월, ㉡ 분   ㉯ ㉠ 3월, ㉡ 시간
㉰ ㉠ 30일, ㉡ 분   ㉱ ㉠ 30일, ㉡ 시간

96 환경정책기본법에서 지하·지표 및 지상의 모든 생물과 이들을 둘러싸고 있는 비생물적인 것을 포함한 자연의 상태를 의미하는 것 어느 것인가?

㉮ 생활환경   ㉯ 대자연
㉰ 자연환경   ㉱ 환경보전

[풀이] ㉰ 자연환경에 대한 설명이다.

97 대권역 물환경관리 계획의 수립 시 포함되어야 하는 사항으로 틀린 것은 어느 것인가?

㉮ 물환경 변화 추이 및 목표기준
㉯ 수질오염원 발생원 대책
㉰ 수질오염 예방 및 저감대책
㉱ 상수원 및 물 이용현황

[풀이] 대권역 물환경관리 계획의 수립 시 포함되어야 하는 사항으로는 ㉮·㉰·㉱ 외에 점오염원, 비점오염원 및 기타 수질오염원의 분포현황, 점오염원, 비점오염원 및 기타 수질오염원에서 배출되는 수질오염물질의 양, 물환경 보전조치의 추진방향, 저탄소 녹색성장 기본법에 따른 기후변화에 대한 적응대책이 있다.

98 공공폐수처리시설의 유지·관리기준에 따라 처리시설의 관리·운영자가 실시하여야 하는 방류수 수질검사의 주기는 얼마인가? (단, 시설의 규모는 1일당 2000m³이며, 방류수 수질이 현저하게 악화되지 않은 상황임)

㉮ 월 2회 이상   ㉯ 주 2회 이상
㉰ 월 1회 이상   ㉱ 주 1회 이상

[풀이] ㉱ 주 1회 이상에 해당한다.

정답 94 ㉰ 95 ㉰ 96 ㉰ 97 ㉯ 98 ㉱

99 시·도지사 등이 환경부장관에게 보고할 사항 중 보고 횟수가 연 1회로 알맞은 것은 어느 것인가? (단, 위임업무 보고사항)

㉮ 기타 수질오염원 현황
㉯ 폐수위탁·사업장 내 처리현황 및 처리실적
㉰ 골프장 맹·고독성 농약 사용 여부 확인 결과
㉱ 비점오염원의 설치신고 및 현황

풀이 보고횟수
㉮ 연 2회
㉯ 연 1회
㉰ 연 2회
㉱ 연 4회

100 폐수처리업의 업종구분으로 알맞은 것은 어느 것인가?

㉮ 폐수 위탁처리업 - 폐수 재활용업
㉯ 폐수 수탁처리업 - 측정대행업
㉰ 폐수 위탁처리업 - 방지시설업
㉱ 폐수 수탁처리업 - 폐수 재이용업

풀이 폐수처리업의 종류에는 폐수 수탁 처리업과 폐수 재이용업이 있다.

정답 99 ㉯ 100 ㉱

2018년 1회 수질환경기사

2018년 3월 4일 시행

| 제1과목 | 수질오염개론 |

01 수자원의 순환에서 가장 큰 비중을 차지하는 것은 무엇인가?

㉮ 해양으로의 강우
㉯ 증발
㉰ 증산
㉱ 육지로의 강우

풀이 수자원의 순환에서 가장 큰 비중을 차지하는 것은 증발이다.

02 C_2H_6 15g이 완전 산화하는데 필요한 이론적 산소량(g)은 얼마인가?

㉮ 약 46   ㉯ 약 56
㉰ 약 66   ㉱ 약 76

풀이 $C_2H_6 + 3.5O_2 \rightarrow 2CO_2 + 3H_2O$
30g : 3.5×32g
15g : ThOD
∴ ThOD = 56g

TIP 여기서 ThOD는 이론적인 산소요구량을 의미한다.

03 $PbSO_4$가 25℃ 수용액내에서 용해도가 0.075g/L이라면 용해도적은 얼마인가? (단, Pb 원자량 = 207)

㉮ 3.4×10^{-9} ㉯ 4.7×10^{-9}
㉰ 5.8×10^{-8} ㉱ 6.1×10^{-8}

풀이 $PbSO_4 \rightarrow Pb^{2+} + SO_4^{2-}$
XM   XM   XM
용해도적(Ksp) = $[Pb^{2+}][SO_4^{2-}]$ = X×X = X^2

① $PbSO_4$의 mol/L = $\dfrac{0.075g}{L} \times \dfrac{1mol}{303g}$
　　　　　　　　= 2.475×10^{-4} mol/L
② XM = 2.475×10^{-4} mol/L이므로
③ 용해도적(Ksp) = X^2 = $(2.457 \times 10^{-4} mol/L)^2$
　　　　　　　　= 6.1×10^{-8}

TIP
① $PbSO_4$의 분자량 = 207+32+(4×16) = 303g
② $PbSO_4$ 1mol = 303g

04 하천의 자정계수(f)에 대한 내용으로 알맞은 것은 어느 것인가? (단, 기타 조건은 같다고 가정함)

㉮ 수온이 상승할수록 자정계수는 작아진다.
㉯ 수온이 상승할수록 자정계수는 커진다.
㉰ 수온이 상승하여도 자정계수는 변화가 없이 일정하다.
㉱ 수온이 20℃인 경우, 자정계수는 가장 크며 그 이상의 수온에서는 점차로 낮아진다.

정답 01 ㉯ 02 ㉯ 03 ㉱ 04 ㉮

풀이 자정계수(f) = $\frac{k_2(재폭기계수)}{k_1(탈산소계수)}$ 이며, 온도가 상승할수록 k_1과 k_2 모두 증가하지만 k_2에 비해 k_1의 값이 상대적으로 더 큰값으로 증가하므로 자정계수(f)는 작아진다.

05 하천수의 수온은 10°C이다. 20°C의 탈산소계수 K(상용대수)가 0.1day^{-1}일 때 최종 BOD에 대한 BOD$_6$의 비는 얼마인가? (단, $K_T = K_{20} \times 1.047^{(T-20)}$)

㉮ 0.42 ㉯ 0.58
㉰ 0.63 ㉱ 0.83

풀이 ① 20°C의 탈산소계수를 10°C의 탈산소계수로 전환한다.
$k(T) = k_{20} \times 1.047^{(T-20)}$
$= 0.1/day \times 1.047^{(10-20)} = 0.063/day$

② $\frac{BOD_6}{최종 BOD}$ 계산한다.
$BOD_6 = BOD_u \times (1-10^{-k \times t})$
$\frac{BOD_6}{BOD_u} = (1-10^{-k \times t})$
$= 1-10^{(-0.063/day \times 6day)} = 0.58$

06 피부점막, 호흡기로 흡입되어 국소 및 전신 마비, 피부염, 색소 침착을 일으키며 안료, 색소, 유리공업 등이 주요 발생 원인 중금속은 어느 것인가?

㉮ 비소 ㉯ 납
㉰ 크롬 ㉱ 구리

풀이 ㉮ 비소(As)에 대한 설명이다.

07 연못의 수면에 용존산소 농도가 11.3 mg/L 이고 수온이 20°C인 경우, 가장 적절한 판단이라 볼 수 있는 것은 어느 것인가?

㉮ 수면의 난류로 계속 폭기가 일어나 DO가 계속 높아질 가능성이 있다.
㉯ 연못에 산화제가 유입되었을 가능성이 있다.
㉰ 조류가 번식하여 DO가 과포화 되었을 가능성이 있다.
㉱ 물속에 수산화물과 (중)탄산염을 포함하여 완충능력이 클 가능성이 있다.

풀이 연못에는 조류가 서식하므로 조류의 광합성작용에 의해 용존산소(DO)가 증가한 것으로 판단할 수 있다.

08 효소 및 기질이 효소-기질을 형성하는 가역반응과 생성물 P를 이탈시키는 착화합물의 비가역 분해과정인 다음의 식에서 Michaelis 상수 K_m은 얼마인가?
(단, $K_1 = 1.0 \times 10^7 M^{-1} s^{-1}$, $K_{-1} = 1.0 \times 10^2 s^{-1}$, $K_2 = 3.0 \times 10^2 s^{-1}$)

$$E+S \underset{K_{-1}}{\overset{K_1}{\rightleftarrows}} ES \overset{K_2}{\rightarrow} E+P$$

㉮ $1.0 \times 10^{-5} M$ ㉯ $2.0 \times 10^{-5} M$
㉰ $3.0 \times 10^{-5} M$ ㉱ $4.0 \times 10^{-5} M$

풀이 Michaelis 상수(K_m) = $\frac{K_{-1}+K_2}{K_1}$
$= \frac{(1.0 \times 10^2/s)+(3.0 \times 10^2/s)}{(1.0 \times 10^7/M \cdot s)}$
$= 4.0 \times 10^{-5}$

정답 05 ㉯ 06 ㉮ 07 ㉰ 08 ㉱

09 다음 설명과 가장 관계있는 것은 무엇인가?

> • 유리산소가 존재해야만 생장하며, 최적온도는 20 ~ 30℃, 최적 pH는 4.5 ~ 6.0이다.
> • 유기산과 암모니아를 생성해 pH를 상승 또는 하강시킬 때도 있다.

㉮ 박테리아 ㉯ 균류
㉰ 조류   ㉱ 원생동물

[풀이] ㉯ 균류(fungi)에 대한 설명이다.

10 Formaldehyde(CH_2O)의 COD/TOC 비는 얼마인가?

㉮ 1.37 ㉯ 1.67
㉰ 2.37 ㉱ 2.67

[풀이] $CH_2O + O_2 \rightarrow CO_2 + H_2O$

$$\frac{COD(산소량)}{TOC(총유기탄소량)} = \frac{1 \times 32g}{1 \times 12g} = 2.67$$

11 0.2N CH_3COOH 100mL를 NaOH로 적정하고자 하여 0.2N NaOH 97.5mL를 가했을 때 이 용액의 pH는 얼마인가?
(단, CH_3COOH의 해리상수 Ka = 1.8×10^{-5})

㉮ 3.67 ㉯ 5.56
㉰ 6.34 ㉱ 6.87

[풀이]
① $N = \frac{N_1V_1 - N_2V_2}{V_1 + V_2}$

$= \frac{0.2N \times 100mL - 0.2N \times 97.5mL}{100mL + 97.5mL} = 2.53 \times 10^{-3} N$

② $[CH_3COOH] = 2.53 \times 10^{-3} M$

③ $CH_3COOH \rightarrow CH_3COO^- + H^+$

$ka = \frac{[CH_3COO^-][H^+]}{[CH_3COOH]}$

여기서 $[H^+] = [CH_3COO^-]$

따라서 $[H^+] = \sqrt{ka \times [CH_3COOH]}$
$= \sqrt{1.8 \times 10^{-5} \times 2.5 \times 10^{-3}} M$
$= 2.12 \times 10^{-4} M$

④ $pH = -\log[H^+] = -\log[2.12 \times 10^{-4} M] = 3.67$

12 수질오염물질 중 중금속에 관한 설명으로 틀린 것은 어느 것인가?

㉮ 카드뮴 : 인체 내에서 투과성이 높고 이동성이 있는 독성 메틸 유도체로 전환된다.
㉯ 비소 : 인산염 광물에 존재해서 인 화합물 형태로 환경 중에 유입된다.
㉰ 납 : 급성독성은 신장, 생식계통, 간 그리고 뇌와 중추신경계에 심각한 장애를 유발한다.
㉱ 수은 : 수은 중독은 BAL, Ca_2EDTA로 치료할 수 있다.

13 분뇨를 퇴비화 처리할 때 초기의 최적 환경조건으로 틀린 것은 어느 것인가?

㉮ 축분에 수분조정을 위해 부자재를 혼합할 때 퇴비재료의 적정 C/N비는 25 ~ 30이 좋다.
㉯ 부자재를 혼합하여 수분함량이 20 ~ 30%가 되도록 한다.
㉰ 퇴비화는 호기성미생물을 활용하는 기술이므로 산소공급을 충분히 한다.
㉱ 초기 재료의 pH는 6.0 ~ 8.0으로 조정한다.

[풀이] ㉯ 부자재를 혼합하여 수분함량이 50 ~ 60%가 되도록 한다.

정답 09 ㉯ 10 ㉱ 11 ㉮ 12 ㉮ 13 ㉯

14 부영양화 현상을 억제하는 방법으로 틀린 것은 어느 것인가?

㉮ 비료나 합성세제의 사용을 줄인다.
㉯ 축산폐수의 유입을 막는다.
㉰ 과잉번식된 조류(algae)는 황산망간(MnSO₄)을 살포하여 제거 또는 억제할 수 있다.
㉱ 하수처리장에서 질소와 인을 제거하기 위해 고도처리공정을 도입하여 질소, 인의 호소 유입을 막는다.

풀이 ㉰ 과잉번식된 조류(algae)는 황산동(CuSO₄)을 살포하여 제거 또는 억제할 수 있다.

15 보통 농업용수의 수질평가시 SAR로 정의하는데 이에 대한 설명으로 틀린 것은?

㉮ SAR 값이 20정도이면 Na^+가 토양에 미치는 영향이 적다.
㉯ SAR의 값은 Na^+, Ca^{2+}, Mg^{2+} 농도와 관계가 있다.
㉰ 경수가 연수보다 토양에 더 좋은 영향을 미친다고 볼 수 있다.
㉱ SAR의 계산식에 사용되는 이온의 농도는 meq/L를 사용한다.

풀이 ㉮ SAR 값이 20정도이면 Na^+가 토양에 미치는 영향이 크다.

TIP
① $SAR = \dfrac{Na^+}{\sqrt{\dfrac{Ca^{2+}+Mg^{2+}}{2}}}$
② 판정
  ㉠ SAR이 0~10이면 영향 적음
  ㉡ SAR이 10~18이면 중간 정도영향
  ㉢ SAR이 18~26이면 큰 영향
  ㉣ SAR이 26 이상이면 아주 큰 영향

16 팔당호와 의암호와 같이 짧은 체류시간, 호수 수질의 수평적 균일성의 특징을 가지는 호수의 형태는 어느 것인가?

㉮ 하천형 호수 ㉯ 가지형 호수
㉰ 저수지형 호수 ㉱ 하구형 호수

풀이 ㉮ 하천형 호수에 대한 설명이다.

17 분체증식을 하는 미생물을 회분배양하는 경우 미생물은 시간에 따라 5단계를 거치게 된다. 5단계 중 생존한 미생물의 중량보다 미생물 원형질의 전체 중량이 더 크게 되며, 미생물수가 최대가 되는 단계는 어느 것인가?

㉮ 증식단계 ㉯ 대수성장단계
㉰ 감소성장단계 ㉱ 내생성장단계

풀이 생존한 미생물의 중량보다 미생물 원형질의 전체 중량이 더 크게 되며, 미생물수가 최대가 되는 단계는 감소성장단계이다.

18 공장의 COD가 5,000mg/L, BOD₅가 2,100mg/L이었다면 이 공장의 NBDCOD (mg/L)은 얼마인가? (단, K = BODᵤ/BOD₅ = 1.5)

㉮ 1,850 ㉯ 1,550
㉰ 1,450 ㉱ 1,250

풀이 COD = BDCOD+NBDCOD
① BDOCD(BODᵤ) = BOD₅ ×k
  = 2,100mg/L×1.5
  = 3,150mg/L
② NBDCOD = COD−BDCOD
  = 5000mg/L−3,150mg/L
  = 1,850mg/L

정답 14 ㉰ 15 ㉮ 16 ㉮ 17 ㉰ 18 ㉮

19 일차반응에서 반응물질의 반감기가 5일이라고 한다면 물질의 90%가 소모되는데 소요되는 시간(일)은 얼마인가?

㉮ 약 14 ㉯ 약 17
㉰ 약 19 ㉱ 약 22

[풀이] ① 반감기 공식 : $\ln\frac{1}{2} = -k \times t$

$\ln\frac{1}{2} = -k \times 5\,day$

∴ $k = 0.1386/day$

② 1차반응식 공식 : $\ln\frac{C_t}{C_o} = -k \times t$

$\ln\frac{10\%}{100\%} = -0.1386/day \times t$

∴ $t = 16.61\,day$

20 공장폐수의 BOD를 측정하였을 때 초기 DO는 8.4mg/L이고, 20℃에서 5일간 보관한 후 측정한 DO는 3.6mg/L이었다. BOD 제거율이 90%가 되는 활성슬러지 처리시설에서 처리하였을 경우 방류수의 BOD(mg/L)는?
(단, BOD 측정 시 희석배율 = 50배)

㉮ 12 ㉯ 16
㉰ 21 ㉱ 24

[풀이] ① BOD = (DO₁ - DO₂) × P
여기서
DO_1 : 초기 DO농도(mg/L)
DO_2 : 5일간 배양후 DO농도(mg/L)
P : 희석 배수치

따라서 BOD = (8.4-3.6)mg/L × 50배 = 240mg/L

② 제거효율(%) = $\left(1 - \frac{유출수의\ BOD}{유입수의\ BOD}\right) \times 100$

따라서 90% = $\left(1 - \frac{유출수의\ BOD}{240mg/L}\right) \times 100$

∴ 유출수의 BOD = 240mg/L × (1-0.90)
= 24mg/L

| 제2과목 | 상하수도계획

21 펌프의 회전수 N = 2400rpm, 최고 효율점의 토출량 Q = 162m³/hr, 전양정 H = 90m인 원심펌프의 비회전도는 얼마인가?

㉮ 약 115rpm ㉯ 약 125rpm
㉰ 약 135rpm ㉱ 약 145rpm

[풀이]
$Ns = N \times \frac{Q^{\frac{1}{2}}}{H^{\frac{3}{4}}}$

여기서
Ns : 비교회전도(rpm)
N : 규정회전수(rpm)
Q : 토출량(m³/min)
H : 전양정(m)

따라서 $Ns = 2400rpm \times \frac{(162m^3/hr \times 1hr/60min)^{\frac{1}{2}}}{(90m)^{\frac{3}{4}}}$

= 134.96rpm

TIP
rpm = 회/min

22 펌프의 공동현상(Cavitation)에 대한 내용으로 틀린 것은 어느 것인가?

㉮ 공동현상이 생기면 소음이 발생한다.
㉯ 공동 속의 압력은 절대로 0이 되지는 않는다.
㉰ 장시간이 경과하면 재료의 침식을 생기게 한다.
㉱ 펌프의 흡입양정이 작아질수록 공동현상이 발생하기 쉽다.

[풀이] ㉱ 펌프의 흡입양정이 커질수록 공동현상이 발생하기 쉽다.

정답 19 ㉯ 20 ㉱ 21 ㉰ 22 ㉱

23 펌프의 토출유량은 1,800m³/hr, 흡입구의 유속은 4m/sec일 때 펌프의 흡입구경(mm)은?

㉮ 약 350 ㉯ 약 400
㉰ 약 450 ㉱ 약 500

풀이 $D = 146 \times \sqrt{\dfrac{Q}{v}}$

여기서
- D : 흡입구경(mm)
- Q : 토출량(m³/min)
- v : 유속(m/sec)

따라서 $D = 146 \times \sqrt{\dfrac{1,800\text{m}^3/\text{hr} \times 1\text{hr}/60\text{min}}{4\text{m/sec}}}$

$= 399.84\text{mm}$

24 하수관거 개·보수계획 수립 시 포함되어야 할 사항이 아닌 것은 어느 것인가?

㉮ 불명수량 조사
㉯ 개·보수 우선 순위의 결정
㉰ 개·보수 공사 범위의 설정
㉱ 주변 인근 신설관거 현황 조사

풀이 ㉱ 주변 인근 신설관거 현황 조사는 하수관거 개·보수계획 수립 시 포함되어야 할 사항이 아니다.

25 단면 ①(지름 0.5m)에서 유속이 2 m/sec일 때, 단면 ②(지름 0.2m)에서의 유속(m/sec) 은 얼마인가? (단, 만관 기준이며 유량은 변화 없음)

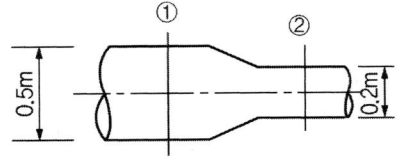

㉮ 약 5.5 ㉯ 약 8.5
㉰ 약 9.5 ㉱ 약 12.5

풀이 유량(Q) = 단면적(A)×유속(v)

$= \dfrac{\pi \times D^2}{4} \times v$

따라서 $\dfrac{\pi \times (0.5\text{m})^2}{4} \times 2\text{m/sec} = \dfrac{\pi \times (0.2\text{m})^2}{4} \times v$

∴ v = 12.5m/sec

26 상수도 취수시설 중 취수틀에 대한 내용으로 틀린 것은 어느 것인가?

㉮ 구조가 간단하고 시공도 비교적 용이하다.
㉯ 수중에 설치하므로 호소표면수는 취수할 수 없다.
㉰ 단기간에 완성하고 안정된 취수가 가능하다.
㉱ 보통 대형취수에 사용되며 수위변화에 영향이 적다.

풀이 ㉱ 호소의 중소량 취수시설로 많이 사용한다.

27 다음 하수관로에서 평균유속이 2.5 m/sec일 때 흐르는 유량(m³/sec)은 얼마인가?

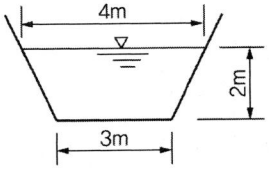

㉮ 7.8 ㉯ 12.3
㉰ 17.5 ㉱ 23.3

풀이 유량(Q) = 단면적(A)×유속(v)

$= \dfrac{h \times (B_1 + B_2)}{2} \times v$

$= \dfrac{2\text{m} \times (4\text{m} + 3\text{m})}{2} \times 2.5\text{m/sec}$

$= 17.5\text{m}^3/\text{sec}$

정답 23 ㉯ 24 ㉱ 25 ㉱ 26 ㉱ 27 ㉰

28 관경 1100mm, 역사이펀 관거 내의 동수경사 2.4‰, 유속 2.15m/sec, 역사이펀 관거의 길이 L = 76m일 때, 역사이펀의 손실수두(m)는 얼마인가? (단, β = 1.5, α = 0.05 m이다.)

㉮ 0.29 ㉯ 0.39
㉰ 0.49 ㉱ 0.59

풀이
$$H = I \times L + 1.5 \times \frac{v^2}{2g} + \alpha$$

여기서
- H : 손실수두(m)
- I : 동수구배(기울기)
- L : 관의 길이(m)
- g : 중력가속도(9.8m/sec²)
- v : 유속(m/sec)
- α : 손실수두에 관한 여유

따라서 $H = \frac{2.4}{1,000} \times 76m + 1.5 \times \frac{(2.15m/sec)^2}{2 \times 9.8m/sec^2} + 0.05m$
= 0.59m

29 24시간 이상 장시간의 강우강도에 대해 가까운 저류시설 등을 계획할 경우에 적용하는 강우 강도식은 어느 것인가?

㉮ Cleveland형
㉯ Japanese형
㉰ Talbot형
㉱ Sherman형

풀이 24시간 이상 장시간의 강우강도에 대해 가까운 저류시설 등을 계획할 경우에 적용하는 강우 강도식은 Cleveland형이다.

30 하수배제방식이 합류식인 경우 중계펌프장의 계획 하수량으로 알맞은 것은 어느 것인가?

㉮ 우천시 계획오수량
㉯ 계획우수량
㉰ 계획시간최대오수량
㉱ 계획1일최대오수량

풀이 하수배제방식이 합류식인 경우 중계펌프장이나 처리장내 펌프장은 우천시 계획오수량으로 한다.

31 우물의 양수량 결정 시 적용되는 "적정양수량"의 정의로 알맞은 것은 어느 것인가?

㉮ 최대양수량의 70% 이하
㉯ 최대양수량의 80% 이하
㉰ 한계양수량의 70% 이하
㉱ 한계양수량의 80% 이하

풀이 적정양수량은 한계양수량의 70% 이하이다.

32 우리나라 대규모 상수도의 수원으로 가장 많이 이용되며 오염물질에 노출을 주의해야하는 수원은?

㉮ 지표수 ㉯ 지하수
㉰ 용천수 ㉱ 복류수

풀이 우리나라 대규모 상수도의 수원으로 가장 많이 이용되며 오염물질에 노출을 주의해야 하는 수원은 지표수이다.

정답 28 ㉱ 29 ㉮ 30 ㉮ 31 ㉰ 32 ㉮

33 계획송수량과 계획도수량의 기준이 되는 수량은 무엇인가?

㉮ 계획송수량 : 계획1일최대급수량
　　계획도수량 : 계획시간최대급수량
㉯ 계획송수량 : 계획시간최대급수량
　　계획도수량 : 계획1일최대급수량
㉰ 계획송수량 : 계획취수량
　　계획도수량 : 계획1일최대급수량
㉱ 계획송수량 : 계획1일최대급수량
　　계획도수량 : 계획취수량

[풀이] 계획송수량은 계획1일최대급수량을 기준으로 하고, 계획도수량은 계획취수량을 기준으로 한다.

34 정수처리시설인 응집지 내의 플록형성지에 대한 내용으로 틀린 것은 어느 것인가?

㉮ 플록형성지는 혼화지와 침전지 사이에 위치하고 침전지에 붙여서 설치한다.
㉯ 플록형성은 응집된 미소플록을 크게 성장시키기 위해 적당한 기계식교반이나 우류식교반이 필요하다.
㉰ 플록형성지 내의 교반강도는 하류로 갈수록 점차 증가시키는 것이 바람직하다.
㉱ 플록형성지는 단락류나 정체부가 생기지 않으면서 충분하게 교반될 수 있는 구조로 한다.

[풀이] ㉰ 플록형성지 내의 교반강도는 하류로 갈수록 점차 감소시키는 것이 바람직하다.

35 상수도 기본계획 수립 시 기본적 사항인 계획1일최대급수량에 관한 내용으로 적절한 것은?

㉮ 계획1일평균사용수량/계획유효율
㉯ 계획1일평균사용수량/계획부하율
㉰ 계획1일평균급수량/계획유효율
㉱ 계획1일평균급수량/계획부하율

36 취수시설 중 취수보의 위치 및 구조에 대한 고려사항으로 틀린 것은 어느 것인가?

㉮ 유심이 취수구에 가까우며 안정되고 홍수에 의한 하상변화가 적은 지점으로 한다.
㉯ 원칙적으로 철근콘크리트 구조로 한다.
㉰ 침수 및 홍수시 수면상승으로 인하여 상류에 위치한 하천공작물 등에 미치는 영향이 적은 지점에 설치한다.
㉱ 원칙적으로 홍수의 유심방향과 평형인 직선형으로 가능한 한 하천의 곡선부에 설치한다.

[풀이] ㉱ 원칙적으로 홍수의 유심방향과 직각인 직선형으로 가능한 한 하천의 직선부에 설치한다.

37 길이 1.2km의 하수관이 2‰의 경사로 매설되어 있을 경우, 이 하수관 양 끝단 간의 고저차(m)는 얼마인가? (단, 기타 사항은 고려하지 않음)

㉮ 0.24　　㉯ 2.4
㉰ 0.6　　㉱ 6.0

[풀이] 기울기$(I) = \dfrac{\triangle H}{\triangle L}$

따라서 $\triangle H = I \times \triangle L$

$= \dfrac{2}{1000} \times 1.2 \text{km} \times 10^3 \text{m/1km}$

$= 2.4 \text{m}$

정답 33 ㉱ 34 ㉰ 35 ㉱ 36 ㉱ 37 ㉯

38 도수관을 설계할 때 평균유속 기준으로 알맞은 것은 어느 것인가?

> 자연유하식인 경우에는 허용최대한도를 (㉠)로 하고, 도수관의 평균유속의 최소한도는 (㉡)로 한다.

㉮ ㉠ 1.5m/s, ㉡ 0.3m/s
㉯ ㉠ 1.5m/s, ㉡ 0.6m/s
㉰ ㉠ 3.0m/s, ㉡ 0.3m/s
㉱ ㉠ 3.0m/s, ㉡ 0.6m/s

풀이 도수관 설계시 평균유속의 기준은 자연유하식인 경우에는 허용최대한도를 3.0m/sec로 하고, 도수관의 평균유속의 최소한도는 0.3m/sec로 한다.

39 하수 관거시설인 빗물받이의 설치에 관한 설명으로 틀린 것은 어느 것인가?

㉮ 협잡물 및 토사의 유입을 저감할 수 있는 방안을 고려하여야 한다.
㉯ 설치위치는 보·차도 구분이 없는 경우에는 도로와 사유지의 경계에 설치한다.
㉰ 도로 옆의 물이 모이기 쉬운 장소나 L형 측구의 유하 방향 하단부에 설치한다.
㉱ 우수침수방지를 위하여 횡단보도 및 가옥의 출입구 앞에 설치함을 원칙으로 한다.

풀이 ㉱ 우수침수방지를 위하여 횡단보도 및 가옥의 출입구 앞에는 가급적 설치하지 않는다.

40 상수처리를 위한 약품침전지의 구성과 구조로 틀린 것은 어느 것인가?

㉮ 슬러지의 퇴적심도로서 30cm 이상을 고려한다.
㉯ 유효수심은 3~5.5m로 한다.
㉰ 침전지 바닥에는 슬러지 배제에 편리하도록 배수구를 향하여 경사지게 한다.
㉱ 고수위에서 침전지 벽체 상단까지의 여유고는 10cm 정도로 한다.

풀이 ㉱ 고수위에서 침전지 벽체 상단까지의 여유고는 30cm 정도로 한다.

제3과목 | 수질오염방지기술

41 정수장 응집 공정에 사용되는 화학약품 중 나머지 셋과 용도가 다른 하나는 어느 것인가?

㉮ 오존   ㉯ 명반
㉰ 폴리비닐아민 ㉱ 황산제일철

풀이 화학약품의 용도
㉮ 오존 : 살균제
㉯ 명반(황산알루미늄 = Alum) : 응집제
㉰ 폴리비닐아민 : 응집제
㉱ 황산제일철 : 응집제

42 처리유량이 200m³/hr이고 염소요구량이 9.5mg/L, 잔류염소 농도가 0.5mg/L일 때 하루에 주입되는 염소의 양(kg/day)은 얼마인가?

㉮ 2   ㉯ 12
㉰ 22   ㉱ 48

정답 38 ㉰ 39 ㉱ 40 ㉱ 41 ㉮ 42 ㉱

풀이 ① 염소주입량 = 염소요구량+염소잔류량
　　　　　　　　= 9.5mg/L+0.5mg/L
　　　　　　　　= 10mg/L
② 염소주입량(kg/day)
　　= 염소주입량(kg/m³)×처리유량(m³/day)
　　= 10×10⁻³kg/m³×200m³/hr×24hr/day
　　= 48kg/day

43 폐수를 처리하기 위해 시료 200mL를 취하여 Jar Test하여 응집제와 응집보조제의 최적주입농도를 구한 결과, $Al_2(SO_4)_3$ 200mg/L, $Ca(OH)_2$ 500mg/L였다. 폐수량 500m³/day을 처리하는데 필요한 $Al_2(SO_4)_3$의 양(kg/day)은 얼마인가?

㉮ 50　　㉯ 100
㉰ 150　　㉱ 200

풀이 $Al_2(SO_4)_3$의 양(kg/day) = 0.2kg/m³×500m³/day
　　　　　　　　　　　　= 100kg/day

44 분뇨 소화슬러지 발생량은 1일 분뇨투입량의 10%이다. 발생된 소화슬러지의 탈수 전 함수율이 96%라고 하면 탈수된 소화슬러지의 1일 발생량(m³)은 얼마인가? (단, 분뇨투입량 = 360 kL/day, 탈수된 소화 슬러지의 함수율 = 72%, 분뇨 비중 = 1.0)

㉮ 2.47　　㉯ 3.78
㉰ 4.21　　㉱ 5.14

풀이 $V_1×(100-P_1) = V_2×(100-P_2)$
360m³/day×0.1×(100-96) = V_2×(100-72)
∴ V_2 = 5.14m³

45 유기물을 함유한 유체가 완전혼합연속반응조를 통과할 때 유기물의 농도가 200mg/L에서 20mg/L로 감소한다. 반응조 내의 반응이 일차반응이고 반응조 체적이 20m³이며 반응속도상수가 0.2day⁻¹이라면 유체의 유량(m³/day)은 얼마인가?

㉮ 0.11　　㉯ 0.22
㉰ 0.33　　㉱ 0.44

풀이 $Q(C_o-C_t) = k·V·C_t$
여기서
Q : 유량(m³/day)
C_o : 초기농도(mg/L)
C_t : t시간 후의 농도(mg/L)
k : 상수(/day)
V : 체적(m³)

따라서 Q×(200-20)mg/L = 0.2/day×20m³×20mg/L

∴ $Q = \dfrac{0.2/day×20m³×20mg/L}{(200-20)mg/L} = 0.44m³/day$

46 BOD 400mg/L, 폐수량 1,500m³/day의 공장폐수를 활성슬러지법으로 처리하고자 한다. BOD-MLSS 부하를 0.25 kg/kg·day, MLSS 2,500mg/L로 운전한다면 포기조의 크기(m³)는 얼마인가?

㉮ 2000　　㉯ 1500
㉰ 1250　　㉱ 960

풀이 $F/M비(/day) = \dfrac{BOD(kg/m³)×Q(m³/day)}{MLSS(kg/m³)×V(m³)}$

따라서 $0.25/day = \dfrac{0.4kg/m³×1,500m³/day}{2.5kg/m³×V(m³)}$

∴ $V = \dfrac{0.4kg/m³×1,500m³/day}{2.5kg/m³×0.25/day} = 960m³$

정답 43 ㉯　44 ㉱　45 ㉱　46 ㉱

47 고농도의 액상 PCB 처리방법으로 틀린 것은 어느 것인가?

㉮ 방사선조사(코발트 60에 의한 γ선 조사)
㉯ 연소법
㉰ 자외선조사법
㉱ 고온 고압 알칼리 분해법

풀이 고농도의 액상 PCB 처리방법으로는 연소법, 자외선조사법, 고온 고압 알칼리 분해법이 있다.

48 일반적으로 염소계 산화제를 사용하여 무해한 물질로 산화 분해시키는 처리방법을 사용하는 폐수의 종류는 어느 것인가?

㉮ 납을 함유한 폐수
㉯ 시안을 함유한 폐수
㉰ 유기인을 함유한 폐수
㉱ 수은을 함유한 폐수

풀이 염소계 산화제를 사용하여 무해한 물질로 산화 분해시키는 처리방법을 사용하는 폐수의 종류는 시안을 함유한 폐수이다.

49 SS가 55mg/L, 유량이 13,500m³/day인 흐름에 황산제이철($Fe_2(SO_4)_3$)을 응집제로 사용하여 50mg/L가 되도록 투입한다. 응집제를 투입하는 흐름에 알칼리도가 없는 경우, 황산 제이철과 반응시키기 위해 투입하여야 하는 이론적인 석회($Ca(OH)_2$)의 양(kg/day)은 얼마인가? (단, Fe = 55.8, S = 32, O = 16, Ca = 40, H = 1)

㉮ 285   ㉯ 375
㉰ 465   ㉱ 545

풀이 $Fe_2(SO_4)_3 + 3Ca(OH)_2 \rightarrow 2Fe(OH)_3 + 3CaSO_4$
399.6g : 3×74g
$50×10^{-3}kg/m^3 × 13,500m^3/day$: X
∴ X = 375kg/day

50 바퀴모양의 극미동물이며, 상당히 양호한 생물학적 처리에 대한 지표미생물은 무엇인가?

㉮ Psychodidae
㉯ Rotifera
㉰ Vorticella
㉱ Sphaerotillus

풀이 바퀴모양의 극미동물이며, 상당히 양호한 생물학적 처리에 대한 지표미생물은 로티퍼(Rotifera)이다.

51 시공계획의 수립 시 준비단계에서 고려할 사항 중 가장 거리가 먼 것은?

㉮ 계약조건, 설계도, 시방서 및 공사조건을 충분히 검토한 후 시공할 작업의 범위를 결정
㉯ 이용 가능한 자원을 최대로 활용할 수 있도록 현장의 각종 제약조건을 분석
㉰ 계획, 실시, 검토, 통제의 단계를 거쳐 작성
㉱ 예정공기를 벗어나지 않는 범위내에서 가장 경제적인 시공이 될 수 있는 공법과 공정 계획 수립

정답 47 ㉮ 48 ㉯ 49 ㉯ 50 ㉯ 51 ㉰

52 MLSS의 농도가 1500mg/L인 슬러지를 부상법(Flotation)에 의해 농축시키고자 한다. 압축탱크의 유효전달 압력이 4기압이며 공기의 밀도를 1.3g/L, 공기의 용해량이 18.7mL/L일 때 Air/Solid(A/S)비는 얼마인가? (단, 유량은 300m³/day이며 처리수의반송은 없고 f = 0.5이다.)

㉮ 0.008 ㉯ 0.010
㉰ 0.016 ㉱ 0.020

풀이

$$A/S비 = \frac{1.3 \times Sa \times (f \cdot P-1)}{SS}$$

$$= \frac{1.3 \times 18.7 mL/L \times (0.5 \times 4atm-1)}{1500 mg/L}$$

$$= 0.016$$

53 연속회분식 활성슬러지법(SBR, Sequenencing Batch Reactor)에 대한 설명으로 틀린 것은 어느 것인가?

㉮ 단일 반응조에서 1주기(cycle) 중에 호기-무산소-혐기 등의 조건을 설정하여 질산화와 탈질화를 도모할 수 있다.
㉯ 충격부하 또는 첨두유량에 대한 대응성이 약하다.
㉰ 처리용량이 큰 처리장에는 적용하기 어렵다.
㉱ 질소(N)와 인(P)의 동시제거 시 운전의 유연성이 크다.

풀이 ㉯ 충격부하 또는 첨두유량에 대한 대응성이 강하다.

54 혐기성 처리와 호기성 처리의 비교 설명으로 틀린 것은 어느 것인가?

㉮ 호기성 처리가 혐기성 처리보다 유출수의 수질이 더 좋다.
㉯ 혐기성 처리가 호기성 처리보다 슬러지 발생량이 더 적다.
㉰ 호기성 처리에서는 1차침전지가 필요하지만 혐기성 처리에서는 1차침전지가 필요 없다.
㉱ 주어진 기질량에 대한 영양물질의 필요성은 호기성 처리보다 혐기성 처리에서 더 크다.

풀이 ㉱ 주어진 기질량에 대한 영양물질의 필요성은 혐기성 처리보다 호기성 처리에서 더 크다.

55 부피가 2649m³인 탱크에서 G값을 50/s로 유지하기 위해 필요한 이론적 소요동력(W)과 패들 면적(m²)은 얼마인가?

단, • 유체 점성 계수 $1.139 \times 10^{-3} N \cdot s/m^2$
• 밀도 1000kg/m³
• 직사각형 패들의 항력계수 1.8
• 패들 주변속도 0.6m/s
• 패들 상대속도 = 패들 주변속도 × 0.75로 가정
• 패들면적 (A) = [2P/(C · ρ · V³)]식 적용

㉮ 8543, 104 ㉯ 8543, 92
㉰ 7543, 104 ㉱ 7543, 92

풀이

① $G = \sqrt{\frac{P}{\mu \cdot V}}$ 에서 $P = G^2 \times \mu \times V$

따라서 $P = (50/sec)^2 \times 1.139 \times 10^{-3} N \cdot S/m^2 \times 2649 m^3$
$= 7543.03 N \cdot m/sec$
$= 7543.03 kg \cdot m^2/sec^3$

② $A = \frac{2 \times P}{C \times \rho \times V^3}$

정답 52 ㉰ 53 ㉯ 54 ㉱ 55 ㉱

$$= \frac{2 \times 7543.03 \text{kg} \cdot \text{m}^2/\text{sec}^3}{1.8 \times 1000 \text{kg/m}^3 \times (0.6 \text{m/sec} \times 0.75)^3}$$
$$= 91.97 \text{m}^2$$

56 생물학적 질소 및 인 동시제거공정으로서 혐기성, 무산소조, 호기조로 구성되며, 혐기조에서 인 방출, 무산소조에서 탈질화, 호기조에서 질산화 및 인 섭취가 일어나는 공정은 어느 것인가?

㉮ A^2/O 공정
㉯ Phostrip 공정
㉰ Modified Bardenphor 공정
㉱ Modified UCT 공정

풀이 ㉮ A^2/O 공정에 대한 설명이다.

57 혐기성 공법 중 혐기성 유동상의 장점으로 틀린 것은 어느 것인가?

㉮ 짧은 수리학적 체류시간과 높은 부하율로 운전이 가능하다.
㉯ 유출수의 재순환이 필요 없으므로 공정이 간단하다.
㉰ 매질의 첨가나 제거가 쉽다.
㉱ 독성물질에 대한 완충능력이 좋다.

풀이 ㉯ 유출수의 재순환이 필요하며, 공정이 복잡하다.

58 하·폐수를 통하여 배출되는 계면활성제에 대한 설명으로 틀린 것은 어느 것인가?

㉮ 계면활성제는 메틸렌블루 활성물질이라고도 한다.
㉯ 계면활성제는 주로 합성세제로부터 배출되는 것이다.
㉰ 물에 약간 녹으며 폐수처리 플랜트에서 거품을 만들게 된다.
㉱ ABS는 생물학적으로 분해가 매우 쉬우나 LAS는 생물학적으로 분해가 어려운 난분해성 물질이다.

풀이 ㉱ LAS는 생물학적으로 분해가 매우 쉬우나 ABS는 생물학적으로 분해가 어려운 난분해성 물질이다.

59 오존을 이용한 소독에 관한 설명으로 틀린 것은 어느 것인가?

㉮ 오존은 화학적으로 불안정하여 현장에서 직접 제조하여 사용해야 한다.
㉯ 오존은 산소의 동소체로서 HOCl 보다 더 강력한 산화제이다.
㉰ 오존은 20℃ 증류수에서 반감기가 20~30분이고 용액 속에 산화제를 요구하는 물질이 존재하면 반감기는 더욱 짧아진다.
㉱ 잔류성이 강하여 2차 오염을 방지하며 냄새제거에 매우 효과적이다.

풀이 ㉱ 잔류성이 없으며, 탈취와 탈색효과가 크다.

정답 56 ㉮ 57 ㉯ 58 ㉱ 59 ㉱

60 pH = 3.0인 산성폐수 1,000m³/day를 도시하수 시스템으로 방출하는 공장이 있다. 도시하수의 유량은 10,000m³/day이고 pH = 8.0이다. 하수와 폐수의 온도는 20℃이고 완충작용이 없다면 산성폐수 첨가 후 하수의 pH는 얼마인가?

㉮ 3.2　　㉯ 3.5
㉰ 3.8　　㉱ 4.0

풀이 ① 혼합물의 [H⁺] 계산한다.

$$[H^+] = \frac{10^{-3}\text{mol/L} \times 1,00\text{m}^3/\text{day} + 10^{-8}\text{mol/L} \times 10,000\text{m}^3/\text{day}}{1,000\text{m}^3/\text{day} + 10,000\text{m}^3/\text{day}}$$

$= 9.09 \times 10^{-5}$ mol/L

② pH = -log[H⁺]
　　= -log[9.09×10⁻⁵mol/L]
　　= 4.04

| 제4과목 | 수질오염공정시험기준

61 알칼리성 KMnO₄법으로 COD를 측정하기 위하여 사용하는 표준적정액은 무엇인가?

㉮ NaOH　　㉯ KMnO₄
㉰ Na₂S₂O₃　㉱ Na₂C₂O₄

풀이 적정용액
① 산성 과망간산칼륨법 : 0.005M 과망간산칼륨용액
② 알칼리성 과망간산칼륨법 : 0.025M 티오황산나트륨용액
③ 다이크롬산칼륨법 : 0.025N 황산제일철암모늄용액

62 수질오염공정시험기준상 탁도 측정에 관한 설명으로 틀린 것은 어느 것인가?

㉮ 파면과 입자가 큰 침전이 존재하는 시료를 빠르게 침전시킬 경우, 탁도값이 낮게 측정 된다.
㉯ 물에 색깔이 있는 시료는 잠재적으로 측정값이 높게 분석된다.
㉰ 시료 속에 거품은 빛을 산란시키고 높은 측정값을 나타낸다.
㉱ 탁도를 측정하기 위해서는 탁도계를 이용하여 물의 흐림 정도를 측정한다.

풀이 ㉯ 물에 색깔이 있는 시료는 색이 빛을 흡수하기 때문에 잠재적으로 측정값이 낮게 분석된다.

63 pH 미터의 유지관리에 대한 설명으로 틀린 것은 어느 것인가?

㉮ 전극이 더러워 졌을 때는 유리전극을 묽은 염산에 잠시 담갔다가 증류수로 씻는다.
㉯ 유리전극을 사용하지 않을 때는 증류수에 담가둔다.
㉰ 유지, 그리스 등이 전극표면에 부착되면 유기용매로 적신 부드러운 종이로 전극을 닦고 증류수로 씻는다.
㉱ 전극에 발생하는 조류나 미생물은 전극을 보호하는 작용이므로 떨어지지 않게 주의한다.

풀이 ㉱ 전극에 발생하는 조류나 미생물은 pH측정을 방해하므로 제거하여야 한다.

정답 60 ㉱　61 ㉰　62 ㉯　63 ㉱

64 분원성 대장균군-막여과법에서 배양온도 유지 기준은 얼마인가?

㉮ 25±0.2℃   ㉯ 30±0.5℃
㉰ 35±0.5℃   ㉱ 44.5±0.2℃

[풀이] 배양온도
① 총대장균군의 막여과법 : 35±0.5℃
② 분원성대장균군의 막여과법 : 44.5±0.2℃
③ 대장균의 효소이용정량법 : 35±0.5℃ 및 44.5±0.2℃

65 35% HCl(비중 1.19)을 10% HCl으로 만들려면 35% HCl과 물의 용량비는 얼마인가?

㉮ 1 : 1.5   ㉯ 3 : 1
㉰ 1 : 3   ㉱ 1.5 : 1

66 채취된 시료를 즉시 실험할 수 없을 때 4℃에서 NaOH로 pH 12 이상으로 보존해야 하는 항목은 어느 것인가?

㉮ 시안   ㉯ 클로로필a
㉰ 페놀류   ㉱ 노말헥산추출물질

[풀이] 시료의 보존방법
㉮ 시안 : 4℃에서 NaOH로 pH 12 이상
㉯ 클로로필a : 즉시 여과하여 -20℃ 이하
㉰ 페놀류 : 4℃에서 H_3PO_4로 pH 4 이하
㉱ 노말헥산추출물질 : 4℃에서 H_2SO_4로 pH 2 이하

67 퇴적물의 완전연소가능량 측정에 관한 내용으로 ( )에 들어갈 알맞은 말은?

> 110℃에서 건조시킨 시료를 도가니에 담고 무게를 측정한 다음 (㉠)℃에서 (㉡)시간 가열한 후 다시 무게를 측정한다.

㉮ ㉠ 400, ㉡ 1   ㉯ ㉠ 400, ㉡ 2
㉰ ㉠ 550, ㉡ 1   ㉱ ㉠ 550, ㉡ 2

[풀이] 가열온도는 550℃이고, 가열시간은 2시간이다.

68 폐수 20mL를 취하여 산성과망간산칼륨법으로 분석하였더니 0.005M-KMnO₄ 용액의 적정량이 4mL이었다. 이 폐수의 COD(mg/L)는 얼마인가? (단, 공시험값 = 0 mL, 0.005M-KMNO₄용액의 f = 1.00)

㉮ 16   ㉯ 40
㉰ 60   ㉱ 80

[풀이]
$$COD = \frac{(b-a) \times f \times 0.2}{V(L)}$$
$$= \frac{(4mL-0) \times 1.00 \times 0.2}{20 \times 10^{-3}L} = 40mg/L$$

69 총유기탄소 분석기기 내 산화부에서 유기탄소를 이산화탄소로 산화하는 방법으로 옳게 짝지은 것은?

㉮ 고온연소 산화법, 저온연소 산화법
㉯ 고온연소 산화법, 전기전도도 산화법
㉰ 고온연소 산화법, 과황산 열 산화법
㉱ 고온연소 산화법, 비분산적외선 산화법

[풀이] 총유기탄소 분석기기 내 산화부에서 유기탄소를 이산화탄소로 산화하는 방법은 고온연소 산화법과 과황산 UV 및 과황산 열 산화법이 있다.

정답 64 ㉱ 65 ㉰ 66 ㉮ 67 ㉱ 68 ㉯ 69 ㉰

70 "정확히 취하여"라고 하는 것은 규정한 양의 액체를 무엇으로 눈금까지 취하는 것을 말하는가?

㉮ 메스실린더 ㉯ 뷰렛
㉰ 부피피펫 ㉱ 눈금 비이커

> **TIP**
> 주의해야 할 용어
> ① 정밀히 단다함은 규정된 양의 시료를 취하여 화학저울 또는 미량저울로 칭량함.
> ② 정확히 단다함은 규정된 수치의 무게를 0.1mg까지 다는 것을 말함.
> ③ 정확히 취하여라 함은 규정한 양의 액체를 부피피펫으로 눈금까지 취는 것을 말함.

71 ppm을 설명한 것으로 틀린 것은 어느 것인가?

㉮ ppb농도의 1000배 이다.
㉯ 백만분율이라고 한다.
㉰ mg/kg이다.
㉱ %농도의 1/1000 이다.

풀이 ㉱ %농도의 1/10,000 이다.

72 BOD 측정 시 산성 또는 알칼리성 시료에 대하여 전처리를 할 때 중화를 위해 넣어주는 산 또는 알칼리의 양은 시료량의 몇 %가 넘지 않도록 하여야 하는가?

㉮ 0.5 ㉯ 1.0
㉰ 2.0 ㉱ 3.0

풀이 BOD 측정 시 산성 또는 알칼리성 시료에 대하여 전처리를 할 때 중화를 위해 넣어주는 산 또는 알칼리의 양은 시료량의 0.5%를 넘지 않도록 한다.

73 수질오염공정시험기준에서 기체크로마토그래피로 측정하지 않는 항목은 무엇인가?

㉮ 유기인
㉯ 음이온계면활성제
㉰ 폴리클로리네이티드비페닐
㉱ 알킬수은

풀이 음이온계면활성제의 시험방법은 자외선/가시선분광법과 연속흐름법이다.

74 총 질소-연속흐름법에 관한 내용으로 ( )에 들어갈 알맞은 말은?

> 시료 중 모든 질소화합물을 산화분해하여 질산성질소 형태로 변화시킨 다음 ( )을 통과시켜 아질산성질소의 양을 550nm 또는 기기에서 정해진 파장에서 측정하는 방법이다.

㉮ 수산화나트륨(0.025N)용액 칼럼
㉯ 무수황산나트륨 환원 칼럼
㉰ 환원증류·킬달 칼럼
㉱ 카드뮴-구리환원 칼럼

75 하수 및 폐수 종말처리장 등의 원수, 공정수, 배출수 등의 개수로의 유량을 측정하는데 사용하는 웨어의 정확도 기준은 어느 것인가? (단, 실제유량에 대한 %)

㉮ ±5% ㉯ ±10%
㉰ ±15% ㉱ ±25%

풀이 웨어 및 파살수로의 정확도는 ±5% 이다.

정답 70 ㉰ 71 ㉱ 72 ㉮ 73 ㉯ 74 ㉱ 75 ㉮

76 시료의 전처리 방법 중 유기물을 다량 함유하고 있으면서 산분해가 어려운 시료에 적용하는 방법은 어느 것인가?

㉮ 질산-염산 산분해법
㉯ 질산 산분해법
㉰ 마이크로파 산분해법
㉱ 질산-황산 산분해법

풀이 산분해법
㉮ 질산-염산 산분해법: 유기물 함량이 비교적 높지 않고 금속의 수산화물, 산화물, 인산염 및 황화물을 함유하고 있는 시료
㉯ 질산산분해법: 유기물 함량이 비교적 높지 않은 시료
㉰ 마이크로파 산분해법: 유기물을 다량 함유하고 있으면서 산분해가 어려운 시료에 적용
㉱ 질산-황산 산분해법: 유기물 등을 많이 함유하고 있는 대부분의 시료

77 일반적으로 기체크로마토그래피의 열전도도 검출기에서 사용하는 운반기체의 종류는 어느 것인가?

㉮ 헬륨 ㉯ 질소
㉰ 산소 ㉱ 이산화탄소

풀이 열전도도 검출기에서 사용하는 운반기체의 종류는 헬륨(He)과 수소(H_2)이다.

78 카드뮴을 자외선/가시선 분광법으로 측정할 때 사용되는 시약으로 틀린 것은 어느 것인가?

㉮ 수산화나트륨용액
㉯ 요오드화칼륨용액
㉰ 시안화칼륨용액
㉱ 타타르산용액

풀이 카드뮴을 자외선/가시선 분광법으로 측정할 때 사용되는 시약으로 수산화나트륨용액, 시안화칼륨용액, 타타르산용액이 있다.

79 전기전도도 측정에 관한 설명으로 틀린 것은 어느 것인가?

㉮ 용액이 전류를 운반할 수 있는 정도를 말한다.
㉯ 온도차에 의한 영향이 적어 폭 넓게 적용된다.
㉰ 용액에 담겨있는 2개의 전극에 일정한 전압을 가해주면 가한 전압이 전류를 흐르게 하며, 이 때 흐르는 전류의 크기는 용액의 전도도에 의존한다는 사실을 이용한다.
㉱ 용액 중의 이온세기를 신속하게 평가할 수 있는 항목으로 국제적으로 S(Siemens) 단위가 통용되고 있다.

풀이 ㉯ 온도차에 의한 영향이 크다.

80 자외선/가시선 분광법으로 아연을 정량하는 방법으로 ( )에 들어갈 알맞은 말은?

> 물속에 존재하는 아연을 측정하기 위하여 아연이온이 pH 약 ( )에서 진콘과 반응하여 생성하는 청색 킬레이트 화합물의 흡광도를 측정한다.

㉮ 4   ㉯ 9
㉰ 10 ㉱ 12

TIP 자외선/가시선 분광법으로 아연을 정량하는 방법
① 2가 망간이 공존하지 않은 경우에는 아스코빈산나트륨을 넣지 않는다.
② 발색의 정도는 15~29℃, pH는 8.8~9.2의 범위에서 잘된다.

정답 76 ㉰ 77 ㉮ 78 ㉯ 79 ㉯ 80 ㉯

제5과목 | 수질환경관계법규

81 사업장의 규모별 구분에 관한 내용으로 ( )에 맞는 내용은?

> 최초 배출시설 설치허가시의 폐수배출량은 사업계획에 따른 ( )을 기준으로 산정한다.

㉮ 예상용수사용량 ㉯ 예상폐수배출량
㉰ 예상하수배출량 ㉱ 예상희석수사용량

[풀이] 최초 배출시설 설치허가시의 폐수배출량은 사업계획에 따른 예상용수사용량을 기준으로 산정한다.

82 환경정책기본법령에 의한 수질 및 수생태계 상태를 등급으로 나타내는 경우 '좋음' 등급에 대해 설명한 것은? (단, 수질 및 수생태계 하천의 생활 환경기준)

㉮ 용존산소가 풍부하고 오염물질이 거의 없는 청정 상태에 근접한 생태계로 침전 등 간단한 정수처리 후 생활용수로 사용할 수 있음
㉯ 용존산소가 풍부하고 오염물질이 거의 없는 청정 상태에 근접한 생태계로 여과·침전 등 간단한 정수처리 후 생활용수로 사용할 수 있음
㉰ 용존산소가 많은 편이고 오염물질이 거의 없는 청정 상태에 근접한 생태계로 여과·침전·살균 등 일반적인 정수처리 후 생활용수로 사용할 수 있음
㉱ 용존산소가 많은 편이고 오염물질이 거의 없는 청정 상태에 근접한 생태계로 활성탄투입 등 일반적인 정수처리 후 생활용수로 사용할 수 있음

[풀이] ㉰번이 좋은 등급에 대한 설명이다.

83 조치명령 또는 개선명령을 받지 아니한 사업자가 배출허용 기준을 초과하여 오염물질을 배출하게 될 때 환경부장관에게 제출하는 개선계획서에 기재할 사항이 아닌 것은?

㉮ 개선사유
㉯ 개선내용
㉰ 개선기간 중의 수질오염물질 예상배출량 및 배출농도
㉱ 개선 후 배출시설의 오염물질 저감량 및 저감효과

[풀이] 개선계획서에 개재할 사항은 개선사유, 개선내용, 개선기간 중의 수질오염물질 예상배출량 및 배출농도이다.

84 공공폐수처리시설 배수설비의 설치방법 및 구조기준에 관한 내용으로 ( )에 들어갈 알맞은 말은?

> 시간당 최대폐수량이 일평균폐수량의 (㉠) 이상인 사업자와 순간수질과 일평균수질과의 격차가 (㉡) mg/L 이상인 시설의 사업자는 자체적으로 유량조정조를 설치하여 폐수종말 처리시설 가동에 지장이 없도록 폐수배출량 및 수질을 조정한 후 배수하여야 한다.

㉮ ㉠ 2배, ㉡ 100   ㉯ ㉠ 2배, ㉡ 200
㉰ ㉠ 3배, ㉡ 100   ㉱ ㉠ 3배, ㉡ 200

정답 81 ㉮ 82 ㉰ 83 ㉱ 84 ㉮

85 수질오염방지시설 중 화학적 처리시설이 아닌 것은 어느 것인가?

㉮ 농축시설 ㉯ 살균시설
㉰ 흡착시설 ㉱ 소각시설

풀이 ㉮ 농축시설은 물리적 처리시설에 해당한다.

> **TIP**
> **화학적 처리시설의 종류**
> 화학적 침강시설, 중화시설, 흡착시설, 살균시설, 이온교환시설, 소각시설, 산화시설, 환원시설, 침전물 개량시설

86 총량관리 단위유역의 수질 측정방법 중 측정수질에 관한 내용으로 ( )에 들어갈 알맞은 말은?

> 산정 시점으로부터 과거 ( ) 측정한 것으로 하며, 그 단위는 리터당 밀리그램(mg/L)으로 표시한다.

㉮ 1년간 ㉯ 2년간
㉰ 3년간 ㉱ 5년간

87 폐수무방류배출시설의 세부 설치기준으로 틀린 것은 어느 것인가?

㉮ 특별대책지역에 설치되는 경우 폐수배출량이 200m³/day 이상이면 실시간 확인 가능한 원격유량감시 장치를 설치하여야 한다.
㉯ 폐수는 고정된 관로를 통하여 수집·이송·처리·저장되어야 한다.
㉰ 특별대책지역에 설치되는 시설이 1일 24시간 연속하여 가동되는 것이면 배출폐수를 전량 처리할 수 있는 예비 방지시설을 설치하여야 한다.
㉱ 폐수를 고체 상태의 폐기물로 처리하기 위하여 증발·농축·건조·탈수 또는 소각시설을 설치하여야 하며, 탈수 등 방지시설에서 발생하는 폐수가 방지시설에 재유입되지 않도록 하여야 한다.

풀이 ㉱ 폐수를 고체 상태의 폐기물로 처리하기 위하여 증발·농축·건조·탈수 또는 소각시설을 설치하여야 하며, 탈수 등 방지시설에서 발생하는 폐수가 방지시설에 재유입되도록 하여야 한다.

88 수계영향권별 물환경 보전에 관한 설명으로 옳은 것은?

㉮ 환경부장관은 공공수역의 관리·보전을 위하여 국가 물환경관리기본계획을 10년마다 수립 하여야 한다.
㉯ 시·도지사는 수계영향권별로 오염원의 종류, 수질오염물질 발생량 등을 정기적으로 조사 하여야 한다.
㉰ 환경부장관은 국가 물환경기본계획에 따라 중권역의 물환경관리계획을 수립하여야 한다.
㉱ 수생태계 복원계획의 내용 및 수립 절차 등에 필요한 사항은 환경부령으로 정한다.

풀이 ㉯ 환경부장관은 수계영향권별로 오염원의 종류, 수질오염물질 발생량 등을 정기적으로 조사 하여야 한다.
㉰ 유역환경청장 또는 지방환경청장은 국가 물환경기본계획에 따라 중권역의 물환경관리계획을 수립하여야 한다.
㉱ 수생태계 복원계획의 내용 및 수립 절차 등에 필요한 사항은 대통령령으로 정한다.

정답 85 ㉮ 86 ㉰ 87 ㉱ 88 ㉮

89 중점관리저수지의 관리자와 그 저수지의 소재지를 관할하는 시·도지사가 수립하는 중점관리저수지의 수질오염방지 및 수질개선에 관한 대책에 포함되어야 하는 사항으로 ( )에 들어갈 알맞은 말은?

> 중점관리저수지의 경계로부터 반경 ( )의 거주 인구 등 일반현황

㉮ 500m 이내   ㉯ 1km 이내
㉰ 2km 이내   ㉱ 5km 이내

[풀이] 중점관리저수지의 경계로부터 반경 2km 이내의 거주 인구 등 일반현황

90 대권역 물환경관리계획의 수립 시 포함되어야 할 사항으로 틀린 것은?

㉮ 상수원 및 물 이용현황
㉯ 물환경의 변화 추이 및 물환경목표기준
㉰ 물환경 보전조치의 추진방향
㉱ 물환경 관리 우선순위 및 대책

[풀이] 대권역 물환경관리계획의 수립 시 포함되어야 할 사항
① 물환경 변화 추이 및 물환경목표기준
② 상수원 및 물 이용현황
③ 점오염원, 비점오염원 및 기타 수질오염원의 분포현황
④ 점오염원, 비점오염원 및 기타 수질오염원에서 배출되는 수질오염물질의 양
⑤ 수질오염 예방 및 저감대책
⑥ 물환경 보전 조치의 추진방향
⑦ 기후변화에 대한 적응대책

91 시·도지사가 측정망을 이용하여 수질오염도를 상시 측정하거나 수생태계 현황을 조사한 경우, 결과를 며칠 이내에 환경부장관에게 보고 하여야 하는지 ( )에 알맞은 말은?

> • 수질오염도 : 측정일이 속하는 달의 다음 달 (㉠) 이내
> • 수생태계 현황 : 조사 종료일부터 (㉡) 이내

㉮ ㉠ 5일, ㉡ 1개월
㉯ ㉠ 5일, ㉡ 3개월
㉰ ㉠ 10일, ㉡ 1개월
㉱ ㉠ 10일, ㉡ 3개월

92 특별자치시장·특별자치도지사·시장·군수·구청장이 하천·호소의 이용목적 및 수질상황 등을 고려하여 대통령령이 정하는 바에 따라 낚시금지구역 또는 낚시제한구역을 지정할 경우 누구와 협의하여야 하는가?

㉮ 수면관리자   ㉯ 지방의회
㉰ 해양수산부장관   ㉱ 지방환경청장

[풀이] 낚시금지구역 또는 낚시제한구역을 지정할 경우 수면관리자와 협의하여야 한다.

정답 89 ㉰ 90 ㉱ 91 ㉱ 92 ㉮

93 시·도지사는 오염총량관리기본계획을 수립 하거나 오염총량관리기본계획 중 대통령이 정하는 중요한 사항을 변경하는 경우 환경부장관의 승인을 얻어야 한다. 중요한 사항에 해당되지 않는 것은?

㉮ 해당 지역 개발계획의 내용
㉯ 지방자치단체별·수계구간별 오염부하량의 할당
㉰ 관할 지역에서 배출되는 오염부하량의 총량 및 저감계획
㉱ 최종방류구별·단위기간별 오염부하량 할당 및 배출량 지정

[풀이] ㉱ 해당 지역 개발계획으로 인하여 추가로 배출되는 오염부하량 및 그 저감계획

94 특정수질유해물질로만 구성된 것은?

㉮ 시안화합물, 셀레늄과 그 화합물, 벤젠
㉯ 시안화합물, 바륨화합물, 페놀류
㉰ 벤젠, 바륨화합물, 구리와 그 화합물
㉱ 6가크롬 화합물, 페놀류, 니켈과 그 화합물

[풀이] 특정수질 유해물질은 출제빈도가 높으므로 반드시 숙지하세요.

95 공공수역에 분뇨·가축분뇨 등을 버린 자에 대한 벌칙기준은 어느 것인가?

㉮ 5년 이하의 징역 또는 5천만원 이하의 벌금
㉯ 3년 이하의 징역 또는 3천만원 이하의 벌금
㉰ 2년 이하의 징역 또는 2천만원 이하의 벌금
㉱ 1년 이하의 징역 또는 1천만원 이하의 벌금

[풀이] ㉱ 1년 이하의 징역 또는 1천만원 이하의 벌금에 해당한다.

96 위임업무 보고사항 중 업무내용에 따른 보고횟수가 연 1회에 해당되는 것은?

㉮ 기타 수질오염원 현황
㉯ 환경기술인의 자격별·업종별 현황
㉰ 폐수무방류배출시설의 설치허가 현황
㉱ 폐수처리업에 대한 등록·지도단속실적 및 처리실적 현황

[풀이] 보고횟수
㉮ 연 2회 ㉯ 연 1회 ㉰ 수시 ㉱ 연 2회

97 물환경보전법에서 사용하는 용어의 정의로 틀린 것은 어느 것인가?

㉮ 비점오염원 : 도시, 도로, 농지, 산지, 공사장 등으로서 불특정 장소에서 불특정하게 수질오염물질을 배출하는 배출원을 말한다.
㉯ 기타수질오염원 : 점오염원 및 비점오염원으로 관리되지 아니하는 수질오염물질 배출원으로서 대통령령으로 정하는 것을 말한다.
㉰ 폐수 : 물에 액체성 또는 고체성의 수질오염물질이 혼입되어 그대로 사용할 수 없는 물을 말한다.
㉱ 강우유출수 : 비점오염원의 수질오염물질이 섞여 유출되는 빗물 또는 눈 녹은 물 등을 말한다.

[풀이] ㉯ 기타수질오염원: 점오염원 및 비점오염원으로 관리되지 아니하는 수질오염물질을 배출하는 시설 또는 장소로서 환경부령으로 정하는 것을 말한다.

정답 93 ㉱ 94 ㉮ 95 ㉱ 96 ㉯ 97 ㉯

98 오염총량초과부과금 산정 방법 및 기준에서 적용되는 측정유량(일일유량 산정 시 적용)단위로 알맞은 것은 어느 것인가?

㉮ m³/min ㉯ L/min
㉰ m³/sec ㉱ L/sec

TIP
① 일일유량 = 측정유량 × 조업시간
② 일일유량의 단위는 리터(L)이다.
③ 측정유량의 단위는 분당 리터(L/min)이다.
④ 일일조업시간은 측정하기전 최근 조업한 30일간의 오수 및 폐수 배출시설의 조업시간 평균치로서 분으로 표시한다.

99 수질오염물질의 배출허용기준에서 나 지역의 총유기 탄소량(TOC)의 기준(mg/L 이하)은 얼마인가? (단, 1일 폐수 배출량이 2000m³ 미만인 경우)

㉮ 150 ㉯ 75
㉰ 120 ㉱ 90

풀이 ① 1일 폐수배출량이 2000m³ 이상인 경우 배출허용기준

	1일 폐수배출량이 2000m³ 이상인 경우		
	생물화학적 산소요구량 (mg/L)	총유기 탄소량 (mg/L)	부유물질량 (mg/L)
청정지역	30 이하	25 이하	30 이하
가 지역	60 이하	40 이하	60 이하
나 지역	80 이하	50 이하	80 이하
특례지역	30 이하	25 이하	30 이하

② 1일 폐수배출량이 2000m³ 미만인 경우 배출허용기준

	1일 폐수배출량이 2000m³ 미만인 경우		
	생물화학적 산소요구량 (mg/L)	총유기 탄소량 (mg/L)	부유물질량 (mg/L)
청정지역	40 이하	30 이하	40 이하
가 지역	80 이하	50 이하	80 이하
나 지역	120 이하	75 이하	120 이하
특례지역	30 이하	25 이하	30 이하

100 수질오염경보의 종류별·경보단계별 조치사항 중 상수원 구간에서 조류경보 '경계' 단계 발령시 조지사항이 아닌 것은 어느 것인가?

㉮ 정수의 독소분석 실시
㉯ 황토 등 흡착제 살포 등을 이용한 조류제거 조치 실시
㉰ 주변오염원에 대한 단속 강화
㉱ 어패류 어획·식용, 가축 방목 등의 자제 권고

풀이 ㉮ 취수장·정수장 관리자
㉯ 조류대발생 단계에서 수면관리자
㉰ 유역·지방환경청장
㉱ 유역·지방환경청장

정답 98 ㉯ 99 ㉯ 100 ㉯

2018년 2회 수질환경기사

2018년 4월 28일 시행

| 제1과목 | 수질오염개론

01 유기화합물에 대한 설명으로 옳지 않은 것은?

㉮ 유기화합물들은 일반적으로 녹는 점과 끓는 점이 낮다.
㉯ 유기화합물들은 하나의 분자식에 대하여 여러 종류의 화합물이 존재할 수 있다.
㉰ 유기화합물들은 대체로 이온 반응보다는 분자반응을 하므로 반응속도가 빠르다.
㉱ 대부분의 유기화합물은 박테리아의 먹이가 될 수 있다.

풀이 ㉰ 유기화합물들은 대체로 이온 반응보다는 분자반응을 하므로 반응속도가 느리다.

02 도시에서 DO 0mg/L, BODu 200mg/L, 유량 1.0m³/sce, 온도 20℃의 하수를 유량 6m³/sec인 하천에 방류하고자 한다. 방류지점에서 몇 km 하류에서 DO 농도가 가장 낮아지겠는가? (단, 하천의 온도 20℃, BODu 1mg/L, DO 9.2mg/L, 방류 후 혼합된 유량의 유속 3.6 km/hr이며, 혼합수의 $k_1 = 0.1$/day, $k_2 = 0.2$/day, 20℃에서 산소 포화농도는 9.2mg/L이다. 상용대수기준)

㉮ 약 243 ㉯ 약 258
㉰ 약 273 ㉱ 약 292

풀이 유하지점(km) = 유속(km/hr)×임계점 도달시간(hr)

임계점 도달시간(t_c) = $\dfrac{1}{k_1(f-1)} \log\left[f\left\{1-(f-1)\dfrac{D_o}{L_o}\right\}\right]$

① 자정계수(f) = $\dfrac{k_2}{k_1} = \dfrac{0.2/day}{0.1/day} = 2$

② 혼합지점의 최종 BOD($BOD_u = L_o$)를 계산한다.

$C_m = \dfrac{Q_1C_1+Q_2C_2}{Q_1+Q_2}$

$= \dfrac{1.0m^3/sec \times 200mg/L + 6m^3/sec \times 1mg/L}{1.0m^3/sec + 6m^3/sec}$

$= 29.43mg/L$

③ 혼합지점의 DO 농도를 계산한다.

$C_m = \dfrac{Q_1C_1+Q_2C_2}{Q_1+Q_2}$

$= \dfrac{1.0m^3/sec \times 0mg/L + 6m^3/sec \times 9.2mg/L}{1.0m^3/sec + 6m^3/sec}$

$= 7.886mg/L$

④ 초기산소부족량(D_o)
= 포화DO농도(Cs) - 혼합수의 DO농도(C)
= 9.2mg/L - 7.886mg/L = 1.314mg/L

⑤ 임계점 도달시간(t_c)를 계산한다.

$t_c = \dfrac{1}{0.1/day \times (2-1)} \times \log$

$\left[2 \times \left\{1-(2-1)\times\left(\dfrac{1.314mg/L}{29.43mg/L}\right)\right\}\right] = 2.812day$

⑥ 유하지점(km)
= 유속(km/day)×임계점 도달시간(day)
= 3.6km/hr×24hr/day×2.812day = 242.96km

정답 01 ㉰ 02 ㉮

03 직경 3mm인 모세관의 표면장력이 0.0037kg$_f$/m이라면 물 기둥의 상승높이(cm)는 얼마인가? (단, $h = \dfrac{4r\cos\beta}{wd}$, 접촉각 $\beta = 5°$)

㉮ 0.26　　㉯ 0.38
㉰ 0.49　　㉱ 0.57

[풀이] $h = \dfrac{4 \times 0.0037 kg_f/m \times \cos 5}{1000 kg/m^3 \times (3 \times 10^{-3} m)}$
　　　= 0.00491m = 0.49cm

04 산화-환원에 대한 설명으로 알맞지 않은 것은?

㉮ 산화는 전자를 받아들이는 현상을 말하며, 환원은 전자를 잃는 현상을 말한다.
㉯ 이온 원자가나 공유원자가에 (+)나 (-) 부호를 붙인 것을 산화수라 한다.
㉰ 산화는 산화수의 증가를 말하며, 환원은 산화수의 감소를 말한다.
㉱ 산화는 수소화합물에서 수소를 잃는 현상이며 환원은 수소와 화합하는 현상을 말한다.

[풀이] ㉮ 산화는 전자를 잃는 현상을 말하며, 환원은 전자를 받아들이는 현상을 말한다.

05 해수의 특성으로 틀린 것은 어느 것인가?

㉮ 해수는 HCO_3^-를 포화시킨 상태로 되어 있다.
㉯ 해수의 밀도는 염분비 일정법칙에 따라 항상 균일하게 유지된다.
㉰ 해수 내 전체 질소 중 약 35% 정도는 암모니아성 질소와 유기 질소의 형태이다.
㉱ 해수의 Mg/Ca 비는 3~4 정도로 담수에 비하여 크다.

[풀이] ㉯ 해수의 밀도는 염분, 수온, 수압의 함수로 수심이 깊을수록 증가한다.

06 배양기의 제한기질농도(S)가 100mg/L, 세포 최대비증식계수(μ_{max})가 0.35hr^{-1}일 때 Monod식에 의한 세포의 비증식계수(μ, hr^{-1})는 얼마인가? (단, 제한기질 반포화농도(Ks) = 30mg/L)

㉮ 약 0.27　　㉯ 약 0.34
㉰ 약 0.42　　㉱ 약 0.54

[풀이] Monod식 : $\mu = \mu_{max} \times \dfrac{S}{Ks+S}$

여기서
μ : 세포의 비증식 계수(/hr)
μ_{max} : 세포의 최대 비증식 계수(/hr)
S : 제한기질의 농도(mg/L)
Ks : 반포화 농도(mg/L)

따라서 $\mu = 0.35/hr \times \dfrac{100mg/L}{30mg/L+100mg/L} = 0.27/hr$

07 유리산소가 존재하는 상태에서 발육하기 어려운 미생물로 가장 알맞은 것은?

㉮ 호기성 미생물
㉯ 통성혐기성 미생물
㉰ 편성혐기성 미생물
㉱ 미호기성 미생물

[풀이] ㉰ 편성혐기성 미생물은 유리산소가 존재하는 데에서는 생육할 수 없는 미생물로 발효만으로 에너지를 획득하기 때문에 산소가 없는 곳에서만 자라는 미생물을 말한다.

정답　03 ㉰　04 ㉮　05 ㉯　06 ㉮　07 ㉰

08 자체의 염분농도가 평균 20mg/L인 폐수에 시간당 4kg의 소금을 첨가시킨 후 하류에서 측정한 염분의 농도가 55 mg/L이었을 때 유량(m^3/sec)은 얼마인가?

㉮ 0.0317　　㉯ 0.317
㉰ 0.0634　　㉱ 0.634

풀이 유량(m^3/sec) = $\dfrac{4kg/hr \times 1hr/3600sec}{(55mg/L - 20mg/L) \times 10^{-3}kg/m^3}$
= 0.0317m^3/sec

09 방사성 물질인 스트론튬(Sr^{90})의 반감기가 29년이라면 주어진 양의 스트론튬(Sr^{90})이 99% 감소하는데 걸리는 시간(년)은 얼마인가?

㉮ 143　　㉯ 193
㉰ 233　　㉱ 273

풀이 ① 반감기 이용

$\ln \dfrac{1}{2} = -k \times t$

$\ln \dfrac{1}{2} = -k \times 29년$

∴ $k = \dfrac{\ln \dfrac{1}{2}}{-29년} = 0.0239/년$

② 1차 반응식 이용

$\ln \dfrac{C_t}{C_o} = -k \times t$

$\ln \dfrac{1\%}{100\%} = -0.0239/년 \times t$

∴ $t = \dfrac{\ln \dfrac{1\%}{100\%}}{-0.0239/년} = 192.69년$

10 우리나라 호수들의 형태에 따른 분류와 그 특성을 나타낸 것으로 가장 거리가 먼 것은?

㉮ 하천형 : 긴 체류시간
㉯ 가지형 : 복잡한 연안구조
㉰ 가지형 : 호수 내 만의 발달
㉱ 하구형 : 높은 오염부하량

풀이 ㉮ 하천형 : 짧은 체류시간

11 일반적으로 처리조 설계에 있어서 수리모형으로 plug flow형과 완전혼합형이 있다. 다음의 혼합 정도를 나타내는 표시항 중 이상적인 plug flow형일 때 얻어지는 값은?

㉮ 분산수 : 0
㉯ 통계학적 분산 : 1
㉰ Morrill지수 : 1보다 크다.
㉱ 지체시간 : 0

풀이 ㉯ 통계학적 분산 : 0
㉰ Morrill지수 : 1
㉱ 지체시간 : 이론적 체류시간과 동일할 때

12 수산화칼슘(Ca(OH)$_2$)은 중탄산칼슘(Ca(HCO$_3$)$_2$)과 반응하여 탄산칼슘(CaCO$_3$)의 침전을 형성한다고 할 때 10g의 Ca(OH)$_2$에 대하여 몇 g의 CaCO$_3$가 생성되는가?
(단, 원자량 Ca : 40)

㉮ 37g　　㉯ 27g
㉰ 17g　　㉱ 7g

풀이 Ca(OH)$_2$ + Ca(HCO$_3$)$_2$ → 2CaCO$_3$ + 2H$_2$O
　　74g　　　　　：　2×100g
　　10g　　　　　：　X
∴ X = 27.03g

정답 08 ㉮　09 ㉯　10 ㉮　11 ㉮　12 ㉯

13 수온이 20℃인 저수지의 용존산소 농도가 12.4mg/L이었을 때 저수지의 상태를 가장 적절하게 평가한 것은?

㉮ 물이 깨끗하다.
㉯ 대기로부터의 산소 재폭기가 활발히 일어나고 있다.
㉰ 조류가 많이 번성하고 있다.
㉱ 수생동물이 많다.

[풀이] 저수지에는 조류가 서식하여 조류의 광합성작용에 의해 용존산소(DO)가 증가한 것으로 판단되므로 이 저수지에는 조류가 번성하고 있다.

14 호소의 부영양화를 방지하기 위해서 호소로 유입되는 영양염류의 저감과 성장 조류를 제거하는 수면관리 대책을 동시에 수립하여야 하는데, 유입저감 대책으로 바르지 않은 것은?

㉮ 배출허용기준의 강화
㉯ 약품에 의한 영양염류의 침전 및 황산동 살포
㉰ 하·폐수의 고도처리
㉱ 수변구역의 설정 및 유입배수의 우회

[풀이] ㉯번은 유입저감대책이 아니라 조류 발생 후 처리 방법이다.

15 생물학적 질화 중 아질산화에 관한 설명으로 옳지 않은 것은?

㉮ 반응속도가 매우 빠르다.
㉯ 관련 미생물은 독립영양성 세균이다.
㉰ 에너지원은 화학에너지이다.
㉱ 산소가 필요하다.

[풀이] ㉮ 반응속도가 매우 느리다.

16 일반적으로 적용되는 부영양화모델의 방정식 $\frac{\partial x}{\partial t} = f(X, u, a, p)$의 설명으로 틀린 것은?

㉮ a : 호수생태계의 특색을 나타내는 상수 vector
㉯ f : 유입, 유출, 호수 내에서의 이류, 확산 등 상태 변수의 변화속도
㉰ p : 수량부하, 일사량 등에 관련되는 입력함수
㉱ x : 호수 및 저니 속의 어떤 지점에서의 물리적, 화학적, 생물학적인 상태량

17 미생물에 의한 산화·환원 반응에 있어 전자 수용체에 속하지 않는 것은?

㉮ O_2 ㉯ CO_2
㉰ NH_3 ㉱ 유기물

[풀이] ㉰ 암모니아(NH_3)는 전자공여체이다. 참고로 전자공여체는 전자를 다른 물질에 공급하는 것을 말한다.

18 바다에서 발생되는 적조현상에 관한 설명과 가장 거리가 먼 것은?

㉮ 적조 조류의 독소에 의한 어패류의 피해가 발생한다.
㉯ 해수 중 용존산소의 결핍에 의한 어패류의 피해가 발생한다.
㉰ 갈수기 해수 내 염소량이 높아질 때 발생된다.
㉱ 플랑크톤의 번식에 충분한 광량과 영양염류가 공급될 때 발생된다.

[풀이] ㉰ 홍수기 해수 내 염분량이 낮아질 때 발생된다.

정답 13 ㉰ 14 ㉯ 15 ㉮ 16 ㉰ 17 ㉰ 18 ㉰

19 물의 특성을 설명한 것으로 적절치 못한 것은?

㉮ 상온에서 알칼리금속, 알칼리토금속, 철과 반응하여 수소를 발생시킨다.
㉯ 표면장력은 불순물농도가 낮을수록 감소한다.
㉰ 표면장력은 수온이 증가하면 감소한다.
㉱ 점도는 수온과 불순물의 농도에 따라 달라지는데 수온이 증가할수록 점도는 낮아진다.

[풀이] ㉯ 표면장력은 불순물농도가 낮을수록 증가한다.

20 시료의 BOD_5가 200mg/L이고 탈산소계수 값이 0.15day^{-1}일 때 최종 BOD(mg/L)는 얼마인가?

㉮ 약 213 ㉯ 약 223
㉰ 약 233 ㉱ 약 243

[풀이] $BOD_5 = BOD_u \times 1-10^{(-k_1 \times t)}$
200mg/L = $BOD_u \times (1-10^{-0.15/day \times 5day})$
∴ BOD_u = 243.26gm/L

| 제2과목 | 상하수도계획

21 배수지의 고수위와 저수위와의 수위차, 즉 배수지의 유효수심의 표준으로 적절한 것은?

㉮ 1~2m ㉯ 2~4m
㉰ 3~6m ㉱ 5~8m

[풀이] 배수지의 유효수심 표준은 3~6m이다.

22 오수관로의 유속 범위로 알맞은 것은?
(단, 계획시간최대오수량 기준)

㉮ 최소 0.2m/sec, 최대 2.0m/sec
㉯ 최소 0.3m/sec, 최대 2.0m/sec
㉰ 최소 0.6m/sec, 최대 3.0m/sec
㉱ 최소 0.8m/sec, 최대 3.0m/sec

[풀이] 오수관로의 유속은 계획시간최대오수량에 대하여 최소 0.6m/sec, 최대 3.0m/sec로 한다.

23 정수시설 중 응집을 위한 시설인 플록형성지의 플록형성시간은 계획정수량에 대하여 몇 분을 표준으로 하는가?

㉮ 0.5~1분   ㉯ 1~3분
㉰ 5~10분   ㉱ 20~40분

[풀이] 플록형성시간은 계획정수량에 대하여 20~40분간을 표준으로 한다.

24 응집시설 중 완속교반시설에 관한 설명으로 틀린 것은?

㉮ 완속교반기는 패들형과 터빈형이 사용된다.
㉯ 완속교반 시 속도경사는 40~100초$^{-1}$ 정도로 낮게 유지한다.
㉰ 조의 형태는 폭 : 길이 : 깊이 = 1 : 1 : 1~1.2가 적당하다.
㉱ 체류시간은 5~10분이 적당하고 3~4개의 실로 분리하는 것이 좋다.

[풀이] ㉱ 체류시간은 20~30분이 적당하다.

정답 19 ㉯ 20 ㉱ 21 ㉰ 22 ㉰ 23 ㉱ 24 ㉱

25 비교회전도가 700 ~ 1200rpm인 경우에 사용되는 하수도용 펌프 형식으로 옳은 것은?

㉮ 터빈펌프 ㉯ 볼류트펌프
㉰ 축류펌프 ㉱ 사류펌프

풀이 시험에 자주 출제되는 비교회전도
① 축류펌프 : 1,100 ~ 2,000rpm
② 사류펌프 : 700 ~ 1200rpm
③ 원심펌프 : 100 ~ 250rpm

26 하수관로의 유속과 경사는 하류로 갈수록 어떻게 되도록 설계하여야 하는가?

㉮ 유속 : 증가, 경사 : 감소
㉯ 유속 : 증가, 경사 : 증가
㉰ 유속 : 감소, 경사 : 증가
㉱ 유속 : 감소, 경사 : 감소

풀이 하수관로에서 하류로 갈수록 유속은 증가하고, 경사는 감소하도록 설계하여야 한다.

27 원형 원심력 철근콘크리트관에 만수된 상태로 송수된다고 할 때 Manning 공식에 의한 유속 (m/sec)은 얼마인가? (단, 조도계수 = 0.013, 동수경사 = 0.002, 관지름 d = 250mm)

㉮ 0.24 ㉯ 0.54
㉰ 0.72 ㉱ 1.03

풀이 Manning식에서 유속(v) = $\frac{1}{n} \times R^{\frac{2}{3}} \times I^{\frac{1}{2}}$ (m/sec)

경심(R) = $\frac{D}{4} = \frac{0.25m}{4} = 0.0625m$

I(기울기 = 구배 = 동수경사) = 0.002

따라서 유속(v) = $\frac{1}{0.013} \times (0.0625m)^{\frac{2}{3}} \times (0.002)^{\frac{1}{2}}$
= 0.54m/sec

28 취수탑의 위치에 관한 내용으로 ( )에 들어갈 알맞은 말은?

연간을 통하여 최소수심이 ( ) 이상으로 하천에 설치하는 경우에는 유심이 제방에 되도록 근접한 지점으로 한다.

㉮ 1m ㉯ 2m
㉰ 3m ㉱ 4m

풀이 하천에 취수탑을 설치하는 경우 최소수심은 2m 이상으로 한다.

29 상향류식 경사판 침전지의 표준 설계요소에 관한 설명으로 틀린 것은?

㉮ 표면부하율은 4 ~ 9 mm/min로 한다.
㉯ 침강장치는 1단으로 한다.
㉰ 경사각은 55 ~ 60°로 한다.
㉱ 침전지내의 평균상승유속은 250 mm/min 이하로 한다.

30 지하수(복류수포함)의 취수 시설 중 집수매거에 관한 설명으로 틀린 것은?

㉮ 복류수의 유황이 좋으면 안정된 취수가 가능하다.
㉯ 하천의 대소에 영향을 받으며 주로 소하천에 이용된다.
㉰ 침투된 물은 취수하므로 토사유입은 거의 없고 대개는 수질이 좋다.
㉱ 하천바닥의 변동이나 강바닥의 저하가 큰 지점은 노출될 우려가 크므로 적당하지 않다.

풀이 ㉯ 하천의 대소에 관계없이 이용된다.

정답 25 ㉱ 26 ㉮ 27 ㉯ 28 ㉯ 29 ㉮ 30 ㉯

31 저수댐의 위치에 관한 설명으로 틀린 것은?

㉮ 댐 지점 및 저수지의 지질이 양호하여야 한다.
㉯ 가장 작은 댐의 크기로서 필요한 양의 물을 저수할 수 있어야 한다.
㉰ 유역면적이 작고 수원보호상 유리한 지형이어야 한다.
㉱ 저수지용지 내에 보상해야 할 대상물이 적어야 한다.

[풀이] ㉰ 유역면적이 크고 수원보호상 유리한 지형이어야 한다.

32 계획우수량을 정할 때 고려하여야 할 사항 중 틀린 것은?

㉮ 하수관거의 확률년수는 원칙적으로 10~30년으로 한다.
㉯ 유입시간은 최소단위배수구의 지표면 특성을 고려하여 구한다.
㉰ 유출계수는 지형도를 기초로 답사를 통하여 충분히 조사하고 장래 개발계획을 고려하여 구한다.
㉱ 유하시간은 최상류관거의 끝으로부터 하류관거의 어떤 지점까지의 거리를 계획유량에 대응한 유속으로 나누어 구하는 것을 원칙으로 한다.

[풀이] ㉰ 유출계수는 토지이용도별 기초유출계수로부터 총괄유출계수를 구하는 것을 원칙으로 한다.

33 $I = \dfrac{3660}{t+15}$ mm/hr, 면적 $2.0km^2$, 유입시간 6분, 유출계수 C = 0.65, 관내유속이 1m/sec인 경우, 관길이 600m인 하수관에서 흘러나오는 우수량(m^3/sec)은 얼마인가? (단, 합리식 적용)

㉮ 약 31   ㉯ 약 38
㉰ 약 43   ㉱ 약 52

[풀이] $Q = \dfrac{1}{360} CIA$

여기서
- C : 유출계수
- I : 강우강도(mm/hr)
- A : 면적(ha)

① $I = \dfrac{3,660}{t+15}$ (mm/hr)

t(유달시간) = 유입시간(min) + 유하시간(min)

유하시간 = $\dfrac{관의 길이(m)}{관내 유속(m/min)}$

$= \dfrac{600m}{1m/sec \times 60sec/min} = 10min$

따라서 t(유달시간) = 6min + 10min = 16min

$I = \dfrac{3,660}{t+15} = \dfrac{3,660}{16min+15} = 118.0645 mm/hr$

② A(면적) = $2.0km^2 \times 100ha/1km^2 = 200ha$

③ $Q = \dfrac{1}{360} CIA$

$= \dfrac{1}{360} \times 0.65 \times 118.0645 mm/hr \times 200ha$

$= 42.63 m^3/sec$

정답 31 ㉰   32 ㉰   33 ㉰

34 하수의 배제방식에 대한 설명으로 틀린 것은?

㉮ 하수의 배제방식에는 분류식과 합류식이 있다.
㉯ 하수의 배제방식의 결정은 지역의 특성이나 방류수역의 여건을 고려해야 한다.
㉰ 제반 여건상 분류식이 어려운 경우 합류식으로 설치할 수 있다.
㉱ 분류식 중 오수관로는 소구경관로로 폐쇄 염려가 있고, 청소가 어렵고, 시간이 많이 소요된다.

풀이 ㉱ 분류식 중 오수관로는 소구경관로로 폐쇄 염려가 있고, 청소가 용이하고, 시간이 적게 소요된다.

35 1분당 300m³의 물을 150m 양정(전양정)할 때 최고효율점에 달하는 펌프가 있다. 이 때의 회전수가 1500rpm이라면, 이 펌프의 비속도(비교회전도)는 얼마인가?

㉮ 약 512   ㉯ 약 554
㉰ 약 606   ㉱ 약 658

풀이

$$N_s = N \times \frac{Q^{\frac{1}{2}}}{H^{\frac{3}{4}}}$$

여기서
- N_s : 비교회전도(rpm)
- N : 규정회전수(rpm)
- Q : 펌프의 토출량(m³/min)
- H : 총양정(m)

따라서 $N_s = 1500rpm \times \frac{(300m^3/min)^{\frac{1}{2}}}{(150m)^{\frac{3}{4}}}$

= 606.16rpm

TIP

$$rpm = \frac{회}{min}$$

36 계획오수량에 관한 내용으로 틀린 것은?

㉮ 지하수 유입량은 토질, 지하수위, 공법에 따라 다르지만 1인1일 평균 오수량의 10 ~ 20% 정도로 본다.
㉯ 계획 1일 최대오수량은 1인1일 최대오수량에 계획인구를 곱한후 여기에 공장폐수량, 지하수량 및 기타배수량을 가산한 것으로 한다.
㉰ 계획 1일 평균오수량은 계획1일 최대오수량의 70 ~ 80%를 표준으로 한다.
㉱ 계획시간최대오수량은 계획1일 최대오수량의 1시간당의 수량의 1.3 ~ 1.8배를 표준으로 한다.

풀이 ㉮ 지하수 유입량은 토질, 지하수위, 공법에 따라 다르지만 1인1일 최대 오수량의 10 ~ 20% 정도로 본다.

37 상수도시설의 등급별 내진설계 목표에 대한 내용으로 ( )에 들어갈 알맞은 말은?

> 상수도시설물의 내진성능 목표에 따른 설계지진강도는 붕괴방지수준에서 시설물의 내진등급이 Ⅰ등급인 경우에는 재현주기(㉠), Ⅱ등급인 경우에는 (㉡)에 해당되는 지진지반운동으로 한다.

㉮ ㉠100년, ㉡50년
㉯ ㉠200년, ㉡100년
㉰ ㉠500년, ㉡200년
㉱ ㉠1000년, ㉡500년

정답 34 ㉱ 35 ㉰ 36 ㉮ 37 ㉱

38 하수처리시설의 계획유입수질 산정방식으로 옳은 것은?

㉮ 계획오염부하량을 계획1일평균오수량으로 나누어 산정한다.
㉯ 계획오염부하량을 계획시간평균오수량으로 나누어 산정한다.
㉰ 계획오염부하량을 계획1일최대오수량으로 나누어 산정한다.
㉱ 계획오염부하량을 계획시간최대오수량으로 나누어 산정한다.

[풀이] 하수처리시설의 계획유입수질 산정방식은 계획오염부하량을 계획1일평균오수량으로 나누어 산정한다.

39 정수시설인 급속여과지의 표준 여과속도 (m/day)는 얼마인가?

㉮ 120 ~ 150   ㉯ 150 ~ 180
㉰ 180 ~ 250   ㉱ 250 ~ 300

[풀이] 급속여과지의 표준 여과속도는 120 ~ 150m/day이다.

40 지하수의 취수지점 선정에 관련한 설명 중 틀린 것은?

㉮ 연해부의 경우에는 해수의 영향을 받지 않아야 한다.
㉯ 얕은 우물인 경우에는 오염원으로부터 5 m 이상 떨어져서 장래에도 오염의 영향을 받지 않는 지점이어야 한다.
㉰ 기존 우물 또는 집수매거의 취수에 영향을 주지 않아야 한다.
㉱ 복류수인 경우에 장래에 일어날 수 있는 유로변화 또는 하상저하 등을 고려하고 하천개수계획에 지장이 없는 지점을 선정한다.

| 제3과목 | 수질오염방지기술

41 하수처리방식 중 회전원판법에 관한 설명으로 틀린 것은?

㉮ 활성슬러지법에 비해 2차 침전지에서 미세한 SS가 유출되기 쉽고, 처리수의 투명도가 나쁘다.
㉯ 운전관리상 조작이 간단한 편이다.
㉰ 질산화가 거의 발생하지 않으며, pH 저하도 거의 없다.
㉱ 소비 전력량이 소규모 처리시설에는 표준 활성 슬러지법에 비하여 적은 편이다.

[풀이] ㉰ 다단계 공정에서는 높은 질산화율을 얻을 수 있다.

42 무기물이 0.30g/g VSS로 구성된 생물성 VSS를 나타내는 폐수의 경우, 혼합액 중의 TSS와 VSS 농도가 각각 2000mg/L, 1480mg/L라 하면 유입수로부터 기인된 불활성 고형물에 대한 혼합액 중의 농도(mg/L)는 얼마인가? (단, 유입된 불활성 부유 고형물질의 용해는 전혀 없다고 가정)

㉮ 76mg/L   ㉯ 86mg/L
㉰ 96mg/L   ㉱ 116mg/L

[풀이]
① FSS = TSS-VSS
   = 2000mg/L-1480mg/L = 520mg/L
② FS = VSS×0.30g/g
   = 1480mg/L×0.3g/g = 444mg/L
③ 불활성 고형물에 대한 혼합액 중의 농도(mg/L)
   = FSS-FS = 520mg/L-444mg/L = 76mg/L

정답 38 ㉮ 39 ㉮ 40 ㉯ 41 ㉰ 42 ㉮

43 반지름이 8cm인 원형 관로에서 유체의 유속이 20m/sec일 때 반지름이 40cm인 곳에서의 유속(m/sec)은 얼마인가?
(단, 유량 동일, 기타 조건은 고려하지 않음)

㉮ 0.8　　㉯ 1.6
㉰ 2.2　　㉱ 3.4

풀이 유량(Q) = 단면적(A)×유속(v)
$$= \frac{\pi \times D^2}{4} \times v$$
따라서 $\frac{\pi \times (0.016m)^2}{4} \times 20m/sec = \frac{\pi \times (0.08m)^2}{4} \times v$
∴ v = 0.8m/sec

44 포기조 부피가 1000m³이고 MLSS농도가 3500mg/L일 때, MLSS농도를 2500mg/L로 운전하기 위해 추가로 폐기시켜야 할 잉여슬러지량(m³)은 얼마인가? (단, 반송슬러지 농도 = 8000mg/L)

㉮ 65　　㉯ 85
㉰ 105　　㉱ 125

풀이 ① MLSS량(kg) = (3.5-2.5)kg/m³×1000m³
= 1000kg
② 잉여슬러지량(m³) = $\frac{1000kg}{8kg/m^3}$ = 125m³

TIP
ppm = mg/L = g/m³

45 활성슬러지 공정에서 폭기조 유입 BOD가 180mg/L, SS가 180mg/L, BOD-슬러지부하가 0.6kg BOD/kg MLSS·day일 때, MLSS농도(mg/L)는 얼마인가? (단, 폭기조 수리학적 체류시간 = 6시간)

㉮ 1100　　㉯ 1200
㉰ 1300　　㉱ 1400

풀이 F/M비 = $\frac{BOD \times Q}{MLSS \times V} = \frac{BOD}{MLSS} \times \frac{1}{t}$

$0.6/day = \frac{180mg/L}{MLSS} \times \frac{1}{\left(\frac{6hr}{24}\right)day}$

∴ MLSS = $\frac{180mg/L}{0.6/day \times \left(\frac{6hr}{24}\right)day}$
= 1200mg/L

46 폐수로부터 암모니아를 제거하는 방법의 하나로 천연 제올라이트를 사용하기로 한다. 천연 제올라이트로 암모니아를 제거할 경우 재생방법을 가장 적절하게 나타낸 것은?

㉮ 깨끗한 증류수로 세척한다.
㉯ 황산이나 질산 등 산성 용액으로 재생한다.
㉰ NaOH나 석회수 등 알칼리성 용액으로 재생한다.
㉱ LAS 등 세제로 세척한 후 가열하여 재생한다.

풀이 천연 제올라이트로 암모니아를 제거할 경우 NaOH나 석회수 등 알칼리성 용액으로 재생한다.

정답 43 ㉮　44 ㉱　45 ㉯　46 ㉰

47 폐수의 고도처리에 관한 다음의 기술 중 틀린 것은?

㉮ Cl^-, SO_4^{2-} 등의 무기염류의 제거에는 전기투석법이 이용된다.
㉯ 활성탄 흡착법에서 폐수 중의 인산은 제거되지 않는다.
㉰ 모래여과법은 고도처리 중에서 흡착법이나 전기투석법의 전처리로써 이용된다.
㉱ 폐수 중의 무기성질소 화합물은 철염에 의한 응집침전으로 완전히 제거된다.

[풀이] ㉱ 폐수 중의 무기성질소 화합물은 철염에 의한 응집침전으로 제거되지 않는다.

48 총 잔류염소 농도를 3.05mg/L에서 1.00mg/L로 탈염시키기 위해 유량 4350m³/day인 물에 가해주는 아황산염(SO_3^{2-})의 양(kg/day)은 얼마인가?
(단, 원자량 : Cl = 35.5, S = 32.1)

㉮ 약 6 ㉯ 약 8
㉰ 약 10 ㉱ 약 12

[풀이]
Cl_2 : SO_3^{2-}
71g : 80g
(3.05mg/L-1.00mg/L)×10^{-3}kg/m³×4350m³/day : X
∴ X = 10.05kg/day

49 슬러지의 열처리에 대해 기술한 것으로 틀린 것은?

㉮ 슬러지의 열처리는 탈수의 전처리로서 한다.
㉯ 슬러지의 열처리에 의해, 슬러지의 탈수성과 침강성이 좋아진다.
㉰ 슬러지의 열처리에 의해, 슬러지 중의 유기물이 가수분해되어 가용화된다.
㉱ 슬러지의 열처리에 의한 분리액은 BOD가 낮으므로 그대로 방류할 수 있다.

[풀이] ㉱ 슬러지의 열처리에 의한 분리액은 BOD가 높으므로 처리하여 방류해야 한다.

50 길이 : 폭의 비가 3 : 1인 장방형 침전조에 유량 850m³/day의 흐름이 도입된다. 깊이는 4.0m이고 체류시간은 1.92hr이라면 표면부하율(m³/m²·day)은 얼마인가? (단, 흐름은 침전조 단면적에 균일하게 분배)

㉮ 20 ㉯ 30
㉰ 40 ㉱ 50

[풀이] 표면부하율(m³/m²·day)
$= \dfrac{Q(m^3/day)}{A(m^2)} = \dfrac{H(m)}{t(day)}$
$= \dfrac{4.0m}{\left(\dfrac{1.92hr}{24}\right)day} = 50 m^3/m^2 \cdot day$

51 수질 성분이 부식에 미치는 영향으로 틀린 것은?

㉮ 높은 알칼리도는 구리와 납의 부식을 증가시킨다.
㉯ 암모니아는 착화물 형성을 통해 구리, 납 등의 금속용해도를 증가시킬 수 있다.
㉰ 잔류염소는 Ca와 반응하여 금속의 부식을 감소시킨다.
㉱ 구리는 갈바닉 전지를 이룬 배관상에 흠집(구멍)을 야기한다.

[풀이] ㉰ 잔류염소는 Ca와 반응하여 금속의 부식을 증가시킨다.

정답 47 ㉱ 48 ㉰ 49 ㉱ 50 ㉱ 51 ㉰

52 잔류염소 농도 0.6mg/L에서 3분간에 90%의 세균이 사멸되었다면 같은 농도에서 95%살균을 위해서 필요한 시간(분)은 얼마인가? (단, 염소소독에 의한 세균의 사멸이 1차반응속도식을 따른다고 가정)

㉮ 2.6 ㉯ 3.2
㉰ 3.9 ㉱ 4.5

풀이 1차반응식 : $\ln \dfrac{C_t}{C_o} = -k \times t$

① $\ln \dfrac{(100-90)\%}{100\%} = -k \times 3\min$

∴ $k = 0.7675/\min$

② $\ln \dfrac{(100-95)\%}{100\%} = -0.7675/\min \times t$

∴ $t = 3.90\min$

53 1차 처리결과 슬러지의 함수율이 80%, 고형물 중 무기성고형물질이 30%, 유기성고형물질이 70%, 유기성고형물질의 비중 1.1, 무기성고형물질의 비중이 2.2일 때 슬러지의 비중은 얼마인가?

㉮ 1.017 ㉯ 1.023
㉰ 1.032 ㉱ 1.047

풀이 $\dfrac{1}{\rho_{SL}} = \dfrac{W_{FS}}{\rho_{FS}} + \dfrac{W_{VS}}{\rho_{VS}} + \dfrac{W_P}{\rho_P}$

여기서
- ρ_{SL} : 슬러지의 비중
- ρ_{FS} : 무기성 고형물의 비중
- W_{FS} : 무기성 고형물의 함량
- ρ_{VS} : 유기성 고형물의 비중
- W_{VS} : 유기성 고형물의 함량
- ρ_P : 수분의 비중
- W_P : 수분의 함량

따라서 $\dfrac{1}{\rho_{SL}} = \dfrac{0.2 \times 0.3}{2.2} + \dfrac{0.2 \times 0.7}{1.1} + \dfrac{0.8}{1.0}$

∴ $\rho_{SL} = \dfrac{1}{0.9545} = 1.048$

TIP
① 물(수분)의 비중 = 1.0
② W_{FS} : 고형물 함량×무기성 고형물 함량
③ W_{VS} : 고형물 함량×유기성 고형물 함량
④ 고형물 함량 = 1 - 수분의 함량

54 생물학적 3차 처리를 위한 A/O 공정을 나타낸 것으로 각 반응조 역할을 가장 적절하게 설명한 것은?

㉮ 혐기조에서는 유기물 제거와 인의 방출이 일어나고, 폭기조에서는 인의 과잉섭취가 일어난다.
㉯ 폭기조에서는 유기물 제거가 일어나고, 혐기조에서는 질산화 및 탈질이 동시에 일어난다.
㉰ 제거율을 높이기 위해서는 외부탄소원인 메탄올 등을 폭기조에 주입한다.
㉱ 혐기조에서는 인의 과잉섭취가 일어나며, 폭기조에서는 질산화가 일어난다.

풀이 반응조의 역할
① 폭기조(호기성조) : 인(P)의 과잉흡수
② 혐기성조 : 유기물 제거 및 인(P)의 방출

정답 52 ㉰ 53 ㉱ 54 ㉮

55
여섯 개의 납작한 날개를 가진 터빈임펠러로 탱크의 내용물을 교반하려 한다. 교반은 난류 영역에서 일어나며 임펠러의 직경은 3m이고 깊이 20m, 바닥에서 4m 위에 설치되어 있다. 30rpm으로 임펠러가 회전할 때 소요되는 동력(kg·m/s)은 얼마인가? (단, $P = k\rho n^3 D^5/g_c$ 식 적용, 소요 동력을 나타내는 계수 k = 3.3)

㉮ 9,356　　㉯ 10,228
㉰ 12,350　　㉱ 15,421

풀이
$$P = \frac{k \times \rho \times n^3 \times D^5}{g_c}$$
$$= \frac{3.3 \times 1g/cm^3 \times 5^3 \times (3m)^5}{9.8 m/sec^2}$$
$$= 10,228.32 \, kg \cdot m/sec$$

56
하수로부터 인 제거를 위한 화학제의 선택에 영향을 미치는 인자로 틀린 것은?

㉮ 유입수의 인 농도
㉯ 슬러지 처리시설
㉰ 알칼리도
㉱ 다른 처리공정과의 차별성

풀이 하수로부터 인 제거를 위한 화학제의 선택에 영향을 미치는 인자에는 유입수의 인 농도, 슬러지 처리시설, 알칼리도 등이 있다.

57
무기수은계 화합물을 함유한 폐수의 처리방법이 아닌 것은?

㉮ 황화물 침전법　　㉯ 활성탄 흡착법
㉰ 산화분해법　　㉱ 이온교환법

풀이 무기수은계 화합물을 함유한 폐수의 처리방법에는 아말감법, 황화물침전법, 이온교환법, 활성탄흡착법이 있다.

58
하수처리과정에서 소독 방법 중 염소와 자외선 소독의 장·단점을 비교할 때 염소소독의 장·단점으로 틀린 것은?

㉮ 암모니아의 첨가에 의해 결합잔류염소가 형성된다.
㉯ 염소접촉조로부터 휘발성유기물이 생성된다.
㉰ 처리수의 총용존고형물이 감소한다.
㉱ 처리수의 잔류독성이 탈염소과정에 의해 제거되어야 한다.

풀이 ㉰ 처리수의 총용존고형물이 증가한다.

59
질소 제거를 위한 파괴점 염소 주입법에 관한 설명으로 틀린 것은?

㉮ 적절한 운전으로 모든 암모니아성 질소의 산화가 가능하다.
㉯ 시설비가 낮고 기존 시설에 적용이 용이하다.
㉰ 수생생물에 독성을 끼치는 잔류염소농도가 높아진다.
㉱ 독성물질과 온도에 민감하다.

풀이 ㉱ 독성물질과 온도에 민감하지 않다.

정답 55 ㉯　56 ㉱　57 ㉰　58 ㉰　59 ㉱

60 CFSTR에서 물질을 분해하여 효율 95%로 처리하고자 한다. 이 물질은 0.5차 반응으로 분해되며, 속도상수는 $0.05(mg/L)^{1/2}/h$이다. 유량은 500L/h이고 유입농도는 250 mg/L로 일정하다면 CFSTR의 필요 부피(m^3)는 얼마인가? (단, 정상상태 가정)

㉮ 약 520 ㉯ 약 570
㉰ 약 620 ㉱ 약 670

풀이 $Q \times (C_o - C_t) = k \cdot V \cdot C_t^{0.5}$
$0.5 m^3/hr \times (250 - 12.5 mg/L)$
$= 0.05/hr \times V \times (12.5 mg/L)^{0.5}$

$\therefore V = \dfrac{0.5 m^3/hr \times (250-12.5 mg/L)}{0.05/hr \times (12.5 mg/L)^{0.5}} = 671.75 m^3$

TIP
$C_t = C_o \times (1-\eta) = 250 mg/L \times (1-0.95) = 12.5 mg/L$

| 제4과목 | 수질오염공정시험기준

61 수질분석용 시료의 보존 방법에 관한 설명 중 틀린 것은?

㉮ 6가 크롬분석용 시료는 c-HNO_3 1mL/L를 넣어 보관한다.
㉯ 페놀분석용 시료는 인산을 넣어 pH 4 이하로 조정한 후, 황산구리(1g/L)를 첨가하여 4℃에서 보관한다.
㉰ 시안 분석용 시료는 수산화나트륨으로 pH 12 이상으로 하여 4℃에서 보관한다.
㉱ 화학적산소요구량 분석용 시료는 황산으로 pH 2 이하로 하여 4℃에서 보관한다.

풀이 ㉮ 6가 크롬분석용 시료는 4℃로 보관한다.

---

62 BOD측정 시 표준 글루코오스 및 글루타민산 용액의 적정 BOD값(mg/L)이 아닌 것은? (단, 글루코오스 및 글루타민산을 각 150mg씩 물에 녹여 1000mL로 함)

㉮ 200 ㉯ 215
㉰ 230 ㉱ 260

63 0.1 mgN/mL 농도의 NH_3-N 표준원액을 1L 조제하고자 할 때 요구되는 NH_4Cl의 양(mg/L)은? (단, NH_4Cl의 MW = 53.5)

㉮ 227 ㉯ 382
㉰ 476 ㉱ 591

풀이 NH_4Cl : NH_3-N
53.5g : 14g
X : $0.1mg/mL \times 10^3 mL/L$
$\therefore X = 382.14 mg/L$

64 불소 측정시험 시 수증기 증류법으로 전처리하지 않아도 되는 것은?

㉮ 색도가 30도인 시료
㉯ PO_4^{3-}의 농도가 4mg/L인 시료
㉰ Al^{3+}의 농도가 2mg/L인 시료
㉱ Fe^{2+}의 농도가 7mg/L인 시료

정답 60 ㉱ 61 ㉮ 62 ㉱ 63 ㉯ 64 ㉱

65 전기전도도의 정밀도 기준으로 ( )에 들어갈 알맞은 말은?

> 측정값의 % 상대표준편차(RSD)로 계산하며 측정값이 ( ) 이내 이어야 한다.

㉮ 15% ㉯ 20%
㉰ 25% ㉱ 30%

66 pH 표준액의 온도보정은 온도별 표준액의 pH값을 표에서 구하고 또한 표에 없는 온도의 pH값은 내삽법으로 구한다. 다음 중 20℃에서 가장 낮은 pH값을 나타내는 표준액은?

㉮ 붕산염 표준액
㉯ 프탈산염 표준액
㉰ 탄산염 표준액
㉱ 인산염 표준액

[풀이] 20℃에서 pH값 순서는 수산염<프탈산염<인산염<붕산염<탄산염<수산화칼슘염이다.

67 20℃ 이하에서 BOD 측정 시료의 용존산소가 과포화되어 있을 때 처리하는 방법은?

㉮ 시료의 산소 과포화되어 있어도 배양전 용존 산소 값으로 측정됨으로 상관이 없다.
㉯ 시료의 수온을 23~25℃로 하여 15분간 통기하고 방냉한 후 수온을 20℃로 한다.
㉰ 아황산나트륨을 적당량 넣어 산소를 소모시킨다.
㉱ 5℃ 이하로 냉각시켜 냉암소에서 15분간 잘 저어준다.

[풀이] 온도가 높으면 DO값이 낮아지고, 온도가 낮으면 DO값이 높아지므로 ㉯번이 정답이다.

68 자외선/가시선 분광법을 적용하여 페놀류를 측정할 때 사용되는 시약은?

㉮ 4-아미노안티피린
㉯ 인도 페놀
㉰ O-페난트로린
㉱ 디티존

[풀이] 자외선/가시선 분광법을 적용하여 페놀류를 측정할 때 사용되는 시약은 염화암모늄-암모니아 완충용액, 4-아미노안티피린, 헥사시안화철(Ⅱ)산칼륨이다.

69 시료 중 구리, 아연, 납, 카드뮴, 니켈, 철, 망간, 6가크롬, 코발트 및 은 등 측정에 적용되고 이들을 암모니아수로 색을 변화 후 다시 산으로 처리하는 전처리 방법은?

㉮ DDTC - MIBK 법
㉯ 디티존 - MIBK 법
㉰ 디티존 - 사염화탄소법
㉱ APDC - MIBK 법

70 수질오염공정시험기준상 기체크로마토그래피법으로 정량하는 물질은?

㉮ 불소   ㉯ 유기인
㉰ 수은   ㉱ 비소

[풀이] 유기인을 분석방법은 기체크로마토그래피법이다.

정답 65 ㉯ 66 ㉯ 67 ㉯ 68 ㉮ 69 ㉱ 70 ㉯

71 '항량으로 될 때까지 강열한다.'는 의미에 해당하는 것은?

㉮ 강열할 때 전후무게의 차가 g당 0.1mg 이하일 때
㉯ 강열할 때 전후무게의 차가 g당 0.3mg 이하일 때
㉰ 강열할 때 전후무게의 차가 g당 0.5mg 이하일 때
㉱ 강열할 때 전후무게의 차가 없을 때

풀이 항량으로 될 때까지 건조한다함은 같은 조건에서 1시간 더 건조할 때 전후 무게의 차가 g당 0.3mg 이하일 때를 말한다.

72 온도에 관한 내용으로 틀린 것은?

㉮ 찬 곳은 따로 규정이 없는 한 0~15℃의 곳을 뜻한다.
㉯ 냉수는 15℃ 이하를 말한다.
㉰ 온수는 70~90℃를 말한다.
㉱ 상온은 15~25℃를 말한다.

풀이 ㉰ 온수는 60~70℃를 말한다.

73 흡광광도 측정에서 입사광의 60%가 흡수되었을 때의 흡광도는?

㉮ 약 0.6   ㉯ 약 0.5
㉰ 약 0.4   ㉱ 약 0.3

풀이 흡광도(A) = $\log \dfrac{1}{투과도}$ = $\log \dfrac{1}{0.4}$ = 0.40

TIP

① 흡광도(A) = $\log \dfrac{1}{투과도}$
② 투과율 + 흡수율 = 100%
③ 투과율 = 100% - 흡수율

74 자외선/가시선 분광법을 이용한 철의 정량에 관한 내용으로 틀린 것은?

㉮ 등적색 철착염의 흡광도를 측정하여 정량한다.
㉯ 측정파장은 510nm이다.
㉰ 염산 하이드록실아민에 의해 산화제이철로 산화된다.
㉱ 철이온을 암모니아 알칼리성으로 하여 수산화제이철로 침전분리한다.

풀이 ㉰ 염산 하이드록실아민에 의해 제일철로 환원된다.

75 시료를 채취해 얻은 결과가 다음과 같고, 시료량이 50mL이었을 때 부유고형물의 농도(mg/L)와 휘발성부유고형물의 농도(mg/L)는?

- Whatman CF/C 여과지무게 = 1.5433g
- 105℃ 건조 후 Whatman GF/C 여과지의 잔여무게 = 1.5553g
- 550℃ 소각 후 Whatman GF/C 여과지의 잔여무게 = 1.5531g

㉮ 44, 240   ㉯ 240, 44
㉰ 24, 4.4   ㉱ 4.4, 24

풀이 ① 부유고형물의 농도

= $\dfrac{(포집 후 무게 - 포집 전 무게)(mg)}{시료량(L)}$

= $\dfrac{(1.5553g - 1.5433g) \times 10^3 mg/g}{0.05L}$

= 240mg/L

② 휘발성부유고형물의 농도

= $\dfrac{(건조 후 무게 - 강열 후 무게)(mg)}{시료량(L)}$

= $\dfrac{(1.5553g - 1.5531g) \times 10^3 mg/g}{0.05L}$

= 44mg/L

정답 71 ㉯   72 ㉰   73 ㉰   74 ㉰   75 ㉯

76 다음 중 용량분석법으로 측정하지 않는 항목은?

㉮ 용존산소
㉯ 부유물질
㉰ 화학적 산소요구량
㉱ 염소이온

[풀이] 부유물질과 노말헥산추출물질은 중량법으로 측정한다.

77 시료 채취 시 유의사항으로 틀린 것은?

㉮ 채취 용기는 시료를 채우기 전에 시료로 3회 이상 씻은 다음 사용한다.
㉯ 시료 채취 용기에 시료를 채울 때에는 어떠한 경우에도 시료의 교란이 일어나서는 안 된다.
㉰ 지하수 시료는 취수정 내에 고여 있는 물과 원래 지하수의 성상이 달라질 수 있으므로 고여 있는 물을 충분히 퍼낸 다음 새로 나온 물을 채취한다.
㉱ 시료채취량은 시험항목 및 시험횟수의 필요량의 3 ~ 5배 채취를 원칙으로 한다.

[풀이] ㉱ 시료채취량은 시험항목 및 시험횟수에 따라 차이가 있으나 보통 3 ~ 5L 정도이어야 한다.

78 COD 측정에서 최초의 첨가한 $KMnO_4$량의 1/2 이상이 남도록 첨가하는 이유는?

㉮ $KMnO_4$ 잔류량이 1/2 이하로 되면 유기물의 분해온도가 저하한다.
㉯ $KMnO_4$ 잔류량이 1/2 이상이면 모든 유기물의 산화가 완료한다.
㉰ $KMnO_4$ 잔류량이 많을 경우 유기물의 산화속도가 저하한다.
㉱ $KMnO_4$ 농도가 저하되면 유기물의 산화율이 저하한다.

[풀이] COD 측정에서 최초의 첨가한 과망간산칼륨($KMnO_4$)량의 1/2 이상이 남도록 첨가하는 이유는 과망간산칼륨($KMnO_4$) 농도가 저하되면 유기물의 산화율이 저하되기 때문이다.

79 원자흡수분광광도법을 적용하여 비소를 분석할 때 수소화비소를 직접적으로 발생시키기 위해 사용하는 시약은?

㉮ 염화제일주석 ㉯ 아연
㉰ 요오드화칼륨 ㉱ 과망간산칼륨

[풀이] 비소의 시험방법인 수소화물생성-원자흡수분광광도법은 물속에 존재하는 비소를 측정하는 방법으로 아연 또는 나트륨붕소수화물을 넣어 수소화비소로 포집하여 아르곤(또는 질소)-수소 불꽃에서 원자화시켜 193.7nm에서 흡광도를 측정하고 비소를 정량하는 방법이다.

80 0.1N $Na_2S_2O_3$용액 100ml에 증류수를 가해 500ml로 한 다음, 여기서 250ml을 취하여 다시 증류수로 전량 500ml로 하면 용액의 규정농도(N)는?

㉮ 0.01 ㉯ 0.02
㉰ 0.04 ㉱ 0.05

[풀이] ① $N_1V_1 = N_2V_2$
0.1N×100mL = N_2×500mL
∴ N_2 = 0.02N
② N = 0.02N× $\dfrac{250mL}{500mL}$
= 0.01N

정답 76 ㉯ 77 ㉱ 78 ㉱ 79 ㉯ 80 ㉮

제5과목 | 수질환경관계법규

81 사업자가 환경기술인을 바꾸어 임명하는 경우는 그 사유가 발생한 날부터 며칠이내에 신고하여야 하는가?

㉮ 3일 ㉯ 5일
㉰ 7일 ㉱ 10일

풀이 환경기술인의 임명신고
① 최초로 배출시설을 설치한 경우: 가동시작 신고와 동시에
② 환경기술인을 바꾸어 임명하는 경우: 그 사유가 발생한 날로부터 5일 이내

82 공공수역에 정당한 사유없이 특정수질유해물질 등을 누출·유출시키거나 버린 자에 대한처벌기준은?

㉮ 1년 이하의 징역 또는 1천만원 이하의 벌금
㉯ 2년 이하의 징역 또는 2천만원 이하의 벌금
㉰ 3년 이하의 징역 또는 3천만원 이하의 벌금
㉱ 5년 이하의 징역 또는 5천만원 이하의 벌금

풀이 ㉰ 3년 이하의 징역 또는 3천만원 이하의 벌금에 해당한다.

83 공공폐수처리시설의 유지·관리기준에 관한 내용으로 ( )에 들어갈 알맞은 말은?

> 처리시설의 관리·운영자는 처리시설의 적정 운영 여부를 확인하기 위한 방류수 수질 검사를 (㉠) 실시하되 2000m³/일 이상 규모의 시설은 (㉡) 실시하여야 한다.

㉮ ㉠ 분기 1회 이상, ㉡ 월 1회 이상
㉯ ㉠ 월 1회 이상, ㉡ 월 2회 이상
㉰ ㉠ 월 2회 이상, ㉡ 주 1회 이상
㉱ ㉠ 주 1회 이상, ㉡ 수시

84 물환경보전법상 용어의 정의 중 틀린 것은?

㉮ 폐수라 함은 물에 액체성 또는 고체성의 수질오염물질이 혼입되어 그대로 사용할 수 없는 물을 말한다.
㉯ 수질오염물질이라 함은 수질오염의 요인이 되는 물질로서 환경부령으로 정하는 것을 말한다.
㉰ 폐수배출시설이라 함은 수질오염물질을 공공수역에 배출하는 시설물·기계·기구·장소 기타 물체로서 환경부령으로 정하는 것을 말한다.
㉱ 수질오염방지시설이라 함은 폐수배출시설로부터 배출되는 수질오염물질을 제거하거나 감소시키는 시설로서 환경부령으로 정하는 것을 말한다.

풀이 ㉰ 폐수 배출시설이라 함은 수질오염물질을 배출하는 시설물, 기계, 기구, 그 밖의 물체로서 환경부령으로 정하는 것을 말한다.

정답 81 ㉯ 82 ㉰ 83 ㉰ 84 ㉰

85 기본배출부과금 산정에 필요한 지역별 부과계수로 알맞은 것은?

㉮ 청정지역 및 가 지역 : 1.5
㉯ 청정지역 및 가 지역 : 1.2
㉰ 나 지역 및 특례지역 : 1.5
㉱ 나 지역 및 특례지역 : 1.2

풀이 기본배출부과금 산정에 필요한 지역별 부과계수
① 청정지역 및 가 지역 : 1.5
② 나 지역 및 특례지역 : 1.0

86 오염총량관리기본방침에 포함되어야 할 사항으로 틀린 것은?

㉮ 오염원의 조사 및 오염부하량 산정방법
㉯ 오염총량관리시행 대상 유역 현황
㉰ 오염총량관리의 대상 수질오염물질 종류
㉱ 오염총량관리의 목표

풀이 오염총량관리기본방침에 포함되어야 할 사항
① 오염총량관리의 목표
② 오염총량관리의 대상 수질오염물질 종류
③ 오염원의 조사 및 오염부하량 산정방법
④ 오염총량관리기본계획의 주체, 내용, 방법 및 시한
⑤ 오염총량관리시행계획의 내용 및 방법

87 다음은 배출시설의 설치허가를 받은 자가 배출시설의 변경허가를 받아야 하는 경우에 대한 기준이다. ( )에 들어갈 내용으로 알맞은 말은?

> 폐수배출량이 허가 당시보다 100분의 50(특정수질유해물질이 배출되는 시설의 경우에는 100분의 30)이상 또는 ( ) 이상 증가하는 경우

㉮ 1일 500세제곱미터
㉯ 1일 600세제곱미터
㉰ 1일 700세제곱미터
㉱ 1일 800세제곱미터

풀이 암기해야 하는 변경허가 사항
① 일반 수질오염물질 100분의 50이상 증가하는 경우
② 특정수질유해물질 100분의 30이상 증가하는 경우
③ 1일 700세제곱미터 이상 증가하는 경우

88 폐수수탁처리업에서 사용하는 폐수운반차량에 관한 설명으로 틀린 것은?

㉮ 청색으로 도색한다.
㉯ 차량 양쪽 옆면과 뒷면에 폐수운반차량, 회사명, 등록번호, 전화번호 및 용량을 표시하여야 한다.
㉰ 차량에 표시는 흰색바탕에 황색글씨로 한다.
㉱ 운송 시 안전을 위한 보호구, 중화제 및 소화기를 갖추어 두어야 한다.

풀이 ㉰ 차량에 표시는 노란색 바탕에 검은색 글씨로 한다.

정답 85 ㉮ 86 ㉯ 87 ㉰ 88 ㉰

89 위임업무 보고사항 중 "골프장 맹·고독성 농약 사용 여부 확인 결과"의 보고횟수 기준은?

㉮ 수시
㉯ 연 4회
㉰ 연 2회
㉱ 연 1회

[풀이] 골프장 맹·고독성 농약 사용 여부 확인 결과의 위임업무 보고사항은 연 2회 이상이다.

90 대권역 물환경관리계획에 포함되지 않는 것은?

㉮ 상수원 및 물 이용 현황
㉯ 수질오염 예방 및 저감 대책
㉰ 기후변화에 대한 적응 대책
㉱ 폐수배출시설의 설치 제한 계획

[풀이] 대권역 물환경관리계획에 포함되어야 하는 사항
① 물환경의 변화추이 및 물환경목표기준
② 상수원 및 물 이용현황
③ 점오염원, 비점오염원 및 기타수질오염원의 분포현황
④ 점오염원, 비점오염원 및 기타수질오염원에서 배출되는 수질오염물질의 양
⑤ 수질오염 예방 및 저감대책
⑥ 물환경 보전조치의 추진방향
⑦ 기후변화에 대한 적응대책

91 수질오염 방지시설 중 화학적 처리시설에 해당되는 것은?

㉮ 침전물 개량시설
㉯ 혼합시설
㉰ 응집시설
㉱ 증류시설

[풀이] 수질오염방지시설
㉮ 침전물 개량시설 : 화학적 처리시설
㉯ 혼합시설 : 물리적 처리시설
㉰ 응집시설 : 물리적 처리시설
㉱ 증류시설 : 물리적 처리시설

92 시·도지사는 공공수역의 수질보전을 위하여 환경부령이 정하는 해발고도 이상에 위치한 농경지 중 환경부령이 정하는 경사도 이상의 농경지를 경작하는 자에 대하여 경작방식의 변경, 농약·비료의 사용량 저감, 휴경 등을 권고할 수 있다. 위에서 언급한 환경부령이 정하는 해발고도와 경사도 기준은?

㉮ 400미터, 15퍼센트
㉯ 400미터, 25퍼센트
㉰ 600미터, 15퍼센트
㉱ 600미터, 25퍼센트

[풀이] ① 해발고도 : 400미터
② 경사도 : 15퍼센트

93 현장에서 배출허용기준 또는 방류수수질기준의 초과 여부를 판정할 수 있는 수질오염물질 항목으로 나열한 것은?

㉮ 수소이온농도, 화학적산소요구량, 총질소, 부유물질량
㉯ 수소이온농도, 화학적산소요구량, 용존산소, 총인
㉰ 총유기탄소, 화학적산소요구량, 용존산소, 총인
㉱ 총유기탄소, 생물학적산소요구량, 총질소, 부유물질량

정답 89 ㉰ 90 ㉱ 91 ㉮ 92 ㉮ 93 ㉮

94 초과부과금 산정 시 적용되는 위반횟수별 부과계수에 관한 내용으로 (   )에 들어갈 알맞은 말은? (단, 폐수무방류배출시설의 경우)

> 처음 위반의 경우(㉠), 다음 위반부터는 그 위반직전의 부과계수에 (㉡)를 곱한 것으로 한다.

㉮ ㉠ 1.5, ㉡ 1.3
㉯ ㉠ 1.5, ㉡ 1.5
㉰ ㉠ 1.8, ㉡ 1.3
㉱ ㉠ 1.8, ㉡ 1.5

풀이 위반 횟수별 부과계수
① 처음 위반의 경우 : 1.8
② 다음 위반의 경우 : 1.8×1.5

95 1일 200톤 이상으로 특정수질유해물질을 배출하는 산업단지에서 설치하여야 할 시설은?

㉮ 무방류배출시설
㉯ 완충저류시설
㉰ 폐수고도처리시설
㉱ 비점오염저감시설

96 환경정책기본법령에 따른 수질 및 수생태계 환경기준 중 하천의 생활환경 기준으로 틀린 것은? (단, 등급은 매우 좋음 기준)

㉮ 수소이온 농도(pH) : 6.5 ~ 8.5
㉯ 용존산소량 DO(mg/L) : 7.5 이상
㉰ 부유물질량(mg/L) : 25 이하
㉱ 총인(mg/L) : 0.1 이하

풀이 ㉱ 총인(mg/L) : 0.02 이하

97 오염총량관리기본계획 수립 시 포함되지 않는 내용은?

㉮ 해당 지역 개발계획의 내용
㉯ 지방자치단체별·수계구간별 오염부하량의 할당
㉰ 관할 지역에서 배출되는 오염부하량의 총량 및 저감계획
㉱ 오염총량초과부과금의 산정방법과 산정기준

풀이 ㉱ 해당 지역 개발계획으로 인하여 추가로 배출되는 오염부하량 및 그 저감계획

98 비점오염저감시설의 설치와 관련된 사항으로 틀린 것은?

㉮ 도시의 개발, 산업단지의 조성 등 사업을 하는 자는 환경부령이 정하는 기간 내에 비점오염저감시설을 설치하여야 한다.
㉯ 강우유출수의 오염도가 항상 배출허용기준 이내로 배출되는 사업장은 비점오염저감시설을 설치하지 아니할 수 있다.
㉰ 한강대권역의 완충저류시설에 유입하여 강우유출수를 처리할 경우 비점오염저감시설을 설치하지 아니할 수 있다.
㉱ 대통령령으로 정하는 규모 이상의 사업장에 제철시설, 섬유염색시설, 그 밖에 대통령령으로 정하는 폐수배출시설을 설치하는 자는 비점오염저감시설을 설치하여야 한다.

풀이 ㉰ 한강대권역의 완충저류시설에 유입하여 강우유출수를 처리할 경우 비점오염저감시설을 설치하여야 한다.

정답 94 ㉱ 95 ㉯ 96 ㉱ 97 ㉱ 98 ㉰

99 폐수처리방법이 생물화학적 처리방법인 경우 시운전기간 기준은? (단, 가동시작일은 2월 3일이다.)

㉮ 가동시작일로부터 50일로 한다.
㉯ 가동시작일로부터 60일로 한다.
㉰ 가동시작일로부터 70일로 한다.
㉱ 가동시작일로부터 90일로 한다.

풀이 폐수처리방법에 따른 시운전 기간
① 물리적 처리방법 : 30일
② 화학적 처리방법 : 30일
③ 생물화학적 처리방법 : 50일
④ 생물화학적 처리방법(11월 1일부터 다음 연도 1월 31일까지) : 70일

100 환경부장관이 수질 등의 측정자료를 관리·분석하기 위하여 측정기기 부착사업자 등이 부착한 측정기기와 연결, 그 측정결과를 전산 처리할 수 있는 전산망 운영을 위한 수질 원격 감시체계 관제센터를 설치·운영할 수 있는 곳은?

㉮ 국립환경과학원
㉯ 유역환경청
㉰ 한국환경공단
㉱ 시·도 보건환경연구원

풀이 ① 수질 원격 감시체계 관제센터를 설치·운영할 수 있는 기관 : 한국환경공단
② 오염총량관리를 위한 기관간 협조 및 조사·연구반 운영 기관 : 국립환경과학원

정답 99 ㉮ 100 ㉰

2018년 3회 수질환경기사

2018년 8월 19일 시행

| 제1과목 | 수질오염개론

01 알칼리도가 수질환경에 미치는 영향에 관한 설명으로 틀린 것은?

㉮ 높은 알칼리도를 갖는 물은 쓴맛을 낸다.
㉯ 알칼리도가 높은 물은 다른 이온과 반응성이 좋아 관내에 scale을 형성할 수 있다.
㉰ 알칼리도는 물 속에서 수중생물의 성장에 중요한 역할을 함으로써 물의 생산력을 추정하는 변수로 활용한다.
㉱ 자연수 중 알칼리도의 형태는 대부분 수산화물의 형태이다.

[풀이] ㉱ 자연수 중 알칼리도의 형태는 대부분 중탄산염(HCO_3^-) 형태이다.

02 성층현상에 관한 설명으로 틀린 것은?

㉮ 수심에 따른 온도변화로 발생되는 물의 밀도차에 의해 발생된다.
㉯ 봄, 가을에는 저수지의 수직혼합이 활발하여 분명한 층의 구별이 없어진다.
㉰ 여름에는 수심에 따른 연직온도경사와 산소구배가 반대 모양을 나타내는 것이 특징이다.
㉱ 겨울과 여름에는 수직운동이 없어 정체현상이 생기며 수심에 따라 온도와 용존산소농도의 차이가 크다.

[풀이] ㉰ 여름에는 수심에 따른 연직온도경사와 산소구배가 같은 모양을 나타내는 것이 특징이다.

03 다음 물질 중 이온화도가 가장 큰 것은?

㉮ CH_3COOH　　㉯ H_2CO_3
㉰ HNO_3　　㉱ NH_3

[풀이] 이온화도가 큰 물질은 강산성 물질이므로 ㉰ 질산(HNO_3)이 정답이다.

04 수산화칼슘[$Ca(OH)_2$]이 중탄산칼슘[$Ca(HCO_3)_2$]과 반응하여 탄산칼슘($CaCO_3$)의 침전이 형성될 때 10g의 $Ca(OH)_2$에 대하여 생성되는 $CaCO_3$의 양(g)은 얼마인가? (단, 칼슘 원자량 = 40)

㉮ 17　　㉯ 27
㉰ 37　　㉱ 47

[풀이] $Ca(OH)_2 + Ca(HCO_3)_2 \rightarrow 2CaCO_3 + 2H_2O$
　74g　　　　：　2×100g
　10g　　　　：　X
∴ X = 27.03g

05 2000mg/L $Ca(OH)_2$ 용액의 pH는 얼마인가? (단, $Ca(OH)_2$는 완전 해리, Ca 원자량 = 40)

㉮ 12.13　　㉯ 12.43
㉰ 12.73　　㉱ 12.93

정답 01 ㉱　02 ㉰　03 ㉰　04 ㉯　05 ㉰

[풀이] $Ca(OH)_2 \rightarrow Ca^{2+} + 2OH^-$
　　　XM　　XM　2XM

① $Ca(OH)_2$의 mol/L를 구한다.

$$\frac{mol}{L} = \frac{2g}{L} \left| \frac{1mol}{74g} \right. = 0.027 mol/L$$

② $[OH^-]$농도 = 2XM = 2×0.027mol/L

④ pH = 14+log$[OH^-]$
　　　= 14+log[2×0.027mol/L] = 12.73

TIP

pH 계산
① 산성물질 pH = -log$[H^+]$
② 알칼리성물질 pH = 14+log$[OH^-]$

06 다음 반응식 중 환원상태가 되면 가장 나중에 일어나는 반응은? (단, ORP값 기준)

㉮ $SO_4^{2-} \rightarrow S^{2-}$　　㉯ $NO_2^- \rightarrow NH_3$
㉰ $Fe^{3+} \rightarrow Fe^{2+}$　　㉱ $NO_3^- \rightarrow NO_2^-$

[풀이] ㉮ ORP(산화환원 전위)가 가장 작으므로 가장 나중에 반응이 일어난다.

TIP

ORP(산화환원 전위)값
㉮ ORP 0.1 ~ 0.06V
㉯ ORP 0.40 ~ 0.35V
㉰ ORP 0.30 ~ 0.20V
㉱ ORP 0.45 ~ 0.40V

07 부영양호의 수면관리 대책으로 틀린 것은?

㉮ 수생식물의 이용
㉯ 준설
㉰ 약품에 의한 영양염류의 침전 및 황산동 살포
㉱ N, P 유입량의 증대

[풀이] ㉱ N, P 유입 방지

08 카드뮴이 인체에 미치는 영향으로 틀린 것은?

㉮ 칼슘 대사기능 장해
㉯ Hunter-Russel 장해
㉰ 골연화증
㉱ Fanconi씨 증후군

[풀이] ㉯번은 수은(Hg)의 영향이다.

09 알칼리도에 관한 반응 중 가장 부적절한 것은?

㉮ $CO_2 + H_2O \rightarrow H_2CO_3 \rightarrow HCO_3^- + H^+$
㉯ $HCO_3^- \rightarrow CO_3^{-2} + H^+$
㉰ $CO_3^{-2} + H_2O \rightarrow HCO_3^- + OH^-$
㉱ $HCO_3^- + H_2O \rightarrow H_2CO_3 + OH^-$

10 BOD 1kg의 제거에 보통 1kg의 산소가 필요하다면 1.45ton의 BOD가 유입된 하천에서 BOD를 완전히 제거하고자 할 때 요구되는 공기량(m^3)은 얼마인가? (단, 물의 공기 흡수율은 7%(부피기준)이며, 공기 $1m^3$은 0.236 kg의 O_2를 함유한다고 하고 하천의 BOD는 고려하지 않음)

㉮ 약 84,773　　㉯ 약 85,773
㉰ 약 86,773　　㉱ 약 87,773

[풀이] 요구되는 공기량(m^3) = $\frac{1m^3 \text{공기}}{0.236 kg\, O_2} \times \frac{1kg\, O_2}{1kg\, BOD}$

$\times 1.45 \times 10^3 kg\, BOD \times \frac{100}{7\%}$

= 87,772.40m^3

11 소수성 콜로이드의 특성으로 틀린 것은?

㉮ 물속에서 에멀션으로 존재함
㉯ 염에 아주 민감함
㉰ 물에 반발하는 성질이 있음
㉱ 소량의 염을 첨가하여도 응결 침전됨

[풀이] ㉮번은 친수성 콜로이드의 특성이다.

12 하수나 기타 물질에 의하여 수원이 오염되었을 때 물은 일련의 변화과정을 거친다. fungi와 같은 정도로 청록색 내지 녹색 조류가 번식하고, 하류가 내려갈수록 규조류가 성장하는 지대는?

㉮ 분해지대
㉯ 활발한 분해지대
㉰ 회복지대
㉱ 정수지대

[풀이] ㉰ 회복지대에 대한 설명이다.

13 25℃ 4atm의 압력에 있는 메탄가스 15kg을 저장하는 데 필요한 탱크의 부피(m^3)는 얼마인가? (단, 이상기체의 법칙 적용, 표준상태 기준, R = 0.082 L · atm/mol · K)

㉮ 4.42   ㉯ 5.73
㉰ 6.54   ㉱ 7.45

[풀이] 이상기체법칙 $PV = nRT \Rightarrow PV = \frac{W}{M}RT$ 를 이용한다.

여기서
- P : 압력(atm)
- V : 부피(L)
- n : 몰수
- W : 질량(g)
- M : 분자량(g)
- R : 기체상수(L · atm/mol · k)
- T : 절대온도(K)

따라서
$4atm \times V(L)$
$= \frac{15 \times 10^3 g}{16g} \times (0.082 L \cdot atm/mol \cdot k) \times (273+25)k$
∴ $V = 5,727.19 L = 5.73 m^3$

14 수원의 종류 중 지하수에 관한 설명으로 틀린 것은?

㉮ 수온 변동이 적고 탁도가 낮다.
㉯ 미생물이 거의 없고 오염물이 적다.
㉰ 유속이 빠르고, 광역적인 환경조건의 영향을 받아 정화되는데 오랜 기간이 소요된다.
㉱ 무기염류 농도와 경도가 높다.

[풀이] ㉰ 유속이 느리고, 국지적인 환경조건의 영향을 받으며, 정화되는데 오랜 기간이 소요된다.

15 Fungi(균류, 곰팡이류)에 관한 설명으로 틀린 것은?

㉮ 원시적 탄소동화작용을 통하여 유기물질을 섭취하는 독립영양계 생물이다.
㉯ 폐수내의 질소와 용존산소가 부족한 경우에도 잘 성장하며 pH가 낮은 경우에도 잘 성장한다.
㉰ 구성물질의 75 ~ 80%가 물이며 $C_{10}H_{17}O_6N$을 화학구조식으로 사용한다.
㉱ 폭이 약 5 ~ 10μm로서 현미경으로 쉽게 식별되며 슬러지팽화의 원인이 된다.

[풀이] ㉮ Fungi는 엽록소가 없어 탄소동화작용을 하지 않는다.

정답 11 ㉮   12 ㉰   13 ㉯   14 ㉰   15 ㉮

16 내경 5mm인 유리관을 정수 중에 연직으로 세울 때 유리관내의 모세관높이(cm)는 얼마인가? (단, 물의 수온 = 15℃, 이때의 표면장력 = 0.076g/cm, 물과 유리의 접촉각 = 8°)

㉮ 0.5 ㉯ 0.6
㉰ 0.7 ㉱ 0.8

 $h = \dfrac{4 \cdot Tm \cdot \cos\theta}{r \cdot d}$

여기서
- h : 높이(cm)
- Tm : 표면장력(g/cm)
- r : 비중량(1.0g/cm³)
- d : 직경(cm)

∴ $h = \dfrac{4 \times 0.076 g/cm \times \cos 8°}{1.0 g/cm^3 \times 5 \times 10^{-1} cm} = 0.60 cm$

17 미생물 세포의 비증식 속도를 나타내는 식에 대한 설명으로 틀린 것은?

$$\mu = \mu_{max} \times \dfrac{[S]}{[S]+Ks}$$

㉮ μ_{max}는 최대 비증식속도로 시간$^{-1}$ 단위이다.
㉯ Ks는 반속도상수로서 최대성장률이 1/2일 때의 기질의 농도이다.
㉰ $\mu = \mu_{max}$인 경우, 반응속도가 기질농도에 비례하는 1차 반응을 의미한다.
㉱ [S]는 제한기질 농도이고 단위는 mg/L이다.

㉰ $\mu = \mu_{max}$인 경우, 반응속도가 기질농도에 관계없는 0차 반응을 의미한다.

18 세균(Bacteria)의 경험적 분자식으로 옳은 것은?

㉮ $C_5H_7O_2N$ ㉯ $C_5H_8O_2N$
㉰ $C_7H_8O_5N$ ㉱ $C_8H_9O_5N$

자주 출제되는 경험적 분자식
① 박테리아 : $C_5H_7O_2N$
② 조류 : $C_5H_8O_2N$
③ 곰팡이 : $C_{10}H_{17}O_6N$
④ 원생동물 : $C_7H_{14}O_3N$

19 수은(Hg)에 관한 설명으로 틀린 것은?

㉮ 아연정련업, 도금공장, 도자기제조업에서 주로 발생한다.
㉯ 대표적 만성질환으로는 미나마타병, 헌터-루셀 증후군이 있다.
㉰ 유기수은은 금속상태의 수은보다 생물체내에 흡수력이 강하다.
㉱ 상온에서 액체상태로 존재하며, 인체에 노출시 중추신경계에 피해를 준다.

㉮ 제련업, 살충제, 온도계, 압력계 제조업에서 주로 발생한다.

20 pH 2.5인 용액을 pH 6.0의 용액으로 희석할 때 용량비를 1 : 9로 혼합하면 혼합액의 pH는 얼마인가?

㉮ 3.1 ㉯ 3.3
㉰ 3.5 ㉱ 3.7

 ① $C_m = \dfrac{C_1Q_1 + C_2Q_2}{Q_1+Q_2}$
$= \dfrac{10^{-2.5}M \times 1 + 10^{-6.0}M \times 9}{1+9}$
$= 3.17 \times 10^{-4} M$
② $pH = -\log[H^+] = -\log[3.17 \times 10^{-4} M] = 3.50$

TIP

pH 계산
① pH = -log[H^+] ⇒ [H^+] = 10^{-pH} M
② pOH = -log[OH^-] ⇒ [OH^-] = 10^{-pOH} M
③ 산성물질에서 pH = -log[H^+]
④ 알칼리성물질에서 pH = 14+log[OH^-]

| 제2과목 | 상하수도계획

21 용해성성분으로 무기물은 불소(처리대상물질)를 제거하기 위해 유효한 고도 정수처리 방법으로 틀린 것은?

㉮ 응집침전 ㉯ 골탄
㉰ 이온교환 ㉱ 전기분해

[풀이] 불소처리방법은 응집침전법, 활성알루미나법, 골탄법, 전기분해법이 있다.

22 하수도계획의 목표연도는 원칙적으로 몇 년으로 설정하는가?

㉮ 15년 ㉯ 20년
㉰ 25년 ㉱ 30년

[풀이] 목표연도
① 상수도 : 15~20년
② 하수도 : 20년

23 길이가 100m, 직경이 40cm인 하수관로의 하수유속을 1m/sec로 유지하기 위한 하수관로의 동수경사는 얼마인가? (단, 만관기준, manning 식의 조도계수 n = 0.012)

㉮ $1.2×10^{-3}$ ㉯ $2.3×10^{-3}$
㉰ $3.1×10^{-3}$ ㉱ $4.6×10^{-3}$

[풀이] Manning식에 의한 유속(v)

$$v = \frac{1}{n} × R^{\frac{2}{3}} × I^{\frac{1}{2}} \text{ (m/sec)}$$

여기서
v : 유속(m/sec)
n : 조도계수
R : 경심(m)
I : 기울기

① 경심(R) = $\frac{단면적(A)}{윤변의 길이(S)}$ = $\frac{\frac{\pi D^2}{4}}{\pi \cdot D}$ = $\frac{D}{4}$(m)

= $\frac{0.4m}{4}$ = 0.1m

② 1m/sec = $\frac{1}{0.012} × (0.1m)^{\frac{2}{3}} × I^{\frac{1}{2}}$

∴ I = $3.10×10^{-3}$

24 복류수나 자유수면을 갖는 지하수를 취수하는 시설인 집수매거에 관한 설명으로 틀린 것은?

㉮ 집수매거의 길이는 시험우물 등에 의한 양수시험 결과에 따라 정한다.
㉯ 집수매거의 매설깊이는 1.0m 이하로 한다.
㉰ 집수매거는 수평 또는 흐름방향으로 향하여 완경사로 하고 집수매거의 유출단에서 매거내의 평균유속은 1.0m/s 이하로 한다.
㉱ 세굴의 우려가 있는 제외지에 설치할 경우에는 철근콘크리트틀 등으로 방호한다.

[풀이] ㉯ 집수매거의 매설깊이는 5m를 표준으로 한다.

정답 21 ㉰ 22 ㉯ 23 ㉰ 24 ㉯

25 계획오수량에 관한 설명으로 틀린 것은?

㉮ 지하수량은 1인1일최대오수량의 20% 이하로 한다.
㉯ 계획시간최대오수량은 계획1일최대오수량의 1시간당 수량의 1.3 ~ 1.8배를 표준으로 한다.
㉰ 합류식에서 우천 시 계획오수량은 원칙적으로 계획시간최대오수량의 3배 이상으로 한다.
㉱ 계획1일평균오수량은 계획1일최대오수량의 50 ~ 60%를 표준으로 한다.

[풀이] ㉱ 계획1일평균오수량은 계획1일최대오수량의 70 ~ 80%를 표준으로 한다.

26 표준맨홀의 형상별 용도에서 내경 1500mm 원형에 해당하는 것은?

㉮ 1호맨홀　　㉯ 2호맨홀
㉰ 3호맨홀　　㉱ 4호맨홀

27 비교회전도(Ns)에 대한 설명으로 틀린 것은?

㉮ 펌프는 Ns 값에 따라 그 형식이 변한다.
㉯ Ns 값이 같으면 펌프의 크기에 관계없이 같은 형식의 펌프로 하고 특성도 대체로 같아진다.
㉰ 수량과 전양정이 같다면 회전수가 많을수록 Ns 값이 커진다.
㉱ 일반적으로 Ns 값이 적으면 유량이 큰 저양정의 펌프가 된다.

[풀이] ㉱ 일반적으로 Ns 값이 적으면 유량이 작은 고양정의 펌프가 된다.

28 하수관이 부식하기 쉬운 곳은 어느 곳인가?

㉮ 바닥 부분　　㉯ 양 옆 부분
㉰ 하수관 전체　　㉱ 관정부(crown)

[풀이] 하수관은 혐기성에 의해 황화수소가 발생하며, 공기와 반응해서 황산이 형성되며, 그로 인해 관정부식이 발생된다.

29 상수도 취수관거의 취수구에 관한 설명으로 틀린 것은?

㉮ 높이는 배사문의 바닥높이보다 0.5 ~ 1m 이상 낮게 한다.
㉯ 유입속도는 0.4 ~ 0.8m/s를 표준으로 한다.
㉰ 제수문의 전면에는 스크린을 설치한다.
㉱ 계획취수위는 취수구로부터 도시기점까지의 손실수두를 계산하여 결정한다.

[풀이] ㉮ 높이는 배사문의 바닥높이보다 0.5 ~ 1m 이상 높게 한다.

30 우수배제 계획에서 계획우수량을 산정할 때 고려할 사항이 아닌 것은?

㉮ 유출계수　　㉯ 유속계수
㉰ 배수면적　　㉱ 유달시간

[풀이] 계획우수량을 산정할 때 고려할 사항으로는 유출계수, 배수면적, 확률년수, 유달시간이 있다.

정답   25 ㉱   26 ㉰   27 ㉱   28 ㉱   29 ㉮   30 ㉯

31 상수도 급수배관에 관한 설명으로 틀린 것은?

㉮ 급수관을 공공도로에 부설할 경우에는 도로 관리자가 정한 점용위치와 깊이에 따라 배관해야 하며 다른 매설물과의 간격을 30cm 이상 확보한다.
㉯ 급수관을 부설하고 되메우기를 할 때에는 양질토 또는 모래를 사용하여 적절하게 다짐하여 관을 보호한다.
㉰ 급수관이 개거를 횡단하는 경우에는 가능한 한 개거의 위로 부설한다.
㉱ 동결이나 결로의 우려가 있는 급수설비의 노출부분에 대해서는 적절한 방한조치나 결로방지조치를 강구한다.

풀이 ㉰ 급수관이 개거를 횡단하는 경우에는 가능한 한 개거의 아래로 부설한다.

32 상수도시설인 완속여과지에 관한 설명으로 틀린 것은?

㉮ 여과지 깊이는 하부집수장치의 높이에 자갈층 두께와 모래층 두께까지 2.5 ~ 3.5m를 표준으로 한다.
㉯ 완속여과지의 여과속도는 4 ~ 5m/day를 표준으로 한다.
㉰ 모래층의 두께는 70 ~ 90cm를 표준으로 한다.
㉱ 여과지의 모래면 위의 수심은 90 ~ 120cm를 표준으로 한다.

풀이 ㉮ 여과지 깊이는 하부집수장치의 높이에 자갈층 두께와 모래층 두께, 모래면위의 수심과 여유고를 더하여 2.5 ~ 3.5m를 표준으로 한다.

33 전양정에 대한 펌프의 형식 중 틀린 것은?

㉮ 전양정 5m 이하는 펌프구경 400mm 이상의 축류펌프를 사용한다.
㉯ 전양정 3 ~ 12m는 펌프구경 400mm 이상의 원심펌프를 사용한다.
㉰ 전양정 5 ~ 20m는 펌프구경 300mm 이상의 원심 사류 펌프를 사용한다.
㉱ 전양정 4m 이상은 펌프구경 80mm 이상의 원심펌프를 사용한다.

풀이 ㉯ 원심펌프는 전양정이 4m 이상, 펌프구경 80mm 이상, 비교회전도가 100 ~ 250rpm이다.

34 펌프의 규정회전수는 10회/sec, 토출량은 0.3m³/sec, 펌프의 규정양정이 5m일 때 비교회전도는 얼마인가?

㉮ 642 ㉯ 761
㉰ 836 ㉱ 935

풀이

$$N_s = N \times \frac{Q^{\frac{1}{2}}}{H^{\frac{3}{4}}}$$

여기서
- N_s : 비교회전도(rpm)
- N : 규정회전수(rpm)
- Q : 토출량(m³/min)
- H : 전양정(m)

따라서
$N_s = 10\text{회/sec} \times 60\text{sec/min}$
$\times \dfrac{(0.3\text{m}^3/\text{sec} \times 60\text{sec/min})^{\frac{1}{2}}}{(5\text{m})^{\frac{3}{4}}}$
$= 761.31\text{rpm}$

TIP
rpm = 회/sec × 60sec/min

정답 31 ㉰ 32 ㉮ 33 ㉯ 34 ㉯

35 계획우수량 산정 시 고려하는 하수관로의 설계강우로 알맞은 것은?

㉮ 30 ~ 50년빈도 ㉯ 10 ~ 30년빈도
㉰ 10 ~ 15년빈도 ㉱ 5 ~ 10년빈도

[풀이] 계획우수량 산정 시 고려하는 하수관로의 설계강우는 10 ~ 30년빈도이다.

36 상수도 송수시설의 계획송수량 산정에 기준이 되는 수량은 어느 것인가?

㉮ 계획 1일 최대급수량
㉯ 계획 1일 평균급수량
㉰ 계획 1일 시간 최대급수량
㉱ 계획 1일 시간 평균급수량

[풀이] 상수도 송수시설의 계획송수량 산정에 기준이 되는 수량은 계획 1일 최대급수량이다.

37 정수처리를 위해 완속여과방식(불용해성 성분의 처리방식)만을 선택하였을 때 거의 처리할 수 없는 항목(물질)은 어느 것인가?

㉮ 탁도   ㉯ 철분, 망간
㉰ ABS   ㉱ 농약

38 관로의 접합과 관련된 고려 사항으로 틀린 것은?

㉮ 접합의 종류에는 관정접합, 관중심접합, 수면접합, 관저접합 등이 있다.
㉯ 관로의 관경이 변화하는 경우의 접합방법은 원천적으로 수면접합 또는 관정접합으로 한다.
㉰ 2개의 관로가 합류하는 경우 중심교각은 되도록 60°이상으로 한다.
㉱ 지표의 경사가 급한 경우에는 관경변화에 대한 유무에 관계없이 원칙적으로 단차접합 또는 계단접합을 한다.

[풀이] ㉰ 2개의 관로가 합류하는 경우 중심교각은 되도록 30 ~ 45°로 한다.

39 정수시설의 착수정 구조와 형상에 관한 설계기준으로 틀린 것은?

㉮ 착수정은 분할을 원칙으로 하며 고수위 이상으로 유지되도록 월류관이나 월류위어를 설치한다.
㉯ 형상은 일반적으로 직사각형 또는 원형으로 하고 유입구에는 제수밸브 등을 설치한다.
㉰ 착수정의 고수위와 주변벽체의 상단 간에는 60cm 이상의 여유를 두어야 한다.
㉱ 부유물이나 조류 등을 제거할 필요가 있는 장소에는 스크린을 설치한다.

[풀이] ㉮ 착수정은 분할을 원칙으로 하며 고수위 이상으로 올라가지 않도록 월류관이나 월류위어를 설치한다.

정답 35 ㉯ 36 ㉮ 37 ㉱ 38 ㉰ 39 ㉮

40 펌프를 선정할 때 고려 사항으로 틀린 것은?

㉮ 펌프를 최대효율점 부근에서 운전하도록 용량 및 대수를 결정한다.
㉯ 펌프의 설치대수는 유지관리상 가능한 적게 하고 동일용량의 것으로 한다.
㉰ 펌프는 저용량일수록 효율이 높으므로 가능한 저용량으로 한다.
㉱ 내부에서 막힘이 없고, 부식 및 마모가 적어야 한다.

풀이 ㉰ 펌프는 고용량일수록 효율이 높으므로 가능한 고용량으로 한다.

제3과목 | 수질오염방지기술

41 활성슬러지법의 변법인 접촉안정화법에 대한 설명으로 틀린 것은?

㉮ 활성슬러지를 하수와 약 5~20분간 비교적 짧은 시간동안 접촉조에서 폭기, 혼합한다.
㉯ 활성슬러지를 안정조에서 3~6시간 폭기하여 흡수, 흡착된 유기물질을 산화시킨다.
㉰ 침전지에서는 접촉조에서 유기물을 흡수, 흡착한 슬러지를 분리한다.
㉱ 유기물의 상당량이 콜로이드 상태로 존재하는 도시하수처리에 적합하다.

풀이 ㉮ 활성슬러지를 하수와 비교적 긴 시간동안 접촉조에서 폭기, 혼합한다.

42 소독제로서 오존(O_3)의 효율성에 대한 설명으로 틀린 것은?

㉮ 오존은 대단히 반응성이 큰 산화제이다.
㉯ 오존은 매우 효과적인 바이러스 사멸제이다.
㉰ 오존처리는 용존 고형물을 증가시키지 않는다.
㉱ pH가 높을 때 소독효과가 좋다.

풀이 ㉱ 오존의 소독효과는 pH와 관계없다.

43 호기성 미생물에 의하여 발생되는 반응은 어느 것인가?

㉮ 포도당 → 알코올
㉯ 초산 → 메탄
㉰ 아질산염 → 질산염
㉱ 포도당 → 초산

풀이 호기성 미생물은 산소를 소모하므로 아질산염(NO_2^-) → 질산염(NO_3^-)이 해당한다.

44 난분해성 폐수처리에 이용되는 펜톤 시약은 어느 것인가?

㉮ H_2O_2+철염
㉯ 알루미늄염+철염
㉰ H_2O_2+알루미늄염
㉱ 철염+고분자응집제

풀이 펜톤시약은 과산화수소(H_2O_2)이고 촉매는 철염(황산제일철)이다.

정답 40 ㉰ 41 ㉮ 42 ㉱ 43 ㉰ 44 ㉮

45 BOD 250mg/L인 폐수를 살수여상법으로 처리할 때 처리수의 BOD는 80mg/L, 온도가 20℃ 였다. 만일 온도가 23℃로 된다면 처리수의 BOD 농도(mg/L)는 얼마인가? (단, 온도 이외의 처리조건은 같음, $E_t = E_{20} \times Ci^{T-20}$, E : 처리효율, Ci = 1.035)

㉮ 약 46 ㉯ 약 53
㉰ 약 62 ㉱ 약 71

풀이 ① 20℃에서 처리효율을 계산한다.

$$E_{20℃} = \left\{1 - \frac{유출수\ BOD}{유입수\ BOD}\right\} \times 100$$

$$= \left\{1 - \frac{80mg/L}{250mg/L}\right\} \times 100 = 68\%$$

② 20℃ 처리효율을 23℃의 처리효율로 전환한다.
$E_{23℃} = 68\% \times 1.035^{(23-20)} = 75.39\%$

③ 23℃에서 유출수의 BOD 농도를 계산한다.

$$75.39\% = \left\{1 - \frac{유출수의\ BOD}{250mg/L}\right\} \times 100$$

∴ 유출수 BOD = 250mg/L×(1-0.7539)
= 61.53mg/L

46 흡착장치 중 고정상 흡착장치의 역세척에 관한 설명으로 가장 알맞은 것은?

(㉠) 동안 먼저 표면세척을 한 다음 (㉡) $m^3/m^2 \cdot hr$의 속도로 역세척수를 사용하여 층을 (㉢) 정도 부상시켜 실시한다.

㉮ ㉠ 24시간, ㉡ 14 ~ 48, ㉢ 25 ~ 30%
㉯ ㉠ 24시간, ㉡ 24 ~ 28, ㉢ 10 ~ 50%
㉰ ㉠ 짧은시간, ㉡ 14 ~ 28, ㉢ 25 ~ 30%
㉱ ㉠ 짧은시간, ㉡ 24 ~ 48, ㉢ 10 ~ 50%

47 정수장의 침전조 설계 시 어려운 점은 물의 흐름은 수평방향이고 입자 침강방향은 중력방향이어서 두 방향의 운동을 해석해야 한다는 점이다. 이상적인 수평흐름 장방형침전지(제 Ⅰ형 침전)설계를 위한 기본 가정 중 틀린 것은?

㉮ 유입부의 깊이에 따라 SS농도는 선형으로 높아진다.
㉯ 슬러지 영역에서는 유체이동이 전혀 없다.
㉰ 슬러지 영역상부에 사영역이나 단락류가 없다.
㉱ 플러그 흐름이다.

풀이 ㉮ 유입부의 깊이에 따라 SS농도는 균일하다.

48 아래의 공정은 A^2/O 공정을 나타낸 것이다. 각 반응조의 주요 기능에 대하여 옳은 것은?

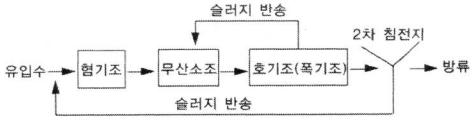

㉮ 혐기조 : 인방출, 무산소조 : 질산화,
   폭기조 : 탈질, 인과잉섭취
㉯ 혐기조 : 인방출, 무산소조 : 탈질,
   폭기조 : 인과잉섭취, 질산화
㉰ 혐기조 : 탈질, 무산소조 : 질산화,
   폭기조 : 인방출 및 과잉섭취
㉱ 혐기조 : 탈질, 무산소조 : 인과잉섭취,
   폭기조 : 질산화, 인방출

정답 45 ㉰ 46 ㉱ 47 ㉮ 48 ㉯

49 폐수의 고도처리에 관한 설명으로 틀린 것은?

㉮ 염수 등 무기염류의 제거에는 전기투석, 역삼투 등을 사용한다.
㉯ 질소제거는 소석회 등을 사용하여 pH 10.8 ~ 11.5에서 암모니아 스트리핑을 한다.
㉰ 인산이온은 수산화나트륨 등으로 중화하여 침전 처리한다.
㉱ 잔류 COD는 급속사여과 후 활성탄 흡착 처리한다.

[풀이] ㉰ 인산이온은 응집제를 이용하여 침전 제거한다.

50 Bar rack의 설계조건이 다음과 같을 때 손실수두(m)는 얼마인가?

(단, $h_L = 1.79 \left(\dfrac{W}{b}\right)^{4/3} \cdot \dfrac{v^2}{2g} \sin\theta$, 원형봉의 지름 = 20 mm, bar의 유효간격 = 25 mm, 수평설치각도 = 50°, 접근유속 = 1.0m/sec)

㉮ 0.0427　　㉯ 0.0482
㉰ 0.0519　　㉱ 0.0599

[풀이] $h_L = 1.79 \times \left(\dfrac{W}{b}\right)^{4/3} \times \dfrac{v^2}{2 \times g} \sin\theta \text{(m)}$

여기서
- W : 원형봉의 지름(mm)
- b : bar의 유효간격(mm)
- v : 접근유속(m/sec)
- g : 중력가속도(9.8m/sec²)

$\therefore h_L = 1.79 \times \left(\dfrac{20mm}{25mm}\right)^{4/3} \times \dfrac{(1.0m/sec)^2}{2 \times 9.8m/sec^2} \times \sin 50°$
$= 0.05196m$

51 화학적 인 제거 방법으로 정석탈인법에 사용되는 것은?

㉮ Al　　㉯ Fe
㉰ Ca　　㉱ Mg

[풀이] 화학적 인 제거 방법으로 정석탈인법에 사용되는 것은 칼슘(Ca)이다.

52 특정의 반응물을 포함하는 폐수가 연속 혼합반응조를 통과할 때 반응물의 농도가 250mg/L에서 25mg/L로 감소하였다. 반응조 내의 반응은 일차반응이고, 폐수의 유량이 1일 5,000m³이면 반응조의 체적(m³)은 얼마인가? (단, 반응속도 상수(k) = 0.2day⁻¹)

㉮ 45,000　　㉯ 90,000
㉰ 112,500　　㉱ 214,286

[풀이] $Q(C_o - C_t) = k \cdot V \cdot C_t$
여기서
- Q : 유량(m³/day)
- C_o : 초기농도(mg/L)
- C_t : t시간 후의 농도(mg/L)
- k : 상수(/day)
- V : 체적(m³)

따라서 5,000m³/day × (250-25)mg/L
$= 0.2/day \times V(m^3) \times 25mg/L$

$\therefore V = \dfrac{5,000m^3/day \times (250-25)mg/L}{0.2/day \times 25mg/L}$
$= 225,000m^3$

정답 49 ㉰　50 ㉰　51 ㉰　52 ㉱

53 살수여상처리공정에서 생성되는 슬러지의 농도는 4.5%이며 하루에 생성되는 고형물의 양은 1000kg이다. 중력을 이용하여 농축할 때 중력농축조의 직경(m)은 얼마인가? (단, 농축조의 형태는 원형, 깊이 = 3m, 중력농축조의 고형물 부하량 = 25kg/m² · day, 비중 = 1.0)

㉮ 3.55
㉯ 5.10
㉰ 6.72
㉱ 7.14

풀이 고형물 부하량(kg/m² · day)

$= \dfrac{\text{고형물의 양(kg/day)}}{\text{농축조의 면적(m}^2\text{)}}$

따라서 $25\text{kg/m}^2 \cdot \text{day} = \dfrac{1{,}000\text{kg/day}}{\dfrac{\pi \times D^2}{4}}$

∴ D = 7.14m

54 혐기성 소화조내의 pH가 낮아지는 원인으로 틀린 것은?

㉮ 유기물 과부하
㉯ 과도한 교반
㉰ 중금속 등 유해물질 유입
㉱ 온도 저하

55 정수장에 적용되는 완속여과의 장점으로 틀린 것은?

㉮ 여과시스템의 신뢰성이 높고 양질의 음용수를 얻을 수 있다.
㉯ 수량과 탁질의 급격한 부하변동에 대응할 수 있다.
㉰ 고도의 지식이나 기술을 가진 운전자를 필요로 하지 않고 최소한의 전력만 필요로 한다.
㉱ 여과지를 간헐적으로 사용하여도 양질의 여과수를 얻을 수 있다.

풀이 ㉱ 여과지를 연속적으로 사용하여야 양질의 여과수를 얻을 수 있다.

56 막공법에 관한 설명으로 틀린 것은?

㉮ 투석은 선택적 투과막을 통해 용액 중에 다른 이온 혹은 분자의 크기가 다른 용질을 분리시키는 것이다.
㉯ 투석에 대한 추진력은 막을 기준으로 한 용질의 농도차이다.
㉰ 한외여과 및 미여과의 분리는 주로 여과작용에 의한 것으로 역삼투현상에 의한 것이 아니다.
㉱ 역삼투는 반투막으로 용매를 통과시키기 위해 동수압을 이용한다.

풀이 ㉱ 역삼투는 반투막으로 용매(물)를 통과시키기 위해 정수압을 이용한다.

57 수질성분이 금속 하수도관의 부식에 미치는 영향으로 틀린 것은?

㉮ 잔류염소는 용존산소와 반응하여 금속부식을 억제시킨다.
㉯ 용존산소는 여러 부식 반응속도를 증가시킨다.
㉰ 고농도의 염화물이나 황산염은 철, 구리, 납의 부식을 증가시킨다.
㉱ 암모니아는 착화물의 형성을 통하여 구리, 납 등의 용해도를 증가시킬 수 있다.

풀이 ㉮ 잔류염소는 용존산소와 반응하여 금속 부식을 촉진시킨다.

정답 53 ㉱ 54 ㉯ 55 ㉱ 56 ㉱ 57 ㉮

58 포기조의 MLSS 농도가 3,000mg/L이고, 1L 실린더에 30분 동안 침전시킨 후 슬러지부피가 150mL이면 슬러지의 SVI는 얼마인가?

㉮ 20 ㉯ 50
㉰ 100 ㉱ 150

[풀이]
$$SVI(mL/g) = \frac{SV(mL/L)}{MLSS(mg/L)} \times 10^3$$
$$= \frac{150mL/L}{3,000mg/L} \times 10^3$$
$$= 50mL/g$$

59 인구가 10,000명인 마을에서 발생되는 하수를 활성슬러지법으로 처리하는 처리장에 저율혐기성소화조를 설계하려고 한다. 생슬러지(건조고형물기준) 발생량은 0.11kg/인·일이며, 휘발성고형물은 건조고형물의 70%이다. 가스 발생량은 0.94m³/VSS·kg이고 휘발성고형물의 65%가 소화된다면 일일 가스발생량(m³/day)은 얼마인가?

㉮ 약 345 ㉯ 약 471
㉰ 약 563 ㉱ 약 644

[풀이] 가스발생량(m³/day)
= 0.11kg/인·일×10,000인×0.70×0.65×0.94m³/kg
= 470.47m³/day

60 폐수로부터 질소물질을 제거하는 주요 물리화학적 방법으로 틀린 것은?

㉮ Phostrip법
㉯ 암모니아스트리핑법
㉰ 파과점염소처리법
㉱ 이온교환법

[풀이] ㉮ Phostrip법은 인(P)을 제거하는 방법이다.

| 제4과목 | 수질오염공정시험기준

61 원자흡수분광광도법에서 일어나는 간섭에 대한 설명으로 틀린 것은?

㉮ 광학적 간섭 : 분석하고자 하는 원소의 흡수파장과 비슷한 다른 원소의 파장이 서로 겹쳐 비이상적으로 높게 측정되는 경우
㉯ 물리적 간섭 : 표준용액과 시료 또는 시료와 시료 간의 물리적 성질(점도, 밀도, 표면장력 등)의 차이 또는 표준물질과 시료의 매질(matrix) 차이에 의해 발생
㉰ 화학적 간섭 : 불꽃의 온도가 분자를 들뜬 상태로 만들기에 충분히 높지 않아서, 해당 파장을 흡수하지 못하여 발생
㉱ 이온화 간섭 : 불꽃온도가 너무 낮을 경우 중성원자에서 전자를 빼앗아 이온이 생성될 수 있으며 이 경우 양(+)의 오차가 발생

[풀이] ㉱ 이온화 간섭 : 불꽃온도가 너무 높을 경우 중성원자에서 전자를 빼앗아 이온이 생성될 수 있으며 이 경우 음(-)의 오차가 발생

정답 58 ㉯ 59 ㉯ 60 ㉮ 61 ㉱

62 자외선/가시선분광법을 이용하여 아연을 측정하는 원리로 ( )에 들어갈 알맞은 말은?

> 아연이온이 ( )에서 진콘과 반응하여 생성하는 청색의 킬레이트 화합물의 흡광도를 620nm에서 측정하는 방법이다.

㉮ pH 약 2 ㉯ pH 약 4
㉰ pH 약 9 ㉱ pH 약 11

풀이 발색의 정도는 15 ~ 29℃, pH는 8.8 ~ 9.2의 범위에서 잘 된다.

63 하천수의 시료 채취 지점에 관한 내용으로 ( )에 공통으로 들어갈 내용은?

> 하천의 단면에서 수심이 가장 깊은 수면의 지점과 그 지점을 중심으로 좌우로 수면폭을 2등분한 각각의 지점의 수면으로부터 수심 ( )미만일 때에는 수심의 1/3에서 수심( )이상일 때에는 수심의 1/3 및 2/3에서 각각 채수한다.

㉮ 2m ㉯ 3m
㉰ 5m ㉱ 6m

풀이 **하천수의 시료 채취 지점**
① 수심이 2m 미만 : 수심의 1/3지점
② 수심이 2m 이상 : 수심이 1/3, 2/3지점

64 불꽃원자흡수분광광도법 분석절차 중 가장 먼저 수행되는 것은?

㉮ 최적의 에너지 값을 얻도록 선택파장을 최적화 한다.
㉯ 버너헤드를 설치하고 위치를 조정한다.
㉰ 바탕시료를 주입하여 영점조정을 한다.
㉱ 공기와 아세틸렌을 공급하면서 불꽃을 발생시키고 최대감도를 얻도록 유량을 조절한다.

65 기기분석법에 관한 설명으로 틀린 것은?

㉮ 유도결합플라스마(ICP)는 시료도입부, 고주파전원부, 광원부, 분광부, 연산처리부 및 기록부로 구성되어 있다.
㉯ 원자흡수분광광도법은 시료중의 유해중금속 및 기타 원소의 분석에 적용한다.
㉰ 흡광광도법은 파장 200 ~ 900nm에서의 액체의 흡광도를 측정한다.
㉱ 기체크로마토그래피법의 검출기 중 열전도도검출기는 인 또는 유황화합물의 선택적 검출에 주로 사용된다.

풀이 ㉱ 기체크로마토그래피법의 검출기 중 불꽃광도형검출기는 인 또는 유황화합물의 선택적 검출에 주로 사용된다.

정답 62 ㉰ 63 ㉮ 64 ㉮ 65 ㉱

66 기체크로마토그래피법의 전자포획검출기에 관한 설명으로 ( )에 알맞은 말은?

> 방사선 동위원소로부터 방출되는 ( )이 운반기체를 전리하여 미소전류를 흘려보낼 때 시료 중의 할로겐이나 산소와 같이 전자포획이 강한 화합물에 의하여 전자가 포획되어 전류가 감소하는 것을 이용하는 방법이다.

㉮ α(알파)선 ㉯ β(베타)선
㉰ γ(감마)선 ㉱ 중성자선

풀이 기체크로마토그래피법의 전자포획검출기
① 운반기체 전리 : β(베타)선
② 검출물질 : 유기할로겐화합물, 나이트로화합물, 유기금속화합물

67 시료 중 분석대상물의 농도가 낮거나 복잡한 매질 중에서 분석대상물만을 선택적으로 추출하여 분석하고자 할 때 사용되는 전처리방법으로 가장 적당한 것은?

㉮ 마이크로파 산분해법
㉯ 전기회화로법
㉰ 산분해법
㉱ 용매추출법

풀이 ㉱ 용매추출법에 대한 설명이다.

68 분석물질의 농도변화에 대한 지시값을 나타내는 검정곡선방법에 대한 설명으로 옳은 것은?

㉮ 검정곡선법은 시료의 농도와 지시값과의 상관성을 검정곡선식에 대입하여 작성하는 방법으로, 직선성이 유지되는 농도범위 내에서 제조농도 3~5개를 사용한다.
㉯ 표준물첨가법은 시료와 동일한 매질에 일정량의 표준물질을 첨가하여 검정곡선을 작성하는 것으로, 시험분석 절차, 기기 또는 시스템의 변동으로 발생하는 오차를 보정하기위해 사용한다.
㉰ 내부표준법은 표준용액과 시료에 동일한 양의 내부표준물질을 첨가하여 검정곡선을 작성하는 것으로, 매질효과가 큰 시험분석 방법에서 분석 대상 시료와 동일한 매질의 시료를 확보하지 못한 경우에 매질효과를 보정하기 위해 사용한다.
㉱ 검정곡선의 검증은 방법검출한계의 2~5배 또는 검정곡선의 중간 농도에 해당하는 표준용액에 대한 측정값이 검정곡선 작성시의 지시값과 10% 이내에서 일치하여야 한다.

풀이 ㉯ 표준물첨가법은 시료와 동일한 매질에 일정량의 표준물질을 첨가하여 검정곡선을 작성하는 것으로, 매질효과가 큰 시험분석 방법에서 분석대상 시료와 동일한 매질의 표준시료를 확보하지 못한 경우에 매질효과를 보정하여 분석할 수 있는 방법이다.
㉰ 내부표준법은 표준용액과 시료에 동일한 양의 내부표준물질을 첨가하여 시험분석 절차, 기기 또는 시스템의 변동으로 발생하는 오차를 보정하기 위해 사용하는 방법이다.
㉱ 검정곡선의 검증은 방법검출한계의 5~50배 또는 검정곡선의 중간 농도에 해당하는 표준용액에 대한 측정값이 검정곡선 작성시의 지시값과 10% 이내에서 일치하여야 한다.

정답 66 ㉯ 67 ㉱ 68 ㉮

69 막여과법에 의한 총대장균군 측정방법에 대한 설명으로 틀린 것은?

㉮ 페트리접시에 배지를 올려놓은 다음 배양 후 금속성 광택을 띠는 적색이나 진한 적색계통의 집락을 계수하는 방법이다
㉯ 총대장균군은 그람음성, 무아포성의 간균으로서 락토스를 분해하여 가스 또는 산을 발생하는 모든 호기성 또는 통성 혐기성균을 말한다.
㉰ 양성대조군은 E. Coil 표준균주를 사용하고 음성대조군은 멸균 희석수를 사용하도록 한다.
㉱ 고체배지는 에탄올(90%) 20mL를 포함한 정제수 1 L에 배지를 정해진 고체배지 조성대로 넣고 완전히 녹을 때까지 저어주면서 끓인다. 이 때 고압증기 멸균한다.

[풀이] ㉱ 고체배지는 에탄올(95%) 20mL를 포함한 정제수 1 L에 배지를 정해진 고체배지조성대로 넣고 완전히 녹을 때까지 저어주면서 끓인다. 이 때 고압증기 멸균하지 않는다.

70 웨어의 수두가 0.25m, 수로의 폭이 0.8m, 수로의 밑면에서 절단 하부점까지의 높이가 0.7m인 직각 3각웨어의 유량(m³/min)은 얼마인가?

(단, 유량계수 $k = 81.2 + \dfrac{0.24}{h} + \left(8.4 + \dfrac{12}{\sqrt{D}}\right) \times \left(\dfrac{h}{B} - 0.09\right)^2$)

㉮ 1.4 ㉯ 2.1
㉰ 2.6 ㉱ 2.9

[풀이]
① $k = 81.2 + \dfrac{0.24}{h} + \left(8.4 + \dfrac{12}{\sqrt{D}}\right)$
$\times \left(\dfrac{h}{B} - 0.09\right)^2$
$= 81.2 + \dfrac{0.24}{0.25m} + \left(8.4 + \dfrac{12}{\sqrt{0.7m}}\right)$
$\times \left(\dfrac{0.25m}{0.8m} - 0.09\right)^2$
$= 83.29$

② 삼각웨어의 유량(Q) $= k \cdot h^{\frac{5}{2}}$ (m³/min)
$= 83.29 \times (0.25)^{\frac{5}{2}}$
$= 2.60$ m³/min

71 원자흡수분광광도법에 의한 크롬측정에 관한 설명으로 ( )에 들어갈 알맞은 말은?

> 공기-아세틸렌 불꽃에 주입하여 분석하며 정량한계는 ( )nm에서의 산처리법 ( )mg/L, 용매추출법은 ( )mg/L이다.

㉮ 357.9, 0.01, 0.001
㉯ 357.9, 0.001, 0.01
㉰ 715.8, 0.01, 0.001
㉱ 715.8, 0.001, 0.01

[풀이] 크롬의 원자흡수분광광도법
① 산처리법의 정량한계 : 0.01mg/L
② 용매추출법의 정량한계 : 0.001mg/L
③ 측정파장 : 357.9nm
④ 정밀도(% RDS) : ±25%

정답 69 ㉱ 70 ㉰ 71 ㉮

72 유기물 함량이 낮은 깨끗한 하천수나 호소수 등의 시료 전처리 방법으로 이용되는 것은?

㉮ 질산에 의한 분해
㉯ 염산에 의한 분해
㉰ 황산에 의한 분해
㉱ 아세트산에 의한 분해

풀이 ㉮ 질산에 의한 분해에 대한 설명이다.

73 수질오염공정시험기준 총칙에서 용어의 정의가 틀린 것은?

㉮ 무게를 "정확히 단다"라 함은 규정된 수치의 무게를 0.1mg까지 다는 것을 말한다.
㉯ 시험조작 중 "즉시"란 30초 이내에 표시된 조작을 하는 것을 뜻한다.
㉰ "바탕시험을 하여 보정한다"라 함은 시료를 사용하여 같은 방법으로 조작한 측정치를 보정하는 것을 말한다.
㉱ "정확히 취하여"라 하는 것은 규정한 양의 액체를 부피피펫으로 눈금까지 취하는 것을 말한다.

풀이 ㉰ "바탕시험을 하여 보정한다"라 함은 시료를 사용하지 않고 같은 방법으로 조작한 측정치를 빼는 것을 말한다.

74 유도결합플라스마-원자발광분광법에 의해 측정할 수 있는 항목이 아닌 것은?

㉮ 6가크롬   ㉯ 비소
㉰ 불소   ㉱ 망간

풀이 불소의 분석방법으로는 자외선/가시선 분광법, 이온전극법, 이온크로마토그래피법, 연속흐름법이 있다.

75 총대장균군 측정 시에 사용하는 배양기의 배양온도기준으로 옳은 것은?

㉮ 20±1℃   ㉯ 25±0.5℃
㉰ 30±1℃   ㉱ 35±0.5℃

풀이 배양기의 배양온도기준
① 총대장균군 : 35±0.5℃
② 분원성대장균군 : 44.5±0.2℃
③ 대장균 : 35±0.5℃, 44.5±0.2℃

76 산화성물질이 함유된 시료나 착색된 시료에 적합하며 특히 윙클러-아자이드화나트륨변법에 사용할 수 없는 폐하수의 용존산소 측정에 유용하게 사용할 수 있는 측정법은?

㉮ 이온크로마토그래피법
㉯ 기체크로마토그래피법
㉰ 알칼리비색법
㉱ 전극법

풀이 용존산소의 분석법은 적정법(윙클러-아자이드화나트륨변법), 전극법이다.

77 자외선/가시선 분광법을 적용한 페놀류 측정에 관한 내용으로 옳은 것은?

㉮ 정량한계는 클로로폼측정법일 때 0.025 mg/L이다.
㉯ 정량한계는 직접측정법일 때 0.025~0.05mg/L이다.
㉰ 증류한 시료에 염화암모늄-암모니아 완충액을 넣어 pH 10으로 조절한다.
㉱ 4-아미노안티피린과 페리시안 칼륨을 넣어 생성된 청색의 안티피린계 색소의 흡광도를 측정하는 방법이다.

정답 72 ㉮ 73 ㉰ 74 ㉰ 75 ㉱ 76 ㉱ 77 ㉰

[풀이] ㉮ 정량한계는 클로로폼측정법일 때 0.005mg/L이다.
㉯ 정량한계는 직접측정법일 때 0.05mg/L이다.
㉰ 4-아미노안티피린과 헥사시안화철(Ⅱ)산칼륨을 넣어 생성된 붉은색의 안티피린계 색소의 흡광도를 측정하는 방법이다.

78 환원제인 $FeSO_4$ 용액 25mL을 H_2SO_4 산성에서 $0.1N-K_2Cr_2O_7$으로 산화시키는 데 31.25mL 소비되었다. $FeSO_4$ 용액 200mL를 0.05N 용액으로 만들려고 할 때 가하는 물의 양(mL)은 얼마인가?

㉮ 200 ㉯ 300
㉰ 400 ㉱ 500

[풀이] 이 문제는 답만 암기를 해 두시면 됩니다.

79 용기에 의한 유량 측정방법 중 최대유량 $1m^3$/분 이상인 경우에 관한 내용으로 ( )에 들어갈 알맞은 말은?

> 수조가 큰 경우는 유입시간에 있어서 유수의 부피는 상승한 수위와 상승 수면의 평균 표면적의 계측에 의하여 유량을 산출한다. 이 경우 측정시간은 (㉠)정도, 수위의 상승속도는 적어도 (㉡) 이상이어야 한다.

㉮ ㉠ 1분, ㉡ 매분 1cm
㉯ ㉠ 1분, ㉡ 매분 3cm
㉰ ㉠ 5분, ㉡ 매분 1cm
㉱ ㉠ 5분, ㉡ 매분 3cm

80 자외선/가시선 분광법(인도페놀법)으로 암모니아성 질소를 측정할 때 암모늄 이온이 차아염소산의 공존 아래에서 페놀과 반응하여 생성하는 인도페놀의 색깔과 파장은?

㉮ 적자색, 510nm
㉯ 적색, 540nm
㉰ 청색, 630nm
㉱ 황갈색, 610nm

[풀이] 암모니아성 질소의 자외선/가시선 분광법
① 발색 : 청색
② 측정파장 : 630nm

제5과목 | 수질환경관계법규

81 환경정책기본법에 따른 환경기준에서 하천의 생활환경기준에 포함되지 않는 검사항목은?

㉮ TP ㉯ TN
㉰ DO ㉱ TOC

[풀이] 환경정책기본법에 따른 환경기준에서 하천의 생활환경기준에 포함되는 검사항목은 PH, BOD, COD, TOC, SS, DO, T-P, 총대장균군, 분원성대장균군이다.

정답 78 ㉯ 79 ㉰ 80 ㉰ 81 ㉯

82 거짓이나 그 밖의 부정한 방법으로 폐수배출 시설 설치허가를 받았을 때의 행정처분 기준은?

㉮ 개선명령
㉯ 허가취소 또는 폐쇄명령
㉰ 조업정지 5일
㉱ 조업정지 30일

풀이 ㉯ 허가취소 또는 폐쇄명령에 해당한다.

83 규정에 의한 관계공무원의 출입·검사를 거부·방해 또는 기피한 폐수무방류배출시설을 설치·운영하는 사업자에게 처하는 벌칙 기준은?

㉮ 3년 이하의 징역 또는 3천만원 이하의 벌금
㉯ 2년 이하의 징역 또는 2천만원 이하의 벌금
㉰ 1년 이하의 징역 또는 1천만원 이하의 벌금
㉱ 500만원 이하의 벌금

풀이 ㉰ 1년 이하의 징역 또는 1천만원 이하의 벌금에 해당한다.

84 환경부령으로 정하는 폐수무방류배출시설의 설치가 가능한 특정수질유해물질이 아닌 것은?

㉮ 디클로로메탄
㉯ 구리 및 그 화합물
㉰ 카드뮴 및 그 화합물
㉱ 1, 1-디클로로에틸렌

풀이 폐수무방류배출시설의 설치가 가능한 특정수질유해물질
① 구리 및 그 화합물
② 디클로로메탄
③ 1, 1-디클로로에틸렌

85 사업장별 환경기술인의 자격기준 중 제2종 사업장에 해당하는 환경기술인의 기준은?

㉮ 수질환경기사 1명 이상
㉯ 수질환경산업기사 1명 이상
㉰ 환경기능사 1명 이상
㉱ 2년 이상 수질분야에 근무한 자 1명 이상

풀이 사업장별 환경기술인의 자격기준
① 제1종 사업장 : 수질환경기사 1명 이상
② 제2종 사업장 : 수질환경산업기사 1명 이상
③ 제3종사업장 : 수질환경산업기사, 환경기능사, 3년 이상 수질분야 근무한 자 중 1인 이상

86 비점오염저감시설 중 자연형 시설인 인공습지 설치기준으로 틀린 것은?

㉮ 인공습지의 유입구에서 유출구까지의 유로는 최대한 길게 하고 길이 대 폭의 비율은 2 : 1 이상으로 한다.
㉯ 유입부에서 유출부까지의 경사는 0.5% 이상 1.0%이하의 범위를 초과하지 아니하도록 한다.
㉰ 침전물로 인하여 토양의 공극이 막히지 아니하는 구조로 설계한다.
㉱ 생물의 서식 공간을 창출하기 위하여 5종부터 7종까지의 다양한 식물을 심어 생물다양성을 증가시킨다.

풀이 ㉰ 습지에는 물이 연중 항상 있을 수 있도록 유량공급대책을 마련하여야 한다.

정답 82 ㉯ 83 ㉰ 84 ㉰ 85 ㉯ 86 ㉰

87 수질오염방지시설 중 물리적 처리시설에 해당되지 않는 것은?

㉮ 혼합시설 ㉯ 흡착시설
㉰ 응집시설 ㉱ 유수분리시설

<풀이> ㉯ 흡착시설 : 화학적 처리시설

88 공공폐수처리시설의 유지·관리기준에 따라 처리시설의 관리·운영자가 실시하여야 하는 방류수 수질검사의 횟수 기준은? (단, 시설의 규모는 1500m³/day, 처리시설의 적정 운영을 확인하기 위한 검사이다.)

㉮ 2월 1회 이상
㉯ 월 1회 이상
㉰ 월 2회 이상
㉱ 주 1회 이상

89 공공폐수처리시설의 유지·관리기준에 관한 내용으로 (   )에 들어갈 알맞은 말은?

> 처리시설의 가동시간, 폐수방류량, 약품 투입량, 관리·운영자, 그 밖에 처리시설의 운영에 관한 주요사항을 사실대로 매일 기록하고 이를 최종 기록한 날부터 (   )보존하여야 한다.

㉮ 1년간 ㉯ 2년간
㉰ 3년간 ㉱ 5년간

90 수질오염방지시설 중 생물화학적 처리시설이 아닌 것은?

㉮ 접촉조
㉯ 살균시설
㉰ 돈사톱밥발효시설
㉱ 폭기시설

<풀이> ㉯ 살균시설 : 화학적 처리시설

91 폐수배출시설을 설치하려고 할 때 수질오염 물질의 배출허용기준을 적용받지 않는 시설은?

㉮ 폐수무방류배출시설
㉯ 일 50톤 미만의 폐수처리시설
㉰ 일 10톤 미만의 폐수처리시설
㉱ 공공폐수처리시설로 유입되는 폐수처리시설

<풀이> 수질오염 물질의 배출허용기준을 적용받지 않는 시설
① 폐수무방류배출시설
② 환경부령으로 정하는 배출시설 중 폐수를 전량 재이용하거나 전량 위탁처리하여 공공수역으로 폐수를 방류하지 아니하는 배출시설

92 폐수배출시설외에 수질오염물질을 배출하는 시설 또는 장소로서 환경부령이 정하는 것(기타수질오염원)의 대상시설과 규모기준에 관한 내용으로 틀린 것은?

㉮ 자동차폐차장시설 : 면적 1000m² 이상
㉯ 수조식 육상양식어업시설 : 수조면적 합계 500m² 이상
㉰ 골프장 : 면적 3만 m² 이상
㉱ 무인자동식 현상, 인화, 정착시설 : 1대 이상

정답 87 ㉯ 88 ㉰ 89 ㉮ 90 ㉯ 91 ㉮ 92 ㉮

[풀이] ㉮ 자동차폐차장시설 : 면적 1500m² 이상

93 특정수질유해물질이 아닌 것은?
㉮ 구리 및 그 화합물
㉯ 셀레늄 및 그 화합물
㉰ 플루오르 화합물
㉱ 테트라클로로에틸렌

[풀이] 특정수질유해물질은 시험에 자주 출제되는 문제이므로 철저한 준비가 필요합니다.

94 수질오염경보 중 수질오염감시경보 대상 항목이 아닌 것은?
㉮ 용존산소   ㉯ 전기전도도
㉰ 부유물질   ㉱ 총유기탄소

[풀이] 수질오염경보 중 수질오염감시경보 대상 항목은 수소이온농도, 용존산소, 총질소, 총인, 전기전도도, 총유기탄소, 휘발성유기화합물, 페놀, 중금속(구리, 납, 아연, 카드뮴 등)

95 물환경보전상 폐수에 대한 정의로 ( )에 맞는 것은?

> "폐수"란 물에 ( )의 수질오염물질이 섞여 있어 그대로는 사용할 수 없는 물을 말한다.

㉮ 액체성 또는 고체성
㉯ 기체성, 액체성 또는 고체성
㉰ 기체성 또는 가연성
㉱ 고체성

96 폐수처리방법이 물리적 또는 화학적 처리방법인 경우 적정 시운전 기간은?
㉮ 가동개시일부터 70일
㉯ 가동개시일부터 50일
㉰ 가동개시일부터 30일
㉱ 가동개시일부터 15일

[풀이] 시운전 기간
① 물리적 처리방법 : 30일
② 화학적 처리방법 : 30일
③ 생물화학적 처리방법 : 50일
④ 생물화학적 처리방법(11월 1일부터 다음 연도 1월 31일까지) : 70일

97 할당오염부하량 등을 초과하여 배출한 자로부터 부과·징수하는 오염총량초과부과금 산정방법으로 ( )에 들어갈 내용은?

> 오염총량초과부과금 = 초과배출이익 ×( )-감액 대상 배출부과금 및 과징금

㉮ 초과율별 부과계수
㉯ 초과율별 부과계수×지역별 부과계수
㉰ 지역별 부과계수×위반횟수별 부과계수
㉱ 초과율별 부과계수×지역별 부과계수×위반횟수별 부과계수

정답 93 ㉰ 94 ㉰ 95 ㉮ 96 ㉰ 97 ㉱

98 국립환경과학원장, 유역환경청장, 지방환경청장이 설치할 수 있는 측정망이 아닌 것은?

㉮ 도심하천 측정망
㉯ 공공수역 유해물질 측정망
㉰ 퇴적물 측정망
㉱ 생물 측정망

[풀이] ㉮번은 시·도지사, 대도시의 장, 수면관리자가 설치할 수 있는 측정망이다.

TIP
측정망의 종류
1. 국립환경과학원장, 유역환경청장, 지방환경청장이 설치하는 측정망
   ① 비점오염원에서 배출되는 비점오염물질 측정망
   ② 수질오염물질의 총량관리를 위한 측정망
   ③ 대규모 오염원의 하류지점 측정망
   ④ 수질오염경보를 위한 측정망
   ⑤ 대권역·중권역을 관리하기 위한 측정망
   ⑥ 공공수역 유해물질 측정망
   ⑦ 퇴적물 측정망
   ⑧ 생물 측정망
2. 시·도지사, 대도시의 장, 수면관리자가 설치하는 측정망
   ① 소권역을 관리하는 측정망
   ② 도심하천 측정망

99 초과부과금 산정기준에서 수질오염물질 1킬로그램당 부과 금액이 가장 적은 것은?

㉮ 카드뮴 및 그 화합물
㉯ 수은 및 그 화합물
㉰ 유기인 화합물
㉱ 비소 및 그 화합물

[풀이] 수질오염물질 1킬로그램당 부과 금액
㉮ 카드뮴 및 그 화합물 : 500,000원
㉯ 수은 및 그 화합물 : 1,250,000원
㉰ 유기인 화합물 : 150,000원
㉱ 비소 및 그 화합물 : 100,000원

100 정당한 사유 없이 공공수역에 분뇨, 가축분뇨, 동물의 사체, 폐기물(지정폐기물 제외)또는 오니를 버리는 행위를 하여서는 아니 된다. 이를 위반하여 분뇨·가축분뇨 등을 버린 자에 대한 벌칙 기준은?

㉮ 6월 이하의 징역 또는 5백만원 이하의 벌금
㉯ 1년 이하의 징역 또는 1천만원 이하의 벌금
㉰ 2년 이하의 징역 또는 2천만원 이하의 벌금
㉱ 3년 이하의 징역 또는 3천만원 이하의 벌금

[풀이] ㉯1년 이하의 징역 또는 1천만원 이하의 벌금에 해당한다.

정답 98 ㉮ 99 ㉱ 100 ㉯

2019년 1회 수질환경기사

2019년 3월 3일 시행

| 제1과목 | 수질오염개론

01 3g의 아세트산(CH_3COOH)을 증류수에 녹여 1L로 하였을 때 수소이온 농도(mol/L)는? (단, 이온화 상수값은 $1.75×10^{-5}$이다.)

㉮ $6.3×10^{-4}$ ㉯ $6.3×10^{-5}$
㉰ $9.3×10^{-4}$ ㉱ $9.3×10^{-5}$

풀이 $CH_3COOH \rightarrow CH_3COO^- + H^+$

이온화상수$(k) = \dfrac{[CH_3COO^-][H^+]}{[CH_3COOH]}$

CH_3COOH의 mol/L $= \dfrac{3g}{1L} × \dfrac{1mol}{60g}$
$= 0.05 mol/L$

$[CH_3COO^-] = [H^+]$이므로

따라서 이온화상수$(k) = \dfrac{[H^+]^2}{[CH_3COOH]}$

$[H^+] = \sqrt{k×[CH_3COOH]}$
$= \sqrt{(1.75×10^{-5})×(0.05 mol/L)}$
$= 9.35×10^{-4} mol/L$

02 지하수의 특성에 관한 설명으로 틀린 것은?

㉮ 염분함량이 지표수보다 낮다.
㉯ 주로 세균(혐기성)에 의한 유기물 분해 작용이 일어난다.
㉰ 국지적인 환경조건의 영향을 크게 받는다.
㉱ 빗물로 인하여 광물질이 용해되어 경도가 높다.

풀이 ㉮ 염분함량이 지표수보다 높다.

03 $BaCO_3$의 용해도적 $Ksp = 8.1×10^{-9}$일 때 순수한 물에서 $BaCO_3$의 몰용해도(mol/L)는?

㉮ $0.7×10^{-4}$ ㉯ $0.7×10^{-5}$
㉰ $0.9×10^{-4}$ ㉱ $0.9×10^{-5}$

풀이 ① $BaCO_3 \rightleftharpoons Ba^{2+} + CO_3^{2-}$에서
용해도적$[Ksp] = [Ba^{2+}][CO_3^{2-}]$으로 계산한다.
따라서 $BaCO_3 \rightleftharpoons Ba^{2+} + CO_3^{2-}$
　　　　　　XM　　XM　XM
∴ $Ksp = [Ba^{2+}][CO_3^{2-}] = X×X = X^2$
따라서 $X = \sqrt{ksp} = \sqrt{8.1×10^{-9}}$
$= 0.9×10^{-4} mol/L$
② $BaCO_3$의 몰용해도는 XM이므로 $0.9×10^{-4} mol/L$가 된다.

04 오염물질의 희석 및 확산작용에 대한 내용으로 틀린 것은?

㉮ 수계에 오염물질이 유입되면 Brown 운동, 밀도차, 온도차, 농도차로 인해 발생된 밀도흐름이나 난류에 의해서 희석 및 확산된다.
㉯ 폐쇄성수역은 수질 밀도류보다는 난류가 희석에 큰 영향을 준다.
㉰ 바다는 오염물질의 방류지점에서 생긴 분출확산, 밀도류, 밀물, 썰물, 파도, 표

answer 01 ㉰   02 ㉮   03 ㉰   04 ㉯

층부의 난류확산으로 희석된다.
㉣ 하천수는 상류에서 하류로의 오염물질 이동이 희석에 큰 영향을 준다.

[풀이] ㉰ 폐쇄성수역은 난류보다는 수질 밀도류가 희석에 큰 영향을 준다.

05 BOD_5가 270mg/L이고, COD가 450mg/L인 경우, 탈산소계수(k_1)의 값이 0.1/day일 때, 생물학적으로 분해 불가능한 COD(mg/L)는? (단, BDCOD = BOD_u, 상용대수 기준)

㉮ 약 55 ㉯ 약 65
㉰ 약 75 ㉣ 약 85

[풀이] ① 최종 BOD(BOD_u)를 계산한다.
$BOD_5 = BOD_u \times (1-10^{-k_1 \times t})$
따라서 270mg/L = $BOD_u \times (1-10^{-0.1/day \times 5day})$
∴ BOD_u = 394.868mg/L
② NBDCOD를 계산한다.
NBDCOD = COD-BDCOD
= 450mg/L-394.868mg/L
= 55.13mg/L

TIP
BDCOD = BOD_u

06 물의 특성에 관한 설명으로 틀린 것은?

㉮ 물은 2개의 수소원자가 산소원자를 사이에 두고 104.5°의 결합각을 가진 구조로 되어있다.
㉯ 물은 극성을 띠지 않아 다양한 물질의 용매로 사용된다.
㉰ 물은 유사한 분자량의 다른 화합물보다 비열이 매우 커 수온의 급격한 변화를 방지해준다.
㉣ 물의 밀도는 4℃에서 가장 크다.

[풀이] ㉯ 물은 극성을 띠어 다양한 물질의 용매로 사용된다.

07 최근 해양에서의 유류 유출로 인한 피해가 증가하고 있는데, 유출된 유류를 제어하는 방법으로 적당하지 않은 것은?

㉮ 계면활성제를 살포하여 기름을 분산시키는 방법
㉯ 미생물을 이용하여 기름을 생화학적으로 분해하는 방법
㉰ 오일펜스를 띄워 기름의 확산을 차단하는 방법
㉣ 누출된 기름의 막이 두꺼워졌을 때 연소시키는 방법

[풀이] ㉣ 연소를 시키는 방법은 대형의 화재를 유발할 수 있으므로 적당하지 않다.

08 탈질화와 가장 관계가 깊은 미생물은?

㉮ Nitrosomonas ㉯ Pseudomonas
㉰ Thiobacillus ㉣ Vorticella

[풀이] 미생물의 종류
① 질산화 미생물 : Nitrosomonas, Nitrobacter
② 탈질화 미생물 : Pseudomonas, micrococcus

answer 05 ㉮ 06 ㉯ 07 ㉣ 08 ㉯

09 바닷물에 0.054M의 $MgCl_2$가 포함되어 있을 때 바닷물 250mL에 포함되어 있는 $MgCl_2$의 양(g)은?
(단, 원자량 Mg = 24.3, Cl = 35.5)

㉮ 약 0.8 ㉯ 약 1.3
㉰ 약 2.6 ㉱ 약 3.9

풀이 $MgCl_2$의 1mol = 95.3g

$$M농도\left(\frac{mol}{L}\right) = \frac{w(g)}{V(L)} \times \frac{1mol}{분자량(g)}$$

따라서 $0.054M = \frac{w(g)}{0.25L} \times \frac{1mol}{95.3g}$

∴ w = 1.29g

TIP
① $MgCl_2$의 분자량 = 24.3+2×35.5 = 95.3g
② $MgCl_2$의 1mol = 분자량(g) = 95.3g
③ M농도 = mol/L

10 NBDCOD가 0일 경우 탄소(C)의 최종 BOD와 TOC 간의 비(BOD_u/TOC)는?

㉮ 0.37 ㉯ 1.32
㉰ 1.83 ㉱ 2.67

풀이 $C + O_2 \rightarrow CO_2$

$$\frac{BOD_u(산소량)}{TOC(총 유기탄소량)} = \frac{1 \times 32g}{1 \times 12g} = 2.67$$

11 섬유상 유황박테리아로 에너지원으로 황화수소를 이용하며 균체에 황입자를 축적하는 것은?

㉮ Sphaerotilus ㉯ Zooglea
㉰ Cyanphyia   ㉱ Beggiatoa

풀이 유황산화 박테리아 ㉱ Beggiatoa에 대한 설명이다.

TIP
유황산화 박테리아 종류
① Beggiatoa(베기아토아)
② Thiobacillus(티오바실러스)
③ Thiooxidans(티오옥시던스)
④ Thiotrix(티오트릭스)

12 해수의 특성에 대한 설명으로 옳은 것은?

㉮ 염분은 적도해역과 극해역이 다소 높다.
㉯ 해수의 주요성분 농도비는 수온, 염분의 함수로 수심이 깊어질수록 증가한다.
㉰ 해수의 Na/Ca 비는 3~4 정도로 담수보다 매우 높다.
㉱ 해수 내 전체 질소 중 35% 정도는 암모니아성 질소, 유기질소 형태이다.

풀이 ㉮ 염분은 적도해역에서는 높고, 극(남극과 북극)해역에서는 다소 낮다.
㉯ 해수의 주요성분 농도비는 항상 일정하다.
㉰ 해수의 Mg/Ca 비는 3~4 정도로 담수보다 매우 높다.

13 물의 순환과 이용에 관한 설명으로 틀린 것은?

㉮ 지구전체의 강수량은 대략 $4 \times 10^{14} m^3$/년 으로서 그 중 약 1/4 가량이 육지에 떨어진다.
㉯ 지구상 존재하는 물의 약 97%가 해수이다.
㉰ 물의 순환은 물의 이동이 일정하게 연속적으로 이루어진다는 의미를 갖는다.
㉱ 자연계에서 물을 순환하게 하는 근원은 태양에너지이다.

풀이 ㉰ 물의 순환에서 물의 이동은 일정하지 않고 비연속적으로 이루어진다.

answer 09 ㉯ 10 ㉱ 11 ㉱ 12 ㉱ 13 ㉰

14 하천의 자정작용에 관한 설명으로 틀린 것은?

㉮ 하천의 자정작용은 일반적으로 겨울보다 수온이 상승하여 자정계수(f)가 커지는 여름에 활발하다.
㉯ β중부수성 수역(초록색)의 수질은 평지의 일반하천에 상당하며 많은 종류의 조류가 출현한다.(Kolkwitz - Marson법 기준)
㉰ 하천에서 활발한 분해가 일어나는 지대는 혐기성세균이 호기성세균을 교체하며 fungi는 사라진다.(Wipple의 4지대 기준)
㉱ 하천이 회복되고 있는 지대는 용존산소가 포화될 정도로 증가한다. (Wipple의 4지대기준)

풀이 ㉮ 하천의 자정작용은 일반적으로 겨울보다 수온이 상승하여 자정계수(f)가 작아지는 여름에 활발하다.

TIP
자정계수(f)와 온도와의 상관관계
① 탈산소계수(k_1)는 온도가 상승하면 커진다.
② 재폭기계수(k_2)는 온도가 상승하면 커진다.
③ 자정계수(f) = $\dfrac{k_2(/day)}{k_1(/day)}$
④ 온도가 상승하면 자정계수(f)는 작아진다.

15 하천의 단면적이 350m², 유량이 428,400 m³/h, 평균수심이 1.7m일 때, 탈산소계수가 0.12/day인 지점의 자정계수는?
(단, $k_2 = 2.2 \times \dfrac{V}{H^{1.33}}$, 단위는 V[m/sec], H[m])

㉮ 0.3 ㉯ 1.6
㉰ 2.4 ㉱ 3.1

풀이
① $V(m/sec) = \dfrac{Q(m^3/sec)}{A(m^2)}$
$= \dfrac{428,400 m^3/hr \times 1hr/3,600 sec}{350 m^2}$
$= 0.34 m/sec$
② 재폭기계수(k_2) = $2.2 \times \dfrac{V}{H^{1.33}}$
$= 2.2 \times \dfrac{0.34 m/sec}{(1.7 m)^{1.33}}$
$= 0.369/day$
③ 탈산소계수(k_1) = 0.12/day
④ 자정계수(f) = $\dfrac{k_2(/day)}{k_1(/day)} = \dfrac{0.369/day}{0.12/day} = 3.08$

TIP
k_2 공식에 대입하는 V의 시간 단위는 반드시 sec이며, day로 환산하면 안된다는 점이 문제해결 포인트이다.

16 호수의 성층현상에 대한 설명으로 틀린 것은?

㉮ 수심에 따른 온도변화로 인해 발생되는 물의 밀도차에 의하여 발생한다.
㉯ Thermocline(약층)은 순환층과 정체층의 중간층으로 깊이에 따른 온도변화가 크다.
㉰ 봄이 되면 얼음이 녹으면서 수표면 부근의 수온이 높아지게 되고 따라서 수직운동이 활발해져 수질이 악화된다.
㉱ 여름이 되면 연직에 따른 온도경사와 용존산소 경사가 반대모양을 나타낸다.

풀이 ㉱ 여름이 되면 연직에 따른 온도경사와 용존산소 경사가 같은 모양을 나타낸다.

answer 14 ㉮ 15 ㉱ 16 ㉱

17 다음의 기체 법칙 중 옳은 것은?

㉮ Boyle의 법칙 : 일정한 압력에서 기체의 부피는 절대온도에 정비례한다.
㉯ Henry의 법칙 : 기체와 관련된 화학반응에서는 반응하는 기체와 생성되는 기체의 부피 사이에 정수관계가 있다.
㉰ Graham의 법칙 : 기체의 확산속도(조그마한 구멍을 통한 기체의 탈출)는 기체 분자량의 제곱근에 반비례한다.
㉱ Gay - Lussac의 결합 부피 법칙 : 혼합기체 내의 각 기체의 부분압력은 혼합물 속의 기체의 양에 비례한다.

풀이 ㉮ Boyle의 법칙 : 일정온도에서 기체의 압력과 그 부피는 서로 반비례한다.
㉯ Henry의 법칙 : 용해도가 크지 않은 기체가 일정한 온도에서 일정량의 액체에 녹는 무게는 압력에 비례하며, 혼합기체는 그 부분압력에 비례한다.
㉱ Gay - Lussac의 결합 부피 법칙 : 기체가 관련된 화학반응에서는 반응하는 기체와 생성된 기체의 부피사이에는 정수관계가 성립된다.

18 수은(Hg) 중독과 관련이 없는 것은?

㉮ 난청, 언어장애, 구심성 시야협착, 정신장애를 일으킨다.
㉯ 이따이이따이병을 유발한다.
㉰ 유기수은은 무기수은보다 독성이 강하며 신경계통에 장해를 준다.
㉱ 무기수은은 황화물 침전법, 활성탄 흡착법, 이온교환법 등으로 처리할 수 있다.

풀이 ㉯ 미나마타병, 헌터 - 루셀증후군을 유발한다.

TIP
이따이이따이병은 카드뮴(Cd)에 의해 발생되는 질환이다.

19 수질오염물질별 인체영향(질환)이 틀리게 짝지어진 것은?

㉮ 비소 : 반상치(법랑반점)
㉯ 크롬 : 비중격 연골천공
㉰ 아연 : 기관지 자극 및 폐렴
㉱ 납 : 근육과 관절의 장애

풀이 ㉮ 비소 : 피부 흑색(청색)화

TIP
반상치(법랑반점)은 불소에 의한 만성질환이다.

20 이상적 plug flow에 관한 내용으로 옳은 것은?

㉮ 분산 = 0, 분산수 = 0
㉯ 분산 = 0, 분산수 = 1
㉰ 분산 = 1, 분산수 = 0
㉱ 분산 = 1, 분산수 = 1

풀이 CFSTR과 PFR의 비교

	완전혼합형 반응조 (CFSTR)	플러그흐름반응조 (PFR)
분산	1	0
분산수	무한대(∞)	0
모릴지수	클수록	1
지체시간	0	이론적 체류시간과 동일할 때

answer 17 ㉰ 18 ㉯ 19 ㉮ 20 ㉮

| 제2과목 | 상하수도계획

21 유출계수가 0.65인 1km²의 분수계에서 흘러내리는 우수의 양(m³/sec)은?
(단, 강우강도 = 3mm/min, 합리식 적용)

㉮ 1.3 ㉯ 6.5
㉰ 21.7 ㉱ 32.5

[풀이]
$Q = \dfrac{1}{360} \times C \times I \times A$

여기서 C : 유출계수 = 0.65
 I : 강우강도(mm/hr)
 $I = \dfrac{3mm}{min} \times \dfrac{60min}{1hr} = 180mm/hr$
 A : 면적(ha)
 A = 1km² × 100ha/1km² = 100ha

따라서 $Q = \dfrac{1}{360} \times 0.65 \times 180mm/hr \times 100ha$
 $= 32.5 m^3/sec$

22 펌프의 형식 중 베인의 양력작용에 의하여 임펠러 내의 물에 압력 및 속도에너지를 주고 가이드베인으로 속도에너지의 일부를 압력으로 변환하여 양수작용을 하는 펌프는?

㉮ 원심펌프 ㉯ 축류펌프
㉰ 사류펌프 ㉱ 플랜지펌프

[풀이] ㉯ 축류펌프에 대한 설명이다.

TIP
각 펌프의 비교회전도
① 원심펌프 : 100~250rpm
② 사류펌프 : 700~1,200rpm
③ 축류펌프 : 1,100~2,000rpm

23 표준활성슬러지법에 관한 내용으로 틀린 것은?

㉮ 수리학적 체류시간은 6~8시간을 표준으로 한다.
㉯ 반응조내 MLSS 농도는 1500~2500mg/L를 표준으로 한다.
㉰ 포기조의 유효수심은 심층식의 경우 10m를 표준으로 한다.
㉱ 포기조의 여유고는 표준식의 경우 30~60cm 정도를 표준으로 한다.

[풀이] ㉱ 포기조의 여유고는 산기식의 경우 30~60cm 정도를 표준으로 한다.

TIP
포기기의 여유고
① 산기식 포기기 : 0.3~0.6m = 30~60cm
② 기계식 포기기 : 1~1.5m = 100~150cm

24 급속여과지에 대한 설명으로 틀린 것은?

㉮ 여과 및 여과층의 세척이 충분하게 이루어질 수 있어야 한다.
㉯ 급속여과지는 중력식과 압력식이 있으며 압력식을 표준으로 한다.
㉰ 여과면적은 계획정수량을 여과속도로 나누어 계산한다.
㉱ 여과지 1지의 여과면적은 150m² 이하로 한다.

[풀이] ㉯ 급속여과지는 중력식과 압력식이 있으며 중력식을 표준으로 한다.

answer 21 ㉱ 22 ㉯ 23 ㉱ 24 ㉯

25 토출량 20m³/min, 전양정 6m, 회전속도 1,200rpm인 펌프의 비교회전도(비속도)는?

㉮ 약 1,300   ㉯ 약 1,400
㉰ 약 1,500   ㉱ 약 1,600

[풀이]

$$N_s = N \times \frac{Q^{\frac{1}{2}}}{H^{\frac{3}{4}}}$$

여기서 Ns : 비교회전도(rpm)
N : 회전속도(rpm)
Q : 토출량(m³/min)
H : 전양정(m)

따라서 $N_s = 1,200rpm \times \frac{(20m^3/min)^{\frac{1}{2}}}{(6m)^{\frac{3}{4}}}$

= 1,399.85rpm

TIP

rpm = 회/min

26 슬러지탈수 방법 중 가압식 벨트프레스 탈수기에 관한 내용으로 틀린 것은?
(단, 원심탈수기와 비교)

㉮ 소음이 적다.
㉯ 동력이 적다.
㉰ 부대장치가 적다.
㉱ 소모품이 적다.

[풀이] ㉰ 부대장치가 많다.

27 농축 후 소화를 하는 공정이 있다. 농축조에서의 건조슬러지가 1m³이고, 소화공정에서 VSS 60%, 소화율 50%, 소화 후 슬러지의 함수율이 96%일 때 소화 후 슬러지의 부피(m³)는?

㉮ 0.7   ㉯ 9
㉰ 18   ㉱ 36

[풀이]
① 소화 후 VSS량 = 1m³×0.6×(1-0.5) = 0.3m³
② 소화 후 FSS량 = 1m³×(1-0.6) = 0.4m³
③ 소화 후 슬러지량 = (VSS량+FSS량) × $\frac{100}{100-P(\%)}$
④ 소화 후 슬러지량 = (0.3m³+0.4m³) × $\frac{100}{100-96(\%)}$
= 17.5m³

TIP
FSS = 100-VSS = 100-60% = 40%
    = 1-VSS = 1-0.6 = 0.4

28 펌프의 운전 시 발생되는 현상이 아닌 것은?

㉮ 공동현상
㉯ 수격작용(수충작용)
㉰ 노크현상
㉱ 맥동현상

TIP
펌프의 운전 시 발생되는 현상
① 공동현상(캐비테이션) : 물이 관속을 유동하고 있을 때 유동하는 물 속의 어느 부분의 정압이 그때의 증기압보다 낮아지면 부분적으로 기화하여 관내부에 증기부, 즉 공동이 발생되는 현상
② 수격현상(수충작용) : 관속을 충만하게 흐르고 있는 액체의 속도를 급격히 변화시키면서 액체에 큰 압력 변화가 발생하여 관내에 있는 액체에 물리적 변화가 일어남으로써 충격압을 형성시킴과 동시에 이로 인한 유체가 관벽을 치는 현상
③ 맥동(서어징)현상 : 펌프 운전시 비정상 현상으로 토출량과 토출압이 주기적으로 변동하는 상태를 일으키며 펌프 특성 곡선이 산고형에서 발생하는 큰 진동이 발생되는 현상

answer 25 ㉯   26 ㉰   27 ㉰   28 ㉰

29 하수배제 방식 중 합류식에 관한 설명으로 틀린 것은?

㉮ 관로계획 : 우수를 신속히 배수하기 위해 지형조건에 적합한 관거망이 된다.
㉯ 청천 시의 월류 : 없음
㉰ 관로 오접 : 없음
㉱ 토지이용 : 기존의 측구를 폐지할 경우는 뚜껑의 보수가 필요하다.

풀이 ㉱ 토지이용 : 기존의 측구를 폐지할 경우 뚜껑의 보수가 필요없다.

30 정수시설 중 플록형성지에 관한 설명으로 틀린 것은?

㉮ 기계식교반에서 플록큐레이터(flocculator)의 주변속도는 5~10cm/sec를 표준으로 한다.
㉯ 플록형성시간은 계획정수량에 대하여 20~40 분간을 표준으로 한다.
㉰ 직사각형이 표준이다.
㉱ 혼화지와 침전지 사이에 위치하고 침전지에 붙여서 설치한다.

풀이 ㉮ 기계식교반에서 플록큐레이터의 주변속도는 15~80cm/sec를 표준으로 한다.

31 강우강도에 대한 설명 중 틀린 것은?

㉮ 강우강도는 그 지점에 내린 우량을 mm/hr 단위로 표시한 것이다.
㉯ 확률강우강도는 강우강도의 확률적 빈도를 나타낸 것이다.
㉰ 범람의 피해가 적을 것으로 예상될 때는 재현기간 2~5년의 확률강우강도를 채택한다.
㉱ 강우강도가 큰 강우일수록 빈도가 높다.

풀이 ㉱ 강우강도가 큰 강우일수록 빈도가 낮다.

32 호소, 댐을 수원으로 하는 취수문에 관한 설명으로 틀린 것은?

㉮ 일반적으로 중, 소량 취수에 쓰인다.
㉯ 일반적으로 취수량을 조정하기 위한 수문 또는 수위조절판(stop log)를 설치한다.
㉰ 파랑, 결빙 등의 기상조건에 영향이 거의 없다.
㉱ 하천의 표류수나 호소의 표층수를 취수하기 위하여 물가에 만들어지는 취수시설이다.

풀이 ㉰ 갈수시, 홍수시, 결빙시 영향을 받는다.

33 화학적 응집에 영향을 미치는 인자의 설명 중 틀린 내용은?

㉮ 수온 : 수온 저하 시 플록형성에 소요되는 시간이 길어지고, 응집제의 사용량도 많아진다.
㉯ pH : 응집제의 종류에 따라 최적의 pH 조건을 맞추어 주어야 한다.
㉰ 알칼리도 : 하수의 알칼리도가 많으면 플록을 형성하는데 효과적이다.
㉱ 응집제 양 : 응집제 양을 많이 넣을수록 응집효율이 좋아진다.

풀이 ㉱ 응집제 양 : 응집제는 최적의 양을 넣을수록 응집효율이 좋아진다.

answer　29 ㉱　30 ㉮　31 ㉱　32 ㉰　33 ㉱

34 상수시설 중 배수지에 관한 설명 중 틀린 것은?

㉮ 유효용량은 시간변동조정용량, 비상대처용량을 합하여 급수구역의 계획1일 최대 급수량의 12시간분 이상을 표준으로 한다.
㉯ 배수지는 가능한 한 급수지역의 중앙 가까이 설치한다.
㉰ 유효수심은 1∼2m 정도를 표준으로 한다.
㉱ 자연유하식 배수지의 표고는 최소동수압이 확보되는 높이여야 한다.

풀이 ㉰ 유효수심은 3∼6m 정도를 표준으로 한다.

35 계획급수량 결정 시, 사용수량의 내역이나 다른 기초자료가 정비되어 있지 않은 경우 산정의 기초로 사용할 수 있는 것은?

㉮ 계획 1인 1일 최대급수량
㉯ 계획 1인 1일 평균급수량
㉰ 계획 1인 1일 평균사용수량
㉱ 계획 1인 1일 최대사용수량

풀이 계획급수량 결정의 산정은 ㉰ 계획 1인 1일 평균사용수량을 사용한다.

36 하수처리계획에서 계획오염부하량 및 계획유입 수질에 관한 설명으로 틀린 것은?

㉮ 계획유입수질 : 하수의 계획유입수질은 계획오염부하량을 계획1일평균오수량으로 나눈값으로 한다.
㉯ 공장폐수에 의한 오염부하량 : 폐수배출 부하량이 큰 공장은 업종별 오염부하량 원단위를 기초로 추정하는 것이 바람직하다.
㉰ 생활오수에 의한 오염부하량 : 1인1일당 오염부하량 원단위를 기초로 하여 정한다.
㉱ 관광오수에 의한 오염부하량 : 당일 관광과 숙박으로 나누고 각각의 원단위에서 추정한다.

풀이 ㉯ 공장폐수에 의한 오염부하량 : 재해시설 등을 감안하되 실측자료를 기초로 하여 정함을 원칙으로 한다.

37 정수방법인 완속여과방식에 관한 설명으로 틀린 것은?

㉮ 약품처리가 필요 없다.
㉯ 완속여과의 정화는 주로 생물작용에 의한 것이다.
㉰ 비교적 양호한 원수에 알맞은 방식이다.
㉱ 소요 부지면적이 적다.

풀이 ㉱ 소요 부지면적이 넓다.

38 상수처리를 위한 응집지의 플록형성지에 대한 설명 중 틀린 것은?

㉮ 플록형성지는 혼화지와 침전지 사이에 위치하고 침전지에 붙여서 설치한다.
㉯ 플록형성시간은 계획정수량에 대하여 20∼40분간을 표준으로 한다.
㉰ 플록형성지 내의 교반강도는 하류로 갈수록 점차 감소시키는 것이 바람직하다.
㉱ 플록형성지에 저류벽이나 정류벽 등을 설치하면 단락류가 생겨 유효저류시간을 줄일 수 있다.

풀이 ㉱ 플록형성지에 저류벽이나 정류벽 등을 설치하면 단락류가 생겨 유효저류시간이 증가한다.

answer 34 ㉰ 35 ㉰ 36 ㉯ 37 ㉱ 38 ㉱

39 상수처리를 위한 침사지 구조에 관한 기준으로 틀린 것은?

㉮ 지의 상단높이는 고수위보다 0.3~0.6m의 여유고를 둔다.
㉯ 지내 평균유속은 2~7cm/s를 표준으로 한다.
㉰ 표면부하율은 200~500mm/min을 표준으로 한다.
㉱ 지의 유효수심은 3~4m를 표준으로 하고 퇴사심도를 0.5~1m로 한다.

[풀이] ㉮ 지의 상단높이는 고수위보다 0.6~1m의 여유고를 둔다.

40 말굽형 하수관로의 장점으로 틀린 것은?

㉮ 대구경 관로에 유리하며 경제적이다.
㉯ 수리학적으로 유리하다.
㉰ 단면형상이 간단하여 시공성이 우수하다.
㉱ 상반부의 아치작용에 의해 역학적으로 유리하다.

[풀이] ㉰ 단면형상이 복잡하기 때문에 시공성이 열악하다.

| 제3과목 | 수질오염방지기술

41 공장에서 배출되는 pH 2.5인 산성폐수 500m³/day를 인접 공장 폐수와 혼합처리하고자 한다. 인접 공장 폐수 유량은 10,000m³/day이고, pH는 6.5이다. 두 폐수를 혼합한 후의 pH는?

㉮ 1.61   ㉯ 3.82
㉰ 7.64   ㉱ 9.54

[풀이] ① 혼합공식을 이용하여 혼합 후 농도를 계산

$$C_m = \frac{Q_1 \times C_1 + Q_2 \times C_2}{Q_1 + Q_2}$$

$$= \frac{500m^3/day \times 10^{-2.5}mol/L + 10,000m^3/day \times 10^{-6.5}mol/L}{(500+10,000)m^3/day}$$

$$= 1.51 \times 10^{-4} mol/L$$

② pH = -log[H⁺]
= -log[1.51 × 10⁻⁴ mol/L]
= 3.82

TIP
① pH = -log[H⁺] ⇒ [H⁺] = 10⁻ᵖᴴ mol/L
② pOH = -log[OH⁻] ⇒ [OH⁻] = 10⁻ᵖᴼᴴ mol/L
③ 산성물질에서 pH = -log[H⁺]
④ 알칼리성물질에서 pH = 14+log[OH⁻]

42 생물학적 폐수처리 반응과 그것을 주도하는 미생물 분류 중에서 틀린 것은?

㉮ 활성 슬러지 : 화학유기 영양계
㉯ 질산화 : 화학무기 영양계
㉰ 탈질산화 : 화학유기 영양계
㉱ 회전원판(생물막) : 광유기 영양계

[풀이] ㉱ 회전원판(생물막) : 화학유기 영양계

43 포기조내의 혼합액 중 부유물 농도(MLSS)가 2,000g/m³, 반송슬러지의 부유물 농도가 9,576g/m³이라면 슬러지 반송률(%)은?

㉮ 23.2   ㉯ 26.4
㉰ 28.6   ㉱ 32.8

[풀이] ① 반송비(R) = $\frac{MLSS - SS_i}{SS_r - MLSS}$

유입수 SS 무시하면

answer   39 ㉮   40 ㉰   41 ㉯   42 ㉱   43 ㉯

$$R = \frac{MLSS}{SS_r - MLSS}$$

$$= \frac{2,000 g/m^3}{9,576 g/m^3 - 2,000 g/m^3} = 0.2640$$

② 반송율(%) = 반송비(R)×100
= 0.2640×100 = 26.40%

44 정수처리 시 적용되는 랑게리아 지수에 관한 내용으로 틀린 것은?

㉮ 랑게리아 지수란 물의 실제 pH와 이론적 pH(pHs : 수중의 탄산칼슘이 용해되거나 석출되지 않는 평형상태로 있을 때의 pH)와의 차이를 말한다.
㉯ 랑게리아 지수가 양(+)의 값으로 절대치가 클수록 탄산칼슘피막 형성이 어렵다.
㉰ 랑게리아 지수가 음(-)의 값으로 절대치가 클수록 물의 부식성이 강하다.
㉱ 물의 부식성이 강한 경우의 랑게리아 지수는 pH, 칼슘경도, 알칼리도를 증가시킴으로써 개선할 수 있다.

풀이 ㉯ 랑게리아 지수가 양(+)의 값으로 절대치가 클수록 탄산칼슘피막 형성이 용이하다.

TIP
랑게리아 지수(LI)
① LI = 0인 경우 : 물의 안정도가 평형인 상태
② LI > 0인 경우 : LI의 양(+)의 값이므로 과포화상태($CaCO_3$ 침전)
③ LI < 0인 경우 : LI의 음(-)의 값이므로 불포화상태(부식성 증가)

45 염소 소독의 특징으로 틀린 것은?
(단, 자외선 소독과 비교)

㉮ 소독력 있는 잔류염소를 수송관로 내에 유지시킬 수 있다.
㉯ 처리수의 총용존고형물이 감소한다.
㉰ 염소접촉조로부터 휘발성 유기물이 생성된다.
㉱ 처리수의 잔류독성이 탈염소과정에 의해 제거되어야 한다.

풀이 ㉯ 처리수의 총용존고형물이 증가한다.

46 활성슬러지를 탈수하기 위하여 98%(중량비)의 수분을 함유하는 슬러지에 응집제를 가했더니 [상등액 : 침전슬러지]의 용적비가 2 : 1이 되었다. 이 때 침전슬러지의 함수율(%)은? (단, 응집제의 양은 매우 적고, 비중 = 1.0)

㉮ 92 ㉯ 93
㉰ 94 ㉱ 95

풀이 $V_1 \times (100-P_1) = V_2 \times (100-P_2)$
$3 \times (100-98) = 1 \times (100-P_2)$
∴ $P_2 = 94\%$

47 하수소독 시 적용되는 UV 소독방법에 관한 설명으로 틀린 것은? (단, 오존 및 염소 소독방법과 비교)

㉮ pH 변화에 관계없이 지속적인 살균이 가능하다.
㉯ 유량과 수질의 변동에 대해 적응력이 강하다.
㉰ 설치가 복잡하고, 전력 및 램프 수가 많이 소요되므로 유지비가 높다.
㉱ 물이 혼탁하거나 탁도가 높으면 소독능력에 영향을 미친다.

풀이 ㉰ 설치가 간단하고 유지비가 저렴하다.

answer 44 ㉯ 45 ㉯ 46 ㉰ 47 ㉰

48 생물화학적 인 및 질소 제거 공법 중 인 제거만을 주목적으로 개발된 공법은?

㉮ Phostrip ㉯ A²/O
㉰ UCT ㉱ Bardenpho

풀이 ㉮ Phostrip 공법은 폐수중의 인 성분을 생물학적, 화학적 원리를 함께 이용하여 제거하는 공법이다.

49 함수율이 95%이고 고형물 중 유기물이 70%인 하수슬러지 300m³/일을 소화시켜 유기물의 2/3가 분해되고 함수율 90%인 소화슬러지를 얻었다. 소화슬러지의 양(m³/일)은?

(단, 슬러지의 비중은 1.0)

㉮ 80m³/일 ㉯ 90m³/일
㉰ 100m³/일 ㉱ 110m³/일

풀이 소화슬러지 부피(m³) = (잔류VS+FS) × $\frac{100}{100-P}$

① 잔류VS(m³)
= 슬러지량(m³) × 고형물량 × 유기물량 × 유기물 잔류량
= 300m³/day × 0.05 × 0.70 × $\left(1-\frac{2}{3}\right)$ = 3.5m³/day

② FS(m³) = 슬러지량(m³) × 고형물량 × 무기물량
= 300m³/day × 0.05 × 0.3 = 4.5m³/day

③ 소화슬러지 부피(m³)
= (3.5m³+4.5m³) × $\frac{100}{100-90}$ = 80m³/day

TIP
① 고형물(%) = 100 - 함수율(%) = 100 - 95% = 5%
② 무기물(%) = 100 - 유기물 = 100% - 70% = 30%

50 하수고도처리 공법 중 생물학적 방법으로 질소와 인을 동시에 제거하기 위한 것은?

㉮ Phostrip ㉯ 4단계 Bardenpho
㉰ A/O ㉱ A²/O

풀이
㉮ Phostrip : 인(P)만 제거
㉯ 4단계 Bardenpho : 질소(N)만 제거
㉰ A/O : 인(P)만 제거
㉱ A²/O : 인(P)과 질소(N) 제거

51 연속회분식반응조(Sequencing Batch Reactor)에 관한 설명으로 틀린 것은?

㉮ 하나의 반응조 안에서 호기성 및 혐기성 반응 모두를 이룰 수 있다.
㉯ 별도의 침전조가 필요없다.
㉰ 기본적인 처리계통도는 5단계로 이루어지며 요구하는 유출수에 따라 운전 mode를 채택할 수 있다.
㉱ 기존 활성슬러지 처리에서의 시간개념을 공간개념으로 전환한 것이라 할 수 있다.

풀이 ㉱ 기존 활성슬러지 처리에서의 공간개념을 시간개념으로 전환한 것이라 할 수 있다.

52 펜톤처리공정에 관한 설명으로 틀린 것은?

㉮ 펜톤시약의 반응시간은 철염과 과산화수소의 주입 농도에 따라 변화를 보인다.
㉯ 펜톤시약을 이용하여 난분해성 유기물을 처리하는 과정은 대체로 산화반응과 함께 pH조절, 펜톤산화, 중화 및 응집, 침전으로 크게 4단계로 나눌 수 있다.
㉰ 펜톤시약의 효과는 pH 8.3~10 범위에

answer 48 ㉮ 49 ㉮ 50 ㉱ 51 ㉱ 52 ㉰

서 가장 강력한 것으로 알려져 있다.
㉣ 폐수의 COD는 감소하지만 BOD는 증가할 수 있다.

풀이 ㉢ 펜톤시약의 효과는 pH 3~5 범위에서 가장 강력한 것으로 알려져 있다.

TIP
Fenton 산화법
① 시약 : H_2O_2
② 촉매 : 철염(황산제1철)
③ 강산화제 : 애라디칼
④ 적정 pH : 3~4.5(5)
⑤ 유기물 변화 : COD 감소, BOD 증가

53 폐수처리에 관련된 침전현상으로 입자 간에 작용하는 힘에 의해 주변입자들의 침전을 방해하는 중간정도 농도 부유액에서의 침전은?

㉮ 제1형 침전(독립입자침전)
㉯ 제2형 침전(응집침전)
㉰ 제3형 침전(계면침전)
㉱ 제4형 침전(압밀침전)

풀이 주변입자들의 침전을 방해하는 침전은 제3형 침전으로 계면침전, 지역침전, 간섭침전, 방해침전이라고도 한다.

54 활성슬러지법과 비교하여 생물막 공법의 특징이 아닌 것은?

㉮ 적은 에너지를 요구한다.
㉯ 단순한 운전이 가능하다.
㉰ 2차 침전지에서 슬러지 벌킹의 문제가 없다.
㉱ 충격독성부하로부터 회복이 느리다.

풀이 ㉱ 충격독성부하로부터 회복이 빠르다.

55 역삼투장치로 하루에 600,000L의 3차 처리된 유출수를 탈염하고자 할 때 10℃에서 요구되는 막 면적(m^2)은?

- 25℃에서 물질전달계수
  = 0.2068L/(day · m^2)(kPa)
- 유입수와 유출수의 압력차 = 2,400kPa
- 유입수와 유출수의 삼투압차 = 310kPa
- 최저운전온도 = 10℃
- $A_{10℃} = 1.3A_{25℃}$

㉮ 약 1,200 ㉯ 약 1,400
㉰ 약 1,600 ㉱ 약 1,800

풀이 ① Q_F(유출수량)을 계산한다.
$Q_F = k \times (\triangle P - \triangle \pi) = 0.2068 \text{L/day} \cdot m^2 \cdot kPa$
$\times (2,400-310)kPa$
$= 432.212 \text{L/day} \cdot m^2$

② $A_{25℃}$를 계산한다.
$A_{25℃} = \dfrac{Q}{Q_F} = \dfrac{600,000 \text{L/day}}{432.212 \text{L/day} \cdot m^2}$
$= 1,388.2076 m^2$

③ $A_{10℃}$를 계산한다.
$A_{10℃} = 1.3 A_{25℃} = 1.3 \times 1,388.208 m^2$
$= 1,804.67 m^2$

56 포기조의 MLSS 농도를 3,000mg/L로 유지하기 위한 재순환율(%)은?
(단, SVI = 120, 유입 SS 고려하지 않고, 방류수 SS = 0mg/L)

㉮ 36.3 ㉯ 46.3
㉰ 56.3 ㉱ 66.3

풀이 재순환율(%) = $\dfrac{\text{MLSS}}{\text{SS}_r - \text{MLSS}} \times 100$

$= \dfrac{3,000 \text{mg/L}}{\dfrac{10^6}{120} - 3,0000 \text{mg/L}} \times 100$

$= 56.25\%$

answer 53 ㉰ 54 ㉱ 55 ㉱ 56 ㉰

TIP

① SS_i는 고려하지 않으므로

$$R = \frac{MLSS - SS_i}{SS_r - MLSS}$$

$$= \frac{MLSS}{SS_r - MLSS}$$

② $SVI = \frac{10^6}{SS_r} \Rightarrow SS_r = \frac{10^6}{SVI}$

$$R = \frac{MLSS}{SS_i - MLSS}$$

$$= \frac{MLSS}{\frac{10^6}{SVI} - MLSS}$$

---

57 분리막을 이용한 다음의 폐수처리방법 중 구동력이 농도차에 의한 것은?

㉮ 역삼투(Reverse Osmosis)
㉯ 투석(Dialysis)
㉰ 한외여과(Ultrafiltration)
㉱ 정밀여과(Microfiltration)

풀이 구동력
㉮ 역삼투 : 정수압차
㉯ 투석 : 농도차
㉰ 한외여과 : 정수압차
㉱ 정밀여과 : 정수압차

TIP
구동력
① 전기투석 : 전위차
② 나노여과 : 정수압차

---

58 유해물질인 시안(CN)처리 방법에 관한 설명으로 틀린 것은?

㉮ 오존산화법 : 오존은 알칼리성 영역에서 시안화합물을 N_2로 분해시켜 무해화한다.
㉯ 전해법 : 유가(有價)금속류를 회수할 수 있는 장점이 있다.
㉰ 충격법 : 시안을 pH 3 이하의 강산성 영역에서 강하게 폭기하여 산화하는 방법이다.
㉱ 감청법 : 알칼리성 영역에서 과잉의 황산 알루미늄을 가하여 공침시켜 제거하는 방법이다.

풀이 ㉱ 감청법 : 알칼리성 영역에서 과잉의 황산제1철 또는 황산제2철염을 가하여 공침시켜 제거하는 방법이다.

---

59 질산화 미생물의 전자공여체로 가장 거리가 먼 것은?

㉮ 메탄올
㉯ 암모니아
㉰ 아질산염
㉱ 환원된 무기성 화합물

풀이 ㉮ 메탄올(CH_3OH)은 탈질화 미생물의 전자공여체이다.

---

answer 57 ㉯   58 ㉱   59 ㉮

60 300m³/day의 도금공장 폐수 중 CN⁻이 150mg/L 함유되어, 다음 반응식을 이용하여 처리하고자 할 때 필요한 NaClO의 양(kg)은?

$$2NaCN + 5NaClO + H_2O \rightarrow 2NaHCO_3 + N_2 + 5NaCl$$

㉮ 180.4　　㉯ 300.5
㉰ 322.4　　㉱ 344.8

풀이
$2CN^-$: $5NaClO$
$2 \times 26g$: $5 \times 74.5g$
$150 \times 10^{-3} kg/m^3 \times 300 m^3/day$: X
∴ X = 322.36 kg/day

TIP
① mg/L $\xrightarrow{\times 10^{-3}}$ kg/m³
② 총량(kg/day) = 농도(kg/m³) × 유량(m³/day)

제4과목 | 수질오염공정시험기준

61 자외선/가시선 분광법에 관한 설명으로 틀린 것은?

㉮ 측정파장은 원칙적으로 최고의 흡광도가 얻어질 수 있는 최대 흡수파장을 선정한다.
㉯ 대조액은 일반적으로 용매 또는 바탕시험액을 사용한다.
㉰ 측정된 흡광도는 되도록 1.0~1.5의 범위에 들도록 시험용액의 농도 및 흡수셀의 길이를 선정한다.
㉱ 부득이 흡광도를 0.1 미만에서 측정할 때는 눈금 확대기를 사용하는 것이 좋다.

풀이 ㉰ 측정된 흡광도는 되도록 0.2~0.8의 범위에 들도록 시험용액의 농도 및 흡수셀의 길이를 선정한다.

62 수질오염공정시험기준에서 사용하는 용어에 대한 설명으로 틀린 것은?

㉮ "항량으로 될 때까지 건조한다."라 함은 같은 조건에서 1시간 더 건조하여 전후 차가 g당 0.3mg 이하일 때를 말한다.
㉯ 시험조작 중 "즉시"란 30초 이내에 표시된 조작을 하는 것을 뜻한다.
㉰ "기밀용기"라 함은 취급 또는 저장하는 동안에 이물질이 들어가거나 또는 내용물이 손실되지 아니하도록 보호하는 용기를 말한다.
㉱ "방울수"라 함은 20℃에서 정제수 20방울을 적하할 때 그 부피가 약 1mL가 되는 것을 뜻한다.

풀이 ㉰ "기밀용기"라 함은 취급 또는 저장하는 동안에 밖으로부터의 공기 또는 다른 가스가 침입하지 아니 하도록 내용물을 보호하는 용기를 말한다.

63 시료를 적절한 방법으로 보존할 때 최대 보존기간이 다른 항목은?

㉮ 시안
㉯ 노말헥산추출물질
㉰ 화학적산소요구량
㉱ 총인

풀이 최대 보존기간
㉮ 시안 : 14일
㉯ 노말헥산추출물질 : 28일
㉰ 화학적산소요구량 : 28일
㉱ 총인 : 28일

answer　60 ㉰　61 ㉰　62 ㉰　63 ㉮

64 다음 설명 중 틀린 것은?

㉮ 현장 이중시료는 동일 위치에서 동일한 조건으로 중복 채취한 시료를 말한다.
㉯ 검정곡선은 분석물질의 농도변화에 따른 지시값을 나타낸 것을 말한다.
㉰ 정량범위라 함은 시험분석 대상을 정량화할 수 있는 측정값을 말한다.
㉱ 기기검출한계(IDL)란 시험분석 대상물질을 기기가 검출할 수 있는 최소한의 농도 또는 양을 의미한다.

풀이 ㉰ 정량범위라 함은 표준편차율 10% 이하에서 측정할 수 있는 정량하한과 정량상한의 범위를 말한다.

65 총대장균군 – 시험관법의 정량방법에 대한 설명으로 틀린 것은?

㉮ 용량 1mL~25mL의 멸균된 눈금피펫이나 자동 피펫을 사용한다.
㉯ 안지름 9mm, 높이 30mm정도의 다람시험관을 사용한다.
㉰ 고리의 안지름이 10mm인 백금이를 사용한다.
㉱ 배양온도를 (35±0.5)℃로 유지할 수 있는 배양기를 사용한다.

풀이 ㉰ 고리의 안지름이 약 3mm인 백금이를 사용한다.

66 적정법으로 용존산소를 정량 시 0.01N $Na_2S_2O_3$ 용액 1mL가 소요되었을 때 이것 1mL는 산소 몇 mg에 상당하겠는가?

㉮ 0.08 ㉯ 0.16
㉰ 0.2   ㉱ 0.8

풀이 적정 용액의 N농도 × 산소 1당량의 g
= 0.01N × 8
= 0.08

TIP
① 산소(O)는 O^{2-}이므로 2당량이다.
② 산소 1당량 $g = \dfrac{16g}{2} = 8g$
③ 다른 풀이방법
$mg = \dfrac{0.01eq}{L} \times 1mL \times \dfrac{1L}{10^3 mL} \times \dfrac{8g}{1eq} \times \dfrac{10^3 mg}{1g}$
$= 0.08mg$

67 용존산소의 정량에 관한 설명으로 틀린 것은?

㉮ 전극법은 산화성물질이 함유된 시료나 착색된 시료에 적합하다.
㉯ 일반적으로 온도가 일정할 때 용존산소 포화량은 수중의 염소이온량이 클수록 크다.
㉰ 시료가 착색, 현탁된 경우는 시료에 칼륨명반 용액과 암모니아수를 주입한다.
㉱ Fe(Ⅲ) 100~200mg/L가 함유되어 있는 시료의 경우 황산을 첨가하기 전에 플루오린화칼륨용액 1mL을 가한다.

풀이 ㉯ 일반적으로 온도가 일정할 때 용존산소 포화량은 수중의 염소이온량이 작을수록 크다.

68 음이온계면활성제를 자외선/가시선 분광법으로 분석하고자 할 때 음이온계면활성제와 메틸렌블루가 반응하여 생성된 청색의 착화합물을 추출하는데 사용하는 용액은?

㉮ 디티존
㉯ 디티오카르바민산
㉰ 메틸이소부틸케톤
㉱ 클로로폼

풀이 음이온계면활성제를 자외선/가시선 분광법으로 분석할 때 추출용매는 클로로폼이다.

answer 64 ㉰ 65 ㉰ 66 ㉮ 67 ㉯ 68 ㉱

69 기체크로마토그래피법에서 검출기와 사용되는 운반가스를 틀리게 짝지은 것은?

㉮ 열전도도형 검출기 - 질소
㉯ 열전도도형 검출기 - 헬륨
㉰ 전자포획형 검출기 - 헬륨
㉱ 전자포획형 검출기 - 질소

풀이 ㉮ 열전도도형 검출기 - 수소

70 채취된 폐수시료의 보존에 관한 설명으로 옳은 것은?

㉮ BOD 검정용 시료는 동결하면 장기간 보존할 수 있다.
㉯ COD 검정용 시료는 황산을 가하여 약산성으로 한다.
㉰ 노말헥산추출물질 검정용 시료는 염산으로 pH 4 이하로 한다.
㉱ 부유물질 검정용 시료는 황산을 가하여 pH 4로 한다.

TIP
노말헥산 추출물질의 분석절차
시료적당량(노말헥산 추출물질로서 5~200mg 해당량)을 분별깔때기에 넣고 메틸오렌지용액(0.1%) 2~3방울을 넣고 적색으로 변할 때까지 염산(1+1)을 넣어 시료의 pH를 4이하로 조절한다.

71 수질오염공정시험기준 상 총대장균군의 시험방법이 아닌 것은?

㉮ 현미경계수법 ㉯ 막여과법
㉰ 시험관법   ㉱ 평판집락법

풀이 시험방법의 종류

종류	시험방법
총대장균군	막여과법, 시험관법, 평판집락법, 효소이용정량법
분원성 대장균군	막여과법, 시험관법, 효소이용정량법
대장균	효소이용정량법

72 자외선/가시선 분광법을 적용한 페놀류 측정에 관한 내용으로 틀린 것은?

㉮ 붉은 색의 안티피린계 색소의 흡광도를 측정한다.
㉯ 수용액에서는 510nm, 클로로폼 용액에서는 460nm에서 측정한다.
㉰ 정량한계는 클로로폼 추출법일 때 0.05mg, 직접법일 때 0.5mg이다.
㉱ 시료 중의 페놀을 종류별로 구분하여 정량할 수 없다.

풀이 ㉰ 정량한계는 클로로폼 추출법일 때 0.005mg, 직접법일 때 0.05mg이다.

73 질산성질소의 자외선/가시선 분광법 중 부루신법에 대한 설명으로 틀린 것은?

㉮ 이 시험기준은 지표수, 지하수, 폐수 등에 적용할 수 있으며 정량한계는 0.1mg/L이다.
㉯ 용존 유기물질이 황산산성에서 착색이 선명하지 않을 수 있으며 이 때 부루신설퍼닐산을 포함한 모든 시약을 추가로 첨가하여야 한다.
㉰ 바닷물과 같이 염분이 높은 경우 바탕시료와 표준용액에 염화나트륨용액(30%)을 첨가하여 염분의 영향을 제거한다.
㉱ 잔류염소는 이산화비소산나트륨으로 제거할 수 있다.

풀이 ㉯ 용존 유기물질이 황산산성에서 착색이 선명하지 않을 수 있으며 이때 부루신설퍼닐산을 제외한 모든 시약을 추가로 첨가하여야 한다.

answer 69 ㉮ 70 ㉰ 71 ㉮ 72 ㉰ 73 ㉯

74 30배 희석한 시료를 15분간 방치한 후와 5일간 배양한 후의 DO가 각각 8.6mg/L, 3.6mg/L이었고, 식종액의 BOD를 측정할 때 식종액의 배양 전과 후의 DO가 각각 7.5mg/L, 3.7mg/L이었다면 이 시료의 BOD(mg/L)는? (단, 희석시료 중의 식종액 함유율과 희석한 식종액 중의 식종액 함유율의 비는 0.1이다.)

㉮ 139 ㉯ 143
㉰ 147 ㉱ 150

풀이 BOD(mg/L) = [(D_1-D_2)-(B_1-B_2)×f]×P
여기서
D_1 : 15분간 방치된 후의 희석한 시료의 DO(mg/L)
D_2 : 5일간 배양한 다음의 희석한 시료의 DO(mg/L)
B_1 : 식종액의 BOD를 측정할 때 희석된 식종액의 배양 전 DO(mg/L)
B_2 : 식종액의 BOD를 측정할 때 희석된 식종액의 배양 후 DO(mg/L)
f : 희석시료 중의 식종액 함유율과 희석한 식종액 중의 식종액 함유율의 비
P : 희석시료 중 희석배수
BOD(mg/L) = [(8.6-3.6)-(7.5-3.7)×0.1]×30배
         = 138.6mg/L

75 유도결합플라스마 – 원자발광분광법에 의한 원소별 정량한계로 틀린 것은?

㉮ Cu : 0.006mg/L
㉯ Pb : 0.004mg/L
㉰ Ni : 0.015mg/L
㉱ Mn : 0.002mg/L

풀이 ㉯ Pb : 0.04mg/L

76 물 속에 존재하는 비소의 측정방법으로 틀린 것은?

㉮ 수소화물생성 - 원자흡수분광광도법
㉯ 자외선/가시선 분광법
㉰ 양극벗김전압전류법
㉱ 이온크로마토그래피법

풀이 비소의 측정방법
① 수소화물생성 - 원자흡수분광광도법
② 자외선/가시선 분광법
③ 유도결합플라스마 - 원자발광분광법
④ 유도결합플라스마 - 질량분석법
⑤ 양극벗김전압전류법

77 냄새 측정 시 잔류염소 제거를 위해 첨가하는 용액은?

㉮ L - 아스크로빈산나트륨
㉯ 티오황산나트륨
㉰ 과망간산칼륨
㉱ 질산은

풀이 냄새 측정 시 잔류염소 제거를 위해 첨가하는 용액은 티오황산나트륨이다.

78 시료채취 방법 중 틀린 것은?

㉮ 지하수 시료는 물을 충분히 퍼낸 다음, pH와 전기전도도를 연속적으로 측정하여 각각의 값이 평형을 이룰 때 채취한다.
㉯ 시료채취 용기에 시료를 채울 때에는 어떠한 경우라도 시료교란이 일어나서는 안된다.
㉰ 시료채취량은 시험항목 및 시험횟수에 따라 차이가 있으나 보통 1L~2L 정도이어야 한다.
㉱ 채취용기는 시료를 채우기 전에 대상시료를 3회 이상 씻은 다음 사용한다.

answer 74 ㉮ 75 ㉯ 76 ㉱ 77 ㉯ 78 ㉰

풀이 ㉰ 시료채취량은 시험항목 및 시험횟수에 따라 차이가 있으나 보통 3L~5L 정도이어야 한다.

79 잔류염소(비색법)를 측정할 때 크롬산 (2mg/L 이상)으로 인한 종말점 간섭을 방지하기 위해 가하는 시약은?

㉮ 염화바륨 ㉯ 황산구리
㉰ 염산용액(25%) ㉱ 과망간산칼륨

풀이 종말점 간섭을 방지하기 위해서 염화바륨을 가한다.

80 COD 측정에 있어서 COD값에 영향을 주는 인자가 아닌 것은?

㉮ 온도 ㉯ MnO_4^- 농도
㉰ 황산량 ㉱ 가열시간

풀이 COD값에 영향을 주는 인자는 온도, 가열시간, 황산량이다.

| 제5과목 | 수질환경관계법규

81 사업자가 배출시설 또는 방지시설의 설치를 완료하여 당해 배출시설 및 방지시설을 가동 하고자 하는 때에는 환경부령이 정하는 바에 의하여 미리 환경부장관에게 가동개시신고를 하여야 한다. 이를 위반하여 가동개시 신고를 하지 아니하고 조업한 자에 대한 벌칙 기준은?

㉮ 2백만원 이하의 벌금
㉯ 3백만원 이하의 벌금
㉰ 5백만원 이하의 벌금
㉱ 1년 이하의 징역 또는 1천만원 이하의 벌금

풀이 ㉱ 1년 이하의 징역 또는 1천만원 이하의 벌금에 해당한다.

82 물환경보전법에서 규정하고 있는 기타 수질오염원의 기준으로 틀린 것은?

㉮ 취수능력 $10m^3$/일 이상인 먹는 물 제조시설
㉯ 면적 $30,000m^2$ 이상인 골프장
㉰ 면적 $1,500m^2$ 이상인 자동차 폐차장 시설
㉱ 면적 $200,000m^2$ 이상인 복합물류터미널 시설

풀이 ㉮ 먹는 물 제조시설은 해당하지 않는다.

TIP
기타 수질오염원의 시설구분
① 수산물 양식시설
② 운수장비 정비 또는 폐차장 시설
③ 농축수산물 단순가공시설
④ 사진처리 및 X - Ray 시설
⑤ 금은판매점의 세공시설이나 안경원
⑥ 복합물류터미널 시설
⑦ 골프장
⑧ 거점소독시설

83 비점오염저감시설을 자연형과 장치형 시설로 구분할 때 장치형 시설에 해당하지 않는 것은?

㉮ 생물학적 처리형 시설
㉯ 여과형 시설
㉰ 소용돌이형 시설
㉱ 저류형 시설

풀이 ① 장치형시설 : 여과형 시설, 소용돌이형 시설, 스크린형 시설, 응집·침전 처리형 시설, 생물학적 처리형 시설

answer 79 ㉮ 80 ㉯ 81 ㉱ 82 ㉮ 83 ㉱

② 자연형 시설 : 저류시설, 인공습지, 침투시설, 식생형시설

84 환경부장관이 공공수역의 물환경을 관리·보전하기 위하여 대통령령으로 정하는 바에 따라 수립하는 국가 물환경관리기본계획의 수립 주기는?

㉮ 매년 ㉯ 2년
㉰ 3년 ㉱ 10년

풀이 국가 물환경관리기본계획의 수립 주기는 10년이다.

85 수질오염물질 중 초과배출부과금의 부과 대상이 아닌 것은?

㉮ 다이클로로메탄
㉯ 페놀류
㉰ 테트라클로로에틸렌
㉱ 폴리염화비페닐

풀이 초과배출부과금의 부과대상 물질
① 유기물질 ② 부유물질 ③ 카드뮴 및 그 화합물
④ 시안화합물 ⑤ 유기인화합물
⑥ 납 및 그 화합물 ⑦ 6가 크롬화합물
⑧ 수은 및 그 화합물 ⑨ 폴리염화비페닐
⑩ 비소 및 그 화합물 ⑪ 구리 및 그 화합물
⑫ 크롬 및 그 화합물 ⑬ 페놀류
⑭ 트리클로로에틸렌 ⑮ 테트라클로로에틸렌 ⑯ 망간 및 그 화합물 ⑰ 아연 및 그 화합물
⑱ 총 질소 ⑲ 총 인

86 기본배출부과금에 관한 설명으로 ( )에 알맞은 것은?

> 공공폐수처리시설 또는 공공하수처리시설에서 배출되는 폐수 중 수질오염물질이 ( ) 하는 경우

㉮ 배출허용기준을 초과
㉯ 배출허용기준을 미달
㉰ 방류수수질기준을 초과
㉱ 방류수수질기준을 미달

풀이 기본배출부과금
① 배출시설(폐수무방류배출시설은 제외)에서 배출되는 폐수 중 수질오염물질이 배출 허용기준 이하로 배출되나 방류수 수질기준을 초과하는 경우
② 공공폐수처리시설 또는 공공하수처리시설에서 배출되는 폐수 중 수질오염물질이 방류수수질기준을 초과하는 경우

87 시·도지사가 오염총량관리기본계획의 승인을 받으려는 경우, 오염총량관리기본계획안에 첨부하여 환경부장관에게 제출하여야 하는 서류가 아닌 것은?

㉮ 유역환경의 조사·분석 자료
㉯ 오염원의 자연증감에 관한 분석 자료
㉰ 오염총량관리 계획 목표에 관한 자료
㉱ 오염부하량의 저감계획을 수립하는 데에 사용한 자료

풀이 오염총량관리기본계획안에 첨부하는 서류
① 유역환경의 조사·분석 자료
② 오염원의 자연증감에 관한 분석 자료
③ 지역개발에 관한 과거와 장래의 계획에 관한 자료
④ 오염부하량의 산정에 사용한 자료
⑤ 오염부하량의 저감계획을 수립하는 데에 사용한 자료

answer 84 ㉱ 85 ㉮ 86 ㉰ 87 ㉰

88 위임업무 보고사항의 업무내용 중 보고 횟수가 연 1회에 해당되는 것은?

㉮ 환경기술인의 자격별·업종별 현황
㉯ 폐수무방류배출시설의 설치허가(변경 허가) 현황
㉰ 골프장 맹·고독성 농약 사용 여부확인 결과
㉱ 비점오염원의 설치신고 및 방지시설 설치 현황 및 행정처분 현황

[풀이] 보고횟수
㉮ 연 1회 ㉯ 수시 ㉰ 연 2회 ㉱ 연 4회

89 수질 및 수생태계 환경기준 중 하천에서의 사람의 건강보호 기준으로 옳은 것은?

㉮ 6가크롬 - 0.5mg/L 이하
㉯ 비소 - 0.05mg/L 이하
㉰ 음이온계면활성제 - 0.1mg/L 이하
㉱ 테트라클로로에틸렌 - 0.02mg/L 이하

[풀이]
㉮ 6가크롬 - 0.05mg/L 이하
㉰ 음이온계면활성제 - 0.5mg/L 이하
㉱ 테트라클로로에틸렌 - 0.04mg/L 이하

90 공공수역의 물환경 보전을 위하여 특정 농작물의 경작 권고를 할 수 있는 자는?

㉮ 대통령
㉯ 유역·지방환경청장
㉰ 환경부장관
㉱ 시·도지사

[풀이] ① 특정 농작물의 경작권고 : 시·도지사
② 수변생태 구역의 매수 및 조성 : 환경부장관

91 폐수무방류배출시설의 운영일지의 보존기간은?

㉮ 최종기록일부터 6월
㉯ 최종기록일부터 1년
㉰ 최종기록일부터 3년
㉱ 최종기록일부터 5년

[풀이] 운영일지의 보존기간
① 폐수배출시설 및 수질오염방지시설 : 1년간
② 폐수무방류배출시설 : 3년간

92 폐수수탁처리업자의 등록기준(시설 및 장비현황)으로 옳지 않은 것은?

㉮ 폐수저장시설의 용량은 1일 8시간(1일 8시간 이상 가동할 경우 1일 최대가동시간으로한다) 최대처리량의 3일분 이상의 규모이어야 하며, 반입폐수의 밀도를 고려하여 전체 용적의 90% 이내로 저장될 수 있는 용량으로 설치하여야 한다.
㉯ 폐수운반장비는 용량 5m³ 이상의 탱크로리, 2m³ 이상의 철제 용기가 고정된 차량이어야 한다.
㉰ 폐수운반차량은 청색[색번호 10B5 - 12 (1016)]으로 도색한다.
㉱ 폐수운반차량은 양쪽 옆면과 뒷면에 가로 50cm, 세로 20cm 이상 크기의 노란색 바탕에 검은색 글씨로 폐수운반차량, 회사명, 등록번호, 전화번호 및 용량을 지워지지 아니하도록 표시하여야 한다.

[풀이] ㉯ 폐수운반장비는 용량 2m³ 이상의 탱크로리, 1m³ 이상의 합성수지제 용기가 고정된 차량이어야 한다.

---

answer 88 ㉮ 89 ㉯ 90 ㉱ 91 ㉰ 92 ㉯

93 청정지역에서 1일 폐수배출량이 1000m³ 이하로 배출하는 배출시설에 적용되는 배출허용기준 중 총유기탄소량(mg/L)은?

㉮ 10 이하 ㉯ 20 이하
㉰ 30 이하 ㉱ 50 이하

풀이 항목별 배출허용기준

1일 폐수배출량이 2천m³ 이상		
생물화학적 산소요구량 (mg/L)	총유기 탄소량 (mg/L)	부유물질량 (mg/L)
청정지역 30 이하	25 이하	30 이하
가 지역 60 이하	40 이하	60 이하
나 지역 80 이하	50 이하	80 이하
특례지역 30 이하	25 이하	30 이하

1일 폐수배출량이 2천m³ 미만		
생물화학적 산소요구량 (mg/L)	총유기 탄소량 (mg/L)	부유물질량 (mg/L)
청정지역 40 이하	30 이하	40 이하
가 지역 80 이하	50 이하	80 이하
나 지역 120 이하	75 이하	120 이하
특례지역 30 이하	25 이하	30 이하

94 환경부장관 또는 시·도지사가 배출시설에 대하여 필요한 보고를 명하거나 자료를 제출하게 할 수 있는 자가 아닌 사람은?

㉮ 사업자
㉯ 공공폐수처리시설을 설치·운영하는 자
㉰ 기타 수질오염원의 설치·관리 신고를 한 자
㉱ 배출시설 환경기술인

풀이 필요한 보고를 명하거나 자료를 제출하게 할수 있는 자
① 사업자
② 공공폐수처리시설을 설치·운영하는 자
③ 기타 수질오염원의 설치·관리 신고를 한 자

95 사업자 및 배출시설과 방지시설에 종사하는 자는 배출시설과 방지시설의 정상적인 운영, 관리를 위한 환경기술인의 업무를 방해하여서는 아니되며, 그로부터 업무수행에 필요한 요청을 받은 때에는 정당한 사유가 없는 한 이에 응하여야 한다. 이 규정을 위반하여 환경기술인의 업무를 방해하거나 환경기술인의 요청을 정당한 사유 없이 거부한 자에 대한 벌칙기준은?

㉮ 100만원 이하의 벌금
㉯ 200만원 이하의 벌금
㉰ 300만원 이하의 벌금
㉱ 500만원 이하의 벌금

풀이 ㉮ 100만원 이하의 벌금에 해당한다.

96 하천의 등급별 수질 및 수생태계 상태를 바르게 설명한 것은?

㉮ 매우 좋음 : 용존산소가 많은 편이고 오염물질이 거의 없는 청정상태에 근접한 생태계로 여과·침전·살균 등 일반적인 정수처리 후 생활용수로 사용할 수 있음
㉯ 좋음 : 오염물질은 있으나 용존산소가 많은 상태의 다소 좋은 생태계로 여과·침전·살균 등 일반적인 정수처리 후 공업용수 또는 수영용수로 사용할 수 있음
㉰ 보통 : 용존산소가 소모되는 일반 생태계로 여과, 침전, 활성탄투입, 살균 등 고도의 정수처리 후 생활용수로 이용하거나 일반적 정수처리 후 공업용수로 사용할 수 있음
㉱ 나쁨 : 상당량의 오염물질로 인하여 용존산소가 소모되는 생태계로 농업용수로 사용하거나, 여과, 침전, 활성탄 투입, 살균 등 고도의 정수처리 후 공업용수로 사용할 수 있음

answer 93 ㉰ 94 ㉱ 95 ㉮ 96 ㉰

풀이
㉮ 좋음 : 용존산소가 많은 편이고 오염물질이 거의 없는 청정상태에 근접한 생태계로 여과·침전·살균 등 일반적인 정수처리 후 생활용수로 사용할 수 있음
㉯ 약간 좋음 : 약간의 오염물질은 있으나 용존산소가 많은 상태의 다소 좋은 생태계로 여과·침전·살균 등 일반적인 정수처리 후 생활용수 또는 수영용수로 사용할 수 있음
㉰ 나쁨 : 다량의 오염물질로 인하여 용존산소가 소모되는 생태계로 산책 등 국민의 일상생활에 불쾌감을 유발하지 아니하며, 활성탄 투입, 역삼투압 공법 등 특수한 정수처리 후 공업용수로 사용할 수 있음

97 수질오염경보의 종류별, 경보단계별 조치사항에 관한 내용 중 조류경보(조류대발생 경보단계)시 취수장, 정수장 관리자의 조치사항으로 틀린 것은?

㉮ 정수의 독소분석 실시
㉯ 정수 처리 강화(활성탄 처리, 오존 처리)
㉰ 취수구와 조류가 심한 지역에 대한 방어막 설치
㉱ 조류증식 수심 이하로 취수구 이동

풀이 ㉰번은 수면관리자에 해당한다.

98 시행자(환경부장관은 제외)가 공공폐수처리시설을 설치하거나 변경하려는 경우 환경부장관에게 승인 받아야 하는 기본계획에 포함되어야 하는 사항이 아닌 것은?

㉮ 토지 등의 수용, 사용에 관한 사항
㉯ 오염원분포 및 폐수배출량과 그 예측에 관한 사항
㉰ 오염원인자에 대한 사업비의 분담에 관한 사항
㉱ 공공폐수처리시설에서 처리하려는 대상 지역에 관한 사항

풀이 공공폐수처리시설을 설치하거나 변경하려는 경우 포함되어야 하는 사항
① 공공폐수처리시설에서 처리하려는 대상 지역에 관한 사항
② 오염원분포 및 폐수배출량과 그 예측에 관한 사항
③ 공공폐수처리시설의 폐수처리계통도, 처리능력 및 처리방법에 관한 사항
④ 공공폐수처리시설에서 처리된 폐수가 방류수역의 수질에 미치는 영향에 관한 평가
⑤ 공공폐수처리시설의 설치·운영자에 관한 사항
⑥ 공공폐수처리시설 부담금의 비용부담에 관한 사항
⑦ 총사업비, 분야별 사업비 및 그 산출근거
⑧ 연차별 투자계획 및 자금조달계획
⑨ 토지 등의 수용·사용에 관한 사항

99 물환경보전법에서 사용하는 용어의 설명이 틀린 것은?

㉮ 수질오염물질이란 수질오염의 요인이 되는 물질로서 대통령령으로 정하는 것을 말한다.
㉯ 점오염원이란 폐수배출시설, 하수발생시설, 축사 등으로서 관거·수로 등을 통하여 일정한 지점으로 수질오염물질을 배출하는 배출원을 말한다.
㉰ 공공수역이란 하천, 호소, 항만, 연안해역, 그 밖에 공공용으로 사용되는 수역과 이에 접속하여 공공용으로 사용되는 환경부령으로 정하는 수로를 말한다.
㉱ 강우유출수란 비점오염원의 수질오염물질이 섞여 유출되는 빗물 또는 눈 녹은 물 등을 말한다.

풀이 ㉮ 수질오염물질이란 수질오염의 요인이 되는 물질로서 환경부령으로 정하는 것을 말한다.

answer 97 ㉰ 98 ㉰ 99 ㉮

100 수변생태구역의 매수·조성 등에 관한 내용으로 ( )에 옳은 것은?

> 환경부장관은 하천·호소 등의 물환경 보전을 위하여 필요하다고 인정할 때에는 (㉠)으로 정하는 기준에 해당하는 수변습지 및 수변토지를 매수하거나 (㉡)으로 정하는 바에 따라 생태적으로 조성·관리할 수 있다.

㉮ ㉠ 환경부령, ㉡ 대통령령
㉯ ㉠ 대통령령, ㉡ 환경부령
㉰ ㉠ 환경부령, ㉡ 총리령
㉱ ㉠ 총리령, ㉡ 환경부령

풀이 ① 수변습지 및 수변토지를 매수 : 대통령령
② 생태적으로 조성 및 관리 : 환경부령

answer 100 ㉯

2019년 2회 수질환경기사

2019년 4월 27일 시행

| 제1과목 | 수질오염개론

01 1차 반응에 있어 반응 초기의 농도가 100mg/L이고, 4시간 후에 10mg/L로 감소되었다. 반응 2시간 후의 농도(mg/L)는?

㉮ 17.8 ㉯ 24.8
㉰ 31.6 ㉱ 42.8

 1차 반응식 : $\ln\frac{C_t}{C_0} = -k \times t$를 이용한다.

여기서
- C_0 : 초기농도(mg/L)
- C_t : t시간 후의 농도(mg/L)
- k : 상수(/hr)
- t : 시간(hr)

① $\ln\frac{10mg/L}{100mg/L} = -k \times 4hr$

∴ $k = \frac{\ln\frac{10mg/L}{100mg/L}}{-4hr} = 0.5756/hr$

② $\ln\frac{C_t mg/L}{100mg/L} = -0.5756/hr \times 2hr$

∴ $C_t = 100mg/L \times e^{(-0.5756/hr \times 2hr)}$
   $= 31.63 mg/L$

TIP

$\ln\frac{C_t}{C_0} = -k \times t$

⇒ $C_t = C_0 \times e^{(-k \times t)}$

02 호소의 성층현상에 관한 설명으로 옳지 않은 것은?

㉮ 수온 약층은 순환층과 정체층의 중간층에 해당되고 변온층이라고도 하며 수온이 수심에 따라 크게 변화된다.
㉯ 호소수의 성층현상은 연직 방향의 밀도차에 의해 층상으로 구분되어지는 것을 말한다.
㉰ 겨울 성층은 표층수의 냉각에 의한 성층이며 역성층이라고도 한다.
㉱ 여름 성층은 뚜렷한 층을 형성하며 연직 온도경사와 분자확산에 의한 DO구배가 반대모양을 나타낸다.

 ㉱ 여름 성층은 뚜렷한 층을 형성하며 연직온도경사와 분자확산에 의한 DO구배가 같은 모양을 나타낸다.

03 생물농축에 대한 설명으로 가장 거리가 먼 것은?

㉮ 수생생물 체내의 각종 중금속 농도는 환경수중의 농도보다는 높은 경우가 많다.
㉯ 생물체중의 농도와 환경수중의 농도비를 농축비 또는 농축계수라고 한다.
㉰ 수생생물의 종류에 따라서 중금속의 농축비가 다르게 되어 있는 것이 많다.
㉱ 농축비는 먹이사슬 과정에서 높은 단계의 소비자에 상당하는 생물일수록 낮게 된다.

answer 01 ㉰ 02 ㉱ 03 ㉱

풀이 ㉣ 농축비는 먹이사슬 과정에서 높은 단계의 소비자에 상당하는 생물일수록 높게 된다.

04 호소의 부영양화에 대한 일반적 영향으로 틀린 것은?

㉮ 부영양화가 진행된 수원을 농업용수로 사용하면 영양염류의 공급으로 농산물 수확량이 지속적으로 증가한다.
㉯ 조류나 미생물에 의해 생성된 용해성 유기물질이 불쾌한 맛과 냄새를 유발한다.
㉰ 부영양화 평가모델은 인(P)부하모델인 Vollenweider 모델 등이 대표적이다.
㉱ 심수층의 용존산소량이 감소한다.

풀이 ㉮ 부영양화가 진행된 수원을 농업용수로 사용하면 영양염류의 공급으로 농산물 수확량이 일시적으로 증가한다.

05 미생물 영양원 중 유황(sulfur)에 관한 설명으로 틀린 것은?

㉮ 황환원세균은 편성 혐기성 세균이다.
㉯ 유황을 함유한 아미노산은 세포 단백질의 필수 구성원이다.
㉰ 미생물세포에서 탄소 대 유황의 비는 100 : 1 정도이다.
㉱ 유황고정, 유황화합물 환원, 산화 순으로 변환된다.

풀이 ㉱ 유황고정, 유황화합물 산화, 환원 순으로 변환된다.

06 Formaldehyde(CH_2O) 500mg/L의 이론적 COD값(mg/L)은?

㉮ 약 512
㉯ 약 533
㉰ 약 553
㉱ 약 576

풀이 $CH_2O + O_2 \rightarrow CO_2 + H_2O$
30g : 32g
500mg/L : COD

$\therefore COD = \dfrac{32g \times 500mg/L}{30g} = 533.33 mg/L$

07 프로피온산(C_2H_5COOH) 0.1M 용액이 4%로 이온화 된다면 이온화 정수는?

㉮ 1.7×10^{-4}
㉯ 7.6×10^{-4}
㉰ 8.3×10^{-5}
㉱ 9.3×10^{-5}

풀이
$C_2H_5COOH \xrightarrow{4\% 이온화} C_2H_5COO^- + H^+$

이온화전   0.1M   0M   0M
이온화후 (0.1-0.1×0.04)M (0.1×0.04)M (0.1×0.04)M

따라서 이온화상수 $= \dfrac{(0.1 \times 0.04)M \times (0.1 \times 0.04)M}{(0.1 - 0.1 \times 0.04)M}$
$= 1.67 \times 10^{-4}$

08 곰팡이(Fungi)류의 경험적 분자식은?

㉮ $C_{12}H_7O_4N$
㉯ $C_{12}H_8O_5N$
㉰ $C_{10}H_{17}O_6N$
㉱ $C_{10}H_{18}O_4N$

풀이 암기해야 할 경험적인 화학식 및 암기법
① 곰팡이 : $C_{10}H_{17}O_6N$(일공 일칠 육)
② 박테리아 : $C_5H_7O_2N$(오칠이)
③ 조류 : $C_5H_8O_2N$(오팔이)
④ 원생동물 : $C_7H_{14}O_3N$(칠 일사 삼)

answer 04 ㉮ 05 ㉱ 06 ㉯ 07 ㉮ 08 ㉰

09 호수의 수질특성에 관한 설명으로 가장 거리가 먼 것은?

㉮ 표수층에서 조류의 활발한 광합성 활동 시 호수의 pH는 8~9 혹은 그 이상을 나타낼 수 있다.
㉯ 호수의 유기물량 측정을 위한 항목은 COD보다 BOD와 클로로필-a를 많이 이용한다.
㉰ 수심별 전기전도도의 차이는 수온의 효과와 용존된 오염물질의 농도차로 인한 결과이다.
㉱ 표수층에서 조류의 활발한 광합성 활동 시에는 무기탄소원인 HCO_3^-나 CO_3^{2-}을 흡수하고 OH^-를 내보낸다.

풀이 ㉯ 호수의 유기물량 측정을 위한 항목은 COD를 주로 이용한다.

TIP
유기물의 척도
① COD는 해수, 폐수, 호소수의 유기물 척도로 사용된다.
② BOD는 하천수, 하수의 유기물 척도로 사용된다.

10 물의 물리적 특성을 나타내는 용어의 단위가 잘못된 것은?

㉮ 밀도 : g/cm^3
㉯ 동점성계수 : cm^2/sec
㉰ 표면장력 : $dyne/cm^2$
㉱ 점성계수 : $g/cm \cdot sec$

풀이 ㉰ 표면장력 : dyne/cm

11 적조(red tide)에 관한 설명으로 틀린 것은?

㉮ 갈수기로 인하여 염도가 증가된 정체 해역에서 주로 발생한다.
㉯ 수중 용존산소 감소에 의한 어패류의 폐사가 발생된다.
㉰ 수괴의 연직안정도가 크고 독립해 있을 때 발생한다.
㉱ 해저에 빈산소층이 형성될 때 발생한다.

풀이 ㉮ 홍수기로 인하여 염도가 낮아진 정체 해역에서 주로 발생한다.

12 25℃, 2atm의 압력에 있는 메탄가스 5.0kg을 저장하는데 필요한 탱크의 부피(m^3)는? (단, 이상기체의 법칙 적용, R = 0.082L · atm/mol · K)

㉮ 약 3.8   ㉯ 약 5.3
㉰ 약 7.6   ㉱ 약 9.2

풀이 이상기체 상태방정식 : $P \times V = \dfrac{W}{M} \times R \times T$

여기서
P : 압력(atm)
V : 부피(L)
W : 질량(g)
M : 분자량(g)
R : 기체상수(L · atm/mol · k)
T : 절대온도(K)

따라서 $2atm \times V(L)$
$= \dfrac{5 \times 10^3 g}{16g} \times 0.082 L \cdot atm/mol \cdot k \times (273+25)k$

∴ V = 3,818.125L = 3.82m^3

answer 09 ㉯ 10 ㉰ 11 ㉮ 12 ㉮

13 소수성 콜로이드의 특성으로 틀린 것은?

㉮ 물과 반발하는 성질을 가진다.
㉯ 물속에 현탁상태로 존재한다.
㉰ 아주 작은 입자로 존재한다.
㉱ 염에 큰 영향을 받지 않는다.

풀이 ㉱ 염에 큰 영향을 받는다.

14 다음 유기물 1mole이 완전산화될 때 이론적인 산소요구량(ThOD)이 가장 적은 것은?

㉮ C_6H_6 ㉯ $C_6H_{12}O_6$
㉰ C_2H_5OH ㉱ CH_3COOH

풀이 이론적인 산소요구량(ThOD)이 가장 적은 것은 호기성 반응에서 산소의 갯수가 가장 적은 ㉱번이 정답이 된다.
㉮ $C_6H_6 + 7.5O_2 \rightarrow 6CO_2 + 3H_2O$
㉯ $C_6H_{12}O_6 + 6O_2 \rightarrow 6CO_2 + 6H_2O$
㉰ $C_2H_5OH + 3O_2 \rightarrow 2CO_2 + 3H_2O$
㉱ $CH_3COOH + 2O_2 \rightarrow 2CO_2 + 2H_2O$

TIP
① ThOD가 가장 큰 물질 = 반응식에서 산소갯수가 가장 큰 물질
② ThOD가 가장 적은 물질 = 반응식에서 산소갯수가 가장 적은 물질

15 산성강우에 대한 설명으로 틀린 것은?

㉮ 주요원인물질은 유황산화물, 질소산화물, 염산을 들 수 있다.
㉯ 대기오염이 혹심한 지역에 국한되는 현상으로 비교적 정확한 예보가 가능하다.
㉰ 초목의 잎과 토양으로부터 Ca^{++}, Mg^{++}, K^+ 등의 용출 속도를 증가시킨다.
㉱ 보통 대기 중 탄산가스와 평형상태에 있는 순수한 빗물은 pH 약 5.6의 산성을 띤다.

풀이 ㉯ 대기오염이 혹심한 지역에 국한되지 않고 정확한 예보가 불가능하다.

16 하천 모델 중 다음의 특징을 가지는 것은?

- 유속, 수심, 조도계수에 의한 확산계수 결정
- 하천과 대기 사이의 열복사, 열교환 고려
- 음해법으로 미분방정식의 해를 구함

㉮ QUAL-1 ㉯ WQRRS
㉰ DO SAG-1 ㉱ HSPE

풀이 ㉮ QUAL-1에 대한 설명이다.

17 연속류 교반 반응조(CFSTR)에 관한 내용으로 틀린 것은?

㉮ 충격부하에 강하다.
㉯ 부하변동에 강하다.
㉰ 유입된 액체에 일부분은 즉시 유출된다.
㉱ 동일 용량PFR에 비해 제거효율이 좋다.

풀이 ㉱ 동일 용량PFR(플러그흐름반응조)에 비해 제거효율이 나쁘다.

18 우리나라 연평균강수량은 약 1,300mm 정도로 세계 연평균강수량 970mm에 비해 많은 편이지만, UN에서는 물 부족 국가로 인정하고 있다. 이는 우리나라 하천의 특성에 의한 것인데, 그러한 이유로 타당하지 않은 것은?

㉮ 계절적인 강우분포의 차이가 크다.
㉯ 하상계수가 작다.

answer 13 ㉱ 14 ㉱ 15 ㉯ 16 ㉮ 17 ㉱ 18 ㉯

㉰ 하천의 경사도가 급하다.
㉱ 하천의 유역면적이 작고 길이가 짧다.

풀이 ㉯ 하상계수가 크다.

TIP
하상계수 = $\dfrac{\text{최대유량}}{\text{최소유량}}$

19 0℃에서 DO 7.0mg/L인 물의 DO 포화도(%)는? (단, 대기의 화학적 조성 중 O_2 21%(V/V), 0℃에서 순수한 물의 공기 용해도 = 38.46mL/L, 1기압 기준)

㉮ 약 61 ㉯ 약 74
㉰ 약 82 ㉱ 약 87

풀이 DO 포화도(%) = $\dfrac{\text{현재 DO 농도}}{\text{포화 DO 농도}} \times 100(\%)$

① 현재 DO 농도 = 7.0mg/L
② 포화 DO 농도 = $\dfrac{38.46\text{mL}}{\text{L}} \times \dfrac{32\text{mg}}{22.4\text{mL}} \times \dfrac{21\%}{100}$
= 11.538mg/L
③ DO 포화도(%) = $\dfrac{7.0\text{mg/L}}{11.538\text{m/L}} \times 100 = 60.67\%$

TIP
O_2 1mol $\begin{cases} 32\text{mg} \\ 22.4\text{mL} \end{cases}$

20 건조고형물량이 3,000kg/day인 생슬러지를 저율혐기성, 소화조로 처리할 때 휘발성고형물은 건조고형물의 70%이고 휘발성고형물의 60%는 소화에 의해 분해된다. 소화된 슬러지의 총고형물(kg/day)은?

㉮ 1,040 ㉯ 1,740
㉰ 2,040 ㉱ 2,440

풀이 ① 소화 후 휘발성고형물(kg/day)
= 3,000kg/day×0.70×(1-0.60) = 840kg/day
② 소화 후 잔류성고형물(kg/day)
= 3,000kg/day×0.30 = 900kg/day
③ 소화된 슬러지의 총고형물
= 840kg/day+900kg/day = 1,740kg/day

TIP
① 고형물(TS) = 휘발성고형물+잔류성고형물
② VS = 휘발성고형물 = 유기물
③ FS = 잔류성고형물 = 무기물
④ FS = 100-VS = 100-70% = 30%

| 제2과목 | 상하수도계획

21 하수관로시설인 오수관로의 유속범위 기준으로 옳은 것은?

㉮ 계획시간최대오수량에 대하여 유속을 최소 0.3m/sec, 최대 3.0m/sec로 한다.
㉯ 계획시간최대오수량에 대하여 유속을 최소 0.6m/sec, 최대 3.0m/sec로 한다.
㉰ 계획1일최대오수량에 대하여 유속을 최소 0.3m/sec, 최대 3.0m/sec로 한다.
㉱ 계획1일최대오수량에 대하여 유속을 최소 0.6m/sec, 최대 3.0m/sec로 한다.

풀이 오수관로의 유속범위 기준은 계획시간최대오수량에 대하여 유속을 최소 0.6m/sec, 최대 3.0m/sec로 한다.

answer 19 ㉮ 20 ㉯ 21 ㉯

TIP
유속범위 기준

관로	기준	최소유속	최대유속
도수관거	자연유하식	0.3m/s	3.0m/s
오수관거	계획시간 최대오수량	0.6m/s	3.0m/s
우수관거 합류관거	계획우수량	0.8m/s	3.0m/s

22 상수처리를 위한 정수시설인 급속여과지에 관한 설명으로 틀린 것은?

㉮ 여과속도는 120~150m/day를 표준으로 한다.
㉯ 플록의 질이 일정한 것으로 가정하였을 때 여과층의 필요두께는 여재입경에 반비례한다.
㉰ 여과면적은 계획정수량을 여과속도로 나누어 계산한다.
㉱ 여과지 1지의 여과면적은 150m² 이하로 한다.

풀이 ㉯ 플록의 질이 일정한 것으로 가정하였을 때 여과층의 필요두께는 여재입경에 비례한다.

23 강우강도가 2mm/min, 면적이 1km², 유입 시간이 6분, 유출계수가 0.65인 경우 우수량(m³/sec)은? (단, 합리식 적용)

㉮ 21.7   ㉯ 0.217
㉰ 1.30   ㉱ 13.0

풀이
$Q = \frac{1}{360} C \times I \times A$

여기서
C : 유출계수 = 0.65
I : 강우강도(mm/hr) ⇒ I = 2mm/min × 60min/hr = 120mm/hr
A : 면적(ha) ⇒ A = 1.0km² × 100ha/1km² = 100ha

따라서 $Q = \frac{1}{360} \times 0.65 \times 120mm/hr \times 100ha$

$= 21.67 m^3/sec$

24 막여과법을 정수처리에 적용하는 주된 선정 이유로 가장 거리가 먼 것은?

㉮ 응집제를 사용하지 않거나 또는 적게 사용한다.
㉯ 막의 특성에 따라 원수 중의 현탁물질, 콜로이드, 세균류, 크립토스포리디움 등 일정한 크기 이상의 불순물을 제거할 수 있다.
㉰ 부지면적이 종래보다 적을 뿐 아니라 시설의 건설공사기간도 짧다.
㉱ 막의 교환이나 세척 없이 반영구적으로 자동운전이 가능하여 유지관리 측면에서 에너지를 절약할 수 있다.

풀이 ㉱ 막의 교환이나 세척이 필요하고 자동운전이 가능하여 유지관리 측면에서 에너지를 절약할 수 있다.

25 하수처리시설 중 소독시설에서 사용하는 오존의 장·단점으로 틀린 것은?

㉮ 병원균에 대하여 살균작용이 강하다.
㉯ 철 및 망간의 제거능력이 크다.
㉰ 경제성이 좋다.
㉱ 바이러스의 불활성화 효과가 크다.

풀이 ㉰ 경제성이 낮다.

answer 22 ㉯ 23 ㉮ 24 ㉱ 25 ㉰

26 상수관로에서 조도계수 0.014, 동수경사 1/100, 관경 400mm일 때 이 관로의 유량(m^3/min)은? (단, Manning 공식 적용, 만관 기준)

㉮ 3.8 ㉯ 6.2
㉰ 9.3 ㉱ 11.6

풀이
① $A(m^2) = \dfrac{\pi \times D^2}{4} = \dfrac{\pi \times (0.4m)^2}{4} = 0.12566 m^2$

② $V(m/sec) = \dfrac{1}{n} \times R^{\frac{2}{3}} \times I^{\frac{1}{2}}$

$R(경심) = \dfrac{A(단면적)}{S(윤변의 길이)} = \dfrac{D}{4} = \dfrac{0.4m}{4}$
$= 0.1m$

$I(기울기 = 동수경사) = \dfrac{1}{100}$

∴ $V = \dfrac{1}{0.014} \times (0.1m)^{\frac{2}{3}} \times \left(\dfrac{1}{100}\right)^{\frac{1}{2}}$
$= 1.539 m/sec$

③ 유량(Q) = 면적(A)×유속(V)
$= 0.12566 m^2 \times 1.539 m/sec \times 60 sec/min$
$= 11.60 m^3/min$

27 우수배제계획에서 계획우수량의 설계 강우에 관한 내용으로 ( )에 알맞은 것은?

> 하수관로의 설계강우는 10~30년 빈도, 빗물 펌프장의 설계강우는 ( )빈도를 원칙으로 하며, 지역의 특성 또는 방재상 필요성, 기후 변화로 인한 강우특성의 변화추세에 따라 이보다 크게 또는 작게 정할 수 있다.

㉮ 15~20년 ㉯ 20~30년
㉰ 30~50년 ㉱ 50~100년

풀이
① 하수관로의 설계강우는 10~30년 빈도
② 빗물 펌프장의 설계강우는 30~50년 빈도

28 하수처리시설의 계획하수량에 관한 설명으로 옳은 것은?

㉮ 합류식 하수도에서 일차침전지까지 처리장내 연결관로는 계획시간 최대오수량으로 한다.
㉯ 합류식 하수도에서 우천시에는 계획시간 최대오수량을 유입시켜 2차처리해야 한다.
㉰ 합류식 하수도는 우천 시 일차침전지의 침전시간을 0.5시간 이상 확보하도록 한다.
㉱ 합류식 하수도의 소독시설 계획하수량은 계획시간최대오수량으로 한다.

풀이 ㉮ 합류식 하수도에서 일차침전지까지 처리장내 연결관로는 우천시 계획 오수량으로 한다.
㉯ 합류식 하수도에서 우천시에는 우천시 계획오수량을 유입시켜 2차처리해야 한다.
㉱ 합류식 하수도의 소독시설 계획하수량은 우천시 계획 오수량으로 한다.

29 하수슬러지 개량방법과 특징으로 틀린 것은?

㉮ 고분자응집제 첨가 : 슬러지 성상을 그대로 두고 탈수성, 농축성의 개선을 도모한다.
㉯ 무기약품 첨가 : 무기약품은 슬러지의 pH를 변화시켜 무기질 비율을 증가시키고 안정화를 도모한다.
㉰ 열처리 : 슬러지 성분의 일부를 용해시켜 탈수개선을 도모한다.
㉱ 세정 : 혐기성 소화슬러지의 알칼리도를 증가시켜 탈수개선을 도모한다.

풀이 ㉱ 세정 : 소화슬러지의 알칼리도를 감소시켜 탈수개선을 도모한다.

answer 26 ㉱ 27 ㉰ 28 ㉰ 29 ㉱

30 호소, 댐을 수원으로 하는 경우의 취수시설인 취수틀에 관한 설명으로 틀린 것은?

㉮ 하천이나 호소 바닥이 안정되어 있는 곳에 설치한다.
㉯ 선박의 항로에서 벗어나 있어야 한다.
㉰ 호소의 표면수를 안정적으로 취수할 수 있다.
㉱ 틀의 본체를 하천이나 호소 바닥에 견고하게 고정시킨다.

풀이 ㉰ 수중에 설치되므로 호소의 표면수를 취수하기 곤란하다.

31 직경 200cm 원형관로에 물이 1/2 차서 흐를 경우, 이 관로의 경심(cm)은?

㉮ 15 ㉯ 25
㉰ 50 ㉱ 100

풀이

경심(R) = $\dfrac{단면적(A)}{윤변의 길이(S)} = \dfrac{\dfrac{\pi D^2}{4} \times \dfrac{1}{2}}{\pi \times D \times \dfrac{1}{2}} = \dfrac{D}{4}$ (m)

∴ R = $\dfrac{200cm}{4}$ = 50cm

32 케이싱 내에서 임펠러를 회전시켜 유체를 이송하는 터보형 펌프에 속하지 않는 것은?

㉮ 회전펌프 ㉯ 원심펌프
㉰ 사류펌프 ㉱ 축류펌프

풀이 회전펌프는 케이싱 중에서 빈틈이 거의 없도록 내접하는 회전자의 회전에 의해 생기는 밀폐공간의 이동에 의해서 유체를 수송하는 펌프이다.

33 상수처리시설 중 플록형성지의 플록형성 표준시간은? (단, 계획정수량 기준)

㉮ 5~10분간 ㉯ 10~20분간
㉰ 20~40분간 ㉱ 40~60분간

풀이 플록형성지의 플록형성 표준시간은 20~40분간이다.

34 생물막을 이용한 처리방식의 하나인 접촉산화법을 적용하여 오수를 처리할 때 반응조내 오수의 교반과 용존산소 유지를 위한 송풍량에 관한 내용으로 ( )에 옳은 것은?

접촉재를 전면에 설치하는 경우, 계획오수량에 대하여 ( )를 표준으로 한다.

㉮ 2배 ㉯ 4배
㉰ 6배 ㉱ 8배

풀이 접촉산화법을 적용하여 오수를 처리할 때 반응조내 오수의 교반과 용존산소 유지를 위한 송풍량은 접촉재를 전면에 설치하는 경우, 계획오수량에 대하여 8배를 표준으로 한다.

35 계획오수량에 관한 설명으로 틀린 것은?

㉮ 계획시간최대오수량은 계획1일 최대오수량의 1시간당 수량의 1.3~1.8배를 표준으로 한다.
㉯ 지하수량은 1인 1일 최대오수량의 20% 이하로 한다.
㉰ 합류식에서 우천 시 계획오수량은 원칙적으로 계획 1일 최대오수량의 1.5배 이상으로 한다.
㉱ 계획1일 평균오수량은 계획 1일 최대오수량의 70~80%를 표준으로 한다.

answer 30 ㉰ 31 ㉰ 32 ㉮ 33 ㉰ 34 ㉱ 35 ㉰

풀이 ㉰ 합류식에서 우천 시 계획오수량은 원칙적으로 계획 시간 최대오수량의 3배 이상으로 한다.

36 취수지점으로부터 정수장까지 원수를 공급하는 시설 배관은?

㉮ 취수관　　㉯ 송수관
㉰ 도수관　　㉱ 배수관

풀이 취수지점으로부터 정수장까지 원수를 공급하는 시설 배관은 도수관이다.

> **TIP**
> **상수도의 구성**
> 취수 → 도수 → 정수 → 송수 → 배수 → 급수

37 취수보의 취수구 표준 유입속도(m/s)로 가장 적절한 것은?

㉮ 0.1~0.4　　㉯ 0.4~0.8
㉰ 0.8~1.2　　㉱ 1.2~1.6

풀이 취수보의 취수구 표준 유입속도는 0.4~0.8m/s 이다.

38 약품주입설비와 점검에 대한 설명으로 틀린 것은?

㉮ 응집약품을 납품받고 저장하기 위하여 적절한 검수용 계량장비를 설치한다.
㉯ 약품저장설비는 구조적으로 안전하고 약품의 종류와 성상에 따라 적절한 재질로 한다.
㉰ 저장설비의 용량은 계획정수량에 각 약품의 최대 주입률을 곱하여 산정한다.
㉱ 저장설비 용량은 응집제는 30일분 이상, 응집보조제는 10일분 이상으로 한다.

풀이 ㉰ 저장설비의 용량은 계획정수량에 각 약품의 평균 주입률을 곱하여 산정한다.

39 취수시설인 침사지에 관한 설명으로 틀린 것은?

㉮ 표면부하율은 500~800mm/min을 표준으로 한다.
㉯ 지내 평균유속은 2~7cm/sec를 표준으로 한다.
㉰ 지의 상단높이는 고수위보다 0.6~1m의 여유고를 둔다.
㉱ 지의 유효수심은 3~4m를 표준으로 하고, 퇴사심도를 0.5~1m로 한다.

풀이 ㉮ 표면부하율은 200~500mm/min을 표준으로 한다.

40 펌프의 수격작용(Water hammer)에 관한 설명으로 가장 거리가 먼 것은?

㉮ 관내 물의 속도가 급격히 변하여 수압의 심한 변화를 야기하는 현상이다.
㉯ 정전 등의 사고에 의하여 운전 중인 펌프가 갑자기 고동력을 소실할 경우에 발생할 수 있다.
㉰ 펌프계에서의 수격현상은 역회전 역류, 정회전 역류, 정회전 정류의 단계로 진행된다.
㉱ 펌프가 급정지할 때는 수격작용 유무를 점검해야 한다.

풀이 ㉰ 펌프계에서의 수격현상은 정회전 정류, 정회전 역류, 역회전 역류의 단계로 진행한다.

answer 36 ㉰　37 ㉯　38 ㉰　39 ㉮　40 ㉰

| 제3과목 | 수질오염방지기술

41 수량이 30,000m³/day, 수심이 3.5m, 하수 체류시간이 2.5hr인 침전지의 수면부하율(또는 표면부하율, m³/m²·day)은?

㉮ 67.1 ㉯ 54.2
㉰ 41.5 ㉱ 33.6

풀이 수면부하율(m³/m²·day)

$$= \frac{수심(H)}{체류시간(day)} = \frac{3.5m}{\left(\frac{2.5hr}{24}\right)day} = 33.6 \text{m/day}$$

TIP

① 수면부하율(표면부하율) $= \frac{유량(m^3/day)}{수면적(m^2)}$

$= \frac{수심(m)}{체류시간(day)}$

② m³/m²·day = m/day

42 혐기성 소화 시 소화가스 발생량 저하의 원인이 아닌 것은?

㉮ 저농도 슬러지 유입
㉯ 소화슬러지 과잉배출
㉰ 소화가스 누적
㉱ 조내 온도저하

풀이 ㉰ 소화가스 누출

43 SBR 공법의 일반적인 운전단계 순서는?

㉮ 주입(Fill) → 휴지(Idle) → 반응(React) → 침전(Settle) → 제거(Draw)
㉯ 주입(Fill) → 반응(React) → 휴지(Idle) → 침전(Settle) → 제거(Draw)
㉰ 주입(Fill) → 반응(React) → 침전(Settle) → 휴지(Idle) → 제거(Draw)
㉱ 주입(Fill) → 반응(React) → 침전(Settle) → 제거(Draw) → 휴지(Idle)

풀이 연속회분식 활성슬러지법(SBR)의 운전단계 순서는 주입 → 반응 → 침전 → 제거 → 휴지 순이다.

44 경사판 침전지에서 경사판의 효과가 아닌 것은?

㉮ 수면적 부하율의 증가효과
㉯ 침전지 소요면적의 저감효과
㉰ 고형물의 침전효율 증대효과
㉱ 처리효율의 증대효과

풀이 ㉮ 수면적 부하율의 감소효과

45 응집을 이용하여 하수를 처리할 때 하수 온도가 응집반응에 미치는 영향을 설명한 내용으로 틀린 것은?

㉮ 수온이 높으면 반응속도는 증가한다.
㉯ 수온이 높으면 물의 점도저하로 응집제의 화학반응이 촉진된다.
㉰ 수온이 낮으면 입자가 커지고 응집제 사용량도 적어진다.
㉱ 수온이 낮으면 플록 형성에 소요되는 시간이 길어진다.

풀이 ㉰ 수온이 낮으면 입자가 작아지고 응집제 사용량이 많아진다.

answer 41 ㉱ 42 ㉰ 43 ㉱ 44 ㉮ 45 ㉰

46 NH_3을 제거하기 위한 방법으로 적당하지 못한 것은?

㉮ air stripping을 실시한다.
㉯ break point 염소처리를 한다.
㉰ 질산화 - 탈질산화를 실시한다.
㉱ 명반을 이용하여 응집침전 처리를 한다.

풀이 ㉱ 질소화합물은 응집제인 명반을 이용해서 응집침전 처리를 할 수 없다.

47 물속의 휘발성유기화합물(VOC)을 에어스트리핑으로 제거할 때 제거 효율 관계를 설명한 것으로 옳지 않은 것은?

㉮ 액체 중의 VOC농도가 클수록 효율이 증가한다.
㉯ 오염되지 않은 공기를 주입할 때 제거효율은 증가한다.
㉰ K_{La}가 감소하면 효율이 증가한다.
㉱ 온도가 상승하면 효율이 증가한다.

풀이 ㉰ 산소전달계수(K_{La})가 감소하면 효율이 감소한다.

48 수은계 폐수 처리방법으로 틀린 것은?

㉮ 수산화물침전법 ㉯ 흡착법
㉰ 이온교환법 ㉱ 황화물침전법

풀이 수은계 폐수 처리방법으로는 아말감법, 흡착법, 이온교환법, 황화물침전법이 있다.

TIP
수은함유 폐수처리방법 암기법
수은아 황화강에 이온 좀 붙여라.

49 월류 부하가 $200m^3/m \cdot day$인 원형 침전지에서 1일 $4,000m^3$를 처리하고자 한다. 원형침전지의 적당한 직경(m)은?

㉮ 5.4 ㉯ 6.4
㉰ 7.4 ㉱ 8.4

풀이 월류부하$(m^3/m \cdot day) = \dfrac{유량(Q)}{원의 길이(\pi \times D)}$

$200m^3/m \cdot day = \dfrac{4,000m^3/day}{\pi \times D}$

$\therefore D = \dfrac{4,000m^3/day}{200m^3/m \cdot day \times \pi} = 6.37m$

TIP
원의 둘레 = 원의 길이 = 원주 길이 = $\pi \times D(m)$

50 단면이 직사각형인 하천의 깊이가 0.2m이고 깊이에 비하여 폭이 매우 넓을 때 동수반경(m)은?

㉮ 0.2 ㉯ 0.5
㉰ 0.8 ㉱ 1.0

풀이 동수반경$(R) = \dfrac{b \times h}{b+2h} = \dfrac{b \times h}{b} = \dfrac{b \times 0.2m}{b}$
$= 0.2m$

TIP
① 깊이(h)에 비하여 폭(b)이 매우 넓다는 단서에 의해서 윤변의 길이를 나타낼 때 h를 생략할 수 있으므로 b로 나타낼 수 있다.
② 동수경사 = 경심 = R

answer 46 ㉱ 47 ㉰ 48 ㉮ 49 ㉯ 50 ㉮

51 환원처리공법으로 크롬함유 폐수를 수산화물침전법으로 처리하고자 할 때 침전을 위한 적정 pH 범위는?
(단, $Cr^{+3} + 3OH^- \rightarrow Cr(OH)_3 \downarrow$)

㉮ pH 4.0~4.5 ㉯ pH 5.5~6.5
㉰ pH 8.0~8.5 ㉱ pH 11.0~11.5

[풀이] 환원처리공법으로 크롬함유 폐수를 수산화물침전법으로 처리하고자 할 때 침전을 위한 적정 pH 범위는 pH 8.0~8.5이다.

52 생물학적 원리를 이용하여 질소, 인을 제거하는 공정인 5단계 Bardenpho공법에 관한 설명으로 옳지 않은 것은?

㉮ 인 제거를 위해 혐기성조가 추가된다.
㉯ 조 구성은 혐기조, 무산소조, 호기조, 무산소조, 호기조 순이다.
㉰ 내부반송률은 유입유량 기준으로 100~200% 정도이며 2단계 무산소조로부터 1단계 무산소조로 반송된다.
㉱ 마지막 호기성 단계는 폐수 내 잔류 질소가스를 제거하고 최종 침전지에서 인의 용출을 최소화하기 위하여 사용한다.

[풀이] ㉰ 내부반송은 1단계 호기조에서 1단계 무산소조로 반송한다.

53 하수의 인 제거 처리공정 중 인 제거율(%)이 가장 높은 것은?

㉮ 역삼투 ㉯ 여과
㉰ RBC ㉱ 탄소흡착

[풀이] 하수의 인 제거 처리공정 중 인 제거율(%)이 가장 높은 것은 역삼투공법이다.

54 슬러지 탈수 방법에 관한 설명으로 틀린 것은?

㉮ 원심분리기 : 고농도의 부유성 고형물에 적합함
㉯ 벨트형 여과기 : 슬러지 특성에 민감함
㉰ 원심분리기 : 건조한 슬러지 케익을 생산함
㉱ 벨트형 여과기 : 유입부에 슬러지 분쇄기 설치가 필요함

[풀이] ㉮ 원심분리기 : 고농도의 부유성 고형물에 부적합함

55 역삼투 장치로 하루에 500m³의 3차 처리된 유출수를 탈염시키고자 할 때 요구되는 막면적(m²)은? (단, 25℃에서 물질전달계수 : 0.2068L/(day·m²)(kPa), 유입수와 유출수 사이의 압력차 : 2,400 kPa, 유입수와 유출수의 삼투압차 : 310 kPa, 최저 운전온도 : 10℃, A10℃ = 1.28A25℃, A : 막면적)

㉮ 약 1,130 ㉯ 약 1,280
㉰ 약 1,330 ㉱ 약 1,480

[풀이] ① $Q_F = k \times (\Delta P - \Delta \pi)$
여기서
Q_F : 유출수량(L/m²·day)
k : 물질전달계수(L/m²·day·kPa)
ΔP : 압력차(kPa)
$\Delta \pi$: 삼투압차(kPa)

따라서
Q_F = 0.2068L/day·m²·kPa×(2,400-310)kPa
    = 432.212L/day·m²

② 25℃ 막의 면적($A_{25℃}$)
= $\dfrac{Q(유량)}{Q_F(유출수량)}$ = $\dfrac{500 \times 10^3 L/day}{432.212 L/day \cdot m^2}$
= 1,156.84m²

③ 10℃ 막의 면적($A_{10℃}$)
= 1.28×$A_{25℃}$ = 1.28×1,156.84m²
= 1,480.76m²

---

answer 51 ㉰ 52 ㉰ 53 ㉮ 54 ㉮ 55 ㉱

> **TIP**
> Q_{tr}(유출수량) 계산 시 k(물질전달계수)의 단위를 살펴서 계산하는 것이 문제풀이 포인트이다.

56 상향류혐기성 슬러지상(UASB)공법에 대한 설명으로 틀린 것은?

㉮ BOD 및 SS 농도가 높은 폐수의 처리가 가능하다.
㉯ HRT가 작아 반응조 용량을 작게할 수 있다.
㉰ 상향류이므로 반응기 하부에 폐수의 분산을 위한 장치가 필요하다.
㉱ 기계적인 교반이나 여재가 불필요하다.

풀이 ㉮ BOD 및 SS 농도가 높은 폐수의 처리가 어렵다.

57 유량 4,000m³/day, 부유물질 농도 220mg/L인 하수를 처리하는 일차침전지에서 발생되는 슬러지의 양(m³/day)은? (단, 슬러지 단위 중량(비중) = 1.03, 함수율 = 94%, 일차침전지 체류시간 = 2시간, 부유물질 제거효율 = 60%, 기타 조건은 고려하지 않음)

㉮ 6.32   ㉯ 8.54
㉰ 10.72 ㉱ 12.53

풀이 슬러지 발생량(m³/day)

$$= \frac{\text{폐수량(m}^3\text{/day)} \times \text{SS(kg/m}^3\text{)} \times \text{제거효율}}{\text{비중량(kg/m}^3\text{)}} \times \frac{100}{100-\text{함수율}}$$

$$= \frac{4{,}000\text{m}^3\text{/day} \times 0.22\text{kg/m}^3 \times 0.60}{1{,}030\text{kg/m}^3} \times \frac{100}{100-94\%}$$

$$= 8.54\text{m}^3\text{/day}$$

> **TIP**
> ① 비중(g/cm³) $\xrightarrow{\times 10^3}$ 비중량(kg/m³)
> ② 1.03g/cm³ $\xrightarrow{\times 10^3}$ 1,030kg/m³
> ③ mg/L $\xrightarrow{\times 10^{-3}}$ kg/m³

58 표면적이 2m²이고 깊이가 2m인 침전지에 유량 48m³/day의 폐수가 유입될 때 폐수의 체류시간(hr)은?

㉮ 2   ㉯ 4
㉰ 6   ㉱ 8

풀이 체류시간(hr) = $\dfrac{\text{체적(m}^3\text{)}}{\text{유량(m}^3\text{/hr)}}$

$= \dfrac{2\text{m}^2 \times 2\text{m}}{48\text{m}^3\text{/day} \times 1\text{day}/24\text{hr}} = 2\text{hr}$

59 증류수를 가하여 25mL로 희석된 10mL의 시료를 표준 시험법에 따라 분석하였다. 소모된 중크롬산염(DC)은 3.12×10⁻⁴몰로 측정되었을 때 시료의 COD(mgO₂/L)는? (단, 증류수 희석은 유기물 존재량에 영향을 미치지 않음, DC와 산소에 대한 반응으로부터 DC 1몰은 6전자 당량을 가지며 O₂ 1몰은 4당량을 가짐, 산소의 당량은 32.0g/4eq =8.0g/eq 이다.)

㉮ 1,273   ㉯ 1,498
㉰ 2,038   ㉱ 2,251

풀이 정답만 암기해 두시면 되는 문제입니다.

answer 56 ㉮ 57 ㉯ 58 ㉮ 59 ㉯

60 활성슬러지 공정 운영에 대한 설명으로 잘못된 것은?

㉮ 폭기조 내의 미생물 체류시간을 증가시키기 위해 잉여슬러지 배출량을 감소시켰다.
㉯ F/M비를 낮추기 위해 잉여슬러지 배출량을 줄이고 반송유량을 증가시켰다.
㉰ 2차 침전지에서 슬러지가 상승하는 현상이 나타나 잉여슬러지 배출량을 증가시켰다.
㉱ 핀 플록(pin floc) 현상이 발생하여 잉여슬러지 배출량을 감소시켰다.

[풀이] ㉱ 핀 플록(pin floc) 현상이 발생하여 잉여슬러지 배출량을 증가시켰다.

| 제4과목 | 수질오염공정시험기준

61 기체크로마토그래피법으로 유기인 시험을 할 때 사용되는 검출기로 가장 일반적인 것은?

㉮ 열전도도 검출기
㉯ 불꽃 이온화 검출기
㉰ 전자 포집형 검출기
㉱ 불꽃 광도형 검출기

[풀이] 유기인 시험을 할 때 사용되는 검출기는 불꽃 광도형 검출기(FPD) 또는 질소인검출기(NPD)를 사용한다.

62 음이온 계면활성제를 자외선/가시선 분광법으로 측정할 때 사용되는 시약은?

㉮ 메틸 레드   ㉯ 메틸 오렌지
㉰ 메틸렌 블루   ㉱ 메틸렌 옐로우

[풀이] 음이온 계면활성제를 자외선/가시선 분광법은 물속에 존재하는 음이온 계면활성제를 측정하기 위하여 메틸렌블루와 반응시켜 생성된 청색의 착화합물을 클로로폼으로 추출하여 흡광도를 650nm에서 측정하는 방법이다.

63 다음의 금속류 중 원자형광법으로 측정할 수 있는 것은? (단, 수질오염공정시험기준)

㉮ 수은   ㉯ 납
㉰ 6가 크롬   ㉱ 바륨

[풀이] 시험방법
㉮ 수은 : 냉증기 - 원자흡수분광광도법, 자외선/가시선 분광법, 양극벗김전압전류법, 냉증기 - 원자형광법
㉯ 납 : 원자흡수분광광도법, 자외선/가시선 분광법, 유도결합플라스마-원자발광분광법, 유도결합플라스마 - 질량분석법, 양극벗김전압전류법
㉰ 6가 크롬 : 원자흡수분광광도법, 자외선/가시선 분광법, 유도결합플라스마 - 원자발광 분광법
㉱ 바륨 : 원자흡수분광광도법, 유도결합플라스마 - 원자발광분광법, 유도결합플라스마 - 질량분석법

64 자외선/가시선 분광법으로 폐수 중의 Cu를 측정할 때 다음 시약과 그 사용목적을 잘못 연결한 것은?

㉮ 사이트르산이암모늄 - 철의 억제 목적
㉯ 암모니아수(1+1)-pH 9.0 이상으로 조절 목적
㉰ 아세트산부틸-구리착염화합물의 추출 목적
㉱ EDTA-구리착염의 발생 증가 목적

answer 60 ㉱   61 ㉱   62 ㉰   63 ㉮   64 ㉱

65 암모니아성 질소를 분석할 때에 관한 설명으로 ( )에 옳은 것은?

> 암모니아성 질소를 자외선/가시선 분광법으로 측정하고자 할 때의 측정파장(㉠)과 이온전극법으로 측정하고자 할 때 암모늄 이온을 암모니아로 변화시킬 때의 시료의 적정 pH 범위 (㉡)으로 한다.

㉮ ㉠ 630nm, ㉡ 4~6
㉯ ㉠ 540nm, ㉡ 4~6
㉰ ㉠ 630nm, ㉡ 11~13
㉱ ㉠ 540nm, ㉡ 11~13

풀이 암모니아성 질소 분석법
① 자외선/가시선 분광법에서 정량한계는 0.01mg/L이고 발색은 청색이며 측정파장은 630nm이다.
② 이온전극법에서 정량한계는 0.08mg/L이고, 시료의 pH는 11~13이다.
③ 적정법에서 정량한계는 1mg/L이고 혼합지시약은 메틸레드-브로모크레졸 그린 혼합지시약이며, 종말점은 자회색이다.

66 예상 BOD치에 대한 사전경험이 없는 경우 오염된 하천수의 희석검액조제 방법은?

㉮ 0.1~1.0%의 시료가 함유되도록 희석제조
㉯ 1~5%의 시료가 함유되도록 희석제조
㉰ 5~25%의 시료가 함유되도록 희석제조
㉱ 25~100%의 시료가 함유되도록 희석제조

풀이 ① 오염정도가 심한 공장폐수 : 0.1~1.0%
② 처리하지 않은 공장폐수와 침전된 하수 : 1~5%
③ 처리하여 방류된 공장폐수 : 5~25%
④ 오염된 하천수 : 25~100%

67 다음 설명에 해당하는 기체크로마토그래피법의 정량법은?

> 크로마토그램으로부터 얻은 시료 각 성분의 봉우리 면적을 측정하고 그것들의 합을 100으로 하여 이에 대한 각각의 봉우리 넓이 비를 각 성분의 함유율로 한다.

㉮ 내부표준 백분율법
㉯ 보정성분 백분율법
㉰ 성분 백분율법
㉱ 넓이 백분율법

풀이 ㉱ 넓이 백분율법에 대한 설명이다.

68 분원성 대장균군-막여과법의 측정방법으로 ( )에 옳은 것은?

> 물속에 존재하는 분원성대장균군을 측정하기 위하여 페트리접시에 배지를 올려놓은 다음 배양 후 여러 가지 색조를 띠는 ( )의 집락을 계수하는 방법이다.

㉮ 황색   ㉯ 녹색
㉰ 적색   ㉱ 청색

풀이 ① 총대장균군-막여과법의 집락 계수 : 적색이나 진한 적색계통
② 분원성 대장균군-막여과법의 집락 계수 : 청색

answer 65 ㉰   66 ㉱   67 ㉱   68 ㉱

69 수질분석을 위한 시료 채취 시 유의사항과 가장 거리가 먼 것은?

㉮ 채취용기는 시료를 채우기 전에 맑은 물로 3회 이상 씻은 다음 사용한다.
㉯ 용존가스, 환원성 물질, 휘발성 유기물질 등의 측정을 위한 시료는 운반중 공기와의 접촉이 없도록 가득 채워야 한다.
㉰ 지하수 시료는 취수정 내에 고여 있는 물을 충분히 퍼낸(고여 있는 물의 4~5배 정도이나 pH 및 전기전도도를 연속적으로 측정하여 이 값이 평형을 이를 때까지로 한다.)다음 새로 나온 물을 채취한다.
㉱ 시료채취량은 시험항목 및 시험횟수에 따라 차이가 있으나 보통 3L~5 L 정도이어야 한다.

풀이 ㉮ 채취용기는 시료를 채우기 전에 시료로 3회 이상 씻은 다음 사용한다.

70 총인을 자외선/가시선 분광법으로 정량하는 방법에 대한 설명으로 가장 거리가 먼 것은?

㉮ 분해되기 쉬운 유기물을 함유한 시료는 질산-과염소산으로 전처리한다.
㉯ 다량의 유기물을 함유한 시료는 질산-황산으로 전처리한다.
㉰ 전처리로 유기물을 산화분해시킨 후 몰리브덴산암모늄·아스코르빈산혼액 2mL를 넣어 흔들어 섞는다.
㉱ 정량한계는 0.005mg/L이며, 상대표준편차는 ±25% 이내이다.

풀이 ㉮ 분해되기 쉬운 유기물을 함유한 시료는 과황산칼륨으로 전처리한다.

71 흡광광도분석장치 중 파장선택부에 거름종이를 사용한 것으로 단광속형이 많고 비교적 구조가 간단하여 작업 분석용에 적당한 것은?

㉮ 광전광도계   ㉯ 광전자증배관
㉰ 광전도셀   ㉱ 광전분광광도계

풀이 ㉮ 광전광도계에 대한 설명이다.

72 식물성 플랑크톤 측정에 관한 설명으로 틀린 것은?

㉮ 시료가 육안으로 녹색이나 갈색으로 보일 경우 정제수로 적절한 농도로 희석한다.
㉯ 물속의 식물성 플랑크톤을 평판집락법을 이용하여 면적당 분포하는 개체수를 조사한다.
㉰ 식물성 플랑크톤은 운동력이 없거나 극히 적어 수체의 유동에 따라 수체 내에 부유하면서 생활하는 단일개체, 집락성, 선상형태의 광합성 생물을 총칭한다.
㉱ 시료의 개체수는 계수면적당 10~40 정도가 되도록 희석 또는 농축한다.

풀이 ㉯ 물속의 식물성 플랑크톤을 현미경계수법을 이용하여 개체수를 조사한다.

73 다음 용어의 정의로 틀린 것은?

㉮ 감압 또는 진공 : 따로 규정이 없는 한 15mmHg 이하를 뜻한다.
㉯ 바탕시험 : 시료에 대한 처리 및 측정을 할 때 시료를 사용하지 않고 같은 방법으로 조작한 측정치를 더한 것을 뜻한다.
㉰ 용기 : 시험용액 또는 시험에 관계된 물질을 보존, 운반 또는 조작하기 위하여 넣어 둔 것으로 시험에 지장을 주지 않도

answer 69 ㉮ 70 ㉮ 71 ㉮ 72 ㉯ 73 ㉯

록 깨끗한 것을 뜻한다.
㉣ 정밀히 단다 : 규정된 양의 시료를 취하여 화학저울 또는 미량저울로 칭량함을 말한다.

[풀이] ㉯ 바탕시험 : 시료에 대한 처리 및 측정을 할 때 시료를 사용하지 않고 같은 방법으로 조작한 측정치를 빼는 것을 뜻한다.

74 불소화합물을 자외선/가시선 분광법으로 분석할 경우, 간섭 물질로 작용하는 알루미늄 및 철의 방해를 제거할 수 있는 방법은?

㉮ 산화   ㉯ 증류
㉰ 침전   ㉱ 환원

[풀이] 불소화합물를 자외선/가시선 분광법으로 측정 시 간섭물질인 알루미늄 및 철의 방해가 크나 증류하면 영향이 없다.

75 백분율(W/V, %)의 설명으로 옳은 것은?

㉮ 용액 100g 중의 성분무게(g)를 표시
㉯ 용액 100mL 중의 성분용량(mL)을 표시
㉰ 용액 100mL 중의 성분무게(g)를 표시
㉱ 용액 100g 중의 성분용량(mL)을 표시

[풀이] $W/V(\%) = \dfrac{성분무게(g)}{용액\ 100mL}$

76 수질오염공정시험기준에서 아질산성 질소를 자외선/가시선 분광법으로 측정하는 흡광도 파장(nm)은?

㉮ 540   ㉯ 620
㉰ 650   ㉱ 690

[풀이] 자외선/가시선 분광법으로 측정하는 흡광도 파장
① 암모니아성 질소 : 630nm
② 아질산성 질소 : 540nm

77 36%의 염산(비중 1.18)을 가지고 1N의 HCl 1L를 만들려고 한다. 36%의 염산 몇 mL를 물로 희석해야 하는가? (단, 염산을 물로 희석하는 데 있어서 용량 변화는 없다.)

㉮ 70.4   ㉯ 75.9
㉰ 80.4   ㉱ 85.9

[풀이]
① $eq/L = \dfrac{비중(g)}{(mL)} \times \dfrac{10^3 mL}{1L} \times \dfrac{1eq}{1당량\ g} \times \dfrac{\%농도}{100}$

$= \dfrac{1.18g}{mL} \times \dfrac{10^3 mL}{1L} \times \dfrac{1eq}{36.5g} \times \dfrac{36\%}{100}$

$= 11.638 eq/L$

② $N_1 \times V_1 = N_2 \times V_2$
$11.638 N \times V_1 = 1N \times 1,000 mL$
∴ $V_1 = 85.93 mL$

TIP
① N농도 = eq/L
② $1eq = \dfrac{분자량(g)}{당량수}$
③ HCl의 분자량 = 1 + 35.5 = 36.5g
④ HCl의 $1eq = \dfrac{36.5g}{1} = 36.5g$
⑤ 적정공식 : $N_1 \times V_1 = N_2 \times V_2$

answer 74 ㉯ 75 ㉰ 76 ㉮ 77 ㉱

78 카드뮴을 자외선/가시선 분광법을 이용하여 측정할 때에 관한 설명으로 ( )에 내용으로 옳은 것은?

> 물속에 존재하는 카드뮴이온을 시안화칼륨이 존재하는 알칼리성에서 디티존과 반응하여 생성하는 카드뮴착염을 사염화탄소로 추출하고, 추출한 카드뮴착염을 사염화탄소로 추출하고, 추출한 카드뮴착염을 (㉠)으로 역추출한 다음 다시 (㉡)과(와) 시안화 칼륨을 넣어 디티존과 반응하여 생성하는 (㉢)의 카드뮴착염을 사염화탄소로 추출하고 그 흡광도를 측정하는 방법이다.

㉮ ㉠ 타타르산용액, ㉡ 수산화나트륨, ㉢ 적색
㉯ ㉠ 아스코르빈산용액, ㉡ 염산(1+15), ㉢ 적색
㉰ ㉠ 타타르산용액, ㉡ 수산화나트륨, ㉢ 청색
㉱ ㉠ 아스코르빈산용액, ㉡ 염산(1+15), ㉢ 청색

풀이 카드뮴을 자외선/가시선 분광법
① 추출용매 : 사염화탄소
② 역추출용매 : 타타르산용액
③ 디티존과 반응시약 : 수산화나트륨과 시안화칼륨
④ 발색과 측정파장 : 적색, 530nm

79 총유기탄소(TOC)의 공정시험기준에 준하여 시험을 수행하였을 때 잘못된 것은?

㉮ 용존성유기탄소(DOC)를 측정하기 위하여 0.45μm 여과지를 사용하였다.
㉯ 비정화성유기탄소(NPOC)를 측정하기 위하여 pH를 4로 조절하였다.
㉰ 부유물질 정도관리를 위하여 셀룰로오스를 사용하였다.
㉱ 탄소를 검출하기 위하여 고온연소산화법을 측정하였다.

풀이 ㉯ 비정화성유기탄소(NPOC)를 측정하기 위하여 pH를 2 이하로 조절하였다.

80 노말헥산 추출물질 정량에 관한 내용으로 가장 거리가 먼 것은?

㉮ 시료를 pH 4 이하 산성으로 한다.
㉯ 정량한계는 0.5mg/L이다.
㉰ 상대표준편차가 ±25% 이내이다.
㉱ 시료용기는 노말헥산 20mL씩으로 1회 씻는다.

풀이 ㉱ 시료용기는 노말헥산 20mL씩으로 2회 씻는다.

TIP
총 노말헥산 추출물질의 분석
① 시료 적당량 : 노말헥산 추출물질로서 5mg~20mg 해당량
② 지시약 : 메틸오렌지용액(0.1%) 2방울~3방울
③ 적정 시약 : 염산(1+1)
④ 종말점 : 황색 → 적색이 되는 점(pH 4 이하)

| 제5과목 | 수질환경관계법규

81 총량관리 단위유역의 수질 측정 방법 중 목표수질지점별 연간 측정횟수는?

㉮ 10회 이상 ㉯ 20회 이상
㉰ 30회 이상 ㉱ 60회 이상

풀이 목표수질지점별 연간 측정횟수는 30회 이상이다.

answer 78 ㉮ 79 ㉯ 80 ㉱ 81 ㉰

82 환경부장관이 물환경을 보전할 필요가 있다고 지정·고시하고 물환경을 정기적으로 조사·측정 및 분석하여야 하는 호소의 기준으로 틀린 것은?

㉮ 1일 30만톤 이상의 원수를 취수하는 호소
㉯ 만수위일 때 면적이 30만 제곱미터 이상인 호소
㉰ 수질오염이 심하여 특별한 관리가 필요하다고 인정되는 호소
㉱ 동식물의 서식지·도래지이거나 생물다양성이 풍부하여 특별히 보전할 필요가 있다고 인정되는 호소

풀이 ㉯ 만수위일 때 면적이 50만 제곱미터 이상인 호소는 시·도지사에 해당한다.

83 환경부장관 또는 시·도지사가 측정망을 설치하거나 변경하려는 경우, 측정망 설치 계획에 포함되어야 하는 사항으로 틀린 것은?

㉮ 측정망 운영방법
㉯ 측정자료의 확인방법
㉰ 측정망 배치도
㉱ 측정망 설치시기

풀이 ㉮ 측정망 운영기관

TIP
측정망설치 계획에 포함되어야 하는 사항
① 측정망 설치시기
② 측정망 배치도
③ 측정망을 설치할 토지 또는 건축물의 위치 및 면적
④ 측정망 운영기관
⑤ 측정자료의 확인방법

84 어·패류의 섭취 및 물놀이 등의 행위를 제한 할 수 있는 권고기준으로 적합한 것은?

- 어·패류의 섭취 제한 권고기준 : 어·패류 체내에 총 수은이 (㉠) 이상인 경우
- 물놀이 등의 제한 권고기준 : 대장균이 (㉡) 이상인 경우

㉮ ㉠ 0.1mg/kg, ㉡ 300(개체수/100mL)
㉯ ㉠ 0.2mg/kg, ㉡ 400(개체수/100mL)
㉰ ㉠ 0.3mg/kg, ㉡ 500(개체수/100mL)
㉱ ㉠ 0.4mg/kg, ㉡ 600(개체수/100mL)

풀이 권고기준
① 어·패류 체내에 총 수은이 0.3mg/kg 이상인 경우
② 대장균이 500(개체수/100mL) 이상인 경우

85 방류수 수질기준 초과율이 70% 이상 80% 미만일 때 부과계수로 적절한 것은?

㉮ 2.8   ㉯ 2.6
㉰ 2.4   ㉱ 2.2

풀이 방류수 수질기준 초과율 부과계수

초과율	부과계수
10% 미만	1.0
10% 이상 20% 미만	1.2
20% 이상 30% 미만	1.4
30% 이상 40% 미만	1.6
40% 이상 50% 미만	1.8
50% 이상 60% 미만	2.0
60% 이상 70% 미만	2.2
70% 이상 80% 미만	2.4
80% 이상 90% 미만	2.6
90% 이상 100%까지	2.8

answer 82 ㉯   83 ㉮   84 ㉰   85 ㉰

86 소권역 물환경관리계획에 관한 내용으로 ( )에 알맞은 것은?

> 소권역계획 수립 대상 지역이 같은 시·도의 관할구역 내의 둘 이상의 시·군·구에 걸쳐있는 경우 ( )가 수립할 수 있다.

㉮ 유역환경청장 또는 지방환경청장
㉯ 광역시장 또는 구청장
㉰ 환경부장관 또는 시·도지사
㉱ 중권역 수립권자

TIP
소권역계획을 수립
① 소권역계획 수립 대상 지역이 같은 시·도의 관할구역 내의 둘 이상의 시·군·구에 걸쳐있는 경우: 환경부장관 또는 시·도지사가 수립
② 소권역계획 수립 대상 지역이 둘 이상의 시·도에 걸쳐있는 경우: 환경부장관 또는 둘 이상의 시·도지사가 공동으로 협의하여 수립
③ 그 밖에 환경부장관 또는 시·도지사가 소권역계획의 수립이 필요하다고 인정하는 경우: 환경부장관 또는 시·도지사가 수립

87 비점오염저감시설 중 장치형 시설에 해당되는 것은?

㉮ 침투형 시설
㉯ 저류형 시설
㉰ 인공습지형 시설
㉱ 생물학적 처리형 시설

풀이 비점오염저감시설
① 자연형 시설: 저류시설, 인공습지, 침투시설, 식생형시설
② 장치형 시설: 여과형시설, 소용돌이시설, 스크린형시설, 응집·침전 처리형시설, 생물학적 처리형시설

88 물환경보전법에 따라 유역환경청장이 수립하는 대권역별 대권역 물환경관리계획의 수립주기와 협의주체로 맞는 것은?

㉮ 5년, 관계 시·도지사 및 관계수계관리위원회
㉯ 10년, 관계 시·도지사 및 관계수계관리위원회
㉰ 5년, 대권역별 환경관리위원회
㉱ 10년, 대권역별 환경관리위원회

풀이 유역환경청장은 대권역계획을 수립할 때에는 관계 시·도지사 및 4대강수계법에 따른 관계 수계관리위원회와 협의하여야 하며 수립주기는 10년마다 수립한다.

89 일일기준초과배출량 및 일일유량산정 방법에 관한 설명으로 옳지 않은 것은?

㉮ 특정수질유해물질의 배출허용기준 초과 일일오염물질 배출량은 소수점 이하 넷째자리까지 계산한다.
㉯ 배출농도의 단위는 리터당 밀리그램으로 한다.
㉰ 일일조업시간은 측정하기 전 최근 조업한 30일간의 배출시간의 조업시간 평균치로서 시간으로 표시한다.
㉱ 일일유량산정을 위한 측정유량의 단위는 분당 리터로 한다.

풀이 ㉰ 일일조업시간은 측정하기 전 최근 조업한 30일간의 배출시간의 조업시간 평균치로서 분으로 표시한다.

answer 86 ㉰ 87 ㉱ 88 ㉯ 89 ㉰

90 청정지역에서 1일 폐수배출량이 2000m³ 미만으로 배출되는 배출시설에 적용되는 총유기탄소량(mg/L)의 기준은?

㉮ 10 이하
㉯ 20 이하
㉰ 30 이하
㉱ 60 이하

풀이 ① 1일 폐수배출량이 2,000m³ 이상인 경우 배출허용기준

1일 폐수배출량이 2000m³ 이상인 경우			
	생물화학적 산소요구량 (mg/L)	총유기 탄소량 (mg/L)	부유물질량 (mg/L)
청정지역	30 이하	25 이하	30 이하
가 지역	60 이하	40 이하	60 이하
나 지역	80 이하	50 이하	80 이하
특례지역	30 이하	25 이하	30 이하

② 1일 폐수배출량이 2,000m³ 미만인 경우 배출허용기준

1일 폐수배출량이 2000m³ 미만인 경우			
	생물화학적 산소요구량 (mg/L)	총유기 탄소량 (mg/L)	부유물질량 (mg/L)
청정지역	40 이하	30 이하	40 이하
가 지역	80 이하	50 이하	80 이하
나 지역	120 이하	75 이하	120 이하
특례지역	30 이하	25 이하	30 이하

91 폐수무방류배출시설의 세부 설치기준으로 옳지 않은 것은?

㉮ 배출시설에서 분리·집수시설로 유입하는 폐수의 관로는 육안으로 관찰할 수 있도록 설치하여야 한다.
㉯ 폐수무방류배출시설에서 발생된 폐수를 폐수처리장으로 유입·재처리할 수 있도록 세정식·응축식 대기오염 방지기술 등을 설치하여야 한다.
㉰ 폐수는 고정된 관로를 통하여 수집·이송·처리·저장되어야 한다.
㉱ 배출시설의 처리공정도 및 폐수 배관도는 폐수처리장내 사무실에 비치하여 내부 직원만 열람할 수 있도록 하여야 한다.

풀이 ㉱ 배출시설의 처리공정도 및 폐수 배관도는 누구나 알아 볼 수 있도록 주요 배출시설의 설치장소와 폐수처리장에 부착하여야 한다.

92 폐수의 원래상태로는 처리가 어려워 희석하여야만 수질오염물질의 처리가 가능하다고 인정을 받고자 할 때 첨부하여야하는 자료가 아닌 것은?

㉮ 희석처리의 불가피성
㉯ 희석배율 및 희석량
㉰ 처리하려는 폐수의 농도 및 특성
㉱ 희석방법

풀이 희석처리의 인정을 받으려는 자의 제출서류
① 처리하려는 폐수의 농도 및 특성
② 희석처리의 불가피성
③ 희석배율 및 희석량

answer 90 ㉰ 91 ㉱ 92 ㉱

93 물환경보전법상 수면관리자에 관한 정의로 옳은 것은?

> (㉠)에 따라 호소를 관리하는 자를 말한다. 이 경우 동일한 호소를 관리하는 자가 둘 이상인 경우에는 (㉡)가 수면관리자가 된다.

㉮ ㉠ 물환경보전법, ㉡ 상수도법에 따른 하천관리청의 자
㉯ ㉠ 물환경보전법, ㉡ 상수도법에 따른 하천관리청외의 자
㉰ ㉠ 다른 법령, ㉡ 하천법에 따른 하천관리청의 자
㉱ ㉠ 다른 법령, ㉡ 하천법에 따른 하천관리청 외의 자

풀이 수면관리자는 다른 법령에 따라 호소를 관리하는 자를 말한다. 이 경우 동일한 호소를 관리하는 자가 둘 이상인 경우에는 하천법에 따른 하천관리청 외의 자가 수면관리자가 된다.

94 초과부과금 산정기준 시 1킬로그램당 부과금액이 가장 높은 수질오염물질은?

㉮ 카드뮴 및 그 화합물
㉯ 수은 및 그 화합물
㉰ 납 및 그 화합물
㉱ 테트라클로로에틸렌

풀이 초과부과금 산정 시 1kg당 부과금액
㉮ 카드뮴 및 그 화합물 : 500,000원
㉯ 수은 및 그 화합물 : 1,250,000원
㉰ 납 및 그 화합물 : 150,000원
㉱ 테트라클로로에틸렌 : 300,000원

95 수질환경기준(하천) 중 사람의 건강보호를 위한 전수역에서 각 성분별 환경기준으로 맞는 것은?

㉮ 비소(As) : 0.1mg/L 이하
㉯ 납(Pb) : 0.1mg/L 이하
㉰ 6가 크롬(Cr^{+6}) : 0.05mg/L 이하
㉱ 음이온계면활성제(ABS) : 0.01mg/L 이하

풀이 ㉮ 비소(As) : 0.05mg/L 이하
㉯ 납(Pb) : 0.05mg/L 이하
㉱ 음이온계면활성제(ABS) : 0.5mg/L 이하

96 공공수역의 수질보전을 위하여 환경부령이 정하는 휴경 등 권고대상 농경지의 해발고도 및 경사도 기준으로 옳은 것은?

㉮ 해발 400m, 경사도 15%
㉯ 해발 400m, 경사도 30%
㉰ 해발 800m, 경사도 15%
㉱ 해발 800m, 경사도 30%

풀이 환경부령이 정하는 휴경 등 권고대상 농경지
① 해발고도 400m
② 경사도 15%

97 조업정지 명령에 대신하여 과징금을 징수할 수 있는 시설과 가장 거리가 먼 것은?

㉮ 의료법에 따른 의료기관의 배출시설
㉯ 발전소의 발전설비
㉰ 도시가스사업법 규정에 의한 가스공급시설
㉱ 제조업의 배출시설

풀이 조업정지 명령에 대신하여 과징금을 징수할 수 있는 시설
① 의료법에 따른 의료기관의 배출시설
② 발전소의 발전설비
③ 초·중등교육법 및 고등교육법에 의한 학교의 배

answer 93 ㉱ 94 ㉯ 95 ㉰ 96 ㉮ 97 ㉰

출시설
④ 제조업의 배출시설

98 물환경보전법에서 사용하는 용어의 정의 중 호소에 해당되지 않는 지역은?
(단, 만수위(댐의 경우에는 계획홍수위를 말한다.) 구역 안에 물과 토지를 말한다.)

㉮ 제방('사방사업법'에 의한 사방시설 포함)에 의해 물이 가두어진 곳
㉯ 댐·보 또는 둑 등을 쌓아 하천 또는 계곡에 흐르는 물을 가두어 놓은 곳
㉰ 하천에 흐르는 물이 자연적으로 가두어진 곳
㉱ 화산활동 등으로 인하여 함몰된 지역에 물이 가두어진 곳

[풀이] ㉮ 둑(사방사업법에 의한 사방시설 제외)에 의해 물이 가두어진 곳

99 국립환경과학원장, 유역환경청장, 지방환경청장이 설치할 수 있는 측정망과 가장 거리가 먼 것은?

㉮ 비점오염원에서 배출되는 비점오염물질 측정망
㉯ 대규모 오염원의 하류지점 측정망
㉰ 퇴적물 측정망
㉱ 도심하천 유해물질 측정망

TIP
측정망의 종류
1. 국립환경과학원장, 유역환경청장, 지방환경청장이 설치하는 측정망
   ① 비점오염원에서 배출되는 비점오염물질 측정망
   ② 수질오염물질의 총량관리를 위한 측정망
   ③ 대규모 오염원의 하류지점 측정망
   ④ 수질오염경보를 위한 측정망
   ⑤ 대권역·중권역을 관리하기 위한 측정망
   ⑥ 공공수역 유해물질 측정망
   ⑦ 퇴적물 측정망
   ⑧ 생물 측정망
2. 시·도지사, 대도시의 장, 수면관리자가 설치하는 측정망
   ① 소권역을 관리하는 측정망
   ② 도심하천 측정망

100 골프장의 맹독성·고독성 농약 사용여부의 확인에 대한 설명으로 틀린 것은?

㉮ 특별자치도지사·시장·군수·구청장은 매년 분기마다 골프장에 대한 농약잔류량 검사를 실시하여야 한다.
㉯ 농약사용량 조사 및 농약잔류량 검사 등에 관하여 필요한 사항은 환경부장관이 정하여 고시한다.
㉰ 유출수가 흐르지 않을 경우에는 최종 유출수 전단이 집수조 또는 연못 등에서 시료를 채취한다.
㉱ 유출수 시료채수는 골프장 부지경계선의 최종 유출구에서 1개 지점 이상 채취한다.

[풀이] ㉮ 특별자치도지사·시장·군수·구청장은 매년 반기마다 골프장에 대한 농약잔류량 검사를 실시하여야 한다.

answer 98 ㉮ 99 ㉱ 100 ㉮

2019년 8월 4일 시행

2019년 3회 수질환경기사

| 제1과목 | 수질오염개론

01 Alkalinity의 정의에서 물속에 Carbonate만 있는 경우에 대한 가장 거리가 먼 것은?

㉮ pH는 약 9.5 이상이다.
㉯ 페놀프탈레인 종말점은 Total Alkalinity의 절반이 된다.
㉰ Carbonate Alkalinity는 Total Alkalinity와 같다.
㉱ 산을 주입시키면 사실상 페놀프탈레인 종말점만 찾을 수 있다.

풀이 ㉱ 산을 주입시키면 페놀프탈레인과 메틸오렌지의 종말점을 찾을 수 있다.

02 지구상에 분포하는 수량 중 빙하(만년설포함) 다음으로 가장 높은 비율을 차지하고 있는 것은? (단, 담수 기준)

㉮ 하천수 ㉯ 지하수
㉰ 대기습도 ㉱ 토양수

풀이 담수의 분포순서는 빙하(만년설 포함) > 지하수 > 지표수 > 토양의 수분 > 대기 중의 수분 순이다.

03 금속수산화물 $M(OH)_2$의 용해도적(K_{SP})이 4.0×10^{-9}이면 $M(OH)_2$의 용해도(g/L)는? (단, M은 2가, $M(OH)_2$의 분자량 = 80)

㉮ 0.04 ㉯ 0.08
㉰ 0.12 ㉱ 0.16

풀이 $M(OH)_2 \rightleftharpoons M^{2+} + 2OH^-$
XM   XM   2XM
① Ksp(용해도적) = $[M^{2+}][OH^-]^2$
  $= X \times (2X)^2 = 4X^3$
② $X = \sqrt[3]{\dfrac{Ksp}{4}} = \sqrt[3]{\dfrac{4.0 \times 10^{-9}}{4}} = 0.001M$
③ $M(OH)_2$는 XM이므로 0.001M이다.
④ 용해도(g/L) = $\dfrac{0.001 mol}{L} \times \dfrac{80g}{1mol}$
  $= 0.08 g/L$

TIP
M 농도의 단위는 mol/L이다.

04 진핵세포 미생물과 원핵세포 미생물로 구분할 때 원핵세포에는 없고 진핵세포에만 있는 것은?

㉮ 리보솜 ㉯ 세포소기관
㉰ 세포벽 ㉱ DNA

풀이 원핵세포에는 없고 진핵세포에만 있는 것은 세포소기관이다.

answer 01 ㉱ 02 ㉯ 03 ㉯ 04 ㉯

05 하천이 바다로 유입되는 지역으로 반폐쇄성 수역인 하구에서 물의 흐름에 대한 설명으로 틀린 것은?

㉮ 밀도류에 의해 흐름이 발생한다.
㉯ 조류의 증가나 감소에 의해 흐름이 발생한다.
㉰ 간조나 만조사이에 물의 이동방향은 하류방향이다.
㉱ 간조 시에는 담수의 흐름이 바다로 향한 이동에 작용한다.

풀이 ㉰ 간조나 만조사이에 물의 이동방향은 상류방향이다.

06 생분뇨의 BOD는 19,500ppm, 염소이온 농도는 4,500ppm이다. 정화조 방류수의 염소이온 농도가 225ppm이고 BOD 농도가 30ppm일 때, 정화조의 BOD 제거 효율(%)은? (단, 희석 적용, 염소는 분해되지 않음)

㉮ 96   ㉯ 97
㉰ 98   ㉱ 99

풀이
① 희석배수치(P) 계산
$$P = \frac{\text{유입수의 Cl}^-}{\text{유출수의 Cl}^-} = \frac{4,500ppm}{225ppm} = 20$$
② BOD 제거율(%) = $\left(1 - \frac{\text{유출수의 BOD} \times P}{\text{유입수의 BOD}}\right) \times 100$
$= \left(1 - \frac{30ppm \times 20}{19,500ppm}\right) \times 100$
$= 96.92\%$

07 하천수의 난류확산 방정식과 상관성이 적은 인자는?

㉮ 유량   ㉯ 침강속도
㉰ 난류확산계수 ㉱ 유속

풀이 하천수의 난류확산 방정식은 침강속도, 난류확산계수, 유속과 관계있다.

TIP 확산은 속도에 관련성이 있음을 숙지해야 한다.

08 부조화형 호수가 아닌 것은?

㉮ 부식영향형 호수
㉯ 부영양형 호수
㉰ 알칼리영양형 호수
㉱ 산영양형 호수

풀이 부조화형 호수는 부식영향형 호수, 알칼리영양형 호수, 산영양형 호수를 말한다.

09 하수의 BOD_3가 140mg/L이고 탈산소 계수 k(상용대수)가 0.2/day일 때 최종 BOD(mg/L)는?

㉮ 약 164   ㉯ 약 172
㉰ 약 187   ㉱ 약 196

풀이 $BOD_3 = BOD_u \times (1-10^{-k \times t})$
$140mg/L = BOD_u \times (1-10^{-0.2/day \times 3day})$
$\therefore BOD_u = \frac{140mg/L}{(1-10^{-0.2/day \times 3day})} = 186.96mg/L$

answer 05 ㉰   06 ㉯   07 ㉮   08 ㉯   09 ㉰

10 glycine($CH_2(NH_2)COOH$) 7몰을 분해하는 데 필요한 이론적 산소 요구량(gO_2/mol)은? (단, 최종산물 HNO_3, CO_2, H_2O)

㉮ 724
㉯ 742
㉰ 768
㉱ 784

[풀이] $CH_2(NH_2)COOH + 3.5O_2 \rightarrow 2CO_2 + 2H_2O + HNO_3$
1mol : 3.5×32g
7mol : ThOD

∴ $ThOD = \dfrac{7mol \times 3.5 \times 32g}{1mol} = 784g$

TIP
① 글리신 = $CH_2(NH_2)COOH = C_2H_5O_2N$
② ThOD = 이론적산소요구량

11 0.1N HCl 용액 100mL에 0.2N NaOH 용액 75mL를 섞었을 때 혼합용액의 pH는? (단, 전리도는 100% 기준)

㉮ 약 10.1
㉯ 약 10.4
㉰ 약 11.3
㉱ 약 12.5

[풀이]
① 혼합용액의 농도 = $\dfrac{0.2M \times 75mL - 0.1M \times 100mL}{100mL + 75mL}$
 = 0.02857M
② NaOH의 농도 = 0.02857M
③ [OH^-] = 0.02857M
④ pH = 14 + log[OH^-]
 = 14 + log[0.02857M]
 = 12.46

TIP
① M농도의 단위는 mol/L이다.
② 1가 물질은 M농도와 N농도가 동일하다.
③ 액성이 다른 혼합물의 농도 = $\dfrac{C_1 \times Q_1 - C_2 \times Q_2}{Q_1 + Q_2}$
④ 산성물질에서 pH = -log[H^+]
⑤ 알칼리성물질에서 pH = 14 + log[OH^-]

12 지하수의 특성에 대한 설명으로 틀린 것은?

㉮ 지하수는 국지적인 환경조건의 영향을 크게 받는다.
㉯ 지하수의 염분농도는 지표수 평균농도보다 낮다.
㉰ 주로 세균에 의한 유기물 분해작용이 일어난다.
㉱ 지하수는 토양수내 유기물질 분해에 따른 탄산가스의 발생과 약산성의 빗물로 인하여 광물질이 용해되어 경도가 높다.

[풀이] ㉯ 지하수의 염분농도는 지표수 평균농도보다 높다.

13 미생물의 종류를 분류할 때, 탄소 공급원에 따른 분류는?

㉮ Aerobic, Anaerobic
㉯ Thermophilic, Psychrophilic
㉰ Phytosynthetic, Chemosynthetic
㉱ Autotrophic, Heterotrophic

[풀이] 미생물을 탄소 공급원에 따라서 독립영양계(Autotrophic)와 종속영양계(Heterotrophic)로 나눌 수 있다.

14 세포의 형태에 따른 세균의 종류를 올바르게 짝지은 것은?

㉮ 구형-Vibrio cholera
㉯ 구형-Spirillum volutans
㉰ 막대형-Bacillus subtilis
㉱ 나선형-Streptococcus

[풀이] ㉮ 막대형-Vibrio cholera
㉯ 나선형-Spirillum volutans
㉱ 구형-Streptococcus

answer 10 ㉱ 11 ㉱ 12 ㉯ 13 ㉱ 14 ㉰

15 물의 이온화적(K_W)에 관한 설명으로 옳은 것은?

㉮ 25℃에서 물의 K_W가 1.0×10^{-14}이다.
㉯ 물은 강전해질로서 거의 모두 전리된다.
㉰ 수온이 높아지면 감소하는 경향이 있다.
㉱ 순수의 pH는 7.0이며 온도가 증가할수록 pH는 높아진다.

풀이 ㉯ 물은 약전해질이다.
㉰ 수온이 높아지면 증가하는 경향이 있다.
㉱ 순수의 pH는 7.0이며 온도가 증가할수록 pH는 낮아진다.

16 수중의 물질이동확산에 관한 설명으로 옳은 것은?

㉮ 해역에서의 난류확산은 수평방향이 심하고 수직방향은 비교적 완만하다.
㉯ 일정한 온도에서 일정량의 물에 용해하는 기체의 부피는 그 기체의 분압에 비례한다.
㉰ 수중에서 오염물질의 확산속도는 분자량이 커질수록 작아지며, 기체 밀도의 제곱근에 반비례한다.
㉱ 하천, 호수, 해역 등에 유입된 오염물질은 분자확산, 여과, 전도현상 등에 의해 점점 농도가 높아진다.

풀이 ㉯ 일정한 온도에서 일정량의 물에 용해하는 기체의 부피는 그 기체의 분압에 반비례한다.
㉰ 수중에서 오염물질의 확산속도는 분자량이 커질수록 작아지며, 기체 밀도의 제곱근에 비례한다.
㉱ 하천, 호수, 해역 등에 유입된 오염물질은 분자확산, 여과, 전도현상 등에 의해 점점 농도가 낮아진다.

17 아래와 같은 반응에 관여하는 미생물은?

$$2NO_3^- + 5H_2 \rightarrow N_2 + 2OH^- + 4H_2O$$

㉮ Pseudomonas   ㉯ Sphaerotilus
㉰ Acinetobacter   ㉱ Nitrosomonas

풀이 탈질화과정이므로 탈질화 미생물인 수도모나스(Pseudomonas)가 반응에 관여한다.

18 오염물질 중 생분해성 유기물이 아닌 것은?

㉮ 알코올   ㉯ PCB
㉰ 전분   ㉱ 에스테르

풀이 ㉯ PCB(폴리클로리네이티드비페닐)은 난분해성 물질이다.

19 아세트산(CH_3COOH) 1,000mg/L 용액의 pH가 3.0일 때 용액의 해리상수(Ka)는?

㉮ 2×10^{-5} ㉯ 3×10^{-5}
㉰ 4×10^{-5} ㉱ 6×10^{-5}

풀이 $CH_3COOH \rightleftarrows CH_3COO^- + H^+$

산해리상수$(ka) = \dfrac{[CH_3COO^-][H^+]}{[CH_3COOH]}$

① CH_3COOH의 mol/L $= \dfrac{1g}{L} \times \dfrac{1mol}{60g}$
$= 0.01667M$
② $[H^+] = 10^{-pH}M = 10^{-3}M$
③ $[H^+] = [CH_3COO^-] = 10^{-3}M$
④ 산해리상수(Ka)
$= \dfrac{[10^{-3}M][10^{-3}M]}{[0.01667M]} = 6.0 \times 10^{-5}$

TIP
① M농도의 단위는 mol/L이다.
② 1,000mg/L = 1g/L

answer 15 ㉮ 16 ㉮ 17 ㉮ 18 ㉯ 19 ㉱

20 Streeter-Phelps식의 기본가정이 틀린 것은?

㉮ 오염원은 점오염원
㉯ 하상퇴적물의 유기물분해를 고려하지 않음
㉰ 조류의 광합성은 무시, 유기물의 분해는 1차 반응
㉱ 하천의 흐름 방향 분산을 고려

풀이 ㉱ 하천의 흐름 방향 분산을 고려하지 않음.

제2과목 | 상하수도계획

21 펌프의 흡입(하수)관에 관한 설명으로 옳은 것은?

㉮ 흡입관은 각 펌프마다 설치할 필요는 없다.
㉯ 흡입관을 수평으로 부설하는 것은 피한다.
㉰ 횡축펌프의 토출관 끝은 마중물을 고려하여 수중에 잠기지 않도록 한다.
㉱ 연결부나 기타 부근에서는 공기가 흡입되도록 한다.

풀이 ㉮ 흡입관은 각 펌프마다 설치해야 한다.
㉰ 횡축펌프의 토출관 끝은 마중물을 고려하여 수중에 잠기도록 한다.
㉱ 연결부나 기타 부근에서는 공기가 흡입되지 않도록 한다.

TIP
마중물이란 펌프질을 할 때 물을 끌어올리기 위하여 위에서 붓는 물을 의미한다.

22 유역면적 40ha, 유출계수 0.7, 유입시간 15분, 유하시간 10분인 지역에서의 합리식에 의한 우수관거 설계유량(m^3/sec)은? (단, 강우강도 공식 $I = \dfrac{3,640}{t+40}$)

㉮ 4.36 ㉯ 5.09
㉰ 5.60 ㉱ 7.01

풀이 $Q = \dfrac{1}{360} \times C \times I \times A$

여기서
C : 유출계수
I : 강우강도(mm/hr)
A : 면적(ha)

① $I = \dfrac{3,640}{t+40}$ (mm/hr)

t(유달시간) = 유입시간(min) + 유하시간(min)
= 15min+10min = 25min

$I = \dfrac{3,640}{t+40} = \dfrac{3,640}{25min+40}$
= 56mm/hr

② $Q = \dfrac{1}{360} \times C \times I \times A$
$= \dfrac{1}{360} \times 0.70 \times 56mm/hr \times 40ha$
$= 4.36 m^3/sec$

23 취수탑의 취수구에 관한 설명으로 가장 거리가 먼 것은?

㉮ 단면형상은 정방형을 표준으로 한다.
㉯ 취수탑의 내측이나 외측에 슬루스게이트(제수문), 버터플라이밸브 또는 제수밸브 등을 설치한다.
㉰ 전면에는 협잡물을 제거하기 위한 스크린을 설치해야 한다.
㉱ 최하단에 설치하는 취수구는 계획최저수위를 기준으로 하고 갈수 시에도 계획취수량을 확실하게 취수할 수 있는 것으로 한다.

풀이 ㉮ 단면형상은 장방형 또는 원형을 표준으로 한다.

answer 20 ㉱ 21 ㉯ 22 ㉮ 23 ㉮

24 수돗물의 랑게리아지수에 관한 설명으로 틀린 것은?

㉮ 랑게리아지수는 pH, 칼슘경도, 알칼리도를 증가시킴으로써 개선할 수 있다.
㉯ 물의 실제 pH와 이론적 pH(pHs : 수중의 탄산칼슘이 용해되거나 석출되지 않는 평형상태로 있을 때에 pH)와의 차이를 말한다.
㉰ 지수가 양(+)의 값으로 절대치가 클수록 탄산칼슘의 석출이 일어나기 어렵다.
㉱ 소석회·이산화탄소병용법은 칼슘경도, 유리탄산, 알칼리도가 낮은 원수의 랑게리아지수 개선에 알맞다.

풀이 ㉰ 지수가 양(+)의 값으로 절대치가 클수록 탄산칼슘의 석출이 일어나기 쉽다.

TIP
랑게리아 지수(LI)
① LI = 0인 경우 : 물의 안정도가 평형상태
② LI > 0인 경우 : LI가 양(+)의 값이므로 과포화상태($CaCO_3$가 침전)
③ LI < 0인 경우 : LI가 음(-)의 값이므로 불포화상태(부식성 증가)

25 양수량(Q) $14m^3$/min, 전양정(H) 10m, 회전수(N) 1,100rpm인 펌프의 비교회전도(Ns)는?

㉮ 412 ㉯ 732
㉰ 1,302 ㉱ 1,416

풀이
$$Ns = N \times \frac{Q^{\frac{1}{2}}}{H^{\frac{3}{4}}}$$

여기서
- Ns : 비교회전도(rpm)
- N : 규정회전수(rpm)
- Q : 토출량(m^3/min)
- H : 전양정(m)

따라서
$$Ns = 1,100rpm \times \frac{(14m^3/min)^{\frac{1}{2}}}{(10m)^{\frac{3}{4}}}$$
$$= 731.91rpm$$

TIP
$rpm = \dfrac{회}{min}$

26 관경 1,100mm, 동수경사 2.4‰, 유속 1.63m/sec, 연장 L = 30.6m일 때 역사이폰의 손실수두(m)는? (단, 손실수두에 관한 여유 a = 0.042m)

㉮ 0.42 ㉯ 0.32
㉰ 0.25 ㉱ 0.16

풀이
$$H = I \times L + 1.5 \times \frac{V^2}{2g} + \alpha$$

여기서
- H : 손실수두(m)
- I : 동수구배(기울기)
- L : 관의 길이(m)
- g : 중력가속도(9.8m/sec^2)
- α : 손실수두에 관한 여유

따라서
$$H = \frac{2.4}{1,000} \times 30.6m + 1.5 \times \frac{(1.63m/sec)^2}{2 \times 9.8m/sec^2} + 0.042m$$
$$= 0.32m$$

answer 24 ㉰ 25 ㉯ 26 ㉯

27 상수도시설인 배수지 용량에 대한 설명이다. ( )의 내용으로 옳은 것은?

> 유효용량은 시간변동조정용량과 비상대처용량을 합하여 급수구역의 ( ) 이상을 표준으로 한다.

㉮ 계획시간최대급수량의 8시간분
㉯ 계획시간최대급수량의 12시간분
㉰ 계획1일최대급수량의 8시간분
㉱ 계획1일최대급수량의 12시간분

풀이 배수지의 유효용량은 시간변동조정용량과 비상대처용량을 합하여 급수구역의 계획1일최대급수량의 12시간분 이상을 표준으로 한다.

28 상수도 취수 시 계획취수량의 기준은?

㉮ 계획1일최대급수량의 10% 정도 증가된 수량으로 정함
㉯ 계획1일평균급수량의 10% 정도 증가된 수량으로 정함
㉰ 계획1시간최대급수량의 10% 정도 증가된 수량으로 정함
㉱ 계획1시간평균급수량의 10% 정도 증가된 수량으로 정함

풀이 상수도 취수 시 계획취수량의 기준은 계획1일최대급수량의 10% 정도 증가된 수량으로 정한다.

29 정수시설인 막여과시설에서 막모듈의 파울링에 해당되는 것은?

㉮ 막모듈의 공급유로 또는 여과수 유로가 고형물로 폐색되어 흐르지 않는 상태
㉯ 미생물과 막 재질의 자화 또는 분비물의 작용에 의한 변화
㉰ 건조되거나 수축으로 인한 막 구조의 비가역적인 변화
㉱ 원수 중의 고형물이나 진동에 의한 막 면의 상처나 마모, 파단

풀이 ① 막모듈 파울링 : ㉮
② 막의 열화 : ㉯, ㉰, ㉱

TIP 막의 열화 및 파울링
1. 열화
    (1) 정의 : 막 자체의 변질로 생긴 비가역적인 막 성능의 저하를 의미한다.
    (2) 내용
        ① 장기적인 압력부하에 의한 막 구조의 압밀화
        ② 원수 중의 고형물이나 진동에 의한 막 면의 상처나 마모, 파단
        ③ 건조되거나 수축으로 인한 막 구조의 비가역적인 변화
        ④ 막이 pH나 온도 등의 작용에 의한 분해
        ⑤ 산화제에 의하여 막 재질의 특성변화나 분해
        ⑥ 미생물과 막 재질의 자화 또는 분비물의 작용에 의한 변화
2. 파울링
    (1) 정의 : 막 자체의 변질이 아닌 외적 인자로 생긴 막 성능의 저하를 의미한다.
    (2) 내용
        ① 막의 다공질부의 흡착, 석출, 포착 등에 의한 폐색(막힘)
        ② 막모듈의 공급유로 또는 여과수 유로가 고형물로 폐색되어 흐르지 않는 상태(유로 폐색)

30 지하수 취수 시 적용되는 양수량 중에서 적정양수량의 정의로 옳은 것은?

㉮ 최대양수량의 80% 이하의 양수량
㉯ 한계양수량의 80% 이하의 양수량
㉰ 최대양수량의 70% 이하의 양수량
㉱ 한계양수량의 70% 이하의 양수량

풀이 적정양수량은 한계양수량의 70% 이하의 양수량을 의미한다.

answer 27 ㉱ 28 ㉮ 29 ㉮ 30 ㉱

31 우수관거 및 합류관거의 최소관경에 관한 내용으로 옳은 것은?

㉮ 200mm를 표준으로 한다.
㉯ 250mm를 표준으로 한다
㉰ 300mm를 표준으로 한다
㉱ 350mm를 표준으로 한다

풀이 우수관거 및 합류관거
① 최소관경은 300mm
② 최소관경 표준은 250mm

32 펌프의 제원 결정 시 고려해야 할 사항이 아닌 것은?

㉮ 전양정   ㉯ 비속도
㉰ 토출량   ㉱ 구경

풀이 펌프의 제원 결정시 고려사항은 전양정, 비교회전도, 토출량, 구경 등이다.

33 도수시설인 접합정에 관한 설명으로 옳지 않은 것은?

㉮ 접합정은 충분한 수밀성과 내구성을 지니며, 용량은 계획도수량의 1.5분 이상으로 한다.
㉯ 유입속도가 큰 경우에는 접합정 내에 월류벽 등을 설치한다.
㉰ 수압이 높은 경우에는 필요에 따라 수압제어용 밸브를 설치한다.
㉱ 유출관의 유출구 중심높이는 저수위에서 관경의 2배 이상 높게 하는 것을 원칙으로 한다.

풀이 ㉱ 유출관의 유출구 중심높이는 저수위에서 관경의 2배 이상 낮게 하는 것을 원칙으로 한다.

34 하수관거 연결방법의 특징에 관한 설명 중 틀린 것은?

㉮ 소켓(Socket)연결은 시공이 쉽고 고무링이나 압축조인트를 사용하는 경우에는 배수가 곤란한 곳에서도 시공이 가능하고 수밀성도 높다.
㉯ 맞물림(Butt)연결은 중구경 및 대구경의 시공이 쉽고 배수가 곤란한 곳에서도 시공이 가능하다.
㉰ 맞물림 연결은 수밀성도 있지만 연결부의 관두께가 얇기 때문에 연결부가 약하고 고무링으로 연결 시 누수의 원인이 된다.
㉱ 맞대기 연결(수밀밴드사용)은 흄관의 Butt 연결을 대체하는 방법으로서 수밀성이 크게 향상된 수밀밴드 등을 사용하여 시공한다.

풀이 ㉱ 맞대기 연결(수밀밴드 사용)은 흄관의 칼라연결을 대체하는 방법으로서 수밀밴드를 사용하여 수밀성을 향상시키는 시공방법이다.

35 정수장의 플록형성지에 관한 설명으로 틀린 것은?

㉮ 플록형성지는 혼화지와 침전지 사이에 위치하고 침전지에 붙여서 설치한다.
㉯ 플록형성시간은 계획정수량에 대하여 20~40분간을 표준으로 한다.
㉰ 플록큐레이터의 주변속도는 15~80 cm/sec로 한다.
㉱ 플록형성지 내의 교반강도는 상류, 하류를 동일하게 유지하여 일정한 강도의 플록을 형성시킨다.

풀이 ㉱ 플록형성지내의 교반강도는 하류로 갈수록 점차 감소시키는 것이 바람직하다.

TIP 플록형성지는 완속교반조이다.

answer 31 ㉯ 32 ㉯ 33 ㉱ 34 ㉱ 35 ㉱

36 정수처리를 위한 막여과설비에서 적절한 막여과의 유속 설정 시 고려사항으로 틀린 것은?

㉮ 막의 종류
㉯ 막공급의 수질과 최고 수온
㉰ 전처리설비의 유무와 방법
㉱ 입지조건과 설치 공간

풀이 막여과의 유속 설정 시 고려사항은 막의 종류, 전처리설비의 유무와 방법, 입지조건, 설치 공간 등이다.

37 정수시설의 '착수정'에 관한 설명으로 틀린 것은?

㉮ 형상은 일반적으로 직사각형 또는 원형으로 하고 유입구에는 제수밸브 등을 설치한다.
㉯ 착수정의 고수위와 주변벽체의 상단 간에는 60cm 이상의 여유를 두어야 한다.
㉰ 용량은 체류시간을 30~60분 정도로 한다.
㉱ 수심은 3~5m 정도로 한다.

풀이 ㉰ 용량은 체류시간을 1.5분 이상으로 한다.

38 저수시설을 형태적으로 분류할 때의 구분과 가장 거리가 먼 것은?

㉮ 지하댐   ㉯ 하구둑
㉰ 유수지   ㉱ 저류지

풀이 저수시설을 형태적으로 분류하면 지하댐, 하구둑, 유수지로 분류한다.

39 지름 2,000mm의 원심력 철근콘크리트 관이 포설되어 있다. 만관으로 흐를 때의 유량(m³/s)은? (단, 조도계수 = 0.015, 동수구배 = 0.001, Manning 공식 이용)

㉮ 4.17   ㉯ 2.45
㉰ 1.67   ㉱ 0.66

풀이
① 단면적(A) = $\frac{\pi D^2}{4}$ = $\frac{\pi}{4} \times (2m)^2$ = $3.1416m^2$

② 유속(V) = $\frac{1}{n} \times R^{\frac{2}{3}} \times I^{\frac{1}{2}}$

여기서, n : 조도계수

R(경심) = $\frac{단면적(A)}{윤변의 길이(S)}$ = $\frac{D}{4}$ = $\frac{2m}{4}$
= 0.5m

I(동수경사) = 0.001

따라서 v = $\frac{1}{0.015} \times (0.5m)^{\frac{2}{3}} \times (0.001)^{\frac{1}{2}}$
= 1.32807m/sec

③ 유량(Q) = 단면적(A)×유속(v)
= $3.1416m^2 \times 1.32807m/sec$
= $4.17m^3/sec$

40 계획오염부하량 및 계획유입수질에 관한 내용으로 틀린 것은?

㉮ 관광오수에 의한 오염부하량은 당일 관광과 숙박으로 나누고 각각의 원단위에서 추정한다.
㉯ 영업오수에 의한 오염부하량은 업무의 종류 및 오수의 특징 등을 감안하여 결정한다.
㉰ 생활오수에 의한 오염부하량은 1인1일당 오염부하량 원단위를 기초로 하여 정한다.
㉱ 하수의 계획유입수질은 계획오염부하량을 계획1일 최대오수량으로 나눈값으로 한다.

answer 36 ㉯ 37 ㉰ 38 ㉱ 39 ㉮ 40 ㉱

풀이 ㉣ 하수의 계획유입수질은 계획오염부하량을 계획 1일 평균오수량으로 나눈값으로 한다.

제3과목 | 수질오염방지기술

41 폐수 중에 함유된 콜로이드 입자의 안정성은 Zeta 전위의 크기에 의존한다. Zeta 전위를 표시한 식으로 알맞은 것은? (단, q = 단위면적당 전하, σ = 전하가 영향을 미치는 전단표면 주위의 층의 두께, D = 액체의 도전상수)

㉮ $4\pi\sigma q/D$ ㉯ $4\pi qD/\sigma$
㉰ $\pi\sigma q/4D$ ㉱ $\pi qD/4\sigma$

풀이 Zeta 전위 = $\dfrac{4\times\pi\times\sigma\times q}{D}$

42 암모니아 제거방법 중 파과점염소처리의 단점으로 가장 거리가 먼 것은?

㉮ 용존성 고형물 증가
㉯ 많은 경비 소비
㉰ pH를 10 이상으로 높혀야 함
㉱ THM 등 건강에 해로운 물질 생성

풀이 ㉰번의 설명은 암모니아성 질소 탈기법에 해당한다.

43 슬러지 안정화 방법 중 슬러지 내 중금속을 제거시키는 방법으로 가장 알맞은 것은?

㉮ 석회석 안정화   ㉯ 습식 산화법
㉰ 염소 산화법   ㉱ 혐기성 소화

풀이 슬러지내 중금속의 제거방법은 염소 산화법이다.

44 회전원판법의 장·단점에 대한 설명으로 틀린 것은?

㉮ 단회로 현상의 제어가 어렵다.
㉯ 폐수량 변화에 강하다.
㉰ 파리는 발생하지 않으나 하루살이가 발생하는 수가 있다.
㉱ 활성슬러지법에 비해 최종침전지에서 미세한 부유물질이 유출되기 쉽다.

풀이 ㉮ 단회로 현상의 제어가 용이하다.

45 A^2/O 공법에 대한 설명으로 틀린 것은?

㉮ 혐기조 - 무산소조 - 호기조 - 침전조 순으로 구성된다.
㉯ A^2/O 공정은 내부재순환이 있다.
㉰ 미생물에 의한 인의 섭취는 주로 혐기조에서 일어난다.
㉱ 무산소조에서는 질산성질소가 질소가스로 전환된다.

풀이 ㉰ 미생물에 의한 인의 섭취는 주로 호기성조에서 일어난다.

46 하수 고도처리 도입 이유로 가장 거리가 먼 것은?

㉮ 개방형 수역의 부영양화 촉진
㉯ 방류수역의 수질환경기준의 달성
㉰ 방류수역의 이용도 향상
㉱ 처리수의 재이용

풀이 하수 고도처리 도입 이유
① 방류수역의 수질환경기준의 달성

answer 41 ㉮ 42 ㉰ 43 ㉰ 44 ㉮ 45 ㉰ 46 ㉮

② 방류수역의 이용도 향상
③ 처리수의 재이용

47 하수슬러지를 감량하고 혐기성 소화조의 처리 효율을 증대하기 위해 다양한 슬러지 가용화 방법이 개발 및 적용되고 있다. 하수슬러지 가용화의 방법으로 적당하지 않은 것은?

㉮ 오존처리 ㉯ 초음파처리
㉰ 열적처리 ㉱ 염소처리

풀이 하수슬러지 가용화의 방법
① 오존처리
② 초음파처리
③ 열적처리

48 고농도의 유기물질(BOD)이 오염이 적은 수계에 배출될 때 나타나는 현상으로 가장 거리가 먼 것은?

㉮ pH의 감소 ㉯ DO의 감소
㉰ 박테리아의 증가 ㉱ 조류의 증가

풀이 조류는 오염물질(BOD)이 적고, 용존산소가 풍부한 깨끗한 물에서 나타난다.

49 유효수심 3.5m, 체류시간 3시간인 일차 침전지의 수면적부하(m³/m²·day)는?

㉮ 14 ㉯ 28
㉰ 56 ㉱ 112

풀이 수면적부하$(m^3/m^2 \cdot day) = \dfrac{H(m)}{t(day)}$

$= \dfrac{3.5m}{\left(\dfrac{3hr}{24}\right)day}$

$= 28.0 m^3/m^2 \cdot day$

TIP
① 수면적부하$(m^3/m^2 \cdot day) = \dfrac{Q(m^3/day)}{A(m^2)}$

$= \dfrac{Q(m^3/day)}{길이(m) \times 폭(m)}$

$= \dfrac{수심(m)}{체류시간(day)}$

② 표면(적)부하 = 수면(적)부하
③ $m^3/m^2 \cdot day = m/day$

50 BOD에 대한 설명으로 가장 거리가 먼 것은?

㉮ 최종 BOD가 같다고 해도 시간과 반응계수(K)에 따라 달라진다.
㉯ 반응계수가 클수록 시간에 대한 산소 소비율은 커진다.
㉰ 질산화 박테리아의 성장이 늦기 때문에 반응초기에 많은 양의 질산화 박테리아가 존재하여도 5일 BOD실험에는 방해가 되지 않는다.
㉱ 질산화 반응을 억제하기 위한 억제제(inhibitory agent)로는 methylene blue, thiourea등이 있다.

풀이 ㉰ 질산화 박테리아의 성장이 늦기 때문에 반응초기에 많은 양의 질산화 박테리아가 존재하면 5일 BOD실험에 방해가 된다.

answer 47 ㉱ 48 ㉱ 49 ㉯ 50 ㉰

51 Langmuir 등온 흡착식을 유도하기 위한 가정으로 옳지 않은 것은?

㉮ 한정된 표면만이 흡착에 이용된다.
㉯ 표면에 흡착된 용질물질은 그 두께가 분자 한 개 정도의 두께이다.
㉰ 흡착은 비가역적이다.
㉱ 평형조건이 이루어졌다.

풀이 ㉰ 흡착은 가역적이다.

52 소화조 슬러지 주입율 100m³/day, 슬러지의 SS농도 6.47%, 소화조 부피 1,250m³, SS 내 VS 함유율 85%일 때 소화조에 주입되는 VS의 용적부하(kg/m³·day)는? (단, 슬러지의 비중 = 1.0)

㉮ 1.4　　㉯ 2.4
㉰ 3.4　　㉱ 4.4

풀이 소화조에 주입되는 VS의 용적부하(kg/m³·day)

$$= \frac{\text{소화조슬러지주입율}(m^3/day) \times \text{SS농도}(kg/m^3) \times \frac{VS(\%)}{100}}{\text{소화조의 부피}(m^3)}$$

$$= \frac{100m^3/day \times 64.7kg/m^3 \times 0.85}{1,250m^3}$$

$$= 4.40 kg/m^3 \cdot day$$

TIP

① % $\xrightarrow{\times 10^4}$ mg/L

② mg/L $\xrightarrow{\times 10^{-3}}$ kg/m³

③ % $\xrightarrow{\times 10}$ kg/m³

③ 6.47% $\xrightarrow{\times 10}$ 64.7kg/m³

53 분뇨의 생물학적 처리공법으로서 호기성 미생물이 아닌 혐기성 미생물을 이용한 혐기성처리공법을 주로 사용하는 근본적인 이유는?

㉮ 분뇨에는 혐기성미생물이 살고 있기 때문에
㉯ 분뇨에 포함된 오염물질은 혐기성미생물만이 분해할 수 있기 때문에
㉰ 분뇨의 유기물 농도가 너무 높아 포기에 너무 많은 비용이 들기 때문에
㉱ 혐기성처리공법으로 발생되는 메탄가스가 공법에 필수적이기 때문에

풀이 분뇨처리에서 혐기성처리를 하는 이유는 유기물 농도가 너무 높아 포기에 너무 많은 비용이 소요되기 때문이다.

54 폐수를 살수여상법으로 처리할 때 처리효율이 가장 좋은 것은?

㉮ 저속여상(low-rate)
㉯ 중속여상(intermediate-rate)
㉰ 고속여상(high-rate)
㉱ 초고속여상(super-rate)

풀이 살수여상법에서 처리효율이 가장 우수한 방법은 저속여상법이다.

55 CSTR 반응조를 일차반응조건으로 설계하고, A의 제거 또는 전환율이 90%가 되게 하고자 한다. 만일, 반응상수 k가 0.35/hr이면 이 CSTR 반응조의 체류시간(hr)은 얼마인가?

㉮ 12.5hr　　㉯ 25.7hr
㉰ 32.5hr　　㉱ 43.7hr

answer 51 ㉰　52 ㉱　53 ㉰　54 ㉮　55 ㉯

풀이 $Q(C_o-C_t) = k \cdot V \cdot C_t$

여기서 $t = \dfrac{V}{Q}$ 이므로

$(C_o-C_t) = k \cdot C_t \cdot \left(\dfrac{V}{Q}\right)$

$t = \dfrac{C_o-C_t}{k \times C_t} = \dfrac{(1-0.1)}{(0.35/hr \times 0.1)} = 25.71hr$

56 활성슬러지 혼합액의 고형물을 0.26%에서 3%까지 농축하고자 할 때 가압순환 흐름이 있는 경우의 부상농축기를 설계하고자 한다. 다음의 조건하에서 소요 순환유량(m^3/day)은? (단, A/S = 0.06, 온도 = 20℃, 공기용해도 = 18.7mL/L, 압력 = 3.7atm, 용존 공기비율 = 0.5, 부유고형물 농도 = 4,000mg/L, 슬러지 유량 = 400m^3/day)

㉮ 약 2,500   ㉯ 약 3,000
㉰ 약 3,500   ㉱ 약 4,500

풀이 ① A/S비 $= \dfrac{1.3 \times Sa \times (f \cdot P-1)}{SS} \times R$

따라서 $0.06 = \dfrac{1.3 \times 18.7mL/L \times (0.5 \times 3.7atm-1)}{4,000mg/L} \times R$

∴ R = 11.6147

② 소요순환유량(Q_R) = 유량(Q)×반송비(R)
  = 400m^3/day×11.6147
  = 4,645.88m^3/day

57 유량이 3,000m^3/day, BOD농도가 400mg/L인 폐수를 활성슬러지법으로 처리할 때 내호흡율(kd, /day)은? (단, 포기시간 = 8시간, 처리수 농도(BOD = 30mg/L), MLSS 농도 = 4,000mg/L, 잉여슬러지 발생량 = 50m^3/day, 잉여슬러지 농도 = 0.9%, 세포증식 계수 = 0.8)

㉮ 약 0.052   ㉯ 약 0.110
㉰ 약 0.123   ㉱ 약 0.183

풀이 $Q_w \cdot SS_w = Y \cdot Q \cdot (BOD_i-BOD_o)-kd \cdot MLSS \cdot V$

50m^3/day×9kg/m^3
= 0.8×3,000m^3/day×(0.4-0.03)kg/m^3-kd×4kg/m^3
×3,000m^3/day×$\left(\dfrac{8hr}{24}\right)$day

∴ kd = 0.110/day

TIP

① mg/L $\xrightarrow{\times 10^{-3}}$ kg/m^3

② % $\xrightarrow{\times 10^4}$ ppm

③ SS_w = 0.9% = 0.9×10^4mg/L = 9kg/m^3

58 기계식 봉 스크린을 0.64m/s로 흐르는 수로에 설치하고자 한다. 봉의 두께는 10mm이고, 간격이 30mm라면 봉 사이로 지나는 유속(m/s)은?

㉮ 0.75   ㉯ 0.80
㉰ 0.85   ㉱ 0.90

풀이 $V_a A_a = V_b \times A_b \Rightarrow V_b = V_a \times \dfrac{A_a}{A_b}$

여기서
  W : 수로의 폭
  H : 수심

A_a = W×H

A_b = W×H×$\dfrac{\text{바간격}}{\text{바두께 + 바간격}}$

  = W×H×$\dfrac{30mm}{10mm+30mm}$ = 0.75×W×H

$V_b = V_a \times \dfrac{A_a}{A_b}$

  = 0.64m/s × $\dfrac{W \times H}{0.75 \times W \times H}$

  = 0.85m/s

answer 56 ㉱   57 ㉯   58 ㉰

59 $50m^3$/day의 폐수를 배출하는 도금공장에서 폐수 중에 CN^-가 $150g/m^3$ 함유되어 있다면 배출허용 농도를 1mg/L 이하로 처리할 때 필요한 NaClO의 양 (kg/day)은? (단, NaCN 49, NaClO 74.5 반응식 $2NaCN + 5NaClO + H_2O \rightarrow 2NaHCO_3 + N_2 + 5NaCl$)

㉮ 약 35 ㉯ 약 42
㉰ 약 47 ㉱ 약 53

[풀이]

$2CN^-$	:	$5NaOCl$
$2 \times 26g$	:	$5 \times 74.5g$
$(0.15-0.001)kg/m^3 \times 50m^3/day$	:	X

∴ X = 53.37kg/day

TIP
① ppm = mg/L = g/m^3
② mg/L $\xrightarrow{\times 10^{-3}}$ kg/m^3

60 다음 조건의 활성슬러지조에서 1일 발생하는 잉여슬러지량(kg/day)은? (단, 유입수량 = $10,500m^3$/day, 유입수 BOD = 200mg/L, 유출수 BOD = 20mg/L, Y = 0.6, kd = 0.05/day, θ_C = 10일)

㉮ 624 ㉯ 756
㉰ 847 ㉱ 966

[풀이] 잉여슬러지량($Q_w \cdot SS_w$)

$= \dfrac{Y \cdot Q \cdot (BOD_i - BOD_o)}{1+(kd \cdot SRT)}$

$= \dfrac{0.6 \times 10,500m^3/day \times (0.2-0.02)kg/m^3}{1+(0.05/day \times 10day)}$

= 756kg/day

| 제4과목 | 수질오염공정시험기준

61 다음 시험항목 중 측정할 때 증류장치가 필요하지 않은 것은?

㉮ 암모니아성 질소 시험법
㉯ 아질산성 질소 시험법
㉰ 페놀류 시험법
㉱ 시안 시험법

[풀이] 증류장치가 필요한 물질은 시안, 불소, 암모니아성 질소, 페놀이다.

62 자외선/가시선 분광법에 의한 페놀류의 측정원리를 설명한 내용으로 옳지 않은 것은?

㉮ 수용액에서는 510nm에서 흡광도를 측정한다.
㉯ 클로로폼용액에서는 460nm에서 흡광도를 측정한다.
㉰ 추출법의 정량한계는 0.1mg/L이다.
㉱ 황 화합물의 간섭이 있는 경우 인산(H_3PO_4)이 사용된다.

[풀이] 자외선/가시선 분광법의 정량한계
① 클로로폼추출법 : 0.005mg/L
② 직접측정법 : 0.05mg/L

63 식물성 플랑크톤의 정량시험 중 저배율에 의한 방법은? (단, 200배율 이하)

㉮ 스트립 이용 계수
㉯ 팔머-말로니 챔버 이용 계수
㉰ 혈구계수기 이용 계수
㉱ 최적 확수 이용 계수

answer 59 ㉱ 60 ㉯ 61 ㉯ 62 ㉰ 63 ㉮

풀이 정량시험
① 저배율(200배율 이하)방법 : 스트립이용계수법, 격자이용 계수법
② 중배율(200~500배율 이하)방법 : 팔머-말로니 챔버 이용 계수법, 혈구계수기 이용계수법

64 시료채취 시 유의사항에 관한 내용으로 가장 거리가 먼 것은?

㉮ 채취용기는 시료를 채우기 전에 시료로 3회 이상 세척 후 사용한다.
㉯ 수소이온을 측정하기 위한 시료를 채취할 때에는 운반 중 공기와 접촉이 없도록 용기에 가득 채운다.
㉰ 휘발성유기화합물 분석용 시료를 채취할 때에는 뚜껑에 격막이 생성되지 않도록 주의한다.
㉱ 시료채취량은 시험항목 및 시험회수에 따라 차이가 있으나 보통 3L~5L 정도이다.

풀이 ㉰ 휘발성유기화합물 분석용 시료를 채취할 때에는 뚜껑의 격막을 만지지 않도록 주의 한다.

65 물의 알칼리도를 측정하기 위해 50mL의 시료를 N/50 황산으로 측정하여 phenolphthalein 지시약의 종점에서 4.3mg, methyl orange 지시약의 종점에서 13.5mg이었다. 이 물의 총 알칼리도(mg/L)CaCO₃는? (단, N/50 황산의 역가 = 1)

㉮ 68   ㉯ 120
㉰ 186   ㉱ 270

풀이 총 알칼리도(mg/L)

$= A \times N \times f \times \dfrac{1,000}{V} \times 50$

$= 13.5mg \times \dfrac{1}{50}N \times 1.0 \times \dfrac{1,000}{50mL} \times 50$

$= 270mg/L$

66 중금속 측정을 위하여 물 250mL를 비이커에 취하여 질산(비중 : 1.409, 70%)을 5mL 첨가하고, 가열하여 액량을 5mL로 증발 농축한 후, 방냉한 다음 여과하여 물을 첨가하여 정확히 100mL로 할 경우 규정 농도(N)는? (단, 질산의 손실은 없다고 가정)

㉮ 0.04   ㉯ 0.07
㉰ 0.35   ㉱ 0.78

풀이
① $eq/L = \dfrac{1.409g}{mL} \times \dfrac{10^3 mL}{1L} \times \dfrac{1eq}{63g} \times \dfrac{70\%}{100}$

$= 15.656N$

② $N_1 \times V_1 = N_2 \times V_2$
$15.656N \times 5mL = N_2 \times 100mL$
$\therefore N_2 = 0.78N$

TIP
① N농도의 단위는 eq/L이다.
② HNO_3의 분자량 = 1+14+16×3 = 63
③ 적정공식 : $N_1 \times V_1 = N_2 \times V_2$

67 검정곡선 작성용 표준용액과 시료에 동일한 양의 내부표준물질을 첨가하여 시험분석 절차, 기기 또는 시스템의 변동으로 발생하는 오차를 보정하기 위해 사용하는 방법은?

㉮ 검량선법   ㉯ 표준물첨가법
㉰ 절대검량선법   ㉱ 내부표준법

풀이 ㉱ 내부표준법에 대한 설명이다.

answer 64 ㉰ 65 ㉱ 66 ㉱ 67 ㉱

68 고형물질이 많아 관을 메울 우려가 있는 폐·하수의 관내 유량을 측정하는 장치로 가장 옳은 것은?

㉮ 자기식 유량측정기(magnetic flow meter)
㉯ 유량측정용 노즐(nozzle)
㉰ 파샬수로(parshall flume)
㉱ 피토관(pitot)

풀이 고형물질이 많아 관을 메울 우려가 있는 폐·하수의 관내 유량을 측정하는 장치는 자기식 유량측정기이다.

69 이온전극법에 대한 설명으로 틀린 것은?

㉮ 시료용액의 교반은 이온전극의 응답속도 이외의 전극범위, 정량한계값에는 영향을 미치지 않는다.
㉯ 전극과 비교전극을 사용하여 전위를 측정하고 그 전위차로부터 정량하는 방법이다.
㉰ 이온전극법에 사용하는 장치의 기본구성은 비교전극, 이온전극, 자석교반기, 저항 전위계, 이온측정기 등으로 되어 있다.
㉱ 이온전극의 종류에는 유리막 전극, 고체막 전극, 격막형 전극으로 구분된다.

풀이 ㉮ 시료용액의 교반은 이온전극의 응답속도 이외의 전극범위, 정량한계값에도 영향을 미친다.

70 폐수의 유량 측정법에 있어 최대 유량이 $1m^3/min$ 미만으로 폐수유량이 배출될 경우 용기에 의한 측정 방법에 관한 내용으로 ( )에 옳은 것은?

> 용기는 용량 100L~200L인 것을 사용하여 유수를 채우는 데에 요하는 시간을 스톱워치로 잰다. 용기에 물을 받아 넣는 시간을 ( )이 되도록 용량을 결정한다.

㉮ 10초 이상   ㉯ 20초 이상
㉰ 30초 이상   ㉱ 40초 이상

풀이 필수 암기사항
① 용기의 용량 : 100L~200L
② 용기에 물을 받아 넣는 시간 : 20초 이상

71 다음 용어의 정의로 옳지 않은 것은?

㉮ 밀폐용기 : 취급 또는 저장하는 동안에 이물질이 들어가거나 또는 내용물을 손실 되지 아니하도록 보호하는 용기를 말한다.
㉯ 즉시 : 30초 이내에 표시된 조작을 하는 것을 뜻한다.
㉰ 정확히 단다. : 규정된 수치의 무게를 0.001mg까지 다는 것을 말한다.
㉱ 냄새가 없다. : 냄새가 없거나 또는 거의 없는 것을 표시하는 것이다.

풀이 ㉰ 정확히 단다. : 규정된 수치의 무게를 0.1mg까지 다는 것을 말한다.

answer 68 ㉮ 69 ㉮ 70 ㉯ 71 ㉰

72 지하수 시료는 취수정 내에 고여 있는 물과 원래 지하수의 성상이 달라질 수 있으므로 고여 있는 물을 충분히 퍼낸 다음 새로 나온 물을 채취한다. 이 경우 퍼내는 양은?

㉮ 고여 있는 물의 절반 정도
㉯ 고여 있는 물의 전체량 정도
㉰ 고여 있는 물의 2배~3배 정도
㉱ 고여 있는 물의 4배~5배 정도

풀이 지하수 시료에서 퍼내는 물의 양은 고여 있는 물의 4배~5배 정도이다.

73 수산화나트륨 1g을 증류수에 용해시켜 400mL로 하였을 때 이 용액의 pH는?

㉮ 13.8 ㉯ 12.8
㉰ 11.8 ㉱ 10.8

풀이
① NaOH의 mol/L = $\dfrac{1g}{0.4L} \times \dfrac{1mol}{40g}$ = 0.0625M

② $[OH^-]$의 농도는 0.0625M

③ pH = 14 + log$[OH^-]$
     = 14 + log[0.0625M]
     = 12.80

TIP
① M농도의 단위는 mol/L이다.
② 산성물질에서 pH = -log$[H^+]$
⑤ 알칼리성물질에서 pH = 14 + log$[OH^-]$

74 용존산소 측정 시 티오황산나트륨 표준용액을 표정할 때 표준물질로 사용되는 KIO_3는 아래와 같은 반응을 한다.

$$IO_3^- + 5I^- + 6H^+ = 3I_2 + 3H_2O$$

이 때 0.1N KIO_3 용액을 만들려면 KIO_3 몇 g을 달아 물에 녹여 1L로 만들면 되는가?

(단, KIO_3의 분자량은 214)

㉮ 21.4   ㉯ 4.28
㉰ 3.57   ㉱ 2.14

풀이
0.1eq/L = $\dfrac{W(g)}{1L} \times \dfrac{1eq}{214g/6}$

∴ W = 3.57g

TIP
① N농도의 단위는 eq/L이다.
② KIO_3는 6당량 물질이다.
③ 1eq = $\dfrac{분자량(g)}{당량수} = \dfrac{214g}{6}$

75 수질오염공정시험기준상 냄새 측정에 관한 내용으로 틀린 것은?

㉮ 물속의 냄새를 측정하기 위하여 측정자의 후각을 이용하는 방법이다.
㉯ 잔류염소의 냄새는 측정에서 제외한다.
㉰ 냄새역치는 냄새를 감지할 수 있는 최대 희석배수를 말한다.
㉱ 각 판정요원의 냄새의 역치를 산술평균하여 결과로 보고한다.

풀이 ㉱ 각 판정요원의 냄새의 역치를 기하평균하여 결과로 보고한다.

answer 72 ㉱ 73 ㉯ 74 ㉰ 75 ㉱

76 페놀류-자외선/가시선 분광법의 분석에 대한 측정원리에 관한 설명으로 ( )에 옳은 것은?

> 증류한 시료에 염화암모늄-암모니아 완충용액을 넣어 ( )으로 조절한 다음 4-아미노안티피린과 헥사시안화철(Ⅱ)산칼륨을 넣어 생성된 붉은색의 안티피린계 색소의 흡광도를 측정한다.

㉮ pH 7 ㉯ pH 8
㉰ pH 9 ㉱ pH 10

77 예상 BOD값에 대한 사전경험이 없을 때에는 희석하여 시료를 제조한다. 처리하지 않은 공장 폐수와 침전된 하수가 시료에 함유되는 정도는?

㉮ 0.1%~1.0% ㉯ 1%~5%
㉰ 5%~25% ㉱ 25%~100%

[풀이] 희석하여 시료제조 방법
① 오염정도가 심한 공장폐수 : 0.1%~1.0%
② 처리하지 않은 공장폐수와 침전된 하수 : 1%~5%
③ 처리하여 방류된 공장폐수 : 5%~25%
④ 오염된 하천수 : 25%~100%

78 퍼지-트랩-기체크로마토그래프(질량분석법)법으로 분석하는 휘발성 저급탄화수소와 가장 거리가 먼 것은?

㉮ 벤젠
㉯ 사염화탄소
㉰ 폴리클로리네이티드비페닐
㉱ 1,1-다이클로로에틸렌

[풀이] ㉰ 폴리클로리네이티드비페닐(PCBs)는 용매추출/기체크로마토그래피를 이용한다.

79 총인을 아스코르빈산 환원법에 의해 흡광도를 측정할 때 880nm에서 측정이 불가능한 경우, 어느 파장(nm)에서 측정할 수 있는가?

㉮ 560 ㉯ 660
㉰ 710 ㉱ 810

[풀이] 총인을 아스코르빈산 환원법으로 흡광도 측정시 880nm에서 측정이 불가능한 경우, 710nm에서 측정할 수 있다.

80 I_0 단색광이 정색액을 통과할 때 그 빛의 50%가 흡수된다면 이 경우 흡광도는?

㉮ 0.6 ㉯ 0.5
㉰ 0.3 ㉱ 0.2

[풀이] 흡광도(A) = $\log \dfrac{1}{투과도}$
= $\log \dfrac{1}{0.50}$ = 0.30

| 제5과목 | 수질환경관계법규

81 수변생태구역의 매수·조성 등에 관한 내용으로 ( )에 옳은 것은?

> 환경부장관은 하천·호수 등의 물환경 보전을 위하여 필요하다고 인정 하는 때에는 (㉠)으로 정하는 기준에 해당 하는 수변습지 및 수변토지를 매수 하거나 (㉡)으로 정하는 바에 따라 생태적으로 조성·관리 할 수 있다.

㉮ ㉠ 환경부령, ㉡ 대통령령
㉯ ㉠ 대통령령, ㉡ 환경부령

answer 76 ㉱ 77 ㉯ 78 ㉰ 79 ㉰ 80 ㉰ 81 ㉯

㉲ ㉠ 환경부령, ㉡ 국무총리령
㉱ ㉠ 국무총리령, ㉡ 환경부령

풀이 ① 수변습지 및 수변토지를 매수 : 대통령령
② 생태적으로 조성 및 관리 : 환경부령

82 오염총량관리 조사·연구반의 수행 업무와 가장 거리가 먼 것은?

㉮ 오염총량관리기본계획에 대한 검토
㉯ 오염총량관리시행계획에 대한 검토
㉰ 오염총량관리 성과지표에 대한 검토
㉱ 오염총량목표수질 설정을 위하여 필요한 수계특성에 대한 조사·연구

풀이 조사·연구반의 업무
① 오염총량목표수질에 대한 검토·연구
② 오염총량관리기본방침에 대한 검토·연구
③ 오염총량관리기본계획에 대한 검토
④ 오염총량관리시행계획에 대한 검토
⑤ 오염총량관리시행계획에 대한 전년도의 이행사항 평가 보고서 검토
⑥ 오염총량목표수질 설정을 위하여 필요한 수계특성에 대한 조사·연구
⑦ 오염총량관리제도의 시행과 관련한 제도 및 기술적 사항에 대한 검토·연구
⑧ 업무를 수행하기 위한 정보체계의 구축 및 운영

83 환경부장관이 수립하는 대권역의 물환경 보전을 위한 기본계획에 포함되어야 하는 사항으로 틀린 것은?

㉮ 수질오염관리 기본 및 시행계획
㉯ 점오염원, 비점오염원 및 기타수질오염원에서 배출되는 수질오염물질의 양
㉰ 점오염원, 비점오염원 및 기타 수질오염원의 분포현황
㉱ 물환경의 변화 추이 및 물환경목표기준

풀이 대권역의 물환경 보전을 위한 기본계획
① 물환경의 변화 추이 및 물환경목표기준
② 상수원 및 물 이용현황
③ 점오염원, 비점오염원 및 기타수질오염원의 분포현황
④ 점오염원, 비점오염원 및 기타수질오염원에서 배출되는 수질오염물질의 양
⑤ 수질오염 예방 및 저감 대책
⑥ 물환경 보전조치의 추진방향
⑦ 기후변화에 대한 적응대책

84 물환경보전법상 용어의 정의로 옳지 않은 것은?

㉮ 비점오염저감시설이란 수질오염방지시설 중 비점오염원으로부터 배출되는 수질오염물질을 제거하거나 감소하게 하는 시설로서 환경부령이 정하는 것을 말한다.
㉯ 공공수역이란 하천, 호소, 항만, 연안 해역, 그 밖에 공공용으로 사용되는 수역과 이에 접속하여 공공용으로 사용되는 환경부령으로 정하는 수로를 말한다.
㉰ 비점오염원이란 도시, 도로, 농지, 산지, 공사장 등으로서 불특정 장소에서 불특정하게 수질오염물질을 배출하는 배출원을 말한다.
㉱ 기타수질오염원이란 비점오염원으로 관리 되지 아니하는 특정수질오염물질만을 배출하는 시설을 말한다.

풀이 ㉱ 기타수질오염원이란 점오염원 및 비점오염원으로 관리되지 아니하는 수질오염물질을 배출하는 시설 또는 장소로서 환경부령으로 정하는 것을 말한다.

answer 82 ㉰ 83 ㉮ 84 ㉱

85 수질오염방지시설 중 물리적 처리시설에 해당되는 것은?

㉮ 폭기시설
㉯ 산화시설(산화조 또는 산화지)
㉰ 이온교환시설
㉱ 부상시설

풀이 수질오염방지시설
㉮ 생물화학적 처리시설
㉯ 생물화학적 처리시설
㉰ 화학적 처리시설
㉱ 물리적 처리시설

86 물환경보전법 상 호소 및 해당 지역에 관한 설명으로 틀린 것은?

㉮ 제방(사방사업법의 사방시설 포함)을 쌓아 하천에 흐르는 물을 가두어 놓은 곳
㉯ 하천에 흐르는 물이 자연적으로 가두어진 곳
㉰ 화산활동 등으로 인하여 함몰된 지역에 물이 가두어진 곳
㉱ 댐·보를 쌓아 하천에 흐르는 물을 가두어 놓은 곳

풀이 ㉮둑(사방사업법에 의한 사방시설 제외)에 의해 물이 가두어진 곳

87 배출시설에 대한 일일기준초과배출량 산정에 적용되는 일일유량은(측정유량×일일조업시간)이다. 일일유량을 구하기 위한 일일조업시간에 대한 설명으로 ( )에 맞는 것은?

> 측정하기 전 최근 조업한 30일간의 배출시설 조업시간의 (㉠)로서 (㉡)으로 표시한다.

㉮ ㉠ 평균치, ㉡ 분(min)
㉯ ㉠ 평균치, ㉡ 시간(hr)
㉰ ㉠ 최대치, ㉡ 분(min)
㉱ ㉠ 최대치, ㉡ 시간(hr)

풀이 일일조업시간은 측정하기 전 최근 조업한 30일간의 배출시간의 조업시간의 평균치로서 분으로 표시한다.

88 환경부장관 또는 시도지사가 측정망을 설치하기 위한 측정망 설치계획에 포함시켜야 하는 사항과 가장 거리가 먼 것은?

㉮ 측정망 배치도
㉯ 측정망 설치시기
㉰ 측정자료의 확인방법
㉱ 측정망 운영방안

풀이 ㉱ 측정망 운영기관

TIP
측정망설치 계획에 포함되어야 하는 사항
① 측정망 설치시기
② 측정망 배치도
③ 측정망을 설치할 토지 또는 건축물의 위치 및 면적
④ 측정망 운영기관
⑤ 측정자료의 확인방법

answer 85 ㉱ 86 ㉮ 87 ㉮ 88 ㉱

89 조류경보 단계의 종류와 경보단계별 발령, 해제기준으로 틀린 것은? (단, 상수원 구간 기준)

㉮ 관심-2회 연속 채취 시 남조류 세포수가 1,000세포/mL 이상 10,000세포/mL 미만인 경우
㉯ 경계-2회 연속 채취 시 남조류 세포수가 10,000세포/mL 이상 1,000,000세포/mL 미만인 경우
㉰ 조류대발생-2회 연속 채취 시 남조류 세포수가 1,000,000세포/mL 이상인 경우
㉱ 해제 - 2회 연속 채취 시 남조류 세포수가 1,000세포/mL 이상인 경우

[풀이] 상수원구간의 조류경보

경보단계	발령·해제기준
관심	2회 연속 채취 시 남조류의 세포수가 1,000세포/mL 이상 10,000세포/mL 미만인 경우
경계	2회 연속 채취 시 남조류의 세포수가 10,000세포/mL 이상 1,000,000세포/mL 미만인 경우
조류 대발생	2회 연속 채취 시 남조류의 세포수가 1,000,000세포/mL 이상
해제	2회 연속 채취 시 남조류의 세포수가 1,000세포/mL 미만

90 수질오염방지시설 중 생물화학적 처리시설이 아닌 것은?

㉮ 접촉조   ㉯ 살균시설
㉰ 폭기시설 ㉱ 살수여과상

[풀이] ㉯ 살균시설은 화학적 처리시설이다.

TIP
생물화학적 처리시설
① 살수여과상
② 폭기시설
③ 산화시설
④ 혐기성·호기성 소화시설
⑤ 접촉조
⑥ 안정조
⑦ 돈사톱밥발효시설

91 간이공공하수처리시설에서 배출하는 하수·분뇨 찌꺼기 성분 검사주기는?

㉮ 월 1회 이상   ㉯ 분기 1회 이상
㉰ 반기 1회 이상 ㉱ 연 1회 이상

[풀이] 간이공공하수처리시설에서 배출하는 하수·분뇨 찌꺼기 성분 검사주기는 연 1회 이상이다.

92 환경부장관이 물환경을 보전할 필요가 있다고 지정, 고시하고 물환경을 정기적으로 조사, 측정하여야 하는 호소의 기준으로 틀린 것은?

㉮ 1일 30만톤 이상의 원수를 취수하는 호소
㉯ 만수위일 때 면적이 10만 제곱미터 이상인 호소
㉰ 수질오염이 심하여 특별한 관리가 필요하다고 인정되는 호소
㉱ 동식물의 서식지·도래지이거나 생물다양성이 풍부하여 특별히 보전할 필요가 있다고 인정되는 호소

[풀이] ㉯ 만수위일 때의 면적이 50만 제곱미터 이상의 호소는 시·도지사에 해당한다.

answer 89 ㉱ 90 ㉯ 91 ㉱ 92 ㉯

93 기타 수질오염원의 설치·관리자가 하여야 할 조치에 관한 내용으로 ( )에 옳은 것은?

> [수산물 양식시설 : 가두리 양식 어장]
> 사료를 준 후 2시간 지났을 때 침전되는 양이 ( )미만인 부상(浮上)사료를 사용한다. 다만, 10센티미터 미만의 치어 또는 종묘에 대한 사료는 제외한다.

㉮ 10% ㉯ 20%
㉰ 30% ㉱ 40%

풀이 수산물 양식시설 : 가두리 양식 어장의 경우 사료를 준 후 2시간 지났을 때 침전되는 양이 10% 미만인 부상사료를 사용한다.

94 수질자동측정기기 및 부대시설을 모두 부착하지 아니할 수 있는 시설의 기준으로 옳은 것은?

㉮ 연간조업일수가 60일 미만인 사업장
㉯ 연간조업일수가 90일 미만인 사업장
㉰ 연간조업일수가 120일 미만인 사업장
㉱ 연간조업일수가 150일 미만인 사업장

풀이 수질자동측정기기 및 부대시설을 모두 부착하지 아니할 수 있는 시설의 기준은 연간조업일수가 90일 미만인 사업장이다.

95 공공폐수처리시설의 유지·관리기준 중 처리시설의 관리·운영자가 실시하여야 하는 방류수 수질검사에 관한 내용으로 ( )에 옳은 것은? (단, 방류수 수질은 현저하게 악화되지 않음)

> 처리시설의 적정 운영 여부를 확인하기 위하여 방류수수질검사를 (㉠) 실시하되, 1일당 2천세제곱미터 이상인 시설은 (㉡) 실시하여야 한다. 다만, 생태독성(TU) 검사는 (㉢)실시하여야 한다.

㉮ ㉠ 월1회 이상, ㉡ 주1회 이상, ㉢ 월2회 이상
㉯ ㉠ 월1회 이상, ㉡ 월2회 이상, ㉢ 주1회 이상
㉰ ㉠ 월2회 이상, ㉡ 주1회 이상, ㉢ 월1회 이상
㉱ ㉠ 월2회 이상, ㉡ 월1회 이상, ㉢ 주1회 이상

풀이 공공폐수처리시설의 유지·관리 기준
① 방류수 수질검사 : 월 2회 이상 실시
② 2,000㎥/day 이상인 시설 : 주 1회 이상
③ 생태독성(TU) 검사 : 월 1회 이상

96 비점오염원으로부터 배출되는 수질오염물질을 제거하거나 감소하게 하는 비점오염저감시설을 자연형 시설과 장치형 시설로 구분할 때 바르게 나열한 것은?

㉮ 자연형 시설 : 여과형 시설, 소용돌이형 시설
㉯ 장치형 시설 : 스크린형 시설, 생물학적 처리형 시설
㉰ 자연형 시설 : 식생형 시설, 소용돌이형 시설
㉱ 장치형 시설 : 저류시설, 침투시설

answer 93 ㉮ 94 ㉯ 95 ㉰ 96 ㉯

[풀이] 비점오염저감시설
① 자연형 시설 : 저류시설, 인공습지, 침투시설, 식생형시설
② 장치형 시설 : 여과형시설, 소용돌이형시설, 스크린형시설, 응집·침전 처리형시설, 생물학적 처리형시설

97 폐수배출시설에 대한 변경허가를 받지 아니하거나 거짓으로 변경허가를 받아 배출시설을 변경하거나 그 배출시설을 이용하여 조업한 자에 대한 처벌기준은?

㉮ 7년 이하 징역 또는 7천만원 이하의 벌금
㉯ 5년 이하 징역 또는 5천만원 이하의 벌금
㉰ 3년 이하 징역 또는 3천만원 이하의 벌금
㉱ 1년 이하 징역 또는 1천만원 이하의 벌금

[풀이] ㉮ 7년 이하 징역 또는 7천만원 이하의 벌금에 해당한다.

98 시·도지사 등은 수질오염물질 배출량 등의 확인을 위한 오염도검사를 통보를 받은 날부터 며칠 이내에 사업자에게 배출농도 및 일일 유량에 관한 사항을 통보해야 하는가?

㉮ 5일 ㉯ 10일
㉰ 15일 ㉱ 20일

99 수질 및 수생태계 중 하천의 생활환경 기준으로 틀린 것은? (단, 등급 : 약간 좋음, 단위 : mg/L)

㉮ TOC : 2 이하   ㉯ BOD : 3 이하
㉰ SS : 25 이하   ㉱ DO : 5.0 이상

[풀이] ㉮ TOC : 4 이하

100 기술요원 또는 환경기술인의 교육기관으로 알맞게 짝지어진 것은?

㉮ 국립환경과학원 - 환경보전협회
㉯ 환경관리협회 - 시도보건환경연구원
㉰ 국립환경인재개발원 - 환경보전협회
㉱ 환경관리협회 - 국립환경과학원

[풀이] 교육기관
① 환경기술인 : 환경보전협회
② 측정기기 관리대행업에 등록된 기술요원 : 국립환경인재개발원, 한국상하수도협회
③ 폐수처리업에 종사하는 기술요원 : 국립환경인재개발원

answer 97 ㉮ 98 ㉯ 99 ㉮ 100 ㉰

2020년 1·2회 수질환경기사

2020년 6월 7일 시행

| 제1과목 | 수질오염개론

01 물의 물리적 특성으로 가장 거리가 먼 것은?

㉮ 물의 표면장력이 낮을수록 세탁물의 세정효과가 증가한다.
㉯ 물이 얼면 액체상태보다 밀도가 커진다.
㉰ 물의 융해열은 다른 액체보다 높은 편이다.
㉱ 물의 여러 가지 특성은 물분자의 수소결합 때문에 나타난다.

풀이 ㉯ 물이 얼면 액체상태보다 밀도가 작아진다.

TIP
4℃에서 물의 밀도가 가장 크다.

02 DO 포화농도가 8mg/L인 하천에서 t = 0일 때 DO가 5mg/L이라면, 6일 유하했을 때의 DO 부족량(mg/L)은 얼마인가? (단, BOD_u = 20mg/L, k_1 = 0.1day^{-1}, k_2 = 0.2day^{-1}, 상용대수)

㉮ 약 2   ㉯ 약 3
㉰ 약 4   ㉱ 약 5

풀이 $D_t = \dfrac{k_1 \times L_o}{k_2 - k_1} \times (10^{-k_1 \times t} - 10^{-k_2 \times t}) + D_o \times (10^{-k_2 \times t})$

여기서 D_t : t시간 후의 DO부족농도(mg/L)
  k_1 : 탈산소계수(/day)
  k_2 : 재폭기계수(/day)
  L_o : 최종 BOD(= BOD_u)(mg/L)
  D_o : 초기 산소 부족량(mg/L)
  D_o = 포화DO 농도(C_s)−하천의 DO 농도(C)

따라서

$D_t = \dfrac{0.1/day \times 20mg/L}{0.2/day - 0.1/day} \times (10^{-0.1/day \times 6day} - 10^{-0.2/day \times 6day})$
  $+ (8mg/L - 5mg/L) \times (10^{-0.2/day \times 6day})$
  = 3.95mg/L

03 생체 내에 필수적인 금속으로 결핍 시에는 인슐린의 저하를 일으킬 수 있는 유해물질은?

㉮ Cd   ㉯ Mn
㉰ CN   ㉱ Cr

풀이 생체 내에 필수적인 금속으로 결핍 시에 인슐린의 저하를 일으킬 수 있는 유해물질은 크롬(Cr)이다.

04 지구상의 담수 중 차지하는 비율이 가장 큰 것은?

㉮ 빙하 및 빙산   ㉯ 하천수
㉰ 지하수   ㉱ 수증기

풀이 지구상의 담수 중 가장 많이 존재하는 것은 빙하 및 빙산이며, 그 다음이 지하수이다.

answer 01 ㉯ 02 ㉰ 03 ㉱ 04 ㉮

05 생물학적 변환(생분해)을 통한 유기물의 환경에서의 거동 또는 처리에 관한 내용으로 옳지 않은 것은?

㉮ 케톤은 알데하이드보다 분해되기 어렵다.
㉯ 다환 방향족 탄화수소의 고리가 3개 이상이면 생분해가 어렵다.
㉰ 포화지방족 화합물은 불포화 지방족 화합물(이중결합) 보다 쉽게 분해된다.
㉱ 벤젠고리에 첨가된 염소나 나이트로기의 수가 증가할수록 생분해에 대한 저항이 크고 독성이 강해진다.

풀이 ㉰ 포화지방족 화합물들은 불포화 지방족 화합물(이중결합) 보다 분해가 어렵다.

06 Na^+ = 360mg/L, Ca^{2+} = 80mg/L, Mg^{2+} = 96mg/L인 농업용수의 SAR 값은 얼마인가? (단, 원자량 : Na = 23, Ca = 40, Mg = 24)

㉮ 약 4.8
㉯ 약 6.4
㉰ 약 8.2
㉱ 약 10.6

풀이 $$SAR = \frac{Na^+}{\sqrt{\frac{Ca^{2+}+Mg^{2+}}{2}}}$$

① 이온의 단위 : mN = meq/L
② mN = mg/L ÷ 1당량mg
  Na^+ = 360mg/L ÷ 23 = 15.65mN
  Ca^{2+} = 80mg/L ÷ 20 = 4mN
  Mg^{2+} = 96mg/L ÷ 12 = 8mN
③ $SAR = \dfrac{15.65}{\sqrt{\dfrac{4+8}{2}}} = 6.39$

07 생물학적 오탁지표들에 대한 설명으로 틀린 것은?

㉮ BIP(Biological Index of Pollution) : 현미경적 생물을 대상으로 전생물 수에 대한 동물성 생물수의 백분율을 나타낸 것으로 값이 클수록 오염이 심하다.
㉯ BI(Biotix Index) : 육안적 동물을 대상으로 전생물 수에 대한 청수성 및 광범위 출현미생물의 백분율을 나타낸 것으로, 값이 클수록 깨끗한 물로 판정된다.
㉰ TSI(Trophic State Index) : 투명도에 대한 부영양화지수와 투명도-클로로필농도의 상관관계에 의한 부영양화지수, 클로로필 농도-총인의 상관관계를 이용한 부영양화 지수가 있다.
㉱ SDI(Species Diversity Index) : 종의 수와 개체수에 대한 비로 물의 오염도를 나타내는 지표로 값이 클수록 종의 수는 적고 개체수는 많다.

풀이 ㉱ SDI(Species Diversity Index)는 종의 수와 개체수에 대한 비로 물의 오염도를 나타내는 지표로 값이 클수록 종의 수가 많고 개체수도 많다.

08 콜로이드 입자가 분산매 분자들과 충돌하여 불규칙하게 움직이는 현상은?

㉮ 투석현상(Dialysis)
㉯ 틴들현상(Tyndall)
㉰ 브라운운동(Brown motion)
㉱ 반발력(Zeta potential)

풀이 콜로이드 입자가 분산매 분자들과 충돌하여 불규칙하게 움직이는 현상은 브라운운동이다.

answer 05 ㉰ 06 ㉯ 07 ㉱ 08 ㉰

09 수질분석결과 $Na^+ = 10mg/L$, $Ca^{2+} = 20mg/L$, $Mg^{2+} = 24mg/L$, $Sr^{2+} = 2.2mg/L$일 때, 총경도(mg/L as $CaCO_3$)는 얼마인가? (단, 원자량 : Na = 23, Ca = 40, Mg = 24, Sr = 87.6)

㉮ 112.5 　　㉯ 132.5
㉰ 152.5 　　㉱ 172.5

풀이
$$\frac{총경도(mg/L)}{50g} = \frac{Ca^{2+}mg/L}{20g} + \frac{Mg^{2+}mg/L}{12g} + \frac{Sr^{2+}mg/L}{43.8g}$$
$$= \frac{20mg/L}{20g} + \frac{24mg/L}{12g} + \frac{2.2mg/L}{43.8g}$$
∴ 총경도 = 152.51mg/L

10 호수 내의 성층현상에 관한 설명으로 가장 거리가 먼 것은?

㉮ 여름성층의 연직 온도경사는 분자확산에 의한 DO구배와 같은 모양이다.
㉯ 성층의 구분 중 약층(thermocline)은 수심에 따른 수온변화가 적다.
㉰ 겨울성층은 표층수 냉각에 의한 성층이어서 역성층이라고도 한다.
㉱ 전도현상은 가을과 봄에 일어나며 수괴의 연직혼합이 왕성하다.

풀이 ㉯성층의 구분 중 약층(thermocline)은 수심에 따른 수온변화가 가장 크다.

11 다음에 기술한 반응식에 관여하는 미생물 중에서 전자수용체가 다른 것은?

㉮ $H_2S + 2O_2 \rightarrow H_2SO_4$
㉯ $2NH_3 + 3O_2 \rightarrow 2HNO_2^- + 2H_2O$
㉰ $NO_3^- \rightarrow N_2$
㉱ $Fe^{2+} + O_2 \rightarrow Fe^{3+}$

풀이 전자수용체로 산소를 사용하지 않는 것을 찾으면 되므로 ㉰번이 정답이 된다.

12 자체의 염분농도가 평균 20mg/L인 폐수에 시간당 4kg의 소금을 첨가시킨 후 하류에서 측정한 염분의 농도가 55mg/L이었을 때 유량(m^3/sec)은 얼마인가?

㉮ 0.0317 　　㉯ 0.317
㉰ 0.0634 　　㉱ 0.634

풀이
$$유량(m^3/sec) = \frac{4kg/hr \times 1hr/3600sec}{(55-20) \times 10^{-3}kg/m^3}$$
$$= 0.0317 m^3/sec$$

TIP
① ppm = mg/L = g/m^3
② mg/L $\xrightarrow{\times 10^{-3}}$ kg/m^3

13 하천 수질모형의 일반적인 가정 조건이 아닌 것은?

㉮ 오염물질이 하천에 유입되자마자 즉시 완전 혼합된다.
㉯ 정상상태이다.
㉰ 확산에 의한 영향을 무시한다.
㉱ 오염물질의 농도분포는 흐름방향으로 이루어진다.

answer 09 ㉰　10 ㉯　11 ㉰　12 ㉮　13 ㉮

풀이 하천 수질모형의 일반적인 가정 조건
① 시간의 변화에 따른 X방향의 수질변화는 없다.
② 정상상태이다.
③ 유속에 의한 오염물질의 이동이 지배적이다.
④ 확산에 의한 영향을 무시한다.
⑤ 오염물질의 농도 분포는 흐름 방향으로 이루어진다.

14 카드뮴에 대한 내용으로 틀린 것은?

㉮ 카드뮴은 은백색이며 아연 정련업, 도금공업 등에서 배출된다.
㉯ 골연화증이 유발된다.
㉰ 만성폭로로 인한 흔한 증상은 단백뇨이다.
㉱ 윌슨씨병 증후군과 소인증이 유발된다.

풀이 ㉱ 윌슨씨병 증후군은 구리에 의해서 유발되며, 소인증은 아연에 의해서 유발된다.

15 분뇨의 특징에 관한 설명으로 틀린 것은?

㉮ 분뇨 내 질소화합물은 알칼리도를 높게 유지시켜 pH의 강하를 막아준다.
㉯ 분과 뇨의 구성비는 약 1 : 8~1 : 10 정도이며 고액분리가 용이하다.
㉰ 분의 경우 질소산화물은 전체 VS의 12~20% 정도 함유되어 있다.
㉱ 분뇨는 다량의 유기물을 함유하며, 점성이 있는 반고상 물질이다.

풀이 ㉯ 분과 뇨의 구성비는 약 1 : 8~1 : 10 정도이며 고액분리가 어렵다.

16 평균 단면적 400m², 유량 5,478,600 m³/day, 평균 수심 1.5m, 수온 20℃인 강의 재포기계수(k_2, day^{-1})는 얼마인가?
(단, $k_2 = 2.2 \times (V/H^{1.33})$로 가정)

㉮ 0.20 ㉯ 0.23
㉰ 0.26 ㉱ 0.29

풀이 k_2(재포기계수) $= 2.2 \times \dfrac{V}{H^{1.33}}$

$V(m/sec) = \dfrac{5,478,600 m^3/day \times 1day/24hr \times 1hr/3,600sec}{400m^2}$

$= 0.1585 m/sec$

따라서 $k_2 = 2.2 \times \dfrac{0.1585 m/sec}{(1.5m)^{1.33}} = 0.2034/day$

TIP
k_2 공식에 대입하는 V의 시간 단위는 반드시 sec이며, day로 환산하면 안된다는 점이 문제해결 포인트이다.

17 암모니아를 처리하기 위해 살균제로 차아염소산을 반응시켜 mono-chloramine이 형성되었다. 이 때 각 반응물질이 50% 감소하였다면, 반응속도는 몇 % 감소하는가?

(단, 반응속도식 : $-\dfrac{d[HOCl]}{(dt)나중} = Kxy$)

㉮ 75 ㉯ 60
㉰ 50 ㉱ 25

풀이 $NH_3 + HOCl \rightleftarrows NH_2Cl + H_2O$

$r = \dfrac{-d[HOCl]}{dt} = -k[NH_3][HOCl]$

$r_1 = -k[NH_3][HOCl] = 1r_1$
$r_2 = -k[NH_3] \times 0.5 \times [HOCl] \times 0.5 = 0.25r_2$

따라서 감소율(%) $= \left(1 - \dfrac{0.25r_2}{1r_1}\right) \times 100$

$= 75\%$

answer 14 ㉱ 15 ㉯ 16 ㉮ 17 ㉮

18 금속을 통해 흐르는 전류의 특성으로 가장 거리가 먼 것은?

㉮ 금속의 화학적 성질은 변하지 않는다.
㉯ 전류는 전자에 의해 운반된다.
㉰ 온도의 상승은 저항을 증가시킨다.
㉱ 대체로 전기저항이 용액의 경우보다 크다.

풀이 ㉱ 대체로 전기저항이 용액의 경우보다 작다.

19 급성독성을 평가하기 위하여 일반적으로 사용되는 기준은?

㉮ TL_m(Median Tolerance Limit)
㉯ MicroTox
㉰ Daphnia
㉱ ORP(Oxidation - Reduction Potential)

풀이 급성독성을 평가하기 위하여 일반적으로 사용되는 기준은 TL_m을 사용한다.

TIP
TL_m은 반수생존한계농도로서 어류에 대한 독성시험 결과를 나타내는 값이며, 24시간, 48시간, 96시간 TL_m이 있다.

20 하천의 자정작용 단계 중 회복지대에 대한 설명으로 틀린 것은?

㉮ 물이 비교적 깨끗하다.
㉯ DO가 포화농도의 40% 이상이다.
㉰ 박테리아가 크게 번성한다.
㉱ 원생동물 및 윤충이 출현한다.

풀이 ㉰ 회복지대에는 조류가 크게 번식한다.

| 제2과목 | 상하수도계획

21 취수관로 구조 결정 시 바람직하지 않은 것은?

㉮ 취수관로를 고수부지에 부설하는 경우, 그 매설깊이는 원칙적으로 계획고수부지고에서 2m 이상 깊게 매설한다.
㉯ 관로에 작용하는 내압 및 외압에 견딜 수 있는 구조로 한다.
㉰ 사고 등에 대비하기 위하여 가능한 한 2열 이상으로 부설한다.
㉱ 취수관로가 제방을 횡단하는 경우, 취수관로는 원지반보다는 가능한 한 성토부분에 매설하여 제방을 횡단하도록 한다.

풀이 ㉱ 취수관로가 제방을 횡단하는 경우, 취수관로는 성토부분보다 원지반에 매설하여 제방을 횡단하도록 한다.

22 도시의 인구가 매년 일정한 비율로 증가한 결과라면 연평균 증가율은 얼마인가? (단, 현재 인구 450,000명, 10년 전 인구 200,000명, 장래에 크게 발전할 가망성이 있는 도시)

㉮ 0.225 ㉯ 0.084
㉰ 0.438 ㉱ 0.076

풀이 등비급수법에서 연평균 인구 증가율을 계산한다.
연평균 인구 증가율
$= \left(\dfrac{현재인구}{현재부터\ t년\ 전의\ 인구}\right)^{\frac{1}{기간(t)}} - 1$
$= \left(\dfrac{450,000}{200,000}\right)^{\frac{1}{10}} - 1$
$= 0.084$

answer 18 ㉱ 19 ㉮ 20 ㉰ 21 ㉱ 22 ㉯

> **TIP**
> 등차급수법에서 연평균 증가되는 인구
> $= \dfrac{\text{현재인구} - \text{현재부터 t년 전의 인구}}{\text{경과시간(년)}}$

23 하수관로에 관한 내용으로 틀린 것은?

㉮ 도관은 내산 및 내알칼리성이 뛰어나고 마모에 강하며 이형관을 제조하기 쉽다.
㉯ 폴리에틸렌관은 가볍고 취급이 용이하여 시공성은 좋으나 산, 알칼리에 약한 단점이 있다.
㉰ 덕타일주철관은 내압성 및 내식성이 우수하다.
㉱ 파형강관은 용융아연도금된 강판을 스파이럴형으로 제작한 강관이다.

풀이 ㉯ 폴리에틸렌관은 가볍고 취급이 용이하여 시공성이 좋으며, 산이나 알칼리에 강하다.

24 하수관로시설의 황화수소 부식 대책으로 가장 거리가 먼 것은?

㉮ 관거를 청소하고 미생물의 생식 장소를 제거한다.
㉯ 환기에 의해 관내 황화수소를 희석한다.
㉰ 황산염환원세균의 활동을 촉진시켜 황화수소 발생을 억제한다.
㉱ 방식재료를 사용하여 관을 방호한다.

풀이 ㉰ 황산염환원세균의 활동을 억제시켜 황화수소 발생을 억제한다.

25 급속여과지의 여과모래에 대한 설명으로 가장 거리가 먼 것은?

㉮ 유효경은 0.45~1.0mm의 범위 내에 있어야 한다.
㉯ 균등계수는 1.7 이하로 한다.
㉰ 마모율은 3% 이하로 한다.
㉱ 신규투입 여과사의 세척탁도는 5~10도 범위 내에 있어야 한다.

풀이 ㉱ 신규투입 여과사의 세척탁도는 30도 이하여야 한다.

26 계획우수유출량의 산정방법으로 쓰이는 합리식 $Q = \dfrac{1}{360} C \cdot I \cdot A$에 대한 설명으로 틀린 것은?

㉮ C는 유출계수이다.
㉯ 우수유출량 산정에 있어 가장 기본이 되는 공식이다.
㉰ I는 유달시간(t)내의 평균강우강도이다.
㉱ A는 우수배제관거의 통수단면적이다.

풀이 ㉱ A는 우수배제구역의 단면적이다.

27 펌프의 토출량이 12m³/min, 펌프의 유효흡입 수두 8m, 규정 회전수 2,000회/분인 경우, 이 펌프의 비교 회전도는 얼마인가? (단, 양흡입의 경우가 아님)

㉮ 892 ㉯ 1,045
㉰ 1,286 ㉱ 1,457

풀이
$Ns = N \times \dfrac{Q^{\frac{1}{2}}}{H^{\frac{3}{4}}}$
여기서

answer 23 ㉯ 24 ㉰ 25 ㉱ 26 ㉱ 27 ㉱

$\begin{bmatrix} Ns : \text{비교회전도(rpm)} \\ N : \text{규정회전수(rpm)} \\ Q : \text{토출량(m}^3\text{/min)} \\ H : \text{전양정(m)} \end{bmatrix}$

따라서 $Ns = 2,000\text{회/min} \times \dfrac{(12m^3/min)^{\frac{1}{2}}}{(8m)^{\frac{3}{4}}}$

$= 1,456.48 rpm$

TIP
① $rpm = \dfrac{회}{min}$
② 2,000회/분 = 2,000rpm

28 공동현상(Cavitation)이 발생하는 것을 방지하기 위한 대책으로 틀린 것은?

㉮ 흡입측 밸브를 완전히 개방하고 펌프를 운전한다.
㉯ 흡입관의 손실을 가능한 크게 한다.
㉰ 펌프의 위치를 가능한 한 낮춘다.
㉱ 펌프의 회전속도를 낮게 선정한다.

풀이 ㉯ 흡입관의 손실을 가능한 작게 한다.

29 하수의 계획오염부하량 및 계획유입수질에 관한 내용으로 틀린 것은?

㉮ 계획유입수질 : 계획오염부하량을 계획1일최대오수량으로 나눈 값으로 한다.
㉯ 생활오수에 의한 오염부하량 : 1인1일당 오염부하량 원단위를 기초로 하여 정한다.
㉰ 관광오수에 의한 오염부하량 : 당일관광과 숙박으로 나누고 각각의 원단위에서 추정한다.
㉱ 영업오수에 의한 오염부하량 : 업무의 종류 및 오수의 특징 등을 감안하여 결정한다.

풀이 ㉮ 계획유입수질 : 계획오염부하량을 계획1일평균오수량으로 나눈 값으로 한다.

30 상수처리시설 중 장방형 침사지의 구조에 관한 설명으로 틀린 것은?

㉮ 지의 길이는 폭의 3~8배를 표준으로 한다.
㉯ 지의 고수위는 계획취수량이 유입될 수 있도록 취수구의 계획최저수위 이하로 정한다.
㉰ 지내평균유속은 2~7cm/sec를 표준으로 한다.
㉱ 침사지 바닥경사는 1/20 이상의 경사를 두어야 한다.

풀이 ㉱ 침사지 바닥경사는 보통 1/100 ~ 2/100로 한다.

31 펌프효율 $\eta = 80\%$, 전양정 $H = 16m$인 조건하에서 양수량 $Q = 12L/sec$로 펌프를 회전시킨다면 이 때 필요한 축동력(kW)은 얼마인가? (단, 전동기는 직결, 물의 밀도 $r = 1,000 kg/m^3$)

㉮ 1.28 ㉯ 1.73
㉰ 2.35 ㉱ 2.88

풀이 $kW = \dfrac{r \times Q \times H}{102 \times \eta} \times \alpha$

$\begin{bmatrix} r : \text{비중량(1,000kg/m}^3\text{)} \\ Q : \text{펌프의 양수량(m}^3\text{/sec)} \\ H : \text{전양정(m)} \\ \eta : \text{펌프의 효율} \\ \alpha : \text{여유율} \end{bmatrix}$

∴ $kW = \dfrac{1,000 kg/m^3 \times 12 \times 10^{-3} m^3/sec \times 16m}{102 \times 0.8}$

$= 2.35 kW$

answer 28 ㉯ 29 ㉮ 30 ㉱ 31 ㉰

> **TIP**
> 1kw = 102kg·m/sec이므로 양수량의 시간단위는 반드시 sec이어야 한다.

32 상수취수를 위한 저수시설 계획기준년에 관한 내용으로 ( )에 알맞은 것은?

> 계획취수량을 확보하기 위하여 필요한 저수용량의 결정에 사용하는 계획기준년은 원칙적으로 ( )를 표준으로 한다.

㉮ 7개년에 제1위 정도의 갈수
㉯ 10개년에 제1위 정도의 갈수
㉰ 7개년에 제1위 정도의 홍수
㉱ 10개년에 제1위 정도의 홍수

풀이 계획기준년은 원칙적으로 10개년에 제1위 정도의 갈수를 표준으로 한다.

33 상수도시설인 도수시설의 도수노선에 관한 설명으로 틀린 것은?

㉮ 원칙적으로 공공도로 또는 수도 용지로 한다.
㉯ 수평이나 수직방향의 급격한 굴곡을 피한다.
㉰ 관로상 어떤 지점도 동수경사선보다 낮게 위치하지 않도록 한다.
㉱ 몇 개의 노선에 대하여 건설비 등의 경제성, 유지관리의 난이도 등을 비교·검토하고 종합적으로 판단하여 결정한다.

풀이 ㉰ 가능한 한 동수경사선 이하가 되도록 도수노선을 정한다.

34 상수도시설 중 저수시설인 하구둑에 관한 설명으로 틀린 것은? (단, 전용댐, 다목적댐과 비교)

㉮ 개발수량 : 중소규모의 개발이 기대된다.
㉯ 경제성 : 일반적으로 댐보다 저렴하다.
㉰ 설치지점 : 수요지 가까운 하천의 하구에 설치하여 농업용수에 바닷물의 침해 방지기능을 겸하는 경우가 많다.
㉱ 저류수의 수질 : 자체관리로 비교적 양호한 수질을 유지할 수 있어 염소이온 농도에 대한 주의가 필요 없다.

풀이 ㉱ 저류수의 수질 : 자체관리로 비교적 양호한 수질을 유지할 수 있으나, 염소이온농도에 대한 주의도 필요하다.

35 상수도시설인 급속여과지에 관한 내용으로 옳지 않은 것은?

㉮ 여과속도는 단층의 경우 120~150m/d를 표준으로 한다.
㉯ 여과지 1지의 여과면적은 $100m^2$ 이하로 한다.
㉰ 여과면적은 계획정수량을 여과속도로 나누어 계산한다.
㉱ 급속여과지는 중력식과 압력식이 있으며 중력식을 표준으로 한다.

풀이 ㉯ 여과지 1지의 여과면적은 $150m^2$ 이하로 한다.

answer 32 ㉯ 33 ㉰ 34 ㉱ 35 ㉯

36 콘크리트조의 장방형 수조(폭 2m, 깊이 2.5m)가 있다. 이 수로의 유효수심이 2m인 경우의 평균유속(m/sec)은 얼마인가? (단, Manning 공식 이용, 동수경사 = 1/2,000, 조도계수 = 0.017)

㉮ 1.00 ㉯ 1.42
㉰ 1.53 ㉱ 1.73

풀이

Manning식에서 유속 $(v) = \dfrac{1}{n} \times R^{\frac{2}{3}} \times I^{\frac{1}{2}}$ (m/sec)

$R(경심) = \dfrac{b \times h}{b+2h} = \dfrac{2m \times 2m}{2m+2 \times 2m} = 0.6667m$

$I(기울기 = 구배 = 동수경사) = \dfrac{1}{2,000}$

따라서 유속 $(V) = \dfrac{1}{0.017} \times (0.6667)^{\frac{2}{3}} \times \left(\dfrac{1}{2,000}\right)^{\frac{1}{2}}$
$= 1.00 \text{m/sec}$

37 유역면적이 100ha이고 유입시간(time of inlet)이 8분, 유출계수(C)가 0.38일 때 최대계획우수유출량(m³/sec)은 얼마인가? (단, 하수관거의 길이(L) = 400m, 관유속 = 1.2m/sec로 되도록 설계, $I = \dfrac{655}{\sqrt{t+0.09}}$ (mm/hr), 합리식 적용)

㉮ 약 18 ㉯ 약 24
㉰ 약 36 ㉱ 약 42

풀이

$Q = \dfrac{1}{360} CIA$

여기서
- C : 유출계수
- I : 강우강도(mm/hr)
- A : 면적(ha)

① $I = \dfrac{655}{\sqrt{t+0.09}}$ (mm/hr)

t(유달시간) = 유입시간(min) + 유하시간(min)

유하시간 = $\dfrac{관의 길이(m)}{관내 유속(m/min)}$

$= \dfrac{400m}{1.2\text{m/sec} \times 60\text{sec/min}} = 5.556\text{min}$

따라서
t(유달시간) = 8min + 5.556min = 13.556min

$I = \dfrac{655}{\sqrt{13.556\text{min}}+0.09} = 173.655 \text{mm/hr}$

② A(면적) = 100ha

③ $Q = \dfrac{1}{360} CIA$

$= \dfrac{1}{360} \times 0.38 \times 173.655 \text{mm/hr} \times 100\text{ha}$

$= 18.33 \text{m}^3/\text{sec}$

38 하수관로의 접합방법을 정할 때의 고려 사항으로 ( )에 가장 적합한 것은?

> 2개의 관로가 합류하는 경우의 중심교각은 되도록 (㉠) 이하로 하고, 곡선을 갖고 합류하는 경우의 곡률반경은 내경의 (㉡) 이상으로 한다.

㉮ ㉠ 60°, ㉡ 5배
㉯ ㉠ 60°, ㉡ 3배
㉰ ㉠ 30~45°, ㉡ 5배
㉱ ㉠ 30~45°, ㉡ 3배

풀이 하수관로 접합방법 고려사항
① 2개의 관로가 합류하는 경우의 중심교각은 되도록 30~45° 이하
② 곡선을 갖고 합류하는 경우의 곡률반경은 내경의 5배 이상

answer 36 ㉮ 37 ㉮ 38 ㉰

39 하수도시설인 유량조정조에 관한 내용으로 틀린 것은?

㉮ 조의 용량은 체류시간 3시간을 표준으로 한다.
㉯ 유효수심은 3~5m를 표준으로 한다.
㉰ 유량조정조의 유출수는 침사지에 반송하거나 펌프로 일차침전지 혹은 생물반응조에 송수한다.
㉱ 조내에 침전물의 발생 및 부패를 방지하기 위해 교반장치 및 산기장치를 설치한다.

> **풀이** ㉮ 조의 용량은 체류시간 1.5분을 표준으로 한다.

40 단면형태가 직사각형인 하수관로의 장·단점으로 옳은 것은?

㉮ 시공장소의 흙두께 및 폭원에 제한을 받는 경우에 유리하다.
㉯ 만류가 되기까지는 수리학적으로 불리하다.
㉰ 철근이 해를 받았을 경우에도 상부하중에 대하여 대단히 안정적이다.
㉱ 현장 타설의 경우, 공사기간이 단축된다.

> **풀이** ㉯ 만류가 되기까지는 수리학적으로 유리하다.
> ㉰ 철근이 해를 받았을 경우에도 상부하중에 대하여 대단히 불안정적이다.
> ㉱ 현장 타설의 경우, 공사기간이 지연된다.

| 제3과목 | 수질오염방지기술

41 폐수를 활성슬러지법으로 처리하기 위한 실험에서 BOD를 90% 제거하는데 6시간의 aeration이 필요하였다. 동일한 조건으로 BOD를 95% 제거하는데 요구되는 포기시간(hr)은 얼마인가? (단, BOD 제거반응은 1차반응(base 10)에 따른다.)

㉮ 7.31　　㉯ 7.81
㉰ 8.31　　㉱ 8.81

> **풀이** 1차반응식 : $\log \dfrac{C_t}{C_o} = -k \times t$
> ① $\log \dfrac{(100-90)\%}{100\%} = -k \times 6hr$
> ∴ $k = 0.1667/hr$
> ② $\log \dfrac{(100-95)\%}{100\%} = -0.1667/hr \times t$
> ∴ $t = 7.81hr$

TIP
① base가 10이면 log(상용대수) 사용
② base가 e이면 ln(자연대수) 사용

42 활성탄 흡착 처리 공정의 효율이 가장 낮은 것은?

㉮ 음용수의 맛과 냄새물질 제거 공정
㉯ 트리할로메탄, 농약, 유기 염소 화합물과 같은 미량 유기물질 제거 공정
㉰ 처리된 폐수의 잔존 유기물 제거 공정
㉱ 산업폐수 및 침출수 처리

> **풀이** ㉱ 산업폐수 및 침출수는 난분해성물질이 대부분을 차지하므로 활성탄을 이용한 흡착처리 공정으로는 효율이 낮다.

answer 39 ㉮　40 ㉮　41 ㉯　42 ㉱

43 수처리 과정에서 부유되어 있는 입자의 응집을 초래하는 원인으로 가장 거리가 먼 것은?

㉮ 제타 포텐셜의 감소
㉯ 플록에 의한 체거름 효과
㉰ 정전기 전하 작용
㉱ 가교현상

풀이 입자의 응집을 초래하는 원인
① 이중층의 압축 강화
② 체거름
③ 입자간의 가교작용
④ 제타전위의 감소
⑤ 침전물에 의한 포착
⑥ 전하의 전기적 중화

44 폐수 처리시설을 설치하기 위한 설계 기준이 다음과 같을 때, 필요한 활성슬러지 반응조의 수리학적 체류시간(HRT, hr)은 얼마인가? (단, 일 폐수량 = 40L, BOD농도 = 20,000mg/L, MLSS = 5,000mg/L, F/M = 1.5kgBOD/kg MLSS · day)

㉮ 24   ㉯ 48
㉰ 64   ㉱ 88

풀이
① F/M비(/day) = $\frac{BOD \times Q}{MLSS \times V}$ = $\frac{BOD}{MLSS} \times \frac{1}{t}$

따라서 1.5/day = $\frac{20,000mg/L}{5,000mg/L} \times \frac{1}{t}$

∴ t = $\frac{20,000mg/L}{1.5/day \times 5,000mg/L}$ = 2.667day

② t(hr) = 2.667day × $\frac{24hr}{1day}$ = 64hr

TIP
① 수리학적 체류시간(t) = $\frac{체적(V)}{유량(m^3/hr)}$
② t = $\frac{V}{Q}$ ⇒ $\frac{1}{t} = \frac{Q}{V}$

45 미처리 폐수에서 냄새를 유발하는 화합물과 냄새의 특징으로 가장 거리가 먼 것은?

㉮ 황화수소 - 썩은 달걀냄새
㉯ 유기 황화물 - 썩은 채소냄새
㉰ 스카톨 - 배설물 냄새
㉱ 디아민류 - 생선 냄새

풀이 ㉱ 디아민류 - 부패된 고기 냄새

46 생물학적 처리공정에서 질산화 반응은 다음의 총괄 반응식으로 나타낼 수 있다.

$$NH_4^+ + 2O_2 \xrightarrow{질산화} NO_3^- + 2H^+ + H_2O$$

NH_4^+-N 3mg/L가 질산화 되는데 요구되는 산소의 양(mg/L)은 얼마인가?

㉮ 11.2   ㉯ 13.7
㉰ 15.3   ㉱ 18.4

풀이
$NH_4^+ + 2O_2 \xrightarrow{질산화} NO_3^- + 2H^+ + H_2O$

14g : 2×32g
3mg/L : X

∴ X = $\frac{3mg/L \times 2 \times 32g}{14g}$ = 13.71mg/L

answer 43 ㉯ 44 ㉰ 45 ㉱ 46 ㉯ 47 ㉮

> **TIP**
> 풀이에서 NH_4^+의 분자량인 18g을 사용하지 않고 N의 원자량 14g을 사용한 이유는 3mg/L가 N의 농도이기 때문이다.

47 유입 폐수량 $50m^3/hr$, 유입수 BOD 농도 $200g/m^3$, MLVSS 농도 $2kg/m^3$, F/M 비 0.5kg BOD/kg MLVSS·day일 때, 포기조 용적(m^3)은 얼마인가?

㉮ 240 ㉯ 380
㉰ 430 ㉱ 520

풀이

$$F/M비(/day) = \frac{BOD(kg/m^3) \times Q(m^3/day)}{MLVSS(kg/m^3) \times V(m^3)}$$

$$0.5/day = \frac{0.2kg/m^3 \times 50m^3/hr \times 24hr/1day}{2kg/m^3 \times V(m^3)}$$

∴ $V = 240m^3$

> **TIP**
> ① ppm = mg/L = g/m^3
> ② $g/m^3 \xrightarrow{\times 10^{-3}} kg/m^3$

48 기체가 물에 녹을 때 Henry법칙이 적용된다. 다음 설명 중 적합하지 않은 것은?

㉮ 수온이 증가할수록 기체의 포화용존 농도는 높아진다.
㉯ 염분의 농도가 증가할수록 기체의 포화용존 농도는 낮아진다.
㉰ 기체의 포화용존 농도는 기체상태의 분압에 비례한다.
㉱ 물에 용해되어 이온화하는 기체에는 적용되지 않는다.

풀이 ㉮ 수온이 증가할수록 기체의 포화용존 농도는 낮아진다.

49 심층포기법의 장점으로 옳지 않은 것은?

㉮ 지하에 건설되므로 부지면적이 작게 소요 되며, 외기와 접하는 부분이 작아 온도 영향이 적다.
㉯ 고압에서 산소전달을 하므로 산소전달율이 높다.
㉰ 산소전달율이 높아 MLSS를 높일 수 있어 농도가 높은 폐수를 처리할 수 있고, BOD용적부하를 증가시킬 수 있어 단위체적당 처리량을 증가시킬 수 있다.
㉱ 깊은 하부에 MLSS와 폐수를 같이 순환시키는데 에너지가 적게 소요된다.

풀이 ㉱ 깊은 하부에 MLSS와 폐수를 같이 순환시키는데 에너지가 많이 소요된다.

50 대장균의 사멸속도는 현재의 대장균수에 비례한다. 대장균의 반감기는 1시간이며, 시료의 대장균수는 1,000개/mL이라면, 대장균의 수가 10개/mL가 될 때까지 걸리는 시간(hr)은 얼마인가?

㉮ 약 4.7 ㉯ 약 5.7
㉰ 약 6.7 ㉱ 약 7.7

풀이

1차 반응식 : $\ln \frac{C_t}{C_o} = -k \times t$

① $\ln \frac{1}{2} = -k \times 1hr$

∴ $k = \frac{\ln \frac{1}{2}}{-1hr} = 0.6931/hr$

② $\ln \frac{10개/mL}{1,000개/mL} = -0.6931/hr \times t$

∴ $t = \frac{\ln \frac{10개/mL}{1,000개/mL}}{-0.6931/hr} = 6.64hr$

answer 48 ㉮ 49 ㉱ 50 ㉰

51 1일 10,000m³의 폐수를 급속혼화지에서 체류시간 60sec, 평균속도경사(G) 400sec⁻¹인 기계식고속 교반장치를 설치하여 교반하고자 한다. 이 장치에 필요한 소요 동력(W)은 얼마인가? (단, 수온 10℃, 점성계수 $(\mu) = 1.307 \times 10^{-3}$ kg/m·s)

㉮ 약 2,621 ㉯ 약 2,226
㉰ 약 1,842 ㉱ 약 1,452

풀이 $P = G^2 \times \mu \times V$
여기서
- P : 동력(W)
- G : 속도경사(/sec)
- μ : 점성계수(kg/m·sec)
- V : 체적(m³)

① $V(m^3) = Q(m^3/day) \times t(day)$
  $= \dfrac{10,000m^3}{day} \times \dfrac{1day}{24hr} \times \dfrac{1hr}{3,600sec} \times 60sec$
  $= 6.94m^3$

② $P = (400/sec)^2 \times 1.307 \times 10^{-3} kg/m \cdot sec \times 6.94m^3$
  $= 1,451.29$ Watt

52 다음 중 폐수처리방법으로 가장 적절하지 않은 것은?

㉮ 시안(CN) 함유 폐수를 처리하기 위해 pH를 4 이하로 조정하고 차아염소산나트륨(NaClO)을 사용하였다.
㉯ 카드뮴(Cd) 함유 폐수를 처리하기 위해 pH를 10 정도로 조정하고 수산화나트륨(NaOH)을 사용하였다.
㉰ 크롬(Cr) 함유 폐수를 처리하기 위해 pH를 3 정도로 조정하고 황산철(FeSO₄)을 사용하였다.
㉱ 납(Pb) 함유 폐수를 처리하기 위해 pH를 10정도로 조정하고 수산화나트륨(NaOH)을 사용하였다.

풀이 ㉮ 시안(CN) 함유 폐수를 처리하기 위해 pH를 8 정도로 조정하고 차아염소산나트륨(NaClO)을 사용하였다.

53 유량 20,000m³/day, BOD 2mg/L인 하천에 유량 500m³/day, BOD 500mg/L인 공장폐수를 폐수처리시설로 유입하여 처리 후 하천으로 방류시키고자 한다. 완전히 혼합된 후 합류지점의 BOD를 3mg/L 이하로 하고자 한다면 폐수처리시설의 BOD 제거율(%)은 얼마인가? (단, 혼합 후의 기타변화는 없다고 가정)

㉮ 61.8 ㉯ 76.9
㉰ 87.2 ㉱ 91.4

풀이

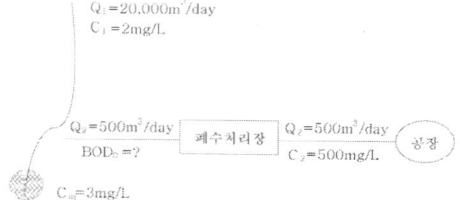

폐수처리장의 효율(%) $= \left(1 - \dfrac{유출수의\ BOD}{유입수의\ BOD}\right) \times 100$

① $C_m = \dfrac{Q_1C_1 + Q_2BOD_o}{Q_1 + Q_2}$

 $3mg/L = \dfrac{20,000m^3/day \times 2mg/L + 500m^3/day \times BOD_o}{(20,000 + 5,000)m^3/day}$

 ∴ $BOD_o = 43mg/L$

② 유입수 BOD(BOD_i) = 500mg/L

③ 폐수처리장의 효율(%)
 $= \left(1 - \dfrac{43mg/L}{500mg/L}\right) \times 100$
 $= 91.4\%$

answer 51 ㉱ 52 ㉮ 53 ㉱

54 지름이 0.05mm이고 비중이 0.6인 기름 방울은 비중이 0.8인 기름방울보다 수중에서의 부상속도가 얼마나 더 큰가? (단, 물의 비중 = 1.0)

㉮ 1.5배　　㉯ 2.0배
㉰ 2.5배　　㉱ 3.0배

풀이 $Vf = \dfrac{d^2(\rho_w - \rho_s)g}{18 \times \mu}$ 에서

부상속도(Vf) ∝ ($\rho_w - \rho_s$)

$Vf = \dfrac{(1.0-0.6)}{(1.0-0.8)} = 2$배

55 생물학적 질소, 인 제거공정에서 포기조의 기능과 가장 거리가 먼 것은?

㉮ 질산화　　㉯ 유기물 제거
㉰ 탈질　　　㉱ 인 과잉섭취

풀이 ㉰ 탈질(질소제거)은 무산소조의 기능이다.

56 입자의 침전속도가 작게 되는 경우는?
(단, 기타 조건은 동일하며 침전속도는 스톡스 법칙에 따른다.)

㉮ 부유물질 입자 밀도가 클 경우
㉯ 부유물질 입자의 입경이 클 경우
㉰ 처리수의 밀도가 작을 경우
㉱ 처리수의 점성도가 클 경우

풀이 침전속도가 작게 되는 조건
① 부유물질 입자 밀도가 작을 경우
② 부유물질 입자의 입경이 작을 경우
③ 처리수의 밀도가 클 경우
④ 처리수의 점성도가 클 경우
⑤ 부유물질의 밀도와 처리수 밀도의 차가 작을 때

57 유입유량 500,000m³/day, BOD_5 200 mg/L인 폐수를 처리하기 위해 완전혼합형 활성슬러지 처리장을 설계하려고 한다. 1차침전지에서 제거된 유입수 BOD_5 34%, MLVSS 3,000mg/L, 반응속도상수 (K) 1.0L/g MLVSS·hr이라면, 일차반응일 경우 F/M비(kg BOD/kg MLVSS·day)는 얼마인가? (단, 유출수 BOD_5 = 10mg/L)

㉮ 0.26　　㉯ 0.28
㉰ 0.32　　㉱ 0.36

풀이 ① 유기물 반응시간 = $\dfrac{S_i - S_o}{k \times MLVSS \times S_o}$

$= \dfrac{\{200mg/L \times (1-0.34)\} - 10mg/L}{1.0L/g \cdot hr \times 3g/L \times 10mg/L}$

$= 4.0667hr$

② 유기물 반응시간(day) = $4.0667hr \times \dfrac{1day}{24hr}$

$= 0.17day$

③ F/M비(/day) = $\dfrac{BOD \times Q}{MLSS \times V} = \dfrac{BOD}{MLSS} \times \dfrac{1}{t}$

$= \dfrac{200mg/L \times (1-0.34)}{3,000mg/L} \times \dfrac{1}{0.17day}$

$= 0.259/day$

58 다음 활성슬러지 포기조의 수질 측정값에 대한 설명으로 옳은 것은?
(단, 수온 = 27℃, pH 6.5, DO = 1mg/L, MLSS = 2,500mg/L, 유입수 BOD = 100mg/L, 유입수 NH_3-N = 6mg/L, 유입수 PO_4^{3-}-P = 2mg/L, 유입수 CN^- = 5mg/L)

㉮ F/M비가 너무 낮으므로 MLSS 농도를 1,000mg/L 정도로 낮춘다.
㉯ 수온은 15℃ 정도, pH는 8.5 정도, DO는 2mg/L 정도로 조정하는 것이 좋다.
㉰ 미생물의 원활한 성장을 위해 질소와 인을 추가 공급할 필요가 있다.

answer 54 ㉯　55 ㉰　56 ㉱　57 ㉮　58 ㉱

㉣ CN^-는 포기조에 유입되지 않도록 하는 것이 좋다.

풀이 ㉮ MLSS 농도는 2,500mg/L 정도로 유지하면 된다.
㉯ 수온은 25~30℃ 정도, pH는 6~8 정도, DO는 2mg/L 정도로 조정하는 것이 좋다.
㉰ 생물의 원활한 성장을 위해 질소와 인을 추가 공급할 필요가 없다.

59 부유입자에 의한 백색광 산란을 설명하는 Raleigh의 법칙은? (단, I : 산란광의 세기, V : 입자의 체적, λ : 빛의 파장, n : 입자의 수)

㉮ $I \propto \dfrac{V^2}{\lambda^4} n$ ㉯ $I \propto \dfrac{V}{\lambda^2} n$

㉰ $I \propto \dfrac{V}{\lambda} n^2$ ㉱ $I \propto \dfrac{V}{\lambda^2} n^2$

풀이 Raleigh의 법칙에서 산란광의 세기(I)는 입자의 체적 제곱에 비례하고, 입자의 수에 비례하고, 빛의 파장 4승에 반비례하므로 정답은 $I \propto \dfrac{V^2}{\lambda^4} \times n$이다.

60 플록을 형성하여 침강하는 입자들이 서로 방해를 받으므로 침전속도는 점차 감소하게 되며 침전하는 부유물과 상등수간에 뚜렷한 경계면이 생기는 침전형태는?

㉮ 지역침전 ㉯ 압축침전
㉰ 압밀침전 ㉱ 응집침전

풀이 ㉮ 지역침전(Ⅲ형침전, 간섭침전, 방해침전)에 대한 설명이다.

| 제4과목 | 수질오염공정시험기준

61 수질분석 관련 용어의 설명 중 잘못된 것은?

㉮ 수욕상 또는 수욕 중에서 가열한다라 함은 따로 규정이 없는 한 수온 100℃에서 가열함을 뜻한다.
㉯ 용액의 산성, 중성 또는 알칼리성을 검사할 때는 따로 규정이 없는 한 유리전극법에 의한 pH 미터로 측정하고 구체적으로 표시할 때는 pH 값을 쓴다.
㉰ 진공이라 함은 $15mmH_2O$ 이하의 진공도를 말한다.
㉱ 분석용 저울은 0.1mg까지 달 수 있는 것이어야 한다.

풀이 ㉰ 진공이라 함은 15mmHg 이하의 진공도를 말한다.

62 배수로에 흐르는 폐수에 유량을 부유체를 사용하여 측정했다. 수로의 평균단면적 $0.5m^2$ 표면 최대속도 6m/s일 때 이 폐수의 유량(m^3/min)은 얼마인가? (단, 수로의 구성, 재질, 수로단면의 형상, 기울기 등이 일정하지 않은 개수로)

㉮ 115 ㉯ 135
㉰ 185 ㉱ 245

풀이 유량(m^3/min)
= 평균 단면적(m^2)×평균유속(m/min)
= $0.5m^2$×6m/sec×0.75×60sec/min = $135m^3$/min

TIP
평균유속 = 표면최대유속×0.75

answer 59 ㉮ 60 ㉮ 61 ㉰ 62 ㉯

63 퇴적물 채취기 중 포나 그랩(ponar grab)에 관한 설명으로 틀린 것은?

㉮ 모래가 많은 지점에서도 채취가 잘되는 중력식 채취기 이다.
㉯ 채취기를 바닥 퇴적물 위에 내린 후 메신저를 투하하면 장방형 상자의 밑판이 닫힌다.
㉰ 부드러운 펄층이 두터운 경우에는 깊이 빠져 들어가기 때문에 사용하기 어렵다.
㉱ 원래의 모델은 무게가 무겁고 커서 윈치 등이 필요하지만 소형의 포나 그랩은 윈치 없이 내리고 올릴 수 있다.

[풀이] ㉯ 에크만 그랩에 대한 설명이다.

64 시료의 전처리 방법인 피로리딘다이티오카르바민산 암모늄 추출법에서 사용하는 지시약으로 알맞은 것은?

㉮ 티몰블루·에틸알코올용액
㉯ 메타이소부틸 에틸알코올용액
㉰ 브로모페놀블루·에틸알코올용액
㉱ 메타크레졸퍼플 에틸알코올용액

[풀이] 시료의 전처리 방법인 피로리딘다이티오카르바민산 암모늄 추출법에서 사용하는 지시약은 브로모페놀블루·에틸알코올용액이다.

65 자외선/가시선 분광법으로 분석할 때 측정 파장이 가장 긴 것은?

㉮ 구리 ㉯ 아연
㉰ 카드뮴 ㉱ 크롬

[풀이] 자외선/가시선 분광법에서 측정 파장
㉮ 구리 : 440nm
㉯ 아연 : 620nm
㉰ 카드뮴 : 530nm
㉱ 크롬 : 540nm

66 유리전극에 의한 pH 측정에 관한 설명으로 알맞지 않은 것은?

㉮ 유리전극을 미리 정제수에 수 시간 담가 둔다.
㉯ pH 전극 보정 시 측정기의 전원을 켜고 시험 시작까지 30분 이상 예열한다.
㉰ 전극을 프탈산염 표준용액(pH 6.88) 또는 pH 7.00 표준용액에 담그고 표시된 값을 보정한다.
㉱ 온도보정 시 pH 4 또는 10 표준용액에 전극을 담그고 표준용액의 온도를 10℃~30℃사이로 변화시켜 5℃ 간격으로 pH를 측정하여 차이를 구한다.

[풀이] ㉰ 전극을 프탈산염 표준용액(pH 4.00) 또는 pH 4.01 표준용액에 담그고 표시된 값을 보정한다.

67 기체크로마토그래피에 의한 알킬수은의 분석방법으로 ( )에 알맞은 것은?

> 알킬수은화합물을 (㉠)으로 추출하여 (㉡)에 선택적으로 역추출하고 다시 (㉠)으로 추출하여 기체크로마토그래프로 측정하는 방법이다.

㉮ ㉠ 헥산, ㉡ 염화메틸수은용액
㉯ ㉠ 헥산, ㉡ 크로모졸브용액
㉰ ㉠ 벤젠, ㉡ 펜토에이트용액
㉱ ㉠ 벤젠, ㉡ L-시스테인용액

[풀이] 알킬수은의 기체크로마토그래피법
① 추출용매 : 벤젠
② 역추출용매 : L-시스테인
③ 정량한계 : 0.0005mg/L
④ 운반가스 : 99.999%이상의 질소 또는 헬륨
⑤ 검출기 : 전자포획형 검출기

---

answer 63 ㉯   64 ㉰   65 ㉯   66 ㉰   67 ㉱

68 유도결합 플라스마 발광분석장치의 측정 시 플라스마 발광부 관측 높이는 유도 코일 상단으로부터 얼마의 범위(mm)에서 측정하는가? (단, 알칼리 원소는 제외)

㉮ 15~18 ㉯ 35~38
㉰ 55~58 ㉱ 75~78

풀이 유도결합 플라스마 발광분석장치의 측정 시 플라스마 발광부 관측 높이는 유도 코일상단으로부터 15mm~18mm 범위에서 측정한다.

69 다이메틸글리옥심을 이용하여 정량하는 금속은?

㉮ 아연 ㉯ 망간
㉰ 니켈 ㉱ 구리

풀이 다이메틸글리옥심은 니켈을 자외선/가시선 분광법으로 정량할 때 사용하는 시약이다.

70 이온전극법에서 격막형 전극을 이용하여 측정하는 이온이 아닌 것은?

㉮ F^- ㉯ CN^-
㉰ NH_4^+ ㉱ NO_2^-

풀이 이온전극법에서 측정하는 이온
① 유리막 전극 : NH_4^+, Na^+, K^+
② 격막형 전극 : NH_4^+, NO_2^-, CN^-

TIP
암기법
암모늄은 공통/유리나 칼로/경아질시하데

71 불소화합물의 분석방법과 가장 거리가 먼 것은? (단, 수질오염공정시험기준)

㉮ 자외선/가시선 분광법
㉯ 이온전극법
㉰ 이온크로마토그래피
㉱ 불꽃 원자흡수분광광도법

풀이 불소화합물의 분석방법으로는 자외선/가시선 분광법, 이온전극법, 이온크로마토그래피, 연속흐름법이 있다.

TIP
불꽃 원자흡수분광광도법은 중금속을 분석하는 방법이므로 불소화합물이 중금속인지를 판단하면 쉽게 답을 찾을 수 있다.

72 총질소의 측정원리에 관한 내용으로 ( )에 알맞은 것은?

> 시료 중 모든 질소화합물을 알칼리성 ( )을 사용하여 120℃ 부근에서 유기물과 함께 분해하여 질산이온으로 산화시킨 후 산성상태로 하여 흡광도를 220nm에서 측정하여 총질소를 정량하는 방법이다.

㉮ 과황산칼륨
㉯ 몰리브덴산 암모늄
㉰ 염화제일주석산
㉱ 아스코르빈산

풀이 총질소(T-N)의 자외선/가시선 분광법
① 분해시약 : 알칼리성 과황산칼륨
② 분해온도 : 120℃ 부근
③ 측정파장 : 220nm
④ 발색되는 색 : 무색

answer 68 ㉮ 69 ㉰ 70 ㉮ 71 ㉱ 72 ㉮

73 공장폐수의 BOD를 측정하기 위해 검수에 희석을 가하여 50배로 희석하여 20℃, 5일 배양하였다. 희석 후 초기 DO를 측정하기 위해 소모된 0.025 N-Na₂S₂O₃의 양은 4.0mL였으며 5일 배양 후 DO를 측정하는데 0.025 N-Na₂S₂O₃ 2.0mL 소모되었을 때 공장폐수의 BOD(mg/L)는 얼마인가? (단 BOD 병 = 285mL, 적정에 사용된 액량 = 100mL, BOD병에 가한 시약은 황산망간과 아지드나트륨 용액 = 총 2mL, 적정 시액의 factor = 1)

㉮ 201.5 ㉯ 211.5
㉰ 221.5 ㉱ 231.5

풀이
① $DO_1 = a \times f \times \dfrac{V_1}{V_2} \times \dfrac{1,000}{V_1-R} \times 0.2$

$= 4.0mL \times 1.0 \times \dfrac{285mL}{100mL} \times \dfrac{1,000}{285mL-2mL} \times 0.2$

$= 8.056 mg/L$

② $DO_2 = a \times f \times \dfrac{V_1}{V_2} \times \dfrac{1,000}{V_1-R} \times 0.2$

$= 2.0mL \times 1.0 \times \dfrac{285mL}{100mL} \times \dfrac{1,000}{285mL-2mL} \times 0.2$

$= 4.028 mg/L$

③ $BOD(mg/L) = (DO_1 - DO_2) \times 희석배수치$
$= (8.056 - 4.028)mg/L \times 50배$
$= 201.4 mg/L$

74 시료의 용기를 폴리에틸렌병으로 사용하여도 무방한 항목은?

㉮ 노말헥산추출물질
㉯ 페놀류
㉰ 유기인
㉱ 음이온계면활성제

풀이 시료용기
㉮ 노말헥산추출물질 : 유리용기
㉯ 페놀류 : 유리용기
㉰ 유기인 : 유리용기
㉱ 음이온계면활성제 : 유리용기, 폴리에틸렌용기

75 원자흡수분광광도법에서 공존물질과 작용하여 해리하기 어려운 화합물이 생성되어 흡광에 관계하는 기저상태의 원자수가 감소하는 경우 일어나는 화학적 간섭을 피하는 방법이 아닌 것은?

㉮ 이온교환이나 용매추출 등을 이용하여 방해물질을 제거한다.
㉯ 과량의 간섭원소를 첨가한다.
㉰ 간섭을 피하는 양이온, 음이온 또는 은폐제 킬레이트제 등을 첨가한다.
㉱ 표준시료와 분석시료와의 조성을 같게 한다.

풀이 ㉱ 표준시료와 분석시료와의 조성을 다르게 한다.

76 시료 채취 시 유의사항으로 틀린 것은?

㉮ 시료 채취 용기는 시료를 채우기 전에 시료로 3회 이상 씻은 다음 사용한다.
㉯ 유류 또는 부유물질 등이 함유된 시료는 균질성이 유지될 수 있도록 채취해야 하며, 침전물 등이 부상하여 혼입되어서는 안된다.
㉰ 심부층의 지하수 채취 시에는 고속양수펌프를 이용하여 채취시간을 최소화함으로써 수질의 변질을 방지하여야 한다.
㉱ 용존가스, 환원성 물질, 휘발성유기화합물, 냄새, 유류 및 수소이온 등을 측정하기 위한 시료를 채취할 때는 운반 중 공기와의 접촉이 없도록 시료 용기에 가득 채운 후 빠르게 뚜껑을 닫는다.

풀이 ㉰ 심부층의 지하수 채취 시에는 저속양수펌프를

answer 73 ㉮ 74 ㉱ 75 ㉱ 76 ㉰

이용하여 반드시 저속시료채취하여 시료의 교란을 최소화 하여야 한다.

TIP
① NaOH = 수산화나트륨 = 수산화소듐
② NaOH 1mol = 40g
③ M농도의 단위 : mol/L
④ ppm의 단위 : mg/L

77 자외선/가시선 분광법으로 불소 시험 중 탈색현상이 나타났을 때 원인이 될 수 있는 것은?

㉮ 황산이 분해되어 유출된 경우
㉯ 염소이온이 다량 함유되어 있을 경우
㉰ 교반속도가 일정하지 않았을 경우
㉱ 시료 중 불소함량이 정량범위를 초과할 경우

풀이 자외선/가시선 분광법으로 불소 시험 중 탈색현상이 나타나는 원인은 시료 중 불소함량이 정량범위를 초과할 경우이다.

78 반드시 유리시료용기를 사용하여 시료를 보관해야 하는 항목은?

㉮ 염소이온   ㉯ 총인
㉰ 시안   ㉱ 유기인

풀이 시료용기
㉮ 염소이온 : 유리용기, 폴리에틸렌용기
㉯ 총인 : 유리용기, 폴리에틸렌용기
㉰ 시안 : 유리용기, 폴리에틸렌용기
㉱ 유기인 : 유리용기

79 NaOH 0.01M은 몇 mg/L인가?

㉮ 40   ㉯ 400
㉰ 4,000   ㉱ 40,000

풀이
$$mg/L = \frac{0.01mol}{L} \times \frac{40g}{1mol} \times \frac{10^3 mg}{1g}$$
$$= 400 mg/L$$

80 자외선/가시선 분광법을 적용하여 페놀류를 측정할 때 간섭물질에 관한 설명으로 (　)에 옳은 것은?

황 화합물의 간섭을 받을 수 있는데 이는 (　)을 사용하여 pH 4로 산성화하여 교반하면 황화수소, 이산화황으로 제거할 수 있다.

㉮ 염산   ㉯ 질산
㉰ 인산   ㉱ 과염소산

풀이 황 화합물에 의한 간섭은 시료에 인산을 첨부하여 pH 4로 산성화하여 교반하면 황화수소, 이산화황으로 제거할 수 있으며, 황산구리를 넣어 제거할 수도 있다.

| 제5과목 | 수질환경관계법규

81 낚시제한구역에서의 낚시방법의 제한 사항 기준으로 옳은 것은?

㉠ 1개의 낚시대에 4개 이상의 낚시바늘을 떡밥과 뭉쳐서 미끼로 던지는 행위
㉡ 1개의 낚시대에 5개 이상의 낚시바늘을 떡밥과 뭉쳐서 미끼로 던지는 행위
㉢ 1명당 2대 이상의 낚시대를 사용하는 행위
㉣ 1명당 3대 이상의 낚시대를 사용하는 행위

answer 77 ㉱ 78 ㉱ 79 ㉯ 80 ㉰ 81 ㉯

풀이 낚시방법의 제한 사항 중 필수 암기사항
① 낚시바늘에 끼워서 사용하지 아니하고 물고기를 유인하기 위하여 떡밥, 어분 등을 던지는 행위
② 1명당 4대 이상의 낚시대를 사용하는 행위
③ 1개의 낚시대에 5개 이상의 낚시바늘을 떡밥과 뭉쳐서 미끼로 던지는 행위

82 비점오염원의 변경신고 기준으로 옳지 않은 것은?

㉮ 상호, 대표자, 사업명 또는 업종의 변경
㉯ 총 사업면적, 개발면적 또는 사업장 부지 면적이 처음 신고면적의 100분의 30 이상 증가하는 경우
㉰ 비점오염저감시설의 종류, 위치, 용량이 변경되는 경우
㉱ 비점오염원 또는 비점오염저감시설의 전부 또는 일부를 폐쇄하는 경우

풀이 ㉯ 총 사업면적, 개발면적 또는 사업장 부지 면적이 처음 신고면적의 100분의 15 이상 증가하는 경우

83 수질오염경보(조류경보) 발령 단계 중 조류 대발생 시 취수장·정수장 관리자의 조치사항은?

㉮ 주 2회 이상 시료채취·분석
㉯ 정수의 독소분석 실시
㉰ 발령기관에 대한 시험분석결과의 신속한 통보
㉱ 취수구 및 조류가 심한 지역에 대한 방어막 설치 등 조류 제거 조치 실시

풀이 관계기관 조치사항
㉮ 4대강 물환경연구소장
㉯ 정수장·취수장 관리자
㉰ 4대강 물환경연구소장
㉱ 수면관리자

84 폐수재이용업의 등록기준에 대한 설명 중 틀린 것은?

㉮ 저장시설 : 원폐수 및 재이용 후 발생되는 폐수 저장시설의 용량은 1일 8시간 최대처리량의 3일분 이상의 규모이어야 한다.
㉯ 건조시설 : 건조 잔류물이 외부로 누출되지 않는 구조로 건조잔류물의 수분 함량이 75퍼센트 이하의 성능이어야 한다.
㉰ 소각시설 : 소각시설의 연소실 출구 배출가스 온도조건은 최소 850℃ 이상, 체류시간은 최소 1초 이상이어야 한다.
㉱ 운반장비 : 폐수운반차량은 흑색으로 도색하고 노란색 글씨로 폐수운반차량, 회사명, 등록번호 및 용량 등을 일정한 크기로 표시하여야 한다.

풀이 ㉱ 운반장비 : 폐수운반차량은 청색으로 도색하고 노란색 바탕에 검은색 글씨로 폐수운반차량, 회사명, 등록번호 및 용량 등을 일정한 크기로 표시하여야 한다.

85 중점관리저수지의 관리자와 그 저수지의 소재지를 관할하는 시·도지사가 수립하는 중점관리저수지의 수질오염방지 및 수질개선에 관한 대책에 포함되어야 하는 사항으로 ( )에 옳은 것은?

중점관리저수지의 경계로부터 반경 ( )의 거주인구 등 일반현황

㉮ 500m 이내   ㉯ 1km 이내
㉰ 2km 이내   ㉱ 5km 이내

풀이 중점관리저수지의 수질오염방지 및 수질개선에 관한 대책에 포함되어야 하는 사항으로는 중점관리저수지의 경계로부터 반경 2km 이내의 거주인구 등 일반현황이다.

answer 82 ㉯ 83 ㉱ 84 ㉱ 85 ㉰

86 시·도지사가 설치할 수 있는 측정망의 종류에 해당하는 것은?

㉮ 비점오염원에서 배출되는 비점오염물질 측정망
㉯ 퇴적물 측정망
㉰ 도심하천 측정망
㉱ 공공수역 유해물질 측정망

[풀이] ㉰ 도심하천 측정망은 시·도지사에 해당한다.

TIP
측정망의 종류
1. 국립환경과학원장, 유역환경청장, 지방환경청장이 설치하는 측정망
   ① 비점오염원에서 배출되는 비점오염물질 측정망
   ② 수질오염물질의 총량관리를 위한 측정망
   ③ 대규모 오염원의 하류지점 측정망
   ④ 수질오염경보를 위한 측정망
   ⑤ 대권역·중권역을 관리하기 위한 측정망
   ⑥ 공공수역 유해물질 측정망
   ⑦ 퇴적물 측정망
   ⑧ 생물 측정망
2. 시·도지사, 대도시의 장, 수면관리자가 설치하는 측정망
   ① 소권역을 관리하는 측정망
   ② 도심하천 측정망

87 대권역 물환경관리계획에 포함되어야 할 사항으로 틀린 것은?

㉮ 상수원 및 물 이용현황
㉯ 점오염원, 비점오염원 및 기타수질오염원의 분포현황
㉰ 점오염원, 비점오염원 및 기타수질오염원의 수질오염 저감시설 현황
㉱ 점오염원, 비점오염원 및 기타수질오염원에서 배출되는 수질오염물질의 양

[풀이] 대권역 물환경관리계획에 포함되어야 하는 사항
① 물환경의 변화추이 및 물환경목표기준
② 상수원 및 물 이용현황
③ 점오염원, 비점오염원 및 기타수질오염원의 분포현황
④ 점오염원, 비점오염원 및 기타수질오염원에서 배출되는 수질오염물질의 양
⑤ 수질오염 예방 및 저감대책
⑥ 물환경 보전조치의 추진방향
⑦ 기후변화에 대한 적응대책

88 시·도지사가 오염총량관리기본계획의 승인을 받으려는 경우 오염총량관리기본계획안에 첨부하여 환경부장관에게 제출하여야 하는 서류가 아닌 것은?

㉮ 유역환경의 조사·분석 자료
㉯ 오염부하량의 저감계획을 수립하는 데에 사용한 자료
㉰ 오염총량목표수질을 수립하는 데에 사용한 자료
㉱ 오염부하량의 산정에 사용한 자료

[풀이] 오염총량관리기본계획안에 첨부하는 서류
① 유역환경의 조사·분석 자료
② 오염원의 자연증감에 관한 분석 자료
③ 지역개발에 관한 과거와 장래의 계획에 관한 자료
④ 오염부하량의 산정에 사용한 자료
⑤ 오염부하량의 저감계획을 수립하는 데에 사용한 자료

89 공공폐수처리시설 배수설비의 설치방법 및 구조기준으로 옳지 않은 것은?

㉮ 배수관의 관경은 안지름 150mm 이상으로 하여야 한다.
㉯ 배수관은 우수관과 합류하여 설치하여야 한다.
㉰ 배수관의 기점·종점·합류점·굴곡점과 관경·관 종류가 달라지는 지점에는 맨홀을 설치하여야 한다.
㉱ 배수관 입구에는 유효간격 10mm 이하의 스크린을 설치하여야 한다.

answer 86 ㉰ 87 ㉰ 88 ㉰ 89 ㉯

풀이 ⓓ 배수관은 우수관과 분리하여 빗물이 혼합되지 아니하도록 설치하여야 한다.

90 중권역 환경관리위원회의 위원으로 될 수 없는 자는?

㉮ 수자원 관계 기관의 임직원
㉯ 지방의회의원
㉰ 관계 행정기관의 공무원
㉱ 영리 민간단체에서 추천한 자

풀이 중권역 환경관리위원회의 위원은 수자원 관계 기관의 임직원, 지방의회의원, 관계 행정기관의 공무원 등이다.

91 수질 및 수생태계 환경기준에서 해역의 생활환경 기준으로 옳지 않은 것은?

㉮ 수소이온농도(pH) : 6.5~8.5
㉯ 용매추출유분(mg/L) : 0.01 이하
㉰ 총대장균군(총대장균군수/100mL) : 1000 이하
㉱ 총인(mg/L) : 0.05 이하

풀이 해역의 생활환경기준 항목은 수소이온농도, 용매추출유분, 총대장균군이므로 총인은 해당하지 않는다.

92 수질오염경보(조류경보) 단계 중 다음 발령·해제 기준의 설명에 해당하는 단계는? (단, 상수원 구간)

| 2회 연속 채취 시 남조류 세포수가 1,000세포/mL 이상 10,000세포/mL 미만인 경우 |

㉮ 관심 ㉯ 경보
㉰ 조류대발생 ㉱ 해제

풀이 상수원구간의 조류경보

경보단계	발령·해제기준
관심	2회 연속 채취 시 남조류의 세포수가 1,000세포/mL 이상 10,000세포/mL 미만인 경우
경계	2회 연속 채취 시 남조류의 세포수가 10,000세포/mL 이상 1,000,000세포/mL 미만인 경우
조류 대발생	2회 연속 채취 시 남조류의 세포수가 1,000,000세포/mL 이상
해제	2회 연속 채취 시 남조류의 세포수가 1,000세포/mL 미만

93 초과부과금 산정 시 적용되는 수질오염물질 1킬로그램당 부과금액이 가장 낮은 것은?

㉮ 크롬 및 그 화합물
㉯ 유기인화합물
㉰ 시안화합물
㉱ 비소 및 그 화합물

풀이 수질오염물질 1킬로그램당 부과금액
㉮ 크롬 및 그 화합물 : 75,000원
㉯ 유기인화합물 : 150,000원
㉰ 시안화합물 : 150,000원
㉱ 비소 및 그 화합물 : 100,000원

94 수질오염 방지시설 중 생물화학적 처리시설이 아닌 것은?

㉮ 살균시설
㉯ 폭기시설
㉰ 산화시설(산화조 또는 산화지)
㉱ 안정조

풀이 ㉮ 살균시설은 화학적 처리시설에 해당한다.

answer 90 ㉱ 91 ㉱ 92 ㉮ 93 ㉮ 94 ㉮

95 제2종 사업장에 해당되는 폐수배출량은?

㉮ 1일 배출량이 50m³ 이상, 200m³ 미만
㉯ 1일 배출량이 100m³ 이상, 300m³ 미만
㉰ 1일 배출량이 500m³ 이상, 2,000m³ 미만
㉱ 1일 배출량이 700m³ 이상, 2,000m³ 미만

> **풀이** 사업장 규모(1일 폐수배출량 기준)
> ① 제1종 : 2,000m³ 이상
> ② 제2종 : 700m³ 이상 2,000m³ 미만
> ③ 제3종 : 200m³ 이상 700m³ 미만
> ④ 제4종 : 50m³ 이상 200m³ 미만
> ⑤ 제5종 : 50m³ 미만

96 위임업무 보고사항 중 보고 횟수가 연 4회에 해당되는 것은?

㉮ 측정기기 부착사업자에 대한 행정처분 현황
㉯ 측정기기 부착사업장 관리 현황
㉰ 비점오염원의 설치신고 및 방지시설 설치현황 및 행정처분 현황
㉱ 과징금 부과 실적

> **풀이** 보고 횟수
> ㉮ 연 2회, ㉯ 연 2회, ㉰ 연 4회, ㉱ 연 2회

97 폐수무방류배출시설의 세부설치기준에 관한 내용으로 ( )에 옳은 내용은?

> 특별대책지역에 설치되는 폐수무방류배출 시설의 경우 1일 24시간 연속하여 가동 되는 것이면 배출 폐수를 전량 처리할 수 있는 예비 방지시설을 설치하여야 하고 1일 최대 폐수발생량이 ( )m³ 이상이면 배출 폐수의 무방류 여부를 실시간으로 확인할 수 있는 원격유량감시장치를 설치하여야 한다.

㉮ 100   ㉯ 200
㉰ 300   ㉱ 500

98 기본배출부과금의 부과 대상이 되는 수질오염물질은?

㉮ 유기물질   ㉯ BOD
㉰ 카드뮴   ㉱ 구리

> **풀이** 기본배출부과금의 부과 대상이 되는 수질오염물질은 유기물질과 부유물질이다.

99 비점오염방지시설의 유형별 기준 중 자연형 시설이 아닌 것은?

㉮ 저류시설   ㉯ 침투시설
㉰ 식생형 시설   ㉱ 스크린형 시설

> **풀이** 비점오염저감시설
> ① 자연형 시설 : 저류시설, 인공습지, 침투시설, 식생형 시설
> ② 장치형 시설 : 여과형 시설, 소용돌이형 시설, 스크린형 시설, 응집·침전 처리형 시설, 생물학적 처리형 시설

100 1일 폐수배출량이 2천m³ 이상인 사업장에서 생물화학적산소요구량의 농도가 25mg/L의 폐수를 배출하였다면, 이 업체의 방류수수질기준 초과에 따른 부과계수는? (단, 배출허용기준에 적용되는 지역은 청정지역 임)

㉮ 2.0   ㉯ 2.2
㉰ 2.4   ㉱ 2.6

> **풀이** 동일하게 출제되는 문제이므로 답을 잘 기억해 두시면 됩니다.

---

answer 95 ㉱ 96 ㉰ 97 ㉯ 98 ㉮ 99 ㉱ 100 ㉰

2020년 3회 수질환경기사

2020년 8월 22일 시행

| 제1과목 | 수질오염개론

01 자연계에 질소순환에 대한 설명으로 가장 거리가 먼 것은?

㉮ 대기의 질소는 방전작용, 질소고정세균 그리고 조류에 의하여 끊임없이 소비된다.
㉯ 소변 속의 질소는 주로 요소로 바로 탄산암모늄으로 가수 분해된다.
㉰ 유기질소는 부패균이나 곰팡이의 작용으로 암모니아성 질소로 변환된다.
㉱ 암모니아성 질소는 혐기성 상태에서 환원균에 의해 바로 질소가스로 변환된다.

[풀이] ㉱ 암모니아성 질소는 호기성 상태에서 질산균에 의해 아질산성 질소와 질산성 질소로 변환된다.

02 20℃에서 k_1이 0.16/day(base 10)이라 하면, 10℃에 대한 BOD_5/BOD_u 비는? (단, $\theta = 1.047$)

㉮ 0.63 ㉯ 0.68
㉰ 0.73 ㉱ 0.78

[풀이] ① 20℃의 k_1을 10℃의 k_1으로 전환한다.
$k_{(T)} = k(20℃) \times 1.047^{(T-20)} = 0.16/day \times 1.047^{(10-20)}$
$= 0.1011/day$
② $BOD_5 = BOD_u \times (1-10^{-k_1 \times t})$
$\dfrac{BOD_5}{BOD_u} = 1-10^{-k_1 \times t} = 1-10^{(-0.1011/day \times 5day)} = 0.6877$

03 유량 400,000m³/day의 하천에 인구 20만명의 도시로부터 30,000m³/day의 하수가 유입되고 있다. 하수 유입 전 하천의 BOD는 0.5mg/L이고, 유입 후 하천의 BOD를 2mg/L로 하기 위해서 하수처리장을 건설하려고 한다면 이 처리장의 BOD 제거효율(%)은? (단, 인구 1인당 BOD 배출량 = 20g/day)

㉮ 약 84 ㉯ 약 87
㉰ 약 90 ㉱ 약 93

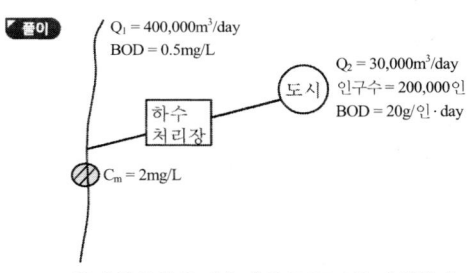

① 혼합공식을 이용해 $C_2(BOD_0)$를 계산한다.
$C_m = \dfrac{Q_1 C_1 + Q_2 C_2}{Q_1 + Q_2}$
$2mg/L = \dfrac{400,000m^3/day \times 0.5mg/L + 30,000m^3/day \times C_2}{(400,000+30,000)m^3/day}$
∴ $C_2(BOD_0) = 22mg/L$

② 하수처리장의 BOD 제거효율을 계산한다.
제거효율(%) $= \left(1 - \dfrac{BOD_o}{BOD_i}\right) \times 100$
$= \left(1 - \dfrac{22mg/L}{133.33mg/L}\right) \times 100 = 83.50\%$

여기서 $BOD_i = \dfrac{20g/인 \cdot day \times 200,000인}{30,000m^3/day}$
$= 133.33g/m^3 = 133.33mg/L$

answer 01 ㉱ 02 ㉯ 03 ㉮

04 에탄올(C_2H_5OH) 300mg/L가 함유된 폐수의 이론적 COD값(mg/L)은? (단, 기타 오염물질은 고려하지 않음)

㉮ 312 ㉯ 453
㉰ 578 ㉱ 626

풀이
$C_2H_5OH + 3O_2 \rightarrow 2CO_2 + 3H_2O$
　　46g　：3×32g
　　300mg/L　：COD
∴ COD = 626.09mg/L

05 유량 4.2m³/sec, 유속 0.4m/sec, BOD 7mg/L인 하천이 흐르고 있다. 이 하천에 유량 25.2m³/min, BOD 500mg/L인 공장폐수가 유입되고 있다면 하천수와 공장폐수의 합류지점의 BOD(mg/L)는? (단, 완전 혼합이라 가정)

㉮ 약 33 ㉯ 약 45
㉰ 약 52 ㉱ 약 67

풀이
혼합공식 $C_m = \dfrac{Q_1C_1 + Q_2C_2}{Q_1 + Q_2}$을 이용한다.

$C_m = \dfrac{4.2m^3/sec \times 7mg/L + 25.2m^3/min \times 1min/60sec \times 500mg/L}{4.2m^3/sec + 25.2m^3/min \times 1min/60sec}$

　　= 51.82mg/L

06 Glucose($C_6H_{12}O_6$) 500mg/L 용액을 호기성 처리 시 필요한 이론적인 인(P)농도(mg/L)는? (단, BOD_5 : N : P = 100 : 5 : 1, $k_1 = 0.1day^{-1}$, 상용대수기준, 완전분해기준, BOD_u = COD)

㉮ 약 3.7 ㉯ 약 5.6
㉰ 약 8.5 ㉱ 약 12.8

풀이
① $C_6H_{12}O_6$에서 최종BOD(BOD_u) 계산
$C_6H_{12}O_6 + 6O_2 \rightarrow 6CO_2 + 6H_2O$
　180g　：6×32g
　500mg/L　：X(BOD_u)
∴ X(BOD_u) = 533.33mg/L

② BOD_5 공식을 이용해 BOD_5 계산
$BOD_5 = BOD_u \times (1-10^{-k_1 \times t})$
　　　= 533.33mg/L × (1-10^{-0.1/day×5day})
　　　= 364.68mg/L

③ 인(P)의 농도 계산
BOD_5　：P
100　：1
364.68mg/L　：X(P)
∴ X(P) = 3.65mg/L

07 Graham의 기체법칙에 관한 내용으로 (　)에 알맞은 것은?

> 수소의 확산속도에 비해 염소는 약 (㉠), 산소는 (㉡) 정도의 확산속도를 나타낸다.

㉮ ㉠ 1/6, ㉡ 1/4　㉯ ㉠ 1/6, ㉡ 1/9
㉰ ㉠ 1/4, ㉡ 1/6　㉱ ㉠ 1/9, ㉡ 1/6

풀이
㉠ 염소 : $\dfrac{\sqrt{2}}{\sqrt{71}} = \dfrac{1}{6}$

㉡ 산소 : $\dfrac{\sqrt{2}}{\sqrt{32}} = \dfrac{1}{4}$

TIP
① 수소(H_2)의 분자량 = 1×2 = 2
② 염소(Cl_2)의 분자량 = 35.5×2 = 71
③ 산소(O_2)의 분자량 = 16×2 = 32

answer 04 ㉱　05 ㉰　06 ㉮　07 ㉮

08 적조현상에 의해 어패류가 폐사하는 원인과 가장 거리가 먼 것은?

㉮ 적조생물이 어패류의 아가미에 부착하여
㉯ 적조류의 광범위한 수면막 형성으로 인해
㉰ 치사성이 높은 유독물질을 분비하는 조류로 인해
㉱ 적조류의 사후분해에 의한 수중 부패 독의 발생으로 인해

풀이 적조현상에 의한 어패류의 폐사 원인
① 적조생물이 어패류의 아가미에 부착하여
② 치사성이 높은 유독물질을 분비하는 조류로 인해
③ 적조류의 사후분해에 의한 수중 부패 독의 발생으로 인해

09 우리나라의 수자원에 관한 설명으로 가장 거리가 먼 것은?

㉮ 강수량의 지역적 차이가 크다.
㉯ 주요 하천 중 한강의 수자원 보유량이 가장 많다.
㉰ 하천의 유역면적은 크지만 하천경사는 급하다.
㉱ 하천의 하상계수가 크다.

풀이 ㉰ 하천의 유역면적은 작고 하천경사는 급하다.

10 세균의 구조에 대한 설명이 올바르지 못한 것은?

㉮ 세포벽 : 세포의 기계적인 보호
㉯ 협막과 점액층 : 건조 혹은 독성물질로부터 보호
㉰ 세포막 : 호흡대사 기능을 발휘
㉱ 세포질 : 유전에 관계되는 핵산 포함

풀이 세포질은 세포막 안에 있는 액체 상태 물질과 세포 내 소기관들로 구분되며, 핵산은 포함되지 않는다.

11 화학흡착에 관한 내용으로 옳지 않은 것은?

㉮ 흡착된 물질은 표면에 농축되어 여러 개의 겹쳐진 층을 형성함
㉯ 흡착 분자는 표면에 한 부위로의 이동이 자유롭지 못함
㉰ 흡착된 물질 제거를 위해 일반적으로 흡착제를 높은 온도로 가열함
㉱ 거의 비가역적임

풀이 ㉮번은 물리적흡착에 대한 내용이다.

12 크롬에 관한 설명으로 틀린 것은?

㉮ 만성크롬중독인 경우에는 미나마타병이 발생한다.
㉯ 3가 크롬은 비교적 안정하나 6가 크롬 화합물은 자극성이 강하고 부식성이 강하다.
㉰ 3가 크롬은 피부흡수가 어려우나 6가 크롬은 쉽게 피부를 통과한다.
㉱ 만성중독현상으로는 비점막염증이 나타난다.

풀이 ㉮ 미나마타병은 수은(Hg)에 의해 발생되는 질환이다.

TIP
필수 암기사항
① 수은(Hg) : 미나마타병, 헌터-루셀증후군
② 카드뮴(Cd) : 이따이이따이병
③ 폴리클로리네이티드비페닐(PCB) : 카네미유증

answer 08 ㉯ 09 ㉰ 10 ㉱ 11 ㉮ 12 ㉮

13 자정상수(f)의 영향 인자에 관한 설명으로 옳은 것은?

㉮ 수심이 깊을수록 자정상수는 커진다.
㉯ 수온이 높을수록 자정상수는 작아진다.
㉰ 유속이 완만할수록 자정상수는 커진다.
㉱ 바닥구배가 클수록 자정상수는 작아진다.

풀이 ㉮ 수심이 깊을수록 자정상수는 작아진다.
㉰ 유속이 완만할수록 자정상수는 작아진다.
㉱ 바닥구배가 클수록 자정상수는 커진다.

TIP
자정상수(f) = $\dfrac{k_2}{k_1}$ 에서 수온이 증가하면 k_2보다 k_1의 값이 더 커지므로 자정상수(f)는 작아지게 된다.

14 물질대사 중 동화작용을 가장 알맞게 나타낸 것은?

㉮ 잔여영양분 + ATP → 세포물질 + ADP + 무기인 + 배설물
㉯ 잔여영양분 + ADP + 무기인 → 세포물질 + ATP + 배설물
㉰ 세포내 영양분의 일부 + ATP → ADP + 무기인 + 배설물
㉱ 세포내 영양분의 일부 + ADP + 무기인 → ATP + 배설물

풀이 동화작용은 에너지를 이용하여 새로운 세포를 합성하는 반응이므로 ㉮번이다.

15 유해물질과 그 중독증상(영향)과의 관계로 가장 거리가 먼 것은?

㉮ Mn : 흑피증
㉯ 유기인 : 현기증, 동공축소
㉰ Cr^{6+} : 피부궤양
㉱ PCB : 카네미유증

풀이 ㉮ 망간(Mn) : 파킨슨씨 증후군과 유사한 증상

16 수자원의 순환에서 가장 큰 비중을 차지하는 것은?

㉮ 해양으로의 강우
㉯ 증발
㉰ 증산
㉱ 육지로의 강우

풀이 수자원의 순환에서 가장 큰 비중을 차지하는 것은 증발이다.

17 Formaldehyde(CH_2O)의 COD/TOC 비는?

㉮ 1.37   ㉯ 1.67
㉰ 2.37   ㉱ 2.67

풀이 $CH_2O + O_2 \rightarrow CO_2 + H_2O$

$\dfrac{COD(산소량)}{TOC(총유기탄소량)} = \dfrac{1 \times 32g}{1 \times 12g} = 2.67$

18 경도에 관한 관계식으로 틀린 것은?

㉮ 총경도 - 비탄산경도 = 탄산경도
㉯ 총경도 - 탄산경도 = 마그네슘경도
㉰ 알칼리도 < 총경도 일 때 탄산경도 = 비탄산경도
㉱ 알칼리도 ≥ 총경도 일 때 탄산경도 = 총경도

풀이 ㉰ 알칼리도 < 총경도 일 때 탄산경도 = 알칼리도

answer 13 ㉯ 14 ㉮ 15 ㉮ 16 ㉯ 17 ㉱ 18 ㉰

19 하구의 혼합 형식 중 하상구배와 조차가 적어서 염수와 담수의 2층 밀도류가 발생되는 것은?

㉮ 강 혼합형 ㉯ 약 혼합형
㉰ 중 혼합형 ㉱ 완 혼합형

풀이 하상구배와 조차가 적어 염수와 담수의 2층 밀도류가 발생되는 것은 약 혼합형이다.

20 150kL/day의 분뇨를 포기하여 BOD의 20%를 제거하였다. BOD 1kg을 제거하는 데 필요한 공기공급량이 60m³라 했을 때 시간당 공기공급량(m³)은? (단, 연속포기, 분뇨의 BOD = 20,000mg/L)

㉮ 100 ㉯ 500
㉰ 1,000 ㉱ 1,500

풀이 공기공급량(m³/hr)
$= \dfrac{60m^3}{BOD\ 1kg\ 제거} \times \dfrac{20kg}{m^3} \times \dfrac{150m^3}{day} \times 0.20 \times \dfrac{1day}{24hr}$
$= 1,500 m^3/hr$

| 제2과목 | 상하수도계획 |

21 계획취수량을 확보하기 위하여 필요한 저수용량의 결정에 사용하는 계획기준년의 표준으로 가장 적절한 것은?

㉮ 3개년에 제1위 정도의 갈수
㉯ 5개년에 제1위 정도의 갈수
㉰ 7개년에 제1위 정도의 갈수
㉱ 10개년에 제1위 정도의 갈수

풀이 계획기준년의 표준은 10개년에 제1위 정도의 갈수이다.

22 수격작용을 방지 또는 줄이는 방법이라 할 수 없는 것은?

㉮ 펌프에 플라이휠을 붙여 펌프의 관성을 증가시킨다.
㉯ 흡입측 관로에 압력조절수조를 설치하여 부압을 유지시킨다.
㉰ 펌프 토출구 부근에 공기탱크를 두거나 부압 발생지점에 흡기밸브를 설치하여 압력강하시 공기를 넣어준다.
㉱ 관내유속을 낮추거나 관거상황을 변경한다.

풀이 ㉯ 토출측 관로에 압력조절수조를 설치하여 부압을 방지한다.

TIP
수격작용(Water Hammer)는 관속을 충만하게 흐르고 있는 액체의 속도를 급격히 변화시키면 액체에 큰 압력 변화가 발생하여 관내에 있는 액체에 물리적 변화가 일어남으로써 충격압을 형성시킴과 동시에 이로 인한 유체가 관벽을 치는 현상이다.

23 도수관을 설계할 때 평균유속 기준으로 ( )에 옳은 것은?

자연유하식인 경우에는 허용최대한도를 (㉠)로 하고, 도수관의 평균유속의 최소한도는 (㉡)로 한다.

㉮ ㉠ 1.5 m/s, ㉡ 0.3 m/s
㉯ ㉠ 1.5 m/s, ㉡ 0.6 m/s
㉰ ㉠ 3.0 m/s, ㉡ 0.3 m/s
㉱ ㉠ 3.0 m/s, ㉡ 0.6 m/s

answer 19 ㉯ 20 ㉱ 21 ㉱ 22 ㉯ 23 ㉰

TIP
유속범위 기준

관로	기준	최소유속	최대유속
도수관거	자연유하식	0.3m/s	3.0m/s
오수관거	계획시간 최대오수량	0.6m/s	3.0m/s
우수관거 합류관거	계획우수량	0.8m/s	3.0m/s

24 펌프의 캐비테이션(공동현상) 발생을 방지하기 위한 대책으로 옳은 것은?

㉮ 펌프의 설치위치를 가능한 한 높게 하여 가용유효흡입수두를 크게 한다.
㉯ 흡입관의 손실을 가능한 한 작게 하여 가용유효흡입수두를 크게 한다.
㉰ 펌프의 회전속도를 높게 선정하여 필요유효흡입수두를 작게 한다.
㉱ 흡입 측 밸브를 완전히 폐쇄하고 펌프를 운전한다.

[풀이] ㉮ 펌프의 설치위치를 가능한 한 낮게 하여 가용유효흡입수두를 크게 한다.
㉰ 펌프의 회전속도를 낮게 선정하여 필요유효흡입수두를 작게 한다.
㉱ 흡입 측 밸브를 완전히 개방하여 펌프를 운전한다.

TIP
공동현상(Cavitation)은 물이 관속을 유동하고 있을 때 유동하는 물속의 어느 부분의 정압이 그 때의 증기압보다 낮아지면 부분적으로 기화(증발)하여 관내부에 공동이 발생되는 현상이다.

25 피압수 우물에서 영향원 직경 1km, 우물직경 1m, 피압대수층의 두께 20m, 투수계수 20m/day로 추정되었다면, 양수정에서의 수위강하를 5m로 유지하기 위한 양수량(m^3/sec)은?

(단, $Q = 2\pi kb \dfrac{H-h_o}{2.3\log_{10}\dfrac{R}{r_o}}$)

㉮ 약 0.005   ㉯ 약 0.02
㉰ 약 0.05   ㉱ 약 0.1

[풀이] $Q = 2\pi kb \dfrac{H-h_o}{2.3\log_{10}\left(\dfrac{R}{r_o}\right)}$

k(투수계수) = 20m/day × $\dfrac{1day}{24hr}$ × $\dfrac{1hr}{3,600sec}$
= 2.31×10^{-4} m/sec
b(피압대수층 두께) = 20m
$H-h_o$(양수정에서의 수위강하) = 5m
R(피압수 우물에서 반경) = 500m
r_o(우물반경) = 0.5m
$2.3\log_{10} = \ln$

따라서 $Q = \dfrac{2 \times \pi \times 2.31 \times 10^{-4} \text{m/sec} \times 20\text{m} \times 5\text{m}}{\ln\left(\dfrac{500\text{m}}{0.5\text{m}}\right)}$
= 0.02 m^3/sec

26 지표수의 취수를 위해 하천수를 수원으로 하는 경우의 취수탑에 관한 설명으로 옳지 않은 것은?

㉮ 대량 취수 시 경제적인 것이 특징이다.
㉯ 취수보와 달리 토사유입을 방지할 수 있다.
㉰ 공사비는 일반적으로 크다.
㉱ 시공 시 가물막이 등 가설공사는 비교적 소규모로 할 수 있다.

[풀이] ㉯ 토사유입을 방지할 수 없다.

answer 24 ㉯ 25 ㉯ 26 ㉯

27 상수의 도수관로의 자연부식 중 매크로 셀 부식에 해당되지 않은 것은?

㉮ 이종금속
㉯ 간섭
㉰ 산소농담(통기차)
㉱ 콘크리트·토양

풀이 ㉯ 간섭은 전기식 부식에 해당한다.

TIP
상수도관의 부식
① 자연부식
  ㉠ Macro cell 부식 : 콘크리트, 토양, 이종금속, 산소농담(통기차)
  ㉡ Micro cell 부식 : 산성토양, 박테리아, 일반토양, 대기중 부식
② 전기식(전식) 부식 : 간섭

28 우수배제계획 수립에 적용되는 하수관거의 계획우수량 결정을 위한 확률년수는?

㉮ 5~10년 ㉯ 10~15년
㉰ 10~30년 ㉱ 30~50년

풀이 하수관거의 계획우수량 결정을 위한 확률년수는 10~30년이다.

29 취수시설에서 취수된 원수를 정수시설까지 끌어들이는 시설은?

㉮ 배수시설 ㉯ 급수시설
㉰ 송수시설 ㉱ 도수시설

풀이 취수시설에서 취수된 원수를 정수시설까지 끌어들이는 시설은 도수시설이다.

TIP
상수도의 구성 순서
취수 → 도수 → 정수 → 송수 → 배수 → 급수
(암기법)
상(상수도)치(취수)도 청(정수)송(송수)에 배(배수) 급(급수)한다.

30 상수도관으로 사용되는 관종 중 스테인리스강관에 관한 특징으로 틀린 것은?

㉮ 강인성이 뛰어나고 충격에 강하다.
㉯ 용접접속에 시간이 걸린다.
㉰ 라이닝이나 도장을 필요로 하지 않는다.
㉱ 이종금속과의 절연처리가 필요없다.

풀이 ㉱ 이종금속과의 절연처리가 필요하다.

31 계획송수량과 계획도수량의 기준이 되는 수량은?

㉮ 계획송수량 : 계획1일최대급수량,
    계획도수량 : 계획시간최대급수량
㉯ 계획송수량 : 계획시간최대급수량,
    계획도수량 : 계획1일최대급수량
㉰ 계획송수량 : 계획취수량,
    계획도수량 : 계획1일최대급수량
㉱ 계획송수량 : 계획1일최대급수량,
    계획도수량 : 계획취수량

풀이 계획송수량은 계획1일최대급수량, 계획도수량은 계획취수량이 기준이다.

answer 27 ㉯ 28 ㉰ 29 ㉱ 30 ㉱ 31 ㉱

32 원수의 냄새물질(2-MIB, geosmin 등), 색도, 미량유기물질, 소독부산물전구물질, 암모니아성 질소, 음이온계면활성제, 휘발성, 유기물질 등을 제거하기 위한 수처리공정으로 가장 적합한 것은?

㉮ 완속여과   ㉯ 급속여과
㉰ 막여과   ㉱ 활성탄여과

풀이 ㉱ 활성탄여과에 대한 설명이다.

33 하수 펌프장 시설인 스크류펌프(screw pump)의 일반적인 장·단점으로 틀린 것은?

㉮ 회전수가 낮기 때문에 마모가 적다.
㉯ 수중의 협잡물이 물과 함께 떠올라 폐쇄 가능성이 크다.
㉰ 기동에 필요한 물채움장치나 밸브 등 부대시설이 없어 자동운전이 쉽다.
㉱ 토출측의 수로를 압력관으로 할 수 없다.

풀이 ㉯ 수중의 협잡물을 물과 함께 양수시키므로 막힘이 거의 없다.

34 계획오수량에 관한 설명으로 옳지 않은 것은?

㉮ 계획1일최대오수량은 1인1일최대오수량에 계획인구를 곱한 후, 여기에 공장폐수량, 지하수량 및 기타 배수량을 더한 것으로 한다.
㉯ 합류식에서 우천 시 계획오수량은 원칙적으로 계획시간최대오수량의 3배 이상으로 한다.
㉰ 지하수량은 1인1일 평균오수량의 5~10%로 한다.
㉱ 계획시간최대오수량은 계획1일 최대오수량의 1시간당 수량의 1.3~1.8배를 표준으로 한다.

풀이 ㉰ 지하수량은 1인1일 최대오수량의 10~20%로 한다.

35 하수관거 배수설비의 설명 중 옳지 않은 것은?

㉮ 배수설비는 공공하수도의 일종이다.
㉯ 배수설비 중의 물받이의 설치는 배수구역 경계지점 또는 배수구역 안에 설치하는 것을 기본으로 한다.
㉰ 결빙으로 인한 우·오수 흐름의 지장이 발생되지 않도록 하여야 한다.
㉱ 배수관은 암거로 하며, 우수만을 배수하는 경우에는 개거도 가능하다.

풀이 ㉮ 배수설비는 공공하수도의 일종에 해당하지 않는다.

36 호소의 중소량 취수시설로 많이 사용되고 구조가 간단하며 시공도 비교적 용이하나 수중에 설치되므로 호소의 표면수는 취수할 수 없는 것은?

㉮ 취수틀   ㉯ 취수보
㉰ 취수관거   ㉱ 취수문

풀이 ㉮ 취수틀에 대한 설명이다.

answer 32 ㉱   33 ㉯   34 ㉰   35 ㉮   36 ㉮

37 상수도시설 일반구조의 설계하중 및 외력에 대한 고려 사항으로 틀린 것은?

㉮ 풍압은 풍량에 풍력계수를 곱하여 산정한다.
㉯ 얼음 두께에 비하여 결빙 면이 작은 구조물의 설계에는 빙압을 고려한다.
㉰ 지하수위가 높은 곳에 설치하는 지상 구조물은 비웠을 경우의 부력을 고려한다.
㉱ 양압력은 구조물의 전후에 수위차가 생기는 경우에 고려한다.

풀이 ㉮ 풍압은 속도압에 풍력계수를 곱하여 산정한다.

38 직경 1m의 원형콘크리트관에 하수가 흐르고 있다. 동수구배(I)가 0.01이고, 수심이 0.5m일 때 유속(m/sec은)? (단, 조도계수(n) = 0.013, Manning 공식적용, 만관 기준)

㉮ 2.1 ㉯ 2.7
㉰ 3.1 ㉱ 3.7

풀이 유속(v) = $\frac{1}{n} \times R^{\frac{2}{3}} \times I^{\frac{1}{2}}$

여기서 n : 조도계수(0.013)

$R(경심) = \frac{단면적(A)}{윤변의 길이(S)} = \frac{D}{4} = \frac{1m}{4}$
= 0.25m
I(동수경사) = 0.01

따라서 v = $\frac{1}{0.013} \times (0.25m)^{\frac{2}{3}} \times (0.01)^{\frac{1}{2}}$
= 3.05m/sec

39 상수도시설인 취수탑의 취수구에 관한 내용과 가장 거리가 먼 것은?

㉮ 계획취수위는 취수구로부터 도수기점까지의 수두손실을 계산하여 결정한다.
㉯ 취수탑의 내측이나 외측에 슬루스케이트(제수문), 버터플라이밸브 또는 제수밸브 등을 설치한다.
㉰ 전면에서는 협잡물을 제거하기 위한 스크린을 설치해야 한다.
㉱ 단면형상은 장방형 또는 원형으로 한다.

풀이 ㉮번에 대한 설명은 취수보의 취수구에 대한 설명이다.

TIP
최하단에 설치하는 취수구는 계획최저수위를 기준으로 한다.

40 자유수면을 갖는 천정호(반경 r_o = 0.5 m, 원지하수위 H = 7.0m)에 대한 양수시험결과 양수량이 0.03m³/sec일 때 정호의 수심 h_o = 5.0m, 영향반경 R = 200m에서 평형이 되었다. 이 때 투수계수 k(m/sec)는?

㉮ 4.5×10⁻⁴ ㉯ 2.4×10⁻³
㉰ 3.5×10⁻³ ㉱ 1.6×10⁻²

풀이 $Q = \frac{\pi \times k \times (H^2 - h_o^2)}{2.3 \log\left(\frac{R}{r_o}\right)}$

$0.03 m^3/sec = \frac{\pi \times k \times (7.0^2 - 5.0^2)m^2}{2.3 \times \log\left(\frac{200m}{0.5m}\right)}$

k = 2.38×10⁻³ m/sec

TIP
2.3log = ln

answer 37 ㉮ 38 ㉰ 39 ㉮ 40 ㉯

| 제3과목 | 수질오염방지기술

41 막분리 공법을 이용한 정수처리의 장점으로 가장 거리가 먼 것은?

㉮ 부산물이 생기지 않는다.
㉯ 정수장 면적을 줄일 수 있다.
㉰ 시설의 표준화로 부품관리 시공이 간편하다.
㉱ 자동화, 무인화가 용이하다.

풀이 ㉰ 시설의 표준화가 되어있지 않아 부품관리 시공이 어렵다.

42 포기조 유효용량이 1,000m³이고, 잉여 슬러지 배출량이 25m³/day로 운전되는 활성슬러지공정이 있다. 반송슬러지의 SS 농도(X_r)에 대한 MLSS 농도(X)의 비(X/X_r)가 0.25일 때 평균 미생물 체류시간(day)은? (단, 2차 침전지 유출수의 SS 농도는 무시)

㉮ 7 ㉯ 8
㉰ 9 ㉱ 10

풀이 평균 미생물 체류시간(MCRT)

$$= \frac{MLSS \times V}{Q_w \times SS_w} = \frac{V}{Q_w} \times \frac{MLSS}{SS_w} = \frac{V}{Q_w} \times \left(\frac{X}{X_r}\right)$$

$$= \frac{1,000 m^3}{25 m^3/day} \times 0.25 = 10 day$$

43 인이 8mg/L 들어 있는 하수의 인 침전(인을 침전시키는 실험에서 인 1몰 당 알루미늄 1.5몰이 필요)을 위해 필요한 액체 명반($Al_2(SO_4)_3 \cdot 18H_2O$)의 양(L/day)은?

(단, 액체명반의 순도=48%, 단위중량=1,281kg/m³, 명반 분자량=666.7, 알루미늄 원자량=26.98, 인 원자량=31, 유량=10,000 m³/day)

㉮ 약 2,100 ㉯ 약 2,800
㉰ 약 3,200 ㉱ 약 3,700

풀이 ① 1.5Al : P
1.5×26.98g : 31g
Al : 8×10⁻³kg/m³×10,000m³/day
∴ Al = 104.44kg/day

② 액체명반($Al_2(SO_4)_3 \cdot 18H_2O$)

$$= \frac{104.44 kg}{day} \times \frac{666.7 g \text{ 명반}}{2 \times 26.98 g \text{ Al}} \times \frac{100}{48\%} \times \frac{m^3}{1,281 kg} \times \frac{10^3 L}{1 m^3}$$

$$= 2,098.63 L/day$$

TIP
① ppm = mg/L = g/m³
② mg/L $\xrightarrow{\times 10^{-3}}$ kg/m³
③ 총량(kg/day) = 농도(kg/m³)×유량(m³/day)

44 농도 5,500mg/L인 폭기조 활성슬러지 1L를 30분간 정치시킨 후 침강 슬러지의 부피가 45%를 차지하였을 때의 SDI는?

㉮ 1.22 ㉯ 1.48
㉰ 1.61 ㉱ 1.83

풀이 ① $SVI = \frac{SV(\%)}{MLSS(mg/L)} \times 10^4 = \frac{45\%}{5,500 mg/L} \times 10^4$
$= 81.82$

② $SDI = \frac{1}{SVI} \times 100 = \frac{1}{81.82} \times 100 = 1.22$

TIP
SVI : 슬러지용적지수(mL/g)
SDI : 슬러지밀도지수(g/100mL)

answer 41 ㉰ 42 ㉱ 43 ㉮ 44 ㉮

45 하수처리과정에서 염소소독과 자외선 소독을 비교할 때 염소소독의 장·단점으로 틀린 것은?

㉮ 암모니아의 첨가에 의해 결합잔류염소가 형성된다.
㉯ 염소접촉조로부터 휘발성유기물이 생성된다.
㉰ 처리수의 총용존고형물이 감소한다.
㉱ 처리수의 잔류독성이 탈염소과정에 의해 제거되어야 한다.

풀이 ㉰ 처리수의 총용존고형물이 증가한다.

46 침전지에서 입자의 침강 속도가 증대되는 원인이 아닌 것은?

㉮ 입자비중의 증가
㉯ 액체 점성계수의 증가
㉰ 수온의 증가
㉱ 입자 직경의 증가

풀이 ㉯ 액체 점성계수의 감소

47 바이오 센서와 수질오염공정시험기준에서 독성평가에 사용되기도 하는 생물종으로 가장 가까운 것은?

㉮ Leptodora   ㉯ Monia
㉰ Daphnia   ㉱ Alona

풀이 ㉰ Daphnia(대퍼니어)는 동물물벼룩의 일종으로 독성평가에 사용되는 생물종이다.

48 다음 공정에서 처리될 수 있는 폐수의 종류는?

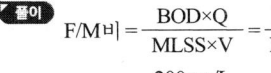

㉮ 크롬폐수   ㉯ 시안폐수
㉰ 비소폐수   ㉱ 방사능폐수

풀이 ㉮ 크롬폐수를 처리하는 공정도이다.

49 활성슬러지 공정을 사용하여 BOD 200 mg/L의 하수 2,000m³/day를 BOD 30mg/L까지 처리하고자 한다. 포기조의 MLSS를 1,600mg/L로 유지하고, 체류시간을 8시간으로 하고자 할 때의 F/M비(kg BOD/kg MLSS·day)는?

㉮ 0.12   ㉯ 0.24
㉰ 0.38   ㉱ 0.43

풀이
$$F/M비 = \frac{BOD \times Q}{MLSS \times V} = \frac{BOD}{MLSS} \times \frac{1}{t}$$
$$= \frac{200mg/L}{1,600mg/L} \times \frac{1}{\left(\frac{8hr}{24}\right)day}$$
$$= 0.38 kg\ BOD/kg\ MLSS \cdot day$$

answer 45 ㉰ 46 ㉯ 47 ㉰ 48 ㉮ 49 ㉰

50 활성탄 흡착단계를 설명한 것으로 가장 거리가 먼 것은?

㉮ 흡착제 주위의 막을 통하여 피흡착제의 분자가 이동하는 단계
㉯ 피흡착제의 극성에 의해 제타포텐샬(Zeta Potential)이 적용되는 단계
㉰ 흡착제 공극을 통하여 피흡착제가 확산하는 단계
㉱ 흡착이 되면서 흡착제와 피흡착제 사이에 결합이 일어나는 단계

풀이 ㉯ 경계막을 통한 용질의 확산 단계

51 음용수 중 철과 망간의 기준 농도에 맞추기 위한 그 제거 공정으로 알맞지 않은 것은?

㉮ 포기에 의한 침전
㉯ 생물학적 여과
㉰ 제올라이트 수착
㉱ 인산염에 의한 산화

풀이 음용수 중 철과 망간의 기준 농도에 맞추기 위한 그 제거 공정으로는 포기에 의한 침전, 생물학적 여과, 제올라이트 수착 등이 있다.

52 하수처리방식 중 회전원판법에 관한 설명으로 가장 거리가 먼 것은?

㉮ 활성슬러지법에 비해 2차 침전지에서 미세한 SS가 유출되기 쉽고, 처리수의 투명도가 나쁘다.
㉯ 운전관리상 조작이 간단한 편이다.
㉰ 질산화가 거의 발생하지 않으며, pH 저하도 거의 없다.
㉱ 소비 전력량이 소규모 처리시설에는 표준 활성 슬러지법에 비하여 적은 편이다.

풀이 ㉰ 회전원판법은 질산화가 잘 이루어지는 공법이다.

53 하·폐수를 통하여 배출되는 계면활성제에 대한 설명 중 잘못된 것은?

㉮ 계면활성제는 메틸렌블루 활성물질이라고도 한다.
㉯ 계면활성제는 주로 합성세제로부터 배출되는 것이다.
㉰ 물에 약간 녹으며 폐수처리 플랜트에서 거품을 만들게 된다.
㉱ ABS는 생물학적으로 분해가 매우 쉬우나 LAS는 생물학적으로 분해가 어려운 난분해성 물질이다.

풀이 ㉱ LAS는 생물학적으로 분해가 매우 쉬우나 ABS는 생물학적으로 분해가 어려운 난분해성 물질이다.

54 폐수유량 1,000m³/day, 고형물농도 2,700 mg/L인 슬러지를 부상법에 의해 농축시키고자 한다. 압축탱크의 압력이 4기압이며 공기의 밀도 1.3g/L, 공기의 용해량 29.2cm³/L일 때 air/solid비는?
(단, f = 0.5, 비순환방식 기준)

㉮ 0.009   ㉯ 0.014
㉰ 0.019   ㉱ 0.025

풀이
$$A/S비 = \frac{1.3 \times Sa \times (f \cdot P - 1)}{SS}$$
$$= \frac{1.3 \times 29.2 cm^3/L \times (0.5 \times 4atm - 1)}{2,700 mg/L}$$
$$= 0.014$$

TIP
① $cm^3/L = mL/L$
② 순환식인 경우
$$A/S비 = \frac{1.3 \times Sa \times (f \cdot P-1)}{SS} \times R$$

55 접촉매체를 이용한 생물막공법에 대한 설명으로 틀린 것은?

㉮ 유지관리가 쉽고, 유기물 농도가 낮은 기질제거에 유효하다.
㉯ 수온의 변화나 부하변동에 강하고 처리효율에 나쁜 영향을 주는 슬러지 팽화문제를 해결할 수 있다.
㉰ 공극폐쇄 시에도 양호한 처리수질을 얻을 수 있으며 세정조작이 용이하다.
㉱ 슬러지 발생량이 적고 고도처리에도 효과적이다.

풀이 ㉰ 공극폐쇄 시 수처리가 어려우며, 세정조작이 용이하지 못하다.

56 무기수은계 화합물을 함유한 폐수의 처리방법이 아닌 것은?

㉮ 황화물침전법 ㉯ 활성탄흡착법
㉰ 산화분해법   ㉱ 이온교환법

풀이 무기수은계 화합물을 함유한 폐수의 처리방법에는 황화물침전법, 활성탄흡착법, 아말감법, 이온교환법이 있다.

TIP
(암기법) 수은아 황화강에 이온 좀 붙여라.

57 9.0kg의 글루코스(Glucose)로부터 발생 가능한 0°C, 1atm에서의 CH_4 가스의 용적(L)은? (단, 혐기성 분해 기준)

㉮ 3,160   ㉯ 3,360
㉰ 3,560   ㉱ 3,760

풀이 $C_6H_{12}O_6 \rightarrow 3CH_4 + 3CO_2$
180g : 3×22.4L
9×10^3g : X
∴ X = 3,360L

TIP
① 글루코스 = 포도당 = $C_6H_{12}O_6$
② 질량(g) = 계수×분자량
③ 체적(L) = 계수×22.4

58 2,000m^3/day의 하수를 처리하는 하수 처리장의 1차 침전지에서 침전고형물이 0.4ton/day, 2차 침전지에서 0.3ton/day이 제거되며 이때 각 고형물의 함수율은 98%, 99.5%이다. 체류 시간을 3일로 하여 고형물을 농축시키려면 농축조의 크기(m^3)는? (단, 고형물의 비중 = 1.0 가정)

㉮ 80   ㉯ 240
㉰ 620   ㉱ 1,860

풀이 ① 슬러지 발생량(m^3/day) 계산
슬러지 발생량(m^3/day)
$$= \frac{제거된 고형물량(kg/day)}{비중량(kg/m^3)} \times \frac{100}{100-함수율(\%)}$$

1차 침전지슬러지 발생량
$$= \frac{400kg/day}{1,000kg/m^3} \times \frac{100}{100-98\%} = 20m^3/day$$

2차 침전지슬러지 발생량
$$= \frac{300kg/day}{1,000kg/m^3} \times \frac{100}{100-99.5\%} = 60m^3/day$$

② 농축조의 크기(m^3)
= 슬러지 발생량(m^3/day)×체류시간(day)
= $(20+60)m^3$/day×3day = 240m^3

answer 55 ㉰ 56 ㉰ 57 ㉯ 58 ㉯

59 하수처리를 위한 소독방식의 장단점에 관한 내용으로 틀린 것은?

㉮ ClO_2 : 부산물에 의한 청색증이 유발될 수 있다.
㉯ ClO_2 : pH 변화에 따른 영향이 적다.
㉰ NaOCl : 잔류효과가 작다.
㉱ NaOCl : 유량이나 탁도 변동에서 적응이 쉽다.

풀이 ㉰ NaOCl : 잔류효과가 크다.

TIP
① 염소(Cl_2) 및 염소화합물 소독 : 잔류효과가 크다.
② 오존(O_3) 및 자외선(UV) 소독 : 잔류효과가 없다.

60 Monod 식을 이용한 세포의 비증식속도(hr^{-1})는? (단, 제한기질농도 = 200mg/L, 1/2 포화농도 = 50mg/L, 세포의 비증식속도 최대치 = $0.1hr^{-1}$)

㉮ 0.08 ㉯ 0.12
㉰ 0.16 ㉱ 0.24

풀이 Monod식 : $\mu = \mu_{max} \times \dfrac{S}{K_S + S}$

여기서
μ : 세포의 비증식 계수(/hr)
μ_{max} : 세포의 최대 비증식 계수(/hr)
S : 제한기질의 농도(mg/L)
K_S : 반포화 농도(mg/L)

따라서 $\mu = 0.1/hr \times \dfrac{200mg/L}{50mg/L + 200mg/L} = 0.08/hr$

| 제4과목 | 수질오염공정시험기준

61 정도관리 요소 중 정밀도를 옳게 나타낸 것은?

㉮ 정밀도(%) = (연속적으로 n회 측정한 결과의 평균값/표준편차) × 100
㉯ 정밀도(%) = (표준편차/연속적으로 n회 측정한 결과의 평균값) × 100
㉰ 정밀도(%) = (상대편차/연속적으로 n회 측정한 결과의 평균값) × 100
㉱ 정밀도(%) = (연속적으로 n회 측정한 결과의 평균값/상대편차) × 100

풀이 ① 정밀도(%) = $\dfrac{표준편차}{연속적으로 n회 측정한 결과의 평균값} \times 100$
② 정량한계 = 10×표준편차(S)

62 수산화나트륨(NaOH) 10g을 물에 녹여서 500mL로 하였을 경우 용액의 농도(N)는?

㉮ 0.25 ㉯ 0.5
㉰ 0.75 ㉱ 1.0

풀이 $N(eq/L) = \dfrac{질량(g)}{부피(L)} \times \dfrac{1eq}{1당량g} = \dfrac{10g}{0.5L} \times \dfrac{1eq}{40g}$
$= 0.5N(eq/L)$

TIP
① 수산화나트륨 = 수산화소듐 = NaOH
② NaOH의 분자량 = 23+16+1 = 40g
③ 1eq = 분자량(g)/당량수
④ NaOH는 OH가 1개이므로 1당량이다.

answer 59 ㉰ 60 ㉮ 61 ㉯ 62 ㉯

63 수질오염공정시험기준에 의해 분석할 시료를 채수 후 측정시간이 지연될 경우 시료를 보존하기 위해 4℃에 보관하고, 염산으로 pH를 5~9정도로 유지하여야 하는 항목은?

㉮ 부유물질 ㉯ 망간
㉰ 알킬수은 ㉱ 유기인

풀이 시료의 보존방법
㉮ 부유물질 : 4℃ 보관
㉯ 망간 : 시료 1L당 HNO_3 2mL 첨가
㉰ 알킬수은 : HNO_3 2mL
㉱ 유기인 : 4℃에 보관, 염산으로 pH 5~9

TIP
4℃에 보관하고 염산으로 pH 5~9 정도 유지하는 항목은 유기인과 PCB이다.

64 산성 과망간산칼륨법에 의한 화학적산소요구량 측정 시 황산은(Ag_2SO_4)을 첨가하는 이유는?

㉮ 발색조건을 균일하게 하기 위해서
㉯ 염소이온의 방해를 억제하기 위해서
㉰ pH 조절하여 종말점을 분명하게 하기 위해서
㉱ 과망간산칼륨의 산화력을 증가시키기 위해서

풀이 산성 과망간산칼륨법에 의한 화학적산소요구량 측정 시 황산은(Ag_2SO_4)을 첨가하는 이유는 염소이온의 방해를 억제하기 위해서이다.

65 다이페닐카바자이드와 반응하여 생성하는 적자색 착화합물의 흡광도를 540nm에서 측정하는 중금속은?

㉮ 6가크롬 ㉯ 인산염인
㉰ 구리   ㉱ 총인

풀이 다이페닐카바자이드와 반응하여 생성하는 적자색 착화합물의 흡광도를 540nm에서 측정하는 중금속은 6가크롬(Cr^{6+})이다.

66 정량한계(LOQ)를 옳게 표시한 것은?

㉮ 정량한계 = 3 × 표준편차
㉯ 정량한계 = 3.3 × 표준편차
㉰ 정량한계 = 5 × 표준편차
㉱ 정량한계 = 10 × 표준편차

풀이 정량한계 = 10 × 표준편차(S)이다.

67 총칙 중 관련 용어의 정의로 틀린 것은?

㉮ 용기 : 시험에 관련된 물질을 보호하고 이물질이 들어가는 것을 방지할 수 있는 것을 말한다.
㉯ 바탕시험을 하여 보정한다 : 시료에 대한 처리 및 측정을 할 때, 시료를 사용하지 않고 같은 방법으로 조작한 측정치를 빼는 것을 말한다.
㉰ 정확히 취하여 : 규정한 양의 액체를 부피피펫으로 눈금까지 취하는 것을 말한다.
㉱ 정밀히 단다 : 규정된 양의 시료를 취하여 화학저울 또는 미량저울로 칭량함을 말한다.

풀이 ㉮ 용기 : 시험용액 또는 시험에 관계된 물질을 보존, 운반 또는 조작하기 위하여 넣어두는 것으로 시험에 지장을 주지 않도록 깨끗한 것을 뜻한다.

answer 63 ㉱ 64 ㉯ 65 ㉮ 66 ㉱ 67 ㉮

68 막여과법에 의한 총대장균군 시험의 분석절차에 대한 설명으로 틀린 것은?

㉮ 멸균된 핀셋으로 여과막을 눈금이 위로 가게 하여 여과장치의 지지대 위에 올려놓은 후 막여과장치의 깔대기를 조심스럽게 부착시킨다.
㉯ 페트리접시에 20개~80개의 세균 집락을 형성하도록 시료를 여과관 상부에 주입하면서 흡인여과하고 멸균수 20mL~30mL로 씻어준다.
㉰ 여과하여야 할 예상 시료량이 10mL보다 적을 경우에는 멸균된 희석액으로 희석하여 여과하여야 한다.
㉱ 총대장균군수를 예측할 수 없는 경우에는 여과량을 달리하여 여러 개의 시료를 분석하고 한 여과 표면위의 모든 형태의 집락수가 200개 이상의 집락이 형성되도록 하여야 한다.

풀이 ㉱ 총대장균군수를 예측할 수 없는 경우에는 여과량을 달리하여 여러 개의 시료를 분석하고 한 여과 표면 위의 모든 형태의 집락수가 200개 이상의 집락이 형성되지 않도록 하여야 한다.

69 자외선/가시선 분광법에 의한 페놀류 시험 방법에 대한 설명으로 틀린 것은?

㉮ 정량한계는 클로로폼 추출법일 때 0.005 mg/L, 직접측정법일 때 0.05mg/L이다.
㉯ 완충액을 시료에 가하여 pH 10으로 조절한다.
㉰ 붉은색의 안티피린계 색소의 흡광도를 측정한다.
㉱ 흡광도를 측정하는 방법으로 수용액에서는 460nm, 클로로폼 용액에서는 510nm 에서 측정한다.

풀이 ㉱ 흡광도를 측정하는 방법으로 수용액에서는 510nm, 클로로폼 용액에서는 460nm에서 측정한다.

70 금속성분을 측정하기 위한 시료의 전처리 방법 중 유기물을 다량 함유하고 있으면서 산분해가 어려운 시료에 적용되는 방법은?

㉮ 질산-염산에 의한 분해
㉯ 질산-불화수소산에 의한 분해
㉰ 질산-과염소산에 의한 분해
㉱ 질산-과염소산-불화수소산에 의한 분해

풀이 산분해법
㉮ 질산-염산에 의한 분해 : 유기물 함량이 비교적 높지 않고 금속의 수산화물, 산화물, 인산염 및 황화물을 함유하고 있는 시료에 적용
㉯ 질산-황산에 의한 분해 : 유기물 등을 많이 함유하고 있는 대부분의 시료에 적용
㉰ 질산-과염소산에 의한 분해 : 유기물을 다량 함유하고 있으면서 산분해가 어려운 시료에 적용
㉱ 질산-과염소산-불화수소산에 의한 분해 : 다량의 점토질 또는 규산염을 함유한 시료에 적용

71 예상 BOD치에 대한 사전경험이 없을 때 오염정도가 심한 공장폐수의 희석배율(%)은?

㉮ 25~100 ㉯ 5~25
㉰ 1~5 ㉱ 0.1~1.0

풀이 사전경험이 없을 때 시료 조제방법
① 오염정도가 심한 공장폐수 : 0.1%~1.0%
② 처리하지 않은 공장폐수와 침전된 하수 : 1%~5%
③ 처리하여 방류된 공장폐수 : 5%~25%
④ 오염된 하천수 : 25%~100%

answer 68 ㉱ 69 ㉱ 70 ㉰ 71 ㉱

72 수은을 냉증기-원자흡수분광광도법으로 측정할 때 유리염소를 환원시키기 위해 사용하는 시약과 잔류하는 염소를 통기시켜 추출하기 위해 사용하는 가스는?

㉮ 염산하이드록실아민, 질소
㉯ 염산하이드록실아민, 수소
㉰ 과망간산칼륨, 질소
㉱ 과망간산칼륨, 수소

[풀이] 수은의 냉증기-원자흡수분광광도법
① 유리염소를 환원시키기 위해 사용하는 시약 : 염산하이드록실아민
② 염소를 통기시켜 추출하기 위해 사용하는 가스 : 질소

73 자외선/가시선분광법의 이론적 기초가 되는 Lembert-Beer의 법칙을 나타낸 것은? (단, I_o : 입사광의 강도, I_t : 투사광의 강도, C : 농도, l : 빛의 투과거리, ε : 흡광계수)

㉮ $I_t = I_o \cdot 10^{-\varepsilon Cl}$
㉯ $I_t = I_o \cdot (-\varepsilon Cl)$
㉰ $I_t = I_o/(10^{-\varepsilon Cl})$
㉱ $I_t = I_o/-\varepsilon Cl$

[풀이] Lembert-Beer의 법칙
① $I_t = I_o \cdot 10^{-\varepsilon Cl}$
② $I_o = I_t \cdot 10^{\varepsilon Cl}$

74 시료채취 시 유의사항으로 틀린 것은?

㉮ 유류 또는 부유물질 등이 함유된 시료는 시료의 균일성이 유지될 수 있도록 채취해야 하며 침전물 등이 부상하여 혼입되어서는 안 된다.
㉯ 퍼클로레이트를 측정하기 위한 시료를 채취할 때 시료의 공기접촉이 없도록 시료병에 가득 채운다.
㉰ 시료채취량은 시험항목 및 시험횟수에 따라 차이가 있으나 보통 3L~5L 정도이어야 한다.
㉱ 휘발성유기화합물 분석용 시료를 채취할 때에는 뚜껑의 격막을 만지지 않도록 주의 하여야 한다.

[풀이] ㉯ 퍼클로레이트를 측정하기 위한 시료채취 시 시료용기를 질산 및 정제수로 씻은 후 사용하며, 시료채취 시 시료병의 2/3를 채운다.

75 금속류-유도결합플라스마-원자발광분광법의 간섭물질 중 발생 가능성이 가장 낮은 것은?

㉮ 물리적 간섭   ㉯ 이온화 간섭
㉰ 분광 간섭   ㉱ 화학적 간섭

[풀이] 간섭물질
① 금속류-불꽃 원자흡수분광광도법 : 광학적 간섭, 물리적 간섭, 이온화 간섭, 화학적 간섭
② 금속류-유도결합플라스마-원자발광분광법 : 물리적 간섭, 이온화 간섭, 분광 간섭

76 기체크로마토그래프법을 이용한 유기인 측정에 관한 내용으로 틀린 것은?

㉮ 크로마토그램을 작성하여 나타난 피크의 유지시간에 따라 각 성분의 농도를 정량한다.
㉯ 유기인 화합물 중 이피엔, 파라티온, 메틸디메톤, 다이아지논 및 펜토에이트 측정에 적용한다.
㉰ 불꽃광도검출기 또는 질소인 검출기를 사용한다.
㉱ 운반기체는 질소 또는 헬륨을 사용하여 유량은 0.5mL/min~3mL/min을 사용한다.

answer 72 ㉮ 73 ㉮ 74 ㉯ 75 ㉱ 76 ㉮

풀이 ㉮ 채수한 시료를 헥산으로 추출하여 필요 시 실리카겔 또는 플로리실 컬럼을 통과시켜 정제하고 이 액을 농축시켜 기체크로마토그래피에 주입하고 크로마토그램을 작성하여 유기인을 확인하고 정량한다.

TIP
① 투과율(%)+흡수율(%) = 100%
② 흡수율 40%이면 투과율 = 100-40% = 60%

77 유량계 중 최대유량/최소유량 비가 가장 큰 것은?

㉮ 벤튜리미터
㉯ 오리피스
㉰ 자기식 유량측정기
㉱ 피토우관

풀이 최대유량/최소유량 비
㉮ 벤튜리미터 4 : 1
㉯ 오리피스 4 : 1
㉰ 자기식 유량측정기 10 : 1
㉱ 피토우관 3 : 1

79 노말헥산추출물질 분석에 관한 설명으로 틀린 것은?

㉮ 시료를 pH 4이하의 산성으로 하여 노말헥산층에 용해되는 물질을 노말헥산으로 추출한다.
㉯ 폐수 중의 비교적 휘발되지 않는 탄화수소, 탄화수소유도체, 그리이스유상물질 및 광유류를 함유하고 있는 시료를 측정대상으로 한다.
㉰ 광유류의 양을 시험하고자 할 경우에는 활성규산마그네슘 컬럼으로 광유류를 흡착한 후 추출한다.
㉱ 지표수, 지하수, 폐수 등에 적용할 수 있으며, 정량한계는 0.5 mg/L이다.

풀이 ㉰ 광유류의 양을 시험하고자 할 경우에는 활성규산마그네슘 컬럼으로 동식물유지류를 흡착·제거한 후 추출한다.

78 0.1M KMnO₄ 용액을 용액층의 두께가 10mm 되도록 용기에 넣고 5,400Å의 빛을 비추었을 때 그 30%가 투과되었다. 같은 조건하에서 40%의 빛을 흡수하는 KMnO₄ 용액농도(M)는?

㉮ 0.02   ㉯ 0.03
㉰ 0.04   ㉱ 0.05

풀이
① $\log \dfrac{1}{\text{투과도}} = \epsilon \times C \times L$

$\log \dfrac{1}{0.30} = \epsilon \times 0.1M \times 1cm$

$\therefore \epsilon = 5.2288$

② $\log \dfrac{1}{0.60} = 5.2288 \times C \times 1cm$

$\therefore C = 0.04M$

80 웨어의 수두가 0.8m, 절단의 폭이 5m인 4각웨어를 사용하여 유량을 측정하고자 한다. 유량계수가 1.6일 때 유량(m³/day)은?

㉮ 약 4,345   ㉯ 약 6,925
㉰ 약 8,245   ㉱ 약 10,370

풀이 ① 4각웨어의 유량(Q) = $k \cdot b \cdot h^{\frac{3}{2}}$ (m³/min)
여기서
k : 유량계수
b : 폭(m)
h : 수두(m)

 answer   77 ㉰   78 ㉰   79 ㉰   80 ㉰

따라서 $Q = 1.6 \times 5m \times (0.8m)^{\frac{3}{2}} = 5.7243 m^3/min$

② $Q(m^3/day) = \dfrac{5.7243 m^3}{min} \times \dfrac{60min}{1hr} \times \dfrac{24hr}{1day}$
$= 8,242.99 m^3/day$

| 제5과목 | 수질환경관계법규

81 폐수처리업자의 준수사항으로 틀린 것은?

㉮ 증발농축시설, 건조시설, 소각시설의 대기 오염물질 농도를 매월 1회 자가측정하여야 하며, 분기마다 악취에 대한 자가측정을 실시하여야 한다.
㉯ 처리 후 발생하는 슬러지의 수분 함량은 85% 이하이여야 한다.
㉰ 수탁한 폐수는 정당한 사유 없이 5일 이상 보관할 수 없으며 보관폐수의 전체량이 저장시설 저장능력의 80% 이상 되게 보관하여서는 아니 된다.
㉱ 기술인력을 그 해당 분야에 종사하도록 하여야 하며, 폐수처리시설을 16시간 이상 가동할 경우에는 해당 처리시설의 현장 근무 2년 이상의 경력자를 작업현장에 책임 근무하도록 하여야 한다.

풀이 ㉰ 수탁한 폐수는 정당한 사유 없이 10일 이상 보관할 수 없으며 보관폐수의 전체량이 저장시설 저장능력의 90% 이상 되게 보관하여서는 아니 된다.

82 오염총량관리시행계획에 포함되어야 하는 사항으로 가장 거리가 먼 것은?

㉮ 오염원 현황 및 예측
㉯ 오염도 조사 및 오염부하량 산정방법
㉰ 연차별 오염부하량 삭감 목표 및 구체적 삭감 방안

㉱ 수질예측 산정자료 및 이행 모니터링 계획

풀이 오염총량관리시행계획에 포함되어야 하는 사항
① 오염총량관리시행계획 대상 유역의 현황
② 오염원 현황 및 예측
③ 연차별 지역 개발계획으로 인하여 추가로 배출되는 오염부하량 및 해당 개발계획의 세부 내용
④ 연차별 오염부하량 삭감 목표 및 구체적 삭감 방안
⑤ 오염부하량 할당 시설별 삭감량 및 그 이행 시기
⑥ 수질예측 산정자료 및 이행 모니터링 계획

83 폐수처리 시 희석처리를 인정받고자 하는 자가 이를 입증하기 위해 시·도지사에게 제출하여야 하는 사항이 아닌 것은?

㉮ 처리하려는 폐수의 농도 및 특성
㉯ 희석처리의 불가피성
㉰ 희석배율 및 희석량
㉱ 희석처리 시 환경에 미치는 영향

풀이 폐수처리 시 희석처리를 인정받고자 하는 자가 이를 입증하기 위해 시·도지사에게 제출하여야 하는 사항은 처리하려는 폐수의 농도 및 특성, 희석처리의 불가피성, 희석배율 및 희석량 등이다.

84 낚시제한구역에서 과태료 처분을 받는 행위에 속하지 않은 것은?

㉮ 1명당 4대 이상의 낚시대를 사용하는 행위
㉯ 낚시바늘에 떡밥을 뭉쳐서 미끼로 던지는 행위
㉰ 고기를 잡기 위하여 폭발물을 이용하는 행위
㉱ 낚시어선업을 영위하는 행위

풀이 ㉯ 1개의 낚시대에 5개 이상의 낚시바늘을 떡밥과 뭉쳐서 미끼로 던지는 행위

answer 81 ㉰ 82 ㉯ 83 ㉱ 84 ㉯

85 위임업무 보고사항 중 보고 횟수가 연 1회에 해당되는 것은?

㉮ 기타 수질오염원 현황
㉯ 폐수위탁·사업장 내 처리현황 및 처리실적
㉰ 과징금 징수 실적 및 체납처분 현황
㉱ 폐수처리업에 대한 등록·지도단속실적 및 처리실적 현황

풀이 보고 횟수
㉮ 연 2회 ㉯ 연 1회 ㉰ 연 2회 ㉱ 연 2회

86 농약사용제한 규정에 대한 설명으로 ( )에 들어갈 기간은?

> 시·도지사는 골프장의 농약사용제한 규정에 따라 골프장의 맹독성·고독성 농약의 사용여부를 확인하기 위하여 ( )마다 골프장별로 농약사용량을 조사하고 농약잔류량을 검사하여야 한다.

㉮ 한 달 ㉯ 분기
㉰ 반기 ㉱ 1년

풀이 골프장별로 농약사용량 조사와 농약잔류량 검사는 매반기마다 실시한다.

87 오염총량관리지역의 수계 이용상황 및 수질상태 등을 고려하여 대통령령이 정하는 바에 따라 수계구간별로 오염총량관리의 목표가 되는 수질을 정하여 고시하여야 하는 자는?

㉮ 대통령
㉯ 환경부장관
㉰ 특별 및 광역 시장
㉱ 도지사 및 군수

풀이 수계구간별로 오염총량관리의 목표가 되는 수질을 정하여 고시하여야 하는 자는 환경부장관이다.

88 배출부과금 부과 시 고려사항이 아닌 것은?
(단, 환경부령으로 정하는 사항은 제외한다.)

㉮ 배출허용기준 초과 여부
㉯ 배출되는 수질오염물질의 종류
㉰ 수질오염물질의 배출기간
㉱ 수질오염물질의 위해성

풀이 배출부과금 부과 시 고려사항
① 배출허용기준 초과 여부
② 배출되는 수질오염물질의 종류
③ 수질오염물질의 배출기간
④ 수질오염물질의 배출량
⑤ 자가측정 여부

89 비점오염저감시설의 시설유형별 기준에서 자연형 시설이 아닌 것은?

㉮ 저류시설   ㉯ 인공습지
㉰ 여과형 시설 ㉱ 식생형 시설

풀이 시설 유형
① 자연형시설 : 저류시설, 인공습지, 침투시설, 식생형시설
② 장치형시설 : 여과형시설, 소용돌이형시설, 스크린형시설, 응집·침전 처리형시설, 생물학적 처리형시설

90 물환경보전법령상 용어 정의가 틀린 것은?

㉮ 폐수 : 물에 액체성 또는 고체성의 수질오염 물질이 섞여 있어 그대로는 사용할 수 없는 물
㉯ 수질오염물질 : 사람의 건강, 재산이나

answer 85 ㉯ 86 ㉰ 87 ㉯ 88 ㉱ 89 ㉰ 90 ㉯

동, 식물 생육에 위해를 줄 수 있는 물질로 환경부령으로 정하는 것
㉰ 강우유출수 : 비점오염원의 수질오염물질이 섞여 유출되는 빗물 또는 눈 녹은 물 등
㉱ 기타수질오염원 : 점오염원 및 비점오염원으로 관리되지 아니하는 수질오염물질을 배출하는 시설 또는 장소로서 환경부령으로 정하는 것

풀이 ㉯ 수질오염물질 : 수질오염의 요인이 되는 물질로서 환경부령으로 정하는 것을 말한다.

91 공공수역의 물환경 보전을 위하여 고랭지 경작지에 대한 경작방법을 권고할 수 있는 기준(환경부령으로 정함)이 되는 해발고도와 경사도는?

㉮ 300 m 이상, 10% 이상
㉯ 300 m 이상, 15% 이상
㉰ 400 m 이상, 10% 이상
㉱ 400 m 이상, 15% 이상

풀이 해발고도 : 400 m 이상, 경사도 15% 이상

92 수질오염경보의 종류별·경보단계별 조치사항 중 상수원 구간에서 조류경보의 [관심] 단계일 때 유역·지방 환경청장의 조치사항인 것은?

㉮ 관심경보 발령
㉯ 대중매체를 통한 홍보
㉰ 조류 제거 조치 실시
㉱ 시험분석 결과를 발령기관으로 통보

풀이 상수원 구간에서 조류경보의 [관심] 단계일 때 유역·지방 환경청장의 조치사항은 관심경보 발령과 주변오염원에 대한 지도·단속이다.

93 폐수처리방법이 생물화학적 처리방법인 경우 환경부령으로 정하는 시운전 기간은? (단, 가동시작일은 5월 1일이다.)

㉮ 가동시작일로부터 30일
㉯ 가동시작일로부터 50일
㉰ 가동시작일로부터 70일
㉱ 가동시작일로부터 90일

풀이 환경부령으로 정하는 시운전 기간
① 생물학적 처리방법 : 50일
② 생물학적 처리방법(11월 1일부터 다음 연도 1월 31일까지) : 70일
③ 화학적 처리방법 : 30일
④ 물리적 처리방법 : 30일

94 수질 및 수생태계 환경기준 중 하천의 사람의 건강보호 기준항목인 6가크롬 기준(mg/L)으로 옳은 것은?

㉮ 0.01 이하
㉯ 0.02 이하
㉰ 0.05 이하
㉱ 0.08 이하

풀이 6가크롬(Cr^{6+})의 기준은 0.05mg/L 이하이다.

95 비점오염원관리지역의 지정기준으로 틀린 것은?

㉮ 환경기준에 미달하는 하천으로 유달부하량 중 비점오염원이 30% 이상인 지역
㉯ 비점오염물질에 의하여 자연생태계에 중대한 위해가 초래되거나 초래될 것으로 예상되는 지역
㉰ 인구 100만명 이상인 도시로서 비점오염원 관리가 필요한 지역
㉱ 지질이나 지층 구조가 특이하여 특별한 관리가 필요하다고 인정되는 지역

풀이 ㉮ 환경기준에 미달하는 하천으로 유달부하량 중 비점오염원이 50% 이상인 지역

answer 91 ㉱ 92 ㉮ 93 ㉯ 94 ㉰ 95 ㉮

96 측정기기의 부착 대상 및 종류 중 부대시설에 해당되는 것으로 옳게 짝지은 것은?

㉮ 자동시료채취기, 자료수집기
㉯ 자동측정분석기기, 자동시료채취기
㉰ 용수적산유량계, 적산전력계
㉱ 하수, 폐수적산유량계, 적산전력계

풀이 측정기기의 종류
① 수질자동측정기기 : 수소이온농도(pH), 화학적 산소요구량(COD), 부유물질량(SS), 총 질소(T-N), 총 인(T-P)
② 부대시설 : 자동시료채취기, 자료수집기

97 초과배출부과금의 부과 대상이 되는 오염물질의 종류에 포함되지 않은 것은?

㉮ 페놀류
㉯ 테트라클로로에틸렌
㉰ 망간 및 그 화합물
㉱ 플루오르(불소)화합물

풀이 초과배출부과금의 부과 대상이 되는 오염물질에는 유기물질, 부유물질, 카드뮴 및 그 화합물, 시안화합물, 유기인화합물, 납 및 그 화합물, 6가크롬화합물, 비소 및 그 화합물, 수은 및 그 화합물, 폴리염화비닐(PCB), 구리 및 그 화합물, 크롬 및 그 화합물, 페놀류, 트리클로로에틸렌, 테트라클로로에틸렌, 망간 및 그 화합물, 아연 및 그 화합물, 총 질소, 총 인이 있다.

98 중점관리 저수지의 지정 기준으로 옳은 것은?

㉮ 총저수용량이 1백만m^3 이상인 저수지
㉯ 총저수용량이 1천만m^3 이상인 저수지
㉰ 총저수용량이 1백만m^2 이상인 저수지
㉱ 총저수용량이 1천만m^2 이상인 저수지

풀이 중점관리 저수지의 지정 기준은 총저수용량이 1천만m^3 이상인 저수지이다.

99 수질오염방지시설 중 물리적 처리시설이 아닌 것은?

㉮ 혼합시설 ㉯ 침전물 개량시설
㉰ 응집시설 ㉱ 유수분리시설

풀이 ㉯ 침전물 개량시설은 화학적 처리시설이다.

100 초과부과금의 산정에 필요한 수질오염물질과 1킬로그램당 부과금액이 옳게 연결된 것은?

㉮ 유기물질 - 500원
㉯ 총질소 - 30,000원
㉰ 페놀류 - 50,000원
㉱ 유기인화합물 - 150,000원

풀이 ㉮ 유기물질 - 250원(배출농도를 생물화학적산소요구량 또는 화학적산소요구량으로 측정한 경우), 450원(배출농도를 총유기탄소량으로 측정한 경우)
㉯ 총질소 - 500원
㉰ 페놀류 - 150,000원

answer 96 ㉮ 97 ㉱ 98 ㉯ 99 ㉯ 100 ㉱

2020년 4회 수질환경기사

2020년 9월 26일 시행

| 제1과목 | 수질오염개론

01 일차 반응에서 반응물질의 반감기가 5일이라고 한다면 물질의 90%가 소모되는데 소요되는 시간(일)은?

㉮ 약 14 ㉯ 약 17
㉰ 약 19 ㉱ 약 22

[풀이]
① 반감기 공식 : $\ln\frac{1}{2} = -k \times t$

따라서 $\ln\frac{1}{2} = -k \times 5\text{day}$

∴ $k = \dfrac{\ln\frac{1}{2}}{-5\text{day}} = 0.1386/\text{day}$

② 1차반응식 : $\ln\dfrac{C_t}{C_o} = -k \times t$

따라서 $\ln\left(\dfrac{100\% - 90\%}{100\%}\right) = -0.1386/\text{day} \times t$

∴ $t = 16.61\text{day}$

02 화학합성균 중 독립영양균에 속하는 호기성균으로서 대표적인 황산화세균에 속하는 것은?

㉮ Sphaerotilus ㉯ Crenothrix
㉰ Thiobacillus ㉱ Leptothrix

[풀이] ㉮ 철산화세균
㉯ 철산화세균
㉰ 황산화세균
㉱ 철산화세균

TIP
유황산화 박테리아 종류
① Beggiatoa(베기아토다)
② Thiobacillus(티오바실러스)
③ Thiooxidans(티오옥시던스)
④ Thiotrix(티오트릭스)

03 0.1ppb Cd 용액 1L 중에 들어있는 Cd의 양(g)은?

㉮ 1×10^{-6} ㉯ 1×10^{-7}
㉰ 1×10^{-8} ㉱ 1×10^{-9}

[풀이] Cd의 양(g) = $\dfrac{0.1\mu g}{L} \times \dfrac{1g}{10^6 \mu g} \times 1L = 1.0 \times 10^{-7}g$

TIP
① ppb = $\mu g/L$
② $\mu g \xrightarrow{\times 10^{-6}} g$

04 호수에 부하되는 인산량을 적용하여 대상 호수의 영양 상태를 평가, 예측하는 모델 중 호수내의 인의 물질수지 관계식을 이용하여 평가하는 방법으로 가장 널리 이용되는 것은?

㉮ Vollenweider model
㉯ Streeter-Phelps model

answer 01 ㉯ 02 ㉰ 03 ㉯ 04 ㉮

㉰ 2차원 POM
㉱ ISC model

풀이 ㉮ Vollenweider model에 대한 설명이다.

05 하천수에서 난류확산에 의한 오염물질의 농도분포를 나타내는 난류확산방정식을 이용하기 위하여 일차적으로 고려해야 할 인자와 가장 관련이 적은 것은?

㉮ 대상 오염물질의 침강속도(m/s)
㉯ 대상 오염물질의 자기감쇠계수
㉰ 유속(m/s)
㉱ 하천수의 난류지수(Re. No)

풀이 난류확산방정식을 이용하기 위하여 일차적으로 고려해야 할 인자로는 대상 오염물질의 침강속도, 대상 오염물질의 자기감쇠계수, 유속 등이 있다.

06 탈산소계수가 0.15/day이면 BOD_5와 BOD_u의 비(BOD_5/BOD_u)는? (단, 밑수는 상용대수이다.)

㉮ 약 0.69   ㉯ 약 0.74
㉰ 약 0.82   ㉱ 약 0.91

풀이 $BOD_5 = BOD_u \times (1-10^{-k \times t})$
$$\frac{BOD_5}{BOD_u} = 1-10^{(-k \times t)}$$
$$= 1-10^{(-0.15/day \times 5day)} = 0.82$$

07 미생물 세포의 비증식 속도를 나타내는 식에 대한 설명이 잘못된 것은?

$$\mu = \mu_{max} \times \frac{[S]}{[S]+K_s}$$

㉮ μ_{max}는 최대 비증식속도로 시간$^{-1}$ 단위이다.
㉯ K_s는 반속도상수로서 최대성장률이 1/2일 때의 기질의 농도이다.
㉰ $\mu = \mu_{max}$인 경우, 반응속도가 기질농도에 비례하는 1차 반응을 의미한다.
㉱ [S]는 제한기질 농도이고 단위는 mg/L이다.

풀이 ㉰ $\mu = \mu_{max}$인 경우, 반응속도가 기질농도에 무관한 0차 반응을 의미한다.

08 μ(세포비증가율)가 μ_{max}의 80%일 때 기질농도(S_{80})와 μ_{max}의 20%일 때의 기질농도(S_{20})와의 (S_{80}/S_{20})비는? (단, 배양기내의 세포비증가율은 Monod식이 적용)

㉮ 4   ㉯ 8
㉰ 16   ㉱ 32

풀이 ① $\mu_{max} = 100\%$, $\mu = \mu_{max}$의 80%일 때
$$0.8 = 1 \times \frac{S_{80}}{K_S + S_{80}}$$
$$\Rightarrow 0.8(K_s + S_{80}) = S_{80}$$
$$\Rightarrow (1-0.8)S_{80} = 0.8K_s$$
$$\Rightarrow S_{80} = \frac{0.8K_s}{1-0.8} = 4K_s$$

② $\mu_{max} = 100\%$, $\mu = \mu_{max}$의 20%일 때
$$0.2 = 1 \times \frac{S_{20}}{K_S + S_{20}}$$
$$\Rightarrow 0.2(K_s + S_{20}) = S_{20}$$
$$\Rightarrow (1-0.2)S_{20} = 0.2K_s$$

answer 05 ㉱   06 ㉰   07 ㉰   08 ㉰

$$\Rightarrow S_{20} = \frac{0.2Ks}{1-0.2} = 0.25Ks$$

③ $\frac{S_{80}}{S_{20}} = \frac{4Ks}{0.25Ks} = 16$

TIP
쉽고 간단하게 답을 찾는 풀이법
$\frac{[S_{80}]}{[S_{20}]} = \frac{80/20}{20/80} = 16$

09 회전원판공법(RBC)에서 원판면적의 약 몇 %가 폐수속에 잠겨서 운전하는 것이 가장 좋은가?

㉮ 20 ㉯ 30
㉰ 40 ㉱ 50

풀이 회전원판공법(RBC)에서 원판면적의 약 40%가 폐수 속에 잠겨서 운전하는 것이 가장 적당하다.

10 콜로이드 응집의 기본 메카니즘과 가장 거리가 먼 것은?

㉮ 이중층 분산
㉯ 전하의 중화
㉰ 침전물에 의한 포착
㉱ 입자간의 가교 형성

풀이 ㉮ 이중층의 압축

TIP
콜로이드 응집의 기본 메카니즘에는 ① 이중층의 압축 강화, ② 체거름, ③ 입자간의 가교작용, ④ 제타전위의 감소, ⑤ 침전물에 의한 포착, ⑥ 전하의 중화가 있다.

11 수질예측모형의 공간성에 따른 분류에 관한 설명으로 틀린 것은?

㉮ 0차원 모형 : 식물성 플랑크톤의 계절적 변동사항에 주로 이용된다.
㉯ 1차원 모형 : 하천이나 호수를 종방향 또는 횡방향의 연속교반 반응조로 가정한다.
㉰ 2차원 모형 : 수질의 변동이 일방향성이 아닌 이방향성으로 분포하는 것으로 가정한다.
㉱ 3차원 모형 : 대호수의 순환 패턴분석에 이용된다.

풀이 ㉮ 0차원 모형 : 식물성 플랑크톤의 계절적 변동사항에는 적용하기 곤란하다.

12 다음 수질을 가진 농업용수의 SAR값으로 판단할 때 Na^+가 흙에 미치는 영향은?
(단, 수질농도 Na^+ = 230mg/L, Ca^{2+} = 60mg/L, Mg^{2+} = 36mg/L, PO_4^{3-} = 1500mg/L, Cl^- = 200mg/L, 원자량 = 나트륨 23, 칼슘 40, 마그네슘 24, 인 31)

㉮ 영향이 적다.
㉯ 영향이 중간정도이다.
㉰ 영향이 비교적 높다.
㉱ 영향이 매우 높다.

풀이 ① SAR(나트륨 흡착률) = $\dfrac{Na^+}{\sqrt{\dfrac{Ca^{2+}+Mg^{2+}}{2}}}$

② 단위 : meq/L = mN = mg/L ÷ 당량mg
Na^+ = 230mg/L ÷ 23 = 10mN
Ca^{2+} = 60mg/L ÷ 20 = 3mN
Mg^{2+} = 36mg/L ÷ 12 = 3mN

③ SAR = $\dfrac{10}{\sqrt{\dfrac{3+3}{2}}}$ = 5.77

④ 판정

answer 09 ㉰ 10 ㉮ 11 ㉮ 12 ㉮

SAR이 0 ~ 10 : 적은 영향
SAR이 10 ~ 18 : 중간 정도 영향
SAR이 18 ~ 26 : 높은 영향
SAR이 26 이상 : 아주 큰 영향
⑤ SAR이 5.77이므로 영향이 적다.

13 확산의 기본법칙인 Fick's 제1법칙을 가장 알맞게 설명한 것은? (단, 확산에 의해 어떤 면적요소를 통과하는 물질의 이동속도 기준)

㉮ 이동속도는 확산물질의 조성비에 비례한다.
㉯ 이동속도는 확산물질의 농도경사에 비례한다.
㉰ 이동속도는 확산물질의 분자확산계수와 반비례한다.
㉱ 이동속도는 확산물질의 유입과 유출의 차이 만큼 축적된다.

풀이 Fick's 제1법칙에서 이동속도는 확산물질의 농도경사에 비례한다.

14 부영양화의 영향으로 틀린 것은?

㉮ 부영양화가 진행되면 상품가치가 높은 어종들이 사라져 수산업의 수익성이 저하된다.
㉯ 부영양화된 호수의 수질은 질소와 인 등 영양염류의 농도가 높으나 이의 과잉공급은 농작물의 이상 성장을 초래하고 병충해에 대한 저항력을 약화시킨다.
㉰ 부영양호의 pH는 중성 또는 약산성이나 여름에는 일시적으로 강산성을 나타내어 저니층의 용출을 유발한다.
㉱ 조류로 인해 정수공정의 효율이 저하된다.

풀이 ㉰ 부영양호의 pH는 중성 또는 약알칼리성이나 여름에는 일시적으로 강알칼리성을 나타낸다.

15 직경이 0.1mm인 모세관에서 10℃일 때 상승하는 물의 높이(cm)는? (단, 공기밀도 1.25×10^{-3}g/cm³(10℃일 때), 접촉각은 0°, h(상승높이) = $4\sigma/[gr(Y-Y_a)]$, 표면장력 74.2dyne/cm)

㉮ 30.3   ㉯ 42.5
㉰ 51.7   ㉱ 63.9

풀이
$$h(상승높이) = \frac{4 \times \sigma}{g \times r \times (Y-Y_a)}$$
$$= \frac{4 \times (74.2\text{dyne/cm} \div 980)\text{g/cm}}{0.1 \times 10^{-1}\text{cm} \times 1\text{g/cm}^3 \times \cos 0°}$$
$$= 30.29\text{cm}$$

TIP
$h(상승높이) = \dfrac{4 \times \sigma}{g \times r \times (Y-Y_a)}$
표면장력(σ) = dyne÷980(g/cm)
물의 밀도(g) = 1.0g/cm³ = 1,000kg/m³
직경(r) : mm $\xrightarrow{\times 10^{-1}}$ cm
$(Y-Y_a) = \cos\theta$

16 우리나라의 수자원 이용현황 중 가장 많이 이용되어 온 용수는?

㉮ 공업용수   ㉯ 농업용수
㉰ 생활용수   ㉱ 유지용수(하천)

풀이 우리나라의 수자원 이용현황은 농업용수 > 하천유지용수 > 생활용수 > 공업용수 순이다.

answer 13 ㉯   14 ㉰   15 ㉮   16 ㉯

17 Fungi(균류, 곰팡이류)에 관한 설명으로 틀린 것은?

㉮ 원시적 탄소동화작용을 통하여 유기물질을 섭취하는 독립영양계 생물이다.
㉯ 폐수내의 질소와 용존산소가 부족한 경우에도 잘 성장하며 pH가 낮은 경우에도 잘 성장한다.
㉰ 구성물질의 75~80%가 물이며 $C_{10}H_{17}O_6N$을 화학구조식으로 사용한다.
㉱ 폭이 약 5~10μm로서 현미경으로 쉽게 식별되며 슬러지팽화의 원인이 된다.

풀이 ㉮ Fungi(균류, 곰팡이류)는 엽록소가 없어 탄소동화작용을 할 수 없다.

18 산소포화농도가 9mg/L인 하천에서 처음의 용존산소농도가 7mg/L라면 3일간 흐른 후 하천 하류지점에서의 용존산소농도(mg/L)는? (단, BOD_u = 10mg/L, 탈산소계수 = 0.1day^{-1}, 재폭기계수 = 0.2 day^{-1}, 상용대수기준)

㉮ 4.5   ㉯ 5.0
㉰ 5.5   ㉱ 6.0

풀이
① $D_t = \dfrac{k_1 \times L_o}{k_2 - k_1} \times (10^{-k_1 \times t} - 10^{-k_2 \times t}) + D_o(10^{-k_2 \times t})$

$= \dfrac{0.1/day \times 10mg/L}{0.2/day - 0.1/day} \times (10^{-0.1/day \times 3day} - 10^{-0.2/day \times 3day})$
$+ (9mg/L - 7mg/L) \times (10^{-0.2/day \times 3day})$
$= 3.0mg/L$

② 3일 유하거리의 하류지점에서의 DO농도
$= C_s - D_t =$ 9mg/L - 3.0mg/L = 6.0mg/L

19 C_2H_6 15g이 완전 산화하는데 필요한 이론적 산소량(g)은?

㉮ 약 46   ㉯ 약 56
㉰ 약 66   ㉱ 약 76

풀이 $C_2H_6 + 3.5O_2 \rightarrow 2CO_2 + 3H_2O$
30g : 3.5×32g
15g : ThOD
∴ ThOD = 56g

TIP
ThOD = 이론적인 산소요구량

20 바다에서 발생되는 적조현상에 관한 설명과 가장 거리가 먼 것은?

㉮ 적조 조류의 독소에 의한 어패류의 피해가 발생한다.
㉯ 해수 중 용존산소의 결핍에 의한 어패류의 피해가 발생한다.
㉰ 갈수기 해수 내 염소량이 높아질 때 발생된다.
㉱ 플랑크톤의 번식에 충분한 광량과 영양염류가 공급될 때 발생된다.

풀이 ㉰ 홍수기 해수 내 염소량이 낮아질 때 발생된다.

answer 17 ㉮ 18 ㉱ 19 ㉯ 20 ㉰

| 제2과목 | 상하수도계획

21 하천수를 수원으로 하는 경우, 취수시설인 취수문에 대한 설명으로 틀린 것은?

㉮ 취수지점은 일반적으로 상류부의 소하천에 사용되고 있다.
㉯ 하상변동이 작은 지점에서 취수할 수 있어 복단면의 하천 취수에 유리하다.
㉰ 시공조건에서 일반적으로 가물막이를 하고 임시하도 설치 등을 고려해야 한다.
㉱ 기상조건에서 파랑에 대하여 특히 고려할 필요는 없다.

풀이 ㉯ 하상변동이 작은 지점에서 취수할 수 있고, 복단면의 하천 취수에는 불리하다.

22 하수관거시설이 황화수소에 의하여 부식되는 것을 방지하기 위한 대책으로 틀린 것은?

㉮ 관거를 청소하고 미생물의 생식 장소를 제거한다.
㉯ 염화제2철을 주입하여 황화물을 고정화한다.
㉰ 염소를 주입하여 ORP를 저하시킨다.
㉱ 환기에 의해 관내 황화수소를 희석한다.

풀이 ㉰ 염소를 주입하여 산화환원전위(ORP)를 상승시킨다.

23 유역면적이 2km²인 지역에서의 우수 유출량을 산정하기 위하여 합리식을 사용하였다. 다음 조건일 때 관거 길이 1,000m인 하수관의 우수유출량(m³/sec)은? (단, 강우강도 $I(mm/hr) = \dfrac{3,660}{t+30}$, 유입시간 6분, 유출계수 0.7, 관내의 평균 유속 1.5m/sec)

㉮ 약 25 ㉯ 약 30
㉰ 약 35 ㉱ 약 40

풀이 $Q = \dfrac{1}{360} CIA$

여기서
- C : 유출계수
- I : 강우강도(mm/hr)
- A : 면적(ha)

① $I = \dfrac{3,660}{t+30}$ (mm/hr)

t(유달시간) = 유입시간(min) + 유하시간(min)

유하시간 = $\dfrac{\text{관의 길이(m)}}{\text{관내 유속(m/min)}}$

$= \dfrac{1,000\text{m}}{1.5\text{m/sec} \times 60\text{sec/min}}$

$= 11.1111\text{min}$

따라서 t(유달시간) = 6min + 11.1111min
= 17.1111min

$I = \dfrac{3,660}{t+30} = \dfrac{3,660}{17.1111\text{min}+30} = 77.6887\text{mm/hr}$

② A(면적) = 2.0km² × 100ha/1km² = 200ha

③ $Q = \dfrac{1}{360} CIA$

$= \dfrac{1}{360} \times 0.7 \times 77.6887\text{mm/hr} \times 200\text{ha}$

$= 30.21\text{m}^3/\text{sec}$

answer 21 ㉯ 22 ㉰ 23 ㉯

24 화학적 처리를 위한 응집시설 중 급속혼화시설에 관한 설명으로 ( )에 옳은 내용은?

> 기계식 급속혼화시설을 채택하는 경우에는 ( ) 이내의 체류시간을 갖는 혼화지에 응집제를 주입한 다음 즉시 급속교반 시킬 수 있는 혼화장치를 설치한다.

㉮ 30초 ㉯ 1분
㉰ 3분 ㉱ 5분

풀이 기계식 급속혼화시설을 채택하는 경우에는 1분 이내의 체류시간을 갖는 혼화지에 응집제를 주입한 다음 즉시 급속교반 시킬 수 있는 혼화장치를 설치한다.

25 복류수를 취수하는 집수매거의 유출단에서 매거 내의 평균유속 기준은?

㉮ 0.3m/sec 이하 ㉯ 0.5m/sec 이하
㉰ 0.8m/sec 이하 ㉱ 1.0m/sec 이하

풀이 복류수를 취수하는 집수매거의 유출단에서 매거 내의 평균유속 기준은 1.0m/sec 이하이다.

TIP
집수매거 조건
① 복류류 흐름방향과 직각으로 설치
② 매설 깊이는 5m
③ 집수구멍의 직경은 10~20mm이고 관거표면적은 1m²당 20~30개 정도
④ 집수매거 내 속도는 1m/sec 이하

26 계획취수량은 계획 1일 최대급수량의 몇 % 정도의 여유를 두고 정하는가?

㉮ 5% ㉯ 10%
㉰ 15% ㉱ 20%

풀이 계획취수량은 계획 1일 최대급수량의 10% 정도의 여유를 두고 정한다.

27 상수시설의 급수설비 중 급수관 접속 시 설계기준과 관련한 고려사항(위험한 접속)으로 옳지 않은 것은?

㉮ 급수관은 수도사업자가 관리하는 수도관 이외의 수도관이나 기타 오염의 원인으로 될 수 있는 관과 직접 연결해서는 안된다.
㉯ 급수관을 방화수조, 수영장 등 오염의 원인이 될 우려가 있는 시설과 연결하는 경우에는 급수관의 토출구를 만수면보다 25mm 이상의 높이에 설치해야 한다.
㉰ 대변기용 세척밸브는 유효한 진공파괴 설비를 설치한 세척밸브나 대변기를 사용하는 경우를 제외하고는 급수관에 직결해서는 안된다.
㉱ 저수조를 만들 경우에 급수관의 토출구는 수조의 만수면에서 급수관경 이상의 높이에 만들어야 한다. 다만, 관경이 50mm 이하의 경우는 그 높이를 최소 50mm로 한다.

풀이 ㉯ 급수관을 방화수조, 수영장 등 오염의 원인이 될 우려가 있는 시설과 연결하는 경우에는 급수관의 토출구를 만수면 보다 200mm 이상의 높이에 설치해야 한다.

answer 24 ㉯ 25 ㉱ 26 ㉯ 27 ㉯

28 상수시설에서 급수관을 배관하고자 할 경우의 고려사항으로 옳지 않은 것은?

㉮ 급수관을 공공도로에 부설할 경우에는 다른 매설물과의 간격을 30cm 이상 확보한다.
㉯ 수요가의 대지 내에서 가능한 한 직선배관이 되도록 한다.
㉰ 가급적 건물이나 콘크리트의 기초 아래를 횡단하여 배관하도록 한다.
㉱ 급수관이 개거를 횡단하는 경우에는 가능한 한 개거의 아래로 부설한다.

풀이 ㉰ 가급적 건물이나 콘크리트의 기초 아래를 피하여 배관하도록 한다.

29 합류식에서 우천 시 계획오수량은 원칙적으로 계획시간 최대오수량의 몇 배 이상으로 고려하여야 하는가?

㉮ 1.5배 ㉯ 2.0배
㉰ 2.5배 ㉱ 3.0배

풀이 합류식에서 우천 시 계획오수량은 원칙적으로 계획시간 최대오수량의 3.0배이상으로 한다.

30 자연부식 중 매크로셀 부식에 해당되는 것은?

㉮ 산소농담(통기차)
㉯ 특수토양부식
㉰ 간섭
㉱ 박테리아 부식

풀이 자연부식 중 매크로셀 부식에 해당되는 것은 산소농담(통기차) 이다.

> **TIP**
> **상수도관의 부식**
> ① 자연부식
> ㉠ Macro cell 부식 : 콘크리트, 토양, 이종금속, 산소농담(통기차)
> ㉡ Micro cell 부식 : 산성토양, 박테리아, 일반토양, 대기중 부식
> ② 전기식(전식) 부식 : 간섭

31 해수담수화시설 중 역삼투설비에 관한 설명으로 옳지 않은 것은?

㉮ 해수담수화시설에서 생산된 물은 pH나 경도가 낮기 때문에 필요에 따라 적절한 약품을 주입하거나 다른 육지의 물과 혼합하여 수질을 조정한다.
㉯ 막모듈은 플러싱과 약품세척 등을 조합하여 세척한다.
㉰ 고압펌프를 정지할 때에는 드로백이 유지 되도록 체크 밸브를 설치하여야 한다.
㉱ 고압펌프는 효율과 내식성이 좋은 기종으로 하며 그 형식은 시설규모 등에 따라 선정한다.

풀이 ㉰ 고압펌프를 정지할 때에는 드로백 방지를 위해 체크밸브를 설치하여야 한다.

32 상수도시설인 착수정에 관한 설명으로 ( )에 옳은 것은?

> 착수정의 용량은 체류시간을 ( )이상으로 한다.

㉮ 0.5분 ㉯ 1.0분
㉰ 1.5분 ㉱ 3.0분

풀이 착수정의 용량은 체류시간을 1.5분 이상으로 한다.

---

answer 28 ㉰ 29 ㉱ 30 ㉮ 31 ㉰ 32 ㉰

33 하수도 계획의 목표연도는 원칙적으로 몇 년 정도로 하는가?

㉮ 10년 ㉯ 15년
㉰ 20년 ㉱ 25년

풀이
① 하수도 계획의 목표연도 : 20년
② 상수도 계획의 목표연도 : 15~20년

34 펌프의 비교회전도에 관한 설명으로 옳은 것은?

㉮ 비교회전도가 크게 될수록 흡입성능이 나쁘고 공동현상이 발생하기 쉽다.
㉯ 비교회전도가 크게 될수록 흡입성능은 나쁘나 공동현상이 발생하기 어렵다.
㉰ 비교회전도가 크게 될수록 흡입성능이 좋고 공동현상이 발생하기 어렵다.
㉱ 비교회전도가 크게 될수록 흡입성능은 좋으나 공동현상이 발생하기 쉽다.

풀이
$N_S = N \times \dfrac{Q^{1/2}}{H^{3/4}}$

- N_S : 비교회전도(rpm)
- N : 규정회전수(rpm)
- Q : 펌프의 토출량(m³/min)
- H : 전양정(m)

35 상수도 취수보의 취수구에 관한 설명으로 틀린 것은?

㉮ 높이는 배사문의 바닥높이보다 0.5~1m 이상 낮게 한다.
㉯ 유입속도는 0.4~0.8m/sec를 표준으로 한다.
㉰ 제수문의 전면에는 스크린을 설치한다.
㉱ 계획취수위는 취수구로부터 도수기점까지의 손실수두를 계산하여 결정한다.

풀이
㉮ 높이는 배사문의 바닥높이보다 0.5~1m 이상 높게 한다.

TIP
배사문이란 하천으로부터 취수구 부근에 쌓이는 토사를 흘려보내 송수로로 토사가 유입되는 것을 방지하는 문이다.

36 정수시설인 배수관의 수압에 관한 내용으로 옳은 것은?

㉮ 급수관을 분기하는 지점에서 배수관내의 최대 정수압은 150kPa(약 1.6kgf/cm²)를 초과하지 않아야 한다.
㉯ 급수관을 분기하는 지점에서 배수관내의 최대 정수압은 250kPa(약 2.6kgf/cm²)를 초과하지 않아야 한다.
㉰ 급수관을 분기하는 지점에서 배수관내의 최대 정수압은 450kPa(약 4.6kgf/cm²)를 초과하지 않아야 한다.
㉱ 급수관을 분기하는 지점에서 배수관내의 최대 정수압은 700kPa(약 7.1kgf/cm²)를 초과하지 않아야 한다.

37 원형 원심력 철근콘크리트관에 만수된 상태로 송수된다고 할 때 Manning 공식에 의한 유속(m/sec)은? (단, 조도계수 = 0.013, 동수경사 = 0.002, 관지름 = 250mm)

㉮ 0.24 ㉯ 0.54
㉰ 0.72 ㉱ 1.03

풀이
Manning식에서 유속 $(v) = \dfrac{1}{n} \times R^{\frac{2}{3}} \times I^{\frac{1}{2}}$ (m/sec)

$R(경심) = \dfrac{D}{4} = \dfrac{0.25m}{4} = 0.0625m$

I(기울기 = 구배 = 동수경사) = 0.002

answer 33 ㉰ 34 ㉮ 35 ㉮ 36 ㉱ 37 ㉯

따라서 유속(v) = $\frac{1}{0.013} \times (0.0625m)^{\frac{2}{3}} \times (0.002)^{\frac{1}{2}}$
= 0.54m/sec

38 관경 1,100mm, 역사이펀 관거 내의 동수경사 2.4‰, 유속 2.15m/sec, 역사이펀 관거의 길이 76m일 때, 역사이펀의 손실수두(m)는? (단, β = 1.5, α = 0.05m이다.)

㉮ 0.29 ㉯ 0.39
㉰ 0.49 ㉱ 0.59

풀이
H = I×L + 1.5 × $\frac{v^2}{2g}$ + α
= $\frac{2.4}{1,000}$ × 76m + 1.5 × $\frac{(2.15m/sec)^2}{2 \times 9.8m/sec^2}$ + 0.05m
= 0.59m

TIP
H = I×L + 1.5 × $\frac{v^2}{2g}$ + α
여기서 H : 손실수두(m)
  I : 동수구배(기울기)
  L : 관의 길이(m)
  g : 중력가속도(9.8m/sec²)
  α : 손실수두에 관한 여유

39 상수도 시설 중 침사지에 관한 설명으로 틀린 것은?

㉮ 위치는 가능한 한 취수구에 근접하여 제내지에 설치한다.
㉯ 지의 유효수심은 2~3m를 표준으로 한다.
㉰ 지의 상단높이는 고수위보다 0.6~1m의 여유고를 둔다.
㉱ 지내평균유속은 2~7cm/sec를 표준으로 한다.

풀이 ㉯ 지의 유효수심은 3~4m를 표준으로 한다.

40 수평부설한 직경 300mm, 길이 3,000m의 주철관에 8,640m³/day로 송수 시 관로 끝에서의 손실수두(m)는? (단, 마찰계수 f = 0.03, g = 9.8m/sec², 마찰손실만 고려)

㉮ 약 10.8 ㉯ 약 15.3
㉰ 약 21.6 ㉱ 약 30.6

풀이
① V(m/sec) = $\frac{Q(m^3/sec)}{\frac{\pi D^2}{4}(m^2)}$

= $\frac{8,640m^3/day \times 1day/24hr \times 1hr/3,600sec}{\frac{\pi}{4} \times (0.3m)^2}$

= 1.4147m/sec

② $h_L = f \times \frac{L}{D} \times \frac{V^2}{2g}$

= $0.03 \times \frac{3,000m}{0.3m} \times \frac{(1.4147m/sec)^2}{2 \times 9.8m/sec^2}$

= 30.63m

TIP
$h_L = f \times \frac{L}{D} \times \frac{V^2}{2g}$
여기서 h_L : 관마찰손실수두(m)
  f : 마찰계수
  L : 길이(m)
  D : 직경(m)
  v : 유속(m/sec)
  g : 중력가속도(9.8m/sec²)

answer 38 ㉱ 39 ㉯ 40 ㉱

| 제3과목 | 수질오염방지기술

41 활성슬러지 공정 중 핀플럭이 주로 많이 발생하는 공정은?

㉮ 심층폭기법 ㉯ 장기폭기법
㉰ 점감식폭기법 ㉱ 계단식폭기법

풀이 활성슬러지 공정 중 핀플럭이 주로 많이 발생하는 공정은 장기폭기법이다.

42 CFSTR에서 물질을 분해하여 효율 95%로 처리하고자 한다. 이 물질은 0.5차 반응으로 분해되며, 속도상수는 $0.05(mg/L)^{1/2}/hr$ 이다. 유량은 500L/hr이고 유입농도는 250mg/L로 일정하다면 CFSTR의 필요 부피(m^3)는? (단, 정상상태 가정)

㉮ 약 520 ㉯ 약 572
㉰ 약 620 ㉱ 약 672

풀이 $Q \times (C_o - C_t) = k \cdot V \cdot C_t^{0.5}$
$0.5 m^3/hr \times (250 - 12.5) mg/L$
$= 0.05/hr \times V \times (12.5 mg/L)^{0.5}$
$\therefore V = \dfrac{0.5 m^3/hr \times (250 - 12.5) mg/L}{0.05/hr \times (12.5 mg/L)^{0.5}} = 671.75 m^3$

TIP
① $C_t = C_o \times (1-\eta) = 250 mg/L \times (1-0.95) = 12.5 mg/L$
② $500 L/hr = 0.5 m^3/hr$

43 Chick's law에 의하면 염소소독에 의한 미생물 사멸율은 1차 반응에 따른다. 미생물의 80%가 0.1mg/L 잔류 염소로 2분 내에 사멸된다면 99.9%를 사멸시키기 위해서 요구되는 접촉시간(분)은?

㉮ 5.7 ㉯ 8.6
㉰ 12.7 ㉱ 14.2

풀이 1차반응식 : $\ln \dfrac{C_t}{C_o} = -k \times t$

① $\ln \dfrac{(100-80)\%}{100\%} = -k \times 2min$
$\therefore k = 0.8047/min$

② $\ln \dfrac{(100-99.9)\%}{100\%} = -0.8047/min \times t$
$\therefore t = 8.58 min$

44 1차 침전지의 유입 유량은 $1,000 m^3/day$ 이고 SS 농도는 350mg/L이다. 1차 침전지에서의 SS 제거효율이 60%일 때 하루에 1차 침전지에서 발생되는 슬러지 부피(m^3)는? (단, 슬러지의 비중 = 1.05, 함수율 = 94%, 기타 조건은 고려하지 않음)

㉮ 2.3 ㉯ 2.5
㉰ 2.7 ㉱ 3.3

풀이 슬러지 발생량(m^3/day)
$= \dfrac{SS(kg/m^3) \times Q(m^3/day) \times \eta}{비중량(kg/m^3)} \times \dfrac{100}{100-P(\%)}$
$= \dfrac{0.35 kg/m^3 \times 1,000 m^3/day \times 0.60}{1,050 kg/m^3} \times \dfrac{100}{100-94}$
$= 3.33 m^3/day$

TIP
① $mg/L \xrightarrow{\times 10^{-3}} kg/m^3$
② $g/cm^3 \xrightarrow{\times 10^3} 비중량(kg/m^3)$

answer 41 ㉯ 42 ㉱ 43 ㉯ 44 ㉱

45 회전생물막접촉기(RBC)에 관한 설명으로 틀린 것은?

㉮ 재순환이 필요 없고 유지비가 적게 든다.
㉯ 메디아는 전형적으로 약 40%가 물에 잠긴다.
㉰ 운영변수가 적어 모델링이 간단하고 편리하다.
㉱ 설비는 경량재료로 만든 원판으로 구성되며 1~2rpm의 속도로 회전한다.

풀이 ㉰ 운영변수가 많아 모델링이 복잡하다.

46 질산화 박테리아에 대한 설명으로 옳지 않은 것은?

㉮ 절대호기성이어서 높은 산소농도를 요구한다.
㉯ Nitrobacter는 암모늄이온의 존재하에서 pH 9.5 이상이면 성장이 억제된다.
㉰ 질산화 반응의 최적온도는 25℃이며 20℃ 이하, 40℃ 이상에서는 활성이 없다.
㉱ Nitrosomonas는 알칼리성 상태에서는 활성이 크지만 pH 6.0 이하에서는 생장이 억제된다.

풀이 ㉰ 질산화 반응의 최적온도는 30℃이다.

47 수량 36,000m³/day의 하수를 폭 15m, 길이 30m, 깊이 2.5m의 침전지에서 표면적부하 40m³/m²·day의 조건으로 처리하기 위한 침전지의 수(개)는? (단, 병렬 기준)

㉮ 2　㉯ 3
㉰ 4　㉱ 5

풀이
$$40m^3/m^2 \cdot day = \frac{36,000m^3/day}{15m \times 30m \times n}$$
∴ 침전지의 수(n) = 2개

48 효소 및 기질이 효소-기질을 형성하는 가역반응과 생성물 P를 이탈시키는 착화합물의 비가역 분해과정인 다음의 식에서 Michaelis 상수 K_m은 얼마인가? (단, $K_1 = 1.0 \times 10^7 M^{-1}s^{-1}$, $K_{-1} = 1.0 \times 10^2 s^{-1}$, $K_2 = 3.0 \times 10^2 s^{-1}$)

$$E+S \xrightleftharpoons[K_{-1}]{K_1} ES \xrightarrow{K_2} E+P$$

㉮ 1.0×10^{-5}M　㉯ 2.0×10^{-5}M
㉰ 4.0×10^{-5}M　㉱ 6.0×10^{-5}M

풀이
$$\text{Michaelis 상수}(K_m) = \frac{K_{-1}+K_2}{K_1}$$
$$= \frac{(1.0 \times 10^2/s)+(3.0 \times 10^2/s)}{(1.0 \times 10^7/M \cdot S)}$$
$$= 4.0 \times 10^{-5}M$$

49 응집에 관한 설명으로 옳지 않은 것은?

㉮ 황산알루미늄을 응집제로 사용할 때 수산화물 플록을 만들기 위해서는 황산알루미늄과 반응할 수 있도록 물에 충분한 알칼리도가 있어야 한다.
㉯ 응집제로 황산알루미늄은 대개 철염에 비해 가격이 저렴한 편이다.
㉰ 응집제로 황산알루미늄은 철염보다 넓은 pH 범위에서 적용이 가능하다.
㉱ 응집제로 황산알루미늄을 사용하는 경우, 적당한 pH 범위는 대략 4.5에서 8이다.

answer 45 ㉰　46 ㉰　47 ㉮　48 ㉰　49 ㉰

풀이 ㉯ 응집제로 황산알루미늄은 철염보다 좁은 pH 범위에서 적용이 가능하다.

TIP
적정 pH범위
① 황산알루미늄 : 5~8
② 철염(염화제2철) : pH 4~12

50 부피가 4,000m³인 폭기조의 MLSS 농도가 2,000mg/L, 반송슬러지의 SS 농도가 8,000mg/L, 슬러지 체류시간(SRT)이 5일이면 폐슬러지의 유량(m³/day)은?
(단, 2차 침전지 유출수 중의 SS는 무시한다.)

㉮ 125　　㉯ 150
㉰ 175　　㉱ 200

풀이
$$SRT = \frac{MLSS \times V}{Q_w \times SS_w}$$

$$5day = \frac{2,000mg/L \times 4,000m^3}{Q_w \times 8,000mg/L}$$

$$\therefore Q_w = \frac{2,000mg/L \times 4,000m^3}{5day \times 8,000mg/L} = 200m^3/day$$

TIP
SS_r(반송슬러지 농도) = SS_w(폐슬러지 농도)

51 도시 폐수의 침전시간에 따라 변화하는 수질인자의 종류와 거리가 가장 먼 것은?

㉮ 침전성 부유물
㉯ 총부유물
㉰ BOD_5
㉱ SVI 변화

풀이 도시 폐수의 침전시간에 따라 변화하는 수질인자의 종류에는 침전성 부유물, 총부유물, SVI 변화 등이 있다.

52 생물학적 질소 및 인 동시제거공정으로서 혐기조, 무산소조, 호기조로 구성되며, 혐기조에서 인 방출, 무산소조에서 탈질화, 호기조에서 질산화 및 인 섭취가 일어나는 공정은?

㉮ A^2/O 공정
㉯ Phostrip 공정
㉰ Modified Bardenphor 공정
㉱ Modified UCT 공정

풀이 생물학적 질소 및 인 동시제거공정으로서 혐기조, 무산소조, 호기조로 구성되어 있는 공정은 A^2/O 공정이다.

53 정수장 응집 공정에 사용되는 화학 약품 중 나머지 셋과 그 용도가 다른 하나는?

㉮ 오존　　㉯ 명반
㉰ 폴리비닐아민　㉱ 황산제일철

풀이 오존은 소독제(살균제)이며, 나머지는 응집제이다.

54 고농도의 액상 PCB 처리방법으로 가장 거리가 먼 것은?

㉮ 방사선 조사(코발트60에 의한 γ선 조사)
㉯ 연소법
㉰ 자외선조사법
㉱ 고온 고압 알칼리 분해법

풀이 고농도의 액상 PCB 처리방법으로는 연소법, 자외선조사법, 고온 고압 알칼리 분해법이 있다.

answer 50 ㉱　51 ㉰　52 ㉮　53 ㉮　54 ㉮

55 무기물이 0.30g/g VSS로 구성된 생물성 VSS를 나타내는 폐수의 경우, 혼합액 중의 TSS와 VSS 농도가 각각 2,000mg/L, 1,480mg/L라 하면 유입수로부터 기인된 불활성고형물에 대한 혼합액 중의 농도(mg/L)는? (단, 유입된 불활성 부유 고형물질의 용해는 전혀 없다고 가정)

㉮ 76 ㉯ 86
㉰ 96 ㉱ 116

[풀이] ① FSS = TSS−VSS
= 2,000mg/L−1,480mg/L = 520mg/L
② FS = VSS×0.30g/g
= 1,480mg/L×0.3g/g = 444mg/L
③ 불활성 고형물에 대한 혼합액 중의 농도(mg/L)
= FSS−FS = 520mg/L−444mg/L = 76mg/L

56 폐수 내 시안화합물 처리방법인 알칼리 염소법에 관한 설명과 가장 거리가 먼 것은?

㉮ CN의 분해를 위해 유지되는 pH는 10 이상이다.
㉯ 니켈과 철의 시안착염이 혼입된 경우 분해가 잘 되지 않는다.
㉰ 산화제의 투입량이 과잉인 경우에는 염화시안이 발생되므로 산화제는 약간 부족하게 주입한다.
㉱ 염소처리 시 강알칼리성 상태에서 1단계로 염소를 주입하여 시안화합물을 시안 산화물로 변환시킨 후 중화하고 2단계로 염소를 재주입하여 N_2와 CO_2로 분해시킨다.

[풀이] ㉰ 산화제의 투입량이 적은 경우에는 염화시안이 발생되므로 산화제는 약간 과잉으로 주입한다.

57 생물학적 3차 처리를 위한 A/O 공정을 나타낸 것으로 각 반응조 역할을 가장 적절하게 설명한 것은?

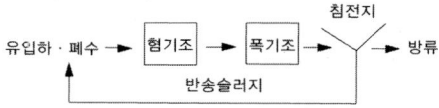

㉮ 혐기조에서는 유기물 제거와 인의 방출이 일어나고, 폭기조에서는 인의 과잉섭취가 일어난다.
㉯ 폭기조에서는 유기물 제거가 일어나고, 혐기조에서는 질산화 및 탈질이 동시에 일어난다.
㉰ 제거율을 높이기 위해서는 외부탄소원인 메탄올 등을 폭기조에 주입한다.
㉱ 혐기조에서는 인의 과잉섭취가 일어나며, 폭기조에서는 질산화가 일어난다.

[풀이] 각 반응조 역할
① 혐기조 : 유기물 제거와 인의 방출
② 폭기조 : 인의 과잉섭취

58 1차 처리된 분뇨의 2차 처리를 위해 폭기조, 2차침전지로 구성된 표준 활성슬러지를 운영하고 있다. 운영 조건이 다음과 같을 때 고형물 체류시간(SRT, day)은? (단, 유입유량 1,000m³/day, 폭기조 수리학적 체류시간 = 6시간, MLSS 농도 = 3,000mg/L, 잉여슬러지배출량 = 30m³/day, 잉여슬러지 SS농도 = 10,000mg/L, 2차침전지 유출수 SS 농도 = 5mg/L)

㉮ 약 2 ㉯ 약 2.5
㉰ 약 3 ㉱ 약 3.5

[풀이] $$SRT = \frac{MLSS \times V}{Q_w SS_w + Q_o SS_o}$$

answer 55 ㉮ 56 ㉰ 57 ㉮ 58 ㉯

$$= \frac{3,000\text{mg/L} \times 1,000\text{m}^3/\text{day} \times \left(\frac{6\text{hr}}{24}\right)\text{day}}{30\text{m}^3/\text{day} \times 10,000\text{mg/L} + (1,000-30)\text{m}^3/\text{day} \times 5\text{mg/L}}$$
$$= 2.46 \text{day}$$

TIP
① $V(\text{m}^3) = Q(\text{m}^3/\text{day}) \times t(\text{day})$
② $Q_o = Q_i - Q_w$

59 생물학적 인 제거를 위한 A/O 공정에 관한 설명으로 옳지 않은 것은?

㉮ 폐슬러지 내의 인의 함량이 비교적 높고 비료의 가치가 있다.
㉯ 비교적 수리학적 체류시간이 짧다.
㉰ 낮은 BOD/P 비가 요구된다.
㉱ 추운 기후의 운전조건에서 성능이 불확실하다.

풀이 ㉰ 높은 BOD/P 비가 요구된다.

60 살수여상 상단에서 연못화(ponding)가 일어나는 원인으로 가장 거리가 먼 것은?

㉮ 여재가 너무 작을 때
㉯ 여재가 견고하지 못하고 부서질 때
㉰ 탈락된 생물막이 공극을 폐쇄할 때
㉱ BOD 부하가 낮을 때

풀이 ㉱ BOD 부하가 높을 때

| 제4과목 | 수질오염공정시험기준

61 폐수의 부유물질(SS)을 측정하였더니 1,312mg/L이었다. 시료 여과 전 유리섬유여지의 무게가 1.2113g이고, 이 때 사용된 시료량이 100mL이었다면 시료 여과 후 건조시킨 유리섬유여지의 무게(g)는?

㉮ 1.2242   ㉯ 1.3425
㉰ 2.5233   ㉱ 3.5233

풀이
$$\text{SS농도(mg/L)} = \frac{(\text{여과 후 무게} - \text{여과 전 무게})(\text{mg})}{\text{시료량(L)}}$$

$$1,312\text{mg/L} = \frac{(\text{여과 후 무게} - 1.2113\text{g}) \times 10^3 \text{mg/g}}{100 \times 10^{-3} \text{L}}$$

∴ 여과 후 무게 = 1.3425g

62 석유계총탄화수소 용매추출/기체크로마토그래프에 대한 설명으로 틀린 것은?

㉮ 컬럼은 안지름 (0.20~0.35)mm, 필름 두께 (0.1~3.0)μm, 길이 (15~60)m의 DB-1, DB-5 및 DB-624 등의 모세관이나 동등한 분리 성능을 가진 모세관으로 대상 분석 물질의 분리가 양호한 것을 택하여 시험한다.
㉯ 운반기체는 순도 99.999 % 이상의 헬륨으로서(또는 질소) 유량은 (0.5~5)mL/min로 한다.
㉰ 검출기는 불꽃광도검출기(FPD)를 사용한다.
㉱ 시료 주입부 온도는 (280~320)℃, 컬럼 온도는 (40~320)℃로 사용한다.

풀이 ㉰ 검출기는 불꽃이온화검출기(FID)를 사용한다.

answer 59 ㉰ 60 ㉱ 61 ㉯ 62 ㉰

63 측정항목 중 H_2SO_4를 이용하여 pH를 2 이하로 한 후 4℃에서 보존하는 것이 아닌 것은?

㉮ 화학적 산소요구량
㉯ 질산성 질소
㉰ 암모니아성 질소
㉱ 총질소

풀이 ㉯ 질산성 질소는 4℃에서 보관한다.

64 다음 중 관내의 유량 측정 방법이 아닌 것은?

㉮ 오리피스
㉯ 자기식 유량측정기
㉰ 피토우(pitot)관
㉱ 위어(Weir)

풀이 관내의 유량 측정 방법에는 벤츄리미터, 유량측정용 노즐, 오리피스, 자기식 유량측정기, 피토우관이 있다.

65 2N와 7N HCl 용액을 혼합하여 5N-HCl 1L를 만들고자 한다. 각각 몇 mL씩을 혼합해야 하는가?

㉮ 2N-HCl 400mL와 7N-HCl 600mL
㉯ 2N-HCl 500mL와 7N-HCl 400mL
㉰ 2N-HCl 300mL와 7N-HCl 700mL
㉱ 2N-HCl 700mL와 7N-HCl 300mL

풀이 $\dfrac{2N\times 0.4L + 7N\times 0.6L}{(0.4+0.6)L} = 5N$

66 예상 BOD치에 대한 사전 경험이 없을 때, 희석하여 시료를 조제하는 기준으로 알맞은 것은?

㉮ 오염정도가 심한 공장폐수 : 0.01%~0.05%
㉯ 오염된 하천수 : 10%~20%
㉰ 처리하여 방류된 공장폐수 : 50%~70%
㉱ 처리하지 않은 공장폐수 : 1%~5%

풀이 ㉮ 오염정도가 심한 공장폐수 : 0.1%~1.0%
㉯ 오염된 하천수 : 25%~100%
㉰ 처리하여 방류된 공장폐수 : 5%~25%

67 흡광도 측정에서 투과율이 30%일 때 흡광도는?

㉮ 0.37
㉯ 0.42
㉰ 0.52
㉱ 0.63

풀이 흡광도(A) $= \log \dfrac{1}{투과도} = \log \dfrac{1}{0.30} = 0.52$

68 분원성대장균군(막여과법) 분석 시험에 관한 내용으로 틀린 것은?

㉮ 분원성대장균군이란 온혈동물의 배설물에서 발견되는 그람음성·무아포성의 간균이다.
㉯ 물속에 존재하는 분원성대장균군을 측정하기 위하여 페트리접시에 배지를 올려놓은 다음 배양 후 여러 가지 색조를 띠는 청색의 집락을 계수하는 방법이다.
㉰ 배양기 또는 항온수조는 배양온도를 (25±0.5)℃로 유지할 수 있는 것을 사용한다.
㉱ 실험결과는 '분원성대장균군수/100mL'로 표기한다.

풀이 ㉰ 배양기 또는 항온수조는 배양온도를 (44.5±0.2)℃로 유지할 수 있는 것을 사용한다.

answer 63 ㉯ 64 ㉱ 65 ㉮ 66 ㉱ 67 ㉰ 68 ㉰

69 BOD 측정용 시료를 희석할 때 식종 희석수를 사용하지 않아도 되는 시료는?

㉮ 잔류염소를 함유한 폐수
㉯ pH 4 이하 산성으로 된 폐수
㉰ 화학공장 폐수
㉱ 유기물질이 많은 가정 하수

70 시료량 50mL를 취하여 막여과법으로 총대장균군수를 측정하려고 배양을 한 결과, 50개의 집락수가 생성되었을 때 총대장균군수/100mL는?

㉮ 10 ㉯ 100
㉰ 1,000 ㉱ 10,000

풀이 총대장균수/100mL = $\dfrac{\text{생성된 집락}}{\text{여과한 시료량(mL)}} \times 100$

$= \dfrac{50}{50\text{mL}} \times 100 = 100/100\text{mL}$

71 유도결합플라스마 원자발광분광법으로 금속류를 측정할 때 간섭에 관한 내용으로 옳지 않은 것은?

㉮ 물리적 간섭 : 시료 도입부의 분무과정에서 시료의 비중, 점도, 표면장력의 차이에 의해 발생한다.
㉯ 분광 간섭 : 측정원소의 방출선에 대해 플라스마의 기체성분이나 공존 물질에서 유래하는 분광학적 요인에 의해 원래의 방출선의 세기 변동 및 다른 원자 혹은 이온의 방출선관의 겹침 현상이 발생할 수 있다.
㉰ 이온화 간섭 : 이온화 에너지가 큰 나트륨 또는 칼륨 등 알칼리 금속이 공존원소로 시료에 존재 시 플라스마의 전자밀도를 감소시킨다.
㉱ 물리적 간섭 : 시료의 종류에 따라 분무기의 종류를 바꾸거나 시료의 희석, 매질 일치법, 내부표준법, 농축분리법을 사용하여 간섭을 최소화 한다.

풀이 ㉰ 이온화 간섭 : 이온화 에너지가 작은 나트륨 또는 칼륨 등 알칼리 금속이 공존원소로 시료에 존재 시 플라스마의 전자밀도를 증가시킨다.

72 물벼룩을 이용한 급성 독성시험법에서 사용하는 용어의 정의로 틀린 것은?

㉮ 치사 : 일정 희석 비율로 준비된 시료에 물벼룩을 투입하여 24시간 경과 후 시험용기를 손으로 살짝 두드려주고, 15초 후 관찰했을 때 독성물질에 의해 영향을 받아 움직임이 명백하게 없는 상태를 '치사'라 판정한다.
㉯ 유영저해 : 일정 희석 비율로 준비된 시료에 물벼룩을 투입하여 24시간 경과 후 시험용기를 손으로 살짝 두드려주고, 15초 후 관찰했을 때 독성물질에 의해 영향을 받아 움직임이 없을 경우를 '유영저해'로 판정한다.
㉰ 반수영향농도 : 투입 시험생물의 50%가 치사 혹은 유영저해를 나타낸 농도이다.
㉱ 지수식 시험방법 : 시험기간 중 시험용액을 교환하여 농도를 지수적으로 계산하는 시험을 말한다.

풀이 ㉱ 지수식 시험방법 : 시험기간 중 시험용액을 교환하지 않는 시험을 말한다.

answer 69 ㉱ 70 ㉯ 71 ㉰ 72 ㉱

73 카드뮴을 자외선/가시선 분광법으로 측정할 때 사용되는 시약으로 가장 거리가 먼 것은?

㉮ 수산화나트륨용액
㉯ 요오드화칼륨용액
㉰ 시안화칼륨용액
㉱ 타타르산용액

풀이 자외선/가시광선분광법의 측정원리에 나오지 않는 시약을 답으로 찾으면 된다.

74 금속류-불꽃 원자흡수분광광도법에서 일어나는 간섭 중 광학적 간섭에 관한 설명으로 맞은 것은?

㉮ 표준용액과 시료 또는 시료와 시료간의 물리적 성질(점도, 밀도, 표면장력 등)의 차이 또는 표준물질과 시료의 매질 차이에 의해 발생한다.
㉯ 불꽃온도가 너무 높을 경우 중성원자에서 전자를 빼앗아 이온이 생성될 수 있으며 이 경우 음(-)의 오차가 발생하게 된다.
㉰ 분석하고자 하는 원소의 흡수파장과 비슷한 다른 원소의 파장이 서로 겹쳐 비이상적으로 높게 측정되는 경우이다.
㉱ 불꽃의 온도가 분자를 들뜬 상태로 만들기에 충분히 높지 않아서, 해당 파장을 흡수하지 못하여 발생한다.

풀이 금속류-불꽃 원자흡수분광광도법에서 광학적 간섭의 발생 조건
① 분석하고자 하는 원소의 흡수파장과 비슷한 다른 원소의 파장이 서로 겹쳐 비이상적으로 높게 측정되는 경우
② 시료 중에 유기물의 농도가 높은 경우 이들에 의한 복사선 흡수가 일어나 양(+)의 오차를 유발하는 경우
③ 용존 고체물질 농도가 높으면 빛 산란 등 비원자적 흡수현상이 발생하는 경우

75 데발다 합금 환원 증류법으로 질산성 질소를 측정하는 원리의 설명으로 틀린 것은?

㉮ 데발다 합금으로 질산성 질소를 암모니아성 질소로 환원한다.
㉯ 지표수, 지하수, 폐수 등에 적용할 수 있으며, 정량한계는 중화적정법은 0.1mg/L, 흡광도법은 0.5mg/L이다.
㉰ 아질산성질소는 설퍼민산으로 분해 제거한다.
㉱ 암모니아성 질소 및 일부 분해되기 쉬운 유기질소는 알칼리성에서 증류 제거한다.

풀이 ㉯ 지표수, 지하수, 폐수 등에 적용할 수 있으며, 정량한계는 중화적정법은 0.5mg/L, 흡광도법은 0.1mg/L이다.

76 감응계수를 옳게 나타낸 것은? (단, 검정곡선 작성용 표준용액의 농도 : C, 반응값 : R)

㉮ 감응계수 = R / C
㉯ 감응계수 = C / R
㉰ 감응계수 = R × C
㉱ 감응계수 = C - R

풀이 감응계수 = $\dfrac{\text{반응값}(R)}{\text{표준용액의 농도}(C)}$

answer 73 ㉯ 74 ㉰ 75 ㉯ 76 ㉮

77 연속흐름법으로 시안 측정 시 사용되는 흐름 주입분석기에 관한 설명으로 옳지 않은 것은?

㉮ 연속흐름분석기의 일종이다.
㉯ 다수의 시료를 연속적으로 자동분석하기 위하여 사용된다.
㉰ 기본적인 본체의 구성은 분할흐름분석기와 같으나 용액의 흐름 사이에 공기방울을 주입하지 않는 것이 차이점이다.
㉱ 시료의 연속흐름에 따라 상호 오염을 미연에 방지할 수 있다.

[풀이] ㉱ 시료의 연속흐름에 따라 상호 오염을 미연에 방지할 수 없다.

78 수질오염공정시험기준에서 시료보존 방법이 지정되어 있지 않은 측정항목은?

㉮ 용존산소(윙클리법)
㉯ 불소
㉰ 색도
㉱ 부유물질

[풀이] 시료보존 방법
㉮ 용존산소(윙클리법) : 즉시 용존산소 고정 후 암소 보관
㉯ 불소 : 보존방법 없음
㉰ 색도 : 4℃ 보관
㉱ 부유물질 : 4℃ 보관

79 수질오염물질을 측정함에 있어 측정의 정확성과 통일성을 유지하기 위한 제반 사항에 관한 설명으로 틀린 것은?

㉮ 시험에 사용하는 시약은 따로 규정이 없는 한 1급 이상 또는 이와 동등한 규격의 시약을 사용한다.
㉯ "항량으로 될 때까지 건조한다"라는 의미는 같은 조건에서 1시간 더 건조할 때 전후 무게의 차가 g당 0.3mg 이하일 때를 말한다.
㉰ 기체 중의 농도는 표준상태(0℃, 1기압)로 환산 표시한다.
㉱ "정확히 취하여"라 하는 것은 규정한 양의 시료를 부피피펫으로 0.1mL까지 취하는 것을 말한다.

[풀이] ㉱ "정확히 취하여"라 하는 것은 규정한 양의 시료를 부피피펫으로 눈금까지 취하는 것을 말한다.

80 하천수의 시료 채취 지점에 관한 내용으로 ( )에 공통으로 들어갈 내용은?

하천의 단면에서 수심이 가장 깊은 수면의 지점과 그 지점을 중심으로 하여 좌우로 수면폭을 2등분한 각각의 지점의 수면으로부터 수심 ( ) 미만일 때에는 수심의 1/3에서 수심 ( ) 이상일 때에는 수심의 1/3 및 2/3에서 각각 채수한다.

㉮ 2m ㉯ 3m
㉰ 5m ㉱ 6m

[풀이] 하천수의 시료 채취 지점
① 수심 2m 미만인 경우 : 수심의 1/3 지점
② 수심 2m 이상인 경우 : 수심의 1/3 및 2/3 지점

answer 77 ㉱ 78 ㉯ 79 ㉱ 80 ㉮

제5과목 | 수질환경관계법규

81 방지시설설치의 면제기준에 관한 설명으로 틀린 것은?

㉮ 수질오염물질이 항상 배출허용기준 이하로 배출되는 경우
㉯ 새로운 수질오염물질이 발생되어 배출시설 또는 방지시설의 개선이 필요한 경우
㉰ 폐수를 전량 위탁처리하는 경우
㉱ 폐수를 전량 재이용하는 등 방지시설을 설치하지 아니하고도 수질오염물질을 적정하게 처리할 수 있는 경우

[풀이] 방지시설설치의 면제기준
① 수질오염물질이 항상 배출허용기준 이하로 배출되는 경우
② 폐수를 전량 위탁처리하는 경우
③ 폐수를 전량 재이용하는 등 방지시설을 설치하지 아니하고도 수질오염물질을 적정하게 처리할 수 있는 경우

82 비점오염저감시설의 설치기준에서 자연형 시설 중 인공습지의 설치기준으로 틀린 것은?

㉮ 습지에는 물이 연중 항상 있을 수 있도록 유량공급대책을 마련하여야 한다.
㉯ 인공습지의 유입구에서 유출구까지의 유로는 최대한 길게 하고, 길이 대 폭의 비율은 2:1 이상으로 한다.
㉰ 유입부에서 유출부까지의 경사는 1.0~5.0%를 초과하지 아니하도록 한다.
㉱ 생물의 서식 공간을 창출하기 위하여 5종부터 7종까지의 다양한 식물을 심어 생물 다양성을 증가시킨다.

[풀이] ㉰ 유입부에서 유출부까지의 경사는 0.5~1.0% 이하의 범위를 초과하지 아니하도록 한다.

83 초과배출부과금 산정 시 적용되는 기준이 아닌 것은?

㉮ 기준초과배출량
㉯ 수질오염물질 1킬로그램당의 부과금액
㉰ 지역별 부과계수
㉱ 사업장의 연간 매출액

[풀이] 초과배출부과금 = 기준초과배출량 × 수질오염물질 1킬로그램당의 부과금액 × 연도별 부과금 산정지수 × 지역별 부과계수 × 배출허용기준초과율별 부과계수 × 배출허용기준 위반횟수별 부과계수

84 사업장의 규모별 구분에 관한 내용으로 ( )에 맞는 내용은?

> 최초 배출시설 설치허가시의 폐수배출량은 사업계획에 따른 ( )을 기준으로 산정한다.

㉮ 예상용수사용량
㉯ 예상폐수배출량
㉰ 예상하수배출량
㉱ 예상희석수사용량

[풀이] 최초 배출시설 설치허가시의 폐수배출량은 사업계획에 따른 예상용수사용량을 기준으로 산정한다.

answer 81 ㉯ 82 ㉰ 83 ㉱ 84 ㉮

85 초과부과금을 산정할 때 1kg당 부과금액이 가장 높은 수질오염물질은?

㉮ 크롬 및 그 화합물
㉯ 카드뮴 및 그 화합물
㉰ 구리 및 그 화합물
㉱ 시안화합물

풀이 1kg당 부과금액
㉮ 크롬 및 그 화합물 : 75,000원
㉯ 카드뮴 및 그 화합물 : 500,000원
㉰ 구리 및 그 화합물 : 50,000원
㉱ 시안화합물 : 150,000원

86 환경부장관이 폐수처리업자에게 등록을 취소하거나 6개월 이내의 기간을 정하여 영업정지를 명할 수 있는 경우에 대한 기준으로 틀린 것은?

㉮ 고의 또는 중대한 과실로 폐수처리영업을 부실하게 한 경우
㉯ 영업정지처분 기간에 영업행위를 한 경우
㉰ 1년에 2회 이상 영업정지처분을 받은 경우
㉱ 등록 후 1년 이상 계속하여 영업실적이 없는 경우

풀이 ㉱ 등록 후 2년 이상 계속하여 영업실적이 없는 경우

87 1일 800m³의 폐수가 배출되는 사업장의 환경기술인의 자격에 관한 기준은?

㉮ 수질환경기사 1명 이상
㉯ 수질환경산업기사 1명 이상
㉰ 환경기능사 1명 이상
㉱ 2년 이상 수질분야 환경관련 업무에 직접 종사한 자 1명 이상

풀이 사업장의 규모별 환경기술인

종별	배출규모(1일 폐수배출량 기준)	환경기술인
제1종 사업장	2,000m³이상	수질환경기사 1인 이상
제2종 사업장	700m³이상 2,000m³미만	수질환경산업기사 1인 이상
제3종 사업장	200m³이상 700m³미만	수질환경산업기사, 환경기능사, 3년 이상 수질분야 경력자 1인 이상

88 휴경 등 권고대상 농경지의 해발고도 및 경사도의 기준은?

㉮ 해발고도 : 해발 200미터, 경사도 : 10%
㉯ 해발고도 : 해발 400미터, 경사도 : 15%
㉰ 해발고도 : 해발 600미터, 경사도 : 20%
㉱ 해발고도 : 해발 800미터, 경사도 : 25%

89 초과부과금 산정 시 적용되는 위반횟수별 부과계수에 관한 내용으로 ( )에 맞는 것은? (단, 폐수무방류배출시설의 경우)

> 처음 위반한 경우 (㉠)로 하고, 다음 위반 부터는 그 위반직전의 부과계수에 (㉡)를 곱한 것으로 한다.

㉮ ㉠ 1.5, ㉡ 1.3 ㉯ ㉠ 1.5, ㉡ 1.5
㉰ ㉠ 1.8, ㉡ 1.3 ㉱ ㉠ 1.8, ㉡ 1.5

풀이 폐수무방류배출시설의 경우
① 처음 위반한 경우 : 1.8
② 다음 위반부터 : 1.8 × 1.5

answer 85 ㉯ 86 ㉱ 87 ㉯ 88 ㉯ 89 ㉱

90 비점오염원의 설치신고 또는 변경신고를 할 때 제출하는 비점오염저감 계획서에 포함되어야 하는 사항과 가장 거리가 먼 것은?

㉮ 비점오염원 관련 현황
㉯ 비점오염 저감시설 설치계획
㉰ 비점오염원 관리 및 모니터링 방안
㉱ 비점오염원 저감방안

풀이 ㉰ 비점오염저감시설 유지관리 및 모니터링 방안

91 비점오염원 관리지역의 지정 기준이 옳은 것은?

㉮ 하천 및 호소의 수생태계에 관한 환경기준에 미달하는 유역으로 유달부하량 중 비점오염 기여율이 50% 이하인 지역
㉯ 관광지구 지정으로 비점오염원 관리가 필요한 지역
㉰ 인구 50만 이상인 도시로서 비점오염원 관리가 필요한 지역
㉱ 지질이나 지층구조가 특이하여 특별한 관리가 필요하다고 인정되는 구역

풀이 ㉮ 하천 및 호소의 수생태계에 관한 환경기준에 미달하는 유역으로 유달부하량 중 비점오염 기여율이 50% 이상인 지역
㉯ 국가산업단지, 일반산업단지로 지정된 지역으로 비점오염원 관리가 필요한 지역
㉰ 인구 100만 이상인 도시로서 비점오염원 관리가 필요한 지역

92 다음 위반행위에 따른 벌칙기준 중 1년 이하의 징역 또는 1천만원 이하의 벌금에 처하는 경우는?

㉮ 허가를 받지 아니하고 폐수배출시설을 설치한 자
㉯ 폐수무방류배출시설에서 배출되는 폐수를 오수 또는 다른 배출시설에서 배출되는 폐수와 혼합하여 처리하는 행위를 한 자
㉰ 환경부장관에게 신고하지 아니하고 기타 수질오염원을 설치한 자
㉱ 배출시설의 설치를 제한하는 지역에서 배출시설을 설치한 자

풀이 벌칙기준
㉮ 7년 이하의 징역 또는 7천만원 이하의 벌금
㉯ 7년 이하의 징역 또는 7천만원 이하의 벌금
㉰ 1년 이하의 징역 또는 1천만원 이하의 벌금
㉱ 7년 이하의 징역 또는 7천만원 이하의 벌금

93 비점오염저감시설의 관리·운영기준으로 옳지 않은 것은? (단, 자연형 시설)

㉮ 인공습지 : 동절기(11월부터 다음 해 3월까지를 말한다)에는 인공습지에서 말라 죽은 식생을 제거·처리하여야 한다.
㉯ 인공습지 : 식생대가 50퍼센트 이상 고사하는 경우에는 추가로 수생식물을 심어야 한다.
㉰ 식생형시설 : 식생수로 바닥의 퇴적물이 처리용량의 25퍼센트를 초과하는 경우에는 침전된 토사를 제거하여야 한다.
㉱ 식생형시설 전처리를 위한 침사지는 주기적으로 협잡물과 침전물을 제거하여야 한다.

풀이 자연형 시설 중 식생형 시설
① 식생이 안정화되는 기간에는 강우유출수를 우회시켜야 한다.

② 식생수로 바닥의 퇴적물이 처리용량의 25퍼센트를 초과하는 경우에는 침전된 토사를 제거하여야 한다.
③ 침전물질이 식생을 덮거나 생물학적 여과시설의 용량을 감소시키기 시작하면 침전물을 제거하여야 한다.
④ 동절기(11월부터 다음 해 3월까지를 말한다)에 말라 죽은 식생을 제거·처리한다.

94 오염총량관리기본방침에 포함되어야 하는 사항으로 틀린 것은?

㉮ 오염총량관리의 목표
㉯ 오염총량관리의 대상 수질오염물질 종류
㉰ 오염원의 조사 및 오염부하량 산정방법
㉱ 오염총량관리 현황

[풀이] 오염총량관리기본방침에 포함되어야 하는 사항으로는 ① 오염총량관리의 목표, ② 오염총량관리의 대상 수질오염물질 종류, ③ 오염원의 조사 및 오염부하량 산정방법, ④ 오염총량관리기본계획의 주체, 내용, 방법 및 시한, ⑤ 오염총량관리시행계획의 내용 및 방법이 있다.

95 폐수종말처리시설의 방류수 수질기준으로 틀린 것은? (단, I 지역, 2020년 1월 1일 이후기준, ( )는 농공단지 폐수종말처리시설의 방류수 수질기준임)

㉮ BOD : 10(10)mg/L 이하
㉯ COD : 20(30)mg/L 이하
㉰ 총질소(T-N) : 20(20)mg/L 이하
㉱ 생태독성(TU) : 1(1) 이하

[풀이] ㉯ TOC : 15(25)mg/L 이하

96 최종방류구에 방류하기 전에 배출시설에서 배출하는 폐수를 재이용하는 사업자에게 부과되는 배출부과금 감면률이 틀린 것은?

㉮ 재이용률이 10% 이상 30% 미만 : 100분의 20
㉯ 재이용률이 30% 이상 60% 미만 : 100분의 50
㉰ 재이용률이 60% 이상 90% 미만 : 100분의 70
㉱ 재이용률이 90% 이상 : 100분의 90

[풀이] ㉰ 재이용률이 60% 이상 90% 미만 : 100분의 80

97 폐수배출시설외에 수질오염물질을 배출하는 시설 또는 장소로서 환경부령이 정하는 것(기타수질오염원)의 대상시설과 규모기준에 관한 내용으로 틀린 것은?

㉮ 자동차폐차장시설 : 면적 1,000m^2 이상
㉯ 수조식양식어업시설 : 수조면적 합계 500m^2 이상
㉰ 골프장 : 면적 3만 m^2 이상
㉱ 무인자동식 현상, 인화, 정착시설 : 1대 이상

[풀이] ㉮ 자동차폐차장시설 : 면적 1,500m^2 이상

answer 94 ㉱   95 ㉯   96 ㉰   97 ㉮

98 공공폐수처리시설의 설치 부담금의 부과·징수와 관련한 설명으로 틀린 것은?

㉮ 공공폐수처리시설을 설치·운영하는 자는 그 사업에 드는 비용의 전부 또는 일부에 충당하기 위하여 원인자로부터 공공폐수처리 시설의 설치 부담금을 부과·징수할 수 있다.
㉯ 공공폐수처리시설 부담금의 총액은 시행자가 해당 시설의 설치와 관련하여 지출하는 금액을 초과하여서는 아니 된다.
㉰ 원인자에게 부과되는 공공폐수처리시설 설치 부담금은 각 원인자의 사업의 종류·규모 및 오염물질의 배출 정도 등을 기준으로 하여 정한다.
㉱ 국가와 지방자치단체는 세제상 또는 금융상 필요한 지원 조치를 할 수 없다.

[풀이] ㉱ 국가와 지방자치단체는 중소기업자의 비용부담으로 인하여 중소기업자의 생산활동과 투자의욕이 위축되지 아니하도록 세제상 또는 금융상 필요한 지원 조치를 할 수 있다.

99 환경부령으로 정하는 폐수무방류배출시설의 설치가 가능한 특정수질유해물질이 아닌 것은?

㉮ 디클로로메탄
㉯ 구리 및 그 화합물
㉰ 카드뮴 및 그 화합물
㉱ 1,1-디클로로에틸렌

[풀이] 환경부령으로 정하는 폐수무방류배출시설의 설치가 가능한 특정수질유해물질에는 ① 디클로로메탄, ② 구리 및 그 화합물, ③ 1,1-디클로로에틸렌이 있다.

100 기타 수질오염원의 시설구분으로 틀린 것은?

㉮ 수산물 양식시설
㉯ 농축수산물 단순가공시설
㉰ 금속 도금 및 세공시설
㉱ 운수장비 정비 또는 폐차장 시설

[풀이] 기타 수질오염원의 시설구분에는 ① 수산물 양식시설, ② 골프장, ③ 운수장비 정비 또는 폐차장시설, ④ 농축수산물 단순가공시설, ⑤ 사진처리 및 X-ray 시설, ⑥ 금은판매점의 세공시설이나 안경원, ⑦ 복합물류터미널시설, ⑧ 거점소독시설이 있다.

answer 98 ㉱ 99 ㉰ 100 ㉰

2021년 1회 수질환경기사

2021년 3월 7일 시행

| 제1과목 | 수질오염개론

01 미생물 중 세균(Bacteria)에 관한 특징으로 가장 거리가 먼 것은?

㉮ 원시적 엽록소를 이용하여 부분적인 탄소동화작용을 한다.
㉯ 용해된 유기물을 섭취하며 주로 세포분열로 번식한다.
㉰ 수분 80%, 고형물 20% 정도로 세포가 분열되며 고형물 중 유기물이 90%를 차지한다.
㉱ pH, 온도에 대하여 민감하며, 열보다 낮은 온도에서 저항성이 높다.

풀이 ㉮ 엽록소가 없어 탄소동화작용을 못한다.

02 하천 수질모델 중 WQRRS에 관한 설명으로 가장 거리가 먼 것은?

㉮ 하천 및 호수의 부영양화를 고려한 생태계 모델이다.
㉯ 유속, 수심, 조도계수에 의해 확산계수를 결정한다.
㉰ 호수에는 수심별 1차원 모델이 적용된다.
㉱ 정적 및 동적인 하천의 수질, 수문학적 특성이 광범위하게 고려된다.

풀이 ㉯번의 설명은 QUAL-Ⅰ 모델이다.

03 농업용수의 수질을 분석할 때 이용되는 SAR(Sodium Adsorption Ratio)과 관계없는 것은?

㉮ Na^+ ㉯ Mg^{2+}
㉰ Ca^{2+} ㉱ Fe^{2+}

풀이 나트륨 흡착률(SAR) = $\dfrac{Na^+}{\sqrt{\dfrac{Ca^{2+}+Mg^{2+}}{2}}}$

04 다음이 설명하는 일반적 기체 법칙은?

> 여러 물질이 혼합된 용액에서 어느 물질의 증기압(분압)은 혼합액에서 그 물질의 몰분율에 순수한 상태에서 그 물질의 증기압을 곱한 것과 같다.

㉮ 라울트의 법칙 ㉯ 게이-루삭의 법칙
㉰ 헨리의 법칙   ㉱ 그레함의 법칙

풀이 ㉮ 라울트의 법칙에 대한 설명이다.

05 우리나라의 수자원 이용현황 중 가장 많은 용도로 사용하는 용수는?

㉮ 생활용수 ㉯ 공업용수
㉰ 농업용수 ㉱ 유지용수

풀이 우리나라의 수자원 이용현황은 농업용수 > 하천유지용수 > 생활용수 > 공업용수 순이다.

answer 01 ㉮ 02 ㉯ 03 ㉱ 04 ㉮ 05 ㉰

06 2차처리 유출수에 함유된 10mg/L의 유기물을 활성탄흡착법으로 3차처리하여 농도가 1mg/L인 유출수를 얻고자 한다. 이때 폐수 1L 당 필요한 활성탄의 양(mg)은?
(단, Freundlich 등온식 사용, K = 0.5, n = 2)

㉮ 9 ㉯ 12
㉰ 16 ㉱ 18

[풀이] Freundlich 등온식 : $\dfrac{(C_i - C_o)}{M} = k \times C_o^{\frac{1}{n}}$

$\dfrac{(10-1)\text{mg/L}}{M} = 0.5 \times (1\text{mg/L})^{\frac{1}{2}}$

∴ M = 18mg/L

07 원생동물(Protozoa)의 종류에 관한 내용으로 옳은 것은?

㉮ Paramecia는 자유롭게 수영하면서 고형물질을 섭취한다.
㉯ Vorticella는 불량한 활성슬러지에서 주로 발견된다.
㉰ Sarcodina는 나팔의 입에서 물흐름을 일으켜 고형물질만 걸러서 먹는다.
㉱ Suctoria는 몸통을 움직이면서 위족으로 고형물질을 몸으로 싸서 먹는다.

[풀이] ㉯ Vorticella는 양호한 활성슬러지에서 주로 발견된다.
㉰ Sarcodina는 몸통을 움직이면서 위족으로 고형물질을 몸으로 싸서 먹는다.
㉱ Suctoria는 나팔의 입에서 물흐름을 일으켜 고형물질만 걸러서 먹는다.

08 다음 설명과 가장 관계있는 것은?

> 유리산소가 존재해야만 생장하며, 최적온도는 20~30℃, 최적 pH는 4.5~6.0 이다.
> 유기산과 암모니아를 생성해 pH를 상승 또는 하강시킬 때도 있다.

㉮ 박테리아 ㉯ 균류
㉰ 조류 ㉱ 원생동물

[풀이] ㉯ 균류(Fungi)에 대한 설명이다.

09 산과 염기의 정의에 관한 설명으로 옳지 않은 것은?

㉮ Arrhenius는 수용액에서 수산화이온을 내어 놓는 물질을 염기라고 정의하였다.
㉯ Lewis는 전자쌍을 받는 화학종을 염기라고 정의하였다.
㉰ Arrhenius는 수용액에서 양성자를 내어 놓는 것을 산이라고 정의하였다.
㉱ Brönsted-Lowry는 수용액에서 양성자를 내어주는 물질을 산이라고 정의하였다.

[풀이] ㉯ Lewis는 전자쌍을 주는 화학종을 염기라고 정의하였다.

10 25℃, 4atm의 압력에 있는 메탄가스 15kg을 저장하는 데 필요한 탱크의 부피(m^3)는? (단, 이상기체의 법칙 적용, 표준상태 기준, R = 0.082L·atm/mol·K)

㉮ 4.42 ㉯ 5.73
㉰ 6.54 ㉱ 7.45

answer 06 ㉱ 07 ㉮ 08 ㉯ 09 ㉯ 10 ㉯

풀이
$$4atm \times V(L)$$
$$= \frac{15 \times 10^3 g}{16g} \times (0.082 L \cdot atm/mol \cdot k) \times (273+25)k$$
$$\therefore V = 5,727.19L = 5.73m^3$$

TIP
기체상태방정식 : $PV = nRT \Rightarrow PV = \frac{W}{M}RT$
여기서 P : 압력(atm)   V : 부피(L)
   n : 몰수   W : 질량(g)
   M : 분자량(g)
   R : 기체상수(L·atm/mol·k)
   T : 절대온도(k)

11 글루코스($C_6H_{12}O_6$) 1,000mg/L를 혐기성 분해 시킬 때 생산되는 이론적 메탄량(mg/L)은?

㉮ 227 ㉯ 247
㉰ 267 ㉱ 287

풀이
$C_6H_{12}O_6 \rightarrow 3CH_4 + 3CO_2$
180g   : 3×16g
1,000mg/L : X
$$\therefore X = \frac{1,000mg/L \times 3 \times 16g}{180g} = 266.67mg/L$$

TIP
① $C_6H_{12}O_6$ = 포도당 = 글루코스
② $C_6H_{12}O_6$의 분자량 = 6×12+12×1+6×16 = 180g

12 유기화합물에 대한 설명으로 옳지 않은 것은?

㉮ 유기화합물들은 일반적으로 녹는 점과 끓는 점이 낮다.
㉯ 유기화합물들은 하나의 분자식에 대하여 여러 종류의 화합물이 존재할 수 있다.
㉰ 유기화합물들은 대체로 이온 반응 보다는 분자반응을 하므로 반응속도가 빠르다.
㉱ 대부분의 유기화합물은 박테리아의 먹이가 될 수 있다.

풀이 ㉰ 유기화합물들은 대체로 이온 반응보다는 분자반응을 하므로 반응속도가 느리다.

13 Colloid 중에서 소량의 전해질에서 쉽게 응집이 일어나는 것으로써 주로 무기물질의 Colloid는?

㉮ 서스펜션 Colloid
㉯ 에멀션 Colloid
㉰ 친수성 Colloid
㉱ 소수성 Colloid

풀이 소량의 전해질에서 쉽게 응집이 일어나는 것으로써 주로 무기물질의 Colloid는 소수성 Colloid이다.

14 열수 배출에 의한 피해현상으로 가장 거리가 먼 것은?

㉮ 발암물질 생성
㉯ 부영양화
㉰ 용존산소의 감소
㉱ 어류의 폐사

풀이 열수 배출에 의한 피해현상으로는 부영양화, 용존산소의 감소, 어류의 폐사 등이 있다.

15 피부점막, 호흡기로 흡입되어 국소 및 전신 마비, 피부염, 색소 침착을 일으키며 안료, 색소, 유리공업 등이 주요 발생 원인 중금속은?

answer 11 ㉰ 12 ㉰ 13 ㉱ 14 ㉮ 15 ㉮

㉮ 비소   ㉯ 납
㉰ 크롬   ㉱ 구리

풀이 ㉮ 비소(As)에 대한 설명이다.

16 BOD가 2,000mg/L인 폐수를 제거율 85%로 처리한 후 몇 배 희석하면 방류수 기준에 맞는가? (단, 방류수 기준은 40mg/L이라고 가정)

㉮ 4.5배 이상   ㉯ 5.5배 이상
㉰ 6.5배 이상   ㉱ 7.5배 이상

풀이 희석배수 = $\dfrac{2,000\text{mg/L} \times (1-0.85)}{40\text{mg/L}}$ = 7.5배

17 수은주 높이 150mm는 수주로 몇 mm인가?

㉮ 약 2,040   ㉯ 약 2,530
㉰ 약 3,240   ㉱ 약 3,530

풀이 150mmHg × 13.6 = 2,040mmH₂O

TIP
① 수은주 비중 = $\dfrac{10,332\text{mmH}_2\text{O}}{760\text{mmHg}}$
 = 13.6(mmH₂O/mmHg)
② mmHg $\xrightarrow{\times 13.6}$ mmH₂O
③ mmH₂O $\xrightarrow{\div 13.6}$ mmHg

18 하천의 탈산소계수를 조사한 결과 20℃에서 0.19/day이었다. 하천수의 온도가 25℃로 증가 되었다면 탈산소계수(/day)는? (단, 온도보정계수 = 1.047)

㉮ 0.22   ㉯ 0.24
㉰ 0.26   ㉱ 0.28

풀이 $k(T) = k_1(20℃) \times 1.047^{(T-20)}$
   = 0.19/day × 1.047^(25-20) = 0.24/day

19 호소수의 전도현상(Turnover)이 호소수 수질환경에 미치는 영향을 설명한 내용 중 옳지 않은 것은?

㉮ 수괴의 수직운동 촉진으로 호수 내 환경용량이 제한되어 물의 자정능력이 감소된다.
㉯ 심층부까지 조류의 혼합이 촉진되어 상수원의 취수 심도에 영향을 끼치게 되므로 수도의 수질이 악화된다.
㉰ 심층부의 영양염이 상승하게 됨에 따라 표층부에 규조류가 번성하게 되어 부영양화가 촉진된다.
㉱ 조류의 다량 번식으로 물의 탁도가 증가되고 여과지가 폐색되는 등의 문제가 발생한다.

풀이 ㉮ 수괴의 수평운동 억제로 호수 내 환경용량이 제한되어 물의 자정능력이 감소된다.

20 적조 현상에 관한 설명으로 틀린 것은?

㉮ 수괴의 연직안정도가 작을 때 발생한다.
㉯ 강우에 따른 하천수의 유입으로 해수의 염분량이 낮아지고 영양염류가 보급될 때 발생한다.
㉰ 적조조류에 의한 아가미 폐색과 어류의 호흡장애가 발생한다.
㉱ 수중 용존산소 감소에 의한 어패류의 폐사가 발생한다.

풀이 ㉮ 수괴의 연직안정도가 클 때 발생한다.

answer 16 ㉱ 17 ㉮ 18 ㉯ 19 ㉮ 20 ㉮

| 제2과목 | 상하수도계획

21 $I = \dfrac{3,660}{t+15}$ mm/hr, 면적 2.0km², 유입시간 6분, 유출계수 C = 0.65, 관내유속이 1m/sec인 경우, 관길이 600m인 하수관에서 흘러나오는 우수량(m³/sec)은? (단, 합리식 적용)

㉮ 약 31 ㉯ 약 38
㉰ 약 43 ㉱ 약 52

풀이
① $I = \dfrac{3,660}{t+15}$ (mm/hr)

t(유달시간) = 유입시간(min) + 유하시간(min)

유하시간 = $\dfrac{\text{관의 길이(m)}}{\text{관내 유속(m/min)}}$

$= \dfrac{600\text{m}}{1\text{m/sec} \times 60\text{sec/min}} = 10\text{min}$

따라서 t(유달시간) = 6min+10min = 16min

$I = \dfrac{3,660}{t+15} = \dfrac{3,660}{16\text{min}+15} = 118.0645\text{mm/hr}$

② A(면적) = 2.0km² × 100ha/1km² = 200ha

③ $Q = \dfrac{1}{360}$ CIA

$= \dfrac{1}{360} \times 0.65 \times 118.0645\text{mm/hr} \times 200\text{ha}$

$= 42.63\text{m}^3/\text{sec}$

TIP
$Q = \dfrac{1}{360}$ CIA
여기서 C : 유출계수
I : 강우강도(mm/hr)
A : 면적(ha)

22 우수배제계획의 수립 중 우수유출량의 억제에 대한 계획으로 옳지 않은 것은?

㉮ 우수유출량의 억제방법은 크게 우수저류형, 우수침투형 및 토지이용의 계획적관리로 나눌 수 있다.
㉯ 우수저류형 시설 중 On-site 시설은 단지 내 저류, 우수조정지, 우수체수지 등이 있다.
㉰ 우수침투형은 우수를 지중에 침투시키므로 우수유출총량을 감소시키는 효과를 발휘한다.
㉱ 우수저류형은 우수유출총량은 변하지 않으나 첨두유출량을 감소시키는 효과가 있다.

풀이 ㉯ 우수저류형 시설 중 Off-site 시설은 단지 내 저류, 우수조정지, 우수체수지 등이 있다.

TIP
용어
① On-site 시설 = 지역내 시설
② Off-site 시설 = 지역외 시설

23 수원에 관한 설명으로 틀린 것은?

㉮ 복류수는 대체로 수질이 양호하며 대개의 경우 침전지를 생략하는 경우도 있다.
㉯ 용천수는 지하수가 종종 자연적으로 지표에 나타난 것으로 그 성질은 대개 지표수와 비슷하다.
㉰ 우리나라의 일반적인 하천수는 연수인 경우가 많으므로 침전과 여과에 의하여 용이하게 정화되는 경우도 많다.
㉱ 호소수는 하천의 유수보다 자정작용이 큰 것이 특징이다.

풀이 ㉯ 용천수는 지하수가 종종 자연적으로 지표에 나타난 것으로 그 성질은 대개 지표수와 다르다.

answer 21 ㉰ 22 ㉯ 23 ㉯

24 하수처리공법 중 접촉산화법에 대한 설명으로 틀린 것은?

㉮ 반송슬러지가 필요하지 않으므로 운전관리가 용이하다.
㉯ 생물상이 다양하여 처리효과가 안정적이다.
㉰ 부착생물량의 임의 조정이 어려워 조작조건 변경에 대응하기 쉽지 않다.
㉱ 접촉제가 조 내에 있기 때문에 부착생물량의 확인이 어렵다.

풀이 ㉰ 부착생물량을 임의로 조정할 수 있기 때문에 조작조건 변경에 대응하기 쉽다.

25 분류식 하수배제방식에서, 펌프장시설의 계획하수량 결정 시 유입·방류펌프장 계획하수량으로 옳은 것은?

㉮ 계획시간최대오수량
㉯ 계획우수량
㉰ 우천시계획오수량
㉱ 계획일최대오수량

풀이 분류식 하수배제방식에서, 펌프장시설의 계획하수량 결정 시 유입·방류펌프장 계획하수량은 계획시간최대오수량 기준이다.

26 24시간 이상 장시간의 강우강도에 대해 가까운 저류시설 등을 계획할 경우에 적용하는 강우강도식은?

㉮ Cleveland형   ㉯ Japanese형
㉰ Talbot형   ㉱ Sherman형

풀이 24시간 이상 장시간의 강우강도에 대해 가까운 저류시설 등을 계획할 경우에 적용하는 강우강도식은 ㉮ Cleveland형이다.

27 계획오수량에 관한 설명으로 틀린 것은?

㉮ 지하수량은 1인1일최대오수량의 10~20%로 한다.
㉯ 계획시간최대오수량은 계획1일 최대오수량의 1시간당 수량의 1.3~1.8배를 표준으로 한다.
㉰ 합류식에서 우천 시 계획오수량은 원칙적으로 계획시간최대오수량의 3배 이상으로 한다.
㉱ 계획1일평균오수량은 계획1일최대오수량의 50~60%를 표준으로 한다.

풀이 ㉱ 계획1일평균오수량은 계획1일최대오수량의 70~80%를 표준으로 한다.

28 길이 1.2km의 하수관이 2‰의 경사로 매설되어 있을 경우, 이 하수관 양 끝단 간의 고저차(m)는? (단, 기타 사항은 고려하지 않음)

㉮ 0.24   ㉯ 2.4
㉰ 0.6   ㉱ 6.0

풀이 기울기(I) = $\frac{\triangle H}{\triangle L}$

따라서 $\triangle H = I \times \triangle L$

$= \frac{2}{1,000} \times 1.2km \times 10^3 m/1km$

$= 2.4m$

29 비교회전도(N_s)에 대한 설명 중 틀린 것은?

㉮ 펌프의 규정 회전수가 증가하면 비교회전도도 증가한다.
㉯ 펌프의 규정양정이 증가하면 비교회전도는 감소한다.

answer 24 ㉰ 25 ㉮ 26 ㉮ 27 ㉱ 28 ㉯ 29 ㉱

㉰ 일반적으로 비교회전도가 크면 유량이 많은 저양정의 펌프가 된다.
㉯ 비교회전도가 크게 될수록 흡입성능이 좋아지고 공동현상 발생이 줄어든다.

풀이 ㉯ 비교회전도가 크게 될수록 흡입성능이 나쁘고 공동현상 발생이 쉽다.

TIP
다음 페이지 35번 문제의 Tip 공식 참고

30 상수처리를 위한 약품침전지의 구성과 구조로 틀린 것은?

㉮ 슬러지의 퇴적심도로서 30cm 이상을 고려한다.
㉯ 유효수심은 3~5.5m로 한다.
㉰ 침전지 바닥에는 슬러지 배제에 편리하도록 배수구를 향하여 경사지게 한다.
㉯ 고수위에서 침전지 벽체 상단까지의 여유고는 10cm 정도로 한다.

풀이 ㉯ 고수위에서 침전지 벽체 상단까지의 여유고는 30cm 정도로 한다.

31 상수도 급수배관에 관한 설명으로 틀린 것은?

㉮ 급수관을 공공도로에 부설할 경우에는 도로 관리자가 정한 점용위치와 깊이에 따라 배관해야 하며 다른 매설물과의 간격을 30cm 이상 확보한다.
㉯ 급수관을 부설하고 되메우기를 할 때에는 양질토 또는 모래를 사용하여 적절하게 다짐하여 관을 보호한다.
㉰ 급수관이 개거를 횡단하는 경우에는 가능한 한 개거의 위로 부설한다.
㉯ 동결이나 결로의 우려가 있는 급수설비의 노출부분에 대해서는 적절한 방한조치나 결로방지조치를 강구한다.

풀이 ㉰ 급수관이 개거를 횡단하는 경우에는 가능한 한 개거의 아래로 부설한다.

32 하수처리시설의 계획유입수질 산정방식으로 옳은 것은?

㉮ 계획오염부하량을 계획1일평균오수량으로 나누어 산정한다.
㉯ 계획오염부하량을 계획시간평균오수량으로 나누어 산정한다.
㉰ 계획오염부하량을 계획1일최대오수량으로 나누어 산정한다.
㉯ 계획오염부하량을 계획시간최대오수량으로 나누어 산정한다.

풀이 하수처리시설의 계획유입수질 산정방식은 계획오염부하량을 계획1일평균오수량으로 나누어 산정한다.

33 하수시설에서 우수조정지 구조형식이 아닌 것은?

㉮ 댐식(제방높이 15m 미만)
㉯ 저하식 (관내 저류 포함)
㉰ 굴착식
㉯ 유하식(자연 호소포함)

풀이 하수시설에서 우수조정지 구조형식에는 댐식(제방높이 15m 미만), 저하식 (관내 저류 포함), 굴착식이 있다.

TIP
우수조정지는 유량을 조절하기 위해 만들어 놓은 저수지로 하류의 배수시설 관로나 펌프장의 빗물 배출 능력이 부족할 경우 빗물을 일정 시간 동안 저장하는 역할을 한다.

answer 30 ㉯ 31 ㉰ 32 ㉮ 33 ㉯

34 하수관로 개·보수계획 수립 시 포함되어야 할 사항이 아닌 것은?

㉮ 불명수량 조사
㉯ 개·보수 우선순위의 결정
㉰ 개·보수공사 범위의 설정
㉱ 주변 인근 신설관로 현황 조사

풀이 ㉱번은 하수관로 개·보수계획 수립 시 포함되어야 할 사항과 관계없다.

35 펌프의 회전수 N = 2,400rpm, 최고 효율점의 토출량 Q = 162m³/hr, 전양정 H = 90m인 원심펌프의 비회전도는?

㉮ 약 115
㉯ 약 125
㉰ 약 135
㉱ 약 145

풀이

$$Ns = 2,400rpm \times \frac{(162m^3/hr \times \frac{1hr}{60min})^{\frac{1}{2}}}{(90m)^{\frac{3}{4}}}$$

$= 134.96rpm$

TIP

① $Ns = N \times \frac{Q^{\frac{1}{2}}}{H^{\frac{3}{4}}}$

여기서 Ns : 비교회전도(rpm)
N : 규정회전수(rpm)
Q : 토출량(m³/min)
H : 전양정(m)

② $rpm = \frac{회}{min}$

36 집수정에서 가정까지의 급수계통을 순서적으로 나열할 것으로 옳은 것은?

㉮ 취수→도수→정수→송수→배수→급수
㉯ 취수→도수→정수→배수→송수→급수
㉰ 취수→송수→도수→정수→배수→급수
㉱ 취수→송수→배수→정수→도수→급수

TIP

상수도의 구성 순서 암기법
상(상수도)치(취수)도(도수) 청(정수)송(송수)에 배(배수)급(급수)한다.

37 표준활성슬러지법에 관한 설명으로 잘못된 것은?

㉮ 수리학적 체류시간(HRT)은 6~8시간을 표준으로 한다.
㉯ 수리학적 체류시간(HRT)은 계획하수량에 따라 결정하며, 반송슬러지량을 고려한다.
㉰ MLSS농도는 1,500~2,500mg/L를 표준으로 한다.
㉱ MLSS농도가 너무 높으면 필요산소량이 증가하거나 이차침전지의 침전효율이 악화될 우려가 있다.

풀이 ㉯ 수리학적 체류시간(HRT)은 계획하수량에 따라 결정하며, 반송유량을 고려한다.

38 계획취수량을 확보하기 위하여 필요한 저수용량의 결정에 사용하는 계획 기준년은?

㉮ 원칙적으로 5개년에 제1위 정도의 갈수를 표준으로 한다.
㉯ 원칙적으로 7개년에 제1위 정도의 갈수를 표준으로 한다.

answer 34 ㉱ 35 ㉰ 36 ㉮ 37 ㉯ 38 ㉰

㉰ 원칙적으로 10개년에 제1위 정도의 갈수를 표준으로 한다.
㉱ 원칙적으로 15개년에 제1위 정도의 갈수를 표준으로 한다.

풀이 저수용량의 결정에 사용하는 계획 기준년은 원칙적으로 10개년에 제1위 정도의 갈수를 표준으로 한다.

39 상수의 소독(살균)설비 중 저장설비에 관한 내용으로 ( )에 가장 적합한 것은?

> 액화염소의 저장량은 항상 1일 사용량의 ( )이상으로 한다.

㉮ 5일분   ㉯ 10일분
㉰ 15일분   ㉱ 30일분

풀이 액화염소의 저장량은 항상 1일 사용량의 10일분 이상으로 한다.

40 상수도 시설 중 완속여과지의 여과속도 표준 범위는?

㉮ 4~5m/day   ㉯ 5~15m/day
㉰ 15~25m/day   ㉱ 25~50m/day

풀이 여과속도
① 완속여과지 : 4~5m/day
② 급속여과지 : 120~150m/day

| 제3과목 | 수질오염방지기술

41 반지름이 8cm인 원형 관로에서 유체의 유속이 20m/sec일 때 반지름이 40cm인 곳에서의 유속(m/sec)은? (단, 유량 동일, 기타 조건은 고려하지 않음)

㉮ 0.8   ㉯ 1.6
㉰ 2.2   ㉱ 3.4

풀이 $Q = \dfrac{\pi d^2}{4} \times v$

$\dfrac{\pi \times (8cm \times 2)^2}{4} \times 20m/sec = \dfrac{\pi \times (40cm \times 2)^2}{4} \times v$

∴ v = 0.8m/sec

42 농도 4,000mg/L인 포기조내 활성슬러지 1L를 30분간 정치시켰을 때, 침강슬러지 부피가 40%를 차지하였다. 이 때 SDI는?

㉮ 1   ㉯ 2
㉰ 10   ㉱ 100

풀이 ① $SVI = \dfrac{SV(\%)}{MLSS(mg/L)} \times 10^4 = \dfrac{40\%}{4,000mg/L} \times 10^4$
   $= 100$

② $SDI = \dfrac{1}{SVI} \times 100 = \dfrac{1}{100} \times 100 = 1.0$

TIP
SVI : 슬러지용적지수(mL/g)
SDI : 슬러지밀도지수(g/100mL)

43 질산화 반응에 의한 알칼리도의 변화는?

㉮ 감소한다.
㉯ 증가한다.
㉰ 변화하지 않는다.
㉱ 증가 후 감소한다.

풀이 ① 질산화반응은 [H⁺]의 증가로 pH 감소하므로 알칼리도 감소
② 탈질화반응은 [OH⁻]의 증가로 pH 증가하므로 알칼리도 증가

answer 39 ㉯ 40 ㉮ 41 ㉮ 42 ㉮ 43 ㉮

44 하수처리를 위한 회전 원판법에 관한 설명으로 틀린 것은?

㉮ 질산화가 일어나기 쉬우며 pH가 저하되는 경우가 있다.
㉯ 원판의 회전으로 인해 부착생물과 회전판 사이에 전단력이 생긴다.
㉰ 살수여상과 같이 여상에 파리는 발생하지 않으나 하루살이가 발생하는 수가 있다.
㉱ 활성슬러지법에 비해 이차침전지 SS 유출이 적어 처리수의 투명도가 좋다.

풀이 ㉱ 활성슬러지법에 비해 이차침전지 SS 유출이 많아 처리수의 투명도가 나쁘다.

45 길이 : 폭 비가 3 : 1인 장방형 침전조에 유량 850m³/day의 흐름이 도입된다. 깊이는 4.0m, 체류 시간은 2.4hr이라면 (m³/m²·day)은? (단, 흐름은 침전조 단면적에 균일하게 분배된다고 가정)

㉮ 20 ㉯ 30
㉰ 40 ㉱ 50

풀이 표면부하율$(m^3/m^2 \cdot day) = \dfrac{Q(m^3/day)}{A(m^2)} = \dfrac{H(m)}{t(day)}$

$= \dfrac{4.0m}{2.4hr \times \dfrac{1day}{24hr}}$

$= 40 m^3/m^2 \cdot day$

46 반송슬러지의 탈인 제거 공정에 관한 설명으로 틀린 것은?

㉮ 탈인조 상징액은 유입수량에 비하여 매우 작다.
㉯ 인을 침전시키기 위해 소요되는 석회의 양은 순수 화학처리방법보다 적다.
㉰ 유입수의 유기물 부하에 따른 영향이 크다.
㉱ 대표적인 인 제거공법으로는 phostrip process가 있다.

풀이 ㉰ 유입수의 유기물 부하에 따른 영향이 작다.

47 다음에서 설명하는 분리방법으로 가장 적합한 것은?

- 막형태 : 대칭형 다공성막
- 구동력 : 정수압차
- 분리형태 : Pore size 및 흡착현상에 기인한 체거름
- 적용분야 : 전자공업의 초순수 제조, 무균수 제조식품의 무균여과

㉮ 역삼투 ㉯ 한외여과
㉰ 정밀여과 ㉱ 투석

풀이 ㉰ 정밀여과에 대한 설명이다.

48 탈기법을 이용, 폐수 중의 암모니아성 질소를 제거하기 위하여 폐수의 pH를 조절하고자 한다. 수중 암모니아를 NH_3 (기체분자의 형태) 98%로 하기 위한 pH는? (단, 암모니아성질소의 수중에서의 평형은 다음과 같다. $NH_3 + H_2O \rightleftarrows NH_4^+ + OH^-$, 평형상수 $K = 1.8 \times 10^{-5}$)

㉮ 11.25 ㉯ 11.03
㉰ 10.94 ㉱ 10.62

풀이 ① $NH_3(\%) = \dfrac{[NH_3]}{[NH_3]+[NH_4^+]} \times 100$

answer 44 ㉱ 45 ㉰ 46 ㉰ 47 ㉰ 48 ㉰

$$= \frac{[NH_3]/[NH_3]}{[NH_3]/[NH_3]+[NH_4^+]/[NH_3]} \times 100$$

$$= \frac{1}{1+[NH_4^+]/[NH_3]} \times 100$$

따라서 $0.98 = \frac{1}{1+[NH_4^+]/[NH_3]}$

$[NH_4^+]/[NH_3] \times 0.98 = 1-0.98$

$[NH_4^+]/[NH_3] = \frac{1-0.98}{0.98} = 0.02$

② K(평형상수) $= \frac{[NH_4^+][OH^-]}{[NH_3]} = \frac{[NH_4^+]}{[NH_3]} \times [OH^-]$

$1.8 \times 10^{-5} = 0.02 \times [OH^-]$

∴ $[OH^-] = \frac{1.8 \times 10^{-5}}{0.02} = 9.0 \times 10^{-4}$ mol/L

③ pH $= 14 + \log[OH^-] = 14 + \log[9.0 \times 10^{-4}$ mol/L$]$
$= 10.95$

49 폐수의 고도처리에 관한 다음의 기술 중 옳지 않은 것은?

㉮ Cl^-, SO_4^{2-} 등의 무기염류의 제거에는 전기투석법이 이용된다.
㉯ 활성탄 흡착법에서 폐수 중의 인산은 제거되지 않는다.
㉰ 모래여과법은 고도처리 중에서 흡착법이나 전기투석법의 전처리로써 이용된다.
㉱ 폐수 중의 무기성질소 화합물은 철염에 의한 응집침전으로 완전히 제거된다.

풀이 ㉱ 폐수 중의 무기성질소 화합물은 철염에 의한 응집침전으로 제거할 수 없다.

50 용수 응집시설의 급속 혼합조를 설계하고자 한다. 혼합조의 설계유량은 18,480 m^3/day이며 정방형으로 하고 깊이는 폭의 1.25배로 한다면 교반을 위한 필요 동력(kW)은? (단, $\mu = 0.00131N \cdot s/m^2$, 속도 구배 $= 900 sec^{-1}$, 체류시간 30초)

㉮ 약 4.3 ㉯ 약 5.6
㉰ 약 6.8 ㉱ 약 7.3

풀이 ① $V(m^3) = Q(m^3/day) \times t(day)$

$= \frac{18,480m^3}{day} \times 30sec \times \frac{1hr}{3,600sec} \times \frac{1day}{24hr}$

$= 6.4167m^3$

② $P = G^2 \times \mu \times V$
$P = (900/sec)^2 \times 0.00131N \cdot s/m^2 \times 6.4167m^3$
$= 6,808.76 Watt = 6.81kW$

TIP

점성계수의 단위
$N \cdot s/m^2 = kg/m \cdot sec$

51 침전하는 입자들이 너무 가까이 있어서 입자 간의 힘이 이웃입자의 침전을 방해하게 되고 동일한 속도로 침전하며 최종 침전지 중간 정도의 깊이에서 일어나는 침전형태는?

㉮ 지역침전 ㉯ 응집침전
㉰ 독립침전 ㉱ 압축침전

풀이 Ⅲ형 침전(지역침전, 간섭침전, 방해침전)에 대한 설명이다.

52 살수여상 공정으로부터 유출되는 유출수의 부유 물질을 제거하고자 한다. 유출수의 평균유량은 12,300m^3/day, 여과지의 여과속도는 17$L/m^2 \cdot min$이고, 4개의 여과지(병렬기준)를 설계하고자 할 때 여과지 하나의 면적(m^2)은?

㉮ 약 75 ㉯ 약 100
㉰ 약 125 ㉱ 약 150

answer 49 ㉱ 50 ㉰ 51 ㉮ 52 ㉰

풀이

$$A(m^2) = \frac{Q(m^3/min)}{v(m/min) \times 여과지 갯수}$$

$$= \frac{12,300 m^3/day \times \frac{1day}{24hr} \times \frac{1hr}{60min}}{17 \times 10^{-3} m/min \times 4}$$

$$= 125.61 m^2$$

TIP
① $17 L/m^2 \cdot min = 17 \times 10^{-3} m^3/m^2 \cdot min$
② $m^3/m^2 \cdot min = m/min$

53 폐수량 500m³/day, BOD 300mg/L인 폐수를 표준활성슬러지공법으로 처리하여 최종방류수 BOD 농도를 20mg/L 이하로 유지하고자 한다. 최초침전지 BOD 제거효율이 30%일 때 포기조와 최종침전지, 즉 2차 처리 공정에서 유지되어야 하는 최저 BOD 제거효율(%)은?

㉮ 약 82.5 ㉯ 약 85.5
㉰ 약 90.5 ㉱ 약 94.5

풀이 최저 BOD 제거효율(%)
$$= \left(1 - \frac{20 mg/L}{300 mg/L \times (1-0.30)}\right) \times 100 = 90.48\%$$

54 하수로부터 인 제거를 위한 화학제의 선택에 영향을 미치는 인자가 아닌 것은?

㉮ 유입수의 인 농도
㉯ 슬러지 처리시설
㉰ 알칼리도
㉱ 다른 처리공정과의 차별성

풀이 하수로부터 인 제거를 위한 화학제의 선택에 영향을 미치는 인자로는 유입수의 인 농도, 슬러지 처리시설, 알칼리도 등이 있다.

55 CSTR 반응조를 일차반응조건으로 설계하고, A의 제거 또는 전환율이 90%가 되게 하고자 한다. 반응상수 k가 0.35/hr일 때 CSTR 반응조의 체류시간(hr)은?

㉮ 12.5 ㉯ 25.7
㉰ 32.5 ㉱ 43.7

풀이 $Q(C_o - C_t) = k \cdot V \cdot C_t$

여기서 $t = \frac{V}{Q}$ 이므로

$(C_o - C_t) = k \cdot C_t \cdot \left(\frac{V}{Q}\right)$

$$t = \frac{C_o - C_t}{k \times C_t} = \frac{1 - 0.1}{0.35/hr \times 0.1} = 25.71 hr$$

56 활성슬러지 공정의 폭기조 내 MLSS 농도 2,000mg/L, 폭기조의 용량 5m³, 유입 폐수 BOD 농도 300mg/L, 폐수 용량이 15m³/day일 때, F/M 비(kg BOD/kg MLSS·day)는?

㉮ 0.35 ㉯ 0.45
㉰ 0.55 ㉱ 0.65

풀이
$$F/M비 = \frac{BOD \times Q}{MLSS \times V}$$

$$= \frac{300 mg/L \times 15 m^3/day}{2,000 mg/L \times 5 m^3}$$

$$= 0.45/day$$

answer 53 ㉰ 54 ㉱ 55 ㉯ 56 ㉯

57 수질 성분이 부식에 미치는 영향으로 틀린 것은?

㉮ 높은 알칼리도는 구리와 납의 부식을 증가시킨다.
㉯ 암모니아는 착화물 형성을 통해 구리, 납 등의 금속용해도를 증가시킬 수 있다.
㉰ 잔류염소는 Ca와 반응하여 금속의 부식을 감소시킨다.
㉱ 구리는 갈바닉 전지를 이룬 배관상에 홈 집(구멍)을 야기한다.

[풀이] ㉰ 잔류염소는 Ca와 반응하여 금속의 부식을 증가시킨다.

58 Freundlich 등온 흡착식($X/M = KC_e^{1/n}$)에 대한 설명으로 틀린 것은?

㉮ X는 흡착된 용질의 양을 나타낸다.
㉯ K, n은 상수값으로 평형농도에 적용한 단위에 상관없이 동일하다.
㉰ C_e는 용질의 평형농도(질량/체적)를 나타낸다.
㉱ 한정된 범위의 용질농도에 대한 흡착 평형값을 나타낸다.

[풀이] ㉯ K, n은 경험적 상수값으로 평형농도에 적용한 단위에 따라 달라진다.

59 생물학적 인, 질소제거 공정에서 호기조, 무산소조, 혐기조 공정의 주된 역할을 가장 올바르게 설명한 것은? (단, 유기물 제거는 고려하지 않으며, 호기조 - 무산소조 - 혐기조 순서임)

㉮ 질산화 및 인의 과잉 흡수 - 탈질소 - 인의 용출
㉯ 질산화 - 탈질소 및 인의 과잉 흡수 - 인의 용출
㉰ 질산화 및 인의 용출 - 인의 과잉 흡수 - 탈질소
㉱ 질산화 및 인의 용출 - 탈질소 - 인의 과잉 흡수

[풀이] A_2/O공법으로 유입수 → 혐기성조(인의 용출 및 유기물 제거) → 무산소조(탈질소) → 호기성조(질산화 및 인의 과잉 흡수) → 유출수 순서로 이루어져 있다.

60 호기성 미생물에 의하여 발생되는 반응은?

㉮ 포도당 → 알코올
㉯ 초산 → 메탄
㉰ 아질산염 → 질산염
㉱ 포도당 → 초산

[풀이] 호기성 미생물은 산소를 이용하는 반응이며, 아질산염(NO_2^-) → 질산염(NO_3^-)가 해당한다.

| 제4과목 | 수질오염공정시험기준 |

61 측정 항목과 측정 방법에 관한 설명으로 옳지 않은 것은?

㉮ 불소 : 란탄-알리자린 콤프렉손에 의한 착화합물의 흡광도를 측정한다.
㉯ 시안 : pH 12~13의 알칼리성에서 시안 이온전극과 비교전극을 사용하여 전위를 측정한다.
㉰ 크롬 : 산성용액에서 다이페닐카바자이드와 반응하여 생성하는 착화합물의 흡광도를 측정한다.
㉱ 망간 : 황산산성에서 과황산칼륨으로 산화하여 생성된 과망간산 이온의 흡광도를 측정한다.

answer 57 ㉰ 58 ㉯ 59 ㉮ 60 ㉰ 61 ㉱

풀이 ㉣ 망간 : 황산산성에서 과요오드산칼륨으로 산화하여 생성된 과망간산 이온의 흡광도를 525nm에서 측정한다.

62 0.005 M–KMnO₄ 400mL를 조제하려면 KMnO₄ 약 몇 g을 취해야 하는가?
(단, 원자량 K = 39, Mn = 55)

㉮ 약 0.32 ㉯ 약 0.63
㉰ 약 0.84 ㉱ 약 0.98

풀이
$$0.005M = \frac{w(g)}{0.4L} \times \frac{1 mol}{158g}$$
$\therefore w = 0.316g ≒ 0.32g$

63 유속-면적법에 의한 하천유량을 구하기 위한 소구간 단면에 있어서의 평균유속 V_m을 구하는 식은? (단, $V_{0.2}$, $V_{0.4}$, $V_{0.5}$, $V_{0.6}$, $V_{0.8}$은 각각 수면으로부터 전수심의 20%, 40%, 50%, 60%, 80%인 점의 유속이다.)

㉮ 수심이 0.4 m 미만일 때 $V_m = V_{0.5}$
㉯ 수심이 0.4 m 미만일 때 $V_m = V_{0.8}$
㉰ 수심이 0.4 m 이상일 때
    $V_m = (V_{0.2}+V_{0.8}) \times 1/2$
㉱ 수심이 0.4m 이상일 때
    $V_m = (V_{0.4}+V_{0.6}) \times 1/2$

풀이 평균유속
① 수심이 0.4 m 미만일 때 $V_m = V_{0.6}$
② 수심이 0.4 m 이상일 때 $V_m = \frac{V_{0.2}+V_{0.8}}{2}$

64 용해성 망간을 측정하기 위해 시료를 채취 후 속히 여과해야 하는 이유는?

㉮ 망간을 공침시킬 우려가 있는 현탁물질을 제거하기 위해
㉯ 망간 이온을 접촉적으로 산화, 침전시킬 우려가 있는 이산화망간을 제거하기 위해
㉰ 용존상태에서 존재하는 망간과 침전상태에서 존재하는 망간을 분리하기 위해
㉱ 단시간 내에 석출, 침전할 우려가 있는 콜로이드 상태의 망간을 제거하기 위해

풀이 시료를 채취 후 속히 여과해야 하는 이유는 용존상태에서 존재하는 망간과 침전상태에서 존재하는 망간을 분리하기 위해서이다.

65 시안(CN^-) 분석용 시료를 보관할 때 20% NaOH 용액을 넣어 pH 12의 알칼리성으로 보관하는 이유는?

㉮ 산성에서는 CN^- 이온이 HCN으로 되어 휘산하기 때문
㉯ 산성에서는 탄산염을 형성하기 때문
㉰ 산성에서는 시안이 침전되기 때문
㉱ 산성에서나 중성에서는 시안이 분해 변질 되기 때문

풀이 시안(CN^-) 분석용 시료를 보관할 때 20% NaOH 용액을 넣어 pH 12의 알칼리성으로 보관하는 이유는 산성에서는 CN^- 이온이 HCN으로 되어 휘산하기 때문이다.

answer 62 ㉮ 63 ㉰ 64 ㉰ 65 ㉮

66 대장균(효소이용정량법) 측정에 관한 내용으로 ( )에 옳은 것은?

> 물속에 존재하는 대장균을 분석하기 위한 것으로, 효소기질 시약과 시료를 혼합하여 배양한 후 ( ) 검출기로 측정하는 방법이다.

㉮ 자외선   ㉯ 적외선
㉰ 가시선   ㉱ 기전력

풀이 대장균(효소이용정량법) 측정에 사용되는 검출기는 자외선 검출기이다.

67 0.025N 과망간산칼륨 표준용액의 농도계수를 구하기 위해 0.025N 수산화나트륨 용액 10mL를 정확히 취해 종점까지 적정하는데 0.025N 과망간산칼륨용액이 10.15mL 소요되었다. 0.025N 과망간산칼륨 표준용액의 농도계수(F)는?

㉮ 1.015   ㉯ 1.000
㉰ 0.9852 ㉱ 0.025

풀이 $N_1V_1F_1 = N_2V_2F_2$
0.025N×10mL×1.0 = 0.025N×10.15mL×F_2
∴ F_2 = 0.9852

TIP
NaOH의 역가(F)는 1.0을 기준으로 한다.

68 "항량으로 될 때까지 건조한다."라 함은 같은 조건에서 어느 정도 더 건조시켜 전후 무게 차가 g당 0.3mg 이하일 때를 말하는가?

㉮ 30분   ㉯ 60분
㉰ 120분 ㉱ 240분

풀이 "항량으로 될 때까지 건조한다."라 함은 같은 조건에서 1시간 더 건조시켜 전후무게 차가 g당 0.3mg 이하일 때를 말한다.

69 원자흡수분광광도법으로 셀레늄을 측정할 때 수소화셀레늄을 발생시키기 위해 전처리한 시료에 주입하는 것은?

㉮ 염화제일주석 용액
㉯ 아연분말
㉰ 요오드화나트륨 분말
㉱ 수산화나트륨 용액

풀이 원자흡수분광광도법으로 셀레늄을 측정할 때 수소화셀레늄을 발생시키기 위해 전처리한 시료에 주입하는 것은 아연분말이다.

70 알칼리성에서 다이에틸다이티오카르바민산나트륨과 반응하여 생성하는 황갈색의 킬레이트 화합물을 초산부틸로 추출하여 흡광도 440nm에서 정량하는 측정원리를 갖는 것은? (단, 자외선/가시선 분광법 기준)

㉮ 아연   ㉯ 구리
㉰ 크롬   ㉱ 납

풀이 ㉯ 구리(Cu)에 대한 설명이다.

answer 66 ㉮ 67 ㉰ 68 ㉯ 69 ㉯ 70 ㉯

71 복수시료채취방법에 대한 설명으로 ( )에 옳은 것은? (단, 배출허용기준 적합여부 판정을 위한 시료채취 시)

> 자동시료채취기로 시료를 채취할 경우에는 (㉠) 이내에 30분 이상 간격으로 (㉡) 이상 채취하여 일정량의 단일 시료로 한다.

㉮ ㉠6시간, ㉡2회 ㉯ ㉠6시간, ㉡4회
㉰ ㉠8시간, ㉡2회 ㉱ ㉠8시간, ㉡4회

풀이 자동시료채취기로 시료를 채취할 경우에는 6시간 이내에 30분 이상 간격으로 2회 이상 채취하여 일정량의 단일 시료로 한다.

TIP
암기해야할 내용
① 채취 : 2회   ② 시간 간격 : 6시간
③ 분 간격 : 30분 ④ 평균 : 산술평균

72 수질연속자동측정기기의 설치방법 중 시료 채취지점에 관한 내용으로 ( )에 옳은 것은?

> 취수구의 위치는 수면하 10cm 이상, 바닥으로부터 ( )cm 이상을 유지하여 동절기의 결빙을 방지하고 바닥 퇴적물이 유입되지 않도록 하되, 불가피한 경우는 수면하 5cm에서 채취할수 있다.

㉮ 5   ㉯ 15
㉰ 25 ㉱ 35

풀이 취수구의 위치
① 취수구의 위치는 수면하 10cm 이상
② 바닥으로부터 15cm 이상

73 BOD 실험에서 배양기간 중에 4.0mg/L의 DO 소모를 바란다면 BOD 200mg/L로 예상되는 폐수를 실험할 때 300mL BOD 병에 몇 mL 넣어야 하는가?

㉮ 2.0   ㉯ 4.0
㉰ 6.0   ㉱ 8.0

풀이
$200\text{mg/L} = 4.0\text{mg/L} \times \dfrac{300\text{mL}}{X\text{mL}}$

∴ $X = 6.0\text{mL}$

74 기체크로마토그래프 검출기에 관한 설명으로 틀린 것은?

㉮ 열전도도검출기는 금속 필라멘트 또는 전기저항체를 검출소자로 한다.
㉯ 불꽃이온화검출기의 본체는 수소연소 노즐, 이온수집기, 대극, 배기구로 구성된다.
㉰ 알칼리열이온화검출기는 함유할로겐 화합물 및 함유황화물을 고감도로 검출할 수 있다.
㉱ 전자포획형검출기는 많은 나이트로화합물, 유기금속화합물 등을 선택적으로 검출할 수 있다.

풀이 ㉰ 황화합물의 검출기는 불꽃광도검출기(FPD), 유기할로겐화합물의 검출기는 전자포획형검출기(ECD)이다.

75 하천유량 측정을 위한 유속 면적법의 적용범위로 틀린 것은?

㉮ 대규모 하천을 제외하고 가능하면 도섭으로 측정할 수 있는 지점
㉯ 교량 등 구조물 근처에서 측정할 경우 교량의 상류지점

answer 71 ㉮ 72 ㉯ 73 ㉰ 74 ㉰ 75 ㉰

㉰ 합류나 분류되는 지점
㉱ 선정된 유량측정 지점에서 말뚝을 박아 동일 단면에서 유량측정을 수행할 수 있는 지점

풀이 ㉰ 합류나 분류가 없는 지점

76 이온크로마토그래피에 관한 설명 중 틀린 것은?

㉮ 물 시료 중 음이온의 정성 및 정량분석에 이용된다.
㉯ 기본구성은 용리액조, 시료 주입부, 펌프, 분리컬럼, 검출기 및 기록계로 되어 있다.
㉰ 시료의 주입량은 보통 10μL~100μL 정도이다.
㉱ 일반적으로 음이온 분석에는 이온교환 검출기를 사용한다.

풀이 ㉱ 일반적으로 음이온 분석에는 전기전도도검출기를 사용한다.

77 pH 미터의 유지관리에 대한 설명으로 틀린 것은?

㉮ 전극이 더러워졌을 때는 유리전극을 묽은 염산에 잠시 담갔다가 증류수로 씻는다.
㉯ 유리전극을 사용하지 않을 때는 증류수에 담가둔다.
㉰ 유지, 그리스 등이 전극표면에 부착되면 유기용매로 적신 부드러운 종이로 전극을 닦고 증류수로 씻는다.
㉱ 전극에 발생하는 조류나 미생물은 전극을 보호하는 작용이므로 떨어지지 않게 주의한다.

풀이 ㉱ 전극에 발생하는 조류나 미생물은 전극을 오염시키므로 발생하지 않도록 주의한다.

78 4각 웨어에 의하여 유량을 측정하려고 한다. 웨어의 수두 0.5m, 절단의 폭이 4m이면 유량(m^3/분)은? (단, 유량 계수 = 4.8)

㉮ 약 4.3
㉯ 약 6.8
㉰ 약 8.1
㉱ 약 10.4

풀이 사각웨어의 유량(Q) = $k \cdot b \cdot h^{\frac{3}{2}}$ (m^3/min)

따라서 Q = $4.8 \times 4m \times (0.5)^{\frac{3}{2}}$ = 6.79m^3/min

TIP
삼각웨어의 유량(Q) = $k \cdot h^{\frac{5}{2}}$ (m^3/min)

79 배출허용기준 적합여부 판정을 위한 시료채취 시 복수시료채취방법 적용을 제외할 수 있는 경우가 아닌 것은?

㉮ 환경오염사고 또는 취약시간대의 환경오염감시 등 신속한 대응이 필요한 경우
㉯ 부득이 복수시료채취방법으로 할 수 없을 경우
㉰ 유량이 일정하며 연속적으로 발생되는 폐수가 방류되는 경우
㉱ 사업장내에서 발생하는 폐수를 회분식 등 간헐적으로 처리하여 방류하는 경우

풀이 ㉰ 물환경 보전법에 의한 비정상적 행위를 할 경우

answer 76 ㉱ 77 ㉱ 78 ㉯ 79 ㉰

80 총질소 실험방법과 가장 거리가 먼 것은? (단, 수질오염공정시험기준 적용)

㉮ 연속흐름법
㉯ 자외선/가시선 분광법 - 활성탄흡착법
㉰ 자외선/가시선 분광법 - 카드뮴·구리 환원법
㉱ 자외선/가시선 분광법 - 환원증류·킬달법

[풀이] ㉯ 자외선/가시선 분광법 - 산화법

| 제5과목 | 수질환경관계법규

81 오염총량관리기본계획에 포함되어야 하는 사항과 가장 거리가 먼 것은?

㉮ 관할 지역에서 배출되는 오염부하량의 총량 및 저감계획
㉯ 해당 지역 개발계획으로 인하여 추가로 배출되는 오염부하량 및 그 저감계획
㉰ 해당 지역별 및 개발계획에 따른 오염부하량의 할당
㉱ 해당 지역 개발계획의 내용

[풀이] 지방자치단체별·수계구간별 오염부하량의 할당

82 수질오염물질의 배출허용기준의 지역 구분에 해당되지 않는 것은?

㉮ 나지역　　㉯ 다지역
㉰ 청정지역　㉱ 특례지역

[풀이] ㉯ 가지역

83 폐수처리업자의 준수사항에 관한 설명으로 ( )에 옳은 것은?

> 수탁한 폐수는 정당한 사유 없이 (㉠) 보관할 수 없으며, 보관폐수의 전체량이 저장시설 저장능력의 (㉡)이상 되게 보관하여서는 아니 된다.

㉮ ㉠ 10일 이상, ㉡ 80%
㉯ ㉠ 10일 이상, ㉡ 90%
㉰ ㉠ 30일 이상, ㉡ 80%
㉱ ㉠ 30일 이상, ㉡ 90%

[풀이] 수탁한 폐수는 정당한 사유 없이 10일 이상 보관할 수 없으며, 보관폐수의 전체량이 저장시설 저장능력의 90% 이상 되게 보관하여서는 아니 된다.

84 환경정책기본법령에 의한 수질 및 수생태계 상태를 등급으로 나타내는 경우 '좋음' 등급에 대해 설명한 것은? (단, 수질 및 수생태계 하천의 생활 환경기준)

㉮ 용존산소가 풍부하고 오염물질이 거의 없는 청정 상태에 근접한 생태계로 침전 등 간단한 정수처리 후 생활용수로 사용할 수 있음
㉯ 용존산소가 풍부하고 오염물질이 거의 없는 청정 상태에 근접한 생태계로 여과·침전 등 간단한 정수처리 후 생활용수로 사용할 수 있음
㉰ 용존산소가 많은 편이고 오염물질이 거의 없는 청정 상태에 근접한 생태계로 여과·침전·살균 등 일반적인 정수처리 후 생활용수로 사용할 수 있음
㉱ 용존산소가 많은 편이고 오염물질이 거의 없는 청정 상태에 근접한 생태계로 활성탄 투입 등 일반적인 정수처리 후 생활용수로 사용할 수 있음

answer　80 ㉯　81 ㉰　82 ㉯　83 ㉯　84 ㉰

풀이 좋음 등급은 ㉰번에 대한 설명이다.

85 공공폐수처리시설의 유지·관리기준에 관한 내용으로 (   )에 옳은 내용은?

> 처리시설의 가동시간, 폐수방류량, 약품 투입량, 관리·운영자, 그 밖에 처리시설의 운영에 관한 주요사항을 사실대로 매일 기록하고 이를 최종기록한 날부터 (   ) 보존하여야 한다.

㉮ 1년간 ㉯ 2년간
㉰ 3년간 ㉱ 5년간

TIP
① 폐수배출시설 및 방지시설 : 1년간 보존
② 폐수무방류배출시설 : 3년간 보존

86 다음 중 법령에서 규정하고 있는 기타 수질오염원의 기준으로 틀린 것은?

㉮ 취수능력 10m³/일 이상인 먹는 물 제조 시설
㉯ 면적 30,000m² 이상인 골프장
㉰ 면적 1,500m² 이상인 자동차 폐차장 시설
㉱ 면적 200,000m² 이상인 복합물류터미널 시설

풀이 ㉮ 먹는 물 제조 시설은 해당하지 않는다.

TIP
기타 수질오염원은 수산물 양식시설, 골프장, 운수장비 정비 또는 폐차장 시설, 농축수산물 단순가공시설, 사진처리 및 X-Ray시설, 금은판매점의 세공시설이나 안경원, 복합물류터미널시설, 거점소독시설이 있다.

87 위임업무 보고사항 중 보고 횟수가 다른 업무내용은?

㉮ 폐수처리업에 대한 허가·지도단속실적 및 처리실적 현황
㉯ 폐수위탁·사업장 내 처리현황 및 처리실적
㉰ 기타 수질오염원 현황
㉱ 과징금 부과 실적

풀이 위임업무 보고사항
㉮ 연2회 ㉯ 연1회 ㉰ 연2회 ㉱ 연2회

88 물환경보전법령에 적용되는 용어의 정의로 틀린 것은?

㉮ 폐수무방류배출시설 : 폐수배출시설에서 발생하는 폐수를 해당 사업장에서 수질오염 방지시설을 이용하여 처리하거나 동일 배출시설에 재이용하는 등 공공수역으로 배출하지 아니하는 폐수배출시설을 말한다.
㉯ 수면관리자 : 호소를 관리하는 자를 말하며, 이 경우 동일한 호소를 관리하는 자가 3인 이상인 경우에는 하천법에 의한 하천의 관리청의 자가 수면관리자가 된다.
㉰ 특정수질유해물질 : 사람의 건강, 재산이나 동식물의 생육에 직접 또는 간접으로 위해를 줄 우려가 있는 수질오염물질로서 환경부령이 정하는 것을 말한다.
㉱ 공공수역 : 하천, 호소, 항만, 연안해역, 그밖에 공공용으로 사용되는 수역과 이에 접속하여 공공용으로 사용되는 환경부령으로 정하는 수로를 말한다.

풀이 ㉯ 수면관리자 : 다른 법령에 따라 호소를 관리하는 자를 말하며, 이 경우 동일한 호소를 관리하는 자가 2인 이상인 경우에는 하천법에 의한 하천의 관리청 외의 자가 수면관리자가 된다.

answer 85 ㉮ 86 ㉮ 87 ㉯ 88 ㉯

89 대권역 물환경관리계획을 수립하는 경우 포함되어야 할 사항 중 가장 거리가 먼 것은?

㉮ 점오염원, 비점오염원 및 기타수질오염원에서 배출되는 수질오염물질의 양
㉯ 상수원 및 물 이용현황
㉰ 점오염원, 비점오염원 및 기타수질오염원 분포현황
㉱ 점오염원 확대 계획 및 저감시설 현황

풀이 대권역 물환경관리계획을 수립 시 포함되어야 할 사항
① 물환경 변화 추이 및 물환경 목표기준
② 상수원 및 물 이용현황
③ 점오염원, 비점오염원 및 기타수질오염원 분포현황
④ 점오염원, 비점오염원 및 기타수질오염원에서 배출되는 수질오염물질의 양
⑤ 수질오염 예방 및 저감 대책
⑥ 물환경 보전조치의 추진 방향
⑦ 기후변화에 대한 적응대책

90 폐수의 배출시설 설치허가 신청 시 제출해야 할 첨부서류가 아닌 것은?

㉮ 폐수배출공정 흐름도
㉯ 원료의 사용명세서
㉰ 방지시설의 설치명세서
㉱ 배출시설 설치 신고필증

풀이 ㉱ 배출시설 설치 허가증

TIP
설치 허가 신청 시 제출서류
① 배출시설의 위치도 및 폐수배출 공정 흐름도
② 원료(용수 포함)의 사용설명서 및 제품의 생산량과 발생할 것으로 예측되는 수질오염물질의 내역서
③ 방지시설의 설치명세서와 그 도면
④ 배출시설 설치 허가증

91 기본배출부과금 산정 시 적용되는 사업장별 부과계수로 옳은 것은?

㉮ 제1종 사업장(10,000m³/day 이상) : 2.0
㉯ 제2종 사업장 : 1.5
㉰ 제3종 사업장 : 1.3
㉱ 제4종 사업장 : 1.1

풀이 사업장별 부과계수
㉮ 제1종 사업장(10,000m³/day 이상) : 1.8
㉯ 제2종 사업장 : 1.3
㉰ 제3종 사업장 : 1.2

92 수질오염물질 총량관리를 위하여 시·도지사가 오염총량관리기본계획을 수립하여 환경부장관에게 승인을 얻어야 한다. 계획수립 시 포함되는 사항으로 가장 거리가 먼 것은?

㉮ 해당 지역 개발계획의 내용
㉯ 시·도지사가 설치·운영하는 측정망 관리계획
㉰ 관할 지역에서 배출되는 오염부하량의 총량 및 저감계획
㉱ 해당 지역 개발계획으로 인하여 추가로 배출되는 오염부하량 및 그 저감계획

풀이 ㉯ 지방자치단체별·수계구간별 오염부하량의 할당

93 수질자동측정기기 또는 부대시설의 부착 면제를 받은 대상 사업장이 면제 대상에서 해제된 경우 그 사유가 발생한 날로부터 몇 개월 이내에 수질자동측정기기 및 부대시설을 부착해야 하는가?

㉮ 3개월 이내   ㉯ 6개월 이내
㉰ 9개월 이내   ㉱ 12개월 이내

answer 89 ㉱ 90 ㉱ 91 ㉱ 92 ㉯ 93 ㉰

94 기본배출부과금 산정 시 청정지역 및 가 지역의 지역별 부과계수는?

㉮ 2.0　㉯ 1.5
㉰ 1.0　㉱ 0.5

풀이 지역별 부과계수
① 청정지역 및 가지역 : 1.5
② 나지역 및 특례지역 : 1.0

95 사업장별 환경기술인의 자격기준 중 제2종 사업장에 해당하는 환경기술인의 기준은?

㉮ 수질환경기사 1명 이상
㉯ 수질환경산업기사 1명 이상
㉰ 환경기능사 1명 이상
㉱ 2년 이상 수질분야에 근무한 자 1명 이상

풀이 제2종 사업장에 해당하는 환경기술인의 기준은 수질환경산업기사 1명 이상이다.

96 오염총량초과부과금 산정 방법 및 기준에서 적용되는 측정유량(일일유량 산정 시 적용)단위로 옳은 것은?

㉮ m^3/min　㉯ L/min
㉰ m^3/sec　㉱ L/sec

풀이 측정유량의 단위는 L/min이다.

97 발생폐수를 공공폐수처리시설로 유입하고자 하는 배출시설 설치자는 배수관로 등 배수설비를 기준에 맞게 설치하여야 한다. 배수설비의 설치방법 및 구조기준으로 틀린 것은?

㉮ 배수관의 관경은 안지름 150mm 이상으로 하여야 한다.
㉯ 배수관은 우수관과 분리하여 빗물이 혼합되지 아니하도록 설치하여야 한다.
㉰ 배수관 입구에는 유효간격 10mm 이하의 스크린을 설치하여야 한다.
㉱ 배수관의 기점·종점·합류점·굴곡점과 관경·관종이 달라지는 지점에는 유출구를 설치하여야 하며, 직선인 부분에는 내경의 200배 이하의 간격으로 맨홀을 설치하여야 한다.

풀이 ㉱ 배수관의 기점·종점·합류점·굴곡점과 관경·관종이 달라지는 지점에는 유출구를 설치하여야 하며, 직선인 부분에는 내경의 120배 이하의 간격으로 맨홀을 설치하여야 한다.

98 방류수 수질기준 초과율별 부과계수의 구분이 잘못된 것은?

㉮ 20% 이상 30% 미만 - 1.4
㉯ 30% 이상 40% 미만 - 1.8
㉰ 50% 이상 60% 미만 - 2.0
㉱ 80% 이상 90% 미만 - 2.6

풀이 ㉯ 30% 이상 40% 미만 - 1.6

answer　94 ㉯　95 ㉯　96 ㉯　97 ㉱　98 ㉯

99 폐수배출시설에서 배출되는 수질오염물질인 부유물질량의 배출허용 기준은? (단, 나지역, 1일 폐수배출량 2천세제곱미터 미만 기준)

㉮ 80mg/L 이하 ㉯ 90mg/L 이하
㉰ 120mg/L 이하 ㉱ 130mg/L 이하

풀이 1일 폐수배출량 2천세제곱미터 미만 기준

	생물화학적 산소요구량 (mg/L)	총유기 탄소량 (mg/L)	부유물질량 (mg/L)
청정지역	40 이하	30 이하	40 이하
가지역	80 이하	50 이하	80 이하
나지역	120 이하	75 이하	120 이하
특례지역	30 이하	25 이하	30 이하

1일 폐수배출량 2천세제곱미터 이상 기준

	생물화학적 산소요구량 (mg/L)	총유기 탄소량 (mg/L)	부유물질량 (mg/L)
청정지역	30 이하	25 이하	30 이하
가지역	60 이하	40 이하	60 이하
나지역	80 이하	50 이하	80 이하
특례지역	30 이하	25 이하	30 이하

100 정당한 사유 없이 공공수역에 분뇨, 가축분뇨, 동물의 사체, 폐기물(지정폐기물 제외) 또는 오니를 버리는 행위를 하여서는 아니 된다. 이를 위반하여 분뇨·가축분뇨 등을 버린 자에 대한 벌칙 기준은?

㉮ 6개월 이하의 징역 또는 5백만원 이하의 벌금
㉯ 1년 이하의 징역 또는 1천만원 이하의 벌금
㉰ 2년 이하의 징역 또는 2천만원 이하의 벌금
㉱ 3년 이하의 징역 또는 3천만원 이하의 벌금

풀이 ㉯ 1년 이하의 징역 또는 1천만원 이하의 벌금에 해당한다.

answer 99 ㉰ 100 ㉯

2021년 2회 수질환경기사

2021년 5월 15일 시행

| 제1과목 | 수질오염개론

TIP
① 산성물질의 pH = $-\log[H^+]$
② 알칼리성물질의 pH = $14+\log[OH^-]$

01 분뇨에 관한 설명으로 옳지 않은 것은?

㉮ 분뇨는 다량의 유기물과 대장균을 포함하고 있다.
㉯ 도시하수에 비하여 고형물 함유도와 점도가 높다.
㉰ 분과 뇨의 혼합비는 1 : 10이다.
㉱ 분과 뇨의 고형물비는 약 1 : 1이다.

풀이 ㉱ 분과 뇨의 고형물비는 약 7 : 1이다.

02 아세트산(CH_3COOH) 120mg/L 용액의 pH는? (단, 아세트산 $K_a = 1.8 \times 10^{-5}$)

㉮ 4.65 ㉯ 4.21
㉰ 3.72 ㉱ 3.52

풀이 $CH_3COOH \rightarrow CH_3COO^- + H^+$

$k_a = \dfrac{[CH_3COO^-][H^+]}{[CH_3COOH]}$ 에서

$[CH_3COO^-] = [H^+]$ 이므로

$k_a = \dfrac{[H^+]^2}{[CH_3COOH]}$ 에서

$[H^+] = \sqrt{k_a \times [CH_3COOH]}$

$[CH_3COOH]$의 mol/L $= \dfrac{0.12g}{L} \times \dfrac{1mol}{60g} = 0.002M$

$[H^+] = \sqrt{(1.8 \times 10^{-5}) \times (0.002M)}$
$= 1.9 \times 10^{-4} mol/L$

pH $= -\log[H^+] = -\log[1.9 \times 10^{-4} mol/L] = 3.72$

03 자당(sucrose, $C_{12}H_{22}O_{11}$)이 완전히 산화될 때 이론적인 ThOD/TOC 비는?

㉮ 2.67 ㉯ 3.83
㉰ 4.43 ㉱ 5.68

풀이 $C_{12}H_{22}O_{11} + 12O_2 \rightarrow 12CO_2 + 11H_2O$

$\dfrac{ThOD(\text{이론적인 산소요구량})}{TOC(\text{총유기탄소량})} = \dfrac{12 \times 32g}{12 \times 12g} = 2.67$

04 호소의 조류생산 잠재력조사(AGP 시험)를 적용한 대표적 응용사례와 가장 거리가 먼 것은?

㉮ 제한 영양염의 추정
㉯ 조류증식에 대한 저해물질의 유무추정
㉰ 1차 생산량 측정
㉱ 방류수역의 부영양화에 미치는 배수의 영향평가

answer 01 ㉱ 02 ㉰ 03 ㉮ 04 ㉰

05 시료의 대장균수가 5,000개/mL라면 대장균수가 20개/mL가 될 때까지의 소요시간(hr)은? (단, 일차반응기준, 대장균수의 반감기 = 2시간)

㉮ 약 16   ㉯ 약 18
㉰ 약 20   ㉱ 약 22

풀이

① 반감기 공식 : $\ln \frac{1}{2} = -k \times t$

$\ln \frac{1}{2} = -k \times 2hr$

∴ k = 0.3466/hr

② 1차반응식 : $\ln \frac{C_t}{C_o} = -k \times t$

$\ln \frac{20개/mL}{5,000개/mL} = -0.3466/hr \times t$

∴ t = 15.93hr

06 1차 반응식이 적용될 때 완전혼합반응기(CFSTR) 체류시간은 압출형반응기(PFR) 체류시간의 몇 배가 되는가? (단, 1차 반응에 의해 초기농도의 70%가 감소되었고, 자연대수로 계산하며 속도상수는 같다고 가정함)

㉮ 1.34   ㉯ 1.51
㉰ 1.72   ㉱ 1.94

풀이

① 완전혼합형 반응조(CFSTR)의 1차 반응식
$Q(C_o - C_t) = k \cdot V \cdot C_t$

$(C_o - C_t) = \frac{V}{Q} \cdot k \cdot C_t$

$t = \frac{C_o - C_t}{k \cdot C_t} = \frac{1 - 0.3}{k \times 0.3} = \frac{2.33}{k}$

② 압출형 반응기(PFR)의 1차 반응식

$\ln \frac{C_t}{C_o} = -k \times t$

$\ln \frac{C_o}{C_t} = k \times t$

$t = \frac{\ln \frac{C_o}{C_t}}{k} = \frac{\ln \frac{1}{0.3}}{k} = \frac{1.20}{k}$

③ $\frac{CFSTR}{PFR} = \frac{2.33/k}{1.20/k} = 1.94$

TIP

① C_o(초기농도) = 100% = 1
② C_t(t시간 후 농도) = 100-70% = 30% = 0.3
③ $t = \frac{V}{Q}$

07 해양오염에 관한 설명으로 가장 거리가 먼 것은?

㉮ 육지와 인접해 있는 대륙붕은 오염되기 쉽다.
㉯ 유류오염은 산소의 전달을 억제한다.
㉰ 원유가 바다에 유입되면 해면에 엷은 막을 형성하며 분산된다.
㉱ 해수 중에서 오염물질의 확산은 일반적으로 수직방향이 수평방향보다 더 빠르게 진행된다.

풀이 ㉱ 해수 중에서 오염물질의 확산은 일반적으로 수평방향이 수직방향보다 더 빠르게 진행된다.

08 자연계 내에서 질소를 고정할 수 있는 생물과 가장 거리가 먼 것은?

㉮ Blue green algae   ㉯ Rhizobium
㉰ Azotobacter   ㉱ Flagellates

풀이 ㉱ Flagellates는 편모를 가지고 수중생활을 하는 단세포생물인 편모조류이다.

answer   05 ㉮   06 ㉱   07 ㉱   08 ㉱

09 광합성의 영향인자와 가장 거리가 먼 것은?
㉮ 빛의 강도 ㉯ 빛의 파장
㉰ 온도 ㉱ O_2 농도

풀이 ㉱ O_2농도는 광합성 반응 시 발생되는 물질이다.

10 식물과 조류세포의 엽록체에서 광합성의 명반응과 암반응을 담당하는 곳은?
㉮ 틸라코이드와 스트로마
㉯ 스트로마와 그라나
㉰ 그라나와 내막
㉱ 내막과 외막

풀이 식물과 조류세포의 엽록체에서 광합성의 명반응과 암반응을 담당하는 곳은 명반응을 담당하는 틸라코이드와 암반응을 담당하는 스트로마이다.

11 물의 특성에 관한 설명으로 틀린 것은?
㉮ 수소와 산소의 공유결합 및 수소결합으로 되어 있다.
㉯ 수온이 감소하면 물의 점성도가 감소한다.
㉰ 물의 점성도는 표준상태에서 대기의 대략 100배 정도이다.
㉱ 물분자 사이의 수소결합으로 큰 표면장력을 갖는다.

풀이 ㉯ 수온이 감소하면 물의 점성도가 증가한다.

12 25℃, 2기압의 메탄가스 40kg을 저장하는데 필요한 탱크의 부피(m^3)는? (단, 이상기체의 법칙, R = 0.082L · atm/mol · K)
㉮ 20.6 ㉯ 25.3
㉰ 30.5 ㉱ 35.3

풀이 $2atm \times V(L)$
$= \dfrac{40 \times 10^3 g}{16g} \times (0.082L \cdot atm/mol \cdot k) \times (273+25)k$
∴ $V = 30,545L = 30.55 m^3$

TIP
기체상태 방정식
PV = nRT에서 $PV = \dfrac{W}{M} RT$
여기서 P : 압력(atm)
V : 부피(L)
n : 몰수
W : 질량(g)
M : 분자량(g)
R : 기체상수(L · atm/mol · k)
T : 절대온도(K)

13 호소의 영양상태를 평가하기 위한 Carlson 지수를 산정하기 위해 요구되는 인자가 아닌 것은?
㉮ Chlorophyll-a ㉯ SS
㉰ 투명도 ㉱ T-P

풀이 Carlson 지수를 산정하기 위해 요구되는 인자로는 Chlorophyll-a, 투명도, T-P가 있다.

answer 09 ㉱ 10 ㉮ 11 ㉯ 12 ㉰ 13 ㉯

14 유기화합물이 무기화합물과 다른 점을 올바르게 설명한 것은?

㉮ 유기화합물들은 대체로 이온반응보다는 분자반응을 하므로 반응속도가 느리다.
㉯ 유기화합물들은 대체로 분자반응보다는 이온반응을 하므로 반응속도가 느리다.
㉰ 유기화합물들은 대체로 이온반응보다는 분자반응을 하므로 반응속도가 빠르다.
㉱ 유기화합물들은 대체로 분자반응보다는 이온반응을 하므로 반응속도가 빠르다.

풀이 유기화합물이 무기화합물과 다른 점은 유기화합물들은 대체로 이온반응보다는 분자반응을 하므로 반응속도가 느린점이다.

15 하천의 수질관리를 위하여 1920년대 초에 개발된 수질예측모델로 BOD와 DO 반응 즉 유기물 분해로 인한 DO소비와 대기로부터 수면을 통해 산소가 재공급되는 재폭기만 고려한 것은?

㉮ DO SAG I 모델
㉯ QUAL-I 모델
㉰ WQRRS 모델
㉱ Streeter-Phelps 모델

풀이 ㉱ Streeter-Phelps 모델에 대한 설명이다.

16 보통 농업용수의 수질평가 시 SAR로 정의하는데 이에 대한 설명으로 틀린 것은?

㉮ SAR값이 20 정도이면 Na^+가 토양에 미치는 영향이 적다.
㉯ SAR의 값은 Na^+, Ca^{2+}, Mg^{2+} 농도와 관계가 있다.
㉰ 경수가 연수보다 토양에 더 좋은 영향을 미친다고 볼 수 있다.
㉱ SAR의 계산식에 사용되는 이온의 농도는 meq/L를 사용한다.

풀이 ㉮ SAR값이 20 정도이면 Na^+가 토양에 미치는 영향이 크다.

TIP

① SAR(나트륨 흡착률) = $\dfrac{Na^+}{\sqrt{\dfrac{Ca^{2+}+Mg^{2+}}{2}}}$

② 단위 : meq/L = mN = mg/L ÷ 1mg 당량
③ 판정
SAR 0 ~ 10 : 영향 적음
SAR 10 ~ 18 : 중간 정도 영향
SAR 18 ~ 26 : 큰 영향
SAR 26 이상 : 아주 큰 영향

17 황조류로 엽록소 a, c와 크산토필의 색소를 가지고 있고 세포벽이 형태상 독특한 단세포 조류이며, 찬물 속에서도 잘 자라 북극지방에서나 겨울철에 번성하는 것은?

㉮ 녹조류　　㉯ 갈조류
㉰ 규조류　　㉱ 쌍편모조류

풀이 ㉰ 규조류에 대한 설명이다.

answer 14 ㉮　15 ㉱　16 ㉮　17 ㉰

18 해수에 관한 다음의 설명 중 옳은 것은?

㉮ 해수의 중요한 화학적 성분 7가지는 Cl^-, Na^+, Mg^{2+}, SO_4^{2-}, HCO_3^-, K^+, Ca^{2+}이다.
㉯ 염분은 적도해역에서 낮고 남북 양극 해역에서 높다.
㉰ 해수의 Mg/Ca비는 담수보다 작다.
㉱ 해수의 밀도는 수심이 깊을수록 염농도가 감소함에 따라 작아진다.

풀이
㉯ 염분은 적도해역에서 높고 남북 양극 해역에서 낮다.
㉰ 해수의 Mg/Ca비는 담수보다 크다.
㉱ 해수의 밀도는 염분, 수온, 수압의 함수로 수심이 깊을수록 증가한다.

19 약산인 0.01N-CH_3COOH가 18% 해리될 때 수용액의 pH는?

㉮ 약 2.15   ㉯ 약 2.25
㉰ 약 2.45   ㉱ 약 2.75

풀이
$$CH_3COOH \rightarrow CH_3COO^- + H^+$$
해리 전   0.01M   0M   0M
해리 후   0.01M-0.01M×0.18   0.01M×0.18   0.01M×0.18
∴ pH = -log[H^+] = -log[0.01M×0.18] = 2.75

20 3mol의 글리신(glycine, $CH_2(NH_2)COOH$)이 분해되는데 필요한 이론적 산소요구량 (g O_2)은?

- 1단계 : 유기탄소는 이산화탄소(CO_2), 유기질소는 암모니아(NH_3)로 전환된다.
- 2, 3단계 : 암모니아는 산화과정을 통하여 아질산, 최종적으로 질산염까지 전환된다.

㉮ 317   ㉯ 336
㉰ 362   ㉱ 392

풀이
$$CH_2(NH_2)COOH + 3.5O_2 \rightarrow 2CO_2 + 2H_2O + HNO_3$$
1mol   : 3.5×32g
3mol   : ThOD
∴ ThOD = $\dfrac{3mol \times 3.5 \times 32g}{1mol}$ = 336g

TIP
① 글리신 = $CH_2(NH_2)COOH$ = $C_2H_5O_2N$
② ThOD = 이론적 산소요구량

제2과목 | 상하수도계획

21 펌프의 캐비테이션이 발생하는 것을 방지하기 위한 대책으로 볼 수 없는 것은?

㉮ 펌프의 설치위치를 가능한 높게 하여 펌프의 필요유효흡입수두를 작게 한다.
㉯ 펌프의 회전속도를 낮게 선정하여 펌프의 필요유효흡입수두를 작게 한다.
㉰ 흡입관의 손실을 가능한 작게 하여 펌프의 가용유효흡입수두를 크게 한다.
㉱ 흡입측 밸브를 완전히 개방하고 펌프를 운전한다.

풀이 ㉮ 펌프의 설치 위치를 가능한 낮게 하여 펌프의 가용유효흡입수두를 크게 한다.

answer 18 ㉮   19 ㉱   20 ㉯   21 ㉮

22 응집지(정수시설)내 급속혼화시설의 급속혼화방식과 가장 거리가 먼 것은?

㉮ 공기식
㉯ 수류식
㉰ 기계식
㉱ 펌프확산에 의한 방법

풀이 응집지(정수시설)내 급속혼화시설의 급속혼화방식에는 수류식, 기계식, 펌프확산에 의한 방법이 있다.

23 하수 고도처리를 위한 급속여과법에 관한 설명과 가장 거리가 먼 것은?

㉮ 여층의 운동방식에 의해 고정상형 및 이동상형으로 나눌 수 있다.
㉯ 여층의 구성은 유입수와 여과수의 수질, 역세척 주기 및 여과면적을 고려하여 정한다.
㉰ 여과속도는 유입수와 여과수의 수질, SS의 포획능력 및 여과지속시간을 고려하여 정한다.
㉱ 여재는 종류, 공극률, 비표면적, 균등계수 등을 고려하여 정한다.

풀이 ㉯ 여층의 구성은 SS 제거율, 유지관리의 경제성 등을 고려하여 정한다.

24 하수시설인 중력식침사지에 대한 설명 중 옳은 것은?

㉮ 체류시간은 3~6분을 표준으로 한다.
㉯ 수심은 유효수심에 모래퇴적부의 깊이를 더한 것으로 한다.
㉰ 오수침사지의 표면부하율은 3,600m^3/m^2 · day 정도로 한다.
㉱ 우수침사지의 표면부하율은 1,800m^3/m^2 · day 정도로 한다.

풀이 ㉮ 체류시간은 30~60초를 표준으로 한다.
㉰ 오수침사지의 표면부하율은 1,800m^3/m^2 · day 정도로 한다.
㉱ 우수침사지의 표면부하율은 3,600m^3/m^2 · day 정도로 한다.

25 정수장에서 송수를 받아 해당 배수구역으로 배수하기 위한 배수지에 대한 설명(기준)으로 틀린 것은?

㉮ 유효용량은 시간변동조정용량과 비상대처용량을 합한다.
㉯ 유효용량은 급수구역의 계획1일최대급수량의 6시간분 이상을 표준으로 한다.
㉰ 배수지의 유효수심은 3~6m 정도를 표준으로 한다.
㉱ 고수위로부터 정수지 상부 슬래브까지는 30cm 이상의 여유고를 둔다.

풀이 ㉯ 유효용량은 급수구역의 계획1일최대급수량의 12시간분 이상을 표준으로 한다.

26 도시의 장래하수량 추정을 위해 인구증가 현황을 조사한 결과 매년 증가율이 5%로 나타났다. 이 도시의 20년 후의 추정인구(명)는? (단, 현재의 인구는 73,000명이다.)

㉮ 약 132,000   ㉯ 약 162,000
㉰ 약 183,000   ㉱ 약 194,000

풀이 P_n = 73,000명 × $(1+0.05)^{20}$ = 193,690명

TIP
$P_n = P_o \times (1+r)^n$
여기서
P_n : 현재로부터 n년 후 추정되는 인구

answer 22 ㉮ 23 ㉯ 24 ㉯ 25 ㉯ 26 ㉱

P_0 : 현재인구
r : 인구 증가율 $\left(r = \left(\dfrac{P_0}{P_t}\right) - 1\right)$
P_t : 현재부터 t년 전의 인구
n : 설계기간(년)

27 계획오수량에 대한 설명 중 올바르지 않은 것은?

㉮ 합류식에서 우천 시 계획오수량은 원칙적으로 계획시간최대오수량의 3배 이상으로 한다.
㉯ 계획1일최대오수량은 1인1일평균오수량에 계획인구를 곱한 후, 여기에 공장폐수량, 지하수량 및 기타 배수량을 더한 것으로 한다.
㉰ 계획1일평균오수량은 계획1일최대오수량의 70~80%를 표준으로 한다.
㉱ 계획시간최대오수량은 계획1일 최대오수량의 1시간당 수량의 1.3~1.8배를 표준으로 한다.

[풀이] ㉯ 계획1일최대오수량은 1인1일최대오수량에 계획인구를 곱한 후, 여기에 공장폐수량, 지하수량 및 기타 배수량을 더한 것으로 한다.

28 해수담수화를 위해 해수를 취수할 때 취수위치에 따른 장·단점으로 틀린 것은?

㉮ 해중취수(10 m 이상) : 기상변화, 해조류의 영향이 적다.
㉯ 해안취수(10 m 이내) : 계절별 수질, 수온 변화가 심하다.
㉰ 염지하수 취수 : 추가적 전처리 비용이 발생한다.
㉱ 해안취수(10 m 이내) : 양적으로 가장 경제적이다.

[풀이] ㉰ 염지하수 취수 : 추가적 전처리 비용이 발생하지 않는다.

29 상수시설 중 도수거에서의 최소유속 (m/sec)은?

㉮ 0.1   ㉯ 0.3
㉰ 0.5   ㉱ 1.0

[풀이] 도수거에서의 허용최대한도는 3m/sec이고 최소유속은 0.3m/sec이다.

TIP
유속범위 기준

관로	기준	최소유속	최대유속
도수관거	자연유하식	0.3m/s	3.0m/s
오수관거	계획시간 최대오수량	0.6m/s	3.0m/s
우수관거 합류관거	계획우수량	0.8m/s	3.0m/s

30 하수도계획 수립 시 포함되어야 하는 사항과 가장 거리가 먼 것은?

㉮ 침수방지계획
㉯ 슬러지 처리 및 자원화 계획
㉰ 물관리 및 재이용계획
㉱ 하수도 구축지역 계획

[풀이] ㉱ 수질보전 계획

answer 27 ㉯ 28 ㉰ 29 ㉯ 30 ㉱

31 강우강도 $I = \dfrac{3,970}{t+31}$ mm/hr, 유역면적 3.0km², 유입시간 180sec, 관거길이 1km, 유출계수 1.1, 하수관의 유속 33m/min일 경우 우수유출량(m³/sec)은? (단, 합리식 적용)

㉮ 약 29 ㉯ 약 33
㉰ 약 48 ㉱ 약 57

 $Q = \dfrac{1}{360} CIA$

여기서
- C : 유출계수
- I : 강우강도(mm/hr)
- A : 면적(ha)

① $I = \dfrac{3,970}{t+31}$ (mm/hr)

t(유달시간) = 유입시간(min) + 유하시간(min)

유하시간 = $\dfrac{관의 길이(m)}{관내 유속(m/min)}$

= $\dfrac{1,000m}{33m/min}$ = 30.3030min

따라서

t(유달시간) = 180sec × $\dfrac{1min}{60sec}$ + 30.3030min

= 33.303min

$I = \dfrac{3,970}{t+31} = \dfrac{3,970}{33.303min+31}$ = 61.739mm/hr

② A(면적) = 3.0km² × 100ha/1km² = 300ha

③ $Q = \dfrac{1}{360} CIA$

= $\dfrac{1}{360}$ × 1.1 × 61.739mm/hr × 300ha

= 56.59m³/sec

32 상수의 취수시설에 관한 설명 중 틀린 것은?

㉮ 취수탑은 탑의 설치 위치에서 갈수 수심이 최소 2m 이상이어야 한다.
㉯ 취수보의 취수구의 유입 유속은 1m/sec 이상이 표준이다.
㉰ 취수탑의 취수구 단면형상은 장방형 또는 원형으로 한다.
㉱ 취수문을 통한 유입속도가 0.8m/sec 이하가 되도록 취수문의 크기를 정한다.

㉯ 취수보의 취수구의 유입 유속은 0.4~0.8m/sec를 표준으로 한다.

33 펌프의 특성곡선에서 펌프의 양수량과 양정간의 관계를 가장 잘 나타낸 곡선은?

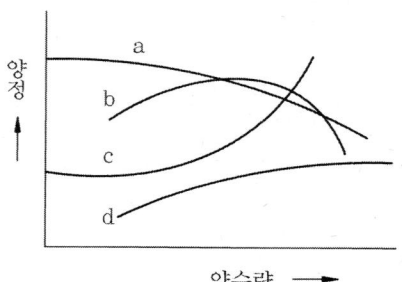

㉮ a 곡선 ㉯ b 곡선
㉰ c 곡선 ㉱ d 곡선

펌프의 양수량과 양정은 반비례관계이므로 a곡선이 해당한다.

answer 31 ㉱ 32 ㉯ 33 ㉮

34 복류수나 자유수면을 갖는 지하수를 취수하는 시설인 집수매거에 관한 설명으로 틀린 것은?

㉮ 집수매거의 길이는 시험우물 등에 의한 양수시험 결과에 따라 정한다.
㉯ 집수매거의 매설깊이는 1.0m 이하로 한다.
㉰ 집수매거는 수평 또는 흐름방향으로 향하여 완경사로 하고 집수매거의 유출단에서 매거내의 평균유속은 1.0 m/sec 이하로 한다.
㉱ 세굴의 우려가 있는 제외지에 설치할 경우에는 철근콘크리트틀 등으로 방호한다.

풀이 ㉯ 집수매거의 매설깊이는 5.0m를 표준으로 한다.

TIP
집수매거 조건
① 복수류 흐름방향과 직각으로 설치
② 매설 깊이는 5m
③ 집수구면의 직경은 10~20mm이고 관거표면적은 $1m^2$당 20~30개 정도
④ 집수매거 내 속도는 1m/sec 이하

35 오수관거를 계획할 때 고려할 사항으로 맞지 않는 것은?

㉮ 분류식과 합류식이 공존하는 경우에는 원칙적으로 양 지역의 관거는 분리하여 계획한다.
㉯ 관거는 원칙적으로 암거로 하며, 수밀한 구조로 하여야 한다.
㉰ 관거단면, 형상 및 경사는 관거 내에 침전물이 퇴적하지 않도록 적당한 유속을 확보한다.
㉱ 관거의 역사이펀이 발생하도록 계획한다.

풀이 ㉱ 관거의 역사이펀이 발생하지 않도록 계획한다.

36 상수처리시설인 침사지의 구조 기준으로 틀린 것은?

㉮ 표면부하율은 200~500mm/min을 표준으로 한다.
㉯ 지내 평균유속은 30cm/sec를 표준으로 한다.
㉰ 지의 상단높이는 고수위보다 0.6~1m의 여유고를 둔다.
㉱ 지의 유효수심은 3~4m를 표준으로 한다.

풀이 ㉯ 지내 평균유속은 2~7cm/sec를 표준으로 한다.

37 펌프를 선정할 때 고려 사항으로 적당하지 않은 것은?

㉮ 펌프를 최대효율점 부근에서 운전하도록 용량 및 대수를 결정한다.
㉯ 펌프의 설치대수는 유지관리상 가능한 적게 하고 동일용량의 것으로 한다.
㉰ 펌프는 저용량일수록 효율이 높으므로 가능한 저용량으로 한다.
㉱ 내부에서 막힘이 없고, 부식 및 마모가 적어야 한다.

풀이 ㉰ 펌프는 고용량일수록 효율이 높으므로 가능한 고용량으로 한다.

answer 34 ㉯ 35 ㉱ 36 ㉯ 37 ㉰

38 슬러지탈수 방법 중 가압식 벨트프레스 탈수기에 관한 내용으로 옳지 않은 것은? (단, 원심탈수기와 비교)

㉮ 소음이 적다.
㉯ 동력이 적다.
㉰ 부대장치가 적다.
㉱ 소모품이 적다.

[풀이] ㉰ 부대장치가 많다.

39 유출계수가 0.65인 1km²의 분수계에서 흘러내리는 우수의 양(m³/sec)은? (단, 강우강도 = 3mm/min, 합리식 적용)

㉮ 1.3 ㉯ 6.5
㉰ 21.7 ㉱ 32.5

[풀이] $Q = \frac{1}{360} CIA$

여기서
- C : 유출계수
- I : 강우강도(mm/hr)
- A : 면적(ha)

우수의 양
$= \frac{1}{360} \times 0.65 \times 3mm/min \times \frac{60min}{1hr} \times 1km^2 \times \frac{100ha}{1km^2}$
$= 32.5 m^3/sec$

40 정수시설인 완속여과지에 관한 내용으로 옳지 않은 것은?

㉮ 주위벽 상단은 지반보다 60cm 이상 높여 여과지 내로 오염수나 토사 등의 유입을 방지한다.
㉯ 여과속도는 4~5m/day를 표준으로 한다.
㉰ 모래층의 두께는 70~90cm를 표준으로 한다.
㉱ 여과면적은 계획정수량을 여과속도로 나누어 구한다.

[풀이] ㉮ 주위벽 상단은 지반보다 15cm 이상 높여 여과지 내로 오염수나 토사 등의 유입을 방지한다.

| 제3과목 | 수질오염방지기술 |

41 활성슬러지 포기조의 유효용적 1,000m³, MLSS 농도 3,000mg/L, MLVSS는 MLSS 농도의 75%, 유입 하수 유량 4,000m³/day, 합성계수(Y) 0.63mg MLVSS/mg BOD$_{removed}$, 내생분해계수(k) 0.05day^{-1}, 1차 침전조 유출수의 BOD 200mg/L, 포기조 유출수의 BOD 20mg/L일 때, 슬러지 생성량(kg/day)은?

㉮ 301 ㉯ 321
㉰ 341 ㉱ 361

[풀이] 슬러지 생성량($Q_w \cdot SS_w$)
$= Y \times Q \times (BOD_i - BOD_o) - k \times V \times MLVSS$
$= 0.63 \times 4,000m^3/day \times (0.2-0.02)kg/m^3 - 0.05/day \times 1,000m^3 \times 3kg/m^3 \times 0.75$
$= 341.1 kg/day$

42 1,000m³의 하수로부터 최초침전지에서 생성되는 슬러지 양(m³)은? (단, 최초침전지 체류시간 = 2시간, 부유물질 제거효율 = 60%, 부유물질농도 = 220mg/L, 부유물질 분해 없음, 슬러지 비중 = 1.0, 슬러지 함수율 = 97%)

㉮ 2.4 ㉯ 3.2
㉰ 4.4 ㉱ 5.2

[풀이] 슬러지발생량(m³)
$= \frac{SS농도(kg/m^3) \times 슬러지량(m^3) \times 제거효율}{비중량(kg/m^3)} \times \frac{100}{100-함수율(\%)}$

answer 38 ㉰ 39 ㉱ 40 ㉮ 41 ㉰ 42 ㉰

$$= \frac{0.22\text{kg/m}^3 \times 1,000\text{m}^3 \times 0.60}{1,000\text{kg/m}^3} \times \frac{100}{100-97\%}$$
$$= 4.4\text{m}^3$$

TIP

① mg/L $\xrightarrow{\times 10^{-3}}$ kg/m³

② SS 220mg/L = SS 0.22kg/m³

③ 비중(g/cm³) $\xrightarrow{\times 10^3}$ 비중량(kg/m³)

④ 비중 1.0g/cm³ $\xrightarrow{\times 10^3}$ 1,000kg/m³

43 다음 조건과 같이 혐기성 반응을 시킬 때 세포생산량(kg 세포/day)은?

- 세포생산계수(Y) = 0.04g 세포/g BOD_L
- 폐수유량(Q) = 1,000m³/day
- BOD 제거효율(E) = 0.7
- 세포내호흡계수(Kd) = 0.015/day
- 체류시간(θc) = 20일
- 폐수유기물질농도(So) = 10g BOD_L/L

㉮ 84 ㉯ 182
㉰ 215 ㉱ 334

풀이 세포생산량 = $\dfrac{Y \times Q \times BOD \times \eta}{1+(kd \times \theta_c)}$

$$= \frac{0.04 \times 1,000\text{m}^3/\text{day} \times 10\text{kg/m}^3 \times 0.7}{1+(0.015/\text{day} \times 20\text{일})}$$
$$= 215.38\text{kg/day}$$

44 연속회분식(SBR)의 운전단계에 관한 설명으로 틀린 것은?

㉮ 주입 : 주입단계 운전의 목적은 기질(원폐수 또는 1차 유출수)을 반응조에 주입하는 것이다.

㉯ 주입 : 주입단계는 총 cycle 시간의 약 25% 정도이다.

㉰ 반응 : 반응단계는 총 cycle 시간의 약 65% 정도이다.

㉱ 침전 : 연속흐름식 공정에 비하여 일반적으로 더 효율적이다.

풀이 ㉰ 반응 : 반응단계는 총 cycle 시간의 약 35% 정도이다.

45 농축조에 함수율 99%인 일차슬러지를 투입하여 함수율 96%의 농축슬러지를 얻었다. 농축 후의 슬러지량은 초기 일차 슬러지량의 몇 %로 감소하였는가? (단, 비중은 1.0 기준)

㉮ 50 ㉯ 33
㉰ 25 ㉱ 20

풀이 $V_1 \times (100-P_1) = V_2 \times (100-P_2)$
$V_1 \times (100-99) = V_2 \times (100-96)$
$V_2 = \dfrac{V_1 \times (100-99)}{(100-96)} = 0.25 V_1$

따라서 V_2는 V_1의 25%에 해당된다.

46 평균입도 3.2mm인 균일한 층 30cm에서의 Reynolds 수는? (단, 여과속도 = 160L/m² · min, 동점성계수 = 1.003×10⁻⁶m²/sec)

㉮ 8.5 ㉯ 11.6
㉰ 15.9 ㉱ 18.3

풀이 $Re = \dfrac{D \times v}{\nu} = \dfrac{0.0032\text{m} \times 0.16\text{m/min} \times \frac{1\text{min}}{60\text{sec}}}{1.003 \times 10^{-6}\text{m}^2/\text{sec}} = 8.51$

answer 43 ㉰ 44 ㉰ 45 ㉰ 46 ㉮

47 활성슬러지 포기조 용액을 사용한 실험 값으로부터 얻은 결과에 대한 설명으로 가장 거리가 먼 것은?

> MLSS 농도가 1,600mg/L인 용액 1리터를 30분간 침강시킨 후 슬러지의 부피가 400mL이었다.

㉮ 최종침전지에서 슬러지의 침강성이 양호하다.
㉯ 슬러지 밀도지수(SDI)는 0.5 이하이다.
㉰ 슬러지 용량지수(SVI)는 200 이상이다.
㉱ 실모양의 미생물이 많이 관찰된다.

풀이
$$SVI(mL/g) = \frac{SV(mL/L)}{MLSS(mg/L)} \times 10^3 = \frac{400mL/L}{1,600mg/L} \times 10^3 = 250$$

$$SDI(g/100mL) = \frac{1}{SVI} \times 100 = \frac{1}{250} \times 100 = 0.4$$

SVI가 250이므로 슬러지 팽화(벌킹)이 발생하며, 슬러지의 침강성이 불량하다.

48 급속교반 탱크에 유입되는 폐수를 6평날 터빈임펠러로 완전 혼합하고자 한다. 임펠러의 직경은 2.0m, 깊이 6.0m인 탱크의 바닥으로부터 1.2m 높이에서 설치되었다. 수온 30℃에서 임펠러의 회전속도가 30rpm일 때 동력소비량(kW)은? (단, $P = k\rho n^3 D^5$, 30℃ 액체의 밀도 995.7kg/m³, k = 6.3)

㉮ 약 115   ㉯ 약 86
㉰ 약 54   ㉱ 약 25

풀이
$P = k \times \rho \times n^3 \times D^5$
$= 6.3 \times 0.9957g/cm^3 \times 5^3 \times (2.0m)^5$
$= 25,091.64 Watt = 25.09kW$

TIP
n의 값을 대입 시 n = (날의 수-1)임에 주의해야 합니다.

49 침전지내에서 기타의 모든 조건이 같다면 비중이 0.3인 입자에 비하여 0.8인 입자의 부상속도는 얼마나 되는가?

㉮ 7/2배 늘어난다.
㉯ 8/3배 늘어난다.
㉰ 2/7배 줄어든다.
㉱ 3/8로 줄어든다.

풀이
$V_f = \frac{d^2(\rho_w - \rho_s)g}{18\mu}$ 에서 부상속도(V_f) = ($\rho_w - \rho_s$)이므로

$V_f = \frac{(1.0-0.8)}{(1.0-0.3)} = \frac{2}{7}$ 배

50 처리유량이 200m³/hr이고 염소요구량이 9.5mg/L, 잔류염소 농도가 0.5mg/L일 때 하루에 주입되는 염소의 양(kg/day)은?

㉮ 2   ㉯ 12
㉰ 22   ㉱ 48

풀이
① 염소주입량 = 염소요구량+염소잔류량
  = 9.5mg/L+0.5mg/L
  = 10mg/L
② 염소주입량(kg/day)
  = $10.0 \times 10^{-3} kg/m^3 \times 200m^3/hr \times \frac{24hr}{1day}$
  = 48kg/day

TIP
염소주입량 = 염소요구량+염소잔류량
(암기법) 주입은 요잔에

answer 47 ㉮ 48 ㉱ 49 ㉰ 50 ㉱

51 하수처리장에서 발생되는 슬러지를 혐기성 소화조에서 처리하는 도중 소화가스량이 급격하게 감소하였다. 소화가스의 발생량이 감소하는 원인에 대한 설명 중 틀린 것은?

㉮ 유기산이 과도하게 축적되는 경우
㉯ 적정온도범위가 유지되지 않거나 독성물질이 유입된 경우
㉰ 알칼리도가 크게 낮아진 경우
㉱ pH가 증가된 경우

[풀이] ㉰ 알칼리도가 크게 높아진 경우

52 생물학적 폐수처리공정에서 생물 반응조에 슬러지를 반송시키는 주된 이유는?

㉮ 폐수처리에 필요한 미생물을 공급하기 위하여
㉯ 폐수에 들어있는 독성물질을 중화시키기 위하여
㉰ 활성슬러지가 자라는데 필요한 영양소를 공급하기 위하여
㉱ 슬러지처리공정으로 들어가는 잉여슬러지의 양을 증가시키기 위하여

[풀이] 생물학적 폐수처리공정에서 생물 반응조에 슬러지를 반송시키는 주된 이유는 폐수처리에 필요한 미생물을 공급하기 위해서이다.

53 농약을 제조하는 공장의 폐수 중에는 유기인이 함유되고 있는 경우가 많다. 이들을 처리하는데 가장 적당한 처리방법은?

㉮ 활성탄 흡착
㉯ 이온교환수지법
㉰ 황산 알미늄으로 응집
㉱ 염화철로 응집

[풀이] 농약에 함유되어 있는 유기인 처리에 가장 적당한 방법은 활성탄 흡착법이다.

54 수온 20°C에서 평균직경 1mm인 모래입자의 침전속도(m/sec)는 얼마인가? (단, 동점성값은 $1.003 \times 10^{-6} m^2/s$, 모래비중은 2.5, Stoke's 법칙을 이용하시오.)

㉮ 0.414m/s ㉯ 0.614m/s
㉰ 0.814m/s ㉱ 1.014m/s

[풀이]
① $\nu(\text{동점성 계수}) = \dfrac{\mu(\text{점성계수})}{\rho(\text{물의 밀도})}$

$1.003 \times 10^{-6} m^2/sec = \dfrac{\mu(kg/m \cdot sec)}{1,000 kg/m^3}$

∴ $\mu = 1.003 \times 10^{-3} kg/m \cdot sec$

② $V_s = \dfrac{d^2(\rho_s - \rho_w)g}{18\mu}$

$= \dfrac{(1 \times 10^{-3} m)^2 \times (2,500-1,000) kg/m^3 \times 9.8 m/sec^2}{18 \times 1.003 \times 10^{-3} kg/m \cdot sec}$

$= 0.814 m/sec$

55 회전원판법(RBC)에서 근접 배치한 얇은 원형판들을 폐수가 흐르는 통에 몇 % 정도가 잠기는 것(침적율)이 가장 적합한가?

㉮ 20% ㉯ 30%
㉰ 40% ㉱ 50%

[풀이] 회전원판법에서 근접 배치한 얇은 원형판들을 폐수가 흐르는 통에 40% 정도가 잠기는 것(침적율)이 가장 적합하다.

answer 51 ㉰ 52 ㉮ 53 ㉮ 54 ㉰ 55 ㉰

56 하수처리에 관련된 침전현상(독립, 응집, 간섭, 압밀)의 종류 중 '간섭침전'에 관한 설명과 가장 거리가 먼 것은?

㉮ 생물학적 처리시설과 함께 사용되는 2차 침전시설내에서 발생한다.
㉯ 입자 간의 작용하는 힘에 의해 주변 입자들의 침전을 방해하는 중간 정도 농도의 부유액에서의 침전을 말한다.
㉰ 입자 등은 서로 간의 간섭으로 상대적 위치를 변경시켜 전체 입자들이 한 개의 단위로 침전한다.
㉱ 함께 침전하는 입자들의 상부에 고체와 액체의 경계면이 형성된다.

[풀이] ㉰ 입자 등은 서로 간의 상대적 위치를 변경시키지 않고 입자들은 구조물을 형성하여 한 개의 단위로 침전한다.

57 혐기성 소화조내의 pH가 낮아지는 원인이 아닌 것은?

㉮ 유기물 과부하
㉯ 과도한 교반
㉰ 중금속 등 유해물질 유입
㉱ 온도 저하

[풀이] 혐기성 소화조내의 pH가 낮아지는 원인은 유기물 과부하, 중금속 등 유해물질 유입, 온도 저하 등이다.

58 일반적으로 염소계 산화제를 사용하여 무해한 물질로 산화 분해시키는 처리방법을 사용하는 폐수의 종류는?

㉮ 납을 함유한 폐수
㉯ 시안을 함유한 폐수
㉰ 유기인을 함유한 폐수
㉱ 수은을 함유한 폐수

[풀이] 염소계 산화제를 사용하여 무해한 물질로 산화 분해시키는 처리방법을 사용하는 폐수의 종류는 시안을 함유한 폐수이며, 방법은 알칼리염소법이다.

59 응집과정 중 교반의 영향에 관한 설명으로 알맞지 않은 것은?

㉮ 교반에 따른 응집효과는 입자의 농도가 높을수록 좋다.
㉯ 교반에 따른 응집효과는 입자의 지름이 불균일할수록 좋다.
㉰ 교반을 위한 동력은 응결지 부피와 비례한다.
㉱ 교반을 위한 동력은 속도경사와 반비례한다.

[풀이] ㉱ 교반을 위한 동력은 속도경사의 제곱에 비례한다.

60 상향류 혐기성 슬러지상(USAB)에 관한 설명으로 틀린 것은?

㉮ 미생물 부착을 위한 여재를 이용하여 혐기성 미생물을 슬러지층으로 축적시켜 폐수를 처리하는 방식이다.
㉯ 수리학적 체류시간을 작게 할 수 있어 반응조 용량이 축소된다.
㉰ 폐수의 성상에 의하여 슬러지의 입상화가 크게 영향을 받는다.
㉱ 고형물의 농도가 높을 경우 고형물 및 미생물이 유실될 우려가 있다.

[풀이] ㉮ 상향류 혐기성 슬러지상(USAB)은 기계적인 교반이나 미생물 부착을 위한 여재가 필요없다.

answer 56 ㉰ 57 ㉯ 58 ㉯ 59 ㉱ 60 ㉮

| 제4과목 | 수질오염공정시험기준

61 직각 3각 웨어에서 웨어의 수두 0.2m, 수로폭 0.5m, 수로의 밑면으로부터 절단 하부점까지의 높이 0.9m일 때, 아래의 식을 이용하여 유량(m^3/min)을 구하면?

$$K = 81.2 + \frac{0.24}{h} + [(8.4 + \frac{12}{\sqrt{D}}) \times (\frac{h}{B} - 0.09)^2]$$

㉮ 1.0 ㉯ 1.5
㉰ 2.0 ㉱ 2.5

풀이
① $k = 81.2 + \frac{0.24}{0.2m} + [(8.4 + \frac{12}{\sqrt{0.9m}}) \times (\frac{0.2m}{0.5m} - 0.09)^2]$
 $= 84.42$
② $Q = k \times h^{\frac{5}{2}}$ (m^3/min)
 $= 84.42 \times (0.2m)^{\frac{5}{2}} = 1.51 m^3$/min

62 시료의 최대보존기간이 다른 측정 항목은?

㉮ 시안
㉯ 불소
㉰ 염소이온
㉱ 노말헥산추출물질

풀이 시료의 최대보존기간
㉮ 시안 : 14일
㉯ 불소 : 28일
㉰ 염소이온 : 28일
㉱ 노말헥산추출물질 : 28일

63 개수로 유량측정에 관한 설명으로 틀린 것은? (단, 수로의 구성, 재질, 단면의 형상, 기울기 등이 일정하지 않은 개수로의 경우)

㉮ 수로는 될수록 직선적이며, 수면이 물결치지 않는 곳을 고른다.
㉯ 10m를 측정구간으로 하여 2m 마다 유수의 횡단면적을 측정하고, 산출평균값을 구하여 유수의 평균 단면적으로 한다.
㉰ 유속의 측정은 부표를 사용하여 100m 구간을 흐르는데 걸리는 시간을 스톱워치로 재며 이때 실측 유속을 표면 최대 유속으로 한다.
㉱ 총 평균 유속(m/s)은 [0.75 × 표면 최대 유속(m/s)]으로 계산된다.

풀이 ㉰ 유속의 측정은 부표를 사용하여 10m 구간을 흐르는데 걸리는 시간을 스톱워치로 재며 이때 실측 유속을 표면 최대유속으로 한다.

64 기체크로마토그래피법으로 PCB를 정량할 때 관련이 없는 것은?

㉮ 전자포획형 검출기
㉯ 석영가스 흡수 셀
㉰ 실리카겔 칼럼
㉱ 질소캐리어 가스

풀이 ㉯ 흡수셀은 자외선/가시선 분광법에서 사용한다.

65 공정시험기준의 내용으로 가장 거리가 먼 것은?

㉮ 온수는 (60~70)℃, 냉수는 15℃ 이하를 말한다.
㉯ 방울수는 20℃에서 정제수 20방울을 적하할 때, 그 부피가 약 1mL가 되는 것을 뜻한다.
㉰ '정밀히 단다'라 함은 규정된 수치의 무게를 0.1mg까지 다는 것을 말한다.
㉱ 시험에 쓰는 물은 따로 규정이 없는 한 증류수 또는 정제수로 한다.

[풀이] ㉰ '정확히 단다'라 함은 규정된 수치의 무게를 0.1mg까지 다는 것을 말한다.

TIP
정밀히 단다함은 규정된 양의 시료를 취하여 화학저울 또는 미량저울로 칭량함을 말한다.

66 환원제인 $FeSO_4$ 용액 25mL를 H_2SO_4 산성에서 0.1N-$K_2Cr_2O_7$으로 산화시키는 데 31.25mL 소비되었다. $FeSO_4$ 용액 200mL를 0.05N 용액으로 만들려고 할 때 가하는 물의 양(mL)은?

㉮ 200 ㉯ 300
㉰ 400 ㉱ 500

[풀이] 이 문제는 답만 암기를 해 두시면 됩니다!!

67 수질오염공정시험기준상 음이온 계면활성제 실험방법으로 옳은 것은?

㉮ 자외선/가시선 분광법
㉯ 원자흡수분광광도법
㉰ 기체크로마토그래피법
㉱ 이온전극법

[풀이] 음이온 계면활성제 실험방법은 자외선/가시선 분광법, 연속흐름법이 있다.

68 NO_3^-(질산성 질소) 0.1mg N/L의 표준원액을 만들려고 한다. KNO_3 몇 mg을 달아 증류수에 녹여 1L로 제조하여야 하는가? (단, KNO_3 분자량 = 101.1)

㉮ 0.10 ㉯ 0.14
㉰ 0.52 ㉱ 0.72

[풀이]
KNO_3 : NO_3^--N
101.1g : 14g
X : 0.1mg/L
∴ X = 0.72mg/L

69 폐수 20mL를 취하여 산성과망간산칼륨법으로 분석하였더니 0.005M-$KMnO_4$ 용액의 적정량이 4mL이었다. 이 폐수의 COD(mg/L)는? (단, 공시험값 = 0mL, 0.005M-$KMnO_4$ 용액의 f = 1.00)

㉮ 16 ㉯ 40
㉰ 60 ㉱ 80

[풀이]
$$COD(mg/L) = \frac{(b-a) \times f \times 0.2}{V(L)}$$
$$= \frac{(4-0)mL \times 1.00 \times 0.2}{20 \times 10^{-3}L}$$
$$= 40mg/L$$

answer 65 ㉰ 66 ㉯ 67 ㉮ 68 ㉱ 69 ㉯

70 "정확히 취하여"라고 하는 것은 규정한 양의 액체를 무엇으로 눈금까지 취하는 것을 말하는가?

㉮ 메스실린더 ㉯ 뷰렛
㉰ 부피피펫 ㉱ 눈금 비이커

풀이 ㉰ 부피피펫에 대한 설명이다.

71 노말헥산 추출물질의 정량한계(mg/L)는?

㉮ 0.1 ㉯ 0.5
㉰ 1.0 ㉱ 5.0

풀이 노말헥산 추출물질의 정량한계는 0.5mg/L이다.

72 수질분석용 시료 채취 시 유의사항과 가장 거리가 먼 것은?

㉮ 시료 채취 용기는 시료를 채우기 전에 깨끗한 물로 3회 이상 씻은 다음 사용한다.
㉯ 유류 또는 부유물질 등이 함유된 시료는 시료의 균일성이 유지될 수 있도록 채취하여야 하며 침전물 등이 부상하여 혼입되어서는 안 된다.
㉰ 용존가스, 환원성 물질, 휘발성유기화합물, 냄새, 유류 및 수소이온 등을 측정하는 시료는 시료용기에 가득 채워야 한다.
㉱ 시료 채취량은 보통 3L~5L 정도이어야 한다.

풀이 ㉮ 시료 채취 용기는 시료를 채우기 전에 시료로 3회 이상 씻은 다음 사용한다.

73 부유물질 측정 시 간섭물질에 관한 설명으로 틀린 것은?

㉮ 증발잔류물이 1,000mg/L 이상인 경우의 해수, 공장폐수 등은 특별히 취급하지 않을 경우, 높은 부유물질 값을 나타낼 수 있다.
㉯ 5mm 금속망을 통과시킨 큰 입자들은 부유물질 측정에 방해를 주지 않는다.
㉰ 철 또는 칼슘이 높은 시료는 금속침전이 발생하며 부유물질 측정에 영향을 줄 수 있다.
㉱ 유지 및 혼합되지 않는 유기물도 여과지에 남아 부유물질 측정값을 높게 할 수 있다.

풀이 ㉯ 2mm 금속망을 통과시킨 큰 입자들은 부유물질 측정에 방해를 준다.

74 알킬수은 화합물을 기체크로마토그래피에 따라 정량하는 방법에 관한 설명으로 가장 거리가 먼 것은?

㉮ 전자포획형 검출기(ECD)를 사용한다.
㉯ 알킬수은화합물을 벤젠으로 추출한다.
㉰ 운반기체는 순도 99.999% 이상의 질소 또는 헬륨을 사용한다.
㉱ 정량한계는 0.05mg/L이다.

풀이 ㉱ 정량한계는 0.0005mg/L이다.

answer 70 ㉰ 71 ㉯ 72 ㉮ 73 ㉯ 74 ㉱

75 자외선/가시선 분광법을 적용한 크롬 측정에 관한 내용으로 ( )에 옳은 것은?

> 3가 크롬은 (㉠)을 첨가하여 6가 크롬으로 산화시킨 후 산성용액에서 다이페닐카바자이드와 반응하여 생성되는 (㉡) 착화합물의 흡광도를 측정한다.

㉮ ㉠ 과망간산칼륨, ㉡ 황색
㉯ ㉠ 과망간산칼륨, ㉡ 적자색
㉰ ㉠ 티오황산나트륨, ㉡ 적색
㉱ ㉠ 티오황산나트륨, ㉡ 황갈색

풀이 자외선/가시선 분광법으로 크롬 측정 시 산화제는 과망간산칼륨이며, 발색은 적자색이며, 파장은 540nm이다.

76 식물성 플랑크톤을 현미경계수법으로 측정할 때 저배율 방법(200배율 이하) 적용에 관한 내용으로 틀린 것은?

㉮ 세즈윅-라프터 챔버는 조작은 어려우나 재현성이 높아서 중배율 이상에서도 관찰이 용이하여 미소 플랑크톤의 검경에 적절하다.
㉯ 시료를 챔버에 채울 때 피펫은 입구가 넓은 것을 사용하는 것이 좋다.
㉰ 계수 시 스트립을 이용할 경우, 양쪽 경계면에 걸린 개체는 하나의 경계면에 대해서만 계수한다.
㉱ 계수 시 격자의 경우 격자 경계면에 걸린 개체는 4면 중 2면에 걸린 개체는 계수하고 나머지 2면에 들어온 개체는 계수하지 않는다.

풀이 ㉮ 세즈윅-라프터 챔버는 조작이 편리하고 재현성이 높은 반면 중배율 이상에서는 관찰이 어렵기 때문에 미소 플랑크톤의 검경에는 적절하지 못하다.

77 자외선/가시선 흡광광도계의 구성 순서로 가장 적합한 것은?

㉮ 광원부 - 파장선택부 - 시료부 - 측광부
㉯ 광원부 - 파장선택부 - 단색화부 - 측광부
㉰ 시료도입부 - 광원부 - 파장선택부 - 측광부
㉱ 시료도입부 - 광원부 - 검출부 - 측광부

풀이 자외선/가시선 흡광광도계의 구성 순서는 광원부 - 파장선택부 - 시료부 - 측광부 순이다.

78 취급 또는 저장하는 동안에 이물질이 들어가거나 또는 내용물이 손실되지 아니하도록 보호하는 용기는?

㉮ 밀봉용기   ㉯ 밀폐용기
㉰ 기밀용기   ㉱ 압밀용기

풀이 ㉯ 밀폐용기에 대한 설명이다.

79 시료 보존 시 반드시 유리병을 사용하여야 하는 측정 항목이 아닌 것은?

㉮ 노말헥산추출물질
㉯ 음이온계면활성제
㉰ 유기인
㉱ PCB

풀이 ㉯ 음이온계면활성제는 유리용기와 폴리에틸렌용기를 사용할 수 있다.

answer 75 ㉯ 76 ㉮ 77 ㉮ 78 ㉯ 79 ㉯

80 기체크로마토그래피법으로 유기인계 농약성분인 다이아지논을 측정할 때 사용되는 검출기는?

㉮ ECD ㉯ FID
㉰ FPD ㉱ TCD

[풀이] 유기인계 농약성분인 다이아지논을 측정할 때 사용되는 검출기는 불꽃광도검출기(FPD)이다.

| 제5과목 | 수질환경관계법규

81 사업자 및 배출시설과 방지시설에 종사하는 자는 배출시설과 방지시설의 정상적인 운영, 관리를 위한 환경기술인의 업무를 방해하여서는 아니 되며, 그로부터 업무수행에 필요한 요청을 받은 때에는 정당한 사유가 없으면 이에 따라야 한다. 이 규정을 위반하여 환경기술인의 업무를 방해하거나 환경기술인의 요청을 정당한 사유 없이 거부한 자에 대한 벌칙기준은?

㉮ 100만원 이하의 벌금
㉯ 200만원 이하의 벌금
㉰ 300만원 이하의 벌금
㉱ 500만원 이하의 벌금

[풀이] ㉮ 100만원이하의 벌금에 해당한다.

82 산업폐수의 배출규제에 관한 설명으로 옳은 것은?

㉮ 폐수배출시설에서 배출되는 수질오염물질의 배출허용기준은 대통령이 정한다.
㉯ 시·도 또는 인구 50만 이상의 시는 지역환경기준을 유지하기가 곤란하다고 인정할 때에는 시·도지사가 특별배출허용기준을 정할 수 있다.
㉰ 특별대책지역의 수질오염방지를 위해 필요하다고 인정할 때에는 엄격한 배출허용기준을 정할 수 있다.
㉱ 시·도안에 설치되어 있는 폐수무방류배출시설은 조례에 의해 배출허용기준을 적용한다.

[풀이]
㉮ 폐수배출시설에서 배출되는 수질오염물질의 배출허용기준은 환경부령이 정한다.
㉯ 시·도 또는 대도시는 지역환경기준을 유지하기가 곤란하다고 인정할 때에는 시·도 지사가 배출허용기준보다 엄격한 배출허용기준을 정할 수 있다.
㉱ 시·도안에 설치되어 있는 폐수무방류 배출시설은 조례에 의해 배출허용기준을 적용하지 아니한다.

83 배출시설의 설치를 제한할 수 있는 지역의 범위 기준으로 틀린 것은?

㉮ 취수시설이 있는 지역
㉯ 환경정책기본법 제38조에 따라 수질보전을 위해 지정·고시한 특별대책지역
㉰ 수도법 제7조의2제1항에 따라 공장의 설립이 제한되는 지역
㉱ 수질보전을 위해 지정·고시한 특별대책지역의 하류지역

[풀이] ㉱ 수질보전을 위해 지정·고시한 특별대책지역의 상류지역

answer 80 ㉰ 81 ㉮ 82 ㉰ 83 ㉱

84 사업장별부과계수를 알맞게 짝지은 것은?

㉮ 1종사업장(10,000m³/일 이상) - 2.0
㉯ 2종사업장 - 1.6
㉰ 3종사업장 - 1.3
㉱ 4종사업장 - 1.1

[풀이] ㉮ 1종사업장(10,000m³/일 이상) - 1.8
㉯ 2종사업장 - 1.3
㉰ 3종사업장 - 1.2

85 중점관리저수지의 지정기준으로 옳은 것은?

㉮ 총저수용량이 1만세제곱 미터 이상인 저수지
㉯ 총저수용량이 10만세제곱 미터 이상인 저수지
㉰ 총저수용량이 1백만세제곱 미터 이상인 저수지
㉱ 총저수용량이 1천만세제곱 미터 이상인 저수지

[풀이] 중점관리저수지의 지정기준은 총저수용량이 1천만세제곱 미터 이상인 저수지이다.

86 시장·군수·구청장(자치구의 구청장을 말한다.)이 낚시금지구역 또는 낚시제한구역을 지정하려는 경우 고려할 사항으로 거리가 먼 것은?

㉮ 용수의 목적
㉯ 오염원 현황
㉰ 낚시터 인근에서의 쓰레기 발생 현황 및 처리 여건
㉱ 계절별 낚시 인구의 현황

[풀이] 고려할 사항으로는 ① 용수의 목적 ② 오염원 현황 ③ 낚시터 인근에서의 쓰레기 발생 현황 및 처리 여건 ④ 수질오염도 ⑤ 연도별 낚시 인구의 현황 ⑥ 서식 어류의 종류 및 양 등 수중 생태계의 현황 등이다.

87 수질오염방지시설 중 생물화학적 처리시설이 아닌 것은?

㉮ 살균시설   ㉯ 접촉조
㉰ 안정조   ㉱ 폭기시설

[풀이] ㉮ 살균시설은 화학적 처리시설이다.

88 비점오염저감시설 중 장치형 시설이 아닌 것은?

㉮ 생물학적 처리형 시설
㉯ 응집·침전 처리형 시설
㉰ 소용돌이형 시설
㉱ 침투형 시설

[풀이] 비점오염저감시설
① 자연형 시설 : 저류시설, 인공습지, 침투시설, 식생형시설
② 장치형 시설 : 여과형 시설, 소용돌이형 시설, 스크린형 시설, 응집·침전 처리형 시설, 생물학적 처리형 시설

89 골프장의 잔디 및 수목 등에 맹·고독성 농약을 사용한 자에 대한 벌금 또는 과태료 부과 기준은?

㉮ 3백만원 이하의 벌금
㉯ 5백만원 이하의 벌금
㉰ 3백만원 이하의 과태료 부과
㉱ 1천만원 이하의 과태료 부과

[풀이] ㉱ 1천만원 이하의 과태료 부과에 해당한다.

answer 84 ㉱ 85 ㉱ 86 ㉱ 87 ㉮ 88 ㉱ 89 ㉱

90 환경부장관이 공공수역의 물환경을 관리·보전하기 위하여 대통령령으로 정하는 바에 따라 수립하는 국가 물환경관리기본계획의 수립 주기는?

㉮ 매년
㉯ 2년
㉰ 3년
㉱ 10년

풀이 환경부장관이 공공수역의 물환경을 관리·보전하기 위하여 대통령령으로 정하는 바에 따라 수립하는 국가 물환경관리기본계획의 수립 주기는 10년이다.

91 배출부과금을 부과하는 경우, 당해 배출부과금 부과기준일 전 6개월 동안 방류수 수질기준을 초과하는 수질오염물질을 배출하지 아니한 사업자에 대하여 방류수 수질기준을 초과하지 아니하고 수질오염물질을 배출한 기간별로, 당해 부과 기간에 부과하는 기본배출부과금의 감면율은?

㉮ 6개월 이상 1년 내 : 100 분의 10
㉯ 1년 이상 2년 내 : 100분의 30
㉰ 2년 이상 3년 내 : 100분의 50
㉱ 3년 이상 : 100분의 60

풀이 ㉮ 6개월 이상 1년 내 : 100 분의 20
㉰ 2년 이상 3년 내 : 100분의 40
㉱ 3년 이상 : 100분의 50

92 청정지역에서 1일 폐수배출량이 1,000m³ 이하로 배출하는 배출시설에 적용되는 배출허용기준 중 생물화학적 산소요구량(mg/L)은? (단, 2020년 1월 1일부터 적용되는 기준)

㉮ 30 이하
㉯ 40 이하
㉰ 50 이하
㉱ 60 이하

풀이 1일 폐수배출량 2천세제곱미터 미만 기준

	생물화학적 산소요구량 (mg/L)	총유기 탄소량 (mg/L)	부유물질량 (mg/L)
청정지역	40 이하	30 이하	40 이하
가지역	80 이하	50 이하	80 이하
나지역	120 이하	75 이하	120 이하
특례지역	30 이하	25 이하	30 이하

1일 폐수배출량 2천세제곱미터 이상 기준

	생물화학적 산소요구량 (mg/L)	총유기 탄소량 (mg/L)	부유물질량 (mg/L)
청정지역	30 이하	25 이하	30 이하
가지역	60 이하	40 이하	60 이하
나지역	80 이하	50 이하	80 이하
특례지역	30 이하	25 이하	30 이하

93 시·도지사가 오염총량관리기본계획의 승인을 받으려는 경우, 오염총량관리기본계획안에 첨부하여 환경부장관에게 제출하여야 하는 서류가 아닌 것은?

㉮ 유역환경의 조사·분석 자료
㉯ 오염원의 자연증감에 관한 분석 자료
㉰ 오염총량관리 계획 목표에 관한 자료
㉱ 오염부하량의 저감계획을 수립하는 데에 사용한 자료

풀이 오염총량관리기본계획안에 첨부하여 서류에는 ① 유역환경의 조사·분석 자료 ② 오염원의 자연증감에 관한 분석 자료 ③ 오염부하량의 저감계획을 수립하는 데에 사용한 자료 ④ 지역개발에 관한 과거와 장래의 계획에 관한 자료 ⑤ 오염부하량의 산정에 사용한 자료이다.

answer 90 ㉱ 91 ㉯ 92 ㉯ 93 ㉰

94 중권역 물환경관리계획에 관한 내용으로 ( )의 내용으로 옳은 것은?

> (㉠)는(은) 중권역계획을 수립하였을 때에는 (㉡)에게 통보하여야 한다.

㉮ ㉠ 관계 시·도지사,
㉡ 지방환경관서의 장
㉯ ㉠ 지방환경관서의 장,
㉡ 관계 시·도지사
㉰ ㉠ 유역환경청장,
㉡ 지방환경관서의 장
㉱ ㉠ 지방환경관서의 장,
㉡ 유역환경청장

95 과징금에 관한 내용으로 ( )에 옳은 것은?

> 환경부장관은 폐수처리업의 허가를 받은 자에 대하여 영업정지를 명하여야 하는 경우로서 그 영업정지가 주민의 생활이나 그 밖의 공익에 현저한 지장을 줄 우려가 있다고 인정되는 경우에는 영업정지처분에 갈음하여 매출액에 ( )를 곱한 금액을 초과하지 아니하는 범위에서 과징금을 부과할 수 있다.

㉮ 100분의 1   ㉯ 100분의 5
㉰ 100분의 10 ㉱ 100분의 20

[풀이] 과징금 처분
① 공익을 목적으로 하는 사업장 : 영업정지처분에 갈음하여 매출액에 100분의 5를 곱한 금액을 초과하지 아니하는 범위
② 폐수처리업 : 영업정지처분에 갈음하여 매출액에 100분의 5를 곱한 금액을 초과하지 아니하는 범위

96 위임업무 보고사항의 업무내용 중 보고 횟수가 연1회에 해당되는 것은?

㉮ 환경기술인의 자격별·업종별 현황
㉯ 폐수무방류배출시설의 설치허가(변경허가)현황
㉰ 골프장 맹·고독성 농약 사용 여부확인 결과
㉱ 비점오염원의 설치신고 및 방지시설 설치현황 및 행정처분 현황

[풀이] 보고횟수
㉮ 연 1회   ㉯ 수시
㉰ 연 2회   ㉱ 연 4회

97 폐수처리업의 허가를 받을 수 없는 결격 사유에 해당하지 않는 것은?

㉮ 폐수처리업의 허가가 취소된 후 2년이 지나지 아니한 자
㉯ 파산선고를 받고 복권된 지 2년이 지나지 아니한 자
㉰ 피성년후견인
㉱ 피한정후견인

[풀이] ㉯ 파산선고를 받고 복권되지 아니한 자

98 오염총량초과과징금의 납부통지는 부과 사유가 발생한 날부터 며칠 이내에 하여야 하는가?

㉮ 15   ㉯ 30
㉰ 45   ㉱ 60

[풀이] 오염총량초과과징금의 납부통지는 부과 사유가 발생한 날부터 60일 이내에 하여야 한다.

answer 94 ㉯ 95 ㉯ 96 ㉮ 97 ㉯ 98 ㉱

99 사업장별 환경관리인의 자격기준으로 알맞지 않은 것은?

㉮ 특정수질유해물질이 포함된 수질오염물질을 배출하는 제4종 또는 제5종 사업장은 제4종사업장에 해당하는 환경기술을 두어야 한다. 다만, 특정수질유해물질이 함유된 1일 20m³ 이하 폐수를 배출하는 경우에는 그러하지 아니한다.
㉯ 방지시설 설치면제 대상인 사업장과 배출시설에서 배출되는 수질오염물질 등을 공동방지시설에서 처리하게 하는 사업장은 제4종사업장·제5종사업장에 해당하는 환경기술인을 둘 수 있다.
㉰ 공동방지시설의 경우에는 폐수배출량이 제4종 또는 제5종사업장의 규모에 해당하면 제3종사업장에 해당하는 환경기술인을 두어야 한다.
㉱ 공공폐수처리시설에 폐수를 유입시켜 처리하는 제1종 또는 제2종사업장은 제3종사업장에 해당하는 환경기술인을, 제3종사업장은 제4종사업장·제5종사업장에 해당하는 환경기술인을 둘 수 있다.

풀이 ㉮ 특정수질유해물질이 포함된 수질오염물질을 배출하는 제4종 또는 제5종사업장은 제3종 사업장에 해당하는 환경기술을 두어야 한다. 다만, 특정수질유해물질이 함유된 1일 10m³ 이하 폐수를 배출하는 경우에는 그러하지 아니한다.

100 환경정책기본법상 환경기준에서 하천의 생활환경기준에 포함되지 않는 검사항목은?

㉮ TP ㉯ TN
㉰ DO ㉱ TOC

풀이 환경정책기본법상 환경기준에서 하천의 생활환경기준 항목은 수소이온농도(pH), 생물화학적산소요구량(BOD), 화학적산소요구량(COD), 총유기탄소량(TOC), 부유물질량(SS), 용존산소량(DO), 총인(T-P), 총대장균군, 분원성대장균군이다.

answer 99 ㉮ 100 ㉯

2021년 3회 수질환경기사

2021년 8월 14일 시행

| 제1과목 | 수질오염개론

01 미생물 영양원 중 유황(sulfur)에 관한 설명으로 틀린 것은?

㉮ 황환원세균은 편성 혐기성 세균이다.
㉯ 유황을 함유한 아미노산은 세포 단백질의 필수 구성원이다.
㉰ 미생물세포에서 탄소 대 유황의 비는 100 : 1 정도이다.
㉱ 유황고정, 유황화합물 환원, 산화 순으로 변환된다.

풀이 ㉱ 유황고정, 유황화합물 산화, 환원 순으로 변화된다.

02 최종 BOD가 20mg/L, DO가 5mg/L인 하천의 상류지점으로부터 3일 유하거리의 하류지점에서의 DO 농도(mg/L)는? (단, 온도변화는 없으며 DO 포화농도는 9mg/L이고, 탈산소계수는 0.1/day, 재폭기계수는 0.2/day, 상용대수기준임)

㉮ 약 4.0 ㉯ 약 4.5
㉰ 약 3.0 ㉱ 약 2.5

풀이
① $D_t = \dfrac{k_1 \times L_o}{k_2 - k_1} \times (10^{-k_1 \times t} - 10^{-k_2 \times t}) + D_o \times (10^{-k_2 \times t})$

$= \dfrac{0.1/\text{day} \times 20\text{mg/L}}{0.2/\text{day} - 0.1/\text{day}} \times (10^{-0.1/\text{day} \times 3\text{day}} - 10^{-0.2/\text{day} \times 3\text{day}})$
$\quad + (9\text{mg/L} - 5\text{mg/L}) \times (10^{-0.2/\text{day} \times 3\text{day}})$
$= 6.005 \text{mg/L}$

② 3일 유하거리의 하류지점에서의 DO농도
$= C_s - D_t = 9\text{mg/L} - 6.005\text{mg/L} = 3.0\text{mg/L}$

03 공장폐수의 시료 분석결과가 다음과 같을 때 NBDICOD(Non-biodegradable insolubleCOD)농도 (mg/L)는? (단, K는 1.72를 적용할 것)

> COD = 857mg/L, SCOD = 380mg/L,
> BOD_5 = 468mg/L, $SBOD_5$ = 214mg/L,
> TSS = 384mg/L, VSS = 318mg/L

㉮ 24.68 ㉯ 32.56
㉰ 40.12 ㉱ 52.04

풀이
① COD = ICOD + SCOD
여기서 ICOD : 비용해성 COD
SCOD : 용해성 COD
따라서 ICOD = COD − SCOD
$= 857 \text{mg/L} - 380 \text{mg/L}$
$= 477 \text{mg/L}$

② ICOD = BDICOD + NBDICOD
여기서
BDICOD : 생물학적 분해 가능한 비용해성 COD
NBDICOD : 생물학적 분해 불가능한 비용해성 COD
따라서 BDICOD = $IBOD_u$ = k × $IBOD_5$
$= k \times (BOD_5 - SBOD_5)$

∴ NBDICOD
$= ICOD - BDICOD = ICOD - \{k \times (BOD_5 - SBOD_5)\}$
$= 477 \text{mg/L} - \{1.72 \times (468\text{mg/L} - 214\text{mg/L})\}$
$= 40.12 \text{mg/L}$

answer 01 ㉱ 02 ㉰ 03 ㉰

04 이상적 완전혼합형 반응조내 흐름(혼합)에 관한 설명으로 틀린 것은?

㉮ 분산수(dispersion number)가 0에 가까울수록 완전혼합 흐름상태라 할 수 있다.
㉯ Morrill지수의 값이 클수록 이상적인 완전혼합 흐름상태에 가깝다.
㉰ 분산(Variance)이 1일 때 완전혼합흐름상태라 할 수 있다.
㉱ 지체시간(lag time)이 0이다.

풀이 ㉮ 분산수가 무한대일 경우 완전혼합 흐름상태라 할 수 있다.

TIP

	CFSTR (완전혼합형반응조)	PFR (플러그흐름반응조)
분산	1	0
분산수	무한대(∞)	0
모릴지수	클수록	1
지체시간	0	이론적 체류시간과 동일할 때

05 건조고형물량이 3,000kg/day인 생슬러지를 저율혐기성소화조로 처리할 때 휘발성고형물은 건조고형물의 70%이고 휘발성고형물의 60%는 소화에 의해 분해된다. 소화된 슬러지의 총고형물 량(kg/day)은?

㉮ 1,040　　㉯ 1,740
㉰ 2,040　　㉱ 2,440

풀이 ① 소화 후 휘발성고형물량
= 3,000kg/day×0.70×(1-0.60) = 840kg/day
② 소화 후 잔류성고형물량
= 3,000kg/day×(1-0.70) = 900kg/day
③ 소화된 슬러지의 총고형물량(kg/day)
= 840kg/day + 900kg/day = 1,740kg/day

06 글루코스($C_6H_{12}O_6$) 100mg/L인 용액을 호기성 처리할 때 이론적으로 필요한 질소량(mg/L)은? (단, K_1(상용대수) = 0.1/day, BOD_5 : N = 100 : 5, BOD_u = ThOD로 가정)

㉮ 약 3.7　　㉯ 약 4.2
㉰ 약 5.3　　㉱ 약 6.9

풀이 ① $C_6H_{12}O_6 + 6O_2 \rightarrow 6CO_2 + 6H_2O$
　　180g　:　6×32g
　　100mg/L　:　BOD_u
∴ $BOD_u = \dfrac{6 \times 32g \times 100mg/L}{180g}$ = 106.67mg/L
② $BOD_5 = BOD_u \times (1-10^{-k_1 \times t})$
= 106.67mg/L×(1-10$^{-0.1/day \times 5day}$)
= 72.94mg/L
③ BOD_5　:　N
　100　:　5
　72.94mg/L : N
∴ N = 3.65mg/L

07 Formaldehyde(CH_2O) 500mg/L의 이론적 COD값(mg/L)은?

㉮ 약 512　　㉯ 약 533
㉰ 약 553　　㉱ 약 576

풀이 $CH_2O + O_2 \rightarrow CO_2 + H_2O$
　30g　:　32g
　500mg/L　:　COD
∴ COD = $\dfrac{32g \times 500mg/L}{30g}$ = 533.33mg/L

answer　04 ㉮　05 ㉯　06 ㉮　07 ㉯

08 담수와 해수에 대한 일반적인 설명으로 틀린 것은?

㉮ 해수의 용존산소 포화도는 주로 염류 때문에 담수보다 작다.
㉯ upwelling은 담수가 해수의 표면으로 상승하는 현상이다.
㉰ 해수의 주성분으로는 Cl^-, Na^+, SO_4^{2-} 등이 있다.
㉱ 하구에서는 담수와 해수가 쐐기 형상으로 교차한다.

풀이 ㉯ upwelling은 해양에서 비교적 찬 해수가 아래에서 위로 표층해수를 제치고 올라오는 현상이다.

09 하천의 길이가 500km이며, 유속은 56 m/min이다. 상류지점의 BOD_u가 280ppm 이라면, 상류지점에서부터 378km가 되는 하류지점의 BOD(mg/L)는? (단, 상용대수 기준, 탈산소계수는 0.1/day, 수온은 20℃, 기타조건은 고려하지 않음)

㉮ 45 ㉯ 68
㉰ 95 ㉱ 132

풀이
① $t(시간) = \dfrac{L(m)}{v(m/day)}$
$= \dfrac{378 \times 10^3 m}{56m/min \times 60min/hr \times 24hr/day}$
$= 4.69 day$

② $BOD_{4.69} = BOD_u \times 10^{-k_1 \times t}$
$= 280ppm \times 10^{(-0.1/day \times 4.69day)}$
$= 95.10ppm$

10 3g의 아세트산(CH_3COOH)을 증류수에 녹여 1L로 하였을 때 수소이온 농도(mol/L)는? (단, 이온화 상수값 = 1.75×10^{-5})

㉮ 6.3×10^{-4} ㉯ 6.3×10^{-5}
㉰ 9.3×10^{-4} ㉱ 9.3×10^{-5}

풀이 $CH_3COOH \rightarrow CH_3COO^- + H^+$

이온화상수$(k) = \dfrac{[CH_3COO^-][H^+]}{[CH_3COOH]}$

CH_3COOH의 $mol/L = \dfrac{3g}{1L} \times \dfrac{1mol}{60g} = 0.05 mol/L$

$[CH_3COO^-] = [H^+]$이므로

따라서 이온화상수$(k) = \dfrac{[H^+]^2}{[CH_3COOH]}$

$[H^+] = \sqrt{k \times [CH_3COOH]}$
$= \sqrt{(1.75 \times 10^{-5}) \times (0.05 mol/L)}$
$= 9.35 \times 10^{-4} mol/L$

11 소수성 콜로이드의 특성으로 틀린 것은?

㉮ 물과 반발하는 성질을 가진다.
㉯ 물속에 현탁상태로 존재한다.
㉰ 아주 작은 입자로 존재한다.
㉱ 염에 큰 영향을 받지 않는다.

풀이 ㉱ 염에 큰 영향을 받는다.

12 연속류 교반 반응조(CFSTR)에 관한 내용으로 틀린 것은?

㉮ 충격부하에 강하다.
㉯ 부하변동에 강하다.
㉰ 유입된 액체의 일부분은 즉시 유출된다.
㉱ 동일 용량 PFR에 비해 제거효율이 좋다.

풀이 ㉱ 동일 용량 PFR에 비해 제거효율이 낮다.

answer 08 ㉯ 09 ㉰ 10 ㉰ 11 ㉱ 12 ㉱

13 수중에서 유기질소가 유입되었을 때 유기질소는 미생물에 의하여 여러 단계를 거치면서 변화된다. 정상적으로 변화되는 과정에서 가장 적은 양으로 존재하는 것은?

㉮ 유기질소 ㉯ NO_2^-
㉰ NO_3^- ㉱ NH_4^+

[풀이] 질소화합물 중에서 정상적인 변화과정에서 가장 적은 양으로 존재하는 것은 아질산염(NO_2^-)이다.

14 오염된 지하수를 복원하는 방법 중 오염물질의 유발요인이 한 지점에 집중적이고 오염된 면적이 비교적 작을 때 적용할 수 있는 적합한 방법은?

㉮ 현장공기추출법
㉯ 유해물질 굴착제거법
㉰ 오염된 지하수의 양수처리법
㉱ 토양 내 미생물을 이용한 처리법

[풀이] ㉯유해물질 굴착제거법에 대한 설명이다.

15 분체 증식을 하는 미생물을 회분 배양하는 경우 미생물은 시간에 따라 5단계를 거치게 된다. 5단계 중 생존한 미생물의 중량보다 미생물원형질의 전체 중량이 더 크게 되며, 미생물수가 최대가 되는 단계로 가장 적합한 것은?

㉮ 증식단계   ㉯ 대수성장단계
㉰ 감소성장단계 ㉱ 내생성장단계

[풀이] ㉰감소성장단계에 대한 설명이다.

16 다음 유기물 1M이 완전산화될 때 이론적인 산소요구량(ThOD)이 가장 적은 것은?

㉮ C_6H_6 ㉯ $C_6H_{12}O_6$
㉰ C_2H_5OH ㉱ CH_3COOH

[풀이] 이론적인 산소요구량(ThOD)이 가장 적은 것은 호기성 반응에서 산소의 갯수가 가장 적은 ㉱번이 정답이 된다.
㉮ $C_6H_6 + 7.5O_2 \rightarrow 6CO_2 + 3H_2O$
㉯ $C_6H_{12}O_6 + 6O_2 \rightarrow 6CO_2 + 6H_2O$
㉰ $C_2H_5OH + 3O_2 \rightarrow 2CO_2 + 3H_2O$
㉱ $CH_3COOH + 2O_2 \rightarrow 2CO_2 + 2H_2O$

17 농도가 A인 기질을 제거하기 위한 반응조를 설계하려고 한다. 요구되는 기질의 전환율이 90%일 경우에 회분식 반응조에서의 체류시간(hr)은? (단, 반응은 1차반응 (자연대수기준)이며, 반응상수 K = 0.45/hr)

㉮ 5.12   ㉯ 6.58
㉰ 13.16 ㉱ 19.74

[풀이] 1차반응식 : $\ln \frac{C_t}{C_o} = -k \times t$

$\ln \frac{(100-90)\%}{100\%} = -0.45/hr \times t$

$\therefore t = \dfrac{\ln \frac{(100-90)\%}{100\%}}{-0.45/hr} = 5.12hr$

answer 13 ㉯ 14 ㉯ 15 ㉰ 16 ㉱ 17 ㉮

18 생물농축에 대한 설명으로 가장 거리가 먼 것은?

㉮ 생물농축은 생태계에서 영양단계가 낮을수록 현저하게 나타난다.
㉯ 독성물질 뿐 아니라 영양물질도 똑같이 물질 순환을 통해 축적될 수 있다.
㉰ 생물체내의 오염물질 농도는 환경 수중의 농도보다 일반적으로 높다.
㉱ 생물체는 서식장소에 존재하는 물질의 필요 유무에 관계없이 섭취한다.

풀이 ㉮ 생물농축은 생태계에서 영양단계가 높을수록 현저하게 나타난다.

19 해수의 HOLY SEVEN에서 가장 농도가 낮은 것은?

㉮ Cl^-
㉯ Mg^{2+}
㉰ Ca^{2+}
㉱ HCO_3^-

풀이 해수의 HOLY SEVEN에서 농도순서는
$Cl^- > Na^+ > SO_4^{2-} > Mg^{2+} > Ca^{2+} > K^+ > HCO_3^-$
이다.

TIP
(암기법) 염나황은 마슘칼륨에서 중탄산을 먹는다.

20 하천의 자정단계와 오염의 정도를 파악하는 Whipple의 자정단계(지대별구분)에 대한 설명으로 틀린 것은?

㉮ 분해지대: 유기성 부유물의 침전과 환원 및 분해에 의한 탄산가스의 방출이 일어난다.
㉯ 분해지대: 용존산소의 감소가 현저하다.
㉰ 활발한 분해지대: 수중환경은 혐기성 상태가 되어 침전저니는 흑갈색 또는 황색을 띤다.
㉱ 활발한 분해지대: 오염에 강한 실지렁이가 나타나고 혐기성 곰팡이가 증식한다.

풀이 ㉱ 활발한 분해지대: 수중에 용존산소가 거의 없어 혐기성 박테리아가 번식한다.

| 제2과목 | 상하수도계획

21 다음 중 생물막법과 가장 거리가 먼 것은?

㉮ 살수여상법   ㉯ 회전원판법
㉰ 접촉산화법   ㉱ 산화구법

풀이 살수여상법, 회전원판법, 접촉산화법은 부착성장식인 생물막법에 해당한다.

22 취수보의 위치와 구조 결정 시 고려할 사항으로 적절하지 않은 것은?

㉮ 유심이 취수구에 가까우며, 홍수에 의한 변화가 적은 지점으로 한다.
㉯ 홍수의 유심방향과 직각의 직선형으로 가능한 한 하천의 직선부에 설치한다.
㉰ 고정보의 상단 또는 가동보의 상단 높이는 유하단면 내에 설치한다.
㉱ 원칙적으로 철근콘크리트구조로 한다.

풀이 ㉰ 고정보의 상단 또는 가동보의 상단 높이는 유하단면 밖에 설치한다.

answer 18 ㉮ 19 ㉱ 20 ㉱ 21 ㉱ 22 ㉰

23 하수의 배제방식 중 합류식에 관한 설명으로 틀린 것은?

㉮ 관거내의 보수 : 폐쇄의 염려가 없다.
㉯ 토지이용 : 기존의 측구를 폐지할 경우는 도로폭을 유효하게 이용할 수 있다.
㉰ 관거오접 : 철저한 감시가 필요하다.
㉱ 시공 : 대구경관거가 되면 좁은 도로에서의 매설에 어려움이 있다.

풀이 ㉰ 관거오접 : 철저한 감시가 필요없다.

24 취수탑의 위치에 관한 내용으로 ( )에 옳은 것은?

> 연간을 통하여 최소수심이 (   ) 이상으로 하천에 설치하는 경우에는 유심이 제방에 되도록 근접한 지점으로 한다.

㉮ 1m ㉯ 2m
㉰ 3m ㉱ 4m

풀이 취수탑의 위치는 연간을 통하여 최소수심이 2m 이상으로 하천에 설치하는 경우에는 유심이 제방에 되도록 근접한 지점으로 한다.

25 펌프의 캐비테이션이 발생하는 것을 방지하기 위한 대책으로 잘못된 것은?

㉮ 펌프의 설치위치를 가능한 낮추어 가용유효흡입수두를 크게 한다.
㉯ 흡입관의 손실을 가능한 작게 하여 가용유효흡입수두를 크게 한다.
㉰ 펌프의 회전속도를 높게 선정하여 필요유효흡입수두를 크게 한다.
㉱ 흡입측 밸브를 완전히 개방하고 펌프를 운전한다.

풀이 ㉰ 펌프의 회전속도를 낮게 선정하여 필요유효흡입수두를 작게 한다.

26 양정변화에 대하여 수량의 변동이 적고 또 수량변동에 대하여 동력의 변화도 적으므로 우수용 펌프 등 수위 변동이 큰 곳에 적합한 펌프는?

㉮ 원심펌프 ㉯ 사류펌프
㉰ 축류펌프 ㉱ 스크류펌프

풀이 ㉯ 사류펌프에 대한 설명이다.

27 상수시설 중 배수시설을 설계하고 정비할 때에 설계상의 기본적인 사항 중 옳은 것은?

㉮ 배수지의 용량은 시간변동조정용량, 비상시대처용량, 소화용수량 등을 고려하여 계획시간최대급수량의 24시간 분 이상을 표준으로 한다.
㉯ 배수관을 계획할 때에 지역의 특성과 상황에 따라 직결급수의 범위를 확대하는 것 등을 고려하여 최대정수압을 결정하며, 수압의 기준점은 시설물의 최고높이로 한다.
㉰ 배수본관은 단순한 수지상 배관으로 하지 말고 가능한 한 상호 연결된 관망형태로 구성한다.
㉱ 배수지관의 경우 급수관을 분기하는 지점에서 배수관내의 최대정수압은 150kPa을 넘지 않도록 한다.

풀이 ㉮ 배수지의 용량은 시간변동조정용량, 비상시대처용량, 소화용수량 등을 고려하여 계획1일최대급수량의 12시간 분 이상을 표준으로 한다.
㉯ 배수관을 계획할 때에 지역의 특성과 상황에 따

answer 23 ㉰ 24 ㉯ 25 ㉰ 26 ㉯ 27 ㉰

라 직결급수의 범위를 확대하는 것 등을 고려하여 최소정수압을 결정한다.
라 배수지관의 경우 급수관을 분기하는 지점에서 배수관내의 최대정수압은 700kPa을 넘지 않도록 한다.

따라서 $D = 146 \times \sqrt{\dfrac{1,200m^3/hr \times 1hr/60min}{2.0m/sec}}$
$= 461.69mm$

28 하수도 계획에 대한 설명으로 옳은 것은?

㉮ 하수도 계획의 목표연도는 원칙적으로 30년으로 한다.
㉯ 하수도 계획구역은 행정상의 경계구역을 중심으로 수립한다.
㉰ 새로운 시가지의 개발에 따른 하수도계획구역은 기존시가지를 포함한 종합적인 하수도 계획의 일환으로 수립한다.
㉱ 하수처리구역의 경계는 자연유하에 의한 하수배제를 위해 배수구역 경계와 교차하도록 한다.

[풀이] ㉮ 하수도 계획의 목표연도는 원칙적으로 20년으로 한다.
㉯ 하수도 계획구역은 행정상의 중심지역을 기준으로 수립한다.
㉱ 하수처리구역의 경계는 자연유하에 의한 하수배제를 위해 배수구역 경계와 교차하지 않도록 한다.

29 펌프의 토출량이 1,200m³/hr 흡입구의 유속이 2.0m/sec인 경우 펌프의 흡입구경(mm)은?

㉮ 약 262 ㉯ 약 362
㉰ 약 462 ㉱ 약 562

[풀이] $D = 146 \times \sqrt{\dfrac{Q}{v}}$

여기서 D : 흡입구경(mm)
Q : 토출량(m³/min)
v : 유속(m/sec)

30 고도정수 처리 시 해당 물질의 처리 방법으로 가장 거리가 먼 것은?

㉮ pH가 낮은 경우에는 플록형성 후에 알칼리제를 주입하여 pH를 조정한다.
㉯ 색도가 높을 경우에는 응집침전처리, 활성탄처리 또는 오존처리를 한다.
㉰ 음이온 계면활성제를 다량 함유한 경우에는 응집 또는 염소처리를 한다.
㉱ 원수 중에 불소가 과량으로 포함된 경우에는 응집처리, 활성알루미나, 골탄, 전해 등의 처리를 한다.

[풀이] ㉰ 음이온 계면활성제를 다량 함유한 경우에는 활성탄처리나 생물처리를 한다.

31 상수도 수요량 산정 시 불필요한 항목은?

㉮ 계획1인1일 최대사용량
㉯ 계획1인1일 평균급수량
㉰ 계획1인1일 최대급수량
㉱ 계획1인당 시간최대급수량

[풀이] 상수도 수요량 산정 시 필요한 항목은 급수량이다. 따라서 급수량이 아닌 항목이 정답이다.

answer 28 ㉰ 29 ㉰ 30 ㉰ 31 ㉮

32 정수시설인 배수지에 관한 내용으로 옳은 내용은?

> 유효용량은 시간변동조정 용량과 비상대처용량을 합하여 급수구역의 계획1일 최대급수량의 (　　)을 표준으로 하여야 하며 지역특성과 상수도시설의 안정성 등을 고려하여 결정한다.

㉮ 4시간분 이상　㉯ 8시간분 이상
㉰ 12시간분 이상　㉱ 24시간분 이상

풀이 배수지의 유효용량은 계획1일최대급수량의 12시간분 이상을 표준으로 한다.

33 계획우수량을 정할 때 고려하여야 할 사항 중 틀린 것은?

㉮ 하수관거의 확률년수는 원칙적으로 10~30년으로 한다.
㉯ 유입시간은 최소단위 배수구의 지표면 특성을 고려하여 구한다.
㉰ 유출계수는 지형도를 기초로 답사를 통하여 충분히 조사하고 장래 개발계획을 고려하여 구한다.
㉱ 유하시간은 최상류관거의 끝으로부터 하류관거의 어떤 지점까지의 거리를 계획유량에 대응한 유속으로 나누어 구하는 것을 원칙으로 한다.

풀이 ㉰ 유출계수는 토지 이용도별 기초유출계수로부터 총괄유출계수를 구한다.

34 $I = \dfrac{3,660}{t+15}$ mm/hr, 면적 3.0km², 유입시간 6분, 유출계수 C = 0.65, 관내 유속이 1m/sec인 경우 관 길이 600m인 하수관에서 흘러나오는 우수량(m³/sec)은?
(단, 합리식 적용)

㉮ 64　㉯ 76
㉰ 82　㉱ 91

풀이 $Q = \dfrac{1}{360} CIA$

여기서 C : 유출계수
　　　 I : 강우강도(mm/hr)
　　　 A : 면적(ha)

① $I = \dfrac{3,660}{t+15}$ (mm/hr)

t(유달시간) = 유입시간(min) + 유하시간(min)

유하시간 = $\dfrac{관의 길이(m)}{관내 유속(m/min)}$

= $\dfrac{600m}{1m/sec \times 60sec/min}$ = 10min

따라서 t(유달시간) = 6min + 10min = 16min

$I = \dfrac{3,660}{t+15} = \dfrac{3,660}{16min+15} = 118.0645$ mm/hr

② A(면적) = 3.0km² × 100ha/1km² = 300ha

③ $Q = \dfrac{1}{360} CIA$

= $\dfrac{1}{360} \times 0.65 \times 118.0645$ mm/hr × 300ha

= 63.95 m³/sec

35 취수구 시설에서 스크린, 수문 또는 수위조절판(Stop log)을 설치하여 일체가 되어 작동하게 되는 취수시설은?

㉮ 취수보　㉯ 취수탑
㉰ 취수문　㉱ 취수관거

풀이 ㉰ 취수문에 대한 설명이다.

answer 32 ㉰　33 ㉰　34 ㉮　35 ㉰

36 활성슬러지법에서 사용하는 수중형 포기장치에 관한 설명으로 틀린 것은?

㉮ 저속터빈과 압력튜브 혹은 보통관을 통한 압축공기를 주입하는 형식이다.
㉯ 혼합정도가 좋으며 단위용량당주입량이 크다.
㉰ 깊은 반응조에 적용하며 운전에 융통성이 있다.
㉱ 송풍조의 규모를 줄일 수 있어 전기료가 적게 소요된다.

풀이 ㉱ 수중형 포기장치의 전기료는 많이 소요된다.

37 정수시설인 착수정의 용량기준으로 적절한 것은?

㉮ 체류시간 : 0.5분 이상, 수심 : 2~4m 정도
㉯ 체류시간 : 1.0분 이상, 수심 : 2~4m 정도
㉰ 체류시간 : 1.5분 이상, 수심 : 3~5m 정도
㉱ 체류시간 : 1.0분 이상, 수심 : 3~5m 정도

풀이 정수시설인 착수정의 용량기준은 체류시간 1.5분 이상이고 수심은 3~5m 정도이다.

38 막여과시설에서 막모듈의 열화에 대한 내용으로 틀린 것은?

㉮ 미생물과 막 재질의 자화 또는 분비물의 작용에 의한 변화
㉯ 산화제에 의하여 막 재질의 특성변화나 분해
㉰ 건조되거나 수축으로 인한 막 구조의 비가역적인 변화
㉱ 응집제 투입에 따른 막모듈의 공급유로가 고형물로 폐색

풀이 ㉱번은 파울링에 대한 설명이다.

39 정수시설인 하니콤 방식에 관한 설명으로 틀린 것은? (단, 회전원판방식과 비교 기준)

㉮ 체류시간 : 2시간 정도
㉯ 손실수두 : 거의 없음
㉰ 폭기설비 : 필요 없음
㉱ 처리수조의 깊이 : 5~7m

풀이 ㉰ 폭기설비 : 필요 있음

40 면적이 $3km^2$이고, 유입시간이 5분, 유출계수 C = 0.65, 관내 유속 1m/sec로 관 길이 1,200m인 하수관으로 우수가 흐르는 경우 유달시간(분)은?

㉮ 10　㉯ 15
㉰ 20　㉱ 25

풀이 유하시간 = $\dfrac{관의 길이(m)}{관내 유속(m/min)}$

$= \dfrac{1,200m}{1m/sec \times 60sec/min} = 20min$

t(유달시간) = 유입시간(min) + 유하시간(min)
= 5min + 20min = 25min

answer 36 ㉱　37 ㉰　38 ㉱　39 ㉰　40 ㉱

| 제3과목 | 수질오염방지기술

41 생물막을 이용한 하수처리 방식인 접촉산화법의 설명으로 틀린 것은?

㉮ 분해속도가 낮은 기질제거에 효과적이다.
㉯ 난분해성 물질 및 유해물질에 대한 내성이 높다.
㉰ 고부하시에도 매체의 공극으로 인하여 폐쇄위험이 적다.
㉱ 매체에 생성되는 생물량은 부하조건에 의하여 결정된다.

【풀이】 ㉰ 고부하시 매체의 공극으로 인하여 폐쇄위험이 높다.

42 표면적이 $2m^2$이고 깊이가 2m인 침전지에 유량 $48m^3$/day의 폐수가 유입될 때 폐수의 체류시간(hr)은?

㉮ 2 ㉯ 4
㉰ 6 ㉱ 8

【풀이】 체류시간 = $\dfrac{체적(m^3)}{유량(m^3/hr)}$ = $\dfrac{2m^2 \times 2m}{48m^3/day \times \dfrac{1day}{24hr}}$ = 2hr

43 혐기성 소화조 설계 시 고려해야 할 사항과 관계가 먼 것은?

㉮ 소요산소량
㉯ 슬러지 소화정도
㉰ 슬러지 소화를 위한 온도
㉱ 소화조에 주입되는 슬러지의 양과 특성

【풀이】 혐기성 소화조 설계 시 소요산소량과는 무관하다.

44 하수관거가 매설되어 있지 않은 지역에 위치한 500개의 단독주택(정화조 설치)에서 생성된 정화조 슬러지를 소규모 하수처리장에 운반하여 처리할 경우, 이로 인한 BOD 부하량증가율(질량기준, 유입일 기준, %)은?

- 정화조는 년 1회 슬러지 수거
- 각 정화조에서 발생되는 슬러지 : $3.8m^3$
- 년간 250일 동안 일정량의 정화조 슬러지를 수거, 운반, 하수처리장 유입처리
- 정화조 슬러지 BOD 농도 : 6,000mg/L
- 하수처리장 유량 및 BOD 농도 : 3,800 m^3/day 및 220mg/L
- 슬러지 비중 1.0 가정

㉮ 약 3.5 ㉯ 약 5.5
㉰ 약 7.5 ㉱ 약 9.5

【풀이】 ① 정화조의 슬러지량
= $3.8m^3$/년×$6kg/m^3$×500개 = 11,400kg/년
② 하수처리장의 슬러지량
= $3,800m^3$/day×250day/년×$0.22kg/m^3$
= 209,000kg/년
③ BOD부하량 증가율(%)
= $\dfrac{정화조의 슬러지량}{하수처리장의 슬러지량}$ ×100
= $\dfrac{11,400kg/년}{209,000kg/년}$ ×100
= 5.45%

answer 41 ㉰ 42 ㉮ 43 ㉮ 44 ㉯

45 상수처리를 위한 사각 침전조에 유입되는 유량은 30,000m³/day이고 표면부하율은 24m³/m²·day이며 체류시간은 6시간이다. 침전조의 길이와 폭의 비는 2 : 1이라면 조의 크기는?

㉮ 폭 : 20m, 길이 : 40m, 깊이 : 6m
㉯ 폭 : 20m, 길이 : 40m, 깊이 : 4m
㉰ 폭 : 25m, 길이 : 50m, 깊이 : 6m
㉱ 폭 : 25m, 길이 : 50m, 깊이 : 4m

풀이

① 표면적부하율(m³/m²·day) = $\frac{Q(m^3/day)}{A(m^2)}$

∴ $A(m^2) = \frac{30,000 m^3/day}{24 m^3/m^2 \cdot day} = 1,250 m^2$

여기서 수면적(A) = 폭(W)×길이(L)
1,250m² = W×2W = 2W²

∴ $W = \sqrt{\frac{1,250 m^2}{2}} = 25m$

∴ L = 50m

② 표면부하율((m³/m²·day) = $\frac{H}{t}$

$24 m^3/m^2 \cdot day = \frac{H}{\left(\frac{6hr}{24}\right)day}$

∴ H = 6m

③ W(폭) = 25m, L(길이) = 50m, H(깊이) = 6m

46 슬러지 내 고형물 무게의 1/3이 유기물질, 2/3가 무기물질이며, 이 슬러지 함수율은 80%, 유기물질 비중이 1.0, 무기물질 비중은 2.5라면 슬러지 전체의 비중은?

㉮ 1.072 ㉯ 1.087
㉰ 1.095 ㉱ 1.112

풀이

$\frac{1}{\rho_{SL}} = \frac{W_{VS}}{\rho_{VS}} + \frac{W_{FS}}{\rho_{FS}} + \frac{W_P}{\rho_P}$

$= \frac{0.2 \times \frac{1}{3}}{1.0} + \frac{0.2 \times \frac{2}{3}}{2.5} + \frac{0.8}{1.0}$

∴ $\frac{1}{\rho_{SL}} = 0.92$

따라서 $\rho_{SL} = \frac{1}{0.92} = 1.087$

47 정수장의 침전조 설계 시 어려운 점은 물의 흐름은 수평방향이고 입자 침강방향은 중력방향이어서 두 방향의 운동을 해석해야 한다는 점이다. 이상적인 수평흐름 장방형 침전지(제 I 형 침전)설계를 위한 기본 가정 중 틀린 것은?

㉮ 유입부의 깊이에 따라 SS 농도는 선형으로 높아진다.
㉯ 슬러지 영역에서는 유체이동이 전혀 없다.
㉰ 슬러지 영역상부에 사영역이나 단락류가 없다.
㉱ 플러그 흐름이다.

풀이 ㉮ 유입부의 깊이에 따라 SS 농도는 균일하다.

48 염소이온 농도가 500mg/L, BOD 2,000 mg/L인 폐수를 희석하여 활성슬러지법으로 처리한 결과 염소이온 농도와 BOD는 각각 50mg/L이었다. 이 때의 BOD 제거율(%)은? (단, 희석수의 BOD, 염소이온 농도는 0이다.)

㉮ 85 ㉯ 80
㉰ 75 ㉱ 70

풀이 ① 희석배수치(P)

$= \frac{\text{유입수의 } Cl^-}{\text{유출수의 } Cl^-} = \frac{500 mg/L}{50 mg/L} = 10$

answer 45 ㉰ 46 ㉯ 47 ㉮ 48 ㉰

② BOD 제거율(%) = $\left(1 - \dfrac{\text{유출수의 BOD} \times P}{\text{유입수의 BOD}}\right) \times 100$

$= \left(1 - \dfrac{50\text{mg/L} \times 10}{2,000\text{mg/L}}\right) \times 100$

$= 75\%$

49 생물학적 방법을 이용하여 하수내 인과 질소를 동시에 효과적으로 제거할 수 있다고 알려진 공법과 가장 거리가 먼 것은?

㉮ A^2/O 공법
㉯ 5단계 Bardenpho 공법
㉰ Phostrip 공법
㉱ SBR 공법

풀이 Phostrip 공법은 생물학적처리와 화학적처리를 이용하여 인을 처리하는 공법이다.

50 미생물을 이용하여 폐수에 포함된 오염물질인 유기물, 질소, 인을 동시에 처리하는 공법은 대체로 혐기조, 무산소조, 포기조로 구성되어 있다. 이 중 혐기조에서의 주된 생물학적 오염물질 제거반응은?

㉮ 인 방출 ㉯ 인 과잉흡수
㉰ 질산화 ㉱ 탈질화

풀이 반응조의 역할
① 호기성조(포기조) : 인의 과잉흡수 및 질산화
② 혐기성조 : 인의 방출 및 유기물 제거
③ 무산소조 : 탈질작용에 의한 질소제거

51 막공법에 관한 설명으로 가장 거리가 먼 것은?

㉮ 투석은 선택적 투과막을 통해 용액 중에 다른 이온, 혹은 분자 크기가 다른 용질을 분리시키는 것이다.
㉯ 투석에 대한 추진력은 막을 기준으로 한 용질의 농도차이다.
㉰ 한외여과 및 미여과의 분리는 주로 여과 작용에 의한 것으로 역삼투현상에 의한 것이 아니다.
㉱ 역삼투는 반투막으로 용매를 통과시키기 위해 동수압을 이용한다.

풀이 ㉱ 역삼투는 반투막으로 용매를 통과시키기 위해 정수압을 이용한다.

52 폐수를 처리하기 위해 시료 200mL를 취하여 Jar Test하여 응집제와 응집 보조제의 최적 주입농도를 구한 결과, $Al_2(SO_4)_3$ 200mg/L, $Ca(OH)_2$ 500mg/L였다. 폐수량 500m^3/day을 처리하는데 필요한 $Al_2(SO_4)_3$의 양(kg/day)은?

㉮ 50 ㉯ 100
㉰ 150 ㉱ 200

풀이 Alum의 필요량(kg/day)
= Alum의 농도(kg/m^3) × 폐수량(m^3/day)
= 0.2kg/m^3 × 500m^3/day
= 100kg/day

TIP
① mg/L $\xrightarrow{\times 10^{-3}}$ kg/m^3
② 200mg/L $\xrightarrow{\times 10^{-3}}$ 0.2kg/m^3

answer 49 ㉰ 50 ㉮ 51 ㉱ 52 ㉯

53 유량이 500m³/day, SS 농도가 220mg/L인 하수가 체류시간이 2시간인 최초침전지에서 60%의 제거효율을 보였다. 이 때 발생되는 슬러지 양(m³/day)은? (단, 슬러지 비중은 1.0, 함수율은 98%, SS만 고려함)

㉮ 약 4.2 ㉯ 약 3.3
㉰ 약 2.4 ㉱ 약 1.8

풀이 발생되는 슬러지량(m³/day)

$$= \frac{SS농도(kg/m^3) \times Q(m^3/day) \times \eta(제거효율)}{비중량(kg/m^3)} \times \frac{100}{100-함수율(\%)}$$

$$= \frac{0.22kg/m^3 \times 500m^3/day \times 0.60}{1,000kg/m^3} \times \frac{100}{100-98\%}$$

$$= 3.3 m^3/day$$

TIP
① mg/L $\xrightarrow{\times 10^{-3}}$ kg/m³
② 비중(g/cm³) $\xrightarrow{\times 10^3}$ 비중량(kg/m³)

54 정수장에서 사용하는 소독제의 특성과 가장 거리가 먼 것은?

㉮ 미잔류성
㉯ 저렴한 가격
㉰ 주입조작 및 취급이 쉬울 것
㉱ 병원성 미생물에 대한 효과적 살균

풀이 염소 및 염소화합물은 잔류성을 가진다.

55 직사각형 급속여과지의 설계조건이 다음과 같을 때, 필요한 급속여과지의 수(개)는? (단, 설계조건 : 유량 30,000m³/day, 여과속도 120m/day, 여과지 1지의 길이 10m, 폭 7m, 기타 조건은 고려하지 않음)

㉮ 2   ㉯ 4
㉰ 6   ㉱ 8

풀이 표면적 부하율(m³/m²·day)

$$= \frac{유량(m^3/day)}{수면적(m^2)} \times \frac{1}{여과지수(n)}$$

$$120m/day = \frac{30,000m^3/day}{10m \times 7m} \times \frac{1}{n}$$

∴ n = 3.57개 = 4개

56 만일 혐기성 처리공정에서 제거된 1kg의 용해성 COD가 혐기성 미생물 0.15kg의 순생산을 나타낸다면 표준상태에서의 이론적인 메탄생성 부피(m³)는?

㉮ 0.3   ㉯ 0.4
㉰ 0.5   ㉱ 0.6

풀이
$$CH_4(m^3) = \frac{0.35m^3 CH_4}{1kg BOD_u(=COD)}$$
$$\times \left[1kg BOD_u - \frac{1.42kg BOD_u}{1kg VSS} \times 세포량 \right]$$

$$= \frac{0.35m^3 CH_4}{1kg BOD_u}$$
$$\times \left[1kg BOD_u - \frac{1.42kg BOD_u}{1kg VSS} \times 0.15kg VSS \right]$$
$$= 0.27m^3 ≒ 0.3m^3$$

TIP
① BOD_u(COD) 1kg 제거시 발생되는 CH₄량
㉠ $C_6H_{12}O_6 + 6O_2 \rightarrow 6CO_2 + 6H_2O$
   180kg : 6×32kg
   $C_6H_{12}O_6$: 1kg
   ∴ $C_6H_{12}O_6$ = 0.9375kg

answer 53 ㉯ 54 ㉮ 55 ㉯ 56 ㉮

ⓒ $C_6H_{12}O_6 \rightarrow 3CH_4 + 3CO_2$
  180kg : $3 \times 22.4m^3$
  0.9375kg : CH_4
  ∴ $CH_4 = 0.35m^3$

ⓓ 박테리아(VSS) 1kg당 요구되는 산소량(BOD_u)
  $C_5H_7O_2N + 5O_2 \rightarrow 5CO_2 + 2H_2O + NH_3$
  113kg : $5 \times 32kg$
  1kg : BOD_u
  ∴ $BOD_u = 1.42kg$

57 직경이 다른 두개의 원형입자를 동시에 20℃의 물에 떨어뜨려 침강실험을 했다. 입자 A의 직경은 2×10^{-2}cm이며 입자 B의 직경은 5×10^{-2}cm라면 입자 A와 입자 B의 침강속도의 비율(V_A/V_B)은? (단, 입자 A와 B의 비중은 같으며, stokes 공식을 적용, 기타 조건은 같음)

㉮ 0.28 ㉯ 0.23
㉰ 0.16 ㉱ 0.12

[풀이] 침강속도(Vs) = $\dfrac{d^2(\rho_s - \rho_w)g}{18\mu}$

여기서 Vs ∝ d^2 관계이므로

∴ $\dfrac{V_A}{V_B} = \dfrac{(2 \times 10^{-2}cm)^2}{(5 \times 10^{-2}cm)^2} = 0.16$

58 물속의 휘발성유기화합물(VOC)을 에어스트리핑으로 제거할 때 제거 효율관계를 설명한 것으로 옳지 않은 것은?

㉮ 액체 중의 VOC 농도가 높을수록 효율이 증가한다.
㉯ 오염되지 않은 공기를 주입할 때 제거효율은 증가한다.
㉰ K_{La}가 감소하면 효율이 증가한다.
㉱ 온도가 상승하면 효율이 증가한다.

[풀이] ㉰ K_{La}가 감소하면 효율이 감소한다.

59 하수 내 함유된 유기물질뿐 아니라 영양물질까지 제거하기 위하여 개발된 A^2/O 공법에 관한 설명으로 틀린 것은?

㉮ 인과 질소를 동시에 제거할 수 있다.
㉯ 혐기조에서는 인의 방출이 일어난다.
㉰ 폐슬러지 내의 인함량은 비교적 높아서 (3~5%) 비료의 가치가 있다.
㉱ 무산소조에서는 인의 과잉섭취가 일어난다.

[풀이] ㉱ 무산소조에서는 탈질작용에 의해 질소가 제거된다.

60 폐수 처리시설에서 직경 0.01cm, 비중 2.5인 입자를 중력 침강시켜 제거하고자 한다. 수온 4.0℃에서 물의 비중은 1.0, 점성계수는 1.31×10^{-2}g/cm·sec일 때, 입자의 침강속도(m/hr)는? (단, 입자의 침강속도는 Stokes 식에 따른다.)

㉮ 12.2 ㉯ 22.4
㉰ 31.6 ㉱ 37.6

answer 57 ㉰ 58 ㉰ 59 ㉱ 60 ㉯

풀이

① $V_s = \dfrac{d^2(\rho_s - \rho_w)g}{18\mu}$

여기서 V_s : 침강속도(cm/sec)
  d : 직경(cm)
  ρ_s : 입자의 밀도(g/cm³)
  ρ_w : 물의 밀도(g/cm³)
  g : 중력가속도(980cm/sec²)
  μ : 점성계수(g/cm·sec)

따라서 $V_s = \dfrac{(0.01\text{cm})^2 \times (2.5-1.0)\text{g/cm}^3 \times 980\text{cm/sec}^2}{18 \times 1.31 \times 10^{-2}\text{g/cm·sec}}$

$= 0.6234\text{cm/sec}$

② $V_s(\text{m/hr}) = \dfrac{0.6234\text{cm}}{\text{sec}} \times \dfrac{1\text{m}}{10^2\text{cm}} \times \dfrac{3{,}600\text{sec}}{1\text{hr}}$

$= 22.44\text{m/hr}$

제4과목 | 수질오염공정시험기준

61 수질오염공정시험기준의 구리시험법(원자흡수분광광도법)에서 사용하는 조연성 가스는?

㉮ 수소 ㉯ 아르곤
㉰ 아산화질소 ㉱ 공기

풀이 구리의 원자흡수분광광도법에서 사용하는 불꽃의 조합은 아세틸렌-공기이다.

62 수질오염공정시험기준에서 아질산성 질소를 자외선/가시선 분광법으로 측정하는 흡광도 파장(nm)은?

㉮ 540 ㉯ 620
㉰ 650 ㉱ 690

풀이 아질산성 질소를 자외선/가시선 분광법으로 측정하는 흡광도 파장은 540nm이다.

63 식물성 플랑크톤 시험 방법으로 옳은 것은? (단, 수질오염공정시험기준 기준)

㉮ 현미경계수법
㉯ 최적확수법
㉰ 평판집락계수법
㉱ 시험관정량법

풀이 식물성 플랑크톤 시험방법은 현미경계수법이다.

64 웨어의 수두가 0.25m, 수로의 폭이 0.8m, 수로의 밑면에서 절단 하부점까지의 높이가 0.7m인 직각 3각웨어의 유량(m³/min)은?
(단, 유량계수 $k = 81.2 + \dfrac{0.24}{h} + (8.4 + \dfrac{12}{\sqrt{D}})$
$\times (\dfrac{h}{B} - 0.09)^2)$

㉮ 1.4 ㉯ 2.1
㉰ 2.6 ㉱ 2.9

풀이

① $k = 81.2 + \dfrac{0.24}{h} + (8.4 + \dfrac{12}{\sqrt{D}})$

$\times (\dfrac{h}{B} - 0.09)^2$

$= 81.2 + \dfrac{0.24}{0.25\text{m}} + (8.4 + \dfrac{12}{\sqrt{0.7\text{m}}})$

$\times (\dfrac{0.25\text{m}}{0.8\text{m}} - 0.09)^2$

$= 83.29$

② 삼각웨어의 유량(Q) $= k \cdot h^{\frac{5}{2}}$ (m³/min)

$= 83.29 \times (0.25)^{\frac{5}{2}}$

$= 2.60\text{m}^3/\text{min}$

TIP

웨어의 유량계수 적용 공식

구분	적용 공식	유량계수(k)
삼각웨어	$Q = k \times h^{5/2}$ (m³/min)	83~85
사각웨어	$Q = k \times b \times h^{3/2}$ (m³/min)	109~111

answer 61 ㉱ 62 ㉮ 63 ㉮ 64 ㉰

65 기체크로마토그래피에 사용되는 운반기체 중 분리도가 큰 순서대로 나타낸 것은?

㉮ $N_2 > He > H_2$
㉯ $He > H_2 > N_2$
㉰ $N_2 > H_2 > He$
㉱ $H_2 > He > N_2$

풀이 운반기체 중 분리도가 큰 순서는 $H_2 > He > N_2$이다.

66 폐수의 BOD를 측정하기 위하여 다음과 같은 자료를 얻었다. 이 폐수의 BOD(mg/L)는? (단, F = 1.0)

> BOD병의 부피는 300mL이고 BOD병에 주입된 폐수량 5mL, 희석된 식종액의 배양전 및 배양후의 DO는 각각 7.6mg/L, 7.0mg/L, 희석한 시료용액을 15분간 방치한 후 DO 및 5일간 배양한 다음의 희석한 시료용액의 DO는 각각 7.6mg/L, 4.0mg/L이었다.

㉮ 180
㉯ 216
㉰ 246
㉱ 270

풀이 $BOD(mg/L) = [(D_1 - D_2) - (B_1 - B_2) \times f] \times P$
여기서 D_1 : 15분간 방치된 후의 희석한 시료의 DO(mg/L)
D_2 : 5일간 배양한 다음의 희석한 시료의 DO(mg/L)
B_1 : 식종액의 BOD를 측정할 때 희석된 식종액의 배양 전 DO(mg/L)
B_2 : 식종액의 BOD를 측정할 때 희석된 식종액의 배양 후 DO(mg/L)
f : 희석시료 중의 식종액 함유율과 희석한 식종액 중의 식종액 함유율의 비
P : 희석시료 중 희석배수
$BOD(mg/L) = [(7.6 - 4.0) - (7.6 - 7.0) \times 1.0]$
$\times \dfrac{300mL}{5mL}$
$= 180mg/L$

67 유량이 유체의 탁도, 점성, 온도의 영향은 받지 않고, 유속에 의해 결정되며 손실수두가 적은 유량계는?

㉮ 피토우관
㉯ 오리피스
㉰ 벤튜리미터
㉱ 자기식 유량측정기

풀이 ㉱ 자기식 유량측정기에 대한 설명이다.

68 윙클러 법으로 용존산소를 측정할 때 0.025N 티오황산나트륨 용액 5mL에 해당되는 용존산소량(mg)은?

㉮ 0.02
㉯ 0.20
㉰ 1.00
㉱ 5.00

풀이 적정 용액의 N농도 × 적정용액 소비량(mL) × 산소 1당량의 g(8)
$= 0.025N \times 5mL \times 8 = 1.00mg$

TIP
① 산소(O)는 O^{2-}이므로 2당량이다.
② 산소 1당량 $g = \dfrac{16g}{2} = 8g$
③ 단위환산 풀이방법
$mg = \dfrac{0.025eq}{L} \times 5mL \times \dfrac{1L}{10^3 mL} \times \dfrac{8g}{1eq} \times \dfrac{10^3 mg}{1g}$
$= 1.00mg$

69 수질오염공정시험기준상 양극벗김전압전류법으로 측정하는 금속은?

㉮ 구리
㉯ 납
㉰ 니켈
㉱ 카드뮴

answer 65 ㉱ 66 ㉮ 67 ㉱ 68 ㉰ 69 ㉯

풀이 시험방법

㉮ 구리 : 원자흡수분광광도법, 자외선/가시선분광법, 유도결합플라스마-원자발광분광법, 유도결합플라스마-질량분석법

㉯ 납 : 원자흡수분광광도법, 자외선/가시선분광법, 유도결합플라스마-원자발광분광법, 유도결합플라스마-질량분석법, 양극벗김전압전류법

㉰ 니켈 : 원자흡수분광광도법, 자외선/가시선분광법, 유도결합플라스마-원자발광분광법, 유도결합플라스마-질량분석법

㉱ 카드뮴 : 원자흡수분광광도법, 자외선/가시선분광법, 유도결합플라스마-원자발광분광법, 유도결합플라스마-질량분석법

70 클로로필 a량을 계산할 때 클로로필 색소를 추출하여 흡광도를 측정한다. 이때 색소추출에 사용하는 용액은?

㉮ 아세톤용액   ㉯ 클로로포름용액
㉰ 에탄올용액   ㉱ 포르말린용액

풀이 색소추출에 사용하는 용액은 아세톤(9+1)용액이다.

71 최적응집제 주입량을 결정하는 실험을 하려고 한다. 다음 중 실험에 반드시 필요한 것이 아닌 것은?

㉮ 비이커   ㉯ pH 완충용액
㉰ Jar Tester   ㉱ 시계

풀이 최적응집제 주입량을 결정하는 실험에 반드시 필요한 것은 비이커, Jar Tester, 시계, 응집제 등이다.

72 질산성 질소의 정량시험 방법 중 정량한계가 0.1mg NO_3-N/L가 아닌 것은?

㉮ 이온크로마토그래피법
㉯ 자외선/가시선 분광법(부루신법)
㉰ 자외선/가시선 분광법(활성탄흡착법)
㉱ 데발다합금 환원증류법(분광법)

풀이 자외선/가시선 분광법(활성탄흡착법)의 정량한계는 0.3mg/L이다.

73 전기전도도의 측정에 관한 설명으로 잘못된 것은?

㉮ 온도차에 의한 영향은 ±5%/℃ 정도이며 측정 결과값의 통일을 위하여 보정하여야 한다.
㉯ 측정단위는 μS/cm로 한다.
㉰ 전기전도도는 용액이 전류를 운반할 수 있는 정도를 말한다.
㉱ 전기전도도 셀은 항상 수중에 잠긴 상태에서 보존하여야 하며, 정기적으로 점검한 후 사용한다.

풀이 ㉮ 온도차에 의한 영향은 ±2%/℃ 정도이며 측정 결과값의 통일을 위하여 보정하여야 한다.

answer 70 ㉮   71 ㉯   72 ㉰   73 ㉮

74 시료 전처리 방법 중 중금속 측정을 위한 용매 추출법인 피로리딘 다이티오카르바민산암모늄추출법에 관한 설명으로 알맞지 않은 것은?

㉮ 크롬은 3가크롬과 6가크롬 상태로 존재할 경우에 추출된다.
㉯ 망간을 측정하기 위해 전처리한 경우는 망간착화합물의 불안전성 때문에 추출 즉시 측정하여야 한다.
㉰ 철의 농도가 높은 경우에는 다른 금속추출에 방해를 줄 수 있다.
㉱ 시료 중 구리, 아연, 납, 카드뮴, 니켈, 코발트 및 은 등의 측정에 적용된다.

[풀이] ㉮ 크롬은 6가크롬 상태로 존재할 경우에만 추출된다.

75 벤튜리미터(Venturi Meter)의 유량 측정공식, $Q = \dfrac{C \cdot A}{\sqrt{1-[(\dale)]^4}} \cdot \sqrt{2g \cdot h}$ 에서 (ㄱ)에 들어갈 내용으로 옳은 것은? (단, Q = 유량(cm³/sec), C = 유량계수, A = 목 부분의 단면적(cm²), g = 중력가속도 (980 cm/sec²), H = 수두차(cm))

㉮ 유입부의 직경 / 목(throat)부의 직경
㉯ 목(throat)부의 직경 / 유입부의 직경
㉰ 유입부 관 중심부에서의 수두 / 목(throat)부의 수두
㉱ 목(throat)부의 수두 / 유입부 관 중심부에서의 수두

76 램버트-비어(Lambert-Beer)의 법칙에서 흡광도의 의미는? (단, I_o = 입사광의 강도, I_t = 투사광의 강도, t = 투과도)

㉮ $\dfrac{I_t}{I_o}$ ㉯ $t \times 100$
㉰ $\log \dfrac{1}{t}$ ㉱ $I_t \times 10^{-1}$

[풀이] 흡광도(A) = $\log \dfrac{1}{\frac{I_t}{I_o}} = \log \dfrac{1}{t}$

77 백분율(W/V, %)의 설명으로 옳은 것은?

㉮ 용액 100g 중의 성분무게(g)를 표시
㉯ 용액 100mL 중의 성분용량(mL)을 표시
㉰ 용액 100mL 중의 성분무게(g)를 표시
㉱ 용액 100g 중의 성분용량(mL)을 표시

78 수질측정기기 중에서 현장에서 즉시 측정하기 위한 것이 아닌 것은?

㉮ DO meter ㉯ pH meter
㉰ TOC meter ㉱ Thermometer

[풀이] 현장에서 즉시 측정할 수 있는 항목은 용존산소, pH, 온도이다.

answer 74 ㉮ 75 ㉯ 76 ㉰ 77 ㉰ 78 ㉰

79 하천의 일정 장소에서 시료를 채수하고자 한다. 그 단면의 수심이 2m 미만일 때 채수위치는 수면으로부터 수심의 어느 위치인가?

㉮ 1/2 지점
㉯ 1/3 지점
㉰ 1/3 지점과 2/3 지점
㉱ 수면상과 1/2 지점

풀이 하천수 채수위치
① 수심이 2m 미만인 경우 : 수심의 1/3지점
② 수심이 2m 이상인 경우 : 수심의 1/3지점, 2/3지점

80 물벼룩을 이용한 급성 독성 시험법에서 사용하는 용어의 정의로 옳지 않은 것은?

㉮ 치사 : 일정 희석 비율로 준비된 시료에 물벼룩을 투입하여 12시간 경과 후 시험용기를 손으로 살짝 두드려주고, 30초 후 관찰했을 때 독성물질에 의해 영향을 받아 움직임이 명백히 없는 상태로 판정한다.
㉯ 유영저해 : 일정 희석 비율로 준비된 시료에 물벼룩을 투입하여 24시간 경과 후 시험용기를 손으로 살짝 두드려주고, 15초 후 관찰했을 때 독성물질에 의해 영향을 받아 움직임이 없는 경우를 판정한다.
㉰ 표준 독성물질 : 독성시험이 정상적인 조건에서 수행되는지를 주기적으로 확인하기 위하여 사용하며 다이크롬산포타슘을 이용한다.
㉱ 지수식 시험방법 : 시험기간 중 시험용액을 교환하지 않는 시험을 말한다.

풀이 ㉮ 치사 : 일정 희석 비율로 준비된 시료에 물벼룩을 투입하여 24시간 경과 후 시험용기를 손으로 살짝 두드려주고, 15초 후 관찰했을 때 독성물질에 의해 영향을 받아 움직임이 명백히 없는 상태로 판정한다.

| 제5과목 | 수질환경관계법규

81 환경기준인 수질 및 수생태계 상태별 생물학적 특성이해표 내용 중 생물 등급이 '좋음~보통'일 때의 생물지표종(어류)으로 틀린 것은?

㉮ 버들치   ㉯ 쉬리
㉰ 갈겨니   ㉱ 은어

풀이 생물 등급이 '좋음~보통'일 때의 생물지표종(어류)으로는 쉬리, 갈겨니, 은어, 쏘가리가 있다.

82 오염총량관리 조사·연구반에 관한 내용으로 ( )에 옳은 내용은?

법에 따른 오염총량관리 조사·연구반은 ( )에 둔다.

㉮ 유역환경청
㉯ 한국환경공단
㉰ 국립환경과학원
㉱ 수질환경 원격 조사센터

풀이 오염총량관리 조사·연구반은 국립환경과학원에 둔다.

TIP
수질원격감시체계 관제센터는 한국환경공단에 설치한다.

answer 79 ㉯ 80 ㉮ 81 ㉮ 82 ㉰

83 특례지역에 위치한 폐수시설의 부유물질량 배출허용기준(mg/L 이하)은?
(단, 1일 폐수배출량 1,000 세제곱미터)

㉮ 30 ㉯ 40
㉰ 50 ㉱ 60

풀이 ① 1일 폐수배출량 2천세제곱미터 미만 기준

	생물화학적 산소요구량 (mg/L)	총유기 탄소량 (mg/L)	부유물질량 (mg/L)
청정지역	40 이하	30 이하	40 이하
가 지역	80 이하	50 이하	80 이하
나 지역	120 이하	75 이하	120 이하
특례지역	30 이하	25 이하	30 이하

② 1일 폐수배출량 2천세제곱미터 이상 기준

	생물화학적 산소요구량 (mg/L)	총유기 탄소량 (mg/L)	부유물질량 (mg/L)
청정지역	30 이하	25 이하	30 이하
가 지역	60 이하	40 이하	60 이하
나 지역	80 이하	50 이하	80 이하
특례지역	30 이하	25 이하	30 이하

84 사업장의 규모별 구분에 관한 설명으로 틀린것은?

㉮ 1일 폐수배출량이 1000m³인 사업장은 제2종사업장에 해당된다.
㉯ 1일 폐수배출량이 100m³인 사업장은 제4종사업장에 해당된다.
㉰ 폐수배출량은 최근 90일 중 가장 많이 배출한 날을 기준으로 한다.
㉱ 최초 배출시설 설치허가시의 폐수배출량은 사업계획에 따른 예상용수사용량을 기준으로 산정한다.

풀이 ㉰ 폐수배출량은 그 사업장의 용수사용량을 기준으로 한다.

85 기본배출부과금과 초과배출부과금에 공통적으로 부과대상이 되는 수질오염물질은?

> 가. 총질소
> 나. 유기물질
> 다. 총인
> 라. 부유물질

㉮ 가, 나, 다, 라 ㉯ 가, 나
㉰ 나, 라 ㉱ 가, 다

풀이 기본배출부과금과 초과배출부과금에 공통적으로 부과대상이 되는 수질오염물질은 유기물질과 부유물질이다.

86 공공수역의 수질보전을 위하여 환경부령이 정하는 휴경 등 권고대상 농경지의 해발고도 및 경사도 기준으로 옳은 것은?

㉮ 해발 400m, 경사도 15%
㉯ 해발 400m, 경사도 30%
㉰ 해발 800m, 경사도 15%
㉱ 해발 800m, 경사도 30%

풀이 농경지의 해발고도 400m, 경사도 15%이다.

87 비점오염원 관리지역에 대한 관리대책을 수립할 때 포함될 사항으로 가장 거리가 먼 것은?

㉮ 관리 목표
㉯ 관리대상 수질 오염물질의 종류
㉰ 관리대상 수질오염 물질의 분석방법
㉱ 관리대상 수질오염물질의 저감 방안

풀이 비점오염원 관리지역에 대한 관리대책을 수립할 때

answer 83 ㉮ 84 ㉰ 85 ㉰ 86 ㉮ 87 ㉰

포함될 사항으로는 관리 목표, 관리대상 수질 오염물질의 종류 및 발생량, 관리대상 수질오염물질의 발생예방 및 저감 방안이다.

88 수질환경기준(하천) 중 사람의 건강보호를 위한 전수역에서 각 성분별 환경기준으로 맞는 것은?

㉮ 비소(As) : 0.1mg/L 이하
㉯ 납(Pb) : 0.01mg/L 이하
㉰ 6가 크롬(Cr^{+6}) : 0.05mg/L 이하
㉱ 음이온계면활성제(ABS) : 0.01mg/L 이하

【풀이】 ㉮ 비소(As) : 0.05mg/L 이하
㉯ 납(Pb) : 0.05mg/L 이하
㉱ 음이온계면활성제(ABS) : 0.5mg/L 이하

89 비점오염방지시설의 시설유형별 기준에서 장치형 시설이 아닌 것은?

㉮ 침투 시설   ㉯ 여과형 시설
㉰ 스크린형 시설 ㉱ 소용돌이형 시설

【풀이】 비점오염방지시설의 시설유형별 기준
① 자연형시설 : 저류시설, 인공습지, 침투시설, 식생형시설
② 장치형시설 : 여과형시설, 소용돌이형시설, 스크린형시설, 응집·침전 처리형시설, 생물학적 처리형시설

90 환경기술인 또는 기술요원 등의 교육에 관한 설명 중 틀린 것은?

㉮ 교육과정은 환경기술인과정, 폐수처리기술요원, 측정기기관리대행 기술인력과정이다.
㉯ 교육기간은 5일 이내로 하며, 정보통신매체를 이용한 원격교육도 5일 이내로 한다.
㉰ 환경기술인은 1년 이내에 최초교육과 최초교육 후 3년마다 보수교육을 이수하여야 한다.
㉱ 교육기관에서 작성한 교육계획에는 교재편찬계획 및 교육성적의 평가방법 등이 포함되어야 한다.

【풀이】 ㉯ 교육과정의 교육기간은 4일 이내로 하며, 정보통신매체를 이용하여 원격교육을 실시하는 경우에는 환경부장관이 인정하는 기간으로 한다.

91 배출시설에서 배출되는 수질오염물질을 방지시설에 유입하지 아니하고 배출한 경우(폐수무방류 배출시설의 설치허가 또는 변경허가를 받은 사업자는 제외)에 대한 벌칙기준은?

㉮ 2년 이하의 징역 또는 2천만원 이하의 벌금
㉯ 3년 이하의 징역 또는 3천만원 이하의 벌금
㉰ 5년 이하의 징역 또는 5천만원 이하의 벌금
㉱ 7년 이하의 징역 또는 7천만원 이하의 벌금

【풀이】 ㉰ 5년 이하의 징역 또는 5천만원 이하의 벌금에 대한 설명이다.

answer 88 ㉰ 89 ㉮ 90 ㉯ 91 ㉰

92 물환경보전법령상 "호소"에 관한 설명으로 틀린 것은?

㉮ 댐·보 또는 둑(「사방사업법」에 따른 사방시설은 제외한다.) 등을 쌓아 하천 또는 계곡에 흐르는 물을 가두어 놓은 곳
㉯ 화산활동 등으로 인하여 함몰된 지역에 물이 가두어진 곳
㉰ 댐의 갈수위를 기준으로 구역 내 가두어진 곳
㉱ 하천에 흐르는 물이 자연적으로 가두어진 곳

> **풀이** ㉰ 댐의 계획홍수위를 기준으로 구역 내 가두어진 곳

93 1,000,000m³/day 이상의 하수를 처리하는 공공하수처리시설에 적용되는 방류수의 수질기준 중에서 가장 기준(농도)이 낮은 검사항목은?

㉮ 총질소   ㉯ 총인
㉰ SS   ㉱ BOD

> **풀이** 기준치가 가장 낮다는 의미는 기준치 수치가 작고 엄격하게 규제하는 항목으로 총인이다.

94 사업장에서 배출되는 폐수에 대한 설명 중 위탁처리를 할 수 없는 폐수는?

㉮ 해양환경관리법상 지정된 폐기물배출해역에 배출하는 폐수
㉯ 폐수배출시설의 설치를 제한할 수 있는 지역에서 1일 50세제곱미터 미만으로 배출되는 폐수
㉰ 아파트형공장에서 고정된 관망을 이용하여 이송처리하는 폐수(폐수량에 제한을 받지 않는다.)
㉱ 성상이 다른 폐수가 수질오염방지시설에 유입될 경우 처리가 어려운 폐수로서 1일 50세제곱미터 미만으로 배출되는 폐수

> **풀이** ㉯ 1일 50세제곱미터 미만(폐수배출시설의 설치를 제한할 수 있는 지역에서는 20세제곱미터 미만)으로 배출되는 폐수

95 폐수무방류배출시설의 세부 설치기준으로 틀린 것은?

㉮ 특별대책지역에 설치되는 경우 폐수배출량이 200m³/day 이상이면 실시간 확인 가능한 원격유량감시장치를 설치하여야 한다.
㉯ 폐수는 고정된 관로를 통하여 수집·이송·처리·저장되어야 한다.
㉰ 특별대책지역에 설치되는 시설이 1일 24시간 연속하여 가동되는 것이면 배출폐수를 전량 처리할 수 있는 예비시설을 설치하여야 한다.
㉱ 폐수를 고체 상태의 폐기물로 처리하기 위하여 증발 농축·건조·탈수 또는 소각시설을 설치하여야 하며, 탈수 등 방지시설에서 발생하는 폐수가 방지시설에 재유입되지 않도록 하여야 한다.

> **풀이** ㉱ 폐수를 고체 상태의 폐기물로 처리하기 위하여 증발 농축·건조·탈수 또는 소각시설을 설치하여야 하며, 탈수 등 방지시설에서 발생하는 폐수가 방지시설에 재유입 되도록 하여야 한다.

answer 92 ㉰ 93 ㉯ 94 ㉯ 95 ㉱

96 다음은 배출시설의 설치허가를 받은 자가 배출시설의 변경 허가를 받아야 하는 경우에 대한 기준이다. ( )에 들어갈 내용으로 옳은 것은?

> 폐수배출량이 허가 당시보다 100분의 50(특정수질유해물질이 배출되는 시설의 경우에는 100분의 30) 이상 또는 ( ) 이상 증가하는 경우

㉮ 1일 500 세제곱미터
㉯ 1일 600 세제곱미터
㉰ 1일 700 세제곱미터
㉱ 1일 800 세제곱미터

풀이 배출시설의 변경허가를 받아야 하는 경우는 폐수배출량이 허가 당시보다 100분의 50(특정수질유해물질이 배출되는 시설의 경우에는 100분의 30) 이상 또는 1일 700세제곱미터 이상 증가하는 경우이다.

97 기술진단에 관한 설명으로 ( ) 알맞은 것은?

> 공공폐수처리시설을 설치·운영하는 자는 공공폐수처리시설의 관리상태를 점검하기 위하여 ( )년마다 해당 공공폐수처리시설에 대하여 기술진단을 하고, 그 결과를 환경부장관에게 통보하여야 한다.

㉮ 1   ㉯ 5
㉰ 10 ㉱ 15

풀이 공공폐수처리시설에 대하여 기술진단은 5년마다 한다.

98 오염총량관리 기본방침에 포함되어야 하는 사항으로 거리가 먼 것은?

㉮ 오염총량관리 대상지역의 수생태계 현황조사 및 수생태계 건강성 평가 계획
㉯ 오염원의 조사 및 오염부하량 산정방법
㉰ 오염총량관리의 대상 수질오염물질 종류
㉱ 오염총량관리의 목표

풀이 오염총량관리 기본방침에 포함되어야 하는 사항
① 오염총량관리의 목표
② 오염총량관리의 대상 수질오염물질 종류
③ 오염원의 조사 및 오염부하량 산정방법
④ 오염총량관리기본계획의 주체, 내용, 방법 및 시한
⑤ 오염총량관리시행계획의 내용 및 방법

99 공공폐수처리시설의 관리·운영자가 처리시설의 적정운영 여부 확인을 위한 방류수 수질검사 실시기준으로 옳은 것은? (단, 시설규모는 1,000m^3/day이며, 수질은 현저히 악화되지 않았음)

㉮ 방류수 수질검사 월 2회 이상
㉯ 방류수 수질검사 월 1회 이상
㉰ 방류수 수질검사 매분기 1회 이상
㉱ 방류수 수질검사 매반기 1회 이상

100 수질오염경보 중 수질오염 감시경보 대상 항목이 아닌 것은?

㉮ 용존산소   ㉯ 전기전도도
㉰ 부유물질   ㉱ 총유기탄소

풀이 수질오염경보 중 수질오염 감시경보 대상 항목으로는 수소이온농도, 용존산소, 총질소, 총인, 전기전도도, 총유기탄소, 휘발성유기화합물, 페놀, 중금속(구리, 납, 아연, 카드뮴 등), 클로로필-a, 생물감시이다.

answer 96 ㉰ 97 ㉯ 98 ㉮ 99 ㉮ 100 ㉰

2022년 1회 수질환경기사

2022년 3월 5일 시행

| 제1과목 | 수질오염개론

01 미생물에 의한 영양대사과정 중 에너지 생성반응으로서 기질이 세포에 의해 이용되고, 복잡한 물질에서 간단한 물질로 분해되는 과정(작용)은 무엇인가?

㉮ 이화 ㉯ 동화
㉰ 환원 ㉱ 동기화

풀이 ㉮ 이화작용에 대한 설명이다.

TIP
동화작용은 세포가 새로운 세포를 합성하는데 이용되며, 흡열반응이고 소비반응에 해당한다.

02 다음 산화제(또는 환원제) 중 g당량이 가장 큰 화합물은 어느 것인가? (단, Na, K, Cr, Mn, I, S의 원자량은 각각 23, 39, 52, 55, 127, 32이다.)

㉮ $Na_2S_2O_3$ ㉯ $K_2Cr_2O_7$
㉰ $KMnO_4$ ㉱ KIO_3

풀이
㉮ $Na_2S_2O_3$의 g당량 = $\frac{158g}{1}$ = 158g
㉯ $K_2Cr_2O_7$의 g당량 = $\frac{294g}{6}$ = 49g
㉰ $KMnO_4$의 g당량 = $\frac{158g}{5}$ = 31.6g
㉱ KIO_3의 g당량 = $\frac{214g}{5}$ = 42.8g

TIP
g당량 = $\frac{분자량(g)}{당량수}$

03 하천 모델 중 다음의 특징을 가지는 것은?

- 유속, 수심, 조도계수에 의한 확산계수 결정
- 하천과 대기 사이의 열복사, 열교환 고려
- 음해법으로 미분방정식의 해를 구함

㉮ QUAL-I ㉯ WQRRS
㉰ DO SAG-I ㉱ HSPE

풀이 ㉮ QUAL-I 모델에 대한 설명이다.

04 다음 중 수자원에 대한 특성으로 알맞은 것은?

㉮ 지하수는 지표수에 비하여 자연, 인위적인 국지 조건에 따른 영향이 크다.
㉯ 해수는 염분, 온도, pH 등 물리화학적 성상이 불안정하다.
㉰ 하천수는 주변지질의 영향이 적고 유기물을 많이 함유하는 경우가 거의 없다.
㉱ 우수의 주성분은 해수의 주성분과 거의 동일하다.

answer 01 ㉮ 02 ㉮ 03 ㉮ 04 ㉱

풀이 ㉮ 지하수는 지표수에 비하여 자연, 인위적인 국지 조건에 따른 영향이 작다.
㉯ 해수는 염분, 온도, pH 등 물리화학적 성상이 안정하다.
㉰ 하천수는 주변 지질의 영향이 크고 유기물을 많이 함유한다.

05 수온이 20℃인 하천은 대기로부터의 용존산소 공급량이 0.06mgO$_2$/L·hr라고 한다. 이 하천의 평상시 용존산소농도가 4.8mg/L로 유지되고 있다면 이 하천의 산소전달계수(/hr)는 얼마인가? (단, α, β 값은 각각 0.75이며, 포화용존산소농도는 9.2mg/L이다.)

㉮ 3.8×10^{-1} ㉯ 3.8×10^{-2}
㉰ 3.8×10^{-3} ㉱ 3.8×10^{-4}

풀이 $\dfrac{dO}{dt} = \alpha \times K_{La} \times (\beta \times C_s - C)$

$\dfrac{0.06\,\mathrm{mg}}{\mathrm{L \cdot hr}} = 0.75 \times K_{La} \times (0.75 \times 9.2\,\mathrm{mg/L} - 4.8\,\mathrm{mg/L})$

$\therefore K_{La} = 3.81 \times 10^{-2}/\mathrm{hr}$

06 BOD 곡선에서 탈산소 계수를 구하는 데 적용되는 방법으로 가장 알맞은 것은?

㉮ O Connor - Dobbins 식
㉯ Thomas 도해법
㉰ Rippl 법
㉱ Tracer 법

풀이 BOD 곡선에서 탈산소 계수를 구하는 데 적용되는 방법은 Thomas 도해법이다.

07 수질오염물질별 인체영향(질환)이 틀리게 짝지어진 것은?

㉮ 비소 : 반상치(법랑반점)
㉯ 크롬 : 비중격 연골천공
㉰ 아연 : 기관지 자극 및 폐렴
㉱ 납 : 근육과 관절의 장애

풀이 ㉮ 비소 : 피부흑색(청색)화

TIP
주요 유해물질과 만성질환
① 불소 : 반상치(법랑반점)
② PCB : 카네미유증
③ 수은 : 헌터-루셀 증후군, 미나마타병
④ 카드뮴 : 이따이이따이병

08 알칼리도에 관한 반응 중 가장 부적절한 것은?

㉮ $CO_2 + H_2O \rightarrow H_2CO_3 \rightarrow HCO_3^- + H^+$
㉯ $HCO_3^- \rightarrow CO_3^{2-} + H^+$
㉰ $CO_3^{2-} + H_2O \rightarrow HCO_3^- \rightarrow OH^-$
㉱ $HCO_3^- + H_2O \rightarrow H_2CO_3 \rightarrow OH^-$

풀이 ㉱ $HCO_3^- + H_2O \rightarrow CO_3^{2-} \rightarrow H_3O^+$

09 하천 모델의 종류 중 DO SAG - Ⅰ, Ⅱ, Ⅲ 에 관한 설명으로 틀린 것은?

㉮ 2차원 정상상태 모델이다.
㉯ 점오염원 및 비점오염원이 하천의 용존산소에 미치는 영향을 나타낼 수 있다.
㉰ Streeter-Phelps 식을 기본으로 한다.
㉱ 저질의 영향이나 광합성 작용에 의한 용존산소반응을 무시한다.

풀이 ㉮ 1차원 정상상태 모델이다.

---

answer 05 ㉯ 06 ㉯ 07 ㉮ 08 ㉱ 09 ㉮

10 혐기성 미생물의 성장을 알아보기 위해 혐기성 배양을 하는 방법으로 분석하고자 할 때 가장 적합한 기술은 무엇인가?

㉮ 평판계수법
㉯ 단백질 농도 측정법
㉰ 광학밀도 측정법
㉱ 용존산소 소모율 측정법

▶풀이 ㉯ 단백질 농도 측정법에 대한 설명이다.

11 녹조류(Green Algae)에 관한 설명으로 틀린 것은?

㉮ 조류 중 가장 큰 문(division)이다.
㉯ 저장 물질은 라미나린(다당류)이다.
㉰ 세포벽은 섬유소이다.
㉱ 클로로필 a, b를 가지고 있다.

▶풀이 ㉯ 저장 물질은 아밀로오스, 아밀로펙틴(다당류)이다.

12 응집제 투여량이 많으면 많을수록 응집 효과가 커지게 되는 Schulze-hardy rule의 크기를 옳게 나타낸 것은?

㉮ $Al^{3+} > Ca^{2+} > K^+$
㉯ $K^+ > Ca^{2+} > Al^{3+}$
㉰ $K^+ > Al^{3+} > Ca^{2+}$
㉱ $Ca^{2+} > K^+ > Al^{3+}$

▶풀이 슐츠-하디 법칙의 크기는 금속 양이온물질 중 가수가 클수록 크다.

13 길이가 500km이고 유속이 1m/sec인 하천에서 상류지점의 BOD_u 농도가 250mg/L이면 이 지점부터 300km 하류지점의 잔존 BOD 농도(mg/L)는 얼마인가? (단, 탈산소계수는 0.1/day, 수온 20℃, 상용대수 기준, 기타조건은 고려하지 않음)

㉮ 약 51   ㉯ 약 82
㉰ 약 113   ㉱ 약 138

▶풀이 ① $t(시간) = \dfrac{길이}{유속}$

$= \dfrac{300 \times 10^3 \, m}{1 m/sec \times \dfrac{3,600 \, sec}{1 hr} \times \dfrac{24 hr}{day}}$

$= 3.47 \, day$

② $BOD_{3.47} = BOD_u \times 10^{(-k_1 \times t)}$
$= 250 mg/L \times 10^{(-0.1/day \times 3.47 day)}$
$= 112.45 mg/L$

14 카드뮴이 인체에 미치는 영향으로 가장 거리가 먼 것은?

㉮ 칼슘 대사기능 장해
㉯ Hunter-Russel 장해
㉰ 골연화증
㉱ Fanconi씨 증후군

▶풀이 ㉯ Hunter-Russel 장해는 수은(Hg)에 대한 질환이다.

answer 10 ㉯ 11 ㉯ 12 ㉮ 13 ㉰ 14 ㉯

15 우리나라의 수자원 특성에 대한 설명으로 틀린 것은?

㉮ 우리나라의 연간 강수량은 약 1,274 mm로서 이는 세계평균 강수량의 1.2 배에 이른다.
㉯ 우리나라의 1인당 강수량은 세계평균량의 1/11 정도이다.
㉰ 우리나라 수자원의 총 이용율은 9% 이내로 OECD 국가에 비해 적은 편이다.
㉱ 수자원 이용현황은 농업용수가 가장 많은 비율을 차지하고 있고 하천유지용수, 생활용수, 공업용수의 순이다.

[풀이] ㉰ 우리나라 수자원의 총 이용율은 24% 정도로 OECD 국가에 비해 많은 편이다.

16 완충용액에 대한 설명으로 틀린 것은?

㉮ 완충용액의 작용은 화학평형 원리로 쉽게 설명된다.
㉯ 완충용액은 한도 내에서 산을 가했을 때 pH에 약간의 변화만 준다.
㉰ 완충용액은 보통 약산과 그 약산의 짝염기의 염을 함유한 용액이다.
㉱ 완충용액은 보통 강염기와 그 염기의 강산의 염이 함유된 용액이다.

[풀이] ㉱ 완충용액은 보통 약산과 그 약산의 강염기의 염이 함유하거나, 약염기와 그 약염기의 강산의 염이 함유된 용액이다.

17 간격 0.5cm의 평행평판 사이에 점성계수가 0.04poise인 액체가 가득 차 있다. 한쪽 평판을 고정하고 다른 쪽의 평판을 2m/sec의 속도로 움직이고 있을 때 고정판에 작용하는 전단응력(g/cm^2)은 얼마인가?

㉮ 1.61×10^{-2}
㉯ 4.08×10^{-2}
㉰ 1.61×10^{-5}
㉱ 4.08×10^{-5}

[풀이] 이 문제는 동일하게 출제되는 문제이므로 정답만 숙지하시면 됩니다.

18 수은(Hg) 중독과 관련이 없는 것은?

㉮ 난청, 언어장애, 구심성 시야협착, 정신장애를 일으킨다.
㉯ 이따이이따이병을 유발한다.
㉰ 유기수은은 무기수은보다 독성이 강하며 신경계통에 장해를 준다.
㉱ 무기수은은 황화물 침전법, 활성탄 흡착법, 이온교환법 등으로 처리할 수 있다.

[풀이] ㉯번은 카드뮴(Cd)의 만성질환에 해당한다.

19 완전혼합 흐름 상태에 관한 설명 중 알맞은 것은?

㉮ 분산이 1일 때 이상적 완전혼합 상태이다.
㉯ 분산수가 0일 때 이상적 완전혼합 상태이다.
㉰ Morrill 지수의 값이 1에 가까울수록 이상적 완전혼합 상태이다.
㉱ 지체시간이 이론적 체류시간과 동일할 때 이상적 완전혼합 상태이다.

answer 15 ㉰ 16 ㉱ 17 ㉮ 18 ㉯ 19 ㉮

	완전혼합흐름	플러그흐름
분산	1	0
분산수	무한대	0
모럴지수	클수록	1
지체시간	0	이론적 체류시간과 동일할 때

20 하천수의 분석결과가 다음과 같을 때 총경도(mg/L as $CaCO_3$)는 얼마인가?
(단, 원자량 : Ca 40, Mg 24, Na 23, Sr 88)

<분석 결과>
Na^+ (25mg/L), Mg^{2+} (11mg/L),
Ca^{2+} (8mg/L), Sr^{2+} (2mg/L)

㉮ 약 68 ㉯ 약 78
㉰ 약 88 ㉱ 약 98

풀이
$$\frac{총경도}{50g} = \frac{Ca^{2+} mg/L}{20g} + \frac{Mg^{2+} mg/L}{12g} + \frac{Sr^{2+} mg/L}{44g}$$
$$= \frac{8mg/L}{20g} + \frac{11mg/L}{12g} + \frac{2mg/L}{44g}$$
∴ 경도 = 68.11 mg/L

| 제2과목 | 상하수도계획 |

21 하천표류수를 수원으로 할 때 하천기준 수량은 무엇인가?

㉮ 평수량 ㉯ 갈수량
㉰ 홍수량 ㉱ 최대홍수량

풀이 하천표류수를 수원으로 할 때 하천기준 수량은 갈수량이다.

22 펌프의 크기를 나타내는 구경을 산정하는 식은 어느 것인가? (단, D = 펌프의 구경(mm), Q = 펌프의 토출량(m^3/min), v = 흡입구 또는 토출구의 유속(m/sec))

㉮ $D = 146\sqrt{\dfrac{Q}{V}}$ ㉯ $D = 146\sqrt{\dfrac{Q}{2V}}$

㉰ $D = 148\sqrt{\dfrac{Q}{V}}$ ㉱ $D = 148\sqrt{\dfrac{Q}{2V}}$

23 정수처리시설 중에서 이상적인 침전지에서의 효율을 검증하고자 한다. 실험결과, 입자의 침전속도가 0.15cm/sec이고 유량이 30,000m^3/day로 나타났을 때 침전효율(제거율, %)은? (단, 침전지의 유효표면적 = 100m^2, 수심 = 4m, 이상적 흐름상태로 가정)

㉮ 73.2 ㉯ 63.2
㉰ 53.2 ㉱ 43.2

풀이 침강속도(V_s) = 표면부하율(V_o) × 제거효율(η)

$$표면부하율(V_o) = \frac{유량(Q)}{유효표면적(A)}$$

$$\frac{0.15 \times 10^{-2} m}{sec} \times \frac{3,600sec}{1hr} \times \frac{24hr}{1day}$$

$$= \frac{30,000 m^3/day}{100 m^2} \times \eta$$

∴ η = 0.432 따라서 43.2%

answer 20 ㉮ 21 ㉯ 22 ㉮ 23 ㉱

24 상수처리를 위한 정수시설 중 착수정에 관한 내용으로 틀린 것은?

㉮ 수위가 고수위 이상으로 올라가지 않도록 월류관이나 월류위어를 설치한다.
㉯ 착수정의 고수위와 주변벽체의 상단 간에는 60cm 이상의 여유를 두어야 한다.
㉰ 착수정의 용량은 체류시간을 30분 이상으로 한다.
㉱ 필요에 따라 분말 활성탄을 주입할 수 있는 장치를 설치하는 것이 바람직하다.

[풀이] ㉰ 착수정의 용량은 체류시간을 1.5분 이상으로 한다.

25 하수처리수 재이용 처리시설에 대한 계획으로 틀린 것은?

㉮ 처리시설의 위치는 공공하수처리시설 부지내에 설치하는 것을 원칙으로 한다.
㉯ 재이용수 공급관로는 계획시간최대유량을 기준으로 계획한다.
㉰ 처리시설에서 발생되는 농축수는 공공하수처리시설로 반류하지 않도록 한다.
㉱ 재이용수 저장시설 및 펌프장은 일 최대 공급유량을 기준으로 한다.

[풀이] ㉰ 처리시설에서 발생되는 농축수는 공공하수처리시설로 반류한다

26 계획오수량에 관한 설명으로 틀린 것은?

㉮ 계획시간최대 오수량은 계획 1일 최대 오수량의 1시간당 수량의 1.3~1.8배를 표준으로 한다.
㉯ 지하수량은 1인 1일 최대오수량의 20% 이하로 한다.
㉰ 합류식에서 우천 시 계획오수량은 원칙적으로 계획 1일 최대오수량의 1.5배 이상으로 한다.
㉱ 계획 1일 평균 오수량은 계획 1일 최대 오수량의 70~80%를 표준으로 한다.

[풀이] ㉰ 합류식에서 우천 시 계획오수량은 원칙적으로 계획 시간 최대수량의 3배 이상으로 한다.

27 펌프의 수격작용을 방지하기 위한 방법으로 틀린 것은?

㉮ 펌프의 플라이휠을 제거하는 방법
㉯ 토출관쪽에 조압수조를 설치하는 방법
㉰ 펌프 토출측에 완폐체크밸브를 설치하는 방법
㉱ 관내 유속을 낮추거나 관로상황을 변경하는 방법

[풀이] ㉮ 펌프의 플라이휠을 부착하는 방법

answer 24 ㉰ 25 ㉰ 26 ㉰ 27 ㉮

28 하수도시설인 우수조정지의 여수토구에 관한 설명으로 ( )에 옳은 것은?

> 여수토구는 확률년수 (㉠)년 강우의 최대우수유출량의 (㉡)배 이상의 유량을 방류시킬 수 있는 것으로 한다.

㉮ ㉠ 10, ㉡ 1.2
㉯ ㉠ 10, ㉡ 1.44
㉰ ㉠ 100, ㉡ 1.2
㉱ ㉠ 100, ㉡ 1.44

풀이 우수조정지의 여수토구는 확률년수 100년 강우의 최대우수유출량의 1.44배 이상의 유량을 방류시킬 수 있는 것으로 한다.

29 하수도시설의 목적으로 틀린 것은?

㉮ 침수방지
㉯ 하수의 배제와 이에 따른 생활환경의 개선
㉰ 공공수역의 수질보전과 건전한 물순환의 회복
㉱ 폐수의 적정처리와 이에 따른 산업단지 환경개선

풀이 ㉱ 지속발전 가능한 물순환 구조구축

30 하수처리에 사용되는 생물학적 처리공정 중 부유미생물을 이용한 공정이 아닌 것은?

㉮ 산화구법
㉯ 접촉산화법
㉰ 질산화내생탈질법
㉱ 막분리활성슬러지법

풀이 ㉯ 접촉산화법은 부착미생물을 이용하는 공정이다.

TIP
생물학적 처리 ┌ 부유성장식 : 활성슬러지법
           └ 부착성장식 : 살수여상법, 회전원판법

31 하천의 제내지나 제외지 혹은 호소부근에 매설되어 복류수를 취수하기 위하여 사용하는 집수매거에 관한 설명으로 틀린 것은?

㉮ 집수매거의 방향은 통상 복류수의 흐름방향에 직각이 되도록 한다.
㉯ 집수매거의 매설깊이는 5m를 표준으로 한다.
㉰ 집수매거의 유출단에서 매거내의 평균유속은 1m/sec 이하로 한다.
㉱ 집수구멍의 직경은 2~8mm로 하며 그 수는 관거표면적 $1m^2$당 200~300개 정도로 한다.

풀이 ㉱ 집수구멍의 직경은 10~20mm로 하며 그 수는 관거표면적 $1m^2$당 20~30개 정도로 한다.

32 정수방법인 완속여과방식에 관한 설명으로 틀린 것은?

㉮ 약품처리가 필요 없다.
㉯ 완속여과의 정화는 주로 생물작용에 의한 것이다.
㉰ 비교적 양호한 원수에 알맞은 방식이다.
㉱ 소요 부지면적이 작다.

풀이 ㉱ 소요 부지면적이 크다.

answer 28 ㉱ 29 ㉱ 30 ㉯ 31 ㉱ 32 ㉱

33 펌프의 흡입관 설치요령으로 틀린 것은?

㉮ 흡입관은 펌프 1대당 하나로 한다.
㉯ 흡입관이 길 때에는 중간에 진동방지대를 설치할 수도 있다.
㉰ 흡입관은 연결부나 기타 부분으로부터 절대로 공기가 흡입하지 않도록 한다.
㉱ 흡입관과 취수정 바닥까지의 깊이는 흡인관 직경의 1.5배 이상으로 유격을 둔다.

풀이 ㉱ 흡입관과 흡수정 벽체사이의 거리는 흡인관 직경의 1.5배 이상 유격을 둔다.

34 막여과법을 정수처리에 적용하는 주된 선정 이유로 틀린 것은?

㉮ 응집제를 사용하지 않거나 또는 적게 사용한다.
㉯ 막의 특성에 따라 원수 중의 현탁물질, 콜로이드, 세균류, 크립토스포리디움 등 일정한 크기 이상의 불순물을 제거할 수 있다.
㉰ 부지면적이 종래보다 적을 뿐 아니라 시설의 건설공사기간도 짧다.
㉱ 막의 교환이나 세척 없이 반영구적으로 자동운전이 가능하여 유지관리 측면에서 에너지를 절약할 수 있다.

풀이 ㉱ 막의 교환이나 세척이 필요하고 자동운전이 가능하여 유지관리 측면에서 에너지를 절약할 수 있다.

35 계획우수량의 설계강우 산정 시 측정된 강우자료 분석을 통해 고려해야 하는 지선 관로의 최소 설계빈도는 얼마인가?

㉮ 50년   ㉯ 30년
㉰ 10년   ㉱ 5년

풀이 계획우수량의 설계강우 산정 시 측정된 강우자료 분석을 통해 고려해야 하는 지선 관로의 최소 설계빈도는 10년이다.

36 상수처리를 위한 정수시설인 급속여과지에 관한 설명으로 틀린 것은?

㉮ 여과속도는 120~150m/day를 표준으로 한다.
㉯ 플록의 질이 일정한 것으로 가정하였을 때 여과층의 필요두께는 여재입경에 반비례한다.
㉰ 여과면적은 계획정수량을 여과속도로 나누어 계산한다.
㉱ 여과지 1지의 여과면적은 150m² 이하로 한다.

풀이 ㉯ 플록의 질이 일정한 것으로 가정하였을 때 여과층의 필요두께는 여재입경에 비례한다.

answer 33 ㉱ 34 ㉱ 35 ㉰ 36 ㉯

37 정수시설의 시설 능력에 관한 설명으로 ( )에 옳은 것은?

> 소비자에게 고품질의 수도 서비스를 중단 없이 제공하기 위하여 정수시설은 유지보수, 사고대비, 시설 개량 및 확장 등에 대비하여 적절한 예비용량을 갖춤으로서 수도시스템으로의 안정성을 높여야 한다. 이를 위하여 예비용량을 감안한 정수시설의 가동율은 ( ) 내외가 적정하다.

㉮ 70% ㉯ 75%
㉰ 80% ㉱ 85%

풀이 예비용량을 감안한 정수시설의 가동율은 75% 내외가 적정하다.

38 상수도 취수시설 중 취수틀에 관한 설명으로 틀린 것은?

㉮ 구조가 간단하고 시공도 비교적 용이하다.
㉯ 수중에 설치되므로 호소표면수는 취수할 수 없다.
㉰ 단기간에 완성하고 안정된 취수가 가능하다.
㉱ 보통 대형취수에 사용되며 수위변화에 영향이 적다.

풀이 ㉱ 보통 중소량 취수에 사용되며 수위변화에 영향이 크다.

39 하수관로에서 조도계수 0.014, 동수경사 1/100이고 관경이 400mm일 때 이 관로의 유량(m³/sec)은? (단, 만관기준, Manning 공식에 의함)

㉮ 약 0.08 ㉯ 약 0.12
㉰ 약 0.15 ㉱ 약 0.19

풀이
① $A(면적) = \dfrac{\pi D^2}{4}$
$= \dfrac{\pi \times (0.4m)^2}{4} = 0.12566 m^2$

② $R(경심) = \dfrac{D}{4}(m) = \dfrac{0.4m}{4} = 0.1m$

③ $I(기울기 = 동수경사) = \dfrac{1}{100}$

④ Manning 공식
유속 $(v) = \dfrac{1}{n} \times R^{\frac{2}{3}} \times I^{\frac{1}{2}} (m/sec)$
$= \dfrac{1}{0.014} \times (0.1m)^{\frac{2}{3}} \times \left(\dfrac{1}{100}\right)^{\frac{1}{2}}$
$= 1.539 m/sec$

⑤ 유량(Q)
$=$ 면적$(A) \times$ 유속(v)
$= 0.12566 m^2 \times 1.539 m/sec = 0.19 m^3/sec$

40 하수도 관로의 접합방법 중 아래 설명에 해당되는 것은?

> 굴착 깊이를 얕게 하므로 공사비용을 줄일 수 있으며, 수위상승을 방지하고 양정고를 줄일 수 있어 펌프로 배수하는 지역에 적합하나 상류부에서는 동수경사선이 관정보다 높이 올라 갈 우려가 있음

㉮ 수면접합 ㉯ 관저접합
㉰ 동수접합 ㉱ 관정접합

풀이 ㉯ 관저접합에 대한 설명이다.

answer 37 ㉯ 38 ㉱ 39 ㉱ 40 ㉯

| 제3과목 | 수질오염방지기술

41 분뇨 소화슬러지 발생량은 1일 분뇨투입량의 10%이다. 발생된 소화슬러지의 탈수 전 함수율이 96%라고 하면 탈수된 소화슬러지의 1일 발생량(m^3)은 얼마인가? (단, 분뇨투입량 360kL/day, 탈수된 소화슬러지의 함수율 = 72%, 분뇨 비중 = 1.0)

㉮ 2.47　　㉯ 3.78
㉰ 4.21　　㉱ 5.14

풀이 슬러지 공식 : $V_1 \times (100 - P_1) = V_2 \times (100 - P_2)$
$360\,m^3/day \times 0.1 \times (100 - 96\%) = V_2 \times (100 - 72\%)$
따라서 $V_2 = 5.14\,m^3$.

TIP
$V_1 = 360\,kL/day \times 0.1 = 360\,m^3/day \times 0.1$

42 표준활성슬러지법에서 포기조의 MLSS 농도를 3,000mg/L로 유지하기 위해서 슬러지 반송율(%)은? (단, 반송 슬러지의 SS 농도 = 8,000mg/L)

㉮ 40　　㉯ 50
㉰ 60　　㉱ 70

풀이 반송율(%) $= \dfrac{MLSS}{SS_r - MLSS} \times 100$
$= \dfrac{3,000\,mg/L}{8,000\,mg/L - 3,000\,mg/L} \times 100$
$= 60\%$

TIP
반송비(R) $= \dfrac{MLSS - SS_i}{SS_r - MLSS}$

유입수 SS(SS_i)를 무시하면 $R = \dfrac{MLSS}{SS_r - MLSS}$

43 폐수량 1,000m^3/day, BOD 300mg/L인 폐수를 완전혼합 활성슬러지 공법으로 처리하는데 포기조 MLSS 농도 3,000mg/L, 반송슬러지 농도 8,000mg/L로 유지하고자 한다. 이때 슬러지 반송비는? (단, 폐수 및 방류수 MLSS 농도는 0, 미생물생장률과 사멸률은 같다.)

㉮ 0.6　　㉯ 0.7
㉰ 0.8　　㉱ 0.9

풀이 반송비(R) $= \dfrac{MLSS}{SS_r - MLSS}$
$= \dfrac{3,000\,mg/L}{8,000\,mg/L - 3,000\,mg/L}$
$= 0.60$

44 수은계 폐수처리 방법으로 틀린 것은?

㉮ 수산화물침전법　㉯ 흡착법
㉰ 이온교환법　　　㉱ 황화물침전법

풀이 ㉮ 아말감법

TIP
수은계 폐수처리방법 암기법
수은아 황화강에 이온 좀 붙여라.

answer 41 ㉱　42 ㉰　43 ㉮　44 ㉮

45 생물학적 질소, 인 처리공정인 5단계 Bardenpho공법에 관한 설명으로 틀린 것은?

㉮ 폐슬러지내의 인의 농도가 높다.
㉯ 1차 무산소조에서는 탈질화 현상으로 질소제거가 이루어진다.
㉰ 호기성조에서는 질산화와 인의 방출이 이루어진다.
㉱ 2차 무산소조에서는 잔류 질산성질소가 제거된다.

풀이 ㉰ 호기성조에서는 질산화와 인의 과잉흡수가 일어난다.

46 활성슬러지를 탈수하기 위하여 98%(중량비)의 수분을 함유하는 슬러지에 응집제를 가했더니 [상등액 : 침전 슬러지]의 용적비가 2 : 1이 되었다. 이 때 침전 슬러지의 함수율(%)은? (단, 응집제의 양은 매우 적고, 비중 = 1.0)

㉮ 92　　㉯ 93
㉰ 94　　㉱ 95

풀이 $V_1 \times (100 - P_1) = V_2 \times (100 - P_2)$
$3 \times (100 - 98\%) = 1 \times (100 - P_2)$
∴ $P_2 = 94\%$

47 활성슬러지 공법으로 폐수를 처리할 경우 산소요구량 결정에 중요한 인자가 아닌 것은?

㉮ 유입수의 BOD와 처리수의 BOD
㉯ 포기시간과 고형물 체류시간
㉰ 포기조 내의 MLSS 중 미생물 농도
㉱ 유입수의 SS와 DO

풀이 활성슬러지 공법으로 폐수를 처리할 경우 산소요구량 결정에 중요한 인자는 유입수의 BOD와 처리수의 BOD, 포기시간과 고형물 체류시간, 포기조 내의 MLSS 중 미생물 농도 등이다.

48 질소 제거를 위한 파과점 염소 주입법에 관한 설명으로 틀린 것은?

㉮ 적절한 운전으로 모든 암모니아성 질소의 산화가 가능하다.
㉯ 시설비가 낮고 기존 시설에 적용이 용이하다.
㉰ 수생생물에 독성을 끼치는 잔류염소 농도가 높아진다.
㉱ 독성물질과 온도에 민감하다.

풀이 ㉱ 독성물질과 온도에 민감하지 않다.

49 정수장에 적용되는 완속여과의 장점으로 틀린 것은?

㉮ 여과시스템의 신뢰성이 높고 양질의 음용수를 얻을 수 있다.
㉯ 수량과 탁질의 급격한 부하변동에 대응할 수 있다.
㉰ 고도의 지식이나 기술을 가진 운전자를 필요로 하지 않고 최소한의 전력만 필요로 한다.
㉱ 여과지를 간헐적으로 사용하여도 양질의 여과수를 얻을 수 있다.

풀이 ㉱ 여과지를 간헐적으로 사용하면 양질의 여과수를 얻을 수 없다.

answer 45 ㉰　46 ㉰　47 ㉱　48 ㉱　49 ㉱

50 생물학적 질소, 인제거를 위한 A²/O 공정 중 호기조의 역할로 옳게 짝지은 것은?

㉮ 질산화, 인방출 ㉯ 질산화, 인흡수
㉰ 탈질화, 인방출 ㉱ 탈질화, 인흡수

풀이 호기조의 역할은 질산화와 인의 과잉흡수이다.

51 생물학적 처리 중 호기성 처리법이 아닌 것은?

㉮ 활성슬러지법 ㉯ 혐기성소화법
㉰ 산화지법 ㉱ 살수여상법

풀이 ㉯ 혐기성소화법은 혐기상태에서 슬러지를 안정화시키는 방법이다.

TIP
생물학적 처리방법
① 호기성처리 : 유기물 + O_2 → CO_2 + H_2O
② 혐기성처리 : 유기물 → CO_2 + CH_4

52 바 랙(bar rack)의 수두손실은 바모양 및 바사이 흐름의 속도수두의 함수이다. kirschmer는 손실수두를 $h_L = \beta (w/b)^{4/3} h_v \sin\theta$로 나타내었다. 여기서 바 형상인자($\beta$)에 의해 수두손실이 달라지는데 수두손실이 가장 큰 형상인자(β)는 어느 것인가?

㉮ 끝이 예리한 장방형
㉯ 상류면이 반원형인 장방형
㉰ 원형
㉱ 상류 및 하류면이 반원형인 장방형

풀이 수두손실이 가장 큰 형상인자(β)는 끝이 예리한 장방형이다.

53 초심층포기법 (Deep Shaft Aeration System)에 대한 설명 중 틀린 것은?

㉮ 기포와 미생물이 접촉하는 시간이 표준활성슬러지법 보다 길어서 산소전달효율이 높다.
㉯ 순환류의 유속이 매우 빠르기 때문에 난류상태가 되어 산소전달율을 증가시킨다.
㉰ F/M비는 표준활성슬러지 공법에 비하여 낮게 운전한다.
㉱ 표준활성슬러지공법에 비하여 MLSS 농도를 높게 운전한다.

풀이 ㉰ F/M비는 표준활성슬러지 공법에 비하여 높게 운전한다.

54 자외선 살균효과가 가장 높은 파장의 범위(nm)는 어느 것인가?

㉮ 680 ~ 710 ㉯ 510 ~ 530
㉰ 250 ~ 270 ㉱ 180 ~ 200

풀이 자외선 살균효과가 가장 높은 파장의 범위는 250 ~ 270nm이다.

TIP
이 문제에서 답을 찾기 위한 포인트는 자외선 파장 영역이 200nm ~ 400nm임을 숙지하는 것입니다.

55 질산염(NO_3^-) 40mg/L가 탈질되어 질소로 환원될 때 필요한 이론적인 메탄올 (CH_3OH)의 양(mg/L)은?

㉮ 17.2 ㉯ 36.6
㉰ 58.4 ㉱ 76.2

answer 50 ㉯ 51 ㉯ 52 ㉮ 53 ㉰ 54 ㉰ 55 ㉮

풀이 $6NO_3^- + 5CH_3OH \rightarrow 3N_2 + 5CO_2 + 7H_2O + 6OH^-$
$6 \times 62g : 5 \times 32g$
$40mg/L : X$
$\therefore X = 17.20 mg/L$

56 활성슬러지 변형법 중 폐수를 여러 곳으로 유입시켜 plug-flow system이지만 F/M비를 포기조 내에서 유지하는 것은 어느 공법인가?

㉮ 계단식 포기법(step aeration)
㉯ 점감 포기법(tapered aeration)
㉰ 접촉 안정법(contact stablization)
㉱ 단기(개량) 포기법(short or modified aeration)

풀이 ㉮ 계단식 포기법에 대한 설명이다.

57 흡착장치 중 고정상 흡착장치의 역세척에 관한 설명으로 가장 알맞은 것은?

(㉠) 동안 먼저 표면세척을 한 다음 (㉡) $m^3/m^2 \cdot hr$의 속도로 역세척수를 사용하여 층을 (㉢) 정도 부상시켜 실시한다.

㉮ ㉠ 24시간, ㉡ 14 ~ 48, ㉢ 25 ~ 30%
㉯ ㉠ 24시간, ㉡ 24 ~ 28, ㉢ 10 ~ 50%
㉰ ㉠ 10 ~ 15분, ㉡ 14 ~ 28, ㉢ 25 ~ 30%
㉱ ㉠ 10 ~ 15분, ㉡ 24 ~ 48, ㉢ 10 ~ 50%

풀이 고정상 흡착장치의 역세척
① 표면세척 시간 : 10 ~ 15분
② 역세척 속도 : 24 ~ 48 $m^3/m^2 \cdot hr$
③ 부상율 : 10 ~ 50%

58 침사지의 설치 목적으로 틀린 것은?

㉮ 펌프나 기계설비의 마모 및 파손방지
㉯ 관의 폐쇄 방지
㉰ 활성슬러지조의 dead space 등에 사석이 쌓이는 것을 방지
㉱ 침전지와 슬러지 소화조 내의 축적

59 기계적으로 청소가 되는 바(bar)스크린의 바 두께는 5mm이고, 바 간의 거리는 20mm이다. 바를 통과하는 유속이 0.9 m/sec라고 한다면 스크린을 통과하는 수두손실(m)은?
(단, $H = [(V_b^2 - V_a^2)/2g][1/0.7]$)

㉮ 0.0157 ㉯ 0.0212
㉰ 0.0317 ㉱ 0.0438

풀이 $V_a \times A_a = V_b \times A_b \Rightarrow V_a = V_b \times \dfrac{A_b}{A_a}$

W : 수로의 폭, H : 수심
$A_a = W \times H$
$A_b = W \times H \times \dfrac{\text{바 간격}}{\text{바 두께} + \text{바 간격}}$
$= W \times H \times \dfrac{20mm}{5mm + 20mm} = 0.8W \times H$

따라서
$V_a = V_b \times \dfrac{A_b}{A_a}$
$= 0.9 m/sec \times \dfrac{0.8W \times H}{W \times H} = 0.72 m/sec$

따라서 $H = \dfrac{V_b^2 - V_a^2}{2g} \times \dfrac{1}{0.7}$
$= \dfrac{(0.9 m/sec)^2 - (0.72 m/sec)^2}{2 \times 9.8 m/sec^2} \times \dfrac{1}{0.7}$
$= 0.0213 m$

answer 56 ㉮ 57 ㉱ 58 ㉱ 59 ㉯

> **TIP**
> A_a는 수로이므로 바간격과 바두께 고려 안함
> A_b는 통과면적이므로 바간격과 바두께 고려 함

60 바닥면적이 1km²인 호수의 물 깊이는 5m로 측정되었다. 한 달(30일) 사이 호수물의 인농도가 250μg/L에서 40μg/L로 감소하고 감소한 인은 모두 침강된 것으로 추정될 때 인의 침전율(mg/m²·day)은 얼마인가? (단, 호수의 유입, 유출은 고려하지 않음)

㉮ 26.6　　㉯ 35.0
㉰ 48.0　　㉱ 52.3

▶**풀이** 인의 침전율(mg/m²·day)
$= \dfrac{(250-40)\,\mu g}{L \cdot 달}(mg/m^3 \cdot 달) \times 10^6 m^2 \times 5m$
$\quad \times \dfrac{1달}{30\,day} \times \dfrac{1}{10^6 m^2}$
$= 35.0\,mg/m^2 \cdot day$

> **TIP**
> ① μg/L · 달 = mg/m³ · 달
> ② km² $\xrightarrow{\times 10^6}$ m²

| 제4과목 | 수질오염공정시험기준

61 95.5% H_2SO_4(비중 1.83)을 사용하여 0.5 N-H_2SO_4 250mL를 만들려면 95.5% H_2SO_4 몇 mL가 필요한가?

㉮ 17　　㉯ 14
㉰ 8.5　　㉱ 3.5

▶**풀이** ① N농도(eq/L)
$= \dfrac{1.83 \times 10^3\,g}{L} \times \dfrac{1eq}{98g/2} \times \dfrac{95.5\%}{100}$
$= 35.67\,N$
② $N_1 \times V_1 = N_2 \times V_2$
$0.5N \times 250mL = 35.67N \times V_2$
$\therefore V_2 = 3.50\,mL$

62 노말헥산 추출물질의 정도관리로 맞는 것은?

㉮ 정량한계는 0.5mg/L로 설정하였다.
㉯ 상대표준편차가 ±35%이내이면 만족한다.
㉰ 정확도가 110%여서 재시험을 수행하였다.
㉱ 정밀도가 10%여서 재시험을 수행하였다.

▶**풀이** 정도관리 항목
① 정량한계 : 0.5mg/L
② 정밀도 : 상대표준편차가 ±25% 이내
③ 정확도 : 75% ~ 125%

63 투명도 측정에 관한 내용으로 틀린 것은?

㉮ 투명도판(백색원판)의 지름은 30cm이다.
㉯ 투명도판에 뚫린 구멍의 지름은 5cm이다.
㉰ 투명도판에는 구멍이 8개 뚫려있다.
㉱ 투명도판의 무게는 약 2kg이다.

▶**풀이** ㉱ 투명도판의 무게는 약 3kg이다.

answer　60 ㉯　61 ㉱　62 ㉮　63 ㉱

64 노말 헥산 추출물질을 측정할 때 시험과정 중 지시약으로 사용되는 것은?

㉮ 메틸레드
㉯ 메틸오렌지
㉰ 메틸렌블루
㉱ 페놀프탈레인

풀이 시료 적당량을 분별깔때기에 넣고 메틸오렌지용액(0.1%) 2방울~3방울을 넣고 황색이 적색으로 변할 때까지 염산(1+1)을 넣어 시료의 pH를 4 이하로 조절한다.

65 배출허용기준 적합여부를 판정을 위해 자동 시료채취기로 시료를 채취하는 방법의 기준은 어느 것인가?

㉮ 6시간 이내에 30분 이상 간격으로 2회 이상 채취하여 일정량의 단일 시료로 한다.
㉯ 6시간 이내에 1시간 이상 간격으로 2회 이상 채취하여 일정량의 단일 시료로 한다.
㉰ 8시간 이내에 1시간 이상 간격으로 2회 이상 채취하여 일정량의 단일 시료로 한다.
㉱ 8시간 이내에 2시간 이상 간격으로 2회 이상 채취하여 일정량의 단일 시료로 한다.

TIP
암기할 내용
① 측정 : 2회
② 시간 간격 : 6시간
③ 분 간격 : 30분
④ 평균 : 산술평균

66 수중 시안을 측정하는 방법으로 가장 거리가 먼 것은?

㉮ 자외선/가시선 분광법
㉯ 이온전극법
㉰ 이온크로마토그래피법
㉱ 연속흐름법

풀이 시안을 측정하는 방법에는 자외선/가시선 분광법, 이온전극법, 연속흐름법이 있다.

67 시료의 전처리를 위한 산분해법 중 질산-과염소산법에 관한 설명으로 틀린 것은?

㉮ 과염소산을 넣을 경우 질산이 공존하지 않으면 폭발할 위험이 있으므로 반드시 질산을 먼저 넣어 주어야 한다.
㉯ 납을 측정할 경우 과염소산에 따른 납 증기발생으로 측정치에 손실을 가져온다.
㉰ 유기물을 다량 함유하고 있으면서 산분해가 어려운 시료들에 적용한다.
㉱ 유기물을 함유한 뜨거운 용액에 과염소산을 넣어서는 안 된다.

풀이 ㉯ 납을 측정할 경우 시료중에 황산이온(SO_4^{2-})이 다량 존재하면 불용성의 황산납이 생성되어 측정치에 손실을 가져온다.

68 물 1L에 NaOH 0.8g이 용해되었을 때의 농도(몰)는 얼마인가?

㉮ 0.1
㉯ 0.2
㉰ 0.01
㉱ 0.02

풀이 M농도(mol/L) = $\dfrac{0.8g}{1L} \times \dfrac{1mol}{40g}$ = 0.02M

69 이온 전극법에 대한 설명으로 틀린 것은?

㉮ 시료용액의 교반은 이온전극의 응답 속도 이외의 전극범위, 정량한계값에는 영향을 미치지 않는다.
㉯ 전극과 비교전극을 사용하여 전위를 측정하고 그 전위차로부터 정량하는 방법이다.
㉰ 이온전극법에 사용하는 장치의 기본 구성은 비교전극, 이온 전극, 자석교반기, 저항전위계, 이온측정기 등으로 되어 있다.
㉱ 이온전극의 종류에는 유리막 전극, 고체막전극, 격막형 전극이 있다.

풀이 ㉮ 시료용액의 교반은 이온전극의 응답속도 및 전극범위, 정량한계값에 영향을 미친다.

70 분원성 대장균군(시험관법)측정에 관한 내용으로 틀린 것은?

㉮ 분원성 대장균군 시험은 추정시험과 확정시험으로 한다.
㉯ 최적확수시험 결과는 분원성 대장균군수/1,000mL로 표시한다.
㉰ 확정시험에서 가스가 발생한 시료는 분원성 대장균군 양성으로 판정한다.
㉱ 분원성 대장균군은 온혈동물의 배설물에서 발견된 그람음성·무아포성의 간균으로서 44.5℃에서 락토오스를 분해하여 가스 또는 산을 생성하는 모든 호기성 또는 통기성 혐기성균을 말한다.

풀이 ㉯ 최적확수시험 결과는 분원성 대장균군수/100mL로 표시한다.

71 용존산소의 정량에 관한 설명으로 틀린 것은?

㉮ 전극법은 산화성물질이 함유된 시료나 착색된 시료에 적합하다.
㉯ 일반적으로 온도가 일정할 때 용존산소포화량은 수중의 염소이온량이 클수록 크다.
㉰ 시료가 착색, 현탁된 경우는 시료에 칼륨명반 용액과 암모니아수를 주입한다.
㉱ Fe(III) 100～200mg/L가 함유되어 있는 시료의 경우 황산을 첨가하기 전에 플루오린화칼륨용액 1mL을 가한다.

풀이 ㉯ 일반적으로 온도가 일정할 때 용존산소포화량은 수중의 염소이온량이 클수록 작다.

72 공장폐수 및 하수유량-관(pipe)내의 유량측정장치인 벤튜리미터의 범위(최대유량 : 최소유량)로 옳은 것은?

㉮ 2:1   ㉯ 3:1
㉰ 4:1   ㉱ 5:1

풀이 벤튜리미터의 범위(최대유량 : 최소유량)는 4:1이다.

answer 69 ㉮ 70 ㉯ 71 ㉯ 72 ㉰

73 기체크로마토그래피를 적용한 알킬수은 정량에 관한 내용으로 틀린 것은?

㉮ 검출기는 전자포획형 검출기를 사용하고 검출기의 온도는 140℃ ~ 200℃로 한다.
㉯ 정량한계는 0.0005mg/L이다.
㉰ 알킬수은화합물을 사염화탄소로 추출한다.
㉱ 정밀도(% RSD)는 ±25%이다.

[풀이] ㉰ 알킬수은화합물을 벤젠으로 추출한다.

74 자외선/가시선분광법을 이용한 음이온 계면활성제 측정에 관한 내용으로 ( )에 옳은 내용은?

> 물속에 존재하는 음이온 계면활성제를 측정하기 위해 (㉠)와 반응시켜 생성된 (㉡)의 착화합물을 클로로폼으로 추출하여 흡광도를 측정하는 방법이다.

㉮ ㉠ 메틸레드, ㉡ 적색
㉯ ㉠ 메틸렌레드, ㉡ 적자색
㉰ ㉠ 메틸오렌지, ㉡ 황색
㉱ ㉠ 메틸렌블루, ㉡ 청색

[풀이] 음이온 계면활성제를 측정하기 위해 메틸렌블루와 반응시켜 생성된 청색의 착화합물을 클로로폼으로 추출한다.

75 식물성 플랑크톤(조류)분석 시 즉시 시험하기 어려울 경우 시료보존을 위해 사용되는 것은? (단, 침강성이 좋지 않은 남조류나 파괴되기 쉬운 와편모 조류인 경우)

㉮ 사염화탄소용액 ㉯ 에틸알콜용액
㉰ 메틸알콜용액 ㉱ 루골용액

[풀이] 식물성 플랑크톤(조류)분석 시 즉시 시험하기 어려울 경우 루골용액을 사용하여 시료를 보존한다.

76 염소이온 측정방법 중 질산은 적정법의 정량한계(mg/L)는 얼마인가?

㉮ 0.1 ㉯ 0.3
㉰ 0.5 ㉱ 0.7

[풀이] 염소이온 측정방법 및 정량한계
① 이온크로마토그래피 : 0.1mg/L
② 적정법(질산은 적정법) : 0.7mg/L
③ 이온전극법 : 7mg/L

77 수질분석을 위한 시료 채취 시 유의사항으로 틀린 것은?

㉮ 채취용기는 시료를 채우기 전에 맑은 물로 3회 이상 씻은 다음 사용한다.
㉯ 용존가스, 환원성 물질, 휘발성 유기물질 등의 측정을 위한 시료는 운반 중 공기와의 접촉이 없도록 가득 채워야 한다.
㉰ 지하수 시료는 취수정 내에 고여 있는 물을 충분히 퍼냄(고여 있는 물의 4 ~ 5배 정도이나 pH 및 전기전도도를 연속적으로 측정하여 이 값이 평형을 이룰 때까지로 한다.) 다음 새로 나온 물을 채취한다.
㉱ 시료채취량은 시험항목 및 시험 횟수에 따라 차이가 있으나 보통 3L ~ 5L 정도이어야 한다.

[풀이] ㉮ 채취용기는 시료를 채우기 전에 시료로 3회 이상 씻은 다음 사용한다.

answer 73 ㉰ 74 ㉱ 75 ㉱ 76 ㉱ 77 ㉮

78 기체크로마토그래피법의 전자포획검출기에 관한 설명으로 ( )에 알맞은 것은?

> 방사선 동위원소로부터 방출되는 ( )이 운반기체를 전리하여 미소전류를 흘려보낼 때 시료 중의 할로겐이나 산소와 같이 전자포획력이 강한 화합물에 의하여 전자가 포획되어 전류가 감소하는 것을 이용하는 방법이다.

㉮ α (알파)선　　㉯ β (베타)선
㉰ γ (감마)선　　㉱ 중성자선

79 현재 널리 사용되고 있는 유도결합 플라스마의 고주파 전원으로 알맞은 것은?

㉮ 라디오고주파 발생기의 27.12MHz로 1kW 출력
㉯ 라디오고주파 발생기의 40.68MHz로 5kW 출력
㉰ 라디오고주파 발생기의 27.12MHz로 100kW 출력
㉱ 라디오고주파 발생기의 40.68MHz로 1,000kW 출력

[풀이] 유도결합 플라스마의 고주파 전원은 라디오고주파 발생기의 27.12 MHz로 1kW 출력이다.

80 중금속 측정을 위한 시료 전처리 방법 중 용매추출법인 피로리딘다이티오카르바민산 암모늄 추출법에 대한 설명으로 틀린 것은?

㉮ 시료 중의 구리, 아연, 납, 카드뮴, 니켈, 코발트 및 은등의 측정에 이용되는 방법이다.
㉯ 철의 농도가 높을 때에는 다른 금속 추출에 방해를 줄 수 있다.
㉰ 망간은 착화합물 상태에서 매우 안정적이기 때문에 추출되기 어렵다.
㉱ 크롬은 6가 크롬 상태로 존재할 경우에만 추출된다.

[풀이] ㉰ 망간은 착화합물 상태에서 매우 불안정하므로 추출 즉시 측정하여야 한다.

| 제5과목 | 수질환경관계법규 |

81 Ⅲ 지역에 있는 공공폐수처리시설의 방류수 수질기준으로 알맞은 것은? (단, 단위 : mg/L)

㉮ SS : 10 이하, 총질소 : 20 이하, 총인 : 0.5 이하
㉯ SS : 10 이하, 총질소 : 30 이하, 총인 : 1 이하
㉰ SS : 30 이하, 총질소 : 30 이하, 총인 : 2 이하
㉱ SS : 30 이하, 총질소 : 60 이하, 총인 : 4 이하

[풀이] 필기교재 법규편 37. 공공폐수 처리시설의 방류수 수질기준 참고

answer　78 ㉯　79 ㉮　80 ㉰　81 ㉮

82 환경부장관은 물환경보전법의 목적을 달성하기 위하여 필요하다고 인정하는 때에는 관계기관의 협조를 요청할 수 있다. 이 각 호에 해당하는 항 중에서 대통령령이 정하는 사항에 해당되지 않는 것은?

㉮ 도시개발제한구역의 지정
㉯ 녹지지역, 풍치지구 및 공지지구의 지정
㉰ 관광시설이나 산업시설 등의 설치로 훼손된 토지의 원상복구
㉱ 수질이 악화되어 수도용수의 취수가 불가능하여 댐저류수의 방류가 필요한 경우의 방류량 조절

83 제1종 사업장으로서 배출허용기준을 처음 위반한 경우 배출부과금 산정 시 부과되는 계수는 얼마인가? (단, 사업장 규모 : 10,000m³/day 이상인 경우)

㉮ 2.0   ㉯ 1.8
㉰ 1.6   ㉱ 1.4

[풀이] 사업장별 부과계수
① 10,000 m³/일 이상 : 1.8
② 8,000 m³/일 이상 10,000 m³/일 미만 : 1.7
③ 6,000 m³/일 이상 8,000 m³/일 미만 : 1.6
④ 4,000 m³/일 이상 6,000 m³/일 미만 : 1.5
⑤ 2,000 m³/일 이상 4,000 m³/일 미만 : 1.4
⑥ 제2종 사업장 : 1.3
⑦ 제3종 사업장 : 1.2
⑧ 제4종 사업장 : 1.1

84 낚시제한구역에서의 낚시방법 제한사항에 관한 기준으로 틀린 것은?

㉮ 1명당 4대 이상의 낚시대를 사용하는 행위
㉯ 낚시 바늘에 끼워서 사용하지 아니하고 떡밥 등을 던지는 행위
㉰ 1개의 낚시대에 3개의 낚시바늘을 떡밥과 뭉쳐서 미끼로 던지는 행위
㉱ 어선을 이용한 낚시 행위 등[낚시 관리 및 육성법]에 따른 낚시어선업을 영위하는 행위

[풀이] ㉰ 1개의 낚시대에 5개 이상의 낚시바늘을 떡밥과 뭉쳐서 미끼로 던지는 행위

85 공공폐수처리시설의 유지·관리기준에 관한 내용으로 ( )에 맞는 것은?

> 처리시설의 가동시간, 폐수방류량, 약품투입량, 관리·운영자, 그 밖에 처리시설의 운영에 관한 주요사항을 사실대로 매일 기록하고 이를 최종 기록한 날부터 ( )보존하여야 한다.

㉮ 1년간   ㉯ 2년간
㉰ 3년간   ㉱ 5년간

[풀이] ① 폐수배출시설의 운영일지 보존기간 : 1년
② 폐수무방류배출시설의 운영일지 보존기간 : 3년

answer   82 ㉯   83 ㉯   84 ㉰   85 ㉮

86 수질 및 수생태계 환경기준 중 하천의 "사람의 건강보호 기준"으로 옳은 것은? (단, 단위는 mg/L)

㉮ 벤젠 : 0.03 이하
㉯ 클로로포름 : 0.08 이하
㉰ 비소 : 검출되어서는 안 됨(검출한계 0.01)
㉱ 음이온계면활성제 : 0.1 이하

풀이 ㉮ 벤젠 : 0.01mg/L 이하
㉰ 비소 : 0.05mg/L 이하
㉱ 음이온계면활성제 : 0.5mg/L 이하

87 사업장별 환경기술인의 자격기준에 관한 내용으로 틀린 것은?

㉮ 대기환경기술인으로 임명된 자가 수질환경기술인의 자격을 함께 갖춘 경우에는 수질환경기술인을 겸임할 수 있다.
㉯ 공동방지시설에 있어서 폐수배출량이 1, 2종 사업장 규모인 경우에는 3종사업장에 해당하는 환경기술인을 선임할 수 있다.
㉰ 연간 90일 미만 조업하는 1, 2, 3종사업장은 4, 5종사업장에 해당하는 환경기술인을 선임할 수 있다.
㉱ 특정수질유해물질이 포함된 수질오염물질을 배출하는 4, 5종사업장은 3종사업장에 해당하는 환경기술인을 두어야 한다. 다만, 특정수질유해물질이 포함된 1일 10m³ 이하의 폐수를 배출하는 사업장의 경우에는 그러하지 아니하다.

풀이 ㉯ 공동방지시설에 있어서 폐수배출량이 제4종 또는 제5종 사업장 규모인 경우에는 3종사업장에 해당하는 환경기술인을 선임하여야 한다.

88 시·도지사는 공공수역의 수질보전을 위하여 환경부령이 정하는 해발고도 이상에 위치한 농경지 중 환경부령이 정하는 경사도 이상의 농경지를 경작하는 자에 대하여 경작방식의 변경, 농약·비료의 사용량 저감, 휴경 등을 권고할 수 있다. 위에서 언급한 환경부령이 정하는 해발고도와 경사도 기준은 어느 것인가?

㉮ 400미터, 15퍼센트
㉯ 400미터, 25퍼센트
㉰ 600미터, 15퍼센트
㉱ 600미터, 25퍼센트

풀이 해발고도 : 400미터, 경사도 : 15퍼센트

89 국립환경과학원장, 유역환경청장, 지방환경청장이 설치할 수 있는 측정망과 가장 거리가 먼 것은?

㉮ 생물 측정망
㉯ 공공수역 유해물질 측정망
㉰ 도심하천 측정망
㉱ 퇴적물 측정망

풀이 ㉰ 도심하천 측정망은 시·도지사, 대도시의 장, 수면관리자에 해당한다.

TIP
측정망의 종류
1. 국립환경과학원장, 유역환경청장, 지방환경청장이 설치하는 측정망
   ① 비점오염원에서 배출되는 비점오염물질 측정망
   ② 수질오염물질의 총량관리를 위한 측정망

answer 86 ㉯ 87 ㉯ 88 ㉮ 89 ㉰

③ 대규모 오염원의 하류지점 측정망
④ 수질오염경보를 위한 측정망
⑤ 대권역·중권역을 관리하기 위한 측정망
⑥ 공공수역 유해물질 측정망
⑦ 퇴적물 측정망
⑧ 생물 측정망
2. 시·도지사, 대도시의 장, 수면관리자가 설치하는 측정망
① 소권역을 관리하는 측정망
② 도심하천 측정망

90 기본배출부과금에 관한 설명으로 알맞은 것은?

> 공공폐수처리시설 또는 공공하수처리시설에서 배출되는 폐수 중 수질오염 물질이 ( ) 하는 경우

㉮ 배출허용기준을 초과
㉯ 배출허용기준을 미달
㉰ 방류수수질기준을 초과
㉱ 방류수수질기준을 미달

풀이 기본배출부과금
① 배출시설(폐수무방류배출시설 제외)에서 배출되는 폐수 중 수질오염물질이 배출허용기준 이하로 배출되나 방류수 수질기준을 초과하는 경우
② 공공폐수처리시설 또는 공공하수처리시설에서 배출되는 폐수 중 수질오염 물질이 방류수 수질기준을 초과하는 경우

91 환경부장관 또는 시·도지사는 수질오염 피해가 우려되는 하천·호소를 선정하여 수질오염 경보를 단계별로 발령할 수 있다. 수질오염 경보의 경보단계별 발령 및 해제기준으로 틀린 것은?

㉮ 관심 : 2회 연속채취시 남조류 세포수 1,000세포/mL 이상 10,000세포/mL 미만인 경우
㉯ 경계 : 2회 연속채취시 남조류 세포수 10,000세포/mL 이상 1,000,000세포/mL 미만인 경우
㉰ 조류 대발생 : 2회 연속채취시 남조류 세포수 1,000,000세포/mL 이상인 경우
㉱ 해제 : 2회 연속채취시 남조류 세포수 500세포/mL 미만인 경우

풀이 조류경보(상수원 구간)

경보단계	발령·해제기준
관심	2회 연속 채취 시 남조류의 세포수가 1,000세포/mL 이상 10,000세포/mL 미만인 경우
경계	2회 연속 채취 시 남조류의 세포수가 10,000세포/mL 이상 1,000,000세포/mL 미만인 경우
조류 대발생	2회 연속 채취 시 남조류의 세포수가 1,000,000세포/mL 이상
해제	2회 연속 채취 시 남조류의 세포수가 1,000세포/mL 미만

92 상수원을 오염시킬 우려가 있는 물질을 수송하는 자동차의 통행을 제한하고자 한다. 표지판을 설치해야 하는 자는 누구인가?

㉮ 경찰청장   ㉯ 환경부장관
㉰ 대통령   ㉱ 지자체장

풀이 자동차의 통행을 제한하고자 하는 경우 표지판은 경찰청장이 설치한다.

answer   90 ㉰   91 ㉱   92 ㉮

93 폐수종말처리시설의 배수설비 설치방법 및 구조기준으로 틀린 것은?

㉮ 배수관의 관경은 100mm 이상으로 하여야 한다.
㉯ 배수관은 우수관과 분리하여 빗물이 혼합되지 않도록 설치하여야 한다.
㉰ 배수관이 직선인 부분에는 내경의 120배 이하의 간격으로 맨홀을 설치하여야 한다.
㉱ 배수관 입구에는 유효간격 10mm 이하의 스크린을 설치하여야 한다.

[풀이] ㉮ 배수관의 관경은 150mm 이상으로 하여야 한다.

94 특정수질유해물질에 해당되지 않는 것은?

㉮ 트리클로로메탄
㉯ 1,1-디클로로에틸렌
㉰ 디클로로메탄
㉱ 펜타클로로페놀

95 수질(하천)의 생활환경기준 항목이 아닌 것은?

㉮ 수소이온농도 ㉯ 부유물질량
㉰ 용매 추출유분 ㉱ 총대장균군

[풀이] 수질(하천)의 생활환경기준 항목은 수소이온농도, 생물화학적산소요구량, 화학적산소요구량, 총유기탄소, 부유물질량, 용존산소량, 총인, 총대장균군이다.

96 오염총량관리기본계획 수립 시 포함되지 않는 내용은?

㉮ 해당 지역 개발계획의 내용
㉯ 지방자치단체별·수계 구간별 오염부하량의 할당
㉰ 관할 지역에서 배출되는 오염부하량의 총량 및 저감계획
㉱ 오염총량초과부과금의 산정방법과 산정기준

[풀이] ㉱ 해당 지역 개발계획으로 인하여 추가로 배출되는 오염부하량 및 그 저감계획

97 폐수처리업자의 준수사항 내용으로 ( )에 알맞은 것은?

> 수탁한 폐수는 정당한 사유없이 ( ) 이상 보관할 수 없다.

㉮ 10일   ㉯ 15일
㉰ 30일   ㉱ 45일

[풀이] 수탁한 폐수는 정당한 사유없이 10일 이상 보관할 수 없다.

answer 93 ㉮ 94 ㉮ 95 ㉰ 96 ㉱ 97 ㉮

98 배출시설에 대한 일일 기준초과배출량 산정에 적용되는 일일유량은 (측정유량×일일조업시간)이다. 일일유량을 구하기 위한 일일조업시간에 대한 설명으로 ( )에 맞는 것은?

> 측정하기 전 최근 조업한 30일간의 배출시설 조업시간의 (㉠)로서 (㉡)으로 표시한다.

㉮ ㉠ 평균치, ㉡ 분(min)
㉯ ㉠ 평균치, ㉡ 시간(hr)
㉰ ㉠ 최대치, ㉡ 분(min)
㉱ ㉠ 최대치, ㉡ 시간(hr)

풀이 일일조업시간은 측정하기 전 최근 조업한 30일간의 배출시설 조업시간의 평균치로서 분으로 표시한다.

99 하수도법에서 사용하는 용어에 대한 정의가 틀린 것은?

㉮ 분뇨는 수거식 화장실에서 수거되는 액체성 또는 고체성의 오염물질이다.
㉯ 합류식 하수관로는 오수와 하수도로 유입되는 빗물·지하수가 함께 흐르도록 하기 위한 하수관로이다.
㉰ 분뇨처리시설은 분뇨를 침전·분해 등의 방법으로 처리하는 시설이다.
㉱ 배수구역은 하수를 공공하수처리시설에 유입하여 처리할 수 있는 지역이다.

풀이 ㉱ 배수구역은 공공하수도에 의하여 하수를 유출시킬 수 있는 지역이다.

100 오염총량관리 시행계획에 포함되지 않는 것은?

㉮ 대상 유역의 현황
㉯ 연차별 오염부하량 삭감 목표 및 구체적 삭감 방안
㉰ 수질과 오염원과의 관계
㉱ 수질예측 산정자료 및 이행 모니터링 계획

풀이 오염총량관리 시행계획에 포함되는 사항은 ① 오염총량관리시행계획 대상 유역의 현황, ② 오염원 현황 및 예측, ③ 연차별 지역 개발계획으로 인하여 추가로 배출되는 오염부하량 및 해당 개발계획의 세부내용, ④ 연차별 오염부하량 삭감 목표 및 구체적 삭감 방안, ⑤ 오염부하량 할당 시설별 삭감량 및 그 이행시기, ⑥ 수질예측 산정자료 및 이행 모니터링 계획이다.

answer 98 ㉮ 99 ㉱ 100 ㉰

2022년 2회 수질환경기사

2022년 4월 24일 시행

| 제1과목 | 수질오염개론

01 하수가 유입된 하천의 자정작용을 하천 유하거리에 따라 분해지대, 활발한 분해지대, 회복지대, 정수지대의 4단계로 분류하여 나타내는 경우, 회복지대의 특성으로 틀린 것은?

㉮ 세균수가 감소한다.
㉯ 발생된 암모니아성 질소가 질산화 된다.
㉰ 용존산소의 농도가 포화될 정도로 증가한다.
㉱ 규조류가 사라지고 윤충류, 갑각류도 감소한다.

풀이 ㉱ 규조류가 나타나고 윤충류, 갑각류도 증가한다.

02 강우의 pH에 관한 설명으로 틀린 것은?

㉮ 보통 대기중의 이산화탄소와 평형상태에 있는 물은 약 pH 5.7의 산성을 띠고 있다.
㉯ 산성강우의 주요원인 물질로 황산화물, 질소산화물 및 염소산화물을 들 수 있다.
㉰ 산성 강우현상은 대기오염이 혹심한 지역에 국한되어 나타난다.
㉱ 강우는 부유재(fly ash)로 인하여 때때로 알칼리성을 띨 수 있다.

풀이 ㉰ 산성 강우현상은 대기오염이 혹심한 지역 뿐만 아니라 전체적으로 나타난다.

03 호소의 부영양화에 대한 일반적 영향으로 틀린 것은?

㉮ 부영양화가 진행된 수원을 농업용수로 사용하면 영양염류의 공급으로 농산물 수확량이 지속적으로 증가한다.
㉯ 조류나 미생물에 의해 생성된 용해성 유기물질이 불쾌한 맛과 냄새를 유발한다.
㉰ 부영양화평가모델은 인(P)부하 모델인 Vollenweider 모델 등이 대표적이다.
㉱ 심수층의 용존산소량이 감소한다.

풀이 ㉮ 부영양화가 진행된 수원을 농업용수로 사용하면 영양염류의 공급으로 농산물 수확량이 일시적으로 증가한다.

answer 01 ㉱ 02 ㉰ 03 ㉮

04 수질오염물질 중 중금속에 관한 설명으로 틀린 것은?

㉮ 카드뮴 : 인체 내에서 투과성이 높고 이동성이 있는 독성 메틸 유도체로 전환된다.
㉯ 비소 : 인산염 광물에 존재해서 인 화합물 형태로 환경 중에 유입된다.
㉰ 납 : 급성독성은 신장, 생식계통, 간 그리고 뇌와 중추신경계에 심각한 장애를 유발한다.
㉱ 수은 : 수은 중독은 BAL, Ca_2EDTA로 치료할 수 있다.

풀이 ㉮ 카드뮴 : 인체 내에서 투과성이 낮고 이동성이 없는 유도체로 전환된다.

TIP
암기해야 할 오염물질별 질환
① 수은(Hg) : 미나마타병, 헌터-루셀증후군
② 카드뮴(Cd) : 이따이이따이병
③ 폴리클로리네이티드비페닐(PCB) : 카네미유증

05 광합성에 대한 설명으로 틀린 것은?

㉮ 호기성광합성(녹색식물의 광합성)은 진조류와 청녹조류를 위시하여 고등식물에서 발견된다.
㉯ 녹색식물의 광합성은 탄산가스와 물로부터 산소와 포도당(또는 포도당 유도산물)을 생성하는 것이 특징이다.
㉰ 세균활동에 의한 광합성은 탄산가스의 산화를 위하여 물 이외의 화합물질이 수소원자를 공여, 유리산소를 형성한다.
㉱ 녹색식물의 광합성 시 광은 에너지를 그리고 물은 환원반응에 수소를 공급해 준다.

풀이 ㉰ 세균활동에 의한 광합성은 황화수소와 수소를 수소원으로 하며, 산소를 발생하지 않는다.

06 물의 특성에 대한 설명으로 틀린 것은?

㉮ 기화열이 크기 때문에 생물의 효과적인 체온 조절이 가능하다.
㉯ 비열이 크기 때문에 수온의 급격한 변화를 방지해 줌으로써 생물활동이 가능한 기온을 유지한다.
㉰ 융해열이 작기 때문에 생물체의 결빙이 쉽게 일어나지 않는다.
㉱ 빙점과 비점사이가 100℃나 되므로 넓은 범위에서 액체 상태를 유지할 수 있다.

풀이 ㉰ 융해열이 크기 때문에 생물체의 결빙이 쉽게 일어나지 않는다.

TIP
물의 특성에 대한 내용은 시험에 출제빈도가 높으므로 이론편의 내용을 숙지하셔야 합니다.

07 생물농축에 대한 설명으로 가장 틀린 것은?

㉮ 수생생물체 내의 각종 중금속 농도는 환경수중의 농도보다는 높은 경우가 많다.
㉯ 생물체중의 농도와 환경수중의 농도비를 농축비 또는 농축계수라고 한다.
㉰ 수생생물의 종류에 따라서 중금속의 농축비가 다른 경우가 많다.
㉱ 농축비는 먹이사슬 과정에서 높은 단계의 소비자에 상당하는 생물일수록 낮게 된다.

풀이 ㉱ 농축비는 먹이사슬 과정에서 높은 단계의 소비자에 상당하는 생물일수록 높게 된다.

answer 04 ㉮ 05 ㉰ 06 ㉰ 07 ㉱

08 벤젠, 톨루엔, 에틸벤젠, 자일렌이 같은 몰수로 혼합된 용액이 라울트 법칙을 따른다고 가정하면 혼합액의 총 증기압(25℃기준, atm)은 얼마인가? (단, 벤젠, 톨루엔, 에틸벤젠, 자일렌의 25℃에서 순수액체의 증기압은 각각 0.126, 0.038, 0.0126, 0.01177atm이며, 기타조건은 고려하지 않음)

㉮ 0.047 ㉯ 0.057
㉰ 0.067 ㉱ 0.077

풀이 혼합액의 총 증기압
$$= \frac{(0.126 + 0.038 + 0.0126 + 0.01177)\,\text{atm}}{4}$$
$$= 0.047\,\text{atm}$$

09 BOD_5가 270mg/L이고, COD가 450mg/L인 경우, 탈산소계수(K_1)의 값이 0.1/day일 때, 생물학적 분해 불가능한 COD(mg/L)는 얼마인가? (단, BDCOD = BOD_u, 상용대수 기준)

㉮ 약 55 ㉯ 약 65
㉰ 약 75 ㉱ 약 85

풀이
① $BOD_5 = BOD_u \times (1 - 10^{-k_1 \times t})$
  $270\,\text{mg/L} = BOD_u \times (1 - 10^{-0.1/\text{day} \times 5\text{day}})$
  ∴ $BOD_u = 394.868\,\text{mg/L}$
② NBDCOD = COD − BDCOD
  = 450 mg/L − 394.868 mg/L
  = 55.13 mg/L

10 다음은 수질조사에서 얻은 결과인데, Ca^{2+} 결과치의 분실로 인하여 기재가 되지 않았다. 주어진 자료로부터 Ca^{2+} 농도(mg/L)는 얼마인가?

양이온(mg/L)		음이온(mg/L)	
Na^+	46	Cl^-	71
Ca^{2+}	-	HCO_3^-	122
Mg^{2+}	36	SO_4^{2-}	192

㉮ 20 ㉯ 40
㉰ 60 ㉱ 80

풀이
① $\dfrac{\text{총경도(mg/L)}}{50\text{g}} = \dfrac{Mg^{2+}\,\text{mg/L}}{12\text{g}}$
  $\dfrac{\text{총경도(mg/L)}}{50\text{g}} = \dfrac{36\,\text{mg/L}}{12\text{g}}$
  ∴ 총경도 = 150 mg/L
② $\dfrac{\text{총경도(mg/L)}}{50\text{g}} = \dfrac{Ca^{2+}\,\text{mg/L}}{20\text{g}}$
  $\dfrac{150\,\text{mg/L}}{50\text{g}} = \dfrac{Ca^{2+}}{20\text{g}}$
  ∴ $Ca^{2+} = 60\,\text{mg/L}$

11 부영양화가 진행된 호소에 대한 수면관리대책으로 틀린 것은?

㉮ 수중 폭기한다.
㉯ 퇴적층을 준설한다.
㉰ 수생식물을 이용한다.
㉱ 살조제는 황산알루미늄을 주로 많이 쓴다.

풀이 ㉱ 살조제는 황산동($CuSO_4$)을 주로 많이 쓴다.

---

answer 08 ㉮ 09 ㉮ 10 ㉰ 11 ㉱

12 생물학적 질화 중 아질산화에 관한 설명으로 틀린 것은?

㉮ Nitrobacter에 의해 수행된다.
㉯ 수율은 0.04 ~ 0.13mg VSS/mg NH_4^+-N 정도이다.
㉰ 관련 미생물은 독립영양성 세균이다.
㉱ 산소가 필요하다.

풀이 ㉮ Nitrosomonas에 의해 수행된다.

TIP
Nitrobacter는 $NO_2^- \rightarrow NO_3^-$에 참여하는 질산균으로 독립영양계에 해당한다.

13 0.01M-KBr과 0.02M-$ZnSO_4$ 용액의 이온강도는 얼마인가? (단, 완전 해리 기준)

㉮ 0.08 ㉯ 0.09
㉰ 0.12 ㉱ 0.14

풀이
$KBr \rightarrow K^+ + Br^-$
0.01M 0.01M 0.01M
$ZnSO_4 \rightarrow Zn^{2+} + SO_4^{2-}$
0.02M 0.02M 0.02M

이온강도(I)
$= \dfrac{\text{합}\{\text{몰수} \times (\text{가수})^2\}}{2}$
$= \dfrac{1}{2} \times \{(0.01M \times 1^2) + (0.01M \times 1^2) + (0.02M \times 2^2) + (0.02M \times 2^2)\}$
$= 0.09$

TIP
이온강도(I) : 용액중에 있는 이온의 전체농도를 나타내는 척도이다.

14 바닷물에 0.054M의 $MgCl_2$가 포함되어 있을 때 바닷물 250mL에 포함되어 있는 $MgCl_2$의 양(g)은 얼마인가? (단, 원자량 Mg = 24.3, Cl = 35.5)

㉮ 약 0.8 ㉯ 약 1.3
㉰ 약 2.6 ㉱ 약 3.9

풀이 $MgCl_2$의 1mol = 95.3g
$\dfrac{\text{mol}}{\text{L}} = \dfrac{w(g)}{V(L)} \times \dfrac{1\text{mol}}{\text{분자량}(g)}$

따라서 $0.054 M(\text{mol/L}) = \dfrac{w(g)}{0.25L} \times \dfrac{1\text{mol}}{95.3g}$

∴ w = 1.29g

15 반응속도에 관한 설명으로 틀린 것은?

㉮ 영차반응 : 반응물의 농도에 독립적인 속도로 진행하는 반응이다.
㉯ 일차반응 : 반응속도가 시간에 따른 반응물의 농도변화 정도에 반비례하여 진행하는 반응이다.
㉰ 이차반응 : 반응속도가 한가지 반응물 농도의 제곱에 비례하여 진행하는 반응이다.
㉱ 실험치에 따라 특정 반응속도의 차수를 구하기 위하여는 시간에 따른 농도변화를 그래프로 그리고 직선으로부터의 편차를 구하여 평가한다.

풀이 ㉯ 일차반응 : 반응속도가 시간에 따른 반응물의 농도변화 정도에 비례하여 진행하는 반응이다.

answer 12 ㉮ 13 ㉯ 14 ㉯ 15 ㉯

16 방사성 물질인 스트론튬(Sr^{90})의 반감기가 29년이라면 주어진 양의 스트론튬(Sr^{90})이 99% 감소하는데 걸리는 시간(년)은?

㉮ 143 ㉯ 193
㉰ 233 ㉱ 273

풀이 ① 반감기 이용
$$\ln\frac{1}{2} = -k \times t$$
$$\ln\frac{1}{2} = -k \times 29년$$
$$\therefore k = \frac{\ln\frac{1}{2}}{-29년} = 0.0239/년$$

② 1차 반응식 이용
$$\ln\frac{C_t}{C_o} = -k \times t$$
$$\ln\frac{1\%}{100\%} = -0.0239/년 \times t$$
$$\therefore t = \frac{\ln\frac{1\%}{100\%}}{-0.0239/년} = 192.69년$$

17 수질모델링을 위한 절차에 해당하는 항목으로 틀린 것은?

㉮ 변수추정 ㉯ 수질 예측 및 평가
㉰ 보정 ㉱ 감응도 분석

TIP
수질모델링을 위한 절차에는 모델의 설계 및 자료수집, 보정, 검증, 감응도 분석, 수질 예측 및 평가 등이 필요하다.

18 다음과 같은 수질을 가진 농업용수의 SAR값은? (단, Na^+ = 460mg/L, PO_4^{3-} = 1,500mg/L, Cl^- = 108mg/L, Ca^{2+} = 600mg/L, Mg^{2+} = 240mg/L, NH_3-N = 380mg/L, 원자량 = Na : 23, P : 31, Cl : 35.5, Ca : 40, Mg : 24)

㉮ 2 ㉯ 4
㉰ 6 ㉱ 8

풀이 ① mN = mg/L ÷ 1당량 mg
Na^+ = 460mg/L ÷ 23 = 20mN
Ca^{2+} = 600mg/L ÷ 20 = 30mN
Mg^{2+} = 240mg/L ÷ 12 = 20mN

② SAR(나트륨흡착률)
$$= \frac{Na^+}{\sqrt{\frac{Ca^{2+} + Mg^{2+}}{2}}}$$
$$= \frac{20mN}{\sqrt{\frac{30mN + 20mN}{2}}} = 4$$

19 다음의 기체 법칙 중 옳은 것은?

㉮ Boyle의 법칙 : 일정한 압력에서 기체의 부피는 절대온도에 정비례한다.
㉯ Henry의 법칙 : 기체와 관련된 화학반응에서는 반응하는 기체와 생성되는 기체의 부피사이에 정수관계가 있다.
㉰ Graham의 법칙 : 기체의 확산속도(조그마한 구멍을 통한 기체의 탈출)는 기체 분자량의 제곱근에 반비례한다.
㉱ Gay-Lussac의 결합 부피 법칙 : 혼합 기체 내의 각 기체의 부분압력은 혼합물 속의 기체의 양에 비례한다.

풀이 ㉮ Boyle의 법칙 : 일정한 온도에서 기체의 압력과 그 부피는 반비례한다.
㉯ Henry의 법칙 : 용해도가 크지 않은 기체가 일정한 온도에서 일정량의 액체에 녹는 무게는

answer 16 ㉯ 17 ㉮ 18 ㉯ 19 ㉰

압력에 비례하며, 혼합기체는 그 부분압력에 비례한다.
㉣ Gay-Lussac의 결합 부피 법칙 : 기체와 관련된 화학반응에서는 반응하는 기체와 생성되는 기체의 부피사이에 정수관계가 있다.

20 시료의 BOD_5가 200mg/L이고 탈산소계수값이 $0.15day^{-1}$일 때 최종 BOD(mg/L)는?

㉮ 약 213   ㉯ 약 223
㉰ 약 233   ㉱ 약 243

풀이 $BOD_5 = BOD_u \times (1 - 10^{-k_1 \times t})$
$200mg/L = BOD_u \times (1 - 10^{-0.15/day \times 5day})$
$\therefore BOD_u = \dfrac{200mg/L}{(1 - 10^{-0.15/day \times 5day})}$
$= 243.26 \, mg/L$

| 제2과목 | 상하수도계획

21 계획 오수량에 관한 설명으로 ( )에 알맞은 내용은?

> 합류식에서 우천 시 계획 오수량은 ( ) 이상으로 한다.

㉮ 원칙적으로 계획 1일 최대 오수량의 2배
㉯ 원칙적으로 계획 1일 최대 오수량의 3배
㉰ 원칙적으로 계획시간 최대 오수량의 2배
㉱ 원칙적으로 계획시간 최대 오수량의 3배

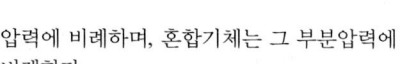

풀이 합류식에서 우천 시 계획 오수량은 원칙적으로 계획시간 최대 오수량의 3배 이상으로 한다.

22 하수 배제 방식의 특징에 대한 설명으로 틀린 것은?

㉮ 분류식은 우천 시에 월류가 없다.
㉯ 분류식은 강우초기 노면 세정수가 하천 등으로 유입되지 않는다.
㉰ 합류식 시설의 일부를 개선 또는 개량하면 강우초기의 오염된 우수를 수용해서 처리할 수 있다.
㉱ 합류식은 우천 시 일정량 이상이 되면 오수가 월류한다.

풀이 ㉯ 분류식은 강우초기 노면 세정수가 하천 등으로 유입된다.

23 정수처리 방법인 중간염소처리에서 염소의 주입 지점으로 가장 적절한 것은?

㉮ 혼화지와 침전지 사이
㉯ 침전지와 여과지 사이
㉰ 착수정과 혼화지 사이
㉱ 착수정과 도수관 사이

풀이 중간염소처리에서 염소의 주입 지점은 침전지와 여과지 사이이다.

answer 20 ㉱   21 ㉱   22 ㉯   23 ㉯

24 계획취수량을 확보하기 위하여 필요한 저수용량의 결정에 사용되는 계획기준년에 관한 내용으로 ( )에 적절한 것은?

> 원칙적으로 ( )에 제1위 정도의 갈수를 표준으로 한다.

㉮ 5개년 ㉯ 7개년
㉰ 10개년 ㉱ 15개년

풀이 계획기준년은 원칙적으로 10개년에 제1위 정도의 갈수를 표준으로 한다.

25 하수관로에 관한 설명 중 틀린 것은?

㉮ 우수관로에서 계획하수량은 계획우수량으로 한다.
㉯ 합류식 관로에서 계획하수량은 계획시간 최대오수량에 계획우수량을 합한 것으로 한다.
㉰ 차집관로에서 계획하수량은 계획시간 최대오수량으로 한다.
㉱ 지역의 실정에 따라 계획하수량에 여유율을 둘 수 있다.

풀이 ㉰ 차집관로에서 계획하수량은 우천시 계획 오수량으로 한다.

26 기존의 하수처리시설에 고도처리시설을 설치하고자 할 때 검토사항으로 틀린 것은?

㉮ 표준활성슬러지법이 설치된 기존처리장의 고도처리 개량은 개선대상 오염물질별 처리특성을 감안하여 효율적인 설계가 되어야 한다.
㉯ 시설개량은 시설개량방식을 우선 검토하되 방류수 수질기준 준수가 곤란한 경우에 한해 운전 개선 방식을 함께 추진하여야 한다.
㉰ 기본설계과정에서 처리장의 운영실태 정밀분석을 실시한 후 이를 근거로 사업추진방향 및 범위 등을 결정하여야 한다.
㉱ 기존시설물 및 처리공정을 최대한 활용하여야 한다.

풀이 ㉯ 시설개량은 시설개량방식을 우선 검토하되 방류수 수질기준 준수 여부와 상관없이 운전 개선 방식을 함께 추진하여야 한다.

27 해수담수화방식 중 상(相)변화 방식인 증발법에 해당되는 것은?

㉮ 가스수화물법 ㉯ 다중효용법
㉰ 냉동법 ㉱ 전기투석법

풀이 해수담수화방식 중 상(相)변화 방식
① 증발법 : 다단 플래쉬법, 다중 효용법, 증기 압축법, 투과 기화법
② 결정법 : 냉동법, 가스수화물법

28 1분당 300m³의 물을 150m 양정(전양정)할 때 최고효율점에 달하는 펌프가 있다. 이때의 회전수가 1,500rpm이라면, 이 펌프의 비속도(비교회전도)는?

㉮ 약 512 ㉯ 약 554
㉰ 약 606 ㉱ 약 658

풀이
$$Ns = N \times \frac{Q^{\frac{1}{2}}}{H^{\frac{3}{4}}}$$
여기서 Ns : 비교회전도(rpm)

answer 24 ㉰ 25 ㉰ 26 ㉯ 27 ㉯ 28 ㉰

N : 규정회전수(rpm)
Q : 토출량(m^3/min)
H : 전양정(m)

따라서 $Ns = 1,500\,rpm \times \dfrac{(300\,m^3/min)^{\frac{1}{2}}}{(150\,m)^{\frac{3}{4}}}$

$= 606.15\,rpm$

29 펌프의 토출량이 0.20㎥/sec, 흡입구 유속이 3m/sec인 경우, 펌프의 흡입구경(mm)은?

㉮ 약 198 ㉯ 약 292
㉰ 약 323 ㉱ 약 413

풀이 $D = 146 \times \sqrt{\dfrac{Q}{V}}$

여기서 D : 펌프의 흡입구경(mm)
Q : 펌프의 토출량(m^3/min)
V : 유속(m/sec)

따라서 $D = 146 \times \sqrt{\dfrac{0.2\,m^3/sec \times 60\,sec/min}{3\,m/sec}}$

$= 292\,mm$

30 막모듈의 열화와 가장 거리가 먼 것은?

㉮ 장기적인 압력부하에 의한 막 구조의 압밀화
㉯ 건조되거나 수축으로 인한 막 구조의 비가역적인 변화
㉰ 원수 중의 고형물이나 진동에 의한 막면의 상처, 마모, 파단
㉱ 막의 다공질부의 흡착, 석출, 포착 등에 의한 폐색

풀이 ㉱번은 파울링에 대한 설명이다.

TIP
용어설명
① 막의 열화 : 막 자체의 변질로 생긴 비가역적인 막 성능의 저하를 의미한다.
② 막의 파울링 : 막 자체의 변질이 아닌 외적 인자로 생긴 막 성능의 저하를 의미한다.

31 상수도 계획급수량과 관련된 내용으로 틀린 것은?

㉮ 계획 1일 평균급수량 = 계획1일평균사용수량/계획유효율
㉯ 계획 1일 최대급수량 = 계획1일평균급수량×계획첨두율
㉰ 일반적인 산정절차는 각 용도별 1일평균사용수량(실적) → 각 계획용도별 1일평균사용수량 → 계획 1일평균사용수량 → 계획 1일평균급수량 → 계획 1일최대급수량으로 한다.
㉱ 일반적으로 소규모 도시일수록 첨두율 값이 작다.

풀이 ㉱ 일반적으로 소규모 도시일수록 첨두율(평균유량/하수량) 값이 크다.

32 오수 이송방법은 자연유하식, 압력식, 진공식이 있다. 이중 압력식(다중압송)에 관한 내용으로 틀린 것은?

㉮ 지형변화에 대응이 어렵다.
㉯ 지속적인 유지관리가 필요하다.
㉰ 저지대가 많은 경우 시설이 복잡하다.
㉱ 정전 등 비상대책이 필요하다.

풀이 ㉮ 지형변화에 대응이 용이하다.

answer 29 ㉯ 30 ㉱ 31 ㉱ 32 ㉮

33 도수거에 관한 설명으로 틀린 것은?

㉮ 수리학적으로 자유 수면을 갖고 중력작용으로 경사진 수로를 흐르는 시설이다.
㉯ 개거나 암거인 경우에는 대개 300~500m 간격으로 시공조인트를 겸한 신축조인트를 설치한다.
㉰ 균일한 동수경사(통상 1/3,000~1/1,000)로 도수하는 시설이다.
㉱ 도수거의 평균유속의 최대한도는 3.0m/sec로 하고 최소유속은 0.3m/sec로 한다.

[풀이] ㉯ 개거나 암거인 경우에는 대개 30~50m 간격으로 시공조인트를 겸한 신축조인트를 설치한다.

34 하수처리를 위한 산화구법에 관한 설명으로 틀린 것은?

㉮ 용량은 HRT가 24~48시간이 되도록 정한다.
㉯ 형상은 장원형무한수로로 하며 수심은 1.0~3.0m, 수로 폭은 2.0~6.0m 정도가 되도록 한다.
㉰ 저부하조건의 운전으로 SRT가 길어 질산화반응이 진행되기 때문에 무산소 조건을 적절히 만들면 70% 정도의 질소제거가 가능하다.
㉱ 산화구내의 혼합상태가 균일하여도 구내에서 MLSS, 알칼리도 농도의 구배는 크다.

[풀이] ㉱ 산화구내의 혼합상태에 따른 용존산소 농도는 흐름의 방향에 따라 농도 구배가 발생하지만 MLSS농도, 알칼리도는 구내에서 균일하다.

35 취수시설에서 침사지에 관한 설명으로 틀린 것은?

㉮ 지의 위치는 가능한 한 취수구에 근접하여 제내지에 설치한다.
㉯ 지의 상단높이는 고수위보다 0.3~0.6m의 여유고를 둔다.
㉰ 지의 고수위는 계획 취수량이 유입될 수 있도록 취수구의 계획최저수위 이하로 정한다.
㉱ 지의 길이는 폭의 3~8배, 지내 평균 유속은 2~7cm/sec를 표준으로 한다.

[풀이] ㉯ 지의 상단높이는 고수위보다 0.6~1m 정도의 여유고를 둔다.

36 상수의 공급과정을 바르게 나타낸 것은?

㉮ 취수→도수→정수→송수→배수→급수
㉯ 취수→도수→송수→정수→배수→급수
㉰ 취수→송수→정수→배수→도수→급수
㉱ 취수→송수→배수→정수→도수→급수

[풀이] 상수의 공급과정은 취수→도수→정수→송수→배수→급수 순이다.

answer 33 ㉯ 34 ㉱ 35 ㉯ 36 ㉮

37 계획 취수량이 10m³/sec, 유입수심이 5m, 유입속도가 0.4m/sec인 지역에 취수구를 설치하고자 할 때 취수구의 폭 (m)은? (단, 취수보 설계 기준)

㉮ 0.5 ㉯ 1.25
㉰ 2.5 ㉱ 5.0

풀이 취수량 = 면적 × 유입속도
10m³/sec = 폭 × 5m × 0.4m/sec
∴ 폭 = 5.0m

38 정수시설 중 플록형성지에 관한 설명으로 틀린 것은?

㉮ 기계식교반에서 플록큐레이터(flocculator)의 주변 속도는 5 ~ 10cm/sec를 표준으로 한다.
㉯ 플록형성시간은 계획정수량에 대하여 20 ~ 40분간을 표준으로 한다.
㉰ 직사각형이 표준이다.
㉱ 혼화지와 침전지 사이에 위치하고 침전지에 붙여서 설치한다.

풀이 ㉮ 기계식교반에서 플록큐레이터의 주변 속도는 15 ~ 80cm/sec를 표준으로 한다.

TIP
플록형성지 = 완속교반조

39 오수관거 계획 시 기준이 되는 오수량은?

㉮ 계획 시간 최대 오수량
㉯ 계획 1일 최대 오수량
㉰ 계획 시간 평균 오수량
㉱ 계획 1일 평균 오수량

풀이 오수관거 계획 시 기준이 되는 오수량은 계획 시간 최대 오수량이다.

40 천정호(얕은우물)의 경우

양수량 $Q = \dfrac{\pi k(H^2 - h^2)}{2.3\log(R/r)}$ 로 표시된다.

반경 0.5m의 천정호 시험정에서 H = 6m, h = 4m, R = 50m인 경우에 Q = 10L/sec의 양수량을 얻었다. 이 조건에서 투수계수(k, m/min)는 얼마인가?

㉮ 0.044 ㉯ 0.073
㉰ 0.086 ㉱ 0.146

풀이 $Q(m^3/min) = 0.01\,m^3/sec \times 60\,sec/min$
$= 0.6\,m^3/min$

$0.6\,m^3/min = \dfrac{\pi \times k \times (6^2 - 4^2)}{\ln\left(\dfrac{50m}{0.5m}\right)}$

∴ k = 0.044 m/min

TIP
① 2.3log = ln
② 10L/sec = 10 × 10⁻³ m³/sec = 0.01 m³/sec

| 제3과목 | 수질오염방지기술

41 탈질소 공정에서 폐수에 탄소원 공급용으로 가해지는 약품은?

㉮ 응집제 ㉯ 질산
㉰ 소석회 ㉱ 메탄올

풀이 탈질소 공정에서 탄소원 공급용은 메탄올(CH_3OH)이다.

answer 37 ㉱ 38 ㉮ 39 ㉮ 40 ㉮ 41 ㉱

42 MLSS의 농도가 1,500mg/L인 슬러지를 부상법으로 농축시키고자 한다. 압축탱크의 유효전달 압력이 4기압이며 공기의 밀도가 1.3g/L, 공기의 용해량이 18.7mL/L일 때 A/S비는 얼마인가? (단, 유량 = 300m³/day, f = 0.5, 처리수의 반송은 없다.)

㉮ 0.008 ㉯ 0.010
㉰ 0.016 ㉱ 0.020

풀이

$$A/S비 = \frac{1.3 \times Sa \times (f \cdot P - 1)}{SS}$$

$$= \frac{1.3 \times 18.7mL/L \times (0.5 \times 4atm - 1)}{1,500mg/L}$$

$$= 0.016$$

43 포기조 내의 혼합액의 SVI가 100이고, MLSS농도를 2,200mg/L로 유지하려면 적정한 슬러지의 반송률(%)은 얼마인가? (단, 유입수의 SS는 무시한다.)

㉮ 23.6 ㉯ 28.2
㉰ 33.6 ㉱ 38.3

풀이

① 반송비(R)

$$= \frac{MLSS}{SS_r - MLSS} = \frac{MLSS}{\frac{10^6}{SVI} - MLSS}$$

$$= \frac{2,200mg/L}{\frac{10^6}{100} - 2,200mg/L} = 0.2821$$

② 재순환율(%) = 반송비(R) × 100
= 0.2821 × 100 = 28.21%

TIP

$SVI = \frac{10^6}{SS_r}$ 이므로 $SS_r = \frac{10^6}{SVI}$

44 기계적으로 청소가 되는 바 스크린의 바(bar)두께는 5mm이고, 바 간의 거리는 30mm이다. 바를 통과하는 유속이 0.90m/sec일 때 스크린을 통과하는 수두손실(m)은? (단, $h_L = \left(\frac{V_b^2 - V_a^2}{2g}\right)\left(\frac{1}{0.7}\right)$)

㉮ 0.0157 ㉯ 0.0238
㉰ 0.0325 ㉱ 0.0452

풀이

$V_a \times A_a = V_b \times A_b \Rightarrow V_a = V_b \times \frac{A_b}{A_a}$

W : 수로의 폭, H : 수심

$A_a = W \times H$

$A_b = W \times H \times \frac{바 간격}{바 두께 + 바 간격}$

$= W \times H \times \frac{30mm}{5mm + 30mm} = 0.8571W \times H$

따라서 $V_a = V_b \times \frac{A_b}{A_a}$

$= 0.90m/sec \times \frac{0.8571W \times H}{W \times H}$

$= 0.7714m/sec$

따라서 $H = \frac{V_b^2 - V_a^2}{2g} \times \frac{1}{0.7}$

$= \frac{(0.90m/sec)^2 - (0.7714m/sec)^2}{2 \times 9.8m/sec^2} \times \frac{1}{0.7}$

$= 0.01567m$

TIP

A_a는 수로이므로 바간격과 바두께 고려 안함
A_b는 통과면적이므로 바간격과 바두께 고려 함

45 경사판 침전지에서 경사판의 효과가 아닌 것은?

㉮ 수면적 부하율의 증가효과
㉯ 침전지 소요면적의 저감효과
㉰ 고형물의 침전효율 증대효과
㉱ 처리효율의 증대효과

answer 42 ㉰ 43 ㉯ 44 ㉮ 45 ㉮

풀이 ㉮ 수면적 부하율의 감소효과

46 분뇨의 생물학적 처리공법으로서 호기성 미생물이 아닌 혐기성 미생물을 이용한 혐기성 처리공법을 주로 사용하는 근본적인 이유는?

㉮ 분뇨에는 혐기성 미생물이 살고 있기 때문에
㉯ 분뇨에 포함된 오염물질은 혐기성 미생물만이 분해할 수 있기 때문에
㉰ 분뇨의 유기물 농도가 너무 높아 포기에 너무 많은 비용이 들기 때문에
㉱ 혐기성 처리 공법으로 발생되는 메탄가스가 공법에 필수적이기 때문에

풀이 혐기성 처리공법을 주로 사용하는 근본적인 이유는 분뇨의 유기물 농도가 너무 높아 포기에 너무 많은 비용이 들기 때문이다.

47 크롬함유 폐수를 환원처리공법 중 수산화물침전법으로 처리하고자 할 때 침전을 위한 적정 pH 범위는?
(단, $Cr^{3+} + 3OH^- \rightarrow Cr(OH)_3 \downarrow$)

㉮ pH 4.0 ~ 4.5
㉯ pH 5.5 ~ 6.5
㉰ pH 8.0 ~ 8.5
㉱ pH 11.0 ~ 11.5

풀이 침전을 위한 적정 pH 범위는 pH 8.0 ~ 8.5이다.

48 Side Stream을 적용하여 생물학적 방법과 화학적 방법으로 인을 제거하는 공정은?

㉮ 수정 Bardenpho 공정
㉯ Phostrip 공정
㉰ SBR 공정
㉱ UCT 공정

풀이 Side Stream을 적용하여 생물학적 방법과 화학적 방법으로 인처리가 주목적인 공정은 Phostrip 공정이다.

49 이온교환막 전기투석법에 관한 설명 중 틀린 것은?

㉮ 칼슘, 마그네슘 등 경도 물질의 제거효율은 높지만 인 제거율은 상대적으로 낮다.
㉯ 콜로이드성 현탁물질 제거에 주로 적용된다.
㉰ 배수 중의 용존염분을 제거하여 양질의 처리수를 얻는다.
㉱ 소요전력은 용존염분농도에 비례하여 증가한다.

풀이 ㉯ 콜로이드성 현탁물질 제거에는 적용되지 않는다.

50 분리막을 이용한 수처리 방법 중 추진력이 정수압차가 아닌 것은?

㉮ 투석
㉯ 정밀여과
㉰ 역삼투
㉱ 한외여과

풀이 ㉮ 투석의 추진력은 농도차이다.

answer 46 ㉰ 47 ㉰ 48 ㉯ 49 ㉯ 50 ㉮

> **TIP**
> 막공법의 구동력
> ① 전기투석 - 전위차
> ② 투석 - 농도차
> ③ 역삼투, 한외여과, 나노여과, 정밀여과 - 정수압차

51 폐수처리에 관련된 침전현상으로 입자 간에 작용하는 힘에 의해 주변입자들의 침전을 방해하는 중간 정도 농도 부유액에서의 침전은?

㉮ 제1형 침전(독립침전)
㉯ 제2형 침전(응집침전)
㉰ 제3형 침전(계면 침전)
㉱ 제4형 침전(압밀침전)

[풀이] ㉰ 제3형 침전(계면침전, 지역침전, 간섭침전, 방해침전)에 대한 설명이다.

52 생물학적 원리를 이용하여 질소, 인을 제거하는 공정인 5단계 Bardenpho 공법에 관한 설명으로 틀린 것은?

㉮ 인 제거를 위해 혐기성조가 추가된다.
㉯ 조 구성은 혐기성조, 무산소조, 호기성조, 무산소조, 호기성조 순이다.
㉰ 내부반송률은 유입유량 기준으로 100~200% 정도이며 2단계 무산소조로부터 1단계 무산소조로 반송된다.
㉱ 마지막 호기성 단계는 폐수 내 잔류질소 가스를 제거하고 최종 침전지에서 인의 용출을 최소화하기 위하여 사용한다.

[풀이] ㉰ 내부반송률은 유입유량 기준으로 100~200% 정도이며 1단계 호기성조로부터 1단계 무산소조로 반송된다.

53 회전원판법(RBC)의 장점으로 가장 틀린 것은?

㉮ 미생물에 대한 산소 공급 소요전력이 적다.
㉯ 고정메디아로 높은 미생물농도 및 슬러지일령을 유지할 수 있다.
㉰ 기온에 따른 처리효율의 영향이 적다.
㉱ 재순환이 필요 없다.

[풀이] ㉰ 기온에 따른 처리효율의 영향이 크다.

54 상향류 혐기성 슬러지상의 장점이라 볼 수 없는 것은?

㉮ 미생물 체류시간을 적절히 조절하면 저농도 유기성 폐수의 처리도 가능하다.
㉯ 기계적인 교반이나 여재가 필요 없기 때문에 비용이 적게 든다.
㉰ 고액 및 기액분리장치를 제외하면 전체적으로 구조가 간단하다.
㉱ 폐수 성상이 슬러지 입상화에 미치는 영향이 적어 안정된 처리가 가능하다.

[풀이] ㉱ 폐수 성상이 슬러지 입상화에 미치는 영향이 커 안정된 처리가 어렵다.

55 하수 고도처리 공법인 Phostrip 공정에 관한 설명으로 틀린 것은?

㉮ 기존 활성슬러지 처리장에 쉽게 적용 가능하다.
㉯ 인제거 시 BOD/P비에 의하여 조절되지 않는다.
㉰ 최종침전지에서 인용출을 위해 용존산소를 낮춘다.

answer 51 ㉰ 52 ㉰ 53 ㉰ 54 ㉱ 55 ㉰

㉣ Mainstream 화학침전에 비하여 약품 사용량이 적다.

풀이 ㉢ 최종침전지에서 인용출을 방지하기 위해 용존산소를 높인다.

56 생물학적 처리법 가운데 살수여상법에 대한 설명으로 틀린 것은?

㉮ 슬러지 일령은 부유성장 시스템보다 높아 100일 이상의 슬러지일령에 쉽게 도달된다.
㉯ 총괄 관측수율은 전형적인 활성슬러지 공정의 60~80% 정도이다.
㉰ 덮개 없는 여상의 재순환율을 증대시키면 실제로 여상 내의 평균온도가 높아진다.
㉱ 정기적으로 여상에 살충제를 살포하거나 여상을 침수토록 하여 파리문제를 해결할 수 있다.

풀이 ㉰ 덮개 없는 여상의 재순환율을 증대시키면 실제로 여상 내의 평균온도는 낮아진다.

57 평균 유입하수량 10,000m³/day인 도시 하수처리장의 1차침전지를 설계하고자 한다. 1차침전지의 표면부하율을 50m³/m²·day로 하여 원형침전지를 설계한다면 침전지의 직경(m)은?

㉮ 약 14   ㉯ 약 16
㉰ 약 18   ㉱ 약 20

풀이 표면부하율(m³/m²·day)
$= \dfrac{Q(m^3/day)}{A(m^2)} = \dfrac{Q(m^3/day)}{\dfrac{\pi D^2}{4}(m^2)}$

$\therefore 50m^3/m^2 \cdot day = \dfrac{10,000m^3/day}{\dfrac{\pi D^2}{4}(m^2)}$

$\therefore D = \sqrt{\dfrac{4 \times 10,000m^3/day}{\pi \times 50m^3/m^2 \cdot day}} = 15.96m$

58 공장에서 배출되는 pH 2.5인 산성폐수 500m³/day를 인접 공장 폐수와 혼합처리하고자 한다. 인접 공장 폐수 유량은 10,000m³/day이고, pH는 6.5이다. 두 폐수를 혼합한 후의 pH는 얼마인가?

㉮ 1.61   ㉯ 3.82
㉰ 7.64   ㉱ 9.54

풀이 ① 혼합공식을 이용하여 혼합 후 농도를 계산
$C_m = \dfrac{Q_1 \times C_1 + Q_2 \times C_2}{Q_1 + Q_2}$

$= \dfrac{500m^3/day \times 10^{-2.5}mol/L + 10,000m^3/day \times 10^{-6.5}mol/L}{(500+10,000)m^3/day}$

$= 1.51 \times 10^{-4} mol/L$

② $pH = -\log[H^+]$
$= -\log[1.51 \times 10^{-4} mol/L] = 3.82$

TIP
① $pH = -\log[H^+] \Rightarrow [H^+] = 10^{-pH} mol/L$
② $pOH = -\log[OH^-]$
$\Rightarrow [OH^-] = 10^{-pOH} mol/L$
③ 산성물질에서 $pH = -\log[H^+]$
④ 알칼리성에서 $pH = 14 + \log[OH^-]$

answer 56 ㉰ 57 ㉯ 58 ㉯

59 2차 처리 유출수에 포함된 25mg/L의 유기물을 분말 활성탄 흡착법으로 3차 처리하여 2mg/L될 때까지 제거하고자 할 때 폐수 $3m^3$당 필요한 활성탄의 양(g)은 얼마인가? (단, Freundlich 등온식 활용, k = 0.5, n =1)

㉮ 69 ㉯ 76
㉰ 84 ㉱ 91

풀이
① 등온흡착식 : $\dfrac{(C_i - C_o)}{M} = k \times C_o^{\frac{1}{n}}$

$\dfrac{(25-2)mg/L}{M} = 0.5 \times (2mg/L)^{\frac{1}{1}}$

∴ $M = \dfrac{(25-2)mg/L}{0.5 \times (2mg/L)^{\frac{1}{1}}} = 23mg/L$

② 활성탄의 필요량(g) $= 23g/m^3 \times 3m^3 = 69g$

TIP
① $mg/L = g/m^3 = ppm$
② $23mg/L = 23g/m^3$

60 수온 20℃에서 평균직경 1mm인 모래입자의 침전속도(m/sec)는 얼마인가? (단, 동점성값은 $1.003 \times 10^{-6} m^2/sec$, 모래비중은 2.5, Stoke's 법칙 이용)

㉮ 0.414 ㉯ 0.614
㉰ 0.814 ㉱ 1.014

풀이
① ν(동점성 계수) $= \dfrac{\mu(점성계수)}{\rho(물의 밀도)}$

$1.003 \times 10^{-6} m^2/sec = \dfrac{\mu(kg/m \cdot sec)}{1,000 kg/m^3}$

∴ $\mu = 1.003 \times 10^{-3} kg/m \cdot sec$

② $V_s = \dfrac{d^2(\rho_s - \rho_w)g}{18\mu}$

$= \dfrac{(1 \times 10^{-3}m)^2 \times (2,500-1,000)kg/m^3 \times 9.8 m/sec^2}{18 \times 1.003 \times 10^{-3} kg/m \cdot sec}$

$= 0.814 m/sec$

| 제4과목 | 수질오염공정시험기준

61 시료의 보존방법으로 틀린 것은?

㉮ 아질산성 질소 : 4℃ 보관, H_2SO_4로 pH 2 이하
㉯ 총질소(용존 총질소) : 4℃ 보관, H_2SO_4로 pH 2 이하
㉰ 화학적 산소요구량 : 4℃ 보관, H_2SO_4로 pH2 이하
㉱ 암모니아성 질소 : 4℃ 보관, H_2SO_4로 pH 2이하

풀이 ㉮ 아질산성 질소 : 4℃ 보관

62 원자흡수분광광도법에서 일어나는 간섭에 대한 설명으로 틀린 것은?

㉮ 광학적 간섭 : 분석하고자 하는 원소의 흡수파장과 비슷한 다른 원소의 파장이 서로 겹쳐 비이상적으로 높게 측정되는 경우 발생
㉯ 물리적 간섭 : 표준용액과 시료 또는 시료와 시료 간의 물리적 성질(점도, 밀도, 표면장력 등)의 차이 또는 표준물질과 시료의 매질(matrix) 차이에 의해 발생
㉰ 화학적 간섭 : 불꽃의 온도가 분자를 들뜬상태로 만들기에 충분히 높지 않아서, 해당 파장을 흡수하지 못하여 발생
㉱ 이온화 간섭 : 불꽃온도가 너무 낮을 경우 중성원자에서 전자를 빼앗아 이온이 생성될 수 있으며 이 경우 양(+)의 오차가 발생

풀이 ㉱ 이온화 간섭 : 불꽃온도가 너무 높을 경우 중성원자에서 전자를 빼앗아 이온이 생성될 수 있으며 이 경우 음(-)의 오차가 발생

answer 59 ㉮ 60 ㉰ 61 ㉮ 62 ㉱

63 공장의 폐수 100mL를 취하여 산성 100℃에서 KMnO₄에 의한 화학적산소소비량을 측정하였다. 시료의 적정에 소비된 0.025N KMnO₄의 양이 7.5mL였다면 이 폐수의 COD(mg/L)는 얼마인가? (단, 0.025N KMnO₄ factor 1.02, 바탕시험 적정에 소비된 0.025 N KMnO₄ = 1.00mL)

㉮ 13.3　　㉯ 16.7
㉰ 24.8　　㉱ 32.2

풀이
$$COD = \frac{(b-a) \times f \times 0.2}{V(L)}$$
$$= \frac{(7.5 - 1.0)\,mL \times 1.02 \times 0.2}{0.1\,L}$$
$$= 13.26\,mg/L$$

64 35% HCl(비중 1.19)을 10% HCl으로 만들기 위한 35% HCl과 물의 용량비는?

㉮ 1 : 1.5　　㉯ 3 : 1
㉰ 1 : 3　　㉱ 1.5 : 1

풀이 이 문제는 동일하게 출제되는 문제이므로 정답만 기억하시면 됩니다.

65 분원성 대장균군 – 막여과법에서 배양온도 유지기준은?

㉮ (25 ± 0.2)℃　　㉯ (30 ± 0.5)℃
㉰ (35 ± 0.5)℃　　㉱ (44.5 ± 0.2)℃

풀이 배양온도
① 총대장균군 : (35 ± 0.5)℃
② 분원성 대장균군 : (44.5 ± 0.2)℃
③ 대장균 : (35 ± 0.5)℃ 및 (44.5 ± 0.2)℃

66 ppm을 설명한 것으로 틀린 것은?

㉮ ppb농도의 1,000배이다.
㉯ 백만분율이라고 한다.
㉰ mg/kg이다.
㉱ %농도의 1/1,000이다.

풀이 ㉱ %농도의 1/10,000이다.

67 유도결합플라스마–원자발광분광법에 의한 원소별 정량한계로 틀린 것은?

㉮ Cu : 0.006mg/L　㉯ Pb : 0.004mg/L
㉰ Ni : 0.015mg/L　㉱ Mn : 0.002mg/L

풀이 ㉯ 납(Pb)의 정량한계는 0.04mg/L이다.

68 수질오염공정시험기준상 이온크로마토그래피법을 정량분석에 이용할 수 없는 항목은?

㉮ 염소이온　　㉯ 아질산성 질소
㉰ 질산성 질소　㉱ 암모니아성 질소

풀이 암모니아성 질소의 분석방법에는 자외선/가시선 분광법, 이온전극법, 적정법이 있다.

---

answer 63 ㉮　64 ㉰　65 ㉱　66 ㉱　67 ㉯　68 ㉱

69 자외선/가시선 분광법을 적용한 음이온 계면활성제 측정에 관한 설명으로 틀린 것은?

㉮ 정량한계는 0.02mg/L이다.
㉯ 시료 중의 계면활성제를 종류별로 구분하여 측정할 수 없다.
㉰ 시료 속에 미생물이 있는 경우 일부의 음이온 계면활성제가 신속히 변할 가능성이 있으므로 가능한 빠른 시간 안에 분석을 하여야 한다.
㉱ 양이온 계면활성제가 존재할 경우 양의 오차가 발생한다.

풀이 ㉱ 양이온 계면활성제가 존재할 경우 음(-)의 오차가 발생한다.

70 적절한 보존방법을 적용한 경우 시료최대보존기간이 가장 짧은 항목은?

㉮ 시안
㉯ 용존 총인
㉰ 질산성 질소
㉱ 암모니아성 질소

풀이 시료최대보존기간
㉮ 시안 : 14일
㉯ 용존 총인 : 28일
㉰ 질산성 질소 : 48시간
㉱ 암모니아성 질소 : 28일

71 용존산소(DO)측정 시 시료가 착색, 현탁된 경우에 사용하는 전처리시약은?

㉮ 칼륨명반용액, 암모니아수
㉯ 황산구리, 설파민산용액
㉰ 황산, 플루오린화칼륨용액
㉱ 황산제이철용액, 과산화수소

풀이 전처리 시약
㉮ 칼륨명반용액, 암모니아수 : 시료가 착색, 현탁된 경우
㉯ 황산구리, 설파민산용액 : 미생물 플록 형성
㉰ 황산, 플루오린화칼륨용액 : 산화성 물질 함유

72 수질오염공정시험기준상 총대장균군의 시험 방법이 아닌 것은?

㉮ 현미경계수법
㉯ 막여과법
㉰ 시험관법
㉱ 평판집락법

풀이 시험방법
① 총대장균군 : 막여과법, 시험관법, 평판집락법, 효소이용정량법
② 분원성대장균군 : 막여과법, 시험관법, 효소이용정량법
③ 대장균 : 효소이용정량법

73 노말헥산추출물질 측정을 위한 시험방법에 관한 설명으로 (   )에 옳은 것은?

> 시료 적당량을 분액깔대기에 넣고 (   ) 변할 때까지 염산(1+1)을 넣어 pH 4이하로 조절한다.

㉮ 메틸오렌지 용액(0.1 %) 2 ~ 3방울을 넣고 황색이 적색으로
㉯ 메틸오렌지 용액(0.1 %) 2 ~ 3방울을 넣고 적색이 황색으로
㉰ 메틸레드 용액(0.5 %) 2 ~ 3방울을 넣고 황색이 적색으로
㉱ 메틸레드 용액(0.5 %) 2 ~ 3방울을 넣고 적색이 황색으로

answer 69 ㉱ 70 ㉰ 71 ㉮ 72 ㉮ 73 ㉮

74 전기전도도 측정에 관한 설명으로 틀린 것은?

㉮ 용액이 전류를 운반할 수 있는 정도를 말한다.
㉯ 온도차에 의한 영향이 적어 폭 넓게 적용된다.
㉰ 용액에 담겨있는 2개의 전극에 일정한 전압을 가해주면 가한 전압이 전류를 흐르게 하며, 이때 흐르는 전류의 크기는 용액의 전도도에 의존한다는 사실을 이용한다.
㉱ 용액 중의 이온세기를 신속하게 평가할 수 있는 항목으로 국제적으로 S(Siemens) 단위가 통용되고 있다.

[풀이] ㉯ 온도차에 의한 영향이 많아 폭 넓게 적용되지 않는다.

75 크롬 - 원자흡수분광광도법의 정량한계에 관한 내용으로 ( )에 옳은 것은?

357.9nm에서의 산처리법은 (㉠) mg/L, 용매추출법은 (㉡) mg/L이다.

㉮ ㉠ 0.1, ㉡ 0.01
㉯ ㉠ 0.01, ㉡ 0.1
㉰ ㉠ 0.01, ㉡ 0.001
㉱ ㉠ 0.001, ㉡ 0.01

[풀이] 크롬 - 원자흡수분광광도법의 정량한계
① 산처리법은 0.01mg/L
② 용매추출법은 0.001mg/L

76 온도에 관한 내용으로 틀린 것은?

㉮ 찬 곳은 따로 규정이 없는 한 (0 ~ 15)℃ 곳을 뜻한다.
㉯ 냉수는 15℃ 이하를 말한다.
㉰ 온수는 (70 ~ 90)℃를 말한다.
㉱ 상온은 (15 ~ 25)℃를 말한다.

[풀이] ㉰ 온수는 (60 ~ 70)℃를 말한다.

77 '항량으로 될 때까지 건조한다'는 정의 중 ( )에 해당하는 것은?

같은 조건에서 1시간 더 건조할 때 전후 무게의 차가 g당 ( ) mg 이하일 때

㉮ 0   ㉯ 0.1
㉰ 0.3   ㉱ 0.5

[풀이] 항량으로 될 때까지 건조한다라 함은 같은 조건에서 1시간 더 건조할 때 전후 무게의 차가 g당 0.3 mg 이하일 때를 의미한다.

78 냄새역치(TON)의 계산식으로 옳은 것은? (단, A : 시료부피(mL), B : 무취 정제수 부피(mL))

㉮ (A+B)/B   ㉯ (A+B)/A
㉰ A/(A+B)   ㉱ B/(A+B)

[풀이] 냄새역치(TON)
$= \dfrac{\text{시료부피}(A) + \text{무취 정제수 부피}(B)}{\text{시료부피}(A)}$

answer 74 ㉯ 75 ㉰ 76 ㉰ 77 ㉰ 78 ㉯

79 취급 또는 저장하는 동안에 기체 또는 미생물이 침입하지 아니하도록 내용물을 보호하는 용기는?

㉮ 밀봉용기　㉯ 밀폐용기
㉰ 기밀용기　㉱ 차폐용기

풀이 ㉮ 밀봉용기에 대한 설명이다.

80 공장폐수 및 하수유량 – 관(pipe)내의 유량측정 방법 중 오리피스에 관한 설명으로 틀린 것은?

㉮ 설치에 비용이 적게 소요되며 비교적 유량 측정이 정확하다.
㉯ 오리피스판의 두께에 따라 흐름의 수로 내외에 설치가 가능하다.
㉰ 오리피스 단면에 커다란 수두손실이 일어나는 단점이 있다.
㉱ 단면이 축소되는 목부분을 조절함으로써 유량이 조절된다.

풀이 ㉯ 오리피스판의 두께에 따라 흐름의 수로 내에 설치가 가능하다.

제5과목 | 수질환경관계법규

81 물놀이 등의 행위제한 권고기준 중 대상 행위가 '어패류 등 섭취'인 경우인 것은?

㉮ 어패류 체내 총 카드뮴 : 0.3mg/kg 이상
㉯ 어패류 체내 총 카드뮴 : 0.03mg/kg 이상
㉰ 어패류 체내 총 수은 : 0.3mg/kg 이상
㉱ 어패류 체내 총 수은 : 0.03mg/kg 이상

풀이 ① 어패류 체내 총 수은 : 0.3mg/kg 이상
② 대장균 : 500(개체수/100mL) 이상

82 기본배출부과금 산정에 필요한 지역별 부과계수로 옳은 것은?

㉮ 청정지역 및 가 지역 : 1.5
㉯ 청정지역 및 가 지역 : 1.2
㉰ 나 지역 및 특례지역 : 1.5
㉱ 나 지역 및 특례지역 : 1.2

풀이 지역별 부과계수
① 청정지역 및 가 지역 : 1.5
② 나 지역 및 특례지역 : 1.0

83 사업장별 환경기술인의 자격기준에 관한 설명으로 틀린 것은?

㉮ 방지시설 설치면제 대상 사업장과 배출시설에서 배출되는 수질오염물질 등을 공동방지시설에서 처리하게 하는 사업장은 제3종사업장에 해당하는 환경기술인을 두어야 한다.
㉯ 연간 90일 미만 조업하는 제1종부터 제3종까지의 사업장은 제4종·제5종사업장에 해당하는 환경기술인을 선임할 수 있다.
㉰ 공동방지시설에 있어서 폐수배출량이 제4종 또는 제5종사업장의 규모에 해당하면 제3종사업장에 해당하는 환경기술인을 두어야 한다.
㉱ 대기환경기술인으로 임명된 자가 수질환경기술인의 자격을 함께 갖춘 경우에는 수질환경기술인을 겸임할 수 있다.

풀이 ㉮ 방지시설 설치면제 대상 사업장과 배출시설에

answer 79 ㉮　80 ㉯　81 ㉰　82 ㉮　83 ㉮

서 배출되는 수질오염물질 등을 공동방지시설에서 처리하게 하는 사업장은 제4종사업장·제5종사업장에 해당하는 환경기술인을 둘 수 있다.

84 폐수수탁처리업에서 사용하는 폐수운반차량에 관한 설명으로 틀린 것은?

㉮ 청색으로 도색한다.
㉯ 차량 양쪽 옆면과 뒷면에 폐수운반차량, 회사명, 허가번호, 전화번호 및 용량을 표시하여야 한다.
㉰ 차량에 표시는 흰색 바탕에 황색 글씨로 한다.
㉱ 운송 시 안전을 위한 보호구, 중화제 및 소화기를 갖추어 두어야 한다.

[풀이] ㉰ 차량에 표시는 노란색 바탕에 검은색 글씨로 한다.

85 기술인력 등의 교육에 관한 설명으로 ( )에 들어갈 기간은?

> 환경기술인 또는 폐수처리업에 종사하는 기술요원의 최초교육은 최초로 업무에 종사한 날부터 ( ) 이내에 실시하여야 한다.

㉮ 6개월   ㉯ 1년
㉰ 2년   ㉱ 3년

[풀이] 환경기술인 교육
① 최초교육 : 1년 이내
② 보수교육 : 3년마다

86 조치명령 또는 개선명령을 받지 아니한 사업자가 배출허용기준을 초과하여 오염물질을 배출하게 될 때 환경부장관에게 제출하는 개선계획서에 기재할 사항이 아닌 것은?

㉮ 개선사유
㉯ 개선내용
㉰ 개선기간 중의 수질오염물질 예상 배출량 및 배출농도
㉱ 개선 후 배출시설의 오염물질 저감량 및 저감효과

[풀이] 개선계획서에 기재할 사항
① 개선사유
② 개선기간
③ 개선내용
④ 개선기간 중의 수질오염물질 예상 배출량 및 배출농도

87 환경부장관이 배출시설을 설치·운영하는 사업자에 대하여 (조업정지를 하는 경우로써)조업정지처분에 갈음하여 과징금을 부과할 수 있는 대상 배출시설이 아닌 것은?

㉮ 의료기관의 배출시설
㉯ 발전소의 발전설비
㉰ 제조업의 배출시설
㉱ 기타 환경부령으로 정하는 배출시설

[풀이] 대상 배출시설
① 의료기관의 배출시설
② 발전소의 발전설비
③ 학교의 배출시설
④ 제조업의 배출시설

answer   84 ㉰   85 ㉯   86 ㉱   87 ㉱

88 수질오염 감시 경보 단계 중 경계단계의 발령기준으로 ( )에 내용으로 옳은 것은?

> 생물감시 측정값이 생물감시 경보기준 농도를 30분 이상 지속적으로 초과하고 전기전도도, 휘발성유기화합물, 페놀, 중금속(구리, 납, 아연, 카드뮴 등) 항목 중 (㉠) 이상의 항목이 측정항목별 경보기준을 (㉡) 이상 초과하는 경우

㉮ ㉠ 1개, ㉡ 2배 ㉯ ㉠ 1개, ㉡ 3배
㉰ ㉠ 2개, ㉡ 2배 ㉱ ㉠ 2개, ㉡ 3배

89 낚시 제한구역에서의 제한사항이 아닌 것은?

㉮ 1명당 3대의 낚시대를 사용하는 행위
㉯ 1개의 낚시대에 5개 이상의 낚시바늘을 떡밥과 뭉쳐서 미끼로 던지는 행위
㉰ 낚시바늘에 끼워서 사용하지 아니하고 물고기를 유인하기 위하여 떡밥 어분 등을 던지는 행위
㉱ 어선을 이용한 낚시 행위 등「낚시 관리 및 육성법」에 따른 낚시어선업을 영위하는 행위(「내수면어업법 시행령」에 따른 외줄낚시는 제외한다.)

풀이 ㉮ 1명당 4대의 이상의 낚시대를 사용하는 행위

90 폐수처리업에 종사하는 기술요원에 대한 교육기관으로 옳은 것은?

㉮ 국립환경인재개발원
㉯ 국립환경과학원
㉰ 한국환경공단
㉱ 환경보전협회

풀이 교육기관
① 환경기술인 : 환경보전협회
② 측정기기 관리대행업에 등록된 기술인력 : 국립환경인재개발원, 한국상하수도협회
③ 폐수처리업에 종사하는 기술요원 : 국립환경인재개발원

91 공공수역에 정당한 사유없이 특정수질유해물질 등을 누출·유출시키거나 버린 자에 대한 처벌기준은?

㉮ 1년 이하의 징역 또는 1천만원 이하의 벌금
㉯ 2년 이하의 징역 또는 2천만원 이하의 벌금
㉰ 3년 이하의 징역 또는 3천만원 이하의 벌금
㉱ 5년 이하의 징역 또는 5천만원 이하의 벌금

풀이 ㉰ 3년 이하의 징역 또는 3천만원 이하의 벌금에 해당한다.

answer 88 ㉯ 89 ㉮ 90 ㉮ 91 ㉰

92 대권역 물환경관리계획의 수립 시 포함되어야 할 사항으로 틀린 것은?

㉮ 상수원 및 물 이용현황
㉯ 물환경의 변화 추이 및 물환경 목표기준
㉰ 물환경 보전조치의 추진방향
㉱ 물환경 관리 우선순위 및 대책

풀이 대권역 물환경관리계획의 수립 시 포함되어야 할 사항
① 물환경의 변화 추이 및 물환경 목표기준
② 상수원 및 물 이용현황
③ 점오염원, 비점오염원 및 기타수질오염원의 분포현황
④ 점오염원, 비점오염원 및 기타수질오염원에서 배출되는 수질오염물질의 양
⑤ 수질오염 예방 및 저감대책
⑥ 물환경 보전조치의 추진방향
⑦ 기후변화에 따른 적응대책

93 초과부과금 산정기준으로 적용되는 수질오염물질 1킬로그램당 부과금액이 가장 높은(많은) 것은?

㉮ 카드뮴 및 그 화합물
㉯ 6가크롬 화합물
㉰ 납 및 그 화합물
㉱ 수은 및 그 화합물

풀이 수질오염물질 1킬로그램당 부과금액
① 카드뮴 및 그 화합물 : 500,000원
② 6가크롬 화합물 : 300,000원
③ 납 및 그 화합물 : 150,000원
④ 수은 및 그 화합물 : 1,250,000원

94 수계영향권별 물환경 보전에 관한 설명으로 옳은 것은?

㉮ 환경부장관은 공공수역의 물환경을 관리·보전하기 위하여 국가물환경관리기본계획을 10년마다 수립하여야 한다.
㉯ 유역환경청장은 수계영향권별로 오염원의 종류, 수질오염물질 발생량 등을 정기적으로 조사하여야 한다.
㉰ 환경부장관은 국가 물환경기본계획에 따라 중권역의 물환경관리계획을 수립하여야 한다.
㉱ 수생태계 복원계획의 내용 및 수립 절차 등에 필요한 사항은 환경부령으로 정한다.

풀이 ㉯ 환경부장관은 수계영향권별로 오염원의 종류, 수질오염물질 발생량 등을 정기적으로 조사하여야 한다.
㉰ 지방환경관서의 장은 국가 물환경기본계획에 따라 중권역의 물환경관리계획을 수립하여야 한다.
㉱ 수생태계 복원계획의 내용 및 수립 절차 등에 필요한 사항은 대통령령으로 정한다.

TIP 유역환경청장은 국가 물환경관리기본계획에 따라 대권역별로 대권역 물환경관리계획을 10년마다 수립하여야 한다.

answer 92 ㉱ 93 ㉱ 94 ㉮

95 물환경보전법에 사용하는 용어의 뜻으로 틀린 것은?

㉮ 점오염원이란 폐수배출시설, 하수발생시설, 축사 등으로서 관로·수로 등을 통하여 일정한 지점으로 수질오염물질을 배출하는 배출원을 말한다.
㉯ 공공수역이란 하천, 호소, 항만, 연안해역, 그밖에 공공용으로 사용되는 대통령령으로 정하는 수역을 말한다.
㉰ 폐수란 물에 액체성 또는 고체성의 수질오염 물질이 섞여 있어 그대로는 사용할 수 없는 물을 말한다.
㉱ 폐수무방류배출시설이란 폐수배출시설에서 발생하는 폐수를 해당 사업장에서 수질오염방지시설을 이용하여 처리하거나 동일 폐수배출시설에 재이용하는 등 공공수역으로 배출하지 아니하는 폐수배출시설을 말한다.

풀이 ㉯ 공공수역이란 하천, 호소, 항만, 연안해역, 그밖에 공공용으로 사용되는 환경부령으로 정하는 수역을 말한다.

96 수질오염방지시설 중 물리적 처리시설에 해당되지 않은 것은?

㉮ 유수분리시설   ㉯ 혼합시설
㉰ 침전물 개량시설 ㉱ 응집시설

풀이 ㉰ 침전물 개량시설은 화학적 처리시설에 해당한다.

TIP
수질오염방지시설에서 물리적처리시설과 화학적 처리시설 그리고 생물화학적 처리시설의 종류를 구별하는 문제는 출제빈도가 아주 높은 문제이므로 반드시 숙지하여 시험에 대비하시기 바랍니다.

97 일일기준초과 배출량 산정 시 적용되는 일일유량의 산정 방법은 [측정유량×일일조업시간]이다. 측정유량의 단위는?

㉮ 초당 리터   ㉯ 분당 리터
㉰ 시간당 리터 ㉱ 일당 리터

풀이 측정유량의 단위는 분당 리터(L/min)이다.

98 하천(생활환경기준)의 등급별 수질 및 수생태계의 상태에 대한 설명으로 다음에 해당되는 등급은?

> 수질 및 수생태계 상태 : 상당량의 오염물질로 인하여 용존산소가 소모되는 생태계로 농업용수로 사용하거나 여과, 침전, 활성탄 투입, 살균 등 고도의 정수처리 후 공업용수로 사용할 수 있음

㉮ 보통   ㉯ 약간 나쁨
㉰ 나쁨   ㉱ 매우 나쁨

풀이 ㉯ 약간 나쁨에 대한 설명이다.

99 공공수역의 전국적인 수질 현황을 파악하기 위해 설치할 수 있는 측정망의 종류로 틀린 것은?

㉮ 생물 측정망
㉯ 토질 측정망
㉰ 공공수역 유해물질 측정망
㉱ 비점오염원에서 배출되는 비점오염물질 측정망

풀이 측정망의 종류
1. 국립환경과학원장, 유역환경청장, 지방환경청장)이 설치하는 측정망

answer 95 ㉯ 96 ㉰ 97 ㉯ 98 ㉯ 99 ㉯

① 비점오염원에서 배출되는 비점오염물질 측정망
② 수질오염물질의 총량관리를 위한 측정망
③ 대규모 오염원의 하류지점 측정망
④ 수질오염경보를 위한 측정망
⑤ 대권역·중권역을 관리하기 위한 측정망
⑥ 공공수역 유해물질 측정망
⑦ 퇴적물 측정망
⑧ 생물 측정망

2. 시·도지사, 대도시의 장, 수면관리자가 설치하는 측정망
① 소권역을 관리하는 측정망
② 도심하천 측정망

100 위임업무 보고사항 중 업무내용에 따른 보고횟수가 연 1회에 해당되는 것은?

㉮ 기타 수질오염원 현황
㉯ 환경기술인의 자격별·업종별 현황
㉰ 폐수무방류배출시설의 설치허가 현황
㉱ 폐수처리업에 대한 허가 지도단속실적 및 처리실적 현황

풀이 보고횟수
㉮ 연 2회 ㉯ 연 1회 ㉰ 수시 ㉱ 연 2회

answer 100 ㉯

수질환경기사 과년도문제해설

초 판 인쇄 | 2010년 2월 10일
초 판 발행 | 2010년 2월 15일
개정 11판 발행 | 2023년 1월 10일
개정 12판 발행 | 2024년 1월 10일

지 은 이 | 전화택
발 행 인 | 조규백
발 행 처 | **도서출판 구민사**
　　　　　(07293) 서울특별시 영등포구 문래북로 116, 604호(문래동3가 46, 트리플렉스)
전화 (02) 701-7421(~2)
팩스 (02) 3273-9642
홈페이지 www.kuhminsa.co.kr

신고번호 | 제2012-000055호(1980년 2월 4일)
I S B N | 979-11-6875-270-2 13500

값 36,000원

※ 낙장 및 파본은 구입하신 서점에서 바꿔드립니다.
※ 본 서를 허락없이 부분 또는 전부를 무단복제, 게재행위는 저작권법에 저촉됩니다.